陆 琦　唐孝祥　主编

民居建筑文化传承与创新

第二十三届中国民居建筑学术年会论文集 〔上册〕

中国建筑工业出版社

图书在版编目（CIP）数据

民居建筑文化传承与创新——第二十三届中国民居建筑学术年
会论文集／陆琦，唐孝祥主编．—北京：中国建筑工业出版社，
2018.11
ISBN 978-7-112-22918-5

Ⅰ.①民…　Ⅱ.①陆…②唐…　Ⅲ.①民居–建筑艺术–中国–
文集　Ⅳ.①TU241.5-53

中国版本图书馆CIP数据核字（2018）第247873号

论文集以"民居文化传承与建筑创新研究"为主题共收录论文153篇。其中43篇论文围绕乡村振兴战略与传统聚落（民居）的保护与更新的专题进行讨论，旨在探究基于乡村振兴战略背景的传统聚落（民居）保护利用的新理念、新方法和新技术；38篇论文关注传统聚落（民居）的营建智慧与文化传承专题，挖掘并展示了中国传统聚落（民居）的文化内涵、营造技艺和当代价值；72篇论文集中讨论传统聚落（民居）研究的学术传承与发展创新，推进了中国传统聚落（民居）学术研究的理论创新和方法创新。收录文章的研究地域之广和作者单位之多凸显了民居建筑学界对民居建筑文化研究的开阔视野和普遍关注。

2018年恰逢中国民居学术会议30周年，本论文集与同期出版的《中国民居建筑年鉴（2014—2018）》共同汇成了第二十三届中国民居建筑学术年会暨中国民居学术会议30周年纪念大会的学术研讨资料。

本书适用于建筑相关专业广大师生、专家、学者，中国民居建筑相关工作者及爱好者阅读使用。

责任编辑：唐　旭　吴　绫　李东禧　张　华
责任校对：芦欣甜

民居建筑文化传承与创新
——第二十三届中国民居建筑学术年会论文集
陆　琦　唐孝祥　主编
＊
中国建筑工业出版社出版、发行（北京海淀三里河路9号）
各地新华书店、建筑书店经销
北京佳捷真科技发展有限公司制版
天津翔远印刷有限公司印刷
＊
开本：880×1230毫米　1/16　印张：54　字数：1906千字
2018年12月第一版　2018年12月第一次印刷
定价：238.00元（上、下册）
ISBN 978 – 7 – 112 – 22918 – 5
　　　　（33023）

2018第二十三届中国民居建筑学术年会
暨中国民居学术会议30周年纪念大会

一、会议主题：民居文化传承与建筑创新研究

    会议分议题：1. 乡村振兴战略与传统聚落（民居）的保护与更新

                  2. 传统聚落（民居）研究的学术传承与发展创新

                  3. 传统聚落（民居）的营建智慧与文化传承

二、学术委员会：

    学术顾问：陆元鼎　何镜堂　吴硕贤　刘管平　邓其生　吴庆洲

    主　　席：常　青

    委　　员：孙一民　肖大威　倪　阳　陆　琦　王　军　张玉坤

              戴志坚　王　路　李晓峰　杨大禹　罗德胤　唐孝祥

              陈　薇　龙　彬　范霄鹏　李　浈　关瑞明　周立军

    主办单位：中国民族建筑研究会民居建筑专业委员会

    承办单位：华南理工大学建筑学院

              方圆集团东方人居研究院

前言

  1988 年，在中国民居建筑大师陆元鼎教授等学术前辈的倡议组织下，第一届中国民居学术会议在华南理工大学成功举办，至今已经 30 周年。30 年来，在各位民居专家的积极参与和共同努力下，学术会议为中国民居研究的学科发展、人才培养以及我国的民居遗产保护实践和农村建设都作出了卓越贡献。"把优秀的传统文化中具有当代价值、世界意义的文化精髓提炼出来，展示出来。"习近平总书记在全国宣传思想工作会议上的重要讲话，为新时代中国民居建筑的研究工作指明了方向，要求我们要正确处理好传统与现代、继承与发展的关系，做到"传承而不守旧，创新而不忘本"的统一。

  最近，中共中央、国务院印发的《乡村振兴战略规划（2018—2022 年）》明确指出："历史文化名村、传统村落、少数民族特色村寨、特色景观旅游名村等自然历史文化特色资源丰富的村庄，是彰显和传承中华优秀传统文化的重要载体。统筹保护、利用与发展的关系，努力保持村庄的完整性、真实性和延续性。切实保护村庄的传统选址、格局、风貌以及自然和田园景观等整体空间形态与环境，全面保护文物古迹、历史建筑、传统民居等传统建筑。"

  中国传统村落与民居建筑是我国物质文化遗产和非物质文化遗产的宝库，凝聚了中华先民的生存智慧和创造才能，形象地传达出中国传统文化的基本精神及其深厚意蕴，表现了中国传统文化的价值系统、民族心理、思维方式和审美理想，记录并表征了中国传统社会的价值系统、哲理思想、宗法观念、环境意识、思维特征。

  立足新时代，挖掘、展示和传承传统民居建筑智慧，推进实现人民群众对美好人居环境的向往，是民居建筑学界的历史使命和时代要求。本届年会的学术主题为：民居文化传承与建筑创新研究。探讨中国传统民居建筑智慧，共商中华优秀建筑文化传承大计，研究新时代中国民居建筑保护利用的理论与实践。

  本次会议拟定三个分议题：

· 乡村振兴战略与传统聚落（民居）的保护与更新；

· 传统聚落（民居）研究的学术传承与发展创新；

· 传统聚落（民居）的营建智慧与文化传承。

  论文集紧密结合以上三个专题进行论文的收集整理工作，收录的论文是民居建筑领域的专家学者的最新成果，祈望学界前辈和同行专家给予批评指正，以推进中国民居建筑研究的理论创新、方法创新和技术创新。

陆 琦 唐孝祥

2018 年 10 月 18 日

目录

专题2　传统聚落（民居）的营建智慧与文化传承

专题1 乡村振兴战略与传统聚落（居民）的保护与更新

再论岭南建筑创作与地域文化的传承

陆元鼎[1]

摘　要： 岭南新建筑创作思想资源是来自地域环境，来自建筑实践，来自优秀传统文化。文章论述地域建筑文化中高层次文化内涵表现的传承性和艰巨性，从理论和实践中加以总结归纳，并列举岭南多方面优秀文化的特征、经验、规律的传承和对岭南现代新建筑借鉴、运用、发展、创新的重要意义。

关键词： 岭南建筑；文化传承；创新

前文《岭南建筑创作与地域文化的传承》比较详尽地说明了岭南传统建筑文化的传承目的、标准和内容。在内容方面分为三个层次：浅层次、中层次和高层次。在高层次方面，只是原则性的叙述，而缺乏具体化，导致读者难以理解和应用。为此，本文继续补充说明。此外，前文对于岭南传统文化的特征和含义也没有更深入的叙述。如岭南传统建筑的经验、规律，在长期的实践积累下就已经成为地域建筑文化的某方面特征了。

一、岭南传统建筑文化的传承

岭南建筑创作的思想资源从哪里来？是来自地域（地区）环境，来自建筑实践，来自传统文化。岭南地区传统建筑文化资源十分丰富，其中最大量的、最广泛的、也是最朴实的，是广大人民居住和生活的民居、民间建筑，它是地区建筑的代表，它的特征、经验、艺术和技术手法、创造规律等是最有地方建筑的代表性和典型性的。

岭南优秀的传统民居民间建筑文化特征可分为三个层次：

1. 容易看得见、摸得着，也易于模仿、抄袭，并能直接应用到新建筑上的东西。这类大多是属于技术物质类的东西，可以归纳为浅层次的特征，例如岭南传统建筑中的花纹、图案、装饰和细部等。

2. 中层次的特征。这些特征相比第一类的技术、外表或形式特征表现要深入一步。它深入到建筑的本性，已经有一种概括性的内容表现，例如属于岭南传统

建筑的符号、手法、象征等表现都属于这一类。

3. 随着时代的变化发展以及技术的不断进步，这些符号、手法、象征亦会随着时代发展而变化。因为单纯形式上的变化是不能持久的，而要真正传承优秀的岭南建筑文化，必须要深入到文化内涵和建筑的发展规律，以及岭南建筑的本质、特征、经验、创作规律，这就是高层次特征的表现。

浅层次和中层次的特征表现是比较容易的，高层次的表现是难于直接表现的，它涉及文化领域，涉及哲学及人文学科范畴，要经过摸索、思考、分析，由表及里，再从理论上进行总结、归纳，从文化内涵上深入思考，从而得出经验、规律，这才是高层次的特征内容。

二、高层次的建筑特征表现

优秀的建筑传统文化是凝聚着中华民族自强不息的精神追求和历久弥新的精神财富的，它是我国社会主义先进文化的深层基础。岭南传统建筑文化是以传统民居、民间建筑为主，包括各类型的地方古建筑，它具有鲜明的岭南地方特征。长期的实践也带来了丰富的经验、手法、创作规律，这都是对岭南新建筑创作过程有着启发和借鉴作用的。

但是，传统的建筑经验和特征毕竟会带来旧时代的烙印，如封闭性、保守性，在新时代的形势下，必须用新时代的精神、先进的思想、先进的技术、艺术加以改造，使之形成一种新时代的，具有岭南特色的建筑

1　陆元鼎，华南理工大学建筑学院，教授.

作品。

那么哪些是岭南传统建筑文化的高层次特征表现呢？

其一，"楚庭"的特征。楚——相传岭南在古代曾属于楚国管辖之下。庭者，建筑包围之空间曰庭，庭即天井。北京称院落，因其面积较大，是建筑的外围空间。而天井面积较小，是建筑包围的内部空间，包围空间的建筑常相连，或用廊墙相连。所谓的"楚庭"特征，即岭南这个特征是沿袭楚文化传承下来的。到了岭南，当地传统建筑就是以天井为中心，建筑环绕天井庭院所组合的布局方式。岭南各传统类型建筑布局的形式大都如此。

其二，外封闭、内开敞的空间组合形式。这是封建社会下建筑对外的方式：只开门，不开窗，或开小窗。建筑内部则利用天井，开窗通风、换气、采光，同时积排雨水。内部还以廊巷作为通道。于是，在南方就产生了以天井、厅堂、廊巷道三者相结合的通风体系，也就是当地老百姓所称建筑物内的"冷巷"，或称"冷巷效应。"这种以"天井"为中心组合的经验，方法很多，上述仅举一例说明。

其三，外观建筑近方形、规整朴实，室内重点装饰，建筑讲究实用经济，这也是岭南地区传统建筑处理的原则。在群体布局中，特别在沿海地区这种近方形的建筑总体组合布局方式，对防风有利，这是因为沿海地区台风多的关系。

其四，建筑与大自然的结合。如地方上的民宅，内置天井小院，种植花木，小则盆景，或在宅旁设置小庭院，亦有宅居、庭院、书斋三者合在一起的。建筑与庭园结合，建筑接触到大自然，南方炎热的气候下可以降温。

岭南地区，水面多，如河、涌、濠、湾特别多。农村、乡镇、传统村镇几乎普遍都有。水是南方建筑中不可缺少的要素之一，水的利用是丰富岭南地区建筑的重要组合元素，如临水、跨水、伴水；相应的建筑如船厅、廊、桥、水阁、水轩、榭等都是不可缺少的构件元素。

总之，以上仅是岭南传统建筑构成特征的主要内容、手法和经验，在传统建筑创作方面还有大量手法、经验等，这里不一一赘述。

三、岭南优秀传统建筑文化的传承

1. 以实用功能为主，注重经济、外观朴实为辅的岭南传统建筑设计构想，无论在民居、民间建筑中，或者在其他各类型传统建筑中都贯穿始终。这种务实的设计思想来自岭南地区人民的文化性格，作风上的随和宽容和行为上的肯干务实。他们在农村中讲究节能、节材、节地，讲究实效。他们农忙下田，农闲打工，亦工亦农，不违农时。这种务实、经济的思想在建筑上就形成了讲究功能实用，注重经济，外观朴实的思想行为，一直影响到岭南近现代建筑的创作思想，例如近代城乡住宅的竹筒屋、联排屋，以及商场、医院等大型公共性建筑都是以实用为先，节地节材，不浪费资源。

2. 传统建筑中外封闭、内开敞的空间布局精神，在现时代条件下逐渐摒弃了封闭性，而改为现代建筑开放、开敞的方式。建筑要接近人民，为人民服务，表现在建筑上为采取开敞的布局，如敞门、敞窗、敞厅甚至楼梯也开敞。当然要根据实际要求，做到里外恰当。此外，也有的将敞廊、底层架空，屋顶开敞如露台花园。总之，在实用经济要求下做到有效的开敞，不拘一格。

3. 以天井为中心的建筑组合形式，在现代城镇规划中应用较广。封闭的天井庭院已改变为宽敞的广场、街口中心。在现代设计中，建筑物之间设置小广场，多幢建筑依靠院落天井，形成高低交差、前后错落的态势，加上院落植树绿化，不但在视觉上有着远近深浅和不同层次的景观效果，而且依靠天井院落的气流作用，形成炎热气候下凉爽舒适的空间。

在单体建筑中，特别在民间住宅中，天井已取得广泛的应用。近代建筑中，广州的竹筒屋（图1）、西关大屋（图2）、广州的茶楼，都是一些较好的实例。在现代建筑中实例更多，如广州白云山庄、双溪别墅、矿泉别墅（图3）、白云宾馆等。其他还有更多实例，不一一列举。

4. 传统民居建筑中，天井、厅堂、廊巷道三者组成的通风体系，也即"冷巷效应"经验，在现代岭南新建筑创作中理应是最广泛运用的，也是最有发展前途的经验之一。但是实际上并非如此，其原因是思想上认识

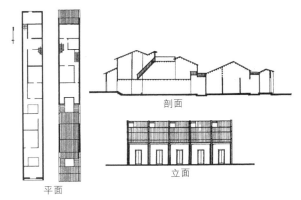

图1 广州竹筒屋

（图片来源：陆琦.广东民居 [M] .北京：中国建筑工业出版社，2008：71.）

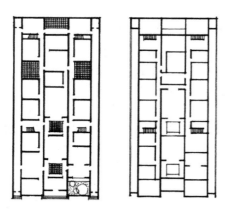

图2 西关大屋平面图
（图片来源：陆琦.广东民居［M］.北京：中国建筑工业出版社，2008：78.）

图3 矿泉别墅
（图片来源：石安海.岭南近现代优秀建筑·1949—1990卷［M］.北京：中国建筑工业出版社，2010：255.）

不够，认识不到"冷巷"原理可以改善室内环境，调节微小气候，节约能源资源，改善污染，降低建筑造价的效果。

近代住宅中，竹筒屋、多天井住宅的运用都属于冷巷效应。现代新住宅中，平面布局进出口风向的选定，厅堂的朝向，门窗的方位与大小，室内廊巷道的位置、宽窄与明暗，室内外天井小院的设置、大小与方位等，都是传统建筑的经验、规律、特征在新住宅中所借鉴、运用和发展的结果。这方面的例子很多，不再赘举。

5. 传统民居建筑经验中，建筑与庭园，园林的结合是岭南特征之一（图4、图5），它既能丰富岭南人民居住和生活的优雅情趣，又能解决建筑环境中的气候调剂。庭园给人舒适凉爽和大自然场所的效果，是一种大自然美的享受。

岭南近现代建筑最典型的就是人民喜爱的茶楼建筑，这是岭南人民生活中不可缺少的一种休闲文化和享受，实例如广州泮溪酒家、北园（图6）、南园酒家。宾馆带有园林的酒家有白云宾馆、白天鹅宾馆等。住居带园林的很多，一些商业住宅区也都设有带园林的小区设施，这是建筑与庭园结合的发展和普及，庭园已成为岭南人民的生活乐趣和文化休闲场所。

6. 传统民居、民间建筑中，水是建筑离不开的重要元素之一。在生活中水是必不可少的要素。传统村落、乡镇中，河涌穿越或环绕民宅；民居沿河而建，或傍水、或跨水、或依水、或引水入宅内，既能改善气候，又增生活乐趣。水是活力的象征，流动的能量。建筑与水的结合，使建筑具有活力、生命、朝气的表现，

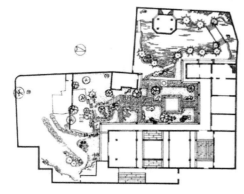

图4 广东佛山梁园群星草堂与船厅平面
（图片来源：陆琦.广东民居［M］.北京：中国建筑工业出版社，2008：96.）

图5 佛山梁园船厅（图片来源：同图4.）

图6 北园酒家
（图片来源：石安海.岭南近现代优秀建筑·1949—1990卷 [M] .北京：中国建筑工业出版社，2010：116.）

也是民居中改善微小气候达到降温的有效措施。

现代岭南建筑中，水是规划布局构成景观的重要元素，也是生活上不可或缺的要素。广州西关老区荔湾区，因修复荔湖涌而成为旅游点，周围传统建筑也得到相应的改造、扩建。涌的两旁建筑因接近水面而增加休闲舒适和文化享受之感。潮州市饶宗颐学术馆是一个较好的实例（图7、图8）。

图8 饶宗颐学术馆庭园
（图片来源：李孟提供）

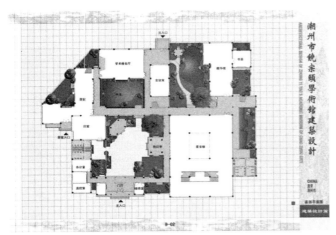

图7 饶宗颐学术馆首层平面图
（图片来源：华南理工大学民居研究所提供）

7. 传统民居、民间建筑中，密集布局、坡地建屋、就地取材、因材致用、节地、节能、节材、防污、低碳等生态保护措施，虽属原始，但其节约人力、物力资源，减少大地污染的精神是值得称赞的。

现代新建筑中对新技术、新材料的运用是新时代的要求，是正确的，值得高兴的；但也有某些建筑设计人员把传统的施工方法认定为落后、陈旧、保守、不科学，而没有想到可以用新时代的、先进的思想、新技术、新方法去改造它、改进它，使它适应新时期新时代的要求。当前，这已引起相关领域的重视，也已加强了措施。

建筑的创作一定要在传统的传承基础上发展，才能扎根于自己的民族、国家和地域特色；而广大的民居、民间建筑，包括地方上的各种建筑，包括古建筑，就是需要我们去总结、挖掘的宝库，其资料是极其丰富的。找出规律，总结经验，推陈出新，努力创新，岭南建筑的发展将前途无限光明。

参考文献：

[1] 陆元鼎. 岭南建筑创作与地域文化的传承 [M] //陆琦，唐孝祥. 岭南建筑文化论丛. 广州：华南理工大学出版社，2010：1—6.

[2] 陆元鼎. 岭南人文性格建筑 [M]. 北京：中国建筑工业出版社，2005.

[3] 刘敦桢. 中国古代建筑史 [M]. 北京：中国建筑工业出版社，1984.

乡村旅游导向下的关中乡村空间演进研究

——以陕西礼泉袁家村为例

陈 聪[1] 王 军[2]

摘 要： 近年来，陕西关中地区乡村旅游建设如火如荼，乡村旅游发展已经成为农村发展、农业转型、农民致富的重要渠道。本文以陕西省礼泉县袁家村为例，通过对聚落空间、建筑空间、建筑符号等的比较研究，探索乡村旅游产业在乡村空间演进中的影响及作用。

关键词： 乡村旅游；关中乡村；空间演进；袁家村

一、乡村旅游与乡村振兴

2017年10月，习近平总书记代表中国共产党第十八届中央委员会作的题为《决胜全面建成小康社会夺取新时代中国特色社会主义伟大胜利》的报告（以下简称"十九大报告"）提出，要实施乡村振兴战略。

近年来，全国各省的乡村旅游建设如火如荼，乡村旅游发展已经成为农村发展、农业转型、农民致富的重要渠道，十九大报告提出的乡村振兴战略无疑成为乡村旅游发展的又一剂催化剂，乡村旅游业将会有更大作为，更大担当。

自2010年农业部、国家旅游局开展全国休闲农业和乡村旅游示范县（市、区）创建工作以来，陕西省已有13个县、区被认定为全国休闲农业和乡村旅游示范县（市、区）。

二、袁家村聚落空间的历史演进

1. 袁家村的渊源

袁家村位于陕西礼泉烟霞镇九嵕山唐昭陵南部，据文献记载，该地原是陵墓周边的无人居住区。至明、清时期逐渐有逃荒者来此定居，按照先入者的姓氏取名

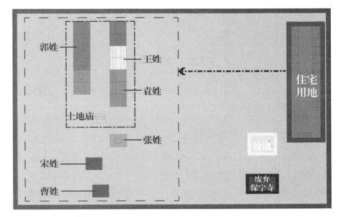

图1 袁家村初期空间格局

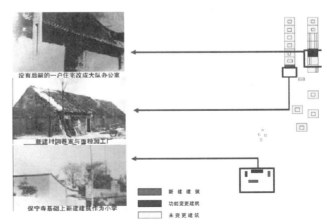

图2 袁家村20世纪60年代的空间格局

1 陈聪，西安建筑科技大学建筑学院，讲师，710055，21166570@qq.com。
2 王军，西安建筑科技大学建筑学院，教授，710055，prowangjun@126.com。

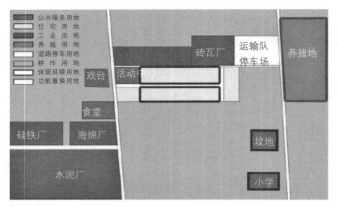

图3 袁家村20世纪90年代的空间格局

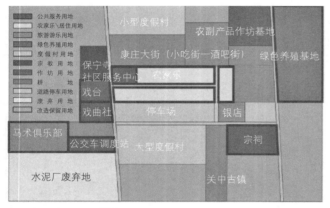

图4 袁家村21世纪初期的空间格局

为"袁家村"。直至20世纪70年代以前，受当地自然条件制约，该村是当地有名的贫困村。全村37户人家，不足200口人。400亩耕地都分布在弯曲不平的古河道上，"地无三尺平，沙石到处见"，是"跑水、跑土、跑肥"的贫瘠地。村民们大都居住在破旧、低矮的土墙房里，还有15户居住在低洼潮湿的地窖里。

这段时期里，袁家村主业为自耕农性质的小农经济，兼有少量的养殖业。因村民姓氏族群较多，袁家村聚落空间历史上呈现为典型的地缘性聚落特征。表现为：共享地方资源，各个族群共居一地，相互协调和制约。街巷线型清晰、区段分明，聚落中心不明确。

2. 袁家村的发展

20世纪70年代至21世纪初，伴随着国家政策的发展，袁家村在村中能人带领下通过发展农业、村办企业取得了翻天覆地的变化。聚落的空间格局随之也发生了较大的变化。村域空间内相继新建了民宅、工厂、养殖场、村委会、活动中心等。袁家村已经不是传统意义的以农耕为主的乡村，转变为多产业发展，以二产三产为主的新兴乡村（图3）。

村史记载："1983年投资70万元，建成了一座年产1万吨的水泥厂，当年投产，当年创利30万元，1986年初改扩建为5万吨，到1990年其产值一直稳定在了80万元左右，占全村工农业总产值的56%，成为村上的支柱产业。全村90%以上的劳力转移到第二、三产业中来，工农业产值比重发生变化，农业仅占0.5%，工商业则占99.5%，这标志着袁家村开始从传统农业跨入了现代农业的新阶段。"

3. 袁家村的现状

21世纪初，伴随着国家农村政策的调整，许多村办集体企业纷纷被迫关停，袁家村的发展也面临着困境。

在2003年中央农村工作会议首次提出"三农"问题，2005年国家提出新农村建设国家战略，2006年国家全面取消农业税等政策背景下，咸阳市城市总体规划（2006–2020年）设定马嵬镇和烟霞镇为旅游服务型中心镇的规划导向下，袁家村抓住发展机遇，迅速转型投身于乡村旅游建设中。

如今集"中国十大美丽乡村"、"全国乡村旅游示范村"、"中国十佳小康村"等荣誉于一身的袁家村，2016年全村286人人均纯收入7.5万元，是全国农民人均可支配收入的近7倍；村集体经济积累从2007年的1700万元，增长到2016年的20亿元，增长了近12倍。

三、乡村旅游导向下的空间演进

乡村旅游是以具有乡村性的自然和人文客体为旅游吸引物，依托农村区域的优美景观、自然环境、建筑和文化等资源，在传统农村休闲游和农业体验游的基础上，拓展开发会务度假、休闲娱乐等项目的新兴旅游方式。

袁家村转型发展乡村旅游产业以来，产业需求引发人的行为方式发生了巨大变化，进而引发聚落空间发生了巨大的变化。

1. 旅游产业对聚落空间演进的驱动

2007年以前袁家村主要以满足工农业生产、居住生活为主，主要的建筑空间类型为工业厂房、民房、农业建构筑物等，无法满足乡村旅游的使用。为体现袁家村"关中印象体验地"的乡村旅游定位，村里继而兴建"康庄老街"小吃街、茶楼、酒吧街、关中古镇、回民街等。截至2016年，村域范围约855亩地，其中旅游开

图5 袁家村2002年与2014年卫星图对比

发用地约500亩。

由以上卫星对比图可明显看出，旅游开发前，村落中用来农业耕作的用地占据了绝大部分，少部分用地作为村办企业及民宅用地，人工建造物呈点状、块状分布。整体村貌为普通地缘、业缘组合而成的乡村聚落。由于自身历史，或自然、人为等因素造成该村未见明显历史传统村落特征。乡村旅游开发后，经过七年的建设，村落中人工建造物已连接成片，逐渐显露出传统村落街巷、院落的空间格局。产业转型，驱动土地使用已由耕地转化成旅游建设开发用地。

2. 旅游产业对建筑空间演进的驱动

袁家村转型发展乡村旅游，是通过村委会对部分民宅进行改造成农家乐开始的，最早办了5家农家乐，几间作坊。初始仅仅满足游客吃农家饭，购农产品。随着袁家村乡村旅游产业不断升级，提供的增值服务越来越多样化，目前，袁家村已经能够提供具有"关中印象体验"的标准"吃、住、行、游、购、娱"全方位服务，与之匹配的建筑空间也日趋完善。

由以下建筑平面的对比图可明显看出，典型的关中传统民居是窄合院形态，兼具生产及生活的建筑空间，除满足村民普通起居功能外还需满足农具储存、家庭手工业生产等功能，是与关中地区普通农民的主业副业相适应的。而袁家村的单体建筑空间在旅游产业发展的驱动下演进为满足乡村旅游，即提供服务为主，如原有民房（村集体建于20世纪90年代）改建成民宿，提供住宿服务。新建小吃街、酒吧街满足游客的吃、喝、娱

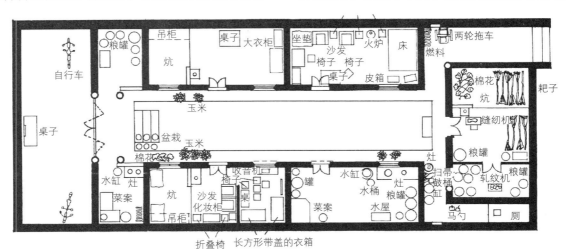

图6 典型关中传统民居建筑平面

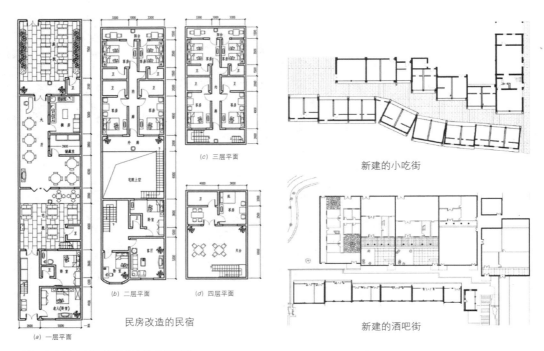

(a) 一层平面   (b) 二层平面   (c) 三层平面   (d) 四层平面

民房改造的民宿

新建的小吃街

新建的酒吧街

图7　袁家村乡村旅游部分单体建筑平面

乐的需求。

在传统关中城——乡（镇）——村的空间体系下，村的聚落空间一直是生产性为主的空间，是农作物或手工业的主要生产地，发生的交易行为较少。城、乡（镇）的空间则是商业交易，或是提供服务的场所，发生的交易行为较多。袁家村乡村旅游产业的发展几乎彻底改变了本村以一、二产生产为主的格局，演进成主要以提供交易、提供服务为主的第三产业形态。相应，驱动建筑空间的形态与旅游产业相适应。

3. 旅游产业对建筑符号演进的驱动

对普通游客而言，农家饭、农产品、农家作坊、民居形态等物化要素集合起来共同体现了传统的关中文化，即袁家村竭力打造的"关中印象体验"。为满足旅游的功能需求，虽然建筑空间无法真实还原传统民居的空间形态，但是，建筑的表皮及符号是可以高度重现传统建筑样式，以满足游客对关中传统文化的心理需求。

水泥厂建筑

西大门

农田中的厂房

东侧住宅楼

接待中心

图8　20世纪90年代初袁家村风貌

图9 2017年袁家村风貌

2007年以前袁家村的建筑物主要为现代建筑样式风格。民宅为20世纪90年代村集体统一规划建造的二层钢筋混凝土建筑，外饰以当时流行的白瓷砖。工业建筑也是典型的工业厂房样式。很难让人将此地此景与"关中印象体验地"产生联系。

2007年以后，袁家村通过新建、改造、拆除等方式，在短短十年左右的时间内，几乎完全改变了原有村落的面貌。新建建筑大量采用传统构件、做旧处理甚或将别处传统建筑整体落架搬迁至此重建等手法打造出看起来具有传统韵味的传统聚落空间。

4. 结语

袁家村自2007年以来发展乡村旅游产业，至今已成为火遍国内乡村旅游界的"关中民俗第一村"，在产业发展驱动下，袁家村的聚落空间形态、建筑空间形态、建筑符号样式都发生了巨大的变革。从"道"与"器"的逻辑关系角度来看，空间从内而外均扮演着"器"的角色，而产业性质则承担着"道"的角色。"道"的变化是导致"器"的变化的根本原因。从国家农村工

作角度来看，袁家村上演了一个村庄华丽变身的奇迹，真正践行了十九大报告中提出的乡村振兴战略。

参考文献：

[1] 李晓峰. 乡土建筑——跨学科研究理论与方法 [M]. 北京：中国建筑工业出版社，2005.

[2] 温铁军. 八次危机：中国的真实经验 1949—2009 [M]. 北京：东方出版社，2013.

[3] 周若祁，张光. 韩城村寨与党家村民居 [M]. 西安：陕西科学技术出版社. 1999.

[4] 王军. 西北民居 [M]. 北京：中国建筑工业出版社. 2009.

[5] 寿劲松. 袁家村空间发展机制研究 [D]. 西安：西安建筑科技大学. 2014.

[6] 王迪. 旅游产业导向下的乡村空间艺术创造研究——以礼泉袁家村为例 [D]. 西安：西安建筑科技大学. 2015.

落实乡村振兴战略的盘锦实践

——以辽宁省盘锦市全域乡村特色提升规划编制为例

朴玉顺[1]　彭晓烈[2]

摘　要： 本文以盘锦全域范围内乡村特色提升规划编制为例，通过阐述该项目在规划对象特殊性的把握、规划工作思路的创新，以村域为单位进行基础数据的准确和完整采集以及具有前瞻性和可实施性的乡村空间规划合理编制，旨在梳理盘锦乡村空间规划体系，通过乡村空间指引和管控，把社会各个领域的投入和建设活动统一起来，助力政府及乡镇建设主管部门完成有前瞻性和可操作性的顶层设计，以期有重点、有先后、有步骤地落实乡村振兴战略。

关键词： 盘锦；乡村；特色提升；空间规划；乡村振兴

乡村振兴是一个非常复杂的系统工程，涉及多个领域，包括乡村产业振兴、生态环境保护、土地集约高效利用、农田水利设施建设、基础设施、交通设施建设、社会事业投入、文化事业振兴、乡村建设等多项工作。乡村空间规划的指引和管控，是把社会各个领域的投入和建设活动统一起来的有效途径。科学指引好项目建设，管控好占地规模、建设规模、建设标准、外观风貌、建设时序等内容，是行之有效地落实乡村振兴的手段。本文以辽宁省盘锦市全域乡村特色提升规划编制为例，阐述如何通过空间规划指引乡村振兴。

一、因地制宜，充分了解当地乡村建设的实际

盘锦市位于辽宁省西南部，辽河三角洲的中心地带。盘锦市是全国首批36个率先进入小康的城市之一，GDP常年位居辽宁省前列，人均GDP连续八年居辽宁省第一，也是全国优秀旅游城市。盘锦市缘油而建、因油而兴，是一座新兴石油化工城市，是中国最大的稠油、超稠油、高凝油生产基地辽河油田总部所在地。

盘锦市由于经济条件优越，乡村建设现已经基本完成了第一、二阶段，进入了第三个阶段——特色建设阶段。盘锦全域已经列入城市建制体系——城镇化、城乡一体化程度较全省其他地区高。今天的盘锦乡村建设

在辽宁省具备了引领示范的基本条件：比如，农村燃气基本实现户户通，307个村实现24小时供水，建成了城乡一体的大环卫体系，完成了城乡客运公交一体化改造工程，实施完成了农村小型污水处理工程试点，正在全域推广农村燃气壁挂炉取暖。盘锦获得住建部"中国人居环境范例奖"，石庙子村成为"中国美丽休闲乡村"，赵圈河镇入选全国首批特色小镇，宜居乡村建设带动形成了城乡一体化发展的巨大优势。

当然，盘锦乡村和全国大部分地区的乡村一样当前还存在很多问题。比如受重城轻村观念影响，对乡村的投入不足和不平衡，由于缺乏协调，有些项目存在重复建设、互相冲突的问题；发展建设缺乏长效机制，模仿城市的做法使乡村环境和生活遭受冲击和破坏等。对于盘锦而言，核心问题还有缺少具有可操作性、统一性的顶层设计，各区县各自为政；缺少产业特色和文化特色；缺少地域内部差异，同质化非常严重；对历史文化的极度忽略；对乡村建设发展定位缺少充分的依据，相应规划缺少可实施性等。面对国家各个领域、各个层面的投入，政府及其主管部门仍然感到无所适从，不知道如何与建设活动紧密联系起来。

盘锦这些独特的优势和问题注定了它的乡村振兴规划一定不同于辽宁其他城市，也不同于全国其他省市。因地制宜，从盘锦当地的建设实际出发，是项目组在此次规划中提出的核心观点。

1　朴玉顺，沈阳建筑大学地域性建筑研究中心，教授，110168，634858356@qq.com。
2　彭晓烈，沈阳建筑大学城镇化与村镇建设研究院，教授，110168，627609548@qq.com。

二、打破常规，采用创新性的规划思路

在以往的规划工作中，经常有规划与实际不符，无法实施和落地的情况。耗费了大量人力、物力的成果变成了"图上画画，墙上挂挂"的戏言。为此，笔者所在的项目组在此次规划中，学习并采用了目前较为先进的工作思路，其基本特点有以下三个方面的含义：

1. "抬头做规划"——仔细研究市场经济变化、社会发展趋势，顺应中央、省市等上级发展要求，尊重城市规律

为此，项目组通过各种渠道收集了有关文件、法律法规共100余个，充分掌握了国家、省市对乡村工作的要求以及乡村振兴的大政方针。

2. "开门做规划"——充分整合各部门资源，广纳部门，统筹协调部门利益

为此，项目组对盘锦市、大洼区、盘山区、辽河口生态经济区、辽东湾经济开发区的73个部门进行广泛调研，听取各级各部门的声音。比如调研了盘锦市11家委办局，即规划局、国土资源局、城乡一体化办公室、统计局、旅发委、海洋与渔业局、文化广电体育局、林园局、农村经济委员会、湿地中心、地方志办公室。再比如大洼区的8局，即规划局、发改局、文广局、文旅局、国土局、水利局、农经局、侨务办以及14个镇（街道）：赵圈河镇、唐家镇、田家街道、新兴镇、前进街道、清水镇、新立镇、大洼街道、新开镇、向海街道、西安镇、榆树街道、平安镇、东风镇的政府。

3. "赤脚做规划"——系统掌握现状情况和问题症结，了解各利益主体的诉求，实事求是地按需要编制规划，避免不切实际，千篇一律

盘锦市盘山县、大洼区、辽河口生态经济区、辽东湾经济开发区所辖村庄及社区数量总计325个村（含涉农社区），去掉盘山城区建成区所在社区3个、大洼城区建成区所在社区2个、辽东湾经济开发区建成区所在社区5个，本次重点规划的村庄数量为315个。其中，大洼区127个村、辽东湾经济开发区29个社区、辽河口生态经济区28个村、盘山县141个村。城区建成区所在社区虽不在规划范围内，但其自然资源、历史文化资源等特色资源与其他村庄关系密切，所以在本次规划中与重点规划的315个村庄进行统筹协调、整体控制。项目

组完成了全部325个村的实地调研。

三、以行政村为单位全方位的信息收集，保证数据的真实性和完整性

我们国家是村、乡（镇）、县、市的行政管理体制，各单位各部门的投入往往以行政单位为对象，而以往的全域规划几乎清一色的打破了行政边界，二者矛盾常常出现，使得规划实施和落地困难。本次规划最大的特色是以行政村为单位对乡村资源进行系统的梳理，并使其在空间上直观地反映出来。

2017年沈阳建筑大学受盘锦市规划局委托，历时近半年，对盘锦全域325个村庄进行了首次系统的梳理，并建立了盘锦全域乡村的全息数据库。数据库的内容如下：每个村基本情况的现状（如人口、规模等），自然资源的现状（如类型、数量、空间分布等），历史文化资源的现状（如类型、数量、空间分布等），村域土地利用现状，村庄建设现状（如村民的住房、活动场所、景观环境等），公共服务设施、基础设施（如道路、上下水、防洪、供热、电力电讯等）现状，与旅游相关的服务设施（如饭店、住宿、景点等）现状，村产业及产业融合现状以及与宜居乡村建设有关的系列规划等。图1、图2为盘山县德胜村的特色资源分布图和现状资源调查表。

四、单一资源和多种资源空间分布统计，保证结果的科学性和准确性

1. 单一资源的空间分布特点

根据盘锦乡村资源的特点和市政府未来发展的愿景，将现有资源分成自然资源、历史文化资源、农业资源、工业企业、服务业和旅游业六大类。将325个村中这六大资源中的每一项资源根据规模、数量分别落入盘锦全域的乡村空间中，得出每项资源在全域范围内的数量和分布状况。比如历史文化资源（图3），盘锦市的历史文化始于新石器时代，起步不迟却发育缓慢；明代才形成第一种成熟的文化形态——卫成文化；到了清代，盘锦踏上了个性化的文化发展之旅，衍生了辽河文化、渔雁文化、帆船文化、渔猎文化等；新中国成立后，又相继孕育并诞生了知青文化、稻作文化、河蟹文化和石油文化等地域文化形态。其中，盘锦地域文化的亮点均以湿地文化为孕育母体，成就于平民求生存的努

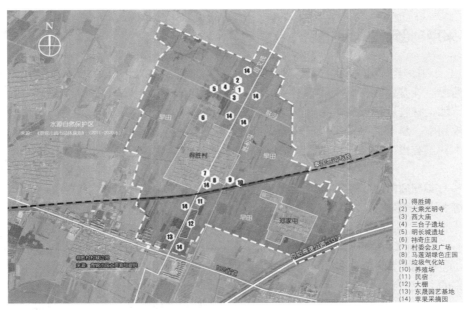

图1 盘山县德胜村特色资源现状分布图

(1) 得胜碑
(2) 大乘光明寺
(3) 西大庙
(4) 三台子遗址
(5) 明长城遗址
(6) 祎奇庄园
(7) 村委会及广场
(8) 马莲湖绿色庄园
(9) 垃圾气化站
(10) 养殖场
(11) 民宿
(12) 大棚
(13) 东晟园艺基地
(14) 苹果采摘园

图2 盘山县德胜村现状资源调查表

力之中，是一部平民生活的演绎史。经过对历史文化资源的空间分布统计，发现全市村庄内的历史文化资源总计359个，其中资源数量较多的村庄主要分布在甜水镇、胡家镇、得胜镇、高升镇、沙岭镇、古城子镇、赵圈河镇、清水镇、东风镇、西安镇、二界沟街道、荣兴街道和田庄台镇，这13个镇的历史文化资源占全市村庄总量的70%以上，空间分布很不均衡，呈现出四周多中部少和东部多西部少的特点，类似反写的"C"形。其中，二界沟镇的海兴社区、海隆社区，田庄台镇的胜利社区、久远社区、马莲社区、北大社区、码头社区，得胜镇的得胜村资源密度非常大，形成明显的历史文化资源集聚区。田庄台镇已于2009年列入辽宁省历史文化名镇，成为辽西地区首家省级历史文化名镇。全市村庄内的物质文化遗产228处，占全市村庄总量的64%，非物质文化遗产131处，占全市村庄总量的36%，高等级的资源数量非常少。拥有国家级非物质文化遗产的村庄分布在二界沟街道和西安镇，拥有省级非物质文化遗产的村庄分布在二界沟街道、西安镇、田庄台镇和得胜镇，

图3 历史文化资源空间分布现状

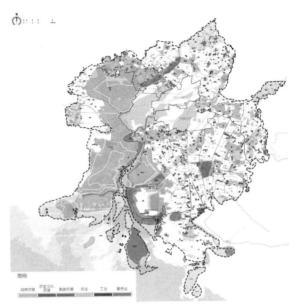

图4 六大资源的综合分布现状

合计6个；拥有国家级文物保护单位的村庄分布在田庄台镇，拥有省级文物保护单位的村庄分布在东风镇、田家镇、羊圈子镇、得胜镇和坝墙子镇，合计9处。同样的方法得到农业资源的空间分布现状、工业企业空间分布现状、服务业空间分布现状以及旅游业空间布局现状。

2. 特色资源（综合性资源）的空间分布特点

将以上六大资源在全域空间分布状况为基础，在盘锦市域范围进行进一步的空间叠加，得到不同资源在同一空间叠加后的资源空间分布综合现状（图4）。通过空间叠加看到，羊圈子镇、东郭镇、石新镇、赵圈河镇、二界沟镇、榆树街道南部等市域西部乡镇（街道）自然资源覆盖面积达80%以上，旅游产品覆盖面积约占全市70%以上，以大规模的景区为主，其余旅游产品呈分散式分布于市域中东部，说明西部区域是自然资源分布的核心区域，也是市域旅游产业发展的核心区，二者关联度较高。市域中部小规模旅游产品以及服务业分布较集中，主要位于向海大道两侧，可见二者关联度较高。盘山区北部及大辽河沿线是历史文化资源分布集中区，以历史文化资源为其核心特色，但是其旅游产品分布分散、数量不多，可见盘锦市旅游业发展与历史文化资源耦合度不高，关联度不强，对于历史文化资源的开发利用程度不够。盘锦市旅游产品的开发以自然资源为核心基础，因此集中分布于市域西部，盘锦市底蕴丰厚的历史文化资源没有成为其另一重要的旅游资源，保护意识不强，开发利用程度不高，无法形成旅游发展的内

生动力，因此市域北部及东部的旅游产品较少，发展滞缓。与此同时，由图可知，在自然资源优势不明显的情况下，盘锦市特色农业同样与旅游业的空间耦合度较低，休闲农业旅游存在困境。

五、空间规划，突出前瞻性和可实施性

1. 特色片区和特色层级的确立

此次规划的主要目的就是要帮助盘锦市政府及其乡村建设主管部门找到乡村振兴的思路和步骤，具体而言，就是解决在具体的建设中，先建什么，后建什么，不同的村镇到底怎么建，建成什么样等问题。所以，为了最后的规划能够更加具有前瞻性和可实施性，项目组一反常规地作了以上一系列工作。在此基础上，此次规划根据现有资源特色的强弱、发展潜力、全域旅游的关节点、尽可能形成片或带等基本原则，确定了不同类型产业发展的重点区（某一个或几个村）、核心区（某一个或几个村）和辐射区（某一个或几个村）。此次规划以村界为边界划定9大特色区（图5），即综合服务特色区、红海滩湿地特色区、芦苇湿地特色区、辽河文化特色区、辽河口历史文化特色区、湿地休闲养生特色区、知青文化特色区、生态稻蟹特色区和农产品加工特色区。每个特色区按照特色的强弱，又划定了特色重点区、特色核心区和特色辐射区，对应各个特色区的村庄则为特色重点村、特色核心村和特色辐射村。全市特色重点村56个，特色核心村136个，特色辐射村133个。

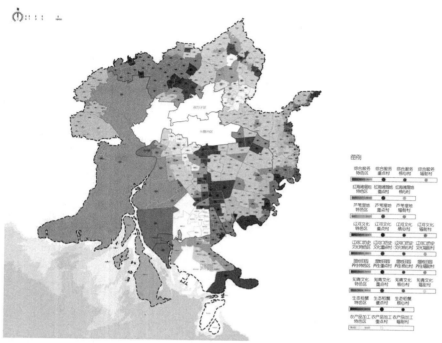

图5 特色区空间布局规划图

2. 乡村空间体系的确立

本次规划以村域为研究单元，对全域范围内各项特色资源的分布规律、规模进行分析，在全域范围内搭建地域特色研究的整体框架——划片、连线、分层、分级，使各片区发挥所长，错位发展，以村界为边界划定几大特色控制区，明确各自的特色定位，在每个控制区又按照特色的强弱，合理划定重点打造的特色核心区和特色辐射区；通过各片区之间的资源相关性或区位相关性确定各大小特色片区之间的联系方式，形成特色轴带；根据各乡镇的资源优势类型，科学确定了重点培育的不同类型的特色镇、特色村，最终形成一个通过由点、线、面构成的盘锦市特色规划网络，各要素联动发展，形成"九区六轴四心十三镇六十六村"（图6、表1）——具有盘锦特色的乡村振兴模式。

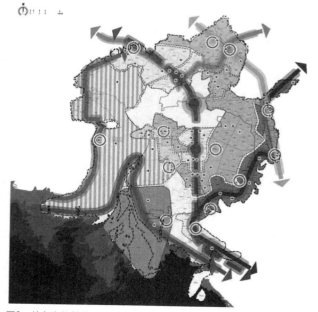

图6 特色空间结构规划图

盘锦特色的乡村振兴模式
"九区六轴四心十三镇六十七村"   表1

九区	综合服务特色区、红海滩湿地特色区、芦苇湿地特色区、辽河文化特色区、辽河河口历史文化特色区、湿地休闲养生特色区、知青文化特色区、生态稻蟹特色区、农产品加工特色区
六轴	辽河口历史文化轴带：以多元的辽河口文化为联系载体，串联得胜镇-高升镇-沙岭镇-古城子镇 辽河文化轴带：以大辽河古河道文化为联系载体，串联大辽河流域的6个乡镇，沙岭镇-古城子镇-东风镇-西安镇-平安镇-田庄台镇 休闲特色农业轴带：依托自然资源和农业特色优势，以休闲农业发展模式为联系载体，串联甜水镇-胡家镇-太平镇-得胜镇-高升镇 滨海文化轴带：以海岸线为联系载体，以渔雁文化为核心，串联盘锦市海岸沿线乡镇，东郭镇-赵圈河镇-榆树街道-二界沟镇-辽东湾新区 湿地文化轴带：以纵穿湿地的主要交通干线为联系载体，串联羊圈子镇-石新镇-东郭镇 综合服务轴带：以纵穿市域的向海大道为联系载体，以综合服务功能为核心，串联北站新城-盘山城区-中心城区-大洼城区-辽东湾新区
四心	一级综合服务中心：中心城区、辽东湾新区 二级综合服务中心：盘山城区、大洼城区
十三镇（街道）	旅游型特色乡镇：赵圈河镇、唐家镇、东郭镇、（二界沟街道） 历史文化型特色乡镇：得胜镇、高升镇、沙岭镇、古城子镇、西安镇、田庄台镇、（荣兴街道） 现代农业型特色乡镇：新兴镇、甜水镇
六十七村	芦苇湿地特色村：兴盛村、园林村（赵圈河镇）、蓝石碛村、圈河村、红塔村、腰岗子村、双喜岭村、双喜岭社区、九龙村 红海滩特色村：兴海村、海隆社区 历史文化特色村：得胜村、高升村、红岩村、东三台子、六间村、沙岭村、三河村、古城子村、夹信子村、上口子村、小亮沟村、平安村、北大社区、南大社区、码头社区、久远社区、胜利社区（田庄台镇）、南锅村、二创村、华侨村 现代农业特色村：坨子里村、园林村（新兴镇）、永红村、立新村、西胡村、东胡村、廿家子村、田家村、于家村、鸭子厂村、郎家村、四家子村、陈家村 田园养生特色村：唐家村（唐家镇）、白家村、朱家村、北窑村、石庙子村、王家村、西伍村、唐家村（新立镇）、杨家村、曾家村 综合服务特色村：北站社区、杜家社区、贾家社区、太平社区、大洼村、胜利社区、良种村、小洼社区、何家村、田家社区、大高家社区、非农社区、荣滨社区

六、结语

这些年国家产业、生态、建设、社会、文化等方面建设了很多农村建设项目，但是不少项目之间缺乏协调，利用效率不高；同时有些项目只注重功能建设，没有与周边的乡土环境相协调。我们希望通过空间规划指引、多规协调把这些项目统一起来，减少冲突、复合利用，同时建设得具有乡土特色。最大价值地发挥建设项目的综合作用。盘锦实践告诉我们，乡村发展是点线面的结合，有重点有一般、有积聚也有放松，才能更有机地发展。梳理体系、合理布局，有重点有先后的科学推进，不同的建设标准，不同规模，不同建设时序，有步骤地实现乡村的全面振兴。

参考文献：

[1] 盘锦市人民政府地方志办公室. 盘锦市志——科教文化志 [M]. 北京：方志出版社，1997：222.

[2] 高科. 大洼风情-中卷-情满水乡 [M]. 沈阳：白山出版社，2006：158.

[3] 杨春风，杨洪琦，林声等. 辽宁地域文化通览 [M]. 沈阳：辽宁人民出版社，2014：277.

[4] 宋晓冬. 古渔雁民间故事精选 [M]. 沈阳：春风文艺出版社，2011：45.

[5] 杨洪琦，杨春风. 盘锦文物志 [M]. 沈阳：辽宁人民出版社，2014：178.

福建传统村落的保护与活化研究

——以宁德地区为中心的考察

李华珍[1]

摘　要： 在对宁德地区传统村落的数量、类型与保存现状分析的基础上，通过共案与个案分析，提出了福建传统村落保护与活化的策略：1）转变村民观念，树立文化自信心；2）催生可持续的乡村产业，重新激发传统村落的活力，留住乡村人口；3）转变政府职能，充分调动社会各界与民间力量广泛参与；4）规划设计与实施应有延续性、一体性，鼓励陪护式的技术支持；5）对传统村落中的建筑进行有针对性的分级保护，延续传统建筑使用功能。

关键词： 传统村落；保护；活化；类型

近几年，随着国家越来越重视传统文化、传统村落与传统建筑，全国各地的"乡建"活动也逐渐蔚然成风，各行各业都将关注点从城市转向乡村，纷纷为乡村的发展出谋划策，也涌现出了一些成功的案例。而福建传统村落在保护与发展方面则显得相对滞后，笔者总结这几年在福建传统聚落调研所得，以宁德地区作为主要的考察对象，力求厘清福建传统村落的现状与问题，同时提出福建传统聚落保护与活化的策略。

一、宁德传统村落的数量、类型与现状

福建省的传统村落资源丰富，类型多样，宁德地区的传统村落又是其中的佼佼者。据统计，宁德地区已公布的省级以上的传统村落（包含历史文化名镇村）有172个，占整个宁德地区2135个行政村总数的8.06%。另外，据笔者及团队近两年对宁德市2135个村的摸底普查，初步统计出还有94个村庄历史风貌相对完整，可建议增补为传统村落。二者相加，其传统村落的总数有266个，占12.46%，这个比例在福建省全省范围来看是名列前茅的。

这些传统村落类型丰富，价值较高。从选址看，其传统村落主要分为溪谷村落、高山盆地村落、山地村落、海岛（边）村落等几类。从村落物质形态与文化形态综合考量看，宁德传统村落又可分为文化型、山水型、商贾型、海防型、畲族型、渔村等六种类型。每种类型各有特色，内涵丰富。但其保存的现状却不容乐观，存在着很多问题，比如，空心化倾向严重；地方政府保护积极性不高，缺乏有效的推动机制，政府主导的保护模式单一；保护资金短缺；保护规划缺乏可行性与可操作性；村民保护意识淡薄，保护参与度较低等等。[2]

二、传统村落保护与活化策略

除了对宁德地区的传统村落的整体状况做分类比较分析和共性分析之外，笔者及项目组还对宁德地区之外的永泰嵩口镇和大田济阳村作了详尽的个案分析。对永泰嵩口镇，笔者深入分析了其传统民居在平面布局、构造做法、建筑造型与装饰等方面的特色，指出其因地制宜、就地取材、天人合一的传统建筑智慧与独特的建筑文化现象和价值，同时也分析了村落和建筑蕴含的多元交融的商业文化价值。在此基础上，分析了嵩口传统民居保护过程中存在的问题，以及引入台湾联合团队后给嵩口带来的改变和启示，提出了以政府为引导、多方

1　李华珍，福建工程学院建筑与城乡规划学院，副教授，350008，373467284@163.com。

2　上述内容笔者曾在"福建传统村落的现状与问题——以宁德地区为中心的考察"一文中深入讨论过，该文拟发表。

共同参与、上下合力的古民居再利用策略。[1]

对于大田县济阳村，笔者在实地调查与测绘的基础上，从平面布局、材料构造及建筑形象等方面探讨了济阳传统建筑兼融闽南官式大厝、闽中防御性建筑、山地建筑及西洋建筑等风格的多元建筑形态，并试图借助历史学与人类学的一些方法，深入探讨影响其多元建筑形态特征形成的自然、经济、文化及社会结构等深层次的原因，以便揭示其建筑发展的规律，更充分地展现其建筑历史文化价值。同时，笔者还依据调研中获取的完整详细的《济阳涂氏族谱》和访谈资料，再现了脉络清晰的济阳古村生成、发展与演变的动态过程，探讨了聚落发展的内在动因，剖析了在这过程中形成的顺应自然、师法天地又符合村民生计的聚落营造观念，强调了宗族观念与地方乡绅在聚落延续与发展过程中发挥的重要作用，及其在当下依然隐而未现的凝聚力。指出，正是这种济阳古村与其他村落的不同之处，为济阳古村谋求内生性的自主发展模式提供了可能性。[2]

正是基于对福建传统村落这些共案和个案的详尽分析，笔者及团队提出了相应的传统村落保护与活化策略。

1. 转变观念，树立文化自信心

正如罗德胤指出的"乡村遗产保护面临的最大困难，不是技术问题，而是观念问题"。[1]长期以来，福建地方基层社会中，村民将传统村落与传统建筑视为贫穷落后的代名词，基层政府将其视为大包袱，因而在面对保护问题时难免敷衍塞责，甚至冷漠抵触。这种观念非一日之寒，要想扭转，也要有打持久战的准备。

首先，要加大宣传力度。通过各种渠道，尤其是便捷的互联网，大力宣扬传统村落、传统建筑与传统文化的价值，让人们意识到其不可再生性，重拾人们对传统文化的自信心。实际上，不时参访传统村落的专家学者、游客、艺术家，以及媒体的宣传已经让人们朦朦胧胧地意识到了传统村落的价值，但大多数人还只是将其看成"古董"，等着"他人"将其激活。

其次，策划一系列的活动，激发人们对传统生活、生产方式的记忆与情感，让人们切身体会传统与当下的密切联系，并萌发传承的意愿，增强对村落的归属感和认同感。唯经济至上的社会导向使得很多人逐渐淡忘了很多传统。为了拉回人们的记忆，笔者及团队成员带着学生们在几个传统村落开展了一些活动。比如，在

大田县大岭下村开展了一场组建乡村博物馆的活动，号召村民们捐出自家弃置不用的老物件用于陈列。活动中，村民们表现的极为踊跃，纷纷回家搜罗了各种反映传统生活生产方式的用品、工具以及一些家谱、田契等。这场活动，让中老年村民重新找回了记忆，也教育了青壮年与孩子，收到了较好的效果，在传统村落的保护进程中开了个好头。同时，还可以挖掘各个传统村落的优势资源或特产，举办一些节日或庆典，吸引外来的游客，让村民在增加收入的同时也加强对传统文化的认同感。比如屏南双溪的古镇元宵灯会，屏南棠口乡端午节走桥习俗，屏南北墘村的黄酒民俗文化节，永春岵山的荔枝节等都有效地激发了人们对于传统的认同与重视。

再次，建立示范村和示范建筑，通过示范的作用，让人们重新认识传统村落和传统建筑的实际使用价值，从而激发村民自觉自愿的保护意识。示范的作用是无穷的。通过媒体等各种渠道宣传全国各地比较成功的一些保护案例，比如郝堂村、西河村、莫干山等。同时，也建议各个地区都选取若干个典型的村落或建筑，由政府筹集启动资金，调动各方资源，从硬件与软件方面进行改造，使其满足人们现代生活的需求。身边的案例更有说服力，永泰嵩口镇"松口气"客栈的成功经营就让嵩口人看到了传统民居的价值，从而树立传统民居保护和再利用的意识。

总而言之，要充分调动各种资源，开展各种活动，使让人们看到传统村落和传统建筑的各种可能性，从而增强文化自信心和自觉的行动力，留住乡愁。

2. 催生可持续的乡村产业，重新激发传统村落的活力，留住乡村人口

中国在推进工业化和城镇化的进程中，不得不大量从农村汲取剩余价值，从而加速了农村传统产业的凋敝。城镇化进程固然盘剥了农村，但也带来了希望。越来越多的乡村解体或撤并，造成了人们情感与记忆的荒芜，城里人愈发希望能"望得见山，看得见水，记得住乡愁"。同时，越演越烈的食品安全问题，也使得"舌尖上的安全"变得越来越迫切。在这样的背景下，转变思路，农村产业转型也有多种可能性。

传统村落由于在物质形态与非物质形态上都保留了较多的传统特色，本身就存在较强的文化产业优势。但每个传统村落的特色、类型与价值都不同，应该具体

1 李华珍. 嵩口传统民居建筑特色与再利用探析 [J]. 艺苑2017 (2)：89—92.
2 李华珍. 大田县济阳传统村落特色与保护 [J]. 福建工程学院学报，2016(1)：97—102.

深入地分析每个传统村落的优势与劣势，充分挖掘其特色资源，从而发展不同的产业。文化型、海防型、畲族型和渔村型的传统村落，由于其特色鲜明，很容易勾起人们旅游观光的兴趣，因此可以充分利用其特色及周边资源的联动性发展旅游业。旅游是一把双刃剑，虽然有一些负面的影响，但适度把握、合理开发还是当前最行之有效的一种激活传统村落的方式。当然，旅游也绝不能停留在目前过境观光或农家乐的低档水平，而应该充分挖掘其特色，发展体验型、参与型的项目，如手工业体验、休闲农业体验、民宿体验等，让游客真正愿意留在村中，从而带动相应的服务业的发展。这点上，浙江、江苏、安徽等地的传统村落旅游开发都提供了很多成功的经验可供借鉴。

而对于商贾型的传统村落而言，可以继续发挥其传统产业的优势，结合文化创意产业，开发更适应当下需求的产品，借助互联网+的方式向外推介，让传统产业重新焕发生机。

对于空心化严重的山水型传统村落而言，可以引入艺术家，发展画家村、写生村等艺术类产业。艺术批评家程美信就在屏南县屏城乡厦地村发起了艺术驻村公益项目，为国内外艺术家提供非营利性的创作空间，并启动了艺术家驻村计划、电影公益培训基地、写生和摄影基地等项目。"这不仅将带动当地旅游经济的发展，解决就业问题、带来经济收入，还提升了屏南的文化品牌。"[2]

对于还保留有传统农业的村落，发展传统农业、有机农业也是大有可为的。为了吃得放心，现在越来越多的城里人将眼光投向了有机农业。利用传统自然的方法培育出来的粮食、蔬菜越来越受人们青睐。厦门大学经济学博士、华安保险独立董事余云辉在古田杉洋镇蓝田传统农耕社，吸收该镇10位农户为社员，承包山区成片抛荒梯田100多亩，以最传统的耕作方式种植水稻。并通过"互联网+微信+众筹+快递"的方式，把所生产的无污染优质新鲜大米以每户每月600元/25公斤直销给60户城市居民家庭。构成了一个相互信赖、互利互惠的微型城乡经济共同体和新型城乡熟人社会。"通过这一平台，每个社员每月只要保证出工20天就可以有3000元的稳定收入。仅此一项就相当于当地一个精壮劳力的收入，将近是当地农民人均收入的3倍。"[3]这样的方式，不仅增加了人们的收入，而且使人们看到了传统农业的价值和效益，有利于传统农耕方式的保留与传承。

中国目前正在逐步步入老龄化社会，利用交通便利的传统村落，发展配套相应的硬件基础设施，将传统村落的保护开发与养老产业相结合也可能是将来大有可为的一个方向。

综上，传统村落有其经济、生态、社会及文化等方面的优势，只要转变思路，有创意，把好脉，对上症，传统村落的产业复兴并非天方夜谭。发达国家的逆城市化也充分证明乡村继续存在的价值及其未来发展方向。例如，孟德拉斯（1991）指出，法国从20世纪70年代开始，农村人口数量止降反升……生活在农村或小城市是3/4的法国人的期望。[4]

3. 转变政府职能，充分调动社会各界与民间力量广泛参与

目前传统村落的保护与发展基本上由政府主导，从政策法规、规划设计、资金投入到实践操作都是自上而下、大包大揽式的。这种模式集中打造一两个示范村比较可行，可是面对数量如此之多、分布如此之广、问题如此复杂的传统村落，政府也就力有不逮了。可以借鉴日本、中国台湾社区营造的经验，将政府职能由主导转变为引导，主要在政策法规、资金筹集以及资源调配等方面做好协调与统筹，具体权力尽量下放给村落。可以将传统村落保护纳入政绩考核指标，调动各级政府的积极性。同时，各级政府可以统筹安排中央与地方"扶贫攻坚"、"美丽乡村"、"传统村落"、"危房改造"、"特色小城镇建设"等投向农村的资金，整合这些资金，适当向传统村落倾斜，在一定程度上解决传统村落保护的资金问题。

目前社会各界对传统村落的关注度是非常高的，也非常愿意对其投入精力与财力。政府可以凭借其威信，统筹社会各界的力量，为传统村落的发展献计献策，甚至可以借助众筹的方式，部分解决一些资金问题。

同时，传统村落内部的力量更是不可忽视的。笔者完整考察了大田县济阳村发展演变的过程，发现济阳古村风貌能够得以延续至今，地方乡绅的作用不容小觑。他们不但独股或合股建造住宅，而且"凡庵堂祖宇、道路桥梁以及县署考棚，靡不董建"。还立膏火数千亩租田，栽培子孙经文纬武。为加强乡族的凝聚力，这些地方乡绅一直十分重视维修或重建祖堂。仅清同治年间，涂氏德字辈的乡绅就为首倡议重建了仁寿堂、井宿堂；重修了岱山堂、乌纱堂等8座祖宇。光绪年间又重建新垎堂，重修了乌纱堂、瑚山堂、莲花庵等6座建筑。可见，在传统宗法观念与乡土意识的影响下，乡绅是济阳乡村社会的主导性力量，乡村公共事物主要由绅士出面组织，也维系了村落传统文化，延续了村落历史风貌。

如今，乡绅在济阳乡土社会中看似缺失或者断层了，但实际上还是隐性存在的。济阳现存的老宅很多均已修复或正在修复，保存状况较好，基本上都是通过各

房支有威信的人出面牵头成立理事会，而后通过按人丁摊派的方式筹集资金进行修复的。当然，其间有能者多出资，经济状况稍差者可以投工投劳，互相协调成事。而一些保存状况欠佳的老宅，多是一些无人出面牵头或经济状况不好的房支。也有一些知识分子，比如教师、政府官员、企业家等退休返乡后，致力于村落传统文化的宣传、保护，同时也通过身体力行修复祖宅，起到了很好的示范作用。河山楼就是由一对退休的老夫妻回乡后本着修旧如旧的原则修复的，不仅成为他们养老的好去处，也成为当地村民喜欢聚集聊天的场所，为传统民居的再利用提供了好范本。济阳还有大量散居在外的华侨与村民眼中的"能人"，他们大多有反哺乡梓之心，却没有找到好的途径。

因此，政府适当引导，重构新乡贤，积极创造条件让村民参与到聚落保护中，恢复或加强村民的文化记忆，有利于改变因城镇化浪潮所带来的村民文化自卑与文化自毁意识，从而增强村民的文化自豪感与文化认同度，为传统聚落的"活态"保护与发展找到内生的动力。这种内生性的自下而上的自主保护模式，尊重乡民的主体性，有助于接触到村落保护的本质，体现村民真正的利益诉求，这样的保护与发展才是乡村性的，也才能真正地留住乡愁，留住文化，不至于变味。

4. 规划设计与实施应有延续性与一体性，鼓励陪护式的技术支持

面对传统村落规划设计与实践相脱节的问题，笔者借鉴目前国内的一些成功经验，提供了几条经验借鉴。

首先，鼓励成立农村建设联合体（由规划、设计、农业、社会、旅游、艺术等工作者共同参与）承接传统村落规划设计与规划实施一体化的进一步试点。政府一次委托给农村建设联合体，政府制定传统村落的分类要求、规划设计的基本内容与技术指南；具体传统村落规划设计的内容、方法、深度、期限、进程、成果等，由承接单位带着国家的经费指标与当地政府合作，与当地政府及村落根据具体情况自行决定。[5] 近年来湖北省已经在乡村"规建管"结合上迈出了具体的步伐，取得了可喜的成果。[6]

其次，政府应该在政策与资金上提供支持，鼓励福建省有建筑学背景的高校师生、年青规划师、建筑师到乡村去，建立实践基地，给予传统村落长期陪伴式的技术扶持，给传统村落送去技术上的支持与援助，从而给规划设计落地提供可能性。也让规划师与建筑师们真正了解传统村落需要什么样的设计，真正解决村落中

的实际问题。目前，浙江、广东等省在这一方面已经现行，并总结了一些经验，也涌现了一些优秀的案例，可以给予我们很多借鉴。遗憾的是，由于研究周期和实际条件等方面的限制，笔者及项目组成员还没来得及能够选取典型建筑实施改造，这也将是本课题后续要跟进的课题。

5. 对传统村落中的建筑进行有针对性的分级保护，延续传统建筑最基本的使用功能。

费尔顿曾经讲道："维持文物建筑的一个最好的办法是恰当地使用它们。"要使传统村落中的传统建筑永葆活力，最有效的途径就是帮助它保持并强化其使用功能。这就要求对传统村落的建筑进行细致深入的调查，做好分类、分级的工作，采取不同的保护模式。对于风貌、质量较好、建筑价值较高的文保建筑采取维护的保护模式，无论其外观还是内部构架尽量采用传统的工艺与材料，修旧如旧，不改变建筑的内部空间形态，如果要置换功能，以博物馆参观与纪念性的空间为主。

而对大量普通的传统民居的再利用则是一个连续性与综合性的过程，量大面广，牵涉面众，不可能一蹴而就，宜采取"小规模、渐进式"的方式，逐步推进。改造的目标是在保证其传统外观的前提下，内部空间与构架可以根据现代生活的需求适当地进行改造。那么什么是现代化的生活？主要有三条：一是厨卫要现代化，二是要有良好的采光和隔音，三是人均面积要达到规定大小。[7] 而这几个条件，和房子的新旧其实没有必然的关系。借助目前的技术手段，完全可以解决传统民居防火、防漏、防潮等技术问题，而且造价并不太高。根据张鹰教授及其团队的研究，利用一些经济实用的材料与技术手段改造一座传统民居，使其拥有简洁卫生的厨卫设施，整洁宜居的居室环境，造价仅需1.3万元。[8] 这是村民完全可以承受的。

可见，借助适当的再设计完全可以分离出合适的厨卫空间，营造出适合现代生活需要的流动空间，解决好采光通风与排污排水等基本设施问题。而要达到人均居住面积的需求，则要稀释人口太多的民居，通过一定的政策，将不愿居住在古民居的人安置到新区，把他们原有的面积通过有偿的方式分给愿意留在古民居中的人，保证其居住面积。当然，要想让人们留在传统村落当中，点状的改造还是不够的，村落整体基础设施的改善、景观风貌的整治，配套设施的跟进，也是十分必要的。

总而言之，传统村落的保护发展，经济上涉及农村的振兴，文化上涉及传统文化的传承，政治上涉及广

大村民的脱贫致富与生活发展。意义十分重大，问题也比较复杂，它必然是一个艰辛的过程，需要我们不断地研究、思考与实践。[5]

参考文献：

[1] 罗德胤. 村落保护：关键在于激活人心 [J]. 新建筑，2015（1）：23—27.

[2] 吴旭涛. 看文创如何助力屏南扶贫. 福建日报 [N]，2016. 7. 15，第003 版.

[3] 转引自http://www.toutiao.com/i6280256475575091713

[4] 鲁可荣，胡凤娇. 传统村落的综合多元性价值解析及其活态传承 [J]. 福建论坛(人文社会科学版，2016(12):118.

[5] 朱良文. 对传统村落研究中一些问题的思考 [J]. 南方建筑，2017（1）:07.

[6] 童纯跃. 湖北省对村镇规划建设的探索与实践 [C] //第三届全国村镇规划理论与实践研讨会. 武汉，2016.

[7] 罗德胤. 村落保护：关键在于激活人心 [J]. 新建筑，2015（1）：23—27.

[8] 张鹰，申绍杰，陈小辉. 基于愈合概念的浦源古村落保护与人居环境改善 [J]. 建筑学报，2008(12)：46—49.

基于乡村振兴战略的地域特色村落民居建筑与
空间文化的活化利用

——以江西资溪县马头山镇的特色村落民居之更新改造与活化利用设计为例

王小斌[1]

摘　要： 在当代快速的城市化进程中，每年约有一千万的农民进城。在很多的乡村聚落，他们的老民居存留在乡土聚落里自然地衰败；经济发达地区前二十年左右开展的"撤乡并镇"、"迁村并镇"的进程，也是造成这些现象的基本原因。中央政府"乡村振兴"战略的全面提出与实行，是近40多年来中国改革开放而不脱离国情现实的"顶层设计"。本文结合笔者的团队在资溪马头山镇的旅游产业发展转型时期开展的对其特色乡村的民居与人居环境空间的详细调研、分析，通过对几个特色村落的民居与人居环境空间规划设计与活化利用，分析研究重要节点的民居有机更新利用的方法，通过设计来实现基本理念和设计策略的探索，也为相似地域特色村落的民居有机更新与活化利用提供可借鉴的有效途径。

关键词： 乡村聚落；传统民居空间；文化形貌

在中国快速的城市化进程中，中央政府一直关注广大乡村地区民众的基本发展需求，从"三个代表"以及"科学发展观"提出，到当代"乡村振兴、精准扶贫"战略的全面实行，笔者认为：1. 从国家人居环境规划布局的角度思考，每个国家的人居环境地理空间，山水生态环境大多数为乡村地区，乡村是城市的母体和坚实的保障；2. 中国自封建社会制定科举制度后，不断将乡土聚落里的精英阶层和年轻人吸收到国家治理的工作中去，并培养和带领他们为国家的稳定发展而勤劳苦干，为广大的民众谋幸福和福利；如何坚持科学发展，维护社会良性发展，是一个永恒的人居空间与环境发展的现实课题。一方面乡村聚落里的居民会通过考大学、参军入伍、进城务工等行动进入大中小城市、小城镇；另一个方面，居住在城市里的中高等收入的居民，为了健康和休闲度假，会在很多山水环境条件好的地区，收购民居做第二居所或居住在民居改建的民俗客栈里，享受清新的含有富氧离子的空气和清洁的泉水。这种双向的良性的社群流动可以带来可持续性的资源调配和经济收入的再平衡，也是"乡村振兴"的自然路径。

一、背景分析

江西省资溪县的人口构成由三地居民构成，三分之一由本地原居民构成，三分之一由福建移民构成，三分之一由浙江移民构成。而位于各个移民区的不同族群的村落民居营造都带有较多的自身地域文化的特点和文化基因（原住居高阜镇的曾氏、邓氏都保有自己具有历史连贯性和代表性的原住民民居）。木构穿斗架，反映了类似浙江楠溪江地区民居的形态特色。在资溪县马头山镇有大量徽派白墙石结构与木构架组合在一起，外面土坯墙式砖石墙刷白，有福建土楼的特色。

马头山镇里的几个重要的行政村、自然村都有很好的基础，尤其是传统木结构。穿斗架及双坡屋顶构造，单层、双层与局部三层（有单层、双层组合的民居）非常有自身的特点，像油榨窠、东源老村落、周家、昌坪村、平地源、姚家岭、何家等村落。东源村落位于昌坪河下游，水面开阔，周家村落民居紧挨着昌坪河上游，尺度亲切、宜人，有大户人家，3-4个兄弟在

基金项目：教育部人文社会科学研究项目资助（编号：17YJAZH084，北方工业大学教育教学改革和课程建设研究项目（编号：XN093-023）。

1　王小斌，北方工业大学建筑与艺术学院，副教授，硕士生导师，604025159@qq.com。

一个屋檐下生活，适合于改造成有特点的新养生式特色民居式公共建筑。美国学者本尼迪克特曾指出："时装、餐饮习惯、仪式和风俗、艺术与建筑、工程与艺术等的，所有这一切在历史的长河中不断在变化"。[1]通

过前期的规划分析研究，将整个马头山镇域内的田园及民居建筑和人居环境更新改造利用的宗旨提炼为"马头仙谷，岭上人家"这两个规划与旅游产业发展营销的关键词。

村落民居调查分析1 表1

| 1-1东源村落民居 | 1-2东源村落民居 | 1-3油榨窠村落民居 | 1-4油榨窠村落民居 |

笔者结合文化形貌理论中新的视觉及前瞻性研究方法进行了一定的分析研究。文化形貌理论中提及的两个层次三个方面的内容，可以引进交叉或平行思考（如对资溪县的古栈道——商贸文化的思考）。在一个地域村镇以及公共建筑民居院落空间以及环境景观特色非常

丰富的地域，用"文化形貌理论"分析是完全可以做到的，得到的一些有见解的结论可以为今后类似地区乡村聚落与民居建筑空间的有机更新与活化利用，提供非常有价值的方法和具体的建筑设计的途径。

村落民居调查分析2 表2

| 2-1周家村落民居 | 2-2周家村落民居 | 2-3平地源村落民居 | 2-4姚家岭村落民居 |

二、基本概念分析

近几年围绕着"乡村振兴"以及小城镇的社会经济、基础设施建设、乡村空间的优化发展，政府相关部门提出了发展模式与经验的总结。从以下几个基本概念的分析里能看出多方面的努力探索。

1. 田园综合体。2017年2月5日，"田园综合体"作为乡村新型产业发展的亮点措施被写进中央一号文件，"支持有条件的乡村建设以农民合作社为主要载体、让农民充分参与和受益，集循环农业、创意农业、农事体

验于一体的田园综合体，通过农业综合开发、农村综合改革转移支付等渠道开展试点示范"。田园综合体是集现代农业、休闲旅游、田园社区为一体的特色小镇和乡村综合发展模式，是在城乡一体格局下，顺应农村供给侧结构改革、新型产业发展，结合农村产权制度改革，实现中国乡村现代化、新型城镇化、社会经济全面发展的一种可持续性模式。综上所述，田园综合体就是农业+文旅+社区的综合发展模式。

2. 特色小镇。特色小镇发源于浙江，2014年在杭州云栖小镇首次被提及，2016年经住建部等三部委力推，这种在块状经济和县域经济基础上发展而来的创新

经济模式，是浙江在供给侧改革领域的实践。特色小镇是在新的历史时期、新的发展阶段下的创新探索和成功实践。

2015年底习近平总书记对浙江省"特色小镇"建设作出重要批示："抓特色小镇、小城镇建设大有可为，对经济转型升级、新型城镇化建设，都大有重要意义"。浙江的特色小镇，以产业特色分可以分两类：一是以海宁皮革时尚小镇、黄岩的模具小镇等为代表的制造业小镇；二是以杭州玉皇山南基金小镇、梦想小镇等为代表的第三产业小镇。江苏特色小镇坚持用"非镇非区"的新理念，用"宽进严出"的创建制，用生产、生活、生态"三生融合"，产、城、人、文"四位一体"的新模式，加快培育创建一批能够彰显江苏省产业特色、凸显苏派人文底蕴、引领区域创新发展的江苏特色小镇。

3. 森林小镇。以创建"宜居·宜养·宜游"为目标的"森林小镇"，是山地丘陵地区有森林资源的特色小镇的重要组成部分，但又区别于农业小镇、科技小镇、互联网小镇、创新小镇，它有一个让人更加具有想象力，具有中性、美丽、富有亲和力的名称，是一个让我们人类更加向往和追求地方，更具有包容性，更能够体现人与自然和谐发展，无论是男女老少在森林天然氧吧都是适合健康身体、养生养老、旅游居住的地方。从产业和人文发展上讲，"森林小镇"既可以推动"健康产业、养老产业、旅游产业"与新型城镇化融合发展，又能实现"以人为本"的新型城镇化发展路径和发展质量，还能推动实现"引导约1亿人在中西部地区就近城镇化"的目标。在此背景下，以挖掘森林资源为特色的小镇建设受到越来越多的关注。资溪县马头山镇的特色村落民居之更新改造与活化利用设计分析，都综合分析了当前上述几个概念的积极策略方面的引导作用。

三、详细规划与建筑活化设计理念

通过对资溪马头山地区中心村与多个典型自然村的多次调查、分析和产业发展形势的分析研究，本次规划设计小组确定了如下规划设计理念。

1. 结合上位总体规划的指导思想，深入细化核心节点功能与具体布局，其中包括对村落、山水环境及田野景观的深入调研与分析研究，为促进总体规划的基础设施改善与马头山旅游产业蓬勃发展而服务。

2. 一期启动的基础设施建设，旅游产品结合塑造旅游风景区、并做好产品的营销，推进全域旅游产业的平衡发展，做好"田园综合体"及"森林特色小镇"的规划引导与实施发展相促进，互相依托，长效可持续发展。

3. 在风景优美的各个自然村落与中心村，依据其独特的山水、森林自然环境条件，科学发展，增效增收。

4. 规划与建筑设计理念上，遵守"建筑宜小不宜大，宜淡雅不宜奢华"，具体而言，要"布局合理，显山露水；尺度适宜，突出环境；色彩淡雅，乡土材料；功能有机，与时俱进；景观结合，亲切怡人"。各自然村落根据民居老屋的空间结构状况，物质材料与色彩的实际形态。本着中华传统文化，"低耗多能"地进行民居空间的"微改造"，实现民居住居建筑的"外朴内适"（外部简约自然古朴，内部空间舒适不奢华），宜度假养生的目标。单德启教授指出"由于环境的复杂性，这里的乡土建筑必然包含多种文化的综合影响，类似于弗兰普顿的杂交性，这里至少包括传统与现代的融合，西方与东方的融合，地区与世界的融合等等"。[2]

5. 通过马头山镇几个重要村落与节点的概念性详细规划设计引导，实现示范引导作用，鼓励农民大众出房或出资入股，进行市场化高效运作，多方位介入，扩大就业的旅游业态，带动小的自然村的合理适度开发，将人居环境改善与旅游度假、养生养老及健康医养产业发展有机统一。

6. 重点节点村落的物质空间改善，活化利用，升华为精神文化生活的提升，同时相互依存，会取得更大的成效，在资溪及马头山镇也将会有很多的示范带头作用。

具体路径有：

①加强景区的整体道路系统、景观道路、绿色步道的规划建设。②主路拓宽至双车道并至少一侧有人行步道，增加会车带，并和观景绿道与观景平台相结合。③每个村落入口都布局有入口机动车绿色停车场，未来将改造成电瓶车换乘场地。④沿昌坪河适宜观景的安全位置修建绿色步道系统。⑤原有村落的保存较好的传统民居，包括清末时期的穿斗架双坡青瓦屋顶建筑，板墙及夯土山墙建筑，建国前后的青砖山墙、及穿斗架双坡青瓦屋顶民居都有很好的文化艺术及物质遗产价值，根据规划设计要求，可以改造成"田园综合体"里的度假客栈及乡村宾馆。⑥一些大体量的民居建筑可以改造成公共活动建筑。

四、二个重要村落的详细规划与建筑活化设计

1. 东源村村落的概念性详细规划说明

东源村是从县城及马头山镇去往马头山风景区的主要入口和重要节点，现有的主要公路从西向东偏北驶进马头山景区。现有的东源老村落位于路的东南侧，整体的标高低于路面，其村落先民们临河边选择村落营建的地址，主要的民居建筑为木结构、穿斗架、双坡瓦顶建筑。昌坪河流入下游的东源老村落地段时，水面比较开阔，约有15米到25米左右，良好的自然生态环境为东源老村落景观风貌环境和建筑人居空间环境提供了良好的基础。东源村的详细规划依托现有的古村落有序展开。在古村落边现有很多的商业与公共空间用房。结合这一次的详细规划，本规划小组决定依托现有的道路结构以及东源村现有的门面及商业、公共空间用房有机更新规划马头山入口的重要商业街，实际上也是传统资溪县的"墟市"商业街一种开拓发展。如此一来，可以在东源村构筑成五个功能与景观分区（图1）。

首先，是西南侧大片农家风光的稻田景区，也即总体规划里提到的为城市里居民塑造的"盗梦空间"，结合沿田埂路线布局绿色的栈道，形成可以沿田埂亲切观赏稻田稻谷的成长过程，让城市居民可以在周末来观赏稻田植物的生长习性；绿色步道系统，还可以为游人提供很好的游览观赏体验。

第二，是位于东源村的东南片古村落体验功能区。在步入古村落的入口处，由几颗古树形成的良好自然生态景观空间能形成良好的标志性景观。

第三，就是东源村商业街，面积估计能达到两万多平方米，一方面既满足广大游客来此中心区游玩，包括食住行、游购娱养等很多功能需求。

第四，是接待宾馆及管理办公功能区。因为在东源入口区需要旅游服务接待宾馆以及景区管委会的办公用房需求，他们需要相对独立的入口，结合东源村的用地空间结构，也不能占用土地范围太大，所以本次的详细规划结合东源村西北侧的河流，规划了接待宾馆及管理办公楼，并且将管理办公和接待宾馆合为一体设计成一栋带内部院落的建筑，这样可以满足接待宾馆，在游客中心区的基本功能需求。

图1 东源古村落及商业街墟市的有机更新，服务配套设施增加1

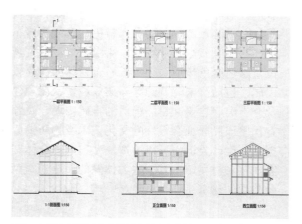

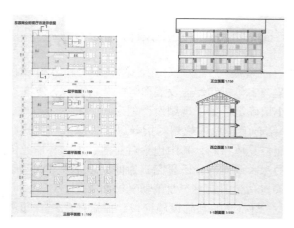

图2 东源古村落及商业街墟市的有机更新，服务配套设施增加2

第五，就是马头山的中医药植物动物基因库博物馆功能区。该博物馆可以布局在东源村的西北侧方位，即原来东源村中学的用地。该地块本身就还有很多建筑，属于马头山镇的建设用地，本次规划就利用这些建设用地，来规划设计中医药植物动物基因库博物馆。它的功能相对独立，并且依托远山近水，可以成为一个很好的风景节点。

2. 姚家岭村落的概念性详细规划说明

姚家岭村落是马头山景区北部的门户和重要节点。姚家岭依山而建，一条弯曲的土路在村落的边缘缓缓远去。村落拾级而上，百年老宅颜氏祠堂位于村落西口，风貌依旧以穿斗式木结构为主，局部加以夯土稳固。该建筑为双坡瓦建筑，额枋和挑梁有精美的雕刻。俄罗斯的艺术评论家瓦·康定斯基曾说过："任何艺术作品都是时代的产儿，同时也是孕育我们感情的母亲"。[3] 单层和双层建筑的混搭放置与地形配合，错落有致。姚家岭的详细规划依据马头山风景区的总体规划，依托现有的古村落空间结构形式有序展开。村落环境优美，空气清新，鸟语花香。本规划小组决定依托现有的自然环境和旧民居，打造以会议养生为主，休闲娱乐为辅的多功能颐养康年度假的"云来驿"。村落根据现状分为四大部分，分别为民俗文化体验区、"云来驿"养生度假民宿区、酒店会议区、娱乐休闲区。

民俗文化体验区。民俗文化体验区位于村落西部。姚家岭作为江西省省级传统村落，其文化底蕴深厚。首先利用原有的颜氏祠堂和保存较好的民居等良好的建筑景观资源，以"微改造"的设计理念，分别改造成民俗博物馆、文化展馆及艺术品售卖、办公空间。

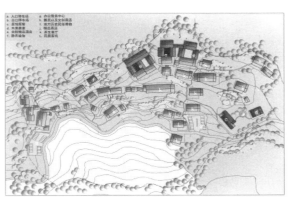

图3　姚家岭古村落有机更新、服务配套设施增加1

图4　姚家岭古村落有机更新、服务配套设施增加2

养生度假民宿区。民宿区位于村落的中心地带，民居顺应地形，导致其呈带型布局，在民宿区中穿插精品商店以及若干配套的服务设施。民宿利用原有旧民居进行微改造，尊重原有的结构形式、建筑材料以及空间形式，将堂厅作为公共活动空间，一是起到客房的过渡空间的作用，二是为游客提供聊天等功能的场所。

酒店会议区。酒店会议区位于村落的顶部，利用原有的民居的风貌以及肌理，扩建成为四合院。酒店会议区为两组建筑群组，西侧一组利用景观设计将二者有机地串联起来。茶室建筑、SPA建筑均提取传统建筑元素、传统文化、建筑材料打造符合其功能的现代建筑。

五、小结

结合马头山镇传统聚落与民居的有机更新及活化

利用的规划设计实践，从空间文化的视角出发，结合当代文化人类学、社区文化的迁移以及充分的现场调研，实证地进行分析与策划。用人类学及乡村规划的主题来考量马头山镇社会与社区的变迁，村镇空心化及渐空心化有其必然性发展。在逐渐到来的逆城市化演变前期，我们通过深入调研，认真地进行规划方案设计，努力将村落民居建筑空间质量较好的民居提前活化利用。规划设计是前瞻性必要工作，也是响应中央近期提出的"乡村振兴"计划的专业努力，希望这个阶段性成果有一定的探索意义。

参考文献：

[1]（美）本尼迪克特．文化的整合．多维视野中的文化理论[M]．庄锡昌等译．杭州：浙江人民出版社,1987：101．

[2] 单德启．从传统民居到地区建筑[M]．北京：中国建筑工业出版社，2004：311．

[3]（俄）瓦·康定斯基．论艺术的精神[M]．查立，腾守尧译．北京：中国社会科学出版社，1987：1．

乡村振兴背景下村民参与乡村建设路径研究

张耀珑[1]　汪晶晶[2]

摘　要： 随着乡村建设的不断发展和城市病的日益严重，越来越多的人开始关注乡村建设。因此如何建设有特色且满足村民需求的乡村成为社会的重点话题。本文以村民参与乡村建设为研究对象，选取了三个具有代表性的乡村，从村民意愿和技术参与两方面分析村民参与乡村建设的方式和与多元主体协同的过程，提出村民参与乡村建设的路径，从而构建一个有村民参与乡村建设的平台，让村民协同多元主体推动乡村建设。

关键词： 村民参与；乡村建设；主体变迁；参与路径

引言

近年来，我国乡村建设研究已取得了较好的成果，比如卢锐、马国强等人提出村民、村委会、规划师三方协同，以村民为主导的规划适度介入来实现乡村建设参与；[1]吴祖泉提出在乡村建设中需要构建一个多元主体参与的乡村建设平台，使得多元化的主体能够在乡村建设中发挥作用；[2]汤海孺等以规划管理为立足点，指出乡村规划管理中公众参与不足，提倡"自上而下"的管理体制结合"自下而上"的自组织模式。[3]在当前城乡"二元"结构矛盾仍未消除、村庄自治尚处于起步阶段的大环境下，我国村庄规划中的"村民参与"机制尚处于探索阶段，还存在主体过于单一、流程过于简单、内容过于僵化、表达过于深奥等不足。[4]村民作为乡村建设的主人，对乡村的发展模式更具有话语权，因此村民更应该协同多元主体参与到乡村建设中。

一、历史时期乡村建设主体演进与特征

在中国乡村建设发展的历史长河中，建设主体是多元化的，它包括国家权力和非国家权力两种主体类别。根据不同时期乡村建设参与的主体不同，将中国乡村建设大致分为四个时期：传统乡村建设时期、民国乡村建设时期、中华人民共和国成立后到改革开放前期及改革开放后期，每一个阶段都有相应的特征（见表1）。

乡村建设主体的四个阶段　　　　表1

时期	内容	建设主体	特征
传统乡村建设时期（1912年以前）	宋朝以前	皇权	国家治理深入基层
	宋朝以后	乡绅阶层、宗族领袖等	皇权不下乡，宗族皆自治，自治靠伦理，伦理造乡
近代乡村建设时期（1927-1949年）	乡村建设运动（1927-1937年）	知识分子	非国家权力主体力量开始减弱，国家权力的不断渗入
	根据地乡村建设（1927-1949年）	中国共产党	
	乡村改良运动（1927-1945年）	国民政府等	

1　张耀珑，甘肃省陇东学院土木工程学院讲师，建筑学硕士，745000，610312404@qq.com。
2　汪晶晶，甘肃省陇东学院美术学院讲师，745000。

续表

时期	内容	建设主体	特征
建国到改革开放前 （1949-1978年）	农业合作化运动（1949-1956年）	各级政府	国家权力完全主导
	集体所有制建立（1953-1956年）	各级政府	
	人民公社（1958年）	各级政府	
	农业学大寨（1963-1978年）	各级政府	
	上山下乡运动（1968年）	各级政府	
改革开放以后 （1978年至今）	地方模式：苏南、温州（1980年）	地方	国家权力主导，多元主体介入趋势显著兴起。多元主体包括政府、集体、村民、NGO、企业等
	家庭联产承包制（1982年）	各级政府	
	城乡统筹、新农村建设、城乡融合（2006-）	国家权力主导、多元主体介入	

1. 传统乡村建设时期

19世纪中期，随着西方列强打破清王朝闭关锁国的大门，"师夷长技以制夷"，配合洋务运动、戊戌变法的推动，"以农立国"的国策发生转向，"重商主义"跃然纸上，成为新兴社会的主流思潮。[5] 同时受到西方"地方自治思潮"的影响，全国相继出现"翟城村治"、"山西村治"等一系列乡村自治运动。引发了以发展乡村经济、兴办教育、改善乡村公共卫生、改良乡村民俗等为主要内容的乡村建设。温铁军先生将其概况为"国权不下县"，而秦晖先生进一步将其概括为"国权不下县，县下唯宗族，宗族皆自治，伦理造乡绅"。[6] 在这一阶段乡村建设的主体以地方的宗族领袖和科举制度下的落第秀才和返乡官员为主，其中宗族力量起到了很大的作用。

2. 近代乡村建设时期

传统乡村建设发展到一定的程度后就出现了瓶颈，之后渐渐走向了衰败。直到近代乡村建设时期，乡村建设发展出现了转机，参与到乡村建设的主体也从这个时期趋向多元化。以毛泽东为代表的中国共产党认为中国的问题本质上是制度的问题，农村的改革必须从土地制度着手发动革命到农村去进行土地改革，从制度上改变农村的面貌。以梁漱溟、晏阳初为主的知识分子认为解决中国社会问题的关键在于"人的改造"，以"文艺教育、生计教育、卫生教育和公民教育"为主要内容进行平民教育。[7] 在此时期，国民政府、教育机构和宗教团体也通过成立相关的农业研究机构、乡村建设团体进行"科技下乡"、"文化下乡"、"资金下乡"的乡村改良运动。随着新的主体的参与，乡村在建设的过程中加入了很多新的元素，使多元主体介入乡村建设取得了较好的成果，并且引导乡村建设向现代化方向转变。

3. 中华人民共和国成立后到改革开放前时期

中华人民共和国成立后至改革开放前时期的乡村建设取得了较好的成绩。该阶段国家权力的全面介入使得乡村建设的参与主体呈现出了一元化的特点，虽然在一定程度上优化了乡村地区的公共服务设施和基础设施，但随之也出现了许多问题，"一元化"的建设主体让我国传统的乡村自治中起到非常重要作用的非国家主体——宗族力量、乡绅阶层以及第三方组织的能力被大大削弱，给乡村的发展带来巨大的挑战。

4. 改革开放后至今

1978年第十一届三中全会作出了实行改革开放的新决策，开启了我国农村改革的新进程。改革开放以来，尽管中国广大的农村地区获得了前所未有的发展，但社会经济发展水平仍然存在显著的区域差异。[8] 传统城乡二元结构下形成的城乡割裂格局在20世纪初进一步凸显出为以农民收入过低为核心的"三农问题"。2006年中央"1号文件"中明确提出了建设社会主义新农村的战略目标，出台了一系列支农惠农政策缓解区域发展矛盾、统筹城乡发展。新农村建设成为解决日益凸显的"三农问题"、实现统筹城乡协调发展和构建和谐社会目标的战略部署。[9] 这一举措表明国家作为这一阶段宏观政策的制定者开始转型，在国家层面上看，随着城乡统筹和美丽乡村建设在相应政策的支持下，越来越多的人开始关注乡村建设。

5. 小结

随着历史的推进，乡村建设主体以"民间自治——政府主导——多元参与"的模式逐步过渡，逐渐趋向多元化，充分发挥多元主体间的协同作用，改善乡村风貌，完善乡村基础设施和公共服务设施，扭转乡村建设发展的衰败局面。

二、当代村民参与乡村建设的类型与形式

乡村建设发展应依靠多元主体的协同参与和集体支持，以多元主体的利益为重要目标，形成均衡分配的多元参与格局，实现乡村建设的正向发展。在乡村建设过程中每一个主体都是意见表达的方式和媒介，尤其是村民的合理需求可以得到尊重，让村民介入到整个乡村建设过程中，为乡村建设发展贡献一份力。村民是村庄规划的核心，也是村庄规划的目的。[10]

1. 村民参与，确定建设方案

乡村建设的发展有赖于每个主体的付出以及主体之间的相互协作，形成完善的建设机制，使乡村建设效果达到最佳。在此期间村民参与乡村建设的作用不可忽略，参与的形式大体上可以分为两类：一类是个体参与，一类是村委会参与。

1）村民返乡精英参与——以安徽黟县碧山村为例

碧山村位于安陆市烟店镇，北枕黄山余脉碧山，是一个以汪氏聚族而居的古村落。在碧山村建设过程中以市场主体为主导，返乡精英为辅助，两者发挥各自特长来共同建设：其一，市场主体介入乡村建设的时间比较长，积累了丰富的经验，而返乡精英介入时间较短，不能正确评估乡村的发展趋势。其二，市场主体注重利益最大化，容易忽略村民的真正需求，而返乡精英出自于乡村，能体会民意。基于乡村"熟人社会"的人际

关系特征和当地人对村落状况的深度认知，乡村中的干部、能人、名人能在乡村规划发展上提出立足根本的真知灼见。其三，市场主体在一定程度上不关注乡村传统风貌，使乡村失去亲和感，而返乡精英熟知村风村俗，可以促进乡村文化的发展。

2）村委会组织参与——以河南信阳郝堂村为例

郝堂村位于河南信阳平桥区五里店镇东南部，是一个典型的山区村。郝堂项目是以多元主体参与为前提，提高村民幸福指数。首先，在郝堂村建设专家评审组中村干部有一票否决权；其次，成立的项目领导小组中，村干部人数占据10%，可以看出村委会的重要性。郝堂村的建设，以政府为主导，村委会为辅助，承认了村民的主体地位。村委会作为其他主体与村民的中介，采集村民对乡村建设的意愿，并进行整理，将合理的想法提供给建筑、规划师，建筑、规划师根据村委会提供的资料进行乡村空间设计，然后村委会再对规划建设方案进行筛选，得出适合本村的方案。村委会参与乡村建设充分尊重村民意愿，乡村建设满足村民实际需求，值得借鉴。

2. 村民技术参与，打造舒适空间——以陕西洛南县赵南沟村为例

建筑师与匠人的工程实践

赵南沟村位于洛南县城东南隅，村域面积3.44平方公里，村落空间呈带状。在赵南沟村乡村建设过程中，建筑师与匠人各自发挥所长，承担起不同的责任。对于建筑师而言，他们有良好的理论知识、丰富的设计经验和严谨的工作程序，负责整体把握、制定原则。对于匠人来说，具有丰富的建设经验，熟悉当地的建筑材料和建设条件，能因地制宜，负责在遵守设计原则的基础上进行改造。匠人根据村民的需求对建筑师的设计方案进行二次创作，在设计中加入村庄的特色元素，巧妙的利用当地资源，节省经济，让乡村变成一道亮丽的风景线。现在的乡村建造大多数是都是由本地工匠承担的，但仅仅只有匠人参与乡村建设还是会出现问题（见表2）。

当地匠人参与的乡村建设的优缺点　　　　表2

	当地匠人参与的乡村建设
优点	根据乡村特点在不违背原则的基础上进行创作；就地取材，变废为宝，节省经济；和村民们无障碍沟通，起到良好的中介作用；缓解村民对政府工作的误解，促进政府乡村改造
缺点	文化水平不高，对专业知识理解有限；工匠们在建设过程中比较随意，出现不协调现象

三、现代村民参与乡村建设的策略与路径

近些年来，乡村建设主体从"政府主导"发展模式逐渐向"多元参与"过渡。[11]但是由于"自上而下"模式长时间的影响和村民对其他主体在乡村建设中的作用不清楚，大多数村民认为政府是乡村建设的主导力量，是乡村建设的组织者和推动者，没有政府引导乡村建设将失去方向。乡村建设是一个多元参与的过程，而不是一方独自主导。政府并不是主导方，而是乡村建设发展的引导者。

1. 村民对参与内容的认知

村民参与乡村建设内容在不同阶段是不一样的。在前期调研、确立目标、选择方案、确定方案阶段村民基本都是意愿参与，给建设主体提供合理的建议，协同参与让建设主体设计出好的方案。在方案实施过程中，村民可以以技术参与，不仅将技术特长应用在乡村建筑中，而且留住了本土乡村建设风貌（见表3）。

村民参与乡村建设的内容 表3

阶段	前期调研	确立目标	选择方案	确定方案	方案实施
内容	个人情况、居住环境、对乡村建设的期望等	参与协商	民主投票、提出修改意见	多次座谈会、村民代表大会，提出意见	监督、上报、技术建造

2. 村民参与主体性引导

村民是具体乡村振兴事业的主要建设者和最重要的利益相关者，振兴乡村要满足他们的需要，更要激发他们的积极性，让他们主动参与建设美好家园。[12]要让权给村民，充分尊重村民的主人翁地位和主体作用，引导村民与规划建设主体相互协调，合理建设乡村；充分尊重村民的意见，积极指导村民和村委会参与乡村的建设工作；要从解决村民关心的热点问题入手，调动村民参与乡村建设的主动性和创造性；要善于组织村民，为其提供丰富多彩的乡建活动，强化其知识体系，维护其合法权益；要加大对村民的宣传教育力度，增加村民的知识，不断强化村民的参与意识。

3. 村民参与乡村建设的路径

村民作为乡村建设中的重要主体，为了保障农村在乡村建设中的利益主体地位，应该让村民以多层次、多途径的方式参与到乡村建设的规划设计阶段、建设阶段和运营管理阶段。

1）由"政府主导"转变为"多元开放协同"

乡村建设过程中参与的主体包括政府、村民、村委会、建筑、规划师和非政府组织五个主体。我国历史上大部分的乡村建设都是由政府主导，村民基本上只是一种被动式参与方式。在未来我国的乡村建设过程中，应该让"政府主导"走向"多元开放协同"（图1）。让村民作为主体来主导规划，政府主要进行配套政策的

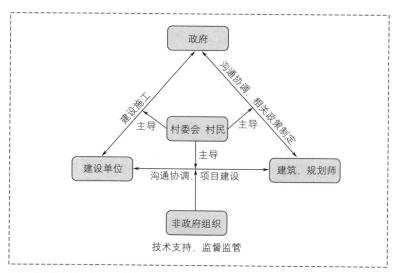

图1 "村民主导、多元开放协同"组织模式

制定和扶持，建筑、规划师在建设过程中承担协同平衡各方利益的中介作用，建设单位主要进行具体项目的实施，非政府组织中的专家和媒体等单位主要负责技术支持和监督作用，切实关注村民的实际需求和利益不受损害。当然，村民主导规划的过程，并非让村民直接编制村庄规划，而是在其他参与对象的协助与支持下，参与到具体的规划过程当中。[13]多元开放协同的模式发挥了乡村建设中各个主体的作用，并使之形成合力，共同推动乡村建设的落地实施（表4）。

多元主体具体工作内容 表4

参与各元主体	职能	具体工作内容
政府	服务、政策制定	制定相关政策、提供资金、参与评审
村民、村委	主导	提出利益诉求、参与方案编制和审定规划结果
建筑、规划师	沟通协同	协调各方利益、编制方案
建设单位	项目建设	项目建设过程
非政府组织	服务、监督、协同管理	技术支持、监督监管、协同管理

2）村民全程深度参与乡村建设

传统村民参与在调动"村民自己做规划"的积极性方面是不够的，体现在村庄规划的方案编制过程中基本无村民参与，导致许多村民在成果公示后才知道，事后参与特点明显。[14]村民需要从乡村建设的规划设计阶段、建设阶段和运营管理阶段全过程深度参与其中（图2）。

3）发挥"乡规民约"的现代价值

乡村建设成果的运营相比建设过程其实更难。长期稳定、可持续的运营不可能仅仅通过短期资金的支持和政策引导进行持续的推动。乡村建设的本质是自上而下乡村社会、经济、文化发展的空间部署，是乡村营建的法定依据。[15]乡规民约实为村民生产生活须遵守的共同规范。将乡村建设和乡规民约协同可促使建设更贴合村民自治，进一步明确了在建设过程中村民的主体利益，容易被村民所接受，从而降低施政难度；同时，发挥"乡规民约"的现代价值，促使其作用于乡村建设的整个周期，让村民能够从被动接受转换为主观能动，

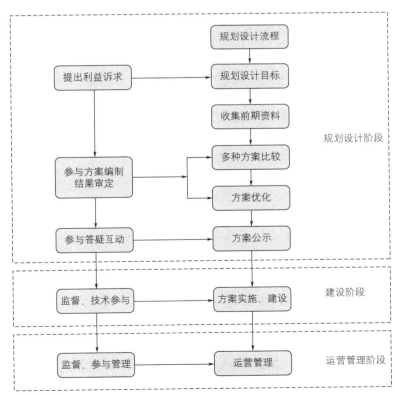

图2 村民全程参与过程

从内而外重构乡村治理体系，进一步实现乡村的可持续运营过程。

四、结论与思考

乡村建设应充分发挥多元主体参与的重要作用，利用多元主体带动村民参与乡村建设的积极性，提高乡村建设的社会经济效益，使乡村建设能充分反映村民真实诉求，保护村庄传统风貌；其次让村民成为乡村建设的主要受益方，均衡考虑各个主体的利益，提高多元主体的参与度。村民是乡村的主人，在乡村建设中应重视村民的作用，尊重村民意愿、加大新型农民培育力度、提高村民组织化程度，吸引乡村人才回流，让村民协同建筑、规划师、政府、市场主体、非政府组织等进行村庄建设的蓝图绘制，从而真正的实现乡村振兴战略。

参考文献：

[1] 卢峰，王凌云．建筑学介入下的乡村营造及相关思考——当代建筑师乡村实践中的启示 [J]．西部人居环境学刊，2016，31(02)：23—26．

[2] 吴祖泉．建设主体视角的乡村建设思考 [J]．城市规划，2015，39(11)：85—91．

[3] 汤海孺，柳上晓．面向操作的乡村规划管理研究——以杭州市为例 [J]．城市规划，2013，37(3)：59—65．

[4] 李开猛，王锋，李晓军．村庄规划中全方位村民参与方法研究——来自广州市美丽乡村规划实践 [J]．城市规划，2014，38(12)：34—42．

[5] 陈锐．历史视角的乡村建设主体变迁特征浅析——近代"乡村建设运动"历史脉络的启示 [C] // 2017中国城市规划年会．2017．

[6] 周力锋，张文佩．基于村民全程参与的乡村规划机制研究 [J]．山西建筑，2015，41(31)：21—22．

[7] 李文珊．晏阳初梁漱溟乡村建设思想比较研究 [J]．学术论坛，2004(3)：129—132．

[8] 刘彦随．中国东部沿海地区乡村转型发展与新农村建设 [J]．地理学报，2007，62(6)：563—570．

[9] 刘彦随．中国新农村建设创新理念与模式研究进展 [J]．地理研究，2008，27(2)：479—480．

[10] 蔡宇超．新型城镇化背景下的村庄规划发展道路初探 [J]．小城镇建设，2017(9)．

[11] 武玉艳．谢英俊的乡村建筑营造原理、方法和技术研究 [D]．西安：西安建筑科大学，2014．

[12] 吕斌，杜姗姗，黄小兵．公众参与架构下的新农村规划决策——以北京市房山区石楼镇夏村村庄规划为例 [J]．城市发展研究，2006，13(3)：34—38．

[13] 谭肖红，袁奇峰，吕斌．城中村改造村民参与机制分析——以广州市猎德村为例 [J]．热带地理，2012，32(6)：618—625．

[14] 徐明尧，陶德凯．新时期公众参与城市规划编制的探索与思考——以南京市城市总体规划修编为例 [J]．城市规划，2012，36(2)：73—81．

[15] 毕凌岚，刘毅，钟毅．多方互动的乡村营建中乡规民约作用机制研究 [J]．城市规划，2017(12)：82—89．

新时代背景下的我国传统村落性能化发展研究

赵 烨[1]

摘 要：传统村落是我国广大乡村地区的活态生产生活单元，但面对当前的快速城镇化进程，呈现出脆弱的应对能力。新时期"乡村振兴战略"的提出无疑为传统村落发展提供了新的机遇与保障，但选择发展项目、建立准入门槛、建构发展框架、落实操作路径都必须结合村落的现状条件，兼顾普适与差异。本论文以性能化发展的规划思路，在对传统村落传统性分析的基础上，从经济、政治、文化、社会、生态等五个方面进行性能梳理与统筹，建构性能化发展规划框架和路径，通过宏观价值立场确定、中观项目融合统筹、微观具体设计操作三次介入规划过程，对传统的"问题导向型"规划流程进行补充，力求实现保护与发展的同步推进，使传统村落全面振兴。

关键词：乡村振兴战略；传统村落；性能化发展

一、时代背景

2018年初，中共中央发布了《关于实施乡村振兴战略的意见》，提出"推进'五位一体'总体布局和协调推进'四个全面'战略布局，坚持把解决好'三农'问题作为全党工作重中之重，坚持农业农村优先发展，按照产业兴旺、生态宜居、乡风文明、治理有效、生活富裕的总要求，建立健全城乡融合发展体制机制和政策体系，统筹推进农村经济建设、政治建设、文化建设、社会建设、生态文明建设和党的建设，加快推进乡村治理体系和治理能力现代化，加快推进农业农村现代化，走中国特色社会主义乡村振兴道路。"这是继2014年《新型城镇化规划》提出之后的又一项重大决策部署，是对新时代、新形势背景下的我国广大乡村地区发展方向的科学研判和引导。

从十八大的新型城镇化规划到十九大的乡村振兴战略，连续出台的发展战略性规划表明，我国广大农村地区的发展水平始终深刻影响着国家的整体实力。城市与农村的平衡与博弈，已经成为众多议题中的核心。现阶段，我国的乡村发展仍然存在以下几个方面的问题：

1. 乡村建设与经济发展的矛盾。粗放的农业发展模式效率低下，土地及资源被过度使用，生态环境保护一直未引起重视，水土流失和环境污染严重，同时气候变化影响加剧，自然灾害频发，村庄赖以生存、发展的环境与基础发生了重大改变。乡村青壮年劳动力外流和

人口老龄化，使村庄丧失了内在动力与能量、生气和活力，日趋衰退与萧条。

2. 乡村自身演进与建设规划的矛盾。乡村建设缺少对整体性的关注，忽视服务设施的更新、乡村公共活动空间的营建，将乡村建设简单理解为改善住房条件。重视物质建设"立竿见影"的效果而忽略文化层面的同步提高，"类城市"建设抛弃了大量富有地域特色的建筑技艺和民间文化资源，忽略了地方文化的传承。

3. 乡村保护与现代生活的矛盾。传统民居内部条件差，现代设施、设备配置不全，有条件的村民纷纷效仿城市中的住房形式，翻建多层洋楼。极具地方特色的传统建筑受到冷遇或抛弃，其中，不少历史建筑也因不符合现代使用要求而遭受遗弃或毁灭性的破坏。

4. 村庄保护与政策管理的矛盾。严格控制建设用地使乡村人多地少的矛盾更加凸显，自下而上的村民自建因难以提高建设用地效率而受到限制，在发展过程中，乡村建设缺少专业指导，集中居民点成为流行的规划手法，村庄格局与形态变得破碎凌乱，失去了应有的整体感与协调性。

当前，众多传统村落被迫卷入了快速城镇化的洪流，面对传统文化传承和社会生活现代化的双重压力与挑战，由于缺乏对于自身的准确认知与定位，"千村一面"已成为当前发展的趋向。传统村落的保护迫切需要在传承与发展之间寻求"平衡点"，结合区域条件对传统村落进行多重价值的探讨，协调保护与发展的矛盾，保持中国乡村的特质。

1 赵烨，南京工业大学建筑学院，讲师，211816，81660457@qq.com。

二、传统村落的特质与现实命题

1. 传统村落的传统性特质

从物质构架到精神建构，传统村落是一个呈金字塔式结构的复杂系统：底层是承托村落的广袤土地和山水环境，作为村落存在和生长的基底；第二层次是人在环境中的物质性建造，包括对环境的改造和利用、适应环境所建设的房屋、生产生活中的所有创造性建设，基本围绕着人的日常作息布置场景与展开；第三层次是人的社交属性和社会组织，包含人在物质建设后的形而上的精神需求；顶层则是高层次的文明状态，是从日常琐碎生活中提炼出的、代表该传统村落特色的、已经固化在人与村落共同成长过程中的文化元素，包括世代传承的风俗、礼仪、传说等，是抽象的精神引导。四层叠合使传统村落完成了从一般到特殊、从空间到时间、从外延到内涵的"建设"，成为一个有机的整体，承载着人的生存与发展。

1）"在地性"传统

从大量的村落现状图形来看，对形态影响最大的因素是所处的地理环境。气候条件、地域地形作为先决条件，在规模边界、结构组织、扩张走向等方面都划定了明确的范围。在长期发展中，聚落与自然地理环境逐渐融合为不可分割的整体，再不断加入历史传统、文化沿革、建筑风格、材料工艺等，扩充丰富"在地"的内涵，也具有了稳定、连贯、规律性的特质。村落的"在地性"传统最初通过与宏观自然环境的顺应关系得以呈现；获得一定的自主性后，会吸收来自环境的回应进一步建造，以各自的方式对问题给出针对性的应答；最终当村落具有理性发展和自觉进化时，"在地"本身就成为目的、方式和意义。

2）"时间性"传统

从"活态"角度不难理解时间性。乔瓦诺尼曾提出"城市再生"概念，认为城市没有完全意义上的老或新，都只是发展过程中的暂时性阶段，形态的历史就是一个各种信息不断重写与覆盖的过程，通过对重写本上不同层次信息的解读，可以理解形态的演变过程。这一论断同样适用于传统村落，村落在发展过程中抛弃了不经久、不具备适应性的习惯和观念，保留并发展了与时代相适应、自我更新的价值，在不断的尝试中寻找最适合的"在地"形式表达。那些始终保留的要素必须被挑拣出作为发展底线和"标志性"对象。

3）"社会性"传统

传统村落的社会性包含了文化、精神、意识形态等非物质要素，是由人赋予并转化为内核的、深层次表达特质的第三维属性。东方文化中的社会性因素主要有宗教信仰、社会阶层、民俗礼仪、社会交往、家庭结构、亲属关系、生活方式等等。

4）"传承性"传统

与前三项属性不同，传承性不是依靠设计干预完成的，而是凭借文化或者内生基因的独立存在和自主发展而获得，更呈现出无为、松弛的自由状态。祖先崇拜的思想观念是村民共有的深层心理机制，具有保守性和稳定性；建造技术、建筑材料则体现了时代性和易变性。传统村落中的民居建造看似出自专业工匠，实际上是按照既定原则和风俗、运用代代相传的建造技艺和手法进行建造，不要求缜密的设计和高超的技艺，更重要的是遵循风水堪舆、民俗禁忌，是传统文化积淀的结果。

2. 传统村落的保护与发展

在逐步衰退的传统村落中，出现了不同程度的环境杂乱、建筑破旧、设施缺损，村民们改善生活的呼声不容忽视，但复杂的社会结构和产权制度纠纷导致建设问题推进缓慢；另外，村民们的日常生活和村落无法剥离开来，改建工作难以开展。经过过去数十年的发展，传统村落的保护思路和方法已经得到了明显的理论纠正和实践调整，从静态的遗存保护到动态的传承发展，从孤立保护到整体创造，从传统的割裂固化到文脉的继承彰显，从一蹴而就的改造到渐进的有机更新，从专业技术保护到社会政策支持，但核心问题依然是：保护与发展如何找到适应时代的和谐共处之道。

不少案例表明，绝对保护和纯粹发展两种思路都不适合保护规划，对于永远处于新陈代谢、自发调整中的传统村落，尤其是传统资源的保护，渐进有机更新才是最可行的方法。在保留传统风貌和生活场景的同时，进行有针对性的功能置换和建筑更新：采取小规模渐进改善、小尺度有机更新的方式，温和对待能够适应时代需要的，宽容对待稍加调整就能跟上发展节奏的，适时逐步剔除完全不适宜的，以"针灸式"导入，通过插建的形式以新替旧，建立一个连续而非断裂的过程。

三、发展策略研究：性能化发展规划

目前，我国传统村落保护规划大多采取问题导向的"处方式保护"规划思路：针对出现的问题提出单向的策略和具体规划内容，通过一一实现目标完成规划成果，满足新条件下的使用性能效果。这是目前普遍采用的方法，但是考察系统在运行中出现的各种孤立问题的表象，用切割问题的方式逐个解决，各项规划内容之间可能存在干扰甚至矛盾，因而需要对保护规划进行价值定位和技术补充，"性能化设计"思路便显示出了潜力。

性能化设计最早是一种新型防火系统设计思路，其核心是通过其他灵活的途径进行性能补偿，使整个系统满足实际使用中的安全要求。它表达了一种灵活、动态的设计思路：不针对逐个具体问题提出割裂的解决方案，而是在整个系统中寻求路径，进行补充强化，是一种对于复杂对象进行研究分析和问题解决的对策，具有普适意义和价值。

"性能化设计"思路非常适合传统村落规划，由于乡村的发展目标与现实之间总存在滞后和偏差，始终有适应性调整、再利用的需要，但传统村落不是新建村落，不能从零开始，而是延续大部分固有状态，对少部分项目进行改善提升。大拆大建破坏了大量在地原生村落的生存状态，更不符合可持续发展的主旨，正确的做法是适应性发展。适应性表达的正是"性能化"的思路和内涵：以广义性能作为标准，不仅仅关注某一方面或局限于某一项发展内容，而是把传统村落的发展与振兴作为总体目标，各项发展规划为实现这一总目标的子目标，在各种需求之间比较权衡，选择最适合的保护方法。以提升性能作为发展总纲和行动指南，避免项目之间的重叠和冲突，实现资源合理分配，高效利用，高效管理。

传统村落的性能化发展规划以整体性能为导向，在确定规划定位、确定保护更新项目、具体规划设计内容等三个环节介入，将传统保护规划的四步骤分解融入体系当中，有利于规划设计师和决策者在纷繁的信息中准确抓住冲突的内容，快速找到背后的影响因素，以性能目标为核心完成各子系统的规划与设计，并加以整合优化。首先明确研究对象从性能角度评价出现了哪些整体性问题，所反映的本质是什么，各问题之间是否存在相关性及相关度如何，解决策略之间是否存在差异与冲突，在甄别和比选后挑选最优解（以利益最大、效率最高为原则）作为规划成果（图1）。

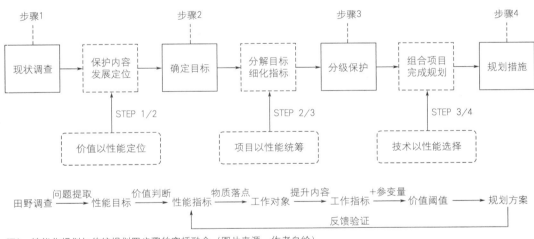

图1　性能化规划与传统规划四步骤的穿插融合（图片来源：作者自绘）

四、传统村落性能化发展的路径与实施

1. 工作框架

从基础的生产–生活结构，到"人文地产景"五维体系、[1] "业旅社文居拓"六大主题，[2] 日趋多元的发展项目传达的是村民诉求的多样化趋势和各参与主体为传统村落选择高效发展模式的意愿，这既是主观能动的体现，也是客观必然的推动。保护的是基底环境、生产模式、特色风貌、建筑特质、民风民俗、文化内核；发展的是使用功能、基础设施、旅游资源、公众参与等。新时期传统村落性能化发展应以"全面振兴"为核心目标进行多要素遴选与链接，将"经济、政治、文化、社会、生态"五个发展维度作为性能类型，结合保护与发展的力度和内容进行菜单式选择（图2）。

经济类代表村落的产业发展，包含作为支柱和基础的农业与其他产业的平台建构，需要联合其他资源共同谋划可持续发展的产业类型；政治类主要包含村落的土地制度、户籍制度等，也属基础性能，对村落起到深

1　王建国，龚恺等. 2012江苏乡村调查（泰州篇）[M]. 北京：商务印书馆，2015.
2　2018威尼斯双年展中国馆"建设未来乡村"主题.

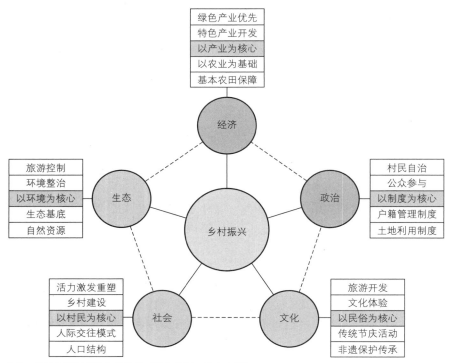

图2 基于乡村振兴的五维性能（图片来源：作者自绘）

层次的本质影响；文化类可以概括为村落特有的民俗节庆、文化活动，是其底蕴和气质的体现，也是乡村旅游业中文化体验产品的重要载体；社会类指标是以村民为主体，围绕村民的人际交往和人口构成展开，未来在公众参与建设管理和激发村落活力方面将发挥重要作用；生态类包含村落所依附的地理环境、严格保护的生态基底、可利用开发的自然资源等，是村落赖以生存的物质基础，更是未来发展的前提和保障。五个发展维度始终围绕可持续发展和创新发展寻找突破口。可持续发展是对资源、自然环境的可持续汲取与利用，对产业、基础设施的可持续开发与建设，对人文、民俗传统的可持续保护与传承；创新发展是对节能减排的创新实践与技术，对产业驱动的创新解读与设置，对文化遗产的创新保护与表达。两者结合体现了保护与发展并举的保护框架，既努力实现传统村落在新时期的文化传承、文化投射、地域表达，又积极寻找新的发展机遇与平台，为村民的生产生活提供保障，为乡村注入新的活力，实现全面跨越式提升。

2. 规划路径

性能化设计能够对"传统性"特征提出针对性的保护方法与发展对策，较好地将宏观普适的保护要求和具体特异的改善需求相结合，不以独立问题为指向，而是以提升整体性能为目标；不仅能够补强局部特异性功能，而且能够通过改变局部对全局产生影响。将性能化设计思路凝练转化为传统村落保护规划编制理念和技术措施，发挥其对"性能"的"整体性"理解——传统村落不是由多个不同功能的独立模块或部件简单拼装组成的机械装置，而是各部分相互关联、相互支撑的有机整体，是"牵一发而动全身"的系统，要考量各个部分的衔接、组合和协作，结合属性建立整体性，对于难以与当代发展结合的传统要素，在合理的范围内采用多种方式灵活完成性能指标提升（图3）。

宏观：村落保护规划首先要从价值观上明确保护与发展的互利关系——"保护为了延续发展，发展为了推动保护"，厘清现存值得保护的资源、需要改造的要素、亟需提升的功能，梳理之间的正负关系。保护与发展在进入规划编制程序后，将沿着不同工作路径展开：保护将对遗产资源分类分级编制保护规划，而发展则对潜力资源挖掘提出策略实施保障发展规划，因此性能化设计的价值取向和立场应该在之前有所表达，这一阶段是总体定位，表达将冲突融合为相互支持、相互促进的关系这一主旨，为后续的步骤定调（STEP 3）。

中观：根据近年来的乡村规划实践案例，传统村落保护规划在物质形态和具体操作层面基本涉及聚落风貌保存、空间格局保全、建筑结构安全、市政设施提升、物理环境改善、旅游开发控制等六个方面。风貌保存主要在于村落与周边环境的空间结构对应性，建筑在造型、立面及装饰中的历史风格表达及要素使用；格局

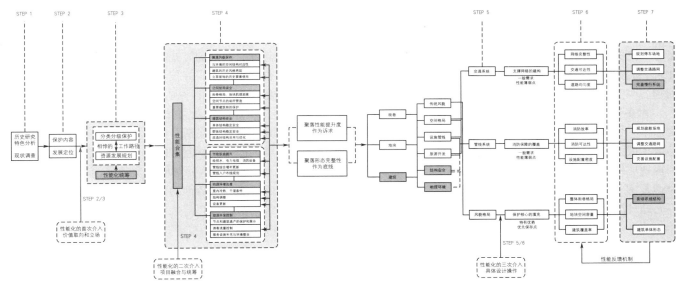

图3 性能化发展规划的基本步骤（图片来源：作者自绘）

保全主要包含街巷格局、地块肌理的延续，空间节点的场所营造，重要建筑物的保护；结构安全包含单体建筑和群体的结构稳定与安全；市政设施主要包括给排水、电力电信、消防设备等管线综合系统建设以及增补更新和入户布线规划；室内外物理环境包含冷热环境改善及对应的结构调整和设备更新；旅游开发控制主要包含重要节点空间和建筑遗产的保护与展示、游客流量控制、服务设施补充与环境整治（STEP 4）。这些性能指标涉及对象不同、规划内容不同、评价标准不同，但都统领于"性能"之下。六个性能目标任务不同，具体的性能指标不同，建立交叉联动的协同系统后，应尽力将非交集统筹转变为性能合集，扩大可融合的内容。

微观：在宏观定位和中观命题确立的前提下，微观层面便能够在一系列具体规划设计中融入性能化规划技术。首先，将性能指标转为物质落点：承载交通系统与市政设施的街巷、承载传统风貌与空间格局的地块、承载建筑结构与物理环境的建筑单体，以及三大落点之间交叠的相关内容（STEP 5）。虽然各部分所承载的设计内容和所占比例不同，但与空间属性特征和所提供的性能紧密相关，各成体系后再整合将成为更加完整的村落系统（STEP 6-7）。

3. 优化实施

我国的保护规划存在普遍性问题，重视技术、轻视公共政策和社会参与。到目前为止，保护工作仍是在国家保护体系的基础上由少量专家来推动，群众基础仍显不足，这势必影响推进效率和社会实效。民众通常是被动的接受者，被认为是不懂得专业知识技术的人群，

只需全盘接受规划成果即可；抑或是自发的改造者缺少专业知识和保护意识，无形中扰乱了建造秩序。应逐步推广先期由专家引导，之后依靠社会和民众实施扩展的工作模式，专家从政策和技术角度制定保护规划，居住者、使用者从实际情况出发配合完成改造工程项目，"自上而下"的控制引导和"自下而上"的反馈操作两者结合，专业决策和参与性决策共构的"双重过程论"模式（王建国，2015），最大限度地发挥多元协同作用。同时，保护规划实施的政策和制度的系统性建设尚未形成。由于非技术因素太多且不确定，专家力量、领导水平、民众意识、时任发展、价值导向都影响着保护规划的有效性和实效性，技术虽然能够解决多个独立问题，却不能给出通适性答案，因而也变为一种"偶然"行为和结果。另外，传统村落保护规划的实际操作之所以困难，因为涉及各种群体的价值观、立场、利益，而各群体对于传统性的理解和价值认知、传统性保存与乡村建设的辩证关系、保护工作的先后顺序、投入–产出的比例分配等基本概念的理解不统一导致乡村建设虽有规划，却缺少章法，各主体的专业不同，工作重点不同，对乡村未来期许不同。因此，在各利益主体满足各自诉求之前，必须对各种博弈关系进行梳理和协调，尽量满足更多人的需求。

五、结语

每个时期的村落具有不同的时代特色，现阶段的传统乡村更多呈现保护与发展的矛盾、自上而下建设管理与自下而上生长更新不同步等问题，在产业发展方面

出现了供需失衡、活力不足等瓶颈。结合国家的宏观政策，运用合理的规划手段为乡村寻找高效、可持续、富有特色的发展道路，同时为传统村落空间形态、民居建筑、文化底蕴的保存提供保障，成为当前重要的技术问题。

大多数乡村规划以问题为导向，将发展目标划分为多个"模块"，通过惯用的规划策略、路线和内容，甚至相似的技术路线将上位规划目标落实，这虽然保证了规划成果的普适性和实施阶段的一致性，却对村落的个性复兴长期缺位，导致"特色缺失"、"文化空心"等问题日渐凸显，其根源在于对传统村落保护与发展的局限理解。

村落建设的重点是建成环境。发展不是推倒重来，应该寻找更恰当的方式对整体建成环境进行延续和回应，综合融贯地分析保护与发展、传承与创新、普适与差异多组发展命题的关系，"以传统继承作为底线，以性能提升作为诉求"，通过性能化发展思路与规划平台，利用其"合理性灵活"的技术特点，遴选准入、统筹融合各类性能指标所涵盖的所有性能项目，尝试"承创同步"，才能有效地针对传统聚落目前面临的矛盾，提出兼具引导性和灵活性的措施，确保在发展进程中保留乡村传统聚落的核心价值，实现乡村的全面振兴。

震后汶川羌族民居平面与功能演变

秦思翔¹　李　路²

摘　要： 本文以汶川羌族地区的民居为研究对象，从传统羌族民居和震后新建羌族民居平面组成要素的对比分析入手，在实地测绘和问卷调查的基础上，研究震后十年以来这一地区民居平面与功能的演变过程及其内因，发现地震使当地民居跳过循序渐进的过程飞跃发展，居民对居住品质的要求提高，民居的空间层级呈现出复杂化的现象，功能空间的分化与分布更符合现代生活需求。

关键词： 羌族；民居；平面与功能演变

民居建筑作为出现最早、分布最广、数量最多的一类建筑，是建筑不断演变、发展的基础和根源。各地的传统民居随着时代的变迁而发生变化，这种演变依托于其所处的自然环境与社会环境循序渐进地发展，极少有突变的情况。然而，"5·12"汶川8.0级大地震对汶川羌族地区的民居聚落带来了毁灭性的打击，传统羌族民居的建筑文化受到猛烈冲击。地震后，在全国人民的大力支持、倾情援助下，当地民居在短时间内完成了更新换代。这种飞跃式的发展转型伴随着传统建构体系解体，大量新技术、新材料、新建筑文化的输入，在缺乏引导的情况下很容易产生问题。

如今距离"5·12"汶川大地震已经十年，震后新建住宅的优点与问题已有所显现，此时进行回访调查有其必要性和重要性。笔者深入汶川羌族地区调研测绘，走访东门寨、垮坡村、布瓦寨、索桥村等数个汶川地区羌族聚落，获得大量一手资料。本文以汶川羌族地区典型的单体民居平面与功能为研究重点，能很好地反映当下该地区的居民对生产生活空间的需求，对丰富传统羌族民居研究内容，总结震后新民居建设的得失有积极意义。

一、传统羌族建筑平面特点

1. 平面布局

羌族传统民居的平面布局因地制宜，形态不规整。以火塘作为空间中心，其他房间围绕火塘自由布置。庭院狭窄，空间紧凑，简洁明了，经济适用，上下楼层分区明确[1]。如桃坪寨杨甲宅，其一至三层平面图如图1所示。

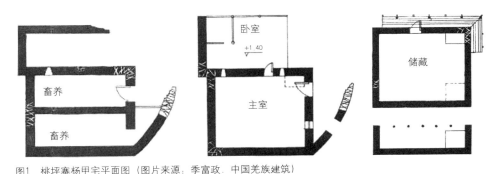

图1　桃坪寨杨甲宅平面图（图片来源：季富政．中国羌族建筑）

1　秦思翔，西南交通大学，610000，781232270@qq.com。
2　李路，西南交通大学，610000，695570422@qq.com。

2. 竖直分区

竖直方向一般分为三层空间：一层圈养牲畜，二层为民居居住层，顶层是开敞的晒台和罩楼，晒台主要用于晾晒粮食，罩楼用于储藏半干的粮食和杂物，其典型剖面如图2所示。

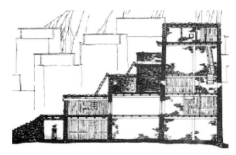

图2 桃坪寨杨陶宅剖面图（图片来源：同图1）

二、震后汶川羌族新建民居平面与功能演变

1. 院落

传统羌族民居建筑中的院落空间有别于传统意义的院落空间，它们相互依偎、在不同层面上相互围合，共享院落空间，这是由羌族聚居所处的地形地貌及羌人生活习性等原因造成的[2]。

根据笔者调研，部分震后新建住宅的院落仍然保留了羌族传统特色，如表1中的布瓦寨王宅，院落从一层的宅基地入口开始，一直延续至二层主要住宅房间的入口平台，其空间大小不一，且限定界面从三个面到一个面，院落的空间从清晰到模糊逐渐过渡。还有一部分新建住宅的院落呈现出不同于传统羌族民居院落的特点：院落平面规整，只有一个标高，限定院落空间的四个界面十分清晰，如表1中的龙溪沟东门寨新宅。

新老羌族民居院落空间对比　　　　　　　　　　　　表1

	传统老宅（震前）	新建住宅（震后）	
	布瓦寨8号宅	布瓦寨王宅	东门寨新宅
一层平面			
二层平面			
透视图			
图例	▨ 院落　　▨ 竖直交通		

（资料来源：西南交通大学历史建筑研究所提供）

2. 主室

传统羌族民居建筑的主室一般位于建筑二层，多为一个近似方形的矩形空间，卧室、厨房、储藏等房间围绕其布置，是羌民的主要活动空间。火塘、中心柱、角角神共同构成传统羌族民居主室的三大空间要素，于羌民而言有着物质与精神的双重意义[3]。图3展示了一个典型的羌族碉楼民居平面。

主室最初包含日常起居、会客、烹饪、就餐、祭祀、节庆欢聚等众多功能，是一个功能划分模糊的多功能空间。而震后新建住宅多按照城市住宅模式建造，功能划分更加明确。功能定位更加明确的客厅取代了传统意义上的主室，承担起居民的生活起居与会客功能。原来的烹饪、就餐功能被划分给厨房和餐厅。伴随主室一起改变的还有室内的家具。现代化的客厅三大件：连排沙发、茶几、电视机，这些早已进入羌族人民的生活，

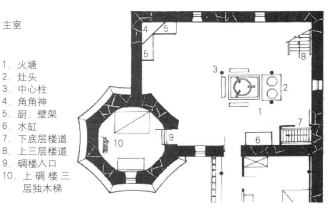

主室

1. 火塘
2. 灶头
3. 中心柱
4. 角角神
5. 厨、壁架
6. 水缸
7. 下底层楼道
8. 上三层楼道
9. 碉楼入口
10. 上碉楼三层独木梯

图3 典型羌族碉楼民居主室平面概况(三龙乡陶宅)

彻底改变了以往主室的布局。表2展示了主室三大空间要素的演变，对当地民众的调查显示，火塘、中心柱、角角神、"天地君亲师"神位在现代生活中的重要程度分别为64%、29%、34%和62%，或许可以印证表2中的变化。

主室空间要素的演变 表2

		震前	震后	演变特点
火塘	透视			火塘的空间中心地位逐渐淡化，但仍在大多数新建民居中得到了保留，可见其在羌族人民心中的独特地位。有的家庭不设置火塘，改用更加安全环保的电火炉，既延续了羌族对火神的崇拜，又解决了传统火塘排烟的难题
	位置	主室对角线的交点	厨房、屋角、专门的暖房中	
	作用	火神崇拜，空间中心，烹饪、取暖、交流、祭祀等	取暖	
中心柱	透视		无	羌民称其为"中柱神"或"中央皇帝"，是古羌人在西北游牧时帐幕空间中央支撑柱的遗制。为了取得开阔敞亮的客厅空间，中心柱被取消，中柱神的崇拜伴随着中心柱的消失已经难见踪迹
	位置	火塘旁，上下楼层不贯通	无	
	作用	精神空间，一定的结构支撑作用	无	
角角神	透视			角角神龛由屋角移到了客厅中轴线上，供奉的神位由原来的十几种逐渐只剩下汉族传入的"天地君亲师"，神龛位置和供奉神位的变化反映了汉族文化与宗教对羌族人民宗教意识的影响[4]
	位置	与火塘、中心柱连成一线的屋角	客厅中轴线	
	作用	供奉祖先神、牲畜神等镇邪保护神	供奉"天地君亲师"，祭祀祖先	

（资料来源：同表1）

3. 卧室

传统羌族民居的卧室常常紧邻主室布置，以便在寒冷的冬季从火塘获得更多热量，房间的尺度也较小，以减少热量损失，但主室与卧室缺乏有效的分隔，容易互相干扰（图4）。而随着居民生活水平的提高，取暖方式变得多样化，同时看电视等生活起居行为被纳入卧室，原来的卧室空间已经不合时宜了。居民调研显示，当地民众对动静分区、私密性的需求分别为65%

和86%。可以看到，现在人们更加注重生活的隐私与独立。所以震后新建民居的卧室与客厅开始以分区或分层的形式隔开，减少干扰。卧室面积普遍加大，主卧、次卧区分明确，主卧常常配有独卫。同时调查发现，震后新建民居中的卧室数量普遍较多，这是因为考虑了下一代甚至下下代家庭成员增多的情况，或者后期发展旅游业的可能需求，还有一部分家庭只是出于攀比心理。图5为索桥村某震后新建住宅平面，该户居民4人，卧室多达8个。

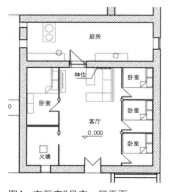

图4 布瓦寨8号宅一层平面
（图片来源：同表1）

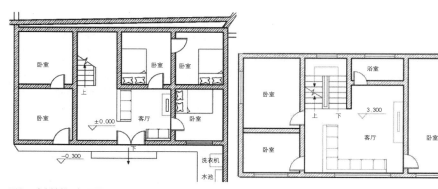

图5 索桥村新宅平面
（图片来源：同表1）

4. 厨房

传统羌族民居的厨房位置灵活，根据其与火塘和主室的关系可以大致归纳为四种（图6）。第一种是火塘与厨房合一，位于主室中心，土灶紧邻火塘布置，火塘上亦可置锅做饭。第二种是火塘位于主室内，单独的厨房与主室直接相连。第三种是火塘位于厨房内，与主室相连。第四种是火塘与厨房分离，分别与主室相连[5]。根据笔者调研，震后新建民居的厨房多采用第三、四种空间模式，当然主室已经变成了客厅，有的家庭甚至已经不设置火塘了。

5. 餐厅

传统羌族民居中，居民就餐行为一般围绕火塘发生。火塘上置一个三角铁架，铁架上再放一圆木板，就成为一个极具羌族特色的餐桌（图7）。可见羌族民居并没有特定的餐厅概念，震后新建民居延续了这一点。根据笔者调研，大多数震后新建民居都没有单独的餐厅，餐桌或置于客厅一角（图8），或置于厨房，餐厨合一（图9）。形成这种情况的原因有两点：首先，当地居民有在主室就餐的传统习俗，并得到了延续；其次，新建住宅的客厅和厨房面积足够大，很容易放下一套餐桌椅；另外，当地大多数家庭人口都不多，没有专门设置餐厅的生活需求。

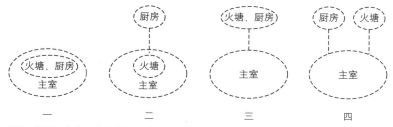

图6 厨房与主室、火塘空间关系示意图（图片来源：笔者自绘）

图7 火塘餐桌
（图片来源：李路提供）

图8 餐桌置于客厅一角
（图片来源：笔者自摄）

图9 餐厨合一
（图片来源：笔者自摄）

6. 卫生间

传统羌族民居不重视卫生间，居民的便溺行为往往发生在牲畜圈内的旱厕，排污和卫生状况都存在很大的问题（图10）。随着羌族地区用水状况的改善，独立的淋浴间开始出现，然而旱厕依然是大多数家庭的首选。其中有思想观念的原因，也与羌族人民的生产生活方式有关：旱厕便于搜集农家肥。而随着农民的生活方式以及思想观念的改变，震后新建住宅往往在室内设立单独的卫生间，排污设施得到了应有的重视（图11）。淋浴间与卫生间合并，盥洗、洗衣等生活行为也被纳入卫生间。笔者调研发现，当地居民还有着较为强烈的干湿分区意识，81%的居民都认为对卫生间进行干湿分区是必要的。

7. 生产空间

传统羌族民居的生产空间一般包括牲畜圈、晾晒空间和罩楼。前面提到，传统羌族民居在竖直方向上分成三层，牲畜圈一般位于底层，而居民主要生活起居空间就在牲畜圈上层（图12）。此种模式，居民生活受牲畜圈的噪音、气味影响较大，卫生状况堪忧。近年来，震后新建民居基本实现了人畜分离，牲畜养殖空间或通过耳房安置于住宅左右，或单独成间与住宅主体分离（图13），部分无饲养需求的民居甚至不设牲畜圈。传统羌族民居建筑用地拮据，少有大面积院落，故晒台一般位于建筑屋顶平面，用于晾晒农产品、牲畜草料等。晒台旁常有一间半封闭小屋，小屋的一部分空间用作联系二层的楼道，大部分空间用于储存未干的粮食，

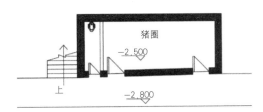
图10 垮坡村29号住宅底层平面
（图片来源：同表1）

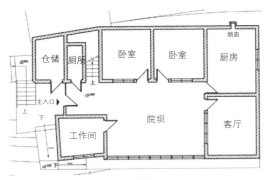
图11 垮坡村10号住宅一层平面
（图片来源：同表1）

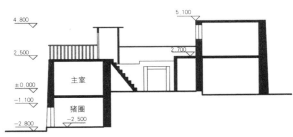
图12 牲畜圈位于生活空间下层（垮坡村29号宅）
（图片来源：同表1）

图13 牲畜圈与住宅主体分离（索桥村新宅）
（图片来源：同表1）

此即为罩楼。根据笔者调研，震后新建羌族民居少有屋顶晒台与罩楼的踪迹。这是因为近年来，随着收入来源增多，羌族地区的农民对农业的依存度逐渐下降。从事粮食种植的家庭越来越少，屋顶晒台与罩楼逐渐失去它们的功能。与此同时，原来的农田成为了宅基地，较大的院落空间成为可能，日常生活中仍存在的少量晾晒作业通过院坝即可解决，不必再使用屋顶晒台这种节地型空间模式。此外，随着羌族地区二、三产业的兴起，一些震后新建住宅置入了旅游接待、商贸、餐饮等服务用房，极大丰富了农村住房生产空间的种类。

室独立出来，常与火塘结合布置；独立餐厅的设立意识欠缺，就餐空间常位于客厅或厨房；卫生间成为独立的功能空间，排污受到重视，干湿分区意识良好；传统生产空间中的晒台、罩楼失去功能，人畜分离基本实现，人居环境更加安静、卫生。此外，现代化家具电器的普及也极大地提升了居民的生活品质。

羌族民居是中国传统民居的瑰宝，对震后汶川羌族民居平面与功能演变进行探索，既丰富了民居研究的内容，又为该地区民居的后期建设与改造提供了参考和借鉴。

三、结论

新时期以来，汶川地区羌族民居的平面与功能在各种因素的影响下发生了深刻转变，"5·12"大地震加速了这种转变。经过地震的筛选，传统羌族民居结构体系被抛弃，新材料、新技术引入，住宅的安全性能得到极大提升。居民对居住品质的要求提高，动静分区，干湿分离，私密性等需求被纳入考虑，民居的空间层级呈现出复杂化的现象，功能空间的分化与分布更符合现代生活需求。院落面积增大，私密性增强；客厅取代了传统意义上的主室，火塘被保留，中心柱和角角神消失；卧室面积普遍加大，数量有过度增多的迹象；厨房从主

参考文献：

[1] 成斌. 四川羌族民居现代建筑模式研究 [D]. 陕西：西安建筑科技大学，2015.

[2] 罗丹青，李路. 四川羌族民居中的院落空间 [J]. 华中建筑，2009（27）.

[3] 季富政. 中国羌族建筑 [M]. 成都：西南交通大学出版社，2000.

[4] 李路. 杂谷脑河下游羌族聚落演进研究 [D]. 成都：西南交通大学，2004.

[5] 汪晶晶. 四川羌寨民居火塘及其相关空间要素平面特性分析 [J]. 山西建筑，2015（41）.

当代乡村产业建筑改造的类型学研究[1]

魏 秦[2] 施 铭[3]

摘 要： 本文通过剖析近年来国内外乡村产业建筑改造的实践案例，运用类型学的方法从建造技艺、建筑材料及建筑形式三个方面对其进行划分，归纳其设计观念和建造技术经验，为乡村产业建筑改造提供一定的参考。

关键词： 乡村；产业建筑；改造

随着国民经济的快速发展，中国的城镇化和工业化进程正在不断地加快，由此带来的城乡矛盾也日益凸显。在不平衡的社会发展背景下，乡村地区的经济发展问题、土地流失问题、人口年龄结构断层问题和生态环境问题频繁出现，乡村发展现存的最大问题是乡村产业问题，而产业问题的产生关键在于农耕经济的衰落，产业类型的单一化，由此造成了乡村集体经济"空壳化"，乡村人口不断流失形成人口结构"空心化"。因而乡村振兴战略下对乡村产业的发展与提升成为当下解决乡村问题的一个重要着力点。

当下的乡村热潮大多聚焦于乡村的物质空间环境改造，如古民居的修缮与改造，抑或村落的保护与规划，而对于乡村产业建筑的改造及关注尚少。乡村的产业建筑作为乡村农耕文化的象征，承载着人们的集体记忆，然而在现今的时代背景下，它们或仍在生产使用，或艰难维持，抑或早已废弃闲置，正在不断衰弱与消亡。如何激活乡村产业，重新改造和再利用这些建筑空间，使其重新焕发活力，成为了未来乡村建设中不可忽视的关键点。

一、乡村产业建筑的概述

乡村产业结构主要分为：第一次产业——农业；第二次产业——工业；第三次产业——服务业。本文研究的乡村传统产业主要属于第二次产业和第三次产业。

《中国大百科全书网络版》中对"产业建筑"进行了解释，是指可以进行和实现各种生产工艺过程的生产用房屋，是不同类型的工厂内不同建筑物的通称。包括：生产用房，设备与辅助用房，仓储建筑以及用于运输的建筑物和构筑物。

本文的研究对象是乡村产业建筑，指乡村中包括传统的工业生产建筑和农业生产建筑在内的建筑集合，其中农业建筑类型包括农场、谷仓、烤烟房、猪圈、牛棚、马厩等，工业生产建筑类型包括榨油厂、砖厂、家具厂、茶厂、船厂、糖厂、竹筏厂、矿厂、陶厂等。

乡村传统产业建筑具有以下特点：

1. 数量较少，规模较小、分布零散，其原因在于乡村生产力水平以及生产技术的限制；

2. 与所在乡村的在地特色产业息息相关，乡村产业建筑的建筑类型取决于乡村的风俗习惯、地理位置以及特色产业；

3. 建筑结构模式较为整齐、具有工业美学特色，乡村产业建筑不仅继承了传统工业建筑的结构形式与材料，又在此基础上与当地建筑特征与形式相结合；

4. 乡村产业文化的象征，在乡村文化的保护与传承方面具有不可替代的作用。

从时间上看，乡村产业建筑的改造在近几年呈现出蓬勃发展之势，而且范围之广，涉及的专业团队之重，俨然成为了当下乡村营建活动中不可忽视的组成部分。在传统产业建筑中新功能的植入与置换，挖掘传统产业建筑的形态特征，采用新材料、新结构与新技艺，

1 教育部人文社会科学研究规划基金项目资助（16YJAZH059）.

2 魏秦，上海大学上海美术学院建筑系，副系主任，副教授，博士，硕导，从事地区性人居环境的理论研究，近年来专攻乡村人居环境、乡村建筑营建等理论与实践研究，200444，397892644@qq.com.

3 施铭，上海大学上海美术学院设计学在读硕士，200444，461804332@qq.com.

将之与传统技艺融合，创造出新的乡村产业建筑形式，有效地起到了保留乡村产业文化和记忆，激发乡村活力的作用。

二、乡村产业建筑改造的类型学研究

建筑类型学研究的目的是对建筑进行类型划分和形态划分，是一种理解建筑本质的方法论。类型学不仅是一种得以从历史中认识乡村传统产业建筑内在形成机制与形式意义的认识论，更是一种以理性对待历史传统为前提、顺应新时代需求并以此指导设计的方法论。[1]

类型学不仅仅用以揭示形式的内在结构，更重要的是一种生成设计的规则。意大利建筑理论家阿尔多·罗西（A. Rossi）认为这种规则的演化方法是总结、抽取、抽象与设计。即首先通过历史的眼光，从生产行为与建筑形式的对应关系中，抽取出其中能同时顺应基本生产需要与适应某种独特生产方式的建设形式，随后对形式进行抽象和整理，形成具有典型特征的类型，最后根据类型的基本思想，对抽取出的原型结合发展的要求进行变化、组织与设计。[2]

国内类型学理论方法在建筑规划领域的实践研究多见于传统市镇街巷改造，而本文试图运用类型学方法分析乡村产业建筑的演进机制，从新功能置换与植入、建筑结构、建筑材料、营建技艺及建筑形式这五个方面，将改造案例划分为以下五种：1. 功能主导型（新功能、旧功能、新旧功能并存）、2. 形态主导型（传统形态、新形态、新旧融合）、3. 建构技术主导型（新技术、传统技术、新旧融合型技术）、4. 建筑材料主导型（砖、石、木、混凝土、钢材）、5. 建筑结构主导型（轻钢结构、木结构、砖混结构、砖木结构），以类型学理论为指导乡村产业建筑更新与改造策略的探索。

1. 功能主导型

随着乡村家庭手工作坊的逐渐没落，一些产业建筑逐渐被闲置或废弃，从功能空间分类的角度看，产业建筑现存的单一空间属性既无法满足当代工业生产的需求，又无法满足人的活动空间的要求，故对传统产业建筑空间进行功能的重新规划，或置换旧功能植入新功能，或在保留旧功能的基础上进行更新设计，又或是在保留原有旧生产功能的前提下，植入部分新功能使得新旧功能共存，成为乡村产业建筑改造中常用的功能处理手段（表1）。[3] 其中傅英斌在贵州烤烟房民宿客房改造项目中，在尽量保留其原有外观的前提下，置换原有的烤烟房功能，植入民宿客房新功能。

功能主导型乡村产业建筑改造项目解读　　表1

	功能转换类型	新功能植入（粮仓→博物馆、活动中心、餐厅）	旧功能保留（农场→有机农场）	新旧功能并存（糖厂→生产、活动、展示）
实践案例	案例名称	西河粮油博物馆	有机农场	兴村红糖工坊
	案例图片			
	建筑师	何崴	韩文强	徐甜甜
	建成地点	河南省信阳市新县西河村	河北省唐山市古治城区边缘	浙江省丽水市松阳县樟溪乡兴村
	建成时间	2016年	2016年	2016年
	建筑功能	博物馆、村民活动中心、餐厅	有机粮食加工坊	红糖生产、村民活动、文化展示
	建筑结构	砖木结构	木结构体系+现代构造做法	轻钢结构
	建筑材料	木材、竹、砖、瓦	木材、瓦、PC板	钢材、玻璃、砖、竹材

| 实践案例 | 建筑技艺及设计理念 | 在保持原有总体布局和空间特征的前提下，植入新的功能，调整原有建筑空间，局部地改造建筑外立面，使之对外能更好地与河道景观、北岸古民居群进行互动（视线和行为），对内为新的功能服务。尽可能使用当地的材料和工艺做法来建设 | 设计受到了传统合院建筑的启发，想营造一个充满自然氛围和灵活性的工作场所，并自成一体的与周围广阔平坦的田野产生对应性关系。设计选择了胶合木作为主体结构；采用轻木结构一跨度为2.1m的木框架墙体，上部为胶合木桁架梁，顶部铺设木板屋顶和油毡瓦；立面由半透明pc板外墙覆盖，同样具有轻质和快速安装的特点 | 设计以古老传承为内核，以现代风貌为外形的工坊建筑来激发乡村活力。采用红砖这种乡村随处可见的建筑材料，而轻钢结构也是当地常见的建筑形态。由于古法红糖制作需要使用明火，烟囱、排风等设备也能在设计上和轻钢结构融为一体。竹子作为当地常见的建筑材料被引入设计，作为生产展示区环形游廊的顶面材料界定空间范围 |

2. 形态主导型

乡村产业建筑改造在形态上的处理主要分为：1. 建造后仍保持传统的建筑形态；2. 通过新的建筑形态来回应传统乡村产业建筑形式；3. 在继承传统建筑形态的基础上，创新出新旧结合的新形态（表2）。[4]

其中意大利的Studiomas architetti建筑设计事务所在老农场改造的项目中，贯彻了"修旧如旧，整新如旧"的理念，对所有现存的砖墙和石墙，砖砌地板和屋顶都进行了保留，损坏的部分拆除后一片片地修复并重新装好，对于橡木梁、门、铁栏杆、楼梯和所有可能被恢复的元素都采取了同样的修缮方式，改造后基本保持原有的建筑形态。[5]

形态主导型乡村产业建筑改造项目解读　　　　表2

	形态类型	传统形态	新形态	新旧结合形态
实践案例	案例名称	锦溪祝家甸淀砖厂改造	武夷山竹筏育制场	胡陈粮仓度假酒店
	案例图片			
	建筑师	崔愷	华黎	汪莹
	建成地点	江苏省昆山市锦溪镇祝家甸村	福建武夷山星村镇	浙江省宁波市宁海县胡陈乡
实践案例	建成时间	2016年	2013年底	2017年12月
	建筑功能	砖窑文化馆	加工厂（包括制作厂房、储藏、办公室、宿舍）	酒店
	建筑结构	砖混结构+轻钢结构体系	钢筋混凝土现浇体系	砖混结构
	建筑材料	砖、混凝土、钢材等	混凝土，混凝土砌块水泥瓦，竹，木等	塑木墙地板、U型玻璃、素水泥、水洗石、冷轧钢板、实木板
	建筑技艺及设计理念	提出了上层植入安全核的概念，3个安全核直接放在旧砖厂二层的地面上，并共同支撑屋顶，而其他卫生间和机房被隐藏在两个镜面小盒子中；在室内，整个空间采取了模块化的设计，所有地板单元、家具单元、设备单元、镂空单元都是可以互相替换的和移动位置的；入口空间完全采用独立基础的钢楼梯，将老的坡道保护在其中	充分运用当地资源来建造，结合对当地材料、施工条件的调查以及厂房防火的要求，考虑用钢筋混凝土现浇体系以及当地非常普及、可以就近生产且价格便宜的混凝土空心砌块作为可能的主要材料来建造	建筑师在因尺度过大不适合居住的粮仓空间中，通过"盒体"嵌套的方式来化解室内单一性，这些被赋予了实用功能的"盒体"满足了酒店客房功能上的要求，并通过对尺度的调节来唤起人的身体在空间中的知觉性。在室内的材料的运用上，设计师结合使用实木板、素面水泥、槽钢、乳胶漆、冷轧钢板等材料，保持了朴素自然的风格

3. 技术主导型

建筑师重点通过建构技术的实验和创新，以探索乡村产业建筑改造新的可能性，包括对传统技术的沿袭、新型建筑技术的运用以及在传统技术基础上结合现代技术的新旧融合型技术（表3）。[6]

技术主导型乡村产业建筑改造项目解读   表3

	建构技术类型	传统建构技术	新型建构技术	新旧融合型建构技术
实践案例	案例名称	"虎溪土陶厂"的活化与转型	贵州烤烟房民宿客房改造	鄂州南窑咀红砖乡村小礼堂
	案例图片			
	建筑师	田琦	傅英斌	谭刚毅
	建成地点	重庆市沙坪坝区陈家桥镇三河村	贵州省遵义市桐梓县	湖北省鄂州市涂家垴镇南窑咀
	建成时间	2016年	2016年8月	2017年
	建筑功能	餐饮、住宿	民宿客房	餐饮、住宿、演出、聚会
	建筑结构	木结构体系+砖混结构	轻钢结构体系	砖混结构
	建筑材料	木材、石材、钢材、玻璃、砖	钢材、木材、钢化玻璃、小青瓦	砖石、混凝土等
	建筑技艺及设计理念	设计采取了依山就势的协调方式，整个空间呈现阶梯层次感，与一旁的阶梯窑互为呼应。将附近砖厂烧制的红砖作为主要承重和围护材料，老旧、废弃建筑材料的进行充分再生利用，参与该项目的所有的施工队伍均来自当地乡村，建造方式也是在专业建筑师的指导下，以当地施工技术为主	设计团队试图在历史与现代之间寻求一种平衡。建筑内部嵌入钢架，将建筑墙体与承重结构分离开来，形成"双层嵌套结构"；将原有石棉瓦屋面拆除，改为钢结构屋架；屋面上方设置了玻璃天窗，原本黑暗的室内变的阳光充裕且富有浪漫气息。尽量保留了其原有外观，对墙体进行了修复，保留了原有的材料和使用中的时间痕迹	保留高炉作为"乡村工业"的记忆，使其成为村子特有的符号。将高炉一侧的堆场和平台稍作改造，作为乡村表演的舞台，高炉则可以作为舞台背景；堆场平台旁空旷的场地作为观众聚集的场所；利用地势的高差，逐级退台来种植果蔬和花草，美化乡村大舞台周边环境；拱顶施工支模的方式和砖砌方法的研究中运用了三种不同的砌法

4. 材料主导型

建筑师通过对传统乡土材料、当地材料的使用，常规建材、现代建材的使用，以及传统乡土材料与现代新型材料的结合运用这几种方法，创造出乡村产业建筑界面的新形式，这样不仅能从一定程度上节约建造成本，还能对改造实践中材料的选取与应用起到示范作用（表4）。[7]其中董功在广西阳朔做的阿丽拉糖舍酒店，在建筑材料方面采用了混凝土"回"字形砌块与当地石块的混砌方式，这种复合立面材料在材质肌理和垒砌逻辑上与老建筑的青砖保持一致，但当代的构造技术使其呈现出更为灵动、通透的视觉效果，同时提升了建筑的通风、采光性能。[8]

5. 结构主导型

在该类型的改造中，建筑师或沿用当地传统的建筑结构，或利用现代先进的新型建筑结构，或是在保留原有结构体系基础上局部使用新型结构作为补充，用局部创新的方式给旧空间注入了新活力，同时也为乡村产业建筑改造中的结构选型提供了一定的参考（表5）。葡萄牙Tiago do Vale Architects事务所在蓬蒂迪利马米尼奥乡村做的粮仓改造，遵循原有的谷仓形式，采用一些修复相似年限建筑的方法和技术，在改建内部嵌入一些横向的结构插件，去修复原建筑的腐败结构。[9]

材料主导型乡村产业建筑改造项目解读 表4

	建构材料运用	传统乡土材料	新型建材	新旧材料结合使用
	案例名称	婺源菜籽油工厂	榨油厂博物馆	活字印刷厂改造
实践案例	案例图片			
	建筑师	Imagine Architects	Tiago do Vale Architects	金波安
	建成地点	江西省上饶市婺源县	葡萄牙阿里奥洛斯维米罗	贵州省黔南州独山县
	建成时间	2017年	2008年	2017年6月
	建筑功能	菜籽油工厂	接待、展示、仓库、工作坊、办公室	餐饮、阅读、公共活动
	建筑结构	砖混结构	混凝土、砖、玻璃	砖混结构+钢结构
	建筑材料	砖、瓦、木材等	砖混结构	木材、砖石、混凝土、钢材、瓦
	建筑技艺及设计理念	建筑采用了160米长的"条形"建筑布局，建筑师将建筑折成了几节，迎合了地势也削减了体量。屋顶使用对角线双脊风格，呼应了整体的构思。建筑材料主要是旧砖，旧瓦和旧门框。砖以三种方式使用：自支撑，空间界定和隔离	设计师认为新的建筑体量应该作为城市外部空间和老建筑内部展厅空间的过渡和整合的元素。现存的建筑会被单纯地作为一个永久展示的区域，而新的体量是一个三层建筑，它被有序组织起来承担多种功能，包括接待、临时展厅、行政管理用房、咨询处、仓库、工作坊和卫生间	主空间在设计伊始，就决定在保留原有砖木结构肌理的前提下，将空间及功能进行有序的交错组织，旧砖、木纹、水泥、黑钢在悠长的厂房内交相呼应，沿着白盒子一并融合在巨大的木结构屋顶下。局部夹层延伸着首层的功能形态，同时也打开了纵向的空间秩序

结构主导型乡村产业建筑改造项目解读 表5

	建构技术类型	传统建筑结构	新型建筑结构	新旧融合型建筑结构
	案例名称	安吉山川乡村记忆馆	上坪古村复兴计划	安徽闪里镇桃源村祁红茶楼
实践案例	案例图片			
	建筑师	陈夏未、王凯	何崴	马科元
	建成地点	浙江省湖州市安吉县山川乡	福建省三明市建宁县溪源乡上坪古村	安徽省祁门县闪里镇桃源村
	建成时间	2017年	2017年12月	2017年9月
	建筑功能	展示厅、书吧	休憩、观景、酒吧、茶室、书吧	餐饮
	建筑结构	砖木结构	木结构体系+现代构造做法	木结构体系+现代构造做法
	建筑材料	混凝土，红砖，木材等	木材、石材、钢材等	木材、砖、瓦、混凝土

续表

实践案例	建筑技艺及设计理念	设计中尽量多地就地取材，收集村民造房子剩下的红砖，并以当地黄泥墙工艺做为建筑外表皮，门窗由木匠现场制作。内部空间朴素自然，墙面内外一致，地面则用水泥做磨光处理，屋顶则是保留了原始木屋架的结构美感，软装也以原木为主，使建筑、室内融为一体	设计团队挑选了村庄中若干闲置的小型农业设施用房，如猪圈、牛棚、杂物间、闲置粮仓等进行改造设计，植入新的业态，补足古村落旅游服务配套设施，为村庄提供新的产业平台是此次工作的重点；而基于在地性，乡土性，同时强调建筑的当代性、艺术性和趣味性是设计的基本原则	以新技加固旧屋，循旧法新建如旧。原封不动地保留老房子的四个立面，而对已经破损的木结构和屋顶进行重建。采用当地最常见的杉木作为梁柱结构，木构一层按照传统的穿斗方式承托楼板，二层木构以树冠的造型将屋顶向外悬挑，来覆盖和保护老墙

三、乡村产业建筑改造模式的启示

运用类型学的方法分析乡村产业建筑改造转型的案例，可以得到以下的几点启示，希望可以为未来的乡村产业建筑更新、改造、转型提供一定的参考和思路。

1．空间的功能替换。闲置或破败的乡村传统产业建筑存在内部空间衰败的现象，对原有建筑进行清理和基本的维护，增加装饰材料和设施设备，替换功能空间，以满足改造后的建筑功能需要。

2．空间的重新划分。在许多产业建筑中，原有建筑空间与新的功能使用需求无法单纯契合，原有建筑的空间分隔不能满足新功能的使用需求，在原有建筑使用面积不变的前提下，调整空间的尺度，对建筑的空间逻辑和建筑形态重新塑造，以满足改造后人们生产与活动的需求。

3．新旧结合的建筑形态。乡村传统产业建筑改造中，为了尊重在地建筑特征，建筑的改造应该从属整体形式，改造后建筑与原建筑具有文脉传承关系，与原有建筑在形态、尺度上相互协调、呼应。

4．传统技艺的传承与发展。以现代的视角去看传统的建造技艺难于复制，纯粹的技艺也很难在新的建筑中全部利用。以现代技术与材料对传统建造技术进行改良，会为传统建造技术注入新的活力，使其得到传承与发展。

5．传统材料与新型材料的结合运用。采用本土建筑材料，回应建筑的地域性特征，同时符合可持续建筑发展，重视在地材料与其构造的可持续特征。并合理利用新材料，在与传统材料相结合互补，使新旧材料传承与创新组合。[10]

6．原有结构的加固与更新。分为三类：（1）依附原有建筑的结构体系；（2）新旧体系并存；（3）对建筑结构体系进行再设计。[10]

四、总结与展望

乡村传统产业建筑同传统民居一样，是乡村传统文化的代表，是乡村肌理与结构中不可代替的部分，也是村民活动的载体，理应得到乡村管理者、建设者和设计师更多的关注。未来的乡村产业建筑可能会更多地关注于新功能的植入与置换、新旧材料、技艺以及结构的结合，创造出能回应乡村产业的新建筑形态。而传统产业建筑的更新和改造，保留并唤起了人们的集体记忆，在改善乡村风貌的同时也创造了一定的经济价值，对乡村的经济、社会和文化发展具有重大的意义。

参考文献：

[1] [意] 阿尔多·罗西．城市建筑学 [M]．黄士钧译，刘先觉校．北京：中国建筑工业出版社，2006．

[2] 魏春雨．建筑类型学研究 [J]．华中建筑，1990(02)：81−96．

[3] 何崴，陈龙．当好一个乡村建筑师——西河粮油博物馆及村民活动中心解读 [J]．建筑学报，2015(9)：18−25．

[4] 张瑶．乡村传统产业建筑改造设计研究——以祝家甸村砖窑厂改造项目为例 [D]．成都：西南交通大学建筑与设计学院，2016．

[5] 张韵娜．乡村工业遗产保护再利用策略 [D]．绵阳：西南科技大学，2018．

[6] 梁漱溟．乡村建设理论 [M]．上海：上海人民出版社，2006．

[7] 吕红医，王宝珍．谈新农村建设背景下的乡土建筑保护与更新问题 [J]．小城镇建设，2009(12)：61−64．

[8] 赵彬，王轶．城市近郊乡村传统产业建筑"空间−产业"联动更新设计研究——以湖南浏阳亚洲湖村老烤烟房改造设计为例 [J]．华中建筑，2018 (4)：63−66．

[9] 张靖．中国产业类建筑改造的分析与研究 [D]．南京：东南大学，2005．

[10] 张向华．迈向全新的生命周期——工业废弃建筑的改造再利用 [D]．重庆：重庆大学，2003．

从"舞台真实"状态下原真性的感知浅谈我国历史街区保护

梁晓晨[1]

摘　要："原真性（authenticity）"自20世纪中期被正式列入《威尼斯宪章》以来，日益演变出丰厚的内涵，成为跨学科、多层次的概念。"舞台真实（staged authenticity）"最初是舞台艺术中的专业名词，被引入旅游人类学领域后，获得了新的诠释，它提出的"前台"与"后台"的概念涉及现代旅游开发的许多现实问题，例如文化商品化及文化变迁等。作为物质和非物质遗产的双重载体，现代历史街区的旅游开发大量采用这种"舞台真实"的展现形式。一直以来，关于"舞台真实"存在一系列争议，通过对游客和居民对"舞台真实"状态下历史街区原真性的感知要素分析可探讨"舞台真实"与我国当代历史街区遗产原真性保护的辩证关系。

关键词：原真性；舞台真实；感知；历史街区保护与开发

一、原真性的内涵演变

遗产保护在当代生活中的重要性毋庸置疑，作为世界遗产委员会明确规定的检验世界文化遗产的一条重要原则，"原真性（authenticity）"一词成为研究争论的焦点也就不足为奇。

"原真性"在英文词典中的原义解释为：真正的、而非虚假的，原本的、而非复制的，诚实的、而非虚伪的，神圣的、而非世俗的含义[1]。其在文化遗产保护领域的含义发展历程以三部里程碑式的重要国际性文献为标志：《威尼斯宪章》、《奈良宣言》和《实施世界遗产公约操作指南》。《威尼斯宪章》（1965）强调了原真性在遗产保护的具体操作层面的重要性，涉及了原物、材料、工艺、场所的原真性；《奈良宣言》（1994）从文化、遗产类型、原真性信息的多样性角度进行补充，使原真性的判断标准更加多元化，提出了较为完整的原真性概念框架；《实施世界遗产公约操作指南》（2005）在继承《奈良宣言》的基础上进行了进一步拓展，将"管理制度"、"语言和其他非物质遗产"纳入考虑范畴，并相应提出了"完整性（integrity）"概念。

目前，关于遗产保护原真性的相关研究主要包括客观主义、建构主义、后现代主义和存在主义四种观点。其中客观主义、建构主义和后现代主义强调遗产客体的原真性，存在主义则强调了旅游者旅游体验的原真性。

近年一些学者还在文献中强调，目前为止的研究对人们在遗产地点的原真性体验的关注较弱。锡安·琼斯（Siân Jones）指出，原真性感知与遗产本体、过去的人和场所之间存在的有形和无形的脉络，正是这些客体、人和场所之间不可分割的关系，支撑着原真性的不可言喻的力量。在实际的保护与开发工作中，不应孤立地看待各种构成原真性的要素，还应关注各要素之间有形或无形的联系[2]。

原真性的概念在国际争议中不断丰富，原真性原则指导下的遗产保护实践也在曲折中不断发展。目前关于原真性的价值标准可以达成的共识是：历史文化遗产是多重价值的综合体，需要从真实性价值、文化情感价值、公用价值多重价值进行衡量。在这样的价值标准前提下，盲目追求文物遗产的恢复"原状"、"切片式"的重现历史中某个时间点的状态、忽视其文化情感等信息往往意味着反而降低遗产价值，因此，当代的遗产保护实践需要对遗产地进行深刻的调查和全面的认知。

二、舞台真实

"舞台真实（staged authenticity）"这一说法源于戈夫曼（Erving Goffman）的理论。戈夫曼把人生比作一个宏大的舞台，并提出了"前台（the front stage）"与"后台（the back stage）"的概念。假设一个封闭空间内，"前台"即演员演出及宾主或顾客与服务人员接触交往的地

1　梁晓晨，华中科技大学建筑与城市规划学院，430074，1016150159@qq.com。

方，"后台"指演员准备节目的地方。社会这个舞台上存在三种人，一种是演员，一种是当地的观众，一种是外来人。当地观众和外来者不应进入"后台"，否则容易破坏社会的安定，"后台"应当保持其"神秘性"[3]。

其后，麦坎内尔（D.MacCannell）将这一理念引用于旅游人类学研究中，他指出，游客对历史景点的所谓"原真性"抱有极大热情，但往往对其理解存在局限。正如"舞台真实"所传达的主旨，游客所接触的通常只是景区专为旅游消费所开放的"前台"，当地文化和生活都抱着服务于旅游的目的在"前台"展现，而真正的当地生活在"后台"发生，绝大多数游客只是在感受和欣赏一场当地文化和生活状态的"表演"[4]。可以说，"舞台真实"是当地文化传统的一种夸张化、商业化的展现，是真实生活的冰山一角。在保护与开发过程中，相关学者对"舞台真实"持不同看法。

1. 客观主义学派

客观主义学派认为原真性是遗产客体的固有属性，原真性感知仅仅是对客体的一种认知论的体验，因此该学派对"舞台真实"的现象持批判态度。

2. 建构主义学派

建构主义学派认为原真性具备五个主要特征，即动态的、争议性的、多元的、带有主观色彩的、可转变的。游客确实是在寻找原真性，但游客追求的并不是客观主义的原真性，而是符号的、象征意义的原真性，是社会构建的结果。"舞台真实"可以视为客源地社会中存在的某种固有印象的投射，是通过大众媒体和旅游营销产生的结果。

3. 后现代主义学派

后现代主义认为"真"、"假"没有严格边界，因此"不真实"也就不成为问题。他们认为"舞台真实"完全可以替代原物，并主张游客不应打扰当地的生活和文化，由此当地的文化才能得到保护。

4. 存在主义学派

存在主义的原真性最初来源于人类存在的意义、人对自己的意义等话题。该学派认为，游客追求的是自我的本真，在真实的旅游经历后，游客可以提高对自我的理解。王宁（Wang.N）进一步将存在主义的原真性分为两个维度：个人内心的原真性（intra-personal authenticity）和个体之间的原真性（inter-personal authenticity），当一个人达到存在原真状态时，他会感觉比日常生活中更加真实、自在，原因并不是他发现旅游客体是原真的，而是因为他在非常规的活动中脱离了日常生活的约束[1]。因此，存在主义学派对"舞台真实"的做法并不否定。

尽管"舞台真实"的状态始终存在争议，在现代历史街区的保护与开发中，大量历史街区采用了这种展现方式。

三、"舞台真实"状态下历史街区原真性的感知

1. 感知主体

"舞台真实"阐述了外来游客、本土居民与历史遗产之间的关系，外来游客作为观众在台前观看，本土居民作为演员活动于台上和幕后，遗产同时作为表演本身和舞台存在。关于历史遗产的旅游学研究中，常常将作为旅游客体的游客视为感知主体进行讨论，但值得注意的是，历史街区不是一般的建筑遗产，除了对街区的历史遗存和风貌进行保护外，更值得关注的是它现在仍在被使用，人作为生活在街区中的主体发挥着决定性作用，这也是其不同于单体建筑遗产的最大特色。外来游客和本土居民都和历史街区紧密联系，居民在"台前"和"幕后"的生活状态也是历史街区原真性保护中需要考虑的重要方面。因此，"舞台原真"状态下原真性的感知应同时考虑游客和居民两个主体。

2. 感知要素

影响主体对历史街区原真性的感知因子有很多，现有研究将这些因子大致分为建筑外观与物理环境（the appearance/physical settings of the heritage sites）、旅游设施及商业化（tourist facilities or commodification elements at the sites）、当地文化与传统（the local culture and customs they presented）、街区管理（the site management）、地理位置（the site location）、整体氛围（the atmosphere）六类[4]，其中，旅游设施、地理位置和整体氛围主要针对游客而言。由此，我们可从这六个方面对主体在"舞台真实"状态下的原真性感知进行考察。

1）建筑外观与物理环境

包含总体建筑格局风貌、历史建筑的保存完好程度、建筑装饰、建筑内部陈设、街区道路铺装等因子。对整体风貌的初始观感似乎对游客原真性的感知起主要作用。通常，当街区风貌看起来陈旧时，游客会认为它是原真的，当整体风格崭新现代时，游客则会认为这样的街区不够"原真"。居民对建筑新旧的敏感度不高，他们认为使用便利、尺度亲近生活的场所更加"原真"。

2）旅游设施及商业化

包含旅游相关的便利游览设施、商铺的经营方式、商品的品质工艺及包装、商铺的服务人员、纪念品特色等因子。游客对便利的游览服务设施有一定的需求，但相关设施过度发展时，历史街区的原真性印象就会遭到破坏。商业方面，游客对当地的老字号、土特产较为推崇，并希望这些特产店铺的店面设计也富有"古韵"，而与其他区域同质化、缺乏特色的商业对街区原真性感知起消极作用。居民也认为老字号是历史街区的原真性的象征之一，但他们并不刻意追求其经营方式和店铺形式同过去保持一致，甚至认为现代化的模式会更好。另外，这类历史街区中，很大一部分居民并没有从事商业，游客和居民是站在消费者的立场对此进行感知。

3）当地文化与传统

包含当地居民保有量、当地居民生活方式、当地语言、居民参与度、文化艺术传承及其表现形式等因子。富有地方特色的活动有助于游客对原真性的感知，当地居民和宗教信徒的在场对游客的原真性认知有积极作用，但在"舞台真实"状态下，游客的停留时间较短，与当地人接触较少，常常对这些因子存在误判。居民对自身生活所代表的原真性认同度较高，长期生活的住民往往对生活场所怀有深度认同感和归属感，他们对当地文化与传统的认知并不局限于其表现形式，对外来文化的入侵比游客更为敏感。

4）街区管理

包含政府的规划和管理等因子。事实证明，政府在维护改造方面的过度干预如过度维护、过度清理、管理人员的过度设置对街区原真性感知起消极影响，但适当的政府参与有助于提高游客的原真性感知度。政府的管理手段也会对居民的原真性感知发生作用，主要的作用因子在于对其日常生活的干涉程度。通常情况下，干涉程度越大，作用越消极。

5）地理位置

包含周围环境的历史性等因子，主要针对游客而言。街区周围环境的原生程度越高，游客的原真性感知越强烈，特别是当抵达目的地需要耗费一定精力时，游客对景区原真性的信任度会上升。

6）整体氛围

包含灵性感觉（焚香的气味、祈祷声）因子，主要针对游客而言。游客在街区中感受到的声、光、气味构成了他们对原真性的感知。游客偏好富有仪式感的场景，不合时宜的噪声和脏乱会破坏原真性体验。

总体来看，建筑外观与物理环境、旅游设施及商业化、当地文化与传统对历史街区原真性感知的影响度最大，其中，在游客的感知体系中，建筑外观与物理环境、旅游设施及商业化的比重稍高，更加注重物质因素方面的原真；居民的感知体系中，当地文化与传统的比重稍高，对非物质层面的原真有更多关注。

可以看出，游客和居民作为原真性的两个感知主体，其感知情况既有共性，又有差异，多数游客在历史街区仅是做短时间的停留，对物质层面的感知比较显著、直接；居民作为街区生活的主人，是地方习俗、社区文化的传承载体，长时间在该区域生活居住，对与社区生活和自身利益相关的内容感知明显，并更加关注街区的本身属性和长远发展。

在游客（"观众"）和居民（"演员"）的关系方面，两者的互动很少，游客欣赏着居民的生活表演，却很少深入幕后与之发生联系，居民则将游客统一视为街区的外来者，彼此之间都维持着神秘感。

四、"舞台真实"与历史街区遗产保护开发实践

"舞台真实"这一理念的提出是为了寻求遗产商业化和遗产原真性之间的平衡。历史街区的保护开发实践中，将真实的本土居民生活放入幕后，其初衷是为了更好地保护本土文化与传统的原真性，但这也使居民与游客、游客与街区、居民与街区的关系发生了割裂。而且，在实际的开发过程中，市场经济、政府管理观念等方面的局限性，导致了街区原真性变质、忽视本土居民生活状态等一系列问题。

1. 现状问题

"舞台真实"所引发的问题在我国主要体现在以下几个方面：

1）过度注重建筑外观与物理环境的改造维护，忽略修复质量，忽略非物质遗产的延续发展

多数游客主要关注建筑外观与物理环境的原真性，文化情感方面的关注较为缺失，历史街区的保护开发过程中也存在这个问题。相关部门对原真性原则的执

行多是一种物质的、静态的、表面化的"风貌"理解，对街区建筑的保护主要停留在外观层面，对非物质文化遗产尤其是当地工艺及民间艺工发展采取忽视乃至限制的态度[5]。

2）过度的商业化和旅游开发破坏了历史街区的原真性

在历史街区的保护开发过程中，许多历史街区被改造为"商业街"，在经济利益的驱动下，为了更好地适应商业旅游，许多传统民居被过度修复，逐渐失去原本的面貌。街区商业化导致居民只对自家院落有认同感，外来文化的入侵使街道整体认同感缺失[5]。同时，街区商业化程度过高，也会破坏游客对街区的原真性感知。长此以往，历史特色流失，不利于历史街区的可持续发展。

3）打造假文化，忽略原真的本土的人文元素

一些历史街区的开发保护工作中，为了营造传统文化氛围，不从本土的文化习俗中取材，反而效仿一些国内外成功的先例，强行引入一些本地没有的新兴节日或表演项目，这样的内容既不符合当地文化背景，也不一定能引起游客的兴趣，更关键的是，对本土非物质文化遗产造成了冲击和破坏。

4）街区管理忽视当地居民的生活状态

政府在街区管理过程中，过分倾向于服务旅游，一味满足外来游客，忽视社区条件的改造，对本地居民采取严苛的管理，遏制了当地社会经济的发展和居民生活水平的提高，导致居民对生活环境的原真性认同感丧失，对街区遗产保护的积极性不足。

2. 讨论与思考

综上所述，这些问题似乎并非由"舞台真实"这一理念本身引发，而是在处理游客与居民、游客与街区、居民与街区关系的过程中，过分偏重于某一方。个人认为，从原真性的感知视角出发，历史街区遗产保护的实践中，应当注意以下几点：

提高建筑维护质量，不仅仅注重外观的保护，还要提高结构的安全性和持久性；遏制过度开发，合理发展商业，把握商业发展和原真性维护之间的平衡；重视居民和游客的意愿调查，不盲目监管；对街区的物质和非物质遗产做深入研究分析，充分发扬本土文化。

五、结语

"舞台真实"的理念有其局限性，但我们不应将之简单解读为伪文化、假表演，看作是对原真性的破坏。将历史街区遗产的保护开发视为一个动态的过程，正面看待居民与游客、游客与街区、居民与街区的关系，积极处理传统与现代的矛盾，在保有传统文化内涵的同时为街区注入新的活力。同时这也启发我们不断思考真实与虚伪之间的关系，在实践过程中不断完善相关理论，又用理论指导实践，由此在曲折中进步。

参考文献：

[1] 孟春晓. 历史街区遗产原真性的感知研究[D]. 北京：北京林业大学，2012：69.

[2] Sian Jones. Experiencing Authenticity at Heritage Sites Some Implications for Heritage Management and Conservation [J]. Conservation and Management of Archaeological Sites, Vol.11 No.2, May, 2009：133-147.

[3] 张晓萍. 西方旅游人类学中的"舞台真实"理论 [J]. 思想战线，2003（04）.

[4] Thi Hong Hai Nguyen, Catherine Cheung. Toward an Understanding of Tourists Authentic Heritage Experiences Evidence from Hong Kong [J]. Journal of Travel & Tourism Marketing, 2016, Vol. 33（7）：999-1010.

[5] Honggang Xu, Xiaojuan Wan, Xiaojun Fan. Rethinking authenticity in the implementation of China's heritage conservation the case of Hongcun Village [J]. Tourism Geographies, 2014, Vol. 16（5）：799-811.

[6] 李韵. 拒绝"舞台布景"留住"活态城镇"[N]. 光明日报，2014-08-01（009）.

北茶马古道广元段传统民居特征研究

张　莉[1]　孟祥武[2]　叶明晖[3]

摘　要： 在北茶马古道文化线路背景下，以广元地区复杂的地理人文环境为基础，从建筑选址、院落布局、建筑单体空间、结构及营造等方面分析广元传统民居特征，以了解广元传统民居的地域特色，并探寻其与北茶马古道沿线其他民居的内在联系，为北茶马古道沿线传统民居的演进规律探索提供参考。

关键词： 北茶马古道；广元段；传统民居；特征；影响

引言

1994年，国际古迹遗址理事会在马德里召开以"线路，作为我们文化遗产一部分"为主题的专家会议，文化线路成为一种遗产类型。随即，文化线路研究开始兴起。文化线路包含了水、陆交通或者混合交通线路，反映了地域间人口流动与交流、历史的更替变化，是从多维度呈现的文化遗产。茶马古道、丝绸之路是已为人熟知的文化线路，给大众展现了线路上丰富的物质文化遗产与非物质文化遗产。而今，中国大地上还有许多其他的文化线路，北茶马古道便是其中一条。而传统民居，

作为文化的物质载体，其所体现的共同特征正是线路存在的一种特征。

一、北茶马古道路线

1. 线路概述

2009年第三次全国文物普查中，甘肃省陇南市康县望关乡发现的《察院明文》残碑上"茶马贩通番捷路"首次证实了西北茶马古道的存在。据北茶马古道路线学界已有研究，北茶马古道主要有四条路线：①东线：望关至窑坪出境，经陕西木瓜园到略阳，再往东到汉中。②西线：沿康县望关至青海藏区。③南线：望关至托河

出境，经陕西燕子砭可南下四川。④北线：沿康县望关至天水。从线路分布的情况可以看出，北茶马古道分别从川蜀、陕西汉中出发，途径陇南地区，经过天水地区抵达青藏高原地区。其中，陇南到甘南、天水的茶马贸易通道，经康县、宕昌、武都、西和县境段；甘肃入四川的古道"阴平古道"、"西固古道"，经文县境段；甘肃入陕西、四川的古道，经徽县、成县、两当县境段；其线路辐射范围基本覆盖了陇南市八县一区（图1）。

图1　北茶马古道路线图（图片来源：骆婧绘）

1　张莉，兰州理工大学设计艺术学院，硕士生，730050，1217165653@qq.com。
2　孟祥武，兰州理工大学设计艺术学院，副教授，730050，84666097@qq.com。
3　叶明辉，兰州理工大学设计艺术学院，副教授，730050，362692890@qq.com。

2. 广元段路线概述

　　甘肃入川（阴平古道）和陕西入川（金牛古道）必经广元，故广元在北茶马古道上占有重要地位，联系着甘肃、陕西、四川，体现着边缘区域文化的交融和北茶马古道文化的线性传播与辐射影响。而传统民居作为主要载体承载了此地多元的文化，反映了来自线路传播的影响。广元为入川之咽喉，四川对北之门户，在文化上既保留着四川本土传统文化又受北方外来文化的影响，这些影响随着茶马交易渗入居民生活，积累沉淀形成如今复杂多样的广元地域文化。而传统民居作为居民赖以依存的物质基础，以物质形态反映着变迁，记录着历史（图2）。

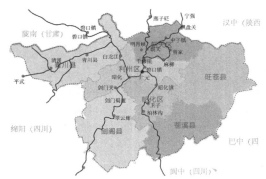

图2　北茶马古道广元段路线图（图片来源：作者自绘）

二、广元地理人文环境

1. 广元的地理环境

　　广元市位于四川省北部，北与甘肃省陇南市的武都县、文县、陕西省汉中市的宁强县、南郑县交界；南与南充市的南部县、阆中市为邻；西与绵阳市的平武县、江油市、梓潼县相连；东与巴中市的南江县、巴州区接壤。属于山地向盆地过渡地带，以摩天岭与甘肃分界，以米仓山与陕西分界（图3）。广元市属于亚热带湿润季风气候，地处秦岭南麓，是南北的过渡带，兼有南北方天气特征，年降雨量800～1000mm。"过渡"的地理位置极大程度上左右了人们建屋居住的习惯。

2. 广元的人文环境

　　广元周朝时曾为苴国，后秦"五丁开山"开蜀道，灭蜀吞苴置葭萌县。三国时期，广元处于入蜀要道，现存140余处三国遗址遗迹。作为入川门户，广元首先接

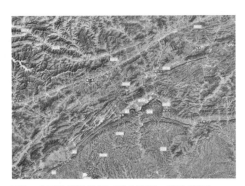

图3　广元地形地貌图（图片来源：谷歌截图）

收到北方文化和风俗的冲击，也成为蜀文化与甘陕文化交融的地理起点。茶马互市带来文化、经济、人口的流动，潜移默化地影响，并将其反映在建筑营造、生活习惯、风俗信仰等方面。

三、广元传统民居特征

1. 村落选址特征

　　北茶马古道广元段沿线村落选址基本秉承聚居选址中的"天人合一"的思想，在布局和建筑选址上善于因地制宜，并且巧妙结合实际生活行为建造居所。即在顺应自然的同时，提升实际生活水平，尽力营造良好的人居环境。如昭化古镇聚落（要塞原则）形成于翼山、笔架山、牛头山下的三角平原处，三面临江，四面环山，处于背山面水之势。选址既保障了生产和生活，又提供了良好的防御和农耕条件（图4）。而清溪古镇（生产原则）形成于冲击滩涂上，临近唐家河，又有清水河穿村而过。古镇中通向清水河的沟渠众多，形成集灌溉用水与生活用水网络，滋养村落（图5）。柏林沟古镇（地势原则）聚落依附水系曲线形成，但由于局部高差较大，为顺应地势，聚落中建筑呈沿等高线散落状态，有独户多，规模小，分布散的特点（图6）。总结广元区域内北茶马古道沿线村落建筑典型布局主要有以下三种：a. 带状布局、b. 网格式布局、c. 线性布局（图7）。

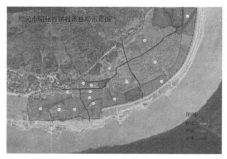

图4　昭化古镇格局图（图片来源：作者自绘）

图5 清溪古镇格局图
（图片来源：作者自绘）

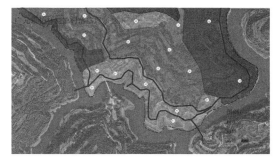

图6 柏林沟古镇格局图（图片来源：作者自绘）

a．带状建筑布局

b．网格状建筑布局

c．线性建筑布局

图7 广元段传统村落建筑典型布局（图片来源：作者自绘）

2. 建筑选址特征

北茶马古道广元段沿线和辐及范围内建筑选址自由，不拘一格。然而气候与地理条件的相似，导致该区域的建筑选址存在着一些共性。①风水原则，建屋造房之前请地理先生定位选点，确定朝向，动工时间等。②节地节材原则，屋基避开良好耕地，靠近自家耕地，便于农业生产。同时做到工程量最小，就地取材，以省时省力。③安全原则，建筑建于安全地带，预防洪水、泥石流等自然灾害发生。

3. 院落布局特征

因受到多元因素影响，北茶马古道广元段建筑布局形式多样。院落组合类型主要有：一进院落（包含三合院式、四合院式）、两进院落（包含前后两院式）、三进院落（包含三进四院落、三重院落）。其中，三合

院落是指建筑三面围合，形成限定空间的建筑围合形式。院落多为矮墙围合地坝或者为不围合的地坝。此种院落与建筑结合紧密，对地形要求低，为此区域最为广泛的一种院落组合形式，调研数据显示：地形平阔与地势高差较大区域均有发现，且在各组样本中所占基数最大。即证此形制是优胜劣汰规则下的胜者。值得一提的是四合院与北方标准四合院形制相似，入口处略有改变，中轴对称，院落窄长，呈小天井式。此外，两院式是指建筑前后各有一个地坝，或有低矮院墙或地坝边界限定空间形成院子。两院式院落主要用前院晾晒作物，后院堆放杂物，将生产和生活区粗略分开。此种院落形式在昭化古镇城关村这类相对平坦的区域分布广泛。三重院落为四合院应对坡地的回答，在局限的地形上既满足了空间拓展需求，又与周围环境相得益彰。三进四院落是昭化古镇的一个特例，"辜家大院"建筑围合形成三进四院落，轴线明确，力求对称，是此区域少见的大型四合院落（图8）。总体而言，广元地区院落形制融入了北方特色，并且在适应自然环境的同时满足当地居

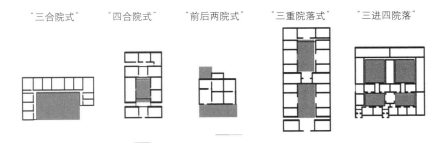

"三合院式"　　"四合院式"　　"前后两院式"　　"三重院落式"　　"三进四院落"

图8 广元民居院落类型（▨为院落）（图片来源：作者自绘）

民的生活诉求。

4. 建筑单体空间构成特征

　　建筑的单体空间特征往往体现在其平面组合上，北茶马古道广元段传统民居融合了甘陕川等地平面形式。归纳得大体有五种平面形式——一字形、曲尺形、凹字形、凸字形、组合型（表1、图9）。其中，一字形平面为此区段应用广泛的平面形式，由于山地地形限制之下，当地民居多为一户一屋。一字形平面在适应此需求上极为灵活，三间成幢，形成"主室模式"。一字形平面空间扩展最常见者为在堂屋后延伸出一小间做储物或厨房，并开小门通向室外。以此形成凹字形平面，在独户民居中应用颇多。曲尺形平面又称"L"形平面、"钥匙头"、"丁字头"、"尺子拐"等。因此地延续四川的"人大分家"习俗，为"别财异居，分灶吃饭"而扩

展空间。在原来一字形平面的基础，在纵向加一列厢房即形成曲尺形平面。如若地形允许，会在另一端再加一列厢房，形成凹字形平面。其多为满足家族延续需要，围合而居，"家分人不散"。受地形地貌以及耕地优先双重影响，区段内建筑延伸出多种组合平面形式。弟兄分家加建形成了以地形地势为依托的组合型平面形式。在分析建筑空间形式时，发现类型化后的茶马古道广元段传统民居在其平面形式上与甘肃陇南地区传统民居平面形式有较多相似之处（表2）。例如凹字形平面，在陇南称"燕子口"、"锁子厅"，在陇南的多数地区均有出现，遍及徽县、宕昌县、康县、成县、礼县、西和县六县之中（图10）。此线路民居形式基本保持一致，变化微小，从其一致性，可猜测文化线路北茶马古道在历史推进中，在空间布局层次对沿线民居有一定的影响。深层次挖掘探索，应会发现其中更多的联系。

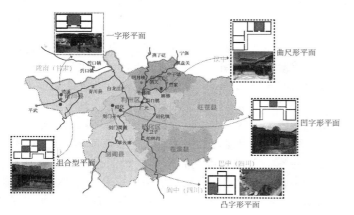

图9　民居类型分布（图片来源：作者自绘）

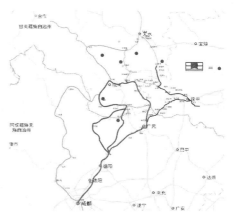

图10　一字型平面民居对比（图片来源：作者自绘）

北茶马古道广元段传统民居基本形式类型表　　表1

北茶马古道广元段传统民居基本形式（ ▨ 为正厅）		
类型名称	平面简图	主要特点
一字形平面		一字型平面是最简单最基本的平面形式，多为三开间，中心间为堂屋
曲尺形平面		曲尺形平面即一横一顺式，在一字形基础上在一侧加上厢房形成"L"形平面
凹字形平面		凹字形平面是在曲尺形平面基础上再加一列厢房所得，当地所加厢房自由，多长短不一，不求对称
凸字形平面		凸字形平面是在一字型平面上的变形，主室后加一间做灶房或储物
组合型平面		组合型平面是为适应功能需求在各简单平面形式上顺势而建，形成的平面形式，平面延伸无固定规律

资料来源：作者自绘

民居平面对比表 　　　　　　　　　　　　　　　　　　　　　　　　　　**表2**

			广元凹字形民居平面形式与陇南民居平面形式对比			
地域	广元市清溪古镇邓守邦宅	陇南市宕昌狮子乡东裕乡	陇南市尚德镇田家坝	陇南市礼县宽川火烧寨	陇南市徽县嘉陵镇稻坪村	陇南市西和县城关镇石沟村
平面形式		正厅	正厅	正厅	正厅	正厅

资料来源：作者自绘

5. 建筑结构特征

广元区段民居建筑延续四川传统建筑结构，在其主体结构上用穿斗（图11），利用木材做建筑主体框架。穿斗结构是在四川地区使用最为普遍的一种结构方式。其用料省，结构紧密，稳定性好，灵活自由，视觉上看起来轻快纤细。通常一柱一檩，柱全部落地。在此区段有多种穿斗形式（图12），为适应不同需求有不同穿斗结构，此地穿斗依旧一柱一檩，但柱并不全部落地。由此，产生了隔柱落地的五柱九檩形式，隔两柱落地的五柱十一檩形式等隔柱落地穿斗框架结构形式，为保持稳定性，柱间多用穿枋联系。此外在此区域也发现有抬梁式结构，形成穿斗与抬梁组合的结构形式。广元市昭化古镇益合堂就是一个典型案例，作为北茶马古道途径客栈，接待来往商客，需宽敞大厅，故其大堂结构选用了中间五架梁，前后穿斗架的形式，是一个地域特色与传入技艺的结合体，体现了文化线路交流地带建筑技艺的交流与相互影响。

传统民居建筑一般遵循就地取材的原则，广元区段的传统民居一般取材土木，偶有石材掺杂。以当地石材做地基及勒脚，防止雨水侵蚀墙脚。夯土做承重墙，有些地方掺入石子、石块增加强度。门梁以上区域夯土墙施工相对较难，当地人用木板制成墙壁，即在木柱穿枋之间镶嵌木板，既可挡风防寒又可雕花装饰。此外，常见的维护结构还有竹编夹泥墙，做法是将柱枋分为1米见方的框格，将编织竹条嵌入，双面抹泥灰。这种墙体不易开裂，透气性好，材料常见，施工方便，在此地传统民居中被广泛使用（图13）。

屋檐出挑形式丰富也是该区段的传统民居特色之一。此区域主要使用悬挑出檐，常用悬挑出檐有单挑出檐、双挑出檐，三挑出檐、斜撑出檐与转角出檐。檐部出挑的长度随日照变化，越往南方出挑长度越大。店宅式民居一般面街面出檐深远，以便摆摊与揽客。檐上空间做储物或是待客，檐下进行商业招揽活动，也称"跑马廊"（图14）。

图11　广元典型民居结构（图片来源：作者自摄）

　　a. 四柱十檩　　　　　*b.* 五柱十三檩　　　　*c.* 五柱十一檩　　　　*d.* 八柱十五檩　　　　*e.* 四柱十三檩　　　　*f.* 组合式

图12　广元民居穿斗结构类型示意图（图片来源：作者自绘）

　　a. 石砌勒脚　　　　　　*b.* 石料固墙　　　　　　　*c.* 夯土墙　　　　　　　*d.* 木板墙　　　　　　　*e.* 竹编夹泥墙

图13　广元本土建筑用材图（图片来源：作者自摄）

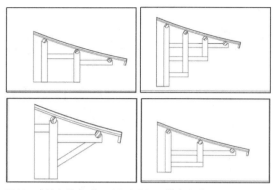

1. 单挑出檐
2. 三挑出檐
3. 斜撑出檐
4. 双挑出檐

1	2
3	4

图14　建筑出檐类型图（图片来源：作者自绘）

6. 建筑营造

北茶马古道广元区段的建筑营造匠派以剑南蜀派为主，多为以当地工匠拜师学艺、口口相传的方式传承建筑营建技艺。广元当地民居建筑建造一般以工匠主导、民众自建为主要组织模式。其大致历程主要为：第一步，请地理先生确定基址后，开始处理地坪。由于广元区域多小山丘陵，地势条件复杂，房屋多为顺依地势处理为吊脚楼或是填平屋基，多用"拖"、"爬"、"错"、"跌"等处理方式。屋基处理好之后，第二步搭建建筑木框架。选取近处山林木材，按间数搭建，用穿斗结构，形成房屋主体结构。第三步，编制墙骨。利用当地竹材，编制成竹篱，成一乘一见方小块枋，将墙体划分为若干小格，填入小枋。第四步，和泥糊墙。就地取屋基周围黏土，混以草木灰或碎秸秆，搅拌、揉压，使之有一定韧性后涂泥上墙。第五步，盖瓦。取附近小瓦窑烧制青瓦，直接盖瓦上椽，不卧泥，不覆灰。如此，在适应不同环境的同时与环境相辅相成，形成了丰富、多样而又统一的乡土建筑。

四、总结

总体而观，广元区段传统民居在保留着其本土传统特色的同时显现出对于传入文化的经验保留及吸收。

此区域民居表现出极强的灵活性。在多变的地形条件下，从村落布局到建筑营造，均以顺应地势、争取空间为主要目的，以得到良好的居住环境。同时，也体现着经济性。在节地节材方面，广元民居利用建筑选址、营造、材料等方面的协调达到建造的经济性。此外，广元区段民居现体现了边缘文化区的融合性。其在建筑形制方面显现出与边缘区域的相似之处，证明其受多元文化影响下对于文化内涵及生活方式的进行吸收消化，形成独特的地域文化。在其特征分析中发现广元段民居与陇南民居有多方面的内在联系，且越接近北茶马古道线路，特征表现越为明显。

北茶马古道作为一条重要的文化线路，在其历史发展中对线路地域内民居产生着深远的影响。从空间维度上看，带来的文化和技艺的交流在空间上由主线发散，形成辐射影响。从时间维度上看，建筑特征与技艺代代相传，经验叠加，将其意义深化、传承和积淀至今。北茶马古道广元路段上的传统民居，正是这一文化线路影响下的典型案例。可发现其与通过深入分析其特征，可发掘北茶马古道沿线其他区段建筑之间的联系，以便深入探索北茶马古道文化线路下的建筑演变规律，以及多文化影响下的建筑表现形式，为边缘地区传统建筑研究提供参考。文化线路影响下的传统民居往往为我们提供历史演进在建筑上的变化，值得研究其规律，以借鉴到现代建筑发展。

旅游城镇化过程中沙溪古镇的社会空间演变

李欣润[1]　孙志远[2]　车震宇[3]

摘　要：本文从旅游城镇化影响下沙溪古镇社会空间发生演变这一现象出发，通过走访调研与深度访谈，分析沙溪各类社会主体的社会关系、生活方式、意识行为以及他们对村镇的主观感受在旅游影响下发生的演变。通过对社会空间的综合分析，总结在旅游的影响下，沙溪村镇空间演变的综合规律与机制，为沙溪在特色小镇新时期的旅游发展和空间规划提供建议与对策。

关键词：旅游城镇化；乡村；社会空间；社会主体；沙溪

引言

自2009年12月，《国务院关于加快发展旅游业的意见》、《关于支持旅游业发展用地政策的意见》、《政府工作报告》等一系列政府文件的相继出台，乡村旅游得到了高度的重视。随着大众旅游时代的到来，乡村旅游蓬勃发展，成为了很多村镇创收增收的支柱产业，为乡村振兴增添了动力。

云南省是旅游业发展较为成熟的地区，依托传统的风貌和独特的民族文化，云南许多传统村镇都走向了旅游发展的道路。2017年云南省剑川县沙溪古镇成功入选第二批全国特色小镇，将以旅游业为主导产业。新时代背景下，特色小镇作为推动城镇化的一种新型模式，在探索新型城镇化的道路过程中异军突起，成为了新的源动力。

一、研究概况

1. 研究对象

沙溪镇位于大理州剑川县西南部，距县城32公里、丽江101公里、大理120公里。沙溪位于"滇西北香格里拉文化生态旅游区"的核心地带，是"大理—丽江—香格里拉"黄金旅游线上的重要节点，北邻丽江，南接大理，处于两大世界级旅游目的地之间的沙溪，具有十分突出的旅游区位优势（图1）。

图1　沙溪镇旅游区位图

沙溪具有良好的历史文化、民俗文化以及生态本底，拥有丰富的旅游资源。它是"茶马古道上唯一幸存的古集市"、世界濒危建筑文化遗产寺登村所在地、剑川县核心旅游景区之一。沙溪镇域内存有大量风貌完整的村落，目前已有7个行政村（含18个自然村）先后列入中国传统村落名录。这些村落有机分布，坝区山、水、田、村自然融合，形成了"山—村—田—镇"的空间格局（图2）。

2. 旅游业促进了沙溪人口城镇化

从沙溪镇的发展历程来看，旅游产业的兴起与发

1　李欣润，昆明理工大学，硕士，650500，1214687901@qq.com。
2　孙志远，昆明俊发集团有限公司，650051，190915939@qq.com。
3　车震宇，昆明理工大学，教授，研究生导师，650500，598869375@qq.com。

图2 沙溪坝区村落分布图

二、旅游发展中村镇的社会主体变化

1. 沙溪村镇的社会主体在旅游发展中的变迁

展，促进了沙溪的城镇化进程。在旅游业的带动下，沙溪建成区面积不断扩张，从2001年的46.35公顷增加至2017年的72.13公顷；旅游用地比例持续上升，相关的商业数量从2002年的1家到如今的162家。沙溪镇在旅游带动人口城镇化方面，非农业人口比例逐渐上升（图3），第三产业从业人口比例逐年上升（图4）。

社会主体是指处在一定社会关系中从事实践活动的人及其群体。村镇在旅游发展与建设过程中，受到多方利益相关者的影响，同时他们也是村镇的社会主体。沙溪在旅游发展过程中受到多方利益相关者的影响，村镇中各类社会主体的相互作用，改变了原来稳定的社会结构。在旅游发展前和起步时期，沙溪的社会主体是本地村民。随后，在二十几年前，寺登街迎来了一批国内的"驻客"，他们以一种游客与居民的"双重身份"生活在沙溪。后来，随着沙溪旅游业的发展，越来越多外来商户进驻，来到沙溪"搞事情"。因此，随着旅游的发展，沙溪的社会主体经历了本地村民—"驻客"—游客—外地经营者（旅游企业）的变迁过程（图5）。

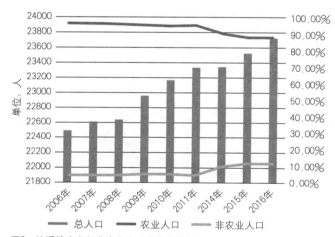

图3 沙溪镇农业与非农业人口变化趋势图
（图片来源：根据沙溪镇历年人口数据统计表整理）

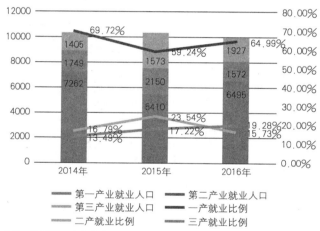

图4 沙溪第三产业从业人口变化趋势图
（图片来源：根据沙溪镇2014~2016年农业综合报表统计整理）

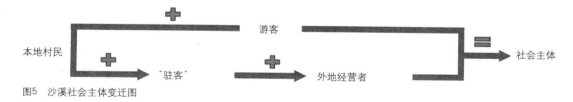

图5 沙溪社会主体变迁图

2. 沙溪村镇中各社会主体的特征

沙溪的社会主体主要由本地村民、"驻客"、游客、外地经营者（旅游企业）和政府构成。由于考虑到政府主要扮演决策者和规划者的角色，且与其他四者之间的关系较为间接，因此本文所讨论的社会主体主要为

以下四者：

1）本地村民

本地村民是村镇发展的主体，是规划实施的执行者，也是最终的受益者。旅游给他们带来了直接的经济利益、影响了他们的生活方式和行为意识，但同时也造成了生活成本提高、环境污染等问题。总的来说，本地村民既是旅游发展的获益主体，又是最易受影响的社会

主体。

2）"驻客"

"驻客"一般都来自经济发达地区，经济上、人格上都高度独立，并且具有高学历、高收入、高素质的特质[1]。因此，经济利益并不是他们"驻留"的主要原因，而是为了追求一种悠闲的生活方式，一种更自由的精神享受。

3）游客

游客的游览兴趣是社会物质空间演变的方向。游客总是倾向于前往旅游资源独特、丰富的区域，同时游客是此区域的主要消费者，是主要的经济来源。

4）外地经营者（旅游企业）

外地经营者是本地村民和"驻客"的竞争者，他们往往更看重于自身的经济利益。他们通常资金实力雄厚，"强制性"对旅游资源进行开发和使用，一定程度上打破了原有的稳定环境。

三、社会实践空间的演变

游客是村镇旅游的消费者，是旅游经营者的主要经济来源。因此，为了满足游客的各项需求、吸引他们的到来，村镇内大量的空间被改造，在原有空间与土地上，低效利用的土地和活动内容被更高收益的土地利用和活动内容所取代。

1. 居住空间功能转型：居住空间向商业空间转型

古镇旅游资源的开发转变了村民对老房子的价值认知，本地居民将自家的老宅进行改造，既能满足自身居住的需求，又能进行生产经营。在发展旅游过程中，居住空间逐步向商业空间转变，其中，旅居混合的空间越来越多，民居功能由以村民生产生活为主转变为面向游客消费体验为主，居住空间和商业空间的边界逐渐模糊化。

随着沙溪旅游的发展，为满足游客和商家需要，村落中传统居住空间逐步向商业空间转型，这是一个必然的过程，居住空间转型多分为居住转型餐饮、居住转型客栈、居住转型零售三类（图6）。

2. 公共建筑空间功能重组：传统功能向旅游功能变迁

随着沙溪的旅游发展进程，为满足居民、游客等各类社会主体的需求，政府通过改造、拆除重建、新建等方式对公共建筑空间进行重组，土地性质和空间活动由传统功能向旅游功能变迁（表1）。主要有小学、粮管所、供销社、兽医站、城隍庙等。

传统民居转餐饮　　　　　　　传统民居转客栈　　　　　　　传统民居转零售

图6　传统民居功能转型图

公共建筑空间功能变迁表　　　　　　　　　　　　　　　　　　　　　　表1

公共建筑	第一阶段变迁结果	方式	第二阶段变迁结果	方式
沙溪小学、派出所	兰林阁酒店	拆除重建	—	—
粮管所	土特产品及手工艺品的商场	改造	酒店（尚未实施）	拆除重建
供销社	旅游服务中心、沙溪宾馆	拆除重建	—	—
兽医站	兰林阁酒店（二期）	拆除重建	—	—
城隍庙、鳌凤小学	沙溪社区中心	改造	茶马古道体验中心（含新建茶马古道博物馆）	新建

原有的沙溪小学（紧邻寺登街核心位置）被拆除，在原址新建了兰林阁酒店（图7），用地性质发生了变

化。小学置换为酒店一方面满足了游客的需求，另一方校园选址新建，师生有了更好的工作环境和学习环境。精品酒店的建设为沙溪的旅游业带来了好的影响，优秀的设计在根植沙溪的本土文化、最大化保护沙溪的同时，又提升了区域的品质。

位于镇区南部的城隍庙一直都是村民的精神中心，至今延续着烧香祭拜的传统，一年一度的城隍庙会和不定期的民俗活动不仅是本地村民的传统，同时也是

游客乐于参与体验的活动。在当地政府的支持下，利用已经废弃的鳌凤小学，并结合城隍庙作为带动社区活动和旅游服务的社区中心。2017年，在社区中心旁边新建了茶马古道博物馆，在未来三者将合为茶马古道体验中心。以沙溪代表性的文化遗产城隍庙为基础，结合沙溪社区中心的建设，依托于沙溪茶马古道遗址，将传统博物馆的收藏展示研究功能拓展为展示、餐饮、市集等多种功能集合一体的参与性文化体验中心（图8）。

图7　兰林阁酒店一期

图8　茶马古道博物馆

四、社会精神空间的演变

1. 村民的地方感重塑

阿格纽认为"地方感是指人类对于地方有主观和情感上的依附"[2]。沙溪拥有的独特性凝聚着本地村民的地方感。但是随着沙溪旅游的发展，本地村民，尤其是生活在受旅游影响较大的古镇区的本地村民，他们的地方感逐渐发生着演变。

1）"驻守村民"的地方依恋感减弱

根据《沙溪历史文化名镇保护与发展规划》（2004）中居民对旅游开发的意见和建议表整理统计得知，虽然村民通过旅游增加了经济收入，并同意自己的居住地成为旅游区，仍约70%的本地居民仍旧选择"驻守"在老区居住，拒绝搬迁到新区。

但是随着旅游发展，部分"留守村民"的地方依恋发生演变，对古镇的依恋感逐渐变弱。与2004年调研结果所不同的是，2013～2014年年间，至少四五十户的本地村民在外面新建了房屋，村民大规模向古镇外围迁移，放弃了原本在古镇里的生活。

"老房子早就租出去了，这两年刚盖好的新房子，比之前的大多了，也宽敞，我们一家都住这儿，新房子挺好的，住着舒服。"——40岁左右的男性居民，本地人

2）"外出村民"的地方归属感增强

在实地调研中我们了解到，一部分沙溪的旅游经营者曾是"外出村民"。他们出生于沙溪，之前在外地工作，后来随着沙溪旅游的发展，他们看到了家乡的价值，并放弃了外地的工作，选择回到家乡工作和生活。

"我当初离开家去上学的时候，本想着靠自己的能力在外面发展。但后来沙溪发生了这么大的变化，家人都劝我回来，这样既能照顾家里人，又能发展事业，两不耽误，挺好的事情。人总是要落叶归根嘛！于是我就决定回来了，家里挺好的，我哪也不去了"——33岁的男性客栈老板，本地人

当然，这样的沙溪人有很多，都是受到家乡旅游发展的影响，放弃外出而选择回归。这些"外出村民"在感受城市生活后回归家乡，对家乡的认知更为深刻，归属感得到了加强，家乡的一切显得更加弥足珍贵。

2. "驻客"的价值认同消失

据了解，在沙溪，"驻客"大多是为了逃避城市喧嚣、厌倦了大城市快速的生活节奏、或以享受生活为目的来到沙溪创业。他们所看重的是沙溪自然、人文环境和让人舒适的生活步调，是宜居的田园生活方式。然而，随着旅游的发展，沙溪的"状态"不再符合"驻客"的价值追求，部分"驻客"慢慢离开了沙溪。沙溪的旅

游发展导致来沙溪的人越来越多，与之前的安静相比闹了很多，慢慢的走了一批"驻客"，庆幸的是，她们仍对沙溪抱有希望。

"感觉这里没有原来那么好了，感觉太吵了。也许就是各种人太多了吧，总之没有我刚来的时候安静了，这可能就是旅游带来的必然结果吧，我也没有办法。当时和我一起来的朋友陆陆续续走了好多，我觉得我也可能会离开这儿，当然不是现在，至少现在还是舍不得这里，毕竟已经来了5年了。反正我现在还没想好怎么办，到时候再说吧，说不定沙溪还会变好，我还不走了呢！"——30岁左右的女性客栈老板，湖南"驻客"

3. 村民的意识行为转变

村镇的主体是本地村民，随着旅游业的发展，本地村民在逐渐摆脱贫困的同时，受到旅游"现代化"的影响，他们的社会观念，思想意识和生活方式等会也发生了转变，这种转变往往是由于游客的"示范"作用和村民的"模仿"产生的。

村民在客栈经营方式方面向"驻客"学到了很多经验，能够更主动地接受外界的思想，思考游客的需要，发掘自身的地方性文化。在经营过程中，村民学会了支付宝和微信这类电子支付方式，积极与游客的行为习惯接轨，同时村民的消费观受到外界的影响，舍得花钱了。但是，新一代的年轻人盲目模仿外地人的生活方式，"享受文化"冲击了年轻一代的思维，造成了一些不良影响。

4. 游客的兴趣特征分异

游客的旅游兴趣具有发展性，随着游客的游览经历不断丰富，他们的游览兴趣也随之改变。前往沙溪旅游的游客几乎都被这里的历史建筑所吸引，尤其是古戏台和兴教寺，已然成了沙溪的文化标志。然而，不同的游客有着不同的游览兴趣，对沙溪提出了更多的要求。

"我是听朋友介绍来这儿的，感觉还不错，挺安静的，人也不多，我们家那儿没有这种村子，我挺喜欢这儿，真想多待几天。"——20岁左右的女性游客，青岛人

"说实话我感觉和丽江差不多，就是人少点，安静点，房子差不多，卖的东西也都一个样。而且这地方太小了，我们一会儿就逛完了。准备吃个午饭就去大理"——26岁的男性游客，青岛人

五、社会结构的变化

1. 社会主体对空间的使用和建设

各类社会主体在村镇旅游与发展中以不同的身份和角色开展各种活动，通过对村镇空间的建设和使用，从而影响着村镇的空间形态。

1）本地村民是空间的"使用者"和"建设者"。村民的衣食住行等各类社会、经济活动，都需要村镇物质空间作为载体。

2）游客是空间的"使用者"和"间接建设者"。游客的"吃、住、行、游、购、娱"都要以物质空间为载体，同时，游客的"旅游反馈"往往能为旅游地的旅游发展与空间建设指明方向。

3）"驻客"既是村镇空间的直接"使用者"和"建设者"，也是"间接建设者"。"驻客"具有游客和本地村民的双重身份，他们在重构自我认知的同时影响着移居地的空间演变。

4）外地经营者（旅游企业）是空间的"建设者"和"竞争者"。他们通过获得城镇空间的建设开发权，直接参与到村镇空间建设中。随着旅游的发展，越来越多的外来商户进驻，将更大程度影响空间的演变。

2. 各社会主体间利益诉求的碰撞

社会结构的改变会打破村镇各社会主体的利益分配机制，从而引发利益冲突。在各社会主体间利益诉求发生碰撞的过程中，利益平衡若被打破，村镇的空间发展将是不可持续的。比如过分追求经济利益，将会牺牲其他方面的利益；单方面强化旅游职能，而会忽略居民的生活需求。因此，村镇的健康发展取决于各社会主体在旅游发展与空间建设中的利益分配。

六、结论

旅游发展带动了城镇（包括村镇）的人口和社会等要素的演变。在旅游的影响下，沙溪社会空间的演变特征如下：

1）旅游影响下"人"的需求变化是空间演变的原动力。因此，在政府或规划师在进行空间规划决策过程中要充分考虑社会主体的需求，要充分做好村民的调查研究，"对症下药"。

2）村镇内部功能演变来适应旅游发展。低效利用

的土地和活动内容被更高价值的土地利用和活动内容所取代，随着社会主体需求的变化，建筑功能发生改变。

3）社会主体和社会空间的演变相辅相成。各类社会主体在影响村镇物质空间演变的同时，自身在空间里的社会关系、生活方式、意识行为以及他们对村镇的主观感受也都处于不断的变化中。

参考文献：

[1] 杨慧，凌文锋，段平．"驻客"："游客"、"东道主"之间的类中介人群——丽江大研、束河、大理沙溪旅游人类学考察 [J]．广西民族大学学报（哲学社会科学版），2012，34（05）：46．

[2] Tim Cresswell著，徐苔玲，王志弘译．地方：记忆、想象与认同 [M]．中国台北：群学出版有限公司，2006：45．

[3] 朱宏莉，车震宇．政府主导旅游开发对村落空心化的影响 [J]．华中建筑，30（11）：45-49．

[4] 张鸿雁．城市空间的社会与"城市文化资本"论——城市公共空间市民属性研究 [J]．城市问题，2005（5）：2-8．

[5] 王晓磊．"社会空间"的概念界说与本质特征 [J]．理论与现代化，2010（01）：49-55．

[6] 沈玉立．现代旅游背景下传统村落的地方性演变与建构 [D]．昆明：云南师范大学，2017．

[7] 车震宇．旅游发展中传统村落向小城镇的空间形态演变 [J]．旅游学刊，2017，32（01）：10-11．

[8] 郭华．乡村旅游社区利益相关者研究：基于制度变迁的视角 [M]．广州：暨南大学出版社，2010．

四川省传统村落空间分异现象与应对策略初探

陈 阳[1]

摘 要： 传统村落空间分布受地理环境、社会经济、地域文化等因素影响，其分异现象可映射出差异化的空间属性特征。随着城镇化进程推进，传统村落的生存环境发生巨大改变，厘清其空间分异特征、影响因素与作用机制对传统村落的保护与发展具有重要意义。以四川省传统村落为例，通过GIS空间分析方法，对传统村落的空间分异现象及机制展开量化分析。从构建弹性化评定体系、适宜性保护机制以及加强少数民族地区关注三个方面提出应对策略和建议。

关键词： 传统村落；空间分异特征；影响因素；应对策略

引言

传统村落是中华民族文化的根基与重要载体[1]，具有重要的历史、文化、艺术等多元价值[2]、[3]。随着城镇化进程的推进，传统村落的消亡和濒临破坏的困境日益加剧[4]、[5]，如何协调传统村落的保护与发展是学术领域研究的重要议题之一[6]、[7]。目前，我国学者在传统村落的保护途径[5]、[8]~[10]、内涵价值[7]、历史演变[11]、[12]、更新策略[13]~[15]等方面已有广泛研究，形成丰富的理论体系。在空间分布研究方面，学者对传统聚落的分布特征[4]、[16]~[18]与影响因素[19]、[20]、[3]展开量化研究，相关的研究成果进一步表明：传统村落的空间分布格局可映射出差异化的空间属性特征，对我国传统村落的保护与发展具有重要的理论指导意义。然而这类研究多从国家、省域等宏观尺度对空间格局特征展开分析，而对空间分异现象的剖析以及应对策略的关注度仍显不足，对影响因素与作用机制还有待系统地梳理与量化分析。新型城镇化背景下，随着"农业现代化、乡村城镇化、郊区城市化"的加快推进[21]，传统村落的生存环境已发生巨大改变，厘清传统村落空间分异因素与机制对于构建多样化、弹性化的保护机制具有深刻的意义。因此，论文以传统村落数量排名前列的四川省为例，在前人理论研究的基础上，运用GIS空间分析方法，分别从省域、市州尺度对传统村落的空间分异现象展开研究，探索分析空间分异的影响因素及作用机制，提出应对策略与相关建议。

一、研究对象与数据来源

四川省传统村落是数量最多的省份之一（全国第五），是我国传统村落的重要组成部分[22]。自2012年住房和城乡建设部、文化部、财政部联合发布的第一批中国传统村落名录以来，四川省共有个225传统村落入选（表1）。同时，为了加强传统村落的保护工作，四川省也从2013年启动本省范围内的传统村落名录评定工作，至2016年第三批四川省传统村落名录为止，共有省级传统村落869个。本次研究对象则以1011个传统村落（国家级225个，省级传统村落786个）为研究对象（图1）（缺乏第二批四川省传统村落名录详细信息）。

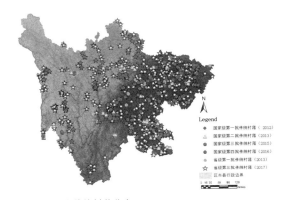

图1 四川省传统村落分布

---

1 陈阳（1989— ），西南交通大学博士研究生，邮编：611756，邮箱：swjtu_cheny@163.com。

四川省传统村落数量　　　　　　　　　　　　　　　　　　　　　　　　　　表1

四川省	国家级传统村落（个）				省级传统村落（个）		
	第一批	第二批	第三批	第四批	第一批	第二批	第三批
数量	20	42	22	141	120	83	666
总计	225				869		

传统村落名录数据来源于中国传统村落官方网站、四川省住房和城乡建设厅官方网站；社会经济数据如GDP、产业结构、人口分布等数据来源于四川统计年鉴；DEM高程信息数据来源于地理空间数据云（http://www.gscloud.cn/），SRTMDEM—90M分辨率。

二、传统村落的空间分异特征与影响因素

1. 传统村落的空间分异特征

论文采用空间分布结构指数、最邻近指数法、核密度分析法对传统村落的空间分布展开量化分析。作为目前空间格局分析常用研究方法，最邻近指数法与核密度分析具有显著的优势[23][24]，核密度分析法能以可视化的效果直观显现传统村落空间分布特征，最邻近指数法可衡量点状要素的空间分布特征以及相互邻近程度。而空间分布结构指数分析方法，可以弥补密度法难以分析区域内空间分布的均衡、疏密程度等方面的缺陷，这对传统村落空间分布特征分析具有重要的意义。

通过GIS中的Kernel Density工具对四川省传统村落进行核密度计算传统村落的分布主要聚集在川东北、川东南地区，形成两个主要的核心区域，在空间分布上具有明显的集聚特征（图2）。

常用分布结构指数主要包括不均衡指数（U）与集中指数（C）（张善于，1999）。通过数据计算结果显示（图3），各市州不均衡指数（U）与集中指数（C）相差较大，攀枝花市、眉山市以及乐山市不均衡指数处于高值状态，低值分布在成都市、阿坝州以及泸州等市，表明各市州县域尺度上传统村落分布不平衡现象也较为明显；而从集中指数计算结果来看，攀枝花市、眉山市仍然属于高值状态，表明传统村落分布主要集中在少数的县域范围内。

通过省域与市州两个尺度下的传统村落的分布特征来看（图4、图5），传统村落的空间分布差异现象较为明显，分布特征较为复杂。从省域尺度传统村落数量而言，川西北地区多于川东北、川东南等地区，呈现西高东低态势。具体而言，以阿坝藏族羌族自治州、甘孜藏族自治州两个区域的传统村落数量最多，其次为川东北的广元、绵阳、巴中地区以及川东南的泸州市、宜宾市，然而在川中部地区眉山市、乐山市两个区域内出现低值。从县域尺度传统村落的空间分布来看，不均衡现象仍较为显著，传统村落数量最多的10个县域主要分布在理塘县（37个）、白玉县（29个）、通江县（28个）、合江县（28个）、平昌县（27个）、九寨沟县（24个）、旺苍县（19个）、丹巴县（18个）、黑水县（17个）、叙永县（17个）。

最近邻近指数常用来衡量点状要素的空间分布特征，论文引入该量化方法，对传统村落的空间分布特征

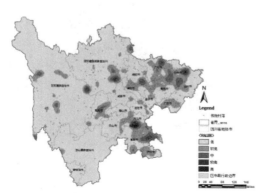

图2　传统村落的核密度分析

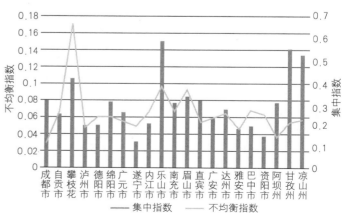

图3　四川省传统村落空间分布结构指数

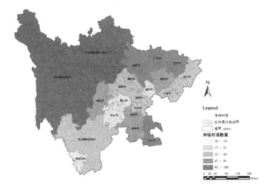

图4　市域尺度下传统村落分布　　　　　　　　　　　　　图5　县域尺度下传统村落分布

展开进一步分析。通过计算各市州传统村落最近邻近距离与指数（表2）。可以看出，各市州乡村聚落整体呈

聚集分布状态；传统村落空间上毗邻，呈现明显的空间相关性。

各市州传统村落最近邻近距离与指数　　　　　　　　　　　　表2

市州	实际最近邻近距离（KM）	理论最近邻近距离（KM）	最近邻近指数	Z值	分布特征	市州	实际最近邻近距离（KM）	理论最近邻近距离（KM）	最近邻近指数	Z值	分布特征
成都市	5266.30	10572.18	0.50	-4.29	聚集分布	眉山市	8037.6	9775.7	0.82	-1.27	随机分布
自贡市	4487.7	5343.8	0.83	-2.05	聚集分布	宜宾市	6137.4	7732.4	0.79	-2.67	聚集分布
攀枝花	4719.8	8659.2	0.54	-2.75	聚集分布	广安市	3720.4	6373.6	0.58	-4.43	聚集分布
泸州市	3435.7	6772.1	0.5	-8.99	聚集分布	达州市	8163.1	11602.3	0.70	-3.05	聚集分布
德阳市	3588.5	7762.0	0.46	-4.71	聚集分布	雅安市	3624.0	8307.8	0.43	-7.23	聚集分布
绵阳市	5937.3	9481.8	0.62	-5.80	聚集分布	巴中市	3927.2	5603.5	0.70	-5.33	聚集分布
广元市	5720.3	7450.5	0.76	-3.84	聚集分布	资阳市	8106.4	9223.7	0.87	-1.06	随机分布
遂宁市	6016.2	8017.7	0.75	-1.72	聚集分布	阿坝州	4683.38	12680.96	0.36	-14.77	聚集分布
内江市	4987.5	8308.8	0.60	-3.50	聚集分布	甘孜州	5904.3	16854.9	0.35	-14.96	聚集分布
乐山市	5164.5	9247.5	0.56	-3.37	聚集分布	凉山州	14083.4	28013.5	0.50	-4.56	聚集分布
南充市	4787.8	8056.6	0.59	-4.90	聚集分布						

2. 传统村落的空间分异的影响因素

传统村落空间分异是多因素综合作用的结果。根

据相关文献整理（表3），传统村落空间分布的影响因素主要包括地理环境、经济发展、农业人口分布、城镇化以及民族构成分布五个方面因素。

传统村落空间分布的影响因素　　　　　　　　　　　　表3

	影响因素	文献来源
1	地理环境	佟玉权等（2015）、李伯华等（2015）、佟玉权（2014）、刘大均等（2014）、康璟瑶等（2016）、纪小美等（2015），焦胜等（2016）
2	民族构成	佟玉权等（2015）
3	经济发展	佟玉权等（2015）、李伯华等（2015）、康璟瑶等（2016）、焦胜等（2016）
4	交通条件	李伯华等（2015）、康璟瑶等（2016）、焦胜等（2016）
5	中心城市的空间关系	佟玉权（2014）、康璟瑶等（2016）、纪小美等（2015）
6	人口分布	康璟瑶等（2016）、纪小美等（2015）

1）地理环境因素的影响

地理环境因素是四川省传统村落分布的重要因素。从图6、图7可以看出，四川省传统村落主要分布在川东、川南以及川西平原区域，而从坡度分级数据来看，则主要集中在2°以下以及2°～-6°之间，表明传统村落的分布受地理环境因素影响较大，而通过上述市州尺度下传统村落分布分析，以甘孜藏族自治州、阿坝藏族羌族自治州传统村落数量居多，呈现出明显的不均衡现象，其中内在机制仍需进一步量化分析。

2）农业人口分布的影响

四川省传统村落的空间分布与农业人口、耕地面积的分布存在显著的空间相关性。通过图8、图9相关数据叠加分析，传统村落分布主要集中于川东、川南以及成都平原地区，而这类地区也是农业人口与耕地面积分布核心集聚区，农业人口密度与人均耕地面积明显高于其他区域。而学者焦胜等（2016）提出湖南省传统村落分布在耕地较少的区域。因此，分析结果进一步表明传统村落的空间分异具有明显的区域特性，这对构建多样化、弹性化评价体系与保护机制提出了新的要求。

3）城镇化的影响

城镇化是传统村落分布的另一重要影响因素。李伯华等（2015）认为相对封闭的区域环境、交通可达性较差以及落后的经济水平，是传统村落生存的有利条件。为进一步揭示城镇化对传统村落分布的影响，论文选取城镇化率、人均GDP、第一产业增长值、公路里程密度（区域公路里程数与行政区划面积之比）共四个指标对传统村落的分布有着重要的影响。通过图10～图13的数据叠加分析，传统村落数量最多的10个年县域，2016年城镇化率介于20～40之间（九寨沟县为49%），人均GDP值明显低于四川省均值，传统村落聚集区为第一产业增值的高值区域。进一步表明传统村落的分布与城镇化之间存在明显的空间相关性，然而并不能断定为因果关系。

4）少数民族分布的影响

少数民族人口分布与传统村落存在明显的空间耦合性[18]。从数据叠加分析结果来看（图14），传统村落最多的10个县域中有7个为少数民族聚居地，其中理塘县（传统村落37个，藏族人口比例94%）、白玉县（传统村落29个，藏族人口比例94.8%）少数民族人口达到90%以上，表明四处省传统村落分布与少数民族具有明显的空间相关性。然而值得注意的是，凉山彝族自治州作为我国最大的彝族聚居区，其传统村落数量目前仅有23处，与川西北地区形成强烈反差。

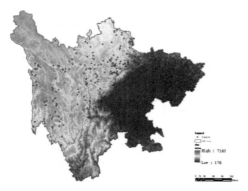

图6 传统村落高程分布

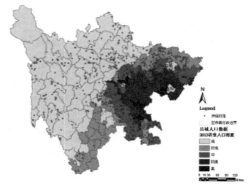

图8 县市农业人口密度分布

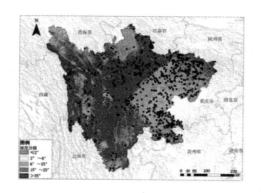

图7 传统村落坡度分布
（注释：坡度数据来源于地理国情监测云平台）

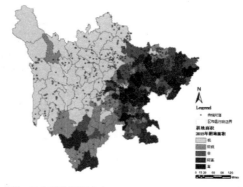

图9 县市耕地面积分布

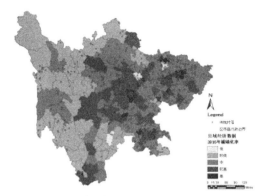

图10 县市区城镇化率

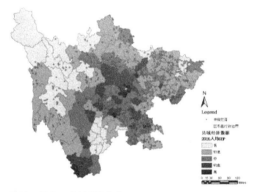

图11 县市区人均GDP分布

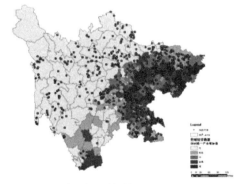

图12 县市区第一产业增长值

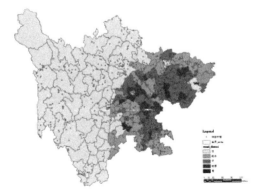

图13 县市区公路里程密度分布

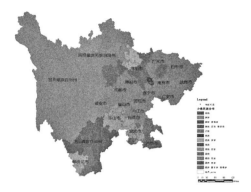

图14 四川省少数民族分布

三、传统村落保护与发展应对策略

1. 多样化、弹性化的评定体系推进传统村落保护工作

多样化、弹性化的评定体系对传统村落保护有着主要意义。目前，我国传统村落的保护主要以名录的方式，评定的重点主要为历史建筑、选址与格局、非遗三个方面[2]、[7]。然而有些村落由于地处偏远，其格局的保护完善度不如其他区域，但居民的生活方式、风俗习惯却保持着高度的原生态。因此，以名录的保护方式以及打分式的评定标准难以"包打天下"[25]。传统村落的保护更应以保留乡土文化与历史记忆为主要目的，因此，构架多样化、弹性化的评定体系具有重要的意义。

2. 构建适宜性的保护机制

构建适宜性的保护机制是新时期传统村落保护与发展的必然要求。适宜性的保护机制不但要体现在空间上的适宜性，更应体现在时间维度上，应是动态整体的。通过传统村落空间分异分析，传统村落受制于地理环境、社会经济、人口分布等因素综合影响，且不同时期各影响因素的作用也各有差异。随着新型城镇化的推进，传统村落的生存环境必然受到再次冲击，农民的生产生活方式的改变对传统村落的保护提出新的要求。传统的"露天博物馆"、"旅游开发"等教科书式保护方式是否具有良好的适应性有待斟酌。

3. 加强对少数民族地区传统村落的关注

四川省传统村落分布呈现明显的不均衡现象，应加强对少数民族地区的关注度。同样作为少数民族地区，凉山彝族自治州传统村落的数量较少，与川西北地区形成强烈反差，其中内在机制仍需进一步分析。但可以肯定的是，凉山彝族自治州作为我国最大的彝族聚居区，具有浓郁的传统历史文化特征，必然有大量多的传统村落有待发掘。

四、结语

传统村落是我国农耕文明的重要载体，是物质文化遗产与非物质文化遗产的生动结合。目前，我国传统村落保护已经进入复苏期，在城镇化以及社会经济水平发展的冲击下，如何协调保护与发展是传统村落可持续发展的关键所在，日益消亡与破坏的趋势给城乡规划规划、管理与建设带来了严峻的挑战。城乡规划应积极探索保护规划理论方法体系，形成复合型、多样化的保护与发展机制，为我国传统历史文化的保护与传承提供理论参考与实践指导。

注释：常用分布结构指数主要包括不均衡指数（U）与集中指数（C）（张善于，1999）。

$$U = \sqrt{\frac{\sum_{i=1}^{n}\left[\frac{\sqrt{2}}{2}\left(Y_i - X_i\right)\right]^2}{n}} \qquad C = \frac{1}{2}\sum_{i=1}^{n}\left|Y_i - X_i\right|$$

其中：U为不均衡指数，C为集中指数，n为市域内范围内研究单元——区、市、县数量，Y_i为市域内第i个研究单元的传统村落占区域总村落数量比重，X_i为市域内第i个研究单元的行政区划面积占区域总面积比重。U值越大，表明传统村落分布越不均衡，C值越大，表明传统村落分布集中度较高。

参考文献：

[1] 周乾松. 新型城镇化过程中加强传统村落保护与发展的思考 [J]. 长白学刊，2013（05）：144—149.

[2] 冯骥才. 传统村落的困境与出路——兼谈传统村落是另一类文化遗产 [J]. 民间文化论坛，2013（01）：7—12.

[3] 刘大均，胡静等. 中国传统村落的空间分布格局研究 [J]. 中国人口·资源与环境，2014，24（04）：157—162.

[4] 邝艳丽. 我国传统村落保护制度的反思与创新 [J]. 现代城市研究，2016（01）：2—9.

[5] 徐春成，万志琴. 传统村落保护基本思路论辩 [J]. 华中农业大学学报（社会科学版），2015（06）：58—64.

[6] 胡燕，陈晟等. 传统村落的概念和文化内涵 [J]. 城市发展研究，2014，21（01）：10—13.

[7] 刘智英，马知遥. 2014年中国传统村落研究述评 [J]. 河南教育学院学报（哲学社会科学版），2015，34（02）：22—28.

[8] 屠李，赵鹏军等. 试论传统村落保护的理论基础 [J]. 城市发展研究，2016，23（10）：118—124.

[9] 刘馨秋，王思明. 中国传统村落保护的困境与出路 [J]. 中国农史，2015，34（04）：99—110.

[10] 吴必虎. 基于乡村旅游的传统村落保护与活化 [J]. 社会科学家，2016（02）：7—9.

[11] 傅娟，冯志丰等. 广州地区传统村落历史演变研究 [J]. 南方建筑，2014（04）：64—69.

[12] 王晓薇，周俭. 传统村落形态演变浅析——以山西梁村为例 [J]. 现代城市研究，2011，26（04）：30—36.

[13] 陈喆，周涵滔. 基于自组织理论的传统村落更新与新民居建设研究 [J]. 建筑学报，2012（04）：109—114.

[14] 王路. 农村建筑传统村落的保护与更新 [J]. 建筑学报，1999（11）：16—21.

[15] 叶建平，朱雪梅等. 传统村落微更新与社区复兴：粤北石塘的乡村振兴实践 [J]. 城市发展研究，2018，25（07）：41—45、73、161.

[16] 李伯华，尹莎等. 湖南省传统村落空间分布特征及影响因素分析 [J]. 经济地理，2015，35（02）：189—194.

[17] 佟玉权，龙花楼. 贵州民族传统村落的空间分异因素 [J]. 经济地理，2015，35（03）：133—137、93.

[18] 康璟瑶，章锦河等. 中国传统村落空间分布特征分析 [J]. 地理科学进展，2016，35（07）：839—850.

[19] 冯亚芬，俞万源等. 广东省传统村落空间分布特征及影响因素研究 [J]. 地理科学，2017，37（02）：236—243.

[20] 陈青松，罗勇等. 四川省传统村落空间分布特征及其影响因素 [J]. 测绘与空间地理信息，2018，41（02）：49—52.

[21] 周乾松. 城镇化过程中加强传统村落保护的

对策［J］．城乡建设，2014（08）：6—13、4.

[22] 四川省人民政府．四川这30个村获中央财政支持，有你家乡吗？[EB/OL] 2017．05．19

　　http：//www.sc.gov.cn/10462/12771/2017/5/19/10423288.shtml．

[23] 佟玉权．基于GIS的中国传统村落空间分异研究［J］．人文地理，2014，29（04）：44—51.

[24] 宋晓英，李仁杰等．基于GIS的蔚县乡村聚落空间格局演化与驱动机制分析［J］．人文地理，2015，30（03）：79—84.

[25] 冯骥才．传统村落亟待多方式保护［N］．贵州民族报，2017—05—12（C01）．

乡村社区公共空间演变及其更新策略研究[1]

庞心怡[2]　李世芬[3]　赵嘉依[4]

摘　要： 随着我国乡村振兴战略的提出，乡村社区的建设正在如火如荼进行，在这一过程中，公共空间扮演了极其重要的角色。本文以时间为线索，梳理了乡村社区公共空间的演变过程及特征，并结合实际调研情况分析其当前呈现的问题，最后从点、线、面三种空间形态入手，提出乡村社区公共空间的优化与更新策略，以期为相关研究提供一定参考与借鉴。

关键词： 乡村振兴战略；乡村社区；公共空间；现状问题；更新

一、概述

1. 研究背景及意义

　　20世纪80年代以来，随着改革开放进程的不断深入，我国城镇化水平不断提升，传统的乡村社区不仅在生活、生产方式等方面发生了变化，其公共空间的功能与形式特征也发生了变化。与此同时，党的十九大报告中将乡村振兴战略作为全面建成小康社会的七大战略之一，并提出了产业兴旺、生态宜居、乡风文明、治理有效、生活富裕的总要求。2018年2月4日，中央一号文件《中共中央国务院关于实施乡村振兴战略的意见》公布，提出要持续改善农村人居环境，让农村成为安居乐业的美丽家园。乡村建设正在吸引着越来越多的人关注，成为国家稳定发展的重要基础。

　　公共空间作为乡村社区的重要组成部分，不仅是人们可以自由进入的物质实体空间，还是承载乡村历史记忆与村民乡愁情感的精神空间，是传承村落文化传统、维系社区认同以及增进村民交流的重要纽带，具有重要的社会价值。加强乡村社区公共空间的建设，能够为乡村产业兴旺提供基础保障，为居住环境注入文化内涵，为乡风文明提供空间载体，并最终为乡村振兴提供精神动力，激发乡村的发展活力[1]。

2. 概念界定

　　1）乡村社区

　　"社区"一词源自拉丁语，原意是指"共同的东西或亲密的伙伴关系"，1887年德国社会学家费迪南·滕尼斯在其所著的《社区与社会》中首次提出这一概念，20世纪30年代，我国学者费孝通等人将"Community"一词翻译为"社区"并引入中国，指聚居在一定地域范围内的人们所组成的社会生活共同体[2]。乡村社区作为我国乡村社会的基本组织形式和基本结构单位，是指在一个相对广阔的地域范围内，以从事农业生产为主要活动的社会生活共同体，其居民的聚居程度不高，但具有相同的价值观念、相似的生活方式，以及一定的认同意识。

　　2）公共空间

　　"公共空间"的概念最早出现于英国学者20世纪50年代的相关论著中，指在介于公共权力领域和私人领域之间的，能够平等交流、自由交往的中间地带[3]。根据研究方向的不同，我国学者对于公共空间有着不同的认识，其中建筑规划学科更加侧重场所与物质，将公共空间定义为人们能够自由进出活动以及参与公共事务的场所，是行为、活动、景观的载体[4]。而人文社会学科则更加侧重组织形态与人际交往，将公共空间定义为社会内部已存在的一些具有某种公共性且以特

1　项目资助：辽宁省社会科学规划基金项目（L17BSH008）；大连理工大学基本科研业务费重点项目（DUT18RW203）。

2　庞心怡，大连理工大学建筑与艺术学院，硕士研究生，116024，dl-84715638@163.com。

3　李世芬，大连理工大学建筑与艺术学院，教授，博导，116024，dl-84715638@163.com。

4　赵嘉依，大连理工大学建筑与艺术学院，博士研究生，116024，dl-84715638@163.com。

定空间相对固定下来的社会关联形式和人际交往结构形式[5]。

二、乡村社区公共空间演变过程及特征

乡村公共空间作为乡村公共生活的物质载体，体现了乡村居民的生活形态和生活观念，承担着村落的历史和记忆[6]。其演变过程集中体现了我国乡村聚落的发展变化特征，具有重要的研究价值和意义。根据不同时期乡村居民不同的行为方式，可将我国乡村社区公共空间的演变过程划分为三个阶段。

1. 传统乡村社区公共空间

长期以来，传统乡村社会很少受到外界干扰，因此被称为"熟人社会"，村民们的交往行为具有方式单一、对象固定、范围封闭的特点[7]。

在这一时期，庙宇、宗祠、集市以及洗衣码头等公共空间不是经过预先设计产生的，而是根据村民行为上的需要，随着时间的推移自然而然产生的，因此被称为"内生型公共空间"[5]。以河边的洗衣码头为例，刚开始这里只是一片近水空间，并没有固定的用途，随着使用人数的不断增多，人们在这里聚集、互助、聊天，产生了交往行为，并根据需要重新设置了便捷通达的道路与平坦的亲水平台，物质要素与精神要素的完备使这里逐渐成为乡村社区内部重要的公共空间。这一时期的公共空间是无所不在的，它可以出现在任何一个有村民活动的角落。

2. 新中国成立后至改革开放前的乡村社区公共空间

新中国成立后，随着土地改革、农业社会主义改造以及"人民公社化"运动的推行，乡村社会中公共生活占据了主导地位，来源于村民私人行为需求的非正式型公共空间逐渐衰落，而由行政力量主导的正式型公共空间则不断增多。

这一时期，乡村中的自由贸易活动被禁止，自由集市随即消失，庙宇、祠堂、戏台等传统公共空间也在"破四旧"的运动中被清除，自由化公共空间被最大限度压缩。与此同时，由于集体生产和行政集会等活动不断增多，供销社、大队部、集体食堂、露天电影广场这些具有公共性、集体性的场所逐渐出现并成为乡村社区中重要的公共空间。

3. 改革开放后的乡村社区公共空间

20世纪80年代以来，改革开放政策在全国推行，人民公社制度逐渐瓦解，承载集体生产生活行为的公共空间也日渐衰弱。这一时期，由于不再禁止民间传统习俗以及宗教活动，祭祖、逛庙会、红白喜事等行为重新出现，集市、宗祠、寺庙等传统公共空间实现回归。

进入21世纪后，随着新农村建设、美丽乡村建设以及乡村振兴战略等政策的相继出台，我国乡村社区的经济水平不断发展，村民的行为需求产生了新的变化，新型的公共空间也随之出现。小卖店、棋牌室、公园、文化广场等公共空间成为人们日常交流沟通、联系情感的重要场所，互联网的出现与普及使得网吧以及电商服务站在乡村逐渐增多，公共空间的种类越来越丰富，变得更加开放化、多元化。与此同时，由于生产效率的提升，村民比以往拥有更多的业余时间，对自身生活的支配拥有了更多独立性与自主性，成为乡村社区公共生活的主体。

三、乡村社区公共空间现状问题解析

近年来，我国乡村社区公共空间的发展建设已经进入到新的阶段，新形式的公共空间由于村民行为方式的多元化而不断涌现。然而，在发展的过程中，由于管理欠缺、规划不善等因素，乡村社区公共空间也陷入了活力不足与过度城市化的困境。

1. 活力不足

公共空间的活力不足主要体现在以下两个方面：首先，经济的高速发展使得乡村人口向城市大量流动，传统社会中"离土不离乡"的观念被逐渐打破，演变成"离土又离乡"，与此同时，大量外来人口涌入城市周边经济较为发达的村落，使得乡村社区由以血缘关系为纽带的"熟人社会"逐渐转变为"半熟人社会"。电视、电脑以及互联网的普及使人们足不出户就能获得自己想了解的信息，村民聊天、串门等交往活动逐渐减少，空间的公私界限日渐分明，传统的街巷、院落等公共空间由于失去使用价值而失去活力。

其次，由于人口流动等原因，村庄不再是承载人们乡愁记忆以及家园情感的场所，村民与村庄之间的关联度越来越小，对公共空间缺乏维护意识，私自改建和

加建的建筑、随意停放的私家车辆、堆放在路边的生活垃圾等都使传统的公共空间结构秩序遭到破坏，舒适性下降，吸引力降低，最终失去活力。

2. 过度城市化

随着我国城镇化建设的步伐不断加快，越来越多的设计人员参与到乡村社区公共空间的改造与更新过程中。然而，这种自上而下的改造过程几乎完全照搬照抄城市公共空间的营造模式，忽略了乡村社区原本的传统文化与家园记忆，使现代建筑的造型、材料、色彩等成为乡村公共空间的主导元素。同时，由于人口大量流动，乡村社区的价值体系受到城市化观念的冲击，村民的审美更加崇尚城市的浮华和喧嚣，忽视了乡村固有的质朴和宁静[3]。外部力量和内部观念的双重影响使得乡村社区公共空间趋于机械化、模块化，失去了乡土精神与情感。

在实际调研的过程中，类似将足球场地中的人工草皮与篮球架结合起来的面子工程屡见不鲜（图1）。作为村中重要公共空间的活动广场并没有适应村民的内在需求分散设置，而是集中设置在村口等更为显眼的地方，同时，场地内缺少休闲座椅以及小品景观，空间单调乏味。随着时间的推移，这样的公共空间会逐渐成为"消极空间"，失去其存在的意义（图2）。

图1 乡村社区公共空间1（图片来源：作者自摄）

图2 乡村社区公共空间2（图片来源：作者自摄）

四、乡村社区公共空间更新策略

1. 空间分类

国内学者对于乡村社区公共空间有多种分类方法，如曹海林根据空间型构动力的不同将其分为行政嵌入型公共空间与村庄内生型公共空间[5]，郑霞等学者根据空间的性质不同将其分为物态空间与意态空间[8]，城市规划与建筑学专业的相关学者则根据空间的形态特点将其分为点状空间、线状空间与面状空间。

可以看出，国内学者根据研究的侧重点不同对于乡村社区公共空间有着不同的分类方法，大致可以归纳为两种，一种是根据乡村社区公共空间的外在表现来分类，如形态特征、存在方式等；另一种是根据乡村社区公共空间的内在本质来分类，如型构动力、空间性质等。本文主要从外在表现特点中的点、线、面三种空间形态探讨乡村社区公共空间的重构策略。

2. 点状空间更新策略

点状空间散布在村落之中，其边界清晰、空间领域感强，具有一定的标识性，是乡村社区中村民们进行日常行为活动的主要场所。村落中的休闲广场、公共绿地、祠堂、牌坊、古树等都属于点状空间，其中广场空间是乡村社区公共空间的重要组成部分，与村民的日常生活息息相关。

计划经济时期，乡村中的广场空间主要用于村集体的行政集会，有时也作为露天电影的放映场地，改革开放后，村民的行为需求产生了变化，广场成为人们跳舞、下棋、体育锻炼等活动的主要场所。芦原义信认为，一个名副其实的广场应有清楚的边界线、明确的空间领域，以及良好的比例，然而，由于盲目追求城市风等因素，改革开放后乡村社区中的广场空间尺度普遍较大，使人感到冰冷与紧张。因此，在进行广场空间的更新时，应从村民的实际行为需求出发，丰富空间的层次感，增强空间的领域感与场所感（表1）。如：

①植入景观小品，增加广场活力。

②通过建筑外立面或植被围合广场，形成向心性。

③使用地方材料和传统工艺，增加地域性。

④通过高差处理，营造丰富的空间层次。

乡村社区广场空间重构策略汇总　　　　　　　　表1

重构手法	平面示意图	空间示意图	特征说明
景观小品的植入	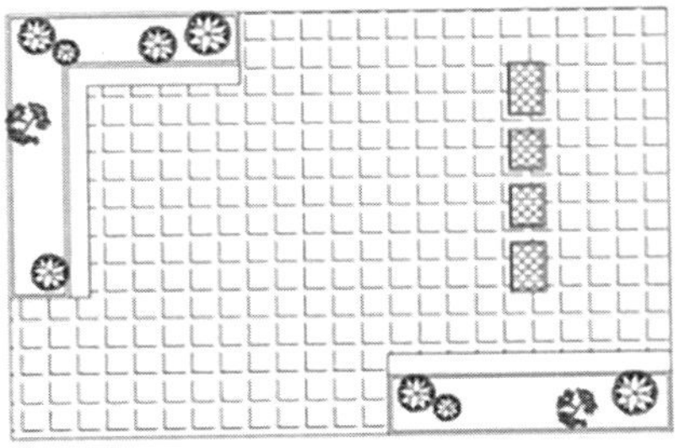	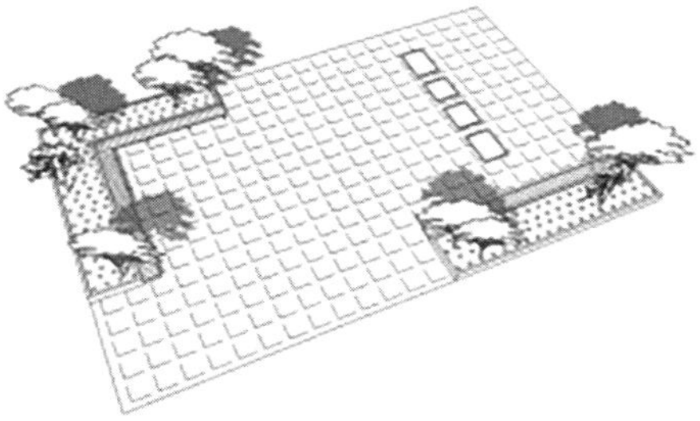	植入树木、水池、休憩座椅等景观小品，营造视觉焦点，丰富构成要素
建筑或植被的围合	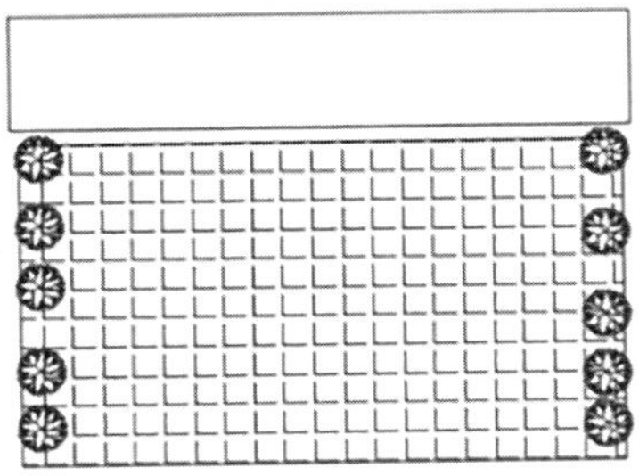	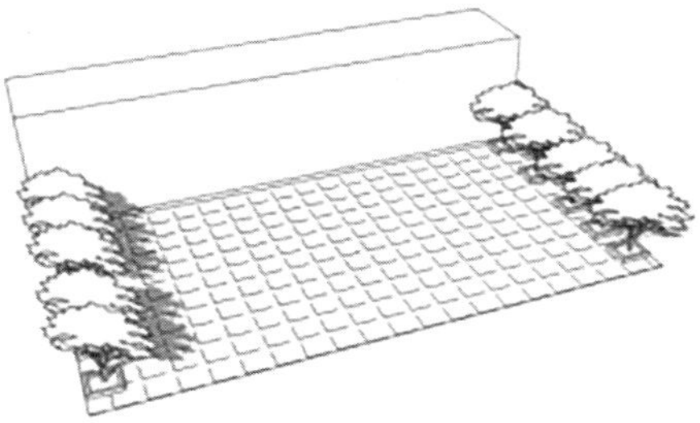	通过周边建筑外立面与景观植被的围合，形成阴角空间，产生向心性
使用地方材料和传统工艺	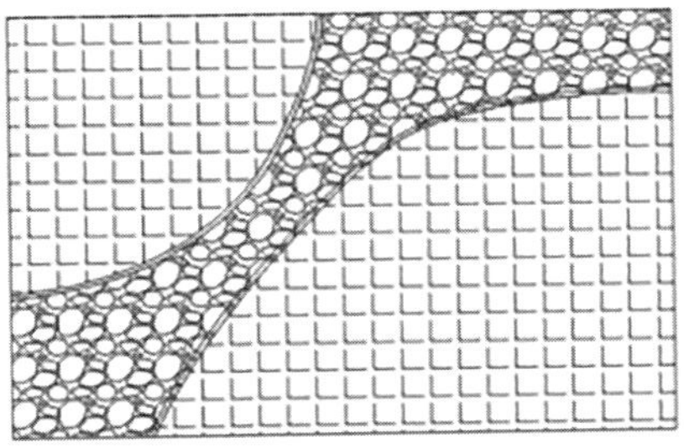	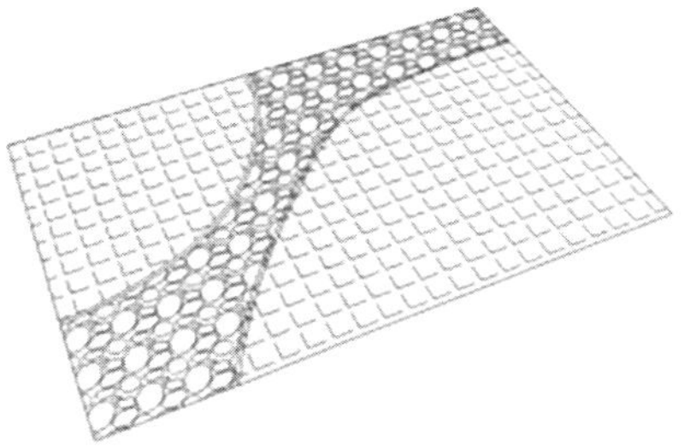	广场地面铺装使用地方材料和传统工艺，塑造亲切宜人的景观效果
竖向高差处理	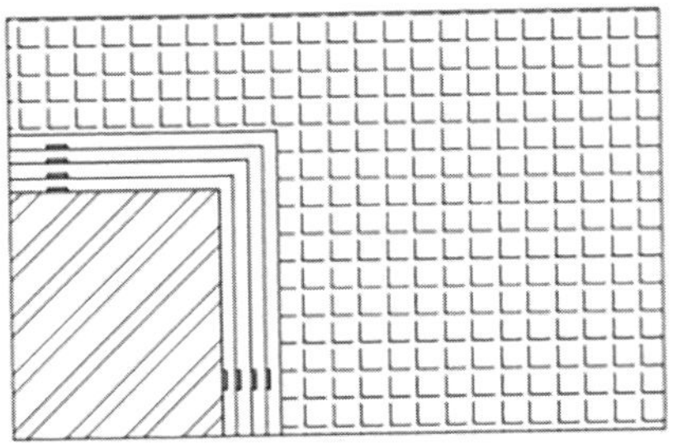	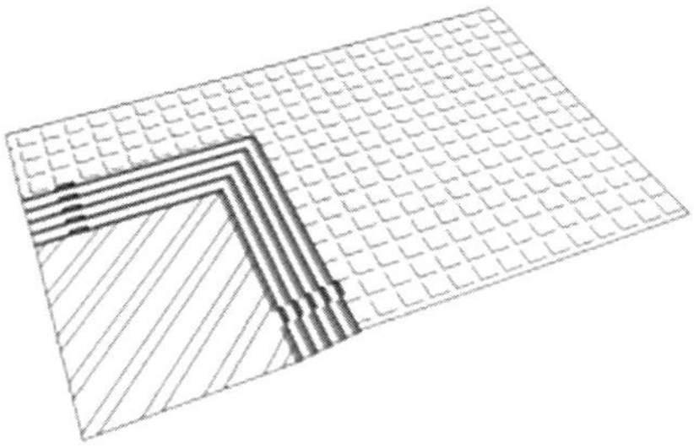	将场地部分抬高或增加下沉广场，从纵向丰富广场空间层次，提升广场活力

资料来源：作者自绘

3. 线状空间更新策略

　　线状空间是乡村社区公共空间的骨架，是将各个点状空间串联起来形成村落空间序列的重要桥梁，其中，街巷空间是线状空间在乡村社区中的主要表现形式，其承载了村落中交通与生活交往等功能，体现了村落的肌理与脉络，是乡村社区公共空间的重要组成部分。根据空间形态不同，街巷空间可以分为方格网式、

鱼骨式与自由式三种。

　　传统时期，街巷空间是人们茶余饭后闲话家常的主要场所，随着经济的发展，电视、网络进入了村民家中，人们可以不出家门就了解到各种想要的信息，出门聊天已经不再是闲暇时唯一的消遣方式，人们行为方式的变化导致了乡村社区街巷空间活力的降低。与此同时，快速城市化的发展，使得原本具有乡土特色的沿街立面被统一涂刷的白色颜料覆盖，空间界面单调乏味，失去了吸引力。因此，在进行街巷空间的重构更新时，

应以提升空间活力为主要目标，如：

①布置景观节点，利用植物和小品作为视觉焦点，增加景观层次。

②使用传统建筑形式和材料对沿街门头、院墙檐口进行改造，增加水平界面连续性。

③利用街巷空间尺度的收放，在空间扩大的区域增加停留休憩节点，丰富空间层次（图3）。

④拆除沿街违建加建构筑物，控制街巷尺度。

⑤使用不同样式的地面铺装材料，增加底界面的趣味性（图4）。

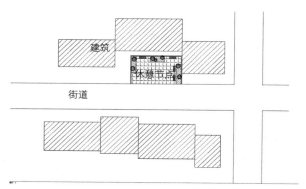

图3 街巷空间重构策略1（图片来源：作者自绘）

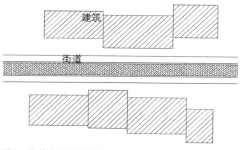

图4 街巷空间重构策略2（图片来源：作者自绘）

4. 面状空间更新策略

面状空间是包含了多种空间形式的集合，是从宏观的角度来看待乡村公共空间的分布[9]，一般指由点状空间与线状空间共同构成的整个公共空间网络。杨·盖尔在其著作《交往与空间》一书中提出：人们在户外空间的活动可以分为必要性活动、自发性活动与社会性活动三种类型，其中社会性活动包括交流、聚会以及各种娱乐休闲活动，其受外部空间环境质量的影响比较明显。一个合理的面状空间网络有利于营造乡村社区良好的外部空间环境，从而促进村民社会性活动的产生，增强村民之间的交流沟通与情感联系。

以辽宁省普兰店市袁屯社区为例，位于两条主干道交叉口处的村民活动广场是其主要的公共空间，村落内部并没有形成通达的面状公共空间网络。由于村中建筑分布较为松散，村民们从家中走到广场的路程较远，尽管村民活动广场内布置了体育器械、休闲座椅、绿化植被以及村风村貌宣传栏等，但来此活动的村民依旧很少（图5）。

● 公共广场
- - - 村域边界
—— 主要干道

图5 袁屯社区公共空间位置示意
（图片来源：作者根据调研情况与谷歌地图自绘）

因此，在进行面状空间的重构更新时，应注意：

①构建便捷的交通网络，增加公共空间的可达性，创造人与人交往碰面的机会。

②创造多功能的公共空间，以满足村民不同的行为需求，提高空间使用率。

③引入自然要素，通过设置绿化景观、小品来营造舒适的空间氛围。

④使用地方材料与构造方式，保留传统地域文化与内涵价值。

五、结语

乡村公共空间具有漫长而悠久的发展历史，可以追溯至新石器时代人类聚落刚刚出现。随着时间的流逝以及社会政治、经济、文化的发展，不同时期的乡村公共空间具有不同的表现形式，它承载着村落的文化传统与历史记忆，反映了村落的发展变迁，具有独特的价值。在当前我国实行乡村振兴战略的背景下，保护乡村公共空间的完整，并针对现有问题对其进行重构与更新，对于保护乡土文化，提高乡村人居环境质量具有重要意义。

参考文献：

[1] 赵雪雁. 乡村振兴战略中要注重乡村公共空间构建 [N]. 中国社会科学报，2018-05-04(006).

[2] 吕文苑. 吉林省乡村社区空间布局适宜性评价及优化配置研究 [D]. 沈阳：吉林建筑大学，2016.

[3] 刘毅. 川西地区乡村公共空间的演变与重构研究 [D]. 成都：西南交通大学，2017.

[4] 尹艺霖. 川渝传统乡镇公共空间优化研究 [D]. 重庆：重庆大学，2016.

[5] 曹海林. 乡村社会变迁中的村落公共空间 [J].中国农村观察，2005(06)：61-73.

[6] 王春程，孔燕，李广斌. 乡村公共空间演变特征及驱动机制研究 [J]. 现代城市研究，2014(04)：5-9.

[7] 费孝通. 乡土中国 [M]. 北京：北京大学出版社，1998.

[8] 郑霞，金晓玲，胡希军. 论传统村落公共交往空间及传承 [J]. 经济地理，2009，29(05)：823-826.

[9] 王鹏. 社区营造视野下的乡村公共空间设计研究 [D]. 重庆：重庆大学，2016.

乡村聚落与风景名胜区依存关联分析

——以五台山风景区内聚落群为例

李士伟[1]　王金平[2]

摘　要： 五台山作为久负盛名的国家级风景名胜区和世界文化遗产地，保存有大量乡村聚落，是人类与自然和谐相处的范本。本文通过田野调查及文献梳理的方式，对风景区内乡村聚落的历史和现状尝试进行分析，肯定其价值的同时，梳理出"村（民）与庙（僧）"、"庙（僧）与景（物）"、"村（民）与景（物）"的立体依存关联。最后对五台山在发展旅游经济为主的背景下如何保护利用乡村聚落遗产资源提出一些建议。

关键词： 乡村聚落；五台山风景区；依存关联；整体性；共生体

引言

1. 五台山与聚落

　　五台山是世界五大佛教圣地之一，世界文化遗产地，古称五峰山，又称清凉山，位于山西省的东北部，由五座如垒似台、顶无林木的山峰组成，故名（图1、图2）。

　　聚落是具备人居环境全部要素的最小单元。乡村聚落是传统文化和非物质文化的重要载体，蕴含了大量的历史信息，是人类不可再生的文化遗产（图3）。五台山历史悠久，新石器时期就有人类聚居的痕迹。[1]、[10]

　　五台山风景名胜区由两个资源相对集中的部分组成（台怀片区和佛光寺片区），共包括村庄居民点98

处，现状常住总人口（未包括住宿游客）约24500人，村庄居民总人口约18853人（占风景区人口的77%），其中核心景区内现状包括村庄居民点30处，涉及村庄居民总人口约6134人（占风景区人口的25%）。[2] 其中保有相当一部分聚落是人类与自然和谐相处的珍贵范本。

2. 申遗之下

　　2009年，在第33届世界遗产大会上，五台山以"文化景观遗产"正式列入《世界遗产名录》。之后，五台山风景名胜区总体规划的背景发生了重大改变，主要体现三个方面：①五台山旅游品牌效应凸显，从国家级品牌提升为世界级品牌；②区域交通瓶颈的打破，使得五台山游客流量在近期出现了非常规的跳跃式增长；③政策条件发生了重大改变，山西省委省政府将五台山

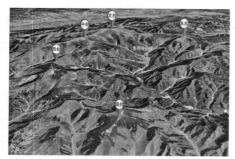

图1　五台山地形图

图2　台怀镇历史照片（2004）

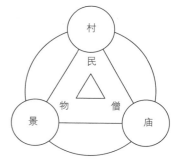

图3　依存关联分析图

1　李士伟，太原理工大学，硕士研究生，030024，673212385@qq.com。

2　王金平，太原理工大学，建筑学院院长，030024，2249697757@qq.com。

风景名胜区定为全省旅游领域综合改革实验重大标杆项目。[2]近十年来，这些重大改变促进了五台山旅游业的快速发展，但是在取得各项成绩的同时各种矛盾和问题也一一暴露出来。

3. 规划之下

风景名胜区内规划居民点调控类型为：疏解型居民点47个、缩小型居民点22个、控制型居民点24个、聚居型居民点5个；规划居民点总人口19110人，远期向风景名胜区外疏解3000人；规划建设用地235.47公顷，远期缩减68.8公顷；人均建设用地约123.2平方米。其中五台山核心保护区的划定范围包含了30处居民点[2]（图4~图7）。据此，五台山风景区管理局开始大力实施社区搬迁工程。其中核心景区环境综合整治包括将核心景区内的村庄全部予以移民搬迁，景区内不保留和设置永久性旅游服务设施，现状旅游服务设施全部搬迁拆除。[3]

图4　五台山居民点分布图

图5　五台山人文资源分布图

图6　五台山景观资源分布图

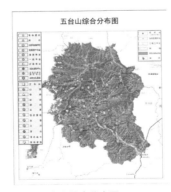

图7　五台山综合分布图

这种短时间内的迁退活动将会对当地社会结构和建成环境产生深刻影响。如何让乡村振兴理念更好地融入城镇化进程中，并且在旅游经济的背景下保持其原有特色和价值一直以来是社会各界所关注的焦点问题。

因此，本文对风景区内乡村聚落的历史和现状进行分析，肯定其价值的同时梳理出"村（民）与庙（僧）"、"庙（僧）与景（物）"、"村（民）与景（物）"的立体依存关联（图3），以可持续发展观和人居环境科学的思想作为指导，对五台山在发展旅游经济为主的背景下如何保护利用乡村聚落遗产资源提供一些建议。

一、五台山风景区乡村聚落特色与价值

五台山乡村聚落的特色和价值在五台山佛教圣地的熠熠光芒下常常被掩盖，人们忽略了其作为人类与自然和谐相处的范本价值。而实际上，五台山村落在哲学价值、历史价值、科学价值等方面都十分独特。

1. 哲学价值

ICOMOS对于五台山申报世界遗产文本中的价值描述里，每一条通过的标准中都强调了整个提名地、建筑与景观、自然与文化的融合，即整体性。文化景观遗产作为连接文化与自然的纽带，更加体现出人类长期的生产生活与大自然所达成的一种和谐与平衡，更强调人与环境共荣共存、可持续发展的理念。[4]这正好与东方传统的"天人合一"思想有异曲同工之妙。五台山乡村聚落作为"天人合一"思想的载体，和五台山风景名胜区之间是部分和整体的紧密依存关系。

2. 历史价值

乡村聚落是五台山语汇系统的重要组成部分。五台山聚落有着丰厚的历史内涵，其中原始人类的生存遗址，伴随着宗教的兴衰印记，无不见证着人类社会的演进和变迁。通过对五台山聚落的阅读可以了解到五台山风景区更加立体的历史沿革和文化传统。

3. 科学价值

五台山聚落类型丰富，有城镇聚落，如台怀镇、金刚库村，同时也有大量乡村聚落，如南坪村、大插箭村、射虎川等。五台山聚落选址讲究，布局科学，除拥有大量寺庙建筑外，五台山聚落也包含大量村庙、戏台等公共建筑，具有完备的聚落结构。而在乡土研究中，人们正是通过不断地讨论传统建筑形式，对其进行表述和扩展，才能对各种类型的社会生活以及其中的特征性冲突进行阐述、扩展、消解，或是质疑。[5]五台山传统聚落正是这一形式的有力诠释。

二、乡村聚落与风景名胜区依存关联分析

"依存"指事物相互依附而存在，"关联"指事物相互之间发生牵连和影响。

五台山是由"村（民）与庙（僧）"、"庙（僧）与景（物）"、"村（民）与景（物）"三个主体六个要素组成的立体依存关联体系。它们在五台山的历史上互相作用与反作用，经过长时间的孕育发展，最终成为现在的五台山。

1. 村（民）与庙（僧）

五台山县历史悠久，在新石器时期已有人类聚落。而佛教的传入时期说法不一，据《古清凉传》记载，五台山最早的寺庙大孚灵鹫寺（今显通寺）和清凉寺都是建于北魏孝文帝时期。[6]在这之后的1500多年间，庙宇几经毁建，村落兴衰不定。一些村落的名字就是取自当地的寺庙，如佛光村、光明寺村、竹林寺村等（图8），可见村（民）与庙（僧）之间有着千丝万缕的关联。这种关联体现在文化信仰、经济来往、社会活动、建设开发等方面。

图8　竹林寺村及聚落

1）文化信仰

五台山的佛教文化一直与民间文化发生着相互作用。佛教倡导的因果与修行的理论和生命与宇宙真相的理论对民众意识产生着潜移默化的影响。这些佛家的思想和戒律也成为了民众对待社会和自然的准则。佛教的思想也通过帝皇对佛教的态度间接影响到百姓的意识形态。[7]、[8]

2）经济来往

新中国成立前，五台山寺庙土地来源，一是历代帝王封赐，二是寺庙出资购买。经济收入主要靠地方进贡和土地出租。据1935年（民国24年）历史资料统计，台内寺庙41所，共有庄产193处，耕地83817亩，每年收租4330石，折合108250公斤。[6]寺庙除了有自己的田产，还有林产和矿产，亦有从事商业者。另外各寺庙利用斋会接受施舍，也增加了寺庙的收入。

开国后，五台山寺庙僧人不再从事农业、工业和商业，僧人生活费用和寺庙经济开支，完全由国家供给。20世纪80年代旅游业兴起，各寺庙凭票参观，收入由各寺支配，有些寺庙还从事接待服务，收入可观。[1]

3）社会活动

五台山佛事活动十分丰富，其中"六月法会"规模宏大、内容多样，会期一月。而五台山民间自古还有马匹交易的商贸活动（注：《十国春秋》记载，五台山马匹交易始于北汉）。清代康熙年间，随着六月庙会的兴盛，人们就顺便驱赶牲畜上山交易，从而形成了著名的五台山骡马大会。

4）开发建设

布局　五台山除了台怀镇中心的聚落建立大量寺庙外，其他偏远聚落也常常建立寺庙。有的位于聚落的空间几何中心，有的则建在聚落的重要节点部位，成为聚落中的地标性建筑之一。被当作定期庙会、社会交往或公共活动的空间场所。[8]如射虎川村的台麓寺是康熙巡礼五台山时的行宫，竹林寺村的竹林寺是聚落的地标建筑。

工艺　五台古建著称于世和当地的建筑工艺水平分不开，五台建筑队伍的发展可回溯到北魏时期。隋唐以后佛寺建筑有增无减，建筑人员也在不断增加，同时由于建筑技术和工艺的日臻完善，五台建筑队伍渐渐走向全国。

人才　妙峰祖师曾为显通寺住持，既是得道高僧，又是一位建筑师。他曾在龙泉关修惠济院，在阜平城建阜平桥，在太原筑双塔寺，备受世人尊崇。明万历年间，妙峰到十三省化缘募捐，购铜在荆州铸造铜殿，运来五台山显通寺，成为千古绝建。时称"为人师表，法门砥柱"。[6]

2. 庙（僧）与景（物）

《五台山的由来》中记载，远古时代五峰山气候恶劣，文殊菩萨为了拯救黎民百姓脱离苦海，从东海带回能散发凉风的巨大青石。当他把青石放置在五峰山一道山谷里时，那里一下就变成草丰水美、清亮无比的天然牧场。人们在山谷建了一座寺院，将那清凉石圈在院内，从此五峰山又称清凉山。可见五台山寺庙的建立从一开始就谋划要和环境紧密融合。寺庙里的僧众和居

住环境之间的关联也在不断变化着，主要体现在开发建设、朝台活动、寺庙生产等方面。

1）开发建设

明永乐十二年，黄教祖师宗喀巴的弟子释迦也失来到五台山为黄教创建了五座寺庙，从此五台山形成了青、黄两庙并存的格局。寺庙建筑作为宗教建筑不同于一般的民居建筑，往往追求清幽、禅意、神秘的空间氛围，其布局结合山形地貌，在不同地形和风景条件下，灵活而成功地做到了建筑艺术与自然环境、宗教活动、旅游观光的和谐统一，别具一格。

台怀镇灵鹫峰寺庙建筑群，依就地段形态特点，建筑布置从山体南麓起向上发展，呈连聚状。小山地上的集聚布局通过地段高差的利用，具有迷宫般的空间效果。南山寺（图9）坐落在台怀镇南面三千米的弓步山腰上，整个寺庙坐东向西，共分七层，由极乐寺、单德堂、佑国寺三组建筑组成。建筑群体依山就势，沿几次转折的轴线布置，形成蜿蜒起伏、主次分明的空间群体布局。[9]、[10]

图9 南山寺入口

2）朝台活动

唐朝以来，五台山作为名震中外的佛教圣地，受到各方人士的仰慕参谒。遍礼五顶者称为大朝台，如体力不达者，只登黛螺顶，称为小朝台。登山拜佛的佛教徒和香客居士不畏艰险，通过身体的磨炼达到意志的强化，进而完成修为。朝台过程是佛教信仰与人文风景的完美结合。

3）寺庙生产

寺庙生产历史悠久，五代时就有僧人从事银矿开采，元仁宗延祐年间，灵鹫寺置铁冶提举司，组织僧众采矿冶铁。寺庙土地除出租外，各寺庙亦组织僧人自耕自种。1941年寺庙僧人自耕土地一千六百七十三亩，占寺庙总耕地的23%，产粮二百二十六石，占寺庙粮食收入的25%。五台山为古森林区，寺庙僧人向有植树造林

习惯，1949年，寺庙有成片林一万余亩。[6]

3. 村（民）与景（物）

五台山以"岁积坚冰、夏仍飞雪、曾无炎暑"著称，复名清凉山。极端最高气温35℃，极端最低气温-44.8℃，相对温差79.8℃。境内坪上村海拔624米，相对势差2437米。[1]一方面五台山复杂的地形、多变的气候和多样的土壤等自然条件为生物的生存和发展提供了优越的环境基础，另一方面生活在这里的人们克服着种种困难并享受着自然的回馈，过着自给自足的生活（图10）。

图10 庙沟村整体风貌

五台山聚落是五台山山岳型文化景观的重要组成部分，是人与自然和谐共生的场所与范本。具体主要体现在开发建设、生产生活、精神文化等方面。

1）开发建设

布局 从整体聚落群形态来讲，五台山乡村聚落沿着地形起伏形成了"树状辐射型"的布局形态。从单一村落来说，其选址往往因地制宜，趋利避害，具有藏风聚气、负阴抱阳的堪舆格局特点。

交通 交通方式的发展增加了村落与外界交流的便利性。但一些现代化的基础设施带来方便的同时，对地质遗迹、高山草甸、自然生态环境和大朝台文化景观等的破坏较为明显，次生灾害如泥石流、山体滑坡也威胁着居民和游客的生命财产安全。

材料 影响村落建造的重要因素是材料和技术。五台山植被和矿产资源丰富，村落的建设一般就地取材，房屋结构形式多为土木结构，砖墙瓦顶，清水河两岸常以石璇洞。现在材料多样和技术自由给村落带来了各式各样的建筑形式，与自然融为一体的传统建筑风貌被破坏严重。

2）生产生活

土地　土地是农耕社会的根本，其类型决定了农作物的类型和产量，旧社会的税收制度也以土壤的类型为标准划分。五台山农耕土壤类型多为褐土，土地占比为3.7%。[1]

水源　水源对人们生活十分重要，同时也是人们的主要威胁因素。人们长久以来主要考虑如何"避水害，近水利"。五台山气候高寒，水源充足，清水河是境内主要河流，为人们的生产生活带来便利。汛期在7~9月，水宽可达120米，水深2.5米，在灌溉农田的同时洪水也会对人们的生产生活构成威胁。国家正加紧对相关河流进行治理，但需要注意的是不可忽略其作为重要的文化景观要素而应该被有效保护。

林木　历史上，五台山地区曾为古森林，后来因为自然灾害和人为战争等原因被多次破坏。当下政府为保护自然环境，建立了国家公园，采取了比较严厉的管制措施，现在林地和草地的土地占比达到92%。山林给予人们的资源丰富多样，现在石咀等地区还多有砍山货的习惯。

3）精神文化

环境影响着人们的物质生活，同时也影响着人们的精神生活。五台山由五座台顶组成，珠联璧合地将自然地貌和佛教文化融为一体，典型地将对佛的崇信凝结在对自然山体的崇拜之中，山岳景观同建筑艺术和佛教文化完美共生，体现了自然与人文的高度融合，承载了中国"天人合一"的哲学思想。[1]

三、旅游经济背景下的乡村聚落去向

规划下的居民拆迁在现实中进行的并不顺利。近年来随着五台山旅游业的快速发展，有些偏远的村落或因人口流失遭到废弃，传统风貌逐渐消失，或因频繁低效的经济活动，给风景资源保护造成了严重威胁。如有些靠近台怀寺庙集中区的村落却建造与传统肌理不符的建筑，不仅仅让村落的居住品质迅速下降，还严重影响了五台山作为世界文化遗产地的文化景观内涵，破坏了其景观整体性。这些现象的出现根本原因是：在经济快速发展的背景下，聚落发展机能发生改变，"村（民）"、"庙（僧）"、"景（物）"之间的原生关联性逐渐弱化，甚至走到了对立面。

四、总结

五台山的"村（民）"、"庙（僧）"、"景（物）"组成了一个历史悠久的有机共生体，破坏其中任何一环都将会把有血肉的历史文脉割裂开来。五台山聚落作为人类与自然和谐相处的良好人居环境范本的现状着实令人堪忧（表1）。这些饱含乡土气息的聚落不应在日趋繁荣的现代文明中消失，而应完整保护其文化景观，通过活态保护的手段重新激活乡村聚落。在保证村落风貌完整性、真实性和适宜性的基础上，结合聚落的特色价值和自身条件，采取因地制宜的保护和利用措施，以达到景区内乡村聚落的长盛不衰，给后人有机会通过这些历史的痕迹读取到五台山完整的历史信息。

五台山乡村聚落保护发展SWOT分析　　　　表1

优势机遇SO	劣势威胁WT
1可以创造新的旅游模式，为游客提供更多游览选择，缓解核心景区的客流压力	1思想观念有待更新。对文化遗产的保护不应该只注重其经济效益，还需要关注生态效益、社会效益和文化景观效益，相信文化遗产是社会发展的积极因素
2减缓乡村衰败，保护村落文化景观，维持景区历史的完整性和连贯性	2安全问题面临新的挑战。需要完善安全保障体系，加强安全教育，健全法律法规
3改善游览设施较集中的现状，缓解交通压力，减少环境污染	3基础设施不能集中供应，市政管网不能全覆盖。但可以通过相关技术解决，鼓励清洁能源的使用，如增加移动设施供应站，采取生态设计手段等
4有利于非物质文化遗产的继承	4粗放式遗产管理下，乡村聚落被认为是现代社会的绊脚石，新建建筑与原有村落肌理不符
5可以发展特色旅游，带动乡村经济发展，改变产业结构，提升整体收入水平，缩小收入差距	5人口回流在城市化进程中面临很多压力，政策引导，乡村人居环境改善可以起到积极推动作用

参考文献：

[1]《五台山志》编纂委员会．五台山志 [M]．太原：山西人民出版社，2003．

[2]《五台山总体规划》（内部资料），2017．

[3] 李喜民．五台山风景区核心景区专项保护规划研究：以五台山风景名胜区灵峰圣境核心景区为例 [J]．城市规划，2010．

[4] WHC．Operational Guidelines for the Implementation of the Word Heritage Convention：实施世界遗产公约的操作指南 [R]．1977—2016．

[5][美] 维克托·布克利．建筑人类学 [M]．潘曦，李耕译，2018．7．

[6]《五台县志》编纂委员会．五台山县志 [M]．太原：山西人民出版社，1988．

[7] 崔正森．五台山佛教史 [M]．太原：山西人民出版社，2000．

[8] 王应临．五台山风景区"僧民关系"探析 [J]．文化景观，2014

[9] 王金平，李会智，徐强．山西古建筑 [M]．北京：中国建筑工业出版社，2015．

[10] 曹如姬．山西五台山寺庙建筑布局及空间组织 [J]．2005．

[11] 王金平，徐强，韩卫成．山西民居 [M]．北京：中国建筑工业出版社，2009．

乡村振兴背景下传统堡寨聚落防御体系重构研究

——以延安子长县安定古城为例

施佳鹏[1]　靳亦冰[2]

摘　要： 传统堡寨聚落的防御体系是在特定的时间、地域内，对自然与社会环境的具体体现。随着冷兵器时代的结束和社会环境的变化，村落摆脱设防机制，防御体系日渐衰落，对其进行研究紧迫而必要。本文选取延安子长县安定古城为研究对象，在乡村振兴背景下，以堡寨聚落的形态认知为基础，结合当地地理环境及人文环境对安定古城防御体系展开研究。从所处的地理环境、地域文化及历史背景分析其发展变迁，重点解析其防御体系，分析其空间特色，并进行重构研究，以期进一步传承堡寨文化。

关键词： 安定古城；防御体系；重构研究

引言

安定古城是延安子长县传统的以军事防御为主的堡寨聚落。堡寨聚落是指能够满足人们正常生产生活需要的同时，还具有外围线性结构的堡墙或以周边险要地势为设防特征的、注重于抵御外界入侵并确保内部人员及财产安全、集居住与防御功能为一体的防御性的聚落，是特定历史条件与地缘条件下的产物。堡寨聚落的防御体系有很高的历史、科学和文化价值，对于我们研究传统聚落有较强的借鉴意义。然而，在当前快速城镇化的背景下，传统堡寨聚落处于日渐衰落之中。

乡村振兴战略的提出为传统堡寨聚落的历史文化传承带来了前所未有的机遇，激发了传统堡寨聚落新活力，为其构建了保护与发展新思维。对传统堡寨聚落的地域文化进行真实挖掘和扬弃，与现代文明融为一体，满足乡村振兴主体的精神需求紧迫而必要。

一、陕北军事防御堡寨概述

自古以来，陕北地区因特殊地理位置，常与少数民族疆域接壤，历朝历代在此均做重点防御部署。明朝在长城沿线建设大批堡寨戍守边疆，形成"九边重镇"及其他一系列军事管理制度。陕西榆林作为"九边重镇"之一，颇受重视。本文以榆林镇辖下安定堡（安定古城）作为对象进行研究。

1. 安定古城概况

安定古城是古安定县的县城，位于陕西省北部，地处黄土高原腹地，清涧河上游，是中国丝绸之路北线的必经之道。其东出清涧，跨黄河，可抵山西太原；南通延安，过铜川，直指古都西安；西走靖边，越定边，可达宁夏银川；北经绥德，越榆林，能至内蒙古高原，其地处交通咽喉地带，自然就成为了兵家必争之地（图1）。古安定县北部横山山脉横亘，古代利用其有利地

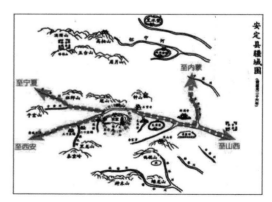

图1　安定古城交通区位
（图片来源：据《子长县县志》改绘）

1　施佳鹏，西安建筑科技大学建筑学院，硕士研究生，710055，526258233@qq.com.

2　靳亦冰，西安建筑科技大学建筑学院，副教授，710055，jinice1128@126.com.

势在山脊修筑长城，为历代防御北部游牧民族南下的重要屏障。安定依山傍水，古朴雄浑，周边沟壑遍布，峁梁起伏，河谷深切，蜿蜒不绝，半干旱大陆性季风气候致使当地温差大、雨量少、蒸发快、辐射强，独特的环境为其驻扎据守提供了地理优势。所以，安定自古有"边镇之咽喉，西塞之要径，秦关之保障"之称，战略地位甚为重要。

2. 安定古城变迁

据历史记载，安定城在宋代修筑之后，规模比较小，元代有小型的修葺。到了明成化中叶年间，边疆战事告急，县令郭演于城东关处合锦屏、文笔两山筑东关城。嘉靖二十二年（1543年），由于山城坍塌，盗窃之事频频发生而边境又告急，古城重加修补并建御侮楼。万历四十三年（1615年），在东门、西门建筑瓮城。崇祯四年（1631年），安定城陷，朝廷拨银修城。清康熙八年大修城关内外。嘉庆年间重新修缮。同治年间，回民起义军使城池遭到破坏。到了民国初，城墙早已千疮百孔，城门基本毁坏。民国二十三年（1934年），谢子长攻克安定城，部分城防体系被毁，县衙大堂、监狱不存。新中国成立以后，古城进入安居稳定的生活状态，建筑逐年增加，住宅式样基本以传统的窑房为主。而后几十年，随着乡村生活需求的不断提升，人口的不断增加，村民或离开安定，或在城外重建新房，或搬进县城，堡寨不再局限于城墙内部而开始向外拓展（图2）。

图2　古城全貌（图片来源：作者自摄、自绘）

二、安定古城防御体系解析

1. 体系构成

传统堡寨聚落带有强烈的防御特征，其防御体系主要由两方面构成，一是实质层面防御，即通过布置防御性构筑物、规划道路空间等达到防御目的；二是精神层面防御，即通过选址、建筑宗庙或是一些其他精神层面的建筑构件来抚慰人们强烈的求安心理。虚实防御的结合，体现了"整体防御"的思想。

2. 实质层面防御

实质层面防御进一步解构可分为四个层级，即区域联合防御、外围线性防御、内部街巷防御以及住户单元防御。

1）区域联合防御

从防御格局分析，安定古城作为宋夏战争中的防御构筑，并不单独存在。据史籍记载，北宋北界在横山山脉一线，为防御西夏进攻，屯兵坚守秦长城所经长城岭（今志丹、安塞与子长之北），境内设安定堡、丹头堡、黑水堡等，驻守兵千余。此外，据《安定县志》载：柳榆堡"在县西北四十里，宋范仲淹所筑"。故处于军事防御咽喉位置的安定古城，同其他营盘遥相呼应，一同构筑成了一座大的军事防御阵地。从军事角度看，几者处于重要地理通廊之间，相互间的不同高度差配合烽火台，使得视线可以交流，便于传递军情，联合出击，从而发挥各路军队的联动效应（图3）。

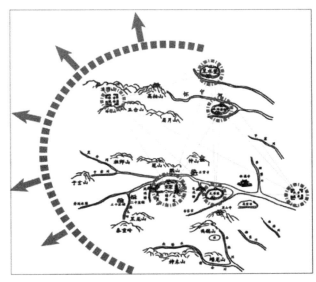

图3　区域联合防御示意图
（图片来源：据《子长县县志》改绘）

2）外围线性防御

堡寨聚落的外围线性墙体，闭合环绕并且配合险要的地势，塑造了一个直观的防御性空间。城墙强化了内部向心性的同时，对外进行防卫，内外两种截然不同的空间形成鲜明的对比。安定城墙始筑于宋代，元代依山筑城，至清代周围长五里三分，联东关城共九里十分，高二丈八尺，池深丈五尺，建城楼三座，城门四道。安定城墙为夯土修筑，外覆砖石，分为内外城墙两大部分。内城墙共开东南西三门，外城墙在内城墙的基础上扩建而成，有东关门及北关门。除城墙外，安定古城还有马面、角楼、敌台多座，均夯土修筑，外覆砖石。烽火台位于城南的墩山、凤翼山等处，成为外围线性防御的最远支点（图4）。

图4 安定城池图（图片来源：子长县志）

3）内部街巷防御

安定古城的内部街巷可看成"鱼骨状"结构，其通过三个方面来达到防御的作用。首先是街巷的高差变化，主街自西向东逐渐升高。由于古城南侧依山而建，南北向的道路均有一定的坡度。其次，东门并不在西门与东关门所连的主街直线上，这在一定程度上保护了内城，若敌人攻破东关城，并不能直捣东门。其三，主要道路皆为三岔路，降低了可达性的同时，在视线上具有一定的迷惑性，使内部防守的军民进可攻退可守。所以说，街巷道路不仅满足了交通需求，还在一定程度上完善了防御体系（图5）。

图5 内部街巷（图片来源：据谷歌卫星地图改绘）

4）住户单元防御

在长期动荡不安的局势下，古代中国战乱地区的住宅建设中，其防御性一再地被强调着。住户单元是堡寨聚落最基本的要素，同时也是实质防御体系的最后一环。安定古城的住户单元防御性主要体现在三方面，其一，每户均有高墙院落，为防止外部对主人及其房屋建筑的侵犯。值得一提的是，院落并不是方形，而是入口处内凹，其凹口侧面开门，这一定程度上增加了进户时的视线盲区（图6）。其二，陕北窑洞不同于其他建筑形式，其本身只有一侧开窗采光，对于整个住户单元来说，没有任何对外的窗口。其三，部分窑洞挖有地道，在必要时候可以通过地道藏身或逃逸。

图6 住户单元（图片来源：作者自摄自绘）

3. 精神层面防御

精神层面防御的二级解构也可分为四个层级，即风水选址——自然景观的庇佑、公廨官府——政治机构的保护、民间庙宇——平安祈福的心理、细部构件——独特的审美趣味。

1）风水选址——自然景观的庇佑

数千年来，风水观念深入人心，人们都希望把生老病死、福禄寿喜与聚落的选址、朝向、布局以及形制等联系起来。古代风水观念一方面反映出古人的自然观、宇宙观，另一方面强调聚落选址对防御的作用。安定古城南依凤翼、锦屏、文笔山，北临秀延河，依山傍水，素有"翠山献屏拱、河水环澜"之称。古安定城北门外，众水交汇，绕城而过。月圆之夜，河水氤氲，水天一色，大有芦沟之景致。据道光《安定县志》载："县城北门外众水汇流，为清涧、定边、靖边往来通衢，有芦沟胜致"。所以说安定古城选址藏风聚气，往来便利，反映出古人的强烈风水观。

2）公廨官府——政治机构的保护

公廨作为古代城池的政治以及防御指挥中心，是百姓的避风港，是求安心理的集中表达。安定古城政治设施完善，内有知县署、县丞署、主簿署、按捕署等官所。古城中，陕北目前唯一保存完整的县衙遗址，始建于元大德五年，后多经翻修扩建，没有梁柱，而是由四个拱形窑洞组成，外墙上镌刻着"光风霁月"、"青天白日"的匾额，一派庄严之像（图7、图8）。

3）民间庙宇——平安祈福的心理

民间的宗教庙宇，对传统堡寨聚落形态和景观有着深刻的影响。堡寨聚落作为特定地缘条件与历史环境下的产物，人们的安全意识不仅体现在实质防卫上，在聚落生活的各个方面都有加强。安定古城内普遍建筑有庙宇，且种类丰富，如关帝庙、娘娘庙、火神庙、龙王庙、土地祠等。关帝庙有二，尤为辉煌，一座在朝阳门内；另一座大约在东门外，与石宫寺隔河遥望。诸如关帝等神话武将是人们在战乱时强烈的求安防御心理在精神层面的准确反映，神明的存在满足了居住者的精神要求，承担其心理上的情感寄托，体现出堡寨聚落周到的防御性格。

4）细部构件——独特的审美趣味

神明的存在不仅满足了求安者的心理，同时也为建筑的营建提供了多样的素材。这些细部构件分布在聚落的各个角落，"针灸式"地抚慰着人们的内心。例如古城内的芝兰居大门正脊顶部有砖雕的莲花图案，两端置有鸱尾；再如一些窑洞建筑的两孔窑之间置有佛龛，能够起到驱邪保佑的心理作用。

安定古城以住户单元为点，以街巷为线，以城墙等外围线性防御建筑物围合成面，辅以堡寨内部组织结构中的精神维系，构筑成完整的安全防御体系，在不同层级起到保护村落的作用，于乱世之中营造一亩净土，形成适宜人居住的环境空间（图9）。

图7　县衙（图片来源：作者自摄）

图8　县衙内景（图片来源：作者自摄）

图9　佛龛（图片来源：作者自摄）

三、安定古城保护发展面临的问题

历史进程、区域文化、社会环境对堡寨聚落的形成变迁之影响巨大，作为堡寨聚落灵魂的城防体系在时间和空间的双重挤压之下早已负重不堪。从宋代的初建内城到明代的扩建东关；从清末民初的逐渐破坏到如今的消失殆尽，安定古城在历史长河之中早已摇摇欲坠。纵观整体，其问题主要来自以下几个方面：

一是传统堡寨聚落整体内向的、封闭的形制与当今开放的社会生活状态相违背。毕竟是战争年代的产物，堡寨聚落设防体系严重影响了城内居民的生活，以致于基础设施建设、交通出行、日常交流等均受影响。

二是安定防御体系的物质载体逐渐消失，其构筑的空间无法形成完整的实质防御。除了战争导致的破坏，年久失修、空置不顾的现象日益严重。古城外，夯土的城墙外砖石早已斑驳。现存的城垣大约长2.2千米，高约6~8米，基宽约5~8米，北侧与西侧城墙相对完好。原有的四座城门，如今只剩下北门拱极门（仍在使用）、西门永清门（废弃）仍保留着旧时的框架。远处山上的烽火台也只是剩下了夯土遗迹。居民为了改善生活条件，新建加建的建筑对古堡寨原有民居造成破坏，主街也即将被铺上水泥道路。

三是精神防御观念的逐渐淡化，城内百姓将往昔防御的记忆慢慢忘却。古时候的安定城以军事防御功能为主，随着冷兵器时代的结束，稳定的生产生活慢慢占据了聚落的主要功能，堡寨对于军事防御的功能需求越来越小，防御体系的存在可有可无。城内公廨、庙宇等精神防御体系的生存空间也一直在被压缩。拯救安定的防御体系迫在眉睫。

四、安定古城防御体系重构

1. 古城防御体系的价值

1）历史价值

安定古城从宋代开始就是北方边境要塞，历经千年，是我国自古以来军事边关防御体系的重要组成内容。作为丝绸之路北线的商贸重镇，安定是研究古代边疆史、民族交流史的重要实物。它见证了子长自古以来的发展，见证了汉文化与游牧文化的交流融合。

2）艺术价值

安定靠山临水，因山筑城，以自然环境为依托，具有边关要塞艺术魅力。城内布局严谨，防御体系层次分明，展现了宋代以来我国北方堡寨聚落的艺术特色。

3）科学价值

古城选址合理，与陕北地区的自然环境相融合。城墙反应了当时的砖瓦和夯筑技术水平，子长多砂岩致使墙体内外包砌体均为砂岩。除此之外，城内建筑均按照等级序列，有秩序地布置体量与空间形式，并且吸收陕北窑洞建筑元素，为陕北的建筑、文化、历史提供了可靠的研究依据。

4）社会价值

安定镇作为陕西省旅游文化名镇，具有大量的非物质文化遗产。对古城防御体系的保护、修复与开发，也将带动子长的旅游发展，提高居民的幸福生活指数。

2. 重构策略

1）实质防卫下军事堡寨"体验馆"的营建

其一，区域整合，形成堡寨文化线路。安定古城周边分布着多样的自然景观与人工景观，有以安定堡为主的堡寨群、以祖师山森林公园为主的道教文化区、以中山石窟为主的文化遗产区、以石家园子为主的农业观光区、以瓦窑堡为主的红色文化区等。通过转译古时"区域联合防御"的语言，开发安定古城特色军事主题旅游景点，协同开发以上这些资源，形成"大安定"文化圈，实现遗产价值的最大化。

其二，修缮城墙，登高怀古。对外城墙北段、西段、北门、西门等保存完好的墙段进行原样展示；对外城墙东段、内城墙东段、内城墙南段、内城墙北段、东关门瓮城等已损毁墙段，在原有基址上进行一定的修缮并展示建造技艺；对彻底消失的墙段，进行植被的人工标识。不论游人还是当地居民，均能登高于古城南侧祖师山与凤翼山之上，怀古思今，追忆当年纷乱时代的种

种，思考安定古城经年之后的样子。

其三，活化历史街巷格局，体验军堡空间。不得对古城主街、巷道的宽度、路径做出更改，不得改变历史街巷的原名，保留历史街巷与沿街建筑的比例尺度，保留古街商业活动，再现军堡街巷空间的历史风貌。

其四，民居再生性保留与改造，还原古城生活。将城内的文物点、古民居建筑等进行标注，在民居内模拟展示居民传统的生产生活方式，以直观的形式展现历史文化。与此同时，利用无人机航测技术生成的古城三维模型来开发线上APP，用户可以在客户端以游戏的形式模拟古城传统的生产生活，不论是城内居民还是外来游客，都能在模拟古代战争的情境下，体验原生的军事堡寨空间。

2）精神防卫下的居民生活品质提升

其一，转译政治建筑，改为娱乐休闲场地。县衙、都督府等作为古代官吏办公地的建筑空间，是当地居民心里的避风港，然而在当今的社会环境下，其作用渐渐消失，而公共共享空间的建设是现代居民生活品质提升的重要因素。在保留原有建筑形制的情况下，将这几者建筑改造成古城居民公共休闲场所，还原其本质的"向心性"空间，强化其原有的精神记忆。

其二，修缮现存庙宇，打造平安祈福之地。保留庙宇原有的"求平安、顺如意"的精神空间，形成神明多样的圣地，以此提升居民生活品质。

其三，修复细部构件，重拾审美趣味。在"建筑原真性"的理念下，有针对性地修复精神构建，对于修复的地方进行标注。

点（民居单元）、线（街巷布局）、面（城墙围合面）相融合的实质层面防御体系再生营建，不仅可以为游客带来追念、怀古的场所空间，还能为当地居民带来一定的收入；休闲娱乐场地的转译、平安祈福圣地的打造、精神审美趣味的重拾，不仅能提升居民生活品质，还能够延续传承古安定文化。希望通过城防体系的重构缓解传统堡寨聚落与当代居民生产生活之间的矛盾。

五、结语

在乡村振兴背景下，应对日渐消失的物质与非物质建筑文化遗产应进行挖掘和提炼，并作为特色元素进行保护传承，将独特的建筑文化结合现代需求进行有机改进，并融入建设之中，赋予当地居民代代相传的营造文化以新的生命，使民族建筑文化生生不息。安定古城因宋夏战争而起，自古以来就是区域范围内的重要关口，历经明清数代发展，其衍生的堡寨文化得到了长足

的发展。安定古城防御体系具有很大的研究与保护发展价值，对它的解析与重构研究，能够让我们更加了解堡寨文化，也能让我们在当今社会环境下为其防御空间的再生与居民生活品质的提升贡献一份力量。

参考文献：

[1] 子长县志编纂委员会. 陕西地方志丛书·子长县志 [M]. 西安：陕西人民出版社，1993.

[2] [清] 米毓璋，姚国龄. 道光安定县志 [M]. 道光二十六年刻本.

[3] 王绚. 传统堡寨聚落研究——兼以秦晋地区为例 [M]. 南京：东南大学出版社，2010.

[4] 李严，张玉坤，解丹. 明长城九边重镇防御体系与军事聚落 [M]. 北京：中国建筑工业出版社，2017.

[5] 张玉坤，李哲. 龙翔凤翥——榆林地区明长城军事堡寨研究 [J]. 华中建筑，2005（01）：150-153.

[6] 王军. 西北民居 [M]. 北京：中国建筑工业出版社，2009.

[7] 马玉洁，苏继红. 乡村振兴战略背景下的磁州窑特色村落再生策略研究 [J]. 安徽建筑，2018，24（01）：40-42.

[8] 倪晶. 明宣府镇长城军事堡寨聚落研究 [D]. 天津：天津大学，2005.

论传统建筑营造过程中现代建筑技术及材料使用的利弊

王嘉霖[1]　高宜生[2]

摘　要： 在我国建筑行业发展迅速的今天，传统建筑的营造与修缮不仅可以直观反映我国传统建筑的辉煌，而且也是当地地域文化和民族精神的一种体现。在现代营造技术下，如何更好地利用现代建筑技术为传统建筑的营造服务，且同时很好地保护与传承传统建筑的特色将成为一个重要课题。该论文从两方面入手，分别在进步与弊端两方面分析现代营造技术与新材料的使用对传统建筑的营造产生的影响。

关键词： 传统建筑；现代工艺；利弊；结合

一、传统建筑的复建、修缮、仿建与现代建筑技术密切相关

信息时代科技的发展使得古建筑工程的设计能力、设计标准尺寸与古规制的转换、防水、防火防雷设计在古建筑中的结合运用、各种材料的高新科学技术依古做旧等方面有了大幅进步，传统建筑的施工技术与工艺有了颠覆性的创新改变。与此同时在现代技术与传统建筑两者的结合过程中也出现了一些不合理的情况，以下笔者从利弊两方面分别论述现代建筑技术与材料对传统建筑营造的影响。

二、现代建筑技术及材料对传统建筑营造的发展

1. 更为高效的设计流程

现代计算机技术的在设计施工上的成熟应用，加上新的结构形式在传统建筑中的使用，结合我国古代的模数制，如今传统建筑修缮、复建的设计效率大大提高（图1）。

我国古建的施工与设计从古时起就已经简便合理，这是由于我国的传统建筑有着上千年的发展过程，这里面有着大量的设计和施工经验，同时逐渐形成了统

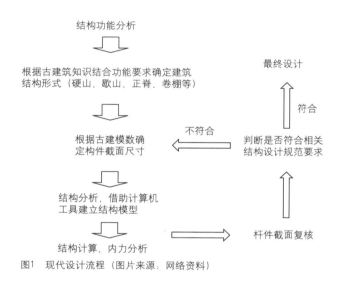

图1　现代设计流程（图片来源：网络资料）

一和规范的模数制。模数体系大概分为斗口制、材分制、柱径制，由最早相传的口诀到发展成为一个规范化的体系制度。

当下在进行传统建筑的方案设计时，截面尺寸的确定、受力特点、内力和抗震计算等方面既要参考古建筑的建筑模数又必须符合新材料新结构的要求。现代在对于传统建筑进行方案设计时一般是首先严格按照古建筑形式及模数进行设计，之后以现代结构体系的基础进行计算，保证建筑的安全性，最后运用计算机进行建模分析。这样既能保证外观样式的统一又可以保证结构上的合理[1]。

1　王嘉霖，山东建筑大学硕士研究生，乡土文化遗产保护国家文物局重点科研基地、山东建筑大学建筑文化遗产保护研究所，1132401469@qq.com。

2　高宜生，山东建筑大学副教授，乡土文化遗产保护国家文物局重点科研基地秘书长、山东建筑大学建筑文化遗产保护研究所所长。

2. 新材料的使用带来更多可能性

1）钢筋混凝土的运用

在中国的传统的古建筑中，木材是居于主导地位的。但是由于数千年历史以来对天然林的过量开采和对木料低利用率的加工使用方式，森林植被遭到了严重的破坏，继续使用木材建造传统建筑已经不符合可持续性发展的战略需要，使用其他的建筑材料来逐渐代替木材是传统建筑的必然趋势。

钢筋混凝土作为现代建筑中常见的材料，具有很好的构件强度、较好的稳定性，在主要的承重受力构件中完全可以取代木结构，而且使用钢筋混凝土还有防火、防虫、抗腐蚀、构件使用年限长的特点。

混凝土构件通过支模板浇筑而成，具有较高的设计外形可选性，对各种复杂建筑外形的塑造基本都可以符合设计外观要求，这为传统建筑在当代的发展开拓了新的空间。可以说钢筋混凝土传统建筑结构是对我国传统建筑的继承和发展，对推动我国当代建筑具有重大意义。

2）金属材料

钢结构可以获得更大的结构跨度，提高建造的速度。满足了当时的工业建筑快速发展的需求。随着近现代工业革命所带来的工艺和技术的发展，钢铁的应用不再局限于构造和纯粹的装饰性，具有更好品质的钢材应用于建筑领域中。材料领域的突破，使得建筑形式有了更快速的发展。

3）玻璃

玻璃由于自身的性质，使得建筑师在空间想象和创造上有了更多的可能性。玻璃由最开始小的应用范围，扩展到玻璃幕墙、玻璃楼板、采光屋顶。取代了其他传统材料的地位。在功能上，不仅满足于基本的透光采光需求，更在绿色技术，如隔音、隔热、防辐射、防爆等领域取得进展，满足不同功能建筑的需求。

4）木塑复合材料

该材料是由木屑与塑料依照各对半的比例进行配比制作，是用来替代木材的一种材料。该材料的使用，能够大大节省天然木材，对于减少生态环境破坏发挥重要作用。该材料由于含有纤维使其能够抗紫外线与方便加工，作为一种新型的环保材料，得到人们相当重视。

三、现代技术与传统建筑结合中所出现的问题

1. 建筑构件制作粗糙与不合理

一些小型构件在传统建筑中起重要的装饰与承重作用，如斗栱、雀替、椽子等，这些构件有的要求精致，有的艺术要求高，因而制作难度较大，通过机器化的加工虽然节省了时间与人力，但往往会出现问题：如没有棱角、尺寸大小不统一等，这就会大大影响整幢建筑的安全性与美观度。下文以传统建筑构件石作和木作为例来简要说明[2]。

1）石作工艺的传统做法

先从传统工艺的做法谈起，以石材的开采、取材、制作、安装为例。一块天然石材的产生先要经过原材料的开采过程包括揭山盖，在取材部位挖沟、打眼，用钢制的楔子把石料从山体上分解下来，而后运至加工地点。将采来的石料按设计要求的尺寸进行分解。

一块石料的分解过程，工匠们称之为开活。开活是根据设计所需尺寸将一块较大的石材分解为两块或两块以上的过程，其具体工序分为放线、冲道、打楔眼、将钢制的楔子放入打制好的楔眼中用锤子按步骤击打，最终使石块按需要的尺寸裂开，完成分解。在这个过程中，打制楔眼的间距、深浅、角度以及打击顺序、打击力度都将影响开活的结果，即能否达到预定的尺寸、设计的规格。可见分解任何一块石材都需要较高的技术和经验。

开活后得到的石材称作毛坯或毛料，接下来的工序是根据设计要求将毛料进一步加工成各种石构件。现以踏跺石（图2）为例介绍其加工制作过程，先选一面较平整的大面进行抄平、打荒、打道等工序，待大面制作完成后再选一侧做小面，工序如上：然后按设计要求打薄厚，底面要求打进的尺寸以能够装入榫口为准。最后打制榫口，长度待安装时打制。石料的后口及大底

图2　踏跺侧面（图片来源：作者自摄）

多余的部分不打凿掉，由于毛料在开采过程中有加大尺寸，所以加工完成石材的隐蔽部分要比设计的要求在宽度和厚度上大许多。

2）石作工艺的现代机器加工

再谈现代石材的开采及加工工艺特点。现代开采石料已从挖沟、打楔眼、人工凿开改变为用风钻打眼至所需要的尺寸，再向按一定间距打好的石眼中注入膨胀水泥，利用水泥的膨胀力将石材撑开，这种工艺方法可以保证石料按所需尺寸分解，比传统工艺方法成功的系数高许多。石料开采完成后就进入了加工成型阶段。仍以踏跺石为例：现代工艺做法是按设计要求将体积很大的石料像锯木材一样切割成所需要的大小，如果是需要磨光的踏跺石，只需打制一下梓口就全部加工完毕了，这就是现代石材加工工艺的基本做法流程。

3）石作工艺的传统做法与机器加工的差别

现代石材加工工艺与传统工艺的差别是传统工艺生产出的石材因开活时预留尺寸，除大小面外，其他四面还保持着石料从山上开采出来时的原始形状，表面辈道深浅不一，整体坑洼不平。而用现代工艺生产出的石材，除大小面外，其他四面也是平整光滑的，且没有多余部分。以修筑踏跺为例，传统石材加工工艺不打凿掉后口及大底，石材的宽度和厚度大于露明部分，梓口的宽度不小于 5 厘米，厚度大于露明部分3厘米以上，这样安装完成的一份踏跺的重量要远远大于现代加工工艺所安装完成的一份同样踏跺的重量。我们知道物体自身重量的大小决定了它的稳定性，重量大的物体不易闪走移动。

另外传统石材加工工艺使用的工具是锤子、錾子，它们留下的痕迹没有规律，坑洼不平，这种痕迹极有利于石构件与灌注的生石灰浆（古代建筑用于土石工程的主要黏合剂和充填物）粘合在一起，增加了它与载体与其他石材的结合力度，增加了摩擦力，使整体更加牢固。另外古人还曾有意在建筑材料上制作出凹凸不平的痕迹以加强砖石材结合的紧密程度，传统工艺中的"绳纹砖"就是典型的例子。而用现代工艺加工制作的石构件每一面都是光滑的，它与石灰的黏合力要小很多。

电动工具不仅造成了部分建筑结构的改变，影响了部分建筑的质量，而且它的使用还造成了部分石结构表面肌理的变化。如在一些古建筑中有些石质材料的表面需要磨光或扁光。磨光是石材加工过程中的一道工序，即用含沙量大、粗糙的石头对石材进行打磨，直至石材表面平整光滑，无昔日工过程中的錾痕、斧痕并呈亚光光泽。而现在我们在磨光的石材表面见到的是电动工具的痕迹，它呈现出或大或小排列整齐的弦弧。这个

问题若较好解决，只需用磨石将这些痕迹磨掉即可，但扁光这一工艺做法就不好解决了，扁光是用一种钢制的呈平口的扁錾子对石材加工的一种工艺做法。由于石材有饯顺纹路，有边角或有装饰图案，在使用扁子对石材加工时要不断地变换角度、方向及锤子敲击的力量。它所产生的肌理是一种自然的带有装饰性的纹路。由于这种扁錾子大小不同，錾口大小也不同，可产生出多种多样的纹路效果，也就产生了多种多样的视觉效果，这是任何机械加工工艺所不能取代的。但随着各种电动工具的出现，各种切磨材料的出现，使用电动工具对石材进行加工已相当广泛，现代工具比传统工具更容易掌握，也能大幅度地提高生产效率，但并不适合使用在古代建筑修缮工作中。

近年来出现的在古建修缮中使用电动工具切磨的工艺做法已违背了古建文物修缮的法则，这种以机械化、工业化生产出来的产品已不是与原件相同的石雕艺术品，而是工业产品。把它们填补进古建筑（群）原件损坏的位置显得不伦不类。当然石雕的制作水平有工匠的技术问题，但即使工匠的技术再高，由于改变了工艺做法，制作出的石雕则不可能显现出它原应具有的神韵。

4）木作工艺的传统工艺与现代机器雕刻的差别

当代做木雕（图3），例如做古代的门窗和梁柱等木构件的雕刻，一般都是先绘制电脑图纸，通过计算机与机器连接之后，自动在机器中输出，机雕的作品规范、工整，但是同样也是机雕作品的问题所在，过于工整反而显得呆板，处处统一，没有变化。而且机雕只可以运用到表面雕刻当中，例如浮雕，无法做到立体雕刻。

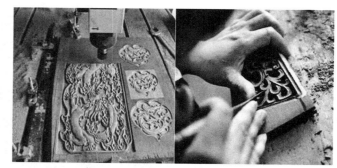

图3 机雕与手刻（图片来源：网络资料）

相对于机器雕刻出来作品因为过于工整显现出来的平面化和呆板，手工雕刻则灵活的多，以形造势，线条起伏灵活自如，而且雕刻的轨迹深浅不一，所以摸上去深浅有致，凹凸不平。

相对于普通机器所雕刻出来的"商品"，在手工匠人手里雕刻出来的才可以称得上是一件件的"艺术品"。

通过电脑图纸传输到机器上，流水线生产出大量的产品，然后通过简单的人工打磨既可以推出市场，这就是机器雕刻作品的流程。而手工匠人则付出更多的时间、精力，每一件成品都凝聚着匠人的心思、心血和感情，这里面是存在一种匠心精神的。手雕构件所展现出来的，是一幅栩栩如生、张力十足的画面，无论是人物还是花鸟，都充满着动感和生命力。

2. "假古董"的频现

当下大量的传统建筑的修缮、复建、仿建过于生硬和空洞，营造工艺水平暂且不谈，其所修建的传统建筑并没有历史文脉在里面，缺乏文化内涵，这就很容易出现传统建筑"假古董"的现象。而生硬的强加修建传统建筑则主要表现在粗制滥造和形制的任意化两方面，有些传统建筑把不同时期甚至不同国家的建筑文化进行糅合，随意创造而显得不伦不类。这些现象都反映了传统建筑的尴尬和无奈。

所以在现在的传统建筑的复建、修缮、保护过程中，不管工程大小都要按照文物保护法的规定和文物建筑修缮的原则来办。它不是创作设计，特别是复原重修，必须要有科学的依据和其他必要的条件，如经费、技术力量等。

南京文化学者薛冰认为，现在各地热衷于打造历史景观，其实这是一个伪概念。真正的文化遗产景观是历史形成的，而不是今人所能打造的。文化遗产的魅力就在于它以一种实物的形式，使历史变得真实可感，让我们感受到祖先的灿烂创造，并为之自豪。我们最需要做的，不是用现代技术来重复古人的创作，而是把经历了时间淘洗仍然保留下来的珍贵遗产保护好，保持其原真性，呈现出其本来的面目，避免它们在现代化的冲击下变得似是而非，这才是我们的使命所在[3]。

四、小结

传统建筑的营造作为一种地域文化的表现方式，有着一定的社会需要和市场需求。但在传统木构建筑不能延续的时代，通过新材料、新技术等现代营造方式，也是对传统建筑的一种延续与发展。但是过程中应该注意避免通过现代技术将传统建筑同化，营造出过于工业化、机器化且没有历史文化内涵的"假古董"。

参考文献：

[1] 张威. 简析现代施工技术在仿古建筑中的应用 [J]. 江西建材，2016. 3. 7 (10)：71—76.

[2] 王宏伟. 假古董损毁真文物 [N]. 中华建筑报，2009.

[3] 戴志中. 古建今作——重庆江北三洞桥风情街设计与施工特色研究 [C] // 规划50年——2006中国建筑年会论文集：2006. 北京市.

乡村振兴战略下羌族传统聚落空间的保护与发展

——以木卡羌寨为例

李 静¹ 陈 颖²

摘 要： 木卡羌寨是传统的羌族聚居区，从空间布局与形态、空间边界、空间组织和基础设施四方面阐述了老木卡寨与新木卡寨的聚落空间特色，总结了木卡羌寨的成功在于完善的产业发展模式、传统羌寨生活与现代生活需求的调和以及居民对传统文化的认同。结合乡村振兴战略，提出在乡村建设中，应保持文化自信，对传统文化应一脉相承，形式宜与时俱进的发展思路。期望对羌族传统聚落空间的保护与发展提供参考。

关键词： 乡村振兴战略；羌族；传统聚落空间；保护与发展

羌族是中国历史上最古老的民族之一。在漫长的历史发展中，诞生了独特的羌族文化。而羌族传统聚落空间，作为此种文化的载体，传承至今。2008年汶川地震的重灾区，即包含了羌族地区，造成羌族传统聚落的大量损毁。而后的灾后重建，对羌族传统聚落空间的处理手法各有不同。如今地震十年已过，羌族传统聚落空间在新的时代背景下又如何发展，成了重要的议题。

乡村振兴战略，是习近平主席在党的十九大报告中提出的重要战略，旨在解决中国广大农业农村农民问题，使乡村全面振兴，农业强、农村美、农民富全面实现。随着乡村振兴战略的提出，人们对传统聚落空间的保护与发展有了新的思考，其中也包括对羌族传统聚落空间的保护与发展。

本文以木卡羌寨为研究案例，通过阐述其概况、新老寨子聚落空间的总体特色，对羌寨在保护与发展过程中的模式进行分析，找出支撑其可持续发展的内核，以期对羌族传统聚落空间的保护与发展提供参考。

一、木卡羌寨概况

1. 地理环境

木卡羌寨位于四川省阿坝藏族羌族自治州理县东

南隅，处在G317边缘，处于汶川县城与理县县城之间，东临桃坪羌寨，西接甘堡藏寨（图1）。

图1 木卡羌寨区位关系图

《后汉书·西南夷传》中记载"众皆依山居止，垒石为室，高者十余丈，为邛笼"。木卡羌寨即为此种典型的羌族聚居区。"木卡"，羌语的意思为"石头上的寨子"，是指其建于山腰的石头之上，垒石为室，沿等高线由山腰至山脚呈阶梯状展开，气势恢宏。其位于杂谷脑河下游河坝，但同时又建于山谷坡地上，是河谷寨中极其特别的例子。5·12地震后对其重建，形成了老木卡寨和新木卡寨两部分（图2），新老部分相对独立又紧密联系。

木卡羌寨海拔1600米，年平均气温12.17℃，降雨量460.5毫米，无霜期221天，阳光充足，日照条件良好。该地区属于四川盆地外围山体向西部高山高原过渡的地带，山高谷深，是典型的封闭式的中高山峡谷区，

1 李静，西南交通大学建筑与设计学院，在读硕士研究生，611756，807540660@qq.com。

2 陈颖，西南交通大学建筑与设计学院，副教授，611756，867226803@qq.com。

图2　新木卡寨与老木卡寨区位关系图

具有高山立体、多层次分布的特点。其所处的杂谷脑河流域，两岸岩石裸露，悬崖陡壁，常年有山崩、滑坡地裂、泥石流等发生。

2. 人文背景

羌族为多神崇拜的民族，崇尚自然，信仰"万物有灵"。纵观羌族史可见，羌族原为西北地区的游牧民族，受其他民族的威胁压迫，历经辗转，最终隐退到川西北的高山峡谷中。为了休养生息，他们要与艰难的自然环境博弈，因此，他们往往将无限的崇拜、敬畏献给威力无穷的大自然，向自然中的各种神灵祈求庇护，寄托其精神和灵魂。故而，聚落中往往有神树和神树林的存在，以表达他们的崇敬。同时，神树林中有"塔子"以进行祭祀，屋顶上有"煨桑"以表达对神的崇敬。

羌族尚白，以白为吉，以白为善。在他们的多神崇拜中，尤以崇拜白石和羊为甚。相传羌族人在一次迁移途中遭到当地土著人的猛烈袭击，他们就地取材，以白石当做雪球作为攻击武器，将土著"戈基人"击退。正因如此，羌人以白石为神的化身，将之放于"塔子"、屋顶四角等处，作为祭拜的对象。

二、老木卡寨传统聚落空间特色

老木卡寨（图3）处于河谷地区，寨子分为上、中、下三部分。上寨坐落于杂谷脑河东岸的一座天然石山上，雄伟高踞，居高临下，沿山麓逶迤而下为中寨和下寨。老木卡寨传统聚落空间特色鲜明，是典型的传统羌族聚落。

1. 空间布局与形态

传统羌寨空间的布局与形态，受地形、用水、耕

注：杂谷脑河在寨子南面百余米处。

图3　老木卡寨平面图

地、气候等因素影响。竖向上，往往依山而建，沿等高线形成阶梯状的聚落空间形态（图4）。平面上，紧凑密集，呈相对集中式的空间布局，表现为以几个核心共同形成团状、紧凑性带状、规模相对合理的聚落空间形态[1]（图5）。老木卡寨即为此类。

图4　老木卡寨远景

图5　老木卡寨鸟瞰

古时羌寨选址首要考虑因素为防御功能。老木卡寨背靠高山，虽为河谷寨，但也有大河绕于寨前的地理

优势，故防御功能较好。其次应考虑用水、耕地、气候等自然条件。水既可成利也可成弊，尤其对于河谷寨来说。靠近河流易受水患，远离则取水困难不利生产。老木卡则遵循"大水避、小水亲"的原则，留出河道保证洪水泛滥时期不受灾害，且利用寨旁水质良好水量稳定的溪流，保证用水充足。耕地是封建社会的最根本资源，老木卡寨面向河谷，具备一定耕地量，且土质肥沃。为了留出更多的耕地，其上寨将建筑建于陡峭的山壁上，同时，视野开阔也可及时发现敌情。并且，中寨和下寨建筑紧密成团，以减少土地使用量。除此之外，受羌族聚居区高山气候的影响，昼夜温差大，有漫长的冬季，故羌寨多选在向阳的山坡。阳山面比阴山面的温度平均要高出2~3度，寒风被阻隔，气候较为温和。同时，阳光充足可保证作物的良好生长，粮食产值高。

2. 空间组织

羌族传统聚落的空间组织形式大致可分为三类：建筑组织聚落空间、道路组织聚落空间和水系组织聚落空间。

碉楼在羌族传统聚落中极为重要，作为制高点，具有很好的视野空间，是人们安全的精神寄托，故传统聚落多以碉楼为中心展开。但碉楼不是羌寨必备的建筑，老木卡寨即为例外。尽管老木卡寨为河谷寨，理论上应当具备碉楼以保证羌寨的安全，但由于其坐拥险恶地势，上寨高踞山腰，相对河谷高差达到50多米，其建筑高度高于一般河谷寨碉楼顶部标高20余米（图6）。同时，老木卡寨在其不远处的通化乡建有烽火台——羌堆作为前哨，故无再设碉楼的必要[2]。因此，老木卡寨在建筑方面以民居碉房组织聚落空间，随碉房的布局自由展开。聚落由一栋或几栋碉房开始，结合生产生活、地形条件以及自然环境逐渐向外扩展，建筑间距

图6 雄踞于山腰的上寨

小，密度大，形成一个复杂的、有机的整体。

道路分外部交通与内部交通。老木卡寨外部道路变化极大，早先由于山高坡陡，经济落后，并无公路通往老木卡寨，仅在杂谷脑河北岸山腰设有小道，宽1~2米，容一人牵马前行，且不少地方为石块垒起的栈道。河对岸的官道则宽敞许多，两岸通过竹索桥相通。直至公路修通后，原有的小道逐渐被废弃。内部交通方面，老木卡寨仅有干道和支巷两个层级（图7），干道一般宽约2米，支巷宽约1米，但由于建筑排布自由，故空间紧凑而复杂，明暗虚实变化强烈，序列感突出。这种复杂紧凑的空间形式往往使外来人如同进入迷宫，而本寨人则游刃有余，这也是羌族传统聚落的防御手段在道路上的体现。

图7 老木卡寨内部巷道

水系是一个寨子长久发展必须满足的条件。像老木卡寨这样同时具备大河和溪涧的寨子不多，更多的羌寨只满足其中一个条件。故智慧的羌族人沿等高线修筑水渠，将水引至田间灌溉，满足生产需要。而老木卡寨前为杂谷脑河，则不需要水渠也可保障河滩耕地的用水。同时，寨子左面有一溪涧，水质良好且水量稳定，人们将其引入寨内，上盖石板，藏于道路下方，与道路并行，串联各家各户，以保证正常的生活用水。

3. 空间边界

羌族传统聚落空间往往以建筑聚居空间、农田耕种空间和山林地自然景观空间三类为组成因素。此处的聚落空间边界主要指聚居空间与耕地间的边界和耕地与山林地的边界两种。聚居空间布局为以几个核心共同形成团状、紧凑性带状、规模相对合理的形态，故建筑与耕地边界明显，往往建筑外即为耕地，并无过渡的景观用地。同时，由于建筑不是规律排布，故两者间的边界表现为有机生长的形式，相互嵌套交织。相比之下，耕

地与山林地的边界空间则过渡自然得多。羌族人对以树林为表象的山的崇拜尤为明显，对大自然的敬畏使他们能够对山林保持有节制的开发，故耕地与山林地边界模糊，展现出自然之趣。

三、新木卡寨聚落空间特色

5·12地震使得老木卡寨不再适合人们居住，政府对其灾后重建，在老寨西南方位规划出新的羌寨（图8）。2011年调查数据显示，该寨有居民116户，共468人。新木卡寨与老木卡寨联系紧密，它的聚落空间是由老木卡寨衍生得来，其空间特色值得研究和探讨。

图8　新木卡寨平面图

1. 空间布局与形态

新时代背景下的灾后重建，羌寨空间的布局与形态不仅受地形、气候环境和耕地条件的影响，同时还应考虑对传统聚落空间的保护与传承、居民的舒适度等因素。竖向上，利用河滩耕地垫高整平，不再居于山腰，形成了平坦开阔的聚落空间形态。平面上，疏朗有致，掩映在自然背景中，呈疏密有致的分散式聚落空间形态（图9）。

图9　新木卡寨鸟瞰图

木卡寨的灾后重建工作，考虑到老木卡寨聚落空间保存较好，但建筑时间较长，有潜在不安全因素，故在修缮保存老木卡寨原址的情况下，在下寨西南方位原有的河滩耕地上进行重建。一来保证了原住民的情感需求，使其有源可寻；二来保护了羌族传统聚落的原貌以供后人学习研究；三来有利于原住民快速恢复正常的生产生活。

在新木卡寨中，由于河滩耕地被垫高整平，地形条件良好，故不再像传统聚落那样受到诸多约束。因此，空间功能的布局成为影响新木卡寨布局的最主要因素。针对居民的生产生活方面，应当包含足够的外部交往空间和健身场地等，针对旅游的产业需求，则还应包括旅游配套建筑和足够的停车场等设施。总之，聚落的空间布局应当向一个开放的、功能完备的方向发展，才能满足当代生活物质条件下人们的需求。

2. 空间组织

借鉴老木卡寨空间组织的三大形式，新木卡寨的聚落空间组织形式亦可分为三类：建筑组织聚落空间、道路组织聚落空间和水系组织聚落空间。

现今，碉楼已成为羌族聚落空间的文化景观，建筑组织聚落空间方面，则应考虑居民住宅、社区服务建筑和旅游配套建筑的空间关系处理。社区服务建筑主要为行政管理用房、活动阅览室、卫生室等，旅游配套建筑为游客服务中心和公共卫生间等，都应当自然地融入居民的生活区。作为聚落主体的居民住宅，应提取传统建筑的元素，并加入现代生活需求，在结构和外观上把握羌族风貌内核。新木卡寨的居民住宅即很好地对羌族碉房进行了融合和创新，提升人们生活水平的情况下，也展现出独有的羌族风貌（图10）。而居民住宅对聚落空间的组织，则更多应考虑居住的舒适性。因此，新寨的居民住宅保持了一定的间距，其间以耕地作为过渡空

图10　新木卡寨居民住宅风貌

间，种植车厘子等植物，使住宅掩映在果林之中，形成了一个疏密有致的分散式聚落格局。

在道路组织聚落空间方面，以G317为连接的外部交通，大大方便了木卡寨居民的出行。新木卡寨有两个入口与之相连，一个为桥梁主入口（图11），一个为次入口，这两个入口串起了内外交通系统。内部交通，除一条约5米宽的主干道贯穿连接新老木卡寨外，还包括可供非机动车通行的宽约2米的支路，连接到各家各户。由于汽车在生活中的普及，新木卡寨也划出了一定数量的停车位，可供本地和外来旅游车辆停泊。同时，新木卡寨的交通系统满足了消防设计要求，提供了消防车道以应对火灾的发生。

图11　新木卡寨桥梁主入口

在水系组织聚落空间方面，新木卡寨提取了老木卡寨水渠的运用方式，将之作为景观形式贯穿到聚落空间中。具体方式为，从水源地接约1米宽的主水渠至主干道两侧（图12），后以约0.3米宽的支渠分流，连接各家各户，最后汇于杂谷脑河。水渠上不盖板，住宅前设小桥连接，使桥、院、流水的关系显得精巧自然，同

图12　流经宅前的主水渠

时，营造了声景观，使聚落更为质朴。

3. 空间边界

新木卡寨的空间边界相对老木卡寨来说更为复杂，对于边界的研究主要集中于建筑与耕地的边界、耕地与林地的边界和新老寨的边界三个方面。新木卡寨的建筑多院落，为半开敞空间，居民们普遍在院落中种花植草，营造园林景观，使建筑与耕地间多了过渡的景观空间，层次感更强。而建筑与耕地嵌套形成的有机整体，又掩映在重重的林地背景中，耕地与林地边界依旧如传统聚落那般自然过渡，体现了人与自然的和谐关系。新老寨边界空间的处理方式则采用新寨形式的延续。具体为，边界种植新寨的同种果树，道路则继续采用木栈道的形式与下寨相连，消化两者间的坡地，使过渡自然，形成有机整体，延续景观感受。

4. 基础设施

新木卡寨注重公共空间的基础设施建设，如路灯、垃圾桶、指示牌、公告栏等的布设。基础设施成套设计，造型灵感来源于羌族的传统服饰图案，使得寨子干净、和谐、统一，充满羌韵。同时，注重特殊的景观小品运用，如将南瓜、玉米等当地农作物规整的置于窗下、路边；将柴垛整齐的码放在屋檐下；院落里搭设葡萄架等。这是乡村聚落特有的景观，增加了空间趣味性。

四、木卡羌寨发展模式在乡村振兴战略中的思考

木卡羌寨在羌族传统聚落空间的保护与发展上是成功的，新旧寨子的结合发展，既保护了老寨的聚落空间价值，又提取出传统元素用于新寨的聚落空间创新。但是，物理承载面的聚落空间仅为表象，我们更应看到其背后的乡村发展模式，找出使其长久发展的内核，才能使乡村得以振兴。

调研过程中，笔者随机采访了多位居民和外来游客，就其在此生活或旅游的感受进行了对话。整理内容得出，当地居民对于新的聚落空间和生活状态是满意的，对保证生活环境情况下进行的观赏老寨和农业发展并举的旅游开发模式也是认可的。而外来游客则先被木卡羌寨传统聚落景观吸引而来，后沉醉于乡野氛围之中，归根到底，使其保持持续的旅游体验，是对乡村慢

生活的眷恋。

总结木卡羌寨成功发展的原因，大致有以下几点：

1）适度的旅游开发，建立完善的产业发展模式。乡村旅游的开发，首先应满足当地居民正常的生产生活需求，保障其经济来源。同时，探索更多旅游发展渠道，避免单一模式开发。

2）传统羌寨生活与现代生活需求的调和。传统聚落的衰败，很大程度上是因为其无法满足人们日益增长的生活需求。木卡寨的新聚落在民居建筑、空间格局、配套设施上勇于创新，增加了生活舒适度，调和了两者的矛盾。

3）居民对传统文化的认同。民族文化得以真正传承，来源于人们内心的文化认同感。在调研过程中，居民主动与笔者讲述老木卡寨的建筑技艺和发展历程，羌族青年在结婚仪式的选择上也仍为传统的婚嫁习俗。由此可见，木卡寨的居民对自己民族的文化有深深的认同感，并以之为傲。

五、结语

木卡羌寨的成功，究其本质，是将传统文化与现代发展紧密联系，在动态演进的过程中新古交辉，首要考虑当地居民的乡村生产生活需求，再考虑乡村旅游模式。因此，在乡村振兴战略下的聚落保护与发展，应秉承传统文化一脉相承、形式与时俱进的推进模式，完善基础设施，以"乡村"为本。同时，本着文化自信的原则，大力弘扬传统文化，使乡村得以振兴，全面实现农业强、农村美、农民富的美好目标。

参考文献：

[1] 郭子琦，罗奇业，成斌，梁茵. 美丽乡村建设下传统羌寨空间的现代传承 [J]. 安徽农业科学，2017，第45卷（20）：152-154，201.

[2] 官礼庆. 杂谷脑河下游羌寨民居研究 [D]. 成都：西南交通大学，2006.

桂北地区干栏建造材料更新研究[1]

王　淼[2]　汪栗　熊伟[3]

摘　要： 通过对桂北地区干栏建造材料自主更新的调研，提出延续传统干栏建筑风貌，从建筑学视角，审视材料更新对干栏民居的影响，既要提高空间的丰富性，保证建筑舒适感，又要在传统与现代中寻找平衡点，同时分析了干栏建造材料组合方式及空间不合理问题，提出桂北干栏建造材料更新策略。

关键词： 桂北地区；干栏；建造材料；更新

一、桂北地区环境与背景

从行政划分，桂北地区即广西北部地区，与湖南、贵州相邻，行政区划范围包括桂林、柳州两市所辖11个县市区。

从地理位置来看，广西作为壮族聚落聚集地，且多次是汉族南下移民的历史通道，桂北是"湘桂走廊"的三省交汇点，拥有奇山俏水，地势变化复杂，桂北地区水土丰茂，河流纵横，我国西江和长江两大水系中的漓江及湘江均从此地发源。桂北中最为典型的三个自治县为龙胜，三江和融水，所以此次研究的主要对象为此三县的典型干栏建筑（图1）。

从人文环境来看，壮、侗等百越民族是桂北地区的原住民；随着中原与岭南的交流，独特的地理区位使得桂北地区成为沟通两地的重要交通枢纽，秦代以来，汉、苗、瑶等其他民族因军事、生产生活等原因迁徙至桂北定居。各异的传统宗教、文化风俗、生活习惯等交融并汇，形成了桂北地区丰富多样的人文环境。各民族顺应桂北山地地貌特征，结合各自民族文化，依托优越的生态自然环境和丰茂的林木出产，创造出各具特色的干栏聚落和民居。

图1　桂北研究位置图（图片来源：作者自绘）

二、桂北干栏建造材料概况

干栏可以说是桂北地区最具有代表性的民居建筑了，而干栏的建筑材料，又具有强烈的地域性特征。材料，顾名思义是用来构成建筑物的一种物质，可以按照功能分类，分为结构材料，围护材料和装饰材料等。结构材料也就是承重材料，是建筑物的受力部分，主要有梁和柱等。而构成这些建筑物骨架的材料，多数有木材、钢材、混凝土和石材。围护材料则是若依据材料自身的属性，保护与遮盖建筑的称重结构，有耐腐蚀、

1　基金资助：广西自然科学基金项目（桂北山区干栏聚落及民居的当代演变及其适应性更新策略研究）。
2　王淼，广西大学土木建筑工程学，硕士研究生，1159516664@qq.com。
3　通讯作者，广西大学土木建筑工程学院，高级建筑师，g.bear@163.com。

稳定等特性。材料又可以按照自身的形状，划分成块、面、线材。材料的多样性给设计师创造了更多的设计可能性，每一种材料都需要自己的设计语言，材料的运用和使用也是建筑设计中重要的一部分。材料的变革和发展，也让建筑形式拥有更多机会。

几千年来，桂北的干栏民居，其建筑材料的质量和规模都有别，干栏一直沿袭着以木构架为主体，在各民族地区的建筑中独树一帜。这种传统的干栏木构材料，有较大的灵活性和广泛的适应性，木材质量较轻，加工容易，尺度要求统一，建造方式方法灵活多样，抗震性能好，环境适应能力强。与砖、石、灰等建筑材料比较而言，木材密度最小，却有着相对较高的抗弯、抗拉强度，易于工匠对其进行加工与预制组装。并且，在桂北地区，山地较多，木材取材方便，运输价格低廉。

在不同时代有不同的材料运用，在桂北的不发达地区，使用的是可获得的材料，干栏建筑通过梁、架、柱、檩、斗栱等，通过榫卯结合成柔性节点，另外木材抗冲击性能良好，自重轻，能适应剧烈的摆动，从而有很高的抗震能力。而榫卯的损坏，大多是因为木材干缩、开裂和腐朽等原因造成的脱榫，很少因为地震或者自身荷载而损坏的，所以要控制的是结合部位的含水率和防腐处理。1949年以前，由于建筑物档次较低，建材业限于石灰、砂石、砖瓦等。新中国成立后，随着经济的发展，建筑物档次的不断提高，高档的建筑材料随之发展起来。进入20世纪80年代，各地兴办的建材厂，生产了大理石、水磨石砖、马赛克、软木砖、铸铁排污管、水道和留沙井盖板等建筑材料。[1]

干栏常用传统材料及其质感表现　　　　　　　　　　　　　　　　　　　　　　　　　　　表1

材料	应用范围	材质表现
土	道路、建筑	自然、古朴、乡土
木材	基础构件、建筑结构构件、建筑立面、家具等	材料木质芬芳，质地温柔，纹理清晰，色彩柔和
石材	建筑基础构件、庭院围合、路面等	质地坚硬，棱角分明
青砖	路面铺装、建筑入口、基础等	朴实，有厚重感和历史感
草	稻草屋顶、草墙等	编织质感，干燥轻盈
竹子	屋顶、建筑围护等	质地轻盈，纤细且有纤维感

资料来源：作者自绘

三、干栏建造材料组合现状

经过对桂北主要十几个调研点的实地测量和调查，干栏材料组合现状可谓是种类繁多，各不相同，每种材料在干栏民居中的占比不同，不同建造材料的应用手段也大相径庭，但是细心梳理，且有章可循，材料以承重结构为主，把建造材料按照此种职能从建筑中剥离开，依据材料的类型将其提取、重组。研究发现，风貌较好的村落，常在偏远地区，例如高友村，整体建筑风貌和人文环境保留较好，所以其干栏建筑全木构的较多，而受旅游业影响，开发较为完全的村落，其材料的组合较为丰富，且种类较多，整体风貌较差。例如龙胜地区，以下为常见的干栏建造材料组合方式（图2）。

木承重、砖混承重　　　　　　石材、木材料、砖混材料承重　　　　　　　　钢筋混凝土承重

图2　干栏建筑常见材料组合方式（图片来源：作者自摄）

轻钢材料承重　　　　　　　　钢混材料、轻钢材料承重　　　　　　　木承重、钢筋混凝土承重

图2　干栏建筑常见材料组合方式（图片来源：作者自摄）（续）

由此可见，桂北地区常见的材料为砖混与木构承重，木材与砖材围护，石材多见于作为底层架空层的承重材料，或作为地基使用；而架空层多采用木构和钢混结构，又具有较好的通透性，一层架空若围护起来，则需要砖混与木材的共同承重，这里砖混材料则既承担了承重构件，又有围护构件的作用；二、三层等中间层，则多用沿用木承重，而围护既可采用砖混材料，又可以使用木材料；屋顶的阁楼层，多沿用干栏建筑的木穿斗结构，很少做过多的改变。整体来说，材料的组合无非是砖混，钢混与木构的混搭，新材料多作为底层承重，原材料多保留在干栏民居的中间层和顶层，干栏建造材料组合示意如图3所示。

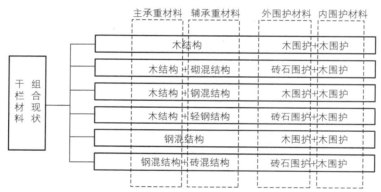

图3　干栏建筑中的材料组合示意图（图片来源：作者自绘）

四、干栏建造材料更新策略

传统木构架，承重结构与围护结构分开，可以适应灵活多样、各种形式的平面布局，满足不同的使用要求，但是随着经济的发展、生产方式的进步、人口的变化，一些传统的木结构空间，很难满足人们的生活需求，木材完全保留了干栏式民居的特点，在形式上是非常可取的，在功能上也大致能够满足人们。其中不足之处有：二层缺乏洗漱、如厕功能，建筑的隔声隔热效果也不是很好等。所以，木结构的更新势在必行，木结构与砖混结构的组合，很好的解决掉了这些传统遗留问题，木结构与砖混结构是两种结构体系，其融合在一起，能取其优势，避其不足和缺陷，但是并不是所有的木结构与砖混结构的组合都是合理的，以下为传统木结构与砖混结构的探索更新。

1. 木结构与砖混结构

砖混承重性能较好，且重力较大，比较适合用于底层的架空层，为了民居的安全性能和抗震性能，砖混几乎不可能置于传统干栏的木构之上，而是需要自下而上的砖混结构连续承载，所以底层的架空更新，砖混可探讨的空间更为丰富。使用功能是干栏式民居改建过程中，需要重点考虑的对象。现全木结构的住宅中，在常用层二层，最缺乏的就是卫生间和洗澡间。上厕所和洗澡都很不方便，洗澡只能用大盆装水，洗的时候还得注意水不能撒出去，上卫生间则更为不便。这些使用功能不能满足现代人的需要，所以需要改进。木结构的厨房一般都是木地板，在人们使用柴火煮饭、炒菜时容易造成火灾隐患。木结构的房子二层没有卫生间，考虑到卫生间和厨房都需要用到水，所以将卫生间和厨房设置在一起，在条件允许的情况下，增设洗浴间（图4）。

2．木结构与钢结构

　　榫卯节点是穿斗结构的最大特点，木材料干栏民居，一直沿用这种柔性榫卯，使得木构"刚铰有机体"具有卯榫+楔+胶的作用，体现着力的平衡，榫卯的缺点就是刚性较低，难以承担大体量木结构的连接作用。在小体量的干栏中，比较推荐榫卯连接方式，但是传统木结构从单一材料本身来说建筑应用具有相当的限制，木、金属结合设计成为新的趋向。同时金属节点也具有高强度、大刚度、能预制化、标准化生产以及满足现代视觉美学要求等方面的优势。如下图所示，屋顶阁楼使用轻钢和玻璃等材料，组合成开敞的阳台空间，既有原干栏的建筑风貌，又使用了新材料将低矮的阁楼空间得以改善，变成休息平台，使空间的可使用性更高（图5）。

　　由于社会、经济等外部因素的剧烈变化，桂北地

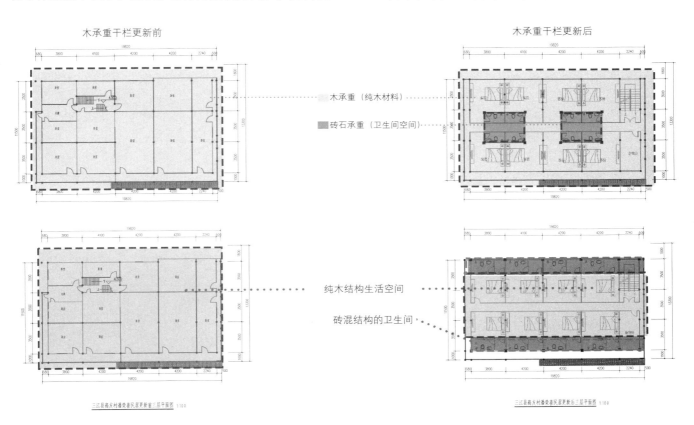

图4　木结构与砖混结构二层材料更新（图片来源：作者自绘）

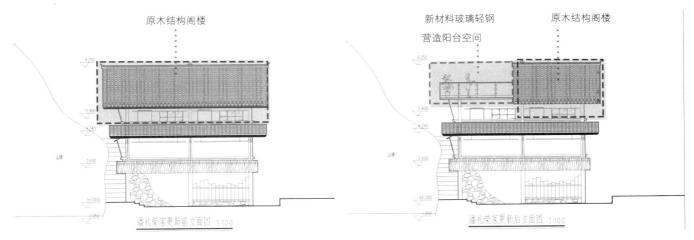

图5　木结构与钢结构阁楼材料更新（图片来源：作者自绘）

区传统聚落格局及特色民居遭到较大破坏，简便有效的传统生态材料被抛弃，相应的传统建造技术亦无用武之地而面临失传，也导致优秀传统文化失去依托载体而难以延续发展。在干栏建造材料更新时，要求政府部分积极参与进来，通过生产生活到民居，自下而上的设计，推动桂北民居的整体发展。

参考文献：

[1] 广西壮族自治区地方志编纂委员会. 广西通志. 建筑材料工业志 [M]. 南宁：广西人民出版社，2000.

西南地区少数民族村寨风貌导则初探

——以仫佬族为例

祝枫源[1]　张昊雁[2]

摘　要： 传统民族村寨，是解读和理解西南地区特殊人地关系的"活化石"和"博物馆"，但由于较少得到关注，在城镇化进程中面临更严重的生存危机。本文以罗城仫佬族传统村寨为对象，坚持可识别性、适用性和分级原则，从格局、空间、建筑三个层面提出风貌控制导则体系，试图对保护与发展之间的问题提出回答。

关键词： 仫佬族；少数民族村寨；传统风貌；保护利用；风貌导则

传统文化的根基在乡村，尤其是传统村落。"传统村落"系指形成较早，拥有较丰富的传统资源，具有一定历史、文化、科学、艺术、社会、经济价值，应予以保存的村落（住建部，2012）。作为一种农耕文明的聚居形式，传统村落的物质形态是人地关系长时期互馈协调的产物，体现了乡村社会/族群对地域环境的适应性生存智慧，是传统建筑风貌、优秀建造技艺、历史文化空间和乡土社会结构的真实载体。作为现代化影响相对较弱的社会空间，传统村落存储着大量的历史文化信息，尤其是大量非物质文化遗产。1300多项国家级和7000多项省市县级"非遗"绝大多数遗存在村落中。

但是，随着社会经济和城镇化的快速发展，人们的生产、生活方式发生了翻天覆地的改变，积淀了传统历史文化基因的传统村落正在急剧减少、萎缩衰败。2000～2010年，我国自然村从360万个减少到270万个，10余年间消失了约90万个（冯骥才，2012）。而由于缺乏对少数民族差异性特征的关注和保护规划观念较滞后，城镇化对西南地区传统民族村寨的威胁尤为严重。因此，本文以仫佬族传统村寨为对象，通过实地调研提炼和理解传统风貌特征及其意义，尝试建立仫佬族传统风貌导则体系，为日后仫佬族村寨保护和发展提供设计指导和理论基础。

一、传统风貌倒空要素确定

如何选取能够反映民族传统风貌的要素，是建立风貌导控体系的关键，需要建立在对仫佬族传统风貌村寨全面的调研和深入的理解。课题组于2017年开始，对罗城仫佬族自治县20多个仫佬族村寨进行了历时一年的实地研究，既包括中石石围村、物华双降屯、龙腾大勒洞等当地较著名者，也包括大梧村、大岐山等新发现村落（图1）。通过对风貌特征的对比和提炼，建立了包含3大类、10小类的要素框架（表1）。

图1　大勒洞仫佬族村寨村景（图片来源：实地拍摄）

1　祝枫源，苏州科技大学建筑与城市规划学院，14级建筑学本科生，215011，342979634@qq.com。
2　张昊雁，苏州科技大学建筑与城市规划学院，讲师，博士，215011，empirez@126.com。

保护控制与引导要素汇总 表1

分类	景观格局	传统空间	传统建筑
要素控制	村寨肌理	特色空间	建筑分类
	天际线	传统街巷	院落形制
	建筑高度		建筑材质
	色彩要素		建筑装饰

二、导控方法构建与导则引导表述

1. 景观格局导控与表述

景观格局作为地区风貌的宏观要素，包括村寨肌理结构控制、天际线控制、建筑高度控制、色彩控制等，是维持差异性特征的重要保障。

1）肌理控制

延续历史形成的罗城地区仫佬族村寨肌理特征：文化遗产空间肌理、历史巷道"TT"肌理；鼓励乡村功能空间更新与提升，修复民族村寨被破坏的肌理；在传统的村寨空间肌理中注入适当的现代元素，使民族村寨肌理得到延续的同时适应居民生活多样性的需求；禁止出现整体拆除重建或破坏村寨肌理延续性的生产生活活动（表2）。

仫佬族村寨肌理 表2

村寨肌理联系		单个村寨肌理	
实景卫星图[1]	肌理提取	实景卫星图	肌理提取

2）天际线控制

天际线对仫佬村落向外表达和识别民族村寨的特征起到重要作用。保持罗城地区仫佬族村寨天际起伏较少，低矮平缓，低曲折度的特征；村寨内新改建单栋建筑严格按照村寨同属性建筑高度实施要求执行（图2）。

3）建筑高度控制

要以每个仫佬族村寨中主要的历史遗迹区域为核心，控制村寨内各个分区的建筑高度；建筑高度的控制应该与民族传统村寨天际线控制原则相协调；通常的情况下，村寨内重要街巷与民居集中区住宅建筑檐口限高4.8～5.4米；一般民居区建筑檐口限高不得高于碉楼檐口高度，特殊情况视情况具体分析。

4）色彩控制

自然环境色彩实施要求：河道周边区域景观控制应以绿色草坪为主，村寨中心景观和周边景观应以竹木为主。大面积种植可选择常绿阔叶乔木，如小叶榕、桂花等作为罗城地区仫佬族村寨园林路滑的基调树种；保

图2 天际线控制（图片来源：实地拍摄）

持水体洁净。

人工环境色彩实施要求：仫佬族民居建筑更新，墙体应延续传统村寨色彩，呈灰色色系，搭配暗红色，

---

1 实景地图来源：Google地图。本篇论文照片除特殊说明外均来自实地拍摄。

建筑屋面以青灰色为主。建筑宜使用当地材料，历史文遗建筑、传统建筑整饬应该保存传统色彩（表3）。

色彩控制 表3

仫佬族村寨协调色彩	
村寨不协调色彩	

2. 传统街巷导控与表述

在中观层面的风貌控制，村寨特色空间、道路与街巷、沿街立面、建筑分类、水系等控制是其主要方面。

1）特色空间控制

合院空间：仫佬村寨主要的三合院形式应延续，通过控制空间尺度、格局、氛围，加强空间历史文化的保护和延续。

标志点空间：宗庙、碉楼、寨门等是仫佬族村寨主要的标识，节点空间紧邻村寨主干道，要注意人流组织问题，重要历史建筑需要对周边建筑的各项指标进行严格把控。

晒坪公共空间：晒坪作为仫佬族村寨村民公共生活的承载空间，应延续集会交流与谷物晾晒的功能，四面无围合，抗风遮雨的同时需要满足谷物晾晒需要的充足日照与通风（图3）。

图3 特色空间控制（图片来源：实地拍摄）

2）巷道控制

巷道空间要求：与相邻的建筑体相协调，纵向道路满足3：1的尺度比例，满足行走交谈的功能，横向道路满足1：1.5的尺度比例，满足行走、交往、休憩的功能。

街边公共空间：传统仫佬族村寨内横向干道会设置公共空间，于横向干道设置公共空间和退让空间，公共空间修建位置与数量应该按照服务面积与人口来确定。

十字路口空间：传统十字路口空间会将划分开的四块区域选取一块作为绿化与退让空间，村寨更新需延续十字路口空间形式。

街巷控制 表4

村寨主要建筑高度	空间实例	村寨主要建筑高度	空间实例
大梧村		大勒洞	
大梧村		大岐山	

3. 传统建筑导控与表述

村寨基础设施、植物绿化、景观层次、建筑材质、门窗形式、建筑装饰、非物质文化要素、民众参与等，是地区微观层面风貌控制的重要构成。

1）建筑风貌分类控制

文物保护建筑要求：严格贯彻执行《文物保护法》，切实做好村寨风貌保护和文物建筑维修，政府相关部门应切实加强和落实文物建筑日常监测和维护。

传统风貌建筑改善要求：传统合院形式的居住建筑体现了罗城地区仫佬族民居的历史和演变，构成了民族村寨历史风貌的主体与特色体现，应延续民居的构成形式；对传统居住建筑进行修整与有机更新，以院落为单位，在保证外观不变的原则下，考虑房屋结构性、热工性能的增强，设备改造和厨卫设计。

既有建筑实施要求：既有建筑指的是村寨内是不满足传统风貌标准的公共或居住建筑，对民族村寨的文脉传承具有负面影响。为了与环境相协调，要对其立面形制进行控制，对空间功能进行提升；若是与村寨环境不协调的既有建筑，应根据影响程度与建筑安全系数实行外观风貌的整改与内部功能的提升。

拟建建筑实施要求：在满足村寨发展功能需求的同时，平面形制要与传统肌理相协调；风格可采用与传统协调的现代风格，不需要一味采用仿古风格；不允许使用大面积破坏村寨色彩与韵律的材质；推荐使用与传统建筑质感与色彩相近的材料，鼓励使用当地特色材料（表5）。

仫佬族民居平面形制 表5

照片	形制
	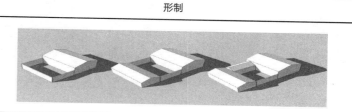

2）建筑材质控制

新旧材料呈现不同的面貌与特性，需要在发展和建设中协调使用，满足建筑风貌与环境要求；文物建筑修缮或复原中，要严格使用当地传统材料火砖、火瓦、钙质石等；传统建筑在修缮和更新等活动中，推荐使用传统材料，同时也可以使用在风貌、色彩、质感、尺寸等方面类似的新型材料；拟建建筑外部装饰材料要采用与传统材料色相与纹理协调的材料；禁止外立面使用瓷砖，造成与村寨整体风格不协调（表6）。

建筑材质分类图　　　　表6

	类别	屋面材质	墙身材料	门窗材质	地面材质
传统建筑材料	照片				
	照片				
	名称	火瓦	火砖、泥砖	木材	青石、钙质石
	类别	屋面材质	墙身材料	门窗材质	地面材质
现代建筑材料	照片				
	照片				
	名称	金属、水泥	普通砖、多孔砖	石材、金属	水泥、瓷砖

3）门窗形式控制

对于仫佬村寨中历史与传统建筑中保存较为完好的窗户予以保护；对部分受损的门窗进行修缮，并且按照原有样式恢复；对于严重损坏的门窗要援用与原始门窗样式一致的形制。

历史与传统建筑中门窗以暗棕黄色为主，每座门设立高度不一的门槛，正门门槛最高，对受损的门窗进行修缮与更新时，要保持原有色调色系与门槛形式。

4）建筑装饰控制

历史文物建筑：历史建筑装饰元素丰富，基本保持着原有状态，但是部分文物建筑年久失修，出现了装饰褪色甚至是冲刷严重的现象。对于受损严重的文物建筑装饰，应选用原始材料与技法修复，最大程度恢复原始风貌。

一般传统建筑：传统建筑元素形式也同样多种多样，大多沿用历史建筑中的装饰符号，是当地文化特色的体现。在针对受损的细部装饰，应在保留装饰元素同时，尽可能恢复原貌，对于受损严重无法辨别原始图样的装饰，可通过其他完好的装饰进行创作更新，尽可能协调一致。

既成建筑与拟建建筑：此类建筑装饰元素要与传统建筑相一致，通过其他完好的装饰进行创作更新，尽可能协调一致，对不协调的装饰元素进行整改。

三、总结

民族传统村寨的保护工作纷繁复杂，涉及面广，特别是传统风貌的保护与传承更是重难点，不仅要处理好村寨经济发展与风貌保护之间的关系，同时还需要根据当地群众对更美好生活的向往而创造满足他们生活居住条件的环境。本次研究以风貌保护与文化延续为前提，从宏观格局到微观装饰，初步建立起罗城地区仫佬族村寨风貌导控的一套引导方法，但仍然需要在实践中检验导控的可行性，并不断完善。

参考文献：

[1] 甘振坤．北京传统村落风貌控制研究 [D]．北京：北京建筑大学，2016．

[2] 黄家平．历史文化村镇保护规划技术研究 [D]．广东：华南理工大学，2014．

[3] 于瑞强．仫佬族传统民居建筑符号特色及文化再生价值 [J]．广西民族大学学报，2016．1：92－96．

振兴乡村建设　促进传统聚落（民居）保护

——以店头古村落保护与利用为例

郭玉京[1]　郭治明[2]

摘　要： 本文在实地调研的基础上，从店头古村落的历史背景、民居布局与特点、科学价值以及保护与利用四个方面分析山西太原古村落在保护与利用等方面所做的工作，并结合实际，提出店头古村落四条保护和利用的原则。

关键词： 振兴乡村建设；店头古村落；保护与利用

为了贯彻国家关于实施乡村振兴战略意见，按照"产业兴旺、生态宜居、乡风文明、治理有效、生活富裕"的总要求，进一步加强民居保护工作，正确处理保护与利用、继承与发展的关系，促进古民居保护与城镇建设协调发展。2009年我参加了中国风景园林大学生设计竞赛获一等奖，题目是"城市边缘的绿色脉络"，题材就是反映太原风峪沟煤炭产出对自然生态植被破坏，农田贫瘠、河水干涸、空气中浮沉弥漫，反映出矿区的城市"痛"。提出了解决生态恢复的设想，使"天—地—人"、人与自然和谐共生、共长，山、水、城生态肌理绿色脉络融合共生。近年来，太原对西山、风峪沟进行了生态修复、效果明显。今天我们重新审祝风峪沟古村落的生态环境，对店头古村落保护与利用进行了多次现场调查及文献资料查阅，并与乡政府、村集体经济和村民进行座谈，现就店头古村落的保护与利用进行研究。

一、历史背景

店头是太原市一座古村落，地处晋源风峪沟中，"风峪"古作"风谷"，是"西山（属吕梁山脉）九峪"之一，置"五山"之中。店头北靠蒙山，南依龙山和悬瓮山，东临太山，西南为天龙山。据《洪武太原志·山川》（《永乐大典》）五千二百二卷记载："风谷山，在本县西十里，西属交城，入楼烦路。唐北都西门之驿也。"风峪不仅是晋阳古城的西出口，而且是北朝时期著名官道。在清朝时期，店头村约有500户，人口达3000余人，因地理位置特殊，又是官道必经之处，晋商的分号落户于此开设车马店、驿店、绸缎、商铺、当铺、武馆，商贾云集、经济繁荣、生活富足。20世纪80年代，风峪沟有六个村由于受采煤沉陷、水源不足等影响，2001年六村搬迁至旧晋祠路风峪新村。村子年久失修，建筑残损严重、文物本自然老化现象严重。90年代以来，修建一条太原至古交运煤公路从村前通过，造成村内严重的大气粉尘污染，使得村周边环境质量和外部形象十分恶劣。

随着近年来生态文明的建设、城市大气污染防治要求，太古公路的运输货车禁行和山西相继出台了全域旅游政策，大力推进历史文化名城名镇名村保护，太原市政府对店头周边进行了基础设施建设，对文物古迹保护与利用进行了规划并实施，蒙山景区的旅游开发、整治太山龙泉寺、规划建设太山植物园、将太古公路变为旅游公路等，使店头村迎来了新的机遇和挑战。如何保护与利用，如何真正实现生态文明、产业兴旺，成为当前的一个课题。

二、店头古民居布局与特点

店头村古村落坐落在北靠蒙山大佛和蒙山寨，东毗佛教太山，南面道教龙山，西南临佛教天龙山石窟，背山面水，确是一块风水宝地。整村置于自然山水景

1　郭玉京，天津大学建筑学院，博士研究生，36871640@qq.com。

2　郭治明，太原理工大学建筑学院，硕导，教授级高工、国家一级注册建筑师，cakujima@126.com。

象、人文精神、地域乡土文化构建之中，充满了人与自然和谐共生，充满了自然生机和文化感情、军事堡垒、商贸活动的精神空间。整村以山水为血脉，以草木为毛发，以烟云为神采，真是一幅写意的山水画卷，不仅藏风得水，承天地之气，村东头为文昌阁，村西头为真武庙，形成一文一武完美格局，远眺整村像一条船在风峪河中乘风破浪，勇往直前（图1）。

整村依山就势，古村分为上街、下街、坟上、南坡、赛马坡五大片区。紫竹林寺（又名观音堂）在村落中央，河神庙、山神庙在风峪河南北两侧，戏台在紫竹林西侧，通过商业街西向于戏台。坟上在风峪河对面西南方向，据史料记载是为明朝正德年间曾任吏部、户部、兵部尚书王琼伯父王永寿修建之莹墓及王氏祠堂。在此居住着王氏后人，地势酷似"龟"形，此处土地肥沃，积水耐旱，适生庄稼树木，土地近百亩，后裔百余人。

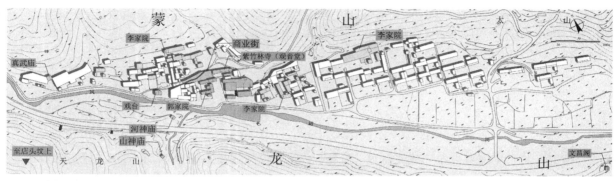

图1　店头古村落总平面图

店头古窑洞群，依山构建高低错落的多层次竖向环境空间，充分发挥了自然、通风、采光、日照、景观及民居高密度空间效应，院落、公共建筑形成依随地势布局，构成严谨有序、层层叠叠、高低错落空间格局，街巷按照古村落的功能、街巷、排水高低转折，蜿蜒有致，空间收放自如的街坊肌理形态。巷道空间最能体现古村落的山地聚落风貌空间形成，具有北方的代表性。院落一般为以河炮石石碹窑洞为主，一般为二、三进院，底层宽面3～5间石碹窑，上层（二进）为石碹简子窑洞构成，上下层为四合院，东南角为院门。上下层院一般通过石砌踏步、台阶联系，踏步两侧有排水槽（图2）。郭家大院是通过室内通道，在石碹窑洞中通行（图3）。形成院与院、户与院均有通道，并与巷道、公建可连通，十分方便，据考证，一方面是居住功能要求，更重要的是为军事防御互联互通，通过瞭望楼、碉堡防御外来入侵。另一方面是通过互联互通的交通空间，使得人际交往、邻里友善，聚落成具有民族凝聚力和精神感召力的人性化家园，形成了文化形态，把各自的私密空间与公共空间有机结合，层次分明，功能空间丰富，交通便利，防御互助，形成了完整的生活、活动、文化体系（图4）。

从空间的比例与尺度来看，巷道以人为本，窑、巷尺度事宜，紧凑而又宁静，形成有分有隔、高低适宜，空间行走不感觉到压抑，反而具有亲切感。巷道直线与曲线结合，建筑空间肌理进退多变，随地就势，尺度感强，不单调，处处都有乡村古老的背影。

图2　排水槽

店头古村落公共建筑紫竹林寺（又名观音堂）最为突出，属风峪八景之一。建于嘉庆年间，是一座二层窑洞阁楼式砖石建筑，清乾隆年间属道教场所，之后改建为佛教寺院。该寺院坐东朝西，进入山门，一层全为石碹窑洞殿堂，属明代所建，其中正东一间窑洞为石凿门框，窑洞内塑有送子观音座像和仙童侍奉左右像。从东南面延踏步上二层，正东为观音阁大殿，面宽三间、进深二间、砖木结构，阁外有四根盘龙木柱支撑出檐梁，檐内的主要支梁上有龙口含珠子的木雕四组，刀工

图3　郭家大院

图4　下街19号，李家大院

图5　紫竹林寺

细腻，神态逼真。观音阁南北偏殿各面宽三间进深一间，单檐卷棚顶带前廊。寺中山门南北下院石碹洞上层分别建有悬山顶中、鼓楼。在寺院中有一直径为一米的古槐树，枝叶繁茂，绿荫寺院，见证历史（图5）。

　　紫竹林山门向西为一条70多米长的商业街，两侧均为石碹窑洞的商业房。通过商业街到西头，突然开敞的空间看到砖砌灯山摆放365盏油灯和古戏台，使人们感到巷道与空间的变化，体现了古人对空间的艺术追求（图6）。

三、店头古村落的科学价值

　　店头古村落坐落风峪沟，自旧石器时代就有人类活动，秦朝在山岩上有篆字石刻。西汉、西晋、北齐、隋朝、唐朝、宋朝、明朝的发展对其有重要影响，据太原府志记载："风谷口在县西十里。西属交城入楼烦路，唐北都西门之驿道也。下有石穴，相传神至穴有

图6　灯山与戏台

声，走则否。"周边的蒙山大佛（西山大佛）、天龙山石窟、龙山石窟、太山青龙寺的宗教活动和古晋阳城、

平遥、太谷商分号落户店头。村中紫竹林寺内的"大清嘉庆五年次庚申蒲月吉日立"石碑记载，店头村所在的风峪沟在唐朝（公元618年）以前叫林邱峪，这都体现了店头古村落的历史价值。

店头村从现存的石碹洞群聚落结构、功能考证，历史上店头村曾是一个军事堡垒和屯兵之地，在守太平光四年（公元979年），赵光义平北汉火烧晋阳城，引晋水淹没，从此店头逐步演变为村庄。店头古村紧靠风峪沙河和晋阳古都，通达交城、古交、楼烦和陕甘的驿路，属九峪之首，又位于龙兴之地，因此为兵家必争之地。店头古村落有瞭望台，依山就势修建许多通往后山的通道和地道，并与各院落连通。在村落交通布局上院与院、上下、左右均有地道、地洞相互连通，暗藏着神秘军事防御设施，具有重要的军事价值。

从店头的建筑布局上看，原有3000余间石碹窑洞，现存完好建筑为460间。从郭家大院、李家大院中可以看出，上下院落间除了筑石阶互通之外，在窑洞内还有暗道曲折迂回连通，这种布局及功能与山西汾西师家沟村落和碛口古村落室外依地势联系交通方式有所不同，店头院落大门一般在东南角，而师家沟院落大门布局四角有门，大门多至两套到四套。在材料上店头均为风峪沟内的河刨石，就地取材，用石材几何形将分为规则与不规则层状砌筑、人字砌筑方式。而师家沟民居基本上是土窑洞和砖碹窑洞，反映了不同地域和地质构造材料的运用差异。另外，利用地形地貌和建筑布局、建筑形式及其构造解决了采光、通风、排水、防盗的功能，体现了当时古人的砌筑技能、顺应自然和充分利用地域资源能力，具有建筑科学技术价值。

当然店头在建筑艺术、人文、民俗、社会等方面的价值也很明显。比如建筑的砖雕、木雕、石雕工艺精湛，形式多样，栩栩如生。古时出现了石敢当刘知远、李存孝、王永寿等人物，体现当地人杰地灵。每逢节日，各种民俗体现祈求对来年的五谷丰登、身体健康、国泰民安的景象。

四、振兴乡村建设，促进古民居保护与利用

古民居是历代祖先留给我们的珍贵遗产和共同财富，是非常宝贵的不可再生资源。把实现乡村振兴与古民居保护有机统一起来，坚持创新、协调、绿色、开放、共享五大发展理念，透视店头古民居历史和载体，全面加强传统村落文化遗产保护，合理利用，适度开发，努力实现传统村落活态保护、活态传承、活态发展。店头古民居所承载的历史信息和文化内涵是历史文化名城的核心内容，是传承中华文明、吸收丰富遗产内涵、发展旅游业、丰富人民群众文化生活和对外开放的重要物质基础。古民居不仅是乡村特色的体现，更是城镇魅力和城镇竞争力所在，是塑造城市形象的品牌要素。加强古民居的保护与利用，是建立完善文化遗产体系的需要。2017年出台了《山西省历史文化名城名镇名村保护条例》，对于研究本地区政治、经济、社会、历史、文化、建筑，对于保护历史文化遗产、保持乡村特色、丰富城镇的建筑形式、景观风貌和文化内涵，都起到了非常重要的保障作用。

店头古村落保护可遵循以下原则：

1. 整体保护，活态传承。1997年整村迁至风峪新村，古村落几乎没有人居住，没有出现前几年开发的大拆大建，整村遗存完整。近年来按照生态文明建设的指导思想，开展了西山地区生态修复工程，对山、水、林、村、田、湖进行了规划整治。一是对风峪沟进行山体修复，大量种植林木，修复风峪河，关闭小煤矿，打击私挖乱采，使风峪河出现了清水复流；二是拆除运煤太古收费站，由运煤公路变为生态旅游路；三是对蒙山大佛景区、太山景区进行整治，加大景区旅游设施投入，游人逐年增加；四是新建太山植物园，拆除选煤厂、汽修、散乱污小企业，与风峪自然生态融为一体。前述店头置于其中，迎来了很好的发展机遇和挑战，如何保护和利用？如何找准发展定位？村民转变了观念，把不可再生的资源当起了宝贝，要求将废弃的古村落变为美丽家园，体现了内生动力，把科学价值、历史价值、人文价值转化为经济效益、社会效益和环境效益，为周边名胜景点服务，吸引更多游客、传承文化、增强文化自信、为农民致富发扬晋商精神，成为新的增长点。整村保护，使过去的村落空间历史和价值完整性有机统一，村落结构肌理保护与山水格局保护并重，使人、村、生活再现过去繁荣的风采。

2. 保护优先，合理利用。坚持保护第一，做到能保即保、应保尽保、整体保护、全面保护。充分分析其社会价值、文化价值、经济价值，把店头古村落定位在服务周边景区上来，成为居民客栈、农家餐饮、文化展示、休闲采摘、培训教育基地等，充分展示文物价值，禁止搞假冒人工景点，降低文物遗存品质，环境规划、修复避免城市化、园林化，保护古村名木。重视保持寺庙建筑、商品建筑、军事建筑、民居建筑和地道、通风、排水、防御设施的存真性和功能，重视民俗文化的传承，特别是风土特产和民间手工艺。科学合理利用传统载体、元素、文化，实现以保护促发展，以发展强保护。

3. 以人为本，尊重自然，尊重传统。在规划保护

上明确保护范围、原则、要点，明确古民居核心保护区、建筑控制区和风貌协调区等保护层次，不搞大拆大建，修复时充分利用旧材料，防止嫁接，既要重视整村的风貌，又要重视公共设施和民居的功能和安全要求。比如：民居室内修复时在保持旧材料存真质感基础上，要完善卫生、生活设施，满足人的舒适要求，推进室内现代化，让游人能住得下，体验到乡土气息。要用现代新材料、新技术、新工艺解决防火、结构安全，发挥围护结构保温、隔热的作用，解决好通风、排水问题。

4. 政府引导，村民自主。将古村落保护与利用纳入当地经济社会发展规划，充分发挥村民主体作用。一是做好古村落保护和利用规划，让村民认识到保护与利用的重要性，保证村民的知情权、话语权、决策权和监督权，切实保护村民的权益。二是发挥市场作用，引进合作投资伙伴，坚持保护优先、抢救第一的原则，合理利用现有资源改善功能，充分利用文化资源。建立新的合作组织，按照现代企业制度运营。三是村民可以自愿将房屋产权入股，也可以根据保护规划和原则，自行修复，按照规划确定范围自主经营，并报村集体经济组织备案，实现脱贫致富。四是村民不参与管理，充分发挥市场作用，但有效进行监督。在运行中提出的意见和建议由村集体经济组织集体决策。未按规划要求修复、经营的行为，依据《山西省历史文化名城名镇名村保护条例》进行处置。将村落保护要求纳入村规民约，村"两委"担负起主体责任。五是政府要加大古民居的保护研究和宣传工作，鼓励专家学者研究挖掘古民居的文化、

文物价值，研究古民居的风貌特色、建筑艺术、保护与利用，做好传统风貌特色发挥与现代个性创造的结合，达到传承"唐风晋韵、锦绣龙城"的完美统一，让村民真正感受到保护是功在当代、惠及子孙的工作。要通过各种方式方法，通过各种媒体渠道，通过宣传店头古民居独有的风貌特色，宣传古民居保护对传承历史、塑造乡村特色、提高乡村品味的重要意义，提高全社会保护民居意识，实现科学合理地管理和利用古民居。

参考文献：

[1]《洪武太原志·山川》.

[2] 颜征巨等. 山西传统民居 [M]. 北京：中国建筑工业出版社，2006.

[3] 武宁，孟晓燕. 北京山地聚落公共环境分析 [C]. 第十六届中国民居学术会议论文集. 2008.

[4]《浙江省人民政府办公厅关于加强传统村落保护发展的指导意见》. 2016.

[5]《荆门市人民政府办公室关于加强古民居保护工作通知》. 2006.

[6]《山西省历史文化名城名镇名村保护条例》. 2017.

[7]《太原市晋源区店头古村落保护规划》. 2009.
11. 编制单位：太原市城市规划设计研究院，太原理工大学山西建筑文化研究中心.

历史文化的振兴和乡土聚落的保护与更新

陶汝聿[1]

摘　要： 本文提出了以重塑小城镇和乡村居民的群体身份和定位为根本，借助保护历史和文化遗产为直接途径和切入点，从物质形态和精神形态上引导并改善提升乡土聚落的现代化发展进程；从而从根本上恢复乡土聚落的自我身份感并重振文化与经济，同时保护乡土聚落的优良风貌。

关键词： 乡土聚落；历史遗产；身份感；文化

一、保护与振兴历史文化的目的与意义

要有效地实现当下中国乡土聚落的振兴，最重要的是去应对现阶段和未来发展中的阻碍，这种阻碍主要有两点：一是阶级分化加剧和同大城市为代表的主流文化、人群的矛盾加剧；二是广大小城镇和乡村缺乏吸引力和凝聚力，缺乏自身的独特性和特色。针对这样的矛盾，潜在的解决方案可分为三个部分：

①提升社群身份认同感和自豪感；
②促进城乡融合，缩小差异；
③提供潜在的经济发展机遇。
下文将对此进行具体的分析。

1. 提升社群身份认同感和自豪感

历史和文化是一个地区和群体生活态度和状态的直接记忆与体现，这是非常宽泛的概念，涉及物质与非物质的双重方面。城市的兴起和主导地位是在当代也就是近几十年才于中国发生，而长期以来，以小城镇和乡村为代表的广大乡土聚落一直有着完善且引以为傲的物质和精神积淀与资本。比如，物质上大量丰富的古建筑、遗址，以及非物质上的各类以农时、婚丧嫁娶活动为核心的习俗，以及各类传统实用性技艺等，更遑论良好且慢节奏的生活方式。然而，这些资本在当代社会却逐渐失去了吸引力，让社会越来越趋于凝固，这种文化的根本内涵仍是孔孟之道，曾经引领和促进了社会的发展，现在却成为限制进步与创新的阻碍[1]，无法适应

新的时代和人群需求，尤其与当代年轻人和主流思维生活方式所脱节，甚至受到新生代的乡土年轻人群的自我排斥，因而衰落是不可避免的，复兴也困难。因而，应有选择的保护和振兴乡土聚落为代表的历史文化，提升这种文化在主流文化与舆论中的接受度和关注度，让年轻一代群体重新去认知和接受并创新，提升传统文化和历史在人群中的心理预期以及地位，从而才能为进一步发展与创新提供基础。

2. 促进城乡融合，缩小差异

在前一点的基础上，由于提升了小城镇和乡村居民的心理预期和自豪感，通过文化创新并发挥在较优良自然环境下与大城市生活方式无差但又慢节奏的优势，可以吸引年轻人群的留驻甚至是部分原先城市群体的加入，从而改善乡土聚落的人群构成，加快区域人群的素质提升；这样的关系一旦形成，即可成为良性循环并带动城市与乡村间的人流和信息流的交流沟通，弱化大城市与小城镇和乡村间的差异，带动认知和融合。在复兴历史文化后的乡土聚落会拥有令人羡慕且独特的物质与文化遗产以及丰富资源，是中国特有文化创新的培养基和宝库，同时拥有不亚于大城市的生活便利性，部分方面甚至更优，如较低的人口密度、充足的公共和私人空间、丰富的自然资源。因而，这样的生活和发展环境是能够同大城市为代表的主流生活方式处于同一生活水准上的，是相平行的发展关系而不是从属关系，是相互促进和关系而不是一者吞并另一者的关系。

因而，复兴历史和文化最重要的目的是构建出全新

1　陶汝聿，悉尼大学建筑设计与规划学院（The University of Sydney School of Architecture, Design and Planning），rtao7175@uni.sydney.edu.au.

的人群关系、社会结构、生活方式，从而吸引年轻人群的加入，才能从根本上振兴乡土聚落的发展。历史与文化可以衔接过去与现在，在所谓的"高阶层"人群与农夫和乡土人群之间建立桥梁，促进相互的融合和共同治理。这是最容易被接受以及认同的方式，因为不论是什么阶层和生活方式与经历，都会对共有的中国文化和遗产，美学产生共鸣。从更长远的角度出发，这甚至可能会为未来的乡土聚落中的小社区自治打下基础，进而能改善当下乡村基层建设中的腐败和执行、管理困难的问题。

3. 提供潜在的经济发展机遇

这里所指的提供潜在的经济发展机遇，也是基于文化复兴和构建新型社区关系的基础之上的，主要方向有二：一为通过引入及留住新人群尤其是年轻人群，以及吸收拥有一定资产和经济能力的原有城市居民，自发性改善乡土聚落的环境，形成拥有良好文化氛围的社区环境，从而带动文化产业的发展，尤其是对于处在大城市边缘的小城镇及乡村而言，更有利于承接来自大城市的资产和人群转移；二为通过改善乡土聚落的环境氛围，带动自立性小规模旅游业的发展，这种旅游业同当下广泛宣传和发展的所谓"特色旅游"不同的是，它不是刻意的，而是自发的，不是有意重建历史仿古建筑和所谓的习俗活动，而是自然生长和产生的新时代的文化现象和社区[2]。因而，能够避免同质化、虚假化并有利于可持续的旅游经济的增长。

综上所述，发展和振兴历史文化对于乡土聚落的根本影响和目的是在于重构社区组成和人群，缩小阶级差距。下文将重点阐述如何保护并振兴传统文化与历史，以及应运用什么样的准则及措施。

二、乡土历史文化遗产保护的准则

1. 体现时代精神

对于历史文化保护而言，最重要的是由此体现并宣扬时代精神，让传统的文化和历史得以同当代衔接，从而唤起居民与群众的自我认同感和身份认识。历史与文化是一种精神和传承，是一种无形遗产，但需要依附与有形的物质载体之上，这样的物质载体往往是建筑或者是文物遗址等，虽然物质载体本身是客观的，但其所能传递出的精神和文化内涵则是在不断变化的，良好的文化及文物保护应当从中提取出有效的信息让它们紧紧结合时代的精神和发展需要。例如，民族特性于文化遗产

保护上的体现是最为典型且普遍的，往往通过保护遗产的行为过程来宣传区域的文化独特性。如英国的苏格兰和威尔士就通过制定相应政策宣扬区域文化与历史同英格兰之间的不同[3]；或者重新解读遗产的文化意义来糅合不同区域文化，弱化冲突和不同，宣传共性。因此，对于文化和历史精神的正确把握，是非常重要且需要加以合理引导的，对于塑造新型乡土聚落具有重要意义。

就一般性的概念而言，要于文化历史保护中突出时代精神，则应突出如下几个重点：①和谐互助邻里关系和社区关系的传统与继承和营造；②人与自然环境和谐共处，保护与开发并行的生态理念；③对礼仪和法律的尊重；④对美学的推崇和培养。

2. 妥善保护并利用物质历史遗产

1）国际遗产保护的基本准则

有关遗产的保护原则迄今为止已经有较为完善的体系以及各类公约，概念也越来越清晰，并广为全世界所接受。如国际上较具有代表性和著名的公约和宪章，有1931年的《雅典宪章》，1964年的《威尼斯宪章》以及1979年提出并几次修改过的《巴拉宪章》。如《威尼斯宪章》的核心观点提出将历史遗产与其周边环境和场地视为一个整体去保护，而不是只将遗产本体视为单独的一个个体，讲究真实性的保护原则，尤为重要的是，在保护中要在基于尊重真实性的基础上揭示美学价值和历史价值[4]。《巴拉宪章》在此基础上更添加了遗产所传递出的文化价值的重要性，强调传统的价值观和无形的文化方面比物质肌理本身更加重要；在遗产保护中，应在物质景观，过去的历史和现在的生活之间建立起深层的，有激励性的联系[5]。1997年所提出的《中国文物古迹保护准则》也建立在这些准则和宪章的基础之上，并针对中国本土特色和情形做了适应性的改进[6]。

这种针对区域特点去改变和适应的保护方式是非常重要的，因为在过去的大多数国际遗产保护公约、宪章或学者观点中，核心思想和所适用的区域往往具有较强的区域局限性或有被称作为"欧洲中心主义"的倾向。比如，尽可能忠实的保护原始的物质遗产结构和材料，甚至在有损坏的情况下也不应去修复，否则即为对真实性原则和历史的不尊重[7]；以及在遗产保护中，不应对历史建筑或结构进行改动，不能改变它的原有面貌等。这些原则虽然最大程度地保存了历史遗产的真实性和历史印记，但在一定程度上割裂了与当代社会与群体生活之间的联系。不仅如此，此类原则对于欧洲的建筑来说比较适合，因为欧洲的建筑大多为石质结构且气候条件较为温和，但是对于亚洲和中国的地理气候环境

和木结构的建筑而言却并不能很好地适应。更重要的是，在东亚和中国的文化中，建筑往往是不断更新并一直为区域的群体提供实用性服务的，并与哲学和思想中的"轮回"要素相紧密结合，因而，建筑本身就是处在不断的更新与生长的过程中。因此，以1994年联合国教科文组织于日本提出的《奈良真实性文件》[8]和2001年联合国教科文组织于越南会安举办并提出的《会安草案》[9]为代表的适应东亚地区文物遗产保护的新倡议得到了推广。

2）当代中国乡土聚落历史遗产保护应有原则

对于中国乡土聚落而言，在物质遗产和历史遗迹的保护上，大体上可以参照前文所述的各类宪章和准则来进行并加以调整。总体而言，应当遵循以下原则：

①对于重要的公共建筑或有重要文化历史的建筑遗产，应当尽可能的做必要的保护甚至是改造措施并让遗产能保持可使用的状态，但同时应尽可能少的做改动以保护历史和文化价值[10]。

②注重保护建筑的美学价值、精神价值、社会价值以及科学价值。

③对于非重要公共建筑或具有一般性文化历史价值的建筑，如普通乡土民居，应采取多样化的保护手法甚至可以进行改造；以此尽可能减少保护上的局限性和成本，扩大保护覆盖面，并使推动历史文化物质遗产同当代社区生活相结合。

④保护应当从整体场地出发，从社区或者乡村和城镇的较宏观角度进行保护而不是仅仅保护某一个建筑或遗址。

三、构建拥有鲜明区域特征的新型社区

由于保护历史遗迹的根本目的在于振兴乡土社区，因此建立起遗产历史同当代社区之间的继承关系和传统文化同当代生活与发展的促进关系就尤为重要。科学性原则是这一过程的重要要素，主要方法如下。

1. 区域特性的塑造

运用科学系统的论证，找到历史文化遗迹和建筑对于当地社区和人群的文化精神意义以及这种意义在当代的传承，据此制定相应的保护政策，重点突出具备区域乡土特色的历史特征。如突出区域建筑遗产的典型风格要素，从而展现出区域文化的独特性，避免同质化。当区域的真正特色和独特性凸显时，方能吸引外来人群的进入，扩大知名度，促进人群更新和融合。这样的独

特性的塑造不仅仅是物质遗产上的保护，还包括自然景观的氛围的塑造，因为自然地理条件直接影响了区域的建筑风格和生产生活方式的形成与演变。讲究可持续性原则，从而在整体上做到振兴。

2. 低密度小社区的营造

通过支持以民间建筑遗产改造与更新为核心的项目，做到区域更新，让旧社区在生产生活功能上适应现代化的方式。这样的改造需要得到专业机构的评估，在前一点的基础上，并与当代建筑技术和生活习惯、布局相结合，得到功能性提升的同时尽可能保存最具典型的区域特色和历史文化价值。新社区及设施旨在尽可能利用小城镇和郊区低密度的空间，自然资源相对丰富且建筑和规划局限性较少的优势，打造舒适、慢节奏的，且与大城市高密度、快节奏、孤立性生活相反的群体性生活。这样的生活方式和态度会鼓励和吸引更多原处于大城市的人群参与进乡村的农业生产和时令活动，从而自发性地保护和振兴传统文化。

3. 群体参与规划建设的原则

在公共建筑的更新和使用上，应同地方社群的活动和需求紧密结合。一方面，历史公共建筑如祠堂、公共场地、小巷等应当为大众提供共有的、自由的区域活动空间；另一方，公共空间和建筑应由区域的全体成员和居民共同规划、维护与管理。此种经营方式已经在类似文化语境下的日本得到了成功的实施[11]。因此，保护历史文化遗迹就成为一个有效的纽带和沟通途径，促进社区群体成员之间的活动、交流和协调处理事物的能力，从而促进营造新时代的群体精神和社群关系。

4. 基层自主性自治机构的塑造

在上一点的基础上，通过重塑历史遗产和文化，加强各社区各个个体成员间的交流与管理，从而促进乡村和小城镇社区自发性自治机构的培养。这一组织应是社区成员自发组成的，政府部门则对其起到引领和扶持的作用，正如梁漱溟在《乡村建设理论》中提出的"乡社"的概念类似，由于血缘宗亲关系的逐渐瓦解，这一自治组织应为以传统文化精神中的和谐互助，相互帮衬和理解为社区关系核心，而不同于西式的相互牵制掣肘型关系[12]。亦正如黄仁宇在《万历十五年》中所指出的，自土地革命后，中国当前的任务之一就是在高层机构和底层机构之间建立起制度性的联系，能够从上至

下，脱离官僚政治的垄断[1]。这将会有效加强基层社区的管理和发展，并在遗产保护和社区规划上起到积极的推动。每个个体都负有使用和管理的责任与义务，同时发展成果也为群体共享。

5. 审美的强化与引导

通过复兴传统文化和历史，以此恢复和弘扬传统艺术、建筑、造园、社区体系设计等方面的优点，增强群体审美意识的培养，也借此吸引更多来自城市群体的融合。当下由于城市化和市场经济的强力作用，小城镇和乡村地区的居民在审美上尤为表现的非常"急功近利"，表达方式上非常张扬、直接，是一种朴素的、直线型的审美。因而，往往采用具象性的，极具冲击力的手法来凸显个体的身份变化。这事实上也是乡土群体试图急于摆脱传统上被边缘化，被遗忘甚至歧视的身份，试图去摆脱乡土社群，融入城市。这种审美态度在当下的小城市和乡村中造就了大批具象化、大体量、张扬又不实用的建筑，如各类最大雕像、福禄寿大酒店、阳澄湖畔的大闸蟹生态馆、白洋淀鼋型建筑、贵州湄潭县茶文化陈列馆等，以及群体活动上对各种吉尼斯世界纪录的追捧等。从审美的角度来看，这种表达方式属于较低级的，必须依赖外界客体才能加以体现和表达的方式，自在自为的精神并没有体现出来，未能发现群体身份和精神的本质，从而不能用一种清晰、嘹亮的方式表达出来[13]。因而，通过复兴传统文化和历史，一方面可以唤起社群成员和居民的自我身份意识的觉醒，更深入地了解传统美学，从而提升审美素养和表达；另一方面，通过文化复兴和宣传，吸引更多来自城市较高教育程度群体尤其是年轻人的回流，从根本上提升乡土聚落发展的后劲。

四、结语

中国乡土聚落的复兴问题需要放在一个复杂和系统的体系中去考虑，要从根本上做到复兴，最重要的是做到在缩小阶层分化趋势上对人群构成的重组，社区身份和发展地位的更新与提升以及新型社区自治体系的营造。本文所分析和提出的建议一方面在制度和建设上重塑乡土社区的活力，另一方面也旨在通过这一系列的措施提升乡土社群的身份地位和心理预期，将小城镇和乡村的生活水准提升为同大城市相等重要的层次。因而，以历史文化的保护与振兴为手段和主要途径，弱化当代乡土聚落发展所面对的被边缘化的倾向，建立起新的乡土社区秩序，从根本上做到振兴。

参考文献：

[1] 黄仁宇. 万历十五年 [M]. 北京：生活·读书·新知三联书店，2015.

[2] 张立. 全球视野下的乡村思想演进与日本的乡村规划建设——兼本期导读 [J]. 小城镇建设，2018. 4：8—9

[3] Swenson, Astrid. "Historic preservation, the state and nationalism in Britain". [J] Nations and nationalism (1354—5078)，Jan2018，24（1）：43.

[4] International Congress of Architects and Technicians of Historic. Monuments. [EB]. The Venice Charter，1965.

[5] The Burra Charter：the Australia ICOMOS charter for places of cultural significance 1999：with associated guidelines and code on the ethics of co—existence. [EB]. Australia ICOMOS. Burwood, Vic. ：Australia ICOMOS，2000.

[6] Logan, William. "Voices from the periphery". [J] Historic Environment，Vol.18，No.1，2004：2—8.

[7] John Ruskin，The Lamp of Memory [M]. Penguin UK．7 Aug. 2008.

[8] International Council on Monuments and Sites. [EB]. The Nara Document on Authenticity，1—6 Nov. ，1994.

[9] The United Nations Educational，Scientific and Cultural Organization. [EB]. Hoi An Protocols for Best Conservation Practice in Asia：Professional Guidelines for Assuring and Preserving the Authenticity of Heritage Sites in the Context of the Cultures of Asia，2009.

[10] Barnes, Carl F.，The Architectural Theory of Viollet—le—Duc：Readings and Commentary [J]. Journal of the History of Science in Society，Dec91，Vol. 82 Issue 4，p732．2p．1 Black and White Photograph，Dec. 1991

[11] 系长浩，司宋贝君. 日本农村规划的历史、方法、制度、课题及展望——居民参与、景观、生态村 [J]. 小城镇建设，2018. 4：12—13

[12] 梁漱溟. 乡村建设理论 [M]. 上海：上海人民出版社，2011. 6.

[13] 黑格尔，美学 第二卷 [M]. 北京：商务印书馆，2013：48—51，78—86.

随州千户冲村传统民居建筑保护研究

杨 路[1]　郝少波[2]

摘 要： 文章以湖北随州的千户冲古民居为研究对象，在实地调研和现场测绘的基础上，对该古民居的历史背景、地理位置、传统文化以及建筑特色等方面进行了价值探寻和思考，探讨了古民居传统风貌破坏的现状和问题，明确了千户冲古民居亟待保护更新和作为省级文物遗产保护的策略措施，并尝试为随州千户冲村的可持续发展寻找适宜的发展模式。

关键词： 民居保护；传统风貌；遗产保护；文化传承

一、村落概况

1. 自然环境概况

千户冲村位于湖北省广水十里办事处东南部，从广水城区出发，沿通村公路向西南，行驶约15公里，便到了广水十里街道千户冲古民居。全村总人口2212人，总户数520户，拥有国土面积10.9平方公里，耕地面积1640亩，拥有山场面积4000亩，其中林果面积600亩，主要以"桃李"为主。因地理和自然资源优势，有文物古屋4000平方米（图1）。

千户冲民居——杨家老屋就坐落在千户冲村半山腰的绿树环抱之中，杨家老屋坐南朝北，门前是一条东西向的大田冲，推测可能这就是"冲"的由来了。

2. 历史沿革

广水市千户冲村位于湖北省广水市区东南部，该村落是一个以杨姓为主的血缘型村落。据当地居民介绍：他们都是杨家后人，这个塆叫杨家塆，这里的老屋距今有一百多年，是清朝中期修建，经历了大概八、九代人，此老屋是由杨姓弟兄三人合建，老二杨长青在广西当了县官，后来一直当到府官。修建此宅的时候就以他的宅子为中心，根据民俗以左为大，老二左边的宅子是老大的，老二右边的宅子是老三的。此老屋历时三年才修建完成。后来，老大一家人口逐渐增多，房间数量不够，因而就在旁边加建了一处小宅，因为给后辈居住，所以房屋高度就要矮一些。

按照当地杨村长的介绍，杨家老屋的祖先杨长清

图1　总平面图（图片来源：作者自绘）

1　杨路，华中科技大学建筑与城市规划学院，硕士研究生，430074，2455894099@qq.com。

2　郝少波，华中科技大学建筑与城市规划学院，副教授，430074，420124578@qq.com。

当时生活在太平天国时代（即19世纪中叶），县志上没有明确记载杨长清做了两地县官，但从这个湾命名千户冲来看，杨长清或许做过官，可能就是"千户"这一职。推测这可能也是杨家老屋修建得具有富有官府气质的原因。据杨家后人说，千户冲名字的由来还是根据杨家祖先修建此宅时，周围都没有人烟，冲里可以开垦田地，计划在这冲里繁衍发展一千户后人家庭，因此后来就叫千户冲。由于当地说法不一，我们也只能根据这些说法去推测结论了。

3. 传统风貌

小桥，流水，人家；青砖，石鼓，雕花门窗。远远望去千户冲老宅重瞻叠脊，错落有致，背负青山，面向田冲，青灰色的四合院式的结构让人想起古代的庄园。宅院地理位置优渥，背山面水，负阴抱阳，将老屋与自然环境紧密结合，营造了良好的建筑环境。

天井。明清民居由一个很特殊的天井构成室内空间来满足采光、通风和排水之用，天井上由屋顶四周坡屋面围合成一个敞顶式空间，形成一个漏斗式的井口，汇四水归堂（塘），下底设池塘、留沟防、变路径、安石埠，立基划界"以滴水为界的天然之井"。

坐北朝南。早在原始社会，中国先民就按照坐北朝南的方向修建村落房屋，考古发现的绝大多数房屋都是大门朝南。汉代政治家晁昏提出。在选择城址时，应当"相其阴阳之和，尝其水泉之味，审其土地之宜，正吁陌之界。"北为阴，南为阳，山北水南为阴，山南水北为阳。坐北朝南，不仅是为了采光，还为了避北风。中国的地势决定了其气为季节型。冬天有西伯利亚的寒流，夏天有太平洋的凉风，一年四季风向变幻不定。坐北朝南原则是对自然现象的正确认识，顺应天道，得山川之灵气，受日月之光华，颐养身体，陶冶情操，地灵人杰，千户冲古宅也基本采用的是传统的坐北朝南格局。

空间序列。中国的传统民居艺术正如文学、音乐等一样，是有着启、承、转、合，由平淡而至高潮的缜密的序列体系的艺术品。千户冲宅子从入口大门进入前厅，经过天井式的前院，两侧有游廊衔接中厅，在中厅驻足休憩后转而进入开敞的后院，院落空间放大，供房屋的家庭成员嬉戏玩乐，最后来到整个空间序列的高潮部分主屋，室内布局装饰精美。

装饰精美。抱鼓石、镂花窗、浮雕门、精美的木雕、石雕、墙壁上的绘画虽然经历岁月的洗礼已退掉了昔日的繁华，但是残留的印迹却依然能显现出民居的辉煌历史（图2～图4）。

图2 马头墙（图片来源：作者自摄）

图3 门前抱鼓石 图4 八字门
（图片来源：作者自摄） （图片来源：作者自摄）

二、建筑特色与营造技艺

1. 建筑布局宅子

通过实地测量，从总体结构看，这处老宅呈长方形，占地面积有2840平方米左右。房屋纵深三层，其总深度约为40米。从大门到里间共三进，每进5间，共45间，加上后来做的15间，总共60间，共有八个天井，每进房子间有天井相隔，有厢房相连，四家的房子间还有小拱门相通，做到了家家相连，户户相通，晴不戴帽，雨不打伞，房屋规模很大。老二的房子两边有两个角门，说是供佣人、丫鬟、下人进出。

正中的"八字形"大门比其他几个大门宽阔、威武、讲究、气派。门口是青蓝色的四级石阶，踏上石阶，往屋里走，要先经过一道木门槛，一道刻着花纹的青石门槛，再一道四扇木门槛（这就是所谓"重门"），才能进入前堂（两道木门槛的八扇门已没有了，但还可以看见门梁上的隼孔）。青石门槛两边原来有两个刻有龙凤图案的青绿色石门鼓。门框上方有四个伸出的短木柱，供过年节时挂灯笼用。走进大门，两边各两间耳房，穿过第一个天井进入了第二进房子，这是中厅，两

边各两间屋，大概是主人会客的地方了；再往里走就到第二个天井，第三层屋也是五间，是主人生活起居的地方，上面有木阁楼，是小姐的绣楼。两个长方形的天井明明亮亮，天井两边是左右厢房（图5）。

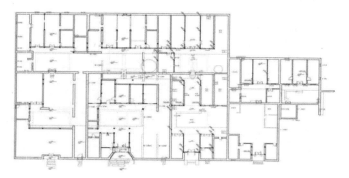

图5　千户冲民居平面测绘图（图片来源：作者自绘）

2. 建筑结构

　　房屋的主体结构形式是抬梁木结构与青砖墙的结合，竖向上通过椽—檩—梁—瓜柱—梁—柱—地面，将屋面荷载传递，主要用于多层、有阁楼的房屋，有的房

间平面形式较复杂也采用抬梁木构架。虽然由于缺少修缮，缺乏相应的保护措施，有些主体结构已经坍圮，有些也岌岌可危，但是依然可以体会到曾经宅院建造的精美结构。通过实地测绘此宅院，我们也深刻认识到想让千户冲民居重现昔日光彩还要做大量的维护修缮工作（图6）。

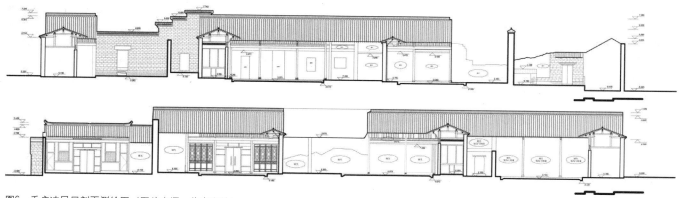

图6　千户冲民居剖面测绘图（图片来源：作者自绘）

3. 建筑装饰

　　大门内笔直的梁柱立在饰有花纹的青褐色石礅磴上，木墙上刻着木雕狮子。厢房镂花的窗子，浮雕的门，门上依稀可见"迎客松"、"深山古寺"、"一帆风顺"、"小桥流水"等景致。天井上面房檐下是斗形斗栱，龙头隼架，四周的瓦当滴水饰着福喜二字，地面鹅卵石铺成彩色的花朵，显示着主人的官员身份和富贵。马头墙及四围壁上还有姜子牙垂钓图、水墨虾图、鲤鱼跳龙门图，都已是斑驳残迹了。

　　青石门槛两边原来有两个刻有龙凤图案的青绿色

石门鼓。门框上方有四个伸出的短木柱，供过年节日时挂灯笼用。朝上看还有木梁，梁上隐约可见木雕图。东边后建的进深短些的那处房子，门口石鼓是方形的，一面雕的是古瓶鲜花，一面是麒麟祥云，木梁上的戏文是梁山伯与祝英台。与其他房屋不同的是，这处屋子房檐下还有彩绘，是一个个的古代仕女图，湾里人说画的是刘海砍樵。据说，正中大门上有一块牌匾、门口有一对石狮子，"文革"期间不知去向。江南玉石作的石鼓还在，石鼓上雕有龙凤图案。我们看到，其他大门上的石鼓依次雕刻着狮子头和喜雀登枝、麒麟和鲜花。整幢屋的侧面还有一墙垛，上面雕刻的姜太翁钓鱼依稀可辨（图7～图9）。

图7 镂花窗（图片来源：作者自摄）

图8 木雕（图片来源：作者自摄）

图9 浮雕门（图片来源：作者自摄）

三、民居现状与现存问题

　　尽管千户冲民居的房屋主体结构还保存完好，但是根据我们实地勘测可以看到，雕花精美的门窗有的已经破损，被卸下随意地放在屋角，或者堆在阁楼上用来堆放杂物，墙壁脱落，木墙板开始朽坏，许多雕梁图案只能隐隐可见，天井院内杂草丛生。由于居住的多为老年人，经常有不法分子明抢暗偷房子上的文物。八字门前的一对抱鼓石也被拆下，随意堆在院落里。

　　院子里排水沟淤积，主要房屋部分土墙歪斜，房顶出现漏水的现象。当地的许多民居建筑由于使用需要，在建筑一侧以红砖或混凝土进行加建，破坏了传统建筑的外部形态，甚至拆除了原有三合院一侧的厢房来进行修建，一位村民就在院子里养鸡，将原有院落作为生禽养殖的场地，无疑加速了传统民居的破坏。

　　对于有一定财力的村民则选择迁出老宅另择新址，而没有财力的村民由于修缮能力有限，只能留守老屋对自家房子进行简单的修补，由于年久失修，很多夯土墙体表面被风化侵蚀，一些装饰构件也蛀朽变形，部分房屋梁架损毁，存在严重的安全隐患。据该民居一位居住的老人介绍，她守着老房子住，儿女们在城里买了房子住，听了村领导说是省级文物不能随意改动，她也不敢对房子怎么修补，但对于居住生活而言确实存在很多问题（图10）。

图10 千户冲民衰落现状图（图片来源：作者自摄）

四、保护与修缮

　　现如今，在我国对于乡土建筑的保护步伐缓慢，有的甚至还没有来的及保护就消失在人们的视野当中，在我国的乡土建筑当中，有些大的村落已经慢慢消失，也在随着社会经济的快速发展慢慢被生活在那里的人们所抛弃，我们对乡土建筑的维护与修缮工作也是一个大难题，我国对乡土建筑的修缮，在乡土建筑被列为文物保护单位后，那这个乡土建筑就已经进入到了维修维护

阶段，而且有许多的旧建筑的维修费用要比新建建筑的维修费用要高很多，所以也遇到了筹资难、维修进度缓慢，使广大群众不能接受，在这同时也加大了政府的投入成本。

　　对于千户冲民居的修缮工作需要在相关文化部门的专业指导下进行，例如清理屋檐排水槽或填补损毁的屋瓦，这些是基本的维修工作是为了防止更严重的损坏发生；其次是手工艺上的修缮，如给窗户重新上漆，用陶制屋瓦填补损毁的部位，这类维修措施应遵守传统的、建造该传统建筑当初所使用的材料及手工艺技术。

当居民仍在这所老宅居住时，我们修缮时需要注意的通风、暖气、清除污物及垃圾等措施都有助于对建筑的保护。通过精心的维修与保护让这座历经数百年的传统老宅充满活力与生气，让其不会看起来流于过度"修饰"，也不会让人觉得其濒临坍塌境地。

居民普遍认为只要在经济条件允许的情况下，还是愿意进行局部改造的。这样是能够适当增加当地居民的居住环境，使当地居民有更好的更舒适的生存环境。乡土建筑想有更好的前景，必须促进第三产业特别是商业和旅游业的发展，别具一格的特色风情和软环境服务，才是古村浏览的可持续发展道路。当地旅游业的开发可以同时促进如交通运输业、旅馆、饮食等服务业，从而形成可循环的资金生态链，进而促进该地区经济的全面发展。

五、结语

乡土建筑承载着历史的发展、地域文化的积淀，在其经历沧桑历史的过程中，保留着当地居民的世代记忆。千户冲民居就是一个典型的案例，它虽然被列为了省级文物保护单位，但是对于其修缮保护仍然还需要做大量的工作，为了将这一珍贵的历史遗迹保存，不让它随时间的流逝而消失在我们的视野，我们应做到具体分析和对待，选择适合其发展的方向和建设思路。

参考文献：

[1] 李晓峰，谭刚毅. 两湖民居 [M]. 北京：中国建筑工业出版社，2009 (12).

[2] 单霁翔. 乡土建筑遗产保护理念与方法研究 (上) [J]. 城市规划，2008 (12).

[3] 张政伟. 乡土建筑遗产自治保护研究 [D]. 上海：复旦大学，2011. 6.

[4] 陈志华，李秋香. 中国乡土建筑初探 [M]. 北京：清华大学出版社，2012.

[5] 李晓峰. 乡土建筑保护与更新模式的分析和反思 [J]. 2005 (7).

辽东山区渔猎经济型乡村聚落的形成与发展研究

秦家璐[1]　董轶欣[2]

摘　要： 辽宁东部山区山多林密，其自然环境和丰富的自然资源孕育了以渔猎方式为生的一方人民，进而形成了渔猎经济型的聚落，其包涵了人类历史发展智慧的结晶并具有深远的人文科学研究价值。本文系统论述了辽宁东部山区渔猎经济型乡村聚落形成的背景、分布现状与选址特点，为之后研究渔猎型聚落的发展与保护以及该类型聚落的空间格局和人居环境的改善等打下了坚实的基础。

关键词： 渔猎；乡村聚落形成；辽东山区

引言

华夏的早期人类将渔猎作为维持生计的一种基本方式，这种原始的攫取型经济形态代表着华夏文明早期生存准则，即依附于山水之间。反过来说，也正是由于这种特定的自然山水环境和资源的供给才滋生出了渔猎经济形态，从而孕育出了渔猎经济型的乡村聚落（以下称渔猎型聚落）。

一个地区的自然地理环境制约着当地生存方式的框架，并决定性地影响着地区经济形态和文化格局。"白山黑水"，是对祖国东北大好山河的称谓与认同，"白山黑水"也同样养育了渔猎生产为生的一方人民。辽宁东部山区山脉起伏，山林中自然资源丰富，自古便是"可渔"、"可猎"、"可樵"、"可集"的良乡佳壤。这里的人们把自己看作是自然的一个组成部分，在渔猎生活中有着自己独特的语言符号、生存方式、地域认同、价值观念、思维方式、社会组织、服饰衣着以及饮食习惯等，其特有的文明框架构筑起辽宁东部渔猎聚落的一个完整而成熟的传统文化系统，与其所处的自然环境协调一致共同构成了渔猎文化，并在此基础上形成了居民与聚落人居环境相互影响的客观发展规律。

一、渔猎型聚落的形成背景

渔猎型聚落在辽东山区的形成主要有自然和人文两大原因，一是地处自然地理环境因素滋生出了以打渔捕猎等掠夺自然资源维持生计的聚集人群，二是历史上建州女真部落的南迁在此处形成攻防适宜的城寨，延续了部族的生产生活习惯。

1. 自然背景

辽宁东部山区在北纬40°～43°之间，位于长白山余脉哈达岭和龙岗山西南部分组成中低山区及其支脉千山组成的辽东半岛丘陵区。居于辽河平原的东侧，北起西丰，西南至岫岩，北靠吉林，西临中部平原，西南接辽东半岛丘陵区，东南与朝鲜隔江相望。地势由东北向西南逐渐降低。水系主要属辽河流域，主要支流浑河、太子河，东南有鸭绿江、浑江、大洋江、主要分支水系均流贯于东部山区。由于山地丘陵面积较大，平原低地面积少，当地人多用"八山一水一分田"的俗语来概括。适宜的山地森林使得野生动物和野生植物资源种类丰富，动物如貉、貂、狍、獾、野猪、野鸡、狐、兔、蝮蛇等，植物如短梗五加、辽五味、蕨菜、缬草、人参、细辛、刺龙芽、天麻、蘑菇、木耳、榛子等。

这里地少山多，聚落逐水而成、依山而建（图1）。这里的渔猎民族早期除了打渔捕猎之外还自然形成以采集、贸易为维持生计的必要手段。并且此地带气候和地形地貌与原始渔猎民族生活的地带相似，为了适应固有的生活习惯，辽宁东部山区便成了历史上建州女真部落南迁时最佳选择，这就成为早期渔猎经济在此产生的重要原因之一。

1　秦家璐，沈阳建筑大学，110000，760813375@qq.com。
2　董轶欣，沈阳建筑大学，110000，814959126@qq.com。

图1　辽东山区自然景观（图片来源：作者于桓仁县实地拍摄）

2. 人文背景

早在先秦时期，渔猎部族就在我国东北地区崛起，他们利用自然进行着不同程度和方式的渔猎活动，位于黑龙江省密山县兴凯湖与小兴凯湖之间西部的新开流文化遗址反映出扑鱼和狩猎是生活的主要手段，其居民是肃慎先人，距今约五千年前。[1]

于逢春[2]在文献中以高句丽、辽朝、渤海、金朝、后金—清朝为事例，探讨了该文明板块的地理环境及由此产生的经济类型问题，可知在辽宁地区建立有诸多渔猎政权，譬如，一则高句丽在公元前37年建国于纥升骨城（今辽宁桓仁县城北部），处在高山密林、大川溪流之中，自然环境和人口稀少的社会条件为高句丽开展渔猎经济提供了生生不息的动植物链条。关于渔捞事业，类似于太祖大王"七年夏四月，王如孤岸渊观鱼，钓得赤翅白鱼"等记载，比比皆是。二则从当时的明朝人与朝鲜人的记载中可以看出处于建州女真核心地区的婆猪江流域女真人，在明正统三年的状况是"虽好山猎，率皆鲜食，且有田业以资其生"。过了半个世纪后，这种状况仍然延续着。临近该地域的朝鲜官员证实说："野人以野兽为生，农业乃其余事。"对于采集，时人记载说；建州女真"独擅人参、松子、海珠、貂皮之利，日益富强，威制群雄"。

由此得出生活在辽宁东部山区的渔猎型聚落主要来自于建州女真人的后裔，其原因可追溯到明朝时期，由于政府的招安、先进农耕文化的吸引、北部"野人"女真的侵袭、西部蒙古各部的侵扰以及所居住地区生态环境的恶劣变化，居住在黑龙江和松花江下游一带的女真各部不断南迁[3]。其中建州女真部族迁徙到今辽宁省东部山区处，先后在婆猪江（今浑江）流域和苏克素

护河（今苏子河）流域形成城寨聚落并不断发展。山区内山势险要、防御形势良好，建州女真延续固有的渔猎、采集方式维持生计并在此长期定居。尽管现今农耕业发展迅速，但也泯灭不掉千百年保留下来的渔猎文化和传统的生活方式。

二、渔猎型聚落的分布特点

不可否认自然地理条件对聚落的分布起着至关重要的作用。20世纪30年代，美国人类文化学者斯图尔德（J. Steward）指出，任何文化都会因适应特定的生态环境而表现出地域性变化，文化之间的差异是由社会环境与自然环境相互影响的特殊适应过程引起的（即地形、动植物群的不同，会使人们使用不同的技术和构成不同的社会组织）。于是我们有理由推断：有什么样的地理条件就必然产生与之相适应的经济类型和生产生活文化。

辽宁省内具有山（林）水（畔）地形的东部山区的是渔猎型聚落分布较为集中的区域，且此处渔猎聚落的形态格局最为典型，主要分布在五女山东麓南麓，于富尔江、大雅河、浑江中下游流域和环于岗山、烟囱山、鸡鸣山内圈和外缘，于苏子河流域。聚落置于重山带水之间，由于可用于种植和建房的土地较少，所以聚落之间距离较大、较分散，规模大小不一，单个居民点人口相对较少但房屋排布较为密集，呈现出"大分散、小聚居"的特点。

三、渔猎型聚落的选址特点

渔猎型聚落的选址最重要的原则在于对自然地形和自然资源的利用，根据借助的资源类型可将渔猎聚落的选址分为三种类型：依山型、傍水型、沿路型。

1. 依山型——半山坡、高台地——利集猎、位高尊

该类型聚落（图2）一般依山就势顺应地形，在山脚下和半山之间呈爬坡趋势依缓坡而建，建设不拘于形制，十分灵活，没有既定的规制和边界，上有山林，动植物资源丰富，适于狩猎、采集。比如五女山下的翁村（今金银库沟村），此处原是建州女真首领率部众南迁选定的一个居址，为了维持固有的渔猎生产生活方式，率领部众在"瓮村"居住的李满住"将家财妻孥并移山幕，每日出后下本家，申时还山幕。远处土田又不得耕

图2　作者于桓仁实地拍摄

获。"[4]"山幕"是出猎时在山林中搭设的居住场所，"山幕"下有"本家"，距离"本家"远处有适宜农耕的"土田"平原。由此可知，女真对"本家"的选址定是在半山坡的地势较缓处。如今居住在翁村的居民依旧上山猎获小动物用以手工业生产、自食或贸易，也把上山采集作为基本生活方式之一。

从自然背景角度来讲，由于山区气候环境湿润，为了防潮防水居民借助山上取来的石头堆砌起较高的台基或用毛石砌筑较高的槛墙（图3），院墙也多用防潮较好的毛石材料（图4），房屋一般较高。铁网或木格

图3　桓仁县刘家沟村学校房址

图4　拍摄于桓仁县北甸子村

栅围成的苞米楼子也被高高抬起，下面用作贮藏或牲畜圈（图5）。从人文背景角度来讲，由于原始渔猎生活所形成的防卫居高的习惯进而演变成的居高者尊的心理，聚落一般同样选在高地上，而且居民会用土石垒砌高台作为居址。

图5　拍摄于桓仁县北甸子村

2. 傍水型——沿大水、亲小水——利捕鱼、防洪灾

该类型聚落（图6）村民一般为渔户，以水系为选址依据，以大江、河为主线线形分布在其两岸或其支流的两岸，利于捕鱼。同时遵循"沿大水、亲小水"的原则，譬如，以苏子河为捕鱼依托的聚落一般选择河的细流处或支流旁作为聚落居址，既可就近用水，又可以立村于地势较高之处，便于避开洪水等自然灾害。居址通常选在河道弯转冲击的平地处，当有居民有捕鱼需要时，会到附近的大江大河，一般习惯是晚上下网，第二天早晨捞网。

据清朝皇族后裔肇氏老者（找到族谱如图7~图19）陈述，赫图阿拉村的村民早期依赖苏子河打渔和采集狩猎维持生计。苏子河发源于今新宾满族自治县境内分水岭。原来满语称"苏克索护毕拉"。"苏克索护"是满族"鱼鹰"的意思；"毕拉"是河的意思。早期，这条河上捕鱼的鱼鹰（即鹗或鸬鹚俗名）很多，因而得名。经考察，沿着这条河自东向西的流向两岸，分布有许多聚落，如南、北拨堡沟、达子营、蓝旗、老城、烟筒山、永陵、夏园、阿伙洛、多衣伙洛、台宝、马凤沟、和睦、大洛、小洛、木奇、水手、马尔送女、五龙、夹河、腰站、占贝、古楼等。此河由上夹河的荒地村出境，辗转流入浑河。该河为县内最长河流。经查，一些地方志文献中已对上述各村的名称做了与史事有密切关系的鉴别，足以证明当时先人迁徙并聚居于此是由于此河是主要水源供给途径，并且各聚落点以苏子河为

图6 于新宾县赫图阿拉村河北组实地拍摄

图7～图19 于新宾县腰站村胜利组肇氏老者家中拍摄

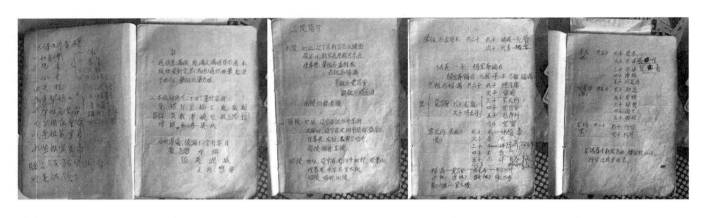

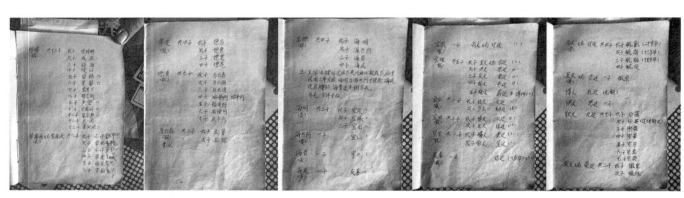

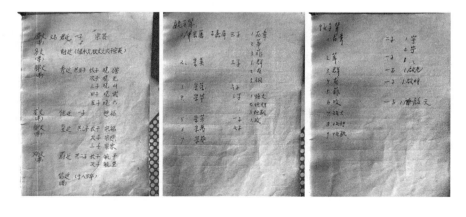

主线线形分布在其两岸或各处支流的两岸，既防洪灾，又有可靠水源供给，充分体现了人类生存的智慧。

3. 临路型——山脚下、路两旁——利交通、利贸易

该类型（图20）的聚落一般为原始"母聚落"，由于人口的增加，被迫迁出新增的人口的"子聚落"的择址方式。最初的房址选在山脚下，每家每户的房屋是相对独立的，还没有形成街道，建筑散布在一个较为固定的范围内，格局自由而分散。随着人口逐渐增加，相对独立的房子之间也被填满，并且有朝着道路靠近的趋势，并形成村内街道和沿路街巷，这一类型的选址是聚落发生演变的结果，该聚落依然维持着上山采集的生活

方式，并且沿路两侧分布更利于交通和其采集后的贸易活动，所以渔猎型聚落的此种选址方式并不占少数。

例如腰站村的胜利组，该村皇族后裔肇氏老者口述，他的祖父是胜利组最早的定居户，是从腰站村析出到此处定居的，房址在北面蝙蝠山当头处，背靠山面对水，传说是带有"龙性"的风水宝地。如今肇氏四合院仍残存着正房三间、东厢房六间、苞米楼子、索罗杆和门轴石（图21～图26）。村内已形成街巷，主要的居住用房已从山脚下向道路边扩展，形成了沿路的街巷式用房。而整个腰站村的几个组之间也形成沿路扩展的长链状体系。该村虽以周边平地种植玉米、水稻进行农耕生活，但却以采集人参等药材食品进行贸易为主要的经济来源。

图20　于桓仁县北甸子村拍摄　　　　图21～图26　作者于新宾县腰站村胜利组实地拍摄

四、渔猎型聚落的保护与发展

辽宁东部山区作为渔猎型聚落最集中的地区，虽然具有较高的传统生产生活方式与文化习俗传承。但由于技术的演变，其生产方式与文化面貌也发生了巨大的改变。渔猎型聚落的渔猎采集比重逐渐减少，并随着技术的更新和开发，一部分聚落逐渐克服了山区地少、保水性差等先天不足，以种植玉米、水稻为业的生产方式逐渐增加（图27）。在发展的过程中人们的生产生活方式逐渐从掠取野生动植物转向种植、养殖业，进而形成了一种既依靠山林资源同时又以种植与养殖为业的衍生

类聚落形式。虽然今天的这种衍生类渔猎型聚落的生产方式与乡村风貌发生了一定的变化，但其重要经济来源依旧是采集山参等山货的贸易资金，并且多年来形成的文化习俗和地域认同感依然有较为强烈的显现。

通过对渔猎型聚落形成的背景进行梳理，并结合对已知具有渔猎型文化历史渊源的现存渔猎经济为主的乡村或者衍生类乡村的调研，归纳总结出渔猎型聚落独特的选址规律与特点。在当今国家鼓励乡村文化振兴的政策导向下，该项研究不仅对现有已知的该类型聚落的空间格局和人居环境的改善等研究打下了坚实的基础，同时就那些未被发现与保护的乡村（即拥有渔猎型渊源却未被发现与证实）而言，对其自身文化与历史的寻根

图27 作者于桓仁县刘家沟村实地拍摄

溯源起到了重要的借鉴价值与指导意义。

参考文献：

[1] 黑龙江省文物考古工作队. 密山新开流文化遗址 [J]. 考古学报，1979（4）.

[2] 于逢春. 论"辽东渔猎耕牧文明板块"在中国疆域底定过程中的地位 [J]. 社会科学辑刊，2011（06）：168—178.

[3] 李健才. 东北文史丛书. 明代东北 [M]. 沈阳：辽宁人民出版社，1986.

[4] 吴晗编. 朝鲜李朝实录中的中国史料 [M]. 北京. 中华书局，1980：554. 卷8. 世祖九年（明天顺七年，1463年）七月壬子。

浅谈乡村振兴战略背景下的乡村建造和传统村落保护

刘婉婷[1] 高宜生[2]

摘 要： 自十九大提出乡村振兴战略以来，乡村建造和传统村落保护再次成为建筑学界的热议话题。本文从乡村振兴的兴起与发展谈起，结合现状分析了当下乡村建造中面临的种种难题，在此基础上提出将传统村落作为乡村建造的基本单位这一观点，并通过东上峪村传统村落保护的制定为案例提出了对于乡村建造的个人见解。

关键词： 乡村振兴；乡村建造；传统村落保护；保护措施制定

一、中国乡村振兴背景下乡土建筑的发展概况

1. 乡村振兴运动的兴起与发展

在中国乡村复兴之前，世界范围内对传统形式与现代功能、结构的矛盾的探索可以从地域主义诞生开始。欧美国家出现的哥特复兴是最早的地域主义运动，最主要的特征是对传统地域风格模仿，但是地域主义往往和政治意识纠缠，成为沙文主义的工具。1920年以后，中国开始出现"中国固有形式"的建筑，中国传统的大屋顶作为中国古代建筑的象征被广泛用于各种公共建筑，这一时期中国掀起的地域复兴运动的焦点集中于中国古代官式建筑上，忽略了民间自发性形成的乡土建筑。发展到20世纪60年代，在后现代主义兴起之后，建筑领域开始关注"小传统"，对一些"宏大叙事"进行有力批判，乡土建筑开始得到广泛关注。萨义德的《东方主义》一书中对东方文化作了客观评价，他认为东方文化长期被西方文化所支配，一直以来无法准确表达自己。中国等东方国家陆续陷入了"自我东方主义"的困境里，近漫长的探索使中国的建筑师领悟到中国建筑采用西方建筑体系评判中国的古建筑的做法是不合理的，自19世纪30年代开始对传统建筑的"民族形式"展开思辨，但当时受到西方建筑理论的映射，并没有对中国建筑的实质特点进行深入的挖掘。随后的半个世纪，各种西方建筑理论和风格传入中国，各种建筑思潮百家争鸣，激发了建筑师们对乡土建筑的热情，越来越多的建

筑师扎根乡村，开展形形色色的乡村建造活动。时至今日，我国乡村建造有得有失，过程中最尖锐的矛盾日益凸显，其中最能反映地域特色的物质主体——乡土建筑如何延续自身传统并在乡村振兴的新形势下生存下去成为建筑界热议的话题。

回顾中国百年乡建，由单一建设到系统建设，由民间力量推动到政府主导、群众参与建设经历了一个漫长的蜕变过程。自十八大和十九大提出城市反哺农村以来，中国从城市化时代脱离而进入了城市化和逆城市化并行的时代，乡村的建设也随之进入了新的发展时期，在改善乡村生产生活的同时也带来了诸多的负面影响，采用现代化的方式在乡村开展建造活动导致传统文化和营造技艺逐渐丧失活力，传统的建筑格局和空间遭到了大规模的破坏。乡村复兴运动在建筑学界掀起浪潮，肩负重任的建筑师开始对新乡村建设进行深入探索，并提出乡村复兴的首要任务是继承传统和尊重自然。

近几年来，随着越来越多的乡村实践的开展，"地域性"、"以人为本"等概念反复被提出，人们对乡村的本质认识越来越清楚，中国的传统根基在农村，真正属于我们自己的建筑文化传统是来自民间的乡土建筑，即数千年发展的有机生长的乡土民居聚落，正如肯尼思·弗兰姆普顿在"批判性地域主义"中所说，不同的社会和文化背景下产生的乡土建筑，在民俗文化、神话传说、传统工艺等众多因素综合影响下诞生，其存在必然有特殊的价值，我们关于乡村的实践与复兴势必要从历史文化入手，在尊重人文与自然和原生秩序的基础上将现代与传统结合。而这一切都揭示了物质空间的主

---

1 刘婉婷，山东建筑大学，250100，18366185679@163.com.
2 高宜生，山东建筑大学建筑城规学院副教授，山东省乡土文化遗产保护有限公司，250100，13864071066@163.com.

体——人，即我们的乡村建设是以农民为主体的，乡村复兴需要引入的是适应本地域生态与人文的特色产业，需要关注的焦点则是体现本地居民生产生活情景的原生态建构。

2. 乡村复兴战略下乡土建筑建造存在的问题

1）形式主义的建造

虽说建筑师在当前的乡村复兴中发挥着不可替代的作用，但还是不可避免，一些人把乡村建造当做名利的试验场，他们试图用各种设计手法和现代技术架构非传统意义的乡土建筑和民居，大胆尝试用新奇的理念诠释传统村落和传统建筑，效果也不一而足，成功案例的颇少，脱离地域性建筑语境的倒是颇多。例如，一些建筑师喜欢生搬硬套民居的常用装饰元素，对各种建筑符号进行拼贴，结果造成一栋建筑中各种风格杂糅，模糊了民居原有的地域特色，造成很多不必要的资源浪费，甚是可惜。在笔者看来，一个地方的民俗风情、地理风貌和气候条件造就了它的建筑特色，我们不应该以所谓的某种风格来定义一个地区的建筑，这样往往忽略其中的细微差异，而这些细微差异就是最能体现地域性特色的地方。中国的乡村建造需要对基本类型及衍生体系进行科学的总结，盲目的跟风建造加剧了当地的营造技术失传的风险，如果营造技艺一旦失传，乡村记忆的载体——乡土建筑将逐渐没落，我们的乡村将逐渐失去最具价值的文化竞争力，千村一面的现象将难以突破，甚至会被外来文化将会同化、吞并中国数千年农耕文明孕育的乡村文明。

2）过度的旅游观光

对于靠旅游带动经济发展的乡村复兴模式，我们不可否定它的积极作用，但前提应该是合理的引进旅游开发。然而，在现阶段中国的乡村复兴运动中，一些地方政府为了促进当地经济的快速发展，提高乡村的GDP，不顾乡村居民生活的实际需求，将乡村作为城市居民休闲娱乐的"后花园"，一些传统聚落为了达到吸引游客的目的，抛却了自身的文化和景观优势，东施效颦地种植大量的薰衣草和油菜花田，花费大量人力、物力模仿和复制其他乡村建造成功的案例，这种只顾眼前蝇头小利却忽视乡村文脉传承的做法，导致传统村落的场所精神和文化特质被大量的外界因素抹杀，同时也背离了乡村复兴的初衷。

3）建筑细节的人情化不再，文化存续的支离破碎

当前的乡村复兴抛去体系上的问题不谈，单从价值观取向上就存在很大的问题。笔者认为，乡村的空间结构跟传统的生活模式息息相关，乡村和城市空间的不同之处在于一个承载着祖祖辈辈的乡愁，讲求人情，一个讲求物质空间高度现代化，但精神空间相对冷漠。我们当代的乡土建筑在城市化扩张的大背景下，很难抵挡得住现代化横扫一切的力量，故而很容易就被同化成冰冷的、没有感情的居住机器，即使少数保留了原有的风貌，也难逃商业包装、营销的过度消费行为，迫使一些传统村落和乡村的文化价值大打折扣。

二、乡村建造的基本单位——传统村落

1. 传统村落的发展

从人文、地理特征等方面上来看，将村落看成乡村建造活动的基本单位更加科学，便于开展村落保护和建造等层面的相关工作。自党的十八大以来，我国遗产保护事业蓬勃发展，传统村落因其地域独特性和数量的丰富性现已成为遗产保护的对象之一，我国在2012年明确了"传统村落"的概念，并在同年形成传统村落保护制度，一些物质和非物质文化均保存较好的传统村落更是备受关注。近年来，虽然传统村落保护有"历史文化名村"和"传统村落名录"双层保护制度保驾护航，但在实际传统村落保护工作中仍遇到了大量的难题。

2. 传统村落保护面临的难题

现阶段的传统村落仍是困境重重，一方面，传统村落的数量正在迅速减少，另一方面，城乡贫富差异加大造成的传统村落的"空心化"、"老龄化"现象已经成为乡村发展的棘手难题，大量村民外出打工，留守老人和儿童成为乡村弱势群体，乡村自身的产业与经济难以发展，给传统村落带来了内忧外患的双重难题。

另外，随着城市化的迅速发展，很多传统村落为了盘活经济，通过对村落格局和乡土建筑进行大规模的更新改造，过度商业开发造成了不可逆转的建设性破坏。加上全球化和城乡一体化的冲击，传统生产生活方式被摒弃，传统民风民俗失传、地域化特征磨灭，村落中的传统民居也被"拆旧建新"的小洋楼取代等现象屡见不鲜，传统村落前途令人堪忧。

三、物质与非物质双重保护下的传统村落保护探究——以临沂岱崮镇东上峪村为例

东上峪村传统村落的保护设计是笔者参与的一个

实际项目，东上峪村有着丰富的自然景观、文化景观条件，极具地域特征的石板房和淳朴的民风民俗，但由于该村老龄化、空心化现象严重，得天独厚的条件却没成为村落发展的敲门砖，因此，如何发掘出村落的潜在价值从而吸引外出务工的年轻人回家是此次传统村落保护重点关注的问题。

1. 东上峪村概况

1）文化景观

东上峪村隶属山东省临沂市蒙阴县岱崮镇，由包家北山、东上峪、张家北山、哗啦崖、仓囤顶、石门六个自然村组成。东上峪村坐落于山谷地带，北侧包家北山和张家北山，南侧仓囤顶、凤凰顶、后坡等山体，并有一河流贯穿东西，将东上峪村分为南北两部分（南山、北山）。村落选址于群山环抱，南北山体之间形成峪，并有河流平行于道路自东向西流穿过村落，形成宜人的微气候。村落与自然山水相契合，山体配合植被形成天然多层次的景观效果，"天人合一"、"道法自然"在此充分体现，整体环境符合道家回归自然的经典山水模式。

受地形限制，村落沿等高线带状分布。复杂的地形成就了优美的生态环境。优美的生态环境造就了东上峪独特的村落风貌特色，山地、石墙、石阶、古巷，依山就势，高低错落。

2）传统建筑

东上峪村的传统建筑包括民居和特色构筑物。

东上峪的民居以合院为主，但院落形式并不硬套传统典型四合院的形式。院门一般设在院落的东南角，利于引入夏季凉爽的东南风。正房一般3~5间，东西10~15米，进深4~5米。正房中间一间用作待客空间，东侧的1~2间为长辈生活起居空间，西侧的1~2间为晚辈生活起居空间。独居老人的院落，西侧房间作为仓储空间。东厢房多用作厨房用房。一般东厢或南屋用作农具仓储用房。厕所设置在院落西南角。正房门前一般有树，院落内剩余部分空间会布置菜地。院墙很矮，人走在路上就能看到村民家里活动的情况，村民在自家院中晒花椒，屋檐下还挂着成串的辣椒、玉米棒子。

当地的传统民居建筑通常由屋顶、墙身和台基三部分组成，做法上也很有特色。

屋架结构为木结构，两坡顶，传统屋顶主要以箔盖顶，其上再铺茅草，檐口高度较低，一般不足3米。石砌民居的立面比例中，台基占据较大，且条石垒砌，形式简单。

墙身的砌筑主要有干碴墙、"四路把"、板行墙三种垒砌方式。为了防止室内漏风并保持墙面平整，村民通常在内墙抹一层厚厚的灰土。当地的石砌房依靠石材承重，再加上木结构的限制，故开窗受到诸多限制。民居朝向院落的一面是主要的采光面，墙上有很小的木棂窗，能满足有限的通风和采光。山墙上的"透风儿"，能够使建筑内部实现局部环流，解决上层通风的问题，实现外部新风充分交换以调节室内温湿度，提高室内舒适度。门窗过梁和墙角的石头常是一整块石料，并凿刻花纹或石雕，山墙墙脊用石板以阶梯式层层盖压住屋顶茅草，这种形式当地称为"罗汉山墙"。

传统风貌民居建造就地取材于当地山上石头，经过长时间备料，正式建造时，全村皆来帮忙。石头房子承载的不只是独门独户的小家庭血缘关系，更反映了同一宗族聚居的生活和生产方式。石砌民居建筑整体外观真实地表达了乡土建筑材料，体现出石木结构的建构逻辑，展现了古朴粗犷的特征。石材材质坚硬，自身的属性具有丰富的色泽纹理特点，自然美观。石材的稳定性和耐久性，加之人工的雕琢，自身表面在保留原有特色的基础上，将建筑与文化的历史融入其中，永不消逝。

特色构筑物包括村口古石桥与九亩地古石桥、张家北山"振东王"石碑、刘家围子四角炮楼、豆腐工坊、凤凰顶的藏传白塔、寺庙等，反映了村庄形成与发展的历史。

3）非物质文化遗产

笔者在调研中发现，东上峪村老人多，神话故事也多，尤其是跟当地的特殊的地貌相关的传说数不胜数，例如石锅子、石棚子、鹁鸽窝、神仙洞等，另外，东上峪是岱崮豆腐的起源地，还有伏羊节、桃花节等传统节日和丰富的民俗活动。

村内的凤凰顶有一处藏传佛教，每年香火不断，现已成为东上峪村发展旅游吸引游客的契机。

2. 东上峪村保护对象的划定

东上峪村的村落核心价值在于完整的村落形态、优渥的自然资源、特色的民居建筑物、构筑物以及脍炙人口的神话故事，在设计中如何协调环境与村落的关系，传承与发展传统建筑及非物质文化，需要对村落自然环境（山体、水体、农田）、村落格局（道路、公共活动空间）、传统建筑及特色建（构）筑物、历史环境要素（古树名木、井泉沟渠、古石桥等）等方面进行保护利用，并对村落非物质文化加以保护传承。对东上峪村的保护主要涉及物质和非物质两个层面，详细如下：

分类	保护内容		具体保护对象
物质层面	自然环境	山体	东上峪周围山体包括凤凰顶、仓囤顶、后坡、凤凰拙子、北山
		农田	东上峪周边农田包括石门桑葚、牡丹试验田；石门与包家北山的中华养蜂基地；蜜桃、花椒种植区；小麦、谷物等农作物种植区
		河流	村口古河道与东上峪水库
	村落格局	道路	东上峪老村传统街巷格局及北山山谷挑水路子
		公共活动空间	东上峪老村村口活动广场及村内村民自发形成的活动空间；河道及东上峪水库周边滨水空间
	传统建筑	传统风貌建筑	核心保护范围内的传统民居
		特色建构筑物	村口古石桥与九亩地古石桥；张家北山"振东王"石碑；刘家围子四角炮楼；豆腐工坊；白塔；寺庙
	历史环境要素	古树名木	百年柿子树多棵，集中分布在东上峪老村附近；百年楸树1棵，分布在包家北山村北；百年以上松柏1棵，分布在张家北山；百年以上刺槐1棵，分布在张家北山
		井泉沟渠	古井6口：东上峪老村东南方向2口，凤凰泉村3口，石门2口，挑水路子一口（葫芦头井）；古泉3口：小峪泉（位于后坡）、李家泉（位于包家北山村北）、凤凰泉（位于凤凰泉村村口，面向凤凰桩山坡）、石门新修的路边古泉
非物质文化	传统民居建造技艺		传统石砌房的建造技艺
	传统工艺		豆腐、全羊、煎饼、编筐
	节庆习俗		伏羊节、桃花节及其他传统节日
	文化传说		岱崮豆腐传说；桑树行子传说；神仙洞传说；石棚子预测天气；白光崖判断时间；小峪与和尚坞；凤凰传说；鹁鸽窝（鸽子楼）；石锅子传说
	宗教信仰		藏传佛教

3. 保护措施的制定

此次保护措施的制定综合了东上峪村的现状条件，对东上峪周边山体与村口古河道等村周边山水格局进行整体保护，对村中古河道进行景观提升工程，另外，对东上峪村传统格局和历史风貌进行整体保护，主要包括村落空间格局的保护、传统街巷塑造、传统公共空间的保护与整治等方面，重点保护东上峪村核心保护区内有清代及民国的建筑群落。梳理东上峪的神话传说，对村里的老人、工匠的口述整理记录，摸清村内非物质文化遗存，并在此基础上，打造东上峪的文化品牌。

四、结语

通过东上峪村传统村落的保护，我们意识到传统村落脆弱的文化景观是一种不可再生的文化资源，在进行维修、管理、开发等工作时都应以保护为基本前提，但也不能因为一味的保护古村落的原生态，而忽略了其原住居民提高生活水平的期望，所以在制定保护策略时也要与时俱进，在不破坏原有建筑和环境的最大前提下，充分考虑原住居民不同时期、不同阶段的需求，提高他们的生活质量和便利条件。

东上峪村所面临的问题反映了山东鲁南地区传统村落的发展的共性，如何能发挥传统村落自身的优势并激发村落的活力是此次传统村落保护的重点和难点，对东上峪村传统村落保护的思考也包含了笔者对乡村振兴的展望和期许。

关于传统民居活化利用的探讨与思考

陈　玥[1]　高宜生[2]

摘　要： 随着时代发展，城市化进程加快，人们对生活品质的要求逐渐提高，许多传统民居面临着荒废遗弃的问题，对传统民居的活化利用成为了遗产保护中的重要话题。本文试图对传统民居活化利用进行探讨，从传统民居的内涵、传统民居的特点、传统民居的延续所面临的问题、传统民居活化利用的意义、传统民居更新改造案例等多角度出发，分析当今传统民居活化利用的着重点与意义。

关键词： 活化利用；传统民居

一、传统民居的内涵

传统民居作为一种居住建筑，满足了人们的生活生产需要，是最基本的一类建筑。依据第六版辞海中的解释，"传统"意为"历史沿传下来的思想、文化、道德、风俗、艺术、制度以及行为方式等。对人们的社会行为有无形的影响和控制作用。"而民居，为百姓居住之所，满足了使用功能的要求，也是思想文化、社会民俗的物质载体，受到儒、道等学说的影响。分布于不同地域的传统民居，由于自然环境、物质条件、生活方式、风俗习惯的不同往往带有其地域性。优秀的传统民居兼具丰富的实用价值及文化历史价值。

二、传统民居的延续所面临的问题

传统是历史发展继承性的表现，在有阶级的社会里，传统具有阶级性和民族性。积极的传统对社会发展起促进作用，保守和落后的传统对社会的进步和变革起阻碍作用。传统民居往往成为其存在的时代与生活方式的缩影，随着时代的进步和发展，城市化进程的加快，人们的生活质量提高，农村的产业结构调整，一系列变化对传统民居产生了巨大的影响。与传统民居息息相关的传统生活方式与习俗逐渐无法跟上时代的脚步而成为了人们生活品质提升的障碍。在这样的社会背景下，传

统民居的存在成为了部分人们眼中保守落后的标志更有甚者认为是社会进步经济发展的阻碍，全国多地的传统民居正在社会生产生活变革中逐渐灭失。传统村落的建筑文脉，整体风貌受到不同程度的破坏，遗留的传统民居岌岌可危。

谈及传统民居所面临的具体问题，一方面是对于乡土文化的不自信，市镇一味推进高速城镇化建设，人们对于经济发达城市的精神向往，促使大批人口背井离乡涌入大城市，从而导致了乡村地区空心化严重。所谓民居，有民居之才为民居，传统民居建筑风貌的维系需要人们长期的生活来保持，人去楼空的乡村，大量传统民居因为缺少人们的日常维护而逐渐破败。另一方面，有些地区对传统民居价值的认识尚且停留在较为肤浅的阶段，为发展商业旅游业而随意拆除那些承载着文化记忆的民居，大片历史街区被拆除，传统民居被改建，并且很多开发商对于传统民居背后的历史意义民俗风情不甚了解，在改造中破坏了其文化内涵，从而导致传统聚落的整体性被打破，建筑品质青黄不接，新旧混杂。

所幸，自20世纪以来，全球各相关学术界对于文化遗产、传统民居、村落的保护意识渐渐觉醒，1965年，国际古迹遗址理事会（ICOMOS）成立之后，各国的相关组织以及法典逐步确立，传统村落民居的保护也逐渐为人们所重视。与此同时，针对传统民居的保护手段也由最初较为生硬死板的修旧如旧，维持原状而过渡到为传统民居注入活力，实行动态保护、可持续发展，从而使传统民居焕发生机，在现代社会中重获一席

1　陈玥，女，山东建筑大学，2018级建筑学研究生，250101，729143553@qq.com。

2　高宜生，男，1974.04，山东建筑大学建筑城规学院，副教授；乡土文化遗产保护国家文物局重点科研基地（山东建筑大学），常务副主任；山东建筑大学建筑文化遗产保护研究所，所长；全国文物保护标准化技术委员会委员；研究方向：建筑史学研究、文化遗产保护。

之地。

三、传统民居活化利用的定义及方式

国际对于建筑文化遗产的"再利用"自20世纪60年代就已经有了定义，即在建筑领域中借助创造新的使用技能或借助重新组构建筑来使得原有技能满足新的需求，延续建筑或构筑物的行为，也称为建筑适应性利用。国内对于"活化利用"概念的诞生是起源自台湾的"遗产活化"概念，倡导对建筑文化遗产的适应性再利用，使之处于继承保护与创新的平衡点之上，从而重新激发其活力。传统民居的变革古而有之，随着时代的更替，气候的变化，生活方式的改变，周边环境的变迁，民居无不在发生演变。传统民居为了迎合人们的生活需要被不断赋予新功能或产生形式的改变、空间格局的变化等。而今我们谈论的活化利用则是居于当代时代背景下对为使之更符合现代人生活方式的一种延续手段，是对传统民居的功能转换或是提升其居住空间的品质。

而具体的"活化"不外乎将如何改变其陈旧不合时宜的室内设施以及人居环境；如何从结构安全以及人眼识别的建筑美观程度两者出发修整建筑的残损部分；闲置荒废的传统民居如何重新置入功能恢复利用；格局已被破坏的传统聚落如何保护、还原等问题落实到实处。学术界对于这方面的研究早已广泛展开，探讨活化利用方式的学术论文不胜枚举。"对传统民居'活化'问题的探讨"一文中将近十年来传统民居的活化方式分为三类，一是"政府主导，户主自发更新"，该方式一般适用于保存较为完好的古城或小镇，依据商业旅游的需求自行改造为商铺、民宿、酒吧等，功能转换由户主自行抉择。但这种方式在经济利益的催化下容易产生过度商业化的问题，大批并非原住民的商人投资改造，使得某些具有文化价值的传统民居变了味。二是"统一规划，整体包装，全新打造"，由当地政府出资整体规划，一般出现在文化名城的重要历史街区，针对其文化内涵、传统民居风貌进行高质量规划设计，打造符合现代审美品位的精品街区。这种方式有利于带动周边经济发展，符合现代休闲生活需求，但其传统意味便不再浓厚，与传统风格相去甚远，可能导致商业业态与当地原有的传统文化不够融合的现象。三是"环境风貌统一整治，传统民居自主修缮、自主经营"这种方式类似于前两者的结合，政府统一规划，居民自主翻新，按照传统方式经营，相较前两者而言更易于平衡商业发展现代人休闲需要与传统格局的维持。而在"传统村落民居再利用类型分析"中提到活化利用将传统民居"公共+私有"

转为"公益+商业"主要依靠政府主导，企业与组织参与。最终置换的功能无外乎展馆、商铺、民宿、餐馆、酒吧等类型。在"福建土包的动态保护与活化利用"一文中则提出了五种活化利用方式，包括"原生功能的利用"、"文化功能的利用"、"社会功能的利用"、"商业功能的利用"，从民居原始功能类型出发寻找其功能转化的方式。

四、传统民居活化利用的侧重点

目前看来，活化利用的多种方式已经初步形成并且渐成体系，对于不同类型的传统民居需要有针对性地采用不同的手段来进行更新利用，为迎合其存在环境以及生产生活需求需要有不同的侧重点，传统的民居往往在室内空间、院落格局上均存在一定局限，如何合理利用改造但又不破坏其文化语境是一大难题。由建筑师团队FESCH Beijing进行的一项位于北京的杂院改造侧重于解决实用性的问题，将占地面积19平方米的狭长杂院改造为适宜现代人居住的双层住宅，主要解决通风、采光、消除建筑平面不良形态带来的闭塞感，利用传统民居较高的屋架设置二层作为卧室、起居室等私密空间，一层将南北两侧墙体打通，引入光线，在有限的空间中尽量寻求开阔视野。这个案例反映出了一个很普遍的问题，即传统民居在现代建筑的不断扩张中逐渐被压缩其存在的空间与地位，尤其是历史底蕴深厚且经济发达的城市，这种现象尤为明显。在北京，经历了人口高速增长，经济发展等城市化进程，四合院这一类民居早已经历了多番演变，原有的建筑院落格局大多已被改变，如今对于这些地处发达城市、难以恢复到原始状态且如今仍有很大可能被人们重新利用的传统民居侧重点应放在平衡民居建筑实用性与其传统结构形式之间的矛盾，加强其室内空间品质的提升，以及院落环境的整治上（图1）。

位于松阳县四都乡平田村的"爷爷家青年旅社"则是乡镇地区的传统民居改造的一个典型案例，相较于大城市，乡镇地区的现代社会文化入侵并不那么明显，整体村落的格局仍然保持着原有状态，改造的对象是一座建筑270平方米的夯土木结构民居，建筑外观保存完好。设计师的遵从业主的需要将其改造成一座青年旅社，置换为这种较为开放的功能类型有利于带动当地的旅游业等经济的发展，是这一类较为偏远地区的传统民居活化更新较为合适的方式。更新完成后保留了建筑的承重结构以及夯土墙外立面，将建筑中原有的木制隔板移除，使得一楼由三开间的隔离形式转为大空间，二楼

图1　北京一杂院改造 室内空间，入口处及剖轴侧（图片来源：Archdaily网站——北京杂院改造/FESCH Beijing）

室内使用半透明隔板进行分割以达到不改变原本承重结构的情况下重新划分室内空间。这个案例中主要侧重于如何在保持建筑外观的情况下置入新功能，使得民居重生。这其中涉及民居内部空间格局的改变，室内开间本就归属于传统民居建筑文化中的一环，但对于现代生活来说无疑是不再宜居的"传统"，故而对其进行改进不失为是一种解决方法（图2）。

与之处于同一区域的平田农耕馆也采用了类似的手法，将位于村口的几处老宅改造为展示农耕文化的展馆。使得即使保存状态最糟糕的民居也能重获新生，项目中的两栋建筑都保留了原始外观以及承重结构，仅拆除部分楼板以及隔墙使建筑内部更为开放顺应公共活动流线（图3）。

图2　爷爷家青年旅社 场地环境及室内空间
（图片来源：Archdaily网站——爷爷家青年旅社/三文建筑/何崴工作室）

图3　平田农耕馆DnA室内空间与周围环境
（图片来源：Archdaily网站——平田农耕馆/DnA）

莫干山的"伴屋"在活化利用中的处理更进一步，新建部分使用砖墙承重，满足了遗产保护中新建部分具有可识别性的要求。为了兼顾居住的舒适性与传统文脉的延续性，尽最大可能保留了原始的夯土墙以及木构架，新建的结构与之相脱离，原本的夯土墙不再仅仅是围合结构而更像是室内的展品，保留下来的木构架和夯土墙不再参与承重，使之免于担负结构安全的责任，新旧部分完美地并存（图4）。

总而言之，这一类普遍存在于乡镇地区的传统民居不比经济发达城市遗存的传统民居受到空间环境上的限制，在改造中具有更强的灵活性及可操作性，往往侧重于加入能够带动地方经济发展、提高人民生活质量的功能，经济的不发达也就意味着未介入过多的现代商业，很多地区的传统村落的形态格局保留完整，人们还

图4 莫干山〝伴屋〞场地环境及室内空间（图片来源：Archdaily网站——莫干山〝伴屋〞／素建筑设计事务所）

依然保持着传统的生活方式，这就使得这一类传统民居在改造上最大的诉求是如何提升当地人民的物质生活水平，一定程度上开发商业，并且最大程度保护其建筑形态的基础上进行功能置换是一个好的选择，如茶馆、展馆、民宿等，应谨防在利益驱动下的过度商业化。

五、传统民居活化利用与地域文化的结合

对传统民居的更新改造中还需要注意的很重要一点即改造后的民居建筑仍应符合其所处在的场所文脉中，如何与地域文化结合紧密仍需要在实践中探索，积累经验，寻找合适的方式来呈现。通过材料、空间格局、建筑外观等角度切入，达到与周围环境融合，新却不显得格格不入。位于安徽省绩溪县家朋乡的竹篷乡堂是一个与当地环境风貌融合的优秀案例。基地位于尚村前街的高家老屋，主体已经坍塌，为了使已经坍塌的院落重新得以利用，设计师设计了一片由六把竹伞支起的竹篷拱顶空间。项目中所用到的材料均为就地取材，将当地的废旧建筑材料尚可用者加以利用，请当地匠人进行修建，用竹篷覆盖原有的老墙，既保护了遗迹又使得村落中多出一片自由开放的交流场所。材料的选用上选择了当地盛产的毛竹，属于地域性的材料运用。从材料的选用，对于老墙的保护都尽力地贴合当地的地域文化特征（图5）。

位于安徽桃源村的广屋坐落于桃源村通往内部的小路一侧，四周为农田，建筑相对独立，占地仅60平方米，建筑原为两层，一层为农具，二层为普通穿斗式，墙体为当时常用的空斗墙做法。设计师考虑到了与当地祁门红茶的茶文化结合的问题，从营造出一个村中饮茶品茶论茶的仪式空间的角度出发而对该民居建筑进行改造，与此同时兼顾到村民的日常呈现纳凉、邻里间交流的需要。最后的成果保留了建筑原有的四个立面，和徽州民居特有的凸形气窗，将其已破损的木结构以及屋顶重建，建筑一层作为品茶空间，维持了老民居昏暗的氛围，二层抬高，留下缝隙，沿墙设置抽象化的美人靠，通过屋顶与墙头间的空隙远观山景如同画卷，也便于建筑内外之间的交流（图6）。

图5 竹篷乡堂立面及内部空间（图片来源：谷德网——竹篷乡堂—尚村，安徽／素朴建筑工作室）

图6　宀屋外部环境及内部空间（图片来源：谷德网——宀屋：安徽闪里镇桃源村祁红茶楼/素建筑）

六、结语

一方水土养一方人，各地的传统民居蕴含着各地不同的风土人情，在这个各地发展趋同的时代里，地方特色有时被人们曲解为不发达的象征，而越来越多地域文化在这样的筛选机制中被人们摒弃，首先我们需要提升对地域文化的自豪感，其次是投入更多的资金和关注度去保护发展传统民居，利用科学技术去传承、利用现遗存的传统民居才能让丰富的民族文化不断流传下去。

传统民居的活化利用并非纸上谈兵，需得社会各界多方在实际行动中寻得最为妥当的解决方法，处理好发展与保护、地方的经济利益与传统历史文化的传承等问题之间的矛盾。唯有不断地实践，在每一个环节上都不违背初心，才能够最终探寻到合适的方法使得传统民居免于没落！

参考文献：

[1] 郝梦全. 传统村落民居更新改造及养老功能转换设计探析 [D]. 北京：北方工业大学，2017.

[2] 冀晶娟，肖大威. 传统村落民居再利用类型分析 [J]. 南方建筑，2015（4）：48-51.

[3] 朱良文. 对传统民居"活化"问题的探讨 [J]. 中国名城，2015（11）：4-9.

[4] 黄惠颖. 福建土堡的动态保护与活化利用 [D]. 厦门：华侨大学，2013.

[5] 王轶楠. 基于村落传统民居保护利用的民宿改造设计策略研究 [D]. 重庆：重庆大学，2017.

[6] 郭冰洁. 基于现代生活模式的乡村传统民居改造设计研究 [D]. 成都：西南交通大学，2017.

在现代进程中传统村落保护与发展走向思考

侯皞冉[1]　杨大禹[2]

摘　要： 中国现代化建设的步伐加快，传统村落文化遗产受到了破坏，面临着危机。而现代旅游业的发展，使人们意识到对古传统村落的保护，积极采取保护措施，然而传统古村落的发展和保护总会出现不尽人意的效果。传统村落承载了国家的传统文化及优秀遗产，了解现状古村的发展现状，分析传统村落现存的问题，进而思考怎样合理控制传统民居保护与修复，使它们能够在现代社会重新焕发是要重点研究的内容。

关键词： 现代化；传统村落；保护；发展

引言

随着社会经济水平的不断上升、工业的发展，现代化进程被不断推进。在现代化、城市化进程中，我国有大量的传统村落正在逐步消失。在全国的传统村落中，有一部分因村落特色鲜明、建筑保存价值或村落的地形地貌特殊等被选为国家保护的古村落或省级的古村落，古村形式得以保留。而其他未被保护起来的传统村落很容易就在我们城市化进程中慢慢被吞噬。对于传统村落的形势不容乐观，应加大对传统村落保护与发展的关注。

一、现代化对古村落影响

现代化进程中最核心的内容是工业化，在现代化的过程中，工业文明渗透到经济、政治、文化、思想等各个领域。现代化是人类社会从传统的农业社会向现代工业社会转变的必经阶段，现代化进程一般由城市向农村推进。[1] 如今现代化对传统村落的影响是方方面面的，以下主要从生活方式、建造方式和文化氛围来讨论。

1. 生活方式

生活方式具有多种特征，原因是某个生活方式受到政治、经济、文化等多方面条件的影响和制约。生活分为物质生活和精神生活，因此生活方式也分为物质生活如衣食住行、工作、休息等和精神生活如价值观、道德观、审美观。在以往的生活中，中国以个体农业经济为基础，讲究日出而作日落而息，生活内容比较简单。在逐步发展的过程中，人们的日常生活渐渐变得丰富，生产方式也发展得多样化，实现从传统到现代化的转变使之更加讲求"文明、健康、科学"。

2. 建造方式

在还未发展阶段，由于工具的落后与缺乏，交通的不便捷，人们进行房屋建设常常会就地选取，取易加工的材料如木材、石头、夯土等，房屋的建设人员也主要以家庭成员为主。现代工业的发展整体改变着村落房屋的建造方式，混凝土、空心砖、钢等逐渐成为建筑的主流材料，建设也基本由施工队承包，建设周期得以缩短。建造方式的现代对于村落有利有弊，它带来了更舒适、便利的居住场所，同时也会导致村落风貌特色的消失，容易形成千村一面的现象。

3. 文化氛围

中国传统文化是封闭的生态环境条件下，农业为主的自然经济的产物，是以汉族为主体，融合各族人民的智慧，共同创造的，这一特定区域特定人类圈的社会

1　侯皞冉，昆明理工大学，硕士研究生，电子邮箱：1240972838@qq.com。
2　杨大禹，昆明理工大学，教授，电子邮箱：857012994@qq.com。

精神形态，具有强烈的民族性。而随着西方文明的到来与现代化进程的推进，传统的思维方式、价值观念和行为准则逐渐被打破，并随时代的发展而改变。例如中国农村大多信仰传统的鬼神观，村落内会建立祭祀的地方，人民多是怀着敬畏的心态。而现代科学主义与其产生矛盾，更讲求科学与唯物主义，从而导致整体的文化氛围慢慢开始转变。文化氛围的改变会潜移默化地影响着村落的风貌、村落的空间形态和村民的日常活动。

二、传统村落发展类型

在传统村落发展过程，内因与外因混合作用在一起导向了不同的村落发展类型。对于现状传统村落的发展类型暂且粗略地分为四类：新村落完全吞噬古村落、新村落与古村落相互分离、新村落在古村落的从基础上扩张、村落内新民居与传统民居相互交织。

1. 新村落完全吞噬古村落

在村落的发展过程中，有一部分古村落在不断的更新中被吞噬。对于这样的村落状态，基本由两种情况

所致。一种是在发展中，村民自发在旧有房屋的原址上重建，最终整个村落建筑全部完成更新换代，古村落风貌消失殆尽。另一种情况为村落渐渐衰败，村民形成组织对村落进行重新的规划与建设，这样的村落完全是在现代规划手法下的产物，如邯郸的陈三陵乡与寺西窑（图1）。新村落吞噬古村落的状况并不少见，在选址上其充分利用了原有村落的有利选址，在居住上又更适应现代人的生活方式。

2. 新村落与古村落相互分离

在古村落保护中，将原有村民搬离，重新选址建立新村落是一种较好的保护方式。彻底抛离旧村落，从新选址营建新村是需要付出很大的人力、财力与物力。有的搬离是被动的，例如村落的地形、地貌和环境发生了变化，导致不适宜生活与居住，或是村子为了寻求更好的发展搬离至距资源、交通要道更近的地方。这种被迫搬离留下老村会导致古村落愈加空心化，房屋破损衰败加剧。而对于主动搬离古村落的，一般由政府或者企业进行统一安排。这类古村落具有较强的保护价值，保护方式是将原有的村落主体进行替换掉，对古城落从文化、旅游等方面进行再次开发，例如邯郸的周窑古村（图1）。

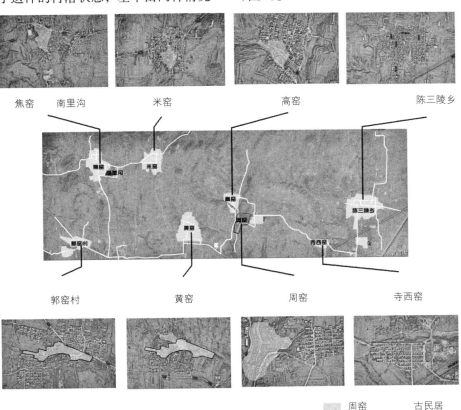

图1 河北省邯郸市周窑古村及周边村落发展形态（图片来源：作者自绘）

3. 新村落在古村落的基础上扩张

对于大多数村落发展来说，其现状村落形态为新村落在古村落的基础上扩张。这种情况也适用于城市的发展，城市在老城区的基础上一圈一圈向外扩张，核心区保留着老城的特色，而外环区则呈现出现代的规划与建筑形象。这种状态的村落中，核心区的老民居也在村落的不断发展中渐渐被吞噬，其生存状况也是岌岌可危。这些被新村包围的古村常常位于道路或河流中心线的两侧，古村以其文化、设施、精神滋养着新村的发展，如米窑、高窑、黄窑等（图1）。对于这类村落较好的发展状态是新村对老村进行反哺，使老村活化成为精神核心。

4. 村落内新民居与传统民居相互交织

有的村落发展分布较为平均，民居的更新或建造难以形成规模，所以常常在老民居的旁边加盖新建筑，以扩张居住面积。这种情况形成村落会出现新民居与老民居相互交叉，导致村落整体面积没有扩张，而村落的建筑密度增大。首先对于整体村落风貌来说会导致过于凌乱观感较差，村落整体的秩序感不复存在，同时过于集中的建筑使得村落的整体消防安全成为问题。例如云南文山县内的部分村落，在原有形态下相对整齐有秩序（图2），在不断发展中村落肌理变得杂乱（图3）。

三、传统村落发展过程中存在的问题

1. 村落空心化

农村空心化的是现在许多农村的现状，对于传统村落来说更是如此。由于产业发展难以满足需求，许多年轻人都离开村庄去寻求发展。这就导致了村落人口大量的流失，使农村失去了活力和生机。古村落内长期无人居住，加之缺少资金投入维护，村落会渐渐走向破败。[2]对于人情方面，村落人口年龄段容易出现断层，会导致大量的留守儿童与孤寡老人。同时农村的传统工艺和民间艺术失去了受众和生存的土壤，很多民间艺术的传承面临失传的困境。

2. 破坏性保护

破坏性保护，从字面意思理解，是用破坏的手法

图2 云南省文山县内村落现状发展形态（图片来源：作者收集）

图3 云南省文山县内村落原有形态（图片来源：作者收集）

进行了保护，具体来说"保护性破坏"。城乡一体化建设步伐加快，大规模的开发建设使传统村落保护面临危机。破坏性保护具体来说在城市建设和历史文化保护利用中，对文化遗产超载开发或错位开发。比如周边环境、文物历史环境氛围丧失殆尽；比如周围建筑风格与传统建筑严重不协调，破坏了古建筑独特空间环境；比如追求"整饰一新"，甚至"拆真文物，造假古董"，破坏了历史信息，损害了文物完整性和真实性。[3]破坏性保护使得村落旧有的场所、节点、街巷空间正逐步缺失，部分体现传统特色的历史空间被侵占，出现了水体污染、河被填埋，新建建筑与传统建筑的不协调等诸多问题。

3. 用地布局混乱

以前的土地用途基本就分为居住与耕种，后来慢慢的土地用途逐渐增多，在没有合理控制与规划的情况下出现了很多的自发性无序使用土地的情况。最终导致各功能用地之间相互交错，没有清晰划分，村落内部的结构更为混乱。对于传统村落来说，应认清发展的方

向，合理地有秩序地规划利用土地。

四、古村落保护思考

1. 对于传统民居建筑形象的保护

对于传统民居形象的保护是我们最容易想到，也是占据历史保护最多的内容。现在对于对传统民居建筑保护是修缮还是保留原貌也存在着较大的争议。对于这个问题，没有一个确切说法或者说不要一概而论。人对于不同的民居状态是有不同的感受的，对于传统民居建筑形象的保护，要考虑最终要达到怎样互动效果与展现其哪方面的价值（图4）。对于保留原貌的来说，要分

析其现貌的意义是不是大于修缮后的作用。对于一些在特定历史背景下的传统民居，例如在战争中遭到了破坏近似于废墟的建筑，往往供人们缅怀过去，它传达的历史价值、社会意义是其修复光鲜后所不能表达的。而对于修缮，行业内大部分持有的观点是"修旧如旧，补新以新"。虽然"修旧如旧"的"旧"，本身就存在历时性与现实性的矛盾，但对于还原风貌来说修旧如旧仍是有其道理的。对于传统民居来说，如果修缮过程不能以旧有材料与传统技术进行修缮的话，那么最后的建筑形象有可能会使观赏者混淆其时代性。所以对于传统民居建筑来说，若要对其形象进行修复的话，我们要遵循当时的时代特征，忠实反映其原貌，更要注重对建筑细节的把控。[4]

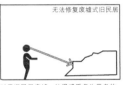

图4 人对于不同民居状态的感受（图片来源：作者自绘）

2. 对于古村落空间的保护

若只注重传统建筑形象保护的话，那这个建筑就仿佛没有灵魂的躯壳、没有内容的大脑。对于整个化的空间专家们也提出了"空间遗产"的概念：即集体记忆中具有特殊意义与历史价值的空间。村落本就是部落群众聚集发展而来，是人类对一片区域的整体开发，若只关注建筑本身，而放弃对空间布局的重视，则无异于保留了一个空壳。村落的空间包含着村子的文化传承，在村落中会有核心聚集空间、祭祀空间、运动空间等。不同的村落空间展示着村民的各式各样的生活状态，传达着村落的社会观念与价值取向。"空间遗产"不仅具有悠久的历史，还持续承载着极其丰富的历史信息，具有不可替代性。

3. 对古村落环境的保护

在《威尼斯宪章》中，对于历史建筑强调了对"设计"、"材料"、"技术"、"环境"四个方面的保护。其中最重要的一点为"环境"，对于保护好建筑周边环境的理念同样适用于古村落的保护。对于传统民居建筑周边环境的保护，就是要不仅要保护该建筑本身，也需

要保护其植根的街巷，连接其的道路，甚至整个村落的风貌。如果只是对某一个或某一片传统民居建筑单一地给予维护，没有注意到民居建筑周围的历史环境特点，就造成只保住了点，而没有保住统一的整体，使被保护的民居建筑给人们的感觉十分孤立，缺乏整体的效果。所以，充分理解和把握要保护的传统建筑和古村落在内容与形式方面所涉及的范围，让其和周围环境自然地过渡。

4. 对于传统民居建筑价值的保护

当下对传统民居的价值讨论，主要集中在艺术价值、科技价值以及社会历史价值三个方面。除此之外传统民居的人文价值，这是常常被忽略的一部分。对于现在很多的古村落旅游开发来说，过多的商业开发、原有住户的消失，使村落区域成为了商业观光空间。但对于游览者来说与其在这片区域体验，更愿意到周边还未完全开发的村落区游览，因为在这种区域内可以看到普通老百姓实实在在的生活状态，这种人文气息给予建筑与区域真实感与踏实感。人们对于古村落探索的兴趣点，不是要去寻找刺激，而是去寻找真实。所以对于传统民居建筑的保护，我们应考虑更加周全，让传统民居建筑的人文气质、生活气息能与其相随。

五、结语

古村落的保护发展在科学体系的建立、方法论的架构方面仍有太多需要完善的地方，对于我国古村落的保护关注与投入也需要加强。本文分析了现代化对村落的影响，总结了现代化进程中村落的发展形态，找出了现存的问题。最后反思了在实际中应怎样保护古村落，希望能对今后古村落保护提供借鉴与思考。

参考文献：

[1] 胡运锋. 新农村建设与中国现代化探析 [D]. 昆明：云南师范大学，2006.

[2] 彭凤志. 浅谈古村落保护存在的问题及解决对策 [J]. 中文信息，2015，(11)：324.

[3] 罗艳霞. 浅谈新农村建设中古村落保护出现的问题 [J]. 山西建筑，2010，36 (36)：36—37.

[4] 徐宗武，杨昌鸣，王锦辉. "有机更新"与"动态保护"——近代历史建筑保护与修复理念研究 [J]. 建筑学报，2015，(S1)：242—244.

基于海绵城市理念的干旱区城镇LID设施运用初探

宫瑞辰[1]　燕宁娜[2]

摘　要：在海绵城市建设的背景下，为了探究在干旱区城镇运用LID设施的方法，通过介绍海绵城市和LID的基本理念，以宁夏银川闽宁镇为例，结合其气候、土壤、植被、水文等情况，以当前试点城市建设经验为基础，初步提出了在闽宁镇运用LID设施的具体方法，为西北其他干旱区城市的海绵城市建设提供了思路。

关键词：干旱区；海绵城市；LID；营建技术

随着城市化发展，城市中硬化路面所占比例越来越高，导致雨后自然下渗减少，地表径流增加，严重时造成城市雨涝灾害。为了改善城市水环境和生态环境，2013年12月12日，习近平总书记在《中央城镇化工作会议》的讲话中强调："提升城市排水系统时要优先考虑把有限的雨水留下来，优先考虑更多利用自然力量排水，建设自然存积、自然渗透、自然净化的海绵城市"。同年10月住建部发布了《海绵城市建设技术指南——低影响开发雨水系统构建（试行）》（以下称《指南》）。2015年4月有关部门公布了第一批海绵城市建设的国家级试点城市名单，又于2016年4月公布了第二批试点城市名单。这一系列文件的发布揭开了我国建设海绵城市的序幕。

随后，有关如何建设海绵城市的研究数量逐年递增。由于海绵城市的理论仍在探索完善，研究实践尚处于发展初期，因此相关文献研究方向广泛，涵盖了区域海绵布局规划[1]~[3]、道路设计[4]~[6]、景观设计[7]~[9]、建筑设计[10]、[11]、给排水设计[12]~[14]等多个研究领域。学者们根据海绵城市理念和LID技术提出了一系列城市规划方案、公园设计和改造方案、道路铺装材料和施工建议、绿色屋顶设计和施工方案等，纷纷为国家推进海绵城市建设建言献策。

然而，由于当前海绵城市试点都位于非干旱区，导致学者们对于海绵城市建设及LID设施运用的研究也都立足于非干旱区城市。但因气候、地理差异，其建设思路和建设方法与干旱区城市不尽相同，因此干旱区城市该如何运用适宜的营建技术进行海绵城市建设亟需得到解答。

一、海绵城市理念和低影响开发技术

海绵城市最早由澳大利亚人口研究学者Budge（2006）用来比喻城市对人口的吸附现象。后来，更多的国内学者将"海绵"比作城市的雨洪调蓄能力[15]。顾名思义，海绵城市是指城市能够像海绵一样，在适应环境变化和应对自然灾害等方面具有良好的"弹性"，下雨时吸水、蓄水、渗水、净水，需要时将蓄存的水"释放"并加以利用。海绵城市建设应遵循生态优先等原则，将自然途径与人工措施相结合，在确保城市排水防涝安全的前提下，最大限度地实现雨水在城市区域的积存、渗透和净化，促进雨水资源的利用和生态环境保护[16]。

低影响开发（Low Impact Development，LID）指在场地开发过程中采用源头、中途和末端不同尺度的控制措施，通过渗、滞、蓄、净、用、排等多种技术，维持场地开发前的水文特征，也称为低影响设计（Low Impact Design，LID）或低影响城市设计和开发（Low Impact Urban Design and Development，LIUDD）。其核心是维持场地开发前后水文特征不变，包括径流总量、峰值流量、峰现时间等[16]。

低影响开发虽最初由美国学者提出，但在我国海绵城市概念提出后，成为海绵城市建设的主要途径之一，国内学者对其已进行了大量研究和应用。本文以闽宁镇为例对于干旱区城镇LID设施运用方法进行探究。

1　宫瑞辰，宁夏大学土木与水利工程学院，硕士生，750021，809347307@qq.com。
2　燕宁娜，宁夏大学土木与水利工程学院，教授，750021，459995540@qq.com。

二、闽宁镇自然条件

闽宁镇位于银川市西南部，贺兰山东麓。地形属贺兰山东麓洪基扇平原，地面自西向东微微倾斜，坡度平缓，一般为0.3‰，无切割，海拔为1130～1190米。镇域西部与内蒙古自治区阿拉善盟接壤，南部为青铜峡市，东北部为银川市区。全镇辖区南北长14.2公里，东西宽3.5公里，区域面积56.3平方公里，下辖地区福宁村、木兰村、武河村、园艺村、玉海村等。

1. 气候特点

闽宁镇属中温带大陆性干旱气候，其主要气候要素有以下几个特点：

干旱少雨，蒸发强烈

降水量变化大历年平均降水量200毫米，蒸发为降水量的12.5倍，多雨年降水量为少雨年降水量的4.3倍，变幅较大。

温差较大，无霜期短

历年平均气温为8.7摄氏度，气温日较差、年较差大，历年平均无霜期154天。

日照充足，热量丰富

年均日照总时数2800～3000小时。

冰冻期长，冻土较深

10月下旬开始结冰，结冰期近半年时间，历年最大冻土深度为105厘米。

风沙较多

大风集中于每年1～4月，历年平均风向2.4米/秒，历年最多风向为北风，次多风向为南风和东北风。

2. 土壤

闽宁镇土壤类型主要为淡灰钙土、山地灰钙土、山地灰褐土等，土壤质地粗、有机质含量低、渗透系数高。

3. 植被

闽宁镇植被类型为山麓荒漠草原、山地草原、山地树林草原、山地针叶林、压高山灌丛草原，具有典型的温带干旱、半干旱山地植物景观。

4. 水文

当地水资源较为短缺，地下水矿化度较高，平均为1.438克/升，pH值在7.0~8.0之间，含氟量和总硬度超标，达不到生活饮用水校准。

三、闽宁镇LID设施选择及优化

闽宁镇干旱缺水，而每逢雨季由于雨水设施不完善又常会造成雨涝灾害，雨水资源未能得到妥善利用，因此作为我国生态移民工程的示范城镇和我国第二批特色小镇，在城镇生态文明建设的背景下，选择适宜当地气候环境的LID设施以响应国家的海绵城市建设将成为其发展的必然趋势。

由于闽宁镇地处我国水资源缺乏的干旱区，在进行海绵城市建设、制定年径流总量控制时应兼顾对雨水的下渗减排和集蓄利用两个方面，即优先选用具有渗透和储存功能的LID设施（表1），可选用透水铺装、绿色屋顶、下沉式绿地、渗井、蓄水池和雨水罐等LID设施，其中透水铺装可沿镇区主干道和居住区的广场、道路敷设；绿色屋顶、雨水罐和蓄水池可设置于镇区居住区域；下沉式绿地则可布置在道路绿化带、镇区住宅绿化区和广场绿地。本文以当地气候环境特色为基础，参考国内外LID设施的建设和研究经验，初步提出了因地制宜地LID建设方案。

LID设施类型图　　　　表1

技术类型（按主要功能）	设施名称
渗透技术	透水铺装
	绿色屋顶
	下沉式绿地
	渗井
储存技术	蓄水池
	雨水罐
调节技术	调节池
传输技术	植草沟
	渗渠/渗管
截污净化技术	植被缓冲带
	初期雨水弃流设施
	人工土壤渗滤

1. 透水路面

透水路面是一种生态型路面，可使雨水快速渗透入地表，以减少雨水径流，补充地下水。按其材料不同可分为透水砖铺装、透水水泥混凝土铺装和透水沥青混凝土铺装等，可广泛应用于城市便道、非机动车道、广场和人行道的路面，由于透水路面的孔隙较多，存在易堵塞、在寒冷季节有被冻融破坏的风险。

闽宁地区粉煤灰丰富，可用于建设道路基层和底基层。此外，由于闽宁风沙较多、冬季寒冷，因此，在对透水铺装进行日常清洁护理之外，还应注重对透水路面的表面维护及路面抗冻融构造或材料的选择。

在进行透砖铺装建设时，根据孙宏亮[17]等学者的实验研究，可选用结构缝隙透水砖，其具有强度高、抗冻性好、造价低廉、下渗速率快等优点（图1），相较其他类型透水砖更适用于北方寒地海绵城市建设。

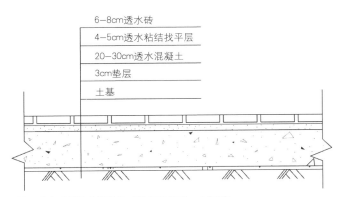

图1 透水砖铺装典型构造（用于车行道、人行道）
（图片来源：据水浩然. 小区雨水收集利用规划与设计 [M]. 北京：中国建材工业出版社. 2017.3-3清绘）

在进行透水混凝土铺装建设时，根据孙铂[18]和李斌[19]的实验研究，可选择树脂胶结高强陶粒透水混凝土，或是掺加10%水泥质量的透水混凝土即可减免其被冻融破坏的风险而得以保持良好的工作性能（图2、图3）。

2. 植物选择

绿色屋顶和下沉式绿地都是以大面积的植物覆盖为主的LID设施。

绿色屋顶是指通过在建筑屋面上种植花草树木而形成的绿化屋顶，可达到含蓄雨水、减少径流、缓解城市热岛、调节建筑室温等作用。但对屋顶荷载、防水、坡度、植被选择、养护条件等有严格要求。

广义的下沉式绿地指具有一定调蓄容积，且可以

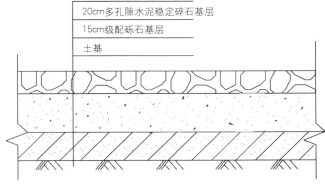

图2 透水混凝土典型构造1（用于人行道、非机动车道、景观硬地、停车场、广场）
（图片来源：据水浩然. 小区雨水收集利用规划与设计 [M]. 北京：中国建材工业出版社. 2017.3-7 清绘）

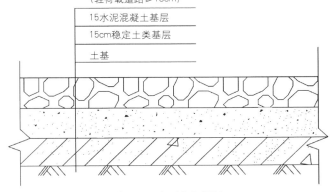

图3 透水混凝土典型构造2（用于轻型荷载道路）
（图片来源：据水浩然. 小区雨水收集利用规划与设计 [M]. 北京：中国建材工业出版社. 2017.3-8 清绘）

进行调蓄和净化雨后径流的绿地，包括生物滞留设施、渗透塘、湿塘、雨水湿地和调节塘等。其中，调节塘主要起调节作用，湿塘则需结合一定区域的景观水体完成建设，因此在气候干旱、水资源匮乏的闽宁镇不宜选用。

在闽宁镇进行绿色屋顶和下沉式绿地建设时，在满足基本构造要求（图4、图5）的前提下，主要在于对所种植物的选择，即根据闽宁干旱、日照充足、风沙较多、冬季寒冷的气候和土壤类型等条件选择耐寒、耐热、耐旱、抗风力强及耐水淹的乡土植物，一些可选用的乡土植物示例如表2所示。

3. 蓄水池

蓄水池指具有雨水储存功能的集蓄利用设施，同时也具有削减峰值流量的作用，具有节省占地、雨水管渠易接入、避免阳光直射、防止蚊蝇滋生、储存水量大

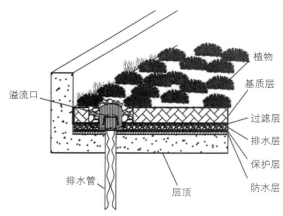

图4 绿色屋顶典型构造
（图片来源：据住房和城乡建设部. 海绵城市建设技术指南
[S]．2014.4—7.改绘）

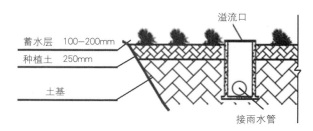

图5 下沉绿地典型构造
（图片来源：据住房和城乡建设部. 海绵城市建设技术指南
[S]．2014.4—8.改绘）

闽宁镇一些乡土植物特性表

表2

植物类型	植物名称	生长习性	观赏特性及用途
乔木	青海云杉	耐荫性强，耐寒（-30℃），喜凉爽湿润气候，中性土壤，耐旱，耐瘠薄	树体高大，树形整齐，适于孤植，群植，常作庭荫树，园景树
	油松	阳性，喜光，耐寒，耐干旱瘠薄土壤，生长中速	树干挺拔、树冠开展、姿态苍劲、四季常青孤植、列植、丛植、纯林或混栽
	樟子松	阳性，喜光，树冠稀疏，针叶稀少，耐旱、耐寒、对土壤适应性强	用于风景林、防护林、可片植、丛植、群植、可作背景树
	胡杨	喜光、抗热、抗大气干旱、抗风沙、抗盐碱、耐涝、耐寒、寿命百年。能够忍耐极端最高温45℃和极端最低温-40℃的袭击	树冠球形，叶形变化大，庭院栽植
	馒头柳	阳性，喜温凉气候，耐污染，速生，耐寒，耐湿，耐旱。在固结、黏重土壤及重盐碱地上生长不良。不耐庇荫，喜水湿又耐干旱	分枝点低、成多枝树形，小枝密而直立，半球形树冠外层，孤植作为风景树或河岸树。行道树，护岸树，常作街路树观赏，可孤植、丛植及列植
	桑树	喜光，喜温暖，适应性强。耐寒，耐干旱瘠薄和水湿，耐修剪，易更新。抗风力强，及有毒气体	桑树树冠宽阔，枝叶茂密，秋季叶色变黄，颇为美观，适于城区、工矿区四旁绿化
	龙爪柳	喜光、喜湿润的沙壤土、稍耐盐碱、耐水湿耐干旱、耐修剪、耐移植	树干直立、树冠倒卵形、枝条斜上伸展、呈卷曲状，枝叶奇特，植于绿地、庭园
	杜仲	性喜光、喜温暖湿润气候、耐寒、耐干旱高温、深根性、抗风力强，对有害气体有强耐性	树形整齐、美观、树干端直，枝叶繁茂，理想的庭荫树。坡地水畔丛植，混交栽植，行道树
	铅笔柏	适应性强，能耐干旱，又耐低湿，既耐寒还能抗热，抗瘠薄，在各种土壤上均能生长	园景树、行道树。性耐修剪又有很强的耐荫性，下枝不易枯，冬季颜色不变褐色或黄色，且可植于建筑之北侧阴处
灌木	砂地柏	阳性，耐寒，极耐干旱，生长迅速，耐瘠薄，耐盐碱	匍匐状灌木，枝斜上；地被、基础种植、坡地观赏及护坡
	黄刺玫	阳性，耐瘠薄、耐寒，耐干旱	春末夏初观花、庭院观赏、丛植、花篱
	紫穗槐	阳性，耐水湿，干旱瘠薄和轻盐碱土，抗污染	护坡固堤、林带下木、防护林
	蜀桧	喜光，但耐荫性很强，耐寒、耐热，对土壤要求不严，能生于酸性、中性及石灰质土壤上，对土壤的干旱及潮湿均有一定的抗性	是园林绿化中柏科重要树种，亦可作绿篱。顺片鳞形，少刺，与刺柏近植易变形而多刺
	柠条	耐旱、耐寒、耐高温，是干旱草原、荒漠草原地带的旱生灌丛	深根性树种，主根明显，侧根根系向四周水平方向延伸，纵横交错，固沙能力很强
	杜松	阳性，耐寒，耐干旱瘠薄，抗海潮风，生长慢	绿篱、庭院观赏杜松枝叶浓密下垂，树姿优美，北方各地栽植为庭园树、风景树、行道树和海崖绿化树种

等优点。其收集的雨水可回用于市政用水绿化灌溉、冲洗路面和车辆等，一定程度上缓解城市的供水压力。

处于寒冷地区的闽宁镇建设蓄水池时需要注意采用防冻措施，如适当放缓池内坡比、在池内坡表面铺设抗冻胀性能的卵砾石层，还可提高坡面混凝土板抗冻标号，内设防冻胀的变形缝等（图6）。

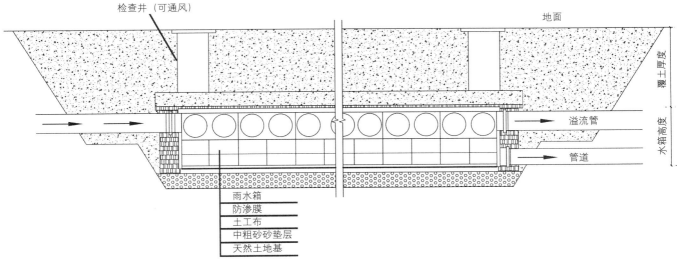

图6　蓄水池典型构造（图片来源：据水浩然．小区雨水收集利用规划与设计[M]．北京：中国建材工业出版社，2017.3-70 清绘）

4. 雨水罐

雨水罐为地上或地下封闭式的简易屋面雨水集蓄利用设施，可用塑料、玻璃钢或金属等材料制成，可在闽宁镇村落的每户院落内加设。在冬期来临前应将雨水罐及其连接管路中的水放空，以免受冻损坏（图7）。

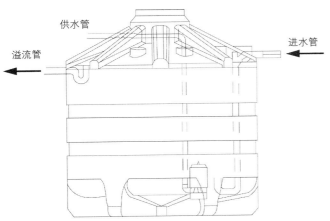

图7　雨水罐典型构造（图片来源：据水浩然．小区雨水收集利用规划与设计 [M]．北京：中国建材工业出版社，2017.3-64 清绘）

四、结论

在当今城市"海绵化"建设的潮流中，干旱区城市由于缺少建设经验及研究而滞步不前。本文通过对海绵城市和LID技术概念的介绍，按因地制宜的原则，以闽宁镇当地的气候、土壤、植被、水文等自然条件为基础，结合国内外LID建设的实践和研究经验，初步提出了在闽宁镇对LID设施的选择和优化方法，从而达到改善当地生态和居住环境，缓解其城镇供水压力的目的，为干旱区城市运用LID营建技术和建设海绵城市提供了方法和思路。

参考文献：

[1] 睢晋玲，刘淼，李春林等．海绵城市规划及景观生态学启示——以盘锦市辽东湾新区为例 [J]．应用生态学报，2017，28（03）：975-982．

[2] Hao W，Chao M，Liu J．Systematic construction pattern of the sponge city [J]．Journal of Hydraulic Engineering，2017，48（9）：1009-1014 and 1022．

[3] 施萍，郭羽．基于"生动、生态、生机"理念的海绵城市规划实践——以上海张家浜楔形绿地规划设计为例 [J]．给水排水，2017，53（02）：59-62．

[4] 刘金，陈敏敏，侯占清等．承重型多孔排水混凝土施工技术 [J]．施工技术，2018，47（05）：83-85．

[5] 黄宁俊，张斌令，王社平等．陕西西咸新区海绵城市LID市政道路设计 [J]．中国给水排水，2017，

33（24）：61—66．

[6] 王宁．基于海绵城市理念的城市道路设计方案探讨 [J]．给水排水，2016，52（11）：27—31．

[7] 李英华，李德巍，张建军等．海绵城市建设中LID设施的生态景观设计 [J]．中国给水排水，2017，33（16）：65—69．

[8] 李倩楠，吴文婷，汤佳等．雨洪管理理论及其在城市景观规划中的应用述评 [J]．给水排水，2016，52（S1）：155—160．

[9] 陈晓菲．基于生物多样性的海绵城市景观途径探讨 [J]．生态经济，2015，31（10）：194—199．

[10] 戎贵文，沈齐婷，戴会超等．基于海绵城市理念的屋面雨水源头调控技术探讨 [J]．水利学报，2017，48（08）：1002—1008．

[11] 胡颖．基于低影响开发理念的海绵校园建设方案研究——以江苏城乡建设职业学院海绵城市示范项目为例 [J]．节水灌溉，2016（12）：112—115+119．

[12] 于洪蕾，曾坚．适应性视角下的海绵城市建设研究 [J]．干旱区资源与环境，2017，31（03）：76—82．

[13] 张亮，俞露，任心欣等．基于历史内涝调查的深圳市海绵城市建设策略 [J]．中国给水排水，2015，31（23）：120—124．

[14] 胡灿伟．"海绵城市"重构城市水生态 [J]．生态经济，2015，31（07）：10—13．

[15] 俞孔坚等．"海绵城市"理论与实践 [J]．城市规划，2015，39（06）：26—36．

[16] 住房和城乡建设部．海绵城市建设技术指南 [S]．2014．

[17] 孙宏亮，张岩，王雪松等．北方寒地透水人行道系统研究 [J]．市政技术，2018，36（01）：23—25．

[18] 孙铂．新型透水混凝土路面铺装材料的制备及性能研究 [D]．吉林：吉林大学，2017．

[19] 李斌．掺橡胶颗粒透水混凝土的性能研究 [D]．济南：山东科技大学，2017．

北茶马古道沿线陇南地区传统民居考察研究

——以朱家沟社为例[1]

卢晓瑞[2] 孟祥武[3]

摘 要： 北茶马古道是近些年发现的位于甘肃陇南地区的重要文化线路遗产，其沿线民居也具有文化渐进和混合的特征，具有一定的研究价值。因此，该文以陇南沿线的传统村落朱家沟为实例，着重分析了朱家沟的自然环境、空间形态、民居建筑的平面形制、空间组成以及结构技术、装饰艺术、聚落活化。旨在通过对朱家沟民居建筑的介绍和分析，使人们对其文化线路上的民居有一个初步的认识和了解。

关键词： 陇南；民居；形制；聚落

引言

陇南，甘肃省下辖地级行政区，简称"陇"，位于甘肃省东南端，东接陕西省，南通四川省，扼陕甘川三省要冲，是西北—西南重要的交通枢纽联结地，素有"秦陇锁钥，巴蜀咽喉"之称。此地理区域内古道交通发达，历史上古道干线和支线交错分布，构成完整的自唐宋以来"茶马古道"文化遗产体系，记录了从唐宋以来以茶马互市贸易为主的历史，是茶马古道线性文化遗产考察研究的丰富历史物证。因此，这里不仅孕育了文明，同时也积淀了丰厚的文化底蕴，作为文化载体的民居同时也具有鲜明的特征。而朱家沟村正处在北茶马古道甘肃段干线的一条支线上，在调研的过程之中发现其由于交通不便，城镇化发展缓慢，因而传统民居较多地保留了初建时的形态。因此，该地区民居也是这一地域环境中的代表。

一、朱家沟村概况

1. 区位特征

朱家沟位于甘肃省陇南市康县中南部地区的岸门口镇（图1），东经105° 38′ 5″，北纬33° 6′ 9″，距

图1 朱家沟社区位图（图片来源：自绘）

县城8公里，地势南高北低，两面环山，村落整体位于燕子河南岸，两山沟口位置，自然条件良好，资源丰富。

2. 历史沿革

据朱氏族谱记载朱家沟始建于明成化年间（1465~1847年），由四川绵竹县朱氏迁徙而来，此后朱氏家族成为经商世家，家族财力强大，逐渐成为康县五大家族之一。由于世代在此聚居，逐渐形成了本地望族，并建有其家族墓葬群和大量古宅建筑。朱氏祖坟是康县至今最大的土葬文化古墓群，大多为清中期、清晚期的墓穴，在朱家祖坟的墓志上，都是朱氏族人，没有异姓

1 基金项目：国家自然科学基金资助项目（51568038）。
2 卢晓瑞，兰州理工大学设计艺术学院，硕士，730050，419252543@qq.com。
3 孟祥武，兰州理工大学设计艺术学院，副教授，兰州，730050。

墓穴。这种特有的文化传承也形成了独特的康县土葬文化。而朱家沟一直留存下来的古宅建筑，在5·12地震灾害中受到一定程度的损毁。灾后重建时，由于村内街道较窄，导致重建工作无法顺利进行，也因此幸运地保留了几座百年老宅，与此同时村落也保留了完整的形态和布局格局，2016年12月，朱家沟村被列入第四批中国传统村落保护名录。

二、朱家沟聚落形态特征分析

1. 选址原则

朱家沟社整体位于山谷之中，据朱氏后人朱彦杰所说，村落背靠牛头山，前对燕子河，从风水学的角度看，有"象鼻吸水[1]"之势，是敛财吸金，开枝散叶之地；从家族防卫角度看，在土匪横行之时，背靠大山，前距河流，是天然的易守难攻之地，也是保护地主阶级财产之地。而朱家沟村内有一条溪流，常年有清澈的山泉流淌，在村头隐于水渠之下，蜿蜒流入燕子河。朱家沟的选址有负阴抱阳之势，且村内的小溪对村落的小气候也有一定的改善作用。

2. "两道一溪"的道路系统（图2）

道路系统作为构成聚落的骨架，通往每家每户，并且决定了整个聚落空间的形态。[2]街巷是伴随着村落

图2　道路系统分析（图片来源：自绘）

的形成和发展逐渐成型的。与现代道路规划截然不同的是，聚落中的街巷多是在建筑建造布局中自发形成的公共空间。而朱家沟通过"两道一溪"的道路系统构成了主次分明，秩序井然的交通系统。"一溪"指的是村内流淌着的溪流，将村落一分为二，建筑顺应溪流成"鱼骨式"布局，这条小溪也构成了村子的中轴线；"两道"指的是朱家沟的主干道，而只有一条与外界相通，两条都相对较窄，故交通不便，无法通车，只能步行到村内，其余小路大多为石板铺坡，或石子墁道，又或石条筑阶。尺度与空间的变化更是丰富多样，游走于其间给人以不同的空间感受，道路高程变化丰富，形成有机、趣味的道路网络，也留给看客无尽的遐想和回味。而正是因为这样的空间格局，使村子既保持与外界联系性，同时又保持其相对独立性，建筑留存较为完整，具有原生态的气息。

3. 景观构成

朱家沟的景观构成主要包括自然景观和人文景观。自然景观主要是由村内的小溪构成的，兼做排洪沟的用途，并且有清澈的山泉流淌，最终汇入燕子河。而人文景观主要是依托这条小溪，灾后重建时，在村口打造了一处水景瀑布，让游客眼前一亮；在村内，利用当地的石材、瓦片，布置了一些景观节点。朱家沟位于整个村落轴线的中心位置，统领整个村落景观（图3）。

三、朱家沟民居形态特征分析

居住建筑是聚落中最重要的建筑形式，是劳动人民赖以生存的主要活动空间。朱家沟位于山林之间的沟谷地带，民居风格朴实厚重，布局严谨，并受到了四川移民文化的影响。

1. 朱家沟民居类型分析

1）从院落形态来看，朱家沟传统民居多为"四合院"式，以一进院落为主，建筑形态是一种"转角楼"式的合院模式。较为突出的特征是位于整个院落最高点的正房处多有高台基，与院落之间的高差多在1米左右，其典型代表为朱氏家族朱锦秀的老宅院——"朱家大院"，系一门三进"转角楼"四合院建筑（图4）。

1　水为财，吸水及聚财，大象乃吸水聚财之物。

2　朱向东，郝彦鑫.传统聚落与民居形态特征初探——以山西平顺奥治村为例〔J〕.中华民居，2011（12）：48—49.

用木材所制的秋千

收集瓦片搭建的景观小品

入口打造的水景

为行人搭建的小桥

图3　景观节点（图片来源：自摄）

2）按平面形式主要分为四种，即"一字形"、"L形"、"U形"、"回字形"，大多为二层，四者之间的做法并无二致，其一层的功能是供人居住活动，二层的功能主要是存放粮食、杂物等（图5）。

朱家大院高台基

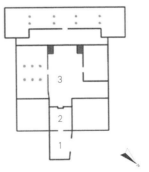
朱家大院平面示意图

图4　朱家大院简图（图片来源：自绘自摄）

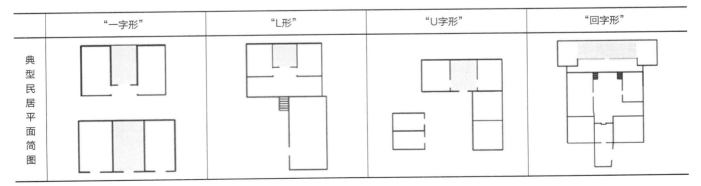

图5　平面简图（图片来源：自绘）

3）按建筑材料分类，村落内的建筑多为木质材料。除木材外，古村落内还包括土坯砖、石材、瓦材等建筑材料。在朱家沟内，部分建筑的墙体为石墙，其特殊性在于受到了羌族文化的影响。因此，建筑构件所使用的建筑材料种类丰富，体现了古代建筑营造之中对多样性材料的追求和探索（图6）。

2. 朱家沟的建筑结构和营造技艺

在古村落内建筑主体为穿斗式木构架为主的土木混合的结构形制，建筑空间较为高大宽敞。台明与台阶

部分多以当地的石材作为主要材料，墙裙以及台基多使用岩石斜砌技术进行营建，其目的为加强结构的稳定性。建筑墙体则使用当地娴熟的版筑夯土墙体为主，也有使用土坯进行营建的。夯筑墙体进行分层夯实，层间以石块进行拉结，安全稳定效果较好。建筑大木构架部分，柱、梁多选优质、体积较大的木材作为其基本构件，其他枋、椽等构件用材较小，且大多没有经过精细的加工制造，从而形成了较为粗犷的用材特征。其传统民居的建筑结构大体简单明确，而转角楼部位的构造较为复杂。屋顶部分大多使用的是明瓦明椽的建筑构造，主要是考虑到当地较为湿热的气候特征（图7）。

木质窗　　　　　　石材　　　　　　　　　　夯土　　　　　　　竹编篱笆

图6　建筑材料种类多样（图片来源：自摄）

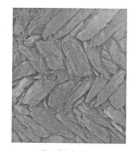

岩石斜砌技术　　　石块进行拉结　　　　　粗犷的木构件　　　　室内木结构

图7　建筑结构示意图（图片来源：自摄）

3. 朱家沟民居的装饰艺术

朱家沟民居的装饰正如其建筑一样，朴实和简洁。由于康县地区多雨水，湿气较大，因此建筑梁架多不施彩绘，木质表面施大漆用以防虫，亮丽的色彩并不是当地民居所追求的目标，而更多的是基于对木料本身的保护作用，因此华丽的装饰构件在朱家沟的民居建筑中很难见到，唯有材料本身所显露出的浓浓的乡土味道。朱家沟的民居建筑木构架的装饰主要集中在露明的构架、柱础以及栏杆等上面。其露明部分，都被进行了适宜细部装饰，使建筑看上去也更加宜人和亲切。而随着岁月的流转，多数木构架表面有被油污熏黑碳

化的现象，虽不甚观瞻但却可以达到良好的防虫效果（图8）。

门鼓石　　　　　　　雕花

图8　装饰细部图（一）（图片来源：自摄）

镂空窗　　　　　　　　石柱础

图8　装饰细部图（二）（图片来源：自摄）（续）

四、朱家沟民居的特质分析

通过上述对朱家沟民居的分析，我们可以看出该地区民居建筑正是基于一定的平面形制下，通过整合材料、结构、装饰等组成建筑的各个因素，形成自己稳定的形态特征。譬如那条小溪发出潺潺的流水声，使这座村子变得更加幽静，再比如那不经过多考究的建筑用材、结构以及不加过分装饰的建筑构件，都可以彰显出当地建筑的特性。因此，朱家沟的民居建筑表现出的特质可以概括为：柔静、粗犷、质朴。事实上，在与朱家沟不断的接触中，从古镇历史、文化、人物乃至各种场景中，隐隐约约也能感觉到这种特质的存在。它的存在不仅在民居之中，也表现在了朱家沟人的性格与生活之中。

五、朱家沟传统聚落的演变

传统聚落建筑的变化是漫长而渐进的发展过程，发生在其间的生产生活随经济的发展变化势必产生新的适应和变化。对于朱家沟近百年的发展来说，交通的相对闭塞影响了经济的发展，但却意外地保留了纯朴的民风和浓郁的地方文化。而如今，在保护传统建筑物质载体的基础上，对村落进行了以"红色文化"为主题的旅游开发，其目的是为了使村落可持续的发展下去。

保护与活化是对立统一的关系。活化的目的是为了适应城市经济结构的变化，而保护则试图限制变化，在文化延续和发展中进行整体性和原真性的保护。在这个过程中，势必会破坏村落的整体风貌。而另一方面，对于朱家沟的保护与活化的共同点都是为了朱家沟的健康可持续发展。因此，如何协调两者的关系，值得我们深思。

参考文献：

[1] 孟祥武，骆婧. 北茶马古道沿线陇南传统民居类型化研究 [J]. 建筑学报. 2016（15）：38—41.

[2] 孟祥武，骆婧. 陇南各县域传统民居形态特征研究 [J]. 古建园林技术，2016（3）：51—56.

[3] 朱向东，郝彦鑫. 传统聚落与民居形态特征初探——以山西平顺奥治村为例 [J]. 中华民居，2011（12）：48—49.

[4] 伍静，罗谦. 以柳江古镇为例探讨传统聚落的保护与活化 [J]. 四川建筑，2015，35（2）：27—28.

[5] 闫杰. 汉中民居建筑研究—以古镇青木川为例 [J]. 华中建筑，2008，26（4）：102.

广西三江程阳八寨侗族传统聚落的保护与传承发展

张 琼[1]

摘 要： 现如今社会的工业化、城镇化使侗族传统村落日益衰败、走向瓦解，因此加强侗族传统村落的保护刻不容缓。文章以程阳八寨为例，辨证地分析了程阳八寨村落保护现状的利与弊，进而对程阳八寨侗族传统聚落的保护与传承发展提出具体的策略。

关键词： 程阳八寨；侗族；木构营造技术；保护与传承

引言

传统村落是传统文化传承的重要载体，是历史发展的宝贵资料。侗族村落作为中国传统村落的一部分，丰厚博沉，纷华照眼，魅力不衰，侗寨建筑、侗乡技艺无不打动人们，其历史文化源远流长，民风民俗博大精深，木构技术巧夺天工。加强侗族传统村落保护发展，有利于增强民族的文化自信，延续民族独特鲜明的文化传统，有利于保持中华文化的多样性。然而，随着城市化进程的发展，侗族村寨日益遭到破坏，聚落本土化的东西逐渐变异、衰弱，甚至面临消失的危险，呈现出城镇雷同化。因此，加强侗族传统村落保护发展刻不容缓、迫在眉睫。

一、程阳八寨基本概况

程阳八寨位于广西省柳州市三江侗族自治县林溪乡的林溪河畔，距三江县城19公里，由马安寨、平坦寨、平寨、岩寨、东寨、大寨、平铺寨、吉昌寨八个侗寨组成（图1），面积12.55平方公里。2007年被命名为"中国首批景观村落"，2009年被授予AAAA级景区称号。国家重点文物保护单位——程阳永济桥景点就坐落在程阳八寨旁的林溪河上。程阳八寨涉及三个行政村，程阳八寨的历史暂时无法考证，后人公认程、阳二氏为这块土地的祖先，杨、吴、陈、石、李等几个姓氏从各地先后迁徙于此。

程阳八寨是典型的南部侗族村落，旅游资源丰富，具有悠久的历史文物古迹、淳朴的民俗风情文化、奇特的自然山水风光，溪流纵横、层叠山体造就了灿烂的建筑文化，鼓楼、风雨桥、门廊以及侗寨吊脚楼等丰

图1 程阳八寨全景图

1 张琼，广州大学，510006，925007468@qq.com。

富的建筑元素构成了别致而独特的美景。

二、程阳八寨传统侗寨保护内容

广西三江程阳八寨传统聚落的保护主要包括两个方面：一是要注重物质文化遗产的保护，二是注重非物质文化遗产的保护。

1. 物质文化遗产

物质文化遗产是指看得到的、有形的文化遗产，在载体中得以实现，侗族村落包括公共建筑（鼓楼、风雨桥、寨门、祠堂等）、民居以及自然环境等，广西三江程阳八寨顺应自然，围绕林溪河流域分布，沿等高线布局，缩窄间距，前后形成高差，视野开阔，阳光充足。民居、鼓楼、风雨桥依托于自然之中，大多巧用地形，错落有致，轻盈简朴，形成了和谐的层次美。有鼓楼13座、风雨桥7座，还有寨门、戏台以及飞山庙等公共建筑（图2）。

2. 非物质文化遗产

非物质文化是指看不到的、无形的文化遗产，指

被各群体、团体、有时为个人所视为其文化遗产的各种实践、表演、表现形式、知识体系和技能及其有关的工具、实物、工艺品和文化场所。广西三江程阳八寨侗族村落包括木构营造技术和思想观念文化等。侗族木构建筑营造技艺于2006年被列入国家级非物质文化遗产，侗族木构建筑不仅造型独特，技艺复杂，其营造过程更承载着厚重的文化信息，是了解中国传统建筑文化的"活化石"。侗族的思想观念包括：①"天人合一"的思想，生态为本，天地为大，人与自然和谐共处。②有着突出的群体意识。其思想观念、价值取向和行为准则都明显具有群体性。传承至今的侗族群体意识观念，有利于维护集体，促进统一，构建和谐社会，创造安定团结的美好生活。③注重堪舆学，建造任何建筑都要请地理先生来堪舆地基。④注重伦理道德，鼓楼崇拜与神学崇拜。

三、程阳八寨传统村落的问题

1. 基础性研究工作不足

笔者在2018年7月进行广西三江侗族自治州田野调查时，曾前往三江县非物质文化遗产科学院、三江县文物局以及各个镇、村的镇委、村委等政府部门，想获得有关林溪镇的地图以及村寨相关资料。各部门的资料基

行政村名	自然屯名	鼓楼名称	图片	行政村名	自然屯名	鼓楼名称	图片	风雨桥名称	图片
平岩村	平寨屯	平寨老鼓楼		程阳村	程阳屯	平懂鼓楼		程阳永济桥	
		平寨新鼓楼				大寨鼓楼		普济桥	
	岩寨屯	岩寨老鼓楼				农丰鼓楼		万寿桥	
		岩寨新鼓楼		平铺村	平铺屯	平铺上屯鼓楼		合龙桥	
	马安屯	马安老鼓楼				平铺下屯鼓楼		频安桥	
		马安鼓楼			吉昌屯	吉昌鼓楼		岩寨风雨桥	
	平坦屯	平坦鼓楼						风雨桥	

图2　程阳八寨鼓楼与风雨桥

本上没有，地图说在谷歌地图上查找，然而只能够找到镇一级的地图，鼓楼、风雨桥等公共建筑说就在村内，可以前往去看。仅有多年前的文物修复工作的表格和近期的申请木构传承人的名单。可能是作为当地人，对侗族传统村落的基础性工作没有整理归纳意识，没有专门的政府部门针对村落各方面进行统计，特别是较偏远的地区，基本没有任何资料，更不用说对侗族传统村落进行一个整合成数据库的过程。而且从事广西侗族聚落的相关项目研究的学者也比较少，仅仅只有广西师范大学老师赵巧艳，是中国侗学会会员，从人类学角度对广西侗族进行研究；柳州城市职业学院老师刘洪波，在学校创办了侗族木构建筑营造技艺博物馆；还有柳州文化局非遗专家杨永和老师和中国侗族文学学会会长吴浩老师对广西侗族进行研究，吴浩老师现已去世，因此导致缺乏基础性研究工作和数据。

2. 木匠得不到重视

木匠是保证聚落空间营造的关键性人物，也是村落木构营造技术传播的主要承担者。目前匠师群体的组织形式，现在包括以个人、团队、企业等，承接的项目除了本村内集资筹建的建筑，还包括其他地区的公共性建筑等，寨内筹建的建筑由于是造福于寨内的村民，一般是没有工资的。而一些其他地区的公共性建筑，由于公司资历不够，建筑设计以及验收阶段达不到行业资质和技术要求，不能够独立接管项目，只能够委托其他有资历的公司代理接项目，就这样逐级递减，由开发商到代理公司再到木匠师傅，最后，到木匠师傅手里的工资少得可怜，木匠师傅得不到重视，回报低薪资待遇低，做木匠的人就越来越少。一些会木匠的师傅大都年事已高，许多年轻人缺乏耐心和兴趣，愿意主动学习这门技艺的年轻工匠非常有限，接班人断层，侗族传统木构营造技艺面临"人去艺亡"的严峻局面。

3. 村寨空心化问题

"空心村是在城市化滞后于非农化的条件下，由迅速发展的村庄建设与落后的规划管理体制矛盾所引起的村庄外围粗放发展而内部衰败的空间形态的分异现象。"由于程阳八寨的产业主要靠种植杉木、茶叶和发展旅游业，由于受到地理位置的限制，居民收入差距明显，大多数不能够满足家庭的正常开支，村寨内年轻的男士都选择外出打工，村里基本上只剩下年迈的老人和小孩子。很多具有悠久历史的传统民居因为无人居住而逐渐破败，老宅破旧不能再住，只能拆除作为建材或者

柴火。村寨空心化问题严重，村内缺乏主要劳动力，导致土地资源的极大浪费，木构技术也得不到传承，传统聚落环境和聚落文化也难以继承。

4. 现代化的冲击

随着经济的发展，在外界城市化观念不同程度的冲击下，外出接受教育的小孩和外出打工的人在审美要求、居住观念上存在明显的差异，希望住上"水泥楼房"。为了改善老房子带来的生活问题，大部分农村居民盲目模仿"城市流行的样式"，采用新样式、新材料，并且无设计、无监督，导致与古朴、纯净的乡土气息格格不入，新房建设千篇一律，这就导致了"新"与"旧"对立的局面。特别是程阳八寨的平埔村，它与其他几个村子隔得较远，从公路上看过去，基本上全部变成了砖房"方盒子"，据平埔村村民透露，平埔村村民基本上都想住砖房子，程阳八寨都想把平埔村除名了（图3）。

图3 平埔村全貌

5. 旅游业的不足

旅游业的发展本来可以把外面的人引进来，促进程阳八寨的经济发展。但是，也不可避免地带来了一些问题，例如，旅游业的过度开发，程阳八寨为了吸引游客，对经济利益的追求，农家乐、宾馆、超市等商业用房建设日益增多，新建了游客服务中心、停车场、景区大门、显眼的各种标识牌。建筑体量规模日益增大、层数过多、建筑风格混乱，完全脱离了传统形式。还有由于监管不到位，造成对自然环境的破坏和污染，游客的增多导致垃圾的增多，影响整个村落的面貌，特别是村内都是木建筑，一根烟头就有可能导致火灾。

四、政府保护性积极措施

国家为了保护和建设历史文化村落，改善人居环

境，实现传统村落的可持续发展，从2012年开始在全国范围内组织了传统村落摸底，先后确立了五批中国传统村落保护名录。其中程阳八寨的平岩村于2013年被列入了第二批中国传统村落。

文物局作为中华人民共和国国务院的文物行政单位，在省级、市、县级文物保护单位中，选择具有重大历史、艺术、科学价值者确定为全国（省级）重点文物保护单位，或者直接确定，并报国务院核定公布。程阳八寨有一处全国重点文物保护单位——"程阳永济桥"和一处县级重点文物保护单位——"平寨鼓楼"（图4）。

图4　文保单位

程阳八寨还先后获得了许多殊荣称号，2007年被命名为"中国首批景观村落"，2009年被国家旅游局授予国家级AAAA级景区称号，2016年，广西壮族自治区柳州市平岩村被评为"中国十大美丽乡村"等。

为了使中国的非物质文化遗产保护工作规范化，国务院要求各地方有关部门贯彻"保护为主、抢救第一、合理利用、传承发展"的工作方针，切实做好非物质文化遗产的保护、管理和合理利用工作，侗族木构建筑营造技艺于2006年5月被列入国家级非物质文化遗产项目。2008～2012年，确定了国家级、省级以及市级的侗族木构建筑营造技艺非物质文化遗产代表传承人。程阳八寨的平岩村有两位国家级非遗传承人杨似玉（1955年8月）和杨求诗（1963年10月）、二位市级非遗传承人和七位县级传承人。

政府还在三江县内设立了三江侗族生态博物馆，既是侗族资料搜集中心和侗族文化研究、展示中心，也是广西民族博物馆侗族研究工作站，全面展示侗寨建筑、工匠技艺、民风民俗、侗族服饰等侗族文化。在柳州城市职业学院成立了非物质文化遗产传统技艺研究学会，提高技术手段和人才培养，开展木构技艺社会培训、培养传统技艺人才，不仅对木匠师傅的职业素养的职业道德进行规范，还让社会人士对木构技艺的认识和兴趣得以提升。政府还花巨资拍摄大型纪录片《中国侗族在三江》、《田歌》，对侗族文化进行宣传。国家还大力发展旅游业，不仅促进当地的经济发展，还向世界打造一张中国美丽侗乡的崭新名片。

五、传统侗族村落保护与传承思考

1. 传统村落保护与发展实践案例分析

日本中部的岐阜县白川乡合掌村于1995年12月被登录为联合国教科文组织的世界遗产。屋顶为了防止积雪建构成60°的急斜面，犹如双手合掌而得名（图5）。村内有113栋合掌造，其中109栋被指名保护，由于德国建筑学家布鲁诺《日本美的再发现》，旅游业兴起，然而当地居民保护地域文化，生态环境，没有让村落受半点破坏，该村落有几点值得我们借鉴：①保护原生态建筑。屋顶采用茅草，当一家需要更换时，家家户户会携带茅草参与更换，一天方可完工。②制定景观保护和开发规则。村民自发制定自然保护协会，制定《住民宪法》、《景观保护准则》。③建立博物馆。博物馆是数栋与合掌建筑交相辉映的建筑和日本园林组合而成，十分和谐，有较高的审美价值。④旅游业和农业结合发展。旅游也不影响农业发展，两者紧密结合，提高整体经济效益。⑤开发传统文化资源。充分发掘乡土特色传统，让游客在体验中获得乐趣，增长对传统村落的了解。⑥配套建设商业区。每家店都有本地特色的卖点，设计布局与门店装饰也提升了景观效果。⑦民宿与旅游

图5 日本合掌村

结合。新旧建筑相结合，做到了新中有旧，旧中含新。⑧与企业联合建立自然保护基地。建立了一所体验大自然的学校。

2. 程阳八寨侗族传统村落保护与传承的建议

1）整体性规划保护

保护程阳八寨不能片面的考虑保护哪一座风雨桥、哪一个鼓楼或者说哪一个村落，也不能任由村民去自发式地建设村落，应该统筹安排聚落的生态体系，研究地理格局，在整体规划之下构建聚落的基本框架，然后结合程阳八寨的现状条件、地貌特征、人口分布及密集程度和城市规划要求合理布局，并与周边环境相互结合，注重现代村镇规划体系与乡土智慧的结合，深入挖掘传统聚落的精髓和遗留的片段，化零为整，将零散的传统聚落片断连为整体。并制定一些规章制度约束聚落群众中的消极行为。

2）资料型保护

政府设立专门的部门，确保乡村社会基层政府组织在乡土聚落保护中能发挥积极、主动的作用。将程阳八寨侗族村落的相关历史背景、文献资料、地理位置、公共建筑进行资料的拍摄测绘、民居进行统计、工匠的技术流程，谱系传承以及基本资料进行收集、实物资料和相关数据进行收集整理，开展普查工作，建立侗族传统聚落资料库。并且引进相关学术人才与专家，对侗族聚落进行系统性地研究。

3）修缮性保护

如何使原生态的侗族传统建筑贯彻"不改变文物原状"的原则，修旧如旧的保持地域性、民族性的同时又具有宜居性便具有了长远的战略意义。保留程阳八寨的原有布局和建筑风格，在开发中不能拆除有传统意义的建筑，要建设性地修葺。我们必须坚决抵制"方盒子"的出现，让建筑的功能得到提升的基础上，建筑的外观必须复原。程阳八寨很多建筑都在砖墙外包木板，变成了裹着木头的方盒子，但是已经完全失去了地域风貌，我们首先应该维修和加固内部结构，保证建筑的稳定性和使用年限。同时，解决隔音、防火、防盗的问题。另外，内部的排水系统，厨卫应该有个统一的规划，让当地的村民在家里可以过便捷的较为现代化的生活。古寨每栋建筑的外观都保持原有的侗家特色，才能使整个村寨保持着最原始的风貌。"修旧如旧"会使村落有民俗特色，会吸引更多的游人，村民生活质量的提高必然会使外出的人数减少，使空村慢慢恢复热闹，这些一系列的变化都是相互联系、相互受益的。

4）宣传性保护

本村的村民对自己村落的认同感不足，重要性认识不够；外来游客对侗族村落的了解不足，导致侗族传统村落文化的封闭性。要改变这种状况，第一要务是加强宣传，让村民充分认识到保护传统村落的重要意义，增强民族自豪感，以提高人们本村村民的保护意识和认同感，增强保护意识，自觉参与保护活动。第二是通过宣传片、纪念物（明信片、侗寨钥匙扣、侗族建筑模型拼图）等媒介让游客更加了解侗族，也起到宣传侗族的作用。传统村落保护是全社会、全民族的事，其重要性要使居民知晓、社会群体知晓、政府知晓，要通过宣传使之深入人心。

侗族传统聚落的保护与传承，应该从人与物两个方面考虑，积极发掘传统文化对现实发展的启迪意义和内在价值，传承民族文化，维护本土文化，赋予侗族传统村落无穷的生命力。

参考文献：

[1] 邓玲玲. 侗族村寨传统建筑风格的传承与保护 [J]. 贵州民族研究，2008，(5)：77-82.

[2] 宁洁. 浅析侗族鼓楼建筑遗产的保护与发展——以湖南省怀化市通道侗族自治县为例 [J]. 建筑与文化，2017，(9)：142-143.

[3] 刘洪波. 侗族木构建筑营造技艺保护与传承现状分析——以三江县为例 [C]. //第二十届中国民居学术会议论文集. 柳州城市职业学院，2014：406-408.

[4] 姚力，李震，郭新等．永宁古镇传统民居保护现状与展望［J］．南方建筑，2017，（1）：40—46．

[5] 蔡凌，邓毅，姜省．城镇化背景下侗族乡土聚落的保护与发展策略［J］．城市问题，2012，（3）：30—34．

[6] 孙永萍．广西传统民居的生态观与可持续发展技术——以程阳八寨为例［J］．规划师，2008，（9）：62—64．

休闲旅游视角下滨海村落的公共空间更新策略研究

——以深圳大鹏半岛鹤薮村为例[1]

马 航[2]　阿龙多琪[3]　刘丽媛[4]

摘　要： 随着滨海休闲旅游业的快速发展，海滨成为市民主要的休闲目的地之一，本文以深圳大鹏半岛鹤薮村为研究对象，首先对使用者进行调研和访谈，结合休闲旅游的发展情况，分别归纳外部公共空间、内部公共空间存在的问题。然后，结合村落现存问题、调研问卷，提出更新原则以及具体的更新策略。本文为休闲旅游视角下滨海村落的公共空间更新提供一定的实践借鉴。

关键词： 乡村振兴；滨海古村落；公共空间；更新策略

引言

随着中国经济迅猛的发展，越来越多人的生活条件有所提升，旅游人数持续增加，旅游业的发展呈现一片大好形势。现代人群受教育程度以及文化知识水平逐渐提高，对于旅游形式的观念有所转变，传统的观光旅游已经不能满足人们的需求，其走马观花式的旅游内容逐渐显现出弊端，越来越多的旅游人群开始享受以休闲、放松和娱乐为主的旅游形式。但是这几年国内出现的休闲旅游行业也存在着很多不足，缺少休闲旅游精品线路，休闲旅游产品低端，很多商家为了获取短暂的经济利益盲目开发旅游产品，致使乡村休闲旅游缺乏统一而有效的规划开发，村落基础设施也并不完善，给休闲旅游人群带来很多不便。许多村民为了迎合游客需求，自行对民居进行改建，这样的改造结果虽然满足了游客最基本的旅游需求，但往往缺乏整体性的规划考虑，忽略了在美学以及艺术方面的要求，对于公共性的空间也缺乏系统性的更新，这些现象阻碍了乡村旅游的长期发展。

虽然目前关于乡村旅游发展的研究较多，但是在休闲旅游视角之下，对村落的公共空间研究不足，一些更新的办法尚处于起步阶段，对于深圳滨海地区村落公共空间的研究也比较缺乏。本文希望发掘滨海乡村聚落公共空间形态在休闲旅游发展下的更新方式，以弥补这方面研究的缺失。

一、研究对象界定

1. 区位分析

鹤薮村位于深圳东部大鹏新区南澳街道西涌村落群之中，处于西涌南路（S359）前段，是旅游交通道路进入西涌村落群的起点，与芽山村、新屋村以及沙岗村相邻，距离西涌海滩仅有900余米。村落占地面积约为9.8公顷。新村现有户籍人口约380人。村落依地势而建，坐西北朝东南方向，分为新村、旧村两部分，其中新村占地3.5公顷，旧村占地2.5公顷。

2. 自然环境

鹤薮村周边的自然资源丰富，最主要的自然资源包括西涌海滨、防风林、自然农田。西涌背靠青山，面向碧海，海湾内有净长3.3公里的沙滩，为深圳第一长滩。水质清澈，沙滩平原平均宽度70米左右，沙滩后面的沙坝高出海平面8.5～11.5米之间，在沙滩背后作为一道天然屏障。沙坝之上种植了500多亩防风林。西涌防

1　教育部人文社会科学研究规划基金项目（17YJAZH059）资助。
2　马航，哈尔滨工业大学（深圳）建筑学院，教授，518055，mahang@hit.edu.cn。
3　阿龙多琪，哈尔滨工业大学（深圳）建筑学院，518055，1361902065@qq.com。
4　刘丽媛，哈尔滨工业大学（深圳）建筑学院，518055，1005770085@qq.com。

风林位于西涌沙滩与农田之间，主要由木麻黄组成，形成一道天然屏障，即可以阻挡台风与沙带来的侵扰，又成为一道美丽的风景线，同时可以为旅游提供休憩场所。

3. 历史文化

1）历史背景

鹤薮村内的协天宫修建于明万历年间，宫内石碑刻有村记，据协天宫碑刻记载，刘氏先祖于洪武元年定居此地，至今已有逾600年的历史。有刘、徐、陈、袁等12个姓氏，相处和睦。协天宫旁边有一鹤薮小学，于1951年兴建，据当地居民介绍，鹤薮古村落很重视文化教育。鹤薮村名字的由来有一种说法，由于村落自然资源丰富，常有仙鹤在村落周边活动，因此命名为鹤薮村。

2）人文活动

鹤薮村的人文活动包括赛龙舟、舞草龙、特色饮食——盆菜等。赛龙舟是我国一项历史悠久的活动，常常在村落水系或海洋中举办此活动，是我国南部地区村民最喜爱的活动之一。一般赛龙舟都在端午节举行，活动来源于祭祀龙王，祈求风调雨顺的美好愿望，现在作为一项非物质文化遗产，受到越来越多的年轻人喜爱。

二、滨海村落休闲旅游与公共空间的相关性

1. 村落公共空间的构成要素

本文将村落分为内部公共空间、外部公共空间两大部分，村落外部重点强调线状空间——滨海廊道，即村落与海洋之间的通道，因其对于游客来说，是到达滨海的必经之路，相对于廊道两侧的农田空间、泻湖空间来说，是公共性更强的空间。村落内部主要从点状空间、线状空间、面状空间对公共空间进行描述，因滨海村落所具有的空间特色、资源特色主要体现在街巷、河涌、庙宇、篮球场、古树、古井、绿地等部分，这些资源要素可以按照其空间特色分成点、线、面三种空间，其中点状空间包括伯公庙、古树、古井、门牌坊，线状空间包括河涌、街巷，面状空间包括庙宇空间、绿地空间、运动空间、池塘空间。

2. 休闲旅游与公共空间的互动关系

滨海地区村落中的点、线、面空间蕴含着大量村落民俗文化资源，可将其开发为休闲旅游中的传统村落旅游，其点、线、面空间作为休闲旅游中游客主要使用的空间将被加以更新利用（图1）。

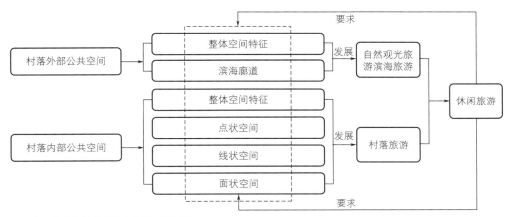

图1 休闲旅游与村落公共空间利用关系图

不同的空间所具有的特征不同，如线状空间和面状空间就包含着不同的空间特色，所以将线状空间作为体验村落风貌的主要空间，而面状空间则主要承担休闲活动，将空间与休闲旅游结合起来，对休闲旅游视角下村落中的公共空间更新改造给予参考建议与策略（表1）。

三、滨海村落公共 空间现状及问题

1. 使用人群调研

在游客基本信息方面，大多数来鹤薮村旅游的人群年龄为20～50岁，以中青年为主力，游客职业以私企工作人员为主。在游客对于鹤薮村的旅游特色认知方

村落公共空间与休闲旅游关联性　　　　　　　　　　　　　　　　　　　　　　　表1

村落公共空间分类		村落公共空间特征	休闲旅游定位	休闲旅游功能
外部公共空间	滨海廊道	自然资源丰富、连接村落与海洋	体验村落自然环境的休闲场所	交通性、乡村风光
内部公共空间	点	空间小、历史文化丰富（古树、古井、伯公庙）	体验村落历史特色的休闲场所	展现文化、驻足休息
	线	空间连续、基本功能性（衣食住行）	体验村落风貌与基本功能（衣食住行）的休闲场所	交通性、展现村落风貌
	面	空间较大、活动丰富（庙宇、运动、种植）	体验村落人文活动的休闲场所	活动交流、展现文化

面：鹤薮村最吸引游客的优势为滨海廊道的便捷、村落风貌具有特色，分别占27%、22%。最希望产生哪种新的旅游产品中，观光农业和传统建筑再利用所占比重最高，分别占25%、18%，其次是农业采摘与森林乐园，分别占15%、12%。游客认为村落外部公共空间存在的问题方面：鹤薮村外部空间整体上主要存在的问题包括旅游资源利用不充分、休闲旅游设施不足，分别占47%、33%。从鹤薮村到海滨的道路主要存在的问题包括形式单一且缺乏停留空间、缺乏人行路及行道树，分别占33%、27%。

在游客认为鹤薮村内部公共空间存在的问题方面：鹤薮村内部空间整体上主要存在的问题包括空间之间缺乏引导、休闲旅游服务设施不健全，分别占37%、26%。鹤薮村点状公共空间（古树、伯公庙、门牌坊）存在的主要问题为景观界面单一、休闲旅游设施缺乏，分别占34%、32%。鹤薮村线状公共空间（河涌、街巷）主要存在的问题为整体布局缺乏系统性、街巷风貌差，分别占38%、31%。鹤薮村面状公共空间（运动空间、绿地空间、庙宇空间、村口停车空间）主要存在问题为平面布局形式单一、休闲旅游设施缺乏，分别占40%、31%。

2. 公共空间现状及问题

1）外部公共空间现状及问题

鹤薮村外部的滨海廊道分为三条支路，最短的支路长度约为900米，最长的支路长度约为1100米。廊道两侧依次为农田、防风林、沙滩，除了沙滩利用率较高以外，农田和防风林都没有被很好地利用。主要通道人车混行，水泥铺路，无人行道和行道树。旅游旺季存在交通拥堵问题，廊道无空间序列组织，单调乏味。

2）内部公共空间现状及问题
①点状空间

古树方面，鹤薮村内主要古树位置处于村落边缘以及街巷节点处。主要存在的问题是利用率低，空间界

面单调，缺乏休闲旅游设施。伯公庙方面，鹤薮村内有一处伯公庙空间，处于村落中心偏南，空间整洁，但是游客不愿亲近。门牌坊：村落内部有两处门牌坊，一个位于旧村边缘，是历史年代久远的建筑遗存，一个位于村落入口，现代形式，较为封闭、呆板。

②线状空间

河涌方面，村落外围有环村水系，现已干涸，由石栏杆围合，栏杆外围种植树木。问题是功能丧失，难以形成趣味性，步行空间紧张，尺度狭小。街巷：村落主要街巷走向为南北向，共有五条纵向街巷，其中有三条为新村的街道，两条为旧村街道。横向街巷较少，与纵向道路之间缺乏连接，且新村、旧村之间的街巷不具备引导性。沿街建筑风貌方面，整体街巷风貌不连续，村落主街的建筑与庭院关系不明确，部分建筑的构架侵占了街巷空间，街巷色彩不够统一，体现滨海特色的材质处理以及艺术装置匮乏。

③面状空间

庙宇空间方面，鹤薮村内存在一处协天宫，与一所荒废小学并排布置。空间基本功能为祭祀，除了节庆日期很少使用，功能逐渐丧失。空间界面以矮墙为主，封闭性较强，略显单一，人气不足。

运动空间方面，鹤薮村内有两块篮球场地，分别位于村落中部和南侧一端，形式相似。村落中央的篮球场使用率较高，一般作为游客栖息地和村民晾晒场地，整个空间围合感强。村落南侧篮球场地由于位置较偏，使用程度不高，周边场地开阔。缺乏休闲旅游服务设施，如休闲座椅、遮阳措施、餐饮设施、卫生设施等。绿地空间方面，在村落东南部有一块大型绿地，利用率低，堆满杂物，影响村落整体风貌。

3）休闲旅游现状及问题
①村落外部休闲旅游现状及问题

村落外部休闲旅游现状方面与整个西涌村落群相似，主要利用的旅游资源为沙滩资源和海洋资源，对于经常来此旅游的游客来说，需要增加新的旅游产品丰富旅游行程，对于第一次来的游客，多元旅游产品将成

为吸引点，激发多次休闲旅游的可能性。主要存在的问题：对于村落外部自然资源的利用不充分，鹤薮村周边丰富的自然资源除了滨海沙滩之外，基本处于闲置状态。由于村民对于休闲旅游开发的认识较为浅薄，缺乏开发相应旅游产品的经验。

②村落内部休闲旅游现状及问题

鹤薮村内部休闲旅游资源比较丰富，主要以点、线、面三种公共空间作为载体，目前村落休闲旅游开发只局限在主街附近，不够全面、系统，主要的休闲旅游问题体现在：

休闲旅游功能与公共空间不完善：村落具有特色的公共空间处于一种荒废状态，例如点状空间——古树、古井、伯公庙，隐藏在村落角落，处于闲置状态，虽然具备着悠久的历史和文化特色，但是却无法展现给游客。其次，这些空间缺乏相应的体验项目，例如面状空间——协天宫，作为鹤薮村内最具文化特征的空间，只有村民在节日才会去举行一些祭祀活动，对于游客来说，很难参与其中并了解其文化特色。

配套设施不完善：鹤薮村内现已开发的主要休闲旅游服务设施为餐饮、住宿、购物设施，其余公共空间配套设施较为匮乏，缺乏旅游服务中心、停车设施、卫生设施、休闲娱乐设施等。同时，已开发的餐饮设施、住宿设施、购物设施缺乏合理规划。

缺乏休闲旅游路线组织：调研中发现鹤薮村内部缺乏合理的旅游线路规划，各空间节点之间相对独立，缺少路线串联。游客大多数沿着主街穿过村落，失去了游览村落各景点的机会。

四、公共空间更新策略

1. 村落外部公共空间更新策略

1）利用鹤薮村外部空间资源开发旅游产品

根据游客调研结果以及村落现存旅游资源的分析，发现游客最想要的旅游产品为观光农业、农业采摘和森林乐园。沿着主要滨海廊道的两侧重点打造观光农业、森林休闲乐园旅游产品，为游客提供可参与其中并能观赏田园风光的公共空间，在廊道西侧开发花卉观赏区，利用西涌特有的桃金娘、鹤顶兰、野牡丹等花，形成景观优美的花田。在滨海廊道东侧开发观光农业，利用不同种类、不同颜色的农作物组合成具有主题的农田画，属于旅游开发的核心区域。核心区两侧开发农业采摘，供喜爱体验农活的人群使用，这一部分作为过渡区，成为一个缓冲地带。

2）滨海廊道的更新策略

廊道空间节点方面，鹤薮村滨海廊道由一条主要廊道分叉形成三条小型廊道，并分别通向海边，根据廊道的转折情况、与景观的结合情况，可以形成起始节点、转折节点、停驻节点以及高潮节点。重点处理转折节点，使其成为整个廊道上最大的节点，因其连接着不同的游览区域，也是整个廊道上的大型停驻点，可以给游客提供选择路径和休息的机会。高潮节点应避免扩大面积，从细节处更新，让防风林封闭的空间和沙滩开敞的空间形成反差，激发游客兴奋的心理。停驻节点作为支路上与景观结合紧密的部分，具有最佳的视觉观赏效果，应进行放大处理，为游客提供观赏平台，并适当延伸至景观内部。

2. 村落内部公共空间更新策略

1）结合鹤薮村休闲旅游功能完善公共空间

①结合村落旅游功能整合空间布局

首先是基本的滨海使用功能，满足滨海旅游者在海洋运动前后所必需的一些空间储备，例如饮食补给、冲凉准备，以及拉伸运动功能等；其次是对于村落民俗特色的体验，例如文化建筑观赏、民俗活动表演、农业种植体验、乡村风光欣赏等功能，还有一些根据鹤薮村现状特色以及深圳滨海活动的特色，可以加入涂鸦、音乐节、义工活动、极限运动等逐渐兴起的新功能。

②结合村落公共空间完善休闲配套设施

从住宿设施、餐饮设施、娱乐设施、信息服务设施和环境卫生设施、交通设施这几个方面考虑。住宿设施主要是在鹤薮村主街两侧以及鹤薮旧村古建筑改造成的民宿，在村落西侧新村部分，沿主要街巷新增一些民宿，以达到均衡的效果。餐饮设施主要位于主街与副街交叉部分以及一条横向辅街，延续原有餐饮分布，着重强调一条餐饮横街以及主要十字路口的餐饮分布，形成一个餐饮聚集区域。娱乐设施结合面状空间布局，为游客及村民提供运动休闲的空间。在村落出入口设置旅游服务中心，方便协助游客咨询并到达目的地，在协天宫设置旅游服务点，为游客提供文化介绍等相关服务。沿河布置适量购物设施，提供饮品、当地果蔬、海产品等商品的销售，吸引游客在河涌区域休闲放松。

③结合村落点线面公共空间构建休闲旅游线路

根据鹤薮村主要空间吸引点的特征，可以设置四种风格不同的休闲旅游线路，分别从历史文化、农活体验、民俗表演、风貌漫游四个方面构建旅游线路，全方位展现鹤薮村的空间特色。对于游客来说，可以根据其自身的爱好选择适合自己的旅游路线。

2）点状公共空间更新策略

首先，将古树周围底面进行材质的更新，围绕古树做木质平台以及石材基座，注意根据古树的发展空间进行合理地扩大，以避免影响古树的生长。其次，在古树周围布置一定的休闲设施，古树下布置木质或石材座椅，与古树基座相结合设计。在古树周边布置幼儿娱乐设施以及可以供老年人运动休闲的场地。

3）线状公共空间更新策略

河涌部分的休闲旅游活动以设置小型购物设施、音乐角等内容，丰富游客的休闲体验。在滨海民俗活动方面，河道内虽无法举办大型龙舟比赛，但是可以增设示意性的龙舟模型，营造本土文化氛围。同时，村内盆菜活动也可以沿着河涌以及停车场等空置场地举办，以获得良好的滨河视觉景观。街巷空间主要在平面布局上，加入环状交通道路，以及横向的主要游览路线，以补充原有纵向道路的不足。

4）面状公共空间更新策略

鹤薮村内面状空间主要为运动空间、绿地空间、庙宇空间以及入口空间。运动空间主要在灵活多变的功能指引下，进行具体设计。首先，在平面布局上考虑其承载的功能，可分为运动类型、文娱活动、民俗活动等功能。由于沿街部分存在高差，可以考虑结合高差处理形成小型看台，并作遮阳处理，为游客提供观看表演、比赛的场地。在场地一角原有一座活动中心，结合周边场地进行改造，形成局部观景平台，吸引游客停留。其次，在空间风貌上，结合原有的涂鸦墙，将这一特点延伸至街巷内部，引导人流，并运用鲜艳的色彩，营造一种具有动势的体育、娱乐氛围。最后，结合篮球场东部的保留古树，设置休闲座椅，在沿街一侧，结合树木并营造小尺度沙石地，给儿童提供娱乐设施。

五、结论

本文首先介绍了鹤薮村的概况，包括其区位条件、自然环境、历史文化以及旅游发展的相关介绍。其次，对鹤薮村的旅游人群进行了调研，了解村落主要旅游人群的基本信息以及游客对村落公共空间存在问题的认识。在此基础上，结合村落现状总结其空间存在的问题以及休闲旅游存在的问题，包含村落外部公共空间——滨海廊道以及村落内部公共空间——点、线、面公共空间的问题。最后分别对村落外部公共空间以及内部公共空间提出优化策略。

上海章堰村保护更新探析

——兼论以公共空间为载体的传统村落文化景观特征及再现

闫启华[1]

摘　要： 位于上海青浦区的章堰村是典型的江南传统聚落，同时也是大型城市周边传统村落发展的缩影其共同特点是具有丰富的历史和文化信息，但在城市高速化发展的冲击下，村落遭受较为严重的破坏，且村民的现代生活诉求同村落现有条件的矛盾更加激烈，因此该类村落的保护与更新成为亟待解决的社会问题。中国传统村落的保护，提倡具有整体意义的传统村落文化景观的传承与再现，而公共空间由于其可达性、开放性、仪式性等空间特征，使其村落历史和当代的发展中成为村落文化景观的主要载体。本文在调查研究章堰村历史文化和现状的基础上，从公共空间的角度对传统村落的保护与更新进行探讨，突出村落公共空间的完善在构建传统村落文化景观中的重要意义。

关键词： 公共空间；传统村落文化景观；村落保护

引言

　　章堰村位于上海市青浦区重固镇西北3公里，村域面积约199公顷，为典型的江南水乡。章堰村历史文化悠久，但在过去很长一段时间里，章堰村的价值没有真正被认识到，直到2012年被评为上海市级传统村落才开始对村庄进行保护。

1. 历史沿革

　　章堰村曾为章堰镇，古名金湄，原有金湄道院、金湄泾等。北宋时期，章伯颜监华亭盐务，乐其风土，筑堰而居，名其里曰章家堰，后俗称章堰。由于地处平原，土地肥沃且水路系统发达，农业和商业发展迅速，章堰遂由集市发展为人烟稠密、商贩众多的市镇，且经宋、元、明、清，世代沿袭，经久不衰。据史料记载，清乾隆年间，随新泾巡检司署移至章堰，士绅商贾纷纷迁居此地，繁华一时。村内厅堂有章家、李家等20所厅堂，街道、集市功能完备，商市繁荣，且东西两市原有府城隍庙和县城隍庙各1座。昔闻三月初三,六月廿四有庙会，届时，江浙沪一带商贩前来赶节，加上迎神庙会，人山人海，热闹非凡。曾有"金章堰、银重固"之称。1957年撤区并乡后，政治、经济、文化中心移到重

固，章堰镇开始衰落，河西老街在扩疏崧泽塘时被拆迁，河东街只剩下十余家商店，集镇居民随工作调动或外出就业大半迁到重固或别地。此后一度被世人遗忘，直至21世纪初才重新被发掘重视。

2. 现状问题

　　章堰村处于上海郊区，高速发展的城市化进程对村落产生深刻而持久的影响。上海市区优越的生活和经济条件对周边地区形成强烈的吸引力，导致农村人口的大规模迁徙，农村"空巢化"现象显著。中国传统村落以血缘为纽带的宗族化社会结构因人口大量流失而消解，村落传统农业经济衰退，这种深层次的社会变革进一步加剧了村落的破败。虽然传统村落的价值在当代逐步得到重视，在乡村振兴政策引导下，城市资本回流农村，激活乡村经济，带动乡村发展。但大量的乡村自主建设在很大程度上加剧了传统村落原有机理和整体风貌的破坏，为传统村落的保护与更新带来诸多困境。

　　1）空间格局改变，层级网络消退。当今村落的发展，早已打破自给自足的传统农业经济，对外联系加强，道路交通的现代化成为农村致富的重要途径，新修硬质道路贯穿村落和田野，联系城市，村内传统青石路面也都为混凝土路面取代；而曾为传统江南水乡重要生产和交通要素的水路交通功能退化，河道扩充改迁或

1　闫启华，同济大学建筑与城市规划学院，200082，429747052@qq.com。

填水修路，增加陆地交通面积。新的交通体系一方面促成传统村落边界由自然环境的模糊渗透转向道路系统的明确限定，另一方面传统水乡聚落中运河-溪泾-沟池-水塘等层级网络关系逐渐退化，大多只保留主要河道水系，以满足通航、排洪、生活用水等需求（图1）。

2）建筑风貌无序，村落肌理杂乱。城市资金回流带来村落经济发展，村民自主建设大量增加，由于缺乏较为系统的保护和规划，章堰村内建筑风貌呈现整体杂乱无章的现象。而建筑风貌大体分为四大类：以清代建筑为主的历史建筑，近代新建的传统风貌建筑，居民自建或改建的住宅以及临时搭建建筑。传统村落中原有的历史建筑由于破损坍塌严重，修复成本高或旧有建筑布

局、尺度等不满足村民当代生活需求等原因被大肆改建及拆除，致使留存历史建筑十不存一。新建建筑大多采用当代建筑材料、结构及形式，建筑高度和尺度较大，较少顾及村落传统风貌。新建建筑布局呈现两种极端，一种以类似拆迁安置房的形式出现，选址另辟新地又邻近村落，布局多以棋盘网格形式出现，建筑整齐划一却又单调乏味，同原有村落风貌及肌理形成鲜明对比（图2）；另一种则采用村内原址新建，但扩建、加建现象严重，见缝插针，侵占村落公共空间，致使村落原有巷弄、街道等网络受阻或中断，形成极大的视觉干扰，破坏村落传统街道和临河界面的连贯感（图3）。

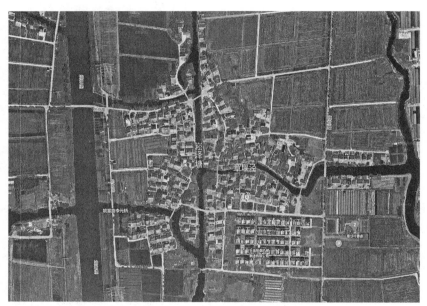

图1　重固镇章堰村航拍图

图2　拆迁安置房

图3　原址新建建筑

3）历史要素比重小，记忆载体碎片化。章堰村由于长时间自然和人为破坏，保护措施实施较晚，故村内大部分历史要素损毁严重或消失，至留存部分清代宅院为主的历史建筑及古桥、河埠等，在村落整体人造环境所占比重较小。即便现存历史要素，其大多以点状形式分布于村落，丧失原有村落文化景观的连贯性（图4）。另一方面，村民是村落集体记忆的物质承载者，经过几代人的延续发展，才最终形成连贯完整的村落历史文化印记，原住人口的大量外迁，导致村落历史文化记忆的创造者和传承者大幅度减少，从而造成村落集体记忆的部分缺失。

4）公共空间没落，村落活力衰减。章堰村虽然经历了村民自主建设或政府指导下的新农村建设，但村落空间更加内向化和私有化，除部分传统公共空间仍在使用，大部分公共空间消亡。这种现象一方面是由于村落

图4　历史要素分布图

传统的社会关系随人口数量和构成变化而发生改变。村落原有的宗族结构和血缘关系消解，集体或较多居民参与的如祭祀等仪式性活动减少，直接导致承载集体活动的公共空间的消亡。另一方面，城市化影响下的村落居民生活方式也发生了极大改变，人际交往的需求和范围减弱，集体意识让位于村民个体意识。村民私有居住空间竞相挤压道路、水系等原有村落公共空间。村落公共空间的没落不但威胁到村落集体记忆和历史文化的传承和延续，同时也促使村落进一步丧失活力。

5）小结。章堰村现状存在的诸多问题是社会、经济、文化等因素共同作用的结果，它不同于整体风貌及历史要素保存较好的如宏村、诸葛村等历史文化名村，历史要素稀少、质量低劣等特点成为其村落保护和文化传承的重大困境，另外，居民对城市优质生活的向往与村落生产和生活方式的矛盾也表现得更为激烈。而这些特征普遍存在于上海、广州等高速发展的城市周边区域的传统村落中，是快速城市化冲击下传统村落发展状况的缩影。因此对章堰村保护更新策略不能照搬宏村等以旅游带动村落发展兼具保护村落传统文化的一般规律，而应根据章堰村现状的具体问题探讨符合其自身特征的保护更新方式，既有解决章堰村自身发展的现实意义，同时对大量存在的城市边缘传统村落的保护更新具有一定的借鉴意义。而章堰村保护更新的重点即为整合历史要素，传承村落集体记忆，塑造独特的村落文化景观。

一、以公共空间为载体的章堰村文化景观特征及再现

1. 公共空间是章堰村文化景观的主要载体

对章堰村现存村落文化景观的特征的分析可借用凯文·林奇的城市意象理论，从区域、边界、路径、节点、地标等不同层次，概括章堰村文化景观的特征。

1）区域和边界：总体上来说，章堰村村域主要空间格局由纵横分布的河道、不同尺度的街巷以及广袤的农田构成，整体风貌仍具有典型的江南水乡特征；水网及大面积的鱼塘连同农田、菜地和果林共同作为章堰村外部开敞的公共空间，形成独特的"河、田、塘、林"田园景观风貌，同时为重塑村落与自然对话的弹性边界提供了景观要素。除部分庭院内的私人菜地等绝大多数景观要素都具备公共空间属性，体现人与自然的和谐关系。

2）路径：街巷、河道是构成江南传统村落的基本要素，其中，河道在章堰村的历史发展中是重要的生产

和交通要素，虽然随着近代路面交通兴起，河道水系交通功能弱化，但由于其显著的景观功能和生态功能，章堰村的主要河道系统被保留下来，如南北贯穿的崧泽塘（图5）以及东西走向的章堰泾（图6），沿河两岸保留了村落大部分桥梁、埠头等历史要素，形成承载村落历史记忆的主要线性空间之一；街巷是由沿街建筑及构筑物围合而成的外部空间，构成传统街巷意象的主要元素除了建筑还体现在道路铺装以及沿街绿化等。而章堰村由于村落肌理遭受比较大的破坏，小尺度的巷弄多不复存在，只有章堰泾北岸沿河街巷（图7）以及金泾桥所在的联系村落南北入口的街巷依稀可辨，前者街巷两侧保存了部分清代的历史建筑，历史信息丰富，但沿街建筑部分的缺失或新建及加建建筑不规则退让使得街巷的连续性减弱，不利于行人形成村落线性文化景观的连贯感。另外，传统的道路铺装被混凝土路面取代，大大削弱了街道景观的历史感。无论是街巷还是河道，虽然其主要社会功能可能发生改变，但自古至今，其强烈的开放性、可达性都促成了村落居民大量的社会交往，是村民日常公共生活的主要容器。

图5　崧泽塘

图6　章堰泾

图7　章堰泾北岸沿河街

3）节点：构成章堰村文化景观的节点空间主要体现在历史建筑、桥梁、埠头等保留的历史要素，这些要素是村落文化传承的见证者，也是追溯村落文化记忆的物质载体，对村落传统文化的保护起着至关重要的作用。现存的历史要素以历史建筑为主，且大多为清代建筑，建筑主体结构为穿斗体系，砖石山墙配以深色小青瓦。历史建筑一部分集中分布在章堰泾两岸以及章堰泾与系崧泽塘的交汇处，该部分沿街建筑大多破损严重，甚至个别建筑坍塌，形成不同的组团，但其大体分布形式依然具有江南水乡"一河一街"的典型布局特征。沿街历史建筑多为两层，沿街立面底层采用实木板门，二层为半隔扇木窗（图8），此种建筑类型一般用于商业

功能，这与文献记载中，关于章堞村繁华街市的记载基本吻合，表明该部分历史建筑大多以沿街商业建筑或前店后宅的形式存在，从而进一步论证了其所在街道的公共空间属性。还有少量历史建筑分布在村落远离河道的内部，这些历史建筑沿街较为封闭，而向内部庭院开敞，个别建筑保留了砖雕门头，无论是建筑形制还是装饰细节都说明其为传统的合院式住宅，拥有较强的私密性，间接表明离河道较远的空间多为居住的安静空间。桥梁、河埠（图9）等历史元素几乎全部分布于章堰泾，其中兆昌桥（图10）位于村落东南，连接村落停车场与城隍庙，是村落文化景观的起始。汇福桥（图11）为三板石桥，其存在进一步强化了章堰泾及其北岸的村落文化景观传承。章堰泾西部端头的金泾桥（图12），历史最为悠久。金泾桥又名观月桥，桥长20米，宽约2.5米，据光绪县志记载："章伯颜于金湄建观月堂，堂前有金泾桥。"说明此桥宋代已有。但历史上几经整修，现除石拱保持原状外，桥面与栏杆，已呈紫、青、黄等多种石色。桥拱内圆，保有多处石刻，但字迹模糊。相传，宋时章伯颜，章伯颜辞官告老还乡后，在金湄（章堞）建观月堂，堂前有桥，常邀当地文人墨客，饮酒赏

月，吟诗作对。由此可见章堞村旧时桥梁不仅作为交通空间，还兼具公共空间和仪式空间的特殊意义。而笔者在实地调研中，观察到无论清晨或傍晚，金泾桥都是当地居民休闲交谈的首选空间，因此，金泾桥的公共空间属性不但延续了悠久的历史文化传统，还具有激活村民生活的现实意义。

4）地标：笔者在村落文献整理以及与村民对村落历史印记的访谈中，金泾桥和城隍庙出现的频率最高，承载历史文化信息最为丰富，是章堞村文化景观最显著的标志。章堞村城隍庙（图13）位于村落东部，与停车场相对。现城隍庙大殿为新建，大殿两侧各建一小庙，靠墙竖碑二块，东侧清道光十三年的记事碑，字迹模糊，西侧是清嘉庆五年，建兆昌桥石驳捐款功德碑。据历史文献记载，章堞村城隍庙宋代已有，且于清嘉庆、光绪年间都曾整修过。旧时的章堰城隍庙有戏台看楼，旁边有金湄道院，如今都已不存。虽然城隍庙布局及大殿并非历史原貌，但再次举行的庙会活动却经历各个朝代一直延续至今而经久不衰，是活的村落人文景观，也是村落仅有的承载重要村落历史文化信息的且仍服务于当代村民宗教仪式的活力公共空间。

图8 沿街商业建筑

图9 古河埠

图10 兆昌桥

图11 汇福桥

图12 金泾桥

图13 章堞城隍庙

上述村落遗留的各类历史要素是构成章堞村独特文化景观的主要元素，虽然其存在形式、承载的历史信息及当今的使用状况各不相同，但其中大部分历史要素都具备公共空间的基本属性，因此公共空间构成了章堞村文化景观的主要载体。

2. 公共空间对保护和传承村落文化景观的积极作用

传统村落的保护与更新本质是通过对传统村落形态的恢复和功能的更新使得传统村落既能承载历史文化真实遗存的同时，还能满足现代人的物质及精神需求，

成为现代城市生活的一个有历史感的部分，重新恢复活力。而在当代城市更新理论中，公共空间通常被视为当代城市活力复兴的重要激发点，同样，村落公共空间是村民社会交往和公共生活的主要容器之一，良好的村落公共空间有利于提高村民的生活质量和延续地方传统文化的从而增强村民的满意度和对村落文化的认同感，激发村民—村落文化的最根本的物质载体在村落保护更新发展中的参与热情，这对于村落文化景观的构建有着极大的促进作用。另外，村落公共空间与村民私有空间相比，公共的产权归属更加便于其政府在宏观政策的指导下进行合理有序的改造和完善，避免了产权纠纷带来的一系列社会问题，以及村落保护更新中的多重阻力。

从2008年"村落文化景观保护与发展"的建议（简称《贵阳建议》）中强调村落文化景观开始，传统村落保护的重点就由单纯的村落文化保护转移到村落文化景观的整体保护。而村落文化景观重要的历史文化属性重要来源于村落大量的集体记忆，它承载着村庄的文化传统与人们的乡愁情感。集体记忆的特性包括社会选择性、动态重构性、媒介依赖性。其中，媒介依赖性"一方面是制度化与仪式性的'集体欢腾'所产生的深刻记忆，如庆典、传统节日、集体活动等；另一方面是非制度化的日常生活过程中点滴积累的记忆，如记忆场所、象征符号，或是文献、照片、明信片等更细微的物质实体引发的记忆。"[1]而在章堰村文化景观特征的研究中，村落保留的公共空间体系完全具备了集体记忆所需媒介的各类特征，因此村落公共空间的保护和完善对村落文化景观的延续有着重要的积极作用。

3. 公共空间视角下章堰村保护更新策略探析

笔者在综合分析章堰村的现实问题和村落文化景观特征的基础上，结合公共空间理论对该村的保护更新策略提出如下建议：

1）整合章堰泾空间节点，打造水乡文化景观轴线。水系是章堰村文化景观构成的最显著的因素，村落内现存的历史元素大量集中在章堰泾所在的河道空间，水系虽然失去在村落中交通属性，但以不同方式深入到村民的日常生活的方方面面。首先，修复沿河历史建筑，并根据历史建筑风貌对两岸新建建筑进行改造，拆除影响河道景观的临时建筑物和构筑物，保证河道区域的风貌统一。在沿河历史建筑遗址上，根据文献记载原样复建，从而增强章堰泾历史文化景观的连贯感。合理

开发章堰泾的休闲娱乐功能，利用保留的埠头等打造宜人的游船码头，增加章堰泾河道景观的参与性。对两岸的植物配置进行系统设计，保留原有植被的同时，适当增加植被的层次和丰富度。最终将章堰泾打造为既具有浓厚的人文历史又适当满足村民水上休闲娱乐功能的核心景观轴线。

2）修复传统街巷，再现村落商业文化景观。修复章堰泾北岸街巷两侧破损的历史建筑，拆除街道两侧临时搭建的建筑及构筑物，布置尺度宜人的休闲交流空间。对沿街村民自建建筑进行风貌改造，使其与街巷现有历史建筑风貌统一。对修复的历史建筑恢复其原有的商业功能，鼓励沿街的村民自宅沿街开店，从而实现章堰村历史悠久且极具代表性的商业文化的"历史情境的传承与再现"[2]，与此同时，商业功能的置入也完善了村落的经济结构，为村民生活提供便利的同时，增加村民的经济收益，进一步激发村民对村落保护更新的参与热情，有利于历史建筑的维护。

3）营造特色公共空间节点，激发村落整体活力。修复并利用散落在村落各处的历史建筑或构筑物，作为各具特色的公共空间节点，从而以点带面激活村落整体活力。如营造以金泾桥为核心的古桥观月区，修复金泾桥附近的历史建筑，置入茶饮、棋牌、演艺等功能使其作为村民的主要文化娱乐场所，既是对历史上文人墨客登桥观月轶事的当代回应，也促进了村民生活品质的提升。

二、结论

综上所述，章堰村的历史沿革及区位因素以及城市化强烈冲击等导致的现状问题，普遍存在于快速发展的大城市周边传统村落。通过对章堰村研究分析，一方面，村落历史文化的物质载体如建筑等历史要素丰富多样，形成多层次的村落集体记忆，但由于历史要素保存不当且破损严重，现存历史要素数量和质量相对较差，历史信息和集体记忆的传递受阻，成为该类村落的保护和更新面临的严峻挑战。另一方面，历史要素分布特征相对明显，主要集中在以河道、街巷等为核心的村落公共空间，形成带有强烈历史文化气息的村落空间节点集聚带，是村落文化景观的主要载体。因此公共空间的完善对整个村落历史文脉的传承和村落文化景观的构建起到了至关重要的作用。而这种源于村落自主发展过程

1　汪芳，孙瑞敏.传统村落的集体记忆研究——对纪录片《记住乡愁》进行内容分析为例 [J] .地理研究，2015，34（12）：2368-2380.
2　李浈，雷冬霞，瞿洁莹.历史情境的传承与再现——朱家角古镇保护探讨 [J] .规划师，2007（03）：54-58.

中的"自然选择"而呈现的传承文脉的现实要素，为该类传统村落如何在当代视野下更新和保护提供了积极的借鉴。

参考文献：

[1] 李渌，雷冬霞．情境再生与景观重塑——文化空间保护的方法探讨 [J]．建筑学报，2007（05）：1-4．

[2] 扬·盖尔．何人可．交往与空间 [M]．北京：中国建筑工业出版社，2002．

[3] 李凯文·林奇．方益萍，何晓军．城市意象 [M]．北京：华夏出版社，2001．

[4] 彭皓栋．社区营造理念下的上海重固镇章堰村规划策略研究 [D]．黑龙江：哈尔滨工业大学，2015．

[5] 朱隽．从古村落文化保护到村落文化景观保护 [A]．中国城市规划学会．城市规划和科学发展——2009中国城市规划年会论文集 [C]．中国城市规划学会：，2009：9．

太行山区古村落民居空间特征与保护研究

张　晶[1]　刘松茯[2]

摘　要：传统古村落作为乡土文化遗产重要的一部分，越来越受到重视和保护，河北太行山区现存的许多保存完好的古村落，因隐藏在延绵深山之中易被忽视，但其作为北方地域特色的传统民居典型代表之一，其历史文化价值应值得探寻和重视。本文在实地调研基础上，对太行山古村落民居空间环境、秩序、布局等方面的特征进行研究，并根据其面临的现实问题，提出一些保护措施，以期为古村落保护发展提供启示和借鉴。

关键词：太行山区；古村落；传统民居；空间特征；保护更新

引言

中国传统古村落是数千年农耕文化的精粹，展现了我国悠久的历史和深厚的文化底蕴，是物质文化遗产与非物质文化遗产的综合体，在乡土文化遗产中扮演了重要的角色。而河北太行山区古村落作为我国北方山区地域特征鲜明的典型代表，其独树一帜的村落形态和民居形制不仅展现了质朴独特的生活方式，也深刻反映了太行山的历史文化精髓。通过对太行山区多处现存完好的古村落进行实地调研，对古村落民居空间环境、秩序、布局进行研究，总结其特征，发现面临的问题，从而为古村落民居的空间保护提出建议，希望有助于古村落的进一步研究和保护开发。

一、太行山区古村落民居的空间环境

1. 藏风聚气的选址规划

中国自古在建房和居住方面就讲究风水，风水学认为择地建房要注重自然环境中的落位，要选择有利的风土、水文、气候、方位、环境等。这实质上反映了人们追求人与空间的和谐，即房屋、环境、人三者的和谐。太行山区古村落尊崇"天人合一"的传统观念[1]，在构建人与自然和谐共生的空间机制中，不仅蕴含了原

始纯朴的自然环境、雄奇独特的自然景观，也形成了太行山区传统的农耕文化，太行山区的于家村便是其中的典型案例。于家村的整个村落四面环山，东西走向为长方形，像一只凤凰，为"凤凰脉"，凤凰的头部是村东大门清凉阁。村子的最南面是一条河道，汛期的时候让水围绕村南流过。西部是一条过境大道，向东沿山脉蜿蜒，形成了"玄武垂头，朱雀翔舞，青龙蜿蜒，白虎驯俯，四灵首中"的风水格局[2]。于家村背后的靠山用来抵御冬季北啸的寒风，前方的流水接纳南吹的夏风且可有灌溉优势，坐北朝南便于获得良好日照，缓坡阶地可避免淹涝之灾，周围植被葱郁可涵养水源，水土丰腴，调节微气候。这些不同特征的环境因素被契合在一起，便造就了这个充满活力的"风水宝地"（图1）。

图1　于家村选址规划（图片来源：网络）

1　张晶，哈尔滨工业大学建筑学院，研究生，150001，E-mail：2544634728@qq.com。
2　刘松茯，哈尔滨工业大学建筑学院，教授，150001，E-mail：344626169@qq.com。

2. 独特山势的地貌形态

太行山区是一种以峡谷地貌和广泛分布的长崖断壁、长脊长墙等为主要景观的地貌形态，具有切割深、落差大、山雄势状，众多峡谷两侧由长岸断壁围限的地貌特点[2]。因此，在独特山地环境影响下，太行山民居建筑从单体到其所组成的建筑群、村落都与自然联系紧密，因山就势，灵活变化，形成了一个有机整体。河南辉县的郭亮村便建在太行山的绝壁之上，四面是高达数百米的山崖，这里的花岗岩为淡红色且坚硬如铁，形成了如刀砍斧削的绝壁。郭亮村的村民最早因躲避战乱祸害而来，因此，自古以来就有一条由700多级的台阶构成的"天梯"与外界连接（图2）。但在20世纪70年代，打通了一条1200米长的通往山外的隧道（图3），才使得郭亮村的美景与村落浑然天成的面貌为世人所了解[2]。邢台路罗镇的英谈古寨周围除了山崖就是川，川的对侧还是山，临河的东面有一条通道为唯一出口，这种地形易守难攻，形成了相对封闭却静谧幽雅的村落环境[3]（图4）。

图2 郭亮村的"天梯"（图片来源：自摄）

图3 郭亮村隧道（图片来源：自摄）

图4 英谈古寨全貌（图片来源：网络）

3. 与石为居的原味风貌

太行山区的众多古村落无论是避世型还是防御型，均处于相对闭塞的深山处，经济条件相对落后，就地取材建造民居几乎成为太行山居民的最佳选择。因此在巍巍太行山里，石头是最常见也最易采集到的建筑材料，各种不同类型的太行山古村落便形成了一个共同的特征——与石为居。英谈古寨所在的山区石材资源丰富，民居建造材料主要为肉红、白色、红色石英砂，具有层次分明、薄厚各异、色彩天然、加工方便等优势。于家村地处太行山浅山区，石灰石、红晶石遍布山野。下石壕村则是建在海拔1800米高的太行山顶的石头村（图5），村内的民居是用石块和石板结合而成，极少用木料，这种房子很粗犷，每块石头和石板都是未加工的自然形状[2]。丰富的石材除了为太行山居民提供了建造民居的天然材料，也被用来铺设道路、垒砌天井等，甚至用石头制成各种各样的生产生活必需品和装饰用品。建筑材料的天然性与周边的自然环境相协调，色彩搭配呈现了均衡统一、和谐融洽的视觉效果。更符合居民心理的要求与企盼，更容易被人们所接受和喜爱。

图5 下石壕村（图片来源：网络）

二、太行山区古村落民居的空间秩序

太行山区的古村落民居在其漫长的形成过程中，不尽相同的建筑与不同的环境相适应，因山就势造就了建筑的高低错落、空间对位关系和形态体量上的变化多样，潜移默化地形成了极富变化的村落建筑景观和协调统一的空间特征，既符合形式美的法则，又具有独特的原始自然之美。

1. 因山就势的拓扑衍生

太行山区没有大面积的平坦地势，多为起伏延绵的山峦。因此，太行山区古村落民居主要是依据自然地形的走势而建，或者是单体规则，群体自由灵活散布，无轴对称关系可言。如于家村整体村落东西长而南北狭窄，一条长的"L"型道路将村子分为东西两部分，古村落主要在道路东侧，南北侧各为底下街、官坊街，而西侧有两条主要街道，分别为大西街、沟边街，中间为小西街，与下面的沟边街相连（图6）。太行山区古村落民居多为自由灵活的线状布局。或顺山势曲折、或沿街道改变、或扭转角度、或集合顺延、或沿轴线平移等构成一定的秩序[2]。村落人口的增加，相应的房屋院落也以单位形式以一定轴线为轨迹平行繁衍而成。发展灵活，变化有序，但整体趋势又呈现出点直线的特征。单体之间彼此以街巷、山体、水系为脉络随机延续，以上便构成了太行山区古村落民居布局的共同特点。

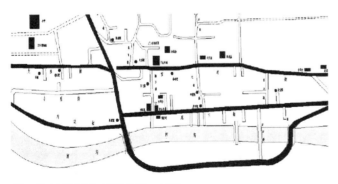

图6　于家村平面图（图片来源：文献）

2. 对位错位的有致构成

太行山区古村落民居一般依山而建、高低错落、层叠有致。空间构成主要是单体的对位、错位。针对建筑单体，对位是使各个组成部位按几何关系"相互正对"；针对建筑群体，对位是使建筑与建筑，建筑与道路、门廊以及其他组成部分或建筑小品之间按几何关系正对的手法，通过部位之间的几何关系造就统一感。而错位则是指各组成部分之间呈现出无明显轴线的错落排列的几何关系[2]。如英谈古寨依据地势高低交错，建在山坡上的二、三层的小楼以错位为主、对位为辅构成轻松开朗的有序空间（图7）。而于家村民居则是形成前低后高的立面空间布局，即由低洼的盆地逐渐向四周延伸，后建的民居地势越来越高，这种由低至高的排列符合风水学中"步步高"的要求。

图7　英谈古寨（图片来源：自摄）

3. 闭合向心的自然形成

古村落的布局形成往往是由一个中心点或一条中心线向外发射或者围绕一个中心点或中心线向外运动的秩序，具有明显的向心性和内聚力。从空间形态上来看，石器时代的村落已具有"向心"特征，随着聚落规模的扩大，向心型及功能构成的主导性会越来越明显。太行山区的于家村便遵循这一规律，村落是以"于氏宗祠"为中心向四周扩展，以各分祠为各支脉的向心点形成各个团块，将各个团块连在一起，以点带面，形成了现在的布局形式[4]。而英谈古寨的民居则是形成了以线带面的空间秩序，即基本沿着村中的溪水流动方向在两侧进行铺建，这种发射规律的向心性质与风水学中"内聚"、"喜向心、恶离心"的观念相契合[2]。

三、太行山区古村落民居的空间布局

1. 灵活式的院落形制

太行山区的地势地貌造就了其古村落民居院落形制的灵活多样，以平面角度划分为以下四种：①"一"

字形民居是太行山区小户人家最基本的住宅形式
（图8），也是较为普遍的院落形制，多为三开间、五开
间。中间为正堂，两旁为房间，边间为灶房、柴房或蓄
圈，各房间用檐廊贯通，院落有院墙的封闭式和无院墙
的敞开式两种。②曲尺型民居常常因地形限制而采用，
通常比"一"字形多出一排配房，多为坐西朝东，与主
房构成一个曲尺形拐角，其曲尺形线条适宜宅基不规则
地段（图9）。③三合院型是近年来太行山区新建房屋
多采用的类型，正屋三到五间，两端各伸出厢房，形
成凹陷，围合出前院空间，可作为晾晒、杂物堆放的场
地。大户人家则在前面建围墙并设门台、门楼。正屋前
檐常设檐廊，雨天或晚上闭户之后，各房间与正堂仍可
连通（图10）。④四合院型对于太行山区而言，冬季盛
行干冷偏北风，因此多为其采用，主要是正房、东西配
房、南面倒座组成[4]（图11）。在山上建的四合院没有
严谨规的布局，一般规模较小，随地形灵活而变。

图10 三合院型（图片来源：自摄）

图8 一字形（图片来源：自摄）

图11 四合院型（图片来源：网络）

境、地貌特征和地方风俗的影响产生了差异的形式，主
要有以下五种：①窑洞，太行山附近主要是独立式地上
窑洞，也有少数下沉式窑洞。独立式窑洞又称为"锢
窑"，是用砖或石块砌成拱顶，北部空间与黄土窑洞无
差别，内部一般高宽均为三米，进深一般为4~5米。窑
洞墙体达到七八十公分厚，使窑洞冬暖夏凉（图12）。
②石板房，冀南太行山区的天然板材丰富，其薄厚均
匀，或青或红，用来铺设房顶，房顶呈阶梯状坡面（图
13），石板房的墙体垒砌主要用厚的石块，白石灰或水

图9 曲尺型（图片来源：自摄）

2. 差异型的民居形式

太行山区众多的古村落里，民居因受到自然环

图12 窑洞（图片来源：自摄）

图13 石板房（图片来源：自摄）

泥勾缝、划线，横木梁起脊。窗户多为木质方格棂，门系寸板对扇门，刷黑漆，挂红边，整个民居感觉既沉稳又轻灵。③瓦房，太行山区的瓦房民居与一般砖瓦房相似，四梁八柱的结构、整齐厚重的条石作为石基，青砖表墙，内砌灰泥。屋顶为抬梁式结构，用椽子搭建后覆以苇箔，再糊加了稻草的灰泥，泥上覆以灰瓦，形成硬山式起脊的屋顶（图14）。④平顶房，屋顶不起脊，用石灰或水泥掺沙抹平，可用来晾晒农作物。⑤土坯房，在太行山泥土较多的浅山地区常见，除屋顶用木料搭建外，墙体全用土坯砌成，女儿墙高出屋檐用挑出之木排水以避免雨水冲刷。此房造价低廉、经济环保但墙体易剥蚀，不持久耐用[5]。

图14 瓦房（图片来源：自摄）

3. 多元化的建筑元素

太行山区古村落除了民居部分，还有一些其他建筑元素共同构筑，正是这些元素方才构成一个完整村落，主要有以下四种：①祠堂，又称家庙，村落往往具有宗族性，村内大部分人都一个姓氏，宗祠在村中占有核心位置，即是村落中心又是凝聚村民感情核心所在（图15）。在太行山区，几乎每个以宗族聚居为主的村落都有祠堂或与祠堂作用相当的建筑[5]。②庙宇歌

图15 于氏宗祠（图片来源：自摄）

楼，太行山区至今保护较为完好的古村落一般都有礼敬神佛的庙宇（图16），在科技落后的古代用来作为村民的精神寄托，也具有镇守门户和统摄全村的作用。③寨墙和寨门，在太行山区的所有防御型的村落中几乎都有城墙寨门的存在，如邢台路罗英谈古寨（图17）、邯郸武安带角楼和墩台城墙等。这些反映了动荡不安的历史年代人们对安全感的需求。④水窖，水窖一般挖在四合

图16 大梁江阁楼（图片来源：自摄）

图17 英谈古寨东寨门（图片来源：自摄）

院中，窖的大小依家庭用水量的多少而定。青石砌就四周和底部，青石封顶，只留一个较小的口，用来储存天然水。这样的水叫做"无根水"[2]。

四、太行山区古村落民居空间面临问题

由于我国的城镇化发展速度较快，新农村建设正在如火如荼地进行，大量的传统民居遭到破坏甚至损毁，传统古村落正在慢慢消失，太行山区古村落亦是如此，面临着如下的诸多问题：①随着经济发展、社会变迁、生活方式、居民居住意识的不断改变，对传统民居建筑空间的内涵认知薄弱，缺乏统筹规划，村民肆意对传统民居建筑进行改造或是拆毁重建新居，加剧传统民居建筑的破坏速度，对其中的乡土文化遗产价值不够重视，使得其中的历史文化内涵无法良性地传承延续下去。②传统古村落内的基础设施匮乏，生产生活条件相对简陋，经济发展滞后，以致村落人口流动日益频繁，更多的居民走出深山，谋求生存出路，一定程度上影响了这个相对稳定、封闭的生活环境和延续下来的社会生活方式[5]，使现有古村落的生活气息不同往日浓厚，传统文化习俗也不复往日活跃。③太行山区古村落逐渐被发展旅游业，使外部文化入侵渗透，由于缺乏相应专业规划和科学的管理，对古村落内的民居和建筑要素的保护利用的方式不够完善，在发展旅游业的同时原始建筑的原真性也受到了不同程度的不良影响等。

这些都是导致太行山区传统民居建筑空间的物质形态发生不良变化的主要原因。因此，在时代发展上升到一个新环境背景下，对太行山区传统社会观念和生活方式进行保留并延续，是目前传承和发展太行山区古村落民居建筑空间形式与历史文化内涵的首要任务。

五、太行山区古村落民居空间保护措施

首先，太行山区现存古村落在其群体规划上具备灵活性，与自然环境交融协调，院落之间复杂多变的空间组织都是十分令人惊叹，因此，保护古村落的空间形态，首要的关键是在重点保护区内，由点（古建和院落）、线（街巷）、面（建筑组群和村落）构成的空间形态结构不变，保持古村落原始风貌[7]。并需要处理好古村落与新建设用地的过渡关系，科学划定保护层次区域，对新建设的风格、规模、色彩等进行严格把控，

使得新旧建筑尽可能形成和谐统一的整体。控制保护区内的人口密度和机动车的同行，避免环境超负荷承载而遭受破坏。

其次，在保护古村落建筑格局的同时，要保护古村落的原始生态环境，培养保持民居建筑空间和自然生态环境之间的平衡观念，树立对传统民居建筑空间保护的意识，这是传统民居建筑空间在新时期延续的物质基础。对村落保护区内的给水、排气、燃气、供热等基础设施进行维护改善[7]，对古村落中进行私搭乱建现象进行严肃清理，注重对外部环境污染的治理和保护，并重点对建筑内部进行合理的调整改造，道路适当维护整修，并沿用当地的材料和营建工艺，修旧如旧，保持建筑设施的原真性，使当地的古村落文化内涵得以继续传承发展，满足居民对当代居住的合理需求。

再次，太行山地区拥有丰富的乡土文化建筑遗产，除了国家颁布的相应法律法规外，地方政府和文物保护部门一方面认真贯彻和落实这些法律法规，更应该根据当地的实际情况，制定相关的保护管理条例和旅游开发的相关管理制度，并采取相应的更具针对性的保护措施。全面完善保护机制，因地制宜建立相关的科学保护体系，为古村落的保护、传承和发展增添力量。

最后，太行山区古村落很多都是以血缘关系聚集而成，他们创造并延续了独具特色的农耕文化，如梯田、石屋、石头用具、各类雕刻装饰等[1]，同时还发展了丰富多彩的文娱生活和当地的传统习俗。这些传统的生活方式带有浓郁亲和的生活气息是古村落发展延续的根本，也是十分珍贵的非物质文化遗产，更需要保护和传承。因此，需要政府、居民、社会三方共同努力搭建传播古村落历史文化精髓的文化桥梁。

六、结语

乡土建筑是一种根植于农村的建筑形式，是广大劳动人民动手创建的一种生活场所。不同的乡土建筑反映着不同的社会背景，映射了不同的文化精髓，代表着不同的魅力与价值。因此，太行山区内这些保存较为完好的古村落是北方地域鲜明的代表，也是反映太行山历史文化内涵的媒介因子。本文通过对太行山区古村落民居的空间特征研究，希望能对太行山区传统民居质朴自然的空间环境、秩序、布局等多方面具有更多的了解，能为太行山区的村落建筑景观风貌和民居特色保护提供更多的帮助。

参考文献：

[1] 马海鹏. 南太行山区传统地域建筑保护与更新研究 [D]. 西安：西安建筑科技大学, 2015.

[2] 李诺. 太行山地民居的原生态艺术探析 [D]. 苏州：苏州大学, 2008.

[3] 林祖锐, 李恒艳. 英谈村空间形态与建筑特色分析 [J]. 建筑学报, 2011, S2：18-21.

[4] 刘芳. 太行山民居建筑文化观念研究 [D]. 石家庄：河北师范大学, 2006.

[5] 李久君. 太行山南部地区民居建筑研究 [D]. 石家庄：河北工程大学, 2009.

[6] 范霄鹏, 郭亚男. 河北太行山区民居建造材料田野调查 [J]. 古建园林技术, 2016 (02)：67-71.

[7] 张路光, 李莘. 太行山区传统民居建筑空间研究 [J]. 大舞台, 2012 (10)：241-242.

从地域出发

——寒地乡村建筑群落的保护与更新策略研究[1]

王艺凝[2] 费 腾[3]

摘 要： 当代乡村建设如火如荼，由于缺乏系统的理论指导和先进案例参考，一些寒地乡村建设只满足了基本功能需求，而忽视了审美需求和环境效益，给乡村环境造成了不可逆转的破坏。本文从严寒地区地域特征出发，通过对寒地乡土元素的运用及建筑色彩的控制、寒地特色建筑形式与格局的传承等方面的探讨，提出寒地乡村建筑群落更新策略，减少乡村改建给乡村建筑环境带来的负面影响，促进寒地乡村建设可持续发展。

关键词： 严寒地区；乡村建筑；乡村保护；地域性

乡村建筑是社会、科技、经济、文化的综合反映，与时代的发展密切相关，具有历史文化价值和民族精神价值，乡村建筑自身的形态特色反映了时代的痕迹与审美的变化。在不同的地域环境之中，建筑会随着时代的发展而变化，不同技术条件、建筑材料和生活方式都会对建筑的风貌产生影响。乡村民居的历史风貌往往反映了建筑的建造历史、社会的经济条件、人民的生活方式，在民居改造中应尽量保护与传承，使得乡村特有的建筑地域特点得以留存为世人所知。

我国的严寒地区主要涵盖东北三省和内蒙古、青海、新疆等的大部分地区，占地面积辽阔，涉及人口数目众多。在严寒地区发展乡村改造面临着一定制约，主要表现气候限制、地域文化和经济发展水平等三方面。在气候方面，严寒地区冬季漫长，平均气温低、降雪多、日照时间短，对乡村聚落的规划、建筑形态、技术等方面都有着一定的制约。在地域文化方面，寒地独特的气候地理条件造就了寒地乡村居民特有的性格与生活习性，也反映在了风貌独特、气质鲜明的寒地乡村形态中。在经济方面，相对于东南沿海地区，我国严寒地区的整体经济社会发展相对滞后，乡村聚落的建设发展水平与南方乡村的差距较大。但近年来，随着全国经济的全面发展，寒地乡村居民生活水平也在不断提高，如何寻找适宜的民居改造方法并保护传统乡村风貌，就显得尤为重要。

下面，笔者将从地域性出发，对乡村建筑形式与格局的传承、寒地乡土元素的运用、建筑色彩的控制等方面进行探讨。

一、寒地建筑群落传统格局的保护传承

严寒地区冬季漫长而寒冷，为应对恶劣的自然气候，传统民居具有建筑布局松散、以封闭开敞的院落空间为主的特点。

在中国东北部，采暖期一般为6个月。黑龙江最冷的时候，气温可以达到零下40摄氏度。因此，在东北地区，冷保暖已成为传统民居的首要考虑因素。东北寒冷地区传统住宅整体布局形式松散，以获得更多的阳光，同时为了满足冬季漫长的日照需求，建筑大多坐北朝南，并设置南向主入口。从太阳照射的时间和深度来看，东北地区朝南的房间具有冬暖夏凉的特点。就主导风向而言，东北地区冬季住宅应尽量使建筑的长轴与主导季风方向垂直，加强建筑间的挡风效果，降低热损失。

东北平原、平缓地带的村落大多是沿东西方向分

1 本论文由2017年哈尔滨应用技术研究与开发项目课题寒地乡村绿色住宅设计技术集成与建设标准研究资助，编号：2017RAYYJ001。
2 王艺凝，哈尔滨工业大学，硕士，150001，1027317433@qq.com。
3 费腾，哈尔滨工业大学，副教授，150001，43379792@qq.com。

布的，村落之间的距离较大，南北道路较小，主要起辅助交通作用，这也考虑到寒冷气候下充分照明的需求。在传统的住宅群布局中，大多数行列式布局（图1），其特点是大多数建筑都能够面向良好的朝向，有利于建筑获得良好的日照、采光和通风条件。同时，东北地区一些传统民居群体有意地在布局中错开一定角度，以提高夏季的通风效果（图2）。

图1　黑龙江兴安盟舍林嘎查村（图片来源：谷歌地图）

图2　黑龙江齐齐哈尔市丰收村（图片来源：谷歌地图）

东北地区传统民居大多以院落的形式存在。院落式的布局具有重要的气候调节功能，封闭而露天的庭院能明显得起到改善气候条件和减弱不良气候侵袭的作用。利用冬夏太阳入射角的差别和早晚日照阴影的变化，庭院天井和廊檐的结合，可以有效地抵抗寒风侵袭，阻隔风沙漫扬。由于北方纬度偏高，太阳高度偏低，东北传统民居大部分院落的宽深比在1.2～1.9之间不等。从外院到内院，房屋的台基和体量也是从低到高的，从而突出正房的高大和宽广明亮。另外，东北传统民居的院落围以矮墙，高度一般低于屋脊。东北传统民居中有很多带前廊的房屋，特别是大型的住宅在正房前

端都设有前廊，有时厢房也设有前廊，廊端设置入口。在组成院落时正房和厢房的前廊连成一体，在雨雪天，也可以穿行于正厢房之间，拓展了人们的活动空间。挑檐出挑方式为利用椽子出挑，大户人家会有第二道椽子，即所谓的"飞椽"，飞椽既可以让檐部出挑的更远，又可以保证出挑出去的檐部不会遮挡室内的光线。檐部出挑还可以保护墙体在下雨或融雪的时候，屋顶的雨水能够顺利的排下，而不会沿着檐墙流下，从而避免墙体腐蚀（图3）。同时通过在建筑南面外侧布置高大乔木，内侧布置低矮灌木，夏季可以遮阳，冬季偏转北面的寒风，对于气候调节起到积极的作用。

图3　东北木结构民居飞椽（图片来源：网络整理）

在建设与改造寒地民居建筑之时，应充分考虑原有传统民居的营建智慧，传承其被动节能手段，并辅之以现代设计技术。在对住宅的布局进行改进设计时，结合布局形式本身的能耗特征，选择节能性能最佳的布局，为后续的节能设计打下基础。

二、建筑形态的适寒性设计

在乡村建筑群落的更新改造中，由于功能变更和生活的需要，建筑形态的更新设计是必然要面对和需解决的问题。然而，乡村聚落中存在着大量的新居，这是更新原有聚落时不可忽视的因素。由于物质生产和建设的社会化进程，不同地方的近期的民居风格几乎相同，大多为快速、低价的复制。这些建筑大多避开了地方特色，大多选用砖墙、钢混结构、平屋面，对乡村的整体风格和地域特色造成了极大的破坏。乡村发展中的建筑创作不应该简单地重复，而应该从自然条件和文化底蕴等因素出发进行创新，但是创新不是随机的发明，而是对现有关系的发现和调整。

以中国东北的传统民居为例，此类民居大多是小巧紧凑的，平面形态规整常采用矩形。这可以从体型系数的角度来解释，体型系数是衡量建筑物是否有利于保温的一个重要参数。对于相同体积的建筑物，外围护结构的外表面积越小，传热越小。建筑物的体型系数与热耗基本成正比。以立方体为基准，不同建筑体形在空间总量相同时外表面面积的差异。尽管东北地区冬季气温很低，但大部分地区日照辐射还比较强，因此南向和东西向的外界面在向外散失热量的同时也接受太阳辐射，尤其是南向，受热吸收的日照辐射热量大于其向外散失的热量，因此建筑的体型不能只以外界面越少越好来评价，还要以南向外界面足够大，同时其他方向外界面尽可能少为标准来评价。

通过建筑热工中的有关计算得知，在冬至日，单位面积墙面南北向接受日照获得的热量大于东西向获得的热量。由此可以得知，严寒地区建筑的体型对寒冷气候的适应，一方面要尽量增大进深以减小体型系数，使建筑平面形式尽可能向四个方向扩展，接近于正方形，以减小围护结构的外表面散热面积；另一方面由于体型系数相同时（建筑朝向、底面积和高度都相同的两座建筑），南向面积越大得到的太阳辐射热量越多，因此建筑的平面布局在维持一定进深的基础上沿面阔方向增加开间数量，而并非单纯为减小体型系数而向四个方向同时扩展。民居的平面，综合考虑了体型系数和日照的影响，形成了现在东北传统民居的这种横长方形的平面形式（图4）。

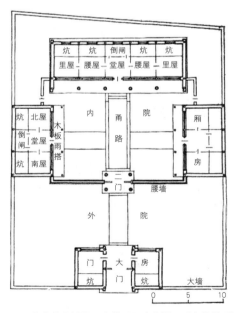

图4　某吉林乡村民居院落（图片来源：《东北民居》）

三、寒地乡土元素的提取运用

1. 乡土性材料

由于地理条件的不同以及资源的差异决定了当地建筑所用材料的差异，导致了各种材质的住宅的出现，如土质、窑洞建筑等（图5、图6）。在东北山地、林区的井干式是以木材为主料而建造的，它们主要分布在大、小兴安岭以及长白山地区林木茂密的地方，房屋从头至尾、从里到外几乎都是用木头做成。墙体以圆木垛成。门窗洞口处用"木蛤蟆"勒边加以固定，屋顶骨架用木制的叉手或用木立人与檩条搭建而成，就连铺设屋面也是用木片或者树皮制成的"木板瓦"。以木材为主建造的房屋，室内干燥，湿度较低，通风透气，具有良好的宜居性。这种被当地居民称为"木楞子房"的建筑形式，因地制宜，就地取材，体现了生态宜居的概念（图7）。

图5　窑洞建筑

图6　夯土建筑（图片来源：网络整理）

具有乡村民居具有独特的地域风格，传统的建筑材料能够强化这些地域风格，如土、石、木、竹、砖等传统材料。以乡土材料为基础的农村住区建设，不仅可

图7 木质建筑

以节约成本，而且可以反映最直接的地域特征。地域性材料是历代工匠研究得出最合理、最有效的建筑材料，往往与自然环境的和谐程度超出了现代建筑技术和材料的范围。

提倡传统建筑材料的运用并不表示新的建筑材料就要完全摒弃，建筑材料的选用要适用为原则，不能盲从。如玻璃，是新材料的代表之一，在现代民居中也是必不可少的。传统材料在性能、美感方面的弊端，往往需要现代技术和材料的补充支持，同时传统材料现代表达也会让人耳目一新。

2. 朴实的建筑色彩

房屋的颜色很大程度上取决于建筑材料。传统民居的色彩大多简单质朴，并与周围的自然环境融为一体，形成和谐的人文景观。然而，随着时代的发展，民居建筑的所有者可能会模仿城市建筑状态，对居住建筑进行装饰，有时选择色彩艳丽的油漆或面砖，这样的居住建筑会对原有乡村自然风光的视觉形象造成很大损害。如笔者调研的黑龙江省海伦县村镇新建民居墙面，大量采用红色白色贴砖，失去了乡村建筑原本的色彩（图8）。与之相反，黑龙江省雪村的建筑改造，在满足现代生活需求的同时保留了原本的建筑材质与地域色彩，与自然人文环境相得益彰，在满足新的功能需求同时也保留了寒地乡村的质朴意趣（图9）。

建筑色彩的控制是农村住宅建筑风格控制的重要组成部分，乡村环境应当贴近乡村生活，反映其朴素的特征，建筑色彩也应朴素原真。朴实的建筑色彩是指建筑的色彩上尊重原材料的特色，不做浮夸的色彩表现，让乡村民居成为乡村环境中和谐的一部分，而不是乡村

图8 色彩明艳的当代乡村民居（图片来源：网络整理）

图9 黑龙江省雪村（图片来源：网络整理）

中的异类。

3. 建筑装饰细部和景观

传统建筑风格的延续，也可以从建筑装饰的细节和景观入手。特色屋檐、屋檐、装饰图案等元素的提炼和吸收，能使农村民居建筑的细节令人印象深刻。乡村民居特殊的景观装饰和室内装饰也是能够成功体现农村居住小区传统地域特征的一个方面。

笔者调研的河北省暖泉镇的传统民居，其中最具形式特色的莫过于大门，一般民居中的大门多是砖木结构的"砖腿子"大门和砖石结构的拱券门，大型住宅多采用广亮式（图10）。木柱式大门一般是作为"二门"出现在套院中，作用类似北京四合院中的"垂花门"。

图10 暖泉镇民居大门（图片来源：网络整理）

四、结语

严寒地区乡村的建筑群落的建设及更新应该从自身环境出发，因地制宜，充分利用环境资源，结合传统营造智慧与地域文化风格，充分考虑当地村民的生活习俗，并结合现代的技术手段，为居民创造宜人、和谐、有地域特色的严寒地区乡村环境。希望通过本文的探讨，能否吸取前人在寒地乡村建筑设计中的智慧，在设计中不断地改进与推广，努力提高人们的生活水平。

参考文献：

[1] 霍俊芳，崔琪．乡村住宅建筑能耗现状与节能技术［J］．建筑技术2009，03：267．

[2] 马进.《当代建筑构造的建构解析》［M］.南京：东南大学出版社，2005．

[3] 全国建筑耗能现状［EB/OL］.http：//wenda.so.com．2013-05-03．

[4] 徐绍史．关于城镇化建设工作情况的报告［EB/OL］．http：//news.xinhuanet.com．2013-06-26．

[5] 朱金良．当代中国新乡土建筑创作实践研究［D］．上海：同济大学，2006．

PPP模式在传统村落开发建设中的运用[1]

龚苏宁[2]　张秋风[3]

摘　要： PPP模式是整合社会资本和政府各类投资要素的有效模式，对我国各类产业发展具有重要的作用，正逐步走向规范化和法制化，在传统村落开发建设中有着巨大的优势。文章首先阐述传统村落的内涵及现状特征，接着着重对PPP模式的概念、运作模式、优点进行分析，然后对适合传统村落开发建设的PPP运作模式的几种类型进行详细阐述，最后归纳出在传统村落开发建设中运用PPP模式的实施机制，从而更好地引导PPP模式在传统村落开发建设中的运用。
关键词： PPP模式；传统村落开发建设；运作模式

引言

　　传统村落拥有悠久的历史文化、特殊的民俗文化、独具特色的建筑文化，是乡土文化的重要组成部分，诠释着中华民族的传统文化。然而在全球化和城市化的双重压力下，乡村劳动力大量流失、保护资金的极度匮乏，使我国的传统村落逐渐走向消亡。与此同时，部分不合理的村落保护、开发建设，使传统村落出现了"千村一面"的同质化现象，导致传统村落不但逐渐失去了原有的村落特色，而且因为缺乏经济发展的持续动力，而逐步陷入破败的境地。

　　我国传统村落的保护、开发建设多是由政府出资，虽然政府强调社会效益与长远规划，但面临着资金压力大，运营难度大问题；由企业承包的项目虽然开发速度较快、经营较为科学，但会过度追求利益，忽略保护；由村民集体出资的项目虽然提高了村民的自主性，但在资金、管理、经营上都存在很多难以协调的问题；传统的公私合营项目主体间也存在着较大矛盾。这些开发模式的弊端导致我国传统村落的发展方向单一、发展目标不明确而难以持续经营。近些年，PPP模式迅速在很多领域进行了推广和尝试，也开始在文化遗产保护领域逐渐尝试。面对在传统村落开发中运用的PPP新模式，如果在没有丰富的理论研究和充足的实践经验支持

的情况下贸然推广，将造成一系列难以弥补问题，对其进行全面深入的研究变得十分紧迫。

一、传统村落的概述

1. 传统村落的概念

　　"传统"是指从历史传承下来、世代相传的文化、艺术、思想、道德、制度、风俗、行为习惯等。2012年《关于开展传统村落调查的通知》（建村［2012］58号）中指出："传统村落是指村落形成较早，拥有较丰富的传统资源，具有一定历史、文化、科学、艺术、社会、经济价值，应予保护的村落"。由于时代的不断变化，传统村落的整体布局、民风民俗、建筑形制、承载的历史也是在不断变化的[1]。

2. 传统村落的现状特征

　　传统村落是中华民族的宝贵遗产，包含着当地的传统文化、建筑艺术、村镇空间格局，也反映着村落与周边自然环境的和谐关系，体现着人与自然和谐相处的文化精髓和空间记忆。由于加速的城镇化，传统村落在加快消亡，传统村落的保护、开发、发展面临着巨大的

1　基金项目：江苏省文化科研课题(17YB24)；南通理工学院2017年校级优秀教学团队建设研究项目（2017NITJXTD02）；南通理工学院2018年科研项目（2018013）。
2　龚苏宁，南通理工学院建筑工程学院，高工，226002，263286596@qq.com。
3　张秋风，南通理工学院建筑工程学院，学生，513894723@qq.com。

困境。

1）独特的历史性

传统村落的布局和选址都体现着不同地域、不同民族的时代特征。古代的堪舆之术是对天地之道、地形地貌的研究，追求人与自然的和谐，建造理想的居住空间及环境。虽然不同时代堪舆术的发展水平不一，但村落的选址和布局依然有一定的规律，是依据每个村落各自的环境特征，因地制宜进行布局的。部分传统村落保留着大量完整的传统建筑，村落结构比较清晰、完整，多由住宅、街巷、庙宇、戏台等传统建筑构成。传统村落存在的形态是受到不同历史时期的社会经济、政治、文化、科技等方面的影响，完整地反映着当地的特色和历史风貌。

2）复杂的变化性

传统村落包含了古建筑、历史街巷、村民传统、历史记忆、宗族制度、俚语方言、宗教活动及生产、生活方式等精神遗产，这些都是在传统村落里产生、发展起来的，并在时代中不断地变化，经历着动态演变。从历史保护的视角，希望保留传统村落的"真实原状"，让其停止改变，但从发展的视角，希望传统村落的村民能享受与时俱进的生活环境、生活方式，其保护与发展一直存在着矛盾，近期很难解决。

3）消亡速度加快

传统村落中的历史街区、传统建筑、民风民俗等文化遗产也在城市化进程中不断消亡，传统村落在不断改变着原有的风貌和格局。村民在追求现代的居住空间，不断地拆建改造老宅。同时部分地方政府盲目开发旅游项目，不注重保护，急功近利的举动使传统村落遭到更大破坏，使部分村民不得不放弃原有生活方式。偏远地区的传统村落，由于交通不便等，很难得到外界的开发资金，这些都使文化遗产逐渐走向消亡。

4）乡村劳动力大量流失

城镇化建设中的乡村年轻人大多进城工作，仅有部分老人和孩子留在村里，使得村落中的劳动力极度缺乏。发展旅游的传统村落中在经济条件改善后，部分村民也进城居住，部分村民在村中"表演式"的生活着。保护学者希望村民住村里，保持原有的生活状态，但随着时代的不断变化，村民的生活方式也在变化，传统村落开发与村民的流失的矛盾将长期存在。

5）保护建设资金不足

我国传统村落数量多，涉及面广，村落环境整治和非物质文化遗产及古建筑的保护和修缮需要大量的资金，一般村民无法承担高额的维修费。尽管部分地方政府对传统村落开发有一定的财政拨款，重视程度及投资力度也在不断上升，但仍无法解决根本问题。

6）专业人才短缺

我国的传统村落开发实践已经有一段时间了，积累了一定的实践经验，但是缺乏具备遗产保护、旅游管理、村落规划等专业知识的人才。传统村落开发最理想的人才是来自村落，并具有相关知识、技术的并熟悉当地情况的本土村民，但接受高等教育的村民基本都不会再回到农村发展。

二、PPP模式的概述

1. PPP模式的概念

Public-Private-Partnership（即PPP），就是政府及私营机构根据相关的特许权协议进行合作，签订建设基础的设施、提供城市公共服务的合同条约，来明确两方的职责和权利，建立全程合作、风险和利益同享的稳定关系，从而保证项目顺利完成。

2. PPP模式运作思路

PPP模式是针对项目生命周期中的各个机构的组织关系而提出的全新模式，是一个完整的项目融资概念，是政府和企业针对某一个项目而构成的"双赢"、"多赢"的合作形式，比独自操作能带来更大的利益，其运作思路如图1所示。民间资本具有机制运作灵活、决策速度快的特点，将有效地抓住发展机遇，提高各产业发展的综合能力。社会资本投资的整体开发和运营，将面对社会公共资源开发与保护的问题，就要有个能维持政府公益与企业营利关系的合作模式。

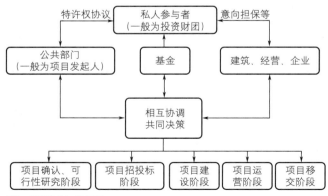

图1　PPP模式运作思路

三、传统村落开发建设中运用PPP模式的意义

由于传统村落开发建设的投资量大和周期较长，纯市场化操作很难。得使三方金融相贯通，确保政府政策资金扶持，引进社会资本及金融机构的资金，施展每一方所擅长的。在平台上进行利益同生同享，从而推进及运营传统村落，PPP模式的普遍运用将是传统村落得力的资金助手。

1. 减轻债务压力、补短板和调结构的作用

在需求拉动经济增长空间有限的情况下，应大力促进以政府引导为主，社会资本普遍加入传统村落开发建设，坚持在建设形态上"一村一风格"。政府不多花钱及多办好事，推动经济转换新旧模式，不仅能实现经济平稳增长，还能推进投资和消费齐头并进，补短板和调结构，拓展融资渠道。当下，各级地方政府在踊跃推进各类传统村落的建设，应以产业为主体，地方政府很难拥有持续的财政输出能力，其发展进退两难。如果要更好地引进多元化投资主体，就必须建立政府为主导和社会资本共同加入的融资模式，施展财政资金的杠杆效应，用最少的资金来带动强大的社会资本。所以PPP融资是可以用来填补村落建设资金不足的问题。

2. 扩大社会资本的投资领域

住房和城乡建设部、中央财政要求，认真做好中央财政支持的中国传统村落各类保护项目组织实施工作，加强监督检查，督促相关传统村落在使用中央财政资金前将项目实施信息录入中国传统村落保护项目管理信息系统[2]。另外，在商业可持续性和风险可以控制的条件下，政府买下服务协议的收益预期，还有村落建设项目牵扯的特许经营权和收费权，都可以当作农业开发银行贷款的担保品。如今投资增速减缓，不少社会资本对传统村落进行投资，不仅可得到经济利益，还可以得到其他效益。

3. 充分发挥扩散作用，最大化的降低投资风险

在未来，PPP模式是它们的混合动力。增长经济的动力机，创新型的公共产品及服务。使用公开招标的方法，政府吸引综合力较高的企业加入建设之中。政府用公开招标等方法引入综合力较高的企业，清楚的划分投

资和建设进程中的有关责任范围，提升控制传统村落开发建设运营整体的风险能力。社会资本根据在其有关范围超前的专业技术及管理经验，有效果的辨别和控制风险。其项目开始阶段，政府承受项目风险，社会资本则控制风险。项目完工后，社会资本加入村落的运营活动，承受了更多的风险。政府及社会资本能够充分施展各自的优势，在项目的不同阶段控制不同的风险，从而减少风险，村落建设的效率得以提高。

四、传统村落开发建设中的PPP运作模式

当前采用PPP模式的传统村落开发建设项目采用以BOT形式为主，BOO、TOT等形式为辅。

1. BOT模式

Bulid-Operate-Transfer（即BOT，建造-运营-移交）。BOT是一定期限的抵押基础设施的经营权，而获取项目融资，是对基础设施的民营化操作。通过项目招标，发起人在获得项目特许权后，成立项目公司，对项目进行融资、建设和经营。特许期内，发起人可以利用当地政府为项目的开发经营提供的其他优惠条件，以便回收资金用于还贷，并获取利润，当特许期结束时，把项目无偿地转交给政府。期间投资企业通常会要求政府能够保证最低的收益率，如果特许期内达不到这个收益标准，投资企业将获得一定的补偿，其运作思路如图2所示。具有市场机制及政府干涉相混合的BOT模式，可以使市场机制发挥自发的作用。政府通过招标竞争来明确项目公司。BOT协议由政府与民营企业签订，项目公司负责协议的执行。政府控制着项目建立、招标和谈判阶段的工作。在实施协议时，政府有权进行监督，可以控制项目管理的价格，也可以利用BOT的相关法规来约束企业的各种行为。

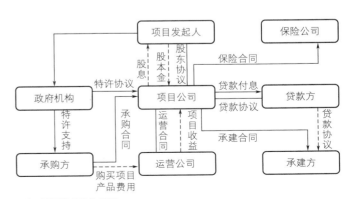

图2 BOT模式运作思路

2. BOO模式

Building-Owning-Operation（即BOO，建设-拥有-运营）。BOO模式下，市场的硬件、软件、设备和系统属于企业，企业投资并承担项目的设计、施工、管理、维护和运营等，政府负责总体协调、提出要求和外部环境的建设的一种新运行模式。政府每年需要向企业支付设备和系统的使用费用，这就体现了政府协调监督、

企业运营的一体化运作思路，如图3所示。在传统村落开发建设中，由于要求企业对社会资本有较高的掌控能力，并更关注项目的长期收益，BOO模式适合以企业为核心的特色村落建设。BOO模式具有完全私有化的特点，项目公司从项目全部生命周期的角度进行建设和运营，以降低生命周期的成本，提高资本收益。与其他PPP模式相比，BOO模式的社会资本参与度更高，社会资本承受风险的能力更高。

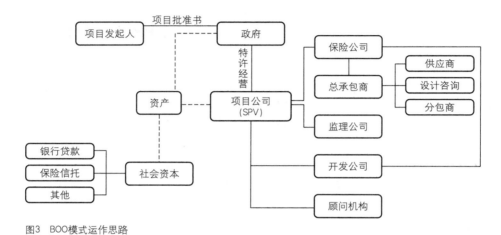

图3 BOO模式运作思路

3. TOT模式

Transfer-Operate-Transfer（即TOT，移交-经营-移交）。TOT模式在国外运用比较多，是国有企业或政府把建设好的项目的特定时间内的经营权或产权，有偿的转交给投资方，进而一次性的从投资方那里获得资金，为其他新项目融资，其中投资者通过在指定时间经营项目而获得合理的回报，合同期满后，投资者将项目返还给政府或国有企业的一种融资方式，如图4所示。与传统的BOT模式和融资租赁的方式不同，其适用于有稳定的收益和周期较长的项目。

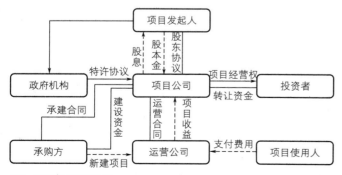

图4 TOT模式运作思路

五、传统村落开发建设中PPP模式的实施建议

1. 明确政府功能，加强文物管理部门参与

在PPP模式中，政府的角色从传统的投资者变成了项目参与者、监督者，政府只负责项目的整体的统筹规划、招标、监督等环节，将项目的设计、建造、经营等环节交给社会资本方，不进行不必要的干预。要在项目筹备阶段理清各个政府部门的职能，规定其权力和应承担的责任，建立相关的激励机制，尽可能激发参与部门的积极性，注意各部门间的衔接，PPP项目的运行是应由多个政府部门共同推进的。在实施传统村落开发项目时，还应该重视文物部门的意见，加强文物部门的参与程度，将文物部门放在一个主要监管者的位置。传统村落的保护开发应从项目开始到移交，文物部门应当全程介入，帮助项目实施者把控方向，及时修正不合理建设行为，划定保护与开发的边界，避免设计方案走形，造成建设性破坏。

2. 建设完善的监管机制，引入第三方监管机构

PPP项目中政府工作重点应放在项目监管上，对传统村落开发项目建设和经营的全过程进行监管。监管的内容主要包括：项目准入、设计成果、服务与建设质量、经营过程、价格与收费、成本等方面。政府要公平有效的监管，适当适度的对项目进行干预。监管工作除了由政府承担以外，还应当设立第三方监管机构，在监管社会资本行为的同时对政府行为进行监管。第三方监管机构的设立应符合法律标准，由相关法律政策界定其职权范围和监管对象，受法律的约束，保证可以公正监管。监管机构需要具备独立性，在执行监管任务过程中而不受干扰，特别是政府的不合理介入。监管的机构必须具有专业性，由文物保护、工程管理、城市规划、经济学、法学等各领域的专家组成。

3. 建立科学评价体制

为了保证传统村落开发中PPP模式的顺利运行，首先从项目的准备阶段，政府相关部门应当对项目进行"物有所值"评估，提交项目的可行性分析报告及初期实施方案。要严格评估社会资方的资金实力、经营能力、信用水平，审核设计和施工方的业务水准和项目质量。其次，建立成本信息相对称体系。完善各类招标、投标机制，显示竞标在价格上的优势，公开私人机构的成本。然后，建立动态定价机制。以三年为周期整改价格，先设盈利的上下限，再综合考虑服务的需求量、通货膨胀率、融资的成本和当地平均收入等因素，使社会资本有一定盈利。再次，设置严格的绩效考核和总体评价体系。构建财政部门、中介机构、审计机构、社会公众等评价体系，进行综合评估。

4. 加强金融风险的防控

首先，规避财政风险金融，就应该合理调整传统村落PPP项目的期限结构。各地财政部门应规划辖内传统村落的PPP项目，合理安排债务期限，防止后期的偿付风险。项目准备阶段，指引参与方根据区域债务的期限特色进行债务期限结构的部署。金融机构针对项目现金流情况以及政府的支持，来确定融资方式所支持的偿还周期和方式；其次，加强确权工作任务，供应有用的抵押物进行传统村落PPP项目融资。发展特许经营、土地承包经营权、集体林权、宅基地使用权、收费权和排污权，建立产权交易市场平台；再次，加强管制，鼓励开展债权、股权投资计划和资产证券化，为项目提供长时间的资金，减少期限错配问题；同时，将政府偿债责任纳入预算。地方财政部门应该把符合条件的PPP项目负债与资产情况，纳入到政府相关的资产负债表当中。地市级财政部门应根据《地方政府存量债务纳入预算管理清理甄别办法》[3]来制定相关的财政补贴。PPP项目的运营地方政府部门和相关单位应依法承担对应的偿债责任，偿债资金也要归到相应的政府预算管理系统中。

5. 建立PPP项目库，公开项目信息

对于地方政府来讲，建设PPP的项目库，首先，清楚工程的限定范围，重心是城市基础设施和公共服务项目；其次，聘用专业的PPP项目的咨询公司，对传统村落PPP项目的申报进行完善与优化；再次，聘请好的中介公司来初步筛选项目的盈利补助方案、运营年限和建设经营方案等部分；然后，依据相关申报项目的特点和成熟度，进一步来制定储备项目库、执行项目库和示范项目库；最后，对项目实行动态化管理，及时改进更新项目的详细信息，并且建立项目退出机制，最终形成良性循环机制。定期公布运用PPP模式的传统村落储备项目，应该详细介绍项目的招标、开工、建成时间、对社会资本的各类要求；定期公布招投标项目、在建项目、验收项目的情况；在特许的运营期里，按期公开经营的财务信息；定期公布处于规划阶段各类项目的情况，包括环境评价、公共利益和安全等相关情况；定期统计、公布各地方政府PPP项目的负债以及资产情况。

六、结语

传统村落是传统建筑等物质文化遗产与包罗万象的非物质文化遗产的融合而成的综合体。PPP模式近年来在我国兴起，与文化遗产保护相结合，为传统村落开发开拓了新模式。然而我国PPP模式发展较晚，缺少用于传统村落开发的实际案例和经验，相关的研究很少。PPP模式的运用，可使传统村落开发建设更加高效、符合市场需求。政府应建立合理的管理机制，提高社会资本的运作水平和效率，积极有效地发挥社会资本的优势。在PPP模式下的政策环境及其制度不断完善的优化背景下，我们应加强相关研究，应关注最新的投融资体制、最新的改革和管理模式的创新发展，用PPP模式的思维来解决传统村落开发中的融资问题。

参考文献：

[1] 住房和城乡建设部、文化部、国家文物局等. 关于开展传统村落调查的通知（建村 [2012] 58号）[Z]. 2012-4-16.

[2] 辛雯. 156个中国传统村落获中央财政支持 [EB/OL]. 中国建设报. http：//www.chinajsb.cn/zhengce/content/2018-05/15/content_237690.htm, 2018-5-15.

[3] 中华人民共和国财政部. 地方政府存量债务纳入预算管理清理甄别办法（财预 [2014] 351号）[Z]. 2014-10-23.

乡村振兴中的山东半岛传统村落保护与更新研究[1]

田　阔[2]　李世芬[3]　吕　敏[4]

摘　要：随着乡村振兴战略中农村现代化进一步推进，文化复兴问题亟待解决。传统村落是人地和社会关系的真实反映，也是传统文化、民俗习惯的真实写照。因此，传统村落的保护与更新是乡村振兴战略的主要任务之一。本文以山东半岛传统村落为切入点，基于文献查阅和走访、调研，着重研究传统村落的发展现状，结合实际情况分析问题，从政策引领、保护与发展、村民主导地位、人才培养以及基础设施建设等角度提出传统村落保护与更新的优化策略。

关键词：乡村振兴战略；传统村落；山东半岛；保护与更新；策略

一、概述

1. 研究背景及意义

随着改革开放进程的不断深入，我国城镇化水平不断提升，习近平同志2017年10月18日在党的十九大报告中提出，农业农村农民问题是关系国计民生的根本性问题，必须始终把解决好"三农"问题作为全党工作的重中之重，实施乡村振兴战略刻不容缓。2018年1月2日，中央一号文件——《中共中央国务院关于实施乡村振兴战略的意见》公布，提出要不断提高村民在产业发展中的参与度和受益面，彻底解决农村产业和农民就业问题，确保当地群众长期稳定增收、安居乐业。

从"美丽乡村"到"乡村振兴战略"，体现了党和国家对于乡村建设的高度重视。推进农业农村现代化，将不可避免地面对传统村落的保护性发展问题。在城镇化和新农村建设的快速推进中，由于一些地方对传统村落缺乏精细化保护，造成传统村落的破坏和消失。当前对传统村落的保护迫在眉睫，在传统村落保护性发展的工作实践中要统筹规划，正确面对和处理传统村落保护与发展之间的矛盾，因村制宜谋划传统村落的保护性发展。

2. 概念界定

1）传统村落

传统村落，又称古村落，指村落形成较早，拥有较丰富的文化与自然资源，具有一定历史、文化、科学、艺术、经济、社会价值，应予以保护的村落。传统村落中蕴藏着丰富的历史信息和文化景观，是中国农耕文明留下的最大遗产。具有以下特点：

①传统村落体现着当地的传统文化、建筑艺术和村镇空间格局，反映着村落与周边自然环境的和谐关系。

②传统村落是维持传统农业循环经济特征的关键。

③传统村落是发展乡村旅游、创新农村农业发展道路的基础。

④传统村落是广大农民社会资本的有效载体。

⑤传统村落是散布在世界各地的华侨和广大港澳台同胞的文化之根。

2）乡村振兴战略原则

实施乡村振兴战略，要坚持党管农村工作，坚持农业农村优先发展，坚持农民主体地位，坚持乡村全面振兴，坚持城乡融合发展，坚持人与自然和谐共生，坚持因地制宜、循序渐进。巩固和完善农村基本经营制度，保持土地承包关系稳定并长久不变，第二轮土地承

1　项目资助：大连理工大学基本科研业务费重点项目DUT18RW203.
2　田阔，大连理工大学建筑与艺术学院，硕士研究生，116024，814986684@qq.com.
3　李世芬，大连理工大学建筑与艺术学院，教授、博导，116024，dl-84715638@163.com.
4　吕敏，大连理工大学建筑与艺术学院，硕士研究生，116024，452468015@qq.com.

包到期后再延长三十年。确保国家粮食安全，把中国人的饭碗牢牢端在自己手中。加强农村基层基础工作，培养造就一支懂农业、爱农村、爱农民的"三农"工作队伍。

3）保护与更新传统村落的意义

保护与发展传统村落是推进全面建成小康社会的内在要求，是贯彻落实习近平新时代中国特色社会主义思想的具体体现、是实施乡村振兴战略的具体要求。保护传统村落就是保护我国珍贵的历史文化和自然资源遗产；保护传统村落有利于促进社会主义的精神文明建设；保护传统村落有利于创新村落农业发展道路，促进经济和谐发展；保护好传统村落就是保护广大农民的社会资本；有利于保障国土安全。

二、山东半岛传统村落发展现状

当前我国传统村落评定有两种方式：国家公布的传统村落名录和地方公布的传统村落名录。2012年至今，由国家住房和城乡建设部、文化部、财政部等部委联合开展全国传统村落评选，目前已累计完成四批中国传统村落评选（表1）。

我国传统村落名录　　　　　　　　　　　　　　表1

国家级传统村落			山东省传统村落			
	数量（个）	评选时间			数量（个）	评选时间
第一批	648	2012/12		第一批	103	2014/10
第二批	951	2013/9		第二批	105	2015/7
第三批	994	2014/11		第三批	103	2016/5
第四批	1602	2016/12		第四批	100	2017/4
合计	4195			合计	411	

注：数据来源：由山东省住房和城乡建设厅网整理而得

1. 数量多

山东省自2014年开始，根据国家传统村落评定标准以及本地区相关因素，对山东地区开展传统村落（地方性）评定工作，到目前累计开展4批山东省传统村落评选（表1）。目前山东省有国家级传统村落75个，省级传统村落411个。其中山东半岛内青岛、烟台、威海、潍坊、日照、东营等地有国家级传统村落30个，省级传统村落142个。

2. 分布广泛

山东半岛因为地理上的原因，山东半岛地区与东北地区和韩国联系紧密。历史上有大批民众自水路乘船移民东北。创造了丰富多彩的北辛文化、白石文化、大汶口文化、龙山文化和与夏代同期的岳石文化。明初的一二十年内，地处渤海前沿的山东半岛变成为中朝两国人员往来和物资交流最便捷的通道。从表2中可看出山东半岛内传统村落数量庞大且分布广泛，其中烟台、威海、潍坊三地传统村落较多。

山东半岛传统村落名录　　　　　　表2

地级市名称	国家级传统村落	省级传统村落				
		第一批	第二批	第三批	第四批	合计
青岛市	3	3	1	3	无	7
烟台市	17	20	25	18	10	73
潍坊市	3	8	6	5	4	23
威海市	7	8	8	5	11	32
日照市	无	2	1	1	1	5
东营市	无	1	1	无	无	2

注：数据来源：由山东省住房和城乡建设厅网整理而得

3. 特色鲜明

村落形态的形成受自然地理条件影响较为明显，村落选址时会着重考虑土壤的肥沃性、地势的平坦性还有是否有足够的灌溉水源等，依据地势分为集聚型布局、线型布局和散点型布局。建筑多为传统四合院类型，主房多为4～5开间，坐北朝南，建筑材料就地取材，如青岛沿海村落采用石墙做外围护结构，东营、滨州地区采用土坯墙做外围护结构。

4. 省级传统村落的评选与维护

由于传统村落的评选基数较大，且大多数传统村落的可达性较差，还有少量需要保护的传统村落没有及时评入传统村落名录。由于各种原因导致原有历史价值的建筑物样貌遭受严重破坏。随着时间长久，村落得不到维修，渐渐荒废倒塌、破败不堪，文物流失严重。

许多已经评入传统村落名录的乡村由于后期维护不当，以及村民的保护意识不足导致许多有价值的传统民居不能维持原貌，随着时间的流逝逐渐破败。

三、山东半岛传统村落现状问题解析

近年来，随着美丽乡村和乡村振兴战略的不断推进，我国乡村的发展建设已经进入到新的阶段。然而，在发展的过程中，由于规划不当、意识不足、管理欠缺等因素，一些传统村落资源没有得到很好的保护正在逐渐消失。

1. 千村一面

随着现代化建设进程的不断加快，传统村落的发展受到忽视，传统村落资源面临从文化遗产到廉价资源的尴尬境遇。新农村建设中由于缺少生态景观理论的有效指导，原有村庄的乡土气息已经消失殆尽，部分传统村落的特色消失，甚至出现"千村一面"的现象，严重破坏了传统村落的多样性。

2. 资金来源不足

在现代化经济发展压力下，传统村落的发展面临巨大压力和挑战。古建筑多土木结构，维护成本高，且需要长时间多次维护，仅靠政府出资难以实现有效保护。山东省委为第1～4批省级传统村落分别补助20万补助资金，但实际情况中建筑修缮、环境改善、防灾安全保障所需资金远远不足，少部分遭受破坏严重的传统村落实现有效保护的进程更加缓慢（图1）。

图1　传统村落建筑现状——青岛青山渔村
（图片来源：作者自摄）

3. 人口迁移

随着城镇化进程的不断加快，许多的农民进城务工，传统村落遭遇老龄化和空心化问题，因而对传统的历史建筑、自然环境等缺乏维护，间接导致传统村落资源的破坏。村落人口的迁移，异质文化的引入对传统村落文化造成冲击，导致一些特色文化、民俗风情被冲淡。

4. 开发与规划不协调

传统村落的保护与更新难免要面对很多取舍去留的问题，有时会在经济或政治的介入下对传统村落大拆大建，使传统村落失去其历史性与独特性，凸显其保护与更新之间的矛盾。由于部分传统村落遭到破坏严重无法修缮，一些地方政府盲目模仿其他地区的特色乡土建筑，导致与原有建筑文化之间不协调，背离了对传统村落实施保护的初衷（图2）。

图2　传统村落建筑更新——雄崖所古城
（图片来源：作者自摄）

5. 保护意识不足

随着生活条件的不断改善，传统人居环境与现代生活需求的矛盾日益突出，大部分村民为改善居住条件拆旧盖新，许多传统村落资源因此而丧失，而且由于村民保护性意识淡薄，导致村内祠堂、家庙等许多具有传统村落代表性的公共资源因保护不足而逐渐破败，使传统村落失去其原有风貌（图3、图4）。

图3　传统村落建筑现状——棉花社区
（图片来源：作者自摄）

图4　传统村落建筑现状——陵阳街村
（图片来源：作者自摄）

6. 照搬发展模式

随着市场经济的发展，乡村旅游业、养殖业、工业迅速发展，一些传统村落的经济价值逐渐被人们发觉，但照搬外地发展模式，推进商业化进程中矛盾逐渐突出，许多传统村落的传统资源价值得不到有效挖掘，反而破坏了许多有价值的传统资源。传统村落的发展应因地制宜，与当地自然条件有机结合以谋求发展。

7. 旅游的介入

以经济利益为导向的旅游开发加速了现代化介入的进程，外来游客和商户的反客为主使地域文化被现代文化置换。不但使传统村落文化价值和精神丧失，也瓦解了村落文化在现代社会演进的可能。因旅游活动需要，承载居民生活的村落空间变为民居建筑标本，富有神圣意义的宗族祠堂成为供游客参观的博物馆，村民们的日常生活成为舞台表演，背离了对传统村落实施保护的初衷。

8. 基础设施不足

交通条件滞后、供应设施薄弱、基础配套不足、建筑老旧破败严重导致许多传统资源的丧失，虽然大部分传统村落已实现了基础设施的覆盖，但这些设施只能解决有无的问题，而在整体品质上还有所不足，难以满足村庄日益发展的生活和休闲服务需求。

四、传统村落保护与更新策略

1. 实施乡村振兴战略，传统村落的保护与更新相协调

乡村振兴战略中提出要不断提高村民在产业发展中的参与度和受益面，彻底解决农村产业和农民就业问题，确保当地群众长期稳定增收、安居乐业，在实现生活富裕的过程中注重传统风貌的保持。传统村落作为乡村振兴战略中的重要一环，如何把古村镇建设成为"记得住乡愁"的家乡，真正实现乡村振兴，需要规划、建筑、景观、运营等各行各业的相互协调，实现对传统村落保护与发展的有机结合。

2. 尊重村民的主导地位

开发利用传统村落必须尊重村民在发展中的主导性地位，要承认村民的发展才是开发利用传统村落的根本目的。通过线上线下等模式开展相关文化知识普及工作，充分发挥村委的引导作用，提高村民对传统村落的保护意识，从根本上主导对传统村落的保护。

3. 扩大资金来源方式

传统村落的保护和发展仅仅依靠政府的资金支持远远不足，政府可根据当地的经济状况及需要保护的程度调整相应的财政支持。当地政府应合理有效地利用现有资金，并利用当地资源在保护传统村落的前提下与合作社、开发商等进行合作，共同合理地开发和保护传统村落资源，进一步解决资金问题。

4．发展与保护相互协调

在现代化背景下，传统村落的发展是必然的趋势，资源开发是促进传统村落持续发展的主要途径。相比于一般村落而言传统村落并没有在社会主义经济发展大潮中沾染更多的发展要素，依然保存着完整的村落建筑体系和民俗习惯。传统村落资源开发必须以保护作为基础，传统村落在得到有效保护的前提下，通过合理的旅游开发和环境保护，将传统村落的独特魅力展现给旅游者。进而实现促进经济建设，保持农村地域的经济、社会、文化的持续健康发展的目标，达到保护传统村落文化价值挖掘和文化遗产保护的目的。

5．加大政府的保护、监管、扶持力度

建立保护性发展管理机制。传统村落的保护包括物质与非物质文化遗产保护和自然景观与生态环境保护。因此，要鼓励村民和公众参与加强传统村落的信息统计和管理以及基础设施的建设；要积极引导和鼓励各地建立完善村规民约，促进村民对传统村落保护的自我监督、自我约束、自我治理；要细化有关部门保护传统村落的职能职责，落实到位。建立保护新机制，把传统村落保护性发展纳入科学化的轨道。

6．人才培养

以高校为阵地，推进高校与地方联动，推动城乡规划教育体系的完善，探索多层次、多类型的人才培养、培训模式，培养造就符合新时代"三农"工作的人才队伍，满足乡村振兴人才培养需求。

7．传统技艺的保护

传统技艺保有者的老龄化以及传统技艺传承面临严重的人才匮乏，导致传统技艺正在日渐下滑。应引导和鼓励当代年轻人对传统技艺的学习与传承，保证传统技艺的不断传承。

8．立法保护

虽然国家相关法规对典型传统村落的历史文化遗产保护相对完善，但对非典型性传统村落历史文化遗产的保护性发展规划仍未全面启动，更缺乏强制性的法律作后盾。至今，我国尚没有一部完整涵盖和适应中国传统村落及其文化保护的法律体系。因此，进一步加强传统村落的立法保护和责任制迫在眉睫。

五、结语

随着乡村振兴战略的不断推进，传统村落的保护与发展之间的矛盾日益突出，我们在对传统村落开发利用的同时一定要注意避免破坏其艺术和文化价值，实现传统村落的精准保护、推进传统村落的特色开发，将传统村落的保护、改善与居民生活有机结合起来。

参考文献：

[1] 邢超，肖震宇，于洪．中国建筑参与乡村振兴战略的几点思考——以章堰村示范项目为例 [J]．中国勘察设计，2018（07）：44—47．

[2] 罗云，陈庆辉，常贵蒋，刘松竹，黄小洽．乡村振兴战略背景下广西恭城传统村落发展新思路 [J]．安徽农学通报，2018，24（11）：5—8．

[3] 彭晓烈，高鑫．乡村振兴视角下少数民族特色村寨建筑文化的传承与创新 [J]．中南民族大学学报（人文社会科学版），2018，38（03）：60—64．

[4] 刘晶晶，陈绪冬，卢震．"乡村新公共产品"——乡村振兴战略下的李巷村规划建设实践 [J]．建筑技艺，2018（05）：24—29．

[5] 马玉洁，苏继红．乡村振兴战略背景下的磁州窑特色村落再生策略研究 [J]．安徽建筑，2018，24（01）：40—42．

[6] 李菁，叶云，翁雯霞．美丽乡村建设背景下传统村落资源开发与保护研究 [J]．农业经济，2018（01）：53—55．

[7] 张志勇．乡村振兴战略拓宽古村落活化之路 [N]．中国艺术报，2018—01—08（001）．

[8] 李志玲．传统村落保护性发展的路径 [J]．中国党政干部论坛，2017（12）：96—98．

[9] 刘军民，庄袁俊琦．传统村落文化脱域与保护传承研究 [J]．城市发展研究，2017，24（11）：6—9．

青海河湟地区乡村聚落重构模式研究

——以却藏寺村旅游发展规划为例[1]

房琳栋[2]

摘　要： 在当今农村建设发展过程中，乡村聚落的转型与重构需一种或多种与当地气候、资源、环境、社会发展相适应的规划设计方法。文章选取青海河湟互助县却藏寺村为研究对象，通过实地调研分析聚落重构面临的优势与劣势，提出旅游规划设计方法，探索文化导向下乡村发展方式，为当地聚落发展与营建体系提供借鉴方法。

关键词： 河湟；聚落；重构；旅游；规划设计

一、研究背景

随着经济和社会的快速发展、工业化进程的加快以及国家乡村振兴战略的实施，西部地区展开乡村生态环境保护工程、牧民定居工程、美丽乡村建设工程等一系列举措，乡村聚落不可避免地步入了空前的现代化转型时期。在转型过程中，传统的村落形态结构逐步解体，同时新的村落形态结构开始重构，在解体与重构过程中面临传统与现代、生态与聚居、资源与发展、更新与传承等诸多问题，如何解决这些问题直接影响村落的可持续发展和有机更新。

二、河湟地区概况

青海是我国生态环境脆弱、经济条件相对落后、民族众多、乡村人居环境恶劣的典型区域。同时，也是青海省人口高度集中、民族众多、多种文化相交汇的地区，是青海省主要的农产品供应基地和社会发展进程较快的区域。这里的自然环境由于经过了常年的开发利用，也成为了生态破坏严重、环境问题突出的地区。聚落发展对于地区的人居环境、生态环境、资源环境都会造成不同程度的影响。

河湟地区作为主要研究区域其主要特点表现在：

1）河湟地区作为西北民族文化走廊的重要组成部分，多元共生的民族建筑文化具有一定的代表性和典型性。同时河湟地区传统民族聚落由于山地众多、地形险峻、交通不便，相对城镇化进程较慢，建筑的地域性、民族性特点相比其他地区更为丰富多彩。

2）乡村聚落数量集中。河谷地区土地平整、气候温和，人多地少，劳力丰富，基础设施和工业最为集中，聚集了大量村庄、工厂、城镇、铁路、公路、农田。农田水利灌溉发达、光照、热量充足，农作物生长良好。青海地区由于自然环境、气候条件诸多因素适宜人类聚居，乡村聚落多集中在此。

3）农村建设更新速度较快。由于资源相对集中、产业相对发达，对当地的自然环境利用与相处方式随着社会的发展也处于不断变化当中，同时由于相关的政策导向等因素，乡村聚落的更新重构正在以相对较快的速度展开。

4）资源环境、地理条件复杂，与生态环境之间关系密切。这一地带村庄数量集中、人口相对稠密，乡村聚落的建设、发展在耗材、耗能方面的比重较其他地方更大。

三、乡村聚落重构

重构是指一个系统在运行过程中，往往因为外力

1　本文由青海省科技成果转化专项《新型生土材料在青藏高原自然建筑中的应用研究与示范》（2016-NN-150）资助.

2　房琳栋，西安建筑科技大学，710055，66866237@qq.com.

的冲击和内部各个构成因子的离析作用，使得系统的原有组织结构发生异化甚至解体，由此导致系统各个构成因子的运行难以正常进行，甚至导致系统整体难以良性可持续发展。为此，通过对已经解体的系统结构关系进行转化与重新构建，促使系统各个因子完成优化组合，从而根本性实现系统的转型。[1]乡村聚落重构是由于外部环境作用或内部关系发生改变等原因，使延续发展已久的乡村聚落面临大规模转型与变迁的过程。国内根据现阶段学者研究成果，大体上可以将乡村聚落空间重构实践概括总结为四种类型，即利益导向型模式、动力导向型模式、撤并优化型模式、价值导向型模式。[2]本文主要针对价值导向模式进行论述，以青海省互助县南门峡镇却藏寺村为实例，探索乡村多元价值，通过产业支撑、乡村经营，实现内部要素重构，形成以地域文化为导向的重构模式。

四、研究对象概述

1. 村落环境

却藏寺村地处湟水谷地北侧和大通谷地西南侧山地、沟谷地之间。村庄面积约141.89公顷，用地呈不规则形状，南北长约1758米，东西长约1345米。其中，生产用地约112.07公顷，居住用地约29.82公顷。村庄地势总体北高南低，北、西、东三面缓山环抱，主要农田、居民点沿沟谷展开，形成典型"Y"字形村落结构，主要道路皆循东西向山谷展开，民居错落有致（图1、图2）。

村内现有226户村民，多为20世纪50年代先后定居于此，其居住用地归却藏寺所有。2008年，99户受益于国家投资兴建的"新村村民住房项目"，搬迁至南区，

图1　却藏寺村卫星图（图片来源：谷歌地图）

图2　却藏寺村地形（图片来源：自摄）

现状尚有127户居民住在却藏寺附近。目前的村落由于搬迁等因素，老村大部分民居已无人居住，空置现象严重，村庄亟待探索适应自身的发展之路，使乡村在当代重新焕发新的生机。

2. 村庄格局演变

却藏寺村因寺得名，所在地互助县是全国唯一的土族自治县，属互助县境内的藏族村落，不同民族之间长期在这里相互交融与碰撞，形成了独特的地域文化氛围。却藏寺和活佛世系依托独特的宗教文化、民俗文化底蕴深厚。村外南门峡镇、县域境内可供开发的旅游资源丰富、类型多样。

却藏寺本名为搭木赛沙林，藏语称"佛教宏扬州"，属藏传格鲁派（黄教），寺院容佛教、旅游、艺术为一体，其雕塑、壁画有很高的艺术和观赏价值。

清顺治六年（1649年）由八世却藏活佛南结环爵所建，后经章嘉国师的支持继续扩建，修建了大经堂、小经堂、护法殿、弥勒殿、龙王殿、灵塔祀殿等的殿堂楼阁，活佛府邸及僧舍等，形成了一个完整的建筑群，村落围寺而居的格局由此初具规模（图3）。

清雍正元年（1723年）在罗卜藏丹津反叛事件中被毁，光绪十三年，又进行了重建。"文化大革命"期间被封闭和毁坏。党的十一届三中全会以后，却藏寺又进行了重建，建后占地50余亩，有大小经堂和千佛殿。

新中国成立后至今，却藏寺村随着农牧业经济的发展与产业转型，大多数人口逐渐由老村迁至新村居住，老村内主要以寺庙僧侣居住为主，村庄格局发生变化，逐渐分化成两个明显的生产生活片区。老村内由原来以生产生活为主要功能的场所逐渐转化成以宗教文化为特色的体验空间（图4）。综上，该村可以通过发掘宗教与文化资源，规划整合，深度发掘境内、村内丰富

1　雷振东. 整合与重构 [D]. 西安：西安建筑科技大学，2005，06，15
2　陈晓华，赵婉艺. 我国乡村聚落空间重构研究近今进展 [J]. 池州学院学报，2016，30（06）：44—49.

图3 历史上的却藏寺村（图片来源：却藏寺村阿旺）

图4 却藏寺村现有格局（图片来源：自摄）

多样的自然景观，形成以旅游推进乡村聚落重构的发展模式。

五、文化导向下的乡村聚落重构模式

2017年10月18日党的十九大报告提出的乡村振兴战略，对乡村聚落的更新与重构提出了更高要求。新时代发展乡村建设要对接和贯彻党的十九大部署，立足旅游供给侧结构性改革要求，坚持全域乡村产业与文化融合发展，最终实现乡村地区可持续发展。

1. 发展思路

历史文化的发展与延续：遵循旅游业的内在规律，综合考虑经济、社会、环境效益，处理好旅游开发与文物保护、环境保护的关系，保障资源的可持续利用。

景观环境的融合与协调：充分利用却藏寺及却藏寺村的自然环境、地形条件营造具有地域特色的建筑空间环境，使却藏寺村周边建筑风貌与寺院风貌、周边环境相协调。

生态资源的保护与利用：在开发建设的同时尽可能地保护和利用现有的植被、树木和水资源等，营造良好的生态环境，为游客提供一片沉思、修养、净化心灵的藏传佛教净土。

旅游规划的人性化：注重游程的安排与流线的组织，科学合理的组织游客在景区内活动，增加游客在却藏寺村的旅游乐趣，提升却藏寺村的旅游吸引力。

因地制宜，量力而行：结合当地自然条件、社会经济发展水平、产业特点等，有针对性地解决却藏寺村的实际问题，分类指导。

多元产业融合：产业融合是指不同产业或同一产业不同行业相互渗透、相互交叉，最终融合为一体，逐

步形成新产业的动态发展过程。却藏寺村利用现有资源，形成文化与旅游、产业与人居相互促进的良性发展模式。

2. 规划与设计

结构理念：发展主轴为弓，弓为之基础。生态、宗教文化轴为箭，箭为之提升。同时形成以静态的生态景观与动态的文化互动交融的发展模式、布局模式：围绕却藏寺现有旅游资源进行规划，构建"四轴两心五片区"的发展结构，形成综合服务、文化观光、民俗体验、特色商业、田园休闲、山林游憩等文化旅游区域，依据自然资源和对于文化脉络理顺却藏寺村旅游空间布局的内在逻辑，顺应旅游发展格局构建的需要（图5、图6）。

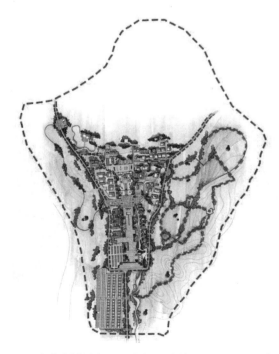

图5 却藏寺村规划图（图片来源：自绘）

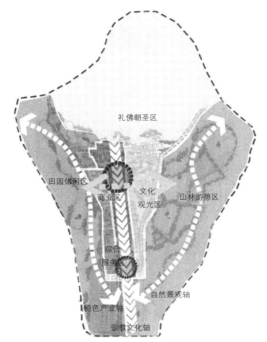

图6 却藏寺村空间布局（图片来源：自绘）

六、结论

却藏寺村尽量减少对脆弱的生态环境的影响，带动村庄经济发展，丰富村庄的产业类型。以寺院文化为发展核心，以村庄为基础提供配套服务，构建寺村联动的区域经济发展模式。寺院层面要深入挖掘却藏寺藏传佛教文化，在开发宗教文化观光旅游产品的基础上，

建立丰富的宗教文化体验、休闲产品体系；村庄层面上要扩展民俗文化内涵，借助其充足的人力资源优势，活化利用其特色民居建筑空间，植入藏族民俗文化元素，以旅游接待服务业带动农村经济的发展，最终以宗教文化旅游区带动村庄经济发展，实现村落的空间与产业重构，提升当地人居环境。

参考文献：

[1] 张萍. 河湟地区民族建筑地域适应性研究 [D]. 兰州：兰州大学，2017. 12：1.

[2] 杨忍，刘彦随，龙花楼，张怡筠. 中国乡村转型重构研究进展与展望——逻辑主线与内容框架 [J]. 地理科学进展，2015，34（08）：1019-1030.

[3] 王勇，李广斌，王传海. 基于空间生产的苏南乡村转型及规划应对 [J]. 规划师，2012（4）：110—114.

[4] 陈晓华，赵婉艺. 我国乡村聚落空间重构研究近今进展 [J]. 池州学院学报，2016，30（06）：44-49.

[5] 刘建生，郧文聚，赵小敏等. 农村居民点重构典型模式对比研究——基于浙江省吴兴区的案例 [J]. 中国土地科学，2013（2）：46-53.

[6] 刘建生，党昱，曹佳慧等. 农户利益导向的居民点重构模式研究——以江西省赣县大都村为例 [J]. 中国土地科学，2015（7）：73-80.

棚改背景下荆州历史建筑协同保护策略研究

彭 蓉[1] 韩 杰[2] 陈 楠[3]

摘 要： 在国家棚改项目大背景下，针对荆州历史文化名城正在实施的棚户区改造过程中历史建筑保护所面临的诸多问题，结合荆州市历史建筑信息普查与建档工程中对棚户区改造范围中历史建筑现状的研究，探讨应对孤立式保护现状提出的多方协同保护模式策略。

关键词： 棚户区改造；荆州；历史建筑；协同保护

一、荆州棚户改造背景和历史民居建筑特色

1. 荆州棚户区改造概况

为响应国家资源型城市可持续发展战略，更好地推进实施城市发展计划，近年来荆州市全力启动并推进"棚户区改造"项目。时至2018年8月，荆州市政府已完成上年拟定工作计划中过半棚改清零任务，其中清零征收民居包括荆州区2097套以及沙市区1392套。为了能够为2019年各城市建设项目申报工作做好城市用地储备基础，荆州市政府还将继续大力推进棚改征收与清零工作，加快并加大棚改工作执行力度以达到湖北省政府下达的预期目标[1]。

2. 荆州历史街区传统民居特色

作为楚文化发源地，拥有悠久历史的国家级历史文化名城，荆州市中心城区——荆州区与沙市区拥有众多优秀历史街区和历史（图1）。其中荆州古城区包含三义街、得胜街、繁荣街、东西堤街等历史街区，沙市区拥有胜利街、纯正街、中山路等历史文化街区。这些历史街区中分布着不胜枚举的历史建筑。

荆州现存传统民居历史建筑多为清代时期建造留存至今，多数民居仍尚存古民居历史格局，保持了宅院结合的对称多院落形式，基本都采用了屋架结构稳定的大进深木结构，墙身为青砖空斗墙。由于荆州地属亚热带季风气候地区，全年降雨量较大，荆州传统民居屋顶

a. 荆州市历史建筑分布图

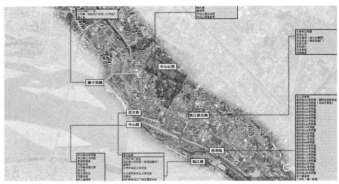

b. 沙市市历史建筑分布图

图1 荆州市历史建筑分布图（图片来源：作者自绘）

1 彭蓉，长江大学城市建设学院，副教授，434023，E-mall：285653426@qq.com.
2 韩杰，长江大学城市建设学院，硕士研究生在读，434023，E-mall：460845881@qq.com.
3 陈楠，长江大学城市建设学院，硕士研究生在读，434023，E-mall：455296965 @qq.com.

坡度较大，且四面屋檐朝向天井，这都是为了利于屋面排水（图2）。多数民居基本层高格局为二层或一层上设半层阁楼，增加储藏空间的同时，利于屋内的通风。同时，出于木构建筑防火考虑，多数民居都设有风火山墙与相邻建筑分隔。这些民居形制、结构与装饰独具荆楚地区特色，也是江汉平原民居形式的代表之一，拥有

较为丰富的历史文化内涵。

为更好地展开荆州优秀历史建筑保护工作，2018年6月荆州市规划局发起荆州市历史建筑信息普查与建档工程，委托长江大学历史建筑研究所，针对荆州市政府所公布的挂牌保护优秀历史建筑名单中历史建筑，开展为期6个月的测绘与信息普查、登记工作。

图2　荆州某传统民居剖面图（图片来源：作者自绘）

二、荆沙地区棚造范围中历史建筑现状与问题

目前，荆州处于棚户区改造范围中并已经开展清零、征收拆迁工作的历史街区现状情况如表1所示。其中荆州区得胜街、繁荣街以及沙市区胜利街、中山路、纯正街都包含有政府分批次挂牌保护的历史建筑。通过普查测绘历史建筑工作过程中调查发现，部分历史街区已因棚户区改造拆迁工作的进行而遭到严重的破坏，

街道风貌与历史沿街天际线等都已不复存在。在棚改拆除的建筑中，不乏许多年代悠久、整体结构完好而因某些原因暂未核定为优秀历史建筑的历史建筑，甚至有部分已登录市政府挂牌保护的优秀历史建筑名单中民居也被编排拆迁码，等待拆迁。这些现状使得原本缺乏政府相关部门维护的历史街区和传统民居的保护更加举步维艰，这些历史建筑的生存状态，在棚改项目的全力实施中，也日渐岌岌可危。

荆州棚改范围内历史街区现状　表1

	街区	是否已开展棚改工作	现状	是否已采取保护措施
荆州区	草市街	是	部分房屋已征收，居民迁出	否
	繁荣街	是	部分房屋已征收，居民迁出，个别房屋已拆除	否
	得胜街	是	部分房屋已征收，居民迁出	否
	东堤街	是	居民尚未迁出，房屋已拆除	否
	西堤街	是	居民尚未迁出，房屋已拆除	否
沙市区	纯正街	是	部分房屋已征收，居民迁出，个别房屋已拆除	否
	解放路	是	部分房屋已征收，居民迁出，个别房屋已拆除	否
	崇文街	是	居民尚未迁出，个别房屋损毁严重	否
	中山路	是	居民尚未迁出	否

1. 棚改范围内历史街区历史建筑现状

在棚改范围内的历史街区，根据棚改拆迁和利用方式目前可分为三种：以沙市胜利街为典型代表的街道整体征收以待开发利用的整体保护、以沙市纯正街和荆

州草市街为代表的整体街道拆除但保留优秀历史建筑的整体拆迁以及以荆州得胜街为代表的拆除所有原有建筑的改造模式。现有的棚改拆搬迁模式都给荆州历史建筑的保护带来了诸多不良影响。

1）以胜利街整体开发模式为例，沙市胜利街街区通过协调居民搬迁的方式对整条街区的历史建筑进行了

征收，这一举措虽然并未直接对民居建筑带来破坏，但由于居民的迁出使原本空间活性较高，充满生活气息的胜利街历史街区变成了人影稀疏、无人问津的老街残道。而且由于多数民居已处于长期无人管理状态，原本年久失修的老宅因失去了屋主的维护而使得破损状况日益加剧，部分民居屋面和墙体甚至出现严重坍圮。不仅如此，因胜利街民居大多为清末民初富商或官员所建造，民居中往往埋有镇宅的金玉，因此常有偷盗者潜入民居内挖掘盗宝，给老民居建筑的地基结构带来安全隐患，甚至可能因不慎带入明火导致火灾发生。胜利街街道办为保护胜利街民居继续遭盗宝者人为破坏民居引发安全问题，已砌筑砖墙将已征收民居入口门窗封闭，但由于缺乏维护而使房屋内外环境都变得更加恶劣，更是给后来开展的历史建筑信息普查测绘与建档工作带来了

极大的阻碍，影响了传统民居的保护研究。

2）以解放路和草市街整体拆除仅保留历史建筑的棚改方式，则是直接对历史街区原始街道格局与风貌进行大刀阔斧的拆除改造，使得街道中传统民居完全失去其原有的历史环境。这样的搬离拆迁模式与胜利街相同，因街区居民的离开而导致了盗宝者挖掘建筑地基造成人为破坏，且因拆迁而四处堆积的建筑垃圾和生活垃圾使传统民居环境日渐劣化。在草市街的优秀历史建筑普查测绘工作中可发现，建筑内柱础和雕饰均有被挖掘开凿痕迹，建筑内外堆满建筑垃圾与生活垃圾且数量逐渐增多。此外，由于周边建筑遭拆除时对历史建筑保护缺乏监管，拆迁过程也给保留的历史建筑造成了直接性损害，严重影响了这些优秀传统民居的屋架与围护结构的稳定性（图3b）。

a. 胜利街传统民居及街道现状　　　　　b. 草市街传统民居及街道现状　　　　　c. 解放路传统民居及街道现状

图3　部分棚改范围历史街区传统民居现状

3）而以得胜街为代表的棚改历史街区更是直接将优秀历史建筑纳入拆迁名单，显然体现了城市规划和历史保护不同职能部门的职能工作中所存在的冲突和矛盾。

2. 棚改背景下的历史建筑保护问题分析

飞速扩张的棚户区改造已切实给荆州地区历史建筑的保护与研究带了许多的问题。在本次荆州市历史建筑信息普查与建档工程中，主要暴露出如下困难：

1）历史建筑自身保存状况恶劣，环境质量差，影响测绘工作的展开；

2）尚未搬迁民居居民对政府持有抵触情绪，拒不配合信息普查工作，或因建筑搬腾封闭无法及时寻求相关部门协助进行测量；

3）普查工程中所发现未挂牌保护的优秀历史建筑无法通过申报予以保存。

出现以上困难的最核心的原因是政府管理层面缺乏科学全面的统筹规划思想，且政府决策层面、保护研究和执行层面以及居民之间都相对独立，未能建立协同保护意识，这使得荆州历史街区与建筑保护仍处于一种独立破碎式的运作状态。这种独立破碎的保护模式导致了各层面各执立场，难以相互协调干预，加之民居的产权私有制特点之下，各层面的立场矛盾更加显著（图4）。这一系列不可调和的冲突作用于历史建筑的保护利用中，给历史建筑的保护研究带来了诸多阻碍。实现健全有效的传统民居保护目标，必须对症下药，针对当下保护模式与管理结构中存在的问题探求相应的解决方法和改革模式。

三、棚改背景下的荆州历史建筑保护策略探讨

"协同"意为合作，所谓"协同保护"是指一种由多方保护主体建立的共同合作与协调统一以寻求达到保护共同保护客体目的的机制。其中"协同保护"的保护模式主要包含如下三条策略："共同参与保护"、"末端执行对接"与"学术成果宣传"。

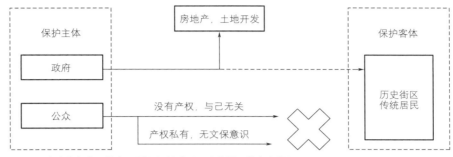

图4 历史建筑保护主体各层面立场关系（图片来源：作者自绘）

1."共同参与"保护

协同保护政府不同职能单位的割裂，会加深城市地产开发与传统民居保护的冲突，使传统民居的保护在追求土地利益价值的过程中被至于末位达不到有效的保护效果；政府与居民的独立，容易造成居民对政府的不信任甚至矛盾逐步产生与扩增，不利于在居民中建立文保意识，而对产权私有的历史建筑造成不可逆的改造破坏。在历史建筑的保护中，需要做到保护主体的立场意识协同一致，这既需要政府各职能部门之间的相互协调，更应做好政府与居民民众、研究保护组织单位之间的协调关系以达成良好的保护共识，而要建立各层面间协调统一的立场与意识，首先要解决各方利益冲突实际问题。政府相关职能部门应完善历史建筑和历史街区制度，明确历史文化街区和历史建筑不得"一刀切"式与其他棚户区简单处理，而是建立独有的改造体系和制度，以确保优秀历史建筑能得到有效政策保护支持。其次对于民居原住民，要予以引导和沟通教育，更要制定相应措施支持鼓励原住民对民主历史文化价值的重视与保护，达到政府民众多方共同参与的协调统一保护模式。

2. 末端执行对接

一切的保护决策都起于决策层面，落实于执行层面，政策的贯彻需要执行层面的相互对接与配合。在此次的历史建筑信息普查与建档项目中，测绘组成员仅持有规划局的测绘介绍信作为测绘许可，但在面对沙市解放路等一部分因拆迁搬腾出的历史建筑时所遇到的建筑遭相关部门封锁无法进入测绘的困境。测绘组成员凭介绍走访了绿化村居委会、房管局与拆迁办等多处相关部门，该问题仍未得到妥善的解决，这属于执行层面无法有效对接共同完成保护工作的问题。

在实际的政策落实过程中，政府的政策往往自上

而下逐级下达。在民居的研究中，测绘组外出调研测绘工作后，将情况、需求和成果提交信息建档项目负责人以统筹规划后续工作安排、提供必要测绘条件与援助，这一工作流程可视为"自下而上"的运作方式。而保护研究工作的顺利进行需要末端执行者相互配合协调完成。例如胜利街历史街区测绘普查工作中，由测绘小组调研后反馈现状条件与需求，由测绘负责人联系街道所在辖区范围内的街道办事处提出测绘诉求，再由街道办安排街道负责人协助安排工人协助测绘小组暂时解除胜利街历史建筑的封锁进行测绘与保护研究。这一过程中，政府层面的执行末端工人与研究测绘层面的执行末端测绘组成员的相互合作促使工作顺利进行（图5）。

因为要做到切实有效的展开保护历史建筑工作，不仅需要上级决策层与统筹层的协调统一，更要做好各层级的协同对接，确保保护研究工作能够顺利无阻的进行。

3. 学术成果宣传

对历史建筑的保护离不开严谨科学的学术研究，而学术研究的成果可将无形的历史文化价值、经济文化等多重价值以一种直观的形式展现出来，这不仅能帮助民居原住民、公众能够多充分了解传统民居保护的意义，也能向政府和决策层发出呼吁号召、提供保护的方式与思路。例如2015年长江大学城市建设学院历史建筑研究中心发起的"胜利街历史街区与历史建筑保护及利用"主题交流会，邀请了胜利街原住民、文化学者、投资人、媒体人、建筑界专业人士等30余人出席了会议[2]。该会议即旨在未来的胜利街保护开放中能汇聚各界不同层面人的想法，这样既能丰富全面传统民居历史建筑和历史街区的保护思路，也能让政府和民众等多方了解和参与进来，促进协同保护意识的形成。

在历史建筑的保护中应多鼓励学术研究者参与历史街区与历史建筑的小范围试点改造和保护研究，并通过宣传展板和网络媒体宣传的方式，让历史建筑与历史

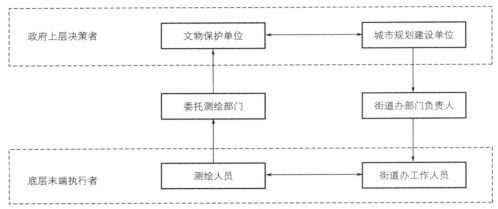

图5 历史建筑保护研究工作中上下层级对接关系（图片来源：作者自绘）

街区的保护与更新理念和思路能进入公众的视野，让公众能自觉形成良好的保护意识与氛围，从而实现政府、研究者与原住民和公众多层面力量的甯联，促进各方保护主体认知与立场的协同合作形成。

四、结语

在荆州棚改项目快速推行的社会背景下，关于传统民居保护中存在的问题也日益凸显。面对当下重重的挑战，政府应对当前缺乏力度的保护措施与现状予以反思，积极寻求多方协同统一、共同参与的保护模式，完善保护制度的同时推进上下工作的多层面对接，使历史建筑保护的环境氛围在社会各界中蔚然成风，使后续的历史建筑的保护工作能得以更好的推进。

参考文献：

[1] 百家号. 这两年，荆州棚改进展如何？看这里 [EB/OL]. https：//baijiahao. Baidu.com/s?id=1608231014618609043&wfr=spider&for=pc.

[2] cwh. 研究院参加"胜利街历史街区与传统建筑保护及利用"主题交流 [EB/OL]. http：//chu.yangtzeu.edu.cn/newshow.asp?id=550&mnid=15306&classname=文章&uppage=/news. asp.

[3] 张德魁. 荆州民居略窥 [J]. 华中建筑，1997，15（4）：76—78.

[4] 荆州文史资料编辑部. 荆州名胜（荆州文史资料第四辑）[M]. 荆州：荆州市政协学习文史委员会. 2002.

[5] 孙艺丹，徐飞鹏，余潮泳. 论产权制度对我国历史建筑保护的影响 [J]. 青岛理工大学学报，2016，37（2）：62—67.

现代乡村民居建设宜居性研究

王瑾琦[1]　樊　卓[2]

摘　要： 据2018年1月中国国家统计局统计，我国目前城镇化率只有58.52%，而乡村常住人口有57661万人。自十九大以来，我国大力发展农村振兴战略，将乡村建设提到国家发展层面上来，乡村建设的最终目标就是改善乡村的社会、经济和环境质量，以及所有的人，其中特别是需要提升乡村居民的生活和工作环境。乡村居民的生活和工作的载体便是乡村民居，民居的宜居性成为当代民居是否符合当代乡村建设发展的重要考量因素。

关键词： 乡村民居；宜居性；现代化

引言

我国城镇化的大力发展，导致乡村更加的边缘化，大量的乡村人口注入城市之中来，青年人员外出务工，只有部分青年人员与大量老年人员遗留乡村。乡村的发展离不开当地的居民，在通过发展产业、人员就业、文化旅游等将劳工回流的举措之前，提高居住于乡村的现有居民的生活生产环境，是当下乡村建设的重中之重。而与乡民最为密切，接触最为频繁的，便是乡村民居。目前我国对乡村民居也愈来愈重视，生态、舒适、卫生的美丽乡村民居也开始受到各界人士的关注，这也是我国大力发展乡村，关注"三农"问题引发的一系列积极成果。

一、传统乡村民居宜居性体现

我国自农耕文化确定以来，便开始以村落为单位进行生活与生产活动，我国古代对聚落居住空间的建设以及阡陌的构成，有着系统的理论基础，但受到时代技术发展的限制，乡村的发展在这个时期，紧紧的围绕着肥沃的土地与水资源丰富的河流、湖泊以及山丘谷地进行建设，因此衍生出特殊的"山水"理论与生态观点。在此前提下，中国传统观点对民居有着有别于当代的视角，而传统民居也有着特殊的宜居性表现。

1. 传统民居建设宜居性表现

中国传统民居，以夯土、泥巴、砖木以及地方特殊材料建造而成，一般取材方便，成本较低，施工工艺较为简单，乡村中的居民可以自行建造，周期较短，以广西灌阳江口村为例，江口村民居建筑，以当地盛产的鹅卵石为原料，混合黏土、泥巴，修葺建筑墙体，建筑冬暖夏凉，具有较好的隔热性，山墙部分，留有眼洞，用以通风透气，建筑正面分为上下两层，下层以砖、鹅卵石、黏土等材料堆建而成，上层采用木结构，形成半开放式墙面，上下两层之间使用木板隔开，气流从墙面上层进入室内，通过山墙顶端开窗处，进行空气的对流，在保证了采光的同时，保持了空气的流通，形成冬暖夏凉的宜居环境（图1、图2）。

2. 传统民居选址的宜居性表现

中国传统民居会通过各种途径使得建筑内环境达到宜居的状态，同时，更加注重建筑与周边环境的关系，通过微地形提高居住舒适度。向阳而居、背山面水便是为提高居住环境而被广泛运用于乡村民居建设当中的手法。以苏州三山岛三山村与小姑村为例，三山岛四面环水，地势中间高，四周低，三山岛乡村民居建设多集中在位于三山岛南端的小姑村与南部港湾处的三山村。三山村、小姑村背靠山峰，面临太湖，夏天，南风

1　王瑾琦，南宁学院，助教，530200，731436761@qq.com。
2　樊卓，广西民族师范学院，助教，532200，245845135@qq.com。

图1 江口村传统民居建筑（图片来源：作者自摄）

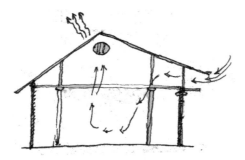

图2 江口村传统民居通风示意图

经由太湖降温，变得清爽湿润，在吹到小姑村，导致居民夏天也能较为凉爽，而冬天，三山岛中部的山峰阻隔了北面来的寒风，使得村内民居冬暖夏凉，较为宜居（图3、图4）。

图3 三山岛三山村航拍图（图片来源：作者自摄）

图4 三山岛示意图（图片来源：作者自绘）

二、目前我国民居出现的问题

自新中国成立以来，中国农村和城市之间的差距开始慢慢呈现出来，特别是改革开放以后，差距越来越大。城镇化的加快，导致农村被逐渐的边缘化，以往村落聚居的生活生产模式开始出现变化。区域发展的不平衡，导致乡村成为城市的对立面：城市社会经济发达，乡村发展落后；城市环境卫生，乡村生态脏乱差。同时，乡村民居建筑，开始无差别的模仿城市建筑，抛弃了传统原有的就地取材、协调自然的优良原则，建筑材料、格局、造型、色彩的独特性开始磨灭，民居建筑的同质化慢慢的侵蚀我国的大片的乡村。

1. 建筑材料与建筑垃圾

由于新型建筑材料的广泛应用，钢筋混凝土的低成本运作，导致目前乡村民居建设出现统一的形式面貌，"假洋楼"取代了带有适应地方气候的地方民居。钢筋混凝土材料虽然具有良好的隔热保温性，但在我国南方等地，气温较高，钢筋混凝土的比热容970J/（kg·K），约等于空气的（室内）比热容1030J/（kg·K），从而导致建筑材料散发的温度热量与空气温度大致相等，无法降低室内居民的体感温度，在南方普遍高温的情况下，钢筋混凝土材料无法与其他例如砖材料相比（图5）。

图5 江口村农民自建房，放弃了传统材料与小砌墙技术，统一采用混凝土建筑
（图片来源：作者自摄）

"假洋楼"的大量出现，同时也带来了大量的建筑垃圾，传统的砖混结构和木结构的建筑，砖与木头较为方便处理，同时也具有较高的回收再利用价值，在建造的过程中不会产生大量的建筑垃圾，可是钢筋混凝土材料在房屋建造的过程中，无法回避地产生大量的建筑垃

圾，而这种建筑垃圾在遗弃的过程中难以被消解，同时其再利用率极低。这些建筑垃圾毫无疑问的被保留在乡村之中，成为乡村脏乱的重要推手。

2. 建筑形式与采光通风

受到建筑材料与成本的限定，乡村民居建筑形式往往大同小异，正门面向道路一面开门开窗，而其他三面极少有窗，导致空气进入室内后，形成闭塞的循环，通风效果较弱，同时，传统建筑低伏而连续的特征消失，建筑开始向高处发展。由于农民建房宅基地的固定性，导致楼间距的固定而狭窄，乡村民居建筑修建至6米、10米，甚至有超过13米，达到16.5米的临界高度，从而导致乡村民居在生活中，房屋底层难以照射到阳光，采光性差，白天也需要灯光照明，既不舒适，同时也浪费资源，不环保（图6~图8）。

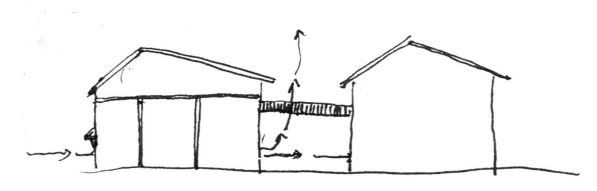

图6 传统房屋通风示意图（图片来源：作者自绘）

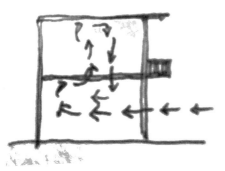

图7 现代农村混凝土自建房通风示意图
（图片来源：作者自绘）

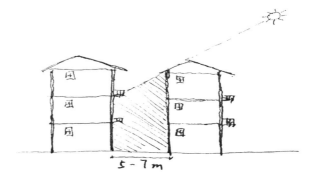

图8 现代农村楼间距与采光示意图
（图片来源：作者自绘）

3. 现代化建筑与生活习惯

目前，虽然我国部分东部沿海发达地区，比如江浙地区农村建筑的建设开始不再是由农民无目的的建设，社会各界人士，设计师、建筑师、艺术家都纷纷投入到地区乡村建设中来，也有不少积极的成果，但是，社会各界的设计师、建筑师、艺术家他们并不是或没有真正的根植于农村。而是通过城市视角来看待乡村民居建设问题，并没有真正地理解和解决农民的生活和生产需求，盲目的将城市里面成熟的建筑模式带入进乡村民居建设中来。

以浙江杭州富阳区东梓关村为例，东梓关村面临

富春江，背靠山峦，是典型的中国传统村落，由于社会的发展的地方策的影响，导致原有村落拆除回迁。原乡民自建的建筑楼房被政府夷平，并统一由设计院进行重新修建。重建后的东梓关村民居建筑，粉墙黛瓦，在形式上表现出典型的徽派建筑特点，如同吴冠中笔下的江南民居。前后两天井的建筑设计手法也能够保证房屋有充足的采光，在建筑角度来看，是符合人们居住的建筑（图9）。

然而在东梓关村居民的居住体验的调研中，村民对回迁的房屋满意度较低。由于城镇化的发展，乡村现有居民，以老人小孩为主，在生活和生产方面有别于城市居民。从事农业生产的乡村居民有大量的农产工具，而在东梓关村回迁房的设计过程中，没有考虑到这一

图9 东梓关村航拍图 （图片来源：作者自摄）

点，农产工具的储放成为了较大问题，本来进门的玄关区域一带，成为农产工具的堆放地，在搬动使用与门厅出入的过程中极不方便，通风采光的天井也放满了晾衣架，杂乱而影响采光。而厨房的设计更加是违反了村民长久以来的生活方式，传统乡村厨房通透性较强，由于家庭人口众多，会采用大型炉灶进行烹饪，方便并节省时间，由于量大从而导致油烟较多，所以厨房往往是远离居住甚至是用餐区域，并且有独立的建筑系统，用以空气流通。东梓关村回迁房采用现代城市生活厨房，厨房位置紧邻客餐厅，厨房开窗较小，采光通风都成为了问题。东梓关村回迁房设计过分追求形式上的美感，而忽视了在住村民的行为习惯，从而导致居住的舒适性下降，与其美观而带有艺术性的外观，形成鲜明的对比。这对于我们现在提倡的宜居性住宅建筑来说，有其失败的地方（图10～图12）。

图10 零碎的储物空间 （图片来源：作者自摄）

图11 摆放杂物的天井 （图片来源：作者自摄）

图12 有违生活习惯的厨房 （图片来源：作者自摄）

三、宜居性乡村民居建筑在现代化建筑中的营建

我国城镇化发展的大力推进是不可逆转的局势，与其考虑乡村民居建设如何规避城镇化带来的不良结果，更加重要的是，如何在城镇化的推进过程中，利用城镇化带来的有利条件，并同时保持乡村民居建筑的自主特征。

对于建筑的宜居性而言，我国当代城市住宅建筑与乡村住宅建筑对宜居性的定义与要求有较大的不同。现乡村人口主体以老年人居多，老、弱、病、幼等弱势群体为乡村在住人员主体。城市生活的宜居性与技术、设备息息相关，除却安全、卫生、舒适、美观等，同时也注重生活质感和体验。而对于当下乡村民居建设的宜居性表现，更加关注的是安全、卫生与舒适等一系列的基础需求，以逆转乡村脏、乱、差等非宜居性生活环境，这也是乡村民居建设的一个重要特征。同时也要保留乡村居民邻里往来的生活方式，以免落入城市生活冷漠、紧张的桎梏当中。

1. 加强基础性的建设，满足安全、卫生需求

传统民居在材料的选择往往是考虑到成本的节约，有时会不得不采用低廉但是容易得到材料进行民居的建设。由于缺少技术的支持，乡村民居往往使用寿命有限，目前的传统民居建筑危房、破房居多，无法满足乡村居民的正常居住使用。灌阳江口村民居建筑采用的小砌墙工艺，由于泥土材料容易受到自然的侵蚀，如今也开始剥落。在保留传统民居建筑中符合宜居性特征的材料与技术的同时，采用先进的建造技术，与当地固有的建造材料进行互补，在体现乡村固有形式特征的同时，保证民居建筑的稳固性与长久性，并减少不必要的建筑垃圾，是十分必要的（图13、图14）。

图13　江口村的小砌墙墙面剥落瓦解（图片来源：作者自摄）

图14　轻型钢结构住宅（图片来源：网络）

对于部分地区采用稀有资源作为建筑的材料，可以采用与之相似的现代可再生材料进行代替，以减少民居建筑的不必要成本。云南佤族特色民居，采用茅草作为顶面材料，茅草的用量极大，同时成本昂贵却使用时间较短，在此类乡村民居的建设过程中，考虑到居民感受和文化背景，可以采用仿茅草材料进行建设，或者使用轻钢结构加透光玻璃的封顶方案，在顶部铺设少量的茅草进行装饰，减少茅草的用量，节约成本的同时，保障建筑安全、卫生的需求。

2. 利用自然生态资源，创造舒适的生活环境

在乡村民居建设规划的过程当中，合理的安排乡村民居建设中建筑物与建筑物之间的距离，降低民居高度，将自然光线引入民居室内，在民居建设的周边环境，引入活水，种植生态植物，在炎热的夏季降低区域温度，遮挡阳光。在民居建筑的建设过程中，降低现代设备的使用频率，合理的利用热压通风等原理，采用自然通风，达到舒适的体感温度，并有效方式现代设备带来的能源排放，配合较为低矮的民居建筑，防止热岛效应的产生，形成舒适的乡村生活环境空间（图15、图16）。

图15　自然的采光示意图（图片来源：作者自绘）

图16　热压通风示意图（图片来源：作者自绘）

3. 关注乡村常住居民，为合理的受众群体服务

据中国国家统计局数据显示，截至2018年1月为止，我国60周岁人口24090万人，占总人口数17.3%。而由于城镇化的发展，乡村的"空心"情况日益普遍与加剧，大量年轻劳力涌入城镇，留守乡村的绝大多数都是老人与小孩等弱势群体。因此，盲目的为乡村民居进行常规性设计与建设有违实事求是的科学原则。

在乡村民居的设计过程中，应该更多地考虑在住居民的需求，建筑内进行无障碍通道设计、室内扶手设计，以方便老人的日常活动，采用木材、皮革、绒布等软质材料代替或包裹金属扶手等比热容低的材料，以减少冬天老人接触金属材料造成的体感伤害。老年人接受能力较低，对于现代化先进设备往往不知道如何使用，采用被动房屋等绿色设计手法，减少现代设备在乡村民居中的介入，在建筑中采取应急按钮以及邻里、医院通讯连接装置设计，在特殊情况下，能够第一时间进行处理，形成更适合乡村现有老年、小孩居住的宜居性乡村民居。

4. 重视乡村居民生活习惯，建设舒适乡村社区

城市居民由于血缘、地缘关系相对淡薄，生活节奏较快，居民之间关系相对较为冷漠，现代城镇的高层建筑也将城市居民的生活人为的割裂开来。而乡村的形成与血缘、地缘有着密切的关系，乡村居民大多都是相互认识，甚至是有血缘关系，相处的较为融洽，因此在乡村民居建设的过程中，必须要从建筑使用者与周围人员的活动这两个方面进行考虑。东梓关村的村落与民居建设虽然非常的美观，可是，围墙将各个民居建筑相互分割了开来，没有预留交互空间，这也割裂了村民之间的关系。在乡村民居的设计与建设过程中，适当的保留一定的开放空间，让民居内的居民能够在建筑之中就能与道路以及周围居民产生关联，设计外延至道路的遮雨檐以及供路人休息的户外座椅，让人们能够在恶劣天气能够找到休息的地方，提高整体乡村社区的舒适性。

四、结语

乡村民居建设在现代化发展的进程当中，出现了不同的新的形式和时代特征，民居的基本属性在现代化的当代需求以及多元化审美的冲击之下，被慢慢的淡化，设计师、建筑师与艺术家在乡村民居的设计与改造的过程，并非全能立足于乡村，剥除城市的视角来对待乡村民居的基本问题，对宜居性的理解与处理或者是全面的复兴传统，将几百上千年的民居建筑搬至现代社会，或者是通过现代城镇视角过于复杂地解读乡村民居的宜居性。本文通过对传统乡村民居的宜居性优势以及目前乡村民居存有的问题出发，对我们应该建设一个什么样的乡村民居来体现宜居性，进行了简单的探讨研究，并希望能在乡村民居的建设过程中，回顾民居的基本宜居属性，既能让乡村居民享受现代化带来的便利，同时能够拥有安全、卫生、舒适的宜居性建筑住宅。

参考文献：

[1] 齐康. 宜居环境整体建筑学架构研究 [M]. 南京：东南大学出版社，2013.

[2] [日] 中山繁信. 住的优雅——住宅设计的34个法则 [M]. 南京：江苏凤凰出版社，2014.

[3] 齐康. 地区的现代的新农村 [M]. 南京：东南大学出版社，2014.

[4] 周燕珉. 住宅精细化设计 II [M]. 北京：中国建筑工业出版社，2015.

[5] [日] 竹内昌义，森美和. 图解绿色设计 [M]. 北京：清华大学出版社，2017.

[6] [美] 克莱尔·马库斯，卡罗琳·弗朗西斯. 人性场所——城市开放空间设计导则 [M]. 北京：北京科学技术出版社，2017.

[7] 洪光荣. 农村居住环境调查及宜居性建设 [J]. 太原：山西建筑. 2013.

[8] 解琦，张颀. 农业现代化背景下的新农村"宜居性"探讨 [J]. 重庆：西部人居环境学刊，2015.

传统民居的新生

——以广州白云区人和镇"红一社"古民居为例

郭玉山[1]

摘 要： 关于民居保护与开发的研究性论文不胜枚举，但大多论文都停留在对民居自身的研究、保护、开发、修缮，及传统民居的总结利用与维护方面。而本篇论文的着眼点不是以研究、保护、修缮为主题，而是在保护修缮民居的同时，注重对民居的开发再利用，同时结合民居周边的建筑环境及所处的地理位置，融合周边的产业开发，建造当前社会需要的特色小镇。

关键词： 民居；特色小镇；空港文旅小镇

引言

民居——是指我国各地民间生活居住的建筑。由于我国幅员辽阔，民族众多，地理气候、文化、生活方式的多样性，民居建筑出现最早，分布最广，数量最多，风格样式也各不相同。最具特点的是北京的四合院、黄土高原的窑洞、福建广东的客家土楼、北方大草原的蒙古包等。

民居建筑是我国传统建筑的重要样式之一，是我国古代传统建筑的重要内容。我国古代传统建筑有两大体系，官式建筑和民居建筑。官式建筑如宫殿、坛庙、陵寝、寺庙等；民居建筑如宅第、园林、祠堂、会馆等。[1]

民居建筑相对于官式建筑而言缺乏程式化的规范制度和施工方法，它的设计与施工大都依据当地的文化、民风、民俗及地域的客观自然条件、经济发展状况、建筑材料等因地制宜地建造房子。[2]因此中国传统民居的建筑特点风格多样、淳朴自然，反映了不同地域、不同民族间丰富多样的传统风俗、文化、审美价值和生活习性，是我国传统民居建筑的优秀瑰宝，也是传统民居建筑丰富多样内涵的主要内容之一。但随着历史的变迁，时代的发展，许多优秀的传统民居大都淹没于历史的长河里，或者被遗弃，或者被推倒重建，或者正在慢慢消失，所以保护与开发传统古民居建筑，保留优秀的建筑文化遗产，维护传统民居建筑文化的传承，已成为当代建筑师、有识之士、政府官员不可推卸的责任。

一、项目概述

1. 本文所论述的是一座几乎遗失的传统民居。由于年久失修，已经破败不堪，周围已经被现代建筑所包围，即将要退出历史的舞台。但在新的时代背景下，由于它特殊的地理位置及新时代社会的客观环境、经济条件的发展需求，这座民居将焕发新的面貌，承载新的社会功能，被赋予新的时代使命，融入当代特色小镇建设的时代洪流之中。

本项目是由广东白云国际机场管理股份有限公司与力迅地产公司联合开发，白云区人民政府大力支持开发建设的一座"空港文化旅游小镇"。白云机场投资与力迅地产投资优势互补，根植所在地域文脉，以尊重人文、尊重环境，以广府文化传承为根，延续传统文化为主线，将民居与周边建筑整合、改造、修复，同时充分运用航空文化元素，营造轻松、闲适、有趣、国际化的空港文化园区。项目依托白云国际机场资源，在广州白云区空港经济圈内，打造全国首个集空港产业服务、旅游度假、休闲购物、田园风光、孵化产业于一体的"空港文旅小镇"，而这个小镇的开发建设就是依据民居"红一社"古民居为基地，以对古民居的修缮、保护、开发为主题，带动周围建筑群落开发利用而建起的一座

1 郭玉山，广东南华工商职业学院，硕士研究生，讲师，高级室内建筑师，专职教师。

"空港文化旅游小镇"。

2. 项目简介："非典型名村"——"红一社"。"非典型名村"是指那些没有被列入"历史文化名村"或"中国传统村落"名录的历史村落。这类村落历史源头清晰，传统生活尚存，却没有成片的传统风貌民居和完整的历史空间结构，历史信息通常以零散化的形式隐含在现代民居体系中。[3]民居——"红一社"就是一座典型的"非典型名村"，是一座清末民初时期的古民居建筑，由冯氏家族一手建造。远在民国初年，冯氏族人从从化地区迁移来白云区人和镇风和村，起初"红一社"名为积阴庄，中期更名为老冯庄，人民公社化后更名为"红一社"。冯氏家族迁徙到风和村后，安居乐业，一草一木，一砖一石建设成现在的青砖瓦房。三间两廊，悬山顶，人字山墙；平脊、砖、木、石结构；中为厅堂，左右各有一间居室，各开一侧门与厅堂相通，厅堂前为天井，以青砖铺垫，多有水井；天井二侧为廊坊，一为厨房，一为杂物间，各开一门口通街巷。这就是广府地区最有代表性的民居，建筑结构稳固，百余年来在风雨中也未曾需要大的修补改造。冯氏子孙一直生活在这里，但目前居住在这里的大多是一些老年人，年轻人大多搬出去住。由于房子的退化老旧，周围环境的破落及市政设施的陈旧落后，这里的环境已不适合现代年轻人生活的需求，这片青砖瓦墙剥落的痕迹及门前的几颗大榕树，承载了几代人的生活印记，随着岁月的变迁，社会经济的发展，新时代社会变革的需求，这座沧桑的旧民居在今天这个时代越发显得更有时代的魅力（图1、图2）。

图1 "红一社"全景

图2 "红一社"局部

二、民居保护开发的理念

在快速城市化进程中，功能退化，设施老旧的历史文化遗产往往被当作"棚户区"或"三旧"改造的对象而遭遇破坏性遗弃。[4]面对以上历史遗留问题的弊端，结合本项目的实际情况，谈谈对本案例的开发思路。本案对民居的保护与开发，不是传统意义上对古民居的修复、重建、保护开发的案例，而是在开发保护古民居建筑的同时，进行建筑空间、环境、功能的转换，赋予这座古民居新时代的使命，承载新时代建筑空间的功能内涵。改造后的民居不再是一个单存修复过的新的民居，而是将民居的保护开发与民居周边的环境、建筑共同改造、保护、开发，形成一个新的建筑群落，新的空间环境，从而赋予这个"新的建筑空间群落"新的功能，划时代的意义——"特色小镇"，[1]从特色小镇的角度开发建设这座古民居——"红一社"，把古民居建筑文化的开发、保护引入到当今国家规划建设特色小镇建设之中，从而赋予古民居新的生命延续，也赋予地域经济文化以深厚与广博，体现传统民居建筑文化的继承与发展。经过设计改造后，这座民国时期的老房子因机缘际会被得以活化，穿越时光，拥有了新的生命。这一民居将被改造成特色民宿，并与周边的建筑一起改造扩建成地域经济发展中的特色小镇。

本案坐落白云国际机场的南侧，机场高速公路的东侧，位于空港经济区核心范围内。地处地铁三号线与九号线的交汇处，一站抵达白云机场，紧邻芳华路、高增大道，直驳106国道、机场高速，未来周边有9条规划路及高速路网，交通极其便利。由于是白云机场股份

---

1 特色小镇，不是行政区划单元上的一个镇，没有行政建制，不是产业园区，不是风景区、旅游区、高新区，不是单存的大工厂。特色小镇是聚焦产业特色，融合文化、旅游、社区功能，是创新创业发展的平台。

有限公司和力迅地产联合开发，所以开发建成后的古民居，将是一个传播展示广府文化及航空文化的"空港文化旅游小镇"（图3、图4）。

"空港文旅小镇"的开发建设，旨在对这一古民居进行保护性开发，创新性改造，遵循"广府文化为根的"理念，强化岭南建筑整体风貌特色，保留岭南传统民居空间结构的肌理特征，保持原有建筑的轮廓不变，

对其建筑立面进行更新、改造、加固与整修，同时在保留广府原有民居特色的基础上，引入环保、市政设施、绿色节能、智能化等新兴设计理念，如太阳能照明系统，给排水系统、环保绿色建筑及装修材料，全智能一站式自助值机服务等，使得广府文化与现代航空特色文化充分融合，形成一个传统与现代相互交融的空港文化旅游小镇（图5～图7）。

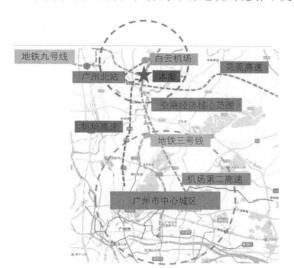

图3 便利的交通

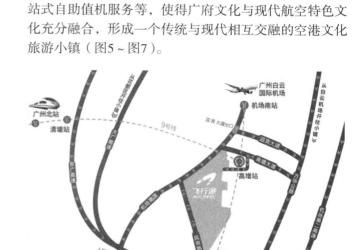

图4 场地区位

图5 "红一社"改造前后

图6 改造效果图

图7 改造前后对比

三、合作模式的探索

空港文旅小镇的合作与开发以政府指导+村民合作+企业实施合作的运营模式（包括规划建设、整体改造、招商运营、物业管理等）。镇政府、村、社、企业签订四方协议，村民通过民主表决程序，自愿将物业交与力迅地产公司改造及运营，人和镇政府和白云机场集团在项目合作进行过程中，从多方面给予了大力支持并积极参与。

广州市更新局对该特色小镇建设划拨了专项资金，对周边道路和市政管网进行升级改造。项目在白云区发改局以"微改造"的项目立项，成为白云区重点项目，预计投资额约11亿，目前正在申报省重点项目。

该项目合作期30年，30年后根据合同的要求还给当地政府、村民一个完整的特色小镇和修茸一新的民宿住宅及美丽清新的田园风光。合作费用每一户都统一标准，相比合作和整体改造前村民能收到的租金水平高出30%左右（今后还有递增），且出租率提升90%以上。

首期示范项目以民居——"红一社"为基地开发建设，二期、三期建设项目将会带动周边的村落开发建设及村落内外空间环境园林规划建设，农田改造规划建设，完成后的空港文旅小镇将是一个集民居特色、航空文化并融合周边环境为一体的空港文旅特色小镇（图8、图9）。

四、空港文旅小镇所承载功能价值及社会效益

1. 功能价值：古民居经过改造开发并融合周边建筑群落，参照国家特色小镇标准，以产业发展、美丽宜

图8 空港小镇发展规划

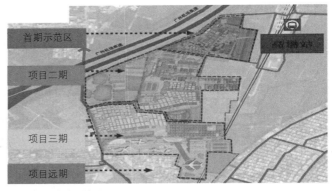

图9 空港小镇后续建设

居、文化传承、服务便捷、体制机制五个方面开发建设。项目涵盖空港产业服务，公寓居住、商务办公、特色民宿、旅游度假、娱乐休闲等丰富业态，这里未来将是集白云机场总部经济和高端服务业为一体的临空经济核心区。建设完成后的空港文旅小镇是符合白云机场国际枢纽地位的国际空港服务平台，承接上级政府规划定位的省市名片，粤港澳大湾区际遇下的对外交流窗口，符合特色小镇建设要求的全国特色小镇标杆。

2. 社会效益：1）为美丽乡村经济的建设发展提供新的探索模式，跨越式地改变落后的古民居（旧村

貌）和市政设施配套；2）实现真正意义上的精准扶贫，通过细水长流的租金回报，提升当地居民的收入；3）为空港乘客和从业者解决机场"最后三公里"的生活和消费配套；4）打通机场与其所在区域的经济联系，大幅度改变村镇旧貌，增加税收、GDP、创造大量

的就业机会，让机场带动地方经济的发展；5）带动广州乃至大亚湾区的产业升级，提升白云机场国际航空的枢纽地位，对广州市打造经济示范区，建设"一带一路"国际战略枢纽城市具有重要意义（图10）。

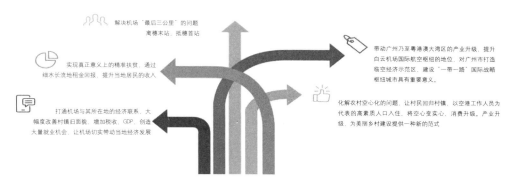

图10 空港文旅小镇的功能价值与社会效益

之路。

五、结语

　　本文所论述的是一座民国时期的古民居，在经历了百年沧桑的风雨之后，在即将被遗弃的历史时刻，恰逢当代社会建设发展的需要，经过今天人们改造修葺后并结合周边的建筑群落，融合城市周边的产业特色，地理优势，而一跃发展成为当代特色小镇建设的典型案例。本案例的论证与研究旨在对传统古民居修葺开发与再利用，而不是着眼于古民居的结构、梁架、装饰、文化及功能、结构、布局的研究与修复、保护，这里重在对古民居的开发与保护提供一种新的研究方法，研究思路，使沉睡百年的古民居在新的时代被赋予新的功能，创造新的社会经济价值，为民居建筑文化的传承延续，也为当地特色小镇的建设发展提供了一条新的探索

参考文献：

　　[1] 叶明辉，孟祥辉. 中国西北地区传统民居建筑的价值与智慧. 亚奥地区建筑遗产国际保护会议 [M] 2009，11：119.

　　[2] 叶明辉 、孟祥辉. 中国西北地区传统民居建筑的价值与智慧. 亚奥地区建筑遗产国际保护会议 [M] 2009，11：120.

　　[3] 孔惟洁，何依. "非典型名村"历史遗产的选择性研究. 城市规划 [J]，2018，1：101.

　　[4] 袁奇峰，蔡天抒. 以社会参与完善历史文化遗产体系. 城市规划 [J]，2018，1：92.

黎族传统聚落白查村的原真性保护与再利用探索

陈 琳[1] 宋永志[2]

摘 要：本文基于"原真性"概念，从信息原真性与载体原真性构建传统村落原真性指标评价层级要素，并采用层次分析法对于海南省东方市白查村和日本本州岛岐阜县白川乡进行原真性评价，通过对比白查村与白川乡原真性要素，找出白查村原真性保护的不足，参考白川乡自下而上的保护机制与发展模式，提出了白查村原真性重构的方式。

关键词：白查村；白川乡；原真性保护；再利用

引言

海南省东方市江边乡白查村是海南现存最为完整的黎族传统聚落之一。2008年该村船形屋营造技艺作为黎族优秀建筑技艺载体被列入国家非物质文化遗产保护名录。随着新农村建设的开展，村民从船型屋迁移到新村，政府部分采用财政补贴的方式，对作为海南本土文化符号的传统黎族村落进行福尔马林式（空心博物馆式）的保存与保护；而大规模的新农村建设，使传统聚落环境受到严重破坏；同时，传统黎族民俗文化也面临消失的危险。虽然这种对待传统文化自相矛盾的情况随着黎族民俗旅游的开发而有所改善，但黎族传统村落文化形态整体评价为"落后"的观点却成为了主流。由于民俗文化本身具有不可再生性，缺失了当地居民的日常生活仅留下被改变的物质环境和拼贴重组的传统文化以及有形和无形的文化遗产都演变成为旅游场所和供表演的仪式。一旦失去了聚落内在的灵魂——日常生活，聚落的原真性也就不复存在。如何实现在发展民俗文化旅游的同时，又能实现对传统黎族聚落文化的原真性保护，成为重要的研究课题。

传统聚落是生态环境与民俗旅游业建设的实践载体，其本身所蕴含的传统聚居智慧为海南岛新时代的生态建设、旅游发展提供了很好的借鉴，深入系统地探析民俗旅游开发中的黎族传统聚落文化的原真性保护与再利用，为新形势下保护和延续传统聚落，保持地域特色和保护地方乡土文化，都具有重要的现实意义。

位于日本本州岛岐阜县的白川乡合掌村，在20世纪也面临城市化发展对传统村落的蚕食，但由于政府引导和村民自治，白川乡的原真性得到了较全面的保留与延续，并于1995年被联合国教科文组织列为世界文化遗产[3]。本文将以白川乡合掌村为参考，通过白查村与白川乡原真性要素之间的对比，归纳其在原真性保护的经验，为白查村景观、建筑等要素的可持续发展以及村落文脉、产业活力的再激发提供解决思路。

一、原真性评价体系的评价

1931年《雅典宪章》首次提出"原真性"这一概念[4]，1964年的《威尼斯宪章》进一步将"原真性"用于实践中；1976年的《保护世界文化和自然遗产公约》进一步发展了"原真性"的有关操作细则；1994年《奈良文件》中提出了"原真性"研究的两个维度，一是某时期文化遗产保护，二是新增关于"原真性"的两个内涵，物质与非物质两个层面。由此可见，遗产保护中的"原真性"在不同历史时期，不同文化背景，针对不同对象在应用中不断在变化和发展。

基金项目：教育部人文社会科学青年基金《琼雷地区多元信仰空间形态及演变研究》（17YJC60005）。

1 陈琳，三亚学院艺术学院，讲师；华南理工大学，博士，572022，28052577@qq.com。
2 宋永志，广东省民族宗教研究院，助理研究员，510180，sunyonkey@163.com。

3 张姗，世界文化遗产日本白川乡合掌造聚落的保存发展之道 [J]．云南民族大学学报（哲学社会科学版），2012，29（1）：29-35。
4 "原真性"是英文"Authenticity"的译名，源于希腊和拉丁语"权威的"（authoritative）和"起源的"（original）两词，原义是指原本的、真实的、神圣的。

1. 原真性评价层级要素的建立

"原真性"概念对本文研究黎族传统聚落空间的保护与实践具有非常重要的意义，原真性保护重点在于物质与非物质文化遗产的相互依存，将遗产保护原真性的概念运用在传统村落保护中，通过原真性与层次分析法[1]结合，可以建立适用于白查村与白川乡的原真性评价层级要素，通过对各层级要素评定打分，并算出各项指标占体系的权重比，以数据方式直观呈现白查村原真性存在的问题，对村落原真性进行最终评定。本文将原真性分为载体原真性与信息原真性。载体包含：自然地理、道路布局、建筑单体三个C层级载体要素，包括下属的气候、水文在内的11个D层级载体要素；信息包含：文脉与生产经济两个C层级信息要素，包括下属的5个D层级信息要素（表1）。

传统村落原真性评价要素 　　　　表1

A	传统村落原真性评价要素															
B	物质载体B1											非物质信息B2				
C	自然地理C1				道路布局C2			建筑单体C3				文脉C4		生产经济C5		
D	气候	地形地貌	水文	植被	总体布局	道路肌理	交通体系	建筑形态	平面功能	建筑材料	建筑工艺	历史脉络	民俗节日	人文传承	产业结构	营造工艺
	D1	D2	D3	D4	D5	D6	D7	D8	D9	D10	D11	D12	D13	D14	D15	D16

2. 原真性现状评价对比

1）白查村概况

白查村地处玉龙岭盆地，呈现出海南黎族传统聚落的典型特点，村落的选址契合黎族传统聚落选址"进山避世，依险而居"的原则，以及"山包村，村近田，田临水，有山有水"的典型格局（图1）；民居建筑形态是"船形屋"，具有独特的美学价值，民居中大量应用传统的材料、工具和工艺，是汉黎民族文化融合的物质载体。白查村散中有聚、乱中有规的聚落形态形成，是黎族传统文化隐忍退让、自我保护、怡然自得的外在表现和特定地域性格的反映。此外，白查村还有众多极富农耕文化的民俗活动，如山栏节、春米舞、三月三等，传统手工艺中的黎锦、制陶、竹编等手工艺也别具特色，值得一提的是白查村还存在古老的文身技艺，这些共同组成了村寨丰富的传统文化。但面对迅速发展的社会环境，黎族传统建筑及民族特色迅速消失，已出现了湮灭的迹象。[2]

2013年12月，白查村船型屋维修工程基本完工，"黎族船型屋营造技艺"入选国务院发布的第二批国家级非物质文化遗产名录，东方市加大非物质文化遗产技艺的传承力度，组织动员少数民族村民开展船型屋营造技艺培训，提高技艺传承人的水平，将千百年来黎族同胞建筑技术的精华——"船型屋营造技艺"保护传承下去。但是，大量村民搬迁，在载体原真性保存的同时，由于缺少当地居民的日常生活，最终成为一种传统物质文化的象征符号。

2）白川乡概况

白川乡合掌村现存建筑113幢，这个传统的古村落在很大程度上保存了建筑原有的特征和乡村风貌，其古建筑风格、传统手工艺、消防系统完备的民居都是十分独特的文化遗产，该村的原真性是其成为世界文化遗产的价值体现（图2）。从载体原真性分析，当地地形地貌边界较为完整，有一定的缓冲区；流域面积较大，景观优美，周边资源种类丰富多样，具有典型的地域、历史和民族特色；村落周边环境保存好，边缘和内部结构整体较完整；街巷空间纵向递进层次较分明，序列感较强，纵向通达性较好；建筑材料和结构保存较好，所需力学性能良好，加工细致，富有地域特色；大量应用传统材料、传统工具和工艺，风格与传统风貌相协调，地域特色浓厚。合掌造房屋比例尺度合理，造型独特，富有地域特色，具有极高的美学价值。二战后，日本经济状况改进后，合掌村附近的庄川河流域兴修水电站、大坝，导致合掌村大部分被淹没，幸存下来的小村落有因为火灾、拆迁等各种原因也逐渐消失，许多传统房屋消失或被替代、乡村独特景观遭到严重破坏，人们逐渐意识到合掌造房屋的重要性，并开始进行自发的保护。原

1　层次分析法（Analytic Hierarchy Process）简称AHP法，也被称作多层次权重分析决策方法，是20世纪70年代美国运筹学家萨蒂（T. L. saaty）提出的一种定性与定量结合的决策方法。
2　杨定海，肖大威.海南岛黎族传统建筑演变解析 [J] .建筑学报，2017（02）：96—101.

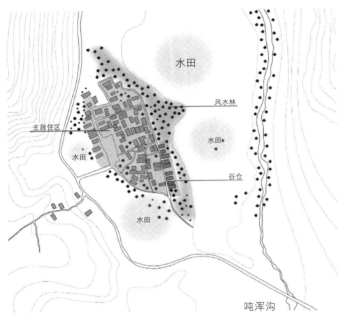

图1　白查村功能布局（图片来源：刘煜尘绘）

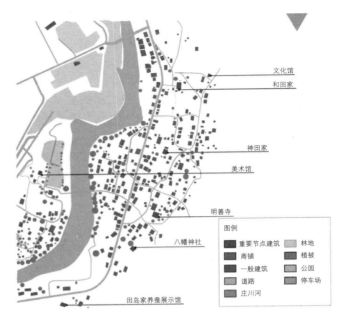

图2　白川乡功能布局（图片来源：刘煜尘绘）

住民对本土文化认同感很强，节庆礼仪、饮食服饰、民间手工艺等特色保存较好，属于较为典型的传统生产生活习俗。

3）评价结果

依据建立的传统村落原真性评价层级，对D层级要素进行评估，并给定评分等级，确定了原真性评价因素的评分标准表（受限于篇幅，在此不列出）通过实地调研，专家打分以及对当地居民、游客展开问卷调查后，最终逐个统计各因素的每个评分标准（1、2、3、4、5）的频率。

通过对各D层级的评价打分，在此基础上推算各指标占原真性中的权重（d），计算加权得分。C层级

的得分为其下D层级指标得分之和的平均数乘以权重的加权得分；从而由C层级推出B层级综合得分。传统村落原真性B层级评价的综合得分（U）公式为：$U=（D1+D2+D3+D4）d1+（D5+D6+D7）d2+（D8+D9+D10+D11）d3$；经传统村落原真性评价标准计算，可将计算得到的综合分数划分为"优"（$4\leqslant U<5$）、"良"（$3\leqslant U<4$）、"中"（$2\leqslant U<3$）、"差"（$1\leqslant U<2$）4个等级。通过计算得出白查村B层级的得分，对计算结果保留三位小数，对应的是载体原真性得分为4.558，评价等级为优，信息原真性得分为2.388，评价等级中。白川乡载体原真性得分4.664，评价等级优，信息原真性得分4.502，评价等级为优（图3）。

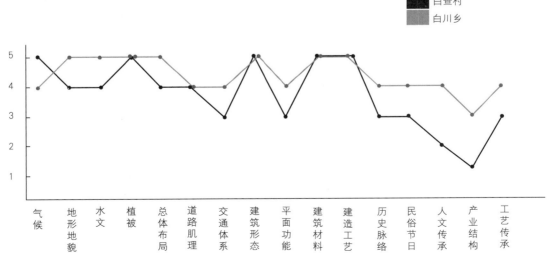

图3　白查与白川原真性评价打分曲线矩阵图（图片来源：刘煜尘绘）

二、基于原真性的综合保护模式探索

通过矩阵图可以反映出白查村与白川乡原真性存在的差异，如村落规模，建筑体量等，这些差异侧面反映出两村的发展历史阶段不同。在载体原真性上，两村评价等级都比较高，但白查村载体原真性尤其是信息原真性的保留上与白川乡有较大差距，主要体现在历史文脉的延续、人文传承等信息要素上，反映出白查村的民俗文化保护机制存在问题。

1. 两种保护机制的对比

"黎族船型屋营造技艺"曾于2008年被列入国家级非物质文化遗产名录，船型屋在2015年被列入省级文物保护单位，这些举措客观减缓了对船型屋的破坏，由政府出资的民居改造工程同黎族传统村落建筑文化的保护相结合，通过对传统建筑编号，平整村内道路，维修谷仓，修缮并拆除严重破旧房屋，并积极对周边设施改造如添置灭火消防器，安设宣传警示保护牌，拉通绿化山泉水等措施，将白查村旧村的船型屋比较好地保护起来，使其珍贵的传统风貌得以延续。但白查村现行的保护制度完全由政府及社会人士通过政策与资金来驱动，且过分强调营造技艺的传承，却忽视村落建筑的有机更新，村民对于船型茅草屋的保护意识非常淡薄，一度想拆除船型茅草屋改为农田，这种自上而下的保护机制，过分片面且具有很大局限性，使得船型茅草屋的保护前景堪忧。

白川乡的保护机制（表2、表3），首先由政府对村

白川乡遗产保护的落实管理体系图　　表2

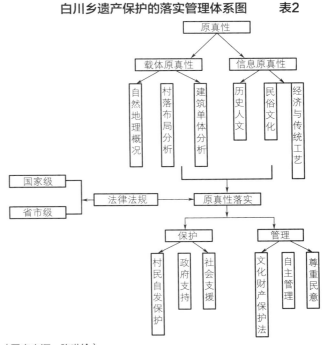

（图表来源：陈琳绘）

白川乡遗产保护的落实管理系统图　　　　表3

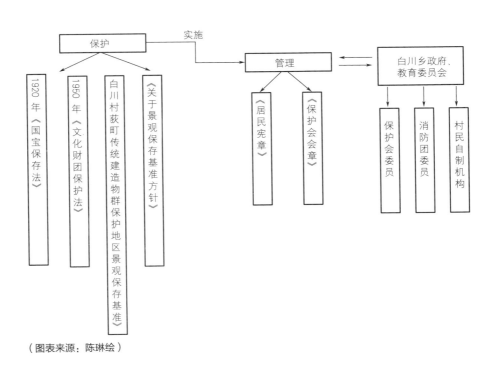

（图表来源：陈琳绘）

民进行宣传，在自上而下保护基础上，衍生出"保护会"这种村民自治保护机构，在这两种保护机制的相互促进下，实现了"合掌造"建筑的良性保护。两个村落的防火形势严峻，在20世纪70年代中后期，白川乡就制定了一套建设防火设施的五年计划，并逐步得以实施。最终建成了以59处喷水枪为主的防火系统，在火灾发生之际，能够起到非常好的防火隔离[1]。合掌村之所以能够这么完整的保存到现在，主要在于对其原真性的保护与发展和当地村民对"原真性"的理解和落实。当地政府的支持、村民们的自发意识、社会广大人民的支援成为保护古村落文化遗产的重要力量。

2. 载体原真性的有效保护与再利用

1）整体规划中的功能要素再完善

由于人口基数的差距，产业结构的不同，导致了白查村与白川乡发展程度的差异。经过近半个世纪的发展，白川乡村落内部道路体系格局发达，满足于日常生活的各类商铺、学校、加油站、医院、邮局等功能布局全面，并且依托旅游业的合理开发，进一步完善了白川乡村落的功能布局。通过对比我们可以看出白川乡实现了各功能区的融合，白查村新老村则相距较远，没有交集。参考白川乡的做法，依据白查村的实际情况，可以考虑在已开辟的新村，建设特色建筑。传统船型屋建筑形式及建筑质量方面存有一定缺陷，主要是因为在建筑格调上都采用茅草的形式，当遇到强风暴雨天气时，便会遭受一定的损坏；其次，随着当代人居住生活条件的改善，人们对船型屋的建筑格调也有了逐步的关注。根据目前的发展形势，可以将船型屋的元素融入现代化

模式，在外观上增加黎族纹案；引进建筑行业和酒店行业，修建特色船型屋民宿、停车场、特色农家饭店等为一体的旅游集散地。

2）新人居关系下的建筑功能再完善

人居关系的矛盾催生建筑的发展，白查村的船型茅草屋居住环境的变化，直接关系到村落"空心化"问题发展的趋势，所以探讨一种新型的人居关系模式以应对村落的"空心化"问题十分必要。

白川乡如此受到关注，根本原因在于"合掌造房屋"。因此，持续有效地保护合掌造房屋才是立村之道。但是村落保护与发展是以村民的正常生活为底线，以提高生活水平为目的。如为解决现代生活需求，允许村民新增建筑面积，但规定新增面积"原则上不得超过现有建筑面积的一半以上"；对建筑的高度、颜色也有严格的限制，传统房屋一般作为会客，储藏、展陈之用，新建房屋则能够拥有现代化的设施和舒适的生活，这样新老房屋往往紧密相依又相互协调，另外为了适应家庭小汽车需要，也允许增加自用停车场，而不能作为对外经营，充分考虑到了村民的生活需求。[1]

建筑功能布局以人的使用需求变化而改变，船型茅草屋已无法满足村民的居住需求，导致村民的搬迁以及对茅草屋的丢弃，人居矛盾十分突出。白查村传统建筑除了满足基本的居住需求外，其他生活服务设施等功能性建筑布局不足，近年白查村新增用于文化活动展示的舞台，但仍需进一步强化功能布局。船型茅草屋可以通过合理的内部功能划分，融入民族特色的室内装饰，引入水电等方式，改善茅草屋的居住条件，缓和人居关系的矛盾，以留住原住民，延续建筑生命（图4、图5）。

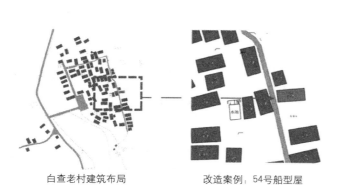

白查老村建筑布局 　　　　　改造案例：54号船型屋

图4　白查村民居选取改造案例（图片来源：刘煜尘绘）

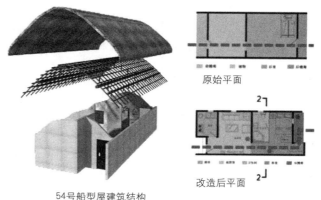

原始平面

改造后平面

54号船型屋建筑结构

图5　白查村54号改造案例（图片来源：刘煜尘绘）

1　赵夏，余建立.从日本白川荻町看传统村落保护与发展［J］.中国文物科学研究，2015（2）：38-43.

3. 信息原真性的精准保护与开发一体化模式

白川乡将"精准保护与开发一体化"与传统村落文化创新模式相结合。进行以传统合掌造作为保护改造主体，浊酒节、点灯夜景活动等民俗节日为辅，强力保护传统村落建筑进行观光旅游的创新发展模式。除了传统的合掌造建筑，村内还包括其他体现地域文化的建筑，如：牌坊、石垣墙、石梯等其他有机组成部分，丰富了文化多样性。当地村民不完全依赖传统手工艺纪念品的销售来提高整体收入，而是增加体验型项目来延长游客滞留时间，如亲身体验养蚕过程、传统手工纪念品的制作等。这些文化活动是信息原真性的最佳载体。以船型茅草屋作为载体原真性展示的载体，并融合黎族传统节日和民俗活动进行白查村信息原真性、载体原真性以及互联网介入的串联和整合，才能真正实现产业复兴与互联网开发一体化（图6）。黎族的"三月三"文化节是个很好的载体。黎族传统的体育项目闯火圈、荡秋千、篝火晚会等，以及打柴舞、舂米舞，丰富的黎族传统文化活动，能够使游客原真感知传统文化氛围，也能进一步提升村落文化的影响力。

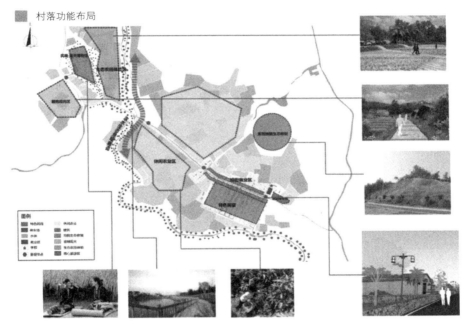

图6　白查村功能布局图（图片来源：刘煜尘绘）

三、结语

空心化一直是中国传统村落发展所面临的的现实问题，虽然近年来政府采取财政补贴的措施，对船型茅草屋进行抢救性修复，同时鼓励村民搬回茅草屋内居住，但却忽视船型茅草屋建筑中的人居关系的巨大矛盾，依旧无法避免村落载体与信息原真性的流失。强调单一的建筑留存，在自上而下的保护体制中，忽略创造民俗文化的原住民。

从原真性视角来看黎族传统村落，可以更加直观地发现保护中存在的问题，需重新将村落原真性要素整合，探寻整体的保护模式，以充分挖掘村落原真性价值，并在适度开发的旅游文化产业中，为白查村的可持续发展提供资金的支持。从村民的角度出发，缓解居住矛盾，提供多元化的经济收入来源，文化的传承才有坚实的物质基础。

参考文献：

[1] 阮仪三，林林. 文化遗产保护的原真性原则 [J]. 同济大学学报（社会科学版），2003，14（2）：1—5.

[2] 舒惠勤，郑文武，汤雪莉. 传统聚落民居原真性评价——以湖南省常宁市中田村为例 [J]. 衡阳师范学院学报，2017（3）：18—21.

[3] 徐红罡，万小娟，范晓君. 从"原真性"实践反思中国遗产保护——以宏村为例 [J]. 人文地理，2012（1）：107—112.

[4] 张引. 海南白查村黎族聚落环境探析 [D]. 苏州大学, 2008.

[5] 赵夏, 余建立. 从日本白川荻町看传统村落保护与发展 [J]. 中国文物科学研究, 2015 (2)：38—43.

[6] 张姗. 世界文化遗产日本白川乡合掌造聚落的保存发展之道 [J]. 云南民族大学学报（哲学社会科学版）, 2012, 29 (1)：29—35.

[7] 杨定海, 肖大威. 海南岛黎族传统建筑演变解析 [J]. 建筑学报, 2017 (02)：96—101.

[8] 唐孝祥, 谢凌峰. 论乡村振兴战略中岭南建筑创作的情感建构 [J]. 小城镇建设, 2018 (05)：91—97.

[9] 王路. 村落的未来景象：传统村落的经验与当代聚落规划 [J]. 建筑学报, 2000, 25 (11)：16—22.

[10] 冯骥才. 传统村落保护的两种新方式 [J]. 决策探索月刊, 2015 (16)：65—66.

地域传统民居中的名人故居保护与开发

——以日照王献唐故居为例

邵　波[1]　高宜生[2]

摘　要：在地域传统民居建筑中，对于名人故居的保护与开发一直是一个重点，也是一个难点。本文以王献唐故居保护和开发为例，探讨了地方传统民居中的名人故居建筑保护与开发的意义、其在城市化进程中面临的困境与机遇、其地域传统风貌与现代化城市风貌融合的思路，最后提出了一些关于城市化进程下地域传统民居建筑中的名人故居保护与开发的建议。

关键词：传统民居；名人故居；城市化；保护与开发

一、名人故居与城市发展

　　"宁肯丢掉英伦三岛，也不能失去莎士比亚"这是英国一句著名的谚语。莎翁故居所在的小镇常住人口不足四万，每年却吸引着约400万世界各地的游客去往当地参观游览。莎士比亚故居已经成为世界各国游客了解英国文化和英国文学的基本场所，成为莎学传播的重要载体。名人文化是一个城市传统文化、城市精神的重要组成部分，是重要的城市名片，名人故居更是一个城市不可忽视的文化载体，重要的文化景观与旅游资源。

1. "名人故居"的定义

　　对于"名人故居"的定义问题国内外研究者有着很多相似而不同的见解。"名人"在中国古代文献中的最早出处是来自《吕氏春秋·劝学篇》，《现代汉语词典》中名人的释义为："著名的人物"。可见"名人"的涵盖很广泛，指的是人们耳熟能详的人物。"故居"，非限定意义时其释义为过去之居所。

　　通过比较学者关于"名人故居"的定义可以发现，定义的不同其实归根结底就是要试图解决一个问题，那就是什么人的何种居所值得重点保护的问题，这是一个价值认定的问题。对于伦敦的"蓝牌委员会"来说，"对

于本国是否有影响力"可能是一个重点考察的点，这也无可厚非，英国的人口大约只有6451万人，面积只有243610平方公里。而中国的一个省，例如山东省，人口也有约9946.64万人，面积约158000平方公里。如果直接的把英国的"蓝牌委员会"对于名人故居的定义拿来使用，把它们的保护方法照搬到我国，必然会产生诸多问题。对"名人故居"的定义或者认定应该按照名人地域影响范围与影响人口数量综合考虑。一些人可能对于社会并没有太过突出的贡献，但是他却是人们耳熟能详的"明星"，是一代人的集体记忆，并且这种"集体记忆"或知名度经久不衰，那莫我认为这种"名人故居"也值得保护。还有一些人虽然人们对她们的生平与事功知之甚少，但是贡献卓越，在专业领域做出了特别杰出的不可替代的作用，那我们也应该对他们的故居进行保护。而对于他们的何种曾居地进行保护，则应该依据名人的影响地域与人口数量的量值，即"名人"的价值大小来确定。还有一些名人的巨大贡献还没有经过社会的普遍认同或者充分发掘，但其堪称"一代大师"，对于他们的故居，我们也应该审慎地进行对待与保护。本文着重介绍的山东大家王献唐先生及其故居就属此类。

2. 名人故居之于城市发展的作用和意义

　　王献唐，1896年出生于山东日照大韩家村，是著

1　邵波，山东乡土文化遗产保护工程有限公司，建筑师，1301890592@qq.com。
2　高宜生，山东建筑大学建筑城规学院，副教授；乡土文化遗产保护国家文物局重点科研基地（山东建筑大学），常务副主任；山东建筑大学建筑文化遗产保护研究所，所长。

名的考古学家、目录学家与图书馆学家，被夏鼐先生誉为"山东近百年罕见的大师"。一生著作等身的同时，他曾担任过第一任的山东省立图书馆馆长。王献唐曾被山东省博物馆列在"山东名人展"的第一位，其一生事功却并未被人们广泛认知，在出生地日照大韩家村的故居更是损毁严重，缺乏必要的保护管理措施（图1、图2）。王献唐从出生到11岁去青岛礼贤书院读书的十一年一直生活在日照，日照故居的十一年是对王献唐一生非常重要的一段时期。

对于地域传统民居中的名人故居的保护内容，其一是对过去历史文化记忆的保存，其二是对地域传统民居本身建筑文物价值的保护。它的价值体现在社会、艺术、文化、科学以及经济的方方面面，它对于城市发展有着及其巨大的作用和意义。

1）名人故居是重要的城市名片

一说到绍兴，我们会想到鲁迅，我们会想到百草园、三味书屋、乌篷船、社戏、鲁镇的街巷与绍兴的桥等等。一说到济南，我们可能会想到老舍，老舍写过大量关于济南的文章，老舍笔下的济南城立刻会浮现在我们眼前；一说到上海，我们可能会想到张爱玲，想到张爱玲小说中老上海那弄堂里的石库门，破败的洋房和公寓，上海便有了一种忧郁而又亲切的气质；一说到北京城，我们可能会想到梁思成、林徽因，也可能会想到溥仪、梅兰芳、蔡锷、孟小冬、纪晓岚等。人与城市被我们如此自然地链接在了一起，城市有了灵气，有了属于

它独有的味道。如果我们对我们的地方名人文化进行深入的研究发掘，对名人故居进行妥善的保护，这些名人文化便是一个城市最漂亮的名片，彰显着一个城市的文化与精神，底蕴与个性。

2）名人故居有重要的社会价值

一个城市的"名人"便是每个市民应该学习的一个"别人家的孩子"，拥有非常重要的社会教育功能。每个名人都在他们所从事的领域取得了令人瞩目的成就，或者有很大的影响，这些影响将会持续激励更多的人前赴后继，去努力奋斗，追随他们的脚步，或者他们将会警醒世人，勿忘前人之鉴。名人故居便是这样一处"纪念性空间"。

3）名人故居是旅游开发的重要资源

名人故居绝大多数为传统民居建筑，名人故居的保护开发往往融入一个城市整体的旅游开发建设中去。人们到一个地方旅游，往往会先去了解这个地方有哪些著名的历史名人，透过这些历史名人的人生故事，可以非常直接得了解到这座城市的历史与风土人情。名人故居因其突出的亲和性在地区旅游开发中占有重要地位。《陋室铭》中"山不在高，有仙则名。水不在深，有龙则灵。斯是陋室，惟吾德馨。"名人文化之于城市，便犹如仙之于山，龙之于水，只有名人文化得到很好的开发，人们才能了解这个城市的人杰地灵。如果一个城市的名人文化利用名人故居的保护得到了大的发展，那么这个城市又"何陋之有"？

图1 日照王献唐故居现状（正房与东耳房）

图2 王献唐

二、名人故居的保护和利用现状

数据表明，到2020年，中国城镇化率将会达到63.4%，在"十三五"期间中国城镇化将会保持持续稳定发展的态势。中国现今的城市化存在诸多问题，粗放的扩张型城市化，虽然使得城市化率的增长速度维持在了相当高的水平，但使得人地矛盾空前严峻，更忽视了城市自身的文化构建。梁思成与林徽因夫妇的故居

被"拆除"、章士钊故居"损毁"、徐志摩故居被"拆迁"……名人故居屡屡被爆出被破坏、被拆迁。这些被爆出的陷入困境的名人故居多是在北京、上海这样的特大城市中的世界级、国家级历史文化名人的故居。绝大多数的名人故居被破坏的事实更并未被报道出来，即使被报道出来，这些报道更是在几天之后便淹没在信息的洋流里。这些名人故居广泛分布在各个城市、城镇、乡村，有的被列入文物保护单位，更多的未被充分发掘，隐藏在人们的视线之外。

1. 面临的困境

1）粗放型的城市化使得大量"名人故居"遭到破坏或濒临破坏

绝大多数的"名人故居"分布在城中村或农村中，多为地域传统民居建筑。传统民居建筑本身有其自身的问题，传统民居建筑中的生活设施渐渐已不能满足现代人们生活的需要，并且这些老建筑大都历经百年岁月，破败不堪，亟待修缮。此外在城中村改造的快速开发建设过程中，周边民居陆续拆迁，陆续拆迁的周边民居给名人故居的文物建筑本体安全带来了潜在的风险，混乱的城中村环境更会使得名人故居的日常保护管理变得困难、复杂起来。此外传统民居建筑的传统风貌与现代城市生活的不协调，也使得城市建设与开发部门对其的"反感"，使得大量名人故居被强拆、被破坏。

2）大量名人故居因保护而荒废闲置

有些地域传统民居中的名人故居虽被当地政府的文物或文化部门重视，被列入了文保单位，也得到了很好的修缮，但缺乏有效且持续的展示利用手段，名人故居在修缮完成后的第一天便大门紧锁，被闲置，过了一段时间便又杂草丛生，渐渐变得残破。

3）大量名人故居因开发而破坏

还有大量的地域传统民居中的名人故居，由于开发与管理部门的观念错误，名人故居的建筑本体与原始环境被大肆破坏，而在原址上随意复建、加建了大量的仿古建筑，使得名人故居的原真性与完整性被大肆破坏，这种破坏一旦发生，便无法弥补。

2. 名人故居面临困境的原因分析

1）名人故居的保护管理无明确的主管部门

大量名人故居未得到认定或建立档案。虽名人故居中的一部分被列入文保单位，归文物局管理，但由于名人故居数量巨大，更多的并未列入文保单位。在我国名人故居缺少专门的认定、管理与开发的部门，更没有专门针对名人故居相关的评定、监督部门，使得大量的名人故居被拆除、被破坏的情况无法得到及时制止和保护。

2）对名人故居不重视，保护意识薄弱

在快速城市化的大背景下，城市建设者与市民过于追求经济利益与GDP，忽视了城市文化建设，对名人故居的重要价值认识不足，城市的名人文化体系的建设滞后。

3）名人故居的活化展示利用问题重重

首先是针对名人故居的保护开发资金紧缺，而且名人故居的展示利用模式单一，缺乏创新，没有活力，名人故居的经营状况不佳，游览参观人数少。

4）宣传力度不够

城市中大量的名人故居不为人所知，纸质媒体、网络媒体和旅游部门对城市中就在我们身边的大量名人故居的宣传力度不够，名人故居的影响力较低，造成其可达性较差，游览参观人数少。

5）相关法律制度滞后

名人故居的保护管理缺乏必要的法律条文。虽然很多名人故居因其为地域传统民居而列入文保单位，受文物法的保护，但更有大量的名人故居未被列入文保体系，这些名人故居的保护管理及开发就缺乏制度约束。再者，城市规划层面更没有对城市中的名人故居建立相应的保护体系。

3. 城市化进程为名人故居保护开发带来的机遇

城市化进程对土地的集约利用与开发，大量的投资开发资金涌入，因而针对名人故居等名胜古迹的保护开发资金也大大增多，名人故居的保护开发资金短缺的情况将得到解决。而且城市化过程中必然会对土地产权、面积、地域传统特色民居分布、文物分布状况等进行梳理，这种梳理将对地域传统民居中名人故居的排查与保护带来便利。另外城市化必将使得地区交通状况大大改善，人口密度大大大增加，人们消费文化、教育需求大大增加，这都利于名人故居的活化展示利用，保护与开发。

三、地域传统民居中的名人故居的保护与开发

1. 发展中的王献唐故居

2. 对王献堂故居的发展的几点认识

1）王献唐故居虽然很早就被列入文物保护单位，但由于资金缺乏，一直未进行保护修缮，更缺乏相关保护管理措施，其后王献唐故居建筑本体逐渐坍塌残毁，周边民居院落更是在使用过程中破坏了王献唐故居院落的原始风貌与景观环境，破坏极大，这些都对王献唐故居造成了不可挽回的破坏。名人故居的保护修缮与日常管理是名人故居后续建设开发的基础。

2）设立文保单位后更未合理地进行展示利用，所以一直荒废着，建筑经受风吹雨打，逐年残损日益破

王献堂故居年表（历史沿革）　　　　　　　　　　　　　　　　　　　　　　　　表1

时间	事件
清末至"文化大革命"时期	王献堂故居始建，故居原院落占地面积约18亩，分为两组院落。院内有正房、南房、西房、书房、工房、农具间、牲口棚等各种功能房间，并建有学堂、祠堂、花园等，设计别具一格。
"文化大革命"时期至1989年	原有院落被居民瓜分为多户，随着时间推移，故居大部分已遭到损坏，户主对它们进行了翻盖。
1989年	被公布为第二批县级文物保护单位，并设立了保护标志碑。
2011年	山东省日照市政协八届四次会议，同意为进一步提升城市文化品位，发挥名人效应，促进旅游开发和文化繁荣发展，多部门沟通协调，在原址2.7亩的基础上扩大面积，重新规划10亩的文物古迹建设用地。并且用地内的新建建筑风格上，应展现出我国北方古建筑的特点，建成具有地方特色的建筑风格。
2015年	被公布为山东省第五批省级文物保护单位，并被评为山东省特色民居建筑，列入山东省"乡村记忆"名单。
2017年	启动王献堂故居所在的城中村大韩家村的城中村改造；同时迅速启动了王献堂故居的保护修缮设计与故居纪念馆设计方案编制。
2018年	现存故居房屋仅剩相连的三栋，屋顶塌陷，损毁严重，建筑周围被新建的民居包围。尚无专门文物管理人员和文物监测体系，管理体制急需完善。 王献堂故居的保护修缮设计与故居纪念馆设计通过当地政府相关部门审核。

败。名人故居展示利用是名人故居可持续发展的重点。

3）王献堂故居纪念馆的顺利建设得益于政府2011年的提早谋划，为促进旅游开发和文化繁荣发展，在王献堂故居周边划出了10亩地的文物古迹建设用地。但又由于当地政府领导换届等，政府政策无法持续落实，使得王献堂故居纪念馆的建设开发曾一度搁置。政府牵头，规划先行或许是名人故居开发建设成败的关键。

4）由于大韩家村的城中村改造，又使得政府部门重新认识到了王献堂故居的重要性，启动了该项目的开发建设。城市化，或许是名人故居保护开发的机遇。

3. 王献堂故居文物建筑本体保护修缮与展示利用与王献堂故居纪念馆设计方案

利用文物局的保护修缮文物资金对王献堂故居文物本体进行保护修缮，设计中最大限度地保护其原真性，最大可能地恢复其原始风貌。在王献堂故居文物建筑本体中采用原状陈列展示，对王献堂先生的生活环境进行真实再现。

名人故居纪念馆是博物馆的一种主要类型，是纪念历史名人，保存与展览历史名人相关遗物与遗址的专题性博物馆。在1951年第一个名人故居纪念馆——上海鲁迅纪念馆诞生以来，名人故居纪念馆的建设在各地兴起，现在名人故居纪念馆在博物馆总数中的所占比例已经超过三分之一，并且这个比例在逐年增加。得益于当地政府在之前的主动谋划布局，在王献堂故居现存本体之外规划了约10亩地的文物古迹建设用地，使得我们在王献堂故居保护范围之外建设王献堂大型纪念馆成为可能，纪念馆依托王献堂故居文物建筑本体的"纪念性"与"历史风貌"，为日照市建设一个很好的文化艺术展示交流平台，也使得王献堂纪念馆成为王献堂故居的传统风格建筑与周边现代城市生活的缓冲区，王献堂故居

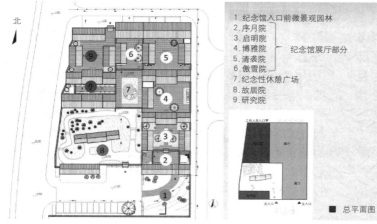

图3　王献堂故居总平面图

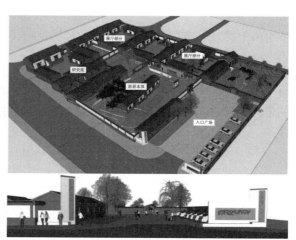

图4　王献堂故居效果图

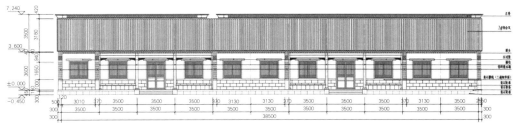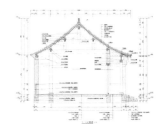

图5 王献唐纪念馆建筑立面与剖面示意图

的传统建筑风貌风格与现代城市有了很好的融合。

（1）建立王献堂研究学会，在纪念馆中设立王献堂研究院。研究院与省立图书馆、省博及大陆与港澳台的相关王献唐研究组织进行广泛合作。（2）作为山东半岛蓝色经济区的重要港口城市，日照市将自己发展方向定义为现代化港口城市，而在现代化城市建设过程中不应该摒弃传统。所以我们在设计王献堂纪念馆时，提取了当地传统民居院落形制样式与建筑风格，设计一个现代纪念馆建筑，既尊重地域性文化传统，又适应现代化展览需求。（3）在王献唐纪念馆中兴办书画展览，构建日照市当地文化交流平台，建设文物文献资料库房、基本陈列展室和文物修复室、数字化展室等。（4）纪念馆贴近周边市民生活，提供休闲娱乐场所。（5）整合区域旅游资源形成特色旅游游览线路。

4．地域传统民居中的名人故居的保护与开发的建议

（1）国家主导，规范名人故居认定与整理各省市历史名人名录。在中国古代并不乏对历史名人故居的记录，在历代各地的地方志中，有对古代历史名人故居的大量记载。依托于近年来各地地方志建设加速发展，建议在地方志历史名人录章节中单独设章节整理历史名人故居名录。并以其为基础，构建地方名人文化体系。参考伦敦的"蓝牌委员会"，建立文物系统之外的名人故居保护认定体系，规范故居地点认定、保护范围及相关保护内容。（2）大力发展当地名人文化建立相应的名人研究学会。民间公益、非营利组织介入，成立相应的名人故居保护与开发基金会、学术委员研究会，充分发掘文化名人的生平资料等，整理并收藏名人的相关著作、收藏品及相关遗物等。（3）建立名人故居地图标识系统。名人故居地图标识系统与百度地图、谷歌地图与高德地图等相链接，使人们可以方便地在各大地图系统中找到各个名人故居的相关详细的历史资料及地理信息。方便游客参观游览。（4）保护名人故居的原真性。遵循不改变建筑文物原状的原则，尽可能多地保存其历

史原貌。（5）加强名人故居的活化利用，保护与开发并举，可持续发展。一部分文物系统之内的名人故居在保护修缮的基础上进行展示利用，更多的名人故居应该不要改变它的功能，居住的应该维持居民居住的状态，不应大兴土木，而采用多种方式进行保护。（6）注重文化传承，尊重地域性特色，注重城市文化的体现与发扬。所建建筑应尊重当地传统民居建筑的地域特色，并注重当地民俗民间文化的传承，研发名人文化周边产品，加大宣传，树立品牌。（7）建设名人故居与现代城市融合的统觉缓冲区。名人故居大多为传统民居建筑，其风貌与城市现代生活并不协调，在名人故居保护开发中应注意建设名人故居传统建筑与城市现代风格建筑之间的统觉缓冲区，使两者得到更好的融合。（8）建立名人故居的安全防护体系。（9）政府主导提早谋划，规划先行，多部门联动共商发展。凡事预则立，不预则废，名人故居的保护开发是一个系统工程，需要旅游部门、规划部门、文物部门、文化组织等等多个部门联动，才能得到最好的开发，在城市化飞速发展的今天，城市建设如此之快，提早规划策划这一点尤为重要，如果不提早谋划，可能在后来的故居保护开发过程中会遇到一些无法调和的矛盾，规划更为后续的开发建设提供可以回旋与建设的余地。

四、结语

在城市化保持持续稳定发展的进程下，在城市建设飞速发展的今天，名人故居的保护和开发越来越成为一个大的系统工程，城市发展不能脱离城市文化的建设，城市文化的建设需要城市自己的名人文化体系。城市建设的决策者与参与者应该站在城市建设的全局，统筹兼顾，规划先行，也应加强名人故居保护体系与制度的构建，注意名人故居名录档案等基础资料的整理。

参考文献：

[1] 徐子明. 罗定市名人故居的保护与活化利用 [J]. 文物世界，2017（01）：59—62.

[2] 何碧云. 四川名人故居旅游开发与保护研究 [D]. 四川师范大学，2013.

[3] 张东晨. 济南市名人文化旅游资源开发研究 [D]. 曲阜师范大学，2015.

传统村落及建筑的保护与传承

——以章丘东矾硫村李氏保和堂保护为例

张艳兵[1]　高宜生[2]　石　潇[3]

摘　要： 本文将主要从东矾硫村村落形成原因、村落选址、历史沿革以及李氏保和堂院落格局、建筑材料、建造工艺、建筑特色、民俗民风、生产生活方式等方面全面解读传统村落、传统民居与民俗乡情传承的内在关联性，结合当今"体验性"乡村旅游的发展模式，深入发掘古村落旅游资源的文化内涵，传承民俗文化，发挥传统村落的文化价值，通过合理的保护与利用让我们的乡村文化活起来。

关键词： 传统村落；民俗乡情；保护传承；商业模式探索

一、研究范围

本文研究范围为济南市章丘区官庄镇东矾硫村，以村落中济南市优秀历史建筑——李氏保和堂、太和堂及宫氏五福堂等传统民居为例，其中，东矾硫村为山东省省级传统村落。东矾硫村之所以闻名四乡，主要是村内保和堂、太和堂及五福堂等，虽饱经风雨，但古风犹存。以保和堂为中心，对村子里传统建筑进行研究，在村落层面研究村落选址、历史沿革、空间布局、商业环境形成，在建筑层面研究民居选址、建筑形制、院落格局、材料使用、工艺做法等，在精神层面主要从村庄民俗与乡民日常生活对建筑建造工艺的影响进行归纳总结。

二、东矾硫村村落形成与发展

1. 历史沿革

东矾硫村的古建筑群主要建于明清时期。明洪武初年，东矾硫村宫氏始祖宫思泽和李氏始祖携家眷自原系直隶正定府冀州枣强县迁到章丘县东锦乡十五图五甲东矾硫村，自此，两姓家族和睦相处，繁衍生息，逐渐发展成两大家族。

据史料记载，至清康熙年间，东矾硫村的宫氏家族在农耕积累基础上，开始开办店铺，经商发迹，传至宫氏第十二世（1796年，嘉庆元年）创立了"五福堂"，经营商号设在沂水、蒙阴、周村、兖州、徐州、济南。乾隆二十六年（1761年）李氏开始经商。至1866年（清同治五年），李氏在东矾硫创立了"太和堂"，经营酒店、杂货铺、银号和当铺、药铺、赁货铺，显赫乡里达百年之久，成为章丘市的老字号。

清朝中期、晚期，东矾硫一带已经成为章丘经济发展的一个中心，交通便利，东北距周村仅四十里，西去济南仅百余里，在胶济铁路通车之前，这里还是通往陶瓷业中心地——博山的东西要道口，村中很久以来设有"逢五排十"的市集，在经济上紧密地联系着章丘东南部山区，及其淄川西部边缘地带的几十个村镇。

清末和民国时期，东矾硫村经受了几十年战乱和匪劫之苦。1938年日寇进驻东矾硫村，并把该村建成章丘县东南角的据点，致使该村经营的店铺萧条冷落，有些相继关门停业。

2. 村落选址

1）环境静雅清幽

东矾硫村位于沂蒙群山北麓山坡角龙脉上，东矾

1　张艳兵，建筑学学士，山东省乡土文化遗产保护工程有限公司，总经理助理；乡土文化遗产保护国家文物局重点科研基地，250101，2466395523@qq.com。

2　高宜生，山东建筑大学建筑城规学院，副教授；乡土文化遗产保护国家文物局重点科研基地，秘书长；山东建筑大学建筑文化遗产保护研究所，所长；全国文物保护标准化技术委员会委员。

3　石潇，城乡规划学学士，山东省乡土文化遗产保护工程有限公司。

硫村以静、雅为名。东为宝山，整个山体全部绿化，体现以秀为特点。南邻四季山，挺拔雄伟，当地居民常言：胡山高达不到四季半腰；四季山云罩，大雨就要到。北为青龙山，是砂石山，在山东南山半腰，有一条很长的青石，弯弯曲曲绕在砂石中，似龙飞舞，故而得名（图1）。

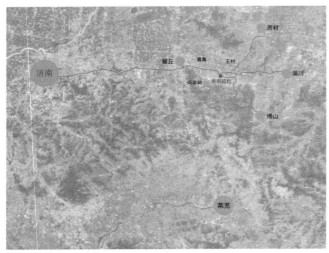

图1　东矾硫村与官道、周边集市宏观位置图

2）人文传说

在东矾硫村东西中街与南北大街的交汇处，有三人合抱粗的大槐树，树四周有三块大小不一且不规则的石头，这个地方村民称为石星，它来自一个民间传说。在唐朝初年，苍天突降陨石，有三块落在了石星处，因石头从天而降，人们认为石头为天上的星星，是吉象之兆，便把此处叫石星，说来也巧，第二年便从三块石头中间长出一棵槐树，而且生长茂盛，为沾吉祥瑞气，村民在此处附近打井一眼，称为"官井"，并在石星周围建宅开店，每天清晨，人们从官井打水，绕过大槐树，便认为沾染福气，保佑一天平安无事。

3）官道与集市的便利性

东矾硫村以长兴街、凤阳街与富春街交汇处为中心（石星位置）发展而来，其中长兴街、凤阳街及富春街为三条官道，西至济南府，东至淄博，南至莱芜，东矾硫村稳坐三条官道交汇处，四面通视，远近可达。

东矾硫村集市形成于村中宫氏五福堂兴盛时期（清初），集市原主要分布于凤阳街，李氏保和堂便位于凤阳街附近。随着东矾硫村集市的发展，后来逐渐形成王村——普集——阎家峪——东矾硫集市体系，各个集市时间错开，形成东矾硫村"逢五排十"，王村"二七"，普集"三八"，阎家峪"一六"的时间排布顺序，集市

辐射范围可达章丘、莱芜以及淄博西部地区。

笔者曾多次到访矾硫村进行深入调查与研究，官道与集市的便利性对东矾硫村的形成与发展具有非常重要的作用，尤其是集市体系对当今周边居民生活仍有非

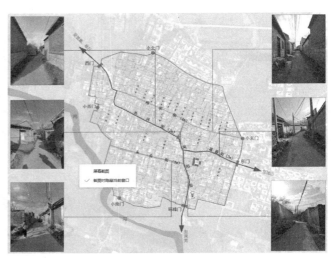

图2　官道与村内大集在村内位置图

常大的影响（图2）。

3. 村落空间布局

笔者多次进村实地现场调研，东矾硫村老村范围内至今仍保留有"四街二十巷"（长兴街、富春街、凤阳街为古驿道），东西有三条主街，南北有一条主街，在三条主街上分布南北串通的十巷。古建筑群集中于东西中街两侧和南北大街与东西中街中心交汇处周围，交汇处（石星和大槐树）成为村的中轴，站在中心，可四面通视，距离基本相等，这与中国传统乡村建筑布局风格完全吻合，充分证明东矾硫村的整体格局是根据中国传统乡村设计经验精心打造而成。

为防战乱和匪患之苦，确保村民平安，东矾硫村建有地上和地下较为完善的立体防御体系，地上圩子墙，地下地道亦是东矾硫村传统村落特有的村落格局形式（图3、图4）。

4. 商业环境

据村中老人叙述，每逢东矾硫集市，商贾云集，除了周边村庄的人来此进行买卖交易，还有来自相公庄、刁镇、博山的青菜，莱芜的姜，章丘的苇箔等。东矾硫集市中大多数物品如蔬菜、山果、粮食等主要集中在凤阳街，草市在长兴街外，牛市在村庄西南口，猪市

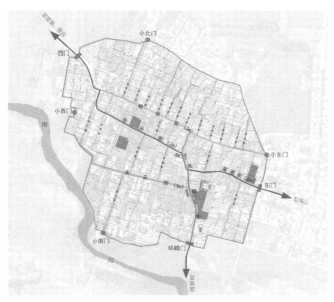

图3 东矾硫村空间格局

图5 保和堂骡马寄存廊道

图4 东矾硫村街巷尺度实景

图6 五福堂骡马寄存廊道

三、东矾硫村传统建筑研究

1. 传统民居选址

李氏太和堂、保和堂及宫氏五福堂均紧邻长兴街、富春街、凤阳街三条古驿道，亦是村落中最重要的集市分布点，集市原主要分布于凤阳街，东矾硫村商铺主要集中在官道两侧，李氏太和堂及保和堂作为李氏家族中非常重要的两个支系，建设与凤阳街与富春街交汇处，不仅能享有出行及买卖的便利，环境又较为幽静。李氏保和堂东南原为李家园子，李家所雇长工短工在此耕种并有晾晒场，在此建设房屋具有管理园子之便利。

宫氏五福堂位于长兴街中部，长兴街西段为东矾硫村最为重要的牛马市，东段为村中蔬菜、山果、粮食的生活必须品的交易场所，宫氏五福堂曾经营客栈、药店等，方便了过往商贾，对集市起到了极大的促进作用

在东门外。

李氏太和堂兴盛时，每到集市这天，难免有些货物卖不出去，如果是山果、蔬菜一类的物品，太和堂便将所剩货物如数买去。假如是一些猪牛羊驴或其他笨重物品，这些卖不出去的物品对于路途遥远的卖主来说就比较麻烦。太和堂杂货铺总是急人所难，伸出援助之手，把这些卖不出去的东西代存起来，甚至还赔上草料代为喂养，等到下一个集日来了再如数归还货主，不收分文报酬。有的货物不好出手，在太和堂店铺里寄存达数月之久，这样不仅大大增加了太和堂的销售信誉，也促进了东矾硫村集市的发展（图5、图6）。

（图7、8）。

图7　东矶硫村主要建筑位置图

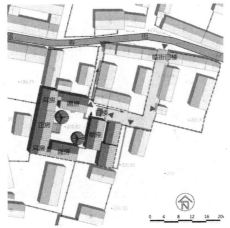

图8　李氏保和堂建筑选址图

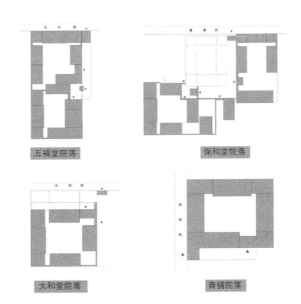

五福堂院落　　　　　保和堂院落

太和堂院落　　　　　商铺院落

图9　东矶硫村主要建筑格局对照图

图10　李氏保和堂院落格局图

2. 院落格局

以李氏保和堂院落格局为例，李氏保和堂院落采用东矶硫村常见"沿街门楼—小巷—入户大门"的家族聚居式院落模式。沿街门楼位于古驿道富春街南侧；小巷两侧建筑后墙镶有拴马石；尽头为拱券门，拱券门里为保和堂的园子、场等。该处地势南高北低，雨水自南向北流向北侧富春街，根据当地的根据当地风俗习惯及风水原理，便形成了大门位于东北，正房坐西朝东的布局。院落设置后门，位于院落北部，向北可达富春街，清末当土匪祸乱乡里时，此门成为院落重要的逃生通道。

李氏保和堂院落东北大门，西屋为正房，有别于正统的北方四合院，是东矶硫传统民居院落的代表，对于研究民居选址在微地形及风水学方面有一定参考作用（图9、图10）。

东矶硫村院落格局更为重要的一方面体现在对商业集市的适应性，东矶硫村李氏保和堂、太和堂及五福堂院落格局均设置有入口通廊，入口廊道后期演变为赶集商贩提供寄存货物及骡马的免费场所，对东矶硫集市的形成与发展起到促进的作用，同时集市的繁荣与发展对李氏家族商业形态的形成起到了催化作用。

3. 建筑形制特征及材料

以李氏保和堂为例：

李氏保和堂正房为章丘典型民居式样，砖石清水墙面，雕饰盘头，直棂"步步锦"格栅窗、撒带木板门，五架梁抬梁体系构架，布瓦硬山屋面，四向垂脊，北地蝎子尾正花脊饰。

建筑门窗洞口在砌筑方式上采用燕子窝的砌筑方法，通过砖的交叉咬和，形成可以放置杂物的墙洞，美观、实用。在门洞内侧设置猫洞，供猫进行出入使用，体现了当时匠人的人性化的设计。

耳房建筑采用"靠山梁"做法，加强耳房的独立性及整体性，彰显建筑匠人的远见和智慧。

笔者多次实地调研，东矾硫村建筑多采用煤渣砖与土坯砖相结合的建筑材料，是该区域非常有特色的建筑材料，煤渣砖、土坯砖、碎石构成双层墙结构，辅以钉石贯穿加固，在当地运用非常广泛，山东第一古村朱家裕古村落及李家疃明清古建筑群对于煤渣砖体系的运用均非常广泛，是地域性建筑因地取材的重要案例（图11、图12）。

图11 东矾硫村主要建筑煤渣砖与钉石的运用

图12 东矾硫村主要建筑青砖与钉石的运用

煤渣砖的获取过程具有浓厚的民俗情结，旧时东矾硫村居民生活多用煤炭，使用后产生的煤渣多各自储存，待到有村民建房子时，村民贡献出家中煤渣以供其烧结煤渣砖，遂有"一家建房，全村来筑"的说法，足见村民的和睦友邻的民俗情怀。

4. 对东矾硫村传统建筑价值的研究

东矾硫村历史文化遗产丰富，有较大规模的传统民居资源，李氏保和堂作为东矾硫村保存较好的传统民居院落，有非常重要的价值，主要表现为以下几个方面：

从历史层面来看，李氏保和堂见证了东矾硫村经营地主在商业形态上的探索及东矾硫村经营地主的发展过程，具有一定的历史价值。

从商业环境发展层面来看，李氏保和堂及太和堂、宫氏五福堂通过为来赶集的商贩提供有好的商业环境，间接促进了东矾硫集市的发展与繁荣，对区域经济及当地生活品质有较大的推动作用。

从地域性聚落层面来看，李氏保和堂院落在院落格局上，"沿街门楼—小巷—入户大门—院落"的院落布局模式是当地生活方式的体现，对研究山东民居的家族聚居式院落格局有重要的价值。

从院落风水选址来看，李氏保和堂院落布局不同于一般的院落，东北大门，院落坐西朝东，是东矾硫村院落的典型代表，对研究民居风水及选址有重要意义；建筑本体建筑材料丰富、结构独特，巧妙利用钉石，是民居因地取材的重要案例，具有较强的科学研究价值。

四、对东矾硫村保护与利用策略的几点思考

1. 产权问题

部分建筑采用个人、集体利益再分配的方式，通过签署协议，集体获取管理权，对历史建筑进行统一管理与利用，集体与个人均的到相应的发展；部分建筑可以赎买、置换、协议等方式将私有产权转化为集体产权，更便于对历史建筑进行统一整体的保护与利用。

2. 传统建筑管理与PPP模式结合

对历史建筑建立长效的保护修缮机制，院落修缮工作完成后归还给业主，业主具有维护院落的义务。以后可能发展民俗馆、乡村旅馆等，积累一定的资金，用于将来的院落维修，保证院落的可持续发展。

3. 乡村文化"体验性"再生与利用

结合东矾硫村集市、根艺、手工煎饼等特色资源，打造体验性特色旅游乡村，与朱家裕、李家屯打造特色片区，促进片区经济发展。

五、结语

对于传统村落及传统民居的研究不仅仅局限于历史研究与文化研究层面，更不仅仅局限于此次所探讨东矾硫村，笔者近年来从事文化遗产保护相关工作，对于中国传统村落及传统建筑的发展与传承感触颇多，以小窥大，伴随现代农村生活的逐步改变，古村落的保护与传承现在正在面临着极大的困境，在现有村落文化发展的基础上去谈如何保护与传承，才是可行的，才能够为我们子孙后代留下传承千年的璀璨文化。

参考文献：

[1] 刘甦，高宜生. 中国古建筑丛书·山东古建筑 [M]. 北京：中国建筑工业出版社，2016.

[2] 李红艳，传统居民的保护与利用——以西安化觉巷125号院落保护工程为例 [A]. 中国建筑学会建筑史学分会、同济大学. 全球视野下的中国建筑遗产——第四届中国建筑史学国际研讨会论文集 [C]. 中国建筑学会建筑史学分会、同济大学，中国建筑学会建筑史学分会，2007：4.

[3] 刘军瑞，传统的智慧——中国乡土建筑的十六个特点 [A]. 中国民族建筑研究会. 中国民族建筑研究会、第二十届学术年会论文特辑（2017）[C]. 中国民族建筑研究会：中国民族建筑研究会，2017：9.

专题2　传统聚落（民居）的营建智慧与文化传承

敦煌壁画与客家围屋

孙毅华[1]

摘 要： 敦煌与闽、赣、粤的南方一带南北相距几千里，却有着相似的移民迁徙历史，将中原文明带向周边，形成统一的中华文化史。其中南方的客家围屋成为中华客家文化中著名的特色民居建筑，独树一帜。巧合的是在相距几千里的敦煌石窟中，竟然保存有盛唐时期的客家围屋图像，充分证明了围屋形式的大概起源时间以及在中原或南方的建筑样式，或者就是南方建筑样式被通过古丝绸之路的旅行者带到敦煌，留存在了壁画中，成为中国古代建筑历史中的一条史料资料，也同时也证明敦煌壁画中的建筑图像就是一幅形象的中国古代建筑史。

关键词： 敦煌壁画；客家围屋；迁徙移民；聚族而居

一、相似的移民迁徙历史

敦煌与福建、广东、江西的南方一带南北相距几千里，要说敦煌壁画与南方客家人的土楼围屋似乎有些南辕北辙，但是却同属于中华文化范畴，说到他们的起源，就有了共通之处。

（1）敦煌地处河西走廊最西端，自远古到中古都是重要的交通要道，自汉代建郡以后，也经历了多次的中原移民迁徙史，这与福建客家人的起源有相似之处，都因为中原内乱，中原人为避乱而四处迁徙。不同的是敦煌最初的迁徙移民是为了"移民实边"。

自汉代张骞通西域以后，汉朝经过与匈奴的长年争战，打通了河西与西域的交通，为了巩固河西边防，开发和经营西域，汉朝从中原向河西大量移民，《汉书·武帝纪》记载敦煌在建郡之初的元鼎六年（公元前111年）就采取了"徙民以实之"[2]的移民政策，"徙天下奸滑吏民于边"[3]，"屯田敦煌界"[4]。而"天下的奸滑吏民"是一些什么样的人群？《汉书·地理志》记"其民以关东下贫，或以抱怨过当，或以訞逆亡道，

家属徙焉"[5]。由此可知他们是生活贫困的农民、因犯罪充军服劳役的刑徒、被罢黜的官吏及其家眷、仆人等。

汉武帝作《天马歌》中所得天马的献马人是"南阳新野有暴利长，当武帝时遭刑，屯田敦煌界"[6]。在汉代敦煌郡龙勒县（唐代改称寿昌县）渥洼池发现天马而献之。在敦煌遗书《敦煌名族志》（第2625页）中记载："汉武帝时，太中大夫索撫、丞相赵周直谏忤旨従（徙）边，以元鼎六年（公元前111年）从巨鹿南和迁于敦煌。"[7]又有："司隶校尉张襄者……襄惧，以地节元年（公元前69年）自清河鐸□举家西奔天水，病卒。子□□年来适此郡。"[8]这些家族都成为敦煌当地的大家被记录在《敦煌名族志残卷》（第2625页）中，也说明早期迁徙敦煌的士家豪族皆因官场失利而远迁敦煌。

通过长期的移民政策，为敦煌带来了中原汉民族地区先进的文化和发达的生产技术，使敦煌很快成为河西繁荣富庶之地，为经济和文化的发展奠定了基础。东汉光武帝刘秀曾说："河西完富……兵马强精，仓库有蓄，民庶殷富"[9]。这期间，使者相望于道，商队络绎不绝。汉代经营西域，使丝绸之路的畅通达三百年之

1　孙毅华，敦煌研究院．

2　班固．汉书 [M]．北京：中华书局，1964：189．

3　班固．汉书 [M]．北京：中华书局，1964：179．

4　班固．汉书 [M]．北京：中华书局，1964：1645．

5　班固．汉书 [M]．北京：中华书局，1964：189．

6　班固．汉书 [M]．北京：中华书局，184．

7　唐耕耦、陆宏基．敦煌社会经济文献真迹实录第一辑 [M]．北京：书目文献出版社，1986：102-103．

8　唐耕耦、陆宏基．敦煌社会经济文献真迹实录第一辑 [M]．北京：书目文献出版社，1986：99-100．

9　（宋）范晔．后汉书．窦融列传 [M]．北京：中华书局，1973：799．

久，为中西商贸往来及文化交流创造了有利的机遇。

敦煌经过汉代的移民实边政策使其经济得到极大的发展，至三国以后的西晋时期，中原战乱不断，西晋末年的永嘉之乱（公元308～313年），"（晋）元帝徙江左，轨乃控据河西，称晋正朔，是为前凉"[1]。而内乱的中原，士人认为"天下方乱，避乱之国，唯凉土耳"[2]。当时的中原有"雍秦之人死者十之八九，初，永嘉中，长安谣曰'秦川中，血没腕，唯有凉州倚柱观'"[3]。因而"中州避难来者日月相继"[4]。晋室"其众散奔凉州者万余人"[5]。到十六国时的前秦时期，"初，苻坚建元之末，徙江汉之人万余户至敦煌"[6]。《晋书》中有记载的这些史实，在其他很多的历史文献中也有记载，这是敦煌发展史上一个重要的组成部分，这种主动或被动的移民活动在发展敦煌之初，一直持续了几百年。隋唐时期，由于丝绸之路的畅通，敦煌与中原交往频繁，都在敦煌石窟壁画中可以得到印证。宋代以后，海上丝绸之路的发展，敦煌逐渐衰落，明代闭关锁国的政策，迫使嘉峪关外的汉人内迁，敦煌被吐鲁番占领。最后的一次大迁徙是清康乾盛世时期，清康熙五十四年（1715年），清兵收复整个河西，并进军西域。康熙、雍正时代，重视边关开发，调集、迁徙大批军民至瓜沙一带屯垦农田。仅1725年一年内，就先后把甘肃52县的2400余户汉民迁至沙州开垦，乾隆时期清政府将沙州卫升为敦煌县。至今敦煌的许多地名都是以甘肃的这些县名命名的，同时也有一些地名是以家族姓氏修建的大堡子命名，这些大堡子与客家围屋有着相同的功能。

（2）客家人的移民史：西晋末年，中原内乱，民众四散而避乱，开始了客家人的移民史，成为"群雄争中土，黎庶走南疆"的开端，以后也在多次战乱中不断地迁徙、移民。

西晋时迄晋武帝统一中国，又以见及三国割据的由来，而尽罢州郡兵权，边州因而空虚。会八王相继作乱，国力因而削弱，边区内徙的部族，便得相继乘机而起，于中国内地的一部分，建立他们的割据政权。晋代的中央政府，不得已也迁到建康，就是现在的南京，

内地的人民，因为不安于五胡的侵扰割据，有迁移力量的，或有迁移机会的，都相率南迁，当时称为"流人"。[7]在二十四史的《晋书》中同时记载了南北两个人物的列传，南方有《晋书·王导传》记载："俄而洛京倾覆，中州士女避乱江左者十六七……"，[8]北方有《晋书·张轨传》"中州避难来者，日月相继"，[9]很好地诠释了当时中原群雄争霸，中州人士四散逃离，躲避战乱的状态。自西晋后，又有过多次因避战乱而先后到达江左的流人，使江左积累了大量的中原人士。他们的方言、习俗因有别于当地土族，而成为客居的客家人。

"至于客家人的名称由来，则在五胡乱华中原人民辗转南迁的时候，已有'给客制度'，南齐书州郡志云'南兖州，镇广陵，时百姓遭难，流移此境，流民多庇大姓以为客。元帝大兴四年，诏以流民失籍，使条名上有司，可见客家的'客'字是沿袭晋元帝诏书所定的，其后到了唐宋，政府簿籍，仍有'客户'的专称，而客家一词，则为民间的通称。"[10]

根据罗香林先生编著的《客家源流考》记载汉民自北南迁成为客家人的大迁徙共有五次，其中有四次都是由中原向南方迁徙，第五次则是由南方向西南的四川迁徙。而向南迁徙的原因均源自战乱。第一次为："晋五胡之乱，中原望族，相率南奔。"第二次为唐末黄巢起义引发的战乱，迫使客家先民刚刚安定的生活再次受到影响而向南进行迁徙。第三次为元人的南侵，迫于外患，客家先民又进行了第三次迁徙。第四次仍因战乱，为明末清人入关南下，汉人举兵反抗失败后，远走他乡，成为客家人进行的第四次迁徙。这都是由中原或靠近中原的南方一次次的向更南的临海地区迁移，客居他乡，为早先丛林遍野的荒蛮的南方带去了中原先进的文化，使自然资源优于北方的南方地区成为客家人富饶的家乡，随着经济的发展，人口的繁衍，富饶的家乡显得有点拥挤了，也因为战乱，同是富饶之地的四川出现严重的人口危机，田园荒芜，朝廷下旨从南方人口稠密的地区迁移人口，既出现"湖广填四川"的历史事件。通过以上历史中多次被动或自动的南北迁徙活动，将先进的中原文化带到南北各处，为统一的中华文明奠定了

1　（唐）房玄龄等．晋书［M］．北京：中华书局，1974：434．

2　（唐）房玄龄等．晋书［M］．北京：中华书局，1974：2222．

3　（唐）房玄龄等．晋书［M］．北京：中华书局，1974：2229．

4　（唐）房玄龄等．晋书［M］．北京：中华书局，1974：2225．

5　（唐）房玄龄等．晋书［M］．北京：中华书局，1974：2230．

6　（唐）房玄龄等．晋书［M］．北京：中华书局，1974：2263．

7　罗香林．客家源流考［M］．北京：中国华侨出版公司，1989：9–10．

8　（唐）房玄龄等．晋书［M］．北京：中华书局，1974：1746．

9　（唐）房玄龄等．晋书［M］．北京：中华书局，1974：2225．

10　罗香林．客家源流考［M］．北京：中国华侨出版公司，1989：41–42．

基础。

二、看敦煌壁画中聚族而居的形式

聚族而居是人类发展进化之初就有的形式，在生产力低下的石器时代，为抵御野兽伤害，在群聚地周围挖壕沟加以保护部落族人，随着生产力提高，由壕沟演变为高大围墙进行保护。通过大量汉代出土明器的陶庄园形象，可以看到早期由于战乱，而迁徙他乡的人们，为了安全，多采取群体式聚族而居的居住方式，以人数众多来躲避当地豪强的侵扰，南方客家人的名称既是为了与当地原住民的区别而得名。而在河西走廊，汉代以前的原住民多是以游牧为生的游牧民族，他们在匈奴人的不断侵扰下早已远走他乡，迁徙到更加遥远的西域即今中亚一带，当汉武帝将匈奴人赶出河西，为了巩固和经营河西，保证东西交通畅通而采取"移民实边"政策向这里移民，移民中有许多"举家西奔"的大家族，他们一直活跃在变化纷繁的敦煌历史舞台上，对当时社会政治、经济、文化、宗教各方面都产生了深远的影响。如莫高窟第220窟就开凿于唐贞观十六年（公元642年），窟内有墨书题写的"翟家窟"题记。翟家是北朝时迁入敦煌的大族，以"浔阳翟氏"见著于敦煌藏经洞出土的敦煌遗书文献中及许多窟内所绘的供养人题记中，从历史记载到开窟造像。他们与敦煌各大家族联姻通婚，形成盘根错节的政治婚姻，莫高窟第220窟就是他们的一处家庙，并世代延续直到五代后唐同光年间（公元934~926年），还有他们的子孙重修了窟前甬道，并题写了翟氏《检家谱》。这些从中原西迁到敦煌的大家族，当时的居住情况是怎样的？从历史记载、河西地区汉代至魏晋时期出土的墓葬建筑明器及壁画墓、敦煌壁画中的居住建筑画可以窥见一斑。

中原战乱导致北走南渡的中州人士避难出走，迁往北方的人们在干旱少雨的地方，继续发展中原汉代的庄园建筑形式，供家族居住。如1981年在淮阳出土的西汉彩绘陶庄园，因宅院和田园两部分组成，宅院为三进四合院，院内众多的房屋将院子挤的满满当当（图1）。甘肃博物馆展武威出土的汉代陶楼院，也显示了多进院落与角楼、望楼等（图2）。

到魏晋时期，北方战乱频繁，地方豪强筑坞堡自卫。《魏书·释老志》中记敦煌："村坞相属，多有寺塔"。相同时期的酒泉、嘉峪关出土的魏晋壁画墓里，绘有很多城堡，堡内有望楼，并旁书一"坞"字，表明城堡是坞堡的形象（图3、图4），坞堡的高墙上有阶梯状的雉堞。反映在早期北魏、西魏、北周壁画中的坞堡，在其城垣上都画出清晰的雉堞，并有墩台与马面的

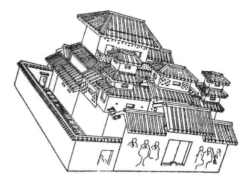

图1　淮阳彩绘陶庄园
（图片来源：《寻根》1998第3期，第40页）

图2　武威出土汉代陶楼院
（图片来源：作者拍摄自甘肃省博物馆）

设施，如第257窟西壁绘"须摩提女缘品"故事画，是北魏壁画中的精品，画中是一尊荣豪富之家的宅第（图5），三面城垣围绕，一侧门楼为出入口，院内堂中正在接待宾客，堂后有四层望楼，下层挂幄帐，内中一妇女作睡眠状，楼后有园，宅第的城垣墙上设雉堞，沿墙有突出并高于城垣的墩台即所谓"马面"，显示出城的防御功能。这个宅院正是魏晋时的坞堡形象。较之魏晋墓中的形象有了很大的发展，正是文献所述情况的形象补充。

发展到唐代，在第445窟北壁的"弥勒经变"中，于中间上部表现弥勒佛居住的天宫建筑时，绘出的建筑形式是一大片建在悬崖峭壁上各自独立的庭园，有十座之多（图6）。庭园形式各不相同，有方形、圆形、心形、前圆后方形等，院落有一进和多进之别（图7、图8）。围合而成的院落形式，外圈为一周廊院，根据院落大小规模开一门或多门，整体形状犹如现存的南方客家围屋，致使人们在看到该壁画时，总是能联想到

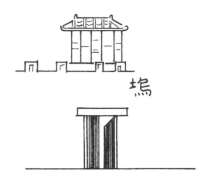

图3 甘肃嘉峪关魏晋壁画墓里书有"坞"
字的坞堡形象（图片来源：《敦煌石窟全
集·建筑画卷》，第20页）

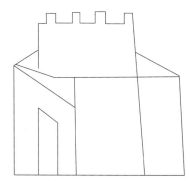

图4 甘肃嘉峪关魏晋壁画墓中所绘
坞堡形象（图片来源：《敦煌石窟全
集·建筑画卷》，第19页）

图5 （北魏）坞壁宅院第257窟
（图片来源：《敦煌石窟全集·建筑画卷》，第23页）

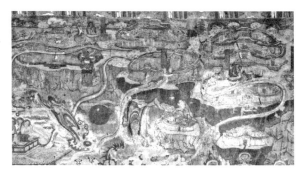

图6 （盛唐）围屋式兜率天宫图第445窟
（图片来源：《敦煌石窟全集·建筑画卷》，第163页）

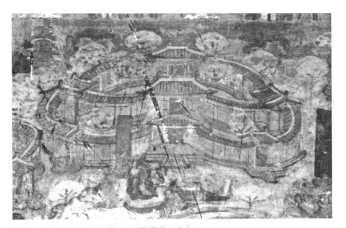

图7 （盛唐）天宫中的心形围屋第445窟
（图片来源：《敦煌石窟全集·建筑画卷》，第164页）

图8 （盛唐）天宫中的圆形围屋第445窟
（图片来源：《敦煌石窟全集·建筑画卷》，第164页）

南方的客家围屋。而"在闽、赣、粤客家人聚居地区，神奇地涌现出一座座圆形、方形、前圆后方等形式多样的客家围屋。[1]这样的形式与壁画中多样的形式何其相似。再者客家人情系中原，根在河洛，敦煌人又何尝不是，在第130窟甬道边存有一幅大型的唐代供养人画像，清楚的写明"太原王氏一心供养"，与现在有客家人来自山西洪洞大槐树下的传说多么相似。

"在中国历史上自魏晋以后，特别是唐宋以后，每当中原战乱或灾荒时期，便有部分汉族先民扶老携幼，跋涉数千里，跨越黄河、长江、赣江、汀江、梅江……一步一步先后南行，最后聚居于闽、赣、粤交界的山区。"[2]壁画中据险而居的围屋应当就是南迁的客家人当时的写照。

1 黄崇岳.杨耀林.客家围屋 [M] .广州：华南理工大学出版社，2006：1.
2 黄崇岳.杨耀林.客家围屋 [M] .广州：华南理工大学出版社，2006：1.

三、敦煌壁画第445窟中的天宫庭园与客家围屋之比较

莫高窟盛唐第445窟北壁整幅表现的是"弥勒经"中的情节，在敦煌壁画中，凡是表现"弥勒经"的，其上部必然有弥勒菩萨居住的天宫建筑。弥勒经变画在莫高窟有88幅之多，表现的天宫建筑亦各不相同，唯有该幅画与客家围屋有相似之处，凡是来莫高窟看了此画的人们，不约而同的称此为"客家围屋"（图6）。客家围屋是中国形式多样的民居建筑中的一朵奇葩，是客家文化中著名的特色民居建筑。它是随着中原人迁徙的步伐，带着中原古朴的建筑遗风，再结合当地南部山区的文化特色，慢慢发展演变成为一种适合聚居的民居建筑，它始见于唐宋，兴盛于明清，现在目及能看到的大都是明清时的围屋形式因为"他们居住的地方都是自然环境比较恶劣的山区，所谓'逢山必住客'"。[1]在大山中的客家人，为防备当地匪患及山中猛兽伤人，以聚族而局、据险而居的居住形式是安全的生活方式，久而久之，形成现在壮观且独特的客家围屋特色建筑（图9）。

敦煌石窟的开凿不间断的延续了一千年，历经十个朝代，壁画中的建筑画成为中国建筑历史一千年演变的见证，无独有偶在敦煌唐代壁画中发现了与客家围屋相似的建筑形象，它是否就是人们要寻找的始见于唐宋时的围屋形象？围屋形式的发展必定经过了一个漫长的时期。敦煌是丝绸之路的咽喉地带，在宋代海上丝绸之路兴起之前，敦煌一直都是去往西域的重要通道，因而也使得多种文化在这里留下印记，在建筑文化上通过研究，可以看到南北朝时期的西域式建筑形象；吐蕃时期的藏族建筑元素；西夏时期受中原文化影响，保留了中国古建筑由唐宋到元明清建筑的过渡形象。在敦煌壁画中出现的围屋图像，证实了客家围屋的形式早在唐代或唐以前就已出现，所以才在丝绸之路交通要道的敦煌壁画中出现。

现存的南方客家围屋多为明清时期建筑，围屋形式以楼院围合成高大的围墙（图10），围墙上有很多防御设施，以保护家族。敦煌壁画中的围屋可以看出没有高大的围墙，但却建筑在独立的悬崖峭壁上，形成天然屏障，很好的起到了一人当关、万夫莫入的阻止与防范作用（图11）。

图9 福建山区里的客家围屋群
（图片来源：高明杰提供）

图10 福建客家围屋
（图片来源：高明杰提供）

图11 （盛唐）建于悬崖峭壁上是围屋 第445窟（图片来源：敦煌研究院陈列中心提供）

---

1 黄崇岳，杨耀林. 客家围屋 [M]. 广州：华南理工大学出版社，2006：9.

四、坞堡建筑在敦煌的延续

敦煌壁画中的围屋建筑形式没有在西北得到发展，只是昙花一现地出现在壁画中。而壁画中围屋所处的悬崖峭壁又印证了"逢山必有客、无客不住山"的客家建筑环境之说。而北方有广袤的绿洲平原、沙漠戈壁的地理环境，所以西北地区仍然采用厚实的夯土墙式的堡子建筑，是早期坞堡建筑的延续，如唐代第23窟南壁的一处民居宅院（图12），外有厚实的夯土围墙，内有一周廊院，院中有正房、偏房等多处房屋供家族居住。

图12 （盛唐）民居院落第23窟
（图片来源：《敦煌石窟全集·建筑画卷》，第170页）

这样的形式在西北地区一直沿用到近代，成为这里群体式聚族而居的典型建筑，只是这样大型的堡子建筑如今不见完整保存的，只留有一个个地名如郭家堡、苏家堡、甘家堡等名称仍在敦煌作为一个地名在使用，这里的人们也多以这些姓氏为主。

中国有着悠久的历史，也有广袤的土地，东西南北都围绕着一个中心，即中原文化。中原的文化也影响着四周，如今南方的典型建筑在遥远的西北古代壁画中出现，是中原文化对古代南北方文化影响的体现，也是古代南北交通发达的体现，同时也证明敦煌壁画建筑画就是一幅形象的中国古代建筑史。

参考文献：

[1] 班固．汉书［M］．北京：中华书局，1964．

[2] 唐耕耦、陆宏基．敦煌社会经济文献真迹实录第一辑［M］．北京：书目文献出版社，1986．

[3] （宋）范晔．后汉书．窦融列传［M］．北京：中华书局，1973．

[4] 罗香林．客家源流考［M］．北京：中国华侨出版公司，1989．

[5] 黄崇岳．杨耀林．客家围屋［M］．广州：华南理工大学出版社，2006．

从整体性视角观看明长城与古罗马长城[1]

李 严 张玉坤 李哲[2]

摘 要： 明长城与英国的哈德良长城、德国的蕾蒂安边墙并称世界三大长城，哈德良长城与蕾蒂安边墙构成了古罗马长城的主体，三者均为世界文化遗产。明长城与古罗马长城相比，在时空跨度、防御体系和与地形的关系等方面都更复杂，同时也面临着保护理念与方法的困境。本文在对三者进行实地考察的基础上，从对防御体系的整体性、完整性和真实性的认识以及古罗马长城保护展示手段三方面反观明长城，为明长城整体性保护展示提供借鉴。

关键词： 完整性；真实性；明长城；古罗马长城

完整性与真实性是世界文化遗产的两大衡量标准，也是遗产保护工作的准绳。近100多年来，UNESCO（联合国教科文组织）、ICOMOS（国际古迹遗址理事会）、欧洲理事会等组织通过了一系列关于文化遗产保护的重要国际文件，逐渐形成了对文化遗产进行真实性、完整性保护的国际共识。长城文化遗产的真实性、完整性研究也成为重新解读长城、向世界宣告长城遗产价值的重要事件。

国际社会对长城的认识多来自于UNESCO的网站，然而该网站上对长城的介绍仅限于一段概括性描述和八达岭、山海关、居庸关三个关城，并未提及防御体系概念。整体性保护对于我国乃至国际文保事业都是一个挑战，原因在于：①长城是一个具有层级性和系统性的复杂防御体系；②长城是一个跨越时空的大型线性文化遗产，点、线、面遗产形态俱全，数量多，分布广，且不同历史时期修筑的长城互相交叠。

古罗马长城是世界上唯一在体量上可以与中国长城相比拟的古代军事工程，现存较好的两段分别在英国和德国境内。英国的哈德良长城（Hadrain's wall）和德国的蕾蒂安边墙（或称日耳曼长城，Limes），两者皆为世界文化遗产。虽然古罗马与明代在时间上相差1000多年，但是古罗马长城的防御体系与明长城有相似之处，其保护措施可供我们参考。

一、防御体系的整体性认识

1. 明长城

明代九边重镇从朱元璋曾接受了朱升"高筑墙"的建议，洪武元年（1368年）就派大将军徐达修筑居庸关等处长城始，到公元1600年前后，在200多年的长城防务进程中，九边设置几经调整，长城和军事聚落也随之不断增废、更替、修缮，最终形成了东西跨度8800多公里、十一军镇（包括昌镇和真保镇）、45路防守的明长城九边重镇防御体系。

边堡在九边总兵镇守制度下承担了军事防御的职能，长城线归边堡辖属，边堡归路辖属，路城与边堡构成了长城墙体内侧最前沿防线。九边地区的卫所在都司卫所制度下承担了屯兵屯粮的驻防作用，卫城和所城内屯驻了大量士兵、大面积屯种粮食，是边堡的坚强后盾。同时各级城池协同作战是保证对军情点及时应援、防御作用得以实施的关键。协同的前提是军情和政令的高效往来传递，而预警、烽传和驿传系统就是线状分布的长城墙体和点状分布的军事聚落之间的连接体和生命线。预警系统包含明哨——暗哨——架炮——墩堠，总称为前哨，负责侦探情报并迅速回传。烽传系统通过旗、火、烟和炮的"声色语言"将军情由沿边烽火台传

---

1 国家自然科学基金51478295，51478298，51878437；国家科技支撑计划2014BAK09B02；文化部重点实验室资助项目科技函[2017]37号；教育部人文社科基金17YJCZH095。

2 李严，副教授，liyan1@yeah.net；张玉坤，教授，zyk.tj@163.com；李哲，副教授，lee_uav@tju.edu.cn，天津大学建筑学院，300072。

递给所属边堡，再传递给上级路城、镇城，形成整个防御体系复杂通达的空中信息传递网络。驿传系统由水马驿、递运所和急递铺三大机构组成，承担了宣传政令、飞报军情与物资运送的任务[1]（图1、图2）。

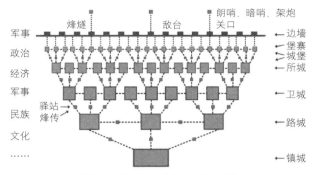

图1 明长城防御体系示意图（图片来源：作者自绘）

图2 明长城军事聚落及驿站分布示意图（三角形表示驿站）
（图片来源：作者自绘）

明长城的防御体系是一个具有严密的层次性、整体性、系统性的军事防御体系。

2. 古罗马长城

哈佛大学发布了古罗马版图范围的地理信息系统，其中英国哈德良长城的长城墙体及军事城堡也显示了类似的防御体系的布局。[2]哈德良长城虽然全长仅73英里，但体系完整，军事城堡分为：前线堡（wall forts，沿长城东西向）、前哨堡（outpost forts）、道路堡（stanegate forts）、给养堡（supply forts）和海防堡（coast forts，从北到南）。[3]前线堡与明长城边堡功能类似，前哨堡与明前哨类似，道路堡与明驿站类似，给养堡与明卫所类似，海防堡与明海防军堡类似。其中前线堡数量最多，遗存最好。哈德良长城与明长城同年，1987年被联合国教科文组织列为世界文化遗产（图3、图4）。

日耳曼长城指罗马帝国在上日耳曼行省（Germania Superior）和雷蒂安省（Raetia）内修建的一段边境防御工事，修筑于83～260年间，它把罗马帝国和未被征服的日耳曼部落分隔开来，从莱茵河上的波恩延伸到多瑙河上的雷根斯堡。总长568公里，包括至少60座堡垒和900座瞭望塔（watch tower）。大致呈"之"字形分布，

保存较好的地段是上半部和下半部，中间遗存较差（修建年代较晚）。堡垒分军团（legionary fortress）和城堡（fort）两级。[4]与哈德良长城不同的是没有里堡（mile castle），但也有长城墙体（limes）和沿线道路（limes road）两个系统。

古罗马军事城池分为三个等级：fortress（城池），fort（城堡），fortlet（小城），从规模上看，是由大到小的，类似于明代的五级军事聚落（镇城—路城—卫城—所城—堡城），但是却没有级别上的统辖关系，fortress（城池），fort（城堡），fortlet（小城）的划分是按照士兵是否是罗马公民身份划分的，fortlet（小城）内驻扎的士兵来自于非罗马公民。[5]

图3 上图—哈德良长城（DARMC1.3.1）
（图片来源：Digital Atlas of Roman and Medieval Civilizations Version 1.3.1, http://ags.cga.harvard.edu/darmc/）

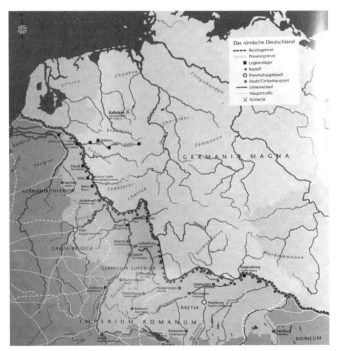

图4 日耳曼长城（landleben im roemischen deutschland）
（图片来源：Marcus Reuter · Andreas Thiel, *Der Limes: Auf Den Spuren Der Romer*, Wissenschaftliche Buchgesellschaft, 2015）

二、完整性和真实性的认识

对于大型文化遗产，整体性保护的概念和原则就是文化遗产完整性和真实性的体现。超大尺度的遗产本身就是一个体系，而该体系与所依托的环境构成遗产的整体。

明长城是具层级性和系统性的复杂防御体系。长城防御体系包含：长城本体、军事聚落和驿传（烽传）系统，三者缺一不可称长城。长城本体指长城墙体及其上的墩台、敌台等防御工事，军事聚落指长城墙体之外的边镇、堡寨和关隘。

长城物质文化遗产的保护不仅保护长城墙体，更要保护数量众多的军事聚落和密布交织的驿传（烽传）系统。不仅要保护长城物质文化遗产，更要保护长城依托的自然环境、人文环境、军事文化等自然和历史文化资源。

图5是宁夏中卫市境内的秦长城遗址，在山体上砍削而成，从黄河中一直延伸到接近于山顶的位置，然后延伸上千米长，在接近黄河边的地方并非一道砍削，而是上下三道，以加强防御性。此段长城上设烽墩，无人机飞至此烽墩上，以接近人高的视点拍摄了可视空间（图6），以模拟当年士兵驻守此烽燧时的可视范围。

图5 宁夏中卫秦长城削山长城遗址（图片来源：作者自摄）

图6 无人机以接近人高的视点拍摄的可视空间（图片来源：作者自摄）

对于明长城来讲，完整性和真实性应该包括明长城防御体系的各组成部分之间的系统关系，如烽燧之间的可视域、军事聚落之间的道路，即可达域问题，以及烽传系统和驿传系统的路线及可视域等，此外，防御体系所依托的自然环境也是遗产完整性的重要组成部分。保护范围的划定如果沿用以往文物单体的划界方法，"从遗迹遗存墙体向两侧、外围50～65米是严格保

护区，再外围多少米是建设控制地带"的圈图方法，恐怕难以保证历史场景的真实性与完整性。

德国日耳曼长城在Bad ems遗址的展示中，在瞭望塔的前面立了一块展示牌，上面画着历史上长城经过的路线，画面的背景是现实的场景中小镇及背后所依托的山体，而虚拟长城墙体表达的是古代长城，试图让人有穿越历史、身临其境之感。Bad ems遗址对已不存在的历史自然环境的弥补式复现，作为警示提醒我们，遗产的完整性和真实性不仅包含遗产自身，还包含周围环境，而且一旦消失，不可复生（图7）。

图7 从Bad ems遗址处俯瞰古罗马长城经过的位置
（图片来源：作者自摄）

三、古罗马长城保护展示方法的借鉴与反思

1. 旅游与考古地图

哈德良长城的管理单位英国遗产管理委员会制作了一张旅游地图，图中分黑色和红色分别标识出了长城墙体和军堡的有遗存（可见）和无遗存（不可见），地图的底图是现状行政区划，但是内容标识得非常详细，可以看到村中的小路，遗址则分类别标识出里堡（milecastle）、塔楼（turret）、要塞（fort）和垒墙（Vallum），供游人选择和辨识遗址位置[6]（图8）。

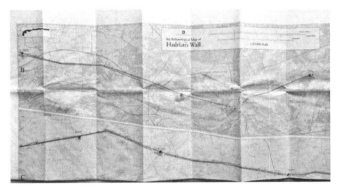

图8　哈德良长城考古地图（图片来源：作者自摄）

2. 长城位置的标识

英国遗产管理委员会为旅游者设计了一道沿哈德良长城徒步旅行的便道，沿途会用橡子的图标指示旅行者长城遗址的方向和位置，还会在重要位置设置路标，为徒步旅行者提供了一个个可以在空旷的田野里找到哈德良长城遗址的航标（图9）。私人领地的穿越还巧妙地设置了爬梯和转门（防止家畜穿越）。反观我国长城的游览，除了收费的景区以外，其他部分都被冠以"野长城"的绰号，其实长城本身无所谓"野"与"不野"，都是世界文化遗产的一部分。

德国日耳曼长城遗存约580公里，呈"之"字形分

图9　哈德良长城沿线指示牌与跨越墙体的木梯子
（图片来源：作者自摄）

布于高山、沟谷、市镇和耕地之中，也沿长城线设置了标识。与哈德良长城的考古地图类似，日耳曼长城用黑白反转的箭头符号表示长城遗址的位置，标签贴在树干上，如果此处长城有遗存，即可见，图标是白底黑箭头，如果此处长城没有遗存了，即不可见，图标是黑底白箭头，游客可沿途寻找树干上的标识，辨识长城的走向。甚至会用一张木质的巴塞罗那椅子暗示"此处有遗址了"（图10）。

图10　日耳曼长城的标识（图片来源：作者自摄）

3. 城池遗址边界的标识

对于没有遗存的遗址，如何设置边界的标识，德国日耳曼长城上的一处遗址的做法让人耳目一新。Rainau-Buch遗址位于河边的一处带有斜坡的空地上，现状是空旷的草地，工作人员在遗址城门的位置按照城门的宽度种了两棵树，树形是球形的，在城墙转角和墙中间的墩台位置也种了树，但是树形是尖而长形的，以区别于"城门"，在城中央的空地上放置了一个城池的模型，展示了此城池曾经的繁华与恢弘（图11）。

Ruffenhofen遗址也放置了城池的模型，与Rainau-Buch不同的是城池的模型没有放在城池的中央，而是放在了城池外面的一处高地上，目的是让游客在高地处俯瞰整个城池。此模型较大，模型的周围还有四圈壕沟，壕沟的作用是增强防御能力，与我国明长城军事聚落外的城壕作用一致，因该遗址现状城墙和城壕没有任

图11　holzhausen fortress旁的长城遗址标牌（图片来源：作者自摄）

图12　Rainau-Buch遗址（图片来源：作者自摄）

何遗迹留存至今，所以工作人员在城壕的位置用古罗马时期的植物"种"出了壕沟，此植物据说是当时古罗马士兵种植过的，有类似于我国中草药的作用（图13）。

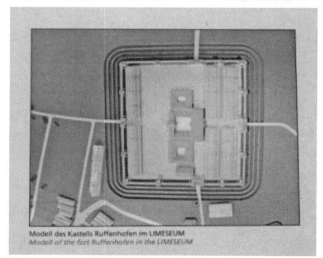

图13　Ruffenhofen遗址（图片来源：作者自摄）

4. 遗产的"可见与不可见"带给我们的反思

对于遗产的认识，以上案例或许给我们一些启示：遗产的可见与不可见，对于古罗马长城遗产来说，不论现在可见与否，只要她曾经存在过，这片场地就是遗址，我们有责任告知世人和后人，这里是长城不可分割的一部分。

而对于明长城遗产，不可见部分没有被列入法定保护范围，因为没有针对这部分遗址的保护规划的制定和保护标识的设立，在其上做的任何事都是不受约束的，因此，不可见的遗址也不会受到场地所有者应有的关注。

哈德良长城的考古地图不仅向公众提供了参观遗址的位置，更重要的是宣布了遗址的整体性存在和对不可见遗址的尊重与保护观念。德国日耳曼长城的官网上也为公众展示了长城及各层次军事聚落的分布，可通过放大缩小看到遗址的名字和位置，更重要的是，所有的名称都分成可见与不可见两类，白色城池图标标识"不可见"，橙色城池图标表示"可见"，范围再扩大至整个古罗马长城及其他遗址的地理信息系统，哈佛团队制作的DARMC系统，用实线表示准确的古罗马道路，用虚线表示推测的古罗马道路，类似于可见与不可见的做法。虚线的道路虽然是有待考古挖掘和史料证实的，但在未证实之前，从整个古罗马长城遗产的整体性和真实性保护的角度来看，这部分区域是应该受到保护的。

四、结语

明长城与古罗马长城相比，在时空跨度、防御体系和与地形的关系等方面都更复杂，同时也面临着较为

严峻的保护、维修与监测等现实困境，在具体地段的保护理念与方法上也存在争议，如长城土质墙体上的树木去留与否，修复性破坏如何避免，展示利用如何更关注大尺度和整体性，历史价值如何向世人述说和还原……本文讨论了防御体系的整体性、完整性和真实性的认识，古罗马长城的保护展示中对历史真实性和完整性的关照，为明长城整体性保护展示提供借鉴。

参考文献：

[1] 李严，张玉坤，李哲.明长城防御体系与军事聚落研究.建筑学报，2018.596（05）：69—75.

[2] Digital Atlas of Roman and Medieval Civilizations Version 1.3.1, http://ags.cga.harvard.edu/darmc/.

[3] *Hadrian's Wall AD122—410*, Osprey Publishing Ltd.2008.

[4] Marcus Reuter·Andreas Thiel, *Der Limes: Auf Den Spuren Der Romer*, Wissenschaftliche Buchgesellschaft，2015.

[5] *Hadrian's Wall*. English Heritage, English Heritage Guidebooks，2006.

[6] *An Archaeological Map of Hadrian's Wall*, English Heritage，2014.

基于建筑计划学的朝鲜族民居平面分类及地域特征研究

金日学[1]　李春姬[2]　张玉坤[3]

摘　要： 本文以东北地区的朝鲜族民居为研究对象，分析不同地区、不同原籍的朝鲜族民居的平面及空间特征。首先根据朝鲜族的迁徙历史及地域分布，将其划分为咸镜道原籍朝鲜族、平安道原籍朝鲜族、庆尚道及其他原籍朝鲜族；然后基于建筑计划学，从空间与行为的对应关系将朝鲜族民居划分为净地中心型、厨房中心型、走道中心型、客厅中心型、混合型等五个类型。咸境道、平安道原籍朝鲜族主要分布在中朝边境及中俄边境地区，平面以净地中心型、走道中心型、混合型为主，传统文化保留较好；庆尚道原籍朝鲜族主要分布在东北内陆地区，平面以厨房中心型、走道中心型、客厅中心型为主，受他民族及地域建筑文化的影响较大。

关键词： 朝鲜族民居；建筑计划学；平面分类；地域特征

一、研究背景、目的及方法

朝鲜族是从朝鲜半岛迁徙至我国境内的"过界民族"。他们主要分布在我国东北地区，南至辽宁丹东、北至黑龙江大兴安岭，170万朝鲜族人口在东北这片沃土里生活。在过去150余年的迁徙与定居过程中，朝鲜族既传承了朝鲜半岛的传统居住文化，又与我国东北地域、人文相融合，形成了具有鲜明东北地域特色的朝鲜族传统居住文化。

本文以东北地区的朝鲜族民居为研究对象，分析不同地区、不同原籍朝鲜族民居的空间特征。研究方法采用建筑计划学，从空间与行为的对应关系调研、记录各地区朝鲜族民居的空间构成与生活实态，进行分类研究。调研分四次进行，共调研19个传统聚落、219个传统民居，并在其中选取51个平面作为代表性平面进行分析（图1）。

图1　调研分布示意图

1　金日学，吉林建筑大学，副教授，130118，895139389@qq.com。
2　李春姬，吉林建筑大学，讲师，130118，1505351910@qq.com。
3　张玉坤，天津大学，教授，300072，tjdx.tj@163.com。

二、朝鲜族迁徙历史及调研数据分析

1. 迁徙历史

朝鲜族的迁移大概形成于18世纪至20世纪中叶，分为三个阶段。第一阶段为"封禁时期"。清朝为保护祖先的"发祥地"，把鸭绿江和图们江左岸划为封禁地区，严禁其他民族移住。朝鲜平安道和咸镜道的边民经常冒禁越疆，进入鸭绿江和图们江我岸私垦荒田。第二阶段为"自由移民时期"，时间为19世纪90年代至20世纪20年代。该时期中朝两国解除封疆政策，再加上朝鲜连年旱灾，导致大量朝鲜人迁入我国东北。1910年"日韩合并"，使大量朝鲜破产农民和爱国志士来到我国东北地区，他们主要分布在图们江、鸭绿江沿岸及周边地区。

第三阶段为"强制移民时期"。1931年"九·一八"事变后东北沦陷，1939年日本帝国主义实行"满洲拓殖政策"，将大量朝鲜人"拓殖民"强制迁移至我国东北地区，开发水田。铁路的开通不仅加快了迁徙速度，而且使朝鲜移民逐渐向吉林省中部和黑龙江省内陆地区扩散。

2. 地区别调研数据分析

朝鲜族主要分布在我国东北三省各地区。本文根据朝鲜族迁徙历史与路线将其地域分布分为图们江流域、鸭绿江流域、中俄边境地区、吉林省、黑龙江省、辽宁省内陆等地区，并对不同地区朝鲜族民居的原籍构成、建筑年代、建筑面积、结构类型、家庭构成等进行统计分析，以便掌握不同地区朝鲜族民居的构成及形态特点（表1）。

各地区朝鲜族民居调研分析 　　　　　　　　　　　　　　　　　　表1

地区		调研案例	原籍	建筑年代	建筑面积（平方米）	结构	家庭构成
图们江、鸭绿江地区		T-SJ01	咸镜北道	1984年	72.5	砖混	α74，β72
		T-SJ02	咸镜北道	1966年	57.6	木结构	α82，β81
		T-SJ04	咸镜北道	19世纪末	78.5	木结构	−
		H-BD01	咸镜北道	不详	67.4	木结构	F67，m39
		H-BD02	咸镜北道	20世纪40年代	61.2	木结构	F68
		H-BD23	咸镜北道	不详	59.5	木结构	M57，F53
		C-LT01	咸镜北道	1927年	54.4	木结构	M54，F44，m23
		C-LT04	咸镜北道	20世纪20年代	52.6	木结构	β84，m45
		C-LT06	咸镜北道	20世纪20年代	48.4	木结构	한족
中俄边境地区		J-YL02	咸镜北道	1964年	74.3	砖混	M51，F48
		J-YL05	咸镜北道	1951年	58.3	木结构	M47，F45
		J-YL06	咸镜北道	1953年	46.2	木结构	α81，β78
		D-SC01	咸镜北道	1965年	45.3	砖混	β70
		D-SC02	江原道	1965年	42.1	砖混	M58，m30
		D-SC03	不详	不详	54.5	砖混	β61
东北三省内陆地区	黑龙江省	S-QL01	庆尚北道	1938年	95.2	夯土	M50，F43，f19
		S-QL02	平安道	1972年	62.1	夯土	F61
		S-QL03	庆尚北道	1984年	116.2	砖混	β85，M63，F59，f21
		B-HX01	庆尚北道	1942年	73.6	夯土	M54，F50
		B-HX02	庆尚北道	不详	53.7	夯土	β65，M40
		B-HX03	不详	不详	47.7	夯土	M52，F48

续表

地区		调研案例	原籍	建筑年代	建筑面积（平方米）	结构	家庭构成
东北三省内陆地区	黑龙江省	N-YS01	平安北道	1993年	119.8	砖混	M68，F65，m40，f37
		N-YS03	忠清北道	1950年	54.7	木结构	β80
		N-YS05	咸镜北道	1969年	51.4	木结构	α71，β67，M46
		H-ZX01	不详	1960年	65.4	夯土	M40，β84
		H-ZX02	咸镜北道	1997年	62.3	砖混	M43，F40，m20
		H-ZX03	庆尚北道	1950年	59.2	木结构	M57，F54，m31，m23
		S-HD01	庆尚道	1983年	119.6	砖混	β69
		S-HD02	平安道	1984年	85.8	砖混	M43
		S-HD03	平安南道	1983年	95.1	砖混	α76，β71
	吉林省	S-TY01	庆尚南道	1960年	72.2	夯土	β71
		S-TY02	庆尚北道	1982年	67.5	砖混	β73，β72
		S-TY03	庆尚北道	2007年	98.4	砖混	β60，m12
		J-YY01	庆尚南道	2003年	110.4	砖混	β76，m7，f16
		J-YY02	全罗北道	1991年	89.0	砖混	β83
		J-AL01	庆尚北道	1980年	123.0	砖混	β74
		J-AL02	全罗道	1985年	73.0	砖混	β75，m12
		P-SG01	庆尚北道	1984年	67.5	砖混	α73，β72
		P-SG02	庆尚北道	1966年	68.3	砖混	α78，β75
		T-JD01	平安道	19世纪末	67.8	砖混	M52，β73
		T-JD02	平安道	不详	67.8	砖混	M46，F41，m19
		J-TW01	平安北道	20世纪40年代	66.5	砖混	M55，β84
	辽宁省	H-YH01	庆尚北道	不详	105.3	砖混	M31，F27，m2，α61
		H-YH02	庆尚北道	1927年	75.2	砖混	α69，β65
		H-YH03	平安北道	20世纪20年代	75.2	砖混	F51，m21
		S-WQ01	平安北道	20世纪20年代	69.5	砖混	M60，F57
		X-DJ01	不详	1964年	58.5	夯土	M50，F45
		X-DJ03	江原道	1951年	60.3	夯土	α54，β52，f5
		A-HQ01	平安北道	1953年	163.8	砖混	M64，F60
		A-HQ02	江原道	1965年	99	砖混	M60，F59
		A-HQ03	庆尚北道	1965年	126.7	砖混	β74，f11

（注：M（父亲），F（母亲），m（儿子），f（女儿），α（爷爷），β（奶奶）；字母后面的数字代表年龄。）

1）原籍构成

我国朝鲜族根据他们的早期迁徙民在朝鲜半岛的原籍，分为咸境道原籍、平安道原籍、庆尚道及其他原籍三种类型。图们江、鸭绿江流域、中俄边境地区的朝鲜族主要由咸境道和平安道原籍构成；黑龙江省内陆地区的朝鲜族由庆尚道、咸境道、平安道及其他原籍构成；吉林省内陆地区的朝鲜族由庆尚道、平安道原籍构成；辽宁省内陆地区的朝鲜族则由庆尚道、平安道及其他原籍构成。通过分析得知，咸境道及平安道等朝鲜半岛北部地区原籍的朝鲜族主要分布在我国图们江、鸭绿江及中俄边境地区；庆尚道等朝鲜半岛南部地区原籍的朝鲜族则分布在辽、吉、黑等东北三省内陆地区。其划

分依据是以1939年"满洲拓殖政策"为界限，之前的朝鲜族移民是以自由迁徙为主体，主要分布在中朝及中俄边境地区；之后的朝鲜族迁徙民是以满洲开拓民政策为主体，被强制迁移至我国东三省内陆地区，开发农田（表2）。

各地区朝鲜族民居原籍构成　　　　　　　　　　　　　表2

原籍	图们江、鸭绿江地区	中俄边境地区	黑龙江省内陆地区	吉林省内陆地区	辽宁省内陆地区
朝鲜半岛北部	9	4	6	3	3
朝鲜半岛南部	0	1	7	9	5
不详	0	1	2	0	1

　　2）建筑年代

　　调研对象中，1949年以前建成的民居为7个，主要分布在图们江和沿路江流域以及黑龙江北部内陆地区，这些地区由于地处偏远山区，朝鲜族朝鲜传统民居相对保留完好；1950～1978年建成的民居为17个，主要分布在中俄边境及黑龙江和辽宁省的内陆地区，这些地区尚存很多集体建筑，如今改为个体住宅；1982年至今建成的民居数为22个，所占比率最高，说明"责任包干制"等农村改革制度对我国农村经济起到重要的推动作用；在统计中年代不详案例为5个，主要体现在无人居住或住户更替频繁而无法掌握其具体建设年代（图2）。

区的朝鲜族民居则大部分是20世纪80年代后期建造的房屋，建筑面积较大，是1949年以前建造的朝鲜族民居的1.5倍（图3）。

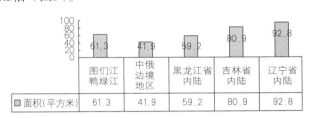

图3　各地区朝鲜族民居建筑面积

　　4）结构类型

　　朝鲜族民居的结构类型分为木结构、夯土结构、砖混结构三种。调研案例中，木结构朝鲜族民居主要分布在图们江、鸭绿江沿岸和中俄边境地区以及黑龙江北部内陆地区；夯土结构朝鲜族民居主要分布在吉林省和黑龙江省内陆地区；砖混住宅主要分布在中俄边境地区和东北三省内陆地区，其形式有两种，一种是人民公社化运动时期的集体住宅，另一种是20世纪80年代后的砖混住宅（图4）。

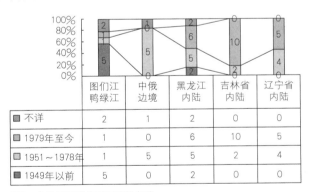

图2　各地区朝鲜族民居建设年代

　　3）建筑面积

　　对五个地区的朝鲜族民居进行平均建筑面积分析，结论如下：中俄边境地区和黑龙江地区的的朝鲜族民居建筑面积相对最小，其原因是大部分住宅为开拓住宅或集体建筑改为民宅的缘故；相反，图们江和鸭绿江地区的朝鲜族民居虽然建设年代较早，但是建筑面积比中俄边境和黑龙江地区的民居要大一些，原因是在自由迁徙民背景下，大部分住户根据家庭构成和经济条件可自主制定房屋的建筑面积；吉林省和辽宁省内陆地

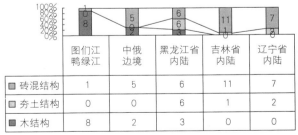

图4　各地区朝鲜族民居结构类型

　　5）家庭构成

　　朝鲜族民居家庭构成形态可以分为（α，β）、（M，F）、（α，β）+（M，F）、（M，F）+（m，f）、

（α，β）+（m，f）、（α，β）+（M，F）+（m，f）等六种。其中，（α，β）型家庭构成案例最多，（α，β）+（M，F）和（α，β）+（M，F）+（m，f）型家庭构成案例最少。说明我国朝鲜族社会随着青壮年出国务工人数的增多，老龄化现象较严重，大部分家庭孩子跟老人生活在一起（图5）。

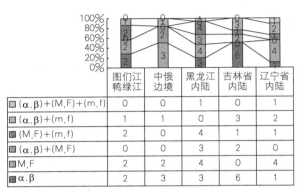

	图们江鸭绿江	中俄边境	黑龙江内陆	吉林省内陆	辽宁省内陆
■（α,β）+（M,F）+（m,f）	0	0	1	0	1
■（α,β）+（m,f）	1	1	0	3	2
■（M,F）+（m,f）	2	0	4	1	1
■（α,β）+（M,F）	0	0	3	2	0
■ M,F	2	2	4	0	4
■ α,β	2	3	3	6	1

图5 各地区朝鲜族民居家庭构成

三、朝鲜族民居平面分类及特征

1. 房间名称及用途

1）温突房（WR）、炕（KR）

不同地区的朝鲜族民居对寝室的称呼有所不同。图们江和鸭绿江沿岸、中俄边境地区以及内陆地区的朝鲜族将寝室称呼为温突房（WR），寝室由满铺式火炕组成，"温突房"是火炕的韩文音译；东北内陆地区的朝鲜族则受满、汉民族的影响，称寝室为炕（KR），寝室由炕和地室（或地炕）组成，形成"南北炕"或"万字炕"。

2）厨房（K）、Bu-Seu-kkae（K'）

朝鲜族民居中厨房可分为开敞式和封闭式两种：开敞式厨房是咸境道朝鲜族民居特有的，韩语称

Bu.Seu.kkae（音译），焚火口下沉地面标高50厘米，上铺木板，烧火时将其掀开；封闭式厨房（K）有三种：一种是平安道原籍和庆尚道原籍朝鲜族民居传统厨房，厨房位于山墙一侧；另一种是厨房居中，南北贯通；还有一种是厨房位于平面北侧，以走廊或玄关为中心链接各个空间，这样的布局一般出现在20世纪80年代后期的砖混住宅中。

3）净地房（JR）、巴当（BD）、鼎厨间（JR+K'）、地炕（DR）

净地房是咸境道原籍民居特有的一种火炕空间形态，通常与厨房（Bu.Seu.kkae）、入口地面巴当（BD）连为一体，形成开敞式空间——鼎厨间（JR+K'+BD），具有会客、就寝、就餐等功能。地炕（DR）是庆尚道原籍朝鲜族民居所特有的空间形态，通常比火炕低20~30厘米，具有会客、家事、用餐以及夏天就寝等功能，相当于韩国传统住宅的大厅（Dae-cheong）。

2. 平面分类

本文以了解不同原籍朝鲜族民居之间空间特征的本质区别及同一原籍的朝鲜族民居在不同地区的区别为目的，根据交通流线和功能关系，将朝鲜族民居划分为净地中心型（J型）、厨房中心型（K型）、走道中心型（C型）、客厅中心型（L型）、混合型（J-C型）等五个类型，再根据空间名称及使用形态进行二次分类。

J型是以净地房（JR）为中心进入各个空间的平面类型。其中，J1是J型的基本型，构成单列三开间或单列四开间平面；J2型是在J1型基础上，用推拉门将厨房与净地房隔离；J3型是双列三开间平面，以鼎厨间为中心一侧布置温突房，另一侧布置仓库和牛舍；J4型是在净地的一侧布置田字形温突房，另一侧布置仓库和牛舍的平面形态，是J型平面中面积最大、级别最高的平面形态；J5、J6型是在温突房前面布置巴当的平面类型。

朝鲜族民居平面分类 表3

类型	图解	二次分类		
J型	WR BD+ JR+K'	J1 R JR K BD S	J2 R(JR) K BD S	J3 R K(CS) R JR BD S
		J4 R R R R JR K BD M (CS) S	J5 R(BD') JR K BD BD BD S (L)	J6 R(JR) K BD' S (DS, DR)

续表

类型	图解	二次分类		
K型	 	K1	K2	K3
		K4	K5	
C型		C1	C2	
L型		L	J-C型　K′+JR(WR)	(J-C)1
				(J-C)2

注：R（温突房、炕）、JR（净地房）、L（客厅）、K（厨房）、BD（巴当）、DS（地室）、DR（地炕）、T（卫生间）、CS（牲畜间）、S（储藏间）、Vo（锅炉房）、C（走道）、V（玄关）、SW（洗手间）

K型是以汉族或满族平面为基础，通过独立的厨房空间进入各室的平面形态。其中，K1为K型的基本型，由炕和厨房两间组成；K2型以K1型为基础，在厨房后面布置仓库或房间；K3型是以厨房为中心两侧布置寝室的平面形态；K4型是在K3型的基础上温突房北面布置仓库或洗手间的平面形态；K5型是在K1的基础上形成串联式火炕的平面形态。

C型是以入口处的走道为中心进入各个空间的平面类型。其中C1型是在K3型的基础上，在厨房南侧分离出走道的平面形态；C2型是在C1型的基础上，将走道进一步变窄，组合各类附属空间的平面形态。

L型是以客厅为中心联系各个空间的平面形态。客厅分为立式和坐式两种，大部分以立式为主，客厅内布置沙发或床。

J-C型是J型和C型相结合的平面形态，可分为（J-C）1型和（J-C）2型两种：（J-C）1型与C1型较相似，只是后面的厨房和寝室通过拉门连为一体形成鼎厨间；（J-C）2型是在C2型平面基础上南面设置客厅的平面形态。

3. 不同地域朝鲜族民居的平面类型及特点

图们江、鸭绿江流域以及中俄边境地区的的朝鲜族民居以J型平面为主，其中J2、J3型平面比例最高；

东北三省内陆地区的朝鲜族民居则以K型、C型、L型平面为主，其中K3和C2型平面比例最高。（J-C）型平面主要出现在黑龙江省内陆地区的多民族聚居地区，如宁安、海林等（图6）。

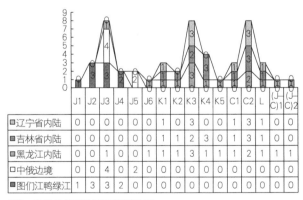

	J1	J2	J3	J4	J5	J6	K1	K2	K3	K4	K5	C1	C2	L	(J-C)1	(J-C)2
辽宁省内陆	0	0	0	0	0	0	1	0	3	0	0	1	3	1	0	0
吉林省内陆	0	0	0	0	0	0	1	1	2	3	0	1	3	1	0	0
黑龙江内陆	0	0	1	0	0	1	1	1	3	1	1	1	2	1	1	1
中俄边境	0	0	4	0	2	0	0	0	0	0	0	0	0	0	0	0
图们江鸭绿江	1	3	3	2	0	0	0	0	0	0	0	0	0	0	0	0

图6　各地区朝鲜族民居平面类型

四、不同原籍朝鲜族民居的平面类型及特点

1. 咸境道原籍朝鲜族民居

咸境道朝鲜族主要分布在图们江、鸭绿江流域和中俄边境地区及黑龙江内陆地区。图们江流域的咸境道朝鲜族民居，平面类型有J3、J4、J6、C1、（J-C）1

型，其中J3型分布最广、数量最多；鸭绿江流域的咸境道朝鲜族民居的平面类型有J1、J2、J3、C1型，其中J1型为主要平面类型；中俄边境地区和黑龙江内陆地区的咸境道朝鲜族民居的平面类型有J1、J2、J3、J5、（J-C）2型，其中以J1和J5型为主要平面类型（图7）。

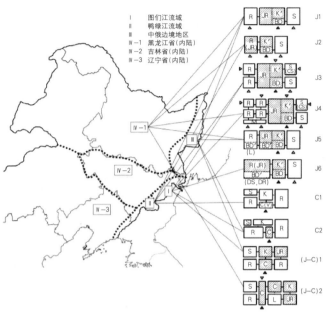

图7　咸境道原籍朝鲜族民居平面类型及地域分布示意图

2. 平道原籍朝鲜族民居

平安道朝鲜族主要分布在鸭绿江流域和图们江、东北三省内陆地区。平面类型有J1、J3、K1、K3、K4、K5、C1、（J-C）1型，其中以J3、K3、C1型平面为主要平面类型。J3型平面主要分布在鸭绿江和图们江流域；K3、C1型平面则分布在东北三省内陆地区（图8）。

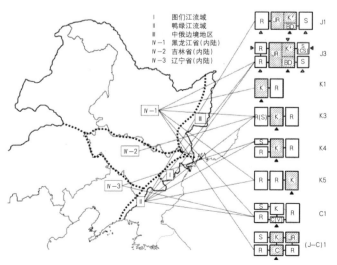

图8　平安道原籍朝鲜族民居平面类型及地域分布示意图

3. 庆道及其他原籍朝鲜族民居

庆尚道及其他朝鲜族主要分布在东北三省内陆和中俄边境地区，大部分是被强制迁移的朝鲜人开拓民及他们的后代。平面类型有J1、J3、J5、J6、K1、K2、K4、K5、C1、C2、L、（J-C）1型。其中J型和J-C型平面分布在黑龙江内陆和中俄边境地区；K型分布在黑龙江和吉林省内陆地区；C型则均匀分布在东北三省各地区（图9）。

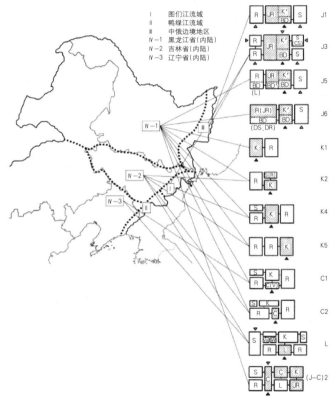

图9　庆尚道及其他原籍朝鲜族民居平面类型及地域分布示意图

五、结论

本文将朝鲜族划分为咸镜道原籍朝鲜族、平安道原籍朝鲜族、庆尚道及其他原籍朝鲜族。通过对51个代表性平面进行研究与分析得出，不同原籍的朝鲜族其居住文化各不相同。咸境道、平安道原籍朝鲜族主要分布在中朝边境及中俄边境地区，平面以净地中心型（J型）、走道中心型（C型）、混合型（（J-C型）为主，其传统居住文化保留较好；庆尚道原籍朝鲜族主要分布在东北内陆地区，平面以厨房中心型（K型）、走道中心型（C型）、客厅中心型（L型）为主，受其他民族及地域建筑文化的影响，形成地炕（DR）等空间形态。

参考文献：

[1] 金日学. The research on the rural living space characteristics and evolution of Chinese Koreans [D]. 首尔：韩国汉阳大学，2010.

[2] 金俊峰. 中国朝鲜族民居 [M]，北京：民族出版社，2008.

遗产保育视野下的乡村建筑保护与社区营造实践

——以广东开平"仓东计划"为例

谭金花[1]

摘　要： 新时代潮流下美丽乡村建设的热潮在全国展开，但是，对于乡村里的建筑遗产保护和乡村社区营造的问题尚属初级探索阶段，起源于2011年的"仓东计划"较早涉及这两个主题，它是通过借鉴国际遗产保育理念在中国本土的实践来探讨一种新的适合现代社会发展的遗产保育理念。与传统的"文物保护和开发"的概念不同的是，仓东计划重视"遗产保育"与"社区发展"，在保护建筑的过程中，始终以人和社区为中心，以"眼里有村民，心中有社区"为原则，以尊重文化为根本去进行遗产的保护修复、文化传承和社区营造等工作。仓东计划试图通过遗产教育的经营模式来达到社会效益和经济效益并重的目标，使项目成为可持续发展的案例。经过近七年的探索，仓东计划已经初步形成了兼具遗产保护、社区营造、文化传承与发展于一体的成长型保护模式——"仓东模式"。本文以"仓东计划"的实践为案例进行剖析，探讨如何利用各国先进的文化遗产保育与发展的理念，结合中国乡村建设与文化传承的思维，进行接地气的融合与发展。

关键词： 仓东计划；社区营造；保育发展；成长型保护模式；仓东模式

一、研究背景

在目前的乡村建设与旅游发展过程中，多把目光放在门票型的游览项目，打造成各种综合体景区，又或者各式博物馆，未能把乡村内的文化、居民及其日常生活方式作为"文化遗产"的元素纳入社区发展的行列，而起源于2011年的仓东计划，则把仍然具有生命的乡村文化遗产与社区营造融合在一起，鼓励大众共同去重新认识自身生长的社区，建立居民对于土生土长的家乡的归属感和凝聚力，这就是仓东计划理念下的乡村文化遗产保育和社区营造的基本点。

仓东计划是一种理念，是一种以遗产保育为切入点的可持续发展乡建模式，是融合国际经验和国内实际需求的一种实践经验。仓东计划理念下的仓东遗产教育基地，是由高校学者、村集体、村民及其海外后裔、企业一起共同创办的民办非企业，旨在运用商业手段，实现社会目的。仓东计划的主要发展理念是以人和社区为中心，以"眼里有村民，心中有仓东"为原则，以尊重文化为出发点，去进行遗产的保护修复、文化传承和社区营造等工作。与利用文化、忽视社区可持续发展的那种"消耗型"的旅游开发理念不同的是，仓东计划寻求

的是集建筑保护、社区营造、文化传承与发展于一体的"成长型"保护模式，尊重社区及帮助社区复兴遗产应有的生命，让遗产成为人们生活的一部分，在生活中保存与传承发展。因此，在仓东村深耕七年的仓东计划遗产教育基地得到了国内外的充分肯定，2015年获得联合国教科文组织亚太区文化遗产保护优秀奖，2016年获评为国际学生证协会推荐的教育基地，2017年由国家旅游局评为中国乡村旅游创客示范基地，2018年由国家文化与旅游局评为港澳青少年游学基地。

二、以国际经验与本土实际需求为基础建立遗产保育思维

仓东计划在七年的实践过程中，一直坚持以联合国教科文组织通过的、国际古迹遗址理事会（ICOMOS）颁布的相关宪章和宣言文件作为操作指南，同时，尊重当地文化传统和当地的建筑材料与工艺。融合国际理念和本土文化传统的实践是社区里建筑修复的关键，如何最大限度地保存村落的自然生态与人文生态并使之可持续发展是项目的最终目标。

为了保证在保护、修复、重建及后续维护和使用

1　谭金花，五邑大学广东侨乡文化研究中心暨建筑系副教授，博士，硕士生导师，"仓东计划"创办人。主要研究方向：文化遗产保育与发展，华侨史，五邑侨乡社会发展史。

过程中不偏离遗产保育的主旨，仓东计划所参考的指导性原则包括：建筑的修复策略——真实性和完整性原则，可逆性原则，可识别性原则，最少干预原则等，以及极有社区针对性的原则：如揭示可依文化遗产的性质、脉络，以多样化的价值来判断遗产的真实性的《奈良宣言》；以注重场所和文化重要性（即历史、美学、科学、社会或精神价值）等概念来诠释遗产的《巴拉宪章》；指出历史建筑和历史地区周边环境保护的重要性的《西安宣言》；注重场所精神保存的《魁北克宣言》；专门解决亚洲文化遗产保育与发展传承问题的《会安宣言》等[1]，同时参考了源于日本的谋求兼顾生物多样性维护与资源永续利用之间平衡的可持续性发展模式里山经验（Satoyama Initiative）[2]、台湾的社区营造经验、源于澳洲的朴门永续（Permaculture）[3]等理念，逐渐形成仓东计划"眼里有村民，心中有仓东"的遗产保育原则。

因此在发展的过程中，强调人类与自然共生的关系，维护生态系统的完整性、保护物种的多样性，从而实现人与自然的和谐共处，关注社会、生态和生产地景的适应性营造。

三、以田野学校为社区产业发展模式

基于目前国内遗产教育相对落后的现状，仓东团队把仓东计划理念下的第一个项目设为遗产教育基地，希望依托仓东村良好的自然环境和丰富的社会环境，从不同层面对参与者进行遗产的教育与引导：通过实际案例的操作，向缺乏遗产知识的社会大众传播先进的文化遗产保育的理念，同时通过参加专门工作坊、在地实习、参与项目工作等方式培养遗产人才。

项目自2014年1月正式尝试运营，现已开展遗产教育、传统文化体验课程、深度文化参访、学术会议、国际文化交流、建筑遗产的保护实务以及多元合作等多类活动，除了作为五邑大学的校外实践基地之外，参加人员包括小学生、中学生、大学生、学者、社会各个阶层的人员等。如中小学生寒暑假营、大学生建造实践工作坊、大学生社会实践活动，以及应各地大学的要求而个别设计的培训活动，包括斯坦福大学、加拿大英属哥伦

比亚大学，以及中国的香港大学、香港城市大学、香港中文大学、香港东华医院中学等境外的学术机构量身订做的文化遗产保护培训工作坊和相关内容的学术会议。

在仓东计划的理念下，建筑的修复与社区的营造和是为了更好地传承文化。村民全程参与仓东建筑的修复和教育活动。他们既是工匠，又是厨房的厨师，他们还参与自然教育活动，教授当地的传统技艺，如村落导赏、草药讲解，参与种植蔬菜、折纸花、绣花、做糕点、烹饪、种地、舞狮子、打锣鼓、音乐弹唱，以及建筑工艺如壁画、灰雕、砌墙、盖瓦等。此外，还成立了"仓东乐社"，通过音乐交流与教学的项目传承广东音乐文化；安排琴、棋、书、画等国学课程，还举办年度"民族音乐鉴赏交流会"，搭建传统音乐的交流平台。

根据仓东遗产教育基地的记录，从2014年1月至2017年12月31日，仓东村开展了活动及教育工作坊共159次，参与人数为8652人次。各类活动参与人数资料分析如图1、表1所示。

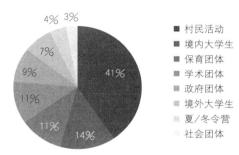

图1 2014年1月至2016年12月仓东活动人数分析
（数据来源：仓东文化遗产保育与发展中心）

从2014～2016三年的数据图表分析可见，在基地建设初级阶段，基地的对外教育活动数量不多，村民社区服务活动的人数最多，占比40.39%。参加大学生课程与实践活动的境内外大学生，占21.28%，学术团体和保育团体作为与遗产保育相关的团体的参访人数为22.09%，大学生和学术保育团体等视为专业领域的话，则总共占比43.37%。这个数据确切地反映了在起初三年当中，社区营造和学术服务是仓东遗产教育基地的主要业务范围，共占比83.76%，而政府和专业团体的参访较少，共占比12.02%。初步达到了仓东遗产教育基地作为传播遗产知识和研究遗产保育的基地的初始目标。

1　这些都是联合国教科文组织通过的、ICOMOS（国际古迹遗址理事会）颁布的遗产保护界的专业性指导文件。《奈良宣言》1994年11月1～6日通过，《巴拉宪章》1999年11月26日通过；《西安宣言》2005年10月21日通过；《会安草案》（2005）（2005年12月30日通过）；《魁北克宣言》2008年10月4日通过。

2　里山模式是日本在保护与发展当中总结出来的一种可持续性发展模式，她倡议国际伙伴关系网络（英文全称International Partnership for the Satoyama Initiative，简称"里山倡议"或IPSI）。在2010年，联合国第10届生物多样性公约缔约大会通过，由日本政府和联合国大学高等研究所（UNU-IAS）共同推动的"里山倡议（Satoyama Initiative）"宣言，世界各地也开始有实践里山精神的案例出现。

3　朴门永续（Permaculture）来自澳洲的比尔·默立森（Bill Mollison），形成于20世纪70年代，是一种生态保护与发展理念，目的在于通过各种可能来开发可持续的生活系统，尊重自然美学而非人类美学。该理念流行全世界，在日本，以及中国台湾、香港等地都有示范基地。

2014年1月至2016年12月仓东活动人数分析　表1

活动性质	人数	人数比例
村民活动	2097	40.39%
国内大学生	723	13.92%
保育团体	576	11.09%
学术团体	571	11.00%
政府团体	476	9.17%
境外大学生	382	7.36%
夏/冬令营	219	4.22%
社会团体	148	2.85%
合计	5192	100.00%

（数据来源：仓东文化遗产保育与发展中心）

2007年1～12月仓东活动人数分析　表2

活动性质	人数	人数比例
村民活动	980	28.32%
社会团体	737	21.30%
大学生团	394	11.39%
政府团	368	10.64%
学术参访	288	8.32%
会议交流	258	7.46%
小学生团	198	5.72%
海外寻根团	189	5.46%
夏令营	48	1.39%
合计	3460	100.00%

（数据来源：仓东文化遗产保育与发展中心）

2017年1月开始，仓东调整了管理模式和服务项目，来参与各类活动的专业人数增长较快。从1～12月的数据分析里看，参与村民活动的总人数没变，但是也看到了政府组织的考察团和社会团体组织的学习团大幅度增长，占据了总人数的31.94%，比前三年增加了19.74%，这说明仓东计划的理念逐渐受到社会和政府层面的认可，同时说明仓东作为一个面向大众传播遗产保育知识和理念的基地已经开始发挥作用。大学生和学术交流的活动人数占比27.17%，这说明学术研究和实践交流仍然是仓东的主要业务之一。与前几年不同的是，2017年多了海外后裔的寻根人数，更有后裔是一年内两次来仓东体验祖籍国的生活方式，虽然仅占比5.46%，但是仓东遗产教育基地作为一个接待海外华裔回国体验传统文化的场所逐渐形成（图2、表2）。

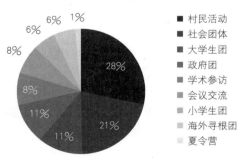

图2　2007年1～12月仓东活动人数分析
（数据来源：仓东文化遗产保育与发展中心）

自2014年起，仓东作为各国各地大学生实习、考察、研究的田野学校的发展模式至今，将近五年时间，受到海内外学生的普遍认可，业务量增幅快。如下感想可见一斑。

加拿大英属哥伦比亚大学和仓东遗产教育基地有着长期的共同培养合作关系，以跨文化体验为主题，每年夏天都有一个班的学生到仓东来驻地学习。华裔学生Katie Fung在他们提交的作业里表达了参与仓东工作坊之后的感想："在加拿大出生的我们与中国的根断开了，我们对家乡毫无认识。然而，我们在仓东备受欢迎，既新鲜又熟悉，深深地感受到新的个人价值和某种联系。我们以前从来不明白我们的家人为什么把去中国称为'回家'，然而，正是仓东，让我们感觉好像我们从来就属于这片土地，属于这个我们常常称之为'家'的地方。"[1]

仓东遗产教育基地的体验式教育模式，轻松而有参与感，没有传统的课堂授课那种拘束感，还可以有自己的参与和话事权，受到普遍的认可。中山大学旅游管理系的白楚天与在仓东以工换宿的志愿者阿升的访谈，说出了他们对于仓东计划的理解："如何进行遗产教育、文化传承？让年轻人去博物馆逛一圈，还是给他们展示个PPT、放点纪录片？显然是不够的，因为这些形式都不可避免地将受众置于'参观者'的位置——他们仅仅是观众罢了。而仓东理念下的文化传承方式则注重打造一个承载传统文化的社会载体，让年轻的人们通过实地体验传统生活方式来感受传统文化，从背手而立的'参观者'转变为亲力亲为的'参与者'，从而达到更好的文化传承效果。"

仓东计划的保育理念在中国乡村的尝试，不但在国内建立了良好的口碑，同时也赢得了国际社会的认可，2015年9月，仓东遗产教育基地获得联合国教科文

1　2015年到仓东参加跨文化学习的加拿大英属哥伦比亚大学华裔学生Katie Fung的纪录片旁白。

组织颁发的亚太地区文化遗产保护优秀奖，其奖牌如是描述："（仓东遗产教育基地）设计了针对青年的延展计划，帮助提高年轻一代对本土遗产的意识。通过多种方法为青年人普及当地遗产知识提供了完美的交流平台。在村民、赞助者和遗产保护者的共同努力下，实现了村落复兴的愿景"。[1]

四、以尊重的心态做遗产保育，以分享的心态做社区营造

20世纪80~90，世界各国的遗产保护界已经逐渐形成共识：尊重遗产所在地的文化传统，邀请本地社区居民参与遗产旅游的规划与开发，借此提高当地人的文化自信、自豪感、参与感。如新西兰，遗产旅游已经成为毛利人争取政治认可和经济认可的一种合法手段（戴伦·J·蒂莫西，斯蒂芬·W·博伊德，2007：272）。类似的遗产保护与发展思维在日本和台湾地区发展为"社区营造"，他们认为，街区保存型社区营造，不仅止于将街区视为物件资源而依赖它，而是寻求能够提高地域水准的动态的活动（日本建筑协会，林美吟译，2010：6）。中国台湾学者夏铸九认为文化遗产包容过去的一切，是见证环境发展的最佳元素，文化遗产的存在，实际上可以助力乡村和城市的发展、新旧元素的交错会增加社区韵味，不至于显得乏味与单调。至于文化遗产与社区营造的关系，台山学者林崇熙指出文化遗产可视为一种社会的新动力（empower），使人们产生文化及生活的认同感，成为一种动员的力量，成为使人民觉醒与自省的力量，成为认同的介面，成为使生活品质更好的力量，成为一种环境权并改变环境意识，成为社区与切入点，从而建立人民的未来感与价值感，并因而发展出新技术、新知识、新对话、新生活（杨敏芝，翁政凯，2009：10）。

仓东计划七年的乡村遗产保护实践，始终以社区营造为核心，以"眼里有村民，心中有仓东"为原则，以"信任+尊重+沟通+理解=解决问题"为团队的工作方法，在开展建筑遗产保护、遗产教育和文化传承等工作过程中，务使访客和村民之间能够互相理解和尊重，达到和谐。

由于外界的支持和来自仓东团队内部的鼓励，村民的自信心和自豪感大大地得到提高。仓东遗产教育基地的管理者注重平衡与当地政府、村民、华侨后裔、专家学者、学生、访客、志愿者等各方关系，让各方都能在项目发展中找到自己的位置，从而达到各利益相关者的多元合作的目的。这样的一种社会关系的建立，实际上是在建立社区的归属感和凝聚力，是在建立一个村民及外来访客都可以参与的、共建共享的社区。在这个社区里，外来参访者是来与村民一起生活的，而不是来参观；研究团队与村民是一起探讨、互相学习的，而不是来教育村民；艺术家自然地融入村民的日常娱乐，而不是来表演；仓东村民接待的，是接待亲戚朋友的心态，而不是一晃而过的游客。

对于仓东计划而言，遗产保育的着眼点在于生活化，在于把访客在仓东的时光营造成为一种值得期待和羡慕的生活状态。仓东团队这样的目标也在一些参与者的感想中得到反映：

"仓东村结合了自然景致与人文气息，既有传统的田园风光，又有岭南特色的宗祠文化，还能体验和学习社区营造的相关知识；相比之下，客栈、青旅是'铁打的团队，流水的旅客'，遇见的人往往匆匆而过，商业化的运营也导致体验者与当地文化的融合感不高，相反在仓东，与村民和大学生志愿者的朝夕相处能够带来更深意义上的融入与联系。"[2]

"也许是这里的人，这里的风景，这里的生活节奏，让我回到最原本的自己，或许城市化正让我们失去了最原本的自己。在这里你可以卸下身上的伪装，你会更多地去享受面对面的交流……仓东给我带来的不仅仅是新的理念、团队合作，还有它给我带来全新的生活体验，给了我一生中最难忘的经历。"[3]

社区凝聚力和归属感的建立是仓东计划在社区营造过程中非常注重的一个方面，这不能偷懒，也不能掩饰，它是人们感情的真实表现。如下是2014和2015年连续两年来仓东参加"向农民学习"建造工作坊的建筑系学生的感受："仓东之于我，慢慢地从一个陌生的地名，到一种理念，一种模式，再变成一个承载记忆的名词。仓东承载着以前生活在这里的人的个人记忆和集体记忆，承载着历史发展的背景故事。现在它又那么真切地承载了我们的记忆：建造活动、小伙伴、村民、夏天……这种新的记忆里包含着我们对旧记忆的感知，而旧记忆也在新记忆中延续发展。"[4]

1　2015年仓东获得联合国教科文组织文化遗产保护奖的奖牌内容。

2　仓东文化遗产保育与发展中心微信平台文章《当现代都市人与传统村落碰撞："仓东计划"志愿者访谈》，作者：白楚天，中山大学旅游管理系，2018.1.24

3　2015年仓东"向村民学习"建造工作坊参与者，广东工业大学华立学院建筑学专业胡铖韬的感想摘录。

4　2014~2015年仓东"向村民学习"建造工作坊参与者，五邑大学建筑系杨伶俐的感想摘录。

五、结语：仓东计划是从建筑保护到社区营造到文化复兴的可持续发展乡建理念

仓东村开基于元朝，是拥有山林、民居建筑、水塘、农田等多样化的村落环境，具有典型意义。选址仓东村做遗产保育计划也不是单纯为了一个乡村的保育与修复，更多的是针对目前乡村普遍面临没落的情况下，希望以传统村落仓东为试点去探讨乡村建设的可行之路，建构在地的社区经济，寻找在经济发展的同时，也能够维护生态平衡的成长型发展模式。

仓东计划是以跨学科的角度去进行实践的尝试，探索从建筑保护到社区营造到文化复兴的可持续发展乡建理念，它不是单纯的建筑遗产保护的理念，也不是单纯的社会学的理念，而是综合了从建筑遗产到环境保护、从社区营造到文化复兴、从理论建构到在地实践的整个过程的探索。

仓东计划在实施过程中，强调心灵体验，强调村民与访客之间的"共融、共建、共享"的思维，建立认同感和归属感，逐渐形成"先爱遗产才能更好的学遗产"的遗产教育之路，同时也尝试"让遗产生活化"的探索。可以说，仓东用七年的时间去验证日本千叶大学宫崎清教授提出的"人、文、地、景、产"五个社区营造的核心内容。作为仓东计划的创办人，笔者最大的感慨是：乡村建设与遗产保育息息相关，更与社区营造关系重大，而与观光旅游没有必然的联系。观光旅游可以助力乡村建设，但不是乡村发展的唯一路径，不是每一条村都适合发展旅游。相反，每条村的遗产保育及社区可持续发展，都离不开社区营造，人是其中最重要的元素。有人才有文化，有文化才有精神，有精神才有地方吸引力，归根结底是社区营造和地方精神的保存。

参考文献：

[1] 西村幸夫. 再造魅力故乡：日本传统街区重生故事. 王惠君译. 北京：清华大学出版社，2007年。

[2] 杨敏芝，翁政凯. 创意再生产——产业文化资产再利用. 台湾文化建设委员会文化资产总管理处筹备处，2009.

[3] 日本建筑协会. 历史街区与聚落的保存活化方法. 林美吟译. 台湾文化建设委员会文化资产总管理处筹备处，2010.

[4] 戴伦·J·蒂莫西，斯蒂芬·W·博伊德. 遗产旅游. 程尽能译. 北京：旅游教育出版社，2007.

[5] 藻谷浩介+NHK广岛采访小组. 里山资本主义. 林宜佳译. 台北：台北天下杂志股份有限公司，2016.

[6] 日本建筑学会. 地域环境的设计与继承. 崔正秀，李海斌译. 北京：中国建筑工业出版社，2016.

[7] 黄瑞茂. 艺域书写——生活场景与公共艺术的行动对话. 台湾专业者都市改革组织OURs，2010.

[8] 李光中. 乡村地景保育的新思维——里山倡议. 台湾林业期刊，(2011a) 37 (3)：59—64.

[9] 丁康乐，黄丽玲，郑卫. 台湾地区社区营造探析. 浙江大学学报（理学版），2013 (06)：716—725.

[10] Gill Chitty. *Heritage, Conservation and Communities: Engagement, Participation and Capacity Building*. New York: Taylor & Francis, 2016.

[11] Coccossis H., Nijkamp P.. *Planning for our Cultural Heritage*, England: Ashgate Publishing Limited, 1995.

基于融媒体传播的岭南传统民居传承与发展研究

关杰灵[1]

摘　要： 本文通过分析和阐述融媒体环境下岭南传统民居传承与发展的机遇，结合融媒体传播相关理论，提出岭南传统民居传承与发展的融媒体传播路径和策略，并通过对广州市城市规划展览馆的融媒体传播分析进行例证。

关键词： 融媒体传播；岭南传统民居；岭南建筑学派；传承与发展

2018年8月21~22日，全国宣传思想工作会议召开，习近平总书记在会上发表重要讲话指出：兴文化，就是要坚持中国特色社会主义文化发展道路，推动中华优秀传统文化创造性转化、创新性发展，继承革命文化，发展社会主义先进文化，激发全民族文化创新创造活力，建设社会主义文化强国；展形象，就是要推进国际传播能力建设，讲好中国故事、传播好中国声音，向世界展现真实、立体、全面的中国，提高国家文化软实力和中华文化影响力；要把优秀传统文化的精神标识提炼出来、展示出来，把优秀传统文化中具有当代价值、世界意义的文化精髓提炼出来、展示出来。岭南传统民居文化作为岭南文化和中国传统文化的重要组成部分，应该要积极落实并践行这一重要部署。

媒体不仅具有传递信息和提供娱乐的基础功能，更有影响民众价值观念和生活方式，塑造社会公共生活等社会功能，它为整个社会的发展和进步不断提供一系列具有导向性的社会公共价值观念，并形成了独具特色的媒体话语系统，其文字资料也逐步成为民众精神消费的重要形式。媒体具有极大的社会覆盖面，已成为影响现代社会的随处可见的文化存在方式。传承和发扬中华优秀传统文化也是我国媒体的最主要且最重要的功能之一。在媒体高度发展的当下，如何充分发挥媒体的作用，推进岭南传统民居的传承与发展是一个值得深入探讨和研究的课题。

一、融媒体传播概览

"融媒体"由媒介融合的概念引申而来，普遍理解为"充分利用互联网载体，把那些既有共同点，又存在互补性的不同媒体，在任力、内容、宣传等方面进行全面整合，实现'资源融通、内容兼融、宣传互融、利益共融'"。[2] "融媒体"是所有媒介及其有关要素的结合、汇聚甚至融合，不仅包括媒介形态的融合，还包括媒介功能、传播手段等要素的融合，"融媒体"是信息传输通道的多元化下的新模式，把电视、电台等传统媒体，与移动互联网为代表的智能终端有效结合起来，资源共享，集中处理，衍生出不同形式的信息产品，然后通过不同的平台传播给受众。[3]

国务院国资委新闻中心主任毛一翔认为："把握融媒体的关键因素和核心要义。一是数字化、数据化。一切皆可以化为数字、数据，而数据、数字又可重新组合成为任何一种想要的东西。数字数据是媒体融合融通的基础。只有数据化、数字化，才能做融媒体，否则没办法融合。二是网络化、去中心化、无中心化。这是互联网的一个非常重要的核心，互联互通、共享平权。共享平权是互联网思维的一个核心概念。三是智能化。人工智能、机器深度学习、多媒体融合，最终要靠机器的智能化协调融通。真正的融媒体，必将是人工智能化程度相当高的媒体形态。机器写作、智能翻译、智慧识别等都有赖于人工智能、深度学习技术，各种媒体平台之

1　关杰灵，华南理工大学建筑学院，2016级博士生，华南理工大学建筑设计研究院工会主席兼办公室主任，510641，68174122@qq.com。

2　百度百科https://baike.so.com/doc/5732393-5945135.html。

3　王明华.杭州电视台"工地Wifi+电视融媒体"创新实践［J］.中国广播电视学刊，2018（9）。

间的跨界转换，也有赖于智能化技术的支撑。四是用户第一。以用户为中心，以用户的需求为导向，各种媒体的发展变化无不是为了满足不同人群不同的多种需要，如：社交的需要、快节奏生活的需要、求知的需要、好奇的需要等，用户导向、用户中心论是新媒体、多媒体、融媒体唯一不变的导向。最后是信息通信技术和市场化运作模式。市场化永远是新媒体发展变化的推动因素，创新、试错和探索都离不开市场化机制，是市场化激发了人们无限的创造力和生命力。创新是规划不出来的，科学技术尤其是信息技术是推动媒体发展的根本动力，不以人的意志为转移。"[1]

二、融媒体环境下岭南传统民居传承与发展的机遇

1. 岭南传统民居的受关注度不断增强

随着互联网和智能手机的飞速发展，各类信息的流通和传播变得极为便捷，已经达到万物皆媒，万物交融的境界，而移动化的媒介技术更是将原有传播场景进一步细分，创建出全新的场景。加之人民群众的生活水平提高，对文化消费的需求以及对美好生活的向往日益增长，文化体验和文化旅游的增长迅速，而岭南传统民居大都处在山清水秀、环境优美的地区，是满足人民相关需求和向往的理想之地。近年来，地方政府对岭南传统民居各方面价值的认识、对其保护和活化利用的投入越来越高；学术团体如中国民族建筑研究会民居建筑专业委员会以及广大专家学者等对岭南传统民居的研究持续、广泛和深入；媒体对相关内容的关注和报道也日益增多；人民群众对相关民居特别是活化利用较为成功的示范基地的参观游览也陆续升温，多重作用下岭南传统民居的关注度不断攀升。

2. 岭南传统民居的全景数据日益完善

从地方史志、乡土调研手稿到高校院所科研课题建立的项目资料库、各类民居研究论文著作、专题博物馆等，研究的深入和关注度的提高令岭南传统民居的各种信息和数据越来越完善。近年来，在诸如乡村振兴战略、美丽乡村建设、历史名城建设、中国传统村落遴选、特色小镇建设等多项政策和措施的共同作用下，岭南传统民居的全景基础数据已经略有雏形。这些数据库涵盖了岭南传统民居的由来渊源、关联人物、历史事件、历史图片、现状照片、建筑特色、测绘图纸、技术资料等，更有部分传统民居已有BIM三维建模。

3. 保护与活化利用的线上线下互动更为频繁和通畅

岭南传统民居的最终走向之一是在保护的基础上活化利用，并得到广大人民群众即消费者的接受和认可。在互联网和智能手机时代，消费行为越来越多样，左右消费行为的不仅仅只是社交效应，兴趣爱好和线上线下双重途径，而且更加注重消费者的切身感受以及服务品质的体验。因此，包括岭南传统民居的传承与发展在内的诸多领域都将线上线下的协同互动视为一个发展趋势，通过线上的数据库展示和信息传播，以及线下活动的开展和相关纪念品及特产的出售等形式，广大民众可以获得线上线下畅通的互动体验。

三、岭南传统民居传承与发展的融媒体传播路径与策略

1. 融媒体整合平台，进一步促进传播的力度、广度和深度

虽然目前岭南传统民居的基础数据已较为丰富，全景数据也略有雏形，但是基本上处于分散状态，没有形成统一的数据库平台。通过融媒体整合平台不失为使岭南传统民居进一步传承与发展的有效路径之一。

融媒体整合平台的架构可以用岭南地区地图为基底，将现有各自分散的岭南传统民居位置在地图上予以标记，同时在平台上设置按地区（省—市—县—乡—村）分列的选择项，此外还可以根据民居类型进行分类，并设置搜索栏，方便多种途径和方式进行查找，此为一级界面。在一级界面以下对相关标记点进行后台链接，通过此链接可以了解该民居的基础信息和概况图片，此为二级界面。点击二级界面或者通过地区选项和搜索功能进入三级界面，便可了解该民居的详细情况，包括历史、现状、特色、理念、照片、测绘图纸和技术资料，等等。通过三级界面的链接，则可以对每一项内容再进行详细解读，并匹配相关联内容的对接和拓展。此外，应对关于岭南传统民居的相关研究成果，包括视频专题、著作、论文、田野调查报告和有价值的自媒体文章等进行收集并纳入平台，作为目录，以便检索和查阅。

---

1 罗志荣，王晓彦，李文治.融媒体时代企业文化与品牌传播创新【J】.企业文明，2018（8）.

岭南传统民居融媒体整合平台搭建完成之后，可由政府部门牵头邀请官方和社会以及自媒体共同召开专题新闻发布会，向社会各界予以公开，并通过持续的、多途径的、分专题的各类报道予以展开，既可增加该融媒体平台的权威性，也可进一步拓宽岭南传统民居的传播力度、广度和深度，增强文化自信、文化软实力和影响力。

2. 不断完善基础信息库并推进网络化、共享化

当前仍有部分传统民居的信息尚待健全，因此在融媒体整合平台搭建以后，需继续发动政府部门、科研院所、高等院校和民间组织等多方力量，对已有的民居资料进行完善，对尚未入库的民居信息进行采集，争取做到岭南传统民居入库全覆盖。

网络化与共享化是融媒体的重要核心之一。推动相关信息的网络化和共享化也是融媒体整合平台的重点任务，通过该举措，不仅可以进一步扩大岭南传统民居的知名度和影响力，而且可以对广大民众进行科学普及教育，提升人们的文化鉴赏水平。但对于部分传统民居需要保密的信息或者不宜公开的信息要切实加强管理和涉密防范，而对于现有相关研究成果，特别是相关技术资料的网络化和共享化，原则上只提供摘要或简要介绍，不提供全部信息，切实保护好著作者的知识产权。

鉴于岭南传统民居融媒体整合平台不仅是一个网络共享平台，而且将与线下活动联动，所以该平台宜使用会员实名制，可利用微信或QQ便捷一键注册。在推出官方网站的同时，同步开发手机客户端、微信公众号、微信服务号、微信小程序、微博等形式，实现各种方式间的数据同步。

3. 线上线下智能一体化，推动与实体产业的协同互动

融媒体不仅带来媒介形态的融合，而且使媒介符号相融共生，形成全觉符号传播。数字化、智能化、移动化不断使人体功能得以延伸，融媒体建构一个集视觉、听觉、嗅觉和触觉等于一体的全觉符号传播环境。在融媒体时代，消费全面升级新时代。一方面，消费需求结构性变化，从刚性需求主导转到弹性需求主导，产品体验、服务品质成为消费者的一大考量。另一方面，消费群体细碎化。人口属性、社会属性、代际更迭等标准划分已难以描绘消费群体。现在的消费群体更加细碎化，消费圈层错落、重叠分布。同时，消费行为多样

态，线上线下购买、兴趣圈、社交圈影响消费行为。[1] 当前岭南传统民居的线上资源及数据库和线下的实体产业基本处于脱节状态，相互独立运营和管理，没有形成资源整合，在传承、保护和发展、活化利用等方面也各自为政，相互孤立。随着媒体的不断发展和影响面日益深远，上述情况有所改观，但仍有较大改进空间。

岭南传统民居融媒体整合平台可以通过建立VR和AR展示馆，通过BIM等技术三维建模，实现线上资源的线下落地，增强民众对传统民居的认识和了解；通过相关网络智能化模块及手机智能化客户端，整合岭南传统民居示范基地和相关优秀民宿改造项目，开展特色民俗活动表演以及非物质文化遗产及技艺的展示和演示；并且联合相关文化产业进行文化旅游活动的推广和落地，相关旅游产品和线路的推介；针对部分岭南传统民居位于较为贫困落后地区的现状，对接政府部门相关扶贫项目，推动科技扶贫的进一步发展；此外，还可选取部分尚未得到较好保护及活化利用，但又较有价值的传统民居，调动政府、高校和科研院所的力量，结合传统村落保护和乡村振兴等重大战略，开展线上线下的传统民居保护及活化利用规划设计大赛等，切实推动岭南传统民居的线上线下智能一体化，推进融媒体整合平台与实体产业的协同互动。

四、融媒体传播岭南传统民居的实例分析——广州市城市规划展览馆

广州市城市规划展览馆由华南理工大学建筑设计研究院院长何镜堂院士主持设计，历时多年的建设，于2018年正式对外开放。该馆坐落在白云山脚下，与白云国际会议中心隔路相望，展馆运用桁架与悬吊体系相结合，设计出空间开敞明亮和布展自由灵活的展厅，是绿色节能与建筑艺术高度融合的经典作品，其内部布展由上海风语筑展示股份有限公司承担。这是一个多功能城市规划展览馆，融入了数项最新的高科技成果，整合了一流的互动设备设施，定位为规划与国土综合展示、城市文化展示平台，兼具科普、互动、学术交流等功能，这是一个借助融媒体传播岭南建筑和岭南传统民居的成功案例。

广州市城市规划展览馆拥有广州概况、4D影院、城市历史、名城规划、动态长卷、八面来风、全域沙盘、总体规划、交通市政、重点发展地区、城市科学、飞跃广州2050等多项展陈，既有传统的展板和实体精细

1　罗志荣，王晓彦，李文治.融媒体时代企业文化与品牌传播创新［J］.企业文明，2018（8）.

模型，也有高科技的VR（虚拟现实互动）和4D影片及国内规划馆首创的飞行影院等。在广州市城市规划展览馆的诸多展示模块中，诸多岭南传统民居亮相其中，其中部分民居还有三维数字模型，对其内部空间和细部装修都进行了简要勾画和介绍。全新打造的《广州：全球枢纽型网络城市》宣传大片，配合广州全域沙盘模型，共同描绘广州城市发展的雄伟蓝图；"千年古道"模型，精细复原了北京路至天字码头这一"千年古道"，带人们溯源千年羊城的城市肌理，感受这座历史名城的变迁；小小规划师，运用虚拟现实（VR）技术，将广州塔、大剧院、中山纪念堂、陈家祠等羊城地标呈现于眼前，通过手势交互规划人们心中的理想广州；广州版的"清明上河图"，以数字化科技手段再现19世纪广州珠江两岸的繁华盛景，动态演绎珠江两岸来往的人物、船舶、建筑风格、城市风景，让人身临其境，感受广州这座海上丝绸之路发源地的热闹繁华；4D影片《千年羊城》跨越千年，感受广州前世今生；飞跃广州2050，首创国内规划馆飞行影院，穿越城市未来。

五、结语

岭南传统民居的传承与发展在新时代互联网和融媒体背景下尚有较长的路要走，需要在现有的思维模式下进一步反思和改革，搭建岭南传统民居融媒体整合平台或许是可开辟的一个新途径。一方面将现有的岭南传统民居的资源进行全面整合，同时继续完善基础信息库并推动网络化、共享化，在此基础上达成线上线下智能一体化，推动与实体产业的协同互动；另一方面，加强与国家乡村振兴等战略的融合，共同推进岭南传统民居更好地传承和发展。

参考文献：

[1] 罗瑜斌. 珠三角历史文化村镇保护的现实困境与对策 [D]. 广州：华南理工大学，2010.

[2] 周正楠. 媒介·建筑传播学对建筑设计的启示 [D]. 北京：清华大学，2001.

[3] 罗志荣，王晓彦，李文治. 融媒体时代企业文化与品牌传播创新 [J]. 企业文明，2018（8）.

[4] 刘毅，李桂凤. 精准扶贫传播的融媒体四位 [J]. 新闻战线，2018（3）.

[5] 王明华. 杭州电视台"工地Wifi+电视融媒体"创新实践 [J]. 中国广播电视学刊，2018（9）.

[6] 柳竹. 国内关于"融媒体"的研究综述 [J]. 传播与版权，2015（4）.

[7] 许颖. 互动·整合·大整合——媒体融合的三个层次 [J]. 国际新闻界，2006（7）.

[8] 周建亮. 广东电视融媒体发展研究 [D]. 湖北：武汉大学，2013.

韩城传统村落若干形态特征及其形成机制再认识

李 焜[1]

摘 要： 本文以陕西省韩城市的传统村落为研究对象，分析了国家传统村落在韩城集中分布的原因，并回顾了以往学者关于该地区村落形态的研究成果。在此基础上进一步分析的问题涉及过去50年村落规模的变迁、环境人文要素对黄河沿岸传统村落形态的影响、古代法律及堪舆观念综合作用下的村落形态特征、近20年民居形态的变异现象及其诱因等，以期补充对韩城传统村落形态特征及其形成机制的认识。

关键词： 韩城；传统村落；村落形态；形成机制

一、关中地区传统村落的分布重心

自2012年国家传统村落调查和评选开展以来，陕西省共有71个传统村落入选（前四批），其中陕北27个，关中28个，陕南16个。陕北传统村落大多是地处山区或黄土沟壑区的小规模散村，民居以窑洞为主。陕南地处秦巴山区，传统村落以零散分布的小型散村为主。关中平原自古以来人烟相对稠密，这里的传统村落大都是规模较大的平地村落[2]，呈现出集村[3]或"有核村落（Nucleated village）"[4]的显著特征，民居以合院为主。

关中地区国家级传统村落（包括两个国家级历史文化名村）的数量与所在地区行政村总数的比值为2.6‰，低于西北地区平均值（3.6‰），并远低于全国平均值（6.1‰）。但从地区分布来看，10个国家级传统村落集中分布在韩城市境内，超过关中地区总数的1/3。包含韩城的传统村落在内，关中地区超过2/3的国家级传统村落分布在关中平原的东北部（清代同州府境内）。

经计算，关中地区的中国传统村落分布重心位于北纬35.042°，东经109.649°，即关中平原东北部的蒲城县境内，属清代同州府。该重心位置与清代中后期关中地区的人口重心存在一定的关联性。清嘉庆二十五年（1820年）陕西省人口密度，西安府131人/平方公里，乾州直隶州141人/平方公里，邠州直隶州55.8人/平方公里，凤翔府86人/平方公里，而同州府的人口密度则高达164.6人/平方公里，居陕西省各府、州之首[1]。然而人口基数并不能作为解释传统村落集中分布在古同州特别是韩城地区的直接原因，这种分布规律还伴随着社会、经济、文化活动等诸多因素。清光绪七年（1881年）饶应祺等修《同州府续志》卷九《风俗志》中载，"韩城士尚廉耻，农务桑麻，至逐末者众则以地狭人稠故也兵荒以来服奢而女妆敦甚，然视他处犹为差胜，盖礼义之邦忠厚之遗泽深也。"虽然由于地狭人稠，导致经商者众多，但与周边其他地区比，这里乡民更为忠厚，是礼仪之邦。志又载"渭北七县惟韩城无大敝俗"。此外，明清两朝韩城高官辈出，其中五品以上的韩城籍官员有130多人。甚至在当地流传着"朝半陕、陕半韩"的说法[2]。由此推测，在人口稠密、财富聚集、道德传家三重因素的共同作用下，使得韩城的自然村落无论在总体建设质量，还是保存程度上都优于周边其他地区，这种现象的出现应非偶然。

---

1 李焜，米兰理工大学建筑及建筑环境与建筑工程系，博士研究生，20132；西安建筑科技大学建筑学院，讲师，710055，kun.li@polimi.it。

2 见彭一刚著《传统村镇聚落景观分析》。

3 矢嶋仁吉在《集落地理学》中提出的概念，与分散的村庄（即"散村"）相比，集村的房屋排列密集。

4 根据Muir，Richard在《The NEW Reading the Landscape》中的定义，有核村落又称聚集的定居点，其概念是一个乡村某一区域内的大多数农舍，紧凑集中在靠近村庄的中央的"焦点"周围（如教堂等）。焦点可以是单个或多个。

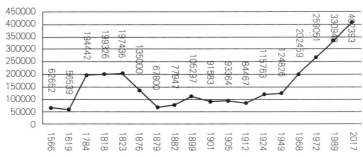

图1 韩城人口数量变化表（图片来源：作者自绘）

二、调查的基础及内容

1. 调查基础

对韩城村落形态的研究开始于20世纪80年代，以往学者的研究成果可以归纳为以下几方面：①从自然条件、农业生产和防御需求等角度，分析了党家村及周边村落的选址特点；②发现了韩城地区广泛存在着"村寨分离型"聚落；③概括了村落生活生产设施的构成，道路组织基本形式及"防御"功能对聚落形态的影响；④不同程度地记述了40多个村落的历史、设施、家族信息等，统计了当时的人口数量和耕地面积；⑤研究了寨堡的建造原因、背景、年代和建造方式及数量、规模、功能等；总结了寨堡与村的相互距离和位置关系、寨堡毗邻的地形、寨堡入口的特点、内部路网基本形式等；⑥对党家村进行了深入的研究，包括村落的历史、土地、人口、选址、村落空间构成、宅基地与街巷空间的关系、村落生长的形态演变、社会生活等；统计了民居的建造年代、房屋开间数量、层数、平面功能分配、开门位置、定性描述的房屋基本特征，绘制了典型民居的平面图、立面图、剖面图，并调查了家具及建筑装饰艺术等。此后，有学者对韩城的郭庄村[3]和庙后村[4]的形态演变作了专门研究。

目前关于传统村落形态的研究，多借助西方城市形态学方法：分析从城市的形成及之后的演变过程，并对城市的各个组成部分进行识别和剖析。形态分析一般基于三个原则：①城市形态由三个物质要素定义，即建筑物及其相关建筑空间、地块和街道；②应从四个不同解析层级（建筑/宗地、街道/街区、城市、区域）理解城市形态；③理解城市形态必须将其放入历史之中，因为其各要素一直处于连续的变化和更替中。形式、解析度、时间是形态研究的基本内容[5]。本文一方面运用了城市形态研究方法；另一方面，从我国传统城市（聚落）规划思想观念的视角进行解读。

2. 调查内容

基于学者们过去已有的研究成果，本文重点讨论以下内容：①过去50年村落规模的变迁；②环境人文要素对韩城传统村落形态特征的影响；③古代法律及堪舆观念对韩城传统村落形态特征的影响；④近年来民居形态的变异现象及其诱因。

三、村落规模的变迁

1. 韩城传统村落形态和规模的成熟期

韩城现在居民多数为元、明之际新来之后裔[6]。全市现有行政村166个，800多个自然村。韩城现存的村落中，有少量在元代以前就已经存在，另有一些为近代所建，大部分则为明清时期形成的村落。明代时村庄数量约289，清代村庄数量约754[7]。据明万历三十五年（1607年）《韩城县志》，韩城县当时仅有2460户。据清乾隆四十九年（1784年）《韩城县志》，1784年人口增长到34867户，194442人；清嘉庆二十三年（1818年）冀兰泰编《韩城县续志》，30047户，199326人。此后一直到20世纪60年代，韩城市的人口数量都低于由此值。可见当代以前，19世纪上半叶是韩城人口最为稠密的时期，也应是该地区传统聚落形态最为丰富的时期。调查发现，韩城县现存的传统民居几乎都建于清乾隆年间以后，除部分庙宇外，绝少有明代民居实物。有学者提出明清时期北方村落发展的二阶段论可作参考：一是从永乐到乾隆时期，村落数量不断增加，但大多数村落的规模仍较小，故仍以散村为主；二是乾隆以后，村落数量的增长明显放慢，村落发展主要表现为规模的扩大，逐步形成以集村为主的乡村聚落格局[8]。也就是说，中国北方大部分村落的面貌和格局，成熟于清中期以后。

2. 韩城传统村落规模的历时性对比

20世纪80年代的调查，从两个方面分析了村落规模：一是自明代以来若干时期的村平均人口规模；二是村落占有土地及耕地的平均数量。在此基础上，依据美国地质调查局（USGS）提供的1967年的卫星影像，笔者以村落集中分布的东部台塬区为对象，对此区域的绝大多数村落的农庄面积进行了统计，并与当前规模进行对比。因1967年卫星图像的覆盖范围和图像可识别度所限，笔者将研究范围定为北纬35.540°至北纬35.364°之间的东部黄土台原地带，共174个样本村落（自然村）。通过对比后的定量分析（图2），得到以下结论：第一，过去50年里，消失自然村（寨）12个（6.9%），变为城中村的有24个（15.5%），其余自然生长村落136个（79.3%）；第二，从农庄面积的增长来看，该区域的村落居民点用地从1967年的约664.4公顷增长为2018年的约2020.2公顷，面积增加了3倍多。平均每村增长面积为7.6公顷，其中增长率最高的柳村，面积增加约10倍。

图2　1967~2018年韩城部分地区建成区域规模变化情况示意图（笔者绘制）

在村落规模变化的过程中，除谢老寨、城古寨、富村等12个村落被人为拆除或废毁后复耕外，其余老村几乎所有都保持了原先的路网结构。村庄规模的增长中，新建区域的路网或在原有路网上线性延展，或以简单的平行路网展开。新村与老村紧密相连却有明显的可识别性，在街巷空间的丰富程度上也差异巨大。笔者用空间句法分析中的"整合度"（integration）指标加以衡量（整合度较高地区往往显示较为强烈人群积聚性），

传统村落农庄规模变化表（单位：公顷）　表1

村名 年份	薛村	党家村	柳村	张代村	相里堡村	清水村
1967年	14.25	8.83	1.07	4.62	19.86	5.61
2018年	24.79	22.61	10.59	9.86	37.24	25.49
增长倍数	1.74	2.56	9.90	2.13	1.88	4.54

（来源：作者自绘）

结果显示，整合度高的区域恰好出现在老村的核心街巷，而新村街巷空间普遍整合度较低（图3）。

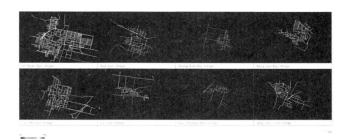

图3　传统村落空间整合度分析（图片来源：作者自绘）

四、村落轴线与"一方之望"

自古以来人们不断拆旧建新营造居所，且时有迁徙，故乡村聚落的形态永远处于变化之中。然而某些形态特征却在相当长的一段时间内稳定不变，例如村落的主要道路以及某些特定的轴线关系。

中国古代的聚落规划理念主要受"择中论"和"因势论"两种思想的影响。前者强调礼制与等级。后者则强调"以物为法"的观念，顺应客观环境形势建立起较自由的聚落空间结构。黄河晋陕沿岸许多古代城市轴线就受到自然地形的影响。如韩城古城南北轴线南偏西7.5°，指向澽水与黄河交汇处；蒲州古城南北轴线与黄河河岸平行[9]。聚落周边常常存在着蕴含深厚精神文化内涵的风景、建筑等历史遗迹，这些人文史迹往往处在地域环境的特定位置，表现出标志性的意象，进而成为轴线定位的基准[10]。那么这种自然、人文双重要素的影响，是否也体现韩城乡村聚落形态特征之中？故笔者选取了韩城黄河沿岸的若干村落进行了分析。

在人文环境要素方面，以往学者多关注韩城市境内的山、水、庙、观、景等，且注重人居环境与以上要素在精神上的联系。本文则将分析对象扩大到韩城市以外的区域，并试图寻找较为明确的空间对应关系。分布在韩城黄河沿岸黄土台塬地带的村落，其主路的方向并非以东西南北正方向展开，并平均偏转了10°　~20°

图4　韩城黄河沿岸历史村落主巷角度分析（图片来源：作者自绘，卫星图来源：USGS网站，DS1102-2135DA120_b）

左右。鉴于韩城地区地形的整体走势是西北高东南低，故原因之一应是村落的主要街巷顺应地形坡度较大的方向利于排水，防止内涝。但除此以外，是否还有其他原因？

笔者选择韩城的10个国家级传统村落和若干历史村落做了分析，发现其中很多村落的主路明确指向数十公里外，黄河对岸山西省万荣县境内的稷王山或稷王庙。虽然尚未在文献中找到有关稷王山影响黄河两岸村落形态布局的记载，但我们假设这种对应关系不是巧合，而是先民在建设村落时有意为之。中国历史上有一种朝对名山大川遥望而祭的传统，体现出对某一地区特定山水的崇敬与仰慕之心。中国古人将这个被朝望的山水称为"一方之望"[11]。在视农业为立国之本的中国古代，稷王山有着崇高的地位。相传稷王山是农神后稷的出生地，大致在周朝以后中国形成了祭祀后稷的传统，而稷王山正是后稷祭祀活动的中心。清嘉庆二十年（1815年）《稷山县志》中提到："在今县南五十里稷神山有后稷陵立庙山顶明初以岁之四月十七日遣官致祭后命有司代之"。也就是说，朝廷每年在稷王山举行官祭，足以见其地位之高。此外，稷王山以西20公里，位于山西万荣县赵太村的稷王庙，其现存的主殿建于1023年[12]。如前所述，韩城的很多村落建成时间晚于稷王庙的建造年代。

以建村时间大致在13世纪末的张代村为例，现存最古老建筑是村东的两座庙宇，建于1425年的佛爷庙和建于1555年的关帝庙[13]。村中主路中心线西段东偏南13°，与黄河对岸的稷王庙方向吻合；东段东偏南20°，与稷王山主峰上宋代稷王山塔的方位十分接近。调查发现韩城黄河沿岸的很多村落都有类似特征：北纬35°28'已北的薛村、下甘谷村、化石村、梁代村、张代村、王代村、史代村、留芳村、周塬村等，主巷角度各不相同，但都指向稷王庙；北纬35°28'已南的渔村、河渎村、卓立村、相里堡村等，主巷都朝向稷王山顶的宋代稷王山塔。可以推想，这些视农业为根的乡村聚落，很可能在营村之初就将某些道路轴线指向稷王山，以加强视线上的联系和精神上的崇拜。

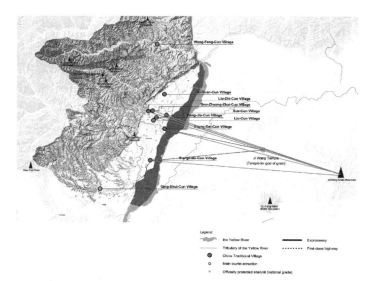

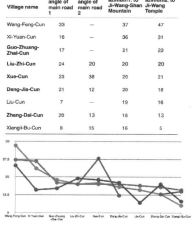

Village name	angle of main road 1	angle of main road 2	azimuth1. to Ji-Wang-Shan Mountain	azimuth2. to Ji-Wang Temple
Wang-Feng-Cun	33	—	37	47
Xi-Yuan-Cun	16	—	36	31
Guo-Zhuang-Zhai-Cun	17	—	21	23
Liu-Zhi-Cun	24	20	20	20
Xue-Cun	23	38	20	21
Dang-Jia-Cun	21	12	20	18
Liu-Cun	7	—	19	16
Zhang-Dai-Cun	20	13	18	13
Xiangli-Bu-Cun	8	15	16	5

图5　村落主巷方向与太赵村稷王庙及稷王山相对关系

五、古代法律与堪舆观念双重作用下的村落肌理

1. "房舍"与"堂舍"之别与窄长型院落的兴起

中国古代各朝代都有相关法律来对规范建设活动，虽然其主要目的在于区分社会等级与阶层，但同时也深刻影响着聚落的肌理尺度和形态特征。古代法律对单体建筑的规模、形制、装饰有具体要求，而对占地规模并无严格要求，只是不允许闲置土地造成资源浪费。例如，按照《明会典》卷之六十二《房屋器用等第》中的规定，官员之宅不许多留空地（功臣宅舍除外）。这些古代法律规定与自然气候条件相结合，促使了地域内建筑类型在一段时期内趋于稳定。

韩城地区的绝大部分历史民居建造于清代，极少量的民居建于明代。明清两代法规都明确规定了不同社会等级的人在营造住宅院落时，被准许采用的单体建筑的大小、建筑装饰、建筑构件的颜色等。按照《明会典》中明洪武二十六年（1393年）的规定："庶民所居房舍、不过三间五架"，洪武三十五年（1402年）"庶民所居房屋从屋，虽十所、二十所，随所宜盖，但不得过三间"，也就是说普通百姓不论宅基地的面积和建筑多寡，其中任何一个单独建筑的大小不都能超过三间。如襄汾丁村明代民居，厅房、厢房、倒座都不过三间[14]。另外，木材的力学特性和经济因素也限制着建筑的尺度。这些规则直接控制着所有城市和乡村聚落的建筑密度和聚落肌理，从而深刻影响着聚落普遍形态。正统十二年（1447年）法规有所调整："庶民房屋架多而间少者，不在禁限。"此后直到清代以前，政府取消了对住屋在进深方向的限制。《大清律例》的《户律·市廛》规定："庶民所居堂舍不过三间五架。"此处的"堂舍"与明代法规中的"房舍"不同。"房舍"指住宅院落中的所有房屋，而"堂舍"则可理解为专指宅院的"厅房"（也称正房、堂屋）。如同一个文字游戏，百姓可以变相理解为法规取消了对宅院中厅房以外建筑的限

制。由于院落宽度受厅房宽度的限制，为了增加房舍，最经济的方式就是在堂屋与院落面阔不变的前提下，增加厢房的间数，使得院落的形状变化向窄长型发展。故清代韩城民居中的厢房出现了的三、四、五、六、八间等间数[15]。可以推测法规的变化影响了一些地区院落长宽比的变化，从而影响着村落整体形态。

2. 院落尺度与村落肌理

《阳宅十书》云："其法凡宅中有墙隔断，墙间开有门，其九星即当从此院起，与别院并无关涉。……故一宅之内各分各院，各取吉凶。"[16]《黄帝宅经》和敦煌文献中亦有根据住宅的"阴""阳"属性，来确定平面功能布置的描述[17]。这些凶吉观念，成为了影响传统民居院落形态的重要因素，直接促进了百姓的"造院"与"分院"的热情。它使得传统民居无论总体规模大小，其基本构成单元都是尺度趋同的独立的小型院落。这也就是韩城乃至中国北方地区村落肌理在尺度上呈现一致性的原因，也因此成了中国传统聚落区别于西方历史聚落的典型特征。当地老匠人称，韩城地区宅院布局主要依据"八宅派"理论。直观地看，虽然韩城村落中的每个住宅院落都是总体上中轴对称（局部非对称），并由门房、倒座、厢房、厅房等基本单元组合而成，但古人非常注重门、炉灶、井和居室等的在院落中的位置分配，从堪舆学的角度讲，这些要素的位置，是根据院落朝向（通常与道路的方向有关）、营建房屋时户主的生辰等，通过一套复杂的规则确定而来。因此，我们可以把这种关系看作院落形态差异性与多样性的动力学原理。

3. 近年来民居形态变异的一种诱因

从形态动力学原理的角度，乡镇形态结构的演变主要是地域原型场引力、自身原形场维持里和变异外力共同作用的结果[18]，其中包括区域道路结构的演变和民居建筑的演变。调查中，笔者发现了近20年来传统民

| 清水村民居 | 张代村民居 | 郭庄砦民居 |

图6 部分韩城民居的厢房形态变化（图片来源：作者自摄）

居形态演变的一个有趣现象：很多家庭将传统合院中的一个厢房拆除，重建为砖混平顶房屋。主要动机并非原先的传统民居对现代居住活动的不适应，而是其对经济生活的不适应。由于人均耕地面积减少，自20世纪90年代后期开始，花椒种植成为韩城地区农民首选的经济作物。在花椒生产过程中，晾晒是重要环节。如今传统农村中的用于收打作物的"场"已失去了作用，出于安全防盗考虑，几乎所有农民都选择利用自家平屋顶晾晒花椒。然而对于那些仍居住在传统坡屋顶民居中的村民来说，晾晒花椒便成为困难之事。于是不少农户开始对原有民居进行改造，最经济的办法就是拆除重建（图6）。村民之间的相互攀仿，使得这种形态变异成为一种较为普遍的现象。

六、小结

从对韩城传统村落的观察中可以看出，宏观层面的古代的乡村聚落形态处于一种"三轨制"控制之下：其一，是控制建筑基本类型的古代法规制度和方位体系。它牢牢控制住了广泛聚落的中建筑尺度、形式以及院落原型。同时，古代土地制度还为宗地形态的多样性提供了可能性；其二，是促进以家庭为单位造院、分院的热情的堪舆观，我们也可将其视为古人营宅的共同理想。堪舆学以庞杂多样的理论，动态调节着院落在统一原型下类型的多样性；其三，是古人在营建村落时，在人、村、自然人文大环境之间建构的场所感知和精神联系。以上三个方面，加上住宅营造中居住者与工匠的深度参与配合，共同呈现出传统乡村聚落形态的和谐与多样性。因此，传统村落形态的本质特征，并不是我们直观看到的物化形象，而应是隐匿于表现之后的多重人文因素。这也许正是构成我国传统聚落与西方传统聚落形态差异的基本原因。

参考文献：

[1] 薛平栓. 陕西历史人口地理研究. 北京：人民出版社，2001.

[2] 青木正夫. "中国陕西省韩城地区の集落及び住宅に関する研究（1）" Housing Research Foundation Annial Report（卷21）1995：145—156.

[3] 韩瑛. 陕西韩城郭庄村形态结构演变初探. 西安建筑科技大学硕士学位论文，2006.

[4] 席鸿. 陕西韩城庙后村村落形态结构演变研究. 西安建筑科技大学硕士学位论文，2013.

[5] V. A. Moudon, Urban Morphology as an Emerging Interdisciplinary Field. Urban Morphology，1997（1）：3—10.

[6] 樊厚甫. 韩城县乡土教材. 韩城：韩城市地方志办公室，1944.

[7] 周若祁，张光. 韩城村寨与党家村民居. 西安：陕西科学技术出版社，1999.

[8] 黄忠怀. 从聚落到村落：华北平原村落社区的生长过程. 河北学刊，2005（1）.

[9] 王树声. 黄河晋陕沿岸历史城市人居环境营造研究. 北京：中国建筑工业出版社，2009.

[10] 张涛. 韩城县域人居环境营造的本土理念与方法研究. 西安建筑科技大学博士学位论文，2014.

[11] 王树声，石璐，李小龙. 一方之望——一种朝暮山水的规划模式. 城市规划，2017（4）：1—2.

[12] 徐怡涛. 论碳十四测年技术测定中国古代建筑建造年代的基本方法——以山西万荣稷王庙大殿年代研究为例. 文物，2014（9）：91—96.

[13] 张铭初，张天佑，张斌杰，张效成，张秉强等. 张带村张氏家谱（在1599、1833、1865、1884、1909编纂版本基础上修编 编辑）. 韩城，2005.

[14] 唐明. 血缘·宗族·村落·建筑——丁村的聚居形态研究. 西安建筑科技大学硕士学位论文，2002.

[15] 青木正夫. 中国陕西省韩城地区の集落及び住宅に関する研究（2）. Housing Research Foundation Annial Report，1996，22：101—112.

[16] 申军峰. 太原城区明清民居建筑布局的风水要素. 文物世界，2013（5）：54—56.

[17] 王贵祥. 中国古代建筑方位问题探讨. //全球视野下的中国建筑遗产——第四届中国建筑史学国际研讨会论文集（《营造》第四辑）. 2007.

[18] 刘克成，肖莉. 乡镇形态结构演变的动力学原理. 西安冶金建筑学院学报，1994，26（2）：5—23.

台湾原住民部落的现代化适应性初探

李树宜[1]

摘　要： 台湾原住民部落为台湾最早的住民族群，经过明末以来的汉族大规模移垦及现代化扩张，原住民居住范围受到压缩，在住屋建造技术条件、部族社会制度改变，生活方式受到现代化的影响，各部族的生活形态及空间使用方式均尝试对现代都市化进行适应，从而部落环境类似于汉族。本文尝试从原住民民系分析其生活方式的演变及居住环境生活形态特点，最后应用审美适应性理论中的自然适应性、社会适应性、文化适应性来探讨原住民部落的空间环境特性及变迁课题，以期能归纳辨识原住民部落的特征。

关键词： 文化适应性；台湾原住民部落；现代化的形态特征

一、台湾原住民族系[2]的形态特点

现存的原住民属于南岛语族，该族群语系主要分布于南太平洋诸岛，包括北至中国台湾、南抵新西兰，西达马达加斯加岛，东达南美洲西方的复活节岛，其中以越南南部、菲律宾、马来群岛等南洋地区为主要民系组成。台湾关以其族群特性，发展为赛夏人、太鲁阁人、泰雅人、排湾人、邵人、撒奇莱雅人、噶玛兰人、卑南人、邹人、鲁凯人、阿美人、布农人、赛德克人、达悟人（雅美人）、卡那卡那富人、拉阿鲁哇人。

1. 部落受汉化、现代化变迁脉络

早期，台湾原住民大约居住于2000米以下的平原及丘陵地，各自以其部落为中心，建立王国或家族聚落，荷兰人来台后，以武力征服邻近的平埔人村落，强迫签约，无条件将社地让渡给代表荷兰东印度公司。引进中国东南沿海的农民，辟地种植甘蔗和稻米等，这些耕地称为"王田"，大多集中在台南附近。台湾约有三百个被荷兰侵占的部落，除生活改以与荷兰人交换鹿皮为生，大多数仍维持原来的生活。

明末以降（1628年），带进汉族大量开垦，郑氏王朝更鼓励官兵圈地盖屋辟田，在这些官兵的眼中平埔人

的猎场与轮耕地就是"荒地"[3]，清朝统治时期以后更为严重，从《康熙台湾舆图》《乾隆台湾舆图》显示，平埔人散居于除了台南政治中心以外平原及山坡地地区，也在平地耕作稻米，如《番社采风图》中（图1），即解释台邑卓人、罗汉门和新港等社平埔人从事水稻种植，水稻品种及种植的技术传自中国大陆[4]，可证明台湾原住民生活方式受汉化的影响。

图1　《番社采风图》耕种（台湾研究院）

1　李树宜（1977—），台湾华梵大学建筑系，讲师，silee@mail.sujarchi.com.tw。

2　中国台湾公布的原住民均以族群来分，但其语言、生活方式均有共通的相似之处，仅存在于传统服装、音乐及住屋差异，类似于中国大陆所提出的民系概念，又不完全是民系的分类，故本文以族系称之。

3　即垦成"农地"的"荒地"。

4　杜正胜解说版.番社采风图.台湾研究院历史语言研究所，1998.

依据其生活方式形态分布，由于大多数部落的居民经过汉族及日本人空间竞争下的迁移，大多数现存的部落沿着海滨、高山区定居，平原者受到同化，日本占领台湾时期时，台湾的西部平原几乎无原住民的踪影。日本政府未来开采山林资源，进行一连串的"理蕃政策"，除武力征伐，也开始所谓的株式会社的集团移住，将原本散居在山头的原住民部落，集中迁到山脚下，以便管理。1945年后，国民党政府延续日本占领台湾时期现代国家的概念，将过去拥有的传统领域，纳入国家可统治范围内。

现代的原住民采用狩猎、刀耕火耨的农耕（小米）方式。位于高海拔的台湾少数民族（1500～2000米高度的部落）原住民逐渐往山区居住，主要包含泰雅人、赛夏人、邵人、邹人、布农人、鲁凯人。滨海者能利用平原及靠海优势较容易渔猎，大多数与汉族混居并受到同化，比如西拉雅人、阿美人。部分的原住民，本居住于沿河而居的原部民，被迫迁移到东部山区的谷地中定居，比如噶玛兰人。汉族较难达到的地方，则较能保持原有的生活形态，如卑南人、鲁凯人、排湾人、达悟人（雅美人）。

这些部落空间形态，依地形，生存环境、部落的信仰、头目的需求而建制。

2. 聚落形态特点

台湾原住民聚落多聚集于山地、谷地地区，多数依沿地形而居（图3），搭配着头目[1]选择良好的狩猎或农耕地定居，一个部落数十户上下，由于留存的聚落大多经过迁移，聚落有计划、有规律地依据地形排列，建筑物的正面面向主道路（图2），并沿着现代道路发展。聚落受荷兰、西班牙影响，除原有祖灵信仰外，亦接受天主教文化。聚落内普遍设有教堂、祖灵祭场、灵屋及谷仓，狩猎为生的族群如泰雅人部落、赛德克人、赛夏人聚落过去经常与外来政权相互征战，且在山林地易于实施游击战，故聚落均设置瞭望台，作为聚落的警戒设施。以农工渔猎为生的邹人，东部的阿美人、卑南人、鲁凯人设有集会所[2]，排湾人则是多选择于山林谷地，除了取水容易外，还有易守难攻的特性，社会组织有明显的阶级制度，由贵族（头目）统治[3]，头目居住于聚落较高处，其住屋前方设有司令台，用以招集聚落的族人，并集体行动。农耕较为发达的阿美人、葛玛兰人则以谷仓的多寡来显示财富。其次早期原住民普遍以槟榔作为宴客食物，现存的原住民聚落周围都栽植大量的槟榔树，是辨认原住民聚落的重要方式之一。

图2　南澳部落（图片来源：李亦园.南澳的泰雅人〔M〕.台北：台湾研究院民族所，1963.页前图版）

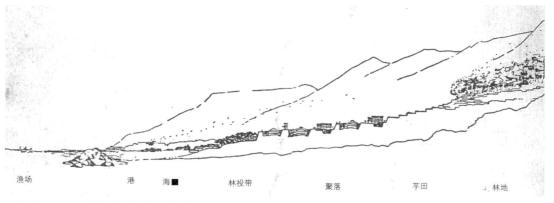

渔场　　　　港　海■　　　林投带　　　　聚落　　　芋田　　　林地

图3　达悟人（雅美人）部落分布剖面示意图

1　头目即为部落内的领导者.

2　参阅 滕岛亥治郎著. 詹慧玲编校. 台湾的建筑〔M〕. 台北:台原出版社, 1999:88.

3　参阅 李干朗. 胡仙福改编. 台湾建筑史〔M〕. 北京:电子工业出版社, 2012:14.

原住民的家族财产的继承观念，由长子为继任人，长子夭折则归次子。在无子有女的家族，长女即为继任人。无子女的家族身后产物归其父系男性最近之人继承。其他子女则可选择另立门户，故聚落大小，取决于聚落成人的数量。

二、原住民部落的现代化适应性课题

1. 自然技术适应性

大多数的原住民处于经济弱势，其住屋的形式受到自由经济市场的技术环境影响极大，比如早期原住民就地取材互助造屋造房，近代则以相对较为便宜的钢筋混凝土互助造屋，或者向汉族购屋或租屋。汉族的造屋技术普遍优于原住民，许多住屋改为汉族的建筑构造，比如卑南人善用竹搭技术（图4），近代则改为竹管、竹编夹泥墙（图5、图6），造屋技术大多与传统割裂。

近年来复兴原住民文化，刻意将传统住屋形式复兴，但也为了因应台风的灾害及提高屋舍的耐久性，将原来的竹搭改为钢管因应（图7），或者以混凝土来模拟竹木构造。其次，原住民常用的绑扎工法，也改以钢丝作为主要固定，藤扎方法仅为表面装饰（图8），这些都说明了原住民的住屋技术受到外来更有效率的技术适应方式，在技术上直接引用并加以改装。

2. 文化图腾适应性

部落是原住民以血缘为基础的地缘组织，为部落最基本行政单位，依照原住民的住屋聚集现象，可分为散居型、集中型、数个同一族群自然村落联合成的部落、同一部落分出去的小村落，也有同一村落土地均属于领导头人的产权，日本占领台湾时期以不便统治为由，强迫获利诱他们从深山迁到山谷，或较平坦的地区，使其成为村落化的各族居住的情形大都具有以下三种特色。

* 聚集模式，但散居于各村，房屋并无特殊固定的位置，面对的方向也不拘。
* 建筑材料均为就地取材，故有木屋、竹屋、茅屋、石屋多种。
* 头目的房屋都比较宽敞舒适。

其次，原住民多半具有地缘性的传说，使得聚落分布通常与传说中的"山"有关系，比如邹人、布农人把台湾玉山视为圣山，泰雅人、赛德克人、赛夏人、太鲁阁人把大霸尖山视为族群起源地，卑南人视都兰山视为部落起源地，排湾人、鲁凯人把大母母山视为圣山，邵族的圣山为阿里山，受到日本人及国民政府的迁移，原住民大多仅留存圣山的传说，但在许多考古遗址中，部落的分布、棺木、建筑的朝向均与圣山有关，比如卑

图4 传统原住民家屋

图5 应用汉族的竹搭技术建造屋舍

图6 卑南文化会所位于学校内

图7 用铁管来模拟竹子

图8 传统的竹搭竹编构造容易毁损

南遗址中的石棺朝向，均面对都兰山（图10）。

经过多次迁移，建筑的分布已朝向现代化都市分布的方式，比如高雄鲁凯人的多纳部落（图11）、南王部落，部落建筑群体呈现棋盘式布局，利用主要道路及巷弄串接各栋建筑。

但家屋的配置则维持传统的建筑样式：

以卑南人为例，属于农耕部族，重视屋舍与环境的关系，侧边进口，院子种植日常用的蔬菜以及使用竹

篱来圈围，家屋后侧为仓库，并于边缘设置菜圃，即使更换为现代使用，亦有类似的家屋配置方式。

表面汉化的家屋，改为正面进口，家屋材料及即工法以完全使用汉族的工法，甚至使用现代化材料，在菜园圈围的范围下，使用方式仍维持传统家屋的围合方式（图13）。

家屋的居住者们虽然也学汉族贴附对联，在建筑侧边装饰部分，仍使用卑南人家屋的图腾（图14）。

图9 卑南人部落会所、圣山关系图

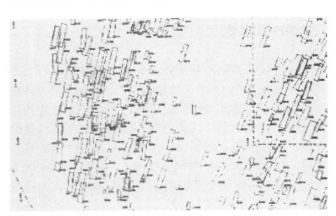

图10 卑南遗址棺木摆设均朝向都兰山（图片来源：卑南考古遗址）

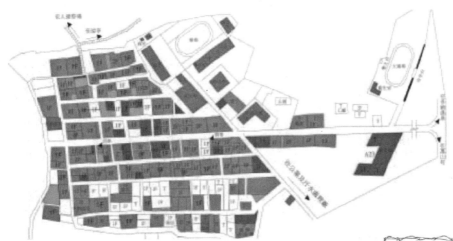

图11 高雄鲁凯人的多纳部落

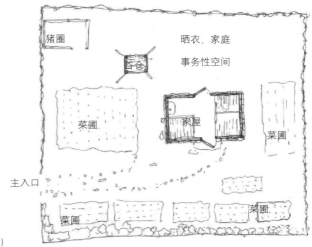

图12 传统卑南人家屋（图片来源：作者自绘）

图13 现代家屋配置，与传统配制并无太大差异

图14 现代原住民家屋图腾与春联的搭配

3. 聚落分布的社会适应性

依据田哲益的研究，传统原住民的领袖出现，大多倚赖于泛血缘的组织中的战功首领[1]，现代化的工商社会，促使多数的原住民转往城市发展，酋长组织逐渐瓦解，原始的武力决胜的氏族观念并未改变。依据李亦园的研究，中日战争之后国民党政府禁止猎捕野生动物后，多数的原住民到都市从事劳力工作[2]，能展现体力战功者，仅为配合现代化的体育教育，学校设施的运动场，被原住民视为男人体育竞赛的场所，中小学的校庆活动，原住民经常以类似于庆典活动的方式来参与并举办。而多数的集会所、议事厅也会集中于体育场附近，而这些体育场附着于学校。因此现代的原住民部落的会所、祭典，大多转向学校内的体育场及会所来举办。除了重视体育竞技，也重视每年的丰年祭（类似于汉族的过年），空间也透过现代化的教育场所取代传统的会所设施，较明显的例子如南王部落的南王小学及其会所、达悟人兰屿朗岛部落（图15）、宜兰的泰雅人的寒溪聚落以及寒溪小学。

图15 达悟人（雅美人）原始部落配置图

1 参阅 田哲益，台湾原住民的社会与文化，台北：武陵出版社，2001：74—75.
2 参阅 李亦园，台湾土著原住民的社会与文化，台北：联经出版社，1999：431（表五）.

三、结论

台湾的原住民在清代以来受到现代化冲击，已难维持古文献中的生活形貌，而转变为现代化、与汉族人相同的住屋形式。本文尝试从自然、社会、文化等观点观察台湾原住民部落在现代化后的空间文化特征，除了技术引用现代化的工业化材料，聚落的配置亦随着现代化的进程调整为棋盘式的聚落形式，原有的祭场改为学校的运动场、传统信仰的图腾侧置，均显示传统文化在现代化适应中的传统特征。传统的家屋使用方式的关系（配置），信仰符号原型不变，是原住民在现代化冲击下容易辨别的形态特征。

参考文献：

[1] 滕岛亥治郎著. 詹慧玲编校. 台湾的建筑〔M〕. 台北：台原出版社，1999.

[2] 李乾朗. 胡仙福改编. 台湾建筑史〔M〕. 北京：电子工业出版社，2012.

[3] 李亦园. 台湾土著原住民的社会与文化. 台北：联经出版社，1999.

[4] 李亦园. 南澳的泰雅人〔M〕. 台北：台湾研究院民族所，1963.

[5] 李壬癸. 台湾南岛民族的族群与迁徙〔M〕. 台北，前卫出版社，2011.

[6] 田哲益. 台湾原住民的社会与文化. 台北：武陵出版社，2001.

[7] 《番社 采风图》，台湾研究院史语所文物陈列馆馆藏.

[8] 《卑南遗址棺木朝向图》，卑南遗址公园展厅馆藏.

多民系交集背景下惠州传统村落祠宅关系比较分析

赖 瑛[1] 杨星星[2]

摘 要： 惠州是广东唯一一处汉民族的客家、广府、福佬三大民系交集的地方，三大民系均属宗族组织极为强盛区域，但由于原生民系文化差异，在祭祀祖先与居住关系上呈现出祠宅合一、祠堂分立等明显的民系差异。这种差异反映了宗族组织与家族组织在社会经济文化发展中的较量演变。

关键词： 多民系交集；祠宅关系；传统村落；惠州

广东的宗族组织在明清时期极为兴盛，宗族组织的建筑载体——各类祠堂则主宰者传统村落的发展和演变，成为礼制空间的核心，居住建筑成为围合体。惠州是广东唯一一处汉民族客家、广府、福佬[1]三大民系交集地（图1），三大民系至今保存强盛的宗族文化，原生民系文化差异与本土发展的差异，祠与宅位置关系呈现不一样的宗法表达方式。

图1 惠州三大民系交汇示意图

直系祖先牌位的供奉。寝祭源远流长，早在周代就对宗庙祭祀的等级作出明确的规定"天子七庙，三昭三穆……庶人祭于寝"。朱子说："君子之泽五世而斩"，因此，神龛内所供奉的是自高祖以下四代祖先的神主牌位。

在惠州不管是哪个民系，都保留传统的家祭仪式，仪式的场所就在厅堂。客家上五下五、广府三间两廊、福佬下山虎等常见的小家庭居住单位里，厅堂不仅是家庭生活的起居空间，又是祭拜祖先、婚丧嫁娶、寿禧庆典、教化子女的重地。作为家长制的精神象征、家庭的礼制中心，其祭祀祖先布局、陈设有较大相似性：厅堂前檐开敞、不做门窗、空间直与天井相接、连成一体，大厅后墙前设搁板，上部设放置先人神主的龛位，龛两侧对联，下部作为隔间挡板。挡板前摆放八仙桌或条案，每逢年时节下，先祖忌日和冥诞，都要在厅堂中设供品祭拜神主，尤其是腊月三十，隔板正中悬挂祖先遗容，称"请祖宗"，一般人家到正月初七吃"祖孙饭"，取下祖像，称"送祖宗"。

家祭主要是针对自高祖以下的四代祖先，而对于房派祖先、开基祖，乃至始祖的祭祀则是各类祠堂功能职责所在，本文所探讨的祠宅关系正是这类祠堂与住宅建筑之间的关系。

一、寝祭的共通性

寝祭，又称"家祭"，小家庭厅堂正中设立神龛对

二、客家村落以祠宅合一方式为主

惠州客家村落的建筑形式在不同区域有着较明显

1 赖瑛，惠州学院建筑与土木工程学院，讲师，516007，501568338@qq.com。
2 杨星星，惠州学院建筑与土木工程学院，讲师，14465037@qq.com。

图2 惠州民居常见厅形式1

图3 惠州民居常见厅形式2

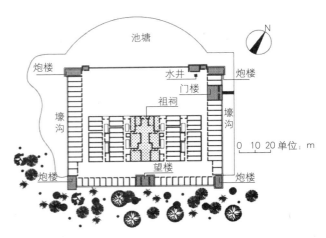

图4 龙门永汉鹤湖围平面图

的差异，但在祠堂与住宅关系上基本保持着一致的做法，即"祠宅合一"的形式。客家所处区域地形以山地、丘陵为主，大大小小的家族择址而居，为适应不同的地形，形成堂横屋及其各种规模的组合方式[2]，小型规模建筑占地面积百余平方米的上三下三（即二进三开间）、三百余平方米上五下五（即二进五开间，如惠阳镇隆温淑海故居），中等规模建筑占地面积二三千平方米左右，比如两堂四横一围龙的惠阳良井学元公祠建筑占地2045平方米、三堂四横前倒座后围龙二堂二横的惠阳秋长求水岭老屋建筑占地3570平方米，大型规模的占地六七千平方米，甚至万余平方米，如三堂六横前倒座三围龙的惠阳秋长桂林新居建筑占地10395平方米，三堂四横一倒座二枕杠的惠阳镇隆崇林世居建筑占地面积13184平方米（惠州目前发现的最大的客家围屋）。但无论围屋大小，围屋内为单一姓氏聚居，且在建筑的中轴线上设立祠祀空间，居住与祭祀祖先的功能同时存在于同一座建筑内，居、祠并置：由下厅、天井、中厅、天井、上厅组成建筑中轴线（图4），中轴线的末端——上厅设置祭祀祖先的牌位（又称祖厅、祖公厅等），这是整座建筑的灵魂所在。祠宅合一的方式不是客家民系所独有，在其他民系、其他省域也有祠宅合一现象，比如湖北与湘赣皖交接的鄂东地区遗存许多大屋，大屋中间最后一进设有祭祀祖先牌位，即"祠居合一"[3]。

祠堂不仅是客家家族礼仪的中心，也成为家族社会地位的表征，以祠堂为主要祠祀空间的方式满足了祭祀祖先等礼仪的需要，更是宗法制度的淋漓体现。祖厅地位居高、居中，金碧辉煌的神龛上供奉本族历代列祖列宗，神龛前是祭台香案，显出庄严肃穆的神圣气氛（图5），形象崇高、肃穆；其他公共场所如池塘、禾坪、天井等与祖厅严谨规整地布置在建筑的中轴线上，代表至尊与永恒，是家族团结的核心；而众多家庭用房，如卧房、厨房、储物间等秩序井然地对称布置在中轴线两侧或四周，房门均朝向中轴线，显示出客家人对祖宗及家族的臣服与敬畏。与客家民系每个家都处于一个庞大而清晰的伦理构架中一样，每间房也都有自己固定的位置，比如卧房，也根据个人在家族中的辈分地位

图5 惠阳秋长桂林新居上厅

而部署位置，越是靠近祖厅，这人在家族中的地位越发重要，反之亦然。但是不论重要与否，卧房大多为单开间，少数为上三下三的基本单元，与惠州广府、福佬民系的祠宅规划相比较，客家小家庭的私密性弱之又弱，大家庭的公共利益重之又重，折射出小家庭无条件地服从于大家庭的传统宗法礼制思想。

客家民系"祠堂为中心、同处一屋檐下"的祠宅规划有其深刻的文化、经济和军事等方面的渊源。第一，祠宅合一的习俗与先民迁徙史相关联，当移民在迁入地初建家园时，选址择地是首要之举，而祭祖荫后同样刻不容缓，祭祀祖先变成一个家族安身立命、维持正统的重要方式与表征，加之客家所选区域多为丘陵山区，需要抵御的不仅是自然环境的恶劣，还有外族与他民系的排挤等，所以借助血缘的力量来获得整体上的防御优势，达到生存与发展的目的，同居一屋檐下的祠宅合一是御敌于家门之外的极为有效的方式。第二，惠州客家村落大多位于丘陵山区，山多地少、土地贫瘠，土地开垦上较广府民系更为困难，为了克服这一不利的外在条件，拓展更多生存空间，需要借助于大规模的人力来进行耕作以便完成艰苦的土地开发，这也就更需要人与人之间的信任与合作，而最合适的方式莫过于借助宗族这股凝聚力来进行集体耕作。第三，祠宅合一的习俗与累世而居的习俗相辅相成。传统儒家文化教导，在居住上遵循"父母在堂，则兄弟等亦不分；祖父在堂，则祖孙三代都不分的，分则视为背理"[4]的原则，客家人谨遵于此选择累世而居，为保证累世而居，家族凝聚力通过祠宅合一可以达到最大化，所以客家人即便分家也是"无论分遗至如何繁细，其正厅仍属公有"[5]，正是浓郁礼制色彩的族规成为累世同居的思想基础，住居空间的组织与安排依礼制和家庭生活而展开。

三、广府村落以祠宅分立方式为主

惠州广府民系也属聚族而居，每个村均有祠堂，但是在处理祠堂与居住关系上时，采取的是"祠宅分立"形式，即祠堂与民宅是独立的空间，大多没有共同的屋檐，没有共用的墙体，不出入同一大门。惠州广府村落布局主要有梳式布局和中心发散等形式，由于广府民系得以选择地势平坦之地立村繁衍生息，部分村落还处低洼之地，水塘多成为惠州广府传统村落的特征之一，利用低地势中的小山丘作为村落建筑群选址，建筑群或沿水域规整地依次向山坡排列，或由高处向四周发散式布局，建筑群前面的低洼处开挖水塘，或将附近河流汁水引入作水塘，水塘之前地方开垦为农田。而祠堂

则无论是发散式还是梳式，一般位于整体建筑第一排，面向水塘。比如，惠城仲恺罗村是发散式村落，其村名因地形形似倒扣箩筐而得，起初是在山丘顶部发展，慢慢向四周扩散，村落唯一姓氏谢氏族群于明初自东莞谢岗迁至此，谢氏宗祠坐西北向东南，面临村中最大水塘，两个支祠老厅厦和新厅厦坐东北向西南。龙门永汉王屋村宋末元初开村于此，明末清初之时村落有了明确规划，村中保留的清代重修的祖谱详细绘制了村落选址图、村落规划布局图[7]（图6），并记载祠堂建设情况如栋距地高度、檐口高度等。王屋村九列八排建筑，以祭祀开基祖之名建造的"文佑王公祠"位于村落正中间，朝向半月形水塘，这也是王屋村唯一的一座祠堂，一路四进，前两进为五开间，后两进心间属祠堂部分，两侧房间与祠堂以墙与门洞相隔；此次村落建设还建造了凌云阁等公共建筑，除正朝向水塘开挖成半月形，其他三个方向水塘呈不规则形状。再如北宋开村的龙门永汉马图岗村，围村是刘氏最早定居之处，围村坐东南朝西北，四周水塘相连，正面略半圆形水塘，北、东、西靠湖建一圈单开间围屋，内部以四进祠堂为中心，祠堂之后为三层高炮楼，祠堂左右各分布一列明字屋、一列三间两廊民宅（图7），而祠堂位于建筑群正中间，四进单开间。

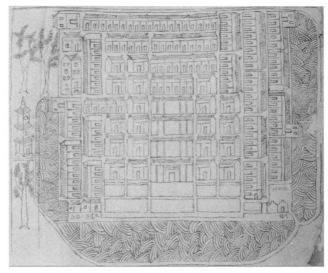

图6　龙门永汉王屋村村落规划图

不管村落布局形式如何变化，惠州广府祠堂在村落中所处的核心地位毋庸置疑：祠堂位处村落显眼、核心的位置，在建筑高度上一定高于村民住宅，建筑形制上登记明显高于村中其他类型建筑，比如民宅直接硬山搁檩，而祠堂梁架采用瓜柱、驼峰斗栱（图8、图9），建筑装饰举族人之力尽善尽美，成为村中最高等级的建筑，是村落的一个重要门面，起着统领作用，令人一见

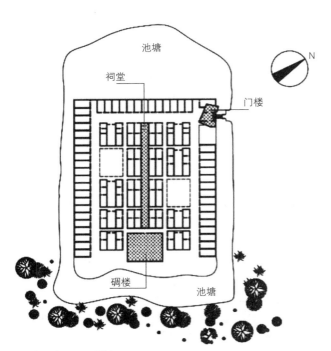

图7 龙门永汉马图岗村

图8 龙门文佑王公祠中进轩廊梁架

村落即见祠堂。祠堂周边明字屋、三间两廊等形式民宅如众星拱月般排列在祠堂的后面或旁边，丝毫不可超越到祠堂前面，祠堂成为整座村落空间秩序的统帅者。与客家人累世而居，注重大家族的祠宅合一不同，广府人在重视大家族的团结同时又看重小家庭的私密、自由与温馨，也反映了在"商业经济发达社会，家庭规模越小，越利于减缓商业财富共有所造成的家庭矛盾，而以村落为整体的宗族关系，又确保了各个家庭具有经济活动和承担一定风险的能力"[8]。

广府民系祠堂与祠堂之间的关系相较客家民系更为复杂。一个宗族组织完善的广府村落空间，反映出不同层次的宗族结构关系从而给人以井然有序的感觉，随着宗族人口不断增多，大宗族往往派生许多小支系，反

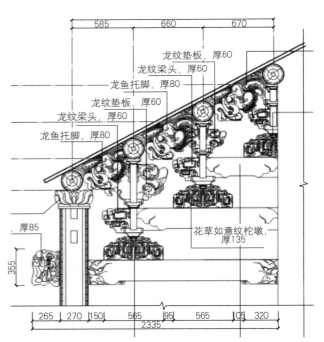

图9 绳武围主兑李公祠前檐梁架

映在村落形态上，比如出现许多小簇团，各支系除了受总祠统领外，又以支祠作为副中心，形成一些小的空间组织[7]。譬如博罗湖镇镇湖镇围，村中有总祠——胡氏祠堂，还有愈宽公祠、希孟公祠、东岭公祠、德基公祠、德众公祠、逊众公祠、椿堂公祠等房派，房派之下又有木屋、叶屋、新屋等支祠，村落道路网也随着祠堂位置及大小来确定，各种建筑的排列遵守封建宗法礼俗按等级分布。如果是杂姓村，则本姓氏祠堂引领本姓族人民宅有序展开，属各姓氏共有道路（主要为地堂）因是主干道且肩负晒谷、村落活动等功能而宽阔，不同姓氏交界的道路次之，同一姓氏内部巷道最窄。惠州仲恺东楼村冯氏宗祠、洪氏宗祠、袁氏宗祠引领三大姓氏有序展开，为增强地缘凝聚力，清康熙年间三姓氏在村外围的河边兴建"侯王宫"。

四、福佬村落祠宅分与立

惠州福佬民系的祠宅关系与客家、广府有着明显不同，祠堂与住宅的位置关系有如下情况。

第一种情况，祠堂位于建筑群中轴线末端。这个中轴线与客家中轴线有差别，客家中轴线上布置的是一进又一进的建筑——下厅、天井、中厅、天井、上厅，而福佬民系的中轴线是围寨内的主干道，在主干道的尽头、正对大门入口，设置本围寨祖祠，比如惠东黄埠镇西冲村杨屋村永兴围的杨氏祖祠、惠东稔山镇长排村围寨末端的陈氏祖祠、惠城区横沥镇墨园村墨园围的徐氏

宗祠等都是这一情况。

第二种情况，祠堂独立于住宅片区。祠堂是独立于居住建筑之外的，这类祠堂的性质通常都是"宗祠"，供整个村或几个村甚至更大范围关联的宗族共同祭祀先祖。惠城区横沥镇墨园是陈、朱、曾、许多姓杂居，墨园围内除有陈氏宗祠、徐氏宗祠外，围外右侧开设一片区域作为村内各姓氏祠堂所在，如陈氏宗祠、朱氏宗祠、朱氏三祠、福善堂（朱氏）、曾氏宗祠，等等。

第三种情况，祠堂混杂在民居中。祠堂不在围寨内的中轴线上，表面上看祠堂在围寨内似乎没有规律可循，这类祠堂显然是由原民居转变而来的。比如惠东稔山镇范和村罗冈围内有四个组团48座爬狮，陈氏祖祠位于围东北小组团的东第一列、南第一排；而范和村吉塘围内四列四横共16座独立屋檐、独立墙体的爬狮（图10），大门书写"林氏祖祠"的祠堂有两座，位于东起第一列南起第二排、东起第四列南起第三排，大门未标明名号的祠堂两座，即东起第一列南起第四排、东起第三列南起第三排，吉塘围为林氏家族所独有，这两座未标名号的祠堂也应是林氏祠堂。再如惠东多祝镇皇思杨村是杨氏、萧氏、许氏、陈氏、钟氏等多姓氏杂居村落，老围寨内现存杨氏五世祖祠、杨氏三世祖祠、许氏十四十五世祖祠、萧氏一至十二世祖祠（图11）。围寨氏福佬民系常见的民居建筑形式，"福建是家族制度在中国最为强盛的一个省份，其重要的表现形式是聚族而居，广建宗祠"[8]，皇思杨村就充分地反映了这一特点，老围寨内民居改祖祠数量之多足可见一斑。如此密集的祠堂分布说明，福佬民系地少人多的客观条件不可避免地导致宗族内部矛盾的激化，促使阶层不断分化，

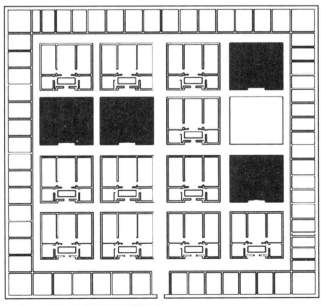

图10 惠东稔山范和村吉塘围祠堂分布

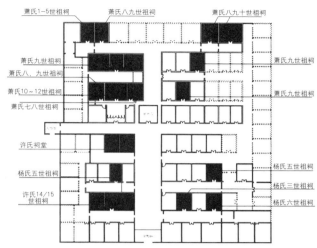

图11 惠东多祝皇思杨村围寨内祠堂分布

宗族组织逐渐过渡到家族组织。

多姓氏杂居是惠州福佬民系村落主要聚居模式，姓氏祠堂引领本姓氏民宅有序排列是福佬民系常见的村落布局形式。与客家、广府基本是以单姓村落或者某个大姓加少数小姓的村落不同的是，福佬村落数姓家族共居村落，比如惠城区墨园村以陈姓、朱、徐、曾姓等姓氏杂居，惠东皇思扬村以萧、杨、许、郑为四大姓氏为主，而惠东稔山范和村姓氏最为庞杂，五十余姓氏族人相安无事地杂居一村。尽管发展密集，但是脉络基本清晰，不同姓氏的居住区片较为清晰明了，即便同一姓氏但不同支脉也泾渭分明。

地缘与血缘并重的福佬村落折射出其深刻的历史文化背景。一方面，福佬民系在惠州所选位置大多为古驿道，交通便利，成为新移民涌入的优选之地，是福建、广东潮汕地区向东南拓展过程的优选之地。另一方面，福佬民系素来以商业为常见营生方式，其所处之处大多商贸较为发达、吸引人口不断汇聚。在客家人、广府人占绝对优势的惠州，有着共同地缘与语缘的潮汕人，只有在精神层面上形成最有力的团结，从而求得在新开发地的立足与发展，因此，由潮汕俗语"金厝边（邻居）银亲戚"可知重视邻里关系观念在惠州的潮汕村落同样得以强化。

五、结语

惠州的客家、广府、福佬民系传统村落中祠与宅关系的不同折射出民系宗族组织对于村落布局影响不同：客家祠堂主要位于围屋中轴线的末端，小家庭绝对服从大家庭，反映出越是远离政权之处，越依赖于宗族组织的管理与保障；广府民系祠堂主要位于建筑群第一

排，统领民宅有序展开，弱化了宗族力量，家族团块却明显突出，符合封建家长制晚期宗族关系削弱而家族关系突出的历史；潮汕民系祠堂虽与民宅同属大围寨内但与民居相对独立，或各姓氏祠堂集中一处民居按姓氏分片布置，祖祠、世祠、宗祠等各类祠堂数量在三个民系为最多，反映福佬人以相对少人口定居惠州后仰仗大宗族、小家族各种血缘力量乃至不同姓氏但系出同源的地缘力量。此外，民系之间文化交融与影响，还产生客家村落祠宅分立、广府村落祠宅合一等现象，限于篇幅不再展开。对多民系交集背景下惠州村落的研究不仅是对当下村落热潮的呼应，也对时下乡村振兴计划以及村镇旅游中，村落文化与特色挖掘的重要基础研究及村落保护利用中村落价值评价起到实际借鉴作用。

参考文献：

[1] 对于惠州境内操闽海系语言群体的称呼学界有福佬、福佬等。笔者认为，惠州境内此类族群基本来源于福建，比如惠城区墨园村陈朱徐曾姓氏、惠城岚派村许氏、惠东皇思杨村的萧杨郑许姓氏、惠东黄埠杨屋村等均由福建漳州迁徙而来，范和村大多姓氏由福建莆田、泉州等多地迁徙而来，但从潮汕迁徙而来形成的村落少，本土其他民系对其有"学佬"等称谓，因此本文选取"福佬"一语。

[2] 参见杨星星．清代归善县客家围屋研究．北京：人民日报出版社，2015：53—67．

[3] 谭刚毅．祠祀空间的形制及其社会成因——从鄂东地区"祠居合一"型大屋谈起．建筑学报，2015（2）：97．

[4] 梁漱溟．中国文化要义．上海：学林出版社，1996：81．

[5] 罗香林．客家研究导论．台湾：众文图书公司，1981：34．

[6] 惠州龙门县永汉镇王屋村村民提供．官田王屋祖谱．

[7] 陆琦．广东民居．北京：中国建筑工业出版社，2008：56．

[8] 郭焕宇．近代广东侨乡民居文化比较研究．华南理工大学博士学位论文，2015：31．

[9] 戴志坚．福建民居．北京：中国建筑工业出版社，2008：54．

新疆"阿以旺"民居生态建筑经验及应用探究[1]

唐拥军[2]　张晓宇[3]　禹怀亮[4]　赵　会[5]

摘　要： 以地域建筑对生态环境的适应性为切入点，基于对新疆阿以旺民居的实地调研和分析，对蕴藏其中的生态建筑经验进行初步的挖掘，详细分析了其中朴素的生态自然观、适宜有效的空间布局、因地施材的构筑方式、简单高效的通风与防沙等多个层面的生态营建特征和设计规律，指出阿以旺民居的生态建筑经验对当地特殊自然条件下建设生态宜居环境的启示和意义。

关键词： 阿以旺民居；生态建筑经验；环境适应性；生态建筑；建筑创作

随着城市化的发展，环境问题已经是一个全球性问题，而新疆生态环境较为脆弱，过度的消耗当地资源所带来的生态灾难是毁灭性的。国家"一带一路"战略的实施和中巴经济走廊的筹备，不仅让新疆迎来新的发展契机，而且使城市建设面临前所未有的机遇与挑战。在这样的背景下，急需关注当地传统民居与自然生态的关系，处理好城市建设与自然环境的关系就显得尤为重要。将新疆当地阿以旺民居的生态建筑经验在新的历史条件下挖掘、分析、整理、借鉴，有助于我们从中理解生态建筑的内涵和特点，为当地建筑实践提供新的思路和方法[1]，并将其应用到当代城市规划和建筑实践当中，对创造宜居的人居环境具有重要的现实意义。

目前业内对新疆"阿以旺"民居生态建构经验的总结及应用的研究和实践较为薄弱，尤以应用实践较为鲜见，存在数量少、规模小、自发多、自觉少、无特色、生态营建不受重视等问题，迫切需要相关的学术研究及探索，基于以上背景，本文试总结"阿以旺"民居的生态建构经验，并试提出将这些蕴藏在当地民居中的生态建构经验应用到当今建筑实践的对策与建议。

一、阿以旺民居特殊的自然环境

新疆地处我国内陆，远离海洋，四周高山环绕，使得新疆气候整体干热少雨，是典型的大陆性干旱和半干旱气候，尤以天山山脉以南的南疆地区最为明显。南疆地区气候夏季炎热，冬季酷寒，日照强烈，全年日照时间长达2767小时；早晚温差大，白天干旱少云，光照充足，单位面积上获得的太阳辐射能高，但到了夜晚，由于干燥无云，透明的大气层又使地面的热量以长波辐射的方式很快散失出去，导致温度降到很低，使得早晚温差最高能达到20℃左右，故有"早穿皮袄午穿纱，晚抱火炉吃西瓜"之说；而这样大的气温变化必然引起气流的频繁转换，致使当地常年刮风[2]，每年的大风日较多，春夏之交尤为明显，常形成"沙暴日"；同时，气候干热，降雨量非常小，蒸发量却很大，年降雨量仅为50毫米左右，而年蒸发量却高达2500毫米以上。正是为了适应这样严酷的自然气候环境，阿以旺民居才在这样极端的条件下应运而生。

二、阿以旺民居的生态建筑经验

任何一种建筑形态都不是偶然出现的，其本身的产生受到自然条件的影响，而在长期的发展演变过程中亦不断地受到自然条件的修正。阿以旺民居就是在长期的实践中发展出一套适应新疆严酷自然条件的生态建筑经验，它不仅表现在构造做法、材料选择、空间构成、建筑形式等具体的营建措施上，还包括抽象的自然观与生态设计思维。

1　基金项目：塔里木大学校长基金青年项目《南疆生土建筑生态设计策略研究》资助（项目编号：TDZKQN201820）。
2　唐拥军，塔里木大学水利与建筑工程学院，讲师（建筑规划系副主任），843300，58106084@qq.com。
3　张晓宇（通讯作者），塔里木大学水利与建筑工程学院，讲师，843300，382800522@qq.com。
4　禹怀亮，塔里木大学水利与建筑工程学院，讲师，843300，790032104@qq.com。
5　赵会，塔里木大学人文学院，讲师，843300，869028337@qq.com。

1. 朴素的自然生态观

我国传统民居的产生与发展，始终是以敬畏自然、顺应自然、尊重自然为前提，从自然环境中获得灵感，自发地利用当地适宜的建筑材料与技术，将技术、功能、艺术结合起来，创造出适应当地气候条件和自然环境的低能耗民居建筑，从中表现出来的崇尚天地、适应自然、对自然资源既合理利用又积极保护，成为中国传统民居建筑发展的主要特征。而顺应自然、尊重自然、人与自然和谐共存，形成了我国传统民居建筑朴素的自然生态观，其不仅具有超脱实体的规律性特征，而且自身的应用有利于形成本土文化气质的生态建筑。因此，我们需要重视的不仅是外在物的形式，更是以物的形式作为载体来传承延续的营建观念和思维方法。

2. 适宜有效的空间布局

阿以旺民居中因地制宜的空间布局主要体现在对气候的适应性上。根据当地的气候特点，冬季严寒、夏季炎热，且冬夏长而春秋短，大都居住在接近沙漠、戈壁的缓坡和平原的干旱地区，这种极端严酷的自然环境塑造着其民居的空间形态。为了防风、防沙、保暖、避热，从而产生了低层、高密度、密集、紧凑、内向、封闭式，以一个或多个明亮开放的"阿以旺"厅为中心，四周布置其他生活用房的对外封闭、对内开敞的空间布局形式。这正是对严酷的气候条件作出的最好回应（图1）。

图1 密集的聚落

密集，内向的建筑群组，产生错综复杂的、高墙窄巷的狭隘的街巷空间（图2），一方面有利于防风固沙、降低风速等生态效益；另一方面是希望建筑相互之间形成自遮挡，创造阴影空间以满足休息交往等生活

图2 高墙窄巷

需求，并降低建筑外表面温度，减少建筑自身的受热面积，改善太阳辐射对人们生活带来的影响。

阿以旺民居空间布局紧凑方正，用最小的表面积围合最大空间，以"阿以旺"厅为中心，四周布置居室，各居室对外封闭对内开放，整栋建筑除了门户外，外围几乎不开任何孔洞，外部是50～80厘米厚重严实的墙体，这样可有效阻止热传递和减小风沙对生活的影响，内部门窗均开向中庭，开敞通透，有利于室内空气流通。中庭顶部建有凸出屋面的大面积高侧窗和封顶的隆起空间，此处常用以日常起居、待客、歌舞，家庭劳务等，实质是一个家庭共享空间，以躲避外部严酷的气候，是室内空间室外化的表现（图3）。

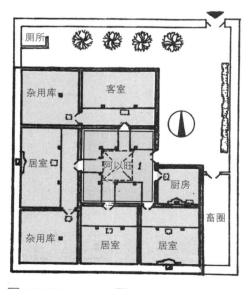

☐ 阿以旺厅　　　☐ 围绕阿以旺厅布置的生活空间

图3 阿以旺民居空间布局

为了适应新疆较大的温差变化，阿以旺民居创造了应对多变气候的封闭、私密的冬室和开敞、明亮的夏室。夏室临近阿以旺厅，便于通风，而冬室沙拉依私密

性较强，一般安排在最内部，且为小空间，以起到保温的作用，这不仅受到宗法制度的影响，更是对冬季严寒气候的回应（图4）。

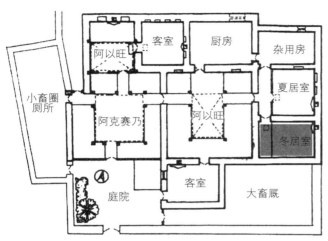

图4　冬室位置

3. 因地施材的构筑方式

严酷的自然环境，使阿以旺民居在建筑材料的选择方面相对单一，但也创造性的发掘出适宜当地环境的建筑材料和独特的构造做法，表现为就地取材、因材制宜的生态策略。

新疆生土资源丰富，取材方便，而且建造方式多样，施工简单，如土培砌筑、木骨泥墙、烘焙砌筑等。采用多种构造措施又可改善材料本身的局限性，如用生土加水搅拌均匀做成土块，干燥后可增加强度等，故新疆利用生土营造房屋的现象几乎遍及全境[3]。阿以旺民居采用生土材料加少量木材建造房屋，用当地多产的石膏、石灰做装饰材料。这些生态原料是自然的产物，它们皆可回收、再生，并且可降解、无污染，是经济理想型绿色环保材料。由于生土材料本身在蓄热隔热方面具有明显优势，热惰性良好，用生土材料建造的房屋，夏季白天，生土建筑材料可有效阻挡热传递，保证室内舒适度，到了晚上，又会把白天吸收的大量的热量慢慢释放出来，这样可有效地缓解温差大对室内热环境稳定性的不利影响，起到了蓄热隔热的作用。现在还有很多当地的"阿以旺"民居再继续往建筑上包裹泥土，达到再次隔热[4]。同时，高大的土墙可增加院子和街巷的阴影面积，起到遮阴的效果。冬季，生土砌筑的厚实土墙可阻挡室外的强风和冷空气对室内的侵袭，主要起到保温的作用。

阿以旺民居针对当地原生材料的特点加以综合利用，一方面是自然条件的限制，一方面是对自然条件的

适应，使之在不破坏自然环境的基础上，还能减少地面空间的浪费，取之于自然，用之于自然，最后又融于自然，使阿以旺民居真正成为低成本、低能源、低污染的可持续性生态民居[2]。

4. 简单高效的通风与防沙

低层、高密度、紧凑、内向的空间布局，需要高效的通风策略来降低室内温度和置换新鲜空气，用以保证室内舒适度。

首先，利用风向；自然通风最有效的方式是顺应风向，简单的组织气流，房屋建造在常年主导风向上。朝东布置庭院，西北方向采用厚实墙体围合以阻挡冬季寒风与风沙。其次，适宜的开窗；建筑界面的封闭与开敞就其本质来说，是调节自然环境和室内环境矛盾的产物[5]，即具有分隔的作用，如阻断光线、热量、声音的交流，又具有传递的作用，如采光、通风等。阿以旺民居中的开窗为应对多变严酷的环境可作相应调整，具有一定的可调控性，窗户界面设计为双层平开窗，内为木框玻璃窗，外为封闭不透光的木窗，都能按需开启或关闭，夏季白天关闭窗户可抵挡热辐射，晚上打开促进空气流通；冬季打开木板窗关闭玻璃窗，吸收太阳热辐射提高室内温度并阻挡了外界的冷空气，所作的调整都是在保证采光、通风、遮阳的同时，抵挡太阳光的直射和风沙的侵袭（图5）。

最后，"烟囱效应"；阿以旺民居采用被动式自然通风技术，中厅天窗设置成类似烟囱的装置，利用热压通风来加强室内通风作用（图6）。由于阿以旺民居对内开敞，对外封闭，并采用蓄热隔热性能优良的生土材料作为墙体，故白天阳光直射下室内温度要低于室外，室内外产生一定的热压，且温差越大，进出风口高差越大，热压作用越明显。而阿以旺厅中凸起的可开启的高侧窗扮演了"烟囱"的角色，可将室内污浊的热空气排出，室外新鲜的空气经外廊或高墙产生的阴影处降温被吸入室内，以起到自然通风的作用。这些通风设置有效地增加了民居的空气流通，降低了室内温度，是非常适宜新疆地区气候条件的自然通风系统。

通过以上对阿以旺民居建筑的初步探讨，不难看出新疆的自然气候条件催生出阿以旺民居的建筑形态和其中蕴含着的自然而朴素的生态观和建筑技术。封闭的外墙不开窗或少开窗避免了风沙的影响；内墙门窗开向阿以旺厅，调节了建筑微环境，同时营造出半室外活动空间；厚实高大的夯土墙有效地降低热辐射对室内热环境的影响，并在冬季减少热量的损失和阻挡外界冷空气的渗透，等等。无论是朴素的生态自然观、适宜有效的

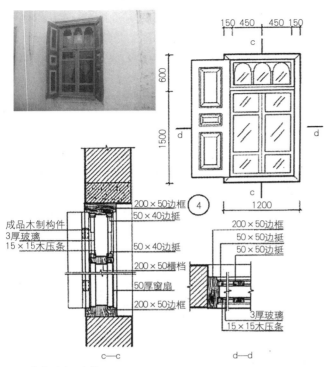

成品木制构件
3厚玻璃
15×15木压条

200×50边框
50×40边梃

50×40边梃

200×50边框
50×50边梃
50×50边梃

200×50横档

50厚窗扇

200×50边框

3厚玻璃
15×15木压条

c—c   d—d

图5　窗的形式及大样

图6　热压屋顶通风

空间布局，还是因地施材的构筑方式，或是简单高效的通风与防沙，生态建筑经验贯穿始终。

三、启示和借鉴

与现代建筑相比，传统民居是长期适应当地气候和其他自然条件的有机产物，从最初被动的适应自然到主动利用自然，最终巧妙地与自然有机融合，是人们长期适应自然的结果。用"绿色"的眼光重新审视传统民居建筑在处理人与环境、人与资源的关系方面的巧妙之处，对我们进行当代建筑创作有很大的启示和借鉴。对新疆阿以旺民居生态建筑经验的总结和应用，对当地特殊自然环境下建设可持续协调发展的生态宜居环境具有重要意义，不仅可以传承和发展我国优秀的建筑文化，

避免"千城一面"、"一城千面"的困境，更可以开拓我国当代建筑创作的思路，为现代建筑提供创作源泉，并改善当前能耗过高的问题。

随着对新疆传统民居研究的逐渐升温，从当地民居汲取设计灵感和创作语汇的设计方法是目前较为重要的设计方向，然而，大多数创作实践更多的是从民居的形式、空间入手，或加以模仿、借鉴、变异、提炼，使之很容易陷入"形式主义"，较少涉及内在营建隐性规律的应用。如考虑新疆特殊的气候环境，用热阻大的生土作为填充材料，在砖墙中加土坯层的做法（俗称"银包金"），以改善现代砖墙的保温性能和室内热环境，并使墙体相比传统土坯墙具有良好的强度；在满足消防、卫生、私密性的前提下，使现代建筑紧凑式布局，抵挡风沙、热辐射对建筑的影响；双层可控式窗户界面的设置在保证采光和空气流通的同时，又可抵挡阳光的直射和风沙的侵袭，增强了建筑对环境变化的应对性；借鉴被动式设计中的热压屋顶通风，可推广应用至通风墙、通风楼板等，进一步降低能耗，提高室内舒适度等；而不是更多的纠缠于建筑形式的地域化。

当然，对阿以旺民居生态建筑经验的应用不能只是对其低水平地重复利用和生搬硬套，而是一种新陈代谢式的创作过程。因为传统民居具有自身的局限性和不足，因此需要我们挖掘其有价值的营造经验，抛弃那些不合适的因素，在尊重地域文化的前提下，提炼、改造、运用当地传统技术、材料和建筑手段，使其更能适应现代生活和可持续发展的需要。

四、发展策略和建议

建筑行业未来的发展趋势之一是生态节能，传统民居生态建筑经验应用的实践与这一趋势吻合，并为建筑师提供了高效可行的"适宜技术"作为参考。但我国传统生态建筑经验应用到建筑实践中还没有形成主导力量，依旧存在诸多不足，因此试提出以下发展对策和建议。

1. 完善政策法规

虽然我国已经基本建立了由国家标准、地方标准以及规范性标准化文件为补充的技术标准框架体系[6]，但在实际操作过程中依旧存在若干问题。如相关法规更多的是控制最终结果，并未对设计过程进行相应的规定，因此会导致生态节能设计不能贯穿建筑始终，只是关注外表面保温隔热等技术指标。德国2006年出台的

En Ev2006 节能规范的指导思路就是由传统的控制外围护结构、导热系数等指标，转为控制建筑的单位面积能耗数量和整体内部能耗值[7]。这样的转变使得建筑设计的初期阶段便对于生态性能进行全面考虑，建筑节能不仅仅是针对表皮下功夫，而是整体地进行设计。

同时，应进一步健全相关制度，建立有效的监管部门，针对建筑创作阶段制定规范和措施，并设置相应的财政支持和奖励，如美国设有节能公益基金，奖励形式有现金补贴、税收减免和低息贷款等，可鼓励建筑师在实践中发掘并应用本土生态建筑经验，使用被动式设计策略，创造低造价、低能耗、高效能的生态宜居建筑。

2. 鼓励相关行业发展

现阶段建筑行业更多停留在多工种分工协作的状态，缺少专业整合，鼓励扶持绿色生态建筑技术咨询相关行业的发展，有助于在各个设计过程（方案设计、初步设计、施工图设计等）里实现具有专业性、针对性、精细化的绿色生态技术咨询服务，提高建筑各个阶段的可控性，可避免后期为达到某种结果所进行的技术叠加和创作初期重视度不够所造成的舍本逐末的情况，节约成本，降低能耗。

3. 提升生态建筑教育

传统生态建筑经验在当代建筑创作中的应用是塑造既有本土特色又具有时代精神的生态建筑的一种重要方法[8]。为使这种方法能够顺利、深入地应用在今后的建筑实践中，不仅要对全社会普及生态建筑教育、树立生态意识，提高对生态建筑的理解，而且更要加强建筑师对此种方法的掌握、运用的专业教育，提高生态设计能力。因此，生态教育具有非常重要的地位，它包括在校和在职教育。

传统的学校建筑教育，对引导学生在建筑物的体型设计方面倾注极大的精力，现在，应更加关心历史、社会人文和生态环境[9]。当前一些高校已经开设了与生态建筑相关课程和实践，但还未形成完整体系的生态建筑教学模式[10]。故还需更深入地探索和实践。在职的生态教育是一项动态的过程，第20届国际建协大会对于建筑教育的讨论指出"建筑教育是终身教育。环境设计方面的教育是从学龄前教育到中小学教育，到专业教育以及后续教育的长期过程。"[11] 可见生态建筑教育是

一项长期工作。但也应该避免为生态而生态、过分强调技术的倾向，因为毕竟生态化不是建筑的全部，也不能完全代表人类建筑活动的终极指向[12]。

五、结语

可持续发展是全社会发展的客观要求，在生态建筑方面没有产生革命性突破之前，从当地民居中汲取创作思路，挖掘设计经验，不失为一种有效的可持续发展的策略。在尊重地域文化的前提下，通过对传统民居生态建筑经验的挖掘、借鉴、提炼，结合实际需求，使今后创造的建筑实践更能适应现代生活、符合生态特征和建设可持续发展的生态宜居环境的需要。

参考文献：

[1] 徐路阳. 传统民居中的生态建筑经验刍议——以哈密市五堡乡博斯坦村为例 [J]. 华中建筑：2010，（7）：67-69.

[2] 王川. 新疆阿以旺民居的气候适应性研究 [D]. 北京：北京服装学院，2011：6-32.

[3] 陈震东. 新疆民居 [M]. 北京：中国建筑工业出版社，2009：170-171.

[4] 南梦飞. 新疆维吾尔族传统"阿以旺"民居的再生与发展研究 [D]. 西安：长安大学，2015：38.

[5] 吕爱民. 应变建筑——大陆性气候的生态策略 [M]. 上海：同济大学出版社，2003：84.

[6] 吴玉萍等. 亟须完善的我国建筑节能政策 [J]. 环境经济，2006，12：11.

[7] 卢求. 德国2006建筑节能规范及能源证书体系 [J]. 建筑学报，2006，11：26.

[8] 李建斌. 传统民居生态经验及应用研究 [D]. 天津：天津大学，2008：175.

[9] 仲德崑 陈静. 生态可持续发展理念下的建筑学教育思考 [J]. 建筑学报，2007，1：1.

[10] 刘煜. 从国外实例探讨生态建筑教育的特点 [J]. 新建筑，2007，2：82.

[11] 国际建协. 北京宪章. 1999.

[12] 陈喆，刘刚，张建. 生态思想与建筑设计教学模式变革 [J]. 建筑学报，2007，1：15.

文化基因视角下的黑龙江传统民居转型探讨

周立军[1]　王赫智[2]

摘　要： 本文是针对近来国内传统民居建筑特色逐渐消失的问题，从文化基因视角下论述黑龙江地区传统民居在不同时期的转型，以显性文化基因与隐性文化基因在转型期的关系作为切入点，分析其特征及其成因。为不同地区传统民居建筑转型研究提供参考，并希望从中找寻建筑创作的根源。

关键词： 文化基因；传统民居；转型；显性文化基因；隐性文化基因

引言

梁思成先生曾指出："建筑之始，产生于实际需要，受制于自然物理，非着意于创新形式，更无所谓派别。其结构之系统及形制之派别，乃其材料环境所形成。"在面对建筑全球化的大趋势下，中国传统的建筑文化在逐渐地融入世界潮流中，其建筑形式与风格日渐趋同。从全国范围来看，到处可见西方建筑风格的作品，"欧陆风情"似乎成了中国大城市的很多建筑在设计时的不二选择；反之却对传统的，地域的，根植于我们文化基因中的建筑风格却关注寥寥。幸运的是这种情况在传统民居中体现甚少。传统民居根植于传统建筑文化基因与当地地域特征，更多的是对一个地域所处时代经济文化技术的反映，包涵了许多传统地域文化的基因。

传统民居在设计时应根植于本地区文化基因特点，有意识地从所在地域的建筑文化基因中汲取其精华并进行转型。这种转型可以从文化基因的角度入手，分析并思考在历史的变迁中什么是我们保留下来的和为什么能保留下来这两个问题，暨我们文化基因的脉络和体系。首先这里需要明确几个概念："文化基因"这里指决定文化系统传承与变化的基本因子、基本要素，内在于各种文化现象中，并且具有在时间和空间上得以传承和展开能力的基本理念或基本精神；"转型"是指主动求新求变的过程，是一个创新的过程，这里指建筑在人为的控制下为了适应新的环境而进行的转变；"显性文

化基因"这里指在转型后的建筑文化的发展中体现更多，占据支配地位的文化基因，其更适应转型所处时期的先进生产力。"隐形文化基因"这里指转型后的建筑文化中体现较少，受支配地位的文化基因，其相对于转型时期生产力存在一定的滞后性。接下来笔者从文化基因的视角入手，探讨黑龙江地区传统民居在不同经济形态下如何转型并分析其特征及原因。

一、渔猎游牧文化到农耕文化的转型

1. 背景

黑龙江地区在远古时期主要以渔猎文化为主，在出现了游牧民族后出现了畜牧文化，春秋战国时期已有部分民族的祖先定居在黑龙江地区。在公元前3世纪左右，以渔猎游牧为主的夫余政权已经出现在今黑龙江南部地区。自秦朝以来，先后有多个民族生活在这片土地上。

根据史料记载和考古发现，渔猎游牧建筑文化作为黑龙江最早出现的建筑文化，是隋唐之前该地区的主要建筑文化，其文化基因中重要特点就是以巢居和穴居为主。在汉代时期扶余国的建立，使黑龙江地区的渔猎游牧文化得到快速发展。相比于中原地区的农耕建筑文化基因，渔猎游牧建筑文化基因中有着相当大的流动性和不稳定性因子。然而其仍作为黑龙江建筑文化的主导地位并在数千年时间中一直延续下来，直到鞨鞨人在隋

1　周立军，哈尔滨工业大学建筑学院，寒地城乡人居环境科学与技术工业和信息化部重点实验室，教授，150000，zzz82281438@163.com。
2　王赫智，哈尔滨工业大学建筑学院，寒地城乡人居环境科学与技术工业和信息化部重点实验室，2017级硕士研究生，150000，465191131@qq.com。

唐时期建立渤海国。因此随着渤海国的建立，传入的农耕建筑文化基因与本地的渔猎游牧建筑文化基因相遇并发生了黑龙江地区传统民居的第一次转型。

2. 建筑形态变化

渔猎游牧建筑的形成过程中往往具有鲜明的民族特色，其中"木刻楞"、"撮罗子"和"马架子"这三种类型作为黑龙江古代地区较为常见的渔猎游牧建筑，具有鲜明的渔猎游牧建筑特征，一般将这些类型统称为"斜仁柱"类建筑。这种以"斜仁柱"类建筑为主的渔猎游牧建筑文化直到靺鞨人建立渤海国时一直占据强势地位。随着渤海国开始向唐朝学习并引入大量中原技术文化之后，其强势地位开始下降，农耕建筑文化的地位开始上升并最终在未来占据主导地位。相比于中原农耕建筑文化，同时期的黑龙江渔猎建筑文化毫无疑问是落后的，这时就产生了黑龙江地区传统民居的第一次转型。

在转型过程中，渔猎游牧建筑文化基因被更为先进合适的农耕建筑文化基因所取代，产生了文化基因的位点特异性重组。这种重组发生依赖于小范围的基因同源序列的联会，重组也只限于这个小范围，两者并不交换对等的部分。即这种取代不是完全地摒弃前者的一切，而是在新形成建筑风格的外观形式上大体采用农耕建筑文化基因的序列，在屋顶的形态上却是传承了渔猎建筑文化基因的序列。相比于中原传统农耕建筑文化基因中抬梁式的木构架形式，新形成的黑龙江农耕建筑文化基因中并不像抬梁式梁上承矮柱，柱上架梁层叠而上的方式，而是沿用了渔猎建筑文化基因中山墙侧结构以一面完整的墙体作为结构的支撑（见图1、图2），其屋架的结构做法相比农耕建筑文化基因也较为简单；同样尽管与中原农耕建筑文化基因中同样为双坡面屋顶，但

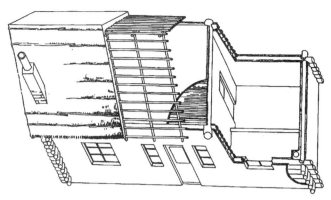

图2　"井干式"民居示意图

不同的是黑龙江转型后的建筑中屋面下的结构并不像前者采用大量斗栱梁枋结构那么复杂，其建造方式更为简单，暨在屋面结构上沿用了"马架子"和"木刻楞"的建造方式，仅仅是以两个屋面斜向支撑起坡屋顶，屋架下面是用单薄的一根柱子和一根梁支撑。这种屋面的建造方式相对简单方便，但缺点就是在结构稳定性上不如成熟的中原农耕建筑。在现存的部分案例中，有的民居在屋架下面三角形的空间区域设置夹层，夹层板上铺一层木屑，这种夹层空间被用来做为居住空间，屋顶用来解决保温问题，夹层下面解决防水问题；有的在屋架下山墙侧用木板挡住，在外面看去里面有屋架结构，实际上里面夹层就是空的；还有的夹层下方直接就是空的（图3、图4）。

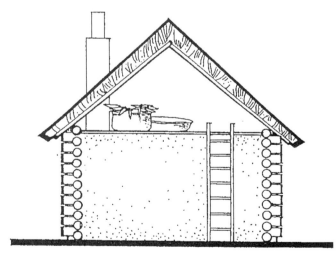

图3　"井干式"民居立面

3. "隐性于外，显性于内"的转型特征分析

在黑龙江传统民居第一次转型中，其特点可以概括为"隐性于外，显性于内"。从文化基因的角度，即是在新形成的建筑文化基因中，建筑外部形态因子受到隐性建筑文化基因影响较深，建筑内部形态因子则受到

图1　山墙侧完整墙面

图4 叉手式屋架形成的空间

显性建筑文化基因影响较深。这种转型是体现在生活方式上的转型，意味着从移居到定居的生活方式的变化，本质上是内在的转型。这意味着外来输入的农耕建筑文化基因在新形成的建筑文化基因中占据主体地位，旧的渔猎建筑文化基因的内在思想和设计理念已经被新的建筑文化基因所同化转变，这本质上是一种进步的表现。

造成这种情况的原因是此时的营造技艺没有发生本质的变化，基于当地条件的营造水平没有得到明显的提高，因此在建造房屋时，受限制于营造技艺的不足，对复杂的屋顶结构的做法进行了简化，最终在民居上呈现出的外部形态就是屋顶采用渔猎建筑文化中"马架子"的方式，其余部分则是农耕建筑文化中的方式。

二、清末中原文化大规模传播期

1. 背景

作为清王朝的"龙兴禁地"，黑龙江地区在相当长一段时间内处于地广人稀的状态。据估算，19世纪初黑龙江地区仅有20余万人口。20世纪初，才达到200万。随着清政府允许开荒放垦，大量"闯关东"的关内人口

才逐渐迁移至黑龙江地区，极大地充实了当地的人口。这些"闯关东"的移民多来自中原或华北地区，深受传统汉族文化影响，而黑龙江的原住民，则以满族、汉族以及多个少数民族杂居为主，其中满族处于统治地位，其文化有较大的影响力。建筑文化基因是民族文化基因的具体体现，特定民族的建筑文化基因必然受到其本民族固有的思想背景、民俗习惯和宗教要素等各种因子的影响，可以说此时黑龙江地区传统民居的建筑文化基因是满族建筑文化基因。因此当来自内地的汉族建筑文化基因与黑龙江当地的满族建筑文化基因发生相遇并碰撞后，产生了黑龙江地区传统民居的第二次转型。

2. 建筑形态变化

在第二次转型中，两种建筑文化基因同属于农耕建筑文化基因，来自关内的汉族建筑文化基因为显性文化基因，满族建筑文化基因为隐性文化基因。传统民居中汉族建筑文化基因受儒家文化基因影响较深。以四合院为例，强调宗法制下的秩序、道德观念和风水讲究，同时强调中轴对称，尊卑有序，建筑布局"以东为贵"，长辈住东屋，晚辈或下人住西屋。而在满族建筑文化基因中，则"以西为尊，以南为大"，崇尚西屋。建造时先建西厢房，后建东厢房，西屋一般是长辈的住处，同时西屋的西炕更是敬祭祖先神明之处；同时其基本格局中正房功能发生改变，由厅堂改为灶间，不具起居功能。灶间除锅灶外还有水缸、碗柜等杂物，相当于半个储藏空间（图5、图6）。

相对于满族建筑文化基因，来自关内的汉族建筑文化基因是一种外来输入文化基因，这种输入的结果并不是体现为显性的后者取代隐性的前者，而是两者基因序列互换互相交融，出现了文化基因的同源重组。此处汉族和满族的人口在黑龙江地区有明显的支配与从属分别，彼此长期直接接触而使各自建筑文化基因发生

图5 转型后的新建筑形态

图6 西屋作为长辈的住处

重组。

在转型后的建筑文化基因中，由于汉族建筑文化基因在黑龙江地区处于支配地位，体现在汉族建筑文化基因占主要部分，其立面以及屋顶样式等因子都是沿用了汉族的建筑方式，然而内部因子却是采用了满族文化基因中尚西的风俗，以西屋作为上屋（图7）。同时室内的大火炕也沿用了满族文化的传统，以西炕为尊，这也是在生活风俗的内部空间的传承。

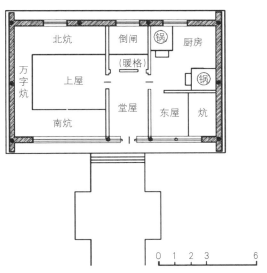

图7 转型后民居平面布局图

3.　"显性于外，隐性于内"的转型特征分析

在黑龙江传统民居第二次转型中，其特点可以概括为"显性于外，隐性于内"。本质上建筑外部形态因子受到显性建筑文化基因的影响而转变，其内在的生活方式因子等并没有被显性文化基因所改变，相反却反过来影响了处于支配地位的汉族建筑文化基因。这是黑

龙江地区传统民居第一次在隐性的建筑文化基因面对显性的建筑文化基因输入时并没有被同化反而从内在改变了显性的建筑文化基因，隐性的建筑文化基因仅仅是吸收了显性的建筑文化基因中对建筑外表、结构、装饰等因子的做法，其内在思想或设计理念因子，仍是本民族建筑文化基因中的内容。即隐性建筑文化基因与显性建筑文化基因对等交换序列，其本质是文化基因的同源重组。

造成这种情况的原因是在内部空间呈现出的状态更多是适应本地风俗，而外部形态上此时营造技艺已经得到大幅发展，传入的汉族建筑文化基因中复杂的结构能够建造出来，因此中原的汉族建筑文化基因得以在外部形态上占据主体地位。

三、近代外来文化植入期

1.　背景

在近代外来西方建筑文化大举进入中国，黑龙江地区面对的主要是来自俄国的建筑文化。俄国建筑文化的进入是伴随着中东铁路的修建而来的。1896年开始清政府与俄国签订了一系列条约，使俄国取得了在中国东北修筑中东铁路和开设华俄道胜银行等特权。伴随着中东铁路全线开工，外来的俄国建筑文化开始大规模进入黑龙江地区。

相对于当时中国本土的建筑文化基因，外来的西方建筑文化基因毫无疑问处于支配地位，这种地位的产生有三个原因。第一个原因是当时俄国建筑文化基因一直深受西方建筑文化基因影响，其本身是一种基于工业文明基础上的建筑文化，而黑龙江地区则是基于农耕文明基础上的建筑文化基因，这种先天土壤上的差异性导致本土的建筑文化基因存在先天不足。第二个原因是受当时条件限制，清政府无力做出有效的措施来抵御俄国建筑文化对黑龙江这种边疆地区的入侵。第三个原因是当时的黑龙江地区相对而言仍是处于地广人稀的状态，尤其是城市人口更少，大部分人口都是农村人口。而外来的俄国殖民者大多居于城市中，这进一步导致了城市中中国人口并不占绝对的多数，在哈尔滨、齐齐哈尔、牡丹江等大城市中，外国人口能占到10%到30%（图8）。同时西方人往往享有一定的特权，其地位较高，以上这些原因促成了西方建筑文化基因在黑龙江地区的强势地位。这种外来显性的建筑文化基因同隐性的本地建筑文化基因的碰撞产生了黑龙江地区传统民居的第三次转型。

城 镇	中国人口数	外国人口数	外国人/总人口〔%〕
齐齐哈尔	86 886	9 920	10.25%
佳木斯	65 560	5 186	7.33%
富锦	41 147	411	0.99%
勃利	35 973	1 554	4.10%
依兰	30 128	592	1.92%
牡丹江	69 628	30 723	30.62%
哈尔滨	397 690	69 763	14.92%
呼兰	49 083	340	0.69%
阿城	33 002	903	0.27%
双城	52 027	512	0.97%
海伦	46 727	957	2.00%
绥化	36 266	760	2.05%
巴彦	37 770	167	0.44%
总计	981 887	121 788	11.03%

图8 20世纪初黑龙江人口分布

2. 建筑形态变化

在西方文化基因传入黑龙江之前，传统文化基因中世代相传的土地是一个家庭几代人安身立命的根本，其生活、生产资料均取之与此。传统家庭中几世同堂居于一宅，几代人共处于一个屋檐下。人们出于对土地的依赖和传统伦理观，很难脱离大家庭束缚去独自经营小家庭。

西方文化基因的输入使中国传统文化基因中长期的宗法专制体系逐步改变，这种改变与近代社会的政治、思维、文化等冲击密切相关。在这种冲击下，传统建筑文化基因中的聚居结构因子顽强地保持了自己的核心不变，又在一定程度的外在形式等因子上对新建筑文化基因做出了迎合和妥协。这种转型对传统民居文化基因影响最大的就是传统社会聚居结构内在思想因子发生改变，促进了近代社会结构的改变。传统四合院是对外封闭、对内开放的布局，而在哈尔滨道外区的里院则更为开放，其通常分为两层，一层对外开放，二层对内开放，这种对内对外开放性的变化是一种对传统民居文化基因中空间内涵上的传承（图9）。

传统民居社会聚居结构因子在外来文化的冲击下，在保留文化基因中聚居结构的内在核心，即在其思想本质没有发生改变的前提下，外在形式上做出了改变，一定程度上呼应了时代的影响。这种改变指其底线的改变，即其是否接受新的思想，接受多少新的思想，这自然而然在这段时期产生了一段时间的矛盾期。在这段时期内，是本土的传统文化基因与外来西方文化基因的博弈与斗争。正是在这种情况下，黑龙江地区的传统

图9 哈尔滨道外里院院内场景

民居开始了其艰难的转型之路，这种转型呈现出一种看似转型很多但其实并未有很多转型的"似转非转"的状态，并最终形成了近代黑龙江地区传统民居聚居结构的模式。

3. "显性于外，隐性于内"的转型特征分析

在第三次转型中，其特点同样可以概括为"显性于外，隐性于内"，但此处与之前部分本质是不同的。此处是指显性的外来文化基因更多的是体现在建筑的外部形态因子中，而隐性的本土文化基因则在与人的内心世界联系紧密的建筑内涵性质的因子中占据主导地位。在建筑外部形态因子中，更多的是以新材料新技术所形成的"中西合璧"式的门脸。这种门脸体现了很多西方元素，受到外来文化基因的影响比较大。而在内部，其内院式的生活方式没有发生变化，传统中内在的文化基因因子并没有被改变。

这是第二次隐性建筑文化基因在面对显性的建筑文化基因输入时没有被消灭反而保持了其本身的建筑文化内涵。而且相对于第二次转型中建筑外表的全面转型，第三次转型中仅仅是采用了部分显性的建筑文化基因的元素因子，从外表上仍能看到很多属于隐性建筑文化基因的元素因子，第三次转型从整体上来说从外到内都不是一次全面的转型。比较第二次和第三次转型可以发现，总体上来说转型转的是建筑文化基因中的形式，不转的是灵魂。转的是外，不转的是内。两次转型的结果都是在转型后形成的新的建筑文化基因中，显性文化基因更多地体现在建筑外表而隐性文化基因则更多地体现在建筑内在。

四、结语

黑龙江地区传统民居在不同时期的转型有着其独

有的特点，其文化基因的传承有一定的连贯性和特殊性。本文通过从文化基因的视角探讨其特征并分析其原因，希望能够引起读者对不同地区传统民居转型期文化基因传承的重视，从传统民居中发掘我们的设计思想的根源，在我们的设计中更多地体现属于我们的特色元素。

参考文献：

[1] 梁思成. 中国建筑史 [M]. 天津：百花文艺出版社. 2005：3.

[2] 陈亚利，陆琦. 岭南传统园林建筑装饰与地域环境的协同表达 [J]. 建筑学报，2017（02）.

[3] 陆元鼎. 建筑创作与地域文化的传承 [J]. 华中建筑，2010（1）：1—3.

[4] 杨大禹. 传统民居及其建筑文化基因的传承 [J]. 南方建筑，2011（6）：7—11.

[5] 徐健生，李志民. 关中传统民居的地域特色及其现代传承初探 [J]. 华中建筑，2012（9）：135—139.

[6] 韦宝畏，刘婧，刘新星. 中国东非地区居民建筑文化述论 [J]. 吉林建筑工程学院学报. 2010（02）：33.

[7] 杨星辰、杨大威，刘淑梅. 黑龙江省简史述略 [J]. 边疆经济与文化. 2013（01）：6.

广西三江林溪河流域侗族鼓楼演变初探

张 琼[1]

摘 要： 本文根据对广西三江县林溪河流域的鼓楼的考察，列举从清代到现在，侗族鼓楼建筑在平面类型和结构技术以及造型艺术等方面发生的变化，并对演变过程加以分析，追溯其原因。

关键词： 鼓楼；三江；林溪河流域；演变；传承与发展

引言

广西三江县因境内的三条大江——榕江、浔江与苗江而得名，还有七十四条大小河流纵横交错。由于靠近水源生活便利，侗族人民选择在河漫滩附近建造民居，民居数量增多导致形成聚落，而鼓楼属于聚落的一部分，在地理位置上也大多沿着河流两岸分布（图1），本文选取浔江的一条支流林溪河为研究对象，对广西三江林溪河流域的侗族鼓楼演变过程进行分析。林溪河由北向南纵向跨越了整个林溪镇（辖15个村，65个自然屯）、古宜镇光辉村、文大村至周坪乡黄排村，与八江河会合，于石眼口汇入浔江，水源源头在广西壮族自治区三江县林溪乡水团村彭木山，流域绵延42公里，是构成广西三江县"世界桥楼之乡，侗族风情殿堂"的重要

河流之一（图2）。

侗族自古就有"立寨必先建鼓楼"的说法。鼓楼作为侗族村寨的标志性建筑，是侗族村寨建筑中最为重要的公共建筑，是侗族建筑及其文化的集中体现，其地位举足轻重。根据2018年7月的田野调查，纵观目前林溪河流域保留下来的六十几座鼓楼的建造年代，最早可以追溯到清道光元年（1821年）林溪河流域鼓楼的发展历程可以划分为四个时期：清代、民国时期、1949年至1995年、1995年至今。下面本文就从平面类型和结构技术以及造型艺术等几个方面论述侗族鼓楼在近两百年来发生的变化。

图1 三江县鼓楼分布

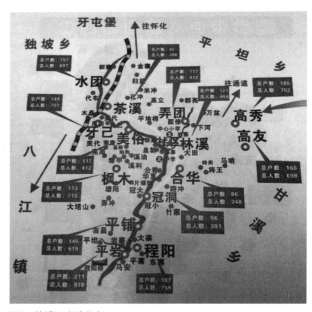

图2 林溪河流域分布

1 张琼，广州大学，510006，724973674@qq.com。

一、林溪河流域侗族鼓楼发展演变

1. 平面造型

中国传统建筑的单体平面一般以柱网或者屋顶结构的布置方式来表示，鼓楼的平面形式相对来说简单而纯粹，根据其形式大致可分为两种：一是中心柱形平面、二是"回"字形平面。

1）"中心柱"形平面

"中心柱"形平面为正多边形，并且在几何图形的中心有贯穿上下的中心柱或者有雷公柱。屋面为多重檐攒尖，其造型高大挺拔，在侗寨中自然成为构图中心。但中间一根中心柱要求粗壮，承受力足够大，造成了视线的阻碍和功能上的限制，并且现在一般较少有这种木材。因此，现如今的"中心柱"形鼓楼比较少见，已经被数根立柱环成圈所取代，形成"回"字形平面，以分散独柱的承受力。林溪河流域平岩村的平寨独柱鼓楼高25m，共17层，是侗族地区最大的独柱鼓楼之一（图3）。

图3　平寨独柱鼓楼

2）"回"字形平面

"回"字形平面由内外两圈相似的同一个中心的多边形柱网构成，为了使平面形制更加具向心性和内聚性，中间的中柱略高于四周的檐柱。形成中间一个较大的空间，周围一圈"环"形空间。"回"字形平面又根据平面形状分为四边形和多边形，均为偶数，没有奇数。

林溪河流域鼓楼建筑的底层平面形状基本上都为四边形，平面内布置四排立柱，平行的纵向柱网轴线间形成开间，平行的横向柱网轴线间形成进深，形成三开间三进深。 根据长与宽是否相等，分为长宽不同的长方形"回"字形平面和长宽相同的正方形"回"字形平面两种。长方形"回"字形平面，屋顶多为歇山或悬山（图4），正方形"回"字形平面屋顶多为歇山顶或攒尖顶（图5）。目前现存的鼓楼中，大多数都是正方形"回"字形平面形式。

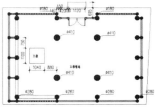

图4　长方形"回"字形平面

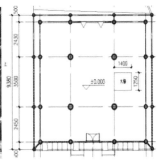

图5　正方形"回"字形平面

除此之外，有些鼓楼平面形式比较特殊，例如平埔村的上屯鼓楼（1999年），它的平面形状为八边形（图6），因结构做法出现减柱而衍生出类似形制外八内四型平面，外部为八根子，内部四根柱子；还有茶溪村的长烂鼓楼（2004年）（图7）、水团村的代步鼓楼（图8）等，撤去了内部一圈柱子，或者说是中柱不落地，仅剩下最外围一圈檐柱支承鼓楼的结构框架形制，因此这类鼓楼尺寸都比较小；最近几年还增加了两座综合楼：林溪柱村的新寨综合楼（2016年）和美俗村的高立综合楼（2017年）（图9），中部沿用回字形平面形态，两边对称增加了附楼，比较矮小。

由平面形式可知：林溪河流域鼓楼的平面形式维持着一个基本的原型，即内外两圈柱网的"回"字形的平面形式。这种平面基本原型根据不同的结构和功能的需要衍生出多种平面类型，但万变不离其宗，故"回"

图6 平铺村上屯鼓楼

图7 茶溪村长烂鼓楼

图8 水团村代步鼓楼

图9 综合楼式鼓楼

字形平面类型仍然是林溪河流域鼓楼营造的最基本方式（图10）。

2. 结构技术

中国传统木结构建筑是由柱、梁、檩、枋、斗拱等构件形成框架结构承受荷载、风力及地震力。根据中国古代木建筑结构体系类型的分类，可以把林溪河流域的鼓楼划分为两类：抬梁与穿斗混合式结构和穿斗式结构。

1）抬梁穿斗混合式

这种构架方式是穿枋以榫接的方式在前后檐柱之间或金柱之间联系，瓜柱直接落在穿枋上，形成抬梁结

构。该做法使得金柱和檐柱间形成了开放宽敞的空间，体量不高大，屋面多歇山或悬山顶。在林溪河流域鼓楼中，大多清代至民国再到1995年之前的鼓楼都是抬梁穿斗混合式的做法。

2）穿斗式

这种构架直接以柱直接承檩，没有梁。柱与柱之间用穿枋连接，顶部的檩条和若干根横纵交错的穿枋、斗枋结合成屋顶，关键在于"穿"，枋与柱的衔接以穿过柱的榫卯形式完成。屋顶多为攒尖顶。林溪河流域的鼓楼1995年以前有少量的穿斗式结构出现；1995年以后，林溪河流域基本上都用穿斗式结构，且鼓楼越建越高，鼓楼内部空间逐步升高，由单层变为多层。

林溪河流域的穿斗式鼓楼，底层平面均为正方

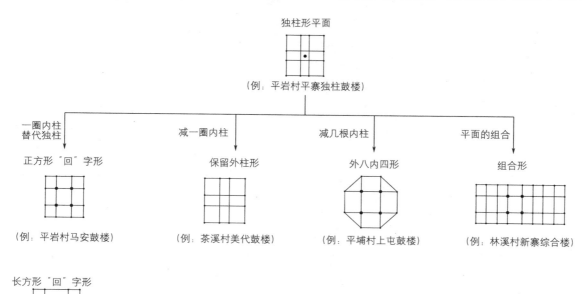
图10 林溪河流域鼓楼平面类型

形，有一些鼓楼到了第二重檐或更上层的屋面开始是变换成六边形或八边形，通过水平方向增加穿枋来承受垂直方向增加的瓜柱完成造型的转换。林溪河流域穿斗式

鼓楼的屋面结构类型共三种：纯四边形、四边形转六边形、四边形转八边形，且四边形转八边形类型所占比重最大（图11）。

鼓楼	修建年代	单体造型变化	图片	鼓楼	修建年代	单体造型变化	图片
平岩平坦鼓楼	2014	四边形转八边形		高秀东门鼓楼	2004	四边形转六边形	
冠洞冠上鼓楼	2003	四边形转八边形		高秀西门鼓楼	1983	四边形转六边形	
冠洞冠小鼓楼	2005	四边形转八边形		高秀南门鼓楼	2006	四边形转八边形	
林溪亮寨鼓楼	1982	四边形转八边形		高秀中心鼓楼	2008	四边形转八边形	
枫村大培山鼓楼	2013	四边形转八边形		茶溪上孔鼓楼	2011	四边形转八边形	
美俗高立鼓楼	2016	四边形转八边形		茶溪下孔鼓楼	2007	四边形转八边形	
弄团万盆鼓楼	2005	四边形转八边形		茶溪鼓楼	1948	四边形转八边形	

图11 单体造型发生变化的鼓楼

通过结构方式的比较发现：1995年之前林溪河流域鼓楼大多采用穿斗抬梁混合式，1995年之后基本上都采用穿斗式。穿斗式结构其承受力由屋顶传至雷公柱、梁、枋，逐级循环向下传递，各构件相互作用，每个构建发挥最大的结构作用，坚固且节省材料，每层的结构大体相同，仅在平面上向内收缩一定距离，榫卯的开凿方式相同，且四个面的结构一模一样，具有模数化，因此穿斗式结构体系易形成模数化的建构方法，结构合理易于施工，更适宜现代鼓楼之营造，并且方便鼓楼建得更高，成为一个村寨的标志性建筑物。

3. 造型艺术

鼓楼的重檐数都为单数，至少一层，至多二十多层，将鼓楼的立面造型根据重檐数划分，四重檐及以下及称作阁式，四重檐及以上称作塔式。

1）阁式

阁式鼓楼的屋顶都为悬山或歇山，将阁式鼓楼又分为干栏式鼓楼、厅堂式鼓楼、楼阁式鼓楼。干栏式鼓

楼顺应山体地形，依山而建，底层用柱子架空，用不同高度的立柱架空于山体之上，上面（二楼）才是集会大厅，类似于干栏式民居建筑；厅堂式鼓楼在地面之上，与汉族厅堂建筑相似式，造型较为简单，由四根中柱围合而成；楼阁式鼓楼的楼层和楼层的距离较大，瓜柱较长，从外观看与一般阁楼相似，可登高望远。

2）塔式

塔式鼓楼类比与汉族的密檐式塔，可以逐层向上加密檐导致高度设计上较灵活。上窄下宽，每一层的密檐距离很短而且极为密集屋顶形式一般都配有歇山顶或攒尖顶，是整个村寨的制高点，一眼便可分辨，结构规整、严谨、对称。

林溪河流域中华人民共和国成立之前都是阁式鼓楼，屋顶都为歇山顶，有三座更为古老的鼓楼屋顶为悬山顶。后来，1949年后林溪河流域的鼓楼全部发展成为塔式鼓楼，屋顶均为攒尖顶，鼓楼越来越高，重檐数越来越多。早期鼓楼简单，风格简洁朴素，装饰性构建少，后期逐渐发展，出现了斗拱、卷棚等做法，并且在宝顶，屋脊，封檐板，檐口等部位出现了各种与生活息

息相关的装饰物，采用木雕、彩绘、泥塑等手法烘托鼓楼的艺术价值。

根据对林溪河流域鼓楼的统计（图12），针对林溪河流域不同时期的鼓楼在平面形式、结构方式以及造型

发展阶段	具体年代	鼓楼名称	平面柱网	结构方式	艺术造型	重檐数
清代	清道光（1821年）	平岩村平寨鼓楼	长方形	穿斗抬梁混合式	阁式（悬山顶）	2
	清宣统（1909年）	平岩村岩寨鼓楼	长方形	穿斗抬梁混合式	阁式（歇山顶）	3
	清咸丰（1851年）	高友村一号鼓楼	长方形	穿斗抬梁混合式	阁式（歇山顶）	3
民国时期	民国14年（1925年）	平埔村吉昌鼓楼	正方形	穿斗式	塔式（攒尖顶）	7
	民国28年（1939年）	林溪村岩寨鼓楼	长方形	穿斗抬梁混合式	阁式（悬山顶）	3
	民国13年（1924年）	弄团村下河鼓楼	长方形	穿斗抬梁混合式	阁式（歇山顶）	3
	民国36年（1947年）	弄团村都亮鼓楼	长方形	穿斗抬梁混合式	阁式（歇山顶）	4
	民国37年（1948年）	合华村合善鼓楼	正方形	穿斗式	阁式（歇山顶）	7
	民国7年（1918年）	合华村华夏鼓楼	正方形	穿斗式	塔式（攒尖顶）	5
	民国37年（1948年）	茶溪村茶溪鼓楼	正方形	穿斗式	塔式（攒尖顶）	5
1949—1995年	1962壬寅年	合华村大田鼓楼	正方形	穿斗抬梁混合式	塔式（歇山顶）	9
	1963癸卯年	水团村中心鼓楼	正方形	穿斗抬梁混合式	塔式（歇山顶）	5
	1982壬戌年	林溪村亮寨鼓楼	正方形	穿斗式	塔式（攒尖顶）	9
	1983癸亥年	高秀村西门鼓楼	正方形	穿斗式	塔式（攒尖顶）	7
	1986丙寅年	水团村新寨鼓楼	长方形	穿斗抬梁混合式	塔式（歇山顶）	3
	1993癸酉年	枫木村枫木鼓楼	正方形	穿斗抬梁混合式	塔式（歇山顶）	7
	1994甲戌年	冠洞村金鸡屯鼓楼	正方形	穿斗抬梁混合式	塔式（歇山顶）	5
	1994甲戌年	枫木村片塘阳鼓楼	正方形	穿斗抬梁混合式	塔式（歇山顶）	5
	1994甲戌年	水团村归盆鼓楼	正方形	穿斗抬梁混合式	塔式（歇山顶）	5
1995—至今	1999己卯年	平岩村马安鼓楼	正方形	穿斗式	塔式（攒尖顶）	7
	1999己卯年	平铺村上屯鼓楼	八边形	穿斗式	塔式（攒尖顶）	11
	1999己卯年	平铺村下屯鼓楼	正方形	穿斗式	塔式（攒尖顶）	11
	2001甲申年	茶溪村美代鼓楼	正方形	穿斗式	塔式（攒尖顶）	3
	2002壬午年	程阳村大寨鼓楼	正方形	穿斗式	塔式（攒尖顶）	13
	2003癸未年	冠洞村冠上鼓楼	正方形	穿斗式	塔式（攒尖顶）	9
	2004甲申年	高秀村东门鼓楼	正方形	穿斗式	塔式（攒尖顶）	9
	2004甲申年	茶溪村长烂鼓楼	正方形	穿斗式	塔式（攒尖顶）	3
	2005乙酉年	平岩村岩寨新鼓楼	正方形	穿斗式	塔式（攒尖顶）	15
	2005乙酉年	程阳村平懂鼓楼	正方形	穿斗式	塔式（攒尖顶）	9
	2005乙酉年	冠洞村冠小洞鼓楼	正方形	穿斗式	塔式（攒尖顶）	7
	2005乙酉年	高友村福星鼓楼	正方形	穿斗式	塔式（攒尖顶）	13
	2005乙酉年	弄团村万盆鼓楼	正方形	穿斗式	塔式（攒尖顶）	9
	2006丙戌年	林溪村皇朝鼓楼	正方形	穿斗式	塔式（攒尖顶）	9
	2006丙戌年	高秀村南门鼓楼	正方形	穿斗式	塔式（攒尖顶）	11
	2007丁亥年	冠洞村冠下鼓楼	正方形	穿斗式	塔式（攒尖顶）	9
	2007丁亥年	林溪村岩寨鼓楼	正方形	穿斗式	塔式（攒尖顶）	15
	2007丁亥年	枫木村路街寨鼓楼	正方形	穿斗式	塔式（攒尖顶）	9
	2007丁亥年	茶溪村下屯鼓楼	正方形	穿斗式	塔式（攒尖顶）	5
	2008戊子年	冠洞村竹寨鼓楼	正方形	穿斗式	塔式（攒尖顶）	9
	2008戊子年	高秀村中心鼓楼	正方形	穿斗式	塔式（攒尖顶）	19
	2008戊子年	枫木村弄冲鼓楼	正方形	穿斗式	塔式（攒尖顶）	7
	2011辛卯年	高友村吉利楼	正方形	穿斗式	塔式（攒尖顶）	5
	2011辛卯年	茶溪村上孔鼓楼	正方形	穿斗式	塔式（攒尖顶）	5
	2012壬辰年	程阳村农丰鼓楼	正方形	穿斗式	塔式（攒尖顶）	11
	2013癸己年	枫木村大培山鼓楼	正方形	穿斗式	塔式（攒尖顶）	7
	2014甲午年	平岩村平寨鼓楼	正方形（中心柱）	穿斗式	塔式（攒尖顶）	17
	2014甲午年	平岩村平坦楼	正方形	穿斗式	塔式（攒尖顶）	17
	2015乙未年	高秀村北门鼓楼	正方形	穿斗式	塔式（攒尖顶）	7
	2016丙申年	林溪村新寨综合楼	正方形（附楼）	穿斗式	塔式（攒尖顶）	10
	2016丙申年	美俗村高立新鼓楼	正方形	穿斗式	塔式（攒尖顶）	7
	2016丙申年	美俗村南康鼓楼	正方形	穿斗式	塔式（攒尖顶）	9
	2017丙申年	美俗村高立综合楼	正方形（附楼）	穿斗式	塔式（攒尖顶）	9

图12 林溪河鼓楼不同时期的特点

艺术上的特点，归纳了下表（图13），其中平面类型表现为"回"形平面的原型，由长方形"回"字形向正方形"回"字形发展；结构方式表现为由穿斗抬梁式向穿斗式发展；而造型艺术上由阁式向塔式发展，且重檐数增多，高度增高，装饰性更强。现如今，正方形"回"字形平面、穿斗式的结构做法，多重檐的攒尖顶塔式鼓楼已经成为当今鼓楼的代表性方式，迎合了人们各方面的需求。

年代	平面形式	结构方式	造型艺术
清代	回字形平面（长方形）	穿斗抬梁混合式	阁式（悬山顶，歇山顶）
民国时期	回字形平面 （长方形，正方形）	穿斗抬梁混合式	阁式（歇山顶，悬山顶） 塔式（攒尖）
1949年至1995年	回字形平面 （长方形，正方形）	穿斗抬梁混合式，穿斗式	阁式（歇山顶，悬山顶） 塔式（赞尖）
1995年至今	回字形平面（正方形） 中心柱形平面	穿斗式	塔式（赞尖）

图13 林溪河流域不同时期的特点

根据笔者的调研访谈，发现在地理位置的分布上鼓楼的结构也存在着历时性的差异，林溪河流域上游北部多穿斗抬梁混合式，下游南方多穿斗式。通过访问吴国环和石燕彰老人发现，林溪河流域的上游，水团村、茶溪村、弄团村、美俗村村寨中80%的居民都会木构营造，基本上都是因为小时候家里穷，为了谋求生计，不得不自学木构技术，木构营造技术就成了人人都会的一项基本的生存之道，口碑较好和技术过硬的民间艺人还被请去其他村承接鼓楼的建造，或者邻村的人会来拜师学艺。由于林溪河上游距离县城比较偏僻，路程较远，工匠们顺着水流的流经方向，走出村寨到更加便利的村寨修建鼓楼。林溪河流域南部由于靠近城镇，交通便利，发展较快，鼓楼更高，更复杂，装饰物更多；而北部由于远离城镇，交通不方便，经济发展较慢，保留了更为原始的侗族鼓楼建筑，鼓楼更加随意，多为单檐悬山顶，形制接近居住建筑，由此推测，由"干栏式"住宅演化而来，建筑没有受到汉制的约定俗成规矩的影响。由此可见，林溪河流域的鼓楼呈现由北向南、由上流向下流的发展趋势，且北部发展缓慢，南部发展较快。

二、原因追溯

林溪河流域的鼓楼发生演变是由多种因素造成的，追溯其改变的原因归纳了以下几条：1. 汉化及民族间的文化交融。三江林溪河流域不仅住着侗族人民，也住着汉族人民和苗族人民（牙己村），是个多民族聚居地。随着汉民族对少数民族的价值同化，侗族鼓楼在方方面面借用了汉民族的技术手法。如密檐式宝塔的多重檐做法，鼓楼讲究对称分布，斗拱、宝顶、塔刹等宗教装饰艺术的产生，无不体现着汉族礼制文化的传播和不同少数民族之间的文化交融。2. 文化信仰的提升。侗族人民崇拜自然，因为地理条件，侗族人民靠山吃山、靠水喝水。婴儿落地便栽上百颗杉苗，十八年后杉苗成材、人也成材。杉树被奉之为"神树"，以杉树为原型的鼓楼也被崇拜，侗族人民对鼓楼充满敬畏之心，一个姓氏修建一座鼓楼，有着能给该村寨的村民带来幸福安定的特殊意义，自然要求神圣独特、美丽漂亮、高大特殊。3. 生活方式的改变。随着经济的发展、交通的便利，村寨也得以发展，侗族村寨边界的向外扩张，如果鼓楼仍如以往般低矮，不仅起不到登高预警，击鼓传信的作用，同时对寨中宗族的颜面也有所损伤。而且村民现在的经济水平高了，对生活水平的要求也随之提升，现在的鼓楼要求通风保温，抗风荷载、雪荷载；人们的欣赏审美水平也随之提高，要求鼓楼漂亮美观。4. 功能作用的增多。最初鼓楼的作用是为了击鼓传信，当村寨有紧急的失火、救援和一般的商议、讨论时，击鼓告知村民，都到鼓楼集合。后来，慢慢发展，鼓楼又赋予了集中议事、举办仪式、交谊歌舞，以及聊天、讲故事，迎送客人，举办仪式等功能的公共场所，也就同时要求鼓楼发生改变。

三、结语

在广西三江林溪河流域鼓楼漫长的发展演变中，蕴涵了村民对文化信仰和功能需求的追求，我们在建设美丽三江侗寨的同时，应该从林溪河流域侗族鼓楼建筑的演变历程中得以启发，尊重地域性特征，结合当地的自然环境和文化特征因地制宜地发展。

参考文献：

[1] 蔡凌．侗族鼓楼的建构技术［J］．华中建筑，2004（3）：137-141.

[2] 李苗，陈晓明．通道地区侗族建筑形式演变探究［J］．华中建筑，2012（4）：156-158.

[3] 胡碧珠．湖南侗族鼓楼营建技艺［D］．湖南大学，2012.

[4] 陈鸿翔．黔东南地区侗族鼓楼建构技术及文化研究［D］．重庆大学，2012.

扇架地区乡土营造口述史研究纲要[1]

刘军瑞[2] 李 浈[3]

摘 要： 简述建筑史研究中的口承传统的历程，借鉴场域理论，以营造技艺口述史研究中的访谈80问为核心，旨在建立扇架地区乡土营造口述史的大纲。不仅利于将研究内容的条分缕析，也有助于建立乡土建筑方言词典。强调技艺、习俗、习术并重，有利营造技艺保护传承和再生。

关键词： 扇架地区；乡土营造；口述史

乡土建筑的研究，主要包括物质文化遗产（即乡土建筑物本身）和非物质文化遗产两部分。而后者，又可分为营造技艺、营造习俗和营造习术三个部分。"扇架"俗称"穿斗"，指乡土建筑中传统穿斗结构建筑中由竖向承重的柱及水平拉结的穿枋（也称串、川等）所组成的呈面状的木构架体系，一般事先在地面穿插好以后，再集体劳动竖立起来，从而相邻的两片扇架通过檩（桁）和枋额，形成乡土建筑的"一间"；以此类推。穿和枋的区别，在于前者断面高宽比一般超过了2：1乃至达到4：1以上，变成形似"长板"的构件，其出头榫卯断面常与其构件断面相同，宽约合营造尺度的2寸左右；后者的断面宽高比一般在1：2至2：3之间，宽度一般在营造尺的3寸以上，它的榫头断面多数会小于构件的断面。扇架结构的建筑类型覆盖了除西藏以外长江以南绝大多数地域，是整个地区最重要的结构类型。扇架结构多用于山区普通民居或厅堂中的边贴部分，在学术研究中，我们常常把江南一带明间抬梁或插梁而尽间扇架的混合结构也纳入研究的范畴。

一、概述

1. 公共口述史

口述史学（Oral History）是由美国人乔·古尔德于1942年提出，之后被美国现代口述史学的奠基人、哥伦比亚大学的阿兰·内文斯教授加以运用并推广。对国内业界有较大影响的成果，一是美国哥伦比亚大学教授唐德刚的《李宗仁回忆录》、《胡适口述自传》、《张学良口述历史》等著作，对于国内众多读者具有启蒙和示范的作用。二是日本学者西冈常一著作《树之生命木之心》，作者是记者出身，用口述史的方法介绍了日本药师寺的三代工匠技艺的传承。三是天津大学冯骥才文学艺术研究院用口述史的方法记录了多位中国木板年画传承人口述史。

2. 建筑口述史

在建筑领域，口述史作为学科和理论的提出相对晚，但其零星的应用却早已有之。

1）李诫——稽参众智

从《营造法式·劄子》可知：李诫深入实际，善于总结来自工匠的经验和智慧，书中所收材料3555条，其中3272条"系来自工作相传，并是经久可以行用之法"。对于所收集材料，李诫"勒令匠人逐一解说"，并参阅古代文献和旧有规章制度，在此科学性、系统性的编纂过程确立了《法式》具有相对的指导意义和规范性。这部书在南宋以后，依然在江南一带有广泛的影响。

2）朱启钤——以匠为师

在中国营造学社成立之初，创始人朱启钤先生就擘画了学社研究"沟通儒匠、浚发智巧"、"资料收集"

1 国家自然科学基金资助项目，编号：51738008，51878450。
2 刘军瑞，同济大学建筑与城市规划学院（上海 200092），15级博士研究生，200092，273639206@qq.com，17317123642。
3 李浈，同济大学建筑与城市规划学院（上海 200092），教授，博士生导师。lztjsh@126.com，13601798114。

两大目标。确立了从文献到实物的技术路线：即以《法式》"沟通儒匠"为榜样，以清代建筑研究为起点，以匠为师、参照实物和文献释读清代建筑，进而以充足的文献研究为基础展开实物调查研究，上溯至《法式》及宋、唐建筑，直至探及整个中国营造学体系和文化背景。学社吸收了营造厂的工匠等入会，与工匠群体建立了紧密的联系。提出"术语名词"、"实物构造"、"烫样傅彩"、"工料事例"等具体研究领域，提倡用摄影、留声机记录匠师行为和言语。

3）梁思成——继往开来

梁思成先生继承朱启钤先生"以匠为师"的传统，并引入西方工程制图方法。首先拜老木匠杨文起老师傅和彩画匠祖鹤州老师傅为师，以故宫和北京的许多建筑为标本，作为研究宋·李诫《营造法式》、清·工部《工程做法》的基础。他还应用现代工程图学，修改匠师绘制的图样，绘制平面图、立面图、剖面图。工作路线也是"向老工匠学习，跟工匠到故宫等建筑遗构边，听他们现场解说"。以老工人所讲述的清代做法为基础，找现存的建筑遗物核对，然后进行测绘，由此上溯到唐、宋甚至两汉、周秦。

4）刘致平——范式初现

刘致平先生是中国营造学社成员，对四川民间建筑有独到的研究。自1930年开始，测绘了200多座民居，调查过程中访问了掌墨师傅，详细记录了建筑工法、匠师用语及所用工具，各构件的专用术语、民间建屋掌故习俗，建筑物的构造进行分析。其著作《云南一颗印》是一篇非常经典的民居调查研究报告，除对布置、构造式样、各作法有详录和大量详细的建筑测绘图外，报告还进行了关于一颗印住宅形成的缘由、古制表现特点、屋檐和天井院关系的地区比较等的分析研究。

5）其他——薪火相传

鉴于口述史对于人物、事件、思想等无相关记录材料的领域进行研究的确切作用，它也成为建筑领域汲取史料的重要渠道和研究方法之一，近年为更多专家学者所重视，并在近代建筑史、建筑史学史、近代建筑思想史等领域的研究中起到重要的作用，有较多的研究成果，代表性的活动如2017年由赖德霖、陈伯超等先生在沈阳建筑大学组织的建筑口述史研讨会。

由于传统营造技艺等非物质文化遗产也呈无形的、动态的和无记录特征，且又掌握在一群年纪较大又濒临队伍断层的现状之中，且口述材料中蕴含着对乡土营造的真实理解和应用，口述史的方法也在乡土建筑的营造技艺的研究中有广泛的应用，取得了不少成果。以笔者团队为例，将泛江南地域乡土建筑研究要将建筑实

物、文献资料和工匠的口述史资料以民俗仪式结合起来进行整体性研究。其中，对于"营造尺系"、"地盘和侧样"、"匠语匠歌"、"建筑构件"（冬瓜梁、杠梁）以及"地域匠帮"等领域的研究有开创性。1998年后我们在学术期刊上发表相关学术论文，并组织完成了系列的学位论文，年年录有大量的工匠口述资料和影像资料，在中国乡土建筑研究领域形成一些特色。

此外，同济大学杨立峰、沈黎、宾慧中，东南大学张玉瑜四位的博士学位论文都是建立在大量的口述史资料的基础上的成果。粗略统计，访谈有资料的工匠30位以上，加上十个左右的施工现场调研是构成博士论文最基础的资料。他们涵盖了匠作谱系、营造技艺、工具尺法、术语口诀、组织管理、营造仪式等多方面内容。

二、口述史大纲

乡土建筑营造是在一定的政策、市场、社会背景下等，由风水师、工匠、主人、亲朋和邻里组成中国乡土建筑的营造主体，形成区隔与其他社会人群的场域（图1）。根据皮埃尔·布尔迪厄的场域理论，参与人通过各种努力不断积累经济资本、文化资本、社会资本、技术资本等以提升自身在场域中的地位，同时完成资本的反复交换。根据近年的实践经验和心得，我们在此基础上初步整理出一个初步研究大纲，并以此形成相关的80余个基本问题，以期更深入的研究。概述如下：

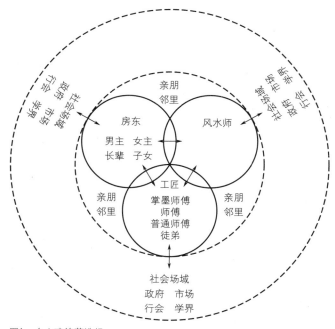

图1　乡土建筑营造场

1. 释名

研究者需要记录口述者对相关名词的描述，对照相关的学术著作，整理出乡土的方言建筑词典。切不可测绘完成后回到书屋，参考建筑典籍进行研究。研究成果表述要既能够和当地人群进行交流，又能和行业学术交流。

（1）行业称谓。施工队、风水师、屋主、各工种工匠及工种内部不同分工的称谓。

（2）使用功能。各房间名称、功能、家居布置等。

（3）建筑材料。砖、瓦、木石、土等材料的名称、尺寸和砌筑方法。各种材料的防潮、防腐、防雨、防蚁防鼠做法或装置的称谓。

（4）建筑构件。不同位置墙体的称谓、厚度及砌筑规律？不同位置梁板柱枋椽的称谓？不同位置的门窗及其构件、马头墙、屋脊的称谓？侧样类型及扇架名称。立面装饰的称谓？

（5）工匠图纸的名称和类型。鲁班字和墨线符号？

2. 风水师

风水师是古代的乡土聚落和建筑规划师。自汉武帝独尊儒术开始，儒家就已经把它与阴阳五行之类结合起来。风水师多是能够掌握一定天文地理知识的儒家知识分子。

1）堪舆学

（1）理想的住居周边环境及建筑样式？建筑基址方位判定？有无神圣空间？空间中的等级如何？不佳的住居周边环境如何进行补救？

（2）本村是否有择址讲究？有无风水树、水塘？道路系统是否有讲究？

2）择吉术

（1）各个营造节点如何选择日子和时辰？

（2）遇到不合适的日子，如何调整？

（3）如何评价风水师水平的高低？

3. 工匠

工匠们主要的任务是设计、施工和修缮，同时也承担主持上梁、动土、合脊等仪式。

1）匠派谱系

（1）基本情况。包括姓名、出生年月、工种、工龄、教育经历、住址、籍贯、访谈时间、访谈地点、录音录像时间、照片、电话签字等。现场实证材料包括拍照留影和签名等。

（2）为何选择该工种作为职业？学艺年龄、工龄多长？

（3）师傅是谁？从艺前是什么关系？同门有几个？学艺过程中师傅如何传授技艺？

（4）带过徒弟么？带徒弟的方式和师傅有何不同？是否有拜师仪式？师徒之间有何礼仪和禁忌？

（5）业务范围和地域范围是什么？

（6）一般营造一栋民居或祠堂，需要几个工种，分几等？工头大工、小工的人数比例是什么？工期多长？工头是否做事情？工资状况如何？

（7）木工和泥水匠、石匠级别是否相同？如何体现工种差异？

（8）屋主如何激励匠师认真工作呢？

（9）对从事工种的整体评价是什么？相对于其他工种有何优缺点？

（10）对自己的手艺传承有何意见或建议？

2）营造技艺

营造技艺问题按照营造顺序进行组织。选址–挖地基（动土）–砌筑基础（立磉）–扇架–上明间脊檩（合龙或上梁）–铺椽–上瓦–合脊–小木作门窗家具–油漆等。

（1）尺法和尺制。当地的营造尺是多少？有无五尺、门光尺、五寸尺、篙尺？如何使用？

（2）地盘。地盘类型及其尺法特征？正厅的开间、进深、层高是否有最小或最大的限制？有无压白？设计依据是什么？

（3）磉石如何定位？木工和石匠如何协调？

（4）扇架。柱径尺度，穿枋的尺度和位置，如何升起？榫头的类型有几种？各自用在什么部位？

（5）桁条的直径和间距如何确定？何时用双桁条？

（6）墙体。砌筑方式有几种？要点是什么？砌墙的灰浆是何种材料？如何配比的？马头墙类型？

（7）椽子。尺度如何确定？椽子上何时使用望砖、望板和瓦片？苦背厚度和材料？

（8）民居屋水如何确定？公共建筑如祠堂、寺庙、书院等屋水是否和民居不同？一般的规律是什么？如何变通？

（9）屋脊是否有升起？正立面升起方法：以柱头升，还是加升头木。每段升起规律？

（10）您在施工中如何考虑建筑物的防潮、防腐、防蚁、防火、防水？

（11）门窗扇尺度是如何确定？门窗等有无压白，如何压（字压法、倍压法、位压法）？

（12）工具及其使用。重点考察量划工具如墨（斗）、尺（规矩），平木工锯如以及斧、锛、锯、刨等，穿剔工具如凿、钻等。划线的标准和方法是什么？掌墨的功能和作用。

（13）月梁、冬瓜、柱子、柱础等重要构件的细节制作工艺。

（14）工作量计算。门窗、柱子、墙体、雕花、石作等各工种如何衡量的工作量？即如何算"工"？

（15）电动工具和原来的手动工具对工艺传承有何影响？工艺和效果上有何区别？是否可以直接代替？

3）营造习俗

（1）当地理想的居住模式是什么？山水、朝向、基址规模、地盘、侧样类型？

（2）本地营建传统房屋的营造顺序是什么，大致可以分为几个步骤？每个步骤有何种仪式？

（3）会祝赞么？在那个阶段使用？赞语内容是什么？

（4）关于算料（木材、砖、瓦、石等），有无口诀？如何计算？

（5）那一种木材（瓦材、石材等）用在什么地方？有讲究么？

（6）平时拜鲁班么？在营造活动中如何纪念鲁班先师？是否有特殊的方式纪念？

（7）木匠、石匠或泥水等工种的地位如何？如何体现？

（8）动土、开工、加工、立柱、上梁、竣工、乔迁等的仪式及禁忌？

（9）如果主人招待的不好，工匠有什么方法表达自己的不满？行业中如何看待这种现象？

（10）营造过程中有无性别禁忌？造新房和修老房有无不同的仪式？

4）民间文献

（1）能看懂施工图纸么？平时工作是否画图？能否画一下本地典型的平面图、屋水示意图？

（2）听说过一些和建筑相关的一些故事么？比如鲁班的故事等。

（3）家里是否有一些赞歌或者咒语？

（4）听说过《营造法式》、《鲁班经》、《鲁班营造正式》、《营造法原》等书籍么？

（5）是否有一些相关的建筑书籍，手抄本之类的文献？

4. 屋主

屋主全程参与，从基地选择、买料、预算控制、质量监督、工程验收等过程。每个房屋都会有非常实际的功能要求被屋主提出，这也是乡土建筑看似千篇一律，却"和而不同"的原因之一。

1）功能和禁忌

（1）个人信息。性别、姓名、出生年月、住址、房屋产权、籍贯、签名等。

（2）介绍一下平面的使用功能（主要是1949年之前的使用功能）？房间里的空间等级是什么？是否有神圣空间或者最不好的空间？

（3）婚丧嫁娶、民俗节日时候本建筑与平日使用上有何异同？

（4）院落中各个部位的名称和使用方法？院落（村落）绿化树和灌木的种类和原因？庭院和聚落最古老的道路样式及其意义？

（5）迁新房和拆老房子有何禁忌或仪式？家祠和宗祠的关系如何，如何使用？

2）择匠和管理

（1）如何选择风水师和工匠的？木匠、泥水和石匠是否需要单独寻找？

（2）买材料花费多少？用工花费多少？自己是否参与建造？有无邻里帮忙？

（3）工钱如何发放？各个工种的关系如何？

（4）营造过程中要请师傅几次酒，是什么时候？请酒的时候是否需要拿红包？大概多少钱？

（5）如何应对偷懒耍滑的工匠？工匠不能胜任如何解决？

5. 邻里和亲朋

邻里虽然是营造活动中最不重要的部分，但他们在建造或使用过程中参与了很多活动，甚至在许多活动中扮演不可或缺的角色。

1）邻里关系

（1）如何处理邻里关系？如：排水、遮阳、挡风等。

（2）村落中各房间之间的道路尺度是如何确定的？

（3）各栋建筑间如何进行趋吉避害？

2）营造活动和仪式

（1）当地建房时邻里是否前去参与？是否有收入？

（2）房屋营建和使用中的邻里参与的仪式？

6. 学者

对建筑史学者的口述史研究，对于提高口述史研究者的访谈理论和访谈技巧具一定启发。

1）研究

（1）学者基本信息。姓名、年龄、性别、教育经历、研究经历、重要著作等。

（2）怎样走上乡土建筑研究的道路？哪一个人，哪本书，哪件事对您现在从事的学术研究影响最大？

（3）如何进行样本选择的？田野调查的范围是什么？

（4）访谈过多少工匠？如何进行工匠口述史访谈？

（5）认为对于营造技艺的传承，如何保护建筑实物？如何保护匠师即传承人？

（6）您对乡土建筑研究的主要贡献有哪些？介绍一下代表作成书过程？

（7）怎样看待学术批评？著作和观点是否受到过批评？批评者是什么人？是否有回应？

（8）如何理解乡土建筑的谱系和区划问题？对研究现状有何看法？它们今后的发展趋势是什么？

（9）觉得乡土建筑研究最核心的内容包括哪些方面？代表性人物和成果有哪些？

（10）乡土建筑研究人员应该具备什么样的学术素养？

2）教学

（1）田野调查大纲是什么？主要包括哪些方面内容？

（2）对于乡土建筑口述史田野调查有何技巧？

（3）如何指导学生进行田野调查？是否做过前期培训？

（4）如何安排能够提高测绘效率和测绘精度？

（5）测绘材料、口述材料和文献材料不一致时您是如何处理的？

三、知识结构

乡土建筑口述史研究者的主体是在读大学生、高校和科研单位的学者和建筑史爱好者。乡土建筑口述史研究具有技术门槛高、涉及面广等方面特征，要求口述史团队应具备以下素质。

1. 口述史

研究者应能够根据当地乡土建筑的形制和规模制定相应的切实可行、内容全面丰富的访谈大纲；能够有序组织问题的提问和记录；访谈结束后能够根据笔记和录音进行文本整理，最重要的是要能够将口述材料、建筑测绘资料和文献资料进行综合研究，进而解决建筑史研究中的实际问题。

2. 建筑史

能够熟悉中国传统建筑的演变历史，熟悉重要的建筑类型及重点建筑，掌握建筑材料的一般特性和构造结构的原理，能够对常见的建筑进行年代断代和价值评估。

3. 测绘实录

能够绘制比例正确的草图。关键的控制数据如墙体、柱子的定位轴网，脊檩、檐檩的高度，上下檐出等部位的数据要采集完整。对于采集到的数据能够根据研究目标的不同进行不同深度的数据处理。掌握各种二维图和三维建模的方法，制图能够符合相关的国家规范。

4. 文献调查

对于田野调查中的史书、地方志、家谱、私人文献、碑刻、楹联、招贴、地契等民间文献保持敏感，及时进行收集和研读，从中提炼有用的建筑信息。

四、意义

乡土营造口述史研究或应用，可以赋予乡土建筑以鲜活的意义，使研究真正深入到当地的人民的生活中。因此，乡土建筑的研究对象从物推广到人，通过对匠师、屋主、风水师等的营造和使用活动的考察和研究，促使中国建筑史研究走出"见物不见人"和"知其然不知其所以然"的窘境。

1. 乡土建筑方言词典

全方位记录乡土建筑涉及的词汇。宏观上包括建筑的名称、村落的名称；中观上包括地盘、扇架和建筑构件的称谓；微观上包括建筑各种砖石木建材的称谓。组织上，包括工匠、风水师、屋主中各类人群的相互称谓。亦包括对工匠自用符号和图示语言的收集。方言词典对于建筑史文本写作和研究具有直接影响，也为以后匠语系统研究打基础。

2. 营造技艺、习俗、习术整体性研究

营造技艺研究的核心目的是房子如何设计、备料、加工和建造；营造习俗是研究如何使用房子，包括

在各个营造节点的礼仪和场景等，以及重要民俗节日人们如何在建筑中活动；营造习术是指在营造过程中的堪舆、择吉等活动。

3. 有利营造技艺保护传承和再生

乡土营造口述史研究有助于抢救濒危的营造技艺，同时也可以促进乡土建筑的真实性保护，有助于研究扇架地区营造技艺的源流和变迁。乡村振兴战略背景下，乡土建筑研究和新乡土建筑的创作均需要建筑师更需要进行田野调查，吸收乡土建筑中的营造和设计智慧，研究地域营造谱系的传承方式，借鉴到建筑设计中。

参考文献：

[1] 李浈. 营造意为贵，匠艺能者师——泛江南地域乡土营造整体性研究的意义、思路与方法 [J]. 建筑学报，2016（2）：78—83.

[2] 陈伯超，刘思铎. 中国建筑口述史文库（第一辑）抢救记忆中的历史. 上海：同济大学出版社，2018. 5

[3] 赖德霖. 中国近代思想史与建筑史学史 [M]. 北京：中国建筑工业出版社，2016.

[4] 东南大学建筑历史与理论研究所. 中国建筑研究室口述史 [M]. 南京：东南大学出版社，2013.

[5] 吴庆洲. 建筑哲理、意匠与文化 [M]. 北京：中国建筑工业出版社，2005.

[6] 肖旻. 岭南民间工匠传统建筑设计法则研究初步 [J]. 城市建筑，2005（2）：8—10.

[7] 里奇. 大家来做口述历史 [M]. 北京：当代中国出版社，2006.

沙溪古镇核心区文旅商业空间的演变解析

邓林森[1]　黄成敏[2]　车震宇[3]

摘　要： 本论文选取茶马古道上的重镇——沙溪古镇作为研究对象，沙溪古镇核心区是其历史建筑最集中、保存最完好的区域，历史文化资源分布最为丰富。随着沙溪古镇被列入世界濒危建筑遗产名录，以及沙溪复兴工程项目的实施，沙溪古镇文化旅游得以迅速发展。文章对沙溪古镇核心区文旅商业空间的组织、宅店布局演变、文旅建筑空间转型等方面做出分析，归纳提出了文旅商业空间的演变模式与内在机制。

关键词： 沙溪古镇核心区；文旅商业空间；演变

2001年，世界纪念性建筑基金会（WMF）在昆明宣布云南剑川沙溪（寺登）区域入选世界纪念性建筑基金会保护名录，使得沙溪镇为众人所知晓，吸引了越来越多的国内外游客，成为人们寻求身心放松的休闲地。沙溪古镇经历了由茶马重镇到以茶马文化为依托的文化旅游城镇，逐渐形成了以历史文化景观和自然景观为核心、旅游产业发展为依托的文化旅游融合发展模式。文化旅游的发展，为沙溪文旅商业空间的产生与演变提供了基础条件。

一、沙溪古镇核心区与文旅商业空间概况

1. 沙溪古镇核心区概况

沙溪镇位于云南省大理市剑川县西南部，处于大理、丽江、香格里拉旅游线之间的重要节点。旧时沙溪作为茶马古道重要的驿站，是马帮、客商进入藏区的最后一个补给站[1]。南诏大理国石窟的开凿以及沙溪周边四大盐井的开采，使得沙溪成为茶马古道上显赫一时的贸易集散地和佛教文化活动中心，也是茶马古道上农业、工业、商业、交通运输业等最为发达的地区之一[2]。

沙溪古镇核心区指的是沙溪镇历史建筑最集中、保存最完好的区域，由寨门、巷道、宅院、公共建筑等空间要素构成。核心区历史文化资源分布最为丰富，拥

有完整的古戏台、马店、寺庙、寨门、古集市、民居院落等，也是沙溪作为世界建筑遗产的核心保护区，面积约8.5公顷（图1）。同时，核心区是文旅商业空间发展最为迅速的区域，茶室、客栈、餐饮等文旅商业空间分布最为集中。

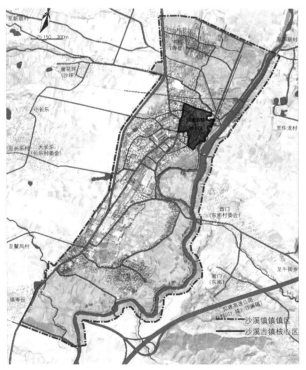

图1　沙溪古镇核心区位置（图片来源：作者自绘）

1　邓林森，昆明理工大学建筑与城市规划学院，硕士研究生.

2　黄成敏，昆明理工大学建筑与城市规划学院，硕士研究生.

3　车震宇，昆明理工大学建筑与城市规划学院，教授（通讯作者），650500，598869375@qq.com.

2. 文旅商业空间

旧时传统商贸时期，沙溪镇商业空间分为茶马商业空间和生活商业空间两大类。茶马商业空间主要存在于茶马商贸时期，进行井盐、集茶、马、丝绸、手工制品、农特产品交易，主要分布在核心区内四方街、古寺登街、南北古宗巷周边。生活商业空间伴随着茶马商业发展时刻存在，以服务于本地村民为主，在空间上经历了从核心区内到核心区外围的主要街道迁移。

文旅商业空间是伴随着2002年后沙溪旅游形成的新型商业空间，是以文化资源为依托，旅游产业发展相关商业空间。从空间类型上来说，文旅商业空间主要可分为店宅、移动零售、文化体验空间三类。沙溪古镇文旅商业空间主要依托的是茶马历史文化，故从空间分布来说与茶马商业空间基本一致。现存商业空间为核心区文旅商业空间与核心区外围的生活商业空间并存状态。文旅商业空间总数达到200余家，主要集中分布在核心区内。

二、文旅商业空间组织演变

1. 传统商贸时期

茶马商贸时期，剑川、丽江、西藏的马帮穿过北寨门，沿着北古宗巷通向四方街。来自弥沙以及周边的马帮从南寨门进入，途经南古宗巷，进入四方街。洱源、牛街、大理的马帮穿过玉津桥，进入东寨门来到四方街。短途马帮基本的贸易安排：进入寺庙祈福—四方街进行货物交易—下一个贸易节点或者回家。远途来的客商马帮团体的贸易安排：预定马店—兴教寺祈福—卖出货物—听戏—马店修整—买入货物—赶往下一个贸易节点。[3-5]它的空间组织序列是从四周汇聚四方街中心，再又四方街中心走向四周（图2）。这种商贸流线随着20世纪60年代老剑乔公路开通后就逐渐消失了。

2. 文旅商业发展时期

文旅商业发展时期，空间的组织方式由于老剑乔公路的开通以及寺登街原有的西侧蔽障被连接起来，加之古镇入口、寺登街入口、客运站都设在了寺登街的西侧，因此旅游的空间序列从西侧展开，然后汇集到四方街，再由四方街通过东、南寨门进行游览。老剑乔公路的开通，东西交通的贯穿，促使古寺登街变为连接现

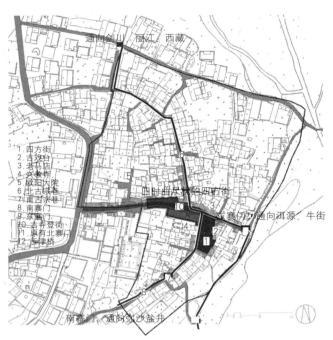

图2 茶马商贸时期核心区商业空间组织
（图片来源：改绘自：沙溪复兴工程文本，2002）

代交通与寺登街古道的要道，因此它变成了文旅商业空间的主干道。原有的北古宗巷由于没有标志性的入口指引以及长度过长的原因，它的功能地位随之下降，南古宗巷由于靠近四方街，同时有通向阑林阁酒店建筑群，两侧的功能节点促使南古宗巷巷道商业氛围较好（图3）。

图3 文旅商业发展时期核心区商业空间组织（图片来源：作者自绘）

三、文旅宅店布局演变

1. 文旅商业空间"散点式"增长

2002年沙溪古镇出现第一家商业客栈——古道客栈，成为后来许多客栈的原型。2002～2004年，四方街及其周边进行古建筑的保护性修复，四方街商业活动基本处于停滞状态。2007年四方街以及周边的古建筑群基本修复完成，兴教寺与戏台两翼的商业功能恢复，通过租赁的方式鼓励商业的适当开发，文旅商业开始进入规模形成阶段。2007～2009年，四方街区域、古寺登街、北古宗巷两侧，商业空间呈现出"散点式"增长。商业空间的增长主要是通过"民居置换为商业"的方式。商业业态方面，除客栈店宅增加餐饮、零售空间（图4）。

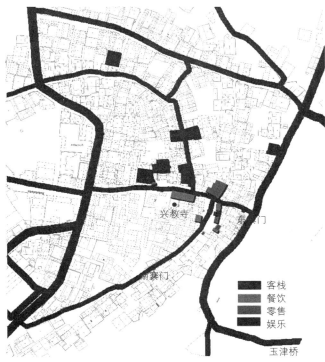

图4 2009年核心区文旅商业分布图（图片来源：作者自绘）

2. 文旅商业空间"线状"延伸，生活商业空间向南转移

2010～2013年，镇区旅游商业环境的进一步成熟，核心区商铺数量出现了加速增长的现象。原有的生活商业空间向南部核心区外转移，四方街与古寺登街呈现出"线状"延伸的发展态势。四方街周边商铺空间基本饱和。业态进一步丰富，旅游业态的四大功能：零售、餐饮、客栈、文化体验都有了一定的数量。在此期间，政府加大了旅游的投入力度，积极地招商引资，进

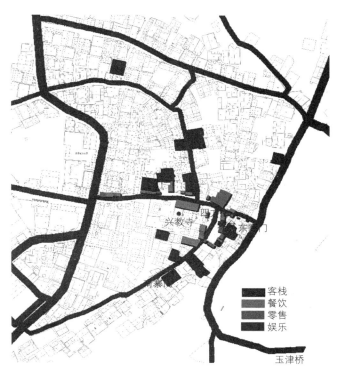

图5 2013年核心区文旅商业分布图（图片来源：作者自绘）

行旅游服务设施的建设（图5）。

3. 文旅商业空间"面状"填充，向核心区外蔓延外拓

2014～2017年，商业数量进一步增多，四方街出现"面状"填充发展态势。古寺登街与南古宗巷两侧、北古宗巷靠近南端出入口已经被填充完整。核心区居住社区出现"民居碎片化"趋势，商业空间继续向内拓展与民居进行置换，商业空间与居住空间相互杂糅。这一时期的核心区受到政府与保护组织的多重保护，拆除新建的现象较少，通过改造、改建的方式进行功能性的置换。生活商业空间进一步向核心区外转移，文旅商业空间出现向核心区周边蔓延外拓的趋势（图6）。

同时，四方街区域与古寺登街区域出现了"侵街"现象，街道两侧产生了"流动的移动零售摊位"，一种是以本地老人为主的临时摊位，售卖沙溪手工糖、麦芽糖、沙溪乳饼、农特产品等。另一种以外来青年团队以及艺术家为主，售卖"文创产品"。一些商铺则是将休闲设施、桌椅板凳前置到店铺前面的公共空间，以此来扩宽店铺空间。

四、文旅建筑空间转型

从商贸时期的茶马商业空间到服务于本地村民的

图6 2017年核心区文旅商业分布图（图片来源：作者自绘）

生活商业空间，再到如今旅游发展伴随的文旅商业空间，核心区内建筑的功能与形态发生了演变，主要集中在功能嬗变、平面变化、立面易容、结构更替、庭院造景、空间组织、细部处理以及服务系统安设这几个方面（表1）。

商业逻辑的改变以及空间组织的改变，促使文旅商业空间以及社会关系发生了改变，原有的马店空间演

变为客栈，在空间形态与功能布局上发生了"主客共居"到"以客为主"的变化。原本服务于茶马商贸交易的马帮、手工艺人都转向了服务于旅游的全职或兼职商人。周边的村民也通过设置移动零售摊位的方式，加入到了文旅商业发展中，寺登街的村民从单一农民身份变成"农业生产+旅游产品加工"的复合型身份。

五、文旅商业空间的演变模式与机制解析

1. 文旅商业空间的演变模式

文旅商业空间经历了从无到有、从单一到多元化、从无序到有序的演变过程。根据沙溪核心区文旅商业空间发展特点，大致可分为三个阶段：

1）第一阶段：依托特定的功能节点。依托四方街这一特定的功能节点发展，文旅商业分布集中在四方街附近，此时的文旅商业空间是零散的、不成规模的、也是没有管束的。

2）第二阶段：以功能节点为核心，向主要街道延伸。随着沙溪古镇知名度的提升，以四方街为核心，开始向古寺登街、北古宗巷、南古宗巷线性延伸，空间结构形成"一心一轴"。文旅商业不仅在空间上、时间上进行增量的拓展，在商业的类型上也不断地增多。

3）第三阶段：对次一级巷道填充，形成特定的分布区域。原有的四方街、三条主街有利空间被完全占用

文旅建筑空间转型　　　　表1

建筑空间转型	传统商贸时期	文旅商业时期
功能嬗变（图7）	马店商铺、传统民居、宗教活动场所	客栈、餐饮、零售、娱乐、移动零售等
平面变化（图8）	三坊一照、一字型、L形，平面布局围绕"主"、"客"、"马"三大主体	基于原有的沙溪白族民居与马店平面形态，院落的形态更为自由，有"井深型"、"不规则型"，注重休闲空间及景观视野
立面易容（图9）	木制材料，一层商铺，上部窗户，同时用作对外的铺面，下部伸的柜台，可储物，门开在侧边；二层为可支开的格子窗	增加广告牌，立面开窗比例，门窗高度以及大小规模都有所增加，并通过玻璃、漏窗等形式加大对立面的开放程度
结构更替（图10）	主要用材为木、石、土，围护结构是土坯墙，墙脚采用红砂石，木架支撑	保留原有的结构的同时，采用玻璃、砖、混凝土、钢材等新型材料
庭院造景（图11）	古朴、清幽，地面多由卵石夹砖瓦或红砂石铺就，院内多有水井，配置的花台，种植的花草点缀	用现代材料进行铺装点缀，铺设木栈道，设计水景，增加休闲座椅等设施，较大的天井还会另设茶房、书屋等休闲空间
空间组织（图12）	处理好居住、客栈、马匹货物存放三者关系，居住与客栈通过平面分离或竖向分离，马匹一般安置在内侧院落	客栈前台区一般与休闲空间、餐厅空间相连接，通过走道或庭院内的楼梯进入客房区
细部处理	简洁质朴，木雕精美，但无过多其他装饰细节	通过艺术加工品凸显商业主题，包含灯笼、晾晒的农特产品、绿植、艺术画等多种元素
服务系统安设	以服务于客商、马匹为主	现代服务设施，如卫生间、淋浴等的安设，包括安全系统，包括摄像头、门禁系统等

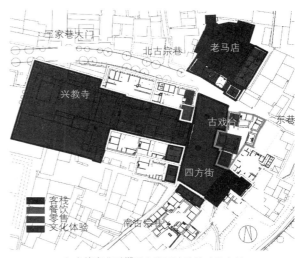

a 传统商业时期四方街周边建筑功能布局
（图片来源：改绘自沙溪复兴工程文本，2002）

b 文旅商业时期四方街周边建筑功能布局
（图片来源：作者自绘）

图7 传统商业时期和文旅商业时期四方街周边建筑功能布局

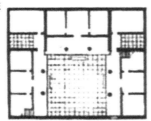

图8 平面变化（图片来源：作者自绘）

图9 立面易容（图片来源：作者自绘）

图10 结构更替（图片来源：作者自绘）

图11 庭院造景（图片来源：作者自绘）

a 老马店传统商业时期空间组织

b 老马店文旅商业时期空间组织

图12 老马店空间组织（图片来源：作者自摄、自绘）

之后，文旅商业开始在次一级的巷道展开。散点空间慢慢聚合"成线"、"成面"，最后演变成为具有一定规模的文旅商业区域。

2. 文旅商业空间演变机制

商业空间的发展一般是以自然内生力为商业演变的稳定基础，以外驱力为演变的催化动力，以不同利益群体的博弈为演变的主导方向。就沙溪古镇核心区文旅商业空间的发展来说，外驱力、政府管控以及不同利益群体的博弈为文旅商业演变的主体：

1）商业外推力是文旅商业演变的催化动力

人流、物流、信息流等外部资源，为沙溪内部系统的文旅商业空间演变提供动力，其次是通过商业内在逻辑影响着文旅商业空间、文旅商业类型以及文旅商业活动的开展。沙溪复兴工程的开展促使资本与外来的资源涌入到核心区，进而吸引世界各地旅游者到来，促使沙溪又从普通的农村集市转变为文化旅游小镇。在文旅商业空间演变过程中，外来游客商户又将许多新鲜的活力注入核心区内，使得文旅商业空间在类型得以丰富。

2）政府管控起到主导作用，引导商业空间发展，协调各方利益

政府自上而下的行政调控力，通过政策、规划、技术等对沙溪文旅商业空间的演变会产生综合影响力。沙溪地方政府结合国际保护组织通过政策调控与行政规划对区域社会、经济、环境进行干预或引导，从而作用于文旅商业空间的演变的过程中。

2）不同利益主体的博弈是文旅商业演变的主导方向

政府、村民、外来商户等不同利益群体会因为理念、目的、权力的不同从而产生空间的博弈行为。博弈的过程中，不同的利益群体会通过对空间权力的控制相互争斗，从而达到自己的目的。而演变的发展方向偏向于在博弈过程中获得胜利的一方。但不可否认，博弈失败的一方也会对商业演变的发展方向有一定的微弱影响。

六、结语

沙溪古镇核心区文旅商业空间经历了散点式增长、线性延伸、面状填充三个阶段，目前文旅商业空间发展已基本成熟完备，商业空间完成了从单一生活商业空间向文旅商业空间与生活商业空间并存的转变。文旅商业发展的同时，四方街区域与古寺登街区域出现了"侵街"现象，街道两侧出现"流动的移动零售摊位"，以及固定商铺前置扩宽店铺空间。一方面是沙溪古镇作为茶马古道古集市的特征延续，另一方面也对商业空间管理及街道整体风貌造成一定的影响。沙溪古镇核心区受到政府的重点管控，因此能在文旅商业发展的背景下保持宁静、古朴的氛围，游客们可以在这里聆听历史的声音，回归内心的平静。

参考文献：

[1] 尹振龙. 茶马古道多元文化和谐共处的家园——以石钟山石窟为例浅谈茶马古道文化多元性、融合性的特征 [C]. 中国文化遗产保护普洱论坛论文集. 2010：134-138.

[2] 杨毅. 集市习俗、街子、城市——云南城市发展的建筑人类学之维 [M]. 北京：中国戏剧出版社，2008. 10：201-202.

[3] 杨惠铭. 沙溪寺登街：茶马古道唯一幸存的古集市 [M]. 昆明：云南民族出版社. 2002：26-27.

[4] 黄印武. 在沙溪阅读时间 [M]. 昆明：云南出版社，2009：26-30.

[5] 刘光平，唐云笙. 茶马古道唯一幸存的古集市——沙溪 [M]. 昆明：云南美术出版社，2005：15-45.

神圣空间的衰落

——由汶川羌族民居问卷调研带来的思考

林 震[1] 李 路

摘 要：自羌族在岷江河谷定居以来，以火神、角角神、中柱神为中心的主室是羌族民居中占有重要地位的空间，不仅是日常生活发生的主要空间，更是羌族人民进行祭祖的神圣场所。"5.12地震"后，在党和全国人民的共同努力下，伴随着社会主义现代化农村建设的开展，这一空间渐渐地发生了变化。本文就这一现象展开思考，展现建筑空间形式在时代中的变迁、演进、演化。笔者于2018年7月随团队对汶川县5个村寨（龙溪乡、布瓦寨、垮坡村、索桥村、瓦寺土司官寨）进行问卷调研，收集整理老、中、青三代共120份问卷，对今后的汶川地区民居建筑的发展做出方向性探索。

关键词：神圣空间[1]；羌族；火塘；集体潜意识

引言

羌族在历史上最早可以追溯到炎黄时期，是华夏民族重要的组成部分，与今天西南大部分少数民族在起源上有着千丝万缕的联系。"5.12地震"使汶川羌族村寨遭受到了严重破坏，在党和全国人民的共同努力下，伴随着汶川羌族人民现代化建设和发展，不论是基础设施建设和社会主义精神文明建设均于近10年来取得了巨大的建设成果，羌族特殊的位于汉藏之间的地理位置与悠久的历史传统具有重要的研究与保护价值，随着国家的乡村振兴政策的开展，对羌族物质与非物质遗产的保护与发展成为羌族地区的主题。

一、神圣空间的起源

1. 信仰的起源

在中华人民共和国成立前的羌族地区，由于地理分割、交通联系等诸多因素，并无"羌族"这一社会认同与区分概念，部落之间激烈的资源竞争时常发生。我们今天看到的大部分老寨均结构紧密，这样有利于防御，修建碉楼以进行进攻与防御。"关于族群社会和部落社会的广泛得多的长期积累的资料表明，谋杀是死亡的首要原因"，在古老的部落生活中，随着部落人口的增加，统治者们为了解决族人之间的矛盾冲突并维护自己的统治，世界各地的不同部落纷纷选择创造某种意识形态或宗教来与每个族人建立联系，"拥有共同信仰/崇拜的第一个好处是，共同的意识形态或宗教有助于解决没有亲属关系的人们应如何共处而不致互相残杀这个问题。第二个好处是，它使人们产生了一种为别人而牺牲自己生命的动机，而不是产生利己之心。以少数社会成员战死沙场为代价，整个社会就会在征服其他社会或抵御外侮时变得更加有效。"[2]

在岷江上游地区，羌族以家族式聚居或姓氏聚居为主：村寨结构组成大致由几个家族聚落成寨，几寨成村。在这里，祭山神是一种普遍的民族信仰，但每个寨都有不同的山神，相邻的寨子又有着共同的山神，在更大的范围内，又有着更大的山神，这样形成一级一级的山神信仰，构成了完整的部落认同，也起着凝聚部落、保持认同，避免仇杀与祈福祷告的作用，同时也代表着资源和土地的所属权。

2. 在羌族建筑上的表现

羌族主室内主要有三大神明，分别是中柱神、火神（图1）、角角神（图2），呈线性位置摆放，有严格

---

1 西南交通大学建筑与设计学院建筑历史研究所，硕士研究生，邮编：611756，邮箱：1041512219@qq.com。

图1 火神

图2 （图片来源：出自季富政. 中国羌族建筑 [M]. 成都：西南交通大学出版社，2000.）

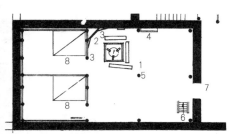

1. 火塘
2. 角角神
3. 羌族先人神
4. 工匠神（鲁班）
5. 中柱神
6. 上楼梯道
7. 厨房
8. 内房圈

图3 （图片来源：出自季富政. 中国羌族建筑 [M]. 成都：西南交通大学出版社，2000.）

的摆放规则（图3），本文主要描述这一空间的历史变化并就此展开思考。

3. 小结

羌族在地理位置上处于汉藏之间，在文化上同样也受汉藏的影响，靠近汉族的地区当地人民崇拜汉族偶像，靠近藏族的地区在也能找到藏族建筑色彩的影子，在"5.12地震"灾害发生后，国家对受灾严重的汶川地区进行援建（广东省对口援建汶川县），在这一外来因素影响下的汶川人民生活发生了急速的变化：基础设施的不断完善，在农业上种植经济作物，如李子、樱桃等极大地增加了居民收入，且羌人自古也有外出打工补贴家用的习惯（他们称"找钱"），大量羌民外出打工（主要集中于成都，都江堰），在带来了经济收入的同时也带来了外界的新思想，这些"新知识"也一点一滴地改变着羌寨。

二、不同的神圣空间

1. 汉族堂屋

汉族作为精神空间的建筑，除了汉式庙宇、阁楼、牌坊等公共精神空间，家庭精神空间主要集中在堂屋，又称"明间"，位于传统汉族民居的正中，开间相较其他房间大，一般坐北朝南，是一般家庭起居会客的场所，也是最重要的空间，堂屋的"气派"与否是主人家实力的体现，这一形式在汉族也被传承下来，显示了以家庭为中心的社会结构。

2. 藏族经堂

藏族人的宇宙观、独特的地形地貌造就了藏族人独特的宇宙观，他们将世界一分为三——天上、人间与地下。藏族的民居同宇宙观一致，也分为上、中、下三个部分：经堂作为神的居所位于顶层，是诵经礼佛的场所，也是整个民居空间中最为华丽、干净整洁的地方；牲畜位于住宅底层（有时也会另外建一院子供饲养牲畜使用，这点倒是同羌族很相似）；人居中间，主要的家庭活动发生在这里。与羌族不同的是，藏族的神圣空间在经堂和屋顶，他们将用于进行宗教仪式的煨桑炉放置在屋顶，升起的桑烟随风而起，象征着通往天界的信使。

在建筑内部，可能是古老的帐幕遗志，也有可能是藏羌同出一脉的信仰传承，同羌族的中心柱一样，柱子也被赋予了神圣的光环，并被各种加以雕刻修饰，用来作为保佑健康平安的安康神。

3. 被选中的载体

关于为什么是火塘、中柱、角角神成为神明这一现象很重要，这直接决定了其是否应该被保留与传承。

汉藏羌的神圣空间及其差异，让笔者开始思考这一空间为何以及如何形成，此空间形成有和规律可循？又是什么造成了其中的差异呢？

如在羌族主室中，为什么是火塘、中柱、角角神等成为了神物，笔者从日常使用上来分析：

火塘——农业文明时期不可缺少的生产生活工具、取暖工具，位于最重要的位置。

角角神——有可能是受汉族影响而设，其上主要摆放家神，神位一般上书"天地君亲师"，角角神在装饰上大量使用羊这一母题，五颜六色，琳琅满目，充满生活的气氛。但并不参与生产活动，只是在做法时使用，位于主室一角。

中柱神——帐幕遗志，柱上被尽可能地修饰，类似于汉族的偶像，不可触碰，主要用于祈福安康。属于房屋结构，有支撑功能，位于主室正中。

所以结论是：能成为神物有两个重要因素：一个

主要的因素是信仰载体，这点在羌藏上体现得最为明显；二则是对日常生活的重要程度，如火塘、中柱，此后在有了替代品之后它们也被边缘化了、下文将做主要说明。

三、神圣空间的演变

1. 历史与现在

年代	资料图片	平面组成	形制与由来
第一阶段：远古时期（羌人在岷江上游定居之前）	 图2.2 伞式棚屋复原示意图  图2.3 矩形棚屋复原示意图 图4 中国居住建筑简史——城市. 住宅. 园林[M]. 北京：中国建筑工业出版社，1990.	帐幕/垒石为室 房屋由一大柱支撑，火塘一般位于房屋中央，由石块围合而成	逐水草而居/游牧民族 羌人将帐幕的空间构造、空间情节融会在冉駹人的石砌居室中[3]
第二阶段：因地制宜的改善期（羌人在岷江上游定居之后）	 图5 httpdp.pconline.com. cnphotolist_3595722.html	邛笼/石砌民居 出现炉灶、火塘、神位、组柜，中心柱仍处于重要位置。这个空间与帐幕时代非常相似，人称"主室"	《后汉书、西南夷传》："冉駹人，依山居止，垒石为室，高者至十余丈，曰：筇笼垒石而做。"[4] 建筑可以看作汉藏羌三种形式的结合
第三阶段：发展时期（明清时期）	 图6	碉楼/官寨 出现中轴对称，神位居中，垂花门，泰山石敢当等汉族元素。强化伦理关系，但在空间上没有触动根本	元明清代设立土司制度，于是建筑了一批有汉族特色的土司官寨。 同时，湖广填四川，带来了汉人的文化传统与生产方式
第四阶段：现代阶段（2000年后）	 图7	现代民居 平面与汉族现代民居无异，基本无中柱，角角神，部分有火塘，大部分民居只留下神位	震前基本为土木或土石，震后模仿汉族使用小框架结构，使用黏土或砌块砖，白石灰抹面，水泥地，兼具抗震功能与现代生活方式（图8）

四、探究与思考

1. 变与未变

笔者于2018年7月随团队采用问卷调研的方式对汶川县5个村寨（龙溪乡东门寨、布瓦寨、垮坡村、索桥村、瓦寺土司官寨）与老中青三代人进行深入的交流，了解了现阶段汶川地区羌族人民的大致生活情况及需求。

在调研中，传统民居建筑主室中的三大神明——火塘、角角神、中柱神，仅剩少部分居民家中还剩下火塘，且大部分是地区较偏远，相对不富裕的家庭，而且火塘的传统三脚架也被更合理安全的炊具替代（图9）。当笔者问及为什么不见火塘了，村名回答是："现在都用烧电了"（指电热取暖器）（图10）。如今的火塘失去了它的位置，从主室的中心被搬到了墙角，不过它依然有他的作用——熏制腊肉（图11）。

角角神在我们此次的调研中没有出现，一些年轻人们甚至都不了解何为角角神。但在大部分民居中的主室的墙上仍然会有神位，但已不复当年的隆重（图12）。

至于中柱神在此次调研中笔者并未发现，除了震后的新民居使用小框架结构（图13），基本与川西民居结构无异，震前的相对年代久远一点的老宅中也难见中柱神，当笔者问及新建住宅是否还需要这一结构时，得到几乎一致的答案："现在这样也挺好的嘛，搞成原来那样没得必要"。可见现代化的生活方式，更好的居住

条件是所有人共同的向往。最能体现这一观点的就是当笔者问及一户住新民居（震后新建）的老人对现在的评价，老人先是怀念了土木老宅子的保温隔热功能："原来的土房子好，冬暖夏凉的"，那现在的不好吗？"现在的肯定也好嘛，就是夏天屋子里热。"那如果现在的房子修成和以前的一样好不好嘞？"肯定现在的好嘛，原来那个（指老宅）住着都不透气的，也不透光，现在这么宽敞亮堂几好"（图14）。

主室作为主要的生活空间这一职能却并没有变，现在的主室，必需具有的是放置在正中的电视机，如果经济条件足够，去成都买一个大且舒适的沙发看电视是十分好的。装修精美，干净整洁的主室是中青年首选。传统形制在他们的心中并不会作为主要因素考虑，他们希望的是在成都看到大且整洁的房子（图15）。

2. 分析

主室的神圣空间在短短几十年间的巨变让笔者开始思考是什么引起了这一变化，从这一变化中我们能得到什么信息？笔者尝试将变化的原因进行分类，简单分为外因和内因：

1）外因

社会生活的变迁，特别是震后国家政策的大力扶持，基础设施的修复与完善导致跳跃式前进，新经济作物的使用，随着生活水平的提高，羌族改变了原来的生活模式，由传统农耕生活渐渐向现代农业生活转变。中华人民共和国成立后，政府对个村寨思想上的统一与民

图8

图9

图10

图11

图12

图13

图14

图15

族认同（此前各村寨并不知道原来大家都是羌族），使部落之间激烈的冲突与械斗不存在了，基础设施的修建让村寨可以向外界获取资源，这样冲突也得到了缓解。在外力消失的情况下，在需求上不用继续依靠偶像崇拜和宗教凝聚部落并获取资源了，所以原来的偶像崇拜渐渐消失了，科学知识的普及也使得现在仅存的火神或神树等也只是作为一种精神寄托。羌族向往着汉族一样的现代生活方式，自然而然的也就渐渐地在精神物质层面也向汉文化靠拢，故对先祖留下的东西并无一定不可舍弃的理由。此次问卷调研的结论也能证实这一观点（图16）。

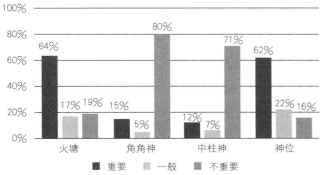

图16　主室里的神明在您心中的重要程度

各地的移民与人口迁移，通过观察主室发展历史可以得知，主室一直随着功能的变化而变化：从远古的帐幕，到因地制宜，汲取三家之长发展自己出独特的，适应山地生活的建筑（出现了晒台，底层家畜圈，罩楼，并将火塘移到中间）；再到明清时期，汉族文化的引入，于是又出现了汉式建筑，再到现在满足现代生活与抗震需求的小框架结构的出现，无一不是因时而变的结果。

2）内因

历史上，羌族与汉藏相比显得较为弱势，在文化洼地，所以并无强烈地保留本民族文化意识，无自己的文字。中华人民共和国成立前并无共同的羌族认知，相比于汉藏也无特别的文化自豪，如在与其相邻的汉藏地区，多见羌人崇拜汉藏神，少见汉藏崇拜羌族神。

3. 思考

羌族近几十年的巨变，人民的生活水平得到了提高，这固然是可喜的。在此次调研结束后，通过研究汶川地区羌族发展史，笔者认为在可见的未来内，羌族村寨会进一步与川西地区的汉族趋同化，在这一过程中，许多的羌族传统将会丢失。当然，一些传统的消失并不是坏事，比如土木结构的房屋抗震能力极差，这在2008年的灾难中使一些羌寨伤亡惨重。所以，使用新结构对处于地震带上的汶川居民绝对是一件好事。但在我们的调研中也发现了一些问题，如建筑风貌的严重缺失（图8），在政府的扶持下一些村寨进行了风貌改造，但很多仅仅停留于表皮；主室空间的单调乏味，也没有了之前的精致与讲究。对优秀的传统建筑生活文化的保护，这正是我们应该做的。

五、结论

费孝通先生说："社会是多么灵巧的一个组织，哪里经得起硬手硬脚的尝试？"文化一旦被破坏，就再难恢复了。所以，在做各种决策之前，一定要仔细分析各种因素。通过上文我们得知，羌族神圣空间的变迁是随着社会生产发展而变化的，这其中的一些传统流失并不见得是不可以的，因为其的确确提高了羌族人民的生活水平。随着的建筑工艺、材料和新思想的涌入，与旧工艺、旧房子和传统文化有着激烈的矛盾。作为一名将来的建筑从业者，我们希望的就是协调这一矛盾。一方面，我们应该拒绝粗放式发展与资源浪费；另一方面，也不能全盘接收。乡村振兴的新农村应该是精打细算，绿色健康的。历史上，民众有时并不会察觉到底什么才是真正该保留的，什么在未来会发挥出作用，什么不会，有着职业敏感的建筑师，应该比民众看得更远一些，利用自己的职业知识对建设做出前瞻性的专业指导，这是一个合格建筑师的使命。

参考文献：

[1] 陈金华，孙英刚. 神圣空间 [M]. 上海：复旦大学出版社，2014.

[2] 贾雷德·戴蒙德. 枪炮、病菌与钢铁 [M]. 上海：上海译文出版社，2006.

[3] 季富政. 中国羌族建筑 [M]. 成都：西南交通大学出版社，2000.

[4] 范晔. 后汉书 [M]. 上海：中华书局，1965，5.

建筑符号学视野下传统民居的地域表达

刘　雨[1]　杨大禹[2]

摘　要：传统民居蕴含的历史、文化、哲学、美学、艺术价值，对当代建筑设计有着深远影响。本文基于建筑符号学的视角，探讨传统民居在当代建筑设计表达中存在的问题，分析当代传承传统民居文化基因的优秀建筑作品，总结建筑符号学视野下传统民居在当代建筑设计表达中的运用，为地域性的建筑设计提供一些经验方法或参考。

关键词：建筑符号学；建筑设计；地域性；传统民居；文化传承

一、建筑符号学

1. 建筑符号学源来

19世纪末，语言学家索绪尔和哲学家皮尔斯创设符号学这门学科，随后在语言学、文学、逻辑学、哲学、心理学、宗教学等领域得到了快速发展。众多的研究流派中被广泛认可的主要有如下三个派别：

一是索绪尔的符号学理论及奥根登、里查斯的"符号学三角"，简单概括为思想（人大脑中概念）、符号、符号所指之间（某一经验世界的事物）的关系。二是皮尔斯从符号本身组织形式、能指所指相互关系、诠释程度三个方面进行划分的符号学体系。三是美国行为学家莫里斯进一步发展了皮尔斯的符号学思想。他将语言的符号分为三个层次：语法学、语义学、语用学。语法学主要研究符号的构成关系，语义学主要研究符号所表达的意义，语用学主要研究符号的用途以及与使用者之间的关系[1]。

到20世纪50年代，批量化大生产的现代主义建筑给城市带来了危机，城市逐渐丧失了独特性而变得单调乏味。现代主义理性冰冷的建筑风格在发展中遭到批判，拼贴式、符号化、图像隐喻式的后现代主义建筑一时间成为风尚。意大利建筑领域的学者对符号学进行研究应用，并形成建筑符号学理论体系。建筑符号学作为符号学的分支，普遍是将莫里斯符号学的划分体系运用到建筑创作当中。同样也分为三个组成部分：建筑语法学、建筑语义学和建筑语用学。通过研究建筑符号的结构、类型及意义、认知主体等，来掌握建筑发展规律[2]。

2. 建筑符号学意义

从识读方面而言，建筑是结合工程与艺术的独特符号系统，其有表现的层面（能指）和内容的层面（所指），能够整体上被感知、传达（解释）意义。建筑师运用建筑符号来表达某种精神情感、诠释设计意图，最终通过完成的建筑设计作品来传达思想让大众感知领悟。从语境方面而言，建筑表达受到地形地貌、气候特征等自然环境的影响，其次是社会、时代环境下形成的习俗文化、技术手段的制约，建筑符号语境是建筑创作基础，是建筑创作的依据始源，根据建筑符号语境可以追古述今让建筑变得富有内涵深意[3]。从符号本身而言，符号是人类在漫漫历史长河中积淀的产物，对自然事物认知抽象而得的客体，或由于使用功能需求简化而得的图案，符号逐渐成为一种联系意识与事物的媒介，在此之间交换、演变，传递文明。

二、传统民居地域表达的述评现状

建筑符号具有鲜明的传统意味和象征性，是表达地域文化最为明显、可行的手段。在当今全球化浪潮之下，众多建筑师为保留地域特性，在建筑设计过程中应

1　刘雨（1992—），女，籍贯云南，硕士研究生，主要研究方向：建筑设计，mail：1522124322@qq.com。

2　杨大禹，昆明理工大学建筑与城市规划学院副院长、教授、博士研究生导师。

时、应地、应景、应人地去思考建筑，从历史中去寻找原型，从地区中去寻找原型，传承和发展地域文化。在这一过程中，建筑符号被大量运用到建筑设计当中以体现地域性，当然在全面了解符号自身内涵和属性的基础上，注重与现代审美意象的结合，对于地域性建筑的发展具有推动作用。但是如果对建筑符号滥用曲解，简单运用符号学手法模仿建筑原型，则会导致地域特性的丧失，造成本土性的破坏[4]。

当下中国处于本土意识回归的迷茫期，在这种大环境之下迷失方向的人们，没有深刻地理解自身文化，盲目跟随社会风潮，急于建造中国风形式的建筑。比如万科第五园设计提取华南地区传统民居精粹，在传统民居与现代住宅间探索出新路径。由于出色的设计而爆红，风靡于各地的小区楼盘，不假思索地照搬运用，无疑加剧了地域文化的丧失速度；又如全国各地的仿古商业街，将传统民居形式直接复制建造，打着旅游的牌子，再现历史文化，这样歪曲历史的做法给人误导，丢失了原真性；再如美丽乡村建设，在政策的导向之下，将传统民居建筑符号拼贴引用于新民居的建设当中，出现了千村一面的现象。

以上这些现象都是对建筑符号的歪曲滥用现象，虽然其创作的思路有一部分是解决城市的趋同现象，但由于建筑符号是一种容易操纵的设计元素，大量注重表现形式的复制粘贴传统建筑形式和仿古式的建造，使建筑符号学运用产生了负面的影响。归其原因，是对当下建筑语境没有一个正确的理解，而中国建筑语境的成长既需要传统沃土的培育又需要现代养分的灌溉。融合传统与现代，利用各种现代思维方法对传统元素进行编码重组，使二者达到统一[5]。

三、传统民居在地域建筑表达中的运用

事实上，近些年来，大部分文人墨客、音乐家、艺术家已经开始对文化精神层面的追寻，深层次地挖掘沉睡传统文化运用于艺术当中，以唤醒大众本土回归意识。同样，国内建筑师在传统民居地域性表达的道路上，探索出适合中国的方式，创造出具有中国文化特色的新时代建筑。建筑符号学是建筑设计体现民族性的有效手段，其运用手法众多（表1）[6]。我们可以在一些成功的案例中分析探讨其对于建筑符号学的运用，是建筑语法学、建筑语用学和建筑语义学三者的统一。

建筑符号学运用手法及案例分析表　　　　　　　　　　　　表1

运用手法	含义	典型案例	符号元素
引用	将传统建筑中局部构造元素符号片段直接引借到新建筑设计中，稍加修饰符合当代审美	香山饭店	江南民居
		金陵饭店	中国传统窗花
		苏州博物馆	苏州民居
母题	对具有特色的符号提炼，以阵列重复的方式运用到设计中，相似母体强调地域主题，引起观者的情感共鸣	万科苏州"岸"会所	徽派白墙墨瓦
		成都青城山石头院	街巷院落
		中国国际建筑艺术实践展客房中心	传统民居形式及传统园林
拓扑	拓扑是研究连续变化的几何形体中保持不变元素的科学，不变元素是传统民居灵魂，提取不变性质结合现代材料结构再拓扑出多种形式，这些独特性质联系新旧	扬州青普瘦西湖四合院式文化行馆建筑	传统民居四合院
		北川羌族文化中心	羌族传统聚落
		杭州中国美术学院民艺馆	传统建筑坡屋面及材料
拼贴	对典型的传统建筑部件或形式要素提取，在地域环境下与新建筑进行重组。有一定的历史延续性同时有新时代特征	乌镇剧院	中国传统窗花
		杭州铁路新客站	传统双坡屋顶
		拉萨贡嘎机场候机楼	藏族建筑细部
解构	对传统元素分解重构的方式，打破原有秩序规律形成变化冲突，形式上抽象而具有隐喻性，视觉上给人震撼吸引观者	乌镇·互联网国际会展中心	建筑材料技艺
		宁波博物馆	传统材料空间
		何多苓工作室	民居院落天井

续表

运用手法	含义	典型案例	符号元素
夸张	抓住事物某些特点，以夸张的手法强调事物特征，从而加强艺术表现力。在原有建筑符号的基础上，提炼局部符号赋予新内容引起联想	拉萨贡嘎机场候机楼	"牛头窗"
		上海世博中国馆	中国斗栱
		土楼公社	土楼造型
		淄博小米醋博物馆	米醋罐子拱结构
残留	当有历史价值的旧建筑改建时，通常保留原有建筑，将其融入新建筑设计当中，例如立面保存、表皮拼接、嵌入保护等手法保护旧建筑，同时协调在平衡好新老建筑关系	桐庐先锋云夕图书馆	空间结构秩序
		HE 餐厅＆耀扬厨房，北京五道营	新旧建筑联系融合
		胡同茶舍——曲廊院，北京	保留旧建筑闲置院落置入新功能

优秀的地域建筑设计作品在建筑语法学方面，不仅外在结构传达给观众与体验者直观的信息。同时也揭示建筑基本要素点、线、面的组织规则，以及按照秩序建造建筑呈现的形式所表达思想内涵。这些深层思想内涵受到历史、文化、社会的影响，并且能够反过来支配建筑形式。建筑构成形式、符号元素被人们感知体验映射出不同感受，相似体验唤醒脑海记忆如同置身传统建筑当中。例如，杭州富阳东梓关回迁农居吸取江南传统民居院落、型制特色，提取传统民居符号元素延续高墙深院的空间意境[7]（图1）。北川羌族文化中心设计灵感来源于羌族传统聚落，建筑创作依山就势体现传统建筑与山体融合的意向（图2）。绩溪博物馆则是对传统庭院、天井、街巷及对场地环境山形呼应，最终形成建筑整体的格局（图3）。他们外在的形式结构提取传统建筑形式符号经过抽象变形得到，内在的秩序则由传统文化、历史、社会环境组织而成，表现出颇具象征性的地域建筑。可以看到，在传统民居地域性表达过程中，大部分建筑师是用一种现代性的材料、新的理念对传统符号进行重新编码、阐释，使得传统符号在新建筑当中发挥智慧与力量[8]。

图1 杭州富阳东梓关回迁农居
（图片来源：http://www.zshid.com/? c=posts&a=view&id=1006）

图2 北川羌族文化中心
（图片来源：http://down6.zhulong.com/tech/detailprof951695XR.htm）

图3 绩溪博物馆
（图片来源：http://www.ikuku.cn/post/40258）

在建筑语义学方面，主要是"能指"和"所指"之间的关系，即符号与符号所表达的内容，也可以理解为形式与意义的关系。建筑包含的图像、指示、象征符、空间、功能、色彩、装饰等要素，人们可以通过嗅觉、视觉、触觉、听觉等五感六觉辨析出建筑所表达的内容，比如皮尔斯把符号分为三种，图像符号的彩画、雕塑、线脚，指示符号中的门窗洞开口样式，象征符号中的灰瓦白墙。不同类型符号蕴含不同信息，传达不同深意。万科苏州"岸"会所经简化屋檐线脚装饰，体现江南民居建筑风格（图4），乌镇剧院的传统中国折屏与窗花运用与江南水乡结合别具韵味（图5），淄博小米醋博物馆具有象征意味的米醋罐子入口设计，引人追忆制醋的古老场所，用形象的符号让历史文化转化成了建筑文本（图6）。

在建筑语用学方面，建筑被看作是一个整体的符号系统，研究探索人与符号系统的关系，即人与建筑的关系。在地域性表达过程中，要求建筑师以解析式的方式来诠释建筑，因为解析式的诠释更为深入，需综合考虑文化、历史、社会、技术、经济等多方面内容，做出的体系更为完整而具体，这就要求建筑师有着较强专业素养的同时要深厚知识储备，具有整合各学科知识的能力。这也是大部分优秀的建筑地域表达案例是由著名的建筑师所设计的原因[9]。例如王澍、刘家琨，其在做建筑之前都有长达十多年的对于中国传统文化的研究，最终厚积薄发形成自己的一套建筑设计方法论，其建筑设计形态、结构、空间、材料都对地域性有深刻表达，

图4 万科苏州"岸"会所
（图片来源：http://www.ikuku.cn/project/
wanke-an-huisuo-biaozhunyingzao）

图5 乌镇剧院
（图片来源：https://www.gooood.cn/wuzhen-
theatre-by-artech-a.htm）

图6 淄博小米醋博物馆
（图片来源：http://www.zshid.
com/? c=posts&a=view&id=2826）

运用符号的构思手法来研究事物内在精神，同时传达出建筑所蕴含的精神意义。

四、传统民居地域表达的反思

从建筑符号学视角，目前中国建筑地域性表达现状，大部分地区停留在对传统建筑符号的复制拼贴简单表象层面的运用，导致出现了很多负面的影响。尤其是在广大农村地区，传统村落以平均三天一个的速度在消失，取而代之的是千篇一律的新农村[10]，传统民居地域传承需要从更为广阔视角寻找答案。

从规划层面而言，切实把城市文化发展、传承纳入城市规划重要地位上。提高规划设计水平，处理好全球与地方、现代与地域之间的关系。就乡村而言，坚持《乡村振兴战略规划2018-2022》"产业兴旺、生态宜居、乡风文明、治理有效、生活富裕"的总体要求，应在传统村落保护与旅游开发之间寻找平衡点，合理处理政府、村民、开发商之间利益关系，旅游开发的同时要保护生命土地的完整性和地域景观的真实性。尽可能减少旅游发展过程中破坏，使其在地域文化、审美价值引导下自然有序地发展。

从研究层面而言，应该发展专业研究队伍，从纯建筑符号学研究方式走向社会学、生态学、美学、理学、民族学等人文科学相结合的多元研究方式。向广大社会群众普及民族文化知识，提高全民对地域文化保护的意识。让乡村群众认识到传统建筑文化的可贵，不是一味地崇洋媚外新建洋房、别墅或对传统建筑符号的复制粘贴。

五、结论

总而言之，在建筑思潮多元、技术手段丰富的现代社会，建筑符号学视野下传统民居的地域表达方式众多。值得关注的是，如何在传统民居与现代建筑中架起沟通桥梁，深刻理解建筑符号学的意义，正确使用其方法原理。对传统民居符号的提炼，需要建立一个系统的学术研究体系以避免走入误区。其实，建筑符号更重要的是其对于文脉的尊重，对地域文化、自然环境、历史社会的尊重，综合考虑建筑语法、语义、语用三者考虑才能建立地域文化的建筑语境。最后引用密斯的话"要赋予建筑以形式，只能赋予今天的形式，而不应是昨天的，也不应是明天的，只有这样的建筑才是有创造性的。"[11]

参考文献：

[1] 杰克·特里锡德．象征之旅：符号及其意义[M]．北京：中央编译出版社，2001．

[2]（法）罗兰·巴尔特．符号学原理[M]．北京：中国人民大学出版社，2008．

[3] 黄正荣．建筑：一种符号系统的哲学辨析[J]．山东科技大学学报，2016．

[4] 文一峰．建筑符号学与原型思考——对当代中国建筑符号创作的反思[J]．建筑学报，2012（05）：87-92．

[5] 苑曙光，耿云楠，徐斌．中国传统建筑符号在现代建筑中的应用[J]．中外建筑，2017（01）：49-50．

[6] 舒波．符号思维与建筑设计[D]．重庆大学，2002．

[7] 施维琳．传统民居与未来居住建筑的取向[J]．新建筑，2000（02）：5-6．

[8] 王雪凡．民居符号在地域性建筑创作中的运用浅析[J]．建筑工程技术与设计，2016（11）．

[9] 吕刚．当代建筑形态语义传达之浅析[J]．现代装饰（理论），2012（02）：89-89．

[10] 李永昌．民居的区域性符号审美构建方式[J]．电影评介，2009（04）：87-87．

[11] 梅洪元，张向宁，朱莹．回归当代中国地域建筑创作的本原[J]．建筑学报，2010（11）：106-109．

[12] 刘先觉．密斯·凡·德·罗[M]．北京：中国建筑工业出版社，2006．

福柯谱系学历史研究法视野下的云南干栏式建筑研究思考[1]

唐黎洲[2]　李浈[3]

摘　要：以福柯为代表的谱系学历史研究法及其理论是当代最为重要的思想理论之一，他对"异"的寻求、对"边缘"的重视、对"永恒"的质疑、对"宏大叙事"的批判、对"偶然性"的肯定、对"多元化"的赞扬等观察问题的角度、思考问题的方式，使我们看到了一个完全不同于以往的鲜活而丰富多样的历史。本文正是基于这样一种研究路径，对于如何研究广泛分布于云南地区的干栏式建筑提出一种方法论上的思考，并进而指出在当代干栏建筑研究中，要重视对"异质性"元素的研究，重视那些处于边缘的"非典型性"民居，这样的研究法是一种反对宏大叙事的微观分析方法。同时，也希望通过这样的一些思考，提出一种新的民居研究思路。

关键词：干栏式建筑；谱系学；福柯

一、干栏式建筑研究概况

干栏式建筑是一种广泛分布于我国南方地区历史悠久、影响深远的建筑类型。我们通过考古资料可以清晰认识到，干栏建筑最迟出现于新石器晚期，除了河姆渡文化遗址外，整个长江中下游地区，一直到云南剑川海门口遗址都有广泛分布，并且在今天中国西南部乃至整个东南亚地区仍然具有很强的生命力，甚至有学者提出包括东太平洋岛屿，南美洲的北海岸，以及非洲的马达加斯加都属于干栏式建筑分布圈。发展到近代，我国境内的干栏式建筑衍生出很多种类型，如分布于云南西南部地区的竹（木）楼式民居、分布于川东、湘鄂西、黔北、川西北乃至藏区腹地的吊脚楼，分布于滇西的千脚落地竹篾房等。而云南更是干栏式建筑的主要分布区，不仅历史久远，而且至今仍然是傣、景颇、德昂、佤、拉祜、基诺、傈僳、怒、独龙、哈尼（阿卡支系）等众多少数民系的主要住屋形式。

干栏式建筑一直是众多学者关注的研究对象。目前所见最早关于我国干栏式建筑研究的专门性著作，是戴裔煊先生的《干兰——西南中国原始住宅的研究》，该书对干栏式建筑的起源、类型、特征、分布等做了初步的探讨。还有安志敏先生通过对各地留存至今的干栏式建筑文化遗址、出土的明器和画像砖资料的考察，在其《"干栏"式建筑的考古研究》一文中着重论证了干栏式建筑曾经广泛分布于我国长江流域以南的广大地区。其后，在《云南民居》及其续编、《桂北民间建筑》等一系列民居研究丛书中，都对干栏式建筑的分布、类型及其特征做了广泛深入的调查。进入20世纪90年代，干栏建筑研究成为学界的一个热点问题，黄才贵先生通过与日本学者合作进行的贵州干栏式建筑调查研究，在《日本学者对贵州侗族干栏民居的调查与研究》、《中日干栏式建筑的同源关系初探》等文中，较早对中日干栏式建筑进行了比较，并介绍了国外干栏式建筑研究的进展。同一时期比较重要的是张良皋先生对干栏式建筑的研究，其发表了一系列论文与著作：《土家吊脚楼与楚建筑——论楚建筑的源与流》、《干栏建筑体系的现代意义》、《干栏——平摆着的中国建筑史》、《匠学七说》，他以鲜活的文字对干栏建筑的起源、分布、衍化进行了详细的研究和大胆的推测，提出了自己独树一帜的观点。蒋高宸先生及其研究团队在多年对云南民居广泛深入调研的基础上，在《云南民族住屋文化》一书中，从文化人类学和历史地理学的角度用较大篇幅深入探讨了云南干栏式建筑的起源、衍化、类型及其特征。还有杨昌鸣先生的《东南亚与中国西南少数民族建筑文化探析》，以一种全景式的研究方式，对中国西南与东南亚的干栏式建筑进行了深入的比较，开阔了我们的研究视野。近期干栏式建筑依然是学界讨论的重要话题，

1　基金项目：国家自然科学基金面上项目"传播学视野下我国南方乡土营造的源流和变迁研究"（项目编号：51878450）。
2　唐黎洲，同济大学建筑与城市规划学院，博士研究生，tlzlter@126.com。
3　李浈，同济大学建筑与城市规划学院，教授，lztjsh@126.com。

在2009年第十六届国际人类学与民族学大会专题会议论文集中，用大量的篇幅从不同角度对干栏式建筑进行了研究。其中李先逵先生《论干栏式建筑的起源与发展》一文，对干栏式建筑的发展脉络进行了深入清晰的阐述。除了对干栏式建筑本体的研究外，其他一些学科的研究者更关注其文化意义，如对干栏语源、语意的探讨，对干栏与稻作文化的分析等，给了我们很多有益的启示。

干栏式建筑作为一种世界性的居住形式，早在20世纪初期，德国民族学家丁·鲁玛等人就曾在世界范围内对其分布作过初步研究，一致公认干栏式民居的集中区域是在中国南部及东南亚一带，并且认定干栏式建筑是南岛语系各民族的古文化要素。其后，日本建筑学者在"寻根热"大潮下，一度对我国干栏式建筑进行过广泛深入的调查，并和日本传统民居进行比较，出版了大量研究成果。如浅川滋男的《中国西南及东南亚青铜文化中的房屋图像和房屋模型》、若林弘子的《倭族干栏住居》、《干栏式住居的构造》、《人体寸法和建筑》、《从谷仓到神殿》，还有日本著名学者中尾佐助的《照叶树林文化的建筑》，《正在融化中的照叶树林——在中国云南省旅行》，建筑史学者田中淡的《干栏式建筑的传统——从中国古代建筑史看日本》、《中国传统的木造建筑》、《中国住宅类型》等文章及著作，都从不同角度对我国干栏式建筑进行了分析和比较。国外学者对于干栏式建筑的研究开阔了我们的视野，使我们能够从更大的范围来思考干栏式建筑的发展与演变，然而，需要注意的是，他们的研究往往带有很强的选择性，难于对我国干栏式建筑有全面深刻的认识。

从我国当前对干栏式建筑的研究来看，研究方法过于单一，研究视角过于狭窄，大量研究成果多集中于从单一族群或单一地域的角度进行研究和比较，缺少从全局上对干栏式建筑的整体把握，缺少从历史的角度对干栏式建筑的再认识。对于干栏式建筑从其古老的"源"到现在枝权纵横的"流"，其间是怎样一个传承衍变、发生发展、相互影响的关系，以及这种关系如何构建，还需要进行更为深入的探讨。因此，对于这种曾广泛分布于我国南方地区的复杂建筑类型来说，很有必要引入新的研究方法，从新的视野来拓展研究的深度和广度。从另一方面来说，建筑历史与理论的研究本质上是一种历史性的研究，尤其要注意当代史学研究的理论与方法。对于史学理论，特别是史学研究方法在建筑历史研究上的运用，不是单纯的借鉴和交叉，其本身就具有一种方法论上的指导意义。以福柯为代表的谱系学式的历史研究法，在今天影响广泛、意义深远，运用这种方法进行建筑历史及其传统民居的研究，能够转换研

究的视角与思路。因此，通过采用谱系学式的历史研究法，能够从整体上对干栏式建筑进行跨区域的、全面深入的研究，寻找那些以往被忽略的细节，比较它们之间的"不同"，思考这些"关系"的构成机制，最终构建出一个完整而深入的干栏式建筑系谱。这样的一种研究能够开辟出新的视角，具有十分重要的价值。

二、谱系学历史研究法的引入

1. 谱系学理论的主要观点

谱系学（genealogy），来自拉丁文genealogia，原义指关于家族世系、血统关系和重要人物事迹的科学。汉语译为"家系、血统、宗谱"，具有追根溯源、分门别类的意思，其最初诞生于地球生物种系研究领域，现已广泛应用到自然科学和人文社会领域。以福柯为代表的谱系学理论源于对传统史学研究的质疑，他认为传统史学研究遵循的是一种单线性的、追求普遍与永恒的研究方式。在认识论上"设置了一系列以'现象——本质'为核心的二元对立，迷信绝对的'主体'与绝对的'真理'，并且认为只要掌握了普遍的认识方法，就可以获得超越历史的普遍有效的知识。"这种研究方法经常强调从过去的某一点到现在的发展必然性，或是进化的意义。从过去那一点到现在之间所发生的每一件事情，要么加入到这种"先验"的向前运动中，要么被作为不好处理的枝节忽略不计。福柯认为这是一种僵化、封闭、独断的思维方式与知识生产模式，是一种文化专制的体现。而"谱系学就是要抛弃形而上学的连续性，它看重断层、裂缝和偶然，它不试图寻找种的进化之类的东西，相反它要确定细微偏差，确定错误，确定细节知识，它要将异质的东西聚拢，将纷繁的事件集结，将统一的东西搅毁，将历史插曲和散落的东西重新收拾起来"。

这种研究方法不再追求事物内在的统一与和谐，不再强调事物的前后相续与终极意义，不再以阐述事物的进步和意义为己任。其主要任务是通过分析历史事件发生、发展、存亡的偶然性、非连续性和断裂性，从那些被以往历史排斥和舍弃的边缘领域和细节入手，使人真正地找到他自己所希望的认识根基。

2. 谱系学理论的重要价值

以福柯为代表的谱系学历史研究法最重要的价值在于看待历史的方式，它从一个全新的角度对历史进行了解读，它反对将真理神圣化，它视角下的历史就是

"问题化"的历史，其真正的用意在于"将我们的诸多假设以及确定不疑接受之物通通划上大大的问号，最终使得多样性与差异性享有应有的地位。"因此谱系学式的研究，在于发现历史中完全不同的东西，它关注"来源"、"异质性"和"偶然性"，是关于尘封的历史、沉默的声音的重新发现。福柯谱系学力图使一直看着"熟悉"的过去，看起来"陌生"，在人们过去认为"简单"的地方发现"复杂"，在人们发现"同一"的地方找到差异。它为我们展现了一种研究历史的全新方法——一种把握"异"的研究方法。这样的一种思想理论与方法在当代西方产生了非常深远而重要的影响，至今在人文社会科学等领域仍然有着广泛的影响力。

三、对当代云南干阑式建筑研究的启示

1. 从求"同"到求"异"

福柯认为，传统思想家对本源、本质的寻求实质上是对"同"的追求，而谱系学家寻求的则是"异"，是一成不变的本质之外的异常事件。按照福柯自己的说法，就是要追溯那些已被结合而构成对象的外来形式（元素），进而发现对象内部相互纠缠在一起的所有微妙的、特殊的和近于个别的标志。在他看来，真正的谱系学家的任务在于叙述某些元素的成分是如何分裂并重新结合起来形成某一新的元素的。因此我们可以看出，谱系学式的研究并不是寻找"同一"、追求"和谐"、证明"已然是"的东西，它从本质上是关于"异"的研究。它启示我们在当代干阑式建筑研究中，尤其要注意避免人为主观意识形态和价值取向的干扰。对于民居现状的研究、调查要注意到问题的复杂性，要注意到那些琐碎的细节和细微的差别，不能把本身多元与丰富的事物进行简化和抽象，进行一种粗线条式的概括和提炼。同时，对于干阑式建筑发展与变化的研究，要看到干栏式建筑的演进过程并不是一种简单的、平铺直叙的、单线式的发展，要注意到发展过程中的断裂性、非连续性、和偶然性。这是我们进行谱系学式研究的关键和价值所在，只有这样我们才能对干阑式建筑有一个深刻而全面的认识。

2. 从中心到边缘

谱系学研究的一个重要任务就是要重视对于"边缘"的研究，它力图构建一个多元化的历史，以期恢复历史丰富多样的本来面貌。强调应研究人类生活的方方面面，既要研究典型事件、英雄人物，又要关注平常琐事、普通大众。这对于我们进行干阑式建筑研究极具启发意义。我们不仅要关注那些具有明确特征的典型民居，更要关注那些大量存在的、尚未纳入我们视野的、处于边缘的"非典型性"的普通民居。正是它们，构成了我们丰富多彩的民居整体。而研究在这一区域内出现的各种建筑类型变迁及其各种建筑现象，比较它们之间细微的差别，探讨其背后的成因，也是当前干阑式建筑研究的关键所在。

3. 反对宏大叙事的微观分析法

谱系学式的研究注重细节，决定了它对事物的分析研究是具体的、微观的，是一种以小见大的分析方法。因此，"谱系学"式的研究方法，正如王贵祥教授在《建筑历史研究方法论问题刍议》一文中所指出的那样，这种研究方法是"将家族史研究中的谱系式研究方法，运用到建筑历史的研究中来。研究者没有任何预设的背景、沿革之类的描述，没有一种先入为主的规律性前提；而是就某一建筑物，或建筑现象实际状貌出发，追踪产生这一建筑物及建筑现象的相关先例；循着一个有据可依的追寻过程。将产生这一建筑物特征的，或这一建筑现象前后的来龙去脉搞清楚。"这种研究方法注重描述性和解释性，不追求宏大、全面、包罗万象，而是注重细节，注重研究事物的"变"与"化"。这种研究方法除了全景式、粗线条的概括以外，更为需要的是细致的刻画、比较；除了以静态的眼光去研究民居在某一历史阶段的典型特征外，更需要用动态的视角去考察干阑式建筑的衍化、变迁；这种研究法既是历时性的研究，又是共时性的研究，除了从时间的维度追根溯源外，更要从地域的、民族的、文化的角度进行动态的、横向的、联系的、比较的研究。

四、小结

云南的干阑式建筑源远流长，类型多样，其间的源流衍化呈现出一种同源异流或同流异源的复杂关系。对于这样一种民居类型的研究，谱系学式的历史研究法为我们提供了一种很好的研究路径：它是一种关于"异质性"的研究，是一种对现象的研究，是描述性的研究，强调研究的细节，强调"不同"，不把问题简化，尽量还原事物本来的复杂面貌。这种研究也是对于"关系"的研究，也就是对于干阑式建筑发展脉络的梳理，并进一步追问在整个发展过程中，这些"异质性"元素

源自哪里，它们是怎样构建在一起的，在不同地区，不同时间发生了怎么样的变化，哪些改变了，哪些没变，这些变化是前后相续的，还是发生了断裂，这些变化之间有无相互的影响？在这些追问的基础上，最终来探讨干阑式建筑谱系为什么会这样来构建，这样的构建方式产生了什么样的影响，以及这种谱系关系后面的生成机制与模式和规律，进而对整个干阑式建筑的发展变化有一个深刻而全面的认识。

这样的一种研究路径同时也为我们进行其他类型的民居研究提供了新思路。

参考文献：

[1] 福柯. 规训与惩罚 [M]. 刘北成，杨远婴，译. 北京：生活·读书·新知三联书店，1999.

[2] 福柯. 疯癫与文明 [M]. 刘北成，杨远婴，译. 北京：生活·读书·新知三联书店，1999.

[3] 福柯. 知识考古学 [M]. 谢强，马月，译. 北京：生活·读书·新知三联书店，1998.

[4] 福柯. 古廷. 王育平，译. 北京：译林出版社，2010.

[5] 戴裔煊. 干兰——西南中国原始住宅的研究 [J]. 岭南大学西南社会经济研究所专刊甲集第三种，1948.

[6] 安志敏. "干兰" 式建筑的考古研究 [J]. 考古学报，1963 (2).

[7] 王翠兰，陈谋德. 云南民居 [M]. 北京：中国建筑工业出版社，1986.

[8] 王翠兰，陈谋德. 云南民居续篇 [M]. 北京：中国建筑工业出版社，1986.

[9] 李长杰. 桂北民间建筑 [M]. 北京：中国建筑工业出版社，1990.

[10] 黄才贵. 日本学者对贵州侗族干栏民居的调查与研究 [J]. 贵州民族研究，1991 (2).

[11] 黄才贵. 中日干栏式建筑的同源关系初探 [J]. 贵州民族研究，1991，(4).

[12] 张良皋. 土家吊脚楼与楚建筑——论楚建筑的源与流 [J]. 湖北民族学院学报（社会科学版），1990 (1).

[13] 张良皋. 干栏建筑体系的现代意义 [J]. 新建筑，1996 (1).

[14] 张良皋. 干栏——平摆着的中国建筑史 [J]. 重庆建筑大学学报（社科版），2000 (4).

[15] 张良皋. 匠学七说 [M]. 北京：中国建筑工业出版社，2002.

[16] 蒋高宸. 云南民族住屋文化 [M]. 云南：云南大学出版社，1997.

[17] 杨昌鸣. 东南亚与中国西南少数民族建筑文化探析 [M]. 天津：天津大学出版社，2004.

族谱史料视角下的闽南近代侨乡村落建设研究[1]

钱嘉军[2]　陈志宏[3]

摘　要： 通过对闽南侨乡保存丰富的族谱史料的收集，分类整理了侨乡族谱中涉及华侨参与侨乡村落建设的相关史料，并以漳州市南靖县书洋镇塔下村《德远堂张氏族谱》为例，以族谱记载结合侨乡村落的田野调查，分析了塔下村张氏华侨在民居建筑、侨建学校、曲江市场等方面建设的情况，指出华侨对闽南近代侨乡村落建设所起到的巨大推动作用，并探讨了民间史料在建筑史研究中的应用方式。

关键词： 族谱；民间史料；闽南侨乡；村落建设

族谱，又称谱牒、宗谱，是一种主要记载宗族源流、世系繁衍和人物事迹等内容的民间史料。闽南侨乡族谱不仅记录了众多族人出洋侨外的情况，同时也记载了很多有关华侨参与侨乡村落发展建设的资料。就侨乡族谱中的华侨史料而言，较之其他侨史资料载籍，具有数量大、涵盖面广、可信度高等方面的特点[4]，具有其他载籍无法替代的资料价值。

对于闽南侨乡村落建设的研究，从以往的研究成果来看，主要集中在建筑单体与村落空间形态方面，而基于侨乡族谱史料的整体综合性研究则相对较少。近年来，学术界收集和出版了大量闽南侨乡的族谱史料，如《泉州谱牒华侨史料与研究》[5]、《中国家谱资料选编（漳州移民卷）》[6]这两部著作，为闽南侨乡村落建设的研究提供了丰富的研究素材与崭新的研究视角。本文以闽南侨乡族谱史料作为研究的切入点，对闽南侨乡族谱史料进行收集与整理，并以南靖书洋县塔下村《德远堂张氏族谱》作为个案分析，在对族谱史料解读的同时结合田野调查，论述南靖塔下村张氏华侨对侨乡村落建设的影响与作用，并对民间史料在建筑史研究中的应用进行了初步的探讨。

一、闽南华侨与侨乡建设概述

闽南地区的海外移民历史，据史籍记载可溯源至唐代。据闽南蔡永蒹所撰《西山杂志》[7]记载，泉州晋江的航海世家在唐代就已经与南洋进行海外贸易。宋元时期，海外贸易进一步发展，闽南地区出洋经商的人数也不断扩大。明清时期虽厉行海禁，但民间仍有大量出海贸易与谋生者。而真正意义上的大规模、合法化的海外移民是在1840年鸦片战争之后。鸦片战争使中国开始沦为半殖民地半封建社会，并促进了自然经济的解体，国门被迫打开，使海外移民到达新的高潮。大量的契约华工掀起了出洋的最高浪潮，出国人数比以前大大提高，同时，清末海禁的松弛，1893年清政府颁布废除华侨海禁的法令，至此华侨获得正式的合法权益，华侨与侨乡的联系得以贯通，并与侨乡建立起紧密的联系，侨乡也真正意义上的形成。在华侨的推动作用下，侨乡的建设得到繁荣的发展，直至抗日战争时期，侨乡的发展才开始衰落下来。

陈达先生在20世纪30年代对闽南和粤东的华侨社区进行实地调查后，认为南洋华侨对闽粤社会的贡献主要有两个方面："南洋华侨对于闽粤的社会生活，有两种重要贡献如上所述，即新思想（或新习惯）的介绍

1　国家自然科学基金资助，项目编号：51578251；国家重点研发计划课题资助，编号：2016YFC0502903.
2　钱嘉军，华侨大学建筑学院，硕士研究生/电话：17859735228/E—mail：297186962@qq.com.
3　陈志宏，华侨大学建筑学院，教授，硕士生导师/厦门市集美区集美大道668号，邮编：361021/电话：13559233757/E—mail：549996582@qq.com.
4　郑山玉，侨乡族谱与华侨华人历史研究（代绪论），参见：庄为玑、郑山玉主编：泉州谱牒华侨史料与研究 [M]，北京：中国华侨出版社，1994.
5　庄为玑、郑山玉主编，泉州谱牒华侨史料与研究 [M]，北京：中国华侨出版社，1994.
6　上海图书馆编，中国家谱资料选编（漳州移民卷）[M]，上海：上海古籍出版社，2013.
7　《西山杂志》由晋江县东石蔡永蒹著于嘉庆年间.

与汇款的寄回。"[1]可见，华侨对于侨乡村落发展的作用不仅包括经济上对侨乡建设有重要贡献的侨汇，还包括文化上对侨乡社会生活起潜移默化影响的新思想。侨汇作为侨乡的主要经济来源，是侨乡村落发展建设的物质基础，而华侨带来的新思想则推动了侨乡社会风尚的变迁，二者共同推动了侨乡村落的发展建设。

从建筑学层面来看，华侨参与侨乡村落建设的建筑类型主要包括民居、墓园以及宗祠、宫庙寺院、学校、侨批馆、骑楼街道、墟市、农场、水利道桥等（图1），可以看到华侨积极、广泛地参与了侨乡村落建设，并对侨乡村落发展起到了巨大的推动作用。

a. 传统民居

b. 洋楼民居

c. 墓园

d. 宫庙

e. 侨批馆

f. 骑楼街道

g. 学校

图1 华侨参与建设的建筑类型
（图片来源：a—f为作者自摄，g引自《泉州侨批故事》38页）

二、华侨参与村落建设的族谱史料整理

本文中族谱史料的来源主要是《泉州谱牒华侨史料与研究（上、下册）》[2]和《中国家谱资料选编 漳州移民卷（上、下册）》[3]这两部专著。《泉州谱牒华侨史料与研究》辑录了泉州洛江、晋江、石狮、惠安、南安、永春、德化、安溪在内的176部族谱中的华侨史料[4]。《中国家谱资料选编（漳州移民卷）》辑录了漳州

陈氏、林氏、黄氏、张氏、连氏等50个姓氏的部分族谱中的华侨史料[5]。

族谱中涉及华侨参与侨乡村落发展建设的，共整理出晋江、石狮、泉州洛江区、南安、永春、德化、安溪、南靖、云霄这些地区的52部族谱，共200余条相关记载，内容涉及华侨在乡建造房屋、置办产业、修理祖墓、捐资修理宗祠及宫庙、兴办学校、修桥造路、捐修族谱、接济乡里、维护地方治安等方面（表1）。

涉及华侨参与侨乡村落建设的族谱史料　　表1

相关内容	族谱数量	地域分布
建造房屋	40部	泉州洛江区、晋江、石狮、南安、永春、德化、安溪、南靖、云霄
置办产业	22部	晋江、南安、永春、德化、安溪、南靖、云霄
捐修宗祠	16部	晋江、石狮、南安、永春、德化、南靖、云霄
兴办学校	15部	泉州洛江区、晋江、石狮、南安、永春、德化、南靖
兴修水利道桥	11部	泉州洛江区、晋江、石狮、南安、永春、南靖
修理祖墓	6部	泉州洛江区、晋江、南安、永春、云霄
捐修宫庙	4部	南安、永春、南靖

（图片来源：根据《泉州谱牒华侨史料与研究》和《中国家谱资料选编 漳州移民卷》整理）

侨乡族谱中内容丰富的史料信息为侨乡村落建设的研究提供了宝贵的第一手资料，拓展了侨乡村落建设的研究视角，对研究华侨与闽南近代侨乡村落发展建设具有较高的研究价值。

三、《德远堂张氏族谱》中的华侨与村落建设

南靖书洋镇位于闽南山区，地处闽、客交界区域，地势高峻，山岭重叠，是漳州地区著名的重点侨乡。南靖书洋镇塔下村《德远堂张氏族谱》[6]中详细地记载了张氏华侨在乡的建设活动，主要包括在乡建造房屋，修建宗祠、宫庙，创办学校、建设曲江市场以及兴修水利道桥等事例，体现了塔下张氏华侨对于侨乡村落发展建设所起到的巨大推动作用。

1　陈达. 南洋华侨与闽粤社会 [M]. 长沙：商务印书馆，1939：93.

2　庄为玑，郑山玉. 泉州谱牒华侨史料与研究 [M]. 北京：中国华侨出版社，1994.

3　上海图书馆. 中国家谱资料选编（漳州移民卷）[M]. 上海：上海古籍出版社，2013.

4　《泉州谱牒华侨史料与研究》中所录族人出洋的时间下限为1949年前后。

5　《中国家谱资料选编（漳州移民卷）》辑录2005年之前福建漳州与中国台湾、中国香港及境外谱牒未曾被辑录出版的资料。

6　南靖书洋塔下村《德远堂张氏族谱》由归国华侨张顺良于民国35年（1936年）发起重修，1949年脱稿付梓。后又于1990年再次编修。

1. 塔下张氏源流与出洋情况

1）世系源流

根据《德远堂张氏族谱》记载："一百三十一代塔下开基始祖小一郎公，妣华氏始创塔下，衍派西来，由永定金沙蕉坑里，……于明宣德元年（1426年）七月十四日肇基塔下。"[1]从族谱的记载中可见，塔下张氏年源自闽西永定，于明宣德元年迁移并奠居塔下，开基祖为一世小一郎公。谱中又载："自二世至五世六世，多属单传，人口不旺，至七八九世，始渐繁殖，由本乡而拓至南欧大坝两社。……我历代祖妣在此数十公里范围内，克勤克俭，形成三社一族"[2]，张氏一族在塔下开基定居，随后又繁衍扩展至大坝、南欧两社，形成"三社一族"的族群分布。近代又扩至曲江村，形成"四村一族"的宗族分布（图2）。

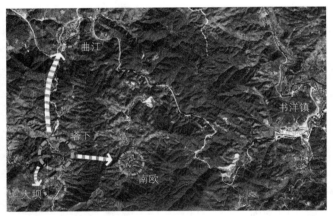

图2　张氏宗族分布（根据卫星图绘制）

2）出洋情况

关于塔下张氏族人的出洋情况，《德远堂张氏族谱》中也有相关的描述。谱中记载如下："地方居民，向外挣扎，富有冒险精神，民纪元前百余年，首先乘舨舺南渡者，为'新遂公'，嗣蝉联而往，络绎不绝，至现在（民国37年）连侨生，荷属居百分之七五，英属居百分之二五，统计男妇不下七百人。"[3]根据族谱记载，塔下张氏族人最早的出洋时间，是在19世纪初，由"新遂公"率先出洋，随后南渡者络绎不绝，并在新加坡、印尼、缅甸、暹罗等侨居地繁衍生根。塔下张氏华侨在海外侨居地的发展壮大，为其随后参与、推动家乡的发展建设奠定了坚实的基础。

2. 张氏华侨与侨乡村落建设

塔下张氏华侨始终与家乡保持着密切的联系，并在经济、文化、教育、公益事业等各方面都做出了巨大的贡献，极大地推动了侨乡村落的发展建设。张氏华侨参与的侨乡村落建设，主要表现在以下几个方面：①房屋的建造；②学校的创办；③曲江市场的兴建。下文分别从这三个方面展开论述。

1）房屋的建造

华侨在外洋致富后，往往回乡置田建屋。根据《德远堂张氏族谱》中的记载，塔下、大坝、南欧三社很多房屋都是张氏华侨参与捐资修建的（表2，图3）。

部分由华侨参与修建的房屋　　　　　　表2

序号	建筑名称（地点）	建造年代	建造者	侨居地	建筑形式
1	燕山楼（大坝）	清末	张桂龙	新加坡	不规则形土楼
2	裕德楼（塔下）	1879			圆形土楼
3	衍庆楼（塔下）	1896			方形土楼
4	顺源楼（大坝）	清末民初	张立昌	印尼	方形土楼
5	会源楼（大坝）	清末民初	张南昌	不详	外廊式楼屋
6	顺庆楼（塔下）	1913	张顺良	新加坡	方形土楼
7	顺昌楼（塔下）	1927（改建）			圆形土楼
8	万和楼（大坝）	1914	张煜开	印尼	圆形土楼
9	浚源楼（塔下）	1963	张松祚	缅甸	方形土楼
10	积兴楼（大坝）	1974（重建）	张德朗	印尼	方形土楼
11	永富楼（南欧）	中华人民共和国成立后（修复）	张建生	印尼	方形土楼

（来源：根据《德远堂张氏族谱》及现场调研资料整理）

从表2可以看到，自19世纪后期以来，就有新加坡、缅甸、印尼等地的张氏华侨陆续回乡建造房屋。这在很大程度上推动了侨乡村落的发展建设。这些海外华侨在乡所建造的住屋大部分建筑形式都为土楼，也有少数是外廊式楼屋，如会源楼。值得注意的是，有些华侨建造的房屋还带有一些西式的建筑元素，如西式窗套、南洋风格的宝瓶栏杆等，这在一定程度上体现了华侨的

1　上海图书馆. 中国家谱资料选编（漳州移民卷）[M]，上海：上海古籍出版社，2013：1047.

2　上海图书馆. 中国家谱资料选编（漳州移民卷）[M]，上海：上海古籍出版社，2013：1047.

3　张氏德远堂族谱（卷一），1989年重修本.

| 燕山楼 | 裕德楼 | 衍庆楼 | 顺源楼 | 会源楼 |
| 顺庆楼 | 顺昌楼 | 万和楼 | 积兴楼 | 永富楼 |

图3　部分由张氏华侨参与修建的房屋（图片来源：自摄）

审美情趣，也反映了中西方文化的在地融合。

2）学校的创办

塔下张氏华侨十分注重家乡的教育事业，并热心于捐资兴办学校。根据《德远堂张氏族谱》记载，民国以来由张氏华侨捐资创办的新式学校就有培英、群英、聚英、新民等小学校，以及曲江华侨中学（原嘉煌中学）等（表3）。塔下张氏华侨极大地推动了家乡教育事业的发展建设。

塔下张氏华侨捐办的学校　　　　表3

	学校	创办时间	创办者	类型	地点	备注
1	培英小学	1914	张景芳	侨助	塔下	原名私立培英第一高小第二国民学校，1919改为公立培英第二高小第六国民学校，迁至大坝
2	九思学校	1919	张顺良	侨办	塔下	由原私塾改良而成。后改为群英小学
3	群英小学	1920	张顺良	侨办	塔下	校址为塔下顺庆楼，张顺良任校长，后并入新民小学
4	聚英小学	1920	张超宏	侨办	大坝	
5	私立新民小学	1921	张顺良	侨办	塔下	1922年择址建校于塔下西园，1924年校舍落成，迁校。后并入塔下小学
6	嘉煌中学	1924	张煜开等	侨办	曲江	
7	南欧小学	1933	南欧张氏侨亲	侨办	南欧	南欧村旅荷属印尼侨胞张泰松等在海外发动捐资创办"私立南欧小学"，
8	曲江华侨中学	1956	张荣汀等	侨助	曲江	在嘉煌中学旧址上重建
9	塔下小学	1958	张顺畴	侨助	塔下	由张顺畴独资建造校舍
10	曲江中心小学	1985	张汉书等	侨助	曲江	旅泰侨胞张汉书等人捐资创办

（资料来源：根据《张氏族谱》及南靖档案局相关资料整理）

在众多侨办、侨助学校中，办学时间较早、规模较大、影响较深的是归国华侨张顺良在塔下西园创办的私立新民小学。根据《德远堂张氏族谱》中的记载："民国10年（1921年）创办私立新民小学兼校长，同年公选任塔下区教育研究会会长，民国11年冬（1922年）择址建校于塔下西园，民国13年（1924年）四月十五日校舍落成，迁校[1]。从中可以看到，归国华侨张顺良十分热心家乡的教育事业，于1921年创办新民小学，并于1922年在塔下西园建造新校舍，1924年校舍落成后迁入办学。新民学校位于塔下西园，选址于塔下村西北侧的山上，周边环境清幽，据张顺良后人讲述是为了给学生提供安静的环境学习。新民学校由校门、教室、办公楼、宿舍楼、澡堂、食堂、花园、运动场这几部分组成，配套设施齐全（图4）。其中教室为"一"字形单层外廊式建筑，办公楼为"五脚基"式二层楼屋，宿舍楼则采用了传统的土楼形式，整个校园以中西方不同的建筑形式灵活组合。

3）曲江市场的兴建

南靖书洋曲江市场建成于1920年，是由塔下张氏华侨张顺良等人发起兴建的，是当时福建省规模最大的市场，形成了永定、平和、南靖三县交界的热闹墟市，极大地便利了山区人民的商品交易，促进了山区经济的发展。

1　上海图书馆. 中国家谱资料选编（漳州移民卷）[M]. 上海：上海古籍出版社，2013：1049-1050.

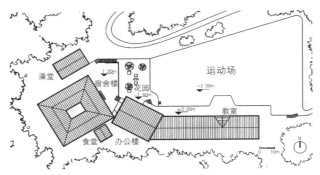

图4 新民学校总平面图（图片来源：作者自绘）

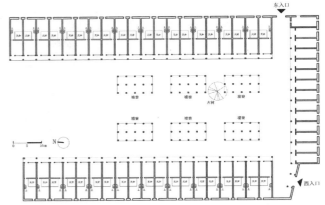

图6 曲江市场一层平面图（图片来源：作者自绘）

对于曲江市场的兴建，《德远堂张氏族谱》中详细地记载了张氏华侨发起建造的始末。根据族谱史料中的记载，塔下张氏华侨于民国8年（1919年）双十节发起召开建墟会议，并由教员陈伯英先生绘制市场建筑图，并悬挂于会场向大众展示。通过会议一致赞同后，华侨张顺良等人立即开始筹备建设事宜，并且成立"曲江墟建筑公司"，集资招股建设，每股五元。曲江市场在计划建造时，并没有足够的场地，因此张顺良等人通过与他人进行田地的对换，凑成了曲江市场建设的完整场地。建筑择址于竹塔松树坝洋（即今曲江村），于1919年农历十月廿六日兴工，市场于民国9年（1920年）九月二十九日落成并开市（图5）。

图5 曲江市场现状（图片来源：自摄）

曲江市场平面呈"U"字形布局（图6），市场南侧为14间一层矮店，西侧为19间二层店屋，东侧为20间二层店屋，共计53间店铺，中间6座墟寮（开敞式摊位）。曲江市场南北长约110米，东西宽约70米，规模宏大，建成后成为永定、平和、南靖三县重要的商品交易中心。

四、民间史料在建筑史研究中的应用

建筑不是孤立存在的，建筑与社会、经济、人文都有着密切的联系。建筑史的研究也不仅仅是对建筑实体的研究，其背后的社会、经济、人文因素同样值得关注。民间史料作为一种基本的史料类型，承载着特定时代、地域和群体社会生活信息，具有极高的原始性与真实性，为建筑史的研究提供了宝贵的原始资料与新的研究视角。通过建筑实体结合民间史料，可以更加深入、全面地展开建筑史的相关研究。不同的民间史料，其记载内容、方式也有不同的特点（表4）。

相关民间史料的特点			表4
史料类型	记载内容	主要涉及建筑类型	记载形式
族谱	宗族源流、世系繁衍、人口迁徙、山川地势、科举仕官、婚丧祭祀、人物生平事迹等	民居、宗祠、宫庙、学校、墓茔、水利道桥等	文字、图片
侨批	日常家庭生活、国内外时事、商业往来、购置产业、汇款建屋、修理祖墓、捐资公益等	民居、墓茔、宗祠、学校等	文字、少量图片
碑刻	功名纪念、乡约民规、墓志墓表、宗祠宫庙及公益建设的修建始末、捐资情况等	宗祠、宫庙、墓茔、学校、水利道桥等	主要为文字

（资料来源：作者自制）

从上表可以看到，就族谱、侨批[1]、碑刻[2]这三类民间史料而言，其记载的内容各有侧重，涉及侨乡村落建设的层面也有所不同。了解不同民间史料的特点，可以使民间史料在建筑史研究中的应用更有目的性和针对性，提高民间史料在建筑史研究中的运用效率。

五、结语

侨乡建筑的研究不应仅仅停留在建筑实体层面，其背后的社会、经济、人文因素同样值得关注。闽南侨

---

1 侨批，又称"银信"，是海外华侨华人与国内侨眷之间汇款和书信沟通的桥梁，是一种"银信合一"的传递物。

2 碑刻，又称碑铭、碑志，是刻在碑石上的文字或图画，是一种常见的民间史料载体。

乡村落的发展建设离不开华侨的推动，因此，作为参与侨乡建设的主体——华侨，更需要加以关注与重视。闽南侨乡保存丰富的族谱史料，作为一种常见的民间史料类型，承载着特定时代、地域和群体社会生活信息，记录了侨乡村落的发展与变迁，具有极高的原始性与真实性，为闽南侨乡的研究提供了丰富的史料信息。基于民间史料的侨乡建设研究，将有助于开拓侨乡村落研究的新视野，丰富并完善侨乡村落的相关研究。

参考文献：

[1] 戴志坚. 福建民居 [M]. 北京：中国建筑工业出版社，2009.

[2] 曹春平. 闽南传统建筑 [M]，厦门：厦门大学出版社，2006.

[3] 陈志宏. 闽南近代建筑 [M]. 北京：中国建筑工业出版社，2012.

[4] 陈志宏，贺雅楠. 闽南近代洋楼民居与侨乡社会变迁 [J]. 华中建筑，2010.

[5] 于颖泽. 闽南侨乡传统宗族聚落空间结构研究 [D]. 华侨大学硕士学位论文，2017.

[6] 陈达. 南洋华侨与闽粤社会 [M]. 长沙：商务印书馆，1939.

[7] 庄为玑、郑山玉. 泉州谱牒华侨史料与研究 [M]. 北京：中国华侨出版社，1994.

[8] 上海图书馆. 中国家谱资料选编（漳州移民卷）[M]. 上海：上海古籍出版社，2013.

[9] 德远堂修谱委员会. 张氏德远堂族谱（卷一），1989.

[10] 德远堂修谱委员会. 张氏德远堂族谱（卷二），1990.

基于VR技术闽北漈头村街道形态认知研究[1]

张　寒[2]　苑思楠[3]

摘　要： 无论从社会学、文化学，还是美学层面，传统村落空间的价值很大程度上是经由人的认知过程产生的。然而在传统研究中，人在村落中的空间认知特性往往难以精确描述。VR技术的使用可有效对空间中人的认知过程进行数据跟踪与可视化分析，从而对人的认知特性进行科学研究。本次实验将通过虚拟现实技术来进行实验对象的运动轨迹、视线点收集，通过比较分析实验对象在空间运动过程中的主观反馈、行为轨迹、视点分布之间的相对关系，进而解读传统村落街道空间形态特征与要素对人的空间认知影响机制。实验将进一步推进VR技术在建筑学空间认知领域及乡村保护开发设计领域中的应用。

关键词： VR技术；传统村落；街道形态；空间认知

空间作为传统村落中人们聚居与生活的场所以及地域文化与历史文化的延续，一直以来都是研究传统村落的学者们所重点探讨的话题。而人的认知则是空间价值得以实现的途径，这样就引发了一系列对于空间认知的研究。但使用传统的研究方法显然不能准确描述人的空间认知机制，空间和人的认知活动需要一种科学语言来将空间形态和人的认知行为之间的关系进行描述。虚拟现实技术近年来的快速发展，以及它自身所具有的如纯化研究目标，排除干扰因素以及便于记录和观测等优势，使得虚拟现实技术有望成为空间认知研究中的有效工具。本研究作为闽北传统村落研究中的一部分，希望通过虚拟现实的实验方法，从理论和实验两方面更深层次地分析人在传统村落空间中的认知机制，并为闽北传统村落的研究提供有效的数据样本。

一、虚拟现实技术在空间认知研究中的应用

虚拟现实技术是使用计算机创建的一个虚拟的三维空间，通过佩戴虚拟现实头显、数据手套、触觉反馈装置等设备，赋予使用者视听觉和触觉等感官的模拟，使之具有身临其境的感受。因为虚拟现实具有的多感知性、交互性和自主性等特点，众多学者利用其在各自领域开展研究。早在1981年，麻省理工学院的Mohl R利

用交互式的虚拟地图实现人在一个陌生的城市空间进行"旅行"，实验证明了交互式的虚拟地图对参测者构建认知地图的有效性，并提出通过虚拟地图的训练，可以在真实场景中具有更好的寻路能力，虽然当时的技术条件不够成熟，但是也显现出虚拟现实技术在认知领域的发展潜力。[1]1998年，德国学者Mallot H．A．等人利用Hexatown虚拟现实环境进行了城镇的认知地图实验，证明了认知过程中人的视图与运动的关联，为虚拟现实技术在城市与建筑的空间认知研究奠定了基础。[2]。2000～2001年，来自澳大利亚墨尔本大学的Ian.D.Bishop等人通过对人群在虚拟环境中的运动进行了观测，研究人在城市景观环境中的运动选择机制。[3][4]2006年，加拿大学者Zacharias利用虚拟现实实验，分别对真实环境和虚拟环境中，初次体验者空间认知的异同进行了研究。[5]2013年，美国学者Steinicke F在《Human Walking in Virtual Environments》一书中概述了在虚拟环境中的移动对人类认知的影响，并介绍了配合虚拟现实技术使用的万向跑步机，可以使人在虚拟环境中达到近乎自然的步行，可以看到未来虚拟现实技术及工程技术发展的无限可能。[6]2015年，德国弗莱堡大学的学者S.F.）Kuliga等人通过真实的建筑环境和相同的高精度虚拟建筑环境实验对比，证实除与天气有关的因素外，两者之间在统计数据上几乎不存在差异，论证了VR在心理学和建筑学领域中作为实证研究工具的潜力。[7]

1　天津市自然科学基金资助项目（16JCYBJC22000）。

2　张寒，天津大学建筑学院，硕士研究生，邮编300072，874442310@qq.com。

3　苑思楠，天津大学建筑学院，副教授，邮编300072，yuansinan36@qq.com。

目前，国内也有大量学者利用虚拟现实技术在空间认知领域展开研究。如同济大学汤众通过搭建大规模的虚拟现实系统来进行空间认知研究，[8]并和徐磊青等人通过虚拟现实技术对轨道交通空间标识系统对人的空间认知和寻路选择所产生的影响进行研究。[9]中科院刘书青等人通过虚拟现实实验，开展运动对场景识别影响的研究。[10]同济大学白文峰等人对虚拟与真实环境中的距离感与方向感的差异进行了实证研究，发现在虚拟环境中相对距离感要好于真实环境，但是方向感在虚拟环境中则较弱，为虚拟现实技术在空间认知研究中的应用，提供了科学的参考。[11]天津大学建筑学院苑思楠利用虚拟现实技术在闽北与皖南地区开展空间认知研究已经多年，搭建出一套较为系统的虚拟现实实验方法，为此后的一系列空间认知研究奠定了基础。[12][13][14]

二、研究样本与研究方法

闽北地区作为福建与中原文化交流的重要通道，在漫长岁月的积淀下，形成了其独特的历史文化和人文元素，由此也孕育了许多具有闽北特质的地域性自然村落。本次实验所选取的漈头村是闽北地区的另一代表性村落。

1. 漈头村概况

漈头村始建于唐代（公元876年），古称龙漈乡，位于福建宁德市屏南县东4.5平方公里处，居住区域占地面积2平方公里，村中现常住人口约500人，于2012年第一批被列入中国传统村落名录。村基址位于山丘环抱之中，村中一条名为竹溪的溪水穿流而过，村子因此形成了沿竹溪和周围山势顺势而建的自组织形态（图1）。后修建的公路没有打破村落原有的布局，因此整体形态完整。村中建筑多以不加饰面的黄色夯土墙覆以黑瓦；一部分建筑受徽派建筑影响，山墙做成马头墙的样式；另外一种山墙沿着屋面的坡度，中间隆起，两边下降，端部再缓缓抬起。建筑以天井式为主要形制，主要结构和构件以木结构为主，与黄土墙形成鲜明的对比；外墙较高且较少开窗或开小透气窗，其主街街道界面连续性较高，沿竹溪呈曲线式形态（图2）。主街街道尺度较开敞，以商铺为主，有几处连廊为居民提供村民活动的场所。

图2　漈头村主街（图片来源：自摄）

2. 虚拟现实实验

1）实地基础数据采集

在选定实验样本后，对漈头村进行实地测绘，使用无人机低空拍摄（图3），并人工测量采集街道、建筑等信息。随机选取68位游客和本地村民进行运动轨迹跟踪，使用手机APP进行实时记录。根据无人机所拍摄的数据生成村落的三维点云模型，结合实景照片进行村落基础模型的构建。

2）虚拟现实环境构建

将村落基础模型导入虚拟现实平台软件Unity3D中进行虚拟场景构建，根据真实情况，丰富虚拟环境中的环境要素。并通过Unity3D，在实验过程中实现参测者的行动坐标和视点坐标实时跟踪输出。对坐标文件进行筛选和处理后提取有效坐标，利用Arc GIS、Rhino Grasshopper软件对参测者的运动轨迹及视点分布进行可视化处理与密度分析。同时使得密度较高的区域呈现暖色，密度较低的区域为蓝色（图5），由此可以得出在村落空间具有较高关注度的建筑和空间要素，并在模型中进行标注。

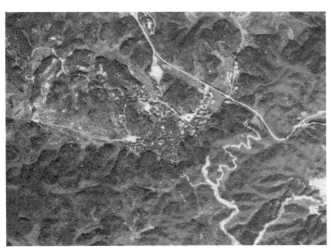

图1　漈头村及周边地貌图（图片来源：Google地图）

图3 漯头村点云模型（图片来源：自绘）

图4 虚拟现实环境中的漯头村街道（图片来源：自绘）

图5 视点分布及热度（图片来源：自绘）

三、实验数据分析与探讨

本次漯头村VR实验共招募61名参测者参与，实验开始前由工作人员向参测者讲解HTC设备基本操作方法和注意事项，实验开始后参测者在实验室中佩戴HTC vive虚拟现实头盔和使用手柄在漯头村VR环境中进行无目的自主漫游，形成有效的运动轨迹坐标文件。每位参测者参测时长为10~15分钟，在实验结束后共搜集虚拟现实有效路径记录60条。

1. 空间句法测算与虚拟现实实验结果对比

运用Depthmap软件对漯头村进行整合度计算，计算结果显示漯头村全局整合度平均值为0.59。图6为漯头村全局整合度计算的结果，在竹溪两侧呈现红色的街道轴线整合度最高，为0.82。距离村中心较远的村落边缘的轴线则呈现蓝色或绿色。可以看出沿竹溪的主街具有较高的主街特性。

而R3整合度和全局整合度结果相差较大，从图7可以看出，在R3整合度中，整合度最高的街道为村头的一条较长的街道，这条街道目前是村头比较繁华的商业街，以饭店、超市等业态为主，全部为新建的多层建筑。在漯头村的历史发展过程中，村落的整体形态没有发生改变，但是由于村民生活的需要以及便利程度，在步行半径范围内可达性较高的街道通过自组织而形成了现在的商业街。

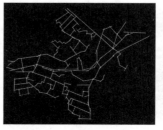

图6 漯头村全局整合度
（图片来源：自绘）

图7 漯头村R3整合度
（图片来源：自绘）

根据在虚拟现实实验中所收集的参测者的行为轨迹坐标，利用Arc GIS软件生成全部参测者的行为轨迹密度图，如图8所示，除去因虚拟现实环境中在村头作为起点造成的红色区域外，在漈头村主街道上汇聚了最多的人流。而空间句法R3整合度中较高整合度的街道则次之。除此之外，利用实地调研过程中所跟踪的68条行为轨迹数据进行同样的密度分析，得到如图9所示结果：主街上的坐标密度最大，呈现了较强的主街特性，这与空间句法和虚拟现实实验数据基本吻合；而在R3整合度中整合度最高的"商业街"在图9中却不够明显。在实地调研进行轨迹跟踪时一般以每个人从开始运动到停止为一条数据，所以数据较短，这可能是造成图9中主街坐标密度与次街密度较大反差的原因之一。

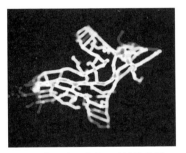

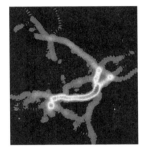

图8 虚拟现实环境中运动轨迹分析（图片来源：自绘）

图9 实地调研跟踪运动轨迹分析（图片来源：自绘）

2. 视点分布量化分析

将虚拟现实实验中得到的视点坐标和运动轨迹坐标导入到Rhino Grasshopper中进行可视化处理和密度分析，图10为视点在漈头村整体的分布情况。通过对漈头村主街进行单独分析发现位于主街上具有高关注度的要素按类型学划分可概括为街道的入口及转折处；路口对面的界面；街道上的檐廊等。漈头村的主街道大部分为

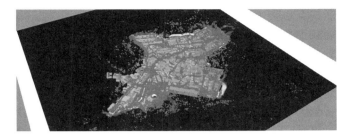

图10 视点分布（图片来源：自绘）

图11 高关注点对象（图片来源：自绘）

图12 漈头村主街曲线及高关注度区域

沿竹溪而建的曲线型街道。在村落道路CAD中沿主街绘制曲线（图12），并导出曲线坐标，利用坐标在Excel中绘出拟合曲线（图14），根据Excel可以得出每段曲线各自不同的表达式。除去1号属于街道起点、2号属于街道汇聚区域、6号是街道终点，对3.4.5号高关注区域进行曲率计算，结果可发现3.4.5号区域均位于各自曲线段曲率较高位置，由此可以看出高关注度区域通常位

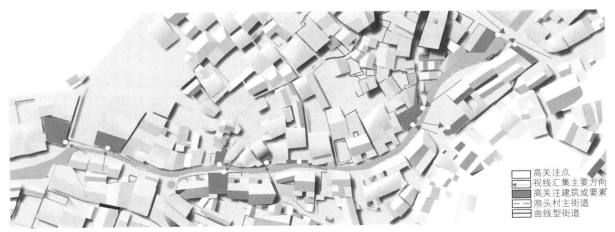

图13 漈头村主街两侧高关注点要素及主要汇集视线方向（图片来源：自绘）

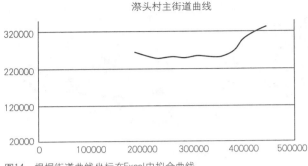

图14 根据街道曲线坐标在Excel中拟合曲线

于曲线型街道中较高曲率的位置。这是由于曲线型街道的形态变化较折线形街道的形态变化更不易被感知，这和人在折线型街道中，高关注点集中在街道转折之后突出的区域有共通性，即人在运动过程中寻找正前方的视觉承载点这一认知特性[13]。而对于1、2和6号区域，处于街道的端部或街道交汇处，会具有较高关注度，但之所以成为街道的出入口和交汇处是否也和街道的曲率存在一定的联系，有待我们继续探讨。

四、结语

本次试验主要通过实验室搭建的虚拟现实实验方法，研究了在传统村落空间中主要街道形态对人的空间认知产生的影响，以及定量分析了人在传统村落空间中的认知情况。其主要结论可进行如下总结：1. 漈头村的主街可达性较高，主街和次街整合度呈渐变，显示出较强的主街特性；2. 对于人在虚拟环境中与现实环境中的运动轨迹，通过现场调研、空间句法软件测算、虚拟现实实验结果统计分析即——实践、理论、实验三方面进行了实证研究；3. 在曲线型街道中，人的高关注度区域常位于街道曲率高的位置。

作为闽北地区传统村落研究中的重要研究样本之一，漈头村也具有其独特的代表性，希望通过本次及后续的研究，能够为推动空间认知研究以及更详尽的阐述闽北传统村落这一类型的空间形态做出微薄的贡献。

参考文献：

[1] Mohl R.Cognitive space in the interactive movie map：an investigation of spatial learning in virtual environments [D] .Massachusetts Institute of Technology，1981.

[2] Mallot H.A.，Gillner S.，van Veen H.A.H.C.，Bülthoff H.H. (1998) Behavioral experiments in spatial cognition using virtual reality. In：Freksa C.，Habel C.，Wender K.F. (eds) Spatial Cognition.) Lecture Notes in Computer Science，vol 1404.Springer，Berlin，Heidelberg

[3] Bishop I D，Ye W S，Karadaglis C.Experiential approaches to perception response in virtual worlds [J] .Landscape and Urban Planning，2001，54 (1)：117－125.

[4] Bishop I D，Wherrett J A R，Miller D R.Assessment of path choices on a country walk using a virtual environment [J] .Landscape and urban planning，2001，52 (4)：225－237.

[5] Zacharias J.Exploratory spatial behavior in real and virtual environments [J] .Landscape and Urban Planning，2006，78 (1)：1－13.

[6] Steinicke F，Visell Y，Campos J，et al.Human walking in virtual environments [M] .New York，NY，USA：Springer，2013.

[7] S.F.Kuliga，T.Thrash，R.C.) Dalton，C.Hölscher.Virtual reality as an empirical research tool —Exploring user experience in a real building and a corresponding virtual model [J] .Computers，Environment and Urban Systems，2015，54.

[8] 汤众．复杂空间认知研究中的虚拟现实技术应用 [J] ．实验室研究与探索，2007 (09)：9－11，16.

[9] 徐磊青，张玮娜，汤众．地铁站中标识布置特征对寻路效率影响的虚拟研究 [J] ．建筑学报学术论文专刊，2010：1－4.

[10] 刘书青，张慧，牟炜民．沉浸式虚拟现实环境下走动对场景识别的影响 [J] ．人类工效学，2009，15 (1)：6－10.

[11] 白文峰，孙澄宇，徐磊青．虚拟与真实环境中空间认知实验的距离感和方向感差异性比较研究——以上海仲盛商城为例 [J] ．城市建筑，2017 (8)：331－333.

[12] 冯磊．基于虚拟现实技术的传统村落空间形态与认知研究——许村、南屏、西递比较研究 [A] ．全国高校建筑学学科专业指导委员会、建筑数字技术教学工作委员会．数字建构文化——2015年全国建筑院系建筑数字技术教学研讨会论文集 [C] ．全国高校建筑学学科专业指导委员会、建筑数字技术教学工作委员会，2015：6.

[13] 苑思楠．基于VR技术闽北地区传统村落空间认知特征研究 [A] ．全国高等学校建筑学专业指导委

员会建筑数字技术教学工作委员会、中国建筑学会建筑师分会数字建筑设计专业委员会．数字·文化——2017全国建筑院系建筑数字技术教学研讨会暨DADA2017数字建筑国际学术研讨会论文集［C］．全国高等学校建筑学专业指导委员会建筑数字技术教学工作委员会、

中国建筑学会建筑师分会数字建筑设计专业委员会，2017，6．

［14］苑思楠，张寒，张翌．VR认知实验在传统村落空间形态研究中的应用［J］．世界建筑导报，2018，33（01）：49-51．

从异域边地到他乡故知：四川藏区民居研究趋势浅析

田 凯[1] 陈 颖[2] 杨睿添[3]

摘 要： 本文对四川藏区民居研究的历程及现状进行了总结和分析，伴随着研究内容的深化，研究领域的拓展，研究理论与方法的突破，我们对四川藏区民居研究的视野也在发生变化。四川藏区从异域边地不断变成"化内之民"，民居研究者开始以地域为中心思考空间适应性及变迁，同时研究主题日益关注民族地区及普通民众的传统生活空间，在构建庞大的建筑空间逻辑体系的同时更加关注空间形态的细节研究。

关键词： 民居研究；四川藏区；研究综述；民族建筑

我们处在一条隧道中，一头是教条主义的黄昏，另一头是真正对话的拂晓。

保罗，柯里（Paul Ricoeur）[1]

四川藏区位于四川省西北部，包括甘孜藏族自治州、阿坝藏族羌族自治州和凉山木里藏族自治县，是全国第二大藏族聚居区及最大的羌族聚居区。由于横断山脉及高山峡谷的阻隔，加之气候恶劣，这一地区长期以来在世人的眼中都只是一片笼罩着神秘面纱的蛮荒异域。元代以来，中央政府逐步致力于将四川藏区纳入王朝国家的行政体系，异域边地开始变成"化内之地"。无论是对于汉文化还是藏文化，该地区都位于边缘地位，不同的族群在这条"民族走廊"内迁徙或定居、交汇或融合，使这一地区的民族渊源复杂、成分众多。长期在文化的交融与冲突中生存使这一地区的民居空间极具研究价值，近三十年来的研究方兴未艾。

一、四川藏区民居研究历程

元代之前，少有国人关注过康藏地区，时人"交易数百年，番不知有成都，汉亦不知有打箭炉"，康藏地区才渐渐地走入国人的视野。19世纪中后期至20世纪上半叶的边疆危机促使四川藏区得到更多的关注。除了边政要员对四川藏区的研究外，抗战中，随着大批高校和科研机构的南迁和西移，随迁的专家学者们开始有

了直接接触边疆地区并亲自进行田野考察的机会。据统计，20世纪初，尤其是在1911年辛亥革命以前，与藏区相关的文章只有十多篇；辛亥革命以后至1937年抗战爆发这段时间，相关学术成果猛增到150篇；抗战爆发后至1949年中华人民共和国成立期间，更是达到了200篇之多。[2]

但这些研究主要集中在社会学、人类学、历史学等领域，因政治、文化、语言、交通、学术志趣等因素制约，四川藏族民居的研究鲜有涉列，偶尔在县志或地方史研究上提及的寥寥数语。唯1963年7月出版的《建筑学报》上由徐尚志，冯良檀等人所著《雪山草地的藏族民居》一文从建筑学角度简要介绍了四川阿坝藏族羌族自治州农区藏族民居。内容从聚落至建筑单体，图文并茂，较真实完整地反映了这一地区藏族民居的风貌。

20世纪80年代改革开放以后，社会得以迅速发展，四川藏族民居的研究开始重新启动，四川藏区民居的研究专著中以叶启燊先生的《四川藏族住宅》（1989），季富政教授编纂《中国羌族建筑》（1997）为先河，全面细致地以相当数量的实例介绍了四川藏区藏族羌族民居的形式风格。1991年潘贺明先生发表《川西的藏族民居》，细化了川内藏族民居分类。1996年，曲吉建材在《西藏民俗》上发表《木雅康巴藏族的民居》

1 田凯，西南交通大学建筑与设计学院副教授611756，tiankai0626@sina.com。

2 陈颖，西南交通大学建筑与设计学院副教授611756，cyswjtu@163.com。

3 杨睿添，西南交通大学建筑与设计学院硕士研究生，611756。

一文，这是藏族研究人员撰写的首篇藏族民居论文，以朴素的语言描述民居的功能及民族寓意。1988年杨嘉铭先生的《四川阿坝地区的"高碉"文化》一文则侧重于文献史料的研究，通过对史料的挖掘，整理以探求高碉与民居在历史、人文的内在联系。至2000年以前，四川藏族民居研究较此时段内其他民居之研究，实显不足。这与四川藏地恶劣的交通及高海拔的生活环境有关，四川藏区位于川西高原，道路险要，行程动辄数天。平均海拔高，对研究人员身体要求高，且有一定生命危险。此外，藏区文化迥异，语言不通，专业研究人员的匮乏亦为原因之一。[3]-[7]

二、近二十年来四川藏区民居研究状况

四川藏族民居研究自2000年以后，无论在数量或是研究范围上都有了较大的提升。国家自然科学基金资助的四川藏区民居关联性研究日渐增多。其中西南交通大学的毕凌岚《基于复杂系统理论的四川藏区城镇空间结构生态优化机制研究》（国家自然科学基金，51278415），西南交通大学张樱子的《城镇化进程中西藏高原城镇传统社会空间形态及可持续更新研究》（国家自然科学基金，51308463），从客观的物质空间和主观的社会行为研究了聚落及城镇传统生活空间形态及可持续更新；西安建筑科技大学李军环的《川西北嘉绒藏族传统聚落与民居建筑研究》（国家自然科学基金，51278415），总结了嘉绒藏族传统民居聚落的构造特点，着重分析了其生态性对于现代绿色建筑设计的借鉴意义；西南交通大学田凯的《内地化进程中的四川藏区城镇空间形态演变研究（1640-1968）》（51108379）讨论了四川藏区内地化进程中城镇聚落面临的各种冲突与挑战。

相关著述主要有陈耀东著的《中国藏族建筑》，杨嘉铭、杨环合著的《四川藏区的建筑文化》；江苏科学技术出版社编著的《中国民族建筑·第一卷》；萧加著的《中国乡土建筑/西藏》；热贡·多吉彭措的《中国西部·甘孜藏族民居》；周耀伍摄影集《嘉绒藏区民居·古碉》；杨嘉铭著的《四川藏地寺庙》；郦大方、金笠铭合著的《聚落与住居：上中阿坝聚落与藏居》等。其中西安建筑科技大学何泉的《藏族民居建筑文化研究》讨论了影响藏族民居形态的文化因素和应对高原特殊环境的生态建筑经验；丁昶的《藏族建筑色彩体系研究》讨论了藏族民居建筑的色彩学。

除具有针对性的研究外，全国范围内的民居研究成果中也能找到四川藏族民居的身影。2003年，杨谷生、陆元鼎教授出版的《中国民居建筑》，其中"藏族民居"一节已经对四川藏族民居有所归纳总结。2009年李先逵教授主编的中国民居建筑丛书《四川民居》问世，此书第九章专门就四川藏族民居进行了阐述与介绍。2010年，《中华民居五书——西南民居》出版，该书由吴正光先生及我院陈颖教授等编写，第二章"四川丹巴藏寨碉房"通过归纳丹巴地区藏族民居形制，功能，建造特点及相关实例展示简要清晰地介绍了四川地区部分藏族民居风貌。至2015年，西南交通大学陈颖、田凯等主编的《四川古建筑》一书中，对四川藏族建筑进行了介绍，民居亦在其中。[6]-[10]

研究所涵盖范围日渐广泛，从大范围的整体性研究到以局部地区为例的建筑学下分支研究均有涉及。学科交叉性变强，除解决研究问题外，由相对单一的建筑学切入点到以人文视角为主的研究逐渐增多。开始出现以实践案例为依托的研究项目，理论与现实的结合日益紧密。更为重要的是，研究人员的逐渐增多，越来越多的青年学者与硕士生参与到民居的研究中，在国家的日益重视下，他们贡献出与之相关的科研项目，硕士学业论文，使研究渐渐充实。近二十年来四川藏区民居研究方向主要表现在以下几个方向：

其一，以建筑特征为主的归纳总结性阐述及研究，或偏向于人文历史背景的民居内在信息提取梳理及探索。与早期民居研究相似，研究者注重探究建筑的布局与规制、结构与构造。在建筑特征这一框架下又可侧重为：整体规划布局、建筑空间形态、建筑装饰与风格。总体框架性叙述：如李先逵教授《四川藏族民居地域特色探源》，概括性地总结了藏族民居的建筑学特点及影响其特点的人文自然因素。与整体规划布局相关的则有杨炎为、陈颖、田凯的《四川藏区城镇浅析——以德格更庆镇藏族传统聚落为例》，此文着重阐述了具体区域的聚落环境及相应特点。与建筑空间形态相关的论文较多，如《四川山巴乡安多藏族民居空间解析》（陈一颖），《族群演化下的四川阿坝藏区居住形态变迁初探》（刘艳梅），《甘孜州东南部藏族民居形态研究》（刘长存）。无论区域大小，均着眼于建筑的内部空间及形态的研究。

另外，在建筑演进逻辑上，张兴国、王及宏总结以往研究成果的基础上，强调以空间扩展为发展动因，以技术合理性调适为演进的逻辑主线，从技术视角准确地归纳了嘉绒藏区碉房体系的构成类型，并结合自然、历史、文化因素，分析了各类型间的演进关系及其地域性分布规律。建筑装饰与风格方向的研涵盖面较广且细致，涉及多个地区，不同位置的研究，如《四川阿坝州藏族石砌民居室内空间与装饰特色》（唐妮），

而《康巴地区藏族民居的"门文化"解读》（刘传君，毛颖）。[19]－[21]

其二，探析民居的文化特性及其地理环境适应性。藏区民居作为真正的地域性建筑反映和服务于那些他们所置身其中的有限机体里（田凯，2015），对外在环境的回应，应对挑战，形成其特色，藏区民居建筑面对外界变化的环境时的一种主动地、灵活地、巧妙地适应，使得建筑更科学更诗意地融合于特定的环境背景下（郭桂澜，2016）。张樱子（2008）认为藏族传统居住建筑实质上是人们用最为朴素的建筑手段来满足自身环境需求的结果。聂倩通过对甘孜镇老城区街巷空间的考察，认为藏区传统民居中街巷空间在适应人文与地理环境中发展自身的特色（聂倩，2015）。[16][20][33]

其三，多学科研究方法的融入。四川藏区民居研究视野在多学科交叉中不断扩展，各角度切入研究内容，不仅仅拘泥于建筑学特征的研究分析。特别是在建筑技术方向的研究，主要分为两大类别，一为建筑构造之探索，如《川西嘉绒藏族传统民居营建模式研究》（赵龙）。二为建筑物理的研究。此方向的研究常以理论实践相结合的形式进行，如《川藏地区被动式太阳能民居设计研究》（王倩倩）。此外，如《基于现象学视角的嘉绒藏族传统聚落与民居建筑研究》（王纯）从现象学，历史学等方向入手，毛刚《生态视野——西南高海拔山区聚落与建筑》一书从区域与城市规划学出发来探讨西南高海拔山区建筑学的走向问题，从技术角度探索营造层面上的地区建筑学的传承和弘扬问题，指出保护与发展地域技术作为欠发达地区的技术革新的重要性。[12]

其四，地域的深入研究。四川藏族民居研究近年来按地区及族源进入了广泛而深入的地域研究。研究重点一般集中在甘孜州西北部与西藏交界处的昌都，德格，稻城等地区及中部的炉霍等。如《宗教文化影响下的乡城藏族聚落与民居建筑研究——以乡城县那拉岗村为例》（郝晓宇）一文，《"磁体"与"容器"：四川藏区德格城镇空间形态的形成及演变探析》（杨炎为，2015）。地区研究投入不平衡，嘉绒藏区研究力度最大，成果也最为丰富。包括了甘孜州丹巴地区，阿坝州大部分地区，主要分布嘉绒藏族这一分支。因族源与地理环境不同，嘉绒藏族具有独特的风俗习惯与语言，因此具有相当的研究价值。形成了多个典型研究区域，如甘孜州境内的丹巴县，道孚县周围地区《川西嘉绒藏寨民居初探——以丹巴甲居藏寨为例》（李军环，谢娇），《道孚民居研究》（朱亚军），马尔康直波藏寨民居建筑研究》（朱荣张），《嘉绒藏寨建筑文化研究》（毛良河，2013）。阿坝州马尔康沙尔宗，直波地区《川西沙尔宗嘉绒藏族民居研究》（张燕），《丹巴地区传统藏族聚落

初探》（江宇，2015）。此外，甘孜州新龙的民居群也受到关如，如《四川甘孜新龙地区拉日马藏寨传统建筑研究》（杨睿添2015），《中心与边缘：四川藏区新龙城镇形态演变研究》（陈学灵2018）这些研究根据聚落空间形态形成、演变等方面研究。从聚落空间概念出发，关注聚落空间布局、组织与形态，以及聚落的发展变迁，从而找出其发展的规律。[23]－[35]除了地域单体外，一些研究根据交通商贸等因素进行了以茶马古道为中心的川藏通道沿线的民居研究，如郑芹对文化融合背景下的松茂古道的聚落研究，张曦、李翔宇等对茶马古道沿线民居的研究等。

三、四川藏区民居研究的趋势与启示

1. 流动的视野：从边疆到"化内"

四川藏区民居研究的对象即在历史上处于地理上的边缘-边疆地区[11]，也是社会群体意义上的边缘，许多研究从观察民居聚落，关注他们如何进入帝国的视野，与帝国如何互动，特别是他们自身的发展与这种互动是如何影响着帝国？以前的研究从聚落文明中更多地关注中原内地文明向边疆的单向延伸扩张，但近代来一些藏地民居的深入研究发现，"内地化"的过程实际上是双重的，既是民族地区文化被动折射包括中央政权及外来文化的过程，也是其主动选择，学习及吸收的过程。历史走向或帝国的伸缩不是单纯驯服游牧民族的过程，而是许多群体和个人在未定型的中间地带反复地相互适应的过程。四川藏区作为早期中华帝国的边缘族群在不断地互动中，"新疆"不断变成"旧疆"，边地不断变成内地，"化外之民"不断变成"化内之民"。

对四川藏区民居建筑的研究早期立足于从中央政府在藏区的认同力量的加强与渗入，理解日益变化的藏区近代聚落与民居的变迁，因此早期对四川藏区民居的研究常常以通过与汉地民居的对比，使藏区民居研究落入窠臼。可是，经过研究发现，这样的观念有失偏颇，事实上，地方社会所依循的传统的生活习惯与常识，发挥着建筑与聚落变迁的重要作用。

2. 从外到内的研究视角的变化

民居作为地域性建筑的代表反映和服务于那些他们所置身其中的有机体。作为民居研究所需要的是深刻理解这一机体自我培植的活力。民居研究也是一个通过观察来认知的过程，在这一过程中，研究者的关怀往往

被打上了时间上的他者和空间上的他者烙印，研究者通常看待异域他乡空间的超然身份研究民居，不自觉地形成了时空上的"他者"。对于传统民居本身来说，我们站在记述者的立场上时，我们对记述对象来说成为空间上的他者；对于绵延在时间长河里的传统建筑来说，我们是时间上的他者。

因此，对于民居与聚落研究者来说，在研究主题上的变化，不仅在于对日常生活或小历史的关注，而应该像人类学家那样关注"地方性知识"，关注"彼时性知识"和"历史性知识。"[13]对于民居研究者来说，获取"地方性知识"的方式是值得推敲的，如果仅仅从研究材料入手，我们应学会对材料加以区分，因为材料的撰写者往往是局外人（outsider），而不是局内人（insider）。因此在民居研究中，除了文献，通过调研访谈、生活参与、观察获得地方性知识也是重要的途径，重视局内人的表述，对空间使用的方式。

冯果川先生所说：传统建筑产生于普适性的设计，会以当时的日常生活为基础。此外，一些非日常使用的方式也通过一些仪式在空间中生存，但这些非日常使用的空间也产生于更早一些日常生活中，如生活中神鬼谱系及宗教等非物质生活占据日常生活的主流的时代，实际上日常生活使传统民居建筑具有时间的魔力和记忆功能。[14]

因此，我们的研究日益关注民族地区及普通民众的传统生活空间，当我们改变思考的角度，深入到普通民众的日常生活中去探寻，会发现丰富的地方生活为我们记录传统建筑发展昭示了别样的路径，经过调研与访谈记录及当地的生活观察，我们从建筑外部环境及建筑空间使用方式发现建筑形式变化的逻辑形成。[15]

3. 从宏大到丰富：民居研究的问题意识增强

建构关于民族—国家命运的宏大叙事，宏观历史叙事固然重要，但是在地域民居空间形态的生长过程中，除了国家机器与精英的作用外，空间内部隐藏着另一种机制。民居研究中，我们发现默默无闻、日出而作、日落而息的老百姓的日常生活构建了建筑的另一叙事结构。[16]民众日常生活观念决定着空间形态的所有细节。这也是为什么我们常常发现在国家政治、经济、文化一体化的趋势中，在现代化和日益增长的国家权力的冲击下，地方的独特性和多样性依然存在。[17]

我们研究民居不再是为了构建庞大的建筑知识体系的脉络，或者试图构建一个稳定的模式。从研究的主题来伸延到研究的问题意识成为新时期民居研究的方向，放弃了专注构建庞大的体系的构建。放弃了"从另

外一层面来解释某个层面的做法"，我们经常会在论文答辩及课题论证中看到对民居研究这一趋势的种种"遗憾"，认为"碎片化"研究虽然丰富了地域性研究，但是其研究价值与意义值得怀疑，通常"碎片化"研究会得到的用跨学科的方法，或用类型学等方法，揭示"碎片化"研究对象与其他差异性对象的联系，以建立一个完整庞大的逻辑体系。

在许多人文学科的研究领域，早有人回击过对碎片化研究的批评，"一篇特定的研究论文的重要性，并不与如此这般的一个部族的重要性相联系，相反，它是与研究所提出的问题和答案的总的质量相联系的。"[18]

这个可作为一些"主流建筑文化"针对民居研究意义的批评的理直气壮地回应，所谓"碎片化"民居研究背后，是人类精神世界意义的多元化探索，学界存在一种研究主题的意义等级制，好像某些主题的意义更重大，另一些则较小，甚至无足轻重，问题在于这种意义等级制的预判所建立的逻辑框架早已瓦解。

放弃了用异质逻辑体系收编具有各自生长的地域性民居研究，他关注的是其背后的社会运作，还原人们的精神世界，更专注于理解以往不被关注的特定人群的心态及其背后的机制。而这个机制，是某种长期存在的，甚至是跨地域的文化机制或者深层文化结构，影响着人们日常行为中的居住行为及空间认知。

伴随着研究内容的深化，研究领域的拓展，研究理论与方法的突破，我们对四川藏区民居研究的视角也在发生变化。研究对象从在过往的研究中，研究者他者的身份，对于这些遥远的异域空间进行探索，通过将其纳入到我们熟悉的空间逻辑及庞大知识体系中进行解析。我们深信，当我们拓宽研究视界，深入跨地域的空间结构中，我们可以了解到所有这些异乡民居有着同样磅礴的精神世界，可以通过各种方式深入其中，了解其内部的运作机制，与其进行深入的对话。

参考文献：

[1] 肯尼斯，弗兰姆普敦. 现代建筑，一部批判的历史 [M]. 张钦楠译. 北京：生活·读书·新知三联书店，2004，353页.

[2] 王启龙，邓小咏. 二十世纪上半叶藏区地理研究述评. 西藏研究，2001（2）：68-84.

[3] 叶启燊. 四川藏族住宅 [M]. 北京：中国建筑工业出版社，1989.

[4] 季富政. 中国羌族建筑 [M]. 成都：西南交通大学出版社，1997.

[5] 陈颖，田凯，张先进．四川古建筑 [M]．北京：中国建筑工业出版社，2015．

[6] 陈耀东．中国藏族建筑 [M]．北京：中国建筑工业出版社，2007．

[7] 木雅，典吉建才．西藏民居 [M]．北京：中国建筑工业出版社，2009．

[8] 吴正光，陈颖，赵逵，马薇，孙娜等．西南民居 [M]．北京：清华大学出版社，2010．

[9] 李先逵．四川民居 [M]．北京：中国建筑工业出版社，2009，12．

[10] 李晓峰．乡土建筑——跨学科研究理论与方法 [M]．北京：中国建筑工业出版社，2005．

[11] 王明珂．华夏边缘——历史记忆与族群认同 [M]．北京：社会科学文献出版社，2006．

[12] 毛刚．生态视野西南高海拔山区聚落与建筑 [M]．南京：东南大学出版社，2003．

[13] 王铭铭．人类学是什么．北京：北京大学出版社，2002：50-55．

[14] 日常生活与建筑—2014新建筑论坛春季研讨 [J]．新建筑．2016（6），43-44．

[15] 田凯，陈颖．传统的选择性——地域建筑的逻辑生成．[J]．新建筑，2017（6）：131．

[16] 田凯．近代民族城镇空间的文化解析——以甘孜县老城区为例 [J]．西南民族大学学报（人文社科版），2014（12）：51-55．

[17] 田凯．民众观念在聚落空间中的日常存续：基于甘孜老城区檐廊空间的扩展分析 [J]．南方建筑，2013（6）：23-26．

[18] 帕拉蕾-伯克．新史学：自白与对话．彭刚译．北京：北京大学出版社，2006：251．

[19] 郭桂澜．阿坝州安多藏区传统聚落与民居的建筑适应性研究．西南交通大学，2016．

[20] 张樱子．藏族传统居住建筑气候适宜性研究 [D]．西安建筑科技大学，2008．

[21] 阎波，谭文勇，许剑峰．嘉绒藏族传统聚落的整体空间与形态特征 [J]．中国园林，2008（12）．

[22] 张曦．川藏茶马古道沿线藏传佛教寺院建筑研究（四川藏区）[D]．重庆大学，2015-05-01．

[23] 韦玉臻．自然要素对四川藏区河谷型城镇空间结构影响研究 [D]．西南交通大学，2017-05-10．

[24] 帅夏云．城镇体系视角下的四川藏区新增建制镇城镇化动力机制及策略研究 [D]．西南交通大学，2017-05-10．

[25] 张正军．四川藏区城镇人文空间与自然要素关系研究 [D]．西南交通大学，2017．

[26] 郑芹．文化融合背景下的松茂古道聚落探索 [D]．西南交通大学．

[27] 杨睿添．四川甘孜新龙地区拉日马藏寨传统建筑研究 [D]．西南交通大学，2018．

[28] 王磊，肖承波，凌程建．四川藏区传统民居建筑结构调查四川建筑科学研究．2013-08-25．

[29] 明智宇．自然要素对四川藏区高原型城镇空间结构影响机制研究 [D]．西南交通大学，2018．

[30] 张兴国，王及宏．技术视角的民族传统建筑演进关系研究——以四川嘉绒藏区碉房为例．建筑学报，2008-04-20．

[31] 谢婷．四川藏区河谷型城镇空间结构生态优化研究 [D]．西南交通大学，2018．

[32] 江宇．丹巴地区传统藏族聚落初探 [D]．重庆大学．

[33] 聂倩．甘孜镇老城区街巷空间 [D]．西南交通大学，2015．

[34] 覃涵．甘孜南部藏族民居建筑空间特征研究——以乡城、稻城、九龙民居为例 [D]．四川大学，2017．

[35] 张妍．四川藏区游牧民族居住形态研究 [D]．西南交通大学，2010．

[36] 李翔宇．川藏茶马古道沿线聚落与藏族住宅研究（四川藏区）[D]．重庆大学，2015．

豫中地区传统民居适宜性屋面改良技术探讨

——以方顶村方兆图故居为例[1]

于冰清[2]　吕红医[3]

摘　要： 豫中地区方顶村是河南省级历史文化名村，为更好地保护当地传统民居、提高传统民居居住舒适性，本文以传统屋面构造层次角度分析方顶村传统屋面适宜性改良技术，并提出课题示范点方兆图故居的屋面改良技术，最后对传统与改良屋面进行热工性能分析。对于豫中地区传统民居屋面的改良技术的研究与应用提供更多的参考。

关键词： 豫中地区方顶；方兆图故居；屋面改良技术；热工性能

引言

传统民居和传统村落的保护与利用日益受到了各界重视，许多传统村镇中的传统民居正在维修和活化利用，然而由于传统建筑围护结构隔热性能不高，居住舒适度较差，致使传统民居正在逐渐消失。因此，在传统民居中采取节能改良技术，同时与传统匠作工艺深入结合，在保持传统村落和传统民居风貌的同时有效提升其居住舒适性，有助于传统民居的活化利用，也有助于地方工匠的培训和新技术、新工艺的推广传播。

屋顶是建筑物最顶部的围护结构，与外墙一样，起到分隔室内外的作用。屋顶也是室内外热量交换的一个重要通道，根据数据统计，在冬季大约25%的室内热量损失是通过屋顶散失到室外的，这与通过外墙损失的热量接近。屋顶传热系数高，需要提高保温性；且传统建筑屋顶的防水性异常重要，传统建筑破坏大部分是由于屋顶的防水出了问题，屋顶漏雨会导致坍塌，直接影响整个房屋的使用寿命。因此，希望通过对传统建筑屋面构造层次进行分析，作出相应的现代保温防水材料替代，总结分析出较为适宜的传统屋面节能改良技术，并以此提出适宜方顶村示范工程——方兆图宅的屋面改良做法，以期对豫中地区传统建筑屋面结构节能改良技术的研发与应用推广提供技术支撑。

一、豫中地区方顶村方兆图故居现状勘察及修复设计

1. 方顶村村落概况

方顶村位于郑州市上街区南部，距离省会郑州约38公里，隶属于上街区峡窝镇，位于豫东平原与豫西浅山区的过渡地带，是进入豫西山地的重要门户。处于五云山山脚下，属大陆性季风气候。方顶村村落所在位置地势较平坦，以逐级而上的台地为主，台地位于汜水河与其支流疙疸河交汇的一块三角台地边上，聚落多沿台地边缘的冲沟和崖底分布。

方顶村始建于明洪武年（1372年），是目前郑州市内发现的面积、规模最大，保持较为完整的一处明清民居建筑群，是中原浅山地区民居建筑风格的典型代表，直观展示了河南地区明清以来村落的格局、街道、风貌、民居类型和民风民俗等，具有丰富的历史、科学、社会研究价值，2015年被确定为河南省省级历史文化名村。

1　"十二五"国家科技支撑计划课题：传统农房建造技术改良与应用示范，课题编号：2015BAL031303，国家自然科学基金资助项目：传播学视野下我国南方乡土营造的源流和变迁研究（编号51878450）；我国地域营造谱系的传承方式及其在当代风土建筑进化中的再生途径（编号51738008）。
2　于冰清，硕士研究生，上海古元拱瑞建筑设计有限公司，中国上海市，200000，904275183@qq.com。
3　吕红医，教授，郑州大学建筑学院，中国河南省郑州市，450001，492399472@qq.com。

2. 方兆图故居

方兆图故居位于河南省历史文化名村——郑州市上街区方顶村古商道南侧，是一处两进窑院式民居，由倒座和入口影壁围合成第一进院落，进入二门后则是正房（窑洞）与两厢房围合而成的第二进院，是豫中浅山丘陵地区的典型传统民居形式（图1）。

图1 方兆图故居区位图
（图片来源：传统农房建造技术改良与应用示范课题组）

1）现状勘察

方兆图故居始建于清末，至20世纪80年代基本废弃。方兆图故居历经百余年的变迁，整体轮廓依然完整，但由于年久失修，建筑多残破不全，有些建筑已经坍塌。经建筑残损勘察，目前一进院倒座已经修复重建完成，影壁墙墙面酥碱严重、局部倾斜，二门及两侧墙体残破不全，二进院东厢房已不复存在，西厢房后期改为平顶（图2）。

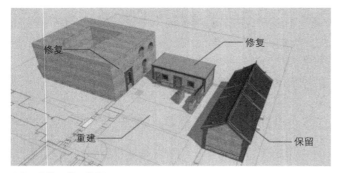

图2 现状三维示意图
（图片来源：传统农房建造技术改良与应用示范课题组）

2）修复设计

通过对于现存建筑的勘察，方兆图故居建筑通风

采光、保温隔热等性能较差，居住舒适性差，在建筑的维修整治和修复中需要考虑其通风采光、保温隔热等性能的改良提升。

根据原真性、完整性原则，使用原材料、原工艺对于方兆图故居进行复原设计。首先，恢复整体院落格局，在原地坪修复东厢房和正窑，评估西厢房的残损状况及真实性后拆除重建，并修复原二进院围墙及院门。其次，参照方顶村传统民居和方兆图宅的建筑风貌特点，修缮保护和修复所有建筑，延续地方风格；最后，全面梳理地方匠作工艺工法，延续地方手法和建造技术，并在此基础上进行改良技术的研究与应用（图3）。

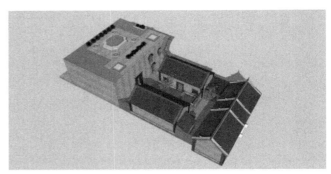

图3 方兆图故居复原效果图
（图片来源：传统农房建造技术改良与应用示范课题组）

二、豫中地区方顶村传统民居适宜性改良技术研究

1. 以传统屋面构造层次角度分析传统屋面适宜性改良技术

以功能性角度出发分析清代官式建筑、豫中传统民居建筑各构造层次的作用，以此对应现代相同功能属性的保温防水等材料进行替代与更新设计，以此得出豫中地区适宜性改良技术。

如表1所示以清代官式建筑为例，完整的做法由下至上依次为木望板、护板灰、泥背、白灰背、青灰背、打拐子粘麻搭麻辫、瓦瓦泥、瓦瓦。根据屋面构造层次分析，护板灰作用主要为保护木望板，起到木望板与泥背隔离的作用，使木望板免受侵蚀；泥背主要作用为防水，兼具一定的保温效果，每苫完一层泥背后，要"打拍子"，增强其密实度，减少开裂，提高其抗渗性能和抗冻性能，还需晾背以防止木望板、椽子糟杇，一般晾至七八成干再苫下一层；灰背主要作用为保温，减少室内与室外的热交换，降低热量损失，使室内温度随室外温度变化的程度降低，同时也具有一定的防水作用；青灰背主要作用是起到保护苫背的作用；在青灰背上打拐子粘麻搭麻辫是为了增强屋面苫背层与瓦的连接，是一种有效的防止屋面滑坡的方法；加强层后进行脊线扎肩处理与晾背；屋面多采用琉璃瓦、筒瓦，并采用瓦瓦泥使瓦与苫背层结合，并在瓦与瓦之间泥封。

屋顶苫背层构造层次比较分析表　　　　　　　　　　　　表1

	名称	清代官式做法	豫中普通民居做法	豫中改良屋面做法
瓦	面层	筒瓦、琉璃瓦	干槎瓦	干槎瓦
苫背	结合层	瓦瓦泥	瓦瓦泥	瓦瓦泥
	脊线处理	轧肩、晾背	轧肩、晾背	轧肩、晾背
	加强层（加强灰背与瓦瓦泥的整体连接）	打拐子粘麻、搭麻辫	无	玻璃纤维网格布
	保护、粘结层	青灰背30mm	青灰背20mm（形制相对较高的民居）	聚合物砂浆
	保温层	月白灰背或白灰背3~4层	滑秸泥背2~3层，适当加入黑矾水（防水性能为主，保温为辅）、打拍子晾背	Xps保温板、硬质聚氨酯泡沫塑料
	粘结层			聚合物砂浆
	防水层	锡背2层或麻刀泥背3层以上、打拍子晾背		聚乙烯丙轮高分子复合防水卷材、sbs改性沥青防水卷材、sbs防水涂料（非焦油）
	隔离、粘结层	护板灰厚10~20mm	无	水泥砂浆找平、打底胶
基层	木基层	木椽上铺望板	木椽上铺望砖	木椽上铺望砖

在豫中地区的调研中发现，传统民居中由于其形制不及官式建筑，很多做法进行了简化，如表1所示。在一些形制较高的民居中，如五开间厅堂建筑多采用木望板+护板灰，而在一般民居中常采用望砖的做法，如三开间的方兆图故居民居常便采用望砖做法；隔离粘结层较讲究的在望砖上做浇灰批线处理，在室外望砖上部浇白灰浆，在室内批望砖间的白灰线，大部分民居直接采用省去隔离层的做法；在普通民居中，直接在望砖铺设完成后直接苫滑秸泥背，麦秸秆=100：20（体积比）的滑秸泥，并在滑秸泥中加入黑矾水，成色不能太红，当地工匠称这层泥背为老椽泥儿，据工匠描述目的是为了让苫背层更加结实，而且一般不厚，铺2~3层厚度为15~20毫米的泥背，目的是为了散热透气；打拍子晾背做法同清代官式建筑；在形制较高的民居中，如五开间民居中常采用灰泥背上苫青灰背作为保护，一般三开间民居不采用青灰背的做法；在普通民居中，大部分都未采用加强层的做法，也导致了一些民居瓦件易于脱落的现象；加强层后进行同清代官式建筑进行脊线扎肩处理与晾背；屋面形式大多采用干槎瓦屋面，瓦瓦做法同清代官式建筑。

传统建筑在当今越来越满足不了当代人们对居住舒适性的要求，防水保温性能均不及现代建筑；且很多传统工法也在逐渐流失，按照传统工法施工的质量不能保证，更加剧了对传统建筑的破坏。因此，在改良技术中需充分考虑每一构造层次的作用，采用现代建筑材料来进行同属性的材料替换，并根据建筑形制适宜增减，如图4所示。

如表1所示，针对传统屋面保温防水性能比较薄弱的问题，根据对现有防水材料的分析和筛选，在防水构造层采用现代防水材料聚乙烯丙轮高分子复合防水卷材、sbs改性沥青防水卷材、sbs防水涂料（非焦油）；根据对保温材料的筛选，在保温构造层采取硬质聚氨酯泡沫塑料、xps保温板的做法，优化其保温性能，且省去了传统建筑中打拍子晾背的做法，减少了施工工序与施工时间；针对传统做法加强层——打拐子粘麻、搭麻辫的做法太过复杂与繁琐、工法逐渐在流失不能保证施工质量，且在一般民居中不采用加强层的做法易导致瓦件脱落的现象。因此，采用现代材料玻璃纤维网格布加强苫背层与瓦的连接，代替传统复杂的做法，起到防止瓦件下滑与脱落的作用；加强层后进行同清代官式建筑进行脊线扎肩处理与晾背；屋面形式依旧采用当地干槎瓦屋面，瓦瓦做法同清代官式建筑。

2. 方兆图故居屋顶改良技术提出及热工性能对比

1）屋顶改良技术的提出

根据以上的综合分析与总结，得出豫中地区传统民居方兆图故居宜采用防水层在下、保温层在上的做法，保温防水效果更佳（即现代建筑倒置式屋面做法）。通过对保温防水材料的综合比对分析得出，保温材料选取

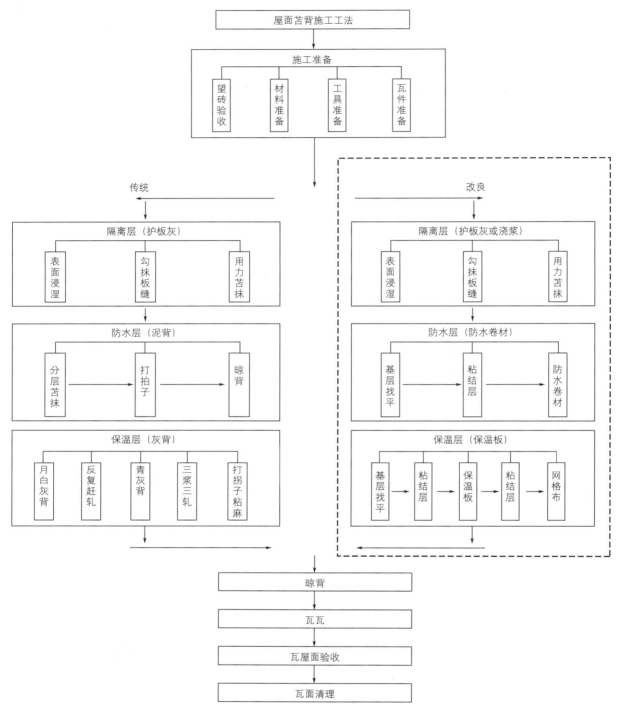

图4　传统屋面与改良屋面施工工艺流程对比

吸水率较低且保温效果较好的xps、聚氨酯保温板；由于木结构建筑易燃的特殊性不宜采用高温操作，因此防水层选用能使用冷操作法的聚乙烯丙纶高分子防水卷材、sbs改性沥青防水卷材（自贴式、胶粘式）、sbs防水涂料（非焦油）；加强层采用玻璃纤维网格布。

根据不同形制、不同开间大小等要求选择适合的材料，以三开间的方兆图故居为例，应用自贴式[1]sbs改性沥青防水卷材与xps保温板做法，传统屋面改良技术

1　在实际的跟踪拍摄中发现，传统民居中采用sbs改性沥青防水卷材时，一般采取热熔法操作，虽然对于防水层接缝更加密实，但对于传统民居木结构易燃的特殊性，这种热操作法会对防火造成一定的隐患；另一方面，热操作法增加了工匠在屋面的踩踏次数，这种操作增加了望砖的损坏率，需对望砖基层返工，费时费力废材；最后，这种操作较为复杂，适用于现代大型建筑，但对于一般传统民居体量小、工程量小就可以采用相对简单的操作方式，比如胶粘式、自贴式更加方便操作。

构造层次由下至上依次为木基层、望砖、水泥砂浆（找平）、sbs改性沥青防水卷材、聚合物砂浆（粘结）、xps保温板、聚合物砂浆（找平粘结）、玻璃纤维网格布、滑秸泥背、瓦瓦泥、瓦，如图5所示。

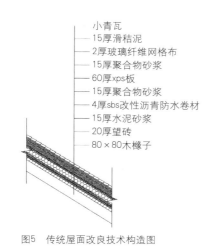

小青瓦
15厚滑秸泥
2厚玻璃纤维网格布
15厚聚合物砂浆
60厚xps板
15厚聚合物砂浆
4厚sbs改性沥青防水卷材
15厚水泥砂浆
20厚望砖
80×80木椽子

图5 传统屋面改良技术构造图

2）传统屋面与改良屋面热工性能对比分析

方顶村传统民居屋面结构厚度普遍较小（不足100mm），热工性能参数见表2，其屋面材料的导热系数大，总热阻为0.152m²·K/W，传热系数为6.58W/m²·K，达不到《农村居住建筑节能设计标准》对于屋面传热系数低于0.5W/m²·K的要求。可见虽然传统苦背层虽具有一定的保温效果，但这种黄泥与麦秸的混合物在热工性能上远远低于现代生活中要求达到的热工舒适度标准值，其整体保温隔热性能较差，不能满足现代居住舒适度的需求；且这些屋面的防水效果较差，滑秸泥背的防水性能有限，很多屋面因漏雨而大面积坍塌与破坏。

如表3所示，经过改良后的屋面的总热阻为2.157m²·K/W，传热系数为0.464W/m²·K，满足《农村居住建筑节能设计标准》GBT 50824-2013中对于寒冷地区屋面部位传热系数小于0.5W/m²·K的要求；防水材料选取现代性能较好的sbs自贴式改性沥青防水卷材，较之前的保温性能增加、防水效果提升。

方顶村传统民居屋面构造层次与热工性能参数表 表2

构造简图	构造层次	厚度m	导热系数W/m·K	干密度kg/m³	热阻值m²·K/W
小青瓦 60厚×垫层 20厚望砖 80×80木椽子	小青瓦屋面	0.02	0.84	—	0.024
	滑秸泥（即泼灰麦草泥）	0.06	0.58	1400	0.103
	望砖	0.02	0.8100	1800	0.025
木椽子等不计入					
屋面总热阻m²·K/W	0.152				
屋面传热系数W/m·K	6.58				

改良屋面构造层次与热工性能参数表 表3

构造简图	构造层次	厚度m	导热系数W/m·K	干密度kg/m³	热阻值m²·K/W
小青瓦 15厚滑秸泥 2厚玻璃纤维网格布 15厚聚合物砂浆 60厚xps板 15厚聚合物砂浆 4厚sbs改性沥青防水卷材 15厚水泥砂浆 20厚望砖 80×80木椽子	小青瓦屋面	0.02	0.84	—	0.024
	滑秸泥（即泼灰麦草泥）	0.02	0.58	1400	0.026
	玻璃纤维网格布	0.002	0.13	—	0.015
	聚合物砂浆	0.015	0.87	1700	0.017
	xps板	0.06	0.03	25~32	2
	聚合物砂浆	0.015	0.87	1700	0.017
	自贴式改性沥青防水卷材	0.004	0.23	900	0.017
	水泥砂浆	0.015	0.93	1800	0.016
	望砖	0.02	0.81	1800	0.025

续表

构造简图	构造层次	厚度 m	导热系数 W/m·K	干密度 kg/m³	热阻值 m²·K/W
	木椽子等不计入				
屋面总热阻m²·K/W		2.157			
屋面传热系数W/m·K		0.464			

四、结语

在传统民居改良技术的研究过程中，一方面需深刻研究传统民居构造做法以及相应的作用，才能根据其每一构造层次的功能提出相应的现代材料与工艺的替换，作出优化提升；另一方面需要对现代建筑材料及工艺有一定的研究与实践应用，并不断关注新材料的动向，以利于在传统民居中的应用，提出更加适宜的优化改良技术。

传统民居不同于现代建筑，具有鲜明的地域性特征。而我们需要在应用传统技术和改良技术的同时，寻求一个相对标准，在施工的时候或许因为各个地区做法有些许差别而对改良技术做出一定变动，但这也是推进各个地区改良以及促进多样性的重要举措，在实践中寻求发展与改进。

参考文献：

[1] 刘大可. 中国古建筑瓦石营法 [M]. 北京：中国建筑工业出版社，2015.

[2] 刘大可. 古建筑工程施工工艺标准 [M]. 卷上. 北京：中国建筑工业出版社，2009.

[3] 丰莎. 窑院式传统民居营造技术研究——以省级历史文化名村方顶为例 [D]. 郑州大学，2016.

[4] 高倩. 北方寒冷地区农村住房节能改造方法研究 [D]. 山东农业大学，2011.

[5] 赵威. 豫中丘陵地区传统农房室内热环境改良研究 [D]. 郑州：郑州大学，2017.

[6] 牛若茵. 豫中传统民居改良技术研究——以河南省传统村落方顶项目为例 [D]. 郑州：郑州大学，2017.

[7] 于冰清. 豫中地区传统民居围合结构改良施工工艺探研——以方顶村方兆图故居为例 [D]. 郑州：郑州大学，2018.

[8] 谭荣，周芸. 荥阳地区合院式传统民居屋顶维修技术初探——以荥阳秦氏旧宅东厢楼为例. [J] 河南科学，2013.

关于土家族地区民居研究的几点思索[1]

王之玮[2]

摘　要： 本文针对近二十年来鄂渝湘黔四省交界土家族地区民居的研究成果进行概括与梳理，并基于历史视野，由民族性与地域性的关系入手，基于既有营造习俗研究、营造习术研究、田野调查成果，为梳理具有独立意义的土家族民居系统提供思路，重新思索现有民居研究方法，并希望能为当代民居研究提供一定的参考价值。

关键词： 土家族；民居；研究思路；民族性；地域性

一、土家族地区民居研究现状

土家族主要分布于鄂渝湘黔四省交界地带的武陵山区，是一个具有悠久历史的民族，其先祖可以一直追溯至先秦的巴人。秦时已在巴人地区委任酋长；唐宋时，设立羁縻州县，以蛮治蛮；明清之时，土家族活动地域逐渐基本确定，并最终在"改土归流"后彻底融入中央政府。

专著类研究成果方面，20世纪90年代的《湖南传统建筑》（1993）《老房子：土家族吊脚楼》（1994）《湘西城镇与风土建筑》（1995）等著作，涉及土家族建筑的论著多以图片与实例介绍为主。2000年后，中日合作编著的《中国湖南省的汉族和少数民族民居》首次进行了详细的实例测绘；陆元鼎所编的《中国民居建筑》、孙大章编著的《中国民居研究》、柳肃的《湘西民居》等著作研究深度仍较浅，但已开始从平面、剖面等角度进行思考，梳理建筑空间与功能，并在《贵州民居》（2009）与《西南民居》（2010）中得到继承与发展。2010年以来研究深度与视野更加宽阔，《中国传统建筑解析与传承　贵州卷》开始基于历史文化地理对贵州内部文化分区与建筑类型关系进行阐释。论文类研究自新世纪以来，先后有周亮、袁东升、姚婳婧、彭燕、黎颢、肖璐、张爱武等研究者针对土家族民居的营造习俗、营造习术与营造人员等方面进行了研究。

周亮的《渝东南土家族民居及其传统技术研究》、姚婳婧的《湘西土家族民居营建技艺研究》、肖璐的《鄂西土家族传统村落居住形态研究》、黎颢的《黔东北传统民居地域性营造研究》记录了各省内土家族民居营造习俗与营造技艺。同样调研了湘、鄂、黔的民居营造技术，与周亮相比，这几人的研究更为简洁。这几位研究者主要关注较为客观的营造习俗与营造习术。袁东升和张爱武的研究则着眼于土家族工匠群体，袁东升研究了鄂西土家族地区木匠在时代大背景下的变迁状况；张爱武的研究对土家族匠师组织的考察具有代表价值，重点考察兴安地区两个木匠团队，调研其匠系历史、结构、文化与传承方式。两人揭示的土家族工匠组织的面貌在土家族地区木构建筑逐渐式微的背景下具有珍贵价值。

二、土家族地区民居研究的若干问题分析

二十年来的土家族地区民居建筑研究取得了很大的进步。但仍然需要指出，土家族地区民居建筑研究仍然缺乏系统性。这种系统性，不仅仅是研究内容的系统性——营造技术、营造习术与营造人员的调研与走访；还包括研究地域的系统性，即研究者不应该局限于"省级行政区——区内民族"的编纂体例或以行政区划分民族的研究范围；最后也包括研究方法的系统性。

1. 关于研究范围

无论以省级行政区划分或是民族性为依据划分研究范围，一方面会忽视了研究对象的历史特征，即研究

1　国家自然科学基金资助项目，传播学视野下我国南方乡土营造的源流和变迁研究（批准号：51878450）。
2　王之玮，同济大学建筑与城市规划学院研究生院，200082，g_wellington@hotmail.com。

对象的空间范围是在历史中逐渐形成的，近现代行政区划并不能如实反映历史上复杂的民族与移民活动；另一方面则贬低了地域性的基础作用，土家族民居不仅长期处于与汉、苗、仡佬等民族混居的状态中，建筑文化互相借鉴、互相影响，也在不断受到外来因因素的影响。土家族民居系统是否具有独立于外界的整体性特征？在广大的地域内，这些特征的形成与表现受到了哪些因素的影响？土家族建筑的内涵与外延在哪里？

2. 关于研究内容

乡土民居建筑的研究内容，王斌以三大部分进行概括：营造技术、营造习术与营造人员。这样的分类方法是恰当的。其中，营造技术主要包括建筑选址、地盘、侧样、构架与构造等技术性特征；营造习术包括营造习俗、营造数术与营造文书等；营造人员则包括匠师、风水师、主人与邻里。

目前营造技术方面的研究是较为充分的，而对营造习术与营造人员的关注是不足的。营造习俗的观察机会较少，但仍有研究者进行了详尽的调研。营造数术——尺法、压白，则没有得到充分重视。譬如，研究者们发现了土家族民居中柱存在压"8"的情况存在，并有压尺白或压寸白两种情况。但压白的用法，如江西吉安地区，可能在地盘上采取倍压法，在侧样与构造上采用尺白或寸白，除了中柱的压白，但压白法则会贯穿在更多的结构、尺度上。显而易见，土家族民居研究中，压白这一较为重要的环节被忽视了。

尺法与尺度的研究是乡土民居研究的基础步骤，如何处理大量数据是其中的关键。对此，同济大学李浈教授及王斌等人提出了"尺系"的概念，以寻找民居多变尺度中的统一性，并借此划分民居谱系。目前的土家族民居研究中，大量数据简单地以333毫米=1尺的等价关系进行解释。但依据"尺系"的调研成果则有理由怀疑，在一定时间之前当地使用的是以342毫米或350毫米为一尺的营造尺，那么现有的研究数据便值得商榷了。

另一方面，篙尺是民居营造中由设计向施工推进的重要工具，但除个别研究者外，无人关注到此问题。篙尺的具体使用方法是十分多样的，有重复使用与一次性使用的；有制作一套与制作多套的；有以单根篙尺记载多组数据的，有单根篙尺对应一组数据的。但篙尺的使用方法既然在渝东南出现，则意味着在同一地理区域内应当存在着类似的工程做法，那么篙尺这一环节便不应当被忽视。

营造习术中还包括祈福等内容，祈福的部分仪式依附于营造流程，得到了较多研究。但这一类仪式绝不

仅限于此。

营造人员的研究，则有重匠师轻受众、重技艺轻文书的倾向。所谓重匠师轻受众，即在建筑营造的观察中，对主持与参与工程匠师的活动充分关注，但忽略了作为受众的主人与邻里的在建筑文化传播过程中的作用。匠师以乡土建筑为信息源的发散性传播中，受众是如何从具体到抽象接收了哪些信息，是值得思考的问题，而不应只满足于"具有原始公社性质的互助"这样的解释。

而重技艺轻文书是指在调研内容上，充分重视了匠师的营造技艺的解释与讲解，而忽视了历史文献、民间营造通书、匠人记录工程信息的手抄文书。这些文献与文书，可能是对民居实践最直接的指导资料与经验总结。例如，《鳌头通书》中有对扇架建筑营造程序的明晰概括，但土家族民居的研究者并没有将自己的田野调查与《通书》进行对照，以至于不同研究中的营造程序的归纳参差不齐。匠人的手抄文书或者绘制在木板上的地盘与侧样图，包含了真正进行民居营造实践的工匠的设计思路与法则。

3. 关于研究

研究方法的不足主要体现为缺乏统一的研究术语命名原则。

主位与客位视角的选择决定了研究者以何种角度开始理解建筑。乡土建筑研究的地域广阔的特点，决定了建筑语汇的多样性。在命名时，倾向于主位命名以符合当地的乡土营造的地域性表达，或是倾向于客位命名以顺应研究者的知识结构？在目前的研究中，两种情况是并存的，且常常是混用的。譬如对土家族地区民居构件的命名，"地脚枋"、"水坡度"等名称，是否只是研究者根据自身已知知识进行的命名？又如，周亮将面阔方向水平构件统称为"斗枋"，但当地又多称"联枋"，且不同位置的枋具有不同名称，为什么基本的概念也不能统一？甚至"土家族地区民居"与"土家族民居"的概念都未能统一。针对现状，王斌提出了乡土建筑研究术语命名应遵循的原则：

（1）田野调查得到的名称应该作为该营造技术、营造习术或营造人员的称谓，这个概念如同考古学中出土文物上包含器名的可以以自带名称命名器物的道理一致。

（2）野外工作无法得到名称的，其命名尽量应该体现研究的学术性以及作为术语的识别性，考虑到乡土建筑的地域性远远大于时代性，可使用《营造法式》中建筑术语，作为补充。

（3）当不同区域的某个建筑称谓共同指向同一建

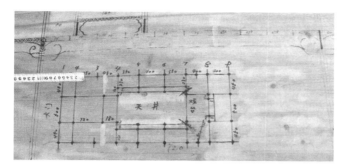

图1　上饶市铅山镇梁师傅团队地盘图样（图片来源：自摄）

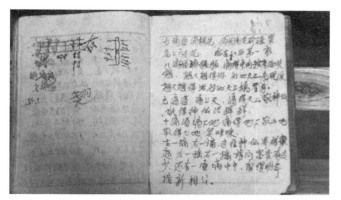

图2　吉安市文石村李美义师傅赞诗（图片来源：自摄）

筑现象时，在各个区域充当建筑方言的术语可充当共同地域的共同语。

（4）当不同区域的不同建筑称谓共同指向同一建筑现象时，可选其中识别性较强的称谓作为上述地区的共同语。

（5）当田野调查和《营造法式》中均无称谓的，则以现代的方式进行命名。

在任何乡土建筑研究开始之前，建立统一命名是应对乡土建筑的地域性与时代性的基础手段。在研究范围不断扩大、研究深度不断加深的今天，如果仍然无法统一核心概念，土家族民居研究体系的建立也就无从谈起。

三、研究思路与方法

未来的土家族民居研究，应当兼顾营造技术与营造习术的研究，并充分重视向营造主体的回归。这要求研究者以系统的乡土民居营造调查对现有研究成果进行补充与整理。往后的研究大致有几条研究思路。

以"适切项"叠加的方法获得土家族民居的建筑基型。一个简单的问题：土家族民居的基型何在？对此，可以将土家族民居的任何一项技术特征，包括地盘、侧样、穿枋乃至细部雕花，视为一"适切项"。通过与土家族民居自身、与土家族地区各民族民居的系统研究与比较，将各"适切项"的比较研究成果进行汇总与叠合，最终可以确定土家族民居的基型。

以田野调查的方法挖掘营造习术与营造人员方面的研究资料。研究内容的补充与整理，需要在严密的建筑测绘的基础上，通过营造人员访谈，以营造数术、尺系为参照，对测绘数据进行再分析，厘清传统匠师的设计思路与营造手风，不再将乡土民居视为静态的研究样本，而是认识到乡土民居营造从设计到建成，包含设计者、施工者、主人与邻里参与的动态过程。

以人类学视角与传播学视角对研究进行拓展。人类学视角要求梳理土家族的历史地理变迁，研究历史移民、语言与政治经济交流带来的技术交流对土家族地区工匠体系的影响；同样也要关注个体、组织与族群的相互关系。从"尺系"的研究来看，跨地域的建筑技术传播具有非常深远的影响。但类似的研究由于显而易见的难度，没有很好地展开。传播学的视角则要求从传播学的角度，重视乡土民居营造过程中信息传播的几个环节：传播者、传播内容、载体与受众。已有的研究，主要关注对象仍是作为的建筑，和作为传播者一部分的匠师。当作为载体的建筑物在被建造时，是由"精神向物质"的信息收敛的过程；而在建筑物建成后，向受众传递信息，则是由"物质变精神"的信息发散过程。在这一过程中，受众，包括匠师自身、主人与邻里，对信息的接受都是诠释性的，也是不确定的。人们以何种心态、何种解读去解读信息，也是值得思考的内容。

以上的三点思路，都需要在现状建筑测绘、田野调查直接成果、工匠访谈、考古资料等基础上，进行理论性总结与思考，寻找乡土营造中的设计思想，最后才能建立严密完整的土家族民居研究体系。

四、研究框架

1. 研究对象

1）营造技术

营造技术范畴中，需要重点考察地盘、侧样、结构与构造做法；但不仅如此，可能还要延续到雕饰、小木作层面。但"适切项"的选择应该考虑与民居框架结构紧密相关。

2）营造习术

除营造习俗以外，必须对尺法与压白进行深入的系统的调研。

3）营造人员

工匠、主人与邻里。工匠是历来访谈的重点。针对工匠的手风、师承关系、设计与施工经验、通书、匠书等文献等进行调研与走访。访谈的主题不应仅仅围绕营造技艺与习俗，更需要关注匠师本身的思维与理解。对主人与邻里的调研要注重他们对营造程序的理解与诠释，以及营造习俗背后的社会现象。乡土民居的营建过程往往在同时传播着生活方式与象征意义。

2．研究的民族与空间范畴

研究的民族范畴应当严格限定为土家族民居，同时不能与"土家族地区民居"这一概念混用。如果假定存在土家族民居建筑基型，则研究方法必须严格区分同一地域内不同民族的民居。"土家族地区民居"的概念默认土家族地区民居是土家族民居影响下的区域性民居体系，但这一假设并不具备足够的证据支撑。

研究的空间范畴的中心位置主要限定于鄂渝湘黔四省交界、武陵山区。但研究的外延可能需要大范围、远距离的田野调查。研究空间边界的划定应当基于两点：土家族聚居地区周边与历史移民路线的影响。但考虑到调研地域广大，调研样本的选择需要具有代表性，能包含最多的调研内容，并具有地理、经济或政治上的规律性。

3．研究总体框架

以地盘、侧样、大木构架为核心，以尺法与习术为参照系，基于工匠角度的语言与诠释，结合人类学与传播学视角，通过横向比较不同区域的、同区域不同民族乡土民居特征，建立逻辑规范、主体明确的土家族民居乡土营造研究体系（表1）。

研究总体框架　　　　　　　　　　　　　　　　　　　　　　　　表1

总项	分项		研究现状	问题
营造技术	大木作	地盘	较多，偏重于型制研究	缺少对做法与源流的讨论；缺乏对设计意匠与手风的拓展
		侧样	较多，偏重于型制研究	
		结构	较多，偏重于型制研究	
		构造	极少	
	小木作		较少，偏重于型制做法	
营造习术	营造习俗	营造流程	较少，环节记录完整	
		祈福与禁忌	较少，零散出现	缺少专项研究
	营造习术	数术	有一定数量	依附于习俗研究
		尺法与尺系	较少	依附于其他研究，出现自相矛盾的情况
营造人员	技术人员	匠师	工匠团队组织结构与变迁；工匠文化	缺少对工匠文化的专门讨论较少；较少将营造人员处于动态的社会关系中进行讨论
		风水师	风水师的工作方法与工具等；	
	社会人员	主人	较少	
		邻里	较少	
研究范畴	民族范畴		以土家族民居为主	缺少与本地区其他民居的比较
	空间范畴		鄂湘渝黔四省交界	缺少历史视野下的考察
研究框架	以地盘、侧样、大木构架为核心，以尺法与习术为参照系，基于工匠角度的语言与诠释，结合人类学与传播学视角，通过横向比较不同区域的、同区域不同民族乡土民居特征，建立逻辑规范、主体明确的土家族民居乡土营造研究体系			

五、小结

土家族乡土民居建筑的研究中，如果能够解决当前研究中存在的研究范围、研究内容与研究方法系统性的不足，土家族乡土民居研究应当能够清晰总结出独立的民居体系。这一体系可能不完全基于营造技术特征，而是通过营造习术乃至精神文化层面的差异进行划分。这一研究应当包括大范围的乡土民居测绘、营造习俗观察、详尽的"尺系""尺法"田野调查成果、乡土营造文书与工匠访谈的系统调研。这些研究成果，因为其边界的宽度与内容的深度，将不限于土家族民居本身，对其余乡土民居研究具有借鉴作用。

然而，应该指出的是，纯粹精神文化层面的差异可以作为民居谱系划分的依据，但不能作为其主要原则。最为核心的判断依据依然应当在营造技术与营造习术中寻找。建筑物在建成过程中，是匠师将固有的经验与知识转化为建筑实体的过程，这一过程与匠师个人的意识联系紧密，只有在建筑物建成后，受众对其进行的解读与诠释是基于集体精神层面的。然而，建筑本体的建筑学意义已经完成了，之后便是传播学与人类学范畴的问题了。正如朱光亚先生所认为的，民居谱系划分的核心仍然是建筑结构与构架问题。

社会的变迁与技术体系的变化对乡土民居营造的传承带了巨大的冲击，不仅在空间与类型上，甚至会直接要求营造人员放弃传统营造信息与技能。在此时代背景下，如何保存传统营造信息，如何保护具有较高价值的乡土建筑，如何在大量传统营造样本与营造信息的主要承载着与传播者——匠师——消失与老去之前，梳理出有逻辑的中国传统乡土营造体系，是需要研究者们仔细思考的。在这一保护过程中，需要在研究方法与研究意识的整合与创新，从多角度观察与思考乡土民居营造的意义与价值

参考文献：

[1] 杨慎初. 湖南传统建筑 [M]. 长沙：湖南教育出版社，1993.

[2] 张良皋. 李玉祥. 老房子：土家吊脚楼 [M]. 江苏：江苏美术出版社，1994.

[3] 陆元鼎. 中国民居建筑 [M]. 广东：华南理工大学出版社，2003.

[4] 孙大章. 中国民居研究 [M]. 北京：中国建筑工业出版社，2004.

[5] 罗德启等. 贵州民居 [M]. 北京：中国建筑工业出版社，2009.

[6] 吴正光等. 西南民居 [M]. 北京：清华大学出版社，2010.

[7] 中华人民共和国住建部. 中国传统建筑解析与传承 贵州卷 [M]. 北京：中国建筑工业出版社，2016.

[8] 湖南省住房和城乡建设厅. 湖南传统民居 [M]. 北京：中国建筑工业出版社，2017.

[9] 李浈. 官尺·营造尺·乡尺——古代营造实践中用尺制度再探 [J]. 建筑师，2014（05）：88－94.

[10] 王斌. 匠心绳墨——南方部分地区乡土建筑营造用尺及其地盘、侧样研究 [D]. 同济大学，2010.

[11] 周亮. 渝东南土家族民居及其传统技术研究 [D]. 重庆大学，2005.

[12] 袁东升. 当代土家族地区木匠及其文化变迁研究 [D]. 中南民族大学，2008.

[13] 张爱武. 土家族吊脚楼研究综述 [J]. 贵州师范大学学报（社会科学版），2011（03）：64－70.

[14] 姚婳婧. 湘西土家族民居营建技艺研究 [D]. 华南理工大学，2012.

[15] 张爱武. 土家族吊脚楼营造技艺及其传承与保护研究 [D]. 中南民族大学，2012.

[16] 彭燕. 湘西土家族传统民居营建仪式与技艺——基于彭善尧师傅的访谈 [J]. 广西民族大学学报（哲学社会科学版），2013，35（03）：70－74.

[17] 黎颢. 黔东北传统民居地域性营造研究 [D]. 沈阳建筑大学，2013.

[18] 周婷. 湘西土家族建筑演变的适应性机制研究 [D]. 清华大学，2014.

[19] 肖璐. 鄂西土家族传统村落居住形态研究 [D]. 湖北工业大学，2016，31.

语系视角下的苗族各支系民居文化比较[1]

虞　婷[2]　王江萍[3]　任亚鹏[4]

摘　要： 传统苗居具有深厚的美学价值以及文化内涵。目前于其价值以及保护与传承进行的探讨，多聚焦于黔东南地区。而在历史上，苗族经过多次迁徙逐步形成了不同支系，且各支系的传统建筑文化也有着不同的发展。本文从语系的角度梳理苗族发展进程，主要选取黔东南地区、湘西地区以及云南地区分别作为中部、东部、西部方言的实例对象进行实地调研，从而探析自然地理环境、人文环境以及语言习惯等对苗族各支系的传统民居建筑的影响。

关键词： 语言；苗族；传统民居

一、苗族分支概述

1. 苗族发展概述

历史上，苗族先民共历经了五次大迁徙。据记载苗族祖先系蚩尤，其先民最早发源于今四川岷江等四水交汇流域；后于传说中的"黄帝"时期迁至长江中游，随之实力壮大向北迁移，与炎黄部族发生冲突；经"涿鹿之战"败北后，以蚩尤为首的九黎部落南迁至洞庭彭泽一带，休养生息形成"三苗联盟"。进入尧舜禹时期，"三苗分化政策"迫使其分道向西北、西南、东南移动。春秋战国时，苗族又向西南迁徙，史称"武陵蛮"、"五溪蛮"。而后由于政治原因迫使部分苗族先民再度西迁，大部分进入今贵州、四川、云南等地。直至元明清时期，苗族先民继续西迁至川、鄂，再迁入黔滇，而后迁至越南、老挝等东南亚境内，至此苗族遂安定下来形成了遍布多国的世界性民族[1]。

2. 苗族语言支系的形成

经过几次大的迁徙，现代苗族以"大分散，小聚居"的特点分布于各地。随着时间和空间的推移，其语言也有了各自的变化。苗语属于汉藏语系苗瑶语族苗语支，语言学家根据语法、语音的差异将国内苗语分为三大方言：①湘西方言（东部方言），主要在湘西土家族苗族自治州、黔东北的松桃苗族自治县、湖北恩施土家族苗族自治州等地通行；②黔东方言（中部方言），主要在广西融水苗族自治县、贵州安顺地区以及黔西南、黔南布依族苗族自治州、黔东南苗族侗族自治州等地通行；③川黔滇方言（西部方言），主要散布于贵州、云南、川南各地。

3. 语言对传统民居建筑的影响

虽然苗族支系的划分，有根据服饰颜色划分成的花苗、青苗、白苗、黑苗等；也有按着居住地分有东苗、平伐苗、八番苗、清江苗等；又或是按着汉化程度又分为生苗、熟苗。但在众多划分中，语言是谓最重要的依据[2]。由于语言认同是族群认同的重要属性，也是其成员的情感依托，它作为一种社会现象和符号体系，除社会交际间的基本功能外，更是族群内传统文化的载体。因此，在任何一个族群中，语言表现出了强大的稳定性以及对同化作用的排斥性。

传统苗居作为一种民族符号，势必也会受到该民族历史文化的影响。而苗语作为民族文化的载体，记录着其历史脉络与发展过程。同时，苗族人高超的建造技艺也是以口语一代代相传下来的。故随着不同的环境变

1　本文受"第60批博士后基金项目2016M602356"、"中央高校基本科研业务费专项资金项目2042017kf0229"、"2017国家社科基金一般项目17BMZ065"资助。

2　虞婷，武汉大学城市设计学院硕士研究生一年级，430072，1324203658@qq.com。

3　王江萍，武汉大学城市设计学院教授、博导，430072，365068823@qq.com。

4　任亚鹏，武汉大学城市设计学院讲师、博士后，430072，yalan99@hotmail.com。

迁和生活需求，苗族不同语系之间的传统民居在其内部形成了稳固的建造体系。

二、三大语系苗族民居的差异因素

如前所述，原属于同一民族不同语系的苗民在传统民居上呈现出包括了建筑布局、材料、装饰等方面的差异。在对其进行历史脉络的梳理以及实地调研，探究诸多因素后，可发现自然地理环境、人文环境以及语言习惯等均为重要的影响因素。

1. 自然地理环境

不同语系的苗族居民一直秉持着就地取材的原则，因材施工，发挥当地材料最大的特性建造出其生活场所。据《黔南识略》记载，黔东方言语系苗族所处地区盛产木材，所产"苗木"、"十八年杉"之力学性能良好，持久耐用，颇享美誉，不仅自用于民居建造，也在历史上经由都柳江、清水江销往各地[3]。相比而言，湘西方言苗族的所处地区虽然木材种类也很繁多，但因同时石材储量丰富，故其民居则采用木质结构、砖石构筑以及混合式构筑。

从建筑类型上看，多数苗族民居采用"吊脚楼"这一半干阑式建筑形态，但因所处环境不同其形式也各有所异。如湘西地区丰富的水资源为凌于水面的滨水型吊脚楼提供了展现的舞台，而地处云贵高原的黔东方言语系苗族民居虽然也有临水而建的样式，但其完全不具备底层停船进出的功能。进一步来讲，与湘西方言语系相比，黔东方言语系苗族所处地理环境更为深山，其地形地貌以及气候特征促使苗族居民在建造房屋时既要考虑居住时建筑本身隔热、通风、防潮的功能，还需保障农田用地、家畜饲养等问题，故他们所使用的吊脚楼在建造时更加需要注意用地的节省。具体差异于下文将详细阐述。

2. 人文环境

1）祖先崇拜与图腾传说

苗族传统社会中信仰自然崇拜和祖先崇拜，他们深信自然界中的某些动植物与其有着特殊的联系，常将其作为族群的图腾。然而三大方言语系苗族的图腾和流传的始祖传说存在着差异。黔东南苗族有卵生的始祖传说，古歌里也有描写大鸟孵蛋的经过，比如"蝴蝶妈妈"、"十二个蛋"等。他们将水牛当作守护神和得力

的帮手，对之顶礼膜拜，在其建筑装饰、服装发饰、祭祀等可见。枫树被视为"保寨树"，被种植在村寨周边以及寨内中心区域。湘西方言语系苗族多以蛇或龙作为图腾崇拜。贵州、云南的一些地方敬奉盘古，云南楚雄、丽江等地以蚩尤为祖先。在川南某些地区流传蚩尤与夸佛大站轩辕黄帝的传说，川黔滇方言语系苗族的始祖崇拜很大程度上代替了图腾[4]。而这些苗族的图腾文化以及始祖传说都在其民居建筑装饰上有所体现。

同时，苗族作为春秋战国时期楚国的主体民众之一，特别是对于靠近楚文化核心区域的湘西语系苗族而言，楚国的"信巫鬼，重淫祀"巫风习俗对其进行房屋布局、村落选址等也有着重大影响。而这些虔信巫术、占卜、过阴等联系鬼神的活动[5]至今时常出现于建筑营造的过程中。

2）文化的融合

相比于其他两大语系苗族，居住于湘西地区的东部方言语系苗族有着其东西门户的良好地理优势。古时中原文化经由鄂、湘传入黔、川、滇等地，历史上湘西一直处于文化交流的必经地带，多种文化在此碰撞。因此，湘西苗民有着更多接触和了解中原文化的机会，并于此与他族交融。如现今在湘西凤凰县，苗族与汉族、土家族毗邻而居，甚至在有些地方更是有四五种民族交错杂居的情形。身处众多文化因子之中的苗族，其生活方式、民俗信仰等都受到了影响，并在传统民居建造过程中有所表现。也正因为历史上有过混乱的社会环境，该处苗民常受到外来的山寨土匪偷袭，故他们借用了源自北方的合院式住居形式及堡垒布局，同时在场院的围墙上挖凿有方便作战的洞眼。

相比湘西方言语系苗族，黔东方言语系苗族聚居对外更显排斥性。他们秉承"聚族而居"的规则，与其他民族聚落划分明显的界限。在同一传统苗寨中，原则上只有本语系的苗民，不会出现其他民族。这种封闭式的聚居特点阻断了与其他文化的交流，故保有更为单纯的苗族固有文化。而川黔滇方言语系苗族因为其迁徙的路途艰长，如前文中所述，其呈现为分散聚居的特点，虽然也多与其他民族杂居，但文化交流无法形成规模，对其各方面的影响也无法在本语系内发挥聚集效应，故川黔滇方言语系传统苗居未能有独自的发展，甚至渐渐在历史的大河中丢失了原本的特色。

3. 语言习惯

1）趋同性

从语言学的角度观察，苗语是一种较为复杂的语言，并可由三大方言细分到次方言、土语等。尽管各个

支系的方言在发音、词汇上有所差别，但是通过研究可发现其中有着诸多规律可循。就造词而言，三大方言都往往把一些意义相关联或者相近的词语合为一体[7]，化复杂为简单，化晦涩为浅显，如"柴"即是"火"、"棕"即是"蓑衣"、"房子"即是"家"。这种语言上的灵活应用减轻了苗民记忆上的负担。同理，各语系的传统苗居不论是外在布局还是内部空间处理也都表现出类似的极高灵活性。虽然建筑都是依山就势而建，但其布局灵活，各自选择最为有利的朝向，且苗居摈弃了高墙，形成了以巷道为主的聚落空间，这些巷道不仅具有穿行的基本功能外，还为苗民提供了休憩交流的场所。苗民还会在重要的道路节点处设置宽敞的公共场所，以便举行祭祀活动，此时"道路"便是"休憩空间"、"祭祀场地"。受到其建筑规模影响，苗民往往在建筑的内部空间处理上省去隔断以保证空间通常。同时，堂屋除了作为日常接待客人外，还承担着祭祀的功能。

伴随着社会进步，传统苗居的发展与其语言的发展也呈现出相似的内在规律。在民族融合过程中，苗民不断接触外族文化，吸收其他民族词语，丰富了本民族的语言词汇。在创造新的词汇时，各个语言支系的苗民都运用"以其所知意其未知"的方法，如湘西方言语系苗族在原来词汇道路"ned goud"后面加上"ched"（车），表示"公路"一词，即"ned goud ched"。川黔滇方言语系苗族在"dlangd"（鹰）后面加上"hlout"（铁），表示飞机，即"dlangd hlout"（铁鹰）。而传统苗居也随着新技术的出现有所发展，例如"太阳能"、"风能""生物降解"等新技术为苗族民居建造提供了新的思路，尤其是沼气池的建设不仅保护了生态环境，还解决了苗民照明、排污排废等问题[6]。

综上所述，尽管传统苗居因各种原因而各自有所发展，但其和语言都表现出高度的灵活性，同时不断接收新的文化，与时俱进。

2）渗透性

在湘西方言中，以"我"为中心构成亲属体系。年长于"我"者，以a^{35}为前缀，年幼于"我"者，以te^{35}为前缀[7]。认真研究该语系的传统建筑功能布局可发现，其家中最年长者居住于堂屋后，其次是"我"居住于右次间，最后才是儿子、女儿、儿媳等幼辈，居住于地位最低的左次间。可见湘西方言语系对长幼尊卑的高度重视直接影响到了其建筑的功能布局上。而在黔东方言和川黔滇方言语系中，没有类似的前缀，其建筑的功能布局也都没有明显的长幼之分。

在造词时，苗语三大方言都遵循着母性崇拜、以雌为大的观念[8]。在湘西方言中，mil是"母亲"的意思，同时也是"大"的意思。此外还有ned，也表示

"雌、母"、"大"。黔东方言和川黔滇方言分别用mif，naf表示"母亲"、"大"。首领即是"mif lul"（老母），大寨子是"naf raol"（母寨子）[9]。在传统苗居吊脚楼中，也可见苗民对女性的重视，即专为女儿梳妆打扮而设的美人靠。这种隐含雌性属性的装置也是吊脚楼中为数不多的，可以提供广阔视野的地方，同时其装饰和制作在众多的建筑装饰中更为精美。由此可见，苗族建筑装饰对"以雌为大"思想的关注。

3）建造技法的传承

苗语三大方言在发音、词汇上的差别使得不同语系苗族之间通话异常困难。就建筑词汇来说，"瓦"在湘西方言为"wα^6"，在黔东方言中是"ηi^4"，而在川黔滇方言又是"vuα^4"；湘西方言中"砖"是"-t$\varsigma\varepsilon^{3-7}$"，黔东方言中是"-$\varsigma$in^1"，川黔滇方言中为"tsua$\eta^1$"，另外还有诸如石头、灶等词汇皆不同。三大方言在时序、某些数词表达上也不尽相同。纵观整个苗语演变历程可发现，其没有形成像汉语一样完整的系统。由于文字的匮乏，苗语历来多是以口语形式而代代相传的。由此，不同方言语系的苗族工匠们很难打破语言的壁垒，彼此交流其积累多年的建造技法，故多只能在本语系中一代代传承。

三、三大方言语系苗族的传统民居对比

1. 建筑的功能布局

1）黔东方言语系苗族因地形限制巧妙利用"半干栏建筑"，即"吊脚楼"，又称"半边楼"。该类建筑往往部分置于坡地上，使其建筑部分坐落其上，另一半用支柱撑在地面上。其屋顶主要是悬山式和歇山式两种，出檐较深，造型轻快优美。该种吊脚楼在垂直结构上分为3段，最底下一层用来圈养牲畜或堆放柴草、杂物；中间一层是居住空间，是全家居住、活动及祭祀、接待客人的场所；第三层是存储空间，用来存放工具，或阴干粮食等。在平面布局上，其往往是三开间，以堂屋为中心的中间开间也成前中后三段式，前面是视野开阔的走廊，是一个挑出的虚空间，一般设有美人靠，姑娘们常在此梳妆打扮、织锦绣花。最中间的堂屋，布局空阔，仅放置几张木桌子以及木板凳，作为日常家具。而后再以木板隔开，即为厨房。该语系苗民常在堂屋后壁上设祖先灵位，有的是一块小木板和两只小竹筒，有的还会摆放一对水牛角。此外，不少苗民家还会在板壁上设"保爷"，即用白皮纸剪裁成太阳、月亮、小山神的图案，以保全家福寿安康（图1）。此外，该语系苗民

图1 干阑式建筑（左上）半干阑式建筑、（右上）底层杂物空间（左下）屋顶造型、（右下）堂屋（图片来源：笔者摄影）

将火塘作为家庭凝聚力的象征，一般安置在堂屋后壁空间。苗族的火塘一般有圆形、方形两种，简单就是挖一个圆形或方形的土坑，大家常围绕其就做取暖、聊天。而家庭条件好一些的会用经过挑选加工的石头进行镶边，故具有高超技艺的石匠，其地位也在村寨里受到推崇。

2）湘西方言语系苗族的传统民居与黔东方言语系的有所不同：（1）其形式更为丰富。根据环境条件分为两种，一种是场院形式，即在正屋侧面修建配房及围墙，形成"厂"或"凹"、"回"的平面格局，构成有较强的围合空间[10]。另一种是主要集中在凤凰县修建于水边的独立吊脚楼。其一半用木柱支撑于水面之上，另一半搭建在地面的坡地或石基上，或是完全凌空于水面上，建筑与建筑之间是连通地面与水面的台阶（图2）。（2）功能布局上体现长幼尊卑。堂屋后面用木板隔出"后房"，尽管空间狭窄，但是地位不容忽视，只有家里最年长的老人才可以入住。火塘安排在左次间的前半部，后部是儿子、儿媳的卧室，右次间是主卧室以及过厅，故左次间的地位比右次间低。（3）相比黔东方言语系苗族，堂屋在湘西方言语系的苗民家中更显地位。该语系的苗家人会在堂屋后壁上装神龛，且装修讲究、雕刻精美，布置在汉族文化中的"太师壁"的部分。此外，神龛周边常书写祈福的对联。神龛两侧不留门洞，需要从右次间后部的过厅进出（图3）。

3）较之前述两大语系的苗族民居，川黔滇方言语系的苗族民居无明显特征。（1）功能布局较混杂。一般而言会将厨房，火塘、卧室合并一起，未专门设置火塘，常是简单的搭建一处火炉取暖。（2）堂屋的地位较低，"祖灵"、"保爷"以及神龛等具有信仰性质的陈设较少，更多在堂屋安装石堆、石磨等各种工具杂物等。

图2 凤凰县滨水型吊脚楼（图片来源：笔者摄影）

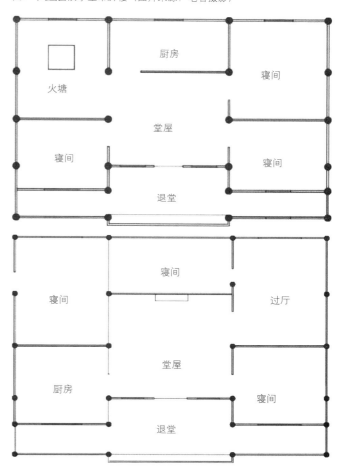

图3 苗族民居平面图（上）黔东南苗族民居平面图（下）湘西苗族民居平面图（图片来源：笔者制图）

2. 建筑材料

1）黔东方言语系传统苗居多采用单纯的穿斗式的木质结构，以榫卯、柱枋相互穿插的做法，形成独立稳固的构架。木料多以杉木为主，其次也有松树、枫树以及竹子等，其屋顶多是以杉树皮、茅草覆盖，具有良好的防水特性（图4）。

图4 黔东南苗居杉树皮屋顶（图片来源：笔者摄影）

2）于湘西方言语系苗族人所处环境下建筑材料较为丰富，除了木材外，还使用砖石、片石等，其屋顶常以青瓦片覆盖。部分湘西苗寨使用片麻岩铺砌地面，或是用在外墙勒脚、立柱、墙面转角等处[11]。湘西茶树村盛产片石，故该处苗民常用来砌墙、构建栏杆、砌地、铺台阶等，也有在其堆砌建筑墙体时全部使用了砖石的案例。同时，湘西自然土壤丰富，其中马肝泥质地优良，透水性较好，适合烧制砖、瓦，也可以夯成土墙，现湘西境地仍保存着一些土坯砖建造的传统民居。经过时间的洗礼，善于应变的湘西方言苗民学会了各种材料的相互搭配，如建筑底层使用砖石砌筑，中间墙体使用土坯，屋顶结构层又用传统木结构。相比使用单一建筑材料的传统民居，这类建筑将苗民的智慧表现得淋漓尽致。

3）川黔滇方言语系苗族迁入较晚，其村寨、建筑都呈现高度零散的状态。特征较前两者并不突出，多倾向于融入邻近杂居民族的总体环境，有以茅草盖顶、泥土砌墙等形态。

3. 建筑装饰

随着民族的交流和文化的融合，传统苗族民居在装饰方面除明显体现本民族图腾信仰和民俗文化的表达之外，也因受到如道家思想等的中原文化影响采用有与汉族相通的装饰形象。如在黔东方言语系苗寨中，常见其寨门门顶、民居屋顶、门楣上有牛角造型。在建造房屋时，苗民也多会放置牛角进行祈祷，而蝴蝶、铜鼓、芦笙等形象也是经常所采用的符号。同时，像昆仑山、葫芦、南瓜、符咒、荷花等具有道教色彩的造型、雕刻，

则会像汉族一样用于屋脊、挑檐、门窗、柱础等建筑构件中。这些装饰形态在起到建筑部件收聚作用之余，同样寓意着苗民对于生活美满的愿景[12]（图5）。

图5 黔东南苗居建筑装饰（图片来源：笔者摄影）

除上述装饰特征之外，在鄂西南、湘西境内的地区，与汉文化交互更深的湘西方言语系苗族民居中配有马头墙的情况也属常态[13]。马头墙又称封火墙，其山墙的墙顶部分呈弓形或鞍形，轻巧别致，因具有防火、防盗等实用功能，故在建筑密度大的苗族聚落中亦为盛行。此外，该语系苗族居民用小青瓦在屋脊处用瓦片堆叠"子孙瓦"，其状如铜钱，象征新生，其实质是作为日后替换受损瓦片而做的准备。

四、总结与启示

语言是人们日常交流的媒介，关系到一个民族的文化延续与传播。在以语言为依据划分的苗族众支系中，尽管其传统民居各自有所发展，但是都一致表现出"天人合一"的自然观。苗民顺应环境，将不利因素变为契机，建造出与周边环境十分协调的传统民居建筑，其无论在体量、造型、功能等方方面面上，都有效的与环境匹配，在追求秀美外观的同时兼具了实用性。

但其三个语系下民居建筑差异性的发展揭示了所处自然环境、人文背景的重要性以及语言习惯对其潜移默化的影响。如今，社会文化与生活需求的均质化，势必也会影响到苗族的传统民居，三个语系的苗民将会如何应对或是无差趋同；同时，面对普通话的普及，苗族独特的建筑营造技法又该如何完整的传承，这些都是值得继续深入探讨的课题。

参考文献：

[1] 林文君．生存与发展：苗族迁徙中的两大使命 [N]．贵州民族报，2016-09-23（B03）．

[2] 黄行．论国家语言认同与民族语言认同 [J]．云南师范大学学报（哲学社会科学版），2012，44（03）：36-40．

[3] 李先逵．干栏式苗族民居 [M]．北京：中国建筑工业出版社，2005（6）：1-4，63-64．

[4] 王慧琴．关于苗族支系的研究 [J]．贵州民族研究，1988（02）：119-125．

[5] 任亜鵬．楚文化を持つ苗族、土家族の伝統的な集落と建築空間における環境観に関する研究 [D]．神戸：神戸芸術工学大学大学院，2012．

[6] 李哲．湘西少数民族传统木构民居现代适应性研究 [D]．湖南大学，2011：91-96．

[7] 李天翼，李锦平．论苗语三大方言在语法上的主要差异 [J]．贵州民族学院学报（哲学社会科学版），2011（04）：100-103．

[8] 李天翼，李锦平．苗语三大方言共同造词心理例举 [J]．凯里学院学报，2011，29（01）：81-85．

[9] 石如金．苗汉汉苗词典 [M]．长沙：岳麓书社，1997．

[10] 任亜鵬，王江萍，鎌田誠史，齊木崇人．「道家思想」からみた吊脚楼の空间构造に関する研究 [J]，芸術工学誌（ISSN 1342-3061）No. 78，2018. 10．

[11] 石林英．湘西苗族传统乡村建筑的当代设计转型研究 [D]．北京交通大学，2016：40-41．

[12] 彭礼福．苗族吊脚楼建筑初探—苗族民居建筑探析之二 [J]．贵州民族研究，1992（02）：163-166+162．

[13] 石娜．苗族装饰艺术在室内设计中的研究 [D]．南京林业大学，2008：60-62．

泉州肖厝村落与民居格局演变关系初探[1]

顾煌杰[2]　成　丽[3]

摘　要： 泉州传统村落与民居平面格局的形成都会受到当地自然与社会环境的影响，二者间也存在着紧密的联系，形成了鲜明的地方风格。文章以文献查阅、实地测量、访谈记录、数据分析等手段，对泉州市泉港区南埔镇肖厝村及其民居建筑展开初步研究，探讨村落发展历程中传统民居平面格局的演变形式及其合理性，以期为今后的村落发展和遗产保护提供参考。

关键词： 闽南民居；村落变迁；平面格局；尺度规律；跨学科

引言

20世纪50年代，以刘敦桢先生的《中国住宅概说》为引领，学者们开始投入到民居建筑的研究中[4]。此后，刘致平、陆元鼎等学者结合建筑学、历史学、民族学等跨学科的方法，对传统民居进行了多层面的探讨。20世纪80年代以来，学界提高了对乡土聚落的关注度，早期以陈志华、陆元鼎、阮仪三等学者为代表，先后对全国各地的乡土建筑、传统聚落、历史文化名村等展开调查和研究，之后又吸纳人类学、社会学方法对乡村聚落的空间格局展开分析。经半个多世纪的探索，跨学科已经成为民居研究的主要方法之一。

就闽南传统聚落与民居而言，陆元鼎、王其均、李乾朗、戴志坚、曹春平、江锦财、林志森、张杰等学者都曾有所研究，涉及历史文化、地域划分、源流、类型、形制、群体组合、空间形态、布局方式、交通流线、营造工艺、术语、闽台关联、民居营建等多个方面[5]，呈现出丰富多样的研究成果。随着研究的逐渐深入和跨学科方法的普及，在已有研究的基础上，还可以对村落格局的发展、民居的平面格局演变以及二者间的关系展开探讨和分析。

泉州地区留存的大量乡村聚落与传统建筑，是闽南建筑文化的重要组成部分。泉港区南埔镇肖厝村自始祖肖雁肇基至今已历六百余年[6]，历史悠久。该村位于泉港区南埔镇的东北角，东望惠屿岛，北临海与莆田秀屿港相隔，是三面环海一面依山的小半岛，也是少有的天然良港[7]。在特殊的地理环境和人文历史的共同作用下，肖厝村形成了独特的村落形态和建筑格局，目前保存仍较为完整，且传统民居数量较多，具有很高的研究价值。

本文通过查阅族谱等文献、访谈、实地勘测等方法，对传统的海商村落——肖厝村展开调研，对村落发展与建筑平面格局演变的关系展开研究。由于祖厝一般是早期民居演变而来，逐渐成为各角落[8]的核心，承载了更多的血缘关系，在村里有较高的认可度，总体格局保存情况较好。因此，本文的研究对象以祖厝为主，普通民居为辅。

1 本文系国家自然科学基金资助项目（批准号：51508207）、华侨大学中青年教师科研提升资助计划研究成果。

2 顾煌杰：华侨大学建筑学院，361021，314641017@qq.com。

3 成丽（通讯作者）：华侨大学建筑学院，副教授，361021，chengli_cc@163.com。

4 刘敦桢. 中国住宅概说 [M]. 北京：建筑工程出版社，1957.

5 陆元鼎. 中国民居建筑 [M]. 广州：华南理工大学出版社，2003；王其钧. 中国民居 [M]. 北京：中国电力出版社，2012；李乾朗. 金门民居建筑 [M]. 台北：雄狮图书公司，1978；戴志坚. 海峡两岸文化发展丛书 闽台民居建筑的渊源与形态 [M]. 北京：人民出版社，2013；张杰. 海防古所·福全历史文化名村空间解析 [M]. 南京：东南大学出版社，2014；戴志坚. 福建民居 [M]. 北京：中国建筑工业出版社，2015；曹春平. 闽南传统建筑 [M]. 厦门：厦门大学出版社，2016；江锦财. 金门传统民宅营建计划之研究 [D]. 台南：成功大学，1992；林志森. 基于社区结构的传统聚落形态研究 [D]. 天津：天津大学，2009.

6 据《梅峰肖氏族谱》记载，始祖肖雁自洪武七年由乐屿岛上迁入今肖厝村。

7 肖厝港别称"碧霞洲"，据《梅峰肖氏族谱》记，"肖厝港乃国内少有，国外不多的天然深水港，国民革命先行者孙中山先生于《建国方略》中曾提出建设此港之宏伟设想。"参见重修梅峰肖氏族谱编委会. 梅峰肖氏族谱 [M]，1995.

8 角落与自然村类似，是一个家族或其中的一支长时间在某一自然环境中发展，进而形成以祖厝为中心的特定区域。

一、村落格局演变

肖厝村陆地面积约3.5平方公里，海域面积约4平方公里，海岸线总长6公里多，内有烟墩山（亦称"肖山"）、圣公山沿西南—东北方向横贯腹地。总人口约8000余人，目前有大成、益成、杉行、厝后四等

22个角落（图1）。肖厝村用于耕作与建房的用地紧张，村民主要从事渔业和海上运输、贸易等，兼有少量的农作物生产，建筑密度因此较大，布局尤为紧凑。各类建筑环绕烟墩山分布，以东北侧最为密集，基本呈现出背山面海的布局形式。其中，传统民居散布于村落的各个角落，包括祖厝与普通民居（图2、图3）。

图1 肖厝村角落分布
（图片来源：作者自绘）

图2 肖厝村传统民居分布
（图片来源：作者自绘）

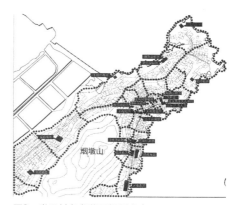

图3 肖厝村各角落及祖厝分布
（图片来源：作者自绘）

就目前调研所获材料可知，肖厝村的发展主要受到择址、交通便利、临近耕地与水源以及人口、技术与经济条件等几个方面的影响。村落格局的变迁基本可分为开端、发展、高潮及成熟四个历史阶段（图4）。

1. 开端阶段（明早期—明中期）

此阶段以祠堂后角落为中心，附带顶馆、下埕等小区域的发展，位于烟墩山与圣公山之间（鞍部），地势较为平缓。此时，因肖厝先人长途跋涉至此，尚无足够财力，主要以符合自然地理、交通便利和地势平坦为择基标准，由此选择了圣公山西南部唯一可供居住的平地聚族而居（图5）。

2. 发展阶段（明晚期—清早期）

经过一段时间的发展，肖厝先人对周边地形环境已熟稔于胸，并有了一定的财富积累。同时，由于用地紧缺、人口增长较快等原因，以祠堂后角落为中心的区域很快达到饱和。此时，伴随着家族的壮大和分化，村落发展除了利用现有的地形地势，发展洋楼边、赤土、三落厅及大井尾角落的大部分地块，还借助填海造陆的方式改造原有地形，开发了北头、三落厅、大井尾及下

路口的少部分区域，整体呈条状衍生的形态（图5）。

3. 高潮阶段（清早期—清晚期）

此阶段因开发时期与程度的不同，又可分双向发展和辐射发展两大部分。

1）双向发展（清早—中期）

随着填海造陆技术的娴熟，肖厝祖辈开始在原有区域的基础上围绕祠堂后角落向东南、西北两个方向大面积发展。北头、下路口、潭仔埌的大部分地块以及南头东北、杉行西南都在此阶段得到了迅速的发展。虽然村落规模扩大到原来的两倍有余，但因经济和人口的迅速增长、家族分化的日益加剧，建筑分布越加密集，以致每个新拓宽的地域再次达到饱和，并不断呈现出向外扩张的趋势。因此，这个阶段可谓是肖厝村落发展的高峰期（图4）。

2）辐射发展（清晚时期）

因海上贸易的发展，村内积累了大量资金。结合传统的山水格局理念，开始主动寻求"负阴抱阳"且交通便利的理想环境。同时，家族强支逐渐崭露头角，角落优势越加明显，出现了借助航海经商的大行户，共计"十三行"[1]。泉成、益成、大埔、厝后四以及杉行、南头的大部分角落均在此阶段发展起来，成就了肖厝村落

---

1 据肖如元老先生口述，"十三万"是因海上贸易的发展而产生的，共有泉成、益成、大成、建成、鼎成、信成、东成、锦成、万成、财源、茂源等十三个行号。有些角落则直接以行号命名，如大成、泉成、益成等。

发展的巅峰期（图4）。

4. 成熟阶段（民国及以后）

经过前面三个阶段的发展，村落及周边相对较有利的地块均已得到开发，用地已达饱和，而人口增长对用地的诉求只增不减，村落规模需要再次扩大，因此开始往东北三面临海区域以及地势高的方向发展，最终形成了肖厝村整体格局（图4）。

综上，肖厝村的发展存在着清晰的发展变迁路线。在原有用地趋近饱和以及人口不断增加的双重压力下，各个角落应运而生。结合肖厝祖辈对理想环境、海商繁荣的追求，居住用地逐渐向周边扩张，最终形成环烟墩山、靠东北而居的村落格局（图5）。

二、传统民居格局演变

在梳理相关资料和肖厝世系图的基础上，发现可考的传统民居都集中在清代。肖厝村现存大部分传统民居基本集中在村落发展阶段与高潮阶段（图6、图7）。

1. 朝向

1）发展阶段

这个阶段的建筑朝向主要分两大类，一是沿烟墩山东北山麓呈条状分布，主要为坐西朝东、坐西南朝东

北以及坐东南朝西北；另有局部延伸到鞍部东南侧的建筑，主要为坐西北朝东南。

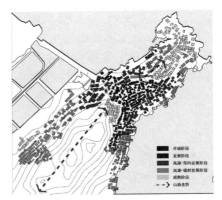

图4 肖厝村落格局演变示意图
（图片来源：作者自绘）

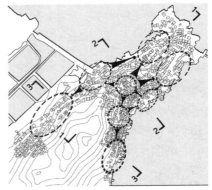

图5 村落发展路线图
（图片来源：作者自绘）

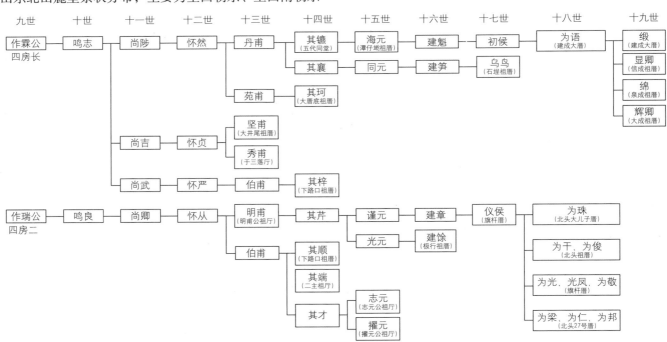

图6 肖厝村世系图（局部）（图片来源：作者自绘）

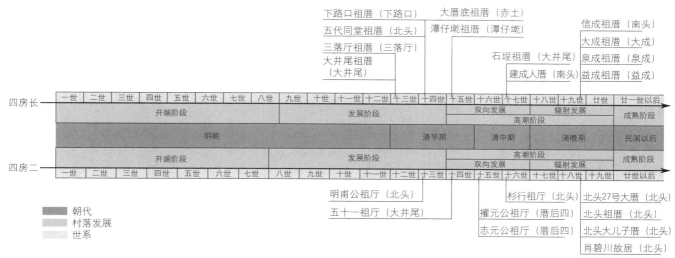

图7 肖厝村年代、村落发展及世系关系图（图片来源：作者自绘）

2）高潮阶段

双向发展时期的建筑在鞍部东南与西北两侧呈带状分布，前者主要以坐西北朝东南、坐西朝东为主，后者以坐东南朝西北为主。

辐射发展时期的建筑呈分散布局，鞍部东南侧主要为坐西北朝东南，延续先前肌理；圣公山北侧则以坐东南朝西北为主；烟墩山东侧与西侧分别呈现出坐西朝东与坐东南朝西北的形式。

由此可见，肖厝村的民居主要有背山面山、背建筑面海以及背山面海三种基本布局模式（图8）。

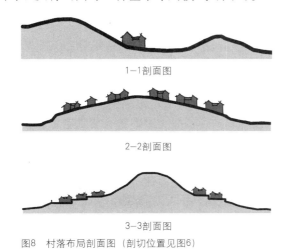

1—1剖面图

2—2剖面图

3—3剖面图

图8 村落布局剖面图（剖切位置见图6）

2. 规模

肖厝村祖厝按规模大 小主要有五间张两落、五间张两落单护厝、五间张两落双护厝及五间张三落大厝四种，在不同阶段又分别呈现出不同的形式。

1）发展阶段

肖厝村在发展阶段的祖厝主要以五间张两落大厝为主。其中，三落厅是较早以填海造陆形式建造的祖厝，居住人口较多[1]，因而扩大至三落，并附设护厝、回向、埕头楼以增加居住面积，规模较大（图9）。这个时期建筑布局紧凑，厝间道路狭窄，以大群体的形式构成厝间防御（图10）。

图9 三落厅祖厝平面图 （图片来源：作者自绘）　图10 大群体的厝间防御 （图片来源：作者自绘）

2）高潮阶段

这个阶段是村落规模扩张的高峰期，地盘较为宽裕。

双向发展时期祖厝开始附设前埕，规模明显扩大（图11）。

辐射发展时期因海上贸易发达，家族强支、角落优势尤为突出，建筑开始出现独据一角的特点。规模由之前的单体扩大为附加双边护厝、埕头楼、回向、枪楼等形式，如泉成祖厝、益成祖厝；甚至以两栋或三栋建筑并排组合、外部由护厝和埕围等围合的小群体形式出现，如大成祖厝、建成大厝、信成祖厝等。防御机制由大群体转向小群体或单体，以护厝、枪楼、回向、隘门等附属建筑为主要防御形式（图12、图13）。

1 据当地村民讲述三落厅祖厝当时曾居住200多人。

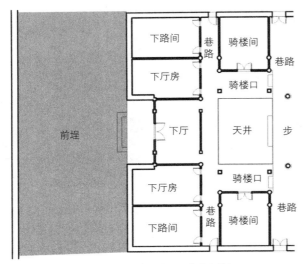

图11 杉行祖厝前埕与埕围（图片来源：作者自绘）

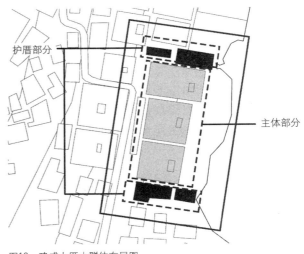

图12 建成大厝小群体布局图
（图片来源：作者自绘）

图13 大成祖厝平面图（图片来源：作者自绘）

3. 功能空间

1）发展阶段

当祖厝仅有厝身部分时，会通过增大骑楼间变成居住用房的形式来解决居住问题，同时下巷路以疏窗分隔，以增强其内部的私密感和安全性（图14）。此时，由于财富积累不多，尚未附加其他防盗措施。三落厅祖厝由于规模不同，本身的私密性和安全性较高，因此其下巷路未设置疏窗（图9）。

2）高潮阶段

双向发展时期仍延续了上一阶段的布局特征，仅增设前埕与埕围进一步强调了祖厝的私密性和安全性（图11）。

辐射发展时期由于建筑规模发生了较大改变，私密性与安全性有所提高，因此将下巷路连通，空间更为开阔（图13）。虽仍有增大骑楼间的形式，但逐渐趋向增加顶落护厝、埕头楼层数[1]来解决居住问题。规模较大的建筑还设置火巷，不仅可增强通风、防潮效果，还有利于疏散逃生（图15）。此外，大门、角脚门等对外板门还加设鲁班锁增强防盗性能。

4. 尺度规律

在村落的发展过程中，前埕宽度呈现出逐渐增大的趋势。祖厝总阔丁基本保持在16米左右，总深丁（三落厅除外）稍微增大，至高潮时期的辐射发展阶段稳定在19~22米之间。总阔丁与总深丁的比值在发展阶段波

---

1 由于闽南地区存在附属建筑高度不可超过顶落高度的禁忌，因而一般只增设一层。

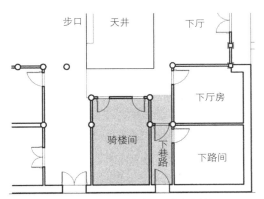

图14 骑楼间与下巷路（图片来源：作者自绘）

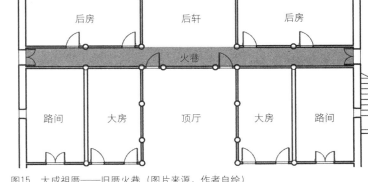

图15 大成祖厝——旧厝火巷（图片来源：作者自绘）

动较大，高潮阶段在0.71–0.83间（图16）。

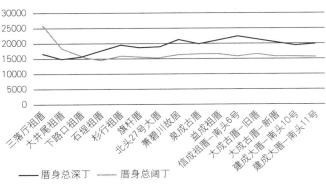

图16 祖厝厝身总阔丁与总深丁（图片来源：作者自绘）

塌寿进深随着发展由一架圆、两架圆形式变为两架圆、三架圆，入口空间尺度渐增，尺寸波动也较大。下厅、顶厅进深明显有随塌寿演变增大的趋势，至辐射

发展阶段塌寿进深出现了2米以上的形式，下厅3.2米以上，顶厅5米以上。

5. 分房形式

辈通过分配房间或房产的方式将财产传递给下一代的一种形式。肖厝村有分房间和分房屋两种形式。分房间始终贯穿建筑的整个发展过程，体现了传统的宗法制特征，总体遵循"以左为尊"的原则，按照方位的等级次序依次分配，也由此可推知闽南传统民居各个房间的优劣（图17）；分房屋的形式相对特殊，在费孝通先生的《江村经济》[1]中有过描述，在肖厝村出现在村落发展的高潮阶段，但仅北头九主仪侯公一例，即将名下4处房产按逆时针分给9个儿子（图18），分配原则明显有偏重，以长子、次子、小儿子、其余各子为序。

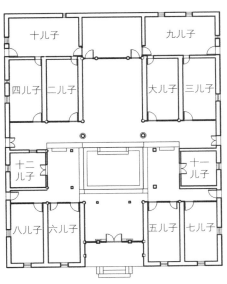

图17 分房间模式（图片来源：作者自绘）

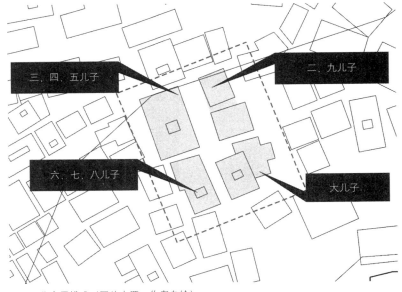

图18 分房屋模式（图片来源：作者自绘）

---

1 费孝通. 江村经济 [M]. 北京：商务印书馆. 2002：71–73.

三、村落与民居格局演变关系

由于肖厝特殊的地理条件，建筑规模起初受地盘大小影响甚大。但是随着人口的增加、财富的积累、家族的分化和技术的增强，村域规模发展较为迅速，村落地盘的可塑性明显增大，直接影响了村内民居的朝向、规模、功能、尺度等，建筑的平面格局、空间围合和防御机制随之发生变化（图19、图20）：

（1）村落的发展方向决定了建筑的大致朝向，而人们对建筑环境的选择（尤其是辐射发展阶段的主动选择与改造居住环境）也反过来影响村落布局。建筑朝向以背建筑面海为主演变成背山面海。

（2）建筑规模与村落发展的力度直接相关，直接影响了地盘的大小。原先仅有厝身的建筑单体逐渐演变为带有护厝等附加建筑的拓展形式，以及由多个主体组合而成的群体建筑。防御机制也由大群体转向小群体与个体防御（图21）。

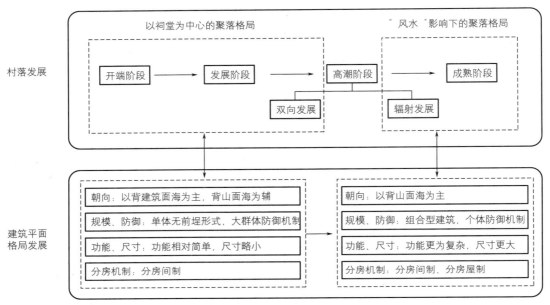

图19 村落发展与建筑平面格局演变关系图（图片来源：作者自绘）

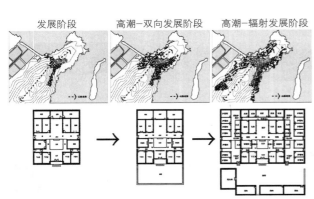

图20 村落与建筑平面格局发展对应示意图（图片来源：作者自绘）

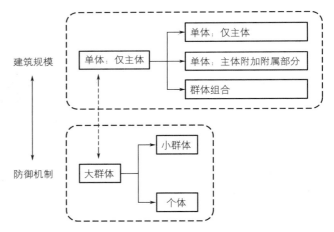

图21 规模演变图（图片来源：作者自绘）

（3）随着村落的发展，建筑功能空间由厝身内部满足对安全和私密的需求，发展到增加附属建筑解决的形式。且出于对疏散、通风、防盗等要求，功能越加复杂。

（4）村落的发展带来了更为宽绰的地块，建筑功

能空间的可操作性也随之增强，整体空间尺度大致按照由小到大的趋势演变。

（5）分房制度取决于发展过程中户主的房产量，村落发展的高潮阶段房产量增多，也成为分房的高峰期。整体上，分房经历了从分房间转向分房间与分房屋

并存的形式。

本文的调研和写作曾得到厦门大学庄景辉、高信杰、杜树海诸位老师和刘明月、李天静、马露霞、罗仕韶、陈子祎、李芳容、黄祎、兰娟娟、刘长仪等同学，以及泉港肖厝村肖如霆、肖荣宗等乡亲的悉心指导和帮助，谨此表示诚挚的谢意！

基于生态设计视角的广东客家古村落营建手法研究

陶靖雯[1]　余　磊[2]　邓体宽[3]

摘　要： 随着广东地区城市化建设的不断推进，大量客家古村落日渐衰败，面临逐渐消亡的危险境地。广东客家古村落是客家先民集建造艺术与技术智慧而建设的生活居住场所，体现了客家人在家园建设中充分考虑气候环境条件的"天人合一"思想。研究通过分析5个广东客家古村落的布局和建筑手法，总结了广东客家村落建设中的生态特征，以期对现代绿色建筑发展起到借鉴作用。

关键词： 生态设计；广东客家古村落；营建手法

一、广东客家古村落发展背景

广东客家古村落是客家先民从中原南迁至广东地区后形成的独具特色的聚居场所，是客家文化与地域环境结合的群居性环境。研究客家古村落布局及建造手法有益于当前广东地区居住环境的生态化发展。为剖析广东客家古村落营建手法，必须先了解它们赖以生存的历史文化背景。

客家人在长达千年的迁徙中与所在地的人文环境进行了充分融合，形成了既有中土建筑文化又具地域特色的客家村落与民居，其形制深受"儒家思想"影响，带有浓厚的儒家思想痕迹，如：多进院落、主次分明、中轴线贯穿整体、左右对称布局等。在此基础上相继演变出了方楼、圆楼、围垅屋等形制。从社会人文层面看，这些形制的形成既与中原文化思想有关，亦与客家人为防御外来入侵的安全需要有关。除受社会人文因素的影响外，客家村落还集中体现了与地域环境协调，体现在村落选址与朝向与风、热、水环境的协调，以及民居中采用"坐北朝南"、"负阴抱阳"的处理建筑方式，最大限度地适应了当地的气候特点。

二、整体布局手法分析

广东客家古村落整体布局遵循山、水、建筑的组成格局，一般背山面水，建筑顺应风向而比邻相接。以下主要从村落选址、街巷布局和环境景观等方面加以论述。

1. 村落规划选址

广东客家古村落选址上受到中原地区堪舆理论的影响较大，讲究"天人合一"，协调村落与周边山水及地理气候关系。一般村落前有水系，"筑水口"使之回环，象征财源滚滚。作为村民活动的主场所——田，则居于村落正前方，与水联系在一起，是财富的保证。同时因广东客家地区冬季太阳高度角小，日照时间短，朝南的坡面比朝北的坡面更易受到日光；夏季太阳角度高，日照时间长，地面温度高。因此，村落采用背山面水、左围右护的格局，基址要求坐北朝南。如在某些特殊地理环境下不能坐北朝南，就会通过风水学中的"背山面水"来选择适当朝向[1]。客家村落在选址中，充分考虑了地形，建筑朝向及建筑组合方式的设置等各项因素的影响，这体现了一种理想村落选址模式（图1）。客家人在理想村落思想指导下，形成了多种多样的布局形式，体现在两个方面：一是重山脉，二是重水系。重山脉的村落布局主要分三种：（1）村落位于山谷空地上，四周山脉环绕，如图2所示的梅州桥溪村；（2）村落位于两山之间的峡谷地带，顺应山势分布，如图3所示的仁化县恩村；（3）村落位于山脉起伏变化较多的地方，整体布局根据山势起伏而改变，如图4所示的梅县

1　陶靖雯，哈尔滨工业大学（深圳），518055，664962926@qq.com。

2　余磊，哈尔滨工业大学（深圳），副教授，518055，leilayu@hit.edu.cn。

3　邓体宽，哈尔滨工业大学（深圳），518055。

图1　理想村落的选址模式

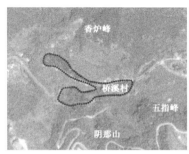

a. 村落平面

b. 村落布局

图2　梅州桥溪村

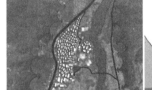

图3　仁化县恩村村落整体布局及地形剖面

a. 村落布局

b. 村落平面

图4　茶山村

a. 整体布局

b. 鸟瞰图

图5　仁化县石塘村

茶山村。在周边地势较为平缓的区域，水则成为影响村落选址的重要线索，村落的形态与水的走势息息相关，主要体现在水田相依的村落格局上，如图5所示的仁化县石塘村。

2. 街巷布局

天人合一思想和坐北朝南、背山面水等适应自然环境的手法为广东客家村落的布局确定了大致方向，在此基础上，广东客家先民也同样为村落内部的街巷布局，自然通风的营造提出了适应自然、应对自然的生态设计方案。街巷布局分为两种，一是街巷式布局，二是围闭式布局。在街巷式布局的广东古村落中，村落是由一系列宽窄不一的街道和里巷组成，形成了各种街道交通网络，不仅联系各家各户，还可将人们引导到一些空间节点上。图6为理想型街巷布局形式，建筑整齐划一地分布于街巷两侧。但是由于历史发展，广东客家地区古村落大多都改变了原有的街巷风貌，只有部分街巷有所保留。以恩村某街巷为例，它基本保留了原来的建筑

布局，如图7所示。在围团式布局中，街巷空间分布的整齐划一，大多都垂直于建筑的主立面，是解决内部通风和采光的有效途径，其中不同之处主要体现在围团式布局村落中的街巷分布在建筑单体中，影响的主要是建筑内部的风、热环境。图8为侨乡村秋官第街巷位置，为典型的围垅屋建筑形式，横屋与横屋及厅堂为中心的核心体之间产生街巷空间。图9为侨乡村南华又庐街巷位置，为杠屋式建筑形制，其街巷空间与秋官第类似，与其不同的是杠屋街巷相对较窄。

街巷布局的设计不仅是为了满足交通运输等必要功能，同时也是实现村落自然通风的基础。由于广东客家古村落所处地域复杂，村落很难坐落于通风无碍的开敞平原，街巷较难与夏季主导风完全平行，如图10所示，因此利用巷道宽度对村落通风进行一定控制。街巷宽度一般有三种：（1）村中可供牛车通行的主要交通巷道，宽度3米左右；（2）主要人行巷道，一般为纵向交通空间，宽度为1.5～2米；（3）村落中的横向交通空间，只可供人通行，宽度为0.9～1.2米，不同宽度的街巷通道共同组成了村落的街巷通风系统，如图11所示。

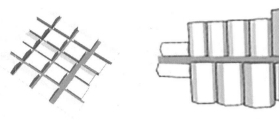

图6　理想型街巷布局形式

图7　恩村某布局形式

图8　秋官第布局形式

图9　南华又庐布局形式

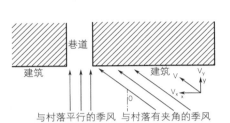

图10　风夹角与巷道关系示意图

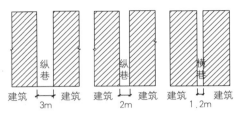

图11　街巷式古村落中街巷宽度与建筑关系示意图

以街巷式布局村落中的仁化县恩村为例，三道横向交通街道和十几道纵向里巷共同组成了村落交通和通风空间。由于处在背夫山的山坡上，建筑布局不能完全面向夏季主导东南风向而是东偏南，但村落整体格局也是尽可能的面向东南向，使得街巷能接收更多的夏季季风。同时，恩村也采用了多种宽度的街巷形式，主要纵巷有一条，宽度达到4米，是村落车行通道。同时，也有十几条供村民出行的纵巷，宽度在2米左右；三条横巷相对较窄，宽度在0.6～1.2米，且蜿蜒曲折。这些宽度不一的巷道是恩村先辈应对地形限制以及迎合夏季主导风向的结果，为恩村创造出良好的自然通风环境。

除了通过变化街巷宽度对村落通风进行控制之外，客家人还巧妙地应用了热压原理改善村落的通风环境。客家村落一般采用街巷式布局，村前一般设有水塘，村后为山林，这样的布局可以产生因环境温度不同而形成的热压，在村落中形成自然通风效果。村落

中的街巷布局除了顺应由热压形成的水陆风外，亦通过建筑布局形成具有局部放大效应的巷道风来增强村落中的通风效果。通过对广东客家仁化恩村村落布局的分析，可以得到如图12所示的村落街巷村落温度分布以及通风模式图。通常情况下，白天村落中各空间的温度关系是T路＞T巷＞T林＞T水。所以，村落中白天的风主要有四种：（1）最常见的季风；（2）由水面吹向村落陆地的水陆风；（3）巷道吹向村前陆地的巷道风；（4）山林吹向村落的林地风，如图13a所示。夜晚，村落整体温度降低，温度关系为：T林＞T巷＞T水＞T路，形成了由村前吹向村后山林的夜间风。并且夜间风与夏季季风的方向一致，加强了村落的通风，如图13b所示。

三、建造模式分析

民居建筑单体是广东客家古村落的基本构成单元，建筑单体建造严格按照儒家"尊卑有序、上下有分，内外有别"的思想[2]，在其建造中亦充分体现了对自然环境的积极响应。本文从建筑平面布局、功能分区、立面造型等方面对广东客家古村落中的建筑形制进行了研究分析，以期总结出对当今住宅设计有益的生态技术手法。

1. 建筑平面形态

建筑平面形态指建筑的朝向、房间长宽比所呈现的形状以及建筑的整体平面布局上。在建筑平面布局上，客家典型民居建筑围垅屋采用弧形作为建筑空间序

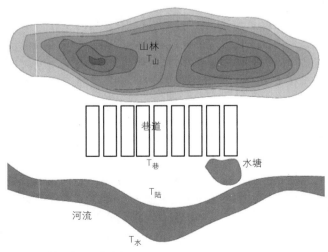

图12　街巷式布局温度分布

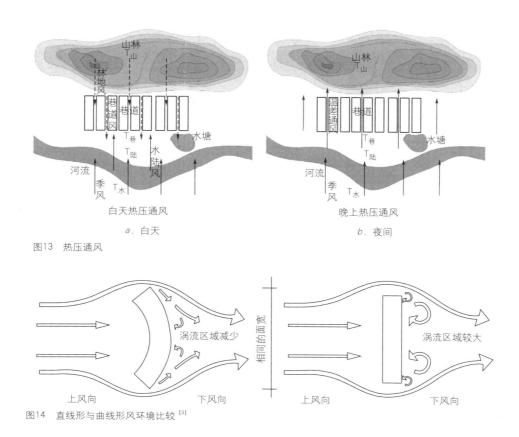

图13　热压通风

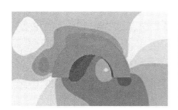

图14　直线形与曲线形风环境比较[3]

列，对建筑风环境有积极影响，如图14所示。在建筑高度和面宽一致时，弧形建筑面改变了迎风面与风向的角度，减小了建筑下方向的涡流强度，有利于整体风环境的营造，如图15所示。

图15　直线形与曲线形建筑风环境模拟分析

　　客家民居在平面功能布局上层次分明，有明显的中轴线，在满足基本功能的同时也暗含一定的生态理念。客家地区单元式住宅中，按功能分区可分为三部分：（1）朝南入口附属部分，夏季温度较高，不做居住之用。（2）天井、走廊，温度相对低，有时做居住之用。（3）厅堂和厢房，位于建筑最北，温度最低，主要供居住之用，如图16所示。在大型的聚居住宅建筑如围垅屋中，如图17所示，建筑主体功能区分为三个部分，即南北向的供活动和长者居住的中心区，东西向且温度较高的供身份较低成员居住的横屋和对温度没有要求的做贮藏之用的围屋。

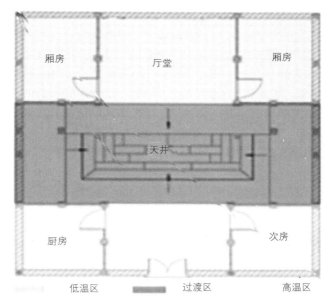

图16　单元住宅平面温度分区

2. 建筑立面构造

　　广东客家民居建造亦十分重视对建筑微气候环境的营造。它们沿用了传统建筑的坡屋顶形式，据《易经·系辞》记载："上古穴居而野处，后世圣人易之以宫室。上栋下宇，以待风雨"。由此可见，遮风避雨是

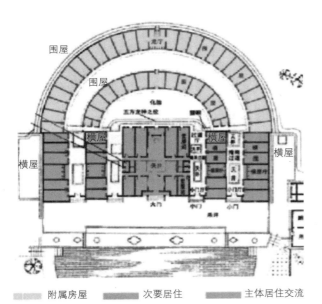

围屋
围屋
横屋
横屋
横屋

附属房屋　　次要居住　　主体居住交流

图17 围垅屋平面功能分区

屋顶的主要功能[4]。除此以外，坡屋顶更有保温、隔热、采光、通风等方面的优势。坡屋顶在隔热和保温效果方面，因与太阳存在一定角度易产生背阴面，有利于建筑保持凉爽；坡屋顶在日照方面因屋顶的坡度可产生更好的日照效果；坡屋顶在通风效果方面增加了建筑与空气、风的接触面积，有利于建筑的自然通风和散热，如图18所示。在建筑立面上，客家人为应对炎热潮湿的气候特点，严格控制建筑窗墙比。通常情况下，客家建筑四个立面的窗墙比都小于0.1，远远小于《民用建筑热工设计规范》中规定的北向不大于0.25，东西向不大于0.3，南向不大于0.35[5]。在南华又庐单元住宅立面开窗的研究中，通过实际测量计算出其正立面窗墙比为0.095，如图20所示；单元住宅正立面窗墙比为0.085，如图19所示，都远远小于目前国家规范要求。客家人对窗墙比严格的要求、大大减少了建筑室内热量，保持室内凉爽。

四、生态设计启示

我国传统古村落经历漫长时间的洗礼，不仅继承了中国古代天人合一的思想和建造手法，而且是地域文化的载体，也是对当地自然环境和气候的回应。由此可见，我国传统古村落是适应自然环境和社会环境的产物。通过对古村落营造思想和建造技术进行研究，分析生态设计在建筑布局和建筑单体中的应用。

1. 天人合一的建造思想

中原人为躲避战乱迁徙到达广东时面临土地资源紧缺和当地土著的双重威胁。在这种特定的背景下，村落建设时，客家人在继承中原传统的堪舆理论的同时，因地制宜地创造出一套独特的堪舆思想。这种思想的核心即寻找"山环水抱必有气"的"藏风聚气"之地创造出"背山面水"、"负阴抱阳"的村落基址。背山在阻挡冬季寒风的同时争取日照的最大化；面水在满足灌溉和生活之用的同时可以接受夏季湿润凉爽的季风。"负阴抱阳"即背北向南，使得村落获得更多的阳光。在村落整体布局上，客家人采用前田后山的布局方式，建筑尽量靠近山体布置以空出更多的空地作为农田和耕地之用。同时顺应地势高差分布于山脚和山冈上，采用前低后高的格局使得建筑完美融入自然中。面对当地恶劣的社会环境，客家人往往采用"聚族而居、析居而聚"的原则。村落的建设往往围绕诸如祠堂、庙宇等中心向外扩散，使得村落具有动态扩张的生长机制，使得子孙后裔都可以生活在一处，实现"累世同居"的聚居理想。客家人的营造思想和聚居理想从后世的角度来看，更多的是一种对自然生态的合理运用和对平面功能的科学排布。

图18 坡屋面与平屋面风环境模拟分析

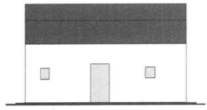

图19 单元住宅立面

图20 南华又庐立面形式

2. 环境适应性建造技术

广东客家古村落无论是在选址、街巷空间以及景观环境等方面，还是在建筑单体平面、立面和材料等方面，都充分考虑了环境对其产生的影响。具体体现在：选址手法遵循古代"负阴抱阳"、"背山面水"等观念，并因地制宜、适应当地地理环境气候达到村落基址的采光、隔热以及自然通风的协调；建筑布局紧凑，街巷和里巷空间都较为狭长幽深，建筑之间距离小产生相互遮阳，减少了村落整体以及街巷的热辐射；水体植被根据气候环境妥善安排，实现对村落微气候的调节；建筑平面布局合理，"坐北朝南"不仅有利于冬季建筑的采光和吸收太阳辐射以及阻挡冷风，也有利于夏季建筑的自然通风散热；建筑平面具有良好的温度分区布置；建筑立面造型上坡屋顶形式有利于分散太阳辐射以及加强建筑通风；建筑立面上采用厚重的土墙或砖墙，通过开小窗减小窗墙比的方法达到隔热的效果。

广州客家古村落在尽量不依赖常规能源消耗的前提下，依靠建筑本身的规划布局、平面设计、环境配置，利用当地气候条件，创造舒适健康的室内环境。从生态设计的视角来看，广东客家古村落的营建不仅降低了建筑能耗、保护且适应了自然环境，同时也在维持人体舒适方面发挥巨大作用。

五、结语

本文通过对梅州桥溪村、仁化县恩村、梅县茶山村、石塘村、侨乡村这五个广东客家村落的调研和测量，从生态设计视角对村落选址思想、选址原则、街巷布局方式以及建筑单体平面形式、立面构造等方面进行解读，并运用计算机模拟技术进行模拟分析验证，从而分析总结出广东客家古村落在"天人合一"思想的指导下，往往采用坐北朝南、背山面水的整体布局形式，利用街巷的不同宽度和巧妙布局营造良好的通风环境，并从有利于采光、保温隔热、防水排水的角度出发，合理地对广东客家村落建筑单体的平面功能、立面造型和屋顶形式进行生态方面的设计。从中可以看出，广东客家古村落的村落布局、建筑单体营建等都遵循了中国传统生态思想观念，因地制宜地建造建筑并运用当地材料以适应气候和地理环境。广东客家古村落具有生态性的村落格局，为古村落更新保护以及村落生态设计营建提供了许多借鉴。

参考文献：

[1] 陈晓扬，仲德崑. 冷巷的被动降温原理及其启示 [J]. 新建筑，2011（3）：88-91.
[2] 钱海月. 儒家思想对中国传统建筑形制的影响 [J]. 江苏建筑职业技术学院学报，2016，16（4）：28-31.
[3] 陈飞. 建筑风环境：夏热冬冷气候区风环境研究与建筑节能设计 [M]. 北京：中国建筑工业出版社，2009.
[4] 小易. 上古穴居而野处，后世圣人易之以宫室，上栋下宇，以待风雨，盖取诸《大壮》[J]. 科技智囊，2014（7）.
[5] 中国建设部. 民用建筑热工设计规范 [M]. 北京：中国计划出版社，1993.

三江侗族木构民居建筑技艺再生策略

韦咏芳[1]　陶雄军[2]

摘　要：以原始民居演变为切入点，在区位、气候、材料、构造、宗教观念等许多方面对各族民居建筑有着重大的影响下，探讨民居建筑智慧艺术在发展中如何以更好地服务于人。笔者对程阳八寨侗族民居建筑的类型、材料、结构、营造技艺等来分析侗族的民居建筑艺术在人民生活水平不断提高的基础上，民居建筑也在发生功能需求的变化，最后提出这项传统技艺如何传承与创新问题。

关键词：侗族民居；建筑技艺；再生策略

一、原始木构民居演变概述

中国古代民居建筑是中国古代劳动人民智慧的一种体现，最大的特点就是各个地方的地方地域特点。而形成民居地域特点的因素包括：地理气候、材料与构造工艺、历史社会以及生活方式四大原因。民居建筑是一种适宜人的生活需求的住宅、一种生活环境，因而民居建筑最重要的是去适应地理环境和气候。侗族木构民居建筑是这类木构建筑的主要代表。

1. "土"和"木"起源

民居居住形式与各民族生活的自然与经济条件有密切联系。中国古代把建筑就归结为土木，大搞建设即是大兴土木。古代塞北游牧民族多住便于迁徙的帐篷；中原华夏部落多住窑洞、半地穴或地面起建的平房；材料上北方以土、石为主。历史曾说，中国民居住宅有南北两个起源。一是北方中原地区的黄河流域，气候环境极度干燥寒冷；较早期的北方民居起源于"土"，北方民居是由穴居到半穴居，半穴居再发展到地面建筑，窑洞再发展、演变成合院式民居建筑，民居的建筑为了适应这些气候条件，墙体以及屋顶都是厚厚的，即为从地里面长出来的建筑。而较早期的南方原始居住形式是巢居，在树上做一个窝棚，随后继续发展为几根柱子架空做成干阑式，相继演变成西南边上较为代表的干阑式民居。中国而南方古越部落则住类似巢居式的"干阑式"

房子，即竹木结构的二层楼房，下层饲养牛、猪等家畜，上层住人，这样可以防止南方气候的潮湿和避开各种凶恶的野兽虫蛇。慢慢地发展到地面建筑。因而，我们说南方的建筑是从树上掉下来的，北方是从土里长出来的。正如《博物志》云："南越巢居，北溯穴居，避寒暑也。

原始巢居发展序列

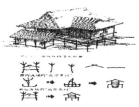

图1　原始巢居发展序列（图片来源：互联网）

2. 中国民居的两个起源

西南地区民居跟西北地区的这种极度干燥寒冷相比，西南地区无疑就是极度炎热潮湿，尤其是潮湿这一点，所以适应于这样的气候条件下，就产生了西南边上的干阑式民居。一种比较早期的原始的"巢居"居住

1　韦咏芳，广西艺术学院，530000，847743846@qq.com.
2　陶雄军，广西艺术学院，建筑艺术学院副院长，教授，530000，316768792@qq.com.

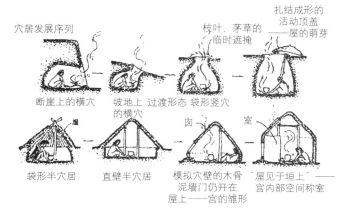

图2 原始穴居发展序列示意图（图片来源：互联网）

形式演变而来。中国民居住宅的两个起源，历史总说中华民族起源于北方中原地区黄河流域；而南方的长江领域，实际上也是中华文明起源的一个重要地带。两种起源导致了两种居住方式的产生。南方巢居，它的起源用一个字概括就是木。南方建筑的巢居，住在树上做一个窝棚，然后再做成干阑式，就是几根柱子架空，人住在吊脚楼上。慢慢地发展到地面建筑。因而，我们说南方的建筑是从树上掉下来的。干阑式建筑主要应为防潮湿而建，长脊短檐式的屋顶以及高出地面的底架，都是为适应多雨地区的需要，各地发现的干阑式陶屋、陶囷以及栅居式陶屋，均代表了防潮湿的建筑形制。

3. 木构民居建筑特点

西南山区的气候特点为多雨、潮湿、炎热，甚至是满地虫蛇、森林密布；人若直接住在地上首先是潮湿不舒服，其次地上可能存在各种各样的虫蛇小动物，所以人最好架空住在地面上面。因而西南原始的居民都是巢居，干阑式民居建筑底层不住人，用于堆放柴草、养猪养牛；这样居住既干燥又凉爽通风。在树上搭个棚子巢居，发展到后来人们就发现可以竖几根木头柱撑起来，人住在楼上，这就是吊脚楼，它的原理是架空。干阑式建筑它很好地适宜了西南山区的这种地理气候条件。贵州、云南、广西、四川、包括湖南西部湘西都有大量的干阑式吊脚楼建筑。在上坡上茂密的树林中间，建着一个一个干阑式住宅，吊脚楼就在半山腰中间伸出来。干阑式建筑的室外走廊的栏杆安装、室内地坪平整处理、苇席铺设和进出口及室内中柱，横撑构件上的刻花装饰等。居宅是人类生活、生产、社交的重要场所，也是费心思设计的重点。由于石质生产工具的制约，当时的地板比较粗糙，而且高低不平，从出土的"人"字形土块看，室内坐卧处重要区域的地板曾经用泥土抹平，然后铺上苇席，使得这些部位比较平整，易清洁，利休息。整个建筑景观非常壮观漂亮。这些民居建筑非常好的适应了这种地理气候条件，住在上面的人是比较干燥的，又凉爽又防止虫蛇。

图3 干阑式木构民居（图片来源：自摄）

二、民族文化对民居建筑的影响

各民族都有自己的宗教观念，崇拜祖先及各种自然神。他们善于将本民族固有的宗教信仰融于后期传入的道教、佛教之中，使之自然成为改教的组成部分。"堪舆"与宗教信仰也是影响各个民族民居的重要因素，这不同程度地反映了人们渴望顺应自然，以求平安的朴素欲望。这种宗教观直接影响建筑位置的选择，依据伏羲八卦，由人的生辰八字推算出房屋的地基、朝向、高度、开间尺寸、大门位置等。在佛教传入以前，中国只有传统凡人祭祀等。中国传统祭祀是祭天地日月

山川、祭人物、祭孔子关帝、祭祖宗。不属于宗教，没有满足宗教三大条件。自从宗教传入后与中国的传统祭祀相融合成了一种复杂的概念状况，产生了很多矛盾与冲突。西方的人是去听神的教诲，去做善事，而中国是求神给予自己好处，这是存在错误的普遍宗教概念。信神信鬼的迷信，也不属于宗教。这些民居建筑全然不同于普通建筑，它蕴含着某种特殊的精神力量，是时间与空间的融合，信仰与艺术的升华。

1. 民族宗教信仰对侗族民居建筑的影响

民居发展经过了千百年的历史沉淀，形成自己独

特的文化底蕴和艺术风格。西南民居建筑所代表的土木建筑结构有吊脚楼、干阑式木楼等。道教、佛教属于外来宗教，起源于印度。老子创造的是，道家哲学道教的教义。道教的阴阳八卦，虽然包含一定的天文、地理、自然等哲理，但在广泛流行过程中，越来越多地充斥着玄虚的理论。道教中对建筑位置选择，平面布局、朝向及建筑与天道人命的关系，都有讲究。各民族地区的集镇和村寨以及单栋建筑的布局，无不遵循和体现有利的地形。建筑的朝向，以及大门的开设方位，都要择地而建。

侗族源于古百越族系，由秦汉时期一支系发展而来，自称"甘"。侗族民间有一种"款"，"款"在侗语中的含义即法律条款，指侗族的民族法典。村寨中则有以地狱为纽带具有"部落联盟"性质的"合款"侗族逢村必有鼓楼，它不仅是"合款"集会议事的场所，也是族姓和村寨的标志及公共休憩，娱乐的场所。鼓楼的外形是照"杉木王"的样子建造，这是侗族大树崇拜观念的体现。一般位于寨子的中间，在建筑群中海拔最高，一个姓氏一座鼓楼。壮族原始供奉"天国"中的天帝，认为天帝既是天上的神界，又是人间的主宰。人们的愿望是风调雨顺、丁兴畜旺、除妖免灾等，都要听从他的教示，取得他的恩赐。民居也为"占卜"和"祭祀"等原始信仰专门设置神龛。壮族民居，神龛作为"楼井"形式直通屋顶，屋顶四周设置栏杆。四周围墙开窗很小，光线从屋顶亮瓦直接照到楼井，更加渲染了"神"的形象。在三江境内，侗族则利用凹廊设置神位，形成空间的缓冲。

2. 民居特色布局

侗族民间民居土木结构基本为三进三空的建筑模式，第一进为天井、地井、偏房、厢房；第二进为正堂、左右为主人房屋；第三进为后堂、后房。三空即为左、中、右三个排列。在《易经》中，一、三、五、七、九等单数为"阳"数，表示"阳宅"。侗族民间民居位于地形平旷的情况下大体都是坐北朝南，除山区里

因地制宜。依据八卦而建，在天井、地井的配置，基本遵循西方为假山或水池，东方为木为花草这一自然规律。其次就是左为大"左青龙，右白虎"的原则，左正房一般为主人房，如有小孩成人后，老人则退入后房，左正房一定为长子，依此类推。民居三进又分为三层，每一进都必须比前一进高一个台阶，从而形成"步步高"的格局。按易学堪舆理论"高一寸为山，低一寸为水"排列，一座房屋的最高点则在后门。其次，民居必须遵循的一个原则，工匠们在下线打地基时，房屋的正前方必须收缩1～2厘米，名曰"撮箕屋"预示主人五谷丰登，日进斗金。切不可前宽后窄，此为大忌，名曰"斛斗屋"家财万贯都会败光，工匠不会为其施工。

三、三江程阳八寨侗族民居建筑技艺

三江程阳八寨位于桂西北地区，拥有典型的西南民居建筑特征，即木构干阑式吊脚楼。所有民居建筑不用一根钉子一铆和其他铁件，采用杠杆原理，层层支撑而上，皆以质地耐力的杉木凿榫衔接，拔地而起。

1. 主要类型

侗族民居主要以吊脚楼形式，吊脚楼属于干阑式建筑，但与一般所指干阑有所不同。干阑应该全部都悬空的，所以称吊脚楼为半干阑式建筑。侗族干阑式传统民居建筑，都是为了解决民居在日常生活中的具体要求创造出来的，并经过不断地探索和发展形成固定的工程做法。

2. 民居建筑材料

侗家传说鼓楼是照着"杉木王"的样子建造的，总体轮廓真的很像当地村民种植在山上用于建造房子的主要材料——杉树，体现了侗族有关大树崇拜的观念。民居建筑以竹木为主要建筑材料，主要是两层建筑，下

图4 三江程阳八寨侗族民居建筑（图片来源：自摄）

层放养动物和堆放杂物，上层住人。干阑式建筑可以防潮、防虫蛇侵扰、防震等。这种建筑适合那些居住于雨水多比较潮湿地方的人，主要盛行于中国西南较偏远的地区，包括广西中西部、云南东南部、贵州西南部和越南北部。

3. 营造技艺

侗族木构建筑营造技艺，是广西三江县的一项国家级非物质文化遗产。侗族民居主要以吊脚楼形式，吊脚楼属于干阑式建筑，但与一般所指干阑有所不同。干阑应该全部都悬空的，所以称吊脚楼为半干阑式建筑。侗族建筑工匠后继甚少，侗族木构建筑及相关技艺存在着延续的危机。令人担忧的是如何传承并学习？笔者以探索侗族木构建筑营造技艺文化遗产的传承与学习，在掌握了相对丰富的侗族木构建筑营造技艺基础上提出进行侗族民族技艺博物馆概念设计。民族技艺馆针对侗族建筑营造技艺展开侗族技艺遗产保护传承创新活动是本文关注的重点；博物馆内各相关人群的互动、馆内活动

图5　侗族木构建筑营造技艺（图片来源：自摄）

内容亦是本文重点探讨的相关内容。

1）建造营造运用的技术

侗族的民间工匠是天生的艺术家，他们建造楼、桥和民居时不用一张图纸，整个结构烂熟于心。靠仅有侗族木构建筑工匠才能看懂的"墨师文"为设计标注，仅凭看似简单的竹签为标尺，使用普通的木匠工具和木料就能制造出样式各异、造型美观的楼、桥。这种侗族乡土的建筑学工具不愧为一种简便易使用的工具，虽然简单却有神机妙用。设计结构精湛、让人不由心生敬畏。侗族木式结构建筑，用曲笔墨斗等工具做成特有的竹条"香竿"来将柱、瓜、梁、橼、枋等复杂构建准确定位标记。按照"香杆"上的标注下墨，用除侗族工匠外无人能懂的13个侗族建筑符号"墨师文"。"墨师文"在师徒间口口相传，世世代代一直沿用至今。木匠师父不用设计图纸，仅凭一根香竿，一把竹签就能精准建成

几千甚至上万个构件的一座座精巧木建筑。这种侗族乡土的建筑学工具不愧为一种简便易使用的工具，虽然简单却有神机妙用。在开料现场，了解工匠们使用的钜凿等工具，学习传统手工操作：柱头凿花、运料的嫁接、吊装衍条、空中作业等。在开料现场，可以了解工匠们使用的钜凿等工具，学习传统手工操作：柱头凿花、运料的嫁接、吊装衍条、空中作业等。

图6　侗族木构建筑工匠"墨师文"标注与工匠操作现场
（图片来源：自摄）

2）建筑营造类型组合

侗家传说鼓楼是照着"杉木王"的样子建造的，侗族分布在湘桂黔交界地区，没有受到宗教的过多影响。总体轮廓像当地村民种植在山上用于建造房子的主要材料杉树，体现了侗族有关大树崇拜的观念。鼓楼内部有四根大柱直通而上，柱间长凳围着中心火塘。楼顶悬大鼓，每遇大事击鼓为号。鼓楼以杉木凿榫衔接，顶梁柱拔地悬空，排枋纵横交错，上下吻合，采用杠杆定理，层层支撑而上。鼓楼通体全是木质结构，不用一钉一铆，由于结构严密坚固，可达数百年不腐朽倾斜。鼓楼内部有四根大柱直通而上，柱间长凳围着中心火塘。楼顶悬大鼓，每遇大事击鼓为号。塔式鼓楼除八角外，也有六角或方形的。这充分表现了侗族建筑木构技艺工匠高超的技术。

四、民居建筑技艺再生战略

1. 技艺馆方案的起源

方案提出起源于考察中发现的一个如何传承并学习这种民族工艺。存在技艺如何传承问题，尽管在当地参观并学习，但是还是不能完全了解侗族建筑的工艺。

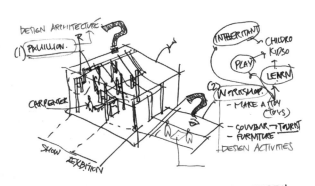

图7 民居技艺馆方案构思（图片来源：自绘）

令人担忧的是，目前由于侗族建筑工匠后继其少，侗族木构建筑及相关技艺存在着延续的危机。因此，提出是否能在这个平寨建一座侗族木建筑工艺展示馆。

2. 技艺馆的概念设计的建筑结构方案

在考察的过程中我们重点对侗族的鼓楼建筑结构

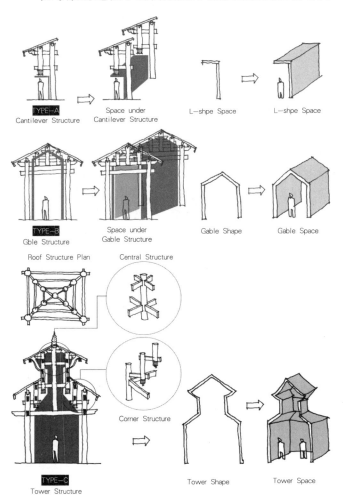

图8 提取推敲侗族民居建筑结构与空间（图片来源：自绘）

进行提取。分别提取了鼓楼结构的悬臂屋檐结构、山墙立面结构、中心结构及风雨桥底部大跨度的结构。分析各个结构下的可用空间，我们分别获得了L形空间、山墙形空间、塔状形空间。再分析展示馆及其内部空间。利用该结构以及空间来重新设计一个新型木结构。而展示馆的结构样式也是运用侗族的建筑结构方式进行提取创新设计，但外形结构不会发生太大幅度的变化，其建筑整体也是想给人一种启发，鼓励大家传承文化技艺，支持木构创新。

3. 技艺馆的概念设计建筑空间布局活动

其次是展示馆活动空间的内部功能布局，主要分为六大功能布局：入口区、展示区、模型拼接制作演示作区、体验区、休息交流区、中心主题展示区。空间内采取多种活动形式，传承与创新。一，眼睛要看，用建筑的木构设计展架，以图片、视频讲解。二，运用全息3D投影技术，不间断地投放虚拟建筑模型，全模型360°观看，预设放在中心展区，既不占用空间体积，因此可以灵活可以灵活多变。三，利用延时摄影技术记录播放侗族木建筑的全程建设视频，包括取材、加工、拼接等过程。四，设计一个木工工匠工作坊，让当地小孩，大人等都可以传承技艺，让外来游客了解并参与学习。五，预留一块体验空间，小朋友可以拼接小的建筑模型，就像拼接乐高一样也可以自己创新设计自己喜爱

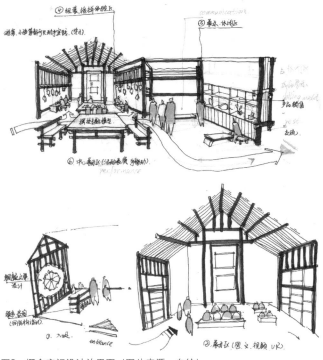

图9 概念空间设计效果图（图片来源：自绘）

的新造型。六，最后一块空间是提供休闲区用，有用穿斗设计的桌椅休息区提供一个学习交流的区域，有模型展示架展示多样的侗族建筑小模型，可做纪念品销售，给游客带走。

五、总结

侗族的民间工匠是天生的艺术家，他们建造楼、桥和民居时不用一张图纸，整个结构烂熟于心。设计结构精湛、让人不由心生敬畏。本文通过对广西三江侗族自治县林溪乡程阳八寨田园考察，从中选择实际项目作为创作主题，从健康生活的理念和科学技术的角度寻找传统文化与现代生活的契合点，提升村寨人居环境质量和传统文化的保护与传承。向当地提出建设一座结合现代高科技再创新建筑，旨在传承并创新侗族木构工艺博物馆。同时也能让来自世界各地的游客前来学习创新。才能使这绝妙精湛的侗族建筑技艺不仅世代传承下去，也能传播到世界各地。总的来说，侗族建筑都是为了解决民居在日常生活中的具体要求创造出来的，并经过不断地探索和发展形成固定的工程做法。这些民居建筑结构严谨，造型独特，极富民族气质，值得为其研究建筑技艺再生策略。

参考文献：

[1] 巫纪光，柳肃. 中国建筑艺术全集 [M]. 北京：中国建筑工业出版社，2003，3.
[2] 陆元鼎，陆琦. 中国民居建筑艺术 [M]. 北京：中国建筑工业出版社，2010，12.
[3] 李丽. 木艺建筑 [M]. 南京：江苏凤凰科学技术出版社，2016，1.
[4] 李长杰. 桂北民间建筑 [M]. 北京：中国建筑工业出版社，2016，11.
[5] 黄滢. 中国最美的古村 [M]. 武汉：华中科技大学出版社，2017，3.
[6] 雄伟，广西传统乡土建筑文化研究 [M]. 北京：中国建筑工业出版社，2013.
[7] 广西壮族自治区住房和城乡建设厅. 中国特色民居风格研究（上、中、下册）[M]. 南宁：广西人民出版社，2015.

文化生态学视角下名人故里聚落的保护与更新

——以河南三门峡苏秦村为例

程子栋[1] 郑东军[2]

摘 要： 传统聚落本质上是一个文化、自然、社会、经济平衡共生的"组织"系统，是一个"生命有机体"。本文结合"文化生态学"理论，为"名人故里"传统聚落的保护与提升提供了一个更宏观、系统的视角和框架。将文化生态学理念引入"传统聚落保护与提升"层面，对传统聚落的"文化生态系统"进行解构并剖析其蜕变问题。这为我们如何对传统聚落进行保护提供了有益的理论借鉴，使我们能够更准确、更全面地对传统聚落的文化物种、文化环境等要素进行保护，从而实现传统聚落的永续发展。

关键词： 文化生态学；名人故里；传统聚落；保护与更新；苏秦村

传统聚落是民族文化起始的源头和根基，是中华民族历史信息的载体，具有非常高的保护与传承的价值。尤其是在高度全球化的今天，现代文化的冲击更加唤起了人们对传统文化的重视。国家和社会对传统聚落的保护越来越重视，而其中具有特色的一种传统聚落——精神文化的发源地"名人故里"式传统聚落，更是保护的重点。本文引入"文化生态学"概念，对以战国纵横家苏秦的故乡苏秦村为例的名人故里式传统聚落进行分析与总结，以期对传统聚落的保护提供相关的理论与方法思考。

一、苏秦村概况

苏秦村是春秋战国时期配六国相印的苏秦（公元前337～公元前284年）的出生地，是一个非常典型的"名人故里"式的传统聚落。村落至今已有2300多年，是一个名如其实的千年古村。

苏秦村村庄整体依山而建，整体地势东高西低，聚落北边有河流绕村而行，山南则有山体，遵循了"负阴抱阳、背山面水"、"前有照，后有靠"的理念建造村落，其选址充分考虑了生存、发展、环境等因素，聚落整体布局因地制宜，并反映了聚落的发展过程，其村落建筑也颇为讲究，是豫西传统民居的典型实例。

苏秦村内格局保存完整，保存着大量的上至清朝、下至民国时期的民居建筑群，比如进士官坻、张家大院、潘家老宅、李专军了老宅等。另有农耕实物、民俗用品特别是石器具。村内不仅有数量众多的历史民居建筑，更有众多的文物古迹，聚落周边有寄托村民意愿的象征性建筑："贻谷台"、"魁星楼"、"风水塔"、"禹王庙"、"牛王庙"、"文武阁"，还有传统文化古迹："五女坟"、"桃花庵"、"武安寨"，佛家、道教文化名胜之地："龙耳寺"、"九阳观"共12处古迹[1]。

苏秦存聚落形态完整，保存下来的历史建筑、历史院落、传统街巷等有形的历史遗存和反映居民社会生产、生活习俗、礼仪风俗等无形的传统历史遗产无不体现出苏秦村的历史演变、历史遗存以及记录历史的价值。（图1）

二、文化生态学和传统聚落

1、文化生态学

文化生态学是一门新兴学科，其概念主要来自于生态学，是由德国生物学家E·H·海克尔于19世纪70年代最先提出用来研究文化与其周围生态环境之间的关系的[2]。20世纪60年代，美国文化人类学家J.H.斯图尔

---
1 程子栋，郑州大学建筑学院，研究生，450001，549244758@qq.com。
2 郑东军，郑州大学建筑学院，教授，副院长，450001，2271227176@qq.com。

图1 苏秦村历史建筑分布图（资料来源：作者自绘）

德首次提出"文化生态学"的概念，并提倡建立专门的学科，以研究具有地域性差异的特殊文化特征及文化模式的来源[3]。并且指出，"文化及其生态环境之间是密不可分，相互作用、互为因果的关系。"

文化生态学的研究在我国也越来越受到重视，冯天瑜先生在研究中指出文化生态分为三个方面内容，即自然环境、经济环境和社会环境，三个方面互相影响、互相作用，形成"自然—经济—社会"三位一体的复合结构[2]。司马云杰在《文化社会学》一书中列出"文化生态系统结构模式图"，描述了一种以文化为核心构成的生态系统，即"文化生态系统"[4]等。国内文化生态学理论得不断扩大，已经成为研究传统聚落的一种不可或缺的方法，本文以文化生态学的方法对苏秦村进行分析与研究，以期找到其适合的运用方式。

2. 传统聚落

聚落，简单来说是人类聚集居住的地方，是人类的定居之所。《史记·五帝本纪》中有载："一年而所居成聚，二年成邑，三年成都。"注释中解释有曰："聚，谓之村落也。"《汉书·沟洫志》也有记载："或久无害，稍筑室宅，遂成聚落。"聚落，从字面上来说就是人类居住、聚居的场所。

传统聚落是一个特指的概念。从字面上理解是指在一定的历史时期形成的，保留有明显的传统文化习俗，并且历史风貌、格局、肌理保存相对较完整的古村、古镇和古城。但传统聚落随着时间的推移、人口的变化、占地面积和功能的改变，依照其规模的大小和生产结构等要素的不同，又可分为村落、集镇、城市等不同的类型。

本文所指的传统聚落特为相对面积较小，传统建筑、格局肌理、民俗保存相对完整的村落。

三、苏秦村的文化特色与分析

苏秦村历史悠久，是身佩六国相印的大纵横家苏秦的故乡，至今已有2300多年的历史，是一个典型的"名人故里"式的传统聚落。其独特的文化传说与历史遗迹在发展中不断与聚落的自然环境相结合，形成了苏秦村独具特色的文化与聚落格局。

苏秦佩六国相印，卒合齐楚燕赵韩魏抗秦的故事以及"读书欲睡，引锥自刺其股，血流不止"的学习精神流传至今。独特的精神文化激励着苏秦人，也是苏秦村不断发展的内在动力。

在建村之初，苏秦村人便遵循着传统文化的指导，整体聚落依山而建，并在规划聚落格局时在东西主干道修建文武阁，即表示了苏秦村继承苏秦"锥刺股"刻苦学习和率众抗秦的爱国精神。属于该村的标志性建筑。同时，文武阁前左右有水池，名为"龙池"，村南有"凤眼"取义"藏风聚气，得水为上"的理念。传统文化与自然环境的动态平衡与发展，形成了苏秦村今日的格局风貌，但现代社会的高速发展又对传统聚落产生了几乎是毁灭性的冲击，简单的古村落保护方式已无法满足富含传统文化的苏秦村的保护需要。因此，本文提出应用文化生态学的理论与方法来保护苏秦村这一"名人故里"式的传统聚落。

文化生态学的"自然—社会—经济"理论系统，苏秦村的村落选址、格局、肌理均由自然环境以及苏秦村特有的文化环境所决定，在更多方面的综合影响下，达到了一种动态的平衡，最终形成了苏秦村现在的村落形态。在具体的保护措施中，着眼于最能体现出传统村落格局的村落空间形态进行分析，从空间形态的子系统：社会空间、物质空间、精神空间这三个层次进调研与保护，从而更好地保护苏秦村宝贵的历史文化与自然环境，更加持久有序地发展传统聚落（图2）。

四、苏秦村的保护与再利用

基于文化生态学的传统聚落保护规划的目标是通过对聚落的环境要素、空间特征、文化要素进行系统地调研分析之后，总结出所存在的问题，并提出有针对性的保护策略进行解决，最终实现传统聚落文化生态系统的健康可持续发展；在保护的基础上继承和发扬聚落传统文化，彰显聚落的民族文化特性，提升聚落的知名度和影响力；适当发展旅游业，增加村民的收入，提升村民的生活质量（图3）。

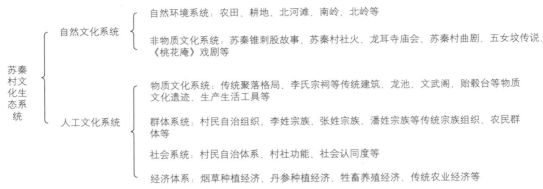

苏秦村文化生态系统
- 自然文化系统
  - 自然环境系统：农田、耕地、北河滩、南岭、北岭等
  - 非物质文化系统：苏秦锥刺股故事、苏秦村社火、龙耳寺庙会、苏秦村曲剧、五女坟传说、《桃花庵》戏剧等
- 人工文化系统
  - 物质文化系统：传统聚落格局、李氏宗祠等传统建筑、龙池、文武阁、贻榖台等物质文化遗迹、生产生活工具等
  - 群体系统：村民自治组织、李姓宗族、张姓宗族、潘姓宗族等传统宗族组织、农民群体等
  - 社会系统：村民自治体系、村社功能、社会认同度等
  - 经济体系：烟草种植经济、丹参种植经济、牲畜养殖经济、传统农业经济等

图2　苏秦村的文化生态系统（资料来源：作者自绘）

1. 社会空间的保护

社会空间是一种能被社会群体感知和利用的空间，是传统文化要素与自然环境要素对聚落格局的主要影响形式之一，主要包括生产性空间和生活性空间。生产性空间是人们日常劳作的空间，主要由自然环境所影响。生活性空间是人们生活紧密相关的场所，有村落入口空间、宅前广场等组成。

苏秦村的入口及村内广场深受中国传统思想的影响，选址中的"藏风纳气，得水为上"的聚落营造理念，以及"负阴抱阳、背山面水"，"前有照、后有靠"的聚落选址理念深深的影响着苏秦村的发展，在规划保护的中，综合考虑到各方面的原因，将入口及村内广场进行了保护修缮。

1）塑造入口标识景观

聚落的入口是重要的门户空间，是聚落特色文化展示的重要空间，它就像聚落的一张名片，是外来人员初步了解聚落基本特色的重要途径。同时，苏秦村聚落入口处不仅有聚落中的标志性建筑——文武阁，更有寓意丰富的"龙池"景观。因此，在规划设计中应当在聚落入口空间采用最简洁明了的方式表达最多的聚落信息。整体的修缮文武阁以及龙池，恢复其最原生的形象状态，充分体现出古人在建造村落时"藏风纳气，得水为上"的营造理念。因此，在规划中将入口进行修缮复原（图4）。

2）布置特色景观小品

在规划过程中往往会通过在聚落的空间节点处设

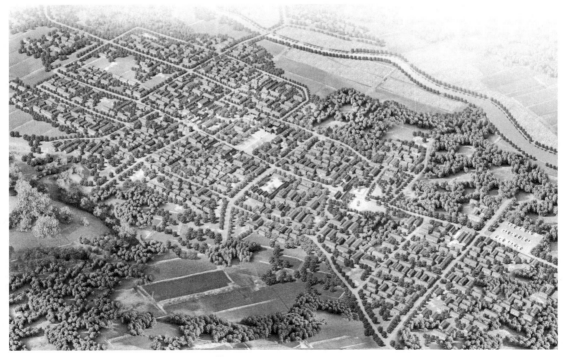

图3　苏秦村整体规划图（图片来源：工作室提供）

图4 苏秦村入口文武阁、龙池景观（图片来源：工作室提供）

置特色景观小品来营造空间的文化氛围。

苏秦村是佩六国相印的大纵横家苏秦的故乡，苏秦所代表的刻苦学习以及纵横抗秦的爱国精神从这里广为人知。发展苏秦村，就必须要发展苏秦村的精神，这也同样是苏秦村传统文化的基石。因此，在村中建设苏秦文化园，集中展示苏秦以及苏秦村人代代相传的精神文化，同时也是展示苏秦村两千年来文化生活、精神面貌的最佳场所（图5）。

图5 苏秦村苏秦文化园景观（图片来源：工作室提供）

2. 物质空间的保护

物质空间形态主要包括村落空间、街巷空间、建筑空间等，在物质空间的建设中，中国传统文化中的理念对聚落的影响巨大。不论是从聚落形态的整体肌理，抑或是村中建筑院落的分布以及由院落所围合而成的传统街巷空间均透露着先人的经验与智慧。在苏秦村的物质空间形态中，在最主要的街巷东部建造了文武阁，也是苏秦村的标志性建筑。在保护规划的过程中，充分考虑了文武阁等历史建筑以及建筑之间围合而成的历史街巷，肯定了它们的历史价值以及对聚落原生肌理的重要影响，重构及修复了空间格局。

1）重构传统格局

传统聚落的路网、水系空间形态、聚落空间形态等是在聚落长期的发展过程中逐渐形成的，与聚落周围的自然生态环境已经融为一个整体，是聚落千百年来演变过程的见证，是聚落文化的一种体现。对于那些可能破坏聚落整体风貌协调的道路、基础设施、建构筑物等要提出相应的整改与预防措施，确保聚落传统空间格局的延续。

2）修复街巷空间

传统的街巷空间形态往往是以民居、公共空间等为节点进行连接而形成的，一般形成于建筑物之后。无论是其宽度还是走向，都是当地村民选择的结果，跟当地的生产生活方式、地形地貌、人类行为习惯有着很密切的关系。因此，在保护规划的过程中要延续传统的街巷空间形态，避免以保护和发展的名义对传统的空间形态进行破坏（图6）。

图6 苏秦村传统街巷空间（图片来源：工作室提供）

3. 精神空间的保护

传统聚落的非物质文化遗产要素是一种无形的文化遗产，与人的关系是非常紧密的，它的生存与发展都离不开人。来源于同一文化基因的非物质文化要素会共同构成一个文化生态系统，与自然生态系统一样，文化物种种类越丰富文化生态系统也就会越稳定。对非物质文化要素的保护可以从以下几方面进行：

1）建立非物质文化遗产展览馆

苏秦村传统聚落具有丰富的传统文化特色，其所承载的非物质文化遗产也非常丰富。在对其进行保护的过程中可以采取建立民族特色非物质文化遗产展览馆的方式，可以将苏秦村村中的苏秦文化传承展现（图5）。还有位于村东的龙耳寺文化（图7），既能让参观的游客快速、直观地了解本民族的文化元素，也能增强本村居民的文化自豪感，既有利于文化的传播，也有利于文

图7　苏秦村龙耳寺（图片来源：作者拍摄）

图8　苏秦村非物质文化保护示意图（资料来源：作者自绘）

化的传承。

2）划定非物质文化遗产体验区

非物质文化遗产的发扬光大在一定程度上也受到其关注度的影响，关注度越高越有利于更广泛的传播。在传统聚落非物质文化遗产保护的过程中，应依托聚落的旅游业，建立特定的非物质文化遗产体验区或者全面向游客开放体验，以游客为媒介进行文化的传播，既能提高文化遗产的知名度又能吸引更多的游客前来参与，能达到文化传播与经济增长的双重收获。如针对苏秦村的农耕文化、饮食文化、传统艺术、传统体育等非物质文化分别建立展示区与体验区来供游客的观赏与体验，可同时达到文化的宣传与传承的作用（图8）。

五、结语

本文从文化生态学相关理论的视角出发，针对"名人故里"式的传统聚落进行分析总结，将苏秦村的精神文化与当地的聚落、自然等环境当成一个大的文化生态系统，分析文化生态系统各子系统所存在的问题并提出相应的解决对策。

从苏秦村的保护案例中可以得知，名人故里不仅仅是简单的传统聚落，更是一种精神文化的传承之地。

保护名人故里不仅要对聚落内的传统格局、建筑进行保护，更应该结合当地的传统精神文化系统地进行保护。文化生态学"自然—经济—社会"系统的理论为名人故里传统聚落的保护提供了一个可行的方向，在人、自然、社会、文化等不同变量的相互作用中达到一种动态的平衡，从而促进聚落文化的活态传承，保障传统聚落文化生态系统的和谐稳定，最终达到传统聚落可持续发展的目的。

参考文献：

[1]（英）查尔斯·珀西·斯诺. 苏秦村志. [M]. 陈克艰，秦小虎，译. 上海：上海科学技术出版社，2003.

[2]（英）查尔斯·珀西·斯诺. 两种文化 [M]. 陈克艰，秦小虎，译. 上海：上海科学技术出版社，2003.

[3] 黄正泉. 文化生态学 [M]. 北京：中国社会科学出版社，2015，6.

[4] 司马云杰. 文化社会学 [M]. 太原：山西教育出版社，2007，7.

地域视角下的山东传统民居门楼建筑艺术特征研究

——以章丘市博平村古官道传统门楼为例

尹利欣[1] 高宜生[2]

摘　要：济南章丘市博平村古官道传统门楼建筑是山东传统民居中门楼建筑的典型代表，本文通过文献搜集、实地调研和测绘，结合地域环境的影响因素对门楼产生的社会背景、门楼功能与形式、门楼文化艺术特征等方面进行分析，并希望通过对该村传统门楼建筑的研究，在当下城乡建设中，可以引起人们对普通传统民居保护的重视。
关键词：山东门楼建筑；古官道；博平村；文化艺术特征；地域性

一、门楼产生的社会背景——古官道地域文化下的博平村

博平村（图1）位于章丘市绣惠镇东南30里处。绣惠镇曾经是章丘县的所在地，现在的章丘县城是明水镇。从明水往东，是一个叫作"旱码头"的商业重镇——周村。从绣惠向西是济南府，博平村位于周村、明水、绣惠、济南这条黄金商贾的中间，与古官道相通，穿过博平村的中心东西街。这种交通优势为其经济发展奠定了地理制高点。

清末到民初，博平村的刘氏后裔将本家族的辉煌推至顶点，经商后具有一定经济基础的刘氏族人在博平村建设了大面积的居住宅院，宅院多沿官道而建，取交通之便，博平村古官道传统门楼多为当时所建。博平村古官道传统门楼建筑由保留的门楼中品质较好的十处门楼构成（图2），分布于东西北街及东西大街（原古官道）两侧。后来经历各种变迁，现大部分院落仅保留原有门楼。博平村古官道传统门楼建筑形制由于官道的原因受济南民居影响较大，同时很多部位具有强烈的地方特色，具有较高的研究价值。

图1　博平村在章丘的地理位置示意图（图片来源：作者自绘）

1　尹利欣，山东建筑大学，2018级建筑学研究生，乡土文化遗产保护国家文物局重点科研基地（山东建筑大学），山东建筑大学建筑文化遗产保护研究所，250101，1923919948@qq.com.
2　高宜生，山东建筑大学建筑城规学院，副教授；乡土文化遗产保护国家文物局重点科研基地（山东建筑大学），常务副主任；山东建筑大学建筑文化遗产保护研究所，所长；全国文物保护标准化技术委员会委员；研究方向：建筑史学研究、文化遗产保护.

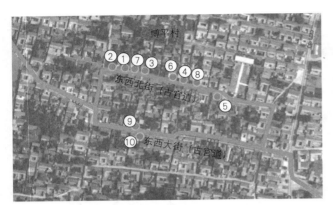

图2 门楼建筑群总平面示意图（图片来源：作者自绘）

二、门楼功能与形式研究

1. 相关概念解读

1）民居大门

民居大门又称庭院大门、街道大门，是一户人家的社会形象，连接着内与外，它的地位往往在所有门中规制最高。民居大门是整个院落平面组织的中心环节，是民居空间序列的开始，具有物质功能和精神功能的双重属性，其样式，结构，位置等也符合庭院主人的身份、地位、喜好等，符合中国传统民居组织的规范。

2）门楼

门楼最初是指城楼，目的是瞭望、射击敌人。后来，由于其高耸的势头，一般是指较大的门户建筑。门楼不是真正的建筑，而是直接用砖砌在门口的门墙上，安装门和院墙合为一体，没有室内空间。门厅是中国古代建筑的"立面"，是居民身份、地位和财富的象征。

2. 传统门楼的功用

1）交通的组织

门楼建筑的主要功能是交通联系，同时具有采光通风功能。宅院和外部环境的交通联系通过门楼组织起来，街道又连接许多宅院形成组团式布局。

2）防护

门楼建筑具有隔离、保护、防寒、防风的功能。

3）空间的转换，形成视觉焦点

门楼是一个从公共街道到私人庭院的过渡空间。门楼的空间意义在于：使两个区域得以分开或由于它的存在两区域得以"出场"，并且这两个区域能够通过"门楼"来沟通、交流。因此，作为空间界面上节点，门楼自然也起到了吸引视线的作用。

4）丰富空间界面

从空间构成的角度来看，建筑空间通常分为三个

类别：外部空间、内部空间和两者之间的过渡区。从构图上看，中国传统建筑的大门建筑是一个过渡带。建筑的内部空间通过门楼延伸到外部环境，外部空间也通过门楼渗透到内部空间，门楼建筑的出现使建筑内外空间的过渡具有丰富的层次感和逐渐的空间感，借助这种过渡性才使得"外空间—门楼—内空间"三者的渐进层次合乎逻辑（图3）。

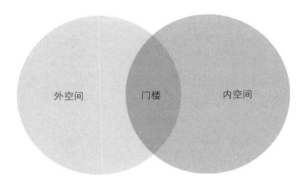

外空间　门楼　内空间

图3 门楼空间转换示意图（图片来源：作者自绘）

5）文化的表征

门楼在古代是家族财富的象征，它直接反映了业主的社会地位和经济水平。

3. 传统门楼的类型

根据门扇的安装位置，门楼可分为广亮大门、金柱大门、蛮子门、如意门和随墙门五类。前四种门的结构形式为屋宇式，随墙门的结构形式为随墙式。最高级别的是"广亮大门"，如意门是普通四合院最常用的大门之一；墙垣式门是在墙上安装门，与墙为一体，是最低端的门。

4. 传统门楼与四合院的关系

四合院通常按南北垂直轴线布置房屋和庭院，大门建筑朝东北方向。根据中国传统风水理论，它符合四合院的传统布局理念和习俗。门建筑体深，风格简单，体量高大完整，一般高度为6～7米。门楼使宅院的流线的流动曲折，避免了视线的障碍，保证了房子的私密性。博平村的四合院结构形式多为两进式，总体上保持了北方四合院的传统布局和结构，现为普通村民居住所用。

三、门楼文化艺术特征

博平村的民居建筑简单实用，装修较差，只有门楼

建筑是宅院装饰的关键部分，也是至今保留的最完整的部分。门楼建于清末民初，门楼的保存条件都很好，大部分门楼雕刻都比较精致，主次分明，线条简洁，做法简单，具有典型的清代风格，历史资料保存较为丰富。

1. 建筑立面特征、地域特色

博平村古官道传统门楼一般建于青石基上，墙为青砖而砌，山墙承檩，硬山合瓦屋面，门顶为清水脊的形式，五脊六兽或者不施脊兽。面阔约2.7米，进深约4.8米，檐口高约3.5米，通高约6.5米。面阔约2.7米，深度约4.8米，檐口高度约3.5米，整体高度约6.5米。台阶为如意踏跺条石，步数为三级，意为"晋升三级"、"万事如意"（图4）。山墙下碱为方整毛石，石上三层淌白清水腰线，腰线上至山尖为土坯混水墙面，墙角青砖转角（图5）。大部分门楼三层挑檐砖（图6），青砖博缝，博风头装饰图案。需要特别说明的是，门楼后檐檐口一般为冰盘檐，檐下为方形门洞或者砖砌拱券门洞，很具有地方特色。门扉设在类似北京四合院金柱大门靠里的位置，门前空间约有1米，但不同于金柱大门的是，门的位置是在墙上居中留一个尺寸适中的门洞，门洞内安装门框、门槛、门扇及门枕石等构件，该位置做法和如意门类似，只是门的位置不同。

博平村古官道传统门楼建筑形制由于官道的原因受济南民居影响较大，建筑装饰精美，盘头雕砖、木雕、脊兽等保存较好，极具地域特色，具有较高的研究价值。

正脊是一种铜币风格，由小花瓦相叠拼成，也被称为"砂锅套"造型，正脊两端是别致的翘首螭吻（图7）。村中几个门楼檐下还有挂落和雀替，虽有破损，但活泼起伏的草花图案中仍能欣赏到精美的木雕工艺。墀头上的砖雕主要是动物和花草图案，门枕石上则是一些有吉祥寓意的图案，生动而饱满。这种来自传统住宅的艺术符号简洁而生动，带有强烈的生命气息。

图4　门楼6正立面（图片来源：作者自摄）

图5　门楼3山墙（图片来源：作者自摄）

图6　门楼4檐口（图片来源：作者自摄）

图7　门楼8脊兽（图片来源：作者自摄）

2. 门楼装饰工艺

门枕石：直接连到地上，一半在门里，一半在门里。用门框在十字路口开一条槽，插入门槛。门枕石的形状内外不同，里面是方的，外面一般雕刻成圆鼓或长方形。门墩是博平村门楼建筑中装饰雕刻的重点部位，常用各种花鸟纹样、兽面图案，吉祥文字表达吉祥、辟邪等寓意；墀头为吉祥传统蝙蝠花鸟、福禄寿喜等文字符号的石雕装饰；门楼两侧外墙壁上的拴马石，显示出当时的商业繁华和车水马龙的景象；瓦当的样式有猫头、虎头和狮头。

砖、石、木雕刻是济南民居中最为精彩的部分，它们在民居中起着画龙点睛的作用，更充分体现着济南民居丰富的文化内涵。雕刻中几乎都有吉祥图案，如福禄寿喜、花鸟鱼等，"五福"、"寿"的主题反映了人们对幸福健康生活的渴望；"缠枝葫芦"、"多子石榴"寄托了人们对人丁兴旺的向往。

四、新形势下传统门楼建筑的保护策略

1. 当前急需解决的主要问题

基于该传统建筑十处门楼的研究及其现状分析，后续保护工作重点应解决四个层面的问题，依其重要及急迫程度论述如下：

1）本体保护与维修工作，部分建筑亟待维修，应将勘测图纸、保护图则及保护方案结合后续使用，从速开展相关保护工作。

2）后世不当改动的拆除与恢复，由于该建筑是山东章丘民居门楼的典型代表，加之后世使用中改动部分对建筑风貌影响较大且后建建筑品质较差，应结合具体管用，进行恢复。

3）基础设施的改善提升，现状电路管线敷设等非常不规范，由于均为木构传统建筑，存有较大安全隐患，应结合后续保护工作从速改善提升。

4）整体环境的整饬提升，门楼所在街道现状整体环境品质较差，应予以整饬，提升其整体环境品质。

2. 保护策略

1）激活历史建筑的使用

一是完善法律法规，制定强制性规定，保持传统村庄的完整性和自然性，从而引导传统村落的开发利

用。二是在当下城乡建设中，在符合结构、消防等专业管理要求和不损坏历史建筑核心价值要素的前提下，博平村古官道传统门楼应根据《山东省章丘市普集镇博平村传统村落保护发展规划》的规划要求，首先对十处门楼进行修缮，整饬街道环境，然后结合古官道及周边传统建筑发展旅游，东西大街结合石狮、石墨等历史要素和开敞空间设置为室外文化展示和体验节点，试图探寻城市建设与发展所依赖的文化根脉，并据此建立起贯通传承与发展之间的重要桥梁，达到历史建筑活化利用的目的（图8）。

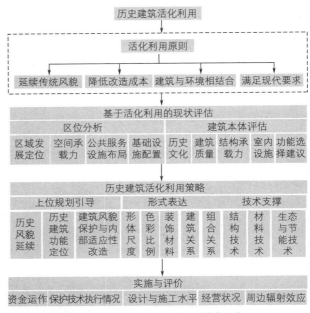

图8 历史建筑活化利用探索图（图片来源：作者自绘）

2）历史建筑管理使用建议

对传统门楼建筑进行用途分析（图9），对于有人居住的门楼，所有人为其管理人，负责历史建筑的维修保养，但需符合历史建筑修缮的要求。管理人需明确历史建筑保护要求，在保护、修缮、利用中遵守相关规定，但其可以从旅游收入中得到一定的收益；对于其中空置无人居住使用的门楼，由于无人使用管理，建筑的

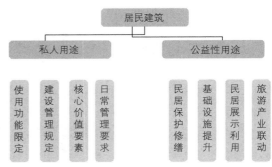

图9 民居建筑用途分析（图片来源：作者自绘）

损坏比其他建筑更快。建议户主可以采用宅基地参股的方式，一方面可以获得收益，另一方面可以有效对门楼进行保护与利用。

3）提高保护意识，促进村民自发参与

通过大力宣传教育，增加村民对传统建筑历史文化价值的认识，传授古官道的相关知识，让他们改变观念，用自觉、科学的思想来保护传统民居。

4）吸引资金投入，探索多形式的保护方式

为拓宽资金投入渠道，除了政府增大投资外，还需发挥政府的职能，制定相关激励政策，动员和鼓励企业家、社会团体和社会各界积极参与保护传统门楼，可建立类似"传统建筑保护基金会"，从社会和企业募集资金，用于传统建筑的保护。

参考文献：

[1] 周力坦. 中国传统建筑的门文化与形式研究 [D]. 西安：西安建筑科技大学，2009.

[2] 李万鹏，姜波. 齐鲁民居 [M]. 济南：山东文艺出版社，2004.

[3] 张晓楠. 鲁中山区传统石砌民居地域性与建造技艺研究 [D]. 济南：山东建筑大学，2014.

[4] 王晓菲. 门内洞天—陕西韩城党家村门楼艺术研究 [D]. 武汉：华中科技大学，2011.

[5] 贾珺. 北京四合院 [M]. 北京：清华大学出版社，2009.

[6] 洪霞. 晋中传统民居宅门研究 [D]. 太原：太原理工大学，2016.

震后汶川地区羌族聚落风貌现状和改造手法研究

周建军[1]　李　路[2]

摘　要： 本文以汶川地区数个羌寨风貌为例，将其划分为旅游型聚落和生产型聚落，从聚落选址、空间格局、聚落形态、景观环境、民居建筑等方面论述新时代羌寨风貌现状和改造要点。可供今后羌族聚落的重建作为参考。

关键词： 羌族；聚落；风貌现状

一、背景与现状

1. 聚落风貌定义

　　聚落是人类聚居活动的场所，是人类各种形式的聚居地的总称，是社会环境的一种类型。风貌是在一个地区的地理环境、历史文化、社会习俗、风土人情等作用下形成的，它能反映一个地区的精神面貌和文化内涵。[3]对于聚落来说，其风貌是通过聚落选址、聚落空间格局、聚落形态、聚落外部环境、聚落景观、民居建筑形态、建筑材料、细部装饰等体现出来。

2. 羌族传统聚落风貌

　　从聚落地理学的角度上来说，羌族传统村寨属于农牧结合的块状聚落。其建立需要满足安全稳定的水源条件、充足的农牧用地、防御形势良好、气候适宜、精神需求的特点。羌族聚落主要分布在河谷、半山腰和高半山三段地形上，因地因时各有不同的原始规划组群，相互支持，围绕一个主寨展开整体布局，看似散乱，实为一体，极具特色。

　　羌族民居建筑大多就地取材，因此从建筑材料的种类上，可以分为石砌民居、土夯民居、板屋三种类型。建筑依山势地形而建，从底部至屋顶，墙体有收分，整体具有梯形的稳定感。建筑高度大多为三层，开

图1　羌族传统聚落风貌
（图片来源：季富政. 中国羌族建筑 [M]. 成都：西南交通大学出版社，2002.

图2　索桥村聚落风貌现状

1　周建军，西南交通大学，611756，1151753849@qq.com.
2　李路，西南交通大学，副教授，611756，695570422@qq.com.
3　刘艳.巴渝地区山地传统聚落风貌设计研究 [D]. 重庆：重庆交通大学，2016.

窗小，墙体较厚。碉楼作为羌族的标志性建筑，使得整个聚落的建筑形态更加丰富。

3. 羌族聚落风貌现状

随着现代社会的发展和外来文化的影响，传统的羌族聚落面临着现代文明对传统生活生产方式的冲击。在羌寨的新建建筑中，都有建造现代的白墙抹面，瓷砖贴面住房的趋势。而512汶川地震的发生，出现了大片需要重建修复的聚落，更使得这种进程的步伐加快。但是这种白墙和瓷砖建造的新房始终无法融入传统的羌寨风貌中，对原始的羌寨风貌更是造成了一定的破坏。

二、聚落风貌现状分析

地震后羌寨主要从事农业生产和旅游业发展，因此现将汶川地区羌寨分为旅游型聚落和生产型聚落。

1. 旅游型聚落

1）东门寨

东门寨位于阿坝藏族羌族自治州汶川县龙溪乡沟口地段，区位优势十分明显。羌寨选址在典型的沟谷地带，平行于等高线布局，地势高差变化小，坡度平缓。聚落沿岷江支流单侧呈带状布置，建筑群分布均匀。地震后在原来的寨子基础上进行修复扩建而成，现以发展旅游业为主。

寨子街巷两旁种有绿植和盆栽，和垂直方向的过街楼则形成立体的景观空间。整个聚落三面依山、两面傍水，水系景观丰富。寨内建筑主体采用现代的材料和结构，外墙以砖石贴面，局部以木构件加以装饰。屋顶上保留了纳萨和白石的传统建筑装饰。院坝内的葡萄架

既可以用来装饰，也可以遮阳。新建的碉楼是羌寨公共活动空间的中心，周围设有小型广场和戏台。

2）布瓦寨

布瓦寨位于岷江与杂谷脑河汇合处的高半山坡台地上，是为数不多以黄泥筑房的羌寨。聚落沿盘山公路呈带状布置，建筑群依等高线布局，地势南低北高，建筑群依等高线布局。民居组团以碉楼为中心展开，面向岷江开阔的河谷，形成整体的立面形态。布瓦寨以黄泥碉群而闻名，碉楼集中分布，依山势和村落南北分布，原有48个碉楼雄踞寨中。震后重建的布瓦寨风貌基本呈现出传统羌族聚落的形态。

震后布瓦寨对老建筑进行了加固修复，也有村民在老建筑的基础上扩建加建，或是直接采用现代的材料和结构建造新房，并在外墙的表面采用黄泥抹面和砖石贴面的方式维持布瓦寨的风貌。建筑的窗户采用木构花格窗作为装饰。整个羌寨仍以碉楼为中心进行布局，巷道空间保持了羌族聚落的典型特征。村子中有一棵挂满红丝带的古树，围绕古树形成了一个大的景观空间。

3）垮坡村

汶川县龙溪乡垮坡村平均海拔2100米，是典型的高半山村。聚落依山势而建，由西至东地势逐渐降低，地形坡度大，呈带状布局，建筑密度高，水系由西向东纵贯全村。整体空间格局随环境因素而形成，因地制宜。重建后的垮坡村依旧呈现出原汁原味的传统羌族聚落风貌。整个村寨现以农业生产为主，旅游业尚未完全开发。

垮坡村建筑顺山排列，错落有致。震后统一采用现代材料与结构进行修复加固。老建筑保留了传统的建筑形态，采用片石外墙，墙体收分，屋顶以白石等作为装饰。新建建筑以瓷砖贴面或白墙粉刷，也有直接用水泥外墙和砖石贴面来维持传统建筑风貌。寨内存有大量保存完好的过街楼，成为羌寨中内部建筑景观上的一大特色。道路的一侧有一条从山上流下的水渠景观，和巷道过街楼组成了庭院式的立体景观空间。

图3 东门寨聚落总平面图

图4 布瓦寨聚落总平面图

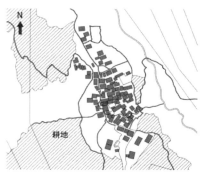

图5 垮坡村聚落总平面图

表1

类型	屋顶	立面	装饰	景观环境	聚落形态
图例1	 1-1	 1-2	 1-3	 1-4	 1-5
图例2	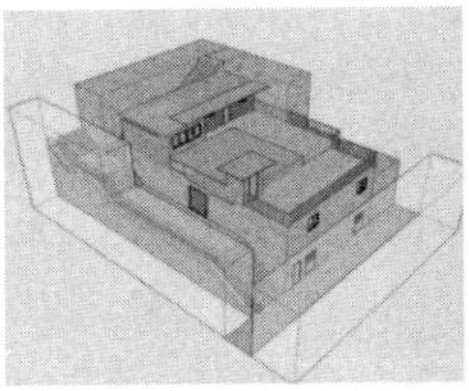 2-1	 2-2	 2-3	 2-4	 2-5
图例3	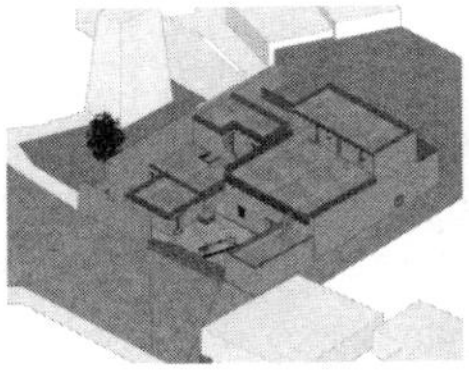 3-1	 3-2	 3-3	 3-4	 3-5

（表中图1-1、图2-1～图2-3、图3-1～图3-3　图片来源：西南交通大学建筑历史教研室提供）

4）小结

震后旅游型羌族聚落以带状布局为主，依山势地形变化而建，聚落形态丰富。建筑群沿等高线均匀或集中布置，建筑间距小，面朝山间的空隙，形成整体的立面形态，聚落呈现"背山面水"的选址格局。建筑单体延续传统的羌族特色，以三层以下为主，采用现代结构和材料，表面以砖石、木材贴面或白墙、黄泥抹面为主，寨内老建筑和碉楼保存完好，周围自然景观丰富，依山傍水，环境优美。

震后风貌改造在聚落形态和格局上保存完好，但风貌改造仅仅停留在表面，没有深入挖掘羌族文化内涵。建筑表面只做装饰的木构件没有实际意义，与传统羌族单体建筑的特点背道而驰。在建筑表面采用黄泥抹面和瓷砖贴面的手法过于呆板，难以满足居民和游客的现代审美。羌寨内新建的活动板房过于显眼，和传统的聚落风貌格格不入。

2. 生产型聚落

1）索桥村

索桥村位于岷江上游距汶川县城15公里的雁门乡高半山上，现以果树种植产业为主。村寨地势南高北低，呈点状布局，地形坡度小，建筑群依等高线布置，较为分散，由小路相连，结构松散自由。以村民自建、政府进行补贴的方式进行重建，为现代乡村风貌。

村内建筑震后一致采用现代结构和材料，外墙用

图6 索桥村聚落总平面图

图7 瓦寺土司官寨鸟瞰
（图片来源：hhtp://www.wcxbwg.com/news/view.asp?id=117）

砖石贴面和白墙抹面。窗户四周用木材质贴面。传统的白石等装饰已经消失。路面中间有一条水流量很小的水渠。

2）瓦寺土司官寨

瓦寺土司官寨位于四川省汶川县玉溪乡涂禹山村内，始建于明代中期。原有的官寨沿山脊而建，处于龙脉正中，两边各一排房子，为城堡式，坐北朝南，平面呈长方形，南北长90米，东西宽68米。后因大火和地震的破坏，官寨建筑群几乎完全损毁，现仅存部分官寨城墙。整个聚落位于高半山地形上，坡度平缓，呈带状布局，地势沿东北和西南两侧逐渐降低，建筑分布均匀。居民以羌、藏两族为主。

官寨现有建筑都是在火灾后重建而成，部分保留的老房以木材修建，穿斗式梁架。新建建筑统一采用现代结构和材料，抗震性能得到提高。新房外墙以白墙抹面或直接裸露出砖石墙体。与其他羌寨建筑的平屋顶不同，瓦寺土司官寨的建筑屋顶采用坡屋顶形式。寨内道路中间有一条水渠。

3. 小结

震后生产型羌寨在格局和形态上维持了传统聚落的特点，依山势而建，呈带状布局，背山面水，周围环境优美。但相较于旅游型聚落，生产型聚落居民更多注重建筑居住的舒适性。建筑风貌上更加现代，传统的碉楼和过街楼等老建筑没有得到保留。建筑体量较小，以三层以下为主，多采用砖石贴面和白墙抹面，也不在屋顶上采用白石装饰。寨内同样存在大量活动板房，对整体的风貌有一定的冲击。

聚落风貌现状　　　　　　　　　　　　　　　　　　　　　　　表2

类型	屋顶	立面	装饰	景观环境	聚落形态
图例4	4-1	4-2	4-3	4-4	4-5
图例5	5-1	5-2	5-3	5-4	5-5

（图4-1~图4-3、图4-5、图5-1~图5-4　图片来源：西南交通大学建筑历史教研室提供，图5-5　图片来源：http://www.wcxbwg.com/news/view.asp?id=117）

三、羌族聚落风貌改造手法研究

在调研过程中，对汶川地区数个羌族聚落的居民进行随机的问卷调查，数据分析结果如下：

1. 单体建筑

羌族建筑的设计必须要注重其地域性的表达。羌寨位于山中，高差变化大，周围自然景观丰富，在设计时要回应当地的地形地貌等自然条件，依山势地形而建，要注重和周围的环境和谐共生。在材料的选择上可以运用当地的石材、木材等，用现代的建筑手法进行表达，加强建筑的抗震性能。也可加入现代材料的使用和传统建筑材料形成对比。突出立面上的虚实对比、凹凸变化等来丰富建筑美观效果。同时要深入挖掘传统羌族文化内涵，用建筑的手法将其转化为装饰或者空间形态上的表达。在实际调研中发现，随着家庭人口结构的变化，羌族居民会有扩建加建的需求。为了节约成本，往往采用轻质活动板房，对整个羌寨的风貌有一定的破坏。在设计时，应该考虑到居民这种类似的实际生活需求对风貌的影响。

单体建筑　　　　　　　　表3

项目	新建建筑的美观性	羌族建筑文化创新	传统羌族建筑风貌传承
数据统计	■新建建筑的美观性 不重要 2 一般重要 7 有点重要 26 非常重要 25	■羌族建筑文化创新 不重要 3 一般重要 3 有点重要 25 非常重要 29	■传统羌族建筑风貌传承 不重要 3 一般重要 3 有点重要 25 非常重要 29

2. 标志性建筑

标志性建筑具有统领整个羌寨的作用，可以提高整个聚落的可识别性。对于寨子里现有的碉楼或者过街楼等应该加强对其的保护，定期进行维护。部分已经损坏的，可以对其修复还原。除了要立足于标志性建筑的设计，同时要结合其和周围景观环境、活动广场的关系，使其成为整个聚落的引导性空间。对于没有标志性建筑的聚落，可以围绕建筑群与景观环境的关系，营造出具有识别性的聚落空间来加强寨子的标志性。

3. 景观环境

羌寨位于山中，周围有丰富的自然景观。充分挖掘羌族聚落文化内涵，体现羌寨景观特色。寨中无需像城市公园一样设立大片的景观绿地。在局部结合公共活动空间设计景观节点，与周围的自然环境和谐共生，植物配置以当地树种为主，疏密适当，高低错落，形成层次感。聚落中的水渠应富有变化，在节点部分进行扩大和绿化相呼应，可以设立亲水平台，避免单调平淡。

标志性建筑　　　　　　表4

项目	历史遗产的保护
数据统计	■历史遗产的保护 不重要 2 一般重要 2 有点重要 26 非常重要 30

四、结语

羌族聚落的风貌现状在诸多方面仍有缺失。风貌设计的层次依然停留在表皮，只是粗略地把羌族建筑元素堆砌在一起，缺少各个羌寨自身的建筑特色。在风貌设计中，应从羌族历史文脉的要素出发，既要体现传统的羌文化，也要满足现代的审美需求和使用需求。

景观环境　　　　　　　　　　　　　　　　　　　　　　　　　　　　　　表5

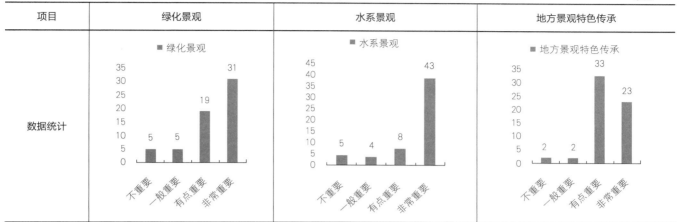

项目	绿化景观	水系景观	地方景观特色传承
数据统计			

注：本文中其余图片、表格皆由笔者整理绘制。

参考文献：

[1] 成斌. 四川羌族民居现代建筑模式研究 [D]. 西安：西安建筑科技大学，2015.

[2] 季富政. 中国羌族建筑 [M]. 成都：西南交通大学出版社，2002.

[3] 李路. 杂谷脑河下游羌族聚落演进研究 [D]. 成都：西南交通大学，2004.

[4] 文晓斐，洪英，陈琛. 基于灾后精神家园重建的羌族聚落调查与思考 [A]. 城市时代，协同发规划——2013中国城市规划年会论文集（11-文化遗产保护与城市更新）[C]. 2013.

[5] 刘艳. 巴渝地区山地传统聚落风貌设计研究 [D]. 重庆：重庆交通大学，2016.

滇中地区花腰傣族生态旅游规划及传统民居更新设计研究

——以玉溪市新平县戛洒镇平寨村为例

马　骁[1]　柏文峰[2]

摘　要：在当今乡村建设中，改善民居建筑环境对拉动民生经济十分重要。针对目前玉溪市戛洒镇花腰傣族聚居地的规划和民居状态较为混乱、民居密度小等问题，文章以实地调研为基础，通过对位于平寨村附近的场地进行生态旅游规划设计和民居更新设计，指导该村实现发展生态旅游的目标。规划特点是利用场地布置商业业态的同时，补偿原有耕地，使当地居民在原有的生活基础上进行二次创收；在建筑设计上探索现代建造技术下民居的更新方式，为滇中地区花腰傣族民居可持续营建提供技术和方法。

关键词：生态规划；民居更新；补偿耕地；花腰傣；土掌房

引言

近年来，为了延续传统村落历史文脉，也为了传统村落、传统民居能得到更为良好的保护与发展，社会各界对其予以了前所未有的关注与重视。云南旅游资源丰富，旅游业发达，在"一带一路"的政策下，云南也成了面向东南亚的桥头堡。近年来，国家更加重视扶贫政策，也更加重视"美丽乡村建设"，这为云南的发展提供了良好的契机。

新平县戛洒镇有着丰富的高原干热河谷自然风光、花腰傣民俗风情以及独具特色的传统土掌房民居建筑，是发展当地旅游经济带动产业发展的宝贵财富。然而，随着社会经济的快速发展，现代文明悄然而至，不断改变着当地村民的生活方式与风俗习惯，随之而来的外来文化冲击影响了人们对于新生活的诉求，导致传统土掌房难以满足更高层次的生活需要和审美需求。戛洒镇平寨村民居有着密度大、采光条件差和卫生条件不满足需求等问题，当地的文化正逐渐丧失传承，传统产业也发展缓慢。本文在民族文化传承和乡土材料建构的基础上，运用补偿耕地、更新民居的策略对花腰傣传统村落和传统民居进行创新与发展，以满足当地村民和外来游客的多重需求。

一、戛洒镇平寨村传统村落特征

1. 平寨村村落特征

1）村落区位特征

场地位于玉溪市新平县戛洒镇，处于戛洒镇西北面，距戛洒镇政府所在地1公里，到乡（镇）道路为柏油路，交通方便，距新平县城76公里。东面邻戛洒江，南面邻南恩河，西面邻平田村，北面邻水糖新寨村。民族以傣族为主。

2）村落形态特征

位于玉溪市哀牢山中段东麓，河谷气候。整个村落在山坡上，背山面街，建筑分布自由而集中，功能分布上，低海拔为梯田，高海拔为民居。整个村落自然与人和谐、统一。

3）村落民俗文化特征

平寨村集民族文化、历史文化于一体。"花腰傣"是新平县的特色，其中的傣洒主要聚集在戛洒镇，也是整个村落的主要民族。平寨村是民族文化特色乡镇中最质朴的村落，具有发展农业得天独厚的优势，承载着傣族农耕文明传统。村内有古树若干，被村民信奉为"神树"，有神龛一个，这些村内独特的人文景观，具有历史意义和文化价值，同时被当地机关保护、重视。

1　马骁，昆明理工大学，硕士研究生，650500，779672774@qq.com。
2　柏文峰，昆明理工大学，教授，650500，bwenfeng@126.com。

4）村落经济特征

旅游业与农牧业较为发达，农业产值居主导地位。水稻、香蕉、甘蔗是主要农作物。因为在资源上有得天独厚的优势，当地政府与居民进一步创新，发扬民族传统特色。土陶与传统纺织是当地人民掌握的两项技艺。土陶由低温烧制、晾晒而成。纺织是傣族传统纺织工艺，手工业支持旅游业，使当地居民生活水平进一步提高。

5）村落生态特征

村落整体自然景观要素可总结为"山、水、树、田、村"，村落依山而成，有山泉从山间缓缓流下，还有对树的祭祀，有着良好的山水景观条件。整体风光优美宜人，环境安宁祥和。

6）村落民居建筑特征

基于自然地理环境的影响，新平县夏洒镇形成了独具特色的花腰傣传统土掌房建筑，平寨村内有相当数量的土掌房，但也存在一定数量的混凝土与砖混结构民居建筑。

2. 村落存在的消极因素与积极因素

1）消极因素：民居密度较大，采光条件差；街道尺度小，行走不畅；垃圾不能集中处理。

2）积极因素：人畜分离，功能分区明显；亮化工程到位，有太阳能路灯；具备公共空间，包括集会空间与健身空间。

二、规划建设的思路与策略

1. 传统村落存在的问题

非理性扩张；肌理散乱；老建筑破败、新建筑风格异化；传统非物质文化逐渐丧失。

2. 旅游发展型村落特有问题

如何整合旅游资源，吸引人群是发展旅游业必须考虑的问题；在发展的过程中，处理好村落保护与发展之间的关系则更为重要。

3. 规划层面的解决策略

划范围、定容积率、消隐建筑；规定宅基地大小、间距；限制某些材料、样式的使用，建立"样板房"模型；制定合理产业定位，深度挖掘内涵式文化，

修建旅游服务配套设施；控制建设强度，制定明晰易懂的保护、建设原则。

三、旅游区产业经营模式

1. 开发模式

1）"多核吸引，整合提升"的区域联动发展模式

针对旅游资源富集，景点距离相近，业态类型多样的区域，通过多点连线，以线带面建设综合景区。培育壮大核心景区，辐射带动周边景区，形成多元互动游线，以线路整合区域内各种旅游资源、旅游产业要素、基础设施和配套服务设施，形成内部联动融合的区域旅游目的地。

2）"产业联动，集群发展"的泛旅游产业整合模式

针对地缘关系相近，共享旅游资源的区域，通过旅游泛化，多集群互动建设综合景区。以旅游资源为发展极，充分挖掘各区段特色，整合小城镇、新农村等建设，通过泛旅游产业整合形成发展集群，实现全域的互动发展。

2. 商业运营模式

1）旅游综合收益商业模式

这种模式摆脱了单一的门票经济，而是强调餐饮、购物和住宿等多种收益形式。单一的门票经济难以适应现阶段发现的需求，收益也非常有限。一般情况下，一个景区的门票占到总收入的40%是合理的，如完全依赖门票经济难以获得可持续发展。

2）产业联动商业模式

这种模式就是以旅游作为平台，利用旅游这个平台资源来开发相关的产业，从而获得比较多的收益。典型的农业旅游，除了获得旅游收益外，还有农业和农业

图1　规划后总平面图

加工的收益。

四、平寨村生态旅游文化园规划设计

1. 规划理念

1）"辅于城市，反哺自然"

生态旅游园的规划不仅顺应城市生活的需求，即为周边地区的人提供休闲度假旅游胜地，同时也有反哺农村的作用，因为它提供了现代农村发展的新思路、新模式。

2）"守拙如旧，推陈出新"

传统农村以农业和手工业为主，而新型农村规划着重考虑发展多种产业，带动当地经济的增长。生态旅游园主要产业有旅游业、手工业、农业、商业、服务业等。

3）"静谧山村，活跃社区"

传统村落缺乏大量的公共空间，不能很好地为村民提供休闲场所，更不能接纳外来游客。而生态旅游园着眼考虑更开放和活跃的公共空间，这样不仅令村落本身活跃，更提高了其对外来人员的包容性。

2. 功能分类

旅游综合服务功能；民族风情展示功能；民族风情体验功能；生活功能；文化活动功能等。

3. 规划结构

1）"一核两带，联轴互动"

"一核"指规划方案中间的立体步行系统，"两带"指两边的具有商业功能的民居，立体步行系统与商业民居互动，可从空间上提升整个场地的活跃性。

2）"五项汇通，融合发展"

"五项"指五个功能区，五个功能区彼此促进，相互发展。

4. 专项规划

1）屋顶设想

现代新农村规划中多数从城市角度出发去考虑村民的需求，导致建筑、马路和绿化占据了他们赖以生存的土地和农田。他们传统的生活和生产方式被禁锢在钢筋混凝土的森林里……现代化生活使他们与传统生活完全割裂。除此之外，这些设计往往忽视地域气候，导致

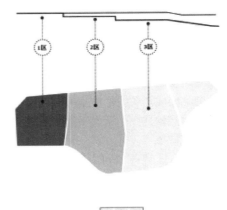

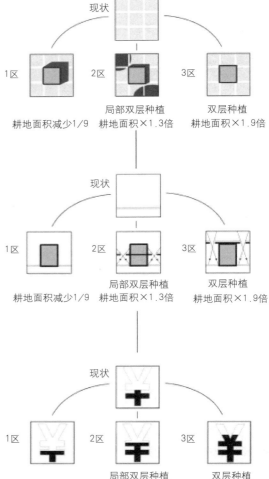

图2　耕地面积和收益比较（图片来源：作者自绘）

新房不能很好地满足当地的气候需求，而新房本身也逐渐丧失了当地传统建筑的特点，更导致了一种文化、记忆的流失。要解决这些问题，可以采取以下策略：在满足村民现代生活需求下，将土地归还给他们，使他们可以保持旧有的生产生活习性；规划设计对应当地炎热的气候条件；利用"反规划"的思路，让逻辑落地，顺应

自然与环境，尊重居民的生活习惯，尊重自然规律。具体措施有：在场地上增加一片种植屋顶，项目的建设会占用当地居民的耕地，种植屋面的增加可以对占用的土地进行补偿，这就相对增加了耕地面积；其次，屋顶的增加可为屋顶下的空间提供有遮蔽的公共活动空间，也为村民提供手工艺操作场地，同时可以调节民居的微环境气候；另外，屋面相当于一个大平台，可赋予其需要日照的功能——例如土陶的晾晒等。大屋顶平台增加了空间的多样性，能服务于需求不同的人群，也增加了空间的趣味性，可以使游客与居民更自由地交流、游弋。

2）道路交通规划

水平交通：内部街区部分供游客游览，外围环路供村民进行日常生活。

垂直交通：利用屋顶平台进行竖向的沟通交流。

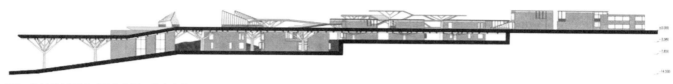

图3 设计后剖面图（图片来源：作者自绘）

3）农业种植规划

屋顶平台可以进行分层种植，平台上种植喜光作物，平台下种植喜阴作物。其中，喜光作物有：香蕉、甘蔗、玉米、茄子、南瓜、青椒、番茄、水稻；喜阴作物有：茼蒿、水稻、薄荷、生菜、芹菜等。

五、民居更新探索——土掌房

1. 土掌房的形成

1）自然因素

花腰傣聚居的新平沙漠、戛洒及水塘、腰街一带，东临戛洒江，西靠哀牢山，海拔一般在40～900米，气候炎热，有云南的"天然温室"之称。花腰傣的土掌房就是花腰傣在与自然的长期斗争中演变保留下来的传统民居。

2）人文因素

花腰傣的土掌房具有冬暖夏凉、防火性能好、适用性广和卫生舒适的优点，只要注意保养和维护平台屋面，一般可使用十多年甚至上百年，即使要翻新，也远比其他建筑省力。

2. 土掌房特点

土掌房是新平花腰傣特有建筑，在炎热的气候条件下，土掌房仍能保持室内凉爽的气候，原因有：土坯墙的导热系数小；开小窗既能通风也能保证良好的隔热性能；挑空的屋顶可以增加室内空气流动。但是在传统营造方式下，土掌房还存在着不足，比如开间小、结构强度差、采光不足等问题。针对这些问题，可采取以下方式对传统土掌房进行更新改进：采用传统土坯墙；增加室内空气流动；增大开间；改进采光问题；采用新式结构。

3. 空间设计

1）形式与理念

新型民居与传统民居的最大区别是空间模式。传统民居一般只有起居和日常活动的功能，而新型民居多了民宿、店铺和作坊。民宿是为了满足游客的住宿需求，直接居住在村民家中，可以让游客更好地体验当地的生活习俗。同时，民宿放在二层，与主人的生活互不打扰。店铺和作坊可以让村民展示传统手工艺的制作过程和成品，也可以进行售卖，增加他们的收入。

2）单体生成

以传统土掌房民居为基础，划分成面积相等的九块，沿规划路径进行相应的切割、斜角处理，使其形式更为灵活、自由。

4. 结构材料

1）特点

生态性，该建筑采用生土为主要材料，所以该建筑是生态的和绿色的，生土作为一种可再生资源，在没有进行烧制的情况下，对环境是友好的，在生土砌块的制作过程中对建筑废料的利用也是一种良好的建造机制的体现；经济性，以生土为建筑材料可以使建筑成本大大降低，生土作为当地材料容易获取，同时节约了运输成本，由于生土材料的性能良好，具有较强的保温隔热的能力，从而在长远角度上，该建筑有利于节约能源。所以，它的经济性远不止停留在造价低廉的层面上；乡土性，生土作为主要的建筑维护材料，具有很强的乡土性，该材料在当地就可以获得，除此之外，虽然该建筑为新型建筑，但是由于采用了当地的材料，使得该建筑继承了当地传统建筑的风貌，使新旧建筑在外观上取得和谐统一。

2）材料

钢材、土坯、竹材。

3）结构

支承结构，钢结构；围护结构，土坯、竹材；屋面结构，混凝土板+生土。

5. 节能设计

1）单体设计

单体建筑设计有效对应到当地气候。新平县位于红河谷下游，常年气候炎热。该建筑取材于传统建筑材料——土坯砖，具有良好的保温隔热性能。此外，在建筑造型上，也汲取了传统土掌房的特点，即顶层架空。顶部留出的通风层有效地促进室内空气流动。同时，建筑的院落也有利于室内通风，从而达到节能的效果。

2）规划设计

在规划方面，种植平台也有利于减少平台下建筑的日照辐射，改善了建筑周边炎热的环境，使得村民和游客处于一个舒适的生产生活和游憩观赏的环境。

六、结语

云南省新平县戛洒镇地域特色鲜明，建筑风貌保存完整，拥有丰富的自然景观和人文景观资源且旅游业发展形势良好，平寨村的大部分民居甚至从景观节点透露出的生活习惯与信仰都承载着花腰傣族丰富的历史，宏观特点与背景具有一定的代表性。结合设计前期周

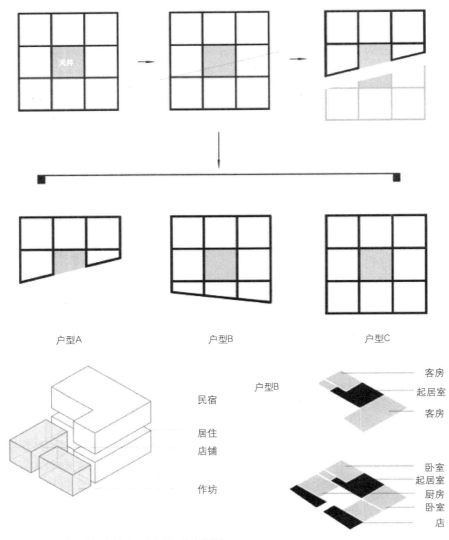

图4　户型生成与功能分析（图片来源：作者自绘）

A.土坯砖制作模板　　B.墙的砌筑　　C.梁与柱的铆接

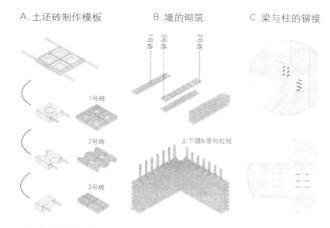

图5　部分材料构造细部设计（图片来源：作者自绘）

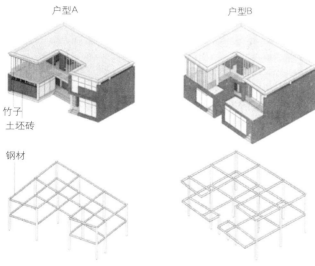

图6　户型A与户型B（图片来源：作者自绘）

边村落特点分析，方案试图在设计中实现以建筑的乡土特色与周边的自然村落相呼应，形成比较统一的建筑特色，以较强的人文景观与自然景观进入人们视野，既在功能上能满足景区游客的需要，也为景区展示了其较为独特的建筑景观，成为景区人文景观的重要组成部分。在自然景观方面，通过补偿耕地形成耕地景观，达到视觉和功能的双重目的。再加上多样化的垂直交通结构，使淳朴的乡土特色与时代性相结合，赋予其鲜明的时代特色。

参考文献：

[1] 朱良文. 对传统民居"活化"问题的探讨 [J]. 中国名城，2015（11）：4-9.

[2] 朱良文. 从箐口村旅游开发谈传统村落的发展与保护 [J]. 新建筑，2006（04）：4-8.

[3] 王冬. 乡村社区营造与当下中国建筑学的改良 [J]. 建筑学报，2012（11）：98-101.

[4] 柏文峰，曾志海，董博. 云南绿色乡土建筑研究与实践 [J]. 动感（生态城市与绿色建筑），2010（01）：48-55.

[5] 贠生磊. 旅游景区规划中建筑的乡土性探析 [D]. 昆明：昆明理工大学，2013.

[6] 刘俊婧，宋钰红. 新平县花腰傣土掌房特色研究 [J]. 南方农业，2013，7（05）：4-8.

[7] 郭晶，徐钊，石明江. 云南花腰傣新型土掌房民居建筑设计探索 [J]. 山西建筑，2015，41（22）：1-3.

[8] 李天依. 传统村落规划的前期策划研究——以迪庆藏族自治州为例 [D]. 昆明：昆明理工大学，2016.5

[9] 孟文娟. 旅游发展型传统村落保护及利用设计研究——以大理巍山县东莲花村规划设计为例 [D]. 昆明：昆明理工大学，2016.11

[10] 艾菊红. 文化生态旅游的社区参与和传统文化保护与发展——云南三个傣族文化生态旅游村的比较研究 [J]. 民族研究，2007（04）：49-58+108-109.

[11] 郑晓云. "花腰傣"的文化及其发展 [J]. 云南社会科学，2001（02）：59-64.

[12] 沈环艇. 土掌房民居的建构逻辑及其模式语言 [D]. 昆明：昆明理工大学，2012.

[13] 金鹏. 云南土掌房民居的砌与筑研究 [D]. 昆明：昆明理工大学，2013.

[14] 刘孝蓉. 文化资本视角下的民族旅游村寨可持续发展研究 [D]. 北京：中国地质大学，2013.

[15] 贺轶宁. 美丽乡村建设背景下烟峰村彝家新寨旅游开发研究 [D]. 成都：成都理工大学，2017.

基于GIS的历史风貌区建筑价值评价研究

——以福州烟台山为例

林诗羽[1] 陈祖建[2]

摘　要： 科学的建筑价值评价对于历史风貌区的保护具有重要的指导意义。基于GIS和层次分析法集成的思路进行历史风貌区建筑价值评价研究，并以福州烟台山历史风貌区为例进行实证研究。本研究试图通过这种定性和定量相结合的综合研究方法，使历史风貌区建筑价值评价更科学化，以期对于历史风貌区的保护工作提供客观依据。

关键词： GIS；层次分析法；福州烟台山历史风貌区

历史风貌区是指通过历史建筑群的建筑样式、空间格局、街区景观等内容相对完整地体现出当地历史文化特色的地区。历史风貌区具有较高的历史文化价值，需要科学完善的保护体系。但是，我国目前并没有相关历史风貌区保护规划的正式文件，也没有成熟的保护措施可以参考借鉴，对于历史风貌区的保护工作还处于初期探索阶段。笔者根据目前我国历史风貌区的保护现状，总结出两个代表性问题：一是将历史风貌区内的建筑全部保留，没有根据建筑的综合价值进行筛选，导致修缮资金不足，影响保护计划的进度；二是不了解地区风貌特色，盲目拆除更新，抹杀了传统风貌区的历史价值。因此，许多历史风貌区的建筑都将面临消亡的危险，亟需尽快展开有效的保护工作从而保护好这珍贵的历史文化遗产。

客观的历史风貌区建筑价值评价能有效指导历史文化风貌区的可持续发展，是建立科学保护体系的重要依据[1]。目前我国历史风貌区的建筑价值评价体系还没有正式建立起来，没有统一的评价标准。基于GIS和层次分析法集成的思路进行历史文化风貌区建筑价值评价的方法可以通过对建筑基本情况的定量分析从而保证研究结果的精准性，以及通过数据可视化方便信息的共享与管理，使历史风貌区建筑价值评价更科学化。

一、历史风貌区建筑价值评价方法

伴随着各学科之间的相互交叉和渗透，不同领域的知识体系在相互影响，应用在建筑价值评价方面的方法逐渐朝着更加科学化和客观化的方向发展。近年来，在建筑价值评价中的主要应用方法有三个，分别是模糊综合评价方法、层次分析法、熵值法。本研究是基于GIS和层次分析法集成的思路进行历史风貌区建筑价值评价的综合研究，试图通过这种定性和定量相结合的综合研究方法，使历史风貌区建筑价值评价更科学化，以期为风貌区内建筑的修复顺序提供客观依据。

1. 技术路线

将历史风貌区内的建筑作为研究内容，对每个建筑进行综合价值评价，具体研究技术路线，以福州烟台山历史风貌区为例（图1）。

2. 建筑数据采集

通过参考《历史文化风貌区保护规划编制与管理》等相关文献资料，选取基本调查要素。为方便后续进行数据分析工作，需要根据选取的要素对历史风貌区进行详细的实地调研，为风貌区内每栋建筑建立档案表，以

1　林诗羽，福建农林大学艺术学院园林学院（合署），福建福州350002，1057350010@qq.com.

2　陈祖建，福建莆田人，教授、博士研究生导师，主要从事园林规划设计等方向研究.

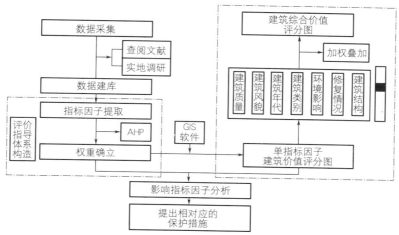

图1 技术路线图（图片来源：作者自绘）

福州烟台山安澜会馆建筑档案表为例（表1）。

建筑档案表　　　　　　　　　表1

建筑编号		1
地点		仓山区仓前路250号
建筑名称		安澜会馆
建筑类别		省级文物保护单位
建筑物用途		公共设施
建筑质量		一类
建筑年代		清代及以前
建筑风貌	建筑风格	中国传统
	建筑色彩	红
	建筑布局	院落
	建筑结构	砖木
	风貌级别	一类
建筑层数		二层
产权归属		单位所属
建筑基底		2400平方米
搭建情况		无
是否修复		是
环境影响		一类

（来源：作者自绘）

二、历史风貌区建筑价值评价体系构建与分析：以福州烟台山为例

1. 研究区概述

福州烟台山历史风貌区是一种动态型的城市遗产，也是福州历史文脉的传承与发展。风貌区总面积为53.22公顷，在规划范围具有珍贵历史价值的保护对象内共有95处。但是随着时光流逝，城市的快速发展，这些建筑正面临消亡的危险，亟需展开建筑的修复工作进行有效的治理，从而保护好这珍贵的历史文化遗产。由于风貌区内待修复的建筑数量庞大，遂需要妥善安排建筑的修复顺序和分别按照每栋建筑不同的情况进行相对应的保护。所以，构建客观的建筑价值评价是历史文化风貌区保护的重要内容之一[2]。

2. 评价指标因子确立

以《烟台山历史文化风貌区保护规划》文件为主要依据，参照国内历史风貌区保护规划编制与管理内容，最终确立了建筑的质量、年代、结构、环境影响、风貌、类别等六项建筑价值评价指标因子。将上述指标因子导入GIS属性信息表，分析建筑价值的单指标因子。

3. 单指标因子评价

1）建筑质量

风貌区内建筑质量分为五类：①质量最佳，已修复：建筑主体结构及附属构配件保护良好，无其他破损；②质量较好，已修复：建筑主体结构相对完好，附属构配件稍微破损；③保存较好，无修复：建筑主体结构稍微破损，附属构配件破损程度较大；④质量较差，无修复：建筑主体结构破损程度较大，附属构配件破损程度较大。⑤落架重修，已坍塌主体结构，待修复（图2），风貌区内大多数的建筑分布在一至四类，极少数是五类，证明风貌区内的历史建筑保护情况相对乐观。

2）建筑年代

风貌区内建筑的建筑年代分为四类：①清代及以前的建筑；②民国前期的建筑；③民国后期的建筑；④中华人民共和国成立后至今的建筑（图3），风貌区内的建筑多为民国前后时期乃至清代及以前的建筑，年代较为久远，因此风貌区内的建筑整体来看赋有较高的历史价值。

3）建筑结构

建筑结构影响了建筑的保存期限，结构材料的不同，建筑保存情况也大不相同，通常以砖石为主体结构的建筑保存情况较为良好。风貌区内建筑的建筑结构分为四类：①砖石的建筑；②砖木的建筑；③木结构的建筑；④钢筋混凝土（图4），风貌区内的建筑多为砖石结构，建筑保存较为完好，砖木和木结构由于建筑材质包含相对不好保存的木材料，所以建筑保存现状较为堪忧。唯一的一栋钢筋混凝土建筑是已经经历了建筑重修，运用了现代的建筑结构恢复原有的建筑风貌。

4）环境影响

根据建筑整体情况对周边环境的综合影响程度，将建筑分为三个等级：①一类：建筑布局对居民出行与景观空间影响小；②二类：建筑对居民出行与景观空间有一定影响。③三类：建筑与周边环境距离较为密集，不利于居民出行和景观塑造（图5），风貌区内多为二类环境影响建筑，证明风貌区整体环境较为良好，建筑并没有对周边居民产生太大的影响。

5）建筑风貌

建筑风貌的内容包括建筑的风格、色彩、历史关联等内容，风貌区内建筑的风貌分为三类：①一类：建筑原有风貌保存较为完整，风格具有代表性，能够完好地体现建筑的年代特征，蕴含大量历史文化价值；②二类：建筑原有风貌相对有特色，能够完好地体现建筑的年代特征，通过后期修复工作，能恢复原有的建筑风貌；③三类：建筑风格与街区原有风貌不相符，影响历史风貌区的整体性（图6），风貌区内多为一类、二类的建筑，表示风貌区内的建筑整体风貌保存较好，本身建筑特色也相对突出。

6）建筑类别

根据《烟台山历史文化风貌区保护规划》文件，在风貌区内包含省级文物保护建筑、市级文物保护建筑、区级文物保护建筑、福建省优秀近代建筑、福州市优秀近代建筑、保留历史建筑等六类建筑（图7），风貌区内的建筑近大半都是等级较高的文物保护建筑。

4. 评价指标因子权重确定

通过层次分析法来运算出每个评价指标因子的权重，其方法步骤为先确定目标和评价因素，然后构造判断矩阵（表2），再计算判断矩阵，最后结果通过一致性检验。通过层次分析法这种定性和定量相结合的综合研究方法，使最终研究结果更科学化。

图2　建筑质量分析图（图片来源：作者自绘）

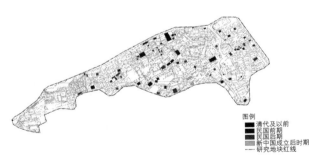

图3　建筑年代分析图（图片来源：作者自绘）

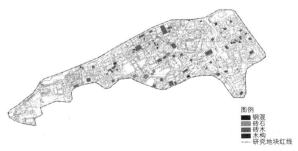

图4　建筑结构分析图（图片来源：作者自绘）

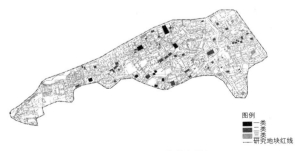

图5　环境影响分析图（图片来源：作者自绘）

图6 建筑风貌分析图（图片来源：作者自绘）

图7 建筑类别分析图（图片来源：作者自绘）

5. 建筑价值综合评价分析

根据表3中的评分标准，每栋建筑的六个评价指标因子的都被用以ArcGIS技术进行赋值，然后进行加权叠加分析，获取福州烟台山历史风貌区建筑物价值的综合得分（图8）。分数越高，建筑综合价值越高，而得分越低表示建筑综合价值越低。

图8 综合分析图（图片来源：作者自绘）

三、福州烟台山建筑保护措施与设想

1. 建筑保护措施

本研究考虑了《烟台山历史文化风貌区保护规划》的有关要求，并结合风貌区景观区域的现状，将福州烟台山历史风貌区内的建筑分为六类，每种类型的建筑会有相应的保护措施。考虑到需要对相似的目标值进行适当的分组，笔者在GIS软件中使用自然不连续点分类方法对建筑进行分类（图9），根据六种类型建筑的不同情况，提出了相应的保护措施（表4）。

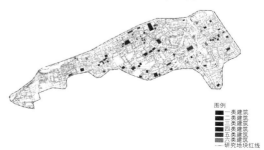

图9 建筑分类图（图片来源：作者自绘）

矩阵表					表2
	建筑质量	建筑年代	建筑风貌	建筑类别	建筑材料	环境影响
建筑质量	1	3	2	5	4	7
建筑年代	1/3	1	1/2	2	1	3
建筑风貌	1/2	2	1	3	2	4
建筑类别	1/5	1/2	1/3	1	1	1
建筑材料	1/4	1	1/2	1	1	2
环境影响	1/7	1/3	1/4	1	1/2	1

（来源：作者自绘）

运用每个指标因子的权重，采用德尔菲法对6个评价指标因子进行打分（表3）

评价因子的权重和评分标准			表3
评价指标因子	权重	指标分类	评分标准
建筑质量	0.4043	一类	10分
		二类	8分
		三类	6分
		四类	4分
		五类	2分
建筑风貌	0.2241	一类	10分
		二类	6分
		三类	4分
		四类	2分
建筑年代	0.1332	清代及以前	10分
		民国前期	6分
		民国后期	4分
		中华人民共和国成立后	2分
建筑材料	0.1058	砖石	10分
		砖木	6分
		木结构	1分
建筑类别	0.076	省级文物保护单位	10分
		市级文物保护单位	8分
		区级文物保护单位	6分
		福建省优秀近代建筑	4分
		福州市优秀近代建筑	2分
		保留历史建筑	1分
环境影响	0.0567	一类	10分
		二类	6分
		三类	1分

（来源：作者自绘）

不同类别的整治措施 表4

建筑代表	建筑分类	得分区间	整治措施
 仓山影剧院	一类	2.01～3.30	拆除：按照街区传统风貌，对已坍塌主体建筑结构加以重建
 乐群楼	二类	3.31～4.60	改造：按照街区传统风貌对破损严重的部分进行改造，对有利用价值的建筑加以改造利用
 张珠治宅	三类	4.61～5.90	整修：按照街区传统风貌对其外立面进行整修，通过对建筑材料、装饰的处理和加工，使其与街区的传统风貌特色相协调
 槐荫里4号	四类	5.91～7.20	改善：在不改变外观特征的原则下对建筑内部空间进行调整，使其功能更为完善，但建筑的基本形式应严格控制
 圣约翰堂	五类	7.21～8.50	维修：在不改变外观特征的情况下进行加固，对破损的部分进行原样补缺，恢复其原貌
 美国领事馆	六类	8.51～10.0	维护：严格参照国家或福州市文物保护的相关法规进行保护和管理，坚持原貌保护的原则，定期修缮、保养和加固

（来源：作者自绘）

2. 建筑保护设想

结合图表内容来看，第六类建筑的建筑综合价值最高，体现出该级别的建筑保存现状相对最好，因此建筑修复的急迫性不强。而第一类建筑的建筑综合价值最低，体现出该级别的建筑保存现状最差，因此修复的工程量相对较大。笔者认为安排建筑的修复顺序，可以优先考虑二类到五类建筑，因为这些建筑的综合价值较高，保存现状较好，修复的工程量相对较小。

四、结语

本研究基于GIS技术对风貌区的建筑属性数据，采用数据化的表达，利用国际公认的层次分析法，对福州烟台山历史风貌区建筑属性数据进行数字化处理，构建了烟台山历史风貌区建筑价值评价体系。通过定性与定量相结合的综合研究方法，提出了具有针对性的对风貌区内建筑保护的具体措施，使福州烟台山历史风貌区建筑价值评价更加科学，避免了传统评价方法存在的问题。为日后建筑物的修复顺序安排提供客观依据，防止出现建筑原有风貌遭破坏，对所有建筑千篇一律地"修复建筑"的情况，同时也对促进历史文化风貌区信息化管理的发展具有积极意义。

参考文献：

[1] 王鹏. 重庆市历史文化风貌区评价体系与分级保护规划研究 [D]. 重庆：重庆大学，2009.

[2] 高艺元，郭建. 基于GIS的昙华林历史文化街区建筑价值评价研究 [J]. 华中建筑，2017，35 (05)：86-89.

[3] 肖竞，曹珂. 历史街区保护研究评述、技术方法与关键问题 [J]. 城市规划学刊，2017 (03)：110-118.

[4] 郑晓华，沈洁，马菀艺. 基于GIS平台的历史建筑价值综合评估体系的构建与应用——以《南京三条营历史文化街区保护规划》为例 [J]. 现代城市研究，2011，26 (04)：19-23.

[5] 黄勇，石亚灵. 国内外历史街区保护更新规划与实践评述及启示 [J]. 规划师，2015，31 (04)：98-104.

基于空间句法的浙江永康芝英镇宗祠与
街巷空间再利用策略研究[1]

魏　秦[2]　纪文渊[3]

摘　要： 2014年浙江永康芝英镇被评为中国历史文化名镇，其聚落空间拥有深厚的文化底蕴。空间句法作为对于人们平时感知和理解的空间量化处理工具，本文基于其线段角度模型来对芝英镇的街道空间活力进行量化分析，并将其分析结果和古镇宗祠、街巷空间的分布作比较研究，根据比较结果，提出宗祠与街巷空间的再利用策略。

关键词： 村落；空间句法；街道活力；宗祠；

随着当下国家对于乡村振兴的倡导，乡村问题与乡村建设成为设计师、学者、社会学家、艺术家等各专业领域的关注焦点，围绕乡村规划与空间改造而如火如荼地开展。当我们反思当下的建设现状时，我们更要清醒认知的是：乡村与城市的差异性；乡村在农耕经济、家族制度、社会习俗等多重因素的限制下，乡村聚落空间是在对自然环境的回应、社会制度的适应、精神价值的响应下，形成一套空间自组织、自适应，与聚落整体环境协调礼遇的空间秩序。任何来自于外来力量的空间改造，需要权衡影响乡村发展的产业、社会文化与物质环境等多重因素对于乡村空间的影响而建造，否则会非但没有改善乡村的物质空间环境，反而会进一步导致对乡村聚落业已形成的肌理与结构造成建设性的破坏，使得乡村变成城市化建设模版的复制品。而当下开展的不少乡村规划与建造往往始于乡村客观性的田野调查，后续展开的规划设计往往存在设计师主观性的判断与经验型的设计，基于乡村主体村民的意愿与村民的参与性设计开展的远远不够，同时让设计师们困惑的是：乡村规划与营建迫切需要一套科学完善的理论工具，帮助我们把握村民与乡村空间之间的关系与空间规律。

一、空间句法研究的概述

空间句法于20世纪70年代由英国伦敦大学巴雷特建筑学院比尔·希列尔（Bill Hillier）首先提出，如今已形成一套完整的理论体系、成熟的方法论以及专门的空间分析软件技术。空间句法深入分析研究客体空间和人类直觉的关系，其原理是通过不同的模型对于人们平时感知和理解的空间进行量化处理，在基于空间的拓扑关系的基础上，计算出不同空间要素所在范围的人流潜在量，从中发现空间的潜在活力以及发展潜能，从客观的角度来引导空间的改造策略。

目前，空间句法已经应用于城市诸多方面的分析，例如城市交通文明，城市空间与社会文化间的联系，城市土地利用密度、城市街道布局特征等，在村镇规划中的研究也开始渐渐发展，主要用于研究传统村落的空间形态[1][2]，村落公共空间[3][4]，村落景观空间[5][6]，等等。空间句法的优势在于：当我们在研究传统乡村聚落时，通过客观的量化分析往往能够比较准确地把握村落的内在空间结构，并使之与村民对村落的空间感受、认知相一致。因此，空间句法的分析结论在那些保存较好的古村落空间研究中得到了充分的印证，并成为村落空间改造策略的参考依据。

1　教育部人文社会科学研究规划基金项目资助（16YJAZH059）。
2　第一作者：魏秦，副教授，博士研究生，硕士研究生导师，现任上海大学上海美术学院建筑系副系主任。从事地区性人居环境的理论研究，近年来专攻乡村人居环境、乡村建筑营建等理论与实践研究，200444，397892644@qq.com。
3　通讯作者：纪文渊，正在攻读上海大学上海美术学院设计学硕士，200444，601205592@qq.com。

二、芝英镇空间形态特征

芝英镇位于浙江省金华市永康市中部，总面积68平方公里。东邻方岩镇，南濒石柱镇，西接东城街道，北连象珠、唐先、古山三镇。芝英是永康市最大的农村集镇，也是传统五金产业的发源地区。其中古镇区域的边界有一条环镇道路，村内主要车行道路位于西侧，贯穿南北。环镇道路外侧和村内车行道路西侧主要是工厂区域及少量砖混民房。木构古建筑已经遗存较少，古村群落现在主要分布

于车行道路西侧和环镇道路围合的区域。区域内有两条南北和东西方向的古街贯穿其中（图1）。

古镇的主要公共活动区域有三处（图2a），一处是位于中心区域的一片池塘，名叫方口塘（图2b），另一处是沿着方口溏北侧小路往西走，有着村内最大的露天集市——市基广场，村民主要的生活日常商品基本都在那边售卖，热闹非凡（图2c）。方口塘东侧，有一条古街名叫古麓街，贯穿南北，古镇气息浓郁，街道两侧建筑一层主要开设居民自己的小商店，二层作为居住空间（图2d）。

a 芝英镇道路分析

图1 芝英古镇平面布局

b 芝英镇卫星地图

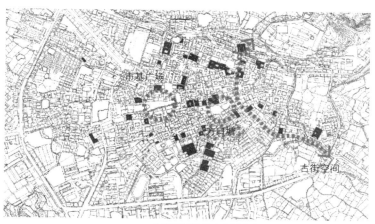

a古镇空间的三个主要节点

b 方口塘

c 市基广场

d 古麓街

图2 古镇主要节点空间图示

三、芝英祠群文化与公共空间

芝英镇其历史可以追溯到晋元帝时期后军将军应詹屯田建村，是一个具有悠久历史的应氏家族古村。其古祠群落最辉煌的时候在其老集镇范围内有近百座，随着时间的推移，现遗存52座，其中宗祠年代最早可追溯到宋朝（图3）。

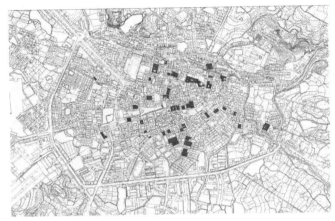

图3　目前芝英镇遗存宗祠分布

芝英祠群文化在古代蓬勃发展主要来源于四个方面的原因。第一，宗族的团结自强。芝英应氏在一千多年的发展历程中屡遭兵灾战祸，建立祠堂是为了凝聚族人的智慧与力量以求宗族自强振兴。第二，统治阶级的提倡。在明清时期，建立宗祠祭祀祖先的活动被朝廷所提倡。在清朝，朝廷还颁布了《上谕十六条》，从自然、经济、人文、教育等多个方面对宗祠的功能做了定义。第三，先祖孝道的传承。芝英应氏先祖先贤历来崇尚儒教儒礼，提倡忠孝至上，建祠堂追先祖裕后昆无疑是孝道的最集中体现，是宗族的头等大事。第四，名门望族的激励。应式祖先长期以来重视培育子孙后代，芝英人才辈出，许多名人贤达都有光宗耀祖的昭昭业绩，应氏后人纷纷建祠追效。

古代宗祠从功能上来说极其丰富，基本涵盖了村内所有的公共事务，有祭祖敬宗、建规立制、议决大事、兴学奖学、储粮备荒、扶贫济困、兴市协市、传承和弘扬本族文化、修谱藏谱、排解纠纷、消防安全等。

但是，近年来随着城镇化发展，芝英镇也面临着空心化。由于芝英是近代中国五金产业的发源地，周边地区都已形成五金生产与加工的作坊、工厂。因而，村落常住人口除了老人、妇女与留守儿童，还有约50%在附近工厂与作坊务工的外来租户，大部分应氏年轻人都外出寻找更好的出路。应氏族人的流失使得大部分宗祠渐渐失去了原有的家族祭祀功能，权属关系变更，逐渐转变为村内活动中心、店铺、生产作坊、多人混居的居住空间等，甚至不少处于面临废弃而逐渐损毁的边缘（图4）。

在实地调研的过程中，古镇的主要公共空间节点还是以宗祠建筑为主，例如宗祠改建为村民活动中心、村委会、老年活动中心、便民商店，等等。同时，这些节点附近的街道空间也是人流比较集中的区域，例如前文提到的方口塘、市基广场、古鹿街等。反之，位于较为偏僻地区的祠堂空间，常常被改建为工厂或者被分散出租。

由此可见，古镇的街道活力可能与宗祠的公共空间特性有一定的关联，可以用空间句法定量分析的方法来对这一结论进行佐证。芝英古镇的空间肌理保存较

a 年久失修屋顶结构损坏

b 部分空间被挪用出租

c 改建为老年活动中心

图4　芝英宗祠现状

好，这给空间句法的分析提供了良好的基础。因此，可以利用空间句法来分析村落的潜在活力街道，将其分析结果与宗祠、街巷现状作比较研究，从而能够更加科学地反映街道活力与宗祠及街巷空间的关系，为宗祠空间再利用策略提供客观依据。

四、运用空间句法对芝英镇街道活力的分析与比较

空间句法理论将人类对空间的感知和理解概括表示为二维的轴线和可视地图[7]。空间句法分为轴线、凸空间和视域三种分析模型，其中轴线分析应用最为普遍[8]。轴线分析中所抽象出来的每一条轴线即道路，代表一个狭长的可感知的区域。对于芝英镇的街道活力研究采用的是线段角度模型，是轴线模型的发展和衍生。空间句法通过得出和分析这些变量即可得知不同空间的被感知强度，由此科学地将人与空间的相互作用表达出来。

空间句法分析选择的主要参数为选择度[1]、米制穿行度[2]以及角度选择度[3]，考虑到芝英古镇的尺度不是很大，范围选择为5分钟步行范围即400米为宜。

1. 基于400米范围（5分钟步行）米制穿行度的街道活力分析（Metric Choice）与宗祠空间分布的比较

这个指标主要模拟的是当地村民或者租户平时在古镇中出行的思维模式。因为对当地村民来说，对古镇的道路系统比较熟悉，所以他如果想要去某个地方，一定会选择最近的路线。因此，米制穿行度高的街道空间，往往是当地村民偏好行走的路线。图5中可以看到红黄色区域主要分布与祠堂空间的分布基本重合，祠堂的位置往往存在于街道空间活力高的区域。符合祠堂作为公共空间，一般都具有较高的可达性特征。

接着，把目前祠堂的使用功能，按照性质划分为公共活动、商业用途、居住用途、废弃状态四个方面，其公共性依次降低。然后通过不同灰度来表示公共性的高低并标注在地图上，颜色越深表示公共性越高，可以发现用于公共性越高的祠堂其附近的街道活力也往往更加好（图6）。除了两块区域发生了不一致的现象，这两个祠堂分别被改建为芝英镇下属村的村活动中心，这

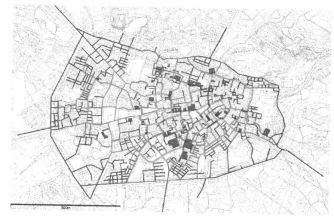

图5　基于400米范围米制穿行度分析与宗祠建筑分布的关系

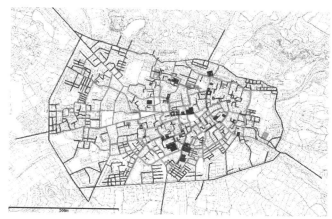

图6　基于400米范围米制穿行度分析与宗祠建筑公共性的关系

两个祠堂的位置街道活力程度相对于整个芝英镇可能不高，但是以各自村的界限来分析的话，还是处于较高的活力区域（图7）。

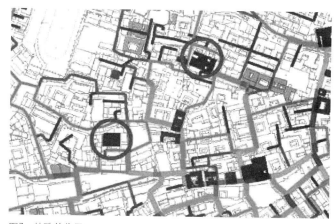

图7　特殊的位置

1　选择度（choice）：选择度是计算某条轴线或某条街道段位于从所有空间到其他所有的空间的最短路径的概率或次数。

2　角度选择度（angular choice）：角度选择度指任意两两线段之间，角度距离最小的路径穿过某条线段的次数，其中角度距离为沿路径所度量的相邻线段之间的角度变化之和。

3　米制穿行度（metric choice）：米制穿行度指每条线段位于任意两两线段之间的最短米制距离的路径的次数。

2. 基于400米范围（5分钟步行）角度选择度的街道活力分析（Agular Choice）与宗祠空间分布的比较

这个指标主要模拟的是外来人员或者游客第一次来古镇中出行的思维模式。第一次来到芝英镇的外来游客，往往出于对古镇空间不熟悉，并不知道到达目的地的最近路线。对他们来说，尽量减少转折，避免迷失方向是比较好的选择。角度选择度的计算正好体现这一个特点，因此，角度选择度高的街道空间，往往是外来游客偏好行走的路线。

使用和前文一样的比较分析方法，可以发现基于角度选择度分析的街道活力与宗祠的分布有一定的关联性，在与宗祠公共性比较时，在村中主路上一些公共性高的宗祠位置和街道活力的分析是基本一致的（图7），但是一旦偏离村中心道路，一些公共性高的宗祠的街道活力就没有那么高，两者出现了矛盾。这也就解释了为何外来游客来到芝英镇，对镇内部印象最深刻的往往都是村中心方口塘附近及老街的宗祠，对于其他宗祠较少关注的原因。

综上所述，无论是米制穿行度还是角度选择度的街道活力分析，都与宗祠空间的分布有一定的关联性。可见无论对于居住在村里的人还是外来人员，宗祠空间所在的区位都具有进行公共活动交流的潜在可能。但是两种人群对于宗祠位置的侧重点不同，外来游客往往关注于村中心区域的宗祠空间，而当地居民更加关注宗祠空间的可达性。

五、提出策略

宗祠空间作为芝英古镇旅游业的核心特色，对于宗祠空间功能的植入显得尤为重要，本文基于空间句法的分析，通过街道活力与宗祠空间公共性的比较研究，发现当地村民和外来游客对于宗祠空间功能的不同需求。因此，可以根据比较分析的结果给宗祠空间植入不同的功能，最大化地利用宗祠空间。

位于方口塘以及古街的宗祠空间对于两种不同人群来说都具有良好的空间吸引力，这些空间完全可以植入展示功能、商业功能或者民俗活动等开放性较强的空间，成为村内外人们社会文化交流的桥梁。而位于村内部街道活力低一些的宗祠空间应该专注于当地居民的基础需求，例如老年活动中心、学习阅读空间、医疗基础机构、村委会等基础设施。而在村落边缘僻静的宗祠空间，可以植入租住功能或者老幼托管中心、儿童教育培训场所，将生产性的作坊等功能去除，减少与对外界空间的噪声污染，并避免受外部集中人流的干扰。

总之，宗祠建筑作为中国古代宗族文化的传承与发展印记，对于每个中国人来说，宗族文化就存在于我们的血液之中，深深地印刻在我们的基因里。芝英镇拥有全国最大的应氏宗祠群落，如何传承芝英悠久的祠群文化渊源，通过空间格局发展研究了解到，激发乡村宗祠与公共空间的活力是振兴芝英镇持续发展的生长点。

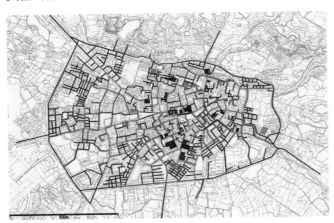

图8 基于400米范围角度选择度分析与宗祠建筑公共性的关系

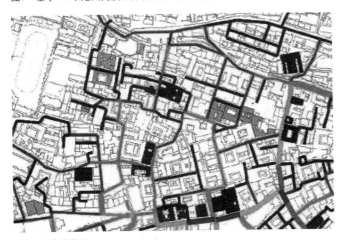

图9 特殊的位置

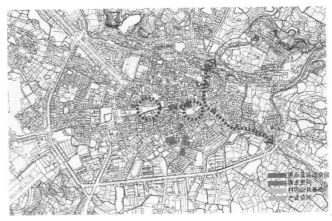

图10 宗祠功能更新建议

参考文献：

[1] 徐会. 基于空间句法分析的南京传统村落空间形态研究 [D]. 南京：南京工业大学，2015.

[2] 冯蕾成. 基于空间句法指导下成都平原农村聚落空间研究 [D]. 成都：西南交通大学，2016.

[3] 倪书雯，贺勇，孙姣姣. 基于空间句法的郭吴村公共空间保护与更新研究 [J]. 华中建筑，2015，33（10）：19—22.

[4] 林楠. 空间句法视角下广州村庄公共空间规划更新对策研究 [D]. 广州：广东工业大学，2016.

[5] 徐荣荣. 基于空间句法的苏州传统村落景观空间形态研究 [D]. 苏州：苏州科技大学，2016.

[6] 肖佳琳. 基于空间句法的浙东传统聚落景观空间形态研究 [D]. 临安：浙江农林大学，2017.

[7] 王静文，朱庆，毛其智. 空间句法理论三维扩展之探讨 [J]. 华中建筑，2007（08）：75—80.

[8] 张愚，王建国. 再论"空间句法" [J]. 建筑师，2004（03）：33—44.

重走赣闽古道

——武夷山周边地域天井式民居研究探讨[1]

刘圣书[2]

摘　要： 武夷山脉横亘中国东南大地，是福建省与江西省的自然分界线，而一山之隔的闽赣两地在民居类型上也有着很多强烈的联系。本文试图探索一种民居研究的新思路，打破省域界限，以传播学线性的研究思路，沿闽赣古道，以整体宏观的视角研究武夷山周边地区的民居之间的区别与联系。

关键词： 赣闽地区；天井式；民居；武夷山周边；研究思路

一、赣闽地区民居研究现状回望

武夷山脉横亘中国东南大地，是福建省与江西省的自然分界线，而赣闽交界地域则主要包括被武夷山分割开来的闽北的南平市、赣东的抚州市以及赣东北的上饶、鹰潭几个地区。自古以来该地域便是文化交流十分频繁的地区，中原地区居民要南下移民避乱，而东南地区的物产要向外运输都必须通过这个地区。这种文化上的交流传播在该地区的民居上也有明显体现：闽北地区的天井式民居从建筑形制、尺系、手风等各个方面都与福建其他地区有较为明显的差异，却与江西的灰砖天井式民居有较大关联。通过调研访谈，闽北的很多民居也都有江西帮工匠参与的身影。而以往关于这一地区的民居研究大多以省份为边界，在江西省福建省内分别作区划及谱系的划分，而跨越省份限制的研究很少，只有李久君的博士论文等少数论文进行过讨论。因此，笔者认为借助传播学的视角，将武夷山周边闽赣交界地域作为整体进行研究，可能会更容易清楚地厘清这一地区的建筑技艺传播与民居区划等问题。

关于两省的民居区划的研究成果颇丰，但往往以省为界。专著类研究成果方面，如《中国民居五书》中的《福建民居》、《赣粤民居》，戴志坚编著《福建民居》，柯培雄所著《闽北名镇名村》等，文字影像及测绘资料都较多。关于闽北区域的民居谱系区划，戴志坚先生将其分为以南平、建瓯、崇安等地为核心，受书院文化影响颇深的闽北民居；以顺昌、邵武、光泽、三明市建宁县等地为核心，受闽赣边境文化影响的闽西北民居。同时近年来，也有多位学者从各种不同角度对赣闽两地的民居尝试进行谱系的划分，但尚未有比较系统完整且依据充分的谱系划分。同时，也有多位学者针对闽北赣东各地的各个古村落，进行过很多分散但比较深入的点状研究，但却少见能将这些点状研究串联起来的线性研究。

二、闽赣之间主要的文化交流通道

武夷山犹如一道巨大的屏障阻隔着福建大地与内地的交通，在古代交通极其不便的情况下，中原人入闽，闽地物产外输必通过武夷山上几处重要的关隘。明朝《儒学改建碑记》云："闽于方域，东西垠也。宸山襟海，另开局面。从北而来，必由三关：中为大关，则崇安当之；东为小关，则浦城当之；西为杉关，光泽当之。"由此便在闽赣之间形成了几条重要的古道：中线由上饶铅山翻越分水关到达崇安县（今武夷山市）；东线由广丰二线关或衢州仙霞关到达浦城；西线则由抚州黎川经杉关到达光泽、邵武等地。而中线由于崇阳溪、建溪等水路交通更加便捷成为其中最重要的交流线路，

1　国家自然科学基金资助项目：传播学视野下我国南方乡土营造的源流和变迁研究（课题号51878450），我国地域营造谱系的传承方式及其在当代风土建筑进化中的再生途径（课题号51738008）。

2　刘圣书，同济大学建筑与城市规划学院研究生院，200082，cqdxjzcg@126.com。

东西线稍次。而沿着这些重要的古道，周围分布着许多保存质量较好的明清古村落，为我们研究这些区域民居间的联系提供了非常好的研究基础。

经中线崇安分水关的这条古道，也叫鹅湖古道。经此道可由福州溯闽江到达建溪崇阳溪，翻越武夷山经水路汇入信江进而到达鄱阳湖与长江流域联通。古代商旅往来，军事攻防，八闽士子进京赶考，各级官员晋京，都首选这条通道。沿着这条古道也分布着众多明清古村落，如武夷山南侧的下梅、城村，武夷山北侧铅山的石塘、河口古镇等。

经西线杉关，向西可联通赣东抚州的黎川、金溪等地，这一地区也是赣东古民居分布最集中的地区；而向东则联系着福建邵武光泽等地，沿富屯溪又可经顺昌县达到南平。这一条线路沿途也有较多可供联系研究的民居样本，如邵武的金坑、和平古镇，顺昌的元坑、南平的峡阳等。

经东线仙霞关、二线关可直达浙南衢州江山县及上饶广丰县等地，而蒲城、江山、广丰更是自古以来便是商业、文化交流极其密切的地区。沿着这些古道对沿线的古村落进行实地的走访与田野调查，可以帮助我们厘清这些地区民居建造之间的区别与联系。

三、赣闽交界地域民居比较研究初探

重走赣闽古道，通过对沿线古村落的访问调查，能够明显感受到处于同一传播线路上村落民居的建筑形制，手风工艺上存在的联系。本次考察以入闽路线的中线与西线为主，希望通过比较研究的方法，对赣闽交界地域民居的地盘、侧样、手风、尺系等方面进行初步比较，以期寻找两地民居之间的联系，探索文化传播线路对建筑工艺传播的影响。

1. 地盘

通过走访考察，可以发现赣闽交界地区的民居地盘形制、建筑布局规模方面存在很大的联系。两地民居基本都采用"灰砖天井院"这种在江西地区广泛出现的平面形制，且常常呈现出某些相同的特点：如天井进数较多，常出现四进甚至五进的进深较长型民居，而这些民居又经常会由几栋组合在一起形成较大的一组民居群，如福建元坑镇的各种"三大栋"以及江西抚州市多次出现的"船屋"，它们之间是否存在某种联系？而两地民居基本都采用三开间，小尺度天井，平面功能布局大致相同，似乎也在某种程度上反映着相互之间的关联。

2. 侧样

赣闽交界地域大多数天井式民居的基本构架类型为穿斗式，特殊情况下会出现穿斗与部分抬梁构架的混合使用。其中各个构建的做法各地存在差异但也存在很多联系，如柱间穿枋有的用圆作，有的地区用扁作，有的用月梁，有的用直梁，且多数情况下存在几种穿枋混合使用的情况。其中在抚州金溪多个村落及顺昌元坑古镇均有发现

武夷山周边民居屋顶平面比较
表1

金溪县戌源村民居

金溪县浒湾镇礼家巷民居

顺昌元坑福峰三大栋

黎川洲湖村红军故居

顺昌元坑福峰三小栋

黎川洲湖船形屋

顺昌元坑东郊三大栋

铅山河口镇严家弄民居

（卫星照片资料来源：谷歌地球）

厅堂构架中的同一根月梁，明间使用圆作并配以精致雕花，次间用简洁的扁作的形式。另外，各地的民居构架中均又发现插栱，单斗只替、攀间斗栱等相似的做法，它们之间具体的关联和区分需要作进一步的梳理。

图1　福峰三小栋（图片来源：作者自摄）　　图2　洲湖船屋（图片来源：作者自摄）　　图3　福峰三大栋（图片来源：作者自摄）

武夷山周边民居构架侧样比较　　　　　　　　　　表2

江西河口镇典型构架1		扁作直梁月梁结合	江西河口镇典型构架2		常做二层，但不住人，用作储物
江西石塘镇典型构架		扁作直梁	福建五夫镇典型构架		扁作直梁，局部用月梁
福建建瓯党城典型构架		扁作仿月梁	福建建瓯阳泽典型构架		常做二层，结构与河口镇相似
江西金溪竹桥村典型构架1		扁作直梁月梁混合式	江西金溪竹桥村典型构架2		穿斗构架与占抬梁构架相结合
江西金溪游垫村典型构架1		扁作直梁	江西金溪游垫村典型构架2		圆作月梁直梁结合，明间圆作，次间用扁作

续表

江西黎川古城典型构架		扁作直梁	江西黎川洲湖典型构架		扁作直梁
福建顺昌元坑镇典型构架1		扁作月梁直梁结合	福建顺昌元坑镇典型构架2		扁作直梁

（图片来源：自摄）

3. 尺系

营造用尺中隐藏着大量的营造信息，它能直接反映出造房子的工匠的匠派和营造习惯，因此调研几个地区的营造所用尺长对我们厘清一片区域内的民居谱系区划有极大的帮助。本次调研由于时间原因，未对调研过的村落进行详细的尺系调研和整理，会在下一阶段的研究中继续完整整理。

4. 细部构造做法

民居建筑的细部构造所包含种类繁多，不同的建筑构件在不同区域的做法能够直接反应建筑的工艺和手风，因此在最后对建筑的各不同构件进行比较研究，寻找它们的联系会对建筑谱系的划分有更加直观的认识。在武夷山周边古村落走访过程中，能够明显看到这些细部做法之间的联系：如赣东的空斗山墙在闽西北

很多地区均有使用，而建瓯崇阳等地区经常使用的夯土山墙在赣东北上饶铅山的民居中则时有发现；在元坑及闽北其他地区也常出现的当地人称作"刀把"的排水沟承托构件，也能在黎川的民居中时常看到。其他诸如柱础、轩廊、天花等做法，各地之间都存在某种相似的特征。它们之间是否存在某种先后传承的关系，是否能由此发现建筑技艺的传播途径？相信这些细部结构的做法之间的关系能为我们提供一条明确的线索。

5. 总结

本次针对武夷山周边赣闽交界地域的村落民居比较性研究初探是基于初步踏勘的基础上的，旨在寻找一条能将点状研究串联起来的线性研究思路。其中，关于建筑形制的各方面对比研究均未深入，目前暂时仅停留在比较浅显的直观观察感受方面，进一步的研究工作希望能在后续工作中持续推进。

图4 石塘古镇夯土山墙
（图片来源：作者自摄）

图5 五夫镇夯土山墙
（图片来源：作者自摄）

图6 闽北赣东的空斗山墙
（图片来源：作者自摄）

四、关于其他研究内容

关于民居研究，对于地盘侧样等建筑形制的研究其实只是一部分，与此同时更应该关注民居建筑背后的匠师等营造人员，关注它们在搭建民居时的流程方法。不同的匠派对民居营造的影响极其重要，这也是划分民居谱系的一个重要考量因素。走访过程中，我们也曾从年迈的屋主处了解到福建部分地区的民居建造都有江西工匠参与的身影。而这一部分的研究目前尚比较欠缺，随着老一代工匠逐渐老去，古老的营造技术目前正面临后继乏力的问题。因此，抢救记录工匠的营造技艺显得尤为重要。结合工匠口述和建筑形制的研究，才能对民居的谱系作出深入全面的研究。

图7　上饶铅山河口古镇木工师傅施工（图片来源：作者自摄）

图8　木工施工建筑图样（图片来源：作者自摄）

五、结语

本文是在导师李浈教授的课题《传播学视野下我国南方乡土营造的源流和变迁研究》启发下所作。应该认识到，我们现阶段民居研究大多数仍停留在点状研究层面，针对某一省、某一县，或者某个具体的古村古镇进行研究，本文旨在提供一种研究路线，以沿赣闽之间古代文化交流通道为线索，将武夷山周边江西福建两省民居作为整体进行考量，寻找这些地区民居营造之间的源流和变迁历程。

参考文献：

[1] 李秋香. 中国民居五书——福建民居 [M]. 北京：清华大学出版社，2010.

[2] 戴志坚. 福建民居 [M]. 北京：中国建筑工业出版社，2009.

[3] 黄浩. 江西民居 [M]. 北京：中国建筑工业出版社，2009.

[4] 陆元鼎. 中国民居建筑 [M]. 广东：华南理工大学出版社，2003.

[5] 孙大章. 中国民居研究 [M]. 北京：中国建筑工业出版社，2004.

[6] 李浈. 官尺·营造尺·乡尺——古代营造实践中用尺制度再探 [J]. 建筑师，2014（10）.

[7] 李浈. 营造意为贵，匠艺能者师——泛江南地域乡土建筑营造技艺整体性研究的意义、思路与方法 [J]. 建筑学报，2016（02）.

[8] 李国香. 江西民居群体的区系划分 [D]. 南京：东南大学，2001.

[9] 祝云. 浙闽传统灰砖合院式民居空间形态比较研究 [D]. 厦门：华侨大学，2006.

[10] 李久君. 原型之"辨"，原型之"变"——以赣东闽北地域插梁架乡土建筑侧样为例 [J]. 建筑学报，2016（02）.

[11] 李久君. 再探原型之"辨"与"变"——以赣东闽北地域穿斗式乡土建筑侧样为例 [J]. 新建筑，2017（05）.

[12] 戴志坚. 闽文化及其对福建传统民居的影响 [J]. 南方建筑，2011（06）.

基于多元文化视角下的聚落空间形态解读

——以湖南省汝城县石泉村为例

范敏莉[1]　程建军[2]

摘　要： 湖南省汝城县是一个在多元文化影响下成长起来的地区，汇集了湘楚文化、岭南文化、赣文化与中原文化。石泉村是一个始于宋末移民迁徙的传统村落，在多元文化作用下，具有鲜明的典型性及特殊性。随着当前社会对于古村落保护的重视，石泉村的聚落形态及其今后发展面临着多样的契机和挑战。本文以汝城县石泉村为例，运用实地调研、图解分析和理论概括相结合的方法，研究该聚落的选址布局、结构秩序以及建筑的特点。

关键词： 聚落；汝城；石泉村；空间形态；多元文化

汝城县隶属湖南省郴州市，地处湘、粤、赣三省交汇处，素有"鸡鸣三省，水注三江"[1]之美誉。因为南岭山脉与罗霄山山脉在此相接，所以造成该县多山地丘陵、交通闭塞的地理环境，也形成当地特色的垂直性差异大的亚热带季风性湿润气候。自东晋穆帝升平二年（公元358年）开始设置汝城县以来，湘楚文化、岭南文化、赣文化与中原文化在经历战乱及移民迁徙后在此交汇融合[2]。在中国快速城市化的进程中，汝城县仍保存着大量600年历史左右的传统村落，这些聚落的形成与宋末到明朝期间的中原人第三次大迁徙有关。因相对封闭的地理环境，又受到中原移民深厚的家族观念影响，所以这些村落多以一个家族所凝聚，形成单姓村，自给自足的农种耕读生活成了聚落发展与延续的典型写照。本文试图以汝城县马桥镇的石泉村为例，通过聚落的选址布局、结构秩序以及建筑特点，去分析在多元文化影响下聚落的空间形态。

一、选址布局

"汝城喜聚族而居，通常是一个村庄一个姓氏，一个宗祠。"[3]

受中国古代哲学思想"天人感应"的影响，石泉村在规划选址布局方面考虑了天、人、地三者的关系及堪舆这一传统环境观念的因素。该村落位于两山丘之间的狭长平地中，占地有5.91平方公里（图1、图2）。它始建于宋朝末年，是三塘胡氏家族聚居地，因"胡氏先祖淑政公号石泉"[4]，所以村以其号名之。根据《胡氏族谱》记载，淑政公是由江西吉安府胡氏辗转多处后迁徙到石泉村，并经历了若干代而传承下来。

图1　石泉村鸟瞰（图片来源：汝城县人民政府官网）

石泉村背靠群峰罗汉岭，以其为屏障。南面有远山近丘遥相呼应，东西两侧有低岭环抱围护。浙水河支流绕村落东侧山峰阳面而过，与村落的中心——胡氏宗祠直线距离约500米。其环境在《胡氏族谱》的世基图衍中有记录："两山对峙，中开如门，外横一障为平半山，与祠堂对，形若屏风……"[5]。它与我国传统建筑中的环境宝地"四神地"或"四灵地"的环境模式是十

1　范敏莉，华南理工大学建筑学院，2017级硕士研究生，510640，875307041@qq.com。

2　程建军，华南理工大学建筑学院，教授，510640，arjcheng@scut.edu.cn。

图2　石泉村卫星图（图片来源：作者以卫星为底图绘制）

分相似的。在这种约定俗成的择地模式下，地形环境适合于我国的气候特点以及中国封建社会中以家庭为主的自给自足的小农经济生产方式[6]。石泉村通过利用巨大的地形潜在力，再经由村民与堪舆先生的构思，希冀形成一个可以满足安全、居住、生产、景观等各项功能需求的聚落，以此达到保持独自文化和生活的目的。

在石泉村中，胡氏宗祠及其前的禾坪和明塘形成了整个聚落的中心。东侧山峰建军事堡垒——上古寨，在胡氏宗祠西南方向，直线距离约300米建有玄武阁，两者在一片田野与荷花池中遥相呼应，成高低掎角之势，整个村落的布局便依山势展开（图3）。

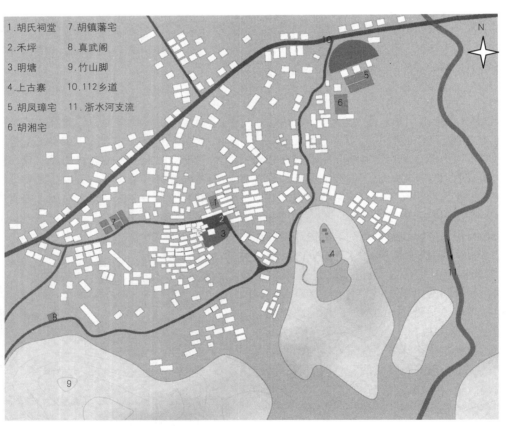

1. 胡氏祠堂　7. 胡镇藩宅
2. 禾坪　　　8. 真武阁
3. 明塘　　　9. 竹山脚
4. 上古寨　　10. 112乡道
5. 胡凤璋宅　11. 浙水河支流
6. 胡湘宅

图3　石泉村村落布局示意图（图片来源：作者自绘）

从村落现状推测，自宋末建村以来，石泉村大致经历了四个阶段。

1. 建村初期，围绕着明塘附近，以胡氏宗祠为中心，房屋沿主巷整齐排列。

2. 随着家族壮大，聚落逐渐向外扩散。村落外围受到地形的影响，依山势布局，道路较曲折。

3. 清末民初，受到近代西方文化影响。军阀地主远离祠堂兴建住宅，且规模比祠堂大。

4. 中华人民共和国成立后，生活条件改善，传统文化影响力日渐削弱，部分建筑沿新道路布置，村落建筑显得松散杂乱。

二、结构秩序

在石泉村中，多元文化与习俗所带来的虚构性，支撑着现实的生活。这也使得石泉村的秩序与路网的整体构成，形成了一种防卫性与自由性并存的意向。

在中国传统建筑中，从住宅到城市，边界作为秩序的起因都是极重要的一部分。环绕四周的群山是石泉村这一聚落形成的地理条件，天然的屏障结成了一道边界线。在已界定的空间中，通过祠堂的位置与朝向，进而依地势排布住宅。将属于均质结构的住宅，用方位给予聚落空间一个秩序，并由此形成方向性[7]，使村子内部"秩序化"。此时，路网与建筑方式便决定石泉村里的等级制度问题。

村落中横平竖直的巷道较少，多数依山势蜿蜒曲折。穿过重重巷门的狭窄通道，转折处宛如迷宫（图4）。此时，路网结构所呈现的形态已逐渐显露出多元文化对于聚落的包容性。一方面，石泉村的住宅布置十分紧凑，将平坦的用地让位于良好的农田耕种。狭窄的巷道中房屋鳞次栉比，不但令外来车马难以入内，有效防御外敌，有利于居住安全，而且人们还可以利用阴影纳凉，形成较为宜人的小气候。另一方面，利用山地高差形成天然的高程，便于整个村落的排水系统设置。不过，狭长巷道不但不利于消防救火，而且冬季时对于阳光的采纳比较差。可见石泉村不仅仅是由雨季的降雨量及夏天气候的特点来决定聚落及建筑的风貌，还包含当时社会及人文的因素。根据以上的分析，可以看出在多元文化的影响下，石泉村的结构秩序，既有中原建筑强调的中轴与中心，也会有根据客观条件及当地文化而产生的变化。

三、建筑特点

聚落的建筑体系与居民的生活系统同构，它们是乡土生活的环境和舞台，往往折射着聚落居民的生活状态与习俗。

1. 胡氏宗祠

作为石泉村的重要构成要素，胡氏宗祠不但建造精美，而且还是村民的精神、生活的中心。

胡氏宗祠前后两进院落，右前设门楼，保存较好。其与当地称为"明塘"的半圆形水池及长方形禾坪构成一组建筑群。门楼与前厅、正厅有明显的轴线错开。门楼作马头墙单檐单开间，铺金色琉璃筒瓦，地盘分心斗底槽，中柱柱头七铺作斗栱，色彩丰富，装饰意味浓厚（图5）。

前厅及正厅均为三开间，硬山顶，屋面铺灰瓦。前厅门前"鸿门梁"采用月梁形式，上高浮雕刻二龙戏

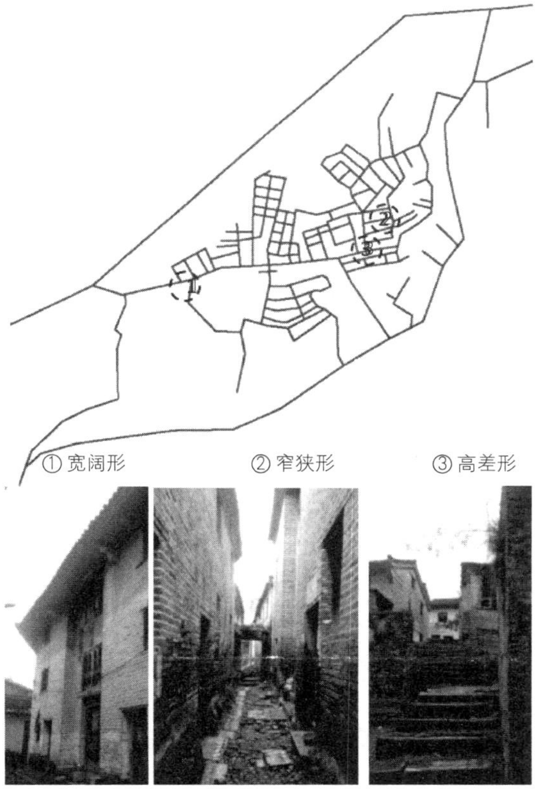

图4　石泉村内部道路空间示意图
（图片来源：作者自绘，自摄）

①宽阔形　　②窄狭形　　③高差形

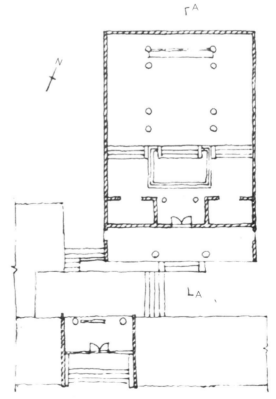

图5　胡氏宗祠平面示意图
（图片来源：作者自绘）

珠图案，与前廊的弧形天花相互辉映。前后两厅在两侧用宽阔的游廊相连。正厅梁架以穿斗与抬梁相结合，每榀梁架内柱子用牛轭梁联结，梁架露明造，前后用13条檩（带子孙檩）（图6、图7）。这种做法使建筑在节省大材用料的情况下，营造出较为宽敞的室内空间。胡氏宗祠的形制与粤北地区祠堂十分相似。究其原因，除了地理上邻近，使得风俗相互渗透，寻找更利于文化与思想交流的共同媒介外，粤北当地建造祠堂也常常会从湖南郴州、江西赣州聘请工匠师傅建造[8]。

图6 胡氏宗祠立面示意图（图片来源：作者自绘）

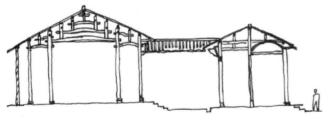

图7 胡氏宗祠A—A剖面示意图（图片来源：作者自绘）

可以看出，胡氏宗祠作为石泉村的中心建筑，不但位于聚落入口处，与聚落的空间关系密切，而且建造上较为讲究，其规模、用料及装饰均在住宅之上。在传统村落中，祠堂作为关键因素主导着整个村落的空间结构和布局形态发展。由于村落在规模、经济、文化、历史等方面或多或少都有所差异，所以祠堂在风格传承性方面体现了各个家族的特点。比如胡氏宗祠的马头墙提示着其家族与赣文化的渊源；强调中轴对称，又透露着中原影响，牛轭梁等的结构构件使用又体现了建筑居于湘南。一座胡氏宗祠便是石泉村在多元文化影响下成长起来的明证。

除了平面与构架形制的特征以外，传统村落中祠堂的生活与精神层面也同样值得剖析。以胡氏宗祠为中心的村居生活是石泉村村民生活的一个显著特点。归纳起来大致有以下几点：

首先，祠堂不但是用来祭祀祖先的场所，还是光耀门庭、续修族谱的神圣地方。从胡氏宗祠门楼上对联一副："左仰夯台文风丕振成望族，右瞻虎榜高标姓字焕名门"，以及连接前厅与正厅的游廊上所悬挂的文魁

与武魁两匾，可知三塘胡氏往昔不但在中原文化影响下学风之盛，而且还有楚人好武之精神。

其次，村落中宗法议事、红白喜事、家居日常及修缮祠堂，各种族中大事都是在祠堂中商议。它不但作为村民精神上的中心与支柱，在祠堂供奉的先人见证下完成人生大事，便显得尤其重要。而且，石泉村多山地，除了祠堂及其前面的禾坪以外，也难以找到另一处可容纳大量人流并可以及时疏散的地点。所以，位于村子中心处的胡氏宗祠便成了不二选择。

最后，随着时间的推移，祠堂的功能也变得多样化。利用祠堂这样的公共场所，举办节日庆典或是定期举办文化课程。收集石泉村的历史资料，经整理后在村民中广而告之，以期实现这一古老村庄文化的宣扬与继承。

2. 真武阁——崇拜与守护

在我国传统文化中，真武帝原为五帝之一，是天地之神灵。且按"金木水火土"五行方位，处北方，五行属水，为水神[9]。在明朝朱元璋时期对真武神的祭祀达到了鼎盛，官方与民间的大力推动，形成了从村落到城市一系列不同等级、规模的真武庙。

石泉村的真武阁（图8）位于村落的西南方向，距离胡氏宗祠约为300米。始建于明代正德年间，上下两层，木柱抬梁式构架，用四角攒尖顶，铺筒瓦。角柱头有如意斗栱支撑出挑，构件繁复。从功能上看，真武阁不但有着历史文化的延续性，它还是村民们祈求水神护佑的本能属性在建筑物上的反映。可惜，随着外延功能

图8 真武阁（图片来源：汝城县人民政府官网）

性的缺失，真武阁年久失修，早已残破不堪。

3. 上古寨——军事防御力量

在湘南，古堡群遗存较多，而石泉村上古寨（图9）是具有代表性的寨堡之一。它居于石泉村东侧一座突兀奇峰上，此寨自明朝修建以来，便是"胡氏世代避乱之所"[10]。到了民国18年（1929年），出身于石泉村的军阀胡凤璋重修上古寨，将土墙改为石墙，在沿上山石阶和寨顶四周修筑9座炮楼，寨上筑有营房100多间。最高处还有座用石头和三合土筑成的高达13米的八角楼[11]。所以，民国时期这里是一座集生活、藏富、驻兵、防守功能于一体的城堡。可见，公共建筑的功能并非一成不变，它会在多种因素的作用下发生嬗变。因为政权更替，社会动荡，原来聚落中的守护避乱之地竟成了土匪聚啸之地。

图9　上古寨（图片来源：汝城县人民政府官网）

4. 典型民居——生活的场所

为了减少对耕地的占用，石泉村民居多数依山建造，显得密集而紧凑。随着时代的发展，民居风格也呈现出强烈的多样性。

在石泉村现存的清朝民居中，主要以单栋为主，在平面上强调中轴对称式布局，这也体现出礼制思想的秩序关系。

石泉村的单座民居与汝城县典型民居一样，采用当地最基本的平面形式"一明两暗"[12]。青砖与石块混砌硬山顶，多数为二层，外观挺拔方正。建筑三开间，中间作为堂屋，用于日常生活，两侧房间则作为卧室或厨房使用。穿斗式的木构体系，柱间用长方木横向贯穿，两榀屋架之间以枋相连，密檩排布。屋檐出檐较大，一方面在入口处形成的过渡性凹廊空间，既增加了层次感，又可避免阳光对房屋的直射与雨水的冲淋。另一方面，因为巷道的狭长，在出入口处所形成的放大性灰空间，便成为人们闲聊聚集的地方。

与大多数传统住宅只有一个对外出入口不同，石泉村的三开间住宅，每一开间有一个对外出入口（图10～图13）。究其原因，与在人口激增、用地紧张的情况下，出现了几代同居的情况，单个小家族需要独立出

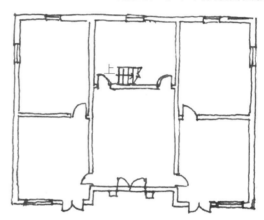

图10　石泉村某宅首层平面图（图片来源：作者自绘）

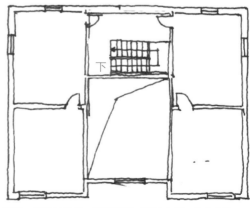

图11　石泉村某宅二层平面图（图片来源：作者自绘）

图12　石泉村某宅立面图（图片来源：作者自绘）

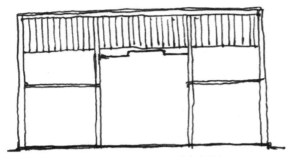

图13　石泉村某宅剖面图（图片来源：作者自绘）

入口的出现十分合理。

而建于民国时期的几个大宅院都是游离于村落中心之外，而且对整个村落形态产生了较大的影响，如胡凤璋之宅（图14）、胡凤璋侄子胡湘宅以及胡凤璋弟弟胡镇藩宅。这三个宅院之中，以胡凤璋宅规模最大。该建筑群始建于1933年，坐南朝北，两进院落，屋前还有禾坪及明塘，不过，面积比胡氏祠堂的明塘要大得多。现存六栋正房，各栋之间以连廊相通。大门北向，砖木及夯土结构，三层青砖硬山坡屋顶，小青瓦覆顶。出檐用"七字"式，窗框则采用西方古典形式，外观中西合璧。笔者分析，建筑群坐南朝北，与传统方向相反，应该主要是从军事方面考虑，希望背靠山峰，倚仗上古寨，退有可据守之地。

图14　胡凤璋宅（图片来源：作者自摄）

四、结语

经过以上选址布局、结构秩序、建筑特点的分析，可以看到石泉村在多元文化影响下的聚落空间特征有以下几点：首先，在"天人合一"的思想下，体现自然地形与文化因素并重；其次，建筑风貌杂糅并存，相互渗透；最后，聚落空间包容度性大，形态与功能会随人群需求而更改。

从宋末建村以来，石泉村的成长一直体现着移民村落的文化多元性。及至民国时期，军阀影响下村落防御意味浓厚。这种从群体到个体需求的转变，使村落形态产生了巨大的变化，也可以说是湘南地区社会发展的一个缩影。当下，面对快速的城市化过程，传统村落在谋求发展的同时也暴露出日益明显的问题。20世纪90年代后，石泉村建造房屋的随意，规划村落的无序，使得聚落在通风、采光、卫生、排水、交通等方面引发了一系列的问题。原有的"秩序"及"家族文化"亦随着村落活力衰退而日渐淡化。本文着意将聚落作为多元文化融合的过程进行解读，这种文化与凝聚力也是村落几百年延续的内因。即使如今村寨渐渐沉寂，气象却始终存在。只有保存当地居民及其原真生活状态才能发展可持续的乡村建设，才能促进一个聚落在新陈代谢中形成良性循环。

参考文献：

[1] 汝城县志编纂委员会编.汝城县志 [M].长沙：湖南人民出版社，1997.

[2] 田银生，唐晔，李颖怡.传统村落的形式和意义：湖南汝城和广东肇庆的考察 [M].广州：华南理工大学出版社，2011.

[3] 同 [1].

[4] 汝城县胡氏族谱编纂委员会.汝城胡氏族谱.2003.

[5] 同 [4].

[6] 程建军.营造意匠 [M].广州：华南理工大学出版社，2014.

[7]（日）原广司.世界聚落的教示100 [M].于天祎，刘淑梅，马千里译.北京：中国建筑工业出版社，2003.

[8] 毕小芳.粤北明清木构建筑营造技艺研究 [D].2016.

[9] 程建军.三水胥江祖庙 [M].北京：中国建筑工业出版社，2008.

[10] 同 [4].

[11] 陈志成."活阎王"胡凤璋覆灭记 [J].湘潮，1995（1）.

[12] 梁博.湘南传统民间建筑营造法研究 [D].2012.

宗教文化影响下西藏民居的传承与创新

吕　敏[1]　胡文荟[2]　田　阔[3]

摘　要：西藏作为我国的西南边陲的"世界屋脊"，不但拥有绝美壮丽的自然风光，还拥有着全民信教、虔诚浓厚的宗教文化。在藏传佛教的精神影响下的西藏传统民居具有其独一无二的建筑文化，并形成了独具特色的建筑风貌。通过对西藏宗教文化的研究，分析其与西藏民居建筑文化的关系，以拉萨地区和林芝地区为例，对比探讨西藏民居建筑的地域特色；并且针对现代化进程中民居建筑所产生的问题，提出西藏传统民居传承和创新的方法。
关键词：宗教文化；西藏民居；现状问题；传承；创新

一、宗教文化与西藏民居建筑文化

1. 藏族的"自然崇拜"观

　　笔者作为藏区外来者，惊叹于藏族人对宗教的虔诚信仰。八廓街上磕着等身长头的至诚信徒，大昭寺门前排着整齐长队漫长等待只求到佛像前亲自朝拜的藏民……太多的神圣景象令外来者们叹服，这里的乡土建筑也自然地散发着非同寻常的神秘气息。一切被视为奇异的西藏文化现象，其最终的根源大抵离不开藏族特有的自然观。出于对自然现象的不解和畏惧，藏族把一切自然现象都与神灵的意识组成相互渗透的联系，形成了原始朴素的"自然崇拜"的观念，并以这一思维模式对生存环境作出响应，这是藏族传统文化的起点。这种观念形成了藏族传统民居建筑的原型，影响着他们的民居营造方式和生活方式。

　　由于相信自己与各种神灵朝夕相伴、生活在同一空间维度，惧怕触动自然冒犯神灵，带来灾害和疾病，藏族在日常的营建行为中形成了善待生灵和保护生态的民间禁忌，这正是源于藏族自然观的精神约束作用。自然，这种精神约束会带来一些故步自封的消极作用，但在地理位置偏远的西藏，在教育还未全面普及之时，正是这种带有迷信色彩的禁忌约束，使得西藏的广袤土地免受人类的肆意破坏，纯净绝美的自然风光得以保存。

图1　八廓街上的朝拜者（图片来源：作者自摄）

图2　大昭寺前的朝拜者（图片来源：作者自摄）

1　吕敏，大连理工大学建筑与艺术学院，硕士研究生，116024，l.vminmin1994@163.com.
2　胡文荟，大连理工大学建筑与艺术学院，教授，116024，huwenhui7752@163.com.
3　田阔，大连理工大学建筑与艺术学院，硕士研究生，116024，814986684@qq.com.

图3 因山建房的西藏民居（图片来源：作者自摄）

藏族文化万物平等的自然观与现代工业文明的自然观截然相反，藏民尊崇人与自然的和谐相处，敬畏场地，几乎不会做糟蹋破坏基址和环境的事情，对地形不做或少做改变，不在植物茂盛之处动土，不在神山上砍伐挖掘。因此，西藏民居群落顺应地势起伏而建，因山建房，依山就势，高低错落，与环境自然吻合。

2. 藏族的时间观与空间观

藏区牧人过着逐水草而居的生活，放牧活动严格遵循着季节的冷暖更替，春天水边夏放山，秋放山坡冬放滩，形成了藏族人民特殊的时间观。藏族的居住行为同样体现了对时间季节变换的领悟。藏族"一年无四季，一日见四季"，太阳辐射强，因此藏族人民在一天中的不同时刻，一年中的不同季节，交替使用不同的空间场所，体现在民居中分为"冬室"和"夏室"。厨房内设置火塘，位于底层，是家族冬季户内活动中心；"夏室"位于楼上，室内两面或三面沿墙设藏凳供坐卧，为夏季家人户内活动中心。

藏族的空间观源于高原山地强烈的垂直环境变

图4 羊卓雍错的自然风光（图片来源：作者自摄）

化。藏族聚落和民居的布局形式往往受环境条件限制，从而表现出对环境的灵活应对，但为使居者与神灵保持沟通，聚落的选址都有向"神圣中心"趋近的倾向。凡有寺庙的地方必有依附的民居群落，或民居围绕寺庙形成聚落，或寺庙占据最高点。寺庙形成了聚落的"神圣中心"，即与神灵沟通的"天梯"。藏族民居大多以内向型院落构成基本人居单元，一般严格遵循三界空间的构成层次：神居的经堂位于顶层，牲畜位于宅屋底层或另辟一院。

3. 藏族的洁净观

藏族作为重宗教、轻世俗，重精神、轻肉身的民族，认为比起身体的干净，更重要的是，其洁净观对民居空间的影响，首先表现在戒律约束上。《四威仪路》指出，喇嘛居室只须满足住、行、坐、卧之用。一般藏族百姓房舍多为小房间、多间数，除受建筑材料制约外，也受戒律影响。

藏族的洁净观对民居空间的影响的另一表现为内外有别。以家庭核心空间为圆心，越是内部的，越是洁净。院落中各种物品摆放整齐有序，门窗、家具、灶台擦拭得十分干净，内部污物尽可能隔绝在外部。对室内进行细分的话，经堂是最为洁净之处。

宗教的洁净观在一定程度上还影响了藏族独一无二的色彩观念，每种颜色有其特定的含义，并与一定的方位相对应。颜色的含义泾渭分明，不宜随意混合，因此映入我们眼帘的是色彩鲜明、饱和度高的富有民族特征的藏族建筑，形成了色彩强烈的民居建筑风格特征。

二、西藏民居的地域特色——以拉萨地区和林芝地区为例

西藏地域广阔，总面积120余万平方公里，占国土总面积的1/8，自治区下辖6个地级市、1个地区和72个县。广阔的地域造就了西藏各地区不同的地形和气候，也形成了不同的民居建筑风貌。以拉萨地区和林芝地区为例，通过对比可以看出不同的地域条件对西藏民居建筑的不同影响。

1. 拉萨地区民居特色

拉萨作为西藏的政治和宗教中心，民居建筑具有比其他地区更深的宗教意义。城市的竖向布局中，八廓

街内的房屋，层高均不得超过三层，以保持大昭寺在城市中心所具有的高度，城市的总体布局及房屋朝向，皆是依转经道而布置。民居和聚落的选址忌讳居住地前后左右某一特殊地形、地物等不吉利的凶相，拉萨城的选址是松赞干布所选，是西藏优秀民居选址的代表。该城有日光城的美誉，每日日照时间长，水源充沛，风力

小，无自然灾害。

拉萨地区虽日光充沛，太阳辐射强烈，但昼夜温差大，冬春季寒风凛冽，高屋难耐劲风，且气候较干旱，降水量少，没有排水压力，因此形成了"屋皆平头"的住居形式。且耕地面积极其有限，平屋顶可物尽其用，进行晾晒、祈祷等活动。碉房平面在条件允许的情况下多呈"L"形或"凹"形布局，凹口朝南，以利于采光，避开冬季寒风。南向厨房及居室开有大面积玻璃窗，窗台低而窗楣高；北向多布置储藏室及次要房间，不开窗户或仅开小窗，东西向很少开窗。这样就形成了南向开敞，三面封闭的建筑形态。

2. 林芝地区民居特色

林芝地区位于西藏东部中心区域，西藏的主要森林区，气候温和，对日照和避风要求都不高。林芝的民居属于林区建筑，这里降水充沛，建筑以防雨水为主要特点，这是林芝民居同拉萨及其他地区不同的地方。

拉萨地区的平屋顶建筑不能适应这里的气候条件，因此林芝地区的民居建筑为坡屋顶，坡屋顶采用木屋架制作歇山屋顶，屋面盖木板或石板，洛巴和门巴的南坡温暖地区还有芭蕉叶或稻草覆盖的房屋。坡屋顶下形成半开敞的阁楼空间，用于晾晒。由于对日照和避风

图5 八廓街上的拉萨民居（图片来源：作者自摄）

图6 林芝工布江达县错高乡结巴村民居（图片来源：作者自摄）

要求不高，林芝民居的朝向不需严格遵守坐北朝南，而出现很多朝东的朝向。民居平面也不似拉萨地区的"L"形或"凹"字形，而多为矩形平面，墙上四面开窗，窗户大小相当，相比拉萨民居的南向开窗，林芝民居建筑的通风效果更佳。

三、西藏民居现代化进程中产生的问题

随着国家西部大开发战略的逐步实施，青藏铁路的落成，越来越多的"外来者"踏入这片神圣的土地，向世界缓缓揭开西藏神秘的面纱。西藏逐步迎来了城市化的进程，城镇的大规模开发，钢筋混凝土材料的大量引入……这些现代化的标志却犹如一把双刃剑刺入了这片带有传奇色彩的土地的胸膛。现代化进程为西藏人民带来便利生活的同时，正慢慢地吞噬着他们悠久的宗教文明，打破了这个地区的宁静安谧。

1. 民族传统风格的丧失

华夏大地色彩纷呈，56个民族既是一个整体，又有各自鲜明的民族特色，西藏独有的神奇壮观的自然风光与神秘瑰丽的宗教文化更是创造出了它绚丽灿烂的民族文化。以西藏首府拉萨为例，拉萨城市创建已有1300余年的历史，由于社会及历史原因，过去的拉萨活在自己的舒适圈里，发展十分缓慢。虽然如此，但民族特点鲜明，传统风格保留完好，成为中华民族的宝贵财富。然而随着现代化进程的加快，近几十年来拉萨老城飞速发展，却招致了社会各界专业人士的叹慨。由于现代材料的大量引进，拉萨老城的民居开始使用新技术和新材料，抛弃了西藏的传统工艺和传统材料，民族传统风格大大丧失。西藏民居不再是传统的藏式建筑，成为了现代化进程的衍生品，与周围环境极不协调，并破坏了西藏的整体文化风貌，我们所一直惧怕的"千村一面"现象开始"染指"这片神圣的土地。

2. 民居与气候的不适应性

西藏民居中现代材料与技术的使用，不仅破坏了民族传统风格的统一性和整体性，并且与西藏特殊的气候和地形条件相悖，带来了诸多不适。水泥和钢筋混凝土材料虽然推进了西方世界的工业革命，并在世界范围内得到广泛使用，但在西藏的特殊地理条件下暴露出很多问题，并且与西藏传统民居建筑的设计原则背道而驰。以拉萨老城为例，改造后的民居院落大部分是钢筋混凝土结构，地平和楼面为水泥砂浆面，墙厚约为20~40厘米，并且为水泥砂浆砌筑，比西藏传统民居建筑的墙薄很多。这样的新式民居完全失去了西藏传统建筑冬暖夏凉的特点，不但使得民居内部夏热冬冷，而且水泥地面和水泥墙面所产生的刺骨的寒冷对不利于身体健康。不仅容易引起风湿和关节炎方面疾病，并且使得一些住惯了传统民居的老人产生失眠、烦躁等生理和心理现象。

3. 藏民传统生活方式的打破

1）"围火而居"的生活方式

西藏大部分地区植被稀少，资源匮乏，对能源的高度节约利用形成了藏族人"围火而居"的生活方式，并在漫长岁月沉淀中成了藏民不可或缺的生活习惯。新式民居中虽然有了宽敞明亮的客厅和起居空间，在藏族人的心中却仍不及传统民居中厨房里他们围坐的火塘，这是他们所习惯和依赖的场所，代表着他们代代相承的生活方式。

2）离不开阳光的生活方式

寒冷的高原气候造就了藏族人对阳光的依赖，拉萨城市建设中就有严格的建筑日照要求。然而对于传统民居的改造以及在新式民居的建设中，为获得更大的利润空间，建筑的层数被加高，院落的面积被缩小，使得藏族人民赖以生存的阳光被无情遮挡，他们所习惯的传统生活方式被剥夺。

四、西藏传统民居传承与创新方法

1. 材料和技术的传统性、地方性与经济性相结合

高原山地地势的特殊性及交通的不便利性，使得西藏民居的建设一直遵循就地取材、因地制宜的原则，石材、木材、土坯等地方材料的直接使用免去了运输成本，低技术和互助换工式的营建过程也有助于地方工艺的保护和传承。因此，西藏民居建筑的更新应在保护的基础上进行，坚持保护性建设而非改造性建设，尽可能地使用传统地方性材料和技术，保留传统民居建筑文化风貌。并在保护和传承传统材料和技术的基础上，实现经济性的最大化，寻找最适合西藏地区的结构和材料支撑。

2. 增强围护结构的保温隔热性能

西藏昼夜温差大，冬春季寒冷，因此对民居建筑

的保温隔热性能要求极高，以拉萨地区为例，对比林芝地区相对温和的气候条件，拉萨的民居建筑通常只有南向开窗以接受阳光，而东西北三面封闭。这样的开窗条件虽然在一定程度上满足了拉萨地区民居建筑的保温隔热要求，但三面封闭的房子十分不利于通风，也就无法营造良好的居住环境。

1）窗户内侧增设活动式遮阳板

窗户作为外墙维护结构最不稳定的部位，传热系数大，白天阳光辐射强烈，冬季可获得充足光照得热，保持室内温暖。但夏季过强的太阳辐射造成夏季室内温度升高，因此可在窗户内侧增设活动式遮阳板，夏季展开，冬季闭合，同时由于安装在窗户内侧，不会影响西藏民居建筑的整体风貌。

2）北向适当开窗，并安装双框玻璃窗

北向开窗会加大冬季和夜晚室内的热损失，但不开窗不利于建筑通风，因此应在保证热损失尽量减小的前提下适当开窗。同时，在保留西藏民居建筑原有木窗的前提下，在内侧增设气密性高的铝合金窗，形成双框玻璃窗，减少窗户的热损失，增强围护结构的保温隔热性能。

3. 运用生态建筑技术进行更新

1）充分利用太阳能和生物质能

西藏地区日照充足，拉萨更有"日光城"之美誉，在对传统民居进行更新的过程中，应充分利用太阳能等可再生能源，实现室内的采暖。

2）设置雨水收集和中水利用装置

西藏地区降水量少，为节约水资源，可设置雨水收集装置，在雨季收集雨水。同时设置中水利用装置，充分利用水资源，缓解西藏干旱地区的用水压力，提高生活质量。

3）经济有效的生活污水净化和垃圾回收措施

随着西藏现代化和旅游业的发展，对西藏的生态环境带来了不容忽视的破坏，在民居建筑中，采取经济有效的生活污水净化措施和垃圾回收措施，最大限度地保护生态环境。

4. 提升民居建筑的抗震性能

西藏传统民居的更新过程中，在尽可能地使用传统地方性建筑材料，以保护民族文化风貌的前提下，应设法增强建筑的抗震性能。采用"半边构造柱"、"缺口圈梁"、"暗筋拉接"、"悬挑挂石"等创新性做法，加强结构的抗震性能，并保留传统民居建筑的整体性和特色性。

五、结语

传统民居的保护和更新问题一直是民居建筑无法避开的话题，西藏特殊的地理环境和浓厚的宗教文化赋予了这片土地神秘的色彩，其传统民居受藏传佛教文化影响，传承与创新更是迫在眉睫。要保留传统民居建筑的精髓，就要追根溯源，了解地域特色和宗教文化。在精神文化的指导下，以保护式发展为前提，才能真正做到传统民居建筑的传承与创新。

参考文献：

[1] 何泉. 藏族民居建筑文化研究 [D]. 西安：西安建筑科技大学，2009.

[2] 木雅·曲吉建才著. 西藏民居. 北京：中国建筑工业出版社. 2009.

[3] 赵盼，赵敬源，高月静. 西藏传统民居发展与更新问题探讨 [J]. 建筑与文化，2017（10）：232-234.

[4] 成斌，肖玉，高明，陈玉. 川西藏羌石砌碉房民居抗震构造更新设计研究 [J]. 低温建筑技术，2017，39（09）：44-47.

[5] 郭亚男. 藏传佛教文化与建筑空间的对应建构研究 [D]. 北京：北京建筑大学，2017.

[6] 王扬. 嘉绒藏族传统民居更新设计研究 [D]. 西安：西安建筑科技大学，2014.

[7] 李静，刘加平. 孟加拉GB住宅项目对西藏传统民居技术更新的借鉴 [J]. 华中建筑，2008（03）：29-31.

文化复兴视角下的我国乡村建设综述（1904～2018年）

李秋子[1]　宋桂杰[2]

摘　要： 乡村文化历来是中国传统文化的根基，也是当代乡村复兴的关键。在乡村振兴战略的背景下，面对传统文化资源的流失、农民精神文化需求的短缺及全社会对乡村文化价值认识的偏差而导致的乡村文化的空心化、虚无感和与现代文化对接能力的缺失等问题，文章将1904～2018年我国乡村文化建设按其表现模式划分为萌芽、整合、综合三个阶段，从理论、政策和实践三个方面分别探讨不同时期乡村建设的发展历程，同时，总结其演进轨迹和内在机制。

关键词： 文化复兴；乡村建设；研究综述

对于中国乡村问题的探讨一直是有志于研究乡村问题的学者孜孜以求的研究课题。从已有研究看，王伟强和丁国胜[1]（2010，79-85）将近代中国乡村建设实验发展历程划分为传统期、转型期、成长期和综合期四个阶段[3]。李昌平[2]（2005）将乡村建设发展历程分为四个阶段[4]。吴祖泉[5]（2015）根据乡村建设的特点及已有研究成果，将乡村建设大致分为传统乡村建设时期、近代乡村建设时期、中华人民共和国成立后到改革开放前期及改革开放后期。潘家恩和温铁军[3]（2016：126-145+7）将"百年乡村建设[6]"划分为前呼后应的三个阶段[7]。本文试图在潘家恩和温铁军二位学者研究的基础上，以文化复兴的视角，将乡村建设按其表现模式划分为萌芽、整合、综合三个阶段，并力争从理论、政策和实践三个方面探讨每个阶段文化的演进机制和模式。

一、乡村建设的兴起

潘家恩和温铁军（2016）指出中国近代历史进程中的乡村建设并非始于常见论述中的20世纪二三十年代的乡村改造实践（谢锡淡[8][2017]，王景新[9][2006]），从甲午战争中延伸的经济社会和上层建筑的鸦片化的殖民过程，从民国时期开启的工业化、城市化所建构的西方主流的现代化发展历程不断侵蚀着传统的社会结构与文化价值，导致20世纪初年（清末民初）延续至今的"百年乡村破坏"（梁漱溟语）进而孕育了"百年乡村建设"的理论思潮和不断实践探索[4]。1904年，河北定县翟城村良绅米鉴三、米迪刚父子的"翟诚村实验"以及地方实力派如阎锡山的"山西村政"启动了民国乡村建设运动。

1　李秋子，扬州市广陵区沙头镇人民政府，225002，460895225@qq.com。

2　宋桂杰，扬州大学建筑科学与工程学院，副教授，225100，364010709@qq.com。

3　传统期指1911年以前帝制时代的乡村建设，转型期指1912～1949年的民国时期乡村建设实验，成长期指1949～1978年（中华人民人和国成立以后到改革开放以前）的乡村建设实验，综合期指改革开放至今的乡村建设实验。

4　第一阶段是1904～1928年，是民间主导、地方军阀或强人推动的自治阶段。第二阶段是1928～1937年，是国民党政府制度安排下的城市精英主导的乡村改造运动阶段。第三阶段是1945～1978年，是共产党领导下的农业社会主义改造运动。第四阶段是1978～2003年，是共产党领导下的贫穷集体主义经济向温饱小农家庭经济的转变。

5　详见 吴祖泉. 建设主体视角的乡村建设思考 [J]. 城市规划, 2015, 39 (11)：85-91.

6　此处所指的三波乡村建设并非明确意义的历史年代划分，而是宏观意义上对西潮冲击下中国近现代历史进程的泛指。

7　详见 潘家恩，温铁军. 三个"百年"：中国乡村建设的脉络与展开 [J]. 开放时代, 2016, 1 (4)：126-145.

8　详见 谢锡淡. 乡村建设模式探究 [D]. 南京：南京大学, 2017.

9　详见 王景新. 乡村建设的历史类型、现实模式和未来发展 [J]. 中国农村观察, 2006 (03)：46-53+59.

二、"官民（间）合作"模式下的乡土文化

第一阶段的乡村建设中，以农耕生产和生态文明为基础的物质文化有所保留，以传统伦理为基础的社会文化逐步瓦解，乡村开始由"伦理本位"向"个人本位"转化。就其性质而言，是在半殖民地半封建社会条件下，以知识分子为先导、社会各界参与的救济乡村或社会改良运动，是乡村建设救国论的理论表达和实验活动。

1. 理论萌芽阶段

面对中国乡村社会和经济发展的严重衰败，忧国忧民的知识分子认为挽救中国的关键在乡村，而建设乡村则要从文化复兴入手。"中国问题并不是什么旁的问题，就是文化失调—极严重的文化失调，表现出来的就是社会构造的崩溃。（梁漱溟，1937）"典型案例包括：卢作孚在重庆吸收西方文化与现代科学的基础上，推行实业与文化相结合的现代化建设，试图创建"现代集团化"的生活。晏阳初以"人"的改造为核心，通过人的改变来改造整个社会，以学术的立场改变政治。梁漱溟在晏阳初的基础上更加注重乡土文化对乡民的塑造，提倡村庄的文化复兴，即"老根发新芽"。除此以外，当年的乡村建设派于1933～1935年分别在山东邹平、河北定县和江苏无锡连续三次召开全国性乡村工作讨论会[1]，交流和推广乡村建设经验、研究和探讨乡村建设的问题与改进措施[2]。

2. 以土地革命为代表的政策探索

1927-1945年，南京党中央和国民政府相继采取措施对乡村建设进行了参与和掌控[3]，他们试图通过整合乡村资源来实现对乡村的有效治理，但终究因其不能舍弃地主阶级的根基，未根本解决土地问题，乡村建设实验失败。同一时间段，中国共产党在革命根据地进行了具有革命性质的土地革命，开展的农村建设始终围绕分田分地、减租减息、组织农会、扫盲识字、恢复生产、发展经济等方面展开[4]。正是通过土地革命辅以经济建设措施的乡村建设，中国共产党的根据地得以巩固和扩大，最终呈现"一切权力归农会"[5]的乡村革命大局面。

3. 乡土文化的实践

以米春明"乡村自治"、阎锡山"村本政治"为代表的乡绅士绅、宗族、军阀等"乡村精英"[6]推动诸如农民教育、乡村合作社、农业技术及良种推广等活动，实现乡村自我发展和自我管理。这种在乡绅及农耕文化指导下的乡村实践延续了以中华文明传统的"乡绅制度"与"农耕文化"为主要特征的"乡绅"式乡村建设模式[5]。在此基础上，提高了乡村组织化程度，发展乡村教育及推广农业技术。

三、"官方主导"模式下的社会主义文化

第二阶段乡村建设由全面执政后的中国共产党推动，乡村建设的理念和工作被新的形式如全民扫盲、技术推广、水利建设、互助合作和各种实践创新（赤脚医生、乡村民兵、社队企业等）所替代与覆盖（潘家恩、温铁军，2016）。现代城市文化的冲击致使乡村文化边缘化，加之人口的快速流动更是消磨了原本同质化的乡村，导致村庄凝聚力逐步消失，乡村文化变迁加速。

---

1 1933年7月14在山东邹平成立了"乡村工作讨论会"（原拟定名"乡村建设协进会"），1934年10月10-12日在河北定县召开第二次乡村工作讨论会，1935年10月在江苏无锡召开第三次乡村工作讨论会。

2 讨论会论文集由梁漱溟、章元善等编辑并印行《乡村建设实验》，为乡村建设思想史研究保留了珍贵的史料。

3 1933年5月，国民政府行政院成立农村复兴委员会，设计、指导和推动乡村建设。1933年7月，先后在全国成立5个县政建设实验县——河北定县、山东邹平与菏泽、江苏江宁、浙江兰溪，将乡村建设运动纳入了当局的控制之中。对于1933～1935年分别在山东邹平、河北定县和江苏无锡召开的全国性乡村工作讨论会，国民政府均派员参加会议并发表演讲【第一次集会，梁定蜀对全国的乡村建设提出了"中国救亡的办法，就是改造农村"等"个人意见"；第二次集会，中央党部韦立人参加会议，农村复兴委员会孙晓村和实业部徐廷瑚分别发表演讲，绥远省政府、青岛市政府和五大实验县等政府官员出席会议；第三次也是如此】，试图在工作研讨中"灌输"政党和政府意图，"引导"乡村建设；1934年5月，由国民党中央执委会委员、江宁实验县设计委员会中央指导员李宗黄带领7人考察团赴江宁、邹平、青岛、定县等地考察乡村建设实验，并于考察结束后作题为《考察各地农村后之感想》报告。

4 提出反帝反封建的民主革命纲领，发布诸多土地革命的法令【详见附表1】，成立农民协会，打击土豪劣绅、惩治不法地主，实行减租减息等。

5 "一切权力归农会，一切权力归农民"，这句话是毛主席在1927年3月在《湖南农民运动考察报告》中提出的。

6 随着科举制度的废除和新式教育的兴起，乡村地区社会结构发生巨变，此处所指的"乡村精英"不单单是传统地方的精英，还包括受过现代教育的知识精英、民间组织、国外组织等第三方组织。

1. 理论整合阶段

第二阶段的学术研究成果主要集中在文集整理、人物传记等方面，以研究梁漱溟、晏阳初、卢作孚为代表的乡建模式的著作、论文为主。研究以梁漱溟为代表的"文化复兴"乡村建设思想的著作有艾恺《梁漱溟传》、李善峰《梁漱溟社会改造构想研究》、朱汉国《梁漱溟乡村建设研究》、郑大华《民国乡村建设运动》等。研究以晏阳初为代表的"平民教育"运动的著作有费孝通《评<晏阳初开发民力建设乡村>》、李济东《晏阳初与定县平民教育》等。研究以卢作孚为代表的"民生模式"的著作如王安平《卢作孚乡村建设思想理论与实践综述》、梁漱溟《怀念卢作孚先生》等。

2. 以"大包干"为代表的政府推动

20世纪50年代初期开始实施的乡村建设旨在通过生产关系的变革，在生产力尚未发达的农村社会建立起人民公社，并试图逐渐过渡到共产主义阶段（王伟强、丁国胜，2015，28-31）。历史证明，这场历经30年的"乡村社会主义改造"违背了客观规律。1978年，小岗村发起的以"包产到户"为特征的家庭联产承包责任制掀起了改革开放的序幕，亦使中国乡村社会迎来20世纪80年代发展的黄金时期。无独有偶，与北方小岗村遥遥相对的南方广西的合寨村（果地村、果作村），在1979年的深冬着手筹备"村民自治"[1]。

具体到的农村文化事项，几乎都是自上而下展开的，如历久的"科技、文化四下乡"活动、广播电视"村村通"工程，甚至农村普及的"九年义教"等，它们无法从根本上解决中国农民精神的空虚化。具体到乡村建设层面，大多数农民新建了住房、解决了面积短缺，但也仅仅如此。以小岗村为例，在改革开放多年后，其乡村建设得到所谓"一年超越温饱线，廿年没过富裕坎"[5]的评价。

3. 社会主义文化的实践

社会团体或个人层面，1990年，德国巴伐利亚州汉斯·赛德尔基金会把"土地整理和村庄革新"项目带到中国青州市何官镇南张楼村，以盼通过"农村与城市生活不同类但是等值"理念实现村民在固有的村庄就能获得和城市人一样的生活便利并能获得较高的收入。农村教育探索改革方面，1987年，刘辉汉[2]与前元庄支书康梦熊探索出了一条农村教育更好地服务农村发展的路子。"村校一体"[3]、"三教[4]统筹"的农村教育发展模式使前元庄摘掉了"贫困"帽子，人均收入由1987年的320元提高到了1994年的1100元。

四、"官民互动"模式下的新"乡土"文化

第三阶段的乡村建设于2000年[5]起持续至今[3]。"离土不离乡"大背景下，以传统文化为基础，在与当代城市主流文化的碰撞下实现文化转型。总体来说，这阶段的乡村建设是在我国具备工业反哺农业、城市支持农村的经济实力条件下的又一次创造性探索，实践活跃且形式多元[1]。

1. 理论与实践结合阶段

统筹城乡发展战略和一系列新政策的实施，国内外学者重新兴起对乡村建设的研究，主要集中在以下几个方面：乡村建设运动史、人物传记及文集整理。如：吴相湘的《晏阳初传》，凌耀伦、熊甫的《卢作孚文集》，郑大华《民国乡村建设运动》等记录了乡村建设不同派别代表人物的生平、理念、实验活动和理论认识。对近现代中国乡村发展开展研究，如王先明《走近乡村——20世纪以来中国乡村发展论争的历史追索》（陕西人民出版社，2012年7月）梳理、总结了20世纪以来中国乡村发展理论的历史进程与走向。刘彦随、龙花

1　徐勇教授曾充满热情地写道："果作村委会是迄今发现的全国第一个有正式记录为依据的村委会。这一组织一开始就体现出自我管理、自我教育、自我服务的群众自治组织的性质，体现着'民主选举、民主决策、民主管理、民主监督'的原则精神"。

2　时任山西省陶研会副会长，吕梁地区教育局局长。

3　村长兼任校长，农村发展与农村教育同步规划、同步实施、相互促进。

4　指基础教育、职业教育、成人教育。

5　2012年12月2日温铁军在西南大学主题演讲《中国百年乡村建设——在乡土实践中渐进地认识客观世界》中指出：如果说20世纪50年代政府主导的制度试验（合作化、集体化、公社化）是通过促使小农经济的高度组织化来承载城市资本与风险高度集中的危机，由此消纳国家工业化的制度成本，那么工业化完成之后政府推进大包干的"去组织化"再度恢复了分散小农经济，则是这种制度承载危机，致使成本过高，政府不得不退出"三农"的客观结果。这就有了民间乡村建设再起于新世纪的历史机会。

楼在深入农村、充分调查的基础上，分析中国城下发展转型时期的农村空心化过程及其成因、政策建议等所著的《中国乡村发展研究报告——农村空心化及政治策略》（科学出版社，2011年11月）。张国民等采用系统工程论分析新农村建设，提出结构层次性、建设过程性、连续性与阶段性，防止追求政绩出现急于求成与冒进心态[6]。贺雪峰等通过治理结构的要素分析归纳出多种乡村治理类型[7]。王伟强、赵辰、王磊、李昌平等学者基于实践提出的以农民为主体的陪伴式系统乡建来解决综合问题[8]-[10]。

2. 以"社会主义新农村建设"为代表的政府推动

中央政府层面，自2004年开始，中央一号文件连续14年聚焦农村、农业和农民，凸显出乡村在中国"重中之重"的地位。除此以外，2002年召开的十六大提出将城乡统筹发展战略作为国家发展战略，成了制定乡村发展战略的重要前提和发展方向。2005年，国务院颁布《关于进一步加强乡村文化建设的意见》，将乡村文化建设提升到国家发展战略的高度。党的十六届五中全会指出建设社会主义新农村的重大历史任务，提出"生产发展、生活富裕、乡风文明、村容整洁、管理民主"的总体要求。2012年党的十八大提出了建设"美丽中国"的构想，重点和难点在于乡村，"美丽乡村"建设成为其最重要的组成部分。2013年，中央城镇化工作会议上提出城镇化要"让居民望得见山、看得见水、记得住乡愁"。2017年，党的十九大报告中对实施乡村振兴战略提出了20个字的总要求，即"产业兴旺、生态宜居、乡风文明、治理有效、生活富裕"。不宁唯是，2017年，江苏省先后印发《江苏省特色田园乡村建设行动计划》、《关于培育创建江苏特色小镇的指导意见》等，将乡村建设作为促进乡村复兴的战略抓手，筑起一条回应时代呼声的"回乡之路"。

3. 新"乡土"文化的实践

进入21世纪，在统筹城乡发展的大背景下，多种形式的乡村建设[1]在我国各地兴起。不论是民间组织、个人抑或是农民本身，都尝试利用各种资源推进乡村建设。典型案例如：温铁军带领团队在河北定州的翟城村组建"晏阳初乡村建设学院"，开展近乎于乌托邦式的"新乡村建设"实验。何慧丽认为新乡村建设是农民在经济、文化、社会、政治等全方位的建设，突破口在于

文艺队和老人协会。建筑师、规划师等更是身体力行，从"艺术下乡"、"设计下乡"到"规划下乡"，对乡村文化的修复、乡土建筑的构建、乡村建成环境的改造乃至乡村产业的帮扶等都作出了有益的贡献。

五、结语

不论在当代还是近代知识分子眼中，乡村问题都是解决中国问题的关键。中国农村问题的浅层表象是经济的衰退和人口的外流，深层因素实则精神的匮乏，因而乡村振兴依赖于乡村文化的复兴。"如果中国在不久的将来要创造一种新文化，那么这种新文化的嫩芽绝不会凭空萌生，它离不开那些虽已衰老却还蕴含生机的老根——乡村"。1904年迄今，政府、学者、农民、社会团体或个人积极运用传统文化因素开展了多元性、综合性、创新性的探索与尝试，以期启发教育农民，提高他们对乡土在地文化的认同度，从而提升积极性与能动性，避免"乡村运动而村民不动"。

"革命尚未成功，吾辈仍需努力"！

参考文献：

[1] 王伟强，丁国胜. 中国乡村建设实验演变及其特征考察 [J]. 城市规划学刊，2010（02）：79-85.

[2] 李昌平. 回首乡建一百年，有待我辈新建设 [J]. 建筑师，2016（05）：24-29.

[3] 潘家恩，温铁军. 三个"百年"：中国乡村建设的脉络与展开 [J]. 开放时代，2016，1（4）：126-145.

[4] 张兰英，艾恺，温铁军. 激进与改良——民国乡村建设理论实践的现实启示 [J]. 开放时代，2014（03）：166-179+8.

[5] 王伟强，丁国胜. 中国乡村建设实践的历史演进 [J]. 时代建筑，2015（03）：28-31.

[6] 张国民，祁维仙，廉利. 新农村建设之系统工程刍议 [J]. 系统科学学报，2009，17（02）：50-53.

[7] 贺雪峰，董磊明. 中国乡村治理：结构与类型 [J]. 经济社会体制比较，2005（03）：42-50+15.

[8] 王伟强，丁国胜. 新乡村建设与规划师的职责——基于广西百色华润希望小镇乡村建设实验的思考 [J]. 城市规划，2016，40（04）：27-32+40.

---

1 例如苏南农村现代化实验、江西赣州新农村建设、浙江"千村示范、万村整治"工程、海南生态文明村创建等。

[9] 王磊，孙君，李昌平. 逆城市化背景下的系统乡建——河南信阳郝堂村建设实践 [J]. 建筑学报，2013（12）：16-21.

[10] 赵辰，李昌平，王磊. 乡村需求与建筑师的态度 [J]. 建筑学报，2016（08）：46-52.

附录

1904～2018年我国乡村建设及乡村文化演进模式

附表1

阶段	主要特征	学术研究	政策探索	乡村实践	乡村文化形态演变	乡村文化发展模式
第一阶段：萌芽	官民（间）合作	梁漱溟"邹平实验"	《中国共产党第二次全国代表大会宣言》（1922年7月）	米氏"翟城实验"（1904年）	文化转型	内生发展
		晏阳初"定县实验"	《中国共产党第五次全国代表大会关于土地问题的决议案》（1925年7月）			
		卢作孚"北碚实验"	《中国共产党告农民书》（1925年11月）			
		陶行知"晓庄实验"	《中国土地法大纲》（1947年10月）等			
		黄炎培"徐公桥实验"	成立河北定县、山东邹平及菏泽、江苏江宁、浙江兰溪等五个实验区（1933年7月）	阎锡山"山西村政"（1904年）等		
		高践四"无锡实验"等	成立农村复兴委员会（1933年5月）等			
第二阶段：整合	官方主导	艾恺《梁漱溟传》	新解放区土地改革（1949年）	安徽小岗村"包产到户"（1978年）	文化断裂	公告发展
		李善峰《梁漱溟社会改造构想研究》	"大跃进"和人民公社（1958～1960年）	广西和寨村"村民自治"（1979年）		
		朱汉国《梁漱溟乡村建设研究》	《全国文明村（镇）建设座谈会纪要》（1984年1月）	山西柳县前元庄实验学校（1987年）		
		郑大华《民国乡村建设运动》等	《中共中央关于农业和农村工作若干重大问题的决定》（1998年10月）等	南张楼村"城乡等值"（1990年）等		
第三阶段：综合	官民互动	吴相湘《晏阳初传》	十六大（2002年）	"黄柏峪实验"（2003年）	文化复兴	整合发展
		郑大华《民国乡村建设运动》	《关于进一步加强乡村文化建设的意见》、十六届五中全会（2005年）	晏阳初乡村建设学院（2003年）		
		张国民，祁维仙等新农村建设之系统工程刍议	十八大（2012年）	兰考乡村建设实验（2005年）		
		贺雪峰，董磊明中国乡村治理：结构与类型	中央城镇化工作会议（2013年）	"设计丰收"可持续社区（2007年）		
		王先明《走近乡村——20世纪以来中国乡村发展论争的历史追索》等	十九大（2017年）等	广西百色华润希望小镇（2008年）等		

（来源：作者自绘）

基于功能单元与行为范式的湘西高椅村住居文化研究

曹紫天[1] 余翰武[2] 郭俊明[3]

摘　要： 本文以湘西会同县高椅村为例，立足于高椅村湘西高椅村物质形态与非物质形态，以高椅村恢宏的明清建筑群为载体，从视觉感受中的平面单元深入体会传统聚落中的住居文化，基于物质实体的平面功能单元，分析其类型与住居文化的关系，再从非物质形态中的行为范式探讨其对住居礼制、传家、饮食等文化的影响和衍化态势。研究试图唤起人们对地域性可识别文化保护的重视，有利于传统住居文化继承与保护形成可持续的良性循环。

关键词： 功能单元；行为范式；高椅村；住居文化

　　住居文化是一定社会的经济文化和民族特定生活方式的综合反映，使人类在居住范畴所创造的物质财富和精神财富的总体呈现出来。它有着极其丰富的深度和广度，主要表现在人们在民居营建时的习惯以及在居住使用过程中的行为方式、意识观念及约定俗成的礼仪等方面[1]。

　　本文立足于湘西高椅村物质形态与非物质形态，以高椅村恢宏的明清建筑群为载体，从视觉感受中的平面单元深入体会传统聚落中的住居文化，基于物质实体的平面功能单元，分析其类型与住居文化的关系，再从非物质形态中的行为范式探讨其对住礼制居、传家、饮食等文化的影响和衍化态势。两种形态彼此各具特色，又相辅相成，共同构成一个完整有机的高椅村住居文化体系。研究试图唤起人们对地域性可识别文化保护的重视，有利于传统住居文化继承与保护形成可持续的良性循环[2]。

一、湘西高椅村概况

　　高椅本为"渡轮田"的古渡口，后称"高锡"，高椅村地处湖南湘西，位于湘、黔、桂三省的交界怀化市会同县。高椅村处于巫水中下游西岸一冲积台地上，属五溪腹地，历史上为侗族与汉族文化交流的咽喉要冲。

　　沅水中上游地区有雄、满、酉、舞以及辰五条主要的支流，古时称为"五溪"。而五溪中的雄溪，则为现今的巫水（图1）。因村落坐北朝南，三面环山，南临巫水，因山形如同一把高高坐起的"太师椅"，故美其名曰"高椅"。高椅属沅江上游雪峰山脉南麓，受热带季风性湿润气候的影响，气候冬暖夏凉、四季分明、降水量充足，加上地势比较平坦，形成高椅村理想的人居环境。民居村落以五通庙为中心，由纵横交错、宽窄不一的街巷组成交通网络，呈梅花状向外辐射，自然隔离成五个自然群落。

　　高椅古村就像一处世外桃源，当地居民在青山绿水间过着宁静、自在的生活。全村现有居民大部分为杨姓，源于元代至元四年（公元1311年），侗族"飞山蛮"酋长杨再思后裔杨盛隆、杨廷秀、杨廷茂因看中高椅这块"宝地"，在此建村置寨，经过600多年来的不断扩建与修缮，以自给自足个体经济为主，物产富饶，水运便利，逐渐形成规模宏大又独具特色的人文景观风貌。由于地处偏远的崇山峻岭之中，加之地形复杂、交通不便，高椅古村避开了历史上的多次战乱与动荡，至今仍较为完整保存着明清时期建筑一百余栋（图2）。悠久的历史使得高椅古建筑群有着沉稳、大气的特征，其平面形制中的功能单元蕴藏着深厚的住居文化底蕴，为研究提供了丰富的物质基础资料。

1　曹紫天，湖南科技大学建筑与艺术设计学院，411201，czt1007@sina.com。
2　余翰武，湖南科技大学建筑与艺术设计学院，副教授，411201，yuhanwugg@126.com。
3　郭俊明，湖南科技大学建筑与艺术设计学院，副教授，411201，340466910@qq.com。

图1 高椅村巫水河畔（图片来源：作者自摄）

图2 高椅村住宅群（图片来源：作者自摄）

二、湘西高倚村的住居文化特征

自六百年前，杨再思的后裔们在高椅的青山绿水间置村建寨，烙下了充满侗族栖息的一笔，高椅村的发展便没有中断过。随着一代代高椅人的繁衍延续以及对外交流的不断深入，高椅村的建筑风格与住居文化首先受到了汉族文化的熏陶，后来又被西方风格影响，还经历了现代文化的洗礼，形成了高椅村独有的住居文化。在多种社会因素的共同作用下，使得高椅村的住居文化表现为以下特征。

1. 时代性

由于住居文化在社会变迁中不断发展，因而具有鲜明的时代性。不同的时代反映了人们不同的居住需求和生活方式，并表现在建筑空间的营造，有着地域特色的功能单元表现出不同时代的生活面貌。在自身不断发展的同时，也保留了自身的文化的可识别性。

2. 多元性

不同历史时期文化的传承与演绎使得高椅村的住居文化呈现出多元的表现形式。高椅村无论从住居习尚、行为范式再到建筑平面形式和聚落形态都表现出其住居文化的多元性。建筑作为文化的物质反映，同样有所体现当地生活方式的种种细节。

3. 包容性

高椅村主要为汉、侗两族的长期聚居地，由于各

民族之间互通共融，其住居文化既包含汉族文化中的尊卑有序的礼制文化，也包含高椅人兼容并蓄的住居文化，两种文化在长期互动中，形成了独具特色的双重文化脉络。通过与周边地区的相互交流，高椅村有着明显的汉化特征，但从语言到饮食、服饰，从节庆风尚到日常习俗，从尚文习武到耕读传家，从宗教信仰到日常礼制，高椅村仍保留着侗族的特点。高椅村住居文化的包容性主要体现在高椅人对多种信仰共存的容纳度，原真性的住居文化不断延续以及多种民俗的保留等。

三、基于平面功能单元的住居文化

高椅村的住宅类型主要为窨子房和木楼房，村内窨子房的主要平面形制分为"日"字形、两进式或并列式和组团式，木楼房的平面形制主要为"一"字形与"凹"字形。这些平面形制有着独具特色的功能单元，分别为堂屋、火铺屋、花厅和挑廊。由人们自发营造的建筑平面单元，作为共同生活的物质场所，除满足基本的使用功能外，同时也要满足人们的多种需求，从而激发出多姿多彩的文化活动。

1. 堂屋与社交文化

从表1可以看出，众多平面形制中的当心间均设有堂屋，左右两侧为厢房，作为私密通往开放空间的过渡，堂屋处于住宅的中心位置，既是精神象征，又有实际用途。其作为家庭的公共空间场所，不兼作他用。堂屋供奉着天地君亲师和祖宗的牌位，进行香烛祭祖或作为私家礼仪性活动，家法教化、婚庆丧礼以及待人会客都在此进行，它既是家族聚会议事的社交场所，同时也

是族人对外的社交场所，不仅是节庆设宴，而且在秋收季节人们还进行着一些生产活动，大大丰富了人们的交往生活。

2. 火铺屋与共餐文化

火铺屋即灶屋，一般位于房屋的次间、梢间或后间（表1），作为烧饭做菜之地。火铺屋不仅作为厨事烹饪之地，还作为进餐、闲聊家事及待客的场所，火铺屋中留出正方形为火塘，围绕火塘四周摆设座椅，一家人聚集在火铺屋，御寒取暖、煮烤食物、开怀畅饮，极具本味的生活气息[3]。有些火铺屋旁边设有灶台做主食，火塘做副食，全家共同聚集一起谈家常、休息娱乐和会客，共同形成高椅村别具特色的共餐文化。

功能单元在的平面形制中的位置　　表1

功能单元	日字型平面形制	两进式平面形制	一字型平面形制
堂屋			
功能单元	"日"字形平面形制	"凹"字形平面形制	组团式平面形制
火铺屋			

3. 花厅与文娱文化

花厅一般位于平面布局的顶层，三开间畅通无隔断，作为日常起居、会客、休憩远眺和读书用，平时除了主人独自度过静谧时光外，宴请或是重要节庆日，主人与客人一起在花厅里休闲娱乐、吟诗作赋，把酒言欢。由于位置较高，人们开窗凭栏远眺，视野开阔，自然美景尽收眼底。

4. 挑廊与劳作文化

挑廊不仅给建筑的侧立面带来了虚实结合的凹凸空间，丰富了立面造型，也给室内的居民提供了与外界交流的过渡空间，人们可以晾晒劳作时远眺室外，还可以与在底层前坪的人们对话。出挑的廊子处高椅人用来晾晒衣服和风干腊肉、鱼干等腌制品。耕耘秋收季节，挑廊可供人们晾干谷物或进行农作物的加工，高椅人在辛勤劳作时，享受收获的喜悦。

四、基于行为范式的住居文化

高椅村主要为侗族居住地，侗族住居文化是中国少数民族住居文化中一种比较有代表性的文化类型，但由于受汉族住居文化的不断影响，使得高椅村的住居文化特性呈现出多重文化特质。行为范式作为非物质形态，主要从信仰、耕读、民俗、分厨和贸易中体现，与住居文化相互关联，彼此影响。

1. 信仰与礼制文化

由于侗族没有统一的制度化宗教信仰，他们对天地祖先、儒释道教、阴阳五行和巫术占卜等均而信之[4]，故高椅村的信仰呈现出多元化的特性。现存以明清两代为主的高椅村窨子屋主要是以砖木混合结构为主，在建造的同时也遵循儒家的礼法传统，在平面布局上充分反映出高下有等、长幼有序、内外有别等等级区别[5]。侗族木楼房一般为三层楼房，上库下宿，卧室的分布长幼有序，体现老幼、主次、上下和宾主之别，这样的居住模式很明显受到礼制文化中等级观念的影响[6]。礼制作为古人的文化规范、行为模式和规章制度，其本质是体现一种上下尊卑、老少有别的伦理秩序，这种秩序使得居民的行为方式也有着明显的等级制度[7]。从社会到家庭再到居民日常生活中的言谈举止、衣食住行和宾礼待客等，无不体现着礼制文化。

2. 耕读与传家文化

在漫长的历史积淀中，高椅村有着浓郁的耕读（即半耕半读的生活方式）文化氛围，文学馆、私塾、祠堂和凉亭等公共建筑保留至今。高椅村比较有名的"清白堂"和"醉月楼"，曾是文人雅士饮酒吟诗及娱乐的场所，住宅内有接待会客和读书用的花厅。村民重视后人的启蒙教育，村民为弘扬祖德，将"关西门第"（图3）、"清白家声"、"清白堂"、"耕读传家"（图4）等牌匾作为传家宝，高挂在自家门楣之上或自刻于门两侧的墙上（图5），并以此作为庭训，告诫子孙后代要"清清白白做人，清清白白为官"。高椅先贤们讲究以读书为本，重视儒家伦理道德法则，使忠孝廉洁、尊老爱幼和以礼为教的思想在这块宝地上代代流传，逐渐养成了高椅人路不拾遗、夜不闭户的良好社会风尚[8]。

图3 关西门第
（图片来源：作者自摄）

图4 耕读传家
（图片来源：作者自摄）

图5 门前刻字
（图片来源：作者自摄）

3. 民俗与饮食文化

由于下一代人的不断继承上一代人的民俗文化遗产，使得高椅村的民俗文化成为不间断、连续性地社会活动过程。其独特的人文历史背景，形成了多姿多彩的地域民俗文化。高椅人每年两个重要的风俗节日即："四月初八要吃黑米饭，九月二十八要演傩堂戏。"四月初八为高椅村的黑饭节，高椅人做好黑米饭（图6），备办酒肉小菜，还有侗族各种风味特色小吃如：红坡贡米、火塘腊肉、油茶、泡茶、花蘸粑、沙溪辣酱和各种酒礼活动[9]。农历九月二十八，有着"戏剧活化石"之称的傩堂戏在高椅村进行，它是侗族人口传身授、世代继承的特色民间艺术，是湘西巫傩文化的重要组成部分。傩戏不受时间、地点的限制，一般演出在主人家的堂屋进行，人多时便在屋外场坪进行祭祀演出活动。秋冬季节，若到高椅村来体验民俗民风，容易看到侗家唱戏班的人头戴木雕脸壳，身着戏服，连跳带唱地表演，除了表演傩戏外，并且高椅人自己搭建戏台表演踩芦笙、唱山歌、哆耶等传统民间节目，更加增添了古村的神秘色彩[10]。营建新房作为一种社会活动，在奠基、上梁（封顶）和贺新房等活动时，村民和亲属赶来参加庆祝，主人以酒肉饭菜宴请宾客，还会进行娱乐活动。

图6 晾晒黑米饭（图片来源：作者自摄）

4. 合居与分厨文化

侗族人有着兄弟家庭合居的习惯，使得高椅村的合居和分厨文化逐渐衍生，合居文化即数家住户合住一栋联排单元所形成的一种相互影响的行为文化[11]。在高椅村,合居不意味着合厨,而是分厨,高倚村的厨房在侗族人称"火铺屋",即做饭和吃饭在一个平面空间单元中完成,若看到一栋房子里只有一个火铺屋时,说明这一家是独户,反之,若看到有几个火铺屋同时出现的情况,说明这是兄弟分家同住的情况[12]。合居使得他们有多个共享空间,如:堂屋、花厅等,是进行家族日常集会活动和重要宾客见面的场所,这使得族人联系更为紧密。

5. 贸易与商住文化

高椅村的商业街最早由河边摆摊经营转变到休憩驻足的商旅驿站,之后高椅商人开始卖茶水、糍粑,逐渐由几个零散的商铺发展成为一条商业街(图7),开始出现充满生活场景的、大众的、热闹的、嘈杂的商住文化。高椅村的商业业态主要表现为农副产品、烧酒、器具加工、服务和娱乐贸易。在住居行为范畴上,商业与居住的混合模式占很大的比例,主要分为代表传统商住文化的"前店后宅"和代表近现代商住文化"下店上宅"(图8)两种类型,这类住居生活中除了交易行为作为日常生活的重要组成部分外,还融入吆喝叫卖声、算盘声以及社会百态,反映出商住混合环境下特定的文化构成,有别于一般的住居文化。

图7 高椅村商业街(图片来源:作者自摄)

图8 下店上宅(图片来源:作者自摄)

五、结语

住居文化的保护不是把它们做成标本蒙上灰尘,而是要让其保持活力与生命力,让当地居民对其传统文化感到自信和自豪,才能自发维护继承。这样在吸纳外部优秀文化保持文化活力的同时,传统文化的根才不会断,传统文化得以继续衍生与传承。如今,高椅村人仍然怡然自得地居住在祖祖辈辈传承的民居中,在维持自身传统的同时也享受着现代文化带来的改变,展现了传统住居文化和现代科技文化在高椅村和谐共融的喜人景象。这不是现代文明对高椅村的侵蚀,而是高椅村文化自身的发展,这就如同过去汉族文化接纳西方文化的发展历程一样,正是因为高椅人对高椅村住居文化的自信与热爱,高椅村住居文化才得以传承下来,并在与其他文化相互交融的过程中不断发展。并且日后还会与时俱进,不断保持活力。

参考文献:

[1] 孔觅. 永顺土司的居住文化特点剖析——以老司城考古遗迹遗物为线索 [J]. 铜仁学院学报,14 (6),2012:7—10.

[2] 陈英. 湘西传统居住文化研究 [D]. 长沙:中南林业科技大学,2008.

[3] 陈一鸣. 传统聚落中的仪式与空间研究——以湖南高椅村为例 [D]. 武汉:华中科技大学,2013.

[4] 赵巧艳. 汉族风水理念对侗族住居文化影响广义阐释 [J]. 广西民族师范学院学报,32 (6),2015:19—23.

[5] 魏玖. 湘西南地区高椅古村落建筑装饰艺术研究 [D]. 株洲:湖南工业大学,2014.

[6] 蔡凌. 侗族"矮脚楼"演进模式新探——湖南会同高椅村建筑演变分析 [J]. 华南理工大学学报,

30（10），2002：51—55．

[7] 朱向东，马军鹏．中国传统民居的平面布局及其型制初探释 [J]．山西建筑，28（1），2002：12—13．

[8] 赵守谅，陈婷婷．环山抱水　世外桃源——湖南高椅古村旅游业发展探析 [J]．小城镇旅游，2006（2）：75—78．

[9] 储学文．高椅民居本体内涵环境保护初探 [J]．怀化学院学报，23（1），2004：59—62．

[10] 李芬芬，庞旭．新型城镇化背景下传统村落的保护与发展——以"高椅古村"为例 [J]．中外建筑，2017：65—67．

[11] 陈刚，李晓峰．近代汉口街区与住居形态的文化考察1896～1938 [J]．南方建筑，2016：110—115．

[12] 李秋香．中华遗产·乡土建筑：高椅村 [M]．北京：清华大学出版社，2010．

壮乡民居建筑在城市主题景区中的应用研究

——以南宁刘三姐文化园建筑应用为例

杨 悦[1]　陶雄军[2]

摘　要： 在主题景区文化园的设计中，民居建筑渗透地域性文化是重要的组成部分。要以壮乡民居建筑为依托，这是城市主题景区设计创新的发展途径。本文研究的核心是阐述民居建筑设计新语境和壮乡民居之间的相互关系，以及多维剧场散点式构成的体系。通过举例刘三姐文化园，从多维剧场的散点设计语言角度进行反思，实例探讨了城市主题景区中多维剧场民居建筑散点式布局的营造方法，对当代城市主题景区设计作一定的分析和思考。

关键词： 壮乡民居；刘三姐文化园；城市景区；应用研究

引言

现代城市主题景区设计就是要充分利用地域的自然景观和人文景观资源，对地域性民居建筑的深入研究，"因地制宜"也是在景区设计中的前提条件，体现文化园的地域特色所在。广西民居的传统特色分为两种特征：第一按建筑材料分为夯土墙结构、石材结构、土石结构、木质结构、砖木结构；第二按类型分为干阑式建筑、院落式建筑、西洋建筑。

近几年来，国内对设计的关注力度也在逐渐加大，人们对于环境的质量要求越来越高，越来越多的人渴望接触自然，感受当地特色的民居建筑，让人们有一个可交流情感的空间。文化园作为城市形象的载体，能传播当地民俗文化，打造个性化城市。但经济全球化导致国内在部分设计中盲目地崇洋媚外，不断地模仿国外的设计理念和建筑的风格，从而丧失了中国本土元素特征，中国的地域性建筑也逐渐缺失和淡化。因此，如何把地域传统民居带入主题景区设计中成了一个值得人们深思的问题。本文针对地域性文化和传统民居建筑与锦园设计的结合应用进行研究，将地域性文化和非物质文化传承带入现代设计中，在形式上、手法上、功能设计上进行结合，打造一个富有丰富内涵的多维剧场，一个传承传统民居建筑特色的现代城市主题景区。

一、壮乡民居建筑文化概况及项目概述

壮乡传统民居建筑具有独特的水文条件和地理条件，加之各个民族相互迁徙交融，接纳中原文化和南洋文化的原因，具有独特的建筑艺术特色。最大的特点都是因地制宜，在漫长的历史发展中，逐步形成了各地不同的建筑风格形式，也是深深地打上了地理环境的烙印，生动地反映了人与自然的关系，利用自然的资源来营造房屋。广西的传统民居建筑特点分为：一是主要以木材作为主要材料，因为当地木材丰富，也使用瓦、石、夯土等材料，民居建筑材料大多是就近取材；二是依山而建，由于地理环境的原因，大多数少数民族都建在地势较陡的山坡上。

1. 广西壮乡地域文化

1）壮乡民居建筑物

壮族传统建筑主要是指居住建筑，因为壮族的公共建筑不发达，所有最能体现文化差异的建筑形式还是民居。因为用地的紧张和气候的原因，所有村子建在山脚下向阳、通风好的地方。壮乡民居建筑以干阑式为

1　杨悦，广西艺术学院，530000，358861825@qq.com。

2　陶雄军，广西艺术学院，建筑艺术学院副院长，教授，530000，316768792@qq.com。

图1 三江风雨桥

图2 壮乡村落（图片来源：网络）

主，干阑式建筑主要是为防潮湿而建的，长脊短檐式的屋顶以及高出地面的底架，都是为了适应多雨的地区，有着防潮的作用。干阑式民居主要以竹子、木头为材料，就地取材。风雨桥建筑是干阑式建筑发展的延伸，是壮侗瑶民族的一种交通风俗，状语叫"厅哒"。风雨桥是侗族非常出名的桥，全用木材构成，被称为世界十大不可思议桥梁之一。

2）壮族民间传说

刘三姐是壮族民间的传说人物，是古代民间歌手，聪慧机敏，歌如泉涌，优美动人。"三月三"是壮族的歌圩日，是为了纪念刘三姐而形成的民间纪念性节日。歌节期间，除传统的歌圩活动外，还会举办抛绣球、演壮戏、唱山歌比赛等丰富多彩的文体娱乐活动。寄托着人们对歌仙刘三姐的思念和对丰收、对爱情、对幸福美好生活的憧憬和向往。

2. 刘三姐文化园设计概述

1）项目概况

中国——刘三姐文化园项目位于南宁市五象新区，隔邕江与文华山相望，北面与青山大桥毗邻。用地呈北高南低、西高东低走向，基地东侧面向邕江，视线

通透、交通便利、配套设施齐全。基地周边有万达茂、天誉城、五象火车站、南宁学院等大型城市公建设施与高档住宅小区。项目用地总面积为30500.28平方米，呈椭圆地形。以圆和圆弧为元素进行有机组合，设置舞台铺装，突出重点，强化中心，宗旨是打造广西刘三姐文化品牌文化演出项目：第一，让刘三姐这一知名文化品牌服务于本地的文化经济建设，为市民提供一个高品质的文化熏陶环境；第二，为南宁市市民和外地游客提供文化交流互动场所，让游客了解壮乡的民居建筑特点，传播壮族民族文化。

2）元素提取

在园区设计中，主要以壮乡民居、壮乡文化来贯穿整个园区设计，以桂林山水为基础，打造一个具有广西桂林山水特色的壮寨实景剧场。主要是提取广西的地域文化元素，在民居建筑上融入现代元素，营造具有时代感、科技感的实景剧场。元素主要包括：①广西吊脚楼元素，吊脚楼也是广西壮族传统民居建筑，大都是依山靠河就势而建，吊脚楼属于干阑式建筑；②广西三江风雨桥元素的提取，风雨桥是侗族的建筑，集钢筋混凝土月牙形单桥拱和侗族特色木构建筑技艺精华于一体，有七个桥亭，其长度和规模均是世界上最长，堪称世界第一风雨桥；③刘三姐在广西是传说人物，也是广西山歌的代表人物；④绣球乃是广西壮家人定情物和吉祥物，现在也是广西极具特色的旅游工艺品之一；⑤凤尾竹的采用，打造广西山水画镜。

二、多维剧场的散点式民居功能布局

1. 景区中"多维"的概念

我们对"维"的认识大多数在于数学几何学中，直线为一维空间，平面为二维空间，最常见的是三维空间。人们在不同时间、地点、季节看同一个景点，给人带来的感受也是不相同的。在城市的主题景区中增加绿化面积，提高城市景观质量是景区设计的基础。对多维剧场的设计是在二维、三维、四维空间的基础上进行的。

2. 基于散点透视的民居建筑布局

散点透视本质上是人在时空运动过程中对空间画面的感知综合体验。在景观设计中一般会采用先抑后扬的空间对比关系来加强人体验，这个主要是涉及整个景区空间布局的把控。在园区中，充分利用实际场地的下沉式空间特点，设计成一个多维视角散点式的实景演艺

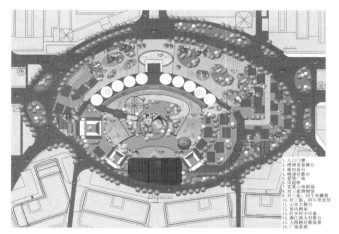

图3 刘三姐文化园平面图（图片来源：作者自绘）

图4 山水大舞台（图片来源：作者自绘）

广场。功能主要分为：入口门楼、绣球美食看台、梯田看台、绣球对歌台、爱情广场、三江风雨桥、实景山体剧场、刘三姐博物馆（莫老爷建筑形式）、刘三姐与阿牛哥雕塑、刘三姐与阿牛哥故居、山水大舞台、室内剧场、壮乡村落印象、漓江渔火对歌台、大榕树对歌场景等15个功能设计。从平面图设计上看，这是运用多维剧场散点式民居布局的形式进行设计。壮乡村落是按这轴心向四周散点式布局，所有的民居建筑都是随着中央的山水大舞台放射。这也是为了能更好地呈现出广西民居依山而建的实景效果，地形的落差设计凸显出了干阑式建筑悬空的特殊营建手法，散点式的布局体现出了一种休闲、轻松的效果，"因地制宜"的自然表现手法，让整个布局形成多维的空间。

三、民居建筑的形式新语境

1. 民居壮寨新语

整体壮乡村落的布局为"面状网络型"，建筑群落沿山体等高线布置，依就山势。为了打造出壮乡民居村

落布局的特点，全区中央下沉7米，四周设计成坡地形式，让民居建筑能顺应地形沿等高线布局，呈现依次阶梯排列的形态。下沉7米在园区里设计了壮寨实景演出，复原桂林漓江渔火的对歌和乡村生活表演场景。地下建筑仅1000余平方米，更多的场地用于景观打造，呈现桂林山水和壮乡民居风貌。

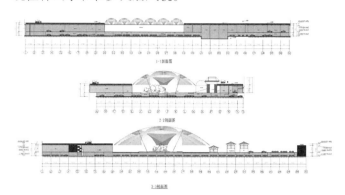

图5 刘三姐文化园剖面图（图片来源：作者自绘）

2. 民居建筑中新型材料的运用

在整个景区民居建筑的材料运用上，用透明玻璃代替了原本的木质材质。玻璃不仅是一种可透光的材料，它也被赋予美学的象征意义。将室外的自然景观引入室内，或是将民居建筑隐没在自然之中，追求一种人与自然的和谐统一。玻璃材质的透明性正好是符合这种要求，玻璃轻盈透明，都能真实地透射出人与自然的和谐，感受到自然的气息。运用玻璃的材质也是为了打造一个"水晶宫"式壮乡民居村落，这也是为了给人一种梦幻童话的心理感受。

玻璃的虚幻性主要表现为：一是玻璃透明、光滑的"虚"的特点与其他实景的搭配，形成虚实对比的效果；二是玻璃对整个园区的空间界面是非实质性的，主要是对人的视觉心理界定，在整个空间上达到通透、轻盈、梦幻的效果。利用玻璃的特性来化解民居建筑空间的边界，使民居形成"不存在的存在"；利用玻璃的反射性可以以虚映实，在民居环境中成为虚化的加入者。玻璃可以创造出许多虚幻的艺术感受，在阳光的照射下产生戏剧性效果，当五彩的光线经过玻璃的透射、反射、折射后形成各种扑朔迷离的虚幻情景，创造了虚幻童话般的刘三姐文化园。

3. 壮乡文化在民居建筑造型的创新

在设计中把原始的民居风貌去掉，打造一个充满时代感气息的民居建筑。第一，在建筑上主要运用了绣

图6　三江风雨桥（图片来源：作者自绘）

图7　壮乡村落印象（图片来源：作者自绘）

图8　梯田美食看台（图片来源：作者自绘）

图9　绣球美食街（图片来源：作者自绘）

球的元素，把绣球带入园区的顶设计中，设计一个巨大的绣球顶，起到了地域代表性的作用，形成一个具有地域性文化特色的园区。第一，在园区中轴线两旁设计弧形的美食看台，每边的看台设计五个水晶绣球顶，与绣球大屋顶形成呼应；第二，园区入口去掉原始民居建筑的风格，主要是将"漓江渔火"的思想融入整个设计中。采用竹排的元素提取，采用叠加的设计手法，把竹排简化、重组、叠加，设计一个简约而富有地域性特色的大门，形成一个入园的符号。

四、民居建筑空间的新功能

1. 梯田看台形式设计

在看台的设计上，运用了梯田的元素，创造一个自然、和谐的实景剧场，梯田看台增加了景区空间的层次感。同时也是园区的一大亮点，融入民俗文化刘三姐敬茶和美食互动。梯田看台旁设计一座水晶版三江风雨桥，起到呼应作用，使整个园区形成连接。

2. 壮乡民居舞台背景形式设计

根据舞台平面布局，以圆和圆弧为元素进行有机组合，设置舞台铺装，凸出重点，强化中心。因演出需要，舞台上营造山水实景、壮乡村落风貌，形成处处是景的舞台效果。在舞台两端侧台出入口处以草编侧台收边，两侧打造壮乡村落。舞台四周设置水系，以满足演出所用。在舞台后方的灌木树池边，设置两个地下室采光井，供地下部分的休息室及餐厅采光。

看台两侧及看台东面一大片用地上，以自然形态的水系贯穿，从通道下方穿过连接舞台周围水系。这里可以打造成桂林山水形式。中央区域通过水道、大榕树、人造山水、漓江渔火打造实景演艺场景。主舞台设计主要将壮乡民居建筑与壮族壮锦符号结合，中央位置设置人造山水和船上对歌场景，营造出广西桂林山水意境。园区里建筑实景都作为舞台景区的道具和背景，充分把桂林山水文化、刘三姐品牌融入这个项目中。

3. 新功能商业文化形式设计

入口处连接文化产品工艺品的一个展览馆，展览街区，也是增加了一个多维演艺场所，将会极好地展现壮乡的民居、文化，有助于推动壮乡文化的传播。依托项目时代及地域特点及背景，着力体现南宁作为中国与东盟区域贸易往来的龙头特质，强调其国际化大都市的地位，同时也展现出壮乡民居建筑的风采，营造极具特色、多样性的地域民族文化及生活氛围，让商务、休闲的人们及游客经历一段唯美和心动旅程。

五、结语

传统民居地域性文化是影响整个园林设计的重要因素。在园区的各个区域中都是作为独特的建筑文化的表征，反映出壮乡建筑的文化内涵和底蕴，其兼具功能性、文化性、地域性。多维剧场的散点式民居建筑功能布局，是一种新颖的设计方法，把现代"多维"的概念运用到民居建筑设计中。通过刘三姐文化园项目，就园区的设计过程中民居建筑元素的应用问题进行了分析研究，主要是为了营造出更具有多样性、地方文化特色的现代主题景区。

参考文献：

[1] 王文卿．中国传统民居人文背景区规划探讨[J]．建筑学报，1994．01．

[2] 曹建兵．论"散点透视"与中国艺术的契合[J]．大家，2011（2）．

[3] 雄伟．广西传统乡土建筑文化研究[D]．广州：华南理工大学，2012．

[4] 杜月意．园林景观的文化内涵及表现手法[J]．当代教育理论与实践，2010（4）：178—180．

[5] 沈小峰．玻璃结构的发展和应用．世界建筑，2002（1）．

[6] 田斌．地域文化在景观设计中的应用研究[D]．长沙：中南林业科技大学，2014．

[7] 徐春燕．我国主题公园现状及影响因素研究[D]．上海：华东师范大学，2010．

[8] 严嘉伟．基于乡土记忆的乡村公共空间营建策略研究与实践[D]．杭州：浙江大学学位论文，2015．

[9] 王晓萍．园林景观设计中地域文化的渗透[J]．农业与技术，2015（11）．

[10] 张杰．城市传统文化空间结构保护[J]．现代城市研究．2006（11）：13—21．

基于低技·节能·环保的小型园林建筑设计对策

董　雅[1]　林禄盛[2]

摘　要： 通过分析文化悖论下的建筑发展新趋势，以低技、节能、环保建筑的理念实践这一新思维；借鉴土楼的生态建造观，探索文化悖论下的低技建筑建构新维度，并应用于实践；再结合我国向斯德哥尔摩气候变化大会上作出节能减排的承诺，以节能、低碳、环保新指标构建建筑新命题，期望能够在更广泛的适用地区实现这一建造理念和新策略。

关键词： 低技建筑；文化悖论；节能环保；小型公建

引言

　　低技术是个传统而现代的概念，可概括为两个层面：一个是原始建筑层面，它提倡自然生态、乡土化，环保节能（图1）；另一方面是现代层面，它注重批判性，勇于否定工业化带来的后果，以及高技术带来的能源耗费。在逆城市化的全球大潮中，适时地提出低技术的应用价值和前景，从而促进自然和人的和谐，为人类未来的生存和发展留足足够的资源空间，为脆弱的地球环境极其资源减少负面影响，进而促进自然地理环境的有序演化。[1]这两个层面建构起了现代性自身的悖论文化体系，使得人类在现代化进程中，始终保持反思的力量。反映到建筑领域，主要表现为传统与现代、全球化与地域性、人本主义与生态主义、低技术与高技术等人类超负荷消费资源与永续发展利用地球有限资源的议题。[2]工业革命带来的城市化、建筑标准化、为适应城市经济与资本的扩展设计出了令人担忧的庞大建筑群体，以及为其运行的城市复杂庞大的人工系统，形成资源高度汇集、能源高度消费、环境高度污染、资源高度浪费的城市能源爆炸型利用方式。西方现代高度工业化建筑设计理念和能源高度利用的建筑技术在世界各地起到推波助澜的作用。低技性主要体现出对生态的重视，从资源利用的可持续——永续——和谐人居建筑的主线来考察低技建筑的应用前景价值。在当代经济、文化、科技全球化背景下，低技术建筑的运用空间主要表现出以下特点：地域建筑审美的多元化、传统材料技术与地域性特色，在逆城市化和乡村信息化背景下改变了建筑设计手段和建筑存在方式，消费文化改变着建筑审美观念并影响到建筑低技化的普及，以及建筑设计由工业化取向转向自然生态价值趋向。本课题基于低技性建筑理论及其价值理念，摄取传统技术建筑理念设计小型博物馆，以传统土木民居原型技术（图1）和生态观建设现代意义的公共空间，为低技术建筑的应用探索其可发挥的应用空间，实现建筑节能主义与传统地域技术观念相结合的实践研究。以期应用于广袤的郊野农村和特殊场所，促使生态材料文明替代广大农村的砖和钢筋混凝土文明。

图1　客家土楼原型（图片来源：福建民居）

1　董雅，天津大学，教授，2000372.

2　林禄盛，天津大学，博士研究生，2000372，714751214@qq.com.

图2 古典廊柱形态（图片来源：中国优秀园林集锦）

建筑与生态文明

在倡导生态文明的今天，在新一代中央提出建设生态文明的大背景下，怎样以实际行动参与生态文明建设？生态文明要符合何种理念？答案是不言而喻的，首先是节能、环保；再者就是不影响人们的身心健康；再次就是有利于周边生态环境的培育生长。

怎样才能节能呢？运用自然采光、减少空调、灯光的使用率，这是很关键的第一步；第二是使用这些无污染的自然光、自然通风和光照来取暖和采风，那么可以说是很环保的一种使用资源方案；第三，生土建筑

和木质构架因为它们来源于自然本源，不会对人们造成危害，假如使用烧制的砖和陶、瓦难免会有一定的危害和污染，减少油漆的使用，利用局部光伏屋顶取代清洁能源，使得整个室内环境低技、自然、生态、环保、节能，使得房子能够呼吸，即墙体生土雨天可吸水，干旱可释放水气，空气阳光自然出入，倡导让自然做功的建筑，力图以此为起点推广其适用范畴。

一、方案主题

生土建筑·低技术建造·节能环保。

二、建筑设计

1. 项目基址及现状

基地位于福州大学城福建农林大学海峡学院内，总面积为2500平方米，呈直角多边形。现状环境为一叠级台地和平地，错落高差约2米，侧列于校门入口景观大道右边。主体建筑红线朝向入口景观大道，叠级台地向水池边降低，后部为学校操场和农业科研地（图3）。

图3 基地位置与设计研究范围（图片来源：作者自绘）

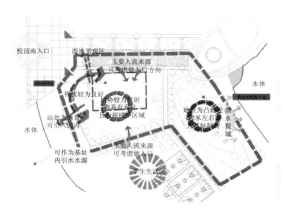

2. 建筑规划

根据现状条件，结合福建客家土楼地方特色进行规划，建筑规划形式以土楼组合形态为创意源泉，并结合了古典园林的廊柱及连廊形式将各单元连接（图2），形成半开放围合的农业技术展示空间（图4）。由四栋圆形展区组成，四个展区大小不等，以中心方形空地为核心。四个展区用连廊连接，形成风雨廊宇；通过出入

口连接，形成回合空间（图4）。

整体由展览建筑空间及其庭院、主展区户外展区、附属农作物梯田公园三部分组成。

3. 建筑设计

建筑面积及布局：建筑总面积为680平方米，廊道空间约150平方米；建筑为土楼形态结合连廊造型，土楼的一边为实体土墙，另一边为柱子，保证建筑的园林

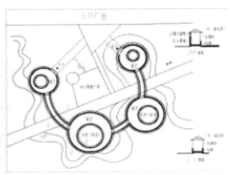

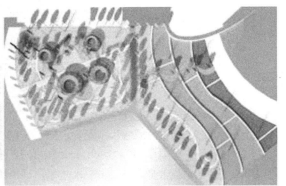

图4　基于土楼形态的建筑布局及附属梯田景观（图片来源：作者自摄、自绘）

特色，充分采光，与自然天井环境融为一体。圆形展厅使用不规则、不等宽的灵活造型，室内布置展厅和休息区，有效组织人流观看（图5）。

建筑造型：由于建筑体量较小，因此考虑与自然融合及充分体现园林特色，建筑造型为圆形组合，墙柱连体，黛瓦屋顶为双坡木架圆顶造型组合，局部安装光伏。整体风貌低技，如生土墙、小窗、天井等，施工简便（图6）。

建筑材料：基础材料为块石；墙裙宽350厘米，高900厘米，上部墙体宽为300厘米，用生土或红土结合模

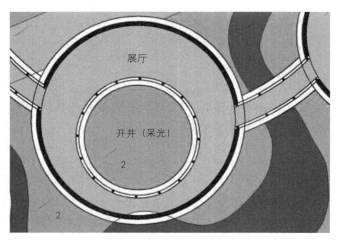

图5　建筑单体平面、连廊及其空间布局（图片来源，作者自绘）

板分层夯筑，柱子和梁为松木板，瓦楞为樟木，内环柱子为杉木抛光。屋顶为梁及木骨架光伏，墙壁材料为黄土原色磨光。地面材料为素土分层夯实，后用碎石垫层200厚，再用细砂垫80厚，三合土找平，面层为鹅卵石镶嵌制做民俗图案。

建筑基础：基础使用刚性基础，用大型块石砌筑并灌石灰浆，深1米，宽700厘米；屋内构造柱基础用块石并灌石灰浆，上部用圆石对接木柱脚，周边留30厘米边。

建筑标高：室内和廊架高为正负0.00，室外为负0.45，分三级石板台阶进入室内，室外道路为石板或河卵石。建筑标注单位标高为米，其余为毫米。[7]

建筑装饰：室内展示的农具和农事用品结合建筑物的环境布置，休息座椅在农村收集后加工作为座椅摆放。农具如石制水缸、马槽，土制壁炉、灶台等；卫生间的用具使用可移动的木制用具：使用洗澡木盆、木瓢、脚盆等用具；排水采用自然式，注意滴水线的位置要经过安全处理；用电管线用防护明线。[8]

4. 建筑物理环境

室外：环绕展厅的水景和廊桥相互缠绕，形成两条青龙白虎左右环绕。植被和农业产品的种植进一步诠释主题，使得整体氛围充满乡土气息（图7）。

图6　建筑外形（图片来源：作者自绘）

图7　布置灵活的展厅与水、植被融合（图片来源：作者自绘）

能源：使用太阳能采电达到清洁、无污染的目的，由于展厅的自然光充足，因此也减少了电的使用率（图8）。

自然：土楼特有的生土建筑使得冬暖夏凉，半开放式的空间增强了空间的趣味性，也满足了自然光采光要求，此为这个项目的创新点。

图8　空气和光线自然出入的室内空间（图片来源：作者自绘）

的设计途径和范例。

三、结语

　　研究过程首先展开基础性的研究——从传统土楼的构造、物理特征、材料组合开始，进而汲取其可借鉴的元素，如：土质墙体的设计、符合展览的建筑空间特征的运用，木构的应用组合，整体形态的应用，并结合园林的特征布局、廊连建筑组合，形成室内外、馆与馆相互作用的空间效果，以此达到功能、景观、生态、环保、节能的预期结果；二是关于低技、节能、环保的探索，除了采用开敞的空间采光之外，引入光伏补电，运用引水入馆区为技术基础的生态哲学思维，并使用开阔的天井空间和内墙做虚（以回廊柱式代墙的古典园林回廊意境）的形式，引进大量采光，使得建筑与清洁能源、环保自然有机组合为一体，达到低碳、节能、无污染的建构效果，也把古典园林和土楼特征结合起来，形成古雅新意的空间组合格局；三是从全球资源危机的视角下探寻低技建筑的运用需求，通过建筑发展历史观的大视野下对比高技术的危害和不适应当前乡村主流发展的方式，来衬托低技术建筑的发展适用优势，以期使低技建筑能够在一定范围内运用和推广，并逐渐注入低技术的生态发展观，为建设生态文明提供具体的、可应用

参考文献：

　　[1] 郭志坤，张志星. 东方古城堡 [M]，北京：中国文联出版社，2008：90.

　　[2] 戴志坚等编. 福建民居 [M]，北京。中国建筑工业出版社，2012：16—18.

　　[3] 张宏昌. 永定客家土楼的渊源和发展过程 [M]，北京：北京燕山出版社，2008：16—17.

　　[4] 胡大新编. 永定客家研究 [M]. 北京：北京燕山出版社，2008，6—7.

　　[5] 永定县政协文史委编著. 永定客家土楼的渊源和发展过程 [M]，北京：北京燕山出版社，2008：16.

　　[6] 胡大新编. 永定客家研究 [M]. 北京：北京燕山出版社，2008：10—11.

　　[7] 张驭寰著. 中国古代建筑百问 [M]. 北京：中国档案出版社，2000：20—21.

　　[8] 黄汉民. 客家土楼民居 [M]. 福州：福建教育出版社，1995：16—17.

陆琦 唐孝祥 主编

民居建筑文化传承与创新

第二十三届中国民居建筑学术年会论文集 [下册]

中国建筑工业出版社

目录

专题 2　传统聚落（民居）的营建智慧与文化传承

专题3　传统聚落（民居）研究的学术传承与发展创新

武汉近代基督教堂地方性营造研究[1]

朱友利[2]　李　浈[3]

摘　要： 1840年鸦片战争后，清政府与西方列强签订了一系列不平等条约，取得在武汉的传教权，并建造了大量的教堂。一般认为，风格迥异的基督教堂与本土建筑之间似乎没有联系。本文则从传播学视角出发，通过对比分析中西教堂的营造本体和过程，发现中国近代基督教堂营造与西方基督教堂有着较大的差异性，但与本土建筑营造之间有一定的同一性——即地方性。而这种特征自始就客观存在，显示出中国传统建筑文化的适应性和包容性。

关键词： 营造；对比；中国近代基督教堂；地方性；适应性

引言

在武汉近代传教的教派有天主教、基督新教和东正教，由于东正教在教义和教堂有别于天主教和基督新教，且在武汉传播范围较小，其受众亦多为在华侨民，对武汉近代建筑文化影响力不大，故本文所讨论的基督教只限于天主教和基督新教。

近代天主教在武汉的传播可以追溯到1862年。随着《天津条约》和《北京条约》的签订，西方帝国主义国家（英国、法国、德国、日本和比利时）陆续在汉口设立了租界，至此天主教在武汉取得了传教权，传教活动由隐蔽转为公开，湖北代牧区主教明位笃将座堂由应城转到武昌。在丁家山（花园山）购置大片土地，建主教公署，并扩建修院，同时将汉阳和柏泉的修道院合并，迁往武昌花园山，从此花园山成为天主教在武汉的教务中心。明位笃于1876年主持建成汉口上海路天主堂，其成为20世纪初天主教在武汉的教务中心。20世纪初，美国方济各会也来汉传教，20世纪20年代，爱尔兰高隆庞会也来汉阳传教。自此武汉三镇大致形成汉口的意大利方济各会，武昌的方济各会，汉阳的爱尔兰高隆庞会为主的教派格局。教区间各自独立，互不统摄。近代武汉天主教会经济来源主要依靠罗马教廷和国外修会提供。近代武汉基督新教可以追溯到1861年。英国伦敦会传教士杨格非由上海到达汉口，

自汉口汉正街租房开始传教。随后次年1862年，英国循道会传教士郭修理得杨格非之帮助，也始于汉正街传教。1864年，杨格非在汉口夹街建造华中地区第一座基督教堂——首恩堂，随后于1880年在汉口花楼街建中西混合样式的基督教新教总堂。1870年在县华林建造的圣诞堂是美国圣公会在武汉地区第一座教堂，也是华中地区最早的教会学校教堂。随后瑞典行道会、美浸礼会、美宣道会等共15教派先后来汉传教。1900年后武汉基督教教堂的建设进入了快速发展阶段，教堂和信徒的数量剧增。在武汉近代基督教100年的发展中，武汉基督教教堂遍布武汉三镇，最多的时候数量达到一百多座。历经战乱和风雨的洗礼，现所剩不足原来的1/5（表1、图2）。

一、差异性：中国与西方

从建筑风格的角度上说，与中国传统建筑风格迥异的近代基督教堂更多地表现出与西方教堂的相似性，而与中国本土建筑之间似乎没有太大联系，表现出更多的"异质性"。从营造的角度上说，中国近代基督教堂是西方基督教堂文化移植在近代中国具体历史土壤条件下的产物，与西方教堂相比表现出一定的差异性。

1　国家基金项目51878450，51738008。
2　朱友利，上海同济大学建筑与城市规划学院，博士生；长江大学城市建设学院，讲师，200092，zhuyouli81@qq.com。
3　李浈，上海同济大学建筑与城市规划学院教授、博导。

现存武汉近代基督教堂 表1

教派	区域	名称	地址	始建	修会	风格	保护等级	现使用功能
天主教	汉口	圣若瑟主教座堂	武汉市江岸区上海路16号	1876	意大利方济各会	罗马风	省保	教区教堂
	汉口	圣母无原罪堂	武汉市汉口区车站路25号	1910	意大利方济各会	哥特式		酒吧
	武昌	天主教鄂东代牧区主教公署	武汉市武昌区花园山4号	1883	美国方济会	罗马风	市优秀历史建筑	教区教堂
	武昌	嘉诺撒仁爱修女会礼拜堂	武汉市昙华林花园山2号	1888	意大利嘉诺撒爱修女会	罗马风	市保	教区教堂
	汉阳	圣高隆庞堂主教座堂	武汉市汉阳区显正街163号	1936	爱尔兰圣高隆庞会	哥特式	市优秀历史建筑	教区教堂
	东西湖	柏泉天主教堂（原圣安多尼小修院）	武汉市东西湖区柏泉镇刘家咀	1842	意大利方济各会	罗马风	区保	教区教堂及修会养老院
基督新教	汉口	警世堂	现江岸区城市管理执法大队一中队	1930	美国基督复临安息日会	西式	市优秀历史建筑	交警办公楼
	汉口	救世堂	武汉市汉口汉正街447号	1930	英国循道会	中西合璧	国保	教区教堂
	汉口	荣光堂（格非堂）	武汉市汉口黄石路26号	1931	英国伦敦会	哥特式	市优秀历史建筑	教区教堂
	汉口	博学中学教堂（魏氏纪念堂）	武汉市硚口区解放大道347号	1924	英国伦敦会	哥特式	市优秀历史建筑	教会学校
	武昌	崇真堂	武汉市武昌区昙华林2号	1864	英国伦敦会	哥特式		教区教堂
	武昌	瑞典教区旧址	武汉市武昌区昙华林艺术村64号	1890	瑞典行道会	罗马风	市优秀历史建筑	居民居住
	武昌	文华大学礼拜堂（圣诞堂）	湖北省中医院大学5号楼	1870	美国圣公会	希腊式	市优秀历史建筑	教会学校礼拜堂
	武昌	圣米迦勒堂	武汉市武昌区复兴路24号	1918	美国圣公会	哥特式	市优秀历史建筑	教区教堂
	武昌	圣三一堂	武汉市武昌区解放路解放小学	1910	美国圣公会	中西合璧		商场入口，仅剩大门
	武昌	圣救世主堂	武昌区青龙巷93号	1900	美国圣公会	中西合璧		武昌残疾人救治中心活动室
	武昌	圣希理达中学礼拜堂	武汉市武珞路444号	1914	美国圣公会	罗马风		市二十五中图书馆
	武昌	博文中学弘道堂	武汉市武昌区武珞路261号市十五中	1907	中华循道公会弘道会	哥特式	市优秀历史建筑	777蛋糕店
	武昌	永生堂	武汉市紫阳路武昌区招生办		中华循道公会	罗马风		招生办办公楼

（表格来源：本人整理绘制）

1. 教堂与城市

　　西方中世纪教堂兴盛，带来了大量定期礼拜的信徒。这给中世纪城市自由民提供了一定的商业机会，催生了各种行业，聚集教堂广场的居民逐渐定居起来，从而形成了现代意义上的城市。西方现代意义上的城市多是以教堂广场及周围公共建筑为中心，逐步发展成为城市的，所以西方教堂的建设多是早于城市的形成。而当西方教堂文化在近代中国传入，其形成条件完全不同于西方，教堂对于中国近代来说，完全是一个后来的外来"异质"事物。对于近代中国来说，往往是城市先于教堂的，教堂多选址于居民集中区而便于传教，故中国基督教堂往往呈现出社区化倾向，而非城市的中心。当西方教堂移植在中国成熟的近代城市体系中，中国基督教堂也呈现差异性，其中重要特征是鲜有似于西方开阔的教堂广场。

2. 设计与施工

西方的基督教堂营造在文艺复兴以后基本形成了以建筑师为主导的建筑体系，建筑师不仅设计教堂图纸，还要指导和控制现场施工。不同于西方，中国近代教堂设计者绝大部分是传教士，极少具备专业建筑知识，而在有限的资金情况下也不太可能专程聘请欧美建筑师来华设计教堂，于是只得凭自己的经验甚至印象来设计图纸。有了设计图纸，教堂的建造还必须依赖于当地的工匠，特别是称职的监工，监工能指导现场施工和组织进度。中国的工匠往往结合自己的建造经验和技术，对图纸的实施进行一定的修正和改善，而大部分教堂具体施工完成均是依靠当地工匠来实现的。

3. 注重经济性

中国近代基督教堂的建设费用多源于西方基督教差会。由于传教初期财政的限制和对传教预期的不确定性，中国近代基督教堂注重经济性和实用性，为建造"牢固、安全、不太贵又不太丑的教堂：用极少的钱建好的教堂"[1]。相比于欧美的基督教堂来说，建筑面积和跨度建筑更小，建筑体量和高度相对更小，施工工期也往往更短，一般为3~4年。这致使中国近代基督教堂屋面荷载更小，飞扶壁就变得没有必要而蜕化成壁柱，甚至使用了本土梁架结构。同时也导致除了一些中国不能生产的教会设备，如管风琴、自鸣钟等之外，中国基督教堂的建造尽可能使用当地的建筑材料和施工技术。

二、同一性：教堂与本土建筑

从主观上讲，中西文化的相遇处于尖锐的民族矛盾之中，表现出相互对立的局面；从客观上讲，不同的文化在同一地域相遇，不可避免地相互之间发生影响。如果把西方作为"他者"，从营造上来讲，中国近代基督教堂的营造与本土建筑有相似性，即以中国传统工匠体系为基础。这种影响表现在西方建筑文化移植于中国本土文化土壤之中，中国近代基督教堂与中国本土建筑

之间存在着某种同一性，体现出了地方性特征。中国本土文化对中国近代教堂营造的影响，产生了中西教堂客观存在的差异性；而这种差异性在一定程度上强化了中国近代基督教堂与本土建筑的同一性。如武昌县华林崇真堂虽为哥特式建筑风格，却使用了中国本土青砖墙面和中式小青瓦屋顶，加上与本土民居的小体量感，无不体现武汉本土民居特征（图1）。

图1 武昌县华林崇真堂
（图片来源：上海同济大学李浈教授工作室提供）

我们选取武汉现存的19座教堂中建筑保存和维护较好（建筑形制、外观形态、室内布局）的10座教堂，在营造视角下从教堂选址、建筑朝向、平面形制、建筑结构、装饰与细部几个方面，用比较法分析武汉近代教堂营造的地方性特征，从而探求西式风格教堂在近代武汉"在地营造"适应性转译。

1. 选址

传教士来中国传教，开始一般租用民居进行传教，后期才购地建教堂。由于早期资金有限和传教预期的不确定性，市区所购用地往往较小，没有足够的预留地做教堂广场，且教堂规模一般不大。近代传教士来中国为教堂择地时，最重要的考虑因素便是传教方便，故居民人口较多且交通方便的地块就成为良好的教堂地址。当然，除了建筑场地便于排水等一般原则之外，有些地块的选择是要规避的。"①不要购买村庄外的土地。……妇女和少女，尤其是刚成为教徒的妇女和少女，都会不太愿意长途跋涉去教堂祈祷。②如果该村庄有集市，教堂的选址不要选在市场中心。……集市的喧扰会影响做弥撒，尤其会影响传道。"[2]在现存19座教堂

1 高曼士等.舶来与本土——1926年法国传教士所撰中国北方教堂营造手册的翻译与研究 [D].知识产权出版社，2016：6.

2 高曼士等.舶来与本土——1926年法国传教士所撰中国北方教堂营造手册的翻译与研究 [D].知识产权出版社，2016：6.

图2　现存基督教堂在1932年武汉
历史地图上的分布图
（图片来源：在1932年武汉历史地图基础上改绘）

中，除了柏泉天主堂（原圣安多尼小修院）位于比较偏远的东西湖区，其余18座教堂均在武汉三镇的旧城内。此外西方教堂喜择高地或山顶作为教堂基址，钟声悠远，广布恩泽，这与更易接近上帝的宗教意义有关。故传教士在中国教堂选址时，往往也坚持这一选址原则，但这与中国本土的天人合一自然观相矛盾。当地居民通常认为传教士不顾民众的心理，破坏了当地风水，一些厄运往往与教堂联系起来，激起了民众的反抗。在中国近代基督教传教史上教案屡见不鲜，或多或少与教堂的择地有一定关系，如武昌花园山教案。[1]

2. 建筑朝向

　　教堂是举行礼拜仪式的场所，教堂的朝向有固定的宗教意义。西方教堂一般朝东，这样教徒就可以做礼拜的时候朝向圣地耶路撒冷，那里是耶稣圣墓所在地。而位于东方的中国教堂做礼拜也应该朝向圣地耶路撒冷，因而中国的教堂的理想朝向应该是坐西朝东。在武汉10座教堂中仅有2座天主教堂（嘉诺撒仁爱修女会礼

拜堂和柏泉天主教堂）和1座基督教堂（救世堂）坐东朝西，其他7座教堂均不朝理想的朝向（表2）。嘉诺撒仁爱修女会礼拜堂为与武昌花园山山顶，周围无已建的建筑的限制，有很大的选择的余地；而柏泉天主教堂处于乡村，不仅教堂格局完整，而且有大量的空余农田可选用，这就不难解释其朝向问题了。总之，就西方基督教严格遵守的教堂朝向，在武汉近代基督教堂中已不是必须恪守的范式，在用地条件优越的选址，就尽量坚持；但如果用地局促，就因地制宜，体现了一定的灵活适应性。有别于中国本土建筑，教堂用平面的窄边作为主入口，用以增加进深感，体现宗教氛围，武汉近代基督教堂也是遵从这一原则。但值得注意的是，武汉近代教堂与主要道路的关系是一种垂直关系，这样的好处使得入口形象更加引人注意，达到良好的视觉效果，对教堂立面的重视也是武汉近代教堂的一个重要特征（表2）。

武汉近代基督教堂典型朝向分类图示　　　表2

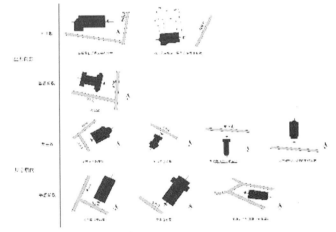

（表格来源：本人整理绘制）

3. 平面形制

　　在西方基督教教堂历史上，有多种建筑平面形制如巴西利卡、拉丁十字、希腊十字、集中式等。当近代中国门户开放，西方历史上各种建筑形制均在同一时期内集中传入，缺乏平面形制选择与演变的时间维度。在各种平面形制在不同的地域条件不断地试错和总结中，总有其中一种平面形制作为主导，武汉近代的基督教堂也不例外。西方基督教教堂以拉丁十字平面作为主导平面，是因为拉丁十字具有基督教的宗教象征意义。西方教堂平面在近代武汉移植，究竟以何种平面作为主导的建筑平面呢？鉴于基督教教派的差异性，我

1　王治心. 中国基督教史纲［M］. 上海：上海古籍出版社，2007.

们把天主教和基督新教做一定的区分。在武汉10座教堂中，6座教堂（天主教4座和基督新教2座）为拉丁十字的平面，4座其他平面教堂（天主教2座巴西利卡和2座其他）；在教堂层数上，10座教堂中，8座教堂以单层平面为主，有3座基督新教教堂（建于1918年圣米迦勒堂建于1931年荣光堂、和建于1936年圣高隆庞堂主教座堂）为多层建筑（表3）。通过与西方教堂的对比，我们可以看出武汉基督教堂有以下特点：①天主教教堂以单层的拉丁十字和巴西利卡为主，而基督新教有拉丁十

武汉近代典型教堂平面分类图示 表3

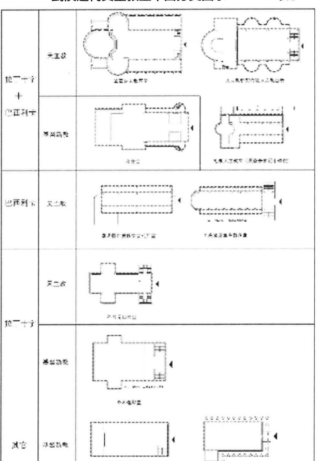

（表格来源：本人整理绘制）

字和其他平面类型，类型比天主教堂平面类型多，可选平面类型更加多样化。这更加佐证了武汉天主教选择平面类型更有宗教意义的拉丁十字平面；②西方教堂单独建造且为一层，与办公等其他部分分隔，有时通过外廊连接形成庭院。而武汉近代基督新教教堂荣光堂和圣米迦勒堂为多层建筑，底层为办公室，二层为礼拜堂，打破了"神的寓所"的限制，教堂功能趋向综合化（图3）；③西方基督教堂以为单层为主，入口部分上的夹层狭窄放置管风琴非使用功能空间；而武汉基督教堂如有二层，则为供信众做礼拜的宽阔且带起坡的挑台，呈现与剧院建筑相同的特征，有时入口上有单边，甚有三边的挑台（图4）。这充分说明武汉近代基督新教表现出相比天主教更多的开放性和多元化，教堂功能综合化和夹层功能化的利用是西方教堂在近代武汉本土文化的过程中处理基地狭小局限灵活应对的方式，带有地方性特征，也是教堂世俗化的表现。

4. 建筑结构

武汉近代基督教堂多采用砖木结构，其屋顶结构有两种样式，一种是直接将屋顶结构露明；另一种则是双层屋顶结构：屋顶上层三角木屋架结构承受屋顶荷载，作为结构层，下层用弯曲木梁拼成西方拱顶。而中国本土屋顶结构分为也分两种：一种是厅堂式，即将木屋顶结构层露明；另一种是殿堂式，即在屋顶结构层做水平的天花。将武汉近代基督教堂与中国本土屋顶做比较，我们很容易发现其中的相似性与传承性。将武汉教堂双层屋顶与西方教堂比较，我们会发现屋顶剖面一致性，均为双层；但建造的结构受力却大不相同，武汉教堂的双层屋顶下层没有结构受力的概念，更多类似于装饰的做法（木板、板条和石灰做成），用于模仿西方教堂的空间，营造一种动态升腾效果，隐喻天国的象征。如柏泉天主教堂（原圣安多尼小修院）屋顶双层结构（图5）。由此可知，武汉近代基督教堂屋顶结构更多地来源于本土屋顶结构，并用相对容易的建造方法破解了西方教堂的复杂体系，对于探索成本较低、建设周期较

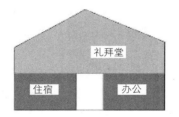

图3 多层教堂剖面综合化功能图示
（图片来源：上海同济大学李浈教授工作室提供）

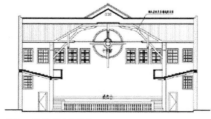

图4 救世堂剖面图
（图片来源：徐宇甦等.武汉近代教堂建筑类型研究［J］.华中建筑，2014（7）：149-154.）

图5 柏泉天主教堂双层屋顶
（图片来源：上海同济大学李浈教授工作室提供）

短的中国地方性教堂有积极的意义。武汉近代教堂地方性特征还表现在扶壁的使用上。飞扶壁是哥特式教堂结构一个典型特征，武汉近代基督教堂相比于西方教堂而言，规模和体量都不大，屋顶的荷载也不太大，这样导致紧靠墙体就能支撑屋顶的重量，飞扶壁就显得不必要了，飞扶壁于是蜕化成扶壁。武汉近代基督教堂中，没有一例教堂用了飞扶壁，仅使用了扶壁。如柏泉天主教堂（原圣安多尼小修院）双层屋顶（图6）。

5. 装饰与细部

如果说中国近代教堂建筑功能、形式、空间及建造方式一直在西式移植与地方性之间徘徊和选择的话，那么中国近代基督教堂的装饰与细部一开始就是地方性

的，而且装饰与细部的地方性的倾向未曾改变，一直延续。究其原因有两种：其一，传教士把控教堂形式和室内空间的整体效果，但大部分缺乏施工经验，无法苛求细部的效果，不得不依赖于当地工匠的施工技术与经验；其二，带有中国地方性倾向的装饰与细部可以安抚和弥合信徒心理与情感的抵触，有利于传教。武汉近代基督教堂装饰与细部的地方性倾向表现在室内装饰、室外装饰及文字符号三方面。如天主教鄂东代牧区主教公署作为中南天主教中心，其建筑形制整体上是罗马风样式，但室内核心圣坛部分使用了中式的楹联匾额（图7）。中西合璧式风格的武昌圣三一堂其入口立面采用了本土砖雕工艺装饰。自然植物与莲瓣为题材、阑额彩画为原型门楣和宣扬基督教义的匾额无不体现地方性的特征（图8）。

图6 柏泉天主教堂的扶壁
（图片来源：上海同济大学李浈教授工作室提供）

图7 天主教鄂东代牧区主教公署室
（图片来源：上海同济大学李浈教授工作室提供）

图8 武昌圣三一堂入口处装饰
（图片来源：上海同济大学李浈教授工作室提供）

三、结论与展望

武汉近代基督教堂是西方殖民背景下中西建筑文化碰撞与交融的产物，并且呈现出不同于西方的复杂性和多样性。以西方为"中心"的教堂文化在近代武汉传播中具有"主体性"，但武汉本土建筑文化也并非消极地被动应对，而是用武汉营造体系对西方基督教堂进行一定的选择和转译，探索武汉本土化的基督教堂，展示出强大的生命力、灵活的适应性和包容性。从营造的视角下，西式风格的武汉基督教堂展现出有别于西方教堂的营造方式，但是风格迥异的武汉近代基督教堂却与以工匠主导的本土营造体系呈现出一定程度的同一性和延续性。可以说武汉近代基督教堂在一定程度上保留、融会与延续了一些武汉地域传统文化基因。武汉近代基督教堂是近代中西文化交流的历史见证，是特定阶段的社会文化物化的建筑遗产，而对武汉近代教堂地方性营造的研究也为教会遗产保护与更新提供了理论基础，值得进一步深入研究。

参考文献：

[1] 高曼士等. 舶来与本土—1926年法国传教士所撰中国北方教堂营造手册的翻译与研究 [D]. 北京：知识产权出版社，2016：6.

[2] 周进. 近代上海教堂建筑平面形制的演变与模式 [J]. 新建筑，2014(4).

[3] 刚恒毅. 中国天主教美术 [J]. 台北：台湾光启出版社，1968：21-22.

[4] 徐宇甦等. 武汉近代教堂建筑类型研究 [J]. 华中建筑，2014(7)：149-154.

[5] 郭方芳. 武汉基督教教堂建筑设计研究 [D]. 武汉理工大学，2008.

[6] 王治心. 中国基督教史纲 [M]. 上海：上海古籍出版社，2007.

[7] 杨秉德. 中国近代中西建筑文化交融史 [M]. 武汉：湖北教育出版社，2003.

[8] 何重建. 东南之都会，东方"巴黎" [D]. 上海：上海文艺出版社，1991：18.

宁波平原地区传统民居墙门的地域特征分析与比较[1]

蔡 丽[2]

摘 要： 墙门为宁波平原地区传统民居主要入口类型之一，文章归纳了其基本形制和特征，并与周边相关区域的民居同类型入口进行比较，总结出宁波平原地区的墙门具有体量突出，形式强化、水平感等鲜明的地域特征，同时也发现宁波山区如奉化南部，象山半岛的民居入口其形制受周边地区如绍兴，台州的影响和辐射，间接反映了浙东地域文化内部不同区块子文化圈的关系。

关键字： 宁波平原；墙门；门头

一、宁波的人文地理背景

宁波地处浙江省宁绍平原东端，平原的西和南分别被四明山和天台山环绕，其北部扩展到杭州湾海岸线，是一个相对独立的地理文化单元。由于宁波处于中国东部海岸线地貌转折处，南部北上的货物需在此由尖底船换成平底船，自唐代在三江口处设州以来，宁波一直是重要的对外贸易港口和海路转运地。奉化江、余姚江汇合成甬江，形成了三江水网平原，余姚江向西连接上浙东运河，再可转接到京杭运河，甬江直接通往东海。

二、宁波平原地区传统民居的基本特点及入口类型

宁波城区现在的行政区划为海曙，江北，鄞州，镇海，北仑，奉化，下辖慈溪市，余姚市，象山县及宁海县。平原地区主要是三江交汇平原其水利所能覆盖区域，即在四明山及其余脉和天台山及其余脉所包围的区域，包括现在的海曙，鄞州，江北，镇海，奉化北部，北仑西部，慈溪及余姚东部。奉化南部，余姚东南部，宁海大部为山区，象山为沿海半岛。清代宁海隶属于台州府，余姚中部包括城区及西部属于绍兴府。

现在保留较多的平原地区民居多是在郊区农村的血缘村落里，主要分布在镇海，江北和鄞州。其原型是H形平面，中间正房为长辈居住及祭祀处，被左右通长厢房夹住，体现宗法等级关系。对于人口较多的房族，H型平面通过增加院落进深以及左右平行附房的形式来增加居住容量。

在城区中保存较多的是清末和民国间的城市民居，主要分布在海曙和江北沿江岸，早期为单路多进院落，一般没有旁路。清末民国为契合人口较少的小家庭以及城市的紧张用地，民居一般为U型三合院较多，正房三开间，厢房一到两开间，亦或后面加一排附房。随着地产开发，城市三合院民居被压缩成更小的院落，正房和两侧厢房只有一间或者两间并且联排并置，成为石库门的雏形。

平原地区传统民居的入口形式多样，大致可以分为四类：一类是开在院墙或者山墙上的石框门洞，门洞上多有门头装饰，称为墙门。二类是八字门屋，即三合院加上双坡倒座形成四合院。倒座三开间，进深多为三柱五檩。中间辟为入口，左右的边间后檐墙包实，大门扇安放在栋柱处，门内外有门斗，外门斗两边的墙体在檐下微微外开八字。三类是木结构双坡院门，常位于院落轴线上，多为四柱一间双坡屋面，前檐柱下安门扇，柱头加牛腿出挑屋面。四类是混合式，即将前面几种类型，混合一起，如在墙门后加单披檐，墙门左右外加八字墙垛等。本次研究着重分析第一种入口类型，即墙门的地域特征。

三、墙门的基本特点

墙门大致分为两种，一种是起着礼仪和装饰作用

1 国家自然科学基金资助课题"传播学视野下我国南方乡土营造的源流和变迁研究"（51878450）
2 蔡丽，同济大学建筑与城市规划学院，博士研究生；宁波大学建筑工程与环境学院，讲师，524626852@qq.com.

的大墙门，一般作为院落的主入口，多在院落轴线上，也可在院落间作为分隔院墙的墙门，起着类似垂花门的作用。宁波人通常用"老墙门"来指代传统的大宅院。大墙门有着明确的形制做法，下部为双石框门洞，上部为加宽装饰门头，覆盖瓦顶。另一种是单石框门洞墙门，一般对应在正房或厢房的走廊端头，或者院墙的方便出入处，其门头形态相对简化，暂称之为小墙门。

1. 大墙门的基本形制（图1）

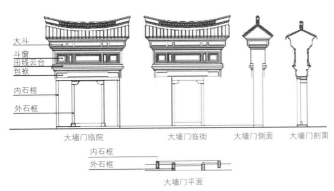

图1　大墙门原型（图片来源：作者自绘）

1）双石框门洞

双石框，顾名思义有两层石框，根据与院墙的关系分内外两层。朝着民居外部的外石框与院墙外皮平齐，由左右两个石柱和上部短石梁组合成外框门洞，石

柱与院墙同厚。贴着院墙内部，突出于院墙内皮，朝着院落的石框为内石框。内石框左右石柱间距较大，一般为四个门扇宽度，即内外石框的石柱间隔距离有一个门扇的宽度。单个门扇宽约800～1000毫米，高约2100～2500毫米。内石柱上支撑的长石梁亦突出于院墙，向下遮住平展开的大门门扇，免受到雨淋，向上承托门头。所以内石框的总宽约是4倍门扇的宽度，墙门头的总厚度大于院墙。

从内院看，内石框左右石柱与上部长石梁及下部石基块形成近似方形的石框架，中间是空的门洞，左右是平开的门扇，形成有层次的框景。内外长短石梁之间的构造关系有两种，一种是平置（图2），即长石梁紧贴短石梁内侧，之间用铁件联固，长石梁底面凿出门轴窝，且高出短石梁底约5厘米左右，保证门扇关紧后，不露出缝隙。另一种是上下叠加（图3），即长石梁置于短石梁上部，与院墙外皮平齐，突出于院墙内皮，与平置同理，因为其底部要凿出门轴窝。平置做法的外石框其柱梁之间通常有石雀替进行过渡，而上下叠加的柱梁间则没有雀替，石梁下有时会做出类似雀替的装饰。

2）门头（图4～图8）

门洞上面的装饰门头从下向上为：包袱，出线云台，斗窗，四面出线，大斗，檐口屋面。石梁上部的包袱为突出于院墙外皮的类似于月梁式样的装饰，形式多样，轮廓有曲线亦有折线。长度大于等于长石梁，高约1～2倍斗砖高，多是灰塑而成。出线云台由3～4层薄

图2　江北半浦周家老宅双石梁平置
（图片来源：作者自摄）

图3　北仑霞浦老宅双石梁上下叠加
（图片来源：作者自摄）

图4　镇海林涟水故居仪门
（图片来源：作者自摄）

图5　海曙杨坊故居仪门
（图片来源：作者自摄）

图6　北仑新浦老屋入口大墙门
（图片来源：作者自摄）

图7　江北慈城凌宅大墙门
（图片来源：作者自摄）

图8　余姚东丈亭胡宅大墙门
（图片来源：作者自摄）

砖叠涩而成，突出院墙外皮部位。叠涩被宁波工匠称为出线。叠涩边缘不是直角，而是砍杀成凹凸圆线，外表用抹灰塑成类似于台基形象。云台顶部沿着边缘有一圈类似栏杆一样的装饰带，高约5~10厘米。云台比包袱长，其底部两端分别要拖下来吊柱包在包袱两侧。吊柱贴于院墙面，脚部常做成垂莲式样。

云台上面是斗窗，斗窗的左右有束柱，再加上沿的带状流苏限定斗窗的整体范围。斗窗用厚约5厘米的凸线脚框定出中间大两边小的分隔关系。每个分隔区域内再用厚约3厘米的凸线脚隔开厚约5厘米的阴线脚明确划分出每个小斗窗的范围。每个小斗窗内的底面中间部分微微凸起形成书写面，面内有装饰纹样或者题字。斗窗的总宽略小于云台的宽度，高度约为3~6斗砖高，约30~50厘米。斗窗整体突出与院墙表皮，用凹凸或者说是阴阳线脚来进行框定和划分是宁波传统民居中门头的重要装饰特征，体现了中国传统审美中的线条感和连续感。斗窗中部已经高出左右的院墙顶，从斗窗上部的流苏开始再次用3~5层圆角进行四面出线，四面出线同时增加了墙门头的厚度和高度。

四面出线之上是大斗，同理大斗亦有四个面，前后迎面长大于斗窗，高度约为1斗砖高加1砖皮厚，四角多用装饰吊柱，柱底常用垂莲，悬出大斗底。大斗表面亦有微微凸起的方形平板素面，前后迎面处呼应斗窗分隔成中间大左右小的三块或者五块。

大斗之上再用3层左右的出线支撑檐口瓦面。等级较高的门头多用双坡筒瓦和三线花瓦脊，屋脊两端亦有起翘，拼花式样多为钱纹和毯纹。门头瓦面根据墙门的宽度从15垄到23垄不等。

3）大墙门的装饰

大墙门上部的门头其长度略大于内石框总长度，大于4个门扇宽，高约长的2/3至4/5，从民居外正面看门头，大墙门整体构图呈T字，且门头的瓦顶和山墙面因为大斗和出线高出院墙顶，突出于院墙，整体有头重脚轻之感。斗窗与上部的四面出线以及下部的出线云台构成了类似中间细上下端宽的束腰关系，水平流苏和栏杆装饰带强化水平感。

以上所述是大墙门的典型形制，不同的大墙门其装饰的材料及花纹细节等会有所不同。门头上的线脚或者花纹大多数是在砖出线或砖皮毛坯底层外用牡蛎灰抹砌或者堆塑而成。若经济有余力者从材料上用砖细雕刻替代灰塑粉刷。如常见凹凸圆线以及斗窗的凹凸线脚等常为薄砖叠涩或者露边抹灰勾勒加工而成，可被替换为砖细装饰。同样大斗和包袱表面贴细砖或者砖细浅浮雕。流苏和云台栏杆原是在薄木板片外蛎灰堆塑并线刻出的连续或重复的实心装饰带，可被升级为镂空砖雕条。

内外石门框之间墙体表面在临院面常用细砖或仿木石雕装饰。对应位置的临街墙面有的亦会用斜拼细砖及其凹凸线脚框进行装饰，到了近代常变成水泥绳印斜纹装饰。大墙门门头亦可通过重复大斗和四面出线，或在大斗之上增加一层砖雕斗栱，增加其厚度和高度。斗栱之上再雕刻成双层椽形象，模仿木构建筑的细部等增加墙门的装饰性（图9）。亦有墙门与八字墙相结合（图10），即将外石框两侧墙体向左右延伸成八字墙垛的形式增加入口的气势。

4）简化的大墙门

双石框加宽门头的大墙门是有一定经济实力的大家族在规模较大，规格较高的宅院中比较常用的一种形制，多出现在院落的轴线位置或者主入口位置。这种形制被宁波本地人接受为是一种较高级的形式之后，虽然材料或者财力有限，门头仍尽可能的体现出其厚且宽的效果。如虽然取消左右内石柱，但保留内石框的突出墙面的长石梁，石梁两端用院墙突出的砖叠涩来承托（图11）。再如在单石框的墙门内侧，在短石梁两边连接放置与其平齐的薄石条，呈现出中间厚两边薄的三段短石条关系（图12），亦起到了长石梁突出墙面，承托门头

图9 海曙紫金巷林宅大墙门
（图片来源：作者自摄）

图10 慈溪虞洽卿故居大墙门
（图片来源：作者自摄）

图11 北仑四合村后新屋墙门背面
（图片来源：作者自摄）

图12 江北半浦塘路墩墙门背面
（图片来源：作者自摄）

的作用。薄石条两端底部亦用砖叠涩来承托。

2. 小墙门

小墙门常作为小户民居的主要入口，或者大宅院的次要或者非正式入口，常在正房或厢房的走廊端头，或者院墙方便出入处。基本形制为单石框门洞加门头。其门头根据其所在的位置可以灵活处理，若是主要入口，须按照门头形制；若非，则可以简化，甚至取消，只剩下石框门洞。

1）单石框门洞（图13）

单石框门洞有两种基本形式：一种是石柱加石梁直拼，有的在石梁迎面下部横线浅刻，形成石梁中间高起的效果，亦有石梁与石柱的交接处两端下部做成两瓣海棠形式，柔化直角过渡。另一种是石柱与石梁间用石雀替过度。

单石框门洞的石梁两端通常超出石柱外边界20～30厘米。可能是长石梁的一种演变或者遗留，或是安放门轴的需要。石梁内侧突出院墙内皮，突出的部分底面提高，用于藏起门板头部。若有门头，突出墙体的石梁支撑加厚的门头。亦有的门洞是半石柱，石柱上部实砌砖墙头承托石梁。

2）简化门头（图14）

单石框门洞上部若保留用门头，其形制与大墙门一致，有包袱，云台和斗窗及大斗，仍然保留从大斗开始四面出挑，突出加厚墙门头。相对而言尺度变小，细节和装饰简化。门头宽度略长于门洞石梁，正面的比例整体是瘦高，水平感削弱一些。门头表面多用抹灰和堆塑装饰。门头上瓦顶多采用小青瓦，砖拼花瓦脊的线脚亦简化。

次入口较多用单石框门洞，通常简化甚至取消门头，但较多保留斗窗，并用砖皮阴阳线脚框定。

图13　各类石框门（从左到右分别在东钱湖韩岭，镇海贵驷，江北半浦，东钱湖王家，鄞州东咸祥）
（图片来源：作者自摄）

图14　各类小墙门
（从左到右分别在：东钱湖余家，镇海贵驷，鄞州西凤岙村，江北慈城，鄞州西走马塘）
（图片来源：作者自摄）

四、小结

1. 与宁波山区的同类型入口相比较（图15）

奉化山区的入口墙门按照前所述属于小墙门形制，为单石框门洞加门头的形式。因为山区的民居相对

规模较小，主要是单个三合院落或者四合院落。作为主入口的墙门一般不在轴线位置，而是在正房或者厢房的走道端头。如奉化溪口镇岩头毛福梅故居墙门，门头突出于山墙表面，各个部位的装饰用灰塑装饰。亦有的门头屋脊两侧增加短脊，形成中高左右底三段式，突出门面，如奉化大堰镇谢界山闾门和奉化溪口镇栖霞坑洞庄入口。

象山半岛的民居其重要墙门亦多在中线上（图

图15　从左向右分别是奉化岩头毛福梅故居，奉化谢界山阊门，奉化栖霞坑润庄
（图片来源：作者自摄）

图17　从左向右分别是鲁迅故里寿家台门，安昌古镇方家台门中的仪门，嵊州崇仁古镇旗杆台门
（图片来源：源自网络）

16）。如象山南部的黄埠村三三堂，其形制亦属于小墙门形制，单石框门洞，门头屋脊亦两侧增加短脊，形成中高左右底三段式，强化斗窗，取消包袱，弱化大斗，强化斗窗。墙门头较宽，但其厚度与院墙一致。门头装饰多以灰塑为主，门洞两侧亦会有装饰墙。象山北部西周镇柴溪村敬大房其墙门为平原大墙门形制的变体，门洞为仿双石框形式，内石框石柱由砖墙墩替代，门头屋脊亦做成三段式，出线以及包袱与之呼应做成三段式。

图16　象山南部黄埠三三堂和象山北部西周敬大房
（图片来源：作者自摄）

2. 与宁波周边的同类型入口相比较

　　绍兴平原地区亦采用类似于宁波大墙门的形制，用宽门洞和厚高门头突出入口。如安昌古镇方家台门和鲁迅故里寿家台门中的仪门。门斗略有简化，取消了包袱（图17）。

　　绍兴的嵊州市和新昌县与宁波平原被四明山相隔，其入口墙门类似于小墙门，门头的线条感和厚重感减弱，加厚门框石梁，强化了石雕。如嵊州崇仁古镇旗杆台门入口（图17）；新昌西坑村十三间台门的次入口（图18）。十三间台门轴线上的主入口亦采用了双石框形制。

　　天台县属于台州市，宁海在清代亦属于台州府，与宁波平原隔着绵延的天台山。两地的入户台门和宁波平原的墙门相比，风格相差较多。天台花楼民居的

图18　新昌西坑十三间（图片来源：源自网络）

门头（图19）强化了三段式屋脊以及屋脊下的仿木砖雕，其他细节简化为横向线脚。宁海前童大墙门的门头（图20）做出阶梯五段翘角屋脊，仅保留了斗窗装饰的形制。

图19　天台花楼民居　　　　　图20　宁海前童大墙门
（图片来源：源自网络）　　　　（图片来源：源自网络）

3. 宁波平原地区墙门的地域特征

　　通过和其他地区入口的比较，已凸显出宁波平原地区传统民居墙门的地域特征，其门头通过出线来增加其高度和厚度，强调水平线条，突出入口位置。因为墙门头已有较大的形体以及轮廓的变化，各部位多用砖细表面浅雕或灰塑，而不用立体多层次透雕来体现屋主的身份和财力。

　　宁波山区因为交通不便，人工和运输成本较高，同时经济实力也难以与平原地区相比，用砖较省，空斗

砖墙多用五斗一眠，所以砖细装饰较少，多用灰塑。靠近宁波平原的山麓地带受平原影响较大，如奉化岩头采用平原小墙门形制。山区深处如大堰镇等靠近天台和宁海，受其影响，采用通过增加门头屋脊的形式来突出入口。象山半岛南北长东西窄，中部与宁海为天台山支脉，相对象山被分成了南北两个部分。象山南部与宁海南部，台州三门北部环三门湾分布，三县之间海路交往频繁，故象山南部的墙门头形式亦接近宁海台州式样，在实地调研中亦发现象山南部地区的方言更接近台州话，与宁波话差别较大。象山北部隔着狭长的象山港湾和天台山余脉与宁波平原地区呼应，通过海路和山区古道相联络。该地区的墙门采用双石框形制，反映出其受宁波平原地区墙门形制的影响。

宁波平原与绍兴地区隔而互通，宁波平原西部的四明山脉其向北的余脉突然断裂，中间留出一条狭长的平原通道，余姚江从中流过，故从宁波平原向西沿着余姚江穿过四明山余脉的可达余姚和绍兴，宁波和绍兴平原地区在经济和文化上交流密切，相互影响，故两地的墙门和台门较为相似。绍兴南部山区盆地与宁波平原被四明山主脉隔断，受绍兴平原的影响较大，如新昌西坑十三间入口其形制接近于简化的小墙门，但门头上线脚少，石梁与石柱直接交接，交接处下部做成两瓣海棠形式，这是绍兴平原地区以及余姚江流域的一种常见做法。其轴线上的仪门亦采用了双石框形制。

综上所述，宁波平原地区是浙东地域的一个子文化圈（图21），它与台州地区因天台山隔断，与绍兴地区被四明山隔开，但得益于余姚江水路而交流不断。宁波南部和西部山区及东南部沿海地区则是台州及绍兴文化圈外围与宁波平原文化圈外围的交叠处。地理地貌决

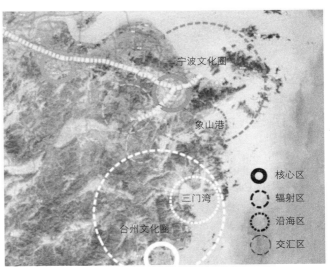

图21　宁波平原与周边区域的关系（图片来源：作者自摄）

定着不同地域的文化特色以及交流方式，区域间水路和水域对文化的传播和影响较大。

宁波平原地区一直是海河转运之地。三江平原密布的河网和水路连接了平原内部各个区域，风俗和文化相对统一，同时平原地区通过水路和海路与外部进行着大量的商贸交易，因为范围较大，腹地较深，带动了整个区域工商经济的发展，民间重商富庶，形成了比较完整且有力量的文化高地，进而通过水路和山路对外辐射。周边的山脉相对隔断了相邻文化对其影响，也限定了边界，突出了其特征。所以宁波平原地区传统民居地域特征明显，尤其是墙门高大突出，与中国传统文化讲究低调内敛相比显得比较张扬，这或许是该区域的崇商文化中个人功利价值观的一种体现。

中国南方汉族民居的分化与聚合

张力智[1]

摘 要： 本文试图整合中国南方汉族民居中，最为主要的两种民居类型——开敞式天井院和封闭式天井院。文中指出，中国南方常见的房派宗祠（房厅）的功能与形制与（开敞式天井院的）大型住宅中当心间的公共厅堂类似，（封闭式天井院的）小型住宅的功能和形制与大型住宅中的厢房或横屋类似。因治安和经济水平不同，大型住宅可以分解成小型住宅，小型住宅也可以重新聚合成大型住宅，二者是两种可以互相转化的建筑形式。

关键词： 民居；天井；中国南方；宗祠

一、研究问题

中国民居建筑的分类方法和名称众多，但论及中国南方汉族民居时，大都称作天井式[2]（厅井式[3]）民居，又因为有的住宅天井大（建筑平面规模大），有的住宅天井小（建筑平面规模小），直观的分成开敞式天井院和封闭式天井院两种类型（图1）。既往的学术研究一般认为，两种天井院（民居类型）是两种不同的地域风格，开敞式天井院更多地出现在浙东、浙中、闽南和客家（闽西、粤东）地区，封闭式天井院更多地出现在浙西、皖南、江西大部和广府地区[4]。研究者多以地理、政区、气候环境、风热条件等因素等解释上述

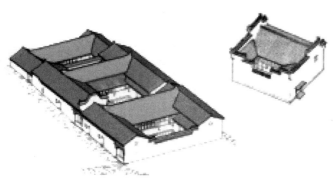

图1 开敞式天井院（浙江象山典型住宅）与封闭式天井院（浙江兰溪典型住宅）

（图片来源：清华大学建筑学院）

空间分布，证明各地民居形制的"科学合理"、"因地制宜"，但奈何反例太多，无法进行宏观总结。既然如此，开敞式天井院和封闭式天井院，真的只是两种民居类型，或两种地域风格那样简单么？"地域风格"几个字中，是否隐藏、遮蔽了其他重要线索呢？

事实上在"开敞式天井院"主导的地区，开敞式天井往往只存在于住宅前厅之前，其他位置的天井往往并不开敞。譬如住宅后堂，以及两翼加建的住宅单元，天井尺度便会比前厅缩小很多，为封闭式天井院。反过来看，在"封闭式天井院"主导的地区，住宅单元固然大都较小，但祠堂中的"开敞式天井"却很多。而且祠堂里也是公共性最强的前厅天井最开敞，象征着祖先"住宅"的后堂，天井又变得阴暗封闭许多。各地往往会以"阴阳"之说解释上述天井尺度差异——前厅为公共空间，属阳，天井尺度大；后堂为私密空间，属阴，天井尺度小。由此可见，天井的大小与空间功能有关。举例而言，在浙中、浙东和客家地区，因婚丧嫁娶等公共活动更多内涵在住宅之中，开敞式天井院便多。而在的浙西等地，类似的公共活动更多已从住宅中剥离，住宅天井便小且封闭，承载上述活动的房派宗祠（房厅），天井便依然大而开敞。

由此，地域风格的迷障也可破除——因公共空间的分配不同，不同类型民居所承载的家族尺度和居住效率也大不相同。以浙江民居为例，浙东民居往往以

1 张力智，哈尔滨工业大学（深圳）建筑学院，助理教授，518055，zlz00@163.com。
2 陆元鼎．中国民居建筑（上卷）[M]．广州：华南理工大学出版社，2003：122．
3 孙大章．中国古代建筑史（第五卷）[M]．北京：建筑工业出版社，2016：168．
4 刘成．江南地区传统民居天井尺度之地域性差异探讨[J]．建筑史，2012（29）：115-125．

"十三间头"为主要单元，开敞式天井，但正、厢房中常常仅有六间卧室，其余都是公共空间。而浙江中部的东阳民居同样以"十三间头"为核心，其厢房几乎全是卧室，外侧又会加建横屋（护龙、护厝），同样几乎全是卧室和厨房，整个建筑的规模更大，公共空间也集中在公共厅堂里。到了浙西和徽州地区，上述中轴线上的公共空间又从住宅中分离，变成一个独立的建筑——房派宗祠（房厅），周围环绕数量更多的小型住宅，房派规模更大，公共空间更加集中。简而言之，从浙东、浙中到浙西，家庭（房派）规模逐渐增大，公共空间也逐渐集中，直至从住宅中分离。这才是开敞式天井院住宅减少，封闭式天井院住宅（以及房派宗祠）增多的真正原因。

上述演变中最重要的突变，就是中轴线上公共厅堂的分离。这一突变直接造成了民居规模和天井尺度的巨大变化，也直接导致了房派祠堂（房厅）的出现。但上述逻辑推演，现实之中是否存在案例呢？下面我们举例来谈。

二、公共厅堂的分离，以及房派祠堂的出现

如前所述，十三间头（图2）是浙江中部最为典型的住宅单元，但这种住宅单元还有两种重要变体，此前并未得到足够重视，它们就是上述演变的重要"中间状态"。

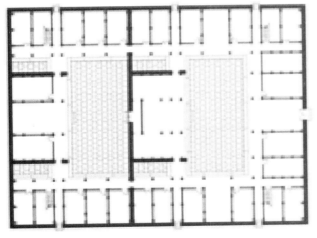

图2　浙中典型十三间头组合的三进院落（图片来源：作者自绘）

第一种变体（图3）是在开敞式天井内加建隔墙，

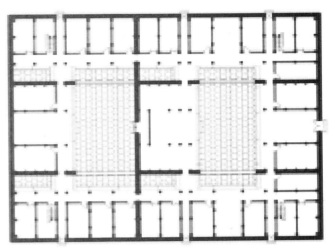

图3　第一种变体，院落中加建隔墙，区分公共与私人空间
（图片来源：作者自绘）

将原来的天井空间分为三部分——中间部分（与正房相对）仅供公共活动之用，两侧部分各与厢房相连，仅供两侧厢房的小家庭使用。整个住宅单元也相应地被分隔成三部分，中间为公共厅堂，形制与功能都类似于房派祠堂（房厅）[1]，两侧为独立的住宅单元，空间与功能都类似于封闭式天井院住宅。通过两道隔墙的加建，住宅中的公共、私人属性被区分和强化了。

第二种变体（图4）在第一种变体的基础上继续区分和隔离了公共与私人空间。由于住宅中轴线的厅堂部分完全是公共仪式空间，特别严肃庄重，不宜随意穿过通行，居民日常交通全部集中于两侧厢房部分，这又影响了厢房各单元的私密性。于是建筑平面继续演变——住宅正房、厢房继续远离，中间形成一条独立巷道，这使得十三间头的正中的仪式性公共厅堂（前方有开敞式天井院），交通巷道和两侧住宅单元（各自有封闭式天井院）完全分开。厅堂空间更加肃穆，适应大家族仪式；小住宅单元也更加私密，适应小家庭生活要求。而且，这种大量小住宅单元（封闭式天井院）围绕一个公共厅堂（开敞式天井院）的居住模式，已与浙西、皖南等地村落格局类似了（图5）。

建于清嘉庆元年的义乌黄山八面厅（图6）便是上述变体。形制上看，在义乌黄山八面厅中，（用于公共仪式的）正房和（用于居住的）厢房之间建有两道隔墙，在其分隔下，住宅中公共仪式空间相对独立，形式上与房派祠堂（房厅）别无二致；两墙间的巷道用于往来交通；巷道外侧才是厢房——只是厢房也被分隔成几个独立的天井院，天井窄长，都是典型的封闭式天井

1　从功能上看，浙中大型住宅的厅堂与房派祠堂（房厅）的功能基本上是一致的。在乡土社会中上述两种空间都会被叫做"厅"，即便这一空间被分隔成独立的建筑——房派祠堂，在乡民眼中，它们依然是"厅"，而不是"祠"，因此常被叫做"房厅"。在实际使用中，大部分房厅也不常用于祭祀，更多的用于婚丧嫁娶仪式，这与浙中大型住宅的厅堂也是一样。

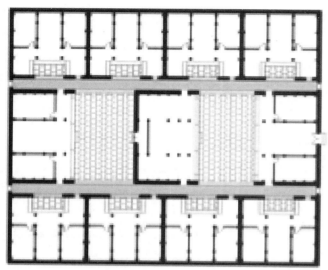

图4 第二种变体，加建两道隔墙，继续区分公共、私人与交通空间
（图片来源：作者自绘）

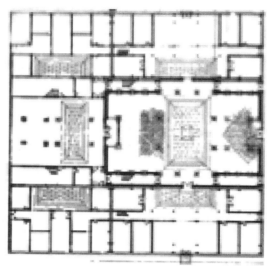

图6 浙江省义乌市上溪镇黄山五村八面厅一层平面图
（图片来源：作者自绘）

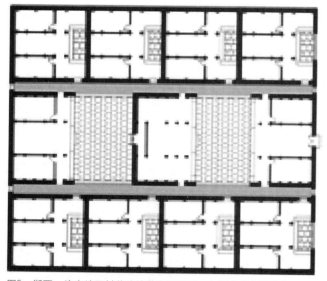

图5 浙西、皖南地区村落建筑的典型格局，大量小住宅围绕房派宗祠
（房厅）建造（图片来源：作者自绘）

是一体。广府地区三间两廊住宅规模很小，是封闭式天井院的典型。它们往往纵向相连成一列，列与列间以巷道相隔，平面仿佛"梳子齿"一般，由此得名"梳式格局"。由于住宅单元仅三开间，最典型的梳式格局"梳齿"也均是三开间一列。但在一些历史较为久远的村落中，常常会有七至九开间的"梳齿"，它们便是历史上大型住宅建筑的遗迹。

以七开间"梳齿"为例，七开间"梳齿"往往由两列三间两廊住宅中夹着一列一开间小厅（住宅偏厅）组成。如广州市花都区炭步镇塱头村塱西社福贤里、泰宁里之间，仁寿里、益善里之间（图7），花都区炭步镇石湖村坎头社西部（西大房）等。这种七开间"梳齿"很可能是一个七开间大型住宅分解改建的结果，如花都区华东镇三吉堂村的客家民居（图8）就是非常典型的例子，此类建筑当心间为一开间厅堂，也是整个建

院，前进侧院为"七间两搭厢"，后进侧院为"五间两搭厢"，都是今天金华地区常见的建筑类型。浦江郑宅的村落格局也可证明上述分化过程。浦江郑氏义门以累世同居著称于世，民居本是规模巨大的开敞式天井院。但随着家庭分化和建筑改建，同样出现了独立的房派祠堂，如郑宅昌三公祠、昌七公祠等，祠堂两侧也都是巷道，巷道外才是成片的住宅，分化演变的脉络是相当清晰的。

若说浙中的案例证明了大型住宅的分化，广府地区的案例[1]则可证明小住宅单元与房派宗祠（房厅）本

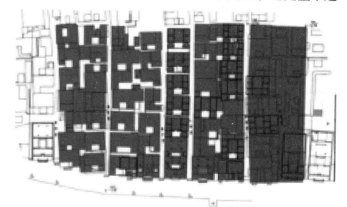

图7 广州市花都区炭步镇塱头村塱西社平面图，其中有三组相对完整的七开间"梳齿"单元（图片来源：《东阳明清住宅》）

---

1 张力智．广府村落中梳式格局的形成与演变——以花都区炭步镇古村落为例［J］．建筑史，2017 (38)：176-189．

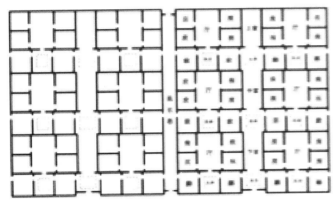

图8　广州市花都区花东镇三吉堂村住宅平面图
（图片来源：《广州市文物普查汇编·花都区卷》）

筑的内部走道，两侧紧邻三间两廊住宅。只是随着家族分家，公共厅堂逐渐荒废，压占，公共厅堂最终阻塞成一间间小厅。九开间"梳齿"也是一样，每个"梳齿"单元由两列三间两廊住宅夹着一条小巷和大量小厅（住宅偏厅和一开间书室）组成，巷道十分曲折，小厅也大小不一，如广州市花都区炭步镇茶塘村中社洞天深处巷两侧（图9），佛山市南海区里水镇汤南村兴仁里两侧，盛世坊两侧都是如此。这种九开间"梳齿"很可能是九开间大型住宅分解改建的结果，类似的大型住宅在广东客家地区也相当常见，当心三间为厅堂，两侧六间则是三间两廊住宅，也是因为分家等原因，公共厅堂不断荒废和压占，形成了今天这种稍显混乱的格局。

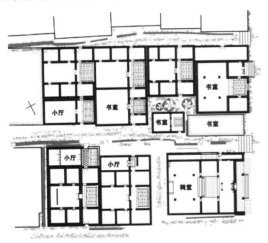

图9　广州市花都区炭步镇茶塘村"洞天深处"巷两侧建筑，巷道曾是该组建筑的公共厅堂
（图片来源：清华大学建筑学院）

事实上，即便历史上大型住宅的公共厅堂荒废，其基址上的压占的建筑也往往保留公共属性——譬如用于待客的住宅偏厅和书房。而从前用于婚丧仪式的公共厅堂，则与浙江中部一样，分离演变成一种独立的建筑类型——房派祠堂，只不过在广府地区，这些房派祠堂被称做"公祠"而已，可不论名字如何，它们都是开

敞式天井院，都与此前大型住宅中公共厅堂的形制别无二致。

三、横屋的分隔，以及封闭式天井院的形制

与公共厅堂从大型住宅剥离相伴的，是住宅的单元化；从前的厢房和横屋，演变成独立的封闭式天井院。

这一变化各地案例较多，尤其在清末和民国时期的客家民居中，特别显著。闽西、粤东客家民居一般呈"几堂几横"布局，厅堂部分主要供公共仪式之用，横屋部分则多为卧室。这些卧室往往并非个人所有，依照个人地位，由家族统一分配，仿佛一排"宿舍单元"一般。但到了清末和民国时期，各地客家民居扩建时，新建横屋发生了较大转变。有的横屋每隔几间就设置一间公共厅堂，以便小家庭公共活动；有的横屋则每两间、三间加建隔墙，形成独立的住宅小院。

举例而言，深圳市龙岗区正埔岭围龙屋（图10）建于嘉庆二年。该建筑最早本是典型的三堂两横围龙屋，堂屋用于公共仪式，横屋用作卧室。若依照围龙屋的一般扩建方法，上述围龙屋的外围还会陆续建造新的横屋，以容纳家族新增人口。但到了光绪年间，正埔岭围的扩建采取了新形式——建筑左右两侧各加建两列横屋，横屋每两开间为一单元，彼此之间用隔墙分隔，使得每个单元都成了一个两进院落，都有一个独立的封闭式天井。此后近一百年的加建也都是如此，住宅不再是横屋，而是规划严整的小院落。整个聚落格局，也从从前"几堂几横"的大住宅，逐渐演变成大量小住宅单元围绕中心祠堂的形式。类似的例子在深圳、惠东地区非常之多。

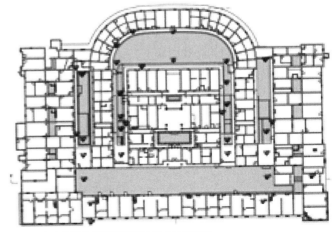

图10　广东深圳市龙岗区正埔岭围龙屋平面图
（图片来源：深圳市龙岗区文体局）

另外一个较为明确的案例是龙游官洋的滋树堂"十八厅"（图11），该建筑本建于清乾隆三十年（1765），本是一座两堂两横的五凤楼。其后随人丁增加，建筑也不断向外加建，但所有加建都不再是简单的横屋，而是一个个以三间为单位，"一明两暗"的住宅单元；单元前又有独立的小天井、院门和天井两侧的搭厢，布局与中国南方常见的三间两搭厢（封闭式天井院单元）非常相似。由于整个建筑中小厅众多，此建筑也得名"十八厅"。其中可见横屋向封闭式天井院的转化。

横屋（厢房）转化成封闭式天井院，也可以揭示封闭式天井院独特的形制来源。在中国南方地区，各地封闭式天井院虽有不同的形制和名称，却有相似的平面布局。以最简单的三合天井院为例，浙西、皖南、江西地区建筑均为两层，称三合屋、三间两搭厢等等，广府地区建筑普遍一层，称三间两廊。但不论层数、名称如何，这些封闭式天井院的平面都是相似的：正房三开间，一明两暗，当心间为厅堂，两次间为卧室；两侧厢房（一层）都是半开敞状态，称"厢廊"，厢廊结构也不"完整"，均是单坡屋面。建筑入口一律开在厢廊处，因此这些三合天井院都从侧面进入。

图11　福建龙岩市白沙镇官洋村滋树堂"十八厅"鸟瞰图
（图片来源：http://www.sohu.com/a/146745093_395860）

上述平面形制与横屋（厢房）关系密切。在浙中和客家地区的大型住宅中，整个建筑中最主要的交通空间都在横屋（厢房）前廊屋檐下，一如封闭式天井院的交通空间也在正房前檐（而不在天井），故而封闭式天井院的大门多在建筑侧面；大型住宅中横屋（厢房）通过廊子与堂屋（正房）相连，一如封闭式天井院中，两侧厢房也都开敞做廊子，而且这些廊子都是单坡，只有多个建筑单元横向连接在一起的时候，廊子才能两两拼合，恢复成"完整的"双坡顶。而此时天井院的正房也已复原为横屋的模样，前面谈到的深圳市龙岗区正埔岭围龙屋、龙游市官洋滋树堂等案例都是如此。

由此可见，不论层数和名字如何复杂，三合天井院的格局就是从横屋（厢房）演化而来。至于四合、甚至多进天井院，则大多依照"大门形制"、"前厅后堂"的礼制规范对三合天井作出了修正，因此也弱化了三合天井院的诸多原生特征。

四、两种住宅，分化与整合的意义

在上述案例中，我们能够看到一种历史演变的线索：大型住宅中，中轴线的厅堂部分分隔、脱离出来，形成房派宗祠（房厅）；大型住宅中的两侧横屋（护龙、护厝）分隔、分离出来，形成小住宅单元。那么，这些案例是否可以归纳出一个更为普世的结论：封闭式天井院这种小住宅，以及房派宗祠（房厅）就是从大型住宅中分解出来的呢？

答案是否定的。首先，我们今天所能见到的大多数民居，都是清末和民国时期建造的，其次在大部分村落个案只会趋向分解。只有在村落的大面积毁坏，或者村民大规模迁居时，才会出现新的整合，大型住宅也才会再次出现，现举几例。

首先是清中期的浙南。清初期耿精忠之乱对浙江南部破坏严重，村落大量荒废。其后闽北移民来此开垦，建立起了一座座新的村落。这些奠基者在建造新家时，没有选择闽北常见的封闭式天井院，而是建造了客家地区和浙江中部常见的大型住宅院落，以此强化村落的防御能力。如浙江省武义市山下鲍村、松阳市山下阳村都是如此。其次是客家地区。因种种原因，客家人在清代也获得了较大的发展，新建客家村落也往往呈现出极端聚合的形态，而且随着土客关系一直紧张，大型客家村落也一直相对聚合，很少出现独立的小住宅（封闭式天井院）建造在村子外围。再次是闽中地区。闽中治安一直较差，实力较强的家族往往会在易于防守的山边建造大型土堡，其平面与客家大型民居较为相似，只是外墙更为高耸，易于防守。乡民平日居住在分散在山间的小型住宅之中，偶有盗匪侵袭，便聚集在土堡中避难几日，待盗匪撤离，再回到方便日常生活的小住宅中去。可见土堡也是一种聚合式的建筑，只是不常使用而已。[1]最后是清末和民国初期的闽南。清末以来大量闽南人下南洋经商暴富，财富寄回家乡，又引发剧烈的宗族械斗。此时建造巨大的宅邸，一来可以光耀门楣，二来也可以团结宗族，保卫财富，所以此时的闽南民居规模骤然变大。从从前的三开间小屋，变成五开间、七开

1　李建军. 福建三明土堡群 [M]. 福州：海峡书局，2010：104.

间、前回龙、后界土、两侧几重护厝的巨大宅邸，当地人称"皇宫起"。只是随着第一代侨民的老去，侨汇中断，这样大型的住宅建筑也就随即消失。

可见，在战乱或是治安较差的时代和地区，人们的居住形态很容易发生整合，形成规模较大的建筑群。

总而言之，建筑形制并不存在单向的演化。开敞式天井院可以分隔成房派宗祠和封闭式天井院的小住宅；相反的整合也会发生。宏观的看，战乱的时代，治安较差的地区往往适合建造更加整体的大型住宅；和平年代，商业较为繁荣的地区小型住宅就更受欢迎。而且随着时代和形势的变化，两种建筑类型还会相互取代，这便是所谓"开敞式天井院"与"封闭式天井院"，抑或大型住宅和小型住宅所内涵的意义。

更为重要的是，本文通过种种案例分析，将中国南方汉族地区最为重要的两种民居类型"开敞式天井院"与"封闭式天井院"整合在了一起，并指出两种类型的民居并不只是天井尺度和地域风格不同，其中蕴含着对"家庭"、"房派"的不同理解。举例而言，在浙东"十三间头"民居中，由于公共、私人空间并没有特别明晰的区分，当地"家庭"与"房派"的观念也不可能进行明确区分。但在浙西和徽州地区的村落中，由于公共、私人空间已被明确区分，当地的"家庭"、"房派"观念也会明确区分；由于公共空间极为集中，当地的房派组织也肯定是制度化的。所谓制度，便是"礼学"和对古代礼仪制度的考证。清代以来徽州学者对于古礼考证爆发出巨大热情，正与徽州地区村落的形态相合。论及此处，我们便可发现各地民居形态，与各地儒学学术之间的密切联系，也可发现"开敞式天井院"与"封闭式天井院"背后，蕴含着巨大的文化深度。当然，这已是另一个研究的开端。

青海河湟地区乡村聚落空间形态特征探析[1]

王青[2] 张群[3] 李立敏[4]

摘 要： 本文以青海省河湟地区的传统乡村聚落为主要研究对象，通过对其聚落空间格局的成因、影响因子进行分析，归纳总结其空间形态特征以及与自然地理、民族文化之间的内在联系，为新时代背景下的聚落保护与发展提供理论参考及借鉴。

关键词： 河湟地区；聚落空间；空间形态

一、概述

河湟地区位于青海省东部，是该省内人口最密集的地区。该区大部分海拔处于2200～3000米之间，山地占全区总面积的96%。气候属于半干旱大陆性气候，干旱高寒、日照时间长、太阳辐射大、春秋相连，冬长夏短。

河湟地区是少数民族区和中原地区的接壤之地，也是草原文化和农业文化的交汇处。祁连山以南，日月山以东以及西宁四区三县，海东海南、黄南等沿河区域现在都属于河湟地区。此区域的民族文化呈现多元性，除汉族外，世居少数民族还有土族、藏族、回族、撒拉族、蒙古族等，是我国典型的多民族聚居地。复杂的地理气候以及多元融合的文化对传统聚落的空间形态有着很大的影响。在新时代快速发展的背景下，传统聚落空间受到了巨大的冲击。如何保护民族文化在聚落中的延续发展，需要我们从根本上探析聚落空间形成与发展的内在影响因子，这对建筑传统文化的传承意义重大。

二、河湟地区聚落空间

1. 聚落的选址

人—居—环境的有机和谐共生是我国传统人居环境的重要特征和价值所在。虽然影响聚落选址的因素很多，但是针对河湟地区的传统聚落，其选址影响因子大多来自自然环境因素，主要包括充足的耕地、可靠的水源、可依的山体、有效的防御。

1）充足的耕地

在河湟村民聚居之处，周边环境必需成规模的土地开展耕种，以维系聚居人群的生存繁衍。平缓、开阔的地形为早期人类聚居，屯田生产提供了可靠的土地保障。

2）可靠的水源

河湟地区的水源丰富，包括黄河及其支流湟水等水系贯穿其间。聚落民居相对均匀的分布在靠近水源的地区，以便农业灌溉和生活饮水。河湟地区传统农业聚落分布的一大特点是以水源为中心向四周发散，依水而居，符合农耕生产的要求。

以年都乎村为例（图1）。年都乎村北为山地，东为隆务河，南为平原地带，中部贯穿曲麻河，形成川谷地貌。隆务河和夏琼山、阿米德合隆山形成隆务河谷地带，土地肥沃，地势较平坦，适合种植，故村落选址在此。隆务河谷将山、草原、水等自然要素和分布其中的村堡有机地融为了一体。

3）可依的山体

青海的地貌复杂，山体众多。山脉是村庄的自然屏障，阻隔了高原的风寒与风沙。针对比较复杂的地形，村落的选址和布局要利用周边的自然条件，符合地貌，顺应地势，来达到满足居民生活和生产的需要。村民通常会将村落放置于较为平缓的向阳坡地，可以争取

1 基金项目：国家自然科学基金（51678466）。

2 王青，西安建筑科技大学建筑学院，讲师，在读博士研究生，710055，37343466@qq.com。

3 张群，西安建筑科技大学建筑学院，教授，710055，563785770@qq.com。

4 李立敏，西安建筑科技大学建筑学院，副教授，710055，307279995@qq.com。

图1 年都乎村依水而居

更多的太阳辐射。为了避免建筑的相互遮挡，依靠山体形成了有层次的布局，错落有致。

青海冬季寒冷漫长，夏季凉爽短暂，居民在房屋的建造时，首先考虑的问题就是防寒保暖，如何采暖、采光、避风和防寒是考虑的重点。因此村落选址时会选择背靠山体，挡住寒风侵袭，尽量在向阳的坡上有利于建筑采光。

硝水泉村就是一个符合地形地貌要求、依山而居的实例（图2），它是湟水流域的黄土丘陵区自然形成

图2 硝水泉村地貌

的村落，距今已有350年的历史，村落非常巧妙地利用山形地势，沿山坡和台地布置相对集中的组团规模，内部道路曲折迂回，形成鲜明的梯田式布局风格。硝水泉村村周边的耕地亦依山势呈阶梯状分布于三条沟壑之间。千百年来村民基于谋生需求开垦出来作为生计的梯田，其实也是无意识中遵照"依山就势"天理所创造的一种大地艺术。

4）有效的防御

村落与山脉的自然结合，形成了村落自然防御的特点。河湟地区的人们为了防御敌人以免受侵害，村落选址一般会在二阶较高的台地之上，并高筑寨墙，视野开阔，便于生产和防御。前文提到的年都乎村的选址就具有良好的天然防御优势。在村子的伸出部分筑寨作为避难之用，而村落主体部分则由人工夯筑的村墙围之，构成了坚固的防御体系。由此可见年都乎村的选址符合了古人择居选址的观念。

2. 聚落的空间组织特征

河湟地区聚落的组织格局，主要由自然环境中的地形地势和人文条件中宗教文化两方面来决定。

1）自然条件影响下的聚落空间组织特征

河湟山地中的建筑聚落，会非常巧妙地利用山形地势，沿山坡和台地布置，形成鲜明的梯田式布局风格。之前提到的硝水泉村，其聚落布局便体现了以地理环境为依托，尊重自然，适应自然，与自然和谐相处的理念。借助山川的地势，增加村落的层次，使得环境渗透于建筑之中，村落融于山川之内。

2）汉文化影响下的聚落空间组织特征

河湟地区的汉族村落维持着"合庙而居"的空间形态，人们大多遵循儒道释思想，村落会设一个甚至几个村庙，供奉如观音、药王、关羽等神像，作为人们精神寄托的载体存在。汉族村落多以中轴对称布局，重要的公共建筑在中轴线上或附近。

保安古城（脱屯）位于同仁县保安镇城内村（图3），该城建于明代，是唯一在同仁地区历史上，城内设有驻军营房且居住有汉族屯民的古城。城隍庙和关帝庙是古城内现存的两处村庙，位于南北中轴线之上，分位一南一北。城隍庙大殿内奉城隍爷和药师佛塑像，有疾病的患者抽签后按号取药，是旧时求医问药的唯一机构。关帝庙又称武庙，面阔三间，进深两间，内奉有关羽、刘备、张飞三大将塑像各一尊。

村庙前设置放大空间，用以组织村民的传统风俗活动以及公共交流。跳社火就是保留下来的传统习俗之一，村庙也因此成为了传统风俗代代相传的见证。古城

图3 城内村古代公建位置图

中轴偏北的位置是营都司衙门，即古时屯军之处的政治核心所在。以此看保安古城的布局，是以营都司衙门为中心展开建设，同时在轴线上留出空间放大节点作为人们精神寄托的载体——村庙，从而形成了围绕政治中心建设、合庙而居的汉族村落空间特色。

3）藏文化影响下的聚落空间组织特征

河湟地区的藏族村落多以"上寺下村"的形态布局，寺院为全村制高点，村落空间环绕拱卫。这种独特的布局特色是藏族历史文化、民族文化、宗教文化世代传承的载体和象征。

藏族村落"上寺下村"的根本原因在于：一方面，寺庙的佛教僧人是修行之人，远离凡尘，其居所及修行之地必定不能位于村民居地之内，需与热闹居地远离，选择在清净之处；另一方面，寺院承载的强大精神功能，体现了它至高无上的地位，因此将其建在高地也是为了体现寺院的强势地位，对村落有掌握作用的意思。综合这些原因，藏族村落寺院多布置在村边外，而且在高地之处，就是所谓的"上寺下村"格局。此外，藏传佛教寺院一般不修围墙，而是"佛道为界"，使得寺院与大自然互相交融。

吾屯下寺村以藏民为主，隶属于同仁县府驻地隆务镇，是典型的"上寺下村"空间格局（图4）。吾屯下寺位于村庄东北侧地势相对较高的地方（图5），空间形态整体成团状，公共祭祀区呈半开放状态。

4）穆斯林文化影响下的聚落空间组织特征

穆斯林文化影响下的回族、撒拉族村落，村民多信奉伊斯兰教，村落呈现"围寺而居"的空间形态。寺院一般是全村体量最高大的建筑，民居围绕它展开布置，形成"围寺而居"的布局形式。寺前多有广场，是村民进行日常礼拜、举行宗教活动和商议村中大事的公共交流中心。

图4 吾屯下寺与村落关系图

图5 吾屯下寺

洪水泉村，村民全部为回族，信奉伊斯兰教，宗教文化生活氛围十分浓郁。村落位于平安县县域西南部洪水泉回族乡境内，洪水泉村的核心便是洪水泉清真寺（图6）。清真寺建筑端庄大气，雕刻做工精美，整体形象上与民居差别很大，很容易辨别出其在村落建筑中的崇高地位，即使不是伊斯兰教的信徒，来到这里也会被建筑所散发的神圣静谧的气氛所感染。可见清真寺承载了民族所赋予它的精神信仰内涵，是村落内部族群精神凝聚力的象征。

3. 聚落的街巷格局特征

河湟当地村落多以公共区为中心来组织发散生长的村落。年度乎村蛛网状自由的巷道结构形态，使得村

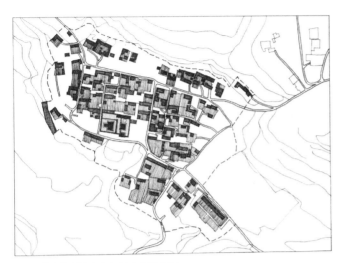

图6　洪水泉村清真寺与村庄位置关系

内居住空间布局呈现自由、灵活、紧凑、密集的形态（图7）。巷道之间的区域宅院紧密相邻，居住空间由高大厚实的夯土墙、户门与巷道空间分隔开来，这应是基于防卫的需求而形成封闭的巷道空间界面。同时紧密相连的宅院间层顶可以贯通，这形成了堡内空间在巷道被入侵后，立体层次的有机联系。户间可相互支援、相互转移，从而有效增强堡内的防卫与进攻能力。吾屯下庄村与年度乎村类似，巷道结构形态呈自由的蛛网状（图

图7　年度乎村街巷空间

8），巷道之间的区域家家户户相接紧密，高大夯土墙围合形成院落，使得巷道狭窄封闭。

图8　吾屯下庄村街巷空间

4. 夯土庄廓的院落布局

　　为了对抗严寒和抵御外敌的侵袭，河湟民居的院落是内向型、封闭型的空间。高大的庄廓墙把民居包裹其中，夯土墙的黄土色与大自然融为一体。庄廓墙上不开窗，院落只对内开门窗，院落空间封闭内向，在同类合院式住宅中也是特征显著的（图9）。

　　社会伦理和生产生活方式决定了庄廓院落的格局排布，河湟地区受汉族文化熏陶，各族庄廓受儒家礼制影响，格局多为中轴对称、坐北朝南，院落的形态呈现一种均衡的状态。院落内最重要的居所为北房，即正房，多位于中轴线的尽端位置。正房建造时其台基或房高会高于其他房间，以体现其重要地位。当然也有特例，比如回族的习俗以西为贵，就不同于汉族以北为尊。民众的生产生活方式影响着建筑附属空间的功能排布。用于存放粮食、工具的房屋、厨房以及卫生间等，多布置在院落格局中不重要的辅助空间位置。

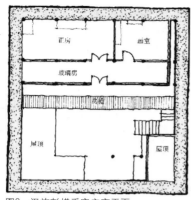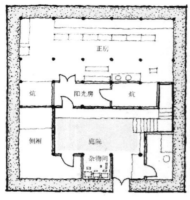

图9 汉族彭措乎家庄廓平面

三、结语

河湟地区传统乡村聚落布局在选址上注重顺应自然、依山就水、安全防御。街巷空间自由灵活，宅院入口直接面向巷道，街巷界面以院墙为主要立面，观感封闭。建筑群体组合受民族文化的影响，汉、藏、伊分别呈现"合庙而居"、"上寺下村"、"围寺而居"的不同形态，是不同精神文化在村落布局上的集中体现。庄廓院落布局受儒家文化影响较大，结合村民的生产生活习惯发展而成。

对于河湟乡村聚落的保护与发展，应在地理、气候、民族文化与聚落空间形态关系的基础上，从动态研究理论出发，结合当下的生态、生活、生产方式，实现河湟地区乡村聚落的可持续发展。

参考文献：

[1] 陈志华. 说说乡土建筑研究 [J]. 建筑师. 1997（4）：78—84.

[2] 崔文河，王军. 青海多元民族民居建筑文化多样性研究 [C]. 第二十届中国民居学术会议论文集，2014：12—15.

[3] 常青. 略论传统聚落的风土保护与再生 [J]. 建筑师，2005（03）：87—90.

[4] 王军. 西北民居 [M]. 北京：中国建筑工业出版社，2009.

[5] 金其铭. 中国农村聚落地理 [M]. 南京：江苏科学技术出版社，1989.

[6] 阮昕. 文化人类学视野中的传统民居及意义 [J]. 建筑师. 2003(3)：57—61.

关中黄土台塬区乡村宅院建筑空间环境类型研究[1]

田铂菁[2]   李志民[3]

摘　要： 本文结合课题组近年来对关中黄土台塬区大量乡村宅院建筑的调研与分析，归纳梳理现状困境，对不同村落类型下的乡村宅院建筑空间环境进行分类，运用可持续性生计分析框架的五个维度，对其典型类型特征进行归纳梳理，找出规律性。目的在于科学有效地探寻基于村民可持续性生计需求的乡村宅院建筑空间更新设计依据。

关键词： 乡村宅院建筑；空间环境；可持续性生计分析框架

一、现实困境

课题组通过近年来对关中黄土台塬区乡村宅院建筑空间大量调研与分析，梳理归纳主要的现实困境问题。首先，关中黄土台塬区拥有独特的台地梯状地貌，长期干旱缺水、水土流失严重，人口密度大，生态环境脆弱；其次，近年伴随城镇化的快速建设，乡村劳动力跨区域频繁流动，大部分现有乡村聚落呈现外扩内空的空间形态，村内宅基地多废弃、闲置且空间利用率低，不利于乡村聚落既有资源的整合与利用以及基础设施建设和社区服务建立；再次，城乡经济的快速发展，村民生计方式的多元化选择，造成现有宅院空间环境与村民生产生活需求矛盾，造成院内空间拥挤、杂乱，私搭乱建行为导致宅院空间环境质量差、空间有效利用低；最后，村民的攀比心及城镇一体化的统一规划建设，呈现"千村一面"现象，乡村聚落地域文化特色正逐步消亡（图1）。

乡村宅院建筑空间环境的可持续性建设是实现"乡村振兴战略"[4]的重要组成部分，适宜性的更新措施利于村民生产生活品质的提高，利于村民可持续性生计发展需求，利于宅基地既有空间有效利用，积极推动乡村聚落资源的协调发展。因此，对于宅院空间环境更新设计的研究显得刻不容缓。

二、研究目的及意义

近年来国家对于乡村振兴战略的积极响应，密集出台的相关政策和大量的资金投入，使得乡村建设得到很好的支持。针对乡村宅院建筑空间环境现状问题，既有研究多以典型案例研究为主，以建筑技术角度提出材料、结构、节能等设计方法；以地理学角度提出资源优

困境一　　　　　　　　困境二　　　　　　　　困境三　　　　　　　　困境四
脆弱生态环境　　　　　空间利用率低　　　　　现代生活需求导致空间拥挤、杂乱　　村落地域文化特色逐步消亡

图1　现实困境

1　本文获陕西省教育厅项目资助。（项目编号17JK0429）
2　田铂菁，西安建筑科技大学建筑学院，讲师，博士研究生，529812802@qq.com。
3　李志民，西安建筑科技大学建筑学院，教授，博导，529812802@qq.com。
4　习近平总书记2017年10月18日的《中国共产党第十九次人民代表大会报告》首次提出"实施乡村振兴战略"。

化利用方法；规划学视角的空间布局优化配置；建筑学视角下空间的形态变迁等。本研究立足村民的可持续性生计需求，运用可持续性生计分析框架的五个维度，包括自然资本、物质资本、人力资本、经济资本及社会资本，梳理分析典型问题，归纳其类型及特点，明确既有宅院空间环境现状、挖掘其规律性、科学有效地确立乡村宅院建筑空间环境更新的目标定位，实现村民可持续性生计需求和资源环境的优化配置，进而提出适宜的更新设计策略和方法。

三、不同村落类型下的宅院建筑空间环境类型

乡村宅院建筑空间环境的内涵及其外延包括多方面因素，具体可以包括功能类型、风格类型、形态类型、建构类型、选址类型、空间类型、景观类型等。首先，本研究则以村落所处地理位置为切入点，将乡村聚落距离乡镇中心远近为划分依据，主要划分为城镇近郊型、城镇中郊型和城镇远郊型三种类型；其次，对不同村落类型下的宅院建筑空间类型划分，依据可持续性生计现状，划分为农户型、兼业型、产业型等；再次，分析既有空间构成模式，包括：选址、平面型制、建筑结构、通道、庭院、围墙、门户、卫生设施、畜禽圈、沼气设施、建筑形式、体量、色彩和高度[1]等，以适用、经济、美观、安全、卫生及方便为原则，以促进村民可持续性生计需求为目标，对不同乡村类型下的宅院建筑空间环境的典型特征进行归纳梳理，提出适宜的更新设计策略与方法（表1）。

不同村落类型下宅院建筑空间环境特征 表1

类型	宅院建筑空间环境使用现状	村民生计方式	宅院空建筑现状特征	宅院建筑公共空间现状
城镇近郊型	居住为主；闲置较少；新建筑较多、地域特色不明显	农业为辅、就近乡镇中心打工居多	居住功能满足日常、公共基础服务设施完善、宅院多建于主干街道两侧，交通较为便利	街巷主要为公共交通路径，缺少相应的邻里交往区域
城镇中郊型	居住为主、兼业为辅；部分宅院季节性闲置；新建建筑与旧有建筑相结合	农业、兼业均等；村民季节性打工为主	居住功能不能满足兼业功能需求、公共基础服务设施不完善、宅院多建于街巷两侧，交通较为便利	街巷及转角具有相应的邻里交往区域；宅院前空间环境较为丰富，且以农业景观为主
城镇远郊型	居住、兼业为主；宅院常年闲置较多；旧有建筑较多、地域特色明显	农业为主、兼业为辅、村民常年在外打工为主	宅基地废弃、闲置较多，房屋建设年代久远、居住条件较差、公共基础服务设施不健全、宅院多为分散式，交通不便利	街巷及转角公共空间宽敞、具有相应的邻里交往区域；宅院前空间环境较差

四、乡村宅院建筑空间环境典型类型

通过对关中黄土台塬区乡村宅院建筑在城镇近郊型、城镇中郊型、城镇远郊型不同村落类型宅院建筑长期调研，结合村民的生计行为需求，归纳梳理三个主要典型类型：农业户、兼业户及产业户（图2）。

实例调研采用实地观察与询问法相结合。通过现场勘测与观察，农户访谈、村委会座谈、县镇政府及住建局交换意见等措施，获取典型宅院空间构成要素、梳理宅院空间构成模式和演变历程；通过当地村委会资料收集、问卷调查等获取有效真实数据资料，定性定量地进行分析研究。运用可持续性分析框架五个维度，即从人力资本、经济资本、自然资本、物质资本和社会资本分析其类型特征，目的探寻规律性，找出乡村宅院建筑空间环境更新的设计依据，提出科学适宜的设计方法，

为可持续性的乡村建设发展提供有力参考（表2）。

1. 农业户

宅院建筑主要呈现两种类型，其一由于经济能力限制，多为祖辈遗留建筑，以传统土坯建筑为主，且结构老化，建筑表皮年久失修、多有漏雨现象；另一种外形砖石结构、新建建筑是政府移民搬迁工程，优先解决有建筑使用隐患的农业户，虽然建筑的结构和表皮呈现新的建设方式，但是屋内的家具及生活使用状况仍显得匮乏和萧条（见图2：类型一农业户）。

2. 兼业户

经济收入多元化，宅院建筑空间依据农户的特色技能呈现多元化发展，包括除乡村医疗站、乡村小卖部、乡村面馆、乡村馒头店等特色乡村宅院类型；建筑

---

1 引自：《陕西省美丽乡村建设规范》（DB61/T 992 2015）

典型户特征 表2

调研对象		农业户	兼业户	产业户
宅院空间环境	宅基地布局	宅基地使用权归村民，形状多呈矩形、面积大小以三分地为主，多以继承祖辈或父辈建筑为主	宅基地使用权归村民，形状多呈矩形、面积大小以三分地为主	除了自己宅基地外，经过村委会的土地流转获得格外面积的土地，并进行产业经营
	宅基地内建筑	宅院建筑平面型制多为矩形，布局方式以院落围合为主，分为门房、灶房、居住等功能，厕所旱厕；建筑材料多土坯、结构老化、年久失修，屋内设施不完善、无采暖、生活质量较差	宅院建筑平面型制多为矩形，布局方式以院落围合为主，分为门房、灶房、院内储藏、客厅、卧室等功能，少数独立卫生间、水侧，或者沼池设计。房屋结构表皮为今年修建为主，屋内家具设施完备，少数有采暖系统，生活质量较好	宅院建筑平面型制多矩形，布局方式以室内中庭空间组织空间功能，功能分区明确完备，水侧入户、太阳能装置、有独立洗浴间，独立采暖气设备等。有些院落多进深，通常后院用来排污水和储藏功能、物资占有丰富，生活质量良好
村民主体		家庭人口构成多以三代人，主要为留守老人和儿童，受教育程度小学，经济收入单一，以农业为主，技能专长无	经济收入的多元化和有效增长，促进家庭人员的驻留，家庭人口构成成分分配均衡，且多以三代人居住为主；宅院建筑多为今年来新盖，且家庭陈设齐全，生活质量较好，村民的幸福指数较高	家庭人口构成多为三代人，包括老人、小孩和个别壮年，受教育程度中学居多，经济收入不固定，但年收入居多，能够促进村民就业机会，技能专长突出，经营有一定规模。能够提供就业机会，且对村子发展带来深远影响
生计方式		农业	农业，并兼顾养殖业、果蔬种植业、乡村医疗站、小商品卖售等	产业，比如养殖场、乡村幼儿园、冷库厂、果汁厂等

表现多注重门头设计，且院内空间功能多元化，以院落为划分区域，主要分为宅院前部分的特色区、和后部分的自住区两部分。宅院建筑由于功能使用的增加，新生活方式与旧有建筑空间矛盾，使得宅院建筑多呈现局促、拥挤现象（见图2：类型二兼业户）。

类型一：农业户

政府安置户　　自家搬迁（窑洞+新建）土坯房

类型二：兼业户

散养牛户　　卫生室　　果品包装户

类型三：产业户

居住区　　养牛厂及工人房　　跑马场

图2　乡村宅院建筑空间典型类型

3. 产业户

以经营产业为业，具有一定规模，在乡村农户中所占比例很少，主要以养殖业、经营业为主，包括养牛大户，乡村幼儿园及乡村医疗所等。通过土地流转，占

地面积较大，且能提供村民就业岗位。其宅院建筑空间功能复合性强、建筑造型要求高、空间利用率较好、采用新结构新技术的中庭空间保障了室内的干净与采光，取得较好的使用效果。

例如乡村养牛大户（见图2：类型三产业户）。首先，通过中庭空间组织居住和生活功能、旧有院落改扩建后成为马匹饲养厂和工人用房，进行较好的自循环粪便处理功能，较好的隔离了人畜混杂的局面；其次，后院加建跑马场，为工厂的长期发展打下良好基础；并且户主希望继续扩大其养殖场规模，增加就业机会，促进乡村建设发展。

五、乡村建筑宅院空间环境更新策略探讨

综上所述，根据调研梳理归纳，以村民可持续性生计需求为切入点，结合关中黄土台塬区地域特征，针对不同村落类型下的宅院建筑空间环境更新设计提出适宜几点策略。对于城镇近郊型村落，宅院空间满足生活的现代化和舒适性需求，增添如书房空间、共享空间、短期的出租空间等，满足就近打工村民及原住村民的生活品质需求，建筑造型多以体现地域特色为主；城镇中郊型村落，宅院建筑空间满足居住和兼业的功能需求，发展产业和养殖业，激活村民发展内动力，宅院建筑空间集约化设计，加强基础设施和服务功能建设；城镇远郊型村落由于地处偏远，信息和交通的不便利导致宅院地域风貌保护较好，同时空心村现象凸显。因此，需要结合地理优势，发展适宜的旅游业和产业结构调整，加

强建筑传统风貌保护和传承，宅院建筑空间功能复合化和生态化建设，注重农用景观设计，居民参与等，体现"一村一品"风格。进而在实现资源合理配比、空间集约化利用、地域特色表现、新技术阐释、施工造价等方面挖掘不同途径和设计方法，科学有效地实践乡村宅院建筑空间环境的可持续性建设。

参考文献：

[1] 费孝通.乡土中国[M].上海：上海世纪出版集团，2005.

[2] 罗汉仪，罗颖森，吴菊阳等.乡村发展类型研究及其乡村性评价——以广州收盘美丽乡村为例[J].中外建筑，2015（03）.

[3] 杨豪中，王赢，温亚斌，农村产业机构调整对村落形态发展影响分析——以为关中地区为例[J].四川建筑科学研究，2012（02）.

[4] 成辉.西部乡村建筑更新策略研究与实践[J].西安建筑科技大学学报（自然版），2015（12）.

[5] 张群.乡村建筑更新的理论研究与实践[J].新建筑，2015（01）.

青海传统庄廓民居营造技术及其价值研究[1]

张嫩江[2]　宋　祥[3]　王　军[4]

摘　要： 青海存在着生态环境脆弱以及地域资源短缺等问题，为适应干燥寒冷风沙大的气候条件，具有高大院墙的内向封闭式庄廓民居成为青海东部农牧区各族人民共同采用的民居类型。它的营造包含着丰富的经验和宝贵的智慧。本文通过对庄廓民居营造技术组成体系和步骤进行分析，结合实际案例总结庄廓民居的承重结构、围护结构以及装修装饰营造智慧，指出庄廓民居的营造技术具有的经济、技术以及文化价值，为传统民居的保护提供依据，为现代绿色建筑营建提供理念。

关键词： 庄廓民居；营造技术；营造智慧；价值

引言

　　乡土民居营造技术的形成是该地区自然气候与经济文化综合作用的结果，影响着民居的空间布局和风貌特征。在传统村落保护的大背景下，青海东部地区庄廓民居的保护进入了新的历史时期，然而，由于城市化的冲击，许多传统民居面临着拆除新建，当前开展的庄廓民居更新建设活动逐渐脱离传统庄廓营造方式，缺乏对传统营造技术的理解与传承，愈来愈趋向城市化的建设模式，传统庄廓民居营造技术的存续令人堪忧。本文通过对青海东部地区庄廓民居地域特质的考察，总结传统庄廓民居营造技术中的营造智慧，在传承的基础上，保护传统庄廓民居，保护青藏高原乡土风貌，促进人与环境的和谐与可持续发展。

一、庄廓民居的营造技术构成

　　庄廓民居是青海东部地区各族人民共同使用的民居类型，蕴含着独特的营造智慧。高大厚实的夯土"庄墙"是传统庄廓民居的代表性要素，因而也造就了其内向封闭的空间特征。庄廓院内四面均可靠墙营建"松木大房"，是以木结构为承重结构，土坯隔墙、覆土屋面为围护结构的结构形式。

1. 组成体系

　　庄廓民居的组成体系可分为三部分——承重结构、围护结构、装修装饰（图1）。围护结构主要包括庄廓墙、院门、土坯隔墙以及覆土屋面；承重结构主要包括石砌基础和大木构架；装修装饰主要包含门窗、吊顶等小木作以及铺地、雕刻和色彩装饰。[1]

2. 营造步骤

　　建筑的营造活动是由各步骤按顺序进行的，房屋采用的结构类型及其相应的施工技术在一定程度上决定了房屋的营造步骤。[2]庄廓的营造全过程主要有准备阶段、建造阶段以及后期维护（表1）。建造阶段的步骤为：先用黄土夯筑或者石头砌筑庄廓院墙（图2），然后立梁柱木构架（图3），后用黄土坯砌筑隔墙，有时房间内的分隔墙也有木板制作，再进行屋面铺设，一般为覆土屋面，并安装门窗，最后再进行细部装饰和内部装修。庄廓民居采用了极为简洁、经济的结构和构造作法，其功能以实用为主、形式以经济为原则，力求适

1　国家自然基金项目（51378419）；国家"十二五"科技支撑项目（2013BAJ03B03）；内蒙古科技大学科技创新项目（2016QDW-S07）。
2　张嫩江，内蒙古科技大学，助教，014010，nenjiangJZY@163.com。
3　宋祥，内蒙古科技大学，助教，014010，390401167@qq.com。
4　王军，西安建筑科技大学，教授，710500，prowangjun@126.com。

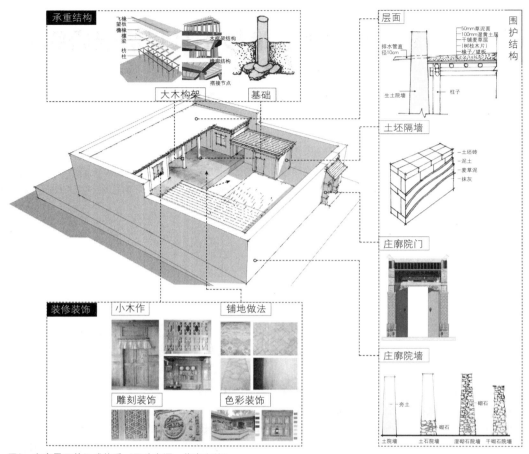

图1　庄廓民居的组成体系（图片来源：作者自绘）

应当地的自然资源、气候条件和经济条件。

青海东部地区庄廓民居建造阶段涉及的工种和工具 表1

庄廓民居营造流程		涉及工种	营造工具
准备阶段	①选址	风水先生、户主	指北针
	②准备土木石材	泥水匠、石匠、木匠	铁锨、运土车、铁锹、背篓
	③准备营造工具	户主	
建造阶段	④营造庄廓墙	泥匠、石匠、乡邻、	铁锹、墙板、椽子、插竿、立柱、横杆、绳、抬筐、扁担、簸箕等，推车、錾刀、楔子、扁子、锤子、斧子、瓦刀、抹刀等
	⑤搭建木构架承重系统	大木匠	锯子、画笔、量尺、三脚马等
	⑥砌筑隔墙	泥水匠、木匠	铁锹、抹刀、土坯模具、土铲、竹筐、簸箕以及铅垂线和直尺等
	⑦铺设屋面、安装门窗	瓦匠、小木匠	石碌、木糙夯锤、锯、铁丝、麻绳、瓦刀
	⑧细部装修、内部装潢	小木匠、雕匠、漆匠	刻刀、凿子、刨、斧头、砖刨、刻刀、木敲手、刀砖、角尺、方尺、修弓、刷子、漆刷
后期维护	⑨抗水、防腐蚀	户主	涂刷、喷壶、瓦刀、抹刀、刮刀

（表格来源：作者自绘）

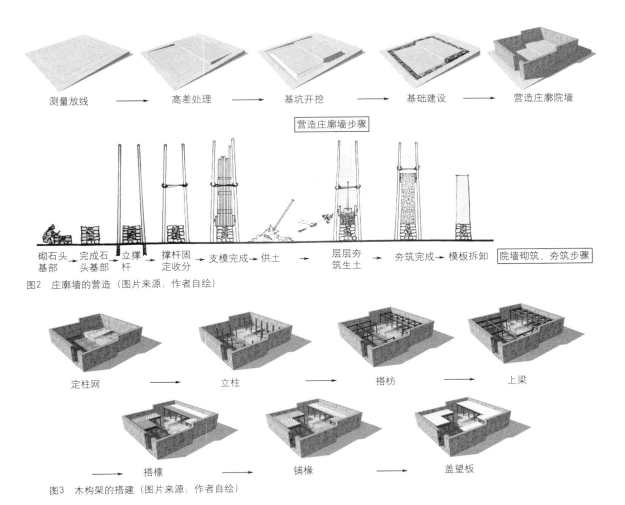

测量放线 → 高差处理 → 基坑开挖 → 基础建设 → 营造庄廓院墙

营造庄廓墙步骤

砌石头基部 → 完成石头基部 → 立撑杆 → 撑杆固定收分 → 支模完成 → 供土 → 层层夯筑生土 → 夯筑完成 → 模板拆卸

院墙砌筑、夯筑步骤

图2 庄廓墙的营造（图片来源：作者自绘）

定柱网 → 立柱 → 搭枋 → 上梁

→ 搭檩 → 铺椽 → 盖望板

图3 木构架的搭建（图片来源：作者自绘）

二、庄廓民居营造智慧分析

"张沙村067号庄廓"位于青海省循化县道帏乡，是该村建造年代较早（距今约一百多年）的庄廓，庄廓整体占地面积约280平方米，包含建筑主体和庭院两部分，建筑主体占地面积约170平方米，建筑主体中根据空间功能分为：生活居住及附属用房、储藏、牲畜养殖用房。该庄廓具有木结构承重、生土院墙、土坯隔墙、精致的木质庄廓大门以及覆土屋顶的特征。较能体现传统庄廓民居风貌特征以及营造特色，在青海东部地区的传统庄廓中具有一定的代表性，对它的解读有助于全面分析传统营建智慧（图4、表2）。

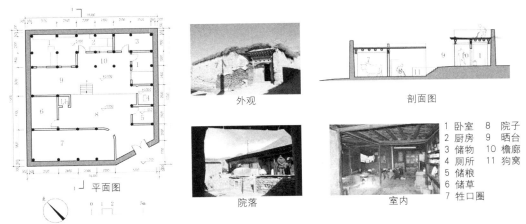

平面图

外观

院落

剖面图

室内

1 卧室　8 院子
2 厨房　9 晒台
3 储物　10 檐廊
4 厕所　11 狗窝
5 储粮
6 储草
7 牲口圈

图4 传统庄廓："067号庄廓"测绘（图片来源：作者自绘）

传统庄廓民居营造技术分析   表2

组成	承重结构		围护结构				装修装饰			
	基础	木构架	院墙	院门	隔墙	屋面	小木作	铺地	雕刻	色彩
营造技术	就地取材，石材基础	结构体系完整，抗震性好	用黄土夯筑或用石材砌筑	纯木构架门头	土坯隔墙	缓坡覆土屋面，设置通风口、采光口和排烟口	门窗格栅花纹多样，室内陈设简洁	室外石材铺设文化图案，室内局部木质铺装	木雕和砖雕中有生动、古朴、素雅的各类题材图案	采用材料原色美观淳朴
营造智慧	1. 石材作为独立柱基础的主要材料，就地取材； 2. 基础处理方法简单，便于操作； 3. 木材韧性较好，并且木构件之间通过榫卯搭接，作为庄廓民居的承重结构，具有很好的抗震性能； 4. 选取材料时就地取材的属性及其传统的营造方法符合民居所存在的社会经济环境、文化环境以及自然环境； 5. 传统庄廓民居的大木构架体系较之官式建筑的体系简单易操作		1. 生土、石材等营造材料就地取材，具有成本低的优点； 2. 夯筑庄廓外墙的生土材料无需焙烧，节约燃料；同时，它可重复使用，解决了建筑垃圾的再生性，且无污染； 3. 厚实的夯土墙有保温防寒作用，节约了制冷取暖所需的燃料消耗，具有低能耗的优点； 4. 石砌的庄廓院墙吸水率低，抗冻性非常好，其材料特性不会轻易改变，这使得石建筑的营造过程受气候环境、地域及特殊技术设备的限制较小； 5. 在利用自然建材土、木以及石施工时所使用的工具以及模板简单，操作容易，对技术要求不高，因此具有低技术的优点； 6. 庄廓院墙营造利用自然材料，形成单纯、简洁的几何形态和强烈的体积感，与环境充分融合； 7. 院门承载着丰富的地域文化，尤其是不同的民族，不同的装饰文化，是庄廓民居外观形态的重要构成部分； 8. 院门营造结构独立，便于修缮维护； 9. 土坯的材料就地取材，节约成本；制作无需焙烧，无污染； 10. 土坯在北方具有防寒、防风的作用，它还具有隔音、防火、防震的性能； 11. 平缓的屋顶形式适应降水少，蒸发量大的气候环境； 12. 屋顶在农忙时具有晾晒粮食的功能； 13. 采用覆土屋顶，具有较好的保温效果。生土为就地取材				1. 木材在室内空间的运用常给人以温暖质朴之感； 2. 门窗中采用丰富的花纹，具有丰富的文化内涵； 3. 通过简单易操作的吊顶处理使屋顶形成双层皮，可以隔冷隔热； 4. 室内装饰中木板与院墙之间形成的空气间层有很好的保温防寒作用； 5. 传统庄廓民居室外地坪中软质铺装有利于地面雨水下渗； 6. 用自然的石材拼不同的装饰图案，美观低成本； 7. 室内通过不同材质的铺装区别不同的功能空间； 8. 装饰艺术符号上体现着不同的民族文化； 9. 色彩装饰具有明显的民族文化特征； 10. 木材、石材、土材的原色美观淳朴，无需附加色彩			

三、营造技术的价值

1. 经济价值

坚固、实用、美观的传统庄廓民居为当地人民提供生活以及生产功能。庄廓民居营造时的就地取材常常意味着建筑材料的价格低廉，可达到在民居建造中控制费用成本的目的。在历史上交通不发达的情况下，就地取材还省却了建筑材料的长途运输之麻烦，本地材料较之外地运输而来的材料要便宜很多倍。在利用自然建材土、木以及石施工时所使用的工具以及模板简单，操作容易，对技术要求不高，即使是没有受过专业训练、无充足技术水平的劳工，也能够掌握建材的开采、提取、加工、运输及施工技术。民居营造时较少的资金需求，减少村民营造的经济负担，是庄廓民居可持续营造的原因之一。庄廓民居营造时在材料选取与营建构造上表现了与社会生活环境相匹配的经济实用性。

2. 文化价值

传统庄廓民居的营造技术，是几千年传统工匠智慧的结晶，是珍贵的历史遗产，对于它的研究不仅是对非物质文化遗产的保护，更是建筑本体以及传统村落保护的重要前提，是青海东部地区多民族传统建筑文化传承的基础。它的传承将保证传统庄廓民居的修缮拥有不可或缺的技术支持。庄廓民居营造利用自然材料，形成单纯、简洁的几何形态和强烈的体积感，简单的构造形式既适应当地气候条件又具有很好的经济性，通过对地形的处理丰富了民居的整体空间，与周围粗犷的自然环境以及丰富多变的地形环境得到了较好的协调，使建筑融入自然之中，表现出了当地群众朴实、敦厚的性格以及适应自然环境的智慧。

3. 生态价值

就地取材节约能源，夯筑庄廓外墙的生土材料无需焙烧，节约燃料。同时，它可重复使用，解决了建筑垃圾的再生性，且无污染。土材热工性能好，庄廓民居中厚实的夯土墙有保温防寒作用，节约了制冷取暖所需的燃料消耗。石材抗压强度高，主要作为基础以及外围护结构，同时色彩丰富，形态多样可作为墙面，地面装饰。石砌的庄廓院墙吸水率低，抗冻性非常好，其材料特性不会轻易改变，这使得石建筑的营造过程受气候环境、地域及特殊技术设备的限制较小。木材韧性较好，主要作为庄廓民居的承重结构，具有很好的抗震性能，同时其可塑性较强，可用于门窗以及室内装饰等各个部位。

四、结语

传统庄廓民居营造技术是人们利用青海地区传统的材料与工具，通过长期经验的积累形成的一套当地特有的建筑营造体系。它承载着基于地域环境背景下当地人们丰富的经验和宝贵的智慧，为使庄廓民居在保持传统风貌的基础上活态生存，庄廓的营造技术的传承成为其营造必不可少的关键点，因此对该技术的深入分析将为庄廓民居的保护与更新提供关键技术依据。

参考文献：

[1] 张嫩江. 青海东部地区传统庄廓民居营造技术及其传承研究 [D]. 西安建筑科技大学，2016.

[2] 陈栋. 中国传统建筑工艺遗产的"原创性"问题初探 [J]. 建筑史，2009（02）：146-153.

岭南传统村落教化空间的营造[1]

郭焕宇[2]

摘　要： 岭南传统村落教化空间的研究缘起于我国传统教化的历史回顾与反思，以及对其现代教育意义的价值思考；空间理论的发展则实现了学科融合背景下建筑与教育的空间关联性研究；繁荣的岭南民间文化背景下的乡村综合研究趋向于深挖岭南传统村落文化价值及其传承途径。岭南传统村落教化空间以环境、建筑及其装饰三个实体空间层次的形态要素为形式，表征具有岭南自然、社会、人文特征的传统教化内容，其营造机制表现为内隐的传统教化内容与外显的实体空间教化形式相契合，通过人的具体活动与思想情感体验，实现人的物质性生存归属，社会性身份认同，文化性道德追求。研究和发掘蕴含于岭南乡村教化空间中的优秀传统文化精神并实现价值传承，有助于实现传统村落文化的创造性转化、创新性发展。

关键词： 岭南；传统村落；教化空间；传承；民系

2017年我国的乡村振兴战略提出后，中华优秀传统文化的保护与创新发展面临重大理论需求，综合建筑学与人文社科研究成果而提出的教化空间，以具体的传统村落物态空间为形式载体，反映社会教化内容，受教者的精神思想活动与之关联、受其感化，实现了社会治理、价值传承和道德启蒙等作用。乡村空间形态要素的更新是解决三农问题的重要途径，对应于社会教化活动的场所大多为乡村公共空间，是易于推进乡村建设、改造、更新的优选对象。在此背景下，中国古代教化传统的当代传承显示出鲜明的现实意义。

一、研究缘起

岭南传统村落教化空间的研究缘起，首先是传统教化的历史回顾、反思，及其对现代教育的意义和价值思考。我国古代的传统教化面向社会全体，实现社会治理、价值传承和道德启蒙等功能，教化内容以儒家为主，兼容佛、道思想，既包括正规的学校教育，也包括社会、家庭生活中各种非正规的教育感化活动。[1]传统文化复兴带动了中国社会教化的史论研究，从中国社会教化思想的历史建构与理论框架、社会教化政策的价值导向、以及中国传统教化的近代演变，[2]到思考教化传统的当代意义。[3]~[6]积累了许多史论著述。其次，空间理论的发展实现了学科融合背景下建筑与教育的空间关联性研究。社会空间理论从逻辑上建构了物质、精神及社会空间的概念和研究范式，[7]在此基础上出现了虚拟空间、生态空间、制度空间、文化空间以及教化空间等研究范畴，非学校的社会途径构建的教化空间的研究意义凸显出来。[8]~[11]在聚落空间、建筑空间、文化空间等范畴的基础上提出"教化空间"，超越了传统意义的物理空间和时间维度研究的束缚，融合建筑学与人文社科理论，有助于深入地挖掘传统村落空间文化内涵。再者，繁荣的岭南民间文化背景下的乡村综合研究趋向于深挖岭南传统村落文化价值及其传承途径。建筑学和城乡规划学视野下的中国民居及聚落研究在建国后经历了不断纵深发展的多个阶段，并呈现多学科交叉研究的发展趋势。[12]近代来，岭南广东的社会文化一直处于风云际会的不断变革之中，然而其以传统村落为载体的民间传统文化始终保持了旺盛的传承生命力。人类学、社会学、人文地理学有关岭南汉民系的社会、文化的长期研究，[13]~[15]推动汉族民系民居文化理论向纵深发展，岭南广府、潮汕、客家等汉族民系民居建筑及聚落研究，已由形态特征总结演化为经济、社会、人文、科技的综合研究。

1　国家社科基金艺术学一般项目：《岭南传统村落教化空间的营造与传承发展研究》阶段性成果，批准号：18BG134。

2　郭焕宇，华南农业大学，副教授，510642，guohuanyu@scau.edu.cn。

二、岭南传统村落教化空间的营造形式、营造内容及营造机制

乡村教化空间的营造传统是重要的文化遗产。岭南传统村落教化空间以环境、建筑及其装饰三个实体空间层次的形态要素为呈现形式，分别表征具有岭南自然、社会、人文特征的传统教化内容，其营造机制表现为内隐的传统教化内容与外显的实体空间教化形式相契合，通过人的具体活动与思想情感体验，实现人的物质性生存归属，社会性身份认同，文化性道德追求。

1. 依托乡村环境景观构建岭南地域特征的环境审美教化空间

岭南广东背山面海，境内地势北高南低，由北至南形成山地、丘陵、冲积平原等多种多样的地理环境。客家民系集中分布于粤北、粤东北，广府民系分布于粤中，潮汕民系分布于粤东，雷州民系分布于粤西。

岭南乡村环境景观形成教化空间的要素包括了先祖先贤遗迹、自然景观、祠庙建筑等。教化空间的利用包括了节庆游行、日常起居、宗族祭祀、民间信仰、红白喜事、四时务农、民间工艺与民间文艺等生产、生活活动。

具体表现为：第一，岭南乡村独特的自然地理环境，形成村民的生存归属感。以梅州山地丘陵地带的茶山村为例，族谱描述其村落选址及环境"回忆祖宗，梦□故乡，尊敬云祖，茶子山乡，黄龙出洞，蝙蝠挂墙，山寨四脚，蛇龟两旁，文章镇守，水车相望，安康富贵，□□□□，追念贤祖，德厚恩长，永垂□颂，万世流芳"。[16] 通过描述关键的景观要素明确了村落所处的自然地理条件和环境资源。象征比附手法和诗意化描述，显示出客家人在此定居谋生、耕读传家的家族传统，表达了朴素的自然审美和家园情感。

第二，岭南乡村"景观集称"文化，丰富和提升村民的地域自豪感。明清时期岭南各地兴起景观集称文化，通过主题性的景观构建形成了整体性教化环境和意境，于日常活动空间，实现环境审美需求。如佛山西樵镇松塘村之"松塘八景"，包含了山水景观"三台献瑞"、"九曲凝庥"、"横塘月色"，屋后树林"华岭松涛"，标志性建筑"奎楼挹秀"、"桂殿流香"、"社学斜晖"，以及寓意人丁兴旺的村前榕树"古榕烟雨"。松塘八景要素的选取覆盖全村范围，自然与人文、历史与现实交相辉映，蕴含了重教传统、家族理想和审美情趣，点明了节庆活动和日常书塾教育、生活休闲等活动的主要场所，传达出油然而生的自豪感。

第三，岭南乡村环境景观序列的营造，形成行为规范和社会习俗为基础的文化认同感。岭南乡村的景观序列，虽各地皆有自己的呈现形式，但关键的景观元素却基本相似：如村前（或屋前）水塘、村前（或屋前）广场、村后树林，还有神灵祭祀空间及节点，祖先祭祀空间及节点等（图1）。空间序列的营造与形成，由日常活动、生产活动、礼仪活动、节日庆典等依托上述具体的空间节点要素而实现，具体的活动内容、活动路径均对应了固定的时空节点，空间节点相互关联而成为空间网络（图2）。

譬如潮汕地区的游神赛会、广府地区的龙舟景、飘色等民俗活动，活动路线覆盖乡村重要空间节点，勾勒出清晰的聚落空间范围。而各地乡村在祠堂及祖墓定时举行的祭祖活动，在村前庙宇、学宫乃至村落四方、巷道入口、庭院入口、天井等各处举行的民间祭神活动，则在强化地域认同的同时，塑造了或有形或无形的村规民约形式，村民参与其中因此而接受了岁时交替、潜移默化的教化过程，乡俗习惯、行为举止呈现出鲜明的地方性特征，并进一步促发本地乡民文化认同感的形成。

图1 围屋及其屋前广场、水塘

图2 仓东村村前广场举行庆典活动

2. 依托传统建筑形制形成岭南宗族社会的礼制伦理教化空间

一方面，从村落整体来看，广东在清代形成发达的宗族制度，传统村落塑造了礼制伦理教化空间体系。包括：祠祭空间塑造宗族伦理教化空间、居住空间塑造家庭伦理教化空间、庙宇建筑塑造祈福向善教化空间、学宫书塾塑造文人取仕教化空间。反映出儒家礼制思想影响下，岭南传统社会以空间形式实现教化功能。同时，也形成并维系了传统宗族聚落成员的身份认同，为培育乡村居民的集体记忆奠定了基础。

另一方面，就具体的建筑而言，从"一明两暗"基本原型扩展演化而形成的岭南汉族诸民系传统民居，以方正、尚中、和合为特征的建筑内外格局及形态，塑造和强化了传统社会长幼有序的伦理秩序和教化观念。小型民居单元如广府的三间两廊、潮汕的下山虎（图3）、四点金，中部开敞的厅堂均设置用于祭拜近世先祖的牌位，而客家和潮汕地区常见的中、大型从厝式建筑组群（图4），中部的多进厅堂，亦显示出祠堂的空间特征和功能作用。祠祭空间对应于相关房支族人共同

图3 "下山虎"民居

图4 大型从厝式民居

使用，民居若涉及分家析产，则将公共空间以外的居住空间部分，按照长幼关系进行分配使用。

3. 依托传统建筑装饰形成岭南人文精神的道德修养教化空间

民居建筑装饰作为建筑空间的有机组成内容，是推行家风教育的重要载体。砖雕、木雕、石雕、灰塑、陶塑、彩绘、嵌瓷等岭南民间装饰的技法与内容独树一帜，具象呈现岭南文化特征。

空间秩序层面，建筑装饰的主次分布，引导建筑空间的主从关系，反映空间化的伦理秩序。如三进祠堂之中，前、中、后厅的墙面彩绘、梁架雕刻、屋顶屋脊等部位装饰语言各有侧重。前厅的屋顶、梁架、墙面及台基装饰语言充分显示其作为祠堂首要入口的重要性；中厅在各种正式的集体活动和非正式的日常活动中使用频率高，对现世生活影响大，故其内部的梁架、山墙墙面装饰较为繁复、隆重，突出了会客、礼宾、仪式、教育等功能；后厅重点布置祭祖用途的家具及陈设（图5）。

图5 祠堂后厅（祖厅）空间

对应于建筑形态而塑造的装饰语言，空间分布尚中、对称，从中轴线的牌匾、神主牌位，到轴线两侧柱身或山墙悬挂的题联题对，墙面彩绘，烘托建筑空间尺度，形成空间细部与层次，进一步显示出厅堂内部的空间秩序。

空间内涵层面，具有道德教育内涵的装饰形象是建筑装饰中着力刻画描绘的重要部分。题词文字内容描述先祖功名、家学传统、治家格言，族规祖训；绘画或雕塑形象塑造岳母刺字、文王访贤、二十四孝等育人典故；抑或以象征比附手法塑造梅、兰、竹、菊等具有比德意义的形象。

空间艺术层面，以诗文艺术、书法绘画以及其他建筑装饰艺术手法实现时空拓展，实现空间艺术的创造

和意境品味的提升。如请本地儒学名家题词、赠画，并在祠堂、学宫、庙宇等建筑的装饰施工阶段，重金聘请当地的工艺名匠精雕细刻，在民居建筑特别是祠堂建筑中塑造出礼乐相济、雅俗共赏、栩栩如生的艺术形象（图6）。潮汕地区还盛行"斗艺"施工，著名的从熙公祠，陈慈黉家族"善居室"等案例，建筑装饰耗时数年营造，精细绚丽的石雕、木雕、嵌瓷等工艺作品保留至今，堪称潮汕民间艺术的典范。

图6 梁架彩绘、木雕、书法装饰

综上，传统村落中建筑装饰语言在祠堂、庙宇、学宫、居住等传统建筑空间的综合运用，形成伦理、道德和修养为内容的教化空间，实现了从宗族到家庭的家规、家训和家风传承。

三、结语

岭南传统村落教化空间的营造内容反映家风家训文化，契合民众文化心理，其营造形式体现了中华传统教化统一性与地域文化丰富性相结合的特质，其营造机制具有化物无形、雅俗共赏、见微知著的生活化特征。

传统教化产生于特定时代的社会文化环境，有其显而易见的时代局限性和价值观局限性。因此，立足于对传统文化遗产客观分析、批判继承的历史态度，研究岭南乡村教化空间营造传统，目的在于发掘蕴含其中的优秀传统文化精神并实现价值传承和当代发展，即：秉承岭南文化地域性格实现历史文化价值的传承，结合社会主义核心价值观实现教化内容的社会文化价值的转化与提升，培育受教化主体的自主性和主动性实现教育文化价值的当代发展。

总之，在改革开放前沿的广东推进文化建设，从教化空间的角度切入，推进岭南传统村落文化的"创造性转化、创新性发展"，实现家训、家风、乡贤文化的现代化和生活化，延续和培育地方记忆与优良道德传统，发扬优秀传统文化品质并彰显文化自信，具有重要的理论意义和实践价值。

参考文献：

[1] 江净帆. 空间中的社会教化 [D]. 西南大学. 2010.

[2] 黄书光. 论中国传统教化的近代解构 [J]. 浙江大学学报（人文社会科学版），2005（06）：122-128.

[3] 郑晓江. 儒家德治、教化与礼制的现代沉思 [J]. 南昌大学学报（社会科学版），1998（02）：1-7.

[4] 黄书光. 中国传统教化的现代转型 [J]. 华中师范大学学报（人文社会科学版），2005（06）：166-171.

[5] 徐月亮. 中国古代教化对重建人文精神的启示 [J]. 河北理工大学学报（社会科学版），2006（02）：11-13.

[6] 丁社教. 家规的社会教化功能及其实现：基于公共生活空间的视角. 浙江社会科学，2017（06）：73-77，83，157.

[7] Lefebvre，Henri. translated by Donald Nicholson-Smith. The production of space [M]. Oxford：Basil Blackwell，1991.

[8] 刘定坤. 乡土建筑空间环境中的教化性特征 [J]. 华中建筑，1996（04）：28-32.

[9] 马蜂. 中国古代建筑与人文教化 [J]. 北京科技大学学报（社会科学版），1999（04）：79-84.

[10] 毛华松，屈婧雅. 空间、仪式与集体记忆——宋代公共园林教化空间的类型与活动研究 [J]. 中国园林，2017，33（12）：104-108.

[11] 谢旭斌，张鑫. 湖湘传统村落景观教化特色探讨. 湖南大学学报（社会科学版），2017（05）：115-121.

[12] 陆元鼎. 中国民居研究五十年 [J]. 建筑学报，2007（11）：66-69.

[13] （英）弗里德曼著. 刘晓春译. 中国东南的宗族组织 [M]. 上海：上海人民出版社，2000.

[14] 陈春声. 明末东南沿海社会重建与乡绅之角色——以林大春与潮州双忠公信仰的关系为中心 [J]. 中山大学学报（社会科学版），2002（04）：35-43，90.

[15] 司徒尚纪. 岭南历史人文地理 广府、客家、福佬民系比较研究 [M]. 广州：中山大学出版社，2001.

[16] 黄氏云祖公族谱 [Z]. 1975.

广西近代时期的庄园类型与艺术特征

陶雄军[1]

摘　要： 近代时期，广西涌现出冯子材与刘永福等爱国将领，以及桂系崛起，出现了以旧桂系陆荣廷和新桂系李宗仁为代表的一批政治军事人物。广西近代时期的庄园大多为当时广西军事、政治或文化名人所建，是这一特定历史时期的文化产物。本文对广西近代时期的庄园民居进行了考证，提出将其界定为府第院落式、中西合璧式、山水园林式三种风格类型的观点，并对各种类型及其艺术特征进行了研究与梳理。

关键词： 广西；近代时期；庄园类型；艺术特征

一、广西近代时期庄园营造的背景分析

1840年，英国发动侵略中国的鸦片战争，中国近代史由此开端，广西也开启了近代史的序幕。广西近代建筑兴起的历史背景：桂系崛起，桂系是指在1911年辛亥革命之后，先后以广西为统治基地，以广西籍军政人物为主要代表的军政集团。按代表人物来分，可以分为以陆荣廷为代表的"旧桂系"，以及以李宗仁、白崇禧为代表的"新桂系"。辛亥革命之后，原清政府广西提督陆荣廷，宣布广西独立，逐渐走向军政集团统治。其势力在史学界通常称之为旧桂系。新桂系统一广西后，自1932年至1936年，新桂系的治理使得广西从边远落后省份逐渐近代化，势力范围为两广，两湖，是国民党新军阀四大派系之一。它的崛起与兴衰对旧中国政局演变关系密切。旧桂系势力主要人物出身封建官僚，新桂系主要人物出身近代军校，受过孙中山的民主思想影响，军事、政治、经济素质相对较高。近代广西是近代中国时代变迁和社会转型的缩影，对近代中国历史发展进程产生了深远影响。[1] 近代时期，中国打开国门，广西的北海成了中国最早对外通商的口岸之一，中西文化碰撞会通融合，演绎出各具特色的近代地方建筑文化，出现了一批以爱国将领，如冯子材与刘永福，以及旧桂系陆荣廷和新桂系李宗仁为代表的政治军事人物，其政治影响力扩大，名望与财富得以聚集，进而产生了以著名政治、经济人物为主导的一批庄园民居。广西庄园民居这一特殊的历史文化产物，反映出广西近代时期的政治社会经济发展因素。本文主要围绕这一时期营建的私人性质庄园，来展开风格类型界定及艺术特征研究。

二、广西近代时期庄园的分布及其类型

1. 代表性庄园的营造时间

庄园民宅涉及的名人以民国时期的为主，清代的其次。它们过去的主人，大部分是桂系主要首领及其部属、家属，有些则是晚清时期的广西军事、政治或文化名人。代表性庄园的营造时间考：蔡氏古宅，位于广西宾阳县古辣镇，始建于明代，现存的大多建筑是清咸丰九年（1859年）后重修的；李萼楼庄园，位于广西横县马山乡汗桥村委西汗村，始建于清道光十六年（1836年），民国初期续建；雁山园，始建于公元1869年，李宗仁庄园建于20世纪20年代；唐氏庄园建于同治九年（1870年）；冯子材故居，建于光绪元年（1875年）；刘永福故居建于清光绪十七年（1891年）；黄肇熙庄园，于民国2年（1913年）开始修建，于民国31年（1992年）全部建成，历时29载；武宣刘炳宇庄园的建立时间是民国初年；郭松年庄园位于武宣县桐岭镇，建成于1925年；宁武庄园，1915年建成；业秀园，位于龙州县水口镇旧街，修建于1919年；桂林白崇禧城堡式庄园，建于1929年；武鸣明秀园，其历史可追溯到清朝嘉庆年间，当时的乡宦屯举人梁生杞造园取名为"富春园"，1919年，广西提督陆荣廷买下此园，改名为"明秀园"；谢

1　陶雄军，广西艺术学院建筑艺术学院，副院长、教授.

鲁山庄原名树人书院，始建于1921年，历时7年建成；李济深故居，位于广西梧州市龙圩区大坡镇料神村，始建于清光绪十一年（1885年）；龙武山庄，建于20世纪30年代民国期间。综上所述，广西近代最早的庄园约建于清道光十六年（1836年），最晚约建于1925年。

2. 分布特点及其类型

国内外的学者及机构，对广西及岭南的民居建筑进行了相关研究，如：雷翔博士的《广西民居》、华南理工大学陆琦教授的《岭南园林研究系列论文》、唐孝祥教授的《近代岭南建筑美学研究》、广西住建厅主编的《广西特色民居类型》、梁志敏所著《广西百年近代建筑》等。但是，缺乏对广西近代庄园民居这一特殊类型进行系统性的深入研究。笔者结合历史文献资料比对，对保存下来的庄园民居实考数据整编梳理，从选址布局与建筑艺术类型上进行系统分析。得出广西近代时期庄园民居主要分布在新旧桂系巨头的出生与居住地，具体以桂林市、钦州市、武宣县、南宁市、梧州市、桂平市等地，呈分散式的分布特点，容县曾出过大批国民党桂系将领，被誉为民国将军之乡，许多将军宅院被当地人称为"将军楼"，散落原野，广西沿海地区因具有军事地理因素也有分布。广西庄园民宅相当一部分虽始建于清代，却在民国时期进入鼎盛期，如陆川的谢鲁山庄、宾阳的蔡氏庄园、横县马山乡的李萼楼庄园等。一些则是民国初年所建造，如武宣的刘炳宇、黄肇熙庄园。由于建造较晚，一些庄园在建筑中渗入了西式建筑，如蔡氏庄园；一些庄园则在整个上风格融入了西洋之风，武宣刘炳宇庄园、郭松年、黄肇熙庄园是这一类的典型。本文借鉴陆元鼎教授所提的从传统民居建筑形成的规律探索民居研究的方法，将广西近代时期的庄园民宅分为府第院落式庄园、中西合璧式庄园、山水园林式庄园三大类，下面分别进行讨论。

三、中西合璧式庄园类型

1. 广西近代产生中西合璧式庄园的因素

1840年，英国发动侵略中国的鸦片战争，中国近代史由此开端，中西文化碰撞会通融合，演绎出各具特色的近代地方建筑文化。广西也开启了近代史的序幕，通商口岸成为西方建筑文化在广西传播的重要窗口与途径。北海市英国、德国、法国领事馆，及涠洲岛天主教堂等一批西洋建筑就是这一时期的产物。近代岭南建筑文化对古代岭南建筑文化的继承创新，对西方建筑文化的吸纳整合，以及近代岭南建筑文化的理性自觉和文化转型，构成了近代岭南建筑文化的主要内容和基本特征。[2] 属于中西合璧式庄园民居的代表主要有武宣刘炳宇庄园、郭松年庄园、李济深故居等。

2. 中西合璧式庄园实例考略

1）刘炳宇庄园位于武宣县河马乡莲塘村，当地人称之为"将军第"。这是一座近代中西结合的庭院式庄园，占地面积6267平方米，建筑面积3014平方米，庄园在布局上仍为中国传统的院落式。庄园中央主体建筑为西洋风格建筑，三层楼高，辅助用房两层，青砖混合结构。中间主房布局紧凑，房间之间用内廊相连，左右严格对称。主房后设置神堂，前设前院，前院两侧均有厢房，院落四角设有岗楼，前两岗楼用走马楼相连，主楼前有大花园，院外有荷塘。

2）郭松年庄园位于来宾市武宣县桐岭镇石岗村，共99间房屋的中西结合庄园，整座建筑呈四方集群状，左右严格对称的布局，西洋风格的主楼，围绕着主楼的是典型的中式传统厢房和岗楼，前庭后院在岭南建筑的基础上大量吸取西方建筑精髓，兼容并蓄，主楼正面采用了欧式陡尖顶和柱墙，正门是五个并排两层的欧式圆拱门廊，气势逼人的欧式前拱门融了西式风格的骑楼样式。墙面采用细石灰膏罩面，冠以拱线，花锦等艺术造型，配以精致青色陶瓷栏杆，门头梅兰竹菊门饰和如意形卷曲顶饰，整个楼层构图立体简洁，柱廊的柱与拱比例匀称，楼顶正中四柱傲挺拱形门，突出巴洛克风格的中间大圆核心，各饰两边十个圆孔，意喻十全十美。庄园被中外专家誉为中西结合的博物馆。

3）李济深故居为一处融中西方建筑艺术风格于一体的大宅院。位于广西梧州市龙圩区大坡镇料神村，占地3040平方米，面积2010平方米，采用庄园式砖木结构建筑，四周筑围墙和四角炮楼，内为四合院式厢房和楼房，回廊过道与炮楼通，是一座进可攻、退可守的建筑物。1996年被列为国家一级重点文物保护单位。[3]

4）龙武山庄于龙武石山下而得名，龙武山庄的大门典型的围屋'拖拢'，别致朴拙，有着中西合璧深厚文化底蕴的景致，独特的岭南围屋特色，山庄屋宇、厅堂、房井布局错落有致，井井有条，上下相通，山庄屋檐、挡风板、回廊、梁柱雕龙画凤，庄园园内由两个四合院串联，共有一百一十间房屋，横梁、斗拱、檐柱均有中国式工艺精美的雕刻装饰，而两侧的房屋却是典型的西式风格。

5）代表性的庄园还有广西贵港市桂平中沙镇南乡

村的松柏庄与"尚德堂"，建筑群具有鲜明的岭南与西洋建筑结合的风格，门窗上半部均为圆弧形，用带有高级的石膏线勾边，阳台由十根罗马柱支撑，檐口用西洋线脚装饰。容县的许多将军宅院被当地人称为"将军楼"，散落原野，其中不乏中西合璧式的庄园。

3. 中西合璧式庄园的艺术特征

中西合璧是其最大的特点，既有中国封建豪门府邸的遗风，又有西方城堡和教堂建筑的特色。建筑的欧式立面造型，柱式、门廊、门窗上的装饰采用西式建筑工艺与图案色彩，常见三角形或圆弧形的山花门楣装饰。而庄园布局上，往往体现着中国传统建筑的空间格局特征。广西近代中西合璧式庄园这样一种建筑类型，既非任何一种中国传统的居住建筑，也不是对任何一种西方建筑的纯粹模仿，而是在岭南建筑的基础上大量吸取西方建筑精髓，产生于近代岭南特有的民居新建筑类型，具有鲜明的岭南与西洋建筑结合的艺术特征[4]。

四、府第院落式庄园类型

1. 广西近代产生府第院落式庄园的因素

自秦始皇开灵渠以来，广西受到中原文化的影响，建筑上体现出明显的中原建筑文化特征，其中的府第院落式文化，直接传承到近代时期的广西庄园民居中。本人认为，岭南的围屋建筑文化也是院落式文化的一种类型。中国古代建筑以群体组合见长。不论官式建筑，还是民间建筑都运用了庭院的组合手法来达到各类建筑的不同使用要求和精神目标。[5]属于府第院落式庄园民居代表性的建筑主要有蔡氏古宅、唐氏庄园、黄肇熙庄园、刘永福故居、李宗仁故居等。

2. 府第院落式庄园实例考略

1）唐氏庄园是广西最大保存完好的古建大庄园，国家重点文物保护单位。据《临桂县志》记载："岳既建别墅，冠盖云集，宴会演戏无虚日"且"声势煊赫，雄视一方"，唐氏庄园，靠山随水，坐东朝西，南北山屏。清同治八年，唐家开始建造雁山园林别墅，期间历时四年；次年后复又建造唐氏庄园，建筑面积1.18万平方米，墙垣围绕主体四周树立，前后辟有"水龙门"和"后山门"，庄舍从北到南，三个大院，内有房屋楼舍百余间，各单元互相连接，北端立有神庙，中心建家

祠，家祠南邻是三进式塾馆，院门位于西南，前有青砖围墙环绕的院落，建筑为砖木结构，栋梁窗棂，青砖黑瓦，雕花刻兽。

2）冯子材故居位于钦州市内，占地面积64350平方米，采用院落式庄园布局，坐南向北，砖木结构建筑，周围有墙垣。屋分三进，每进三栋，每栋三式，构成富有古风特色的"三排九"的建筑模数，主体建筑面阔3间，合梁与穿斗式混合构架，硬山顶，灰沙筒瓦盖。故居范围包括三山一水一田，有六角亭、三婆初、珍赏楼、书房、虎鞭塔、菜园等，系典型的清代南方府第建筑群。

3）刘永福故居名"三宣堂"，位于钦州市板桂街，占地面积22700多平方米，建筑面积5600多平方米，大小楼房119间，除主座外，有头门、二门、仓库、书房、伙房、佣人房、马房等一批附属建筑以及戏台、花园、菜圃、鱼塘、晒场等设施。经过飘香过道，便是一座两层楼房的二门，二门内是开阔的广场，广场南面是一个巨大的照壁，主座面阔三间，进深三座，门是富有南方特色的"拖笼"。

4）蔡氏古宅位于宾阳县，占地共5000多平方米，由蔡氏书院、向明门、经元门、蔡氏书香古宅群等建筑组成。现存古宅群分为"老屋"和"新屋"两部分共三处，三处建筑群均为三进式青砖瓦房。主体建筑均分为正厅、二厅、三厅，正厅最高，二厅、三厅渐次递减，体现正殿至高无上的地位。严整的对称艺术更体现出屋宇的庄严与威势。各厅之间左右均有首廊连接，中间有天井，形成"四水归堂"的建筑格局。

5）黄肇熙庄园是广西最大的地主庄园，占地面积160亩，建筑面积3.99万平方米，共有房屋199间，呈四方集群状，左右严格对称布局，气势庄严肃穆，为中国传统的庄园院落式建筑，有浓郁的岭南建筑风格。

6）李尊楼庄园，位于广西横县马山乡汗桥村委西汗村，占地6000多平方米，建筑面积2000多平方米，主体建筑为"三昆堂"，花园、碉楼等每座建筑可独立成院，又都有小门相连。在"三昆堂"建筑群的壁面上，成为汇集了包括汉字、满文、拉丁字母三种文字在内的近代独特古建筑群。反映了当时清廷满洲贵族统治的时代背景，建筑及其石雕、木雕、砖雕、雕塑、壁画等都保持较好，且独具特色，对研究近代时期的社会、经济、建筑、文化艺术等都具有较高的价值。

7）陆荣廷在武鸣县请省内外知名的地理先生进行实地考察、论证，依傍南流江（今武鸣河）边的一片山谷平地，是一块出帝王的"吉地"。于是在此地建造了"宁武庄园"。庄园坐西朝东，略呈长方形，划分为内外两个区域。内区接近河边，建有一座宽敞明亮，气派恢宏的豪华府第，府第的右侧，建造一座雄伟壮观、

庄严肃穆的庙宇，祖居正对的案山，为满足上乘风水之需，同时在房前修有一方形水塘，府第和家庙的前面，是一片约两亩宽的灰沙广场。广场的左边是一座辉煌壮丽的旧式戏台。戏台右边约15米处的围墙上开一大拱门，作为内外两区交通往来的孔道。舞台前设一广场。广场的东面，建造两列平行的圩亭，是当时武鸣县一个颇有名气的"庄园"圩市。[6]

8）李宗仁故居位于桂林临桂区两江镇，占地5060平方米，分布有7个院落、13个天井，共有大小厅房113间，布局分客厅、将军第、学馆、庭院及后院的阁楼、井池、鱼塘和前后对角的炮楼等。四周以清水墙高垣屏护，高9.57米，厚45厘米，内分安东第、将军第、学馆及三进客厅等四大院落，建筑均为两层，全木结构，以重重券门相连，通高8.68米。学馆是大五开间构架，大开井采光，三进客厅则渠用大式等尺寸的五开间，通廊回环，大门楼顶饰龙脊，门两侧边饰竹节，建筑木楹石础，漏花窗格，烙花裙板，朱红方柱，粉绿壁板。故居坐落在气势雄伟的马鞍山下，旁边的崇山峻岭，宛如两条巨龙盘旋交汇于此，属二龙戏珠的风水宝地。[7]李宗仁还有一官邸（旧居）被誉为桂林"总统府"，占地4000多平方米，属中西结合的庄园府邸。

3. 府第院落式庄园的艺术特征

府第院落风格是其最大的特点，既有中国豪门府第的等级规制礼制，又有中国传统院落式的建筑庭院空间特色。这种庭院式的组群与布局，一般都是采用均衡对称的方式，沿着纵轴线与横轴线进行设计，形成多个相对独立又相连的院落，这种布局是和中国封建社会的宗法和礼教制度密切相关的，[8]便于根据封建的宗法和等级观念，使尊卑、长幼、男女、主仆之间在住房上也体现出明显的差别。"庭院深深深几许？"、"侯门深似海"，形象地说明了中国府第院落式庄园民宅的重要建筑艺术特征之一。如具体冯子材故居的院落式布局，坐南向北，每进三栋，每栋三式，构成富有古风特色的"三排九"的建筑模数。蔡氏古宅中正厅最高，二厅、三厅渐次递减的规制，及其"四水归堂"的建筑格局、刘永福故居"三宣堂"及广场的中轴线布局手法等。

五、山水园林式庄园类型

1. 广西近代产生园林式庄园的因素

园林式庄园民居自成一体，其园林与建筑规划，最大的特点体现为真山、真水、真树的三真理念。与传统的中国北方园林、江南苏州园林有许多不同之处。属于园林式庄园代表性的主要有桂林市雁山镇雁山园、陆川县谢鲁山庄、武鸣县民秀园等，这些庄园均具有明显的园林式布局特点。

2. 山水园林式庄园实例考略

1）桂林市雁山镇雁山园，是清代广西桂林士绅唐岳的私人园林，名为"雁山园别墅"。公元1911年清代两广总督岑春煊以纹银4万两买下此园，在雁山园这个300亩的大院子里，桂林山之秀、水之丽、洞之奇、树之异全部可以看到。"桂林佳境，一园看尽"，就被称为"岭南第一园"。涵通楼为园中主楼，在清代岭南园林建筑中负有盛名，筑有原主人住的澄研阁，园中碧云湖湖中建有"碧云湖舫"，有跨水长廊与涵通楼相连，建有红豆小馆，大学者陈寅恪曾居此一年。雁山园还是名流雅聚之地，近代史上的著名人物，如孙中山、蒋介石、陈寅恪等均在此流连或居住过。[9]

2）明秀园是陆荣廷的私人庭院，位于武鸣县城西郊，占地面积42亩，呈半岛形，三面环水。1919年，两广巡阅使陆荣廷从乡宦梁源纳的孙子手中买下该园，仿苏杭园林样式兴工修缮，在园内建造亭台、屋宇，辟为私家花园，更名"明秀园"。明秀园分内园和外园，外园屋宇亭台错落有致，林荫繁茂，巨石成群，姿态各异；内园古木参天，浓荫蔽日，小径迂回曲折，"荷花移"、"别有洞天"亭榭保存完好。明秀园是研究旧桂系和陆荣廷传奇人生不可缺少的重要实物依据。著名作家朱千华先生在其园林文化随笔集《雨打芭蕉落闲庭·岭南画舫录》中，对武鸣明秀园有详尽记述。

3）业秀园系以陆荣廷之父命名的庄园民宅，庄园包括前后门楼、花园、两侧厢房、主座、后座、连廊、望江亭、后花厅、厨房及园外的戏楼、水运码头等建筑，占地7000多平方米。园中主座为中式二层砖木结构楼房，占地面积236.6平方米，建筑面积473.2平方米，陆荣廷的军政生涯"兴也水口，败也水口"，其一生荣辱都与这座庄园密不可分。[10]

4）谢鲁山庄位于陆川县，占地400亩，原是国民党少将吕芋农的家宅，庄园贯以"一到九"的设景，每字各建其景，每景各含其义。园内门景、长廊、小桥、池塘、石山、房屋错落有致，曲径通幽，融中国各庄之大观于一炉，素有"八桂第一庄"之称。庄主有藏书数万册，建书院意在宣扬儒家精神，孔孟之道，庄内亭台楼阁、回廊曲径，所有房屋建筑均为砖墙瓦顶，山庄的建筑布局依照苏杭园林特色，依山而建，迭迭而上。[11]

3. 山水园林式庄园的艺术特征

依据真山真水的环境来营造庄园是其最大的特点，既得南方风景之趣，又有中国传统园林的人文特色，以及景观建筑形式的多样性，庄园内亭台楼阁、回廊曲径、依山构筑。如谢鲁山庄依山而上，依形就势，每景各含其义，石山、房屋错落有致，曲径通幽。雁山园的建筑与环境巧妙结合，主题建筑点缀其中，营造出"桂林佳境，一园看尽"之意境。

六、结语

1. 广西近代社会发展历史的建筑物证：建筑总是处于不断的发展演变与创新中，广西的近代庄园建筑见证了变幻沉浮的历史，以及，东西方两种不同文化的交流与融汇，它是广西近代社会发展不可或缺的物证。

2. 庄园类型的界定及其艺术特征：广西现存近代时期庄园民居，与国内其他地区的庄园有较大不同之处。不同之处在于其特有的与广西近代时期的社会经济文化紧密关联。将中原文化、岭南文化、西洋文化三者融为一体，所呈现出的近代历史文化和多元融合的审美语境。庄园大多为广西军事、政治或文化名人所建，因而大部分的庄园，普遍具有防御性的建筑功能与时代文化特征，具有与民居功能、游憩需求充分结合的特点。从庄园的形成因素、营造时间、实例考略、艺术特征来综合分析，广西近代时期庄园的府第院落式、中西合璧式、山水园林式三种风格类型的划分，界定，具有充分的学术依据与实物依据，各种类型均具有其鲜明的艺术特征。

3. 文化传承与建筑创新：建筑大师何镜堂院士曾提到文化传承与建筑创新结合的观点。如何保护和利用这些近代庄园建筑，充分发挥其历史文化和旅游价值，进一步发挥海上丝绸之路文化内涵，促进海内外文化交流与发展，值得我们进一步探讨。此文，对于关注民居建筑类型研究、岭南建筑文化研究、两广近代时期建筑史研究的学者们或有一定启示意义。

参考文献：

[1] 杨乃良.《民国时期新桂系的广西经济建设研究（1925—1949）》[D]．华中师范大学，2001.

[2] 唐孝祥.《近代岭南建筑文化初探》[J]．华南理工大学学报（社会科学版），2002，(01)：60-64.

[3] 梁志敏.《广西百年近代建筑》[M]．北京：科学出版社，2012.

[4] 梁志敏.《碰撞与融合——西方建筑文化影响下广西近代建筑的主要特征》[J]．科技风，2016（03），89-91.

[5] 贾尚宏.《中国庭院的时空意识与构成特征》[J]．安徽建筑工业学院学报（自然科学版），2004（02）：68-71.

[6] 陆琦.《广西武鸣明秀园》[J]．广东园林，2009（02）：75+82-83.

[7] 朱恩光.《李宗仁故居》[J]．建筑知识，2006（06）：41-45.

[8] 屈寒飞，冯继红.《中国传统院落与岭南庭院》，[J]．中外建筑，2007（01）：38-40.

[9] 孟妍君，秦鹏，秦春林.《岭南名园——桂林雁山园造园史略》[J]．广东园林，2011（04）：12-16.

[10] 陆琦.《岭南造园与审美》[M]．北京：中国建筑工业出版社，2005.

[11] 张茹，刘斯萌.《广西传统庭园——谢鲁山庄文化解读》[J]．中国园林，2010（01）：88-91.

小榫卯中的大智慧
——以浙江大木匠师榫卯求取工艺为例

石红超[1]

摘　要： 对于传统民居的研究，建筑形制部分由于外露可见，研究成果较多。榫卯虽不可外见，却凝聚着传统大木匠师的大智慧，应该受到研究者们的充分关注。本文依据对浙江传统建筑榫卯求取和制作方法的全面调研，发现了弦线照、牛头照、车轴照、插板照、回榫作、托尺作、角尺照、流星照、海底照等九种榫卯求取方法，以及篾照作和纸照作两种榫卯记录方法，并对榫卯的求取原则进行了总结，充分展示浙江传统大木匠师在榫卯制作上的营造智慧。

关键词： 榫卯；讨照；付照；篾照；纸照

榫卯是传统木结构的关键之一，虽不可外见，其重要性却不可小觑。榫卯对于大木构架尺度上的准确度，结构上的稳定性往往起着决定性的作用。梁与柱、枋与柱之间的榫卯必须严丝合缝才能保证整体构架的稳定，因而大木匠师们需要将榫卯的厚度、高度、长度以及梁、枋与柱子合抱的弧形交口制作得准确无误。传统建筑中的柱子，特别是大量民居中使用的柱子，往往上下粗细不匀，甚至还保留有天然的弯曲，再加上柱子的收分与侧角，使得制作与柱子相连的梁枋的准确榫头尺寸成为非常困难的事。但民间的传统匠师们，却八仙过海般地用各种不同的方式巧妙地解决了这一难题。

浙江传统大木匠师将榫卯的求取分为"讨照"、"付照"两部分。讨照就是利用"照篾"、"照板"等工具讨取并记录下柱子卯口的尺寸，付照是将讨到的尺寸复制到相对应的梁或枋头上，以制作与之咬合紧密的榫头。笔者对浙江传统建筑的榫卯求取和制作方法进行了全面调研，竟发现有弦线照、牛头照、车轴照、插板照、回榫作、托尺作、角尺照、流星照、海底照等九种做法，其手段不同、难易程度不同，但殊途同归，都可制作出准确的榫卯，不得不惊叹大木匠师们卓越的营造智慧。

一、榫卯求取原则

为了榫卯尺度求取准确，匠师们一定会遵循四点原则："中线不能错，定位不能错，虎口不能错，尺寸不能错"。

1. 原则一："中线不能错"。

所谓"大木不离中"，一切以中线为基准线。在温州永嘉这条中线又叫"老司线"，东阳称大木为"中木"，可见这根中线的重要性。

讨照时，照板上的中线一定要与柱子上的中线相重合。弦线照、牛头照还多了两根"讨照中线"，即弦线照的弦线、牛头照的横杆位置。付照时，梁枋上一定要先画清楚柱子中线或者讨照中线。最终，要做到梁枋榫头上的中线与柱子卯口中线重合。如果中线错了，那么将会直接影响大木构架尺寸的准确度。

2. 原则二："定位不能错"。

"定位不能错"就是每一个卯口都有清楚的定位，在讨取卯口尺寸时能够按照定位进行标记，从而防止榫头做错。

1　石红超，中国美术学院建筑艺术学院，副教授，310024，shihc@caa.edu.cn。

定位的方法有两种，一种以柱子上的榫卯进行定位，一个榫卯一个名称，此种方法要将柱子的四个面按照四个轴线方向进行区分，一般分为"前、后、正、背"四个面。前、后方位是柱子进深方向的两个面。正、背方位是柱子开间方向的两个面。正背定位时遵循的是"正面朝中"原则，即朝向中的方位为"正"位。如果使用簶照法记录榫卯尺寸，须在照簶上写清楚"前、后、正、背"。如：临海一座五开间房屋，五根前廊柱在开间方向五个"口楣"的十个卯口分别命名为："右边前廊柱正口楣"、"右乙前廊柱背口楣"、"右乙前廊柱正口楣"、"右中前廊柱背口楣"、"右中前廊柱正

口楣"、"左中前廊柱正口楣"、"左中前廊柱背口楣"、"左乙前廊柱正口楣"、"左乙前廊柱背口楣"、"左边前廊柱正口楣"。

定位的第二种方法是在梁枋的两头榫头处记录下对应卯口的柱子名称，这样两根柱子名称界定一根梁枋。这种方法可以没有"正、背"的区分。如浙南瑞安林氏宗祠中，开间方向前大步柱间有七根"过间"（即枋子），中间过间的两端分别标记为："左中间前大步过间、右中间前大步过间"，右三间过间的两端分别标记为："右中间前大步过间、右三间前大步过间"（图1）。

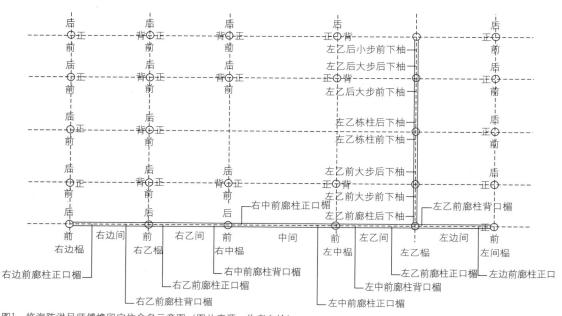

图1　临海陈洪足师傅榫卯定位命名示意图（图片来源：作者自绘）

这两种定位方式与榫卯求取方式是直接相关的。第一种方式多为一次性求取所有柱子卯口的尺寸，然后再分别将尺寸对应到要制作的梁枋榫头中去，因此要以柱子卯口方位为基准，一定要分清"前、后、左、右"，第二种方式则是做一根梁枋，求一次榫卯尺寸，因此只要在梁枋两头记录下所对应的柱子名称就不会弄错。

3. 原则三："虎口不能错"。

"虎口"就是梁枋榫头两边肩膀抱住柱子的面，又称为"照口"。当柱子是圆柱时，虎口是弧形的，当柱子是方形时，虎口是平的。方形柱子的虎口比较简单，关键是圆形柱子的弧形虎口一定要做准，与柱子的弧面要贴合，这不仅是美观的需要，也是榫卯牢固度的需要。所有讨照的方法几乎都要讨出虎口斜线（图2）。

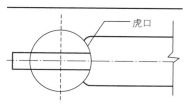

图2　虎口示意图（图片来源：作者自绘）

4. 原则四："尺寸不能错"。

在大木匠师口中，尺寸似乎并不要求那么精准，比如他们会说"一寸两寸不做计楞"、"一尺两尺才吓了一吓"、"大木少一寸没关系"等。但在榫卯制作上，他们却把精度大大提高，尺度精确到寸甚至分上。最不能错的是中线尺寸，因榫卯入榫的榫肩位置与中线的关系至关重要，一定得求准，否则影响整个大木构架的准

确。榫卯的厚度要注意留墨和吃墨，卯口小一点，榫头大一点，大小全在墨线的几分之间（图3）。

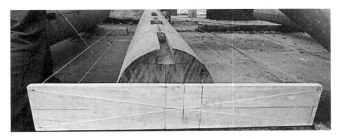

图3　柱头侧脚，扮升线对准柱头中线（图片来源：作者自摄）

二、九种讨照方法

1. 弦线照

又被称为琴线照或棋盘照，其讨照方法是：用两块照板拉着四根弦线，照板固定地卡在柱子两头，绷直弦线，然后用照篾讨取卯口各部分尺寸。

讨照步骤一般按照先讨卯口上端尺寸和虎口尺寸——讨卯口下端尺寸和虎口尺寸——讨卯口深度——讨卯口长度——讨销子的次序进行。对需要做侧脚的柱子，要将侧脚的距离标记在照板上，在照板中线的两侧按照侧脚尺寸各画出两条线，称之为"扮升线"。

付照时先用开间杆或进深杆确定梁枋的大致尺寸，两边各放出几公分余量。画出梁枋的中线和讨照中线。其中讨照中线在宁波又被称为"棋牌线"。依次将梁枋正面上、正面下、反面上、反面下的榫长、榫高、榫宽、虎口位置、销子位置分别画在梁枋上。有时也需要边加工边付照。然后按照同样的方法给梁枋的另一端画线。

2. 牛头照

这种讨照工具由两根竖向照木串联一根横向照板组成，竖向照木可以沿着横向照板移动，形如牛头（图4）。

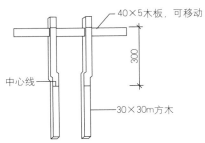

40×5木板，可移动

中心线

30×30m方木

图4　临海屈同法师傅牛头照

讨照时，要将柱子的卯口向上，将牛头照的竖向照木卡在柱子两侧，照木上的柱子中心线对准柱子的顺身中线，保证照木与柱子相切，横向照木平直，整个牛头照保持横平竖直且稳定的状态，然后开始讨照。讨照的其他过程与弦线照相似。在记录卯口长度、虎口位置时，用竹笔贴着横向照板上皮划线（图5）。

图5　牛头照对准柱子中心线（图片来源：作者自摄）

牛头照的讨照关键是一定要在柱子上画清楚顺身中线，并将照木上的柱子中心线对准顺身中线。如果柱子有侧脚，则一定要将侧脚后的柱子顺身轴线画上，将照木上的柱子中心线对准侧脚轴线。这一点与弦线照不同，弦线照可以不画侧脚后的顺身中线，只要将照板对准柱子两头的中线或扮升线即可。但牛头照是一个卯口一个卯口单独对准讨照的，由于每一个卯口的侧脚量不同，其需要对准的柱中位置就不同。

3. 车轳照

车轳照是用一种梯形薄木板插入卯口，配合角尺获得卯口尺寸的方法。车轳照的照板主要讨榫宽和虎口两点。至于榫的长度和高度则不用讨照，榫的长度匠师们按照柱子卯口的深度和榫头的类型和数量进行设计，榫的高度则直接量取卯口高度得来。车轳照的照板既是讨照工具又是记录工具。一般一块照板只讨一个榫头，或者一个卯口对应的呈直线方向的两个榫头，讨完以后马上就付照到梁枋上。然后照板刨掉继续使用（图6）。

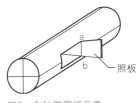

a

b

照板

图6　车轳照照板示意

4. 插板照

与车轱照相似，只是照板不是梯形的，是与卯口同宽的长方形。

5. 回榫作

与车轱照相类似，但要增加试装榫头，用机叉画出准确榫肩弧线的过程。回榫作的照板上只讨取中线和榫肩斜线，榫的高度、长度都是匠师们另定的（图7）。

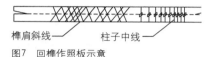

榫肩斜线　　　柱子中线

图7　回榫作照板示意

回榫作的照板宽度是一定的，也就是说一块照板所对应的榫卯宽度是固定的。匠师们往往预先定好榫卯宽度种类，种类越少，照板越少，施工越方便。因此，匠师们说过去甚至一幢民房就用一个宽度的榫卯，照板也只要一块就够了。一块照板上可以画很多讨照线。回榫作讨照的时候可以一次讨很多榫卯，但付照的时候，每一个榫头都需要预锯出来插入卯口，以调整榫肩位置。因此对于梁枋尺寸较小，料较轻的工程，回榫作是很直观方便的，但对于梁枋料大而重的工程，这种方法就没有弦线照和牛头照方便了（图8）。

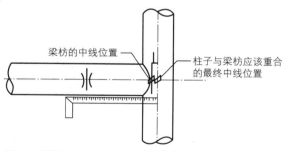

梁枋的中线位置　　　柱子与梁枋应该重合的最终中线位置

图8　回榫作付照示意（图片来源：作者自绘）

6. 托尺作

主要工具是托尺，即直的或弧形的丁字形尺子，既是一个讨照工具、测量工具，又是划线工具。托尺相当于车轱照的照板与角尺的结合体。但弧形托尺又使得画圆形柱子更为方便（图9）。

托尺作不讨梁枋的弧形虎口，这是与温州榫卯的特征有关的。温州的榫一般都不做抱住柱子的弧形虎口，而做反向的弧面，这一弧面匠师们会根据情况自行确定，无需讨照。

图9　用托尺与角尺测量卯口深度

7. 海底照

当柱子已经立好，又要增加卯口，并要讨取卯口尺度时，在立好的柱子正中拉一个铅垂线，然后往两边拉两根斜线，铅垂线与斜线要平行，然后再用角尺或篾照量取卯口尺寸。

8. 流星照

流星照使用照篾和铅垂来讨取卯口尺寸。

9. 角尺照

角尺照是不用照板，直接将角尺插入到卯口中量取卯口尺寸的方法。

三、记录尺度的方法

大木匠师们在讨取榫卯尺寸后，要用一定的方法将其记录下来。浙江传统大木匠师记录榫卯尺寸的方法一是用照篾记录，称为"篾照作"，二是将榫卯尺寸记录在纸上，匠师们称为"纸照作"。除这两种方法以外，还有用薄木板做的"照板"记录榫卯尺寸、用三夹板做的样板进行记录以及记在心里等方法。"篾照作"和"纸照作"是运用最为广泛的两种方法，其优越性在于集中求取榫卯尺寸，从而增加营造的效率和准确性。

1. 篾照作

篾照作即将尺寸记录在竹片做的照篾上的一种榫卯记录方法。篾照作对应的榫卯求取方法是弦线照和牛头照。

照篾上的尺寸是由卯口求来的，一根照篾对应一个榫头的尺寸，但一个卯口可能有多个榫头插入，因而一个卯口可讨多根照篾。照篾上的信息包括：榫的长度、宽度、高度、榫肩虎口的位置、销子的位置。一根梁枋两头各有一个榫头，因而一根梁枋对应两根照篾。一座建筑有多少榫卯就有多少根照篾。一个最简单的三开间小建筑的照篾可能有上百根，复杂的大型建筑甚至可达上千根照篾（图10）。

图10 把作师傅安排照篾（图片来源：作者自摄）

在用篾照法讨照时，在照篾和梁枋上大木匠师们会使用一些符号，如：

"米"、"王"——讨照中线，又称"棋牌线"[1]；"／／"、"／／／"、"／／／／"——短榫；"／／／"、"／／／／"、"／／／／／"——长榫；"／／"、"＼"虎口线；"工"——截断线、榫长；"下"——榫长；"⊕"、"⊕"、"×"——销子等（图11）。

榫卯的定位至关重要，上、下、正、背的位置绝对不能弄错，否则大木构架无法准确安装。因此，大木匠师们会对照篾的"上、下、正、背"做一些规定。照篾的上、下即表示所对应梁枋榫卯的上皮和下皮。照篾

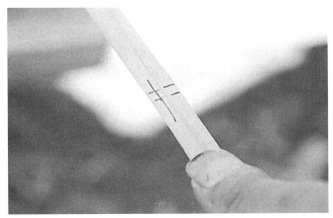

图11 交叉线表示正面虎口（图片来源：作者自摄）

的正、背表示的是所对应梁枋的正面和背面。匠师们遵守"正面朝中"的原则，梁枋朝中的那面为正面，反之即背面。

1）"天青地白"——所有篾照作统一遵守的"上、下"规则。这是对于照篾"上、下"的规定。在浙江，在浙江，只要使用篾照作的师傅都遵循这一原则，也就是照篾的青面表示榫卯的上面，照篾的白面表示榫卯的下面。

2）"笃天不笃地"——即量取卯口长度时，照篾的上头要靠着卯口的上皮。因为在凿孔时，以卯口上皮为准，留有墨线，并加工得平正光滑。

3）"交正不交背"——"交"的意思是在画交叉线，也就是说画交叉线表示卯口正面的榫肩虎口线，卯口背面的榫肩虎口线则不用交叉线，以防止正背弄混（图12）。

图12 交正不交背（图片来源：作者自摄）

4）"柱子放倒，错木柱脑"——"错木"也是画交叉线，"柱脑"就是柱子放倒以后的上面，代指柱子正面。"错木柱脑"的意思同"交正不交背"的意思是一样的。

---

1 宁波奉化大木匠师庄永伟师傅的称谓。

5）"劈正不劈背"——将照篾的一面劈成斜面，斜面一端表示正面，垂直面的那一端表示背面。

6）"大口为正"——照篾的一边画上类似"八"字的符号，开大口的一端即表示正面，反之为背面。

2. 纸照作

纸照作是一种将榫卯尺寸记录在纸上的方法。纸照作主要流行于浙江的温州、丽水和台州等地。纸照一般要两个人配合，一个人负责测量卯口尺寸，另一个人负责记录。

纸照有两种类型，一种是"平面纸照"，即绘制平面柱网图，柱子四周写上对应梁枋的榫卯尺寸；另一种是"剖面纸照"，即绘制剖面构架简图，在梁枋两端上下写上对应的榫卯尺寸。不管是平面纸照还是剖面纸照，最重要的都是能够记录清楚所有榫卯的尺寸，不能有遗漏。平面纸照需要按照柱子上的竖向卯口分层绘制，如一座两层民居，按照柱子的卯口排列，需要绘制"下柚层、川栅层，云柚层、大梁层，小梁层"共五张平面纸照图。剖面纸照按照纵向的"榀架"和横向的"穿架"来分层绘制，如纵向三开间四排柱子，横向五排柱子的房屋，共需要绘制九张剖面纸照。为了方便使用，不至于遗漏，把作师傅会将纸照定在一起成为一个"纸照簿"。

纸照上的尺寸主要是榫卯的长度、高度和厚度。其中长度指的是榫卯的榫肩位置与中线的距离。如温州瑞安王重焕师傅的纸照图，右中间前大步柱左边过间的榫卯写着："上7.6，下7.7，总高1尺，厚3.9寸"，即该榫头上皮榫肩距离中线为7.6寸，下皮榫肩距离中线为7.7寸，榫头的总高为1尺，榫头的厚度为3.9寸。

过去的匠师们喜欢用数码字记录榫卯尺寸，这一习惯年老的把作师傅还保留着。从1到10 的数码字分别为："一、二、三、×、〇、⊥、⊥、⊥、〤、｜"。如温州泰顺董直机师傅纸照上的"⊥寸"即为7寸，"⊥寸"即为8寸。临海刘道培师傅的纸照上的"⊥⊥"代表6.7寸，"⊥⊥"代表8.6寸。

每一位把作师傅标注榫卯的方法并不相同，带有把作师傅的匠艺传承和个人风格，只要一个营造团队中所有大木匠师都能够统一使用，在营造中不至于弄错就可以了。

四、结语

小小榫卯凝聚了传统大木匠师的大智慧。对于传统建筑的研究，柱梁枋檩椽等构件形制由于外露可见，易被研究者所关注，其形制、尺度、材质等往往成为确定建筑风格、划定建筑区划的重要依据。榫卯这种不可见的连接部分，更是匠师们最精心设计和制作的部位，是营造技艺智慧凝聚的地方，应该受到研究者们的充分关注。

山东牟平河北崖村胡同式民居的研究

温亚斌[1]

摘　要：本文以山东牟平河北崖村的胡同式村落布局为研究对象，分析其胡同式总体布局与村落的历史、地形特点、人文的关系，并分析胡同内人们的日常生活起居，以此来探讨传统村落营造的智慧和进行价值研究，从而为新时期的乡村振兴提供借鉴意义。

关键词：胡同式民居；智慧；历史；地形特点；人文

一、引言

中国方圆辽阔，一方水土养一方人，也造就了民居形式的千变万化。各地的民居，都真切反映了人们在"衣食住行"中的"住"上所体现的智慧，都各自满足了某个历史时期或某一特定环境下的居住的需求。

山东牟平河北崖村地处胶东半岛，早在秦汉时期，这里就成为通往海上仙山的必经之地；20世纪初，这里成为中国最早的开埠城市之一。所以这里融合了中国南北方文化以及欧洲、东南亚等外来文化与胶东本土文化等多样文化，形成了胶东传统民居"南北融合、中西合璧"的民居形式。而今天我们就从胶东传统民居之一的牟平河北崖村的胡同式民居中来探讨其所反映出来的民居营建的智慧和研究价值。

二、河北崖村的历史及布局特点

河北崖村建于明万历四十三年，当时始迁祖应祥公东游，"买到林应登古庵一处"，携兄弟卜居于此，因"前有曲水"，（今河水名为南鸾河）故名河北村，后改名为河北崖村。距今约有400年的历史。

河北崖村坐落于昆嵛山北坡、共280多户人家，700多人口，依山傍水，风光秀美。村子主要的姓氏为赵姓。据村里老人说，旧社会要饭乞讨的人爱来河北村，除了这里民风淳朴，百姓心地善良外，还有一个重要的原因，就是河北崖村不像周边其他山村住户那样分散，而是聚族而居，住在胡同里，户户相连，要饭的不用东跑西颠，就能要够一天两日的饭食了。这就是俗话"要饭要上河北，河北胡同多"的来历。

河北崖村的村落总体布局的特点是：全村二百多户住家整齐地排列在24条胡同内，每条胡同多则二十几家，少则六、七家。这些胡同的特点是，沿着村中东西向的大道两侧依次展开，胡同长度十几米到五六十米不等，胡同的两端都布置有大门，这些大门早晚定时开闭，如唐长安的里坊制一样。胡同内的住家都为简单的二合或三合院落，院门开在胡同内，而且一般是在胡同的东侧开院门，即院门对于院落来说，一般都开在院子的东侧院墙上（图1）。

三、河北崖村胡同式民居形成的原因

形成胡同式民居的原因有二：一是出于防盗贼和防猛兽的安全考虑，二是地势北高南低，利于排水。

河北崖村地理位置优越，处于烟台和威海的交界地带，交通便利。在当时，村南不远处有一条连通宁海州（今牟平）和文登县的官道。明代时政府在河北崖村的西村头设置一处驿站，后来驿站被改为赵姓宗族的一个分祠堂，现仍保存完好。这正好用实物证实了村落距离官道很近的事实。

山东牟平东连威海，西接潍坊，西南与青岛毗邻，北濒渤海、黄海，与辽东半岛对峙，并与大连隔海相望，共同形成拱卫首都北京的海上门户。在当时，这条官道是从海上登陆后去内地的必经之路，所以官吏、

1　温亚斌，烟台大学，副教授，264005，879627501@qq.com.

图1　河北崖村总体布局（图片来源：作者自摄）

商人、兵丁、流民、盗匪各色人等来往路过，盗贼频繁出没。而且这里地处昆嵛山连绵的山脉之间，山高林密，人烟稀少，并且常有狼虫野兽出没，伤害人口牲畜。

当时始迁祖应祥公是五兄弟一起来此地，同族同宗的赵氏兄弟出于防护安全和长远考虑，合议商定采用胡同式这种相对封闭的院落民居格局，既有利于防护，又便于彼此照应。这样代代延续下去，数百年后，就有了我们今天看到的"胡同村"——河北崖村的别样民居。

除了安全的因素之外，河北崖村胡同式布局形成还有一个重要的因素，就是村落的地形特点。

山东烟台地处山东半岛中部，地形为低山丘陵区，山丘起伏和缓，沟壑纵横交错。低山区地占总用地的36.62%，主要由大泽山、艾山、罗山、牙山、磁山、蛤蟆嵝（山卢）山、嵛（山昔）山、昆嵛山、玉皇山、招虎山等构成，山体多为花岗岩，海拔在500米以上，最高峰为昆嵛山，海拔922.8米。丘陵区占39.7%，分布于低山区周围及其延伸部分，海拔100~300米，起伏和缓，连绵逶迤，山坡平缓，沟谷浅宽，沟谷内冲洪积物发育，土层较厚。

河北崖村位于烟台的西南角，位于昆嵛山山脉的南坡，地形起伏较大，北高南低。由此可见，村落采用胡同式布局也是充分考虑了排水的需求。

河北崖村中有两条东西向的主要的道路。北部的村北大街是联系外界的主要大道，其向西与省道205相接。在村北大街的南部还有一条村中主要的联系道路——中心大街，其南北两侧顺序排列了24条南北向的胡同。河北崖村地形北高南低，下大雨时，雨水会顺着地势向南流，一直流入村落南部的河流中。所以南北向的胡同正好顺应了雨水的走势，使雨水迅速流走，位于村子东部有一条胡同名为大水道胡同，就是点明了胡同的作用之一就是用以排水的。大水道胡同南北两端高差相差较大，据说以前昆嵛山上的雪水融化流下，经过此胡同流到村子南部的田地里去，进行灌溉，故名大水道胡同（图2）。

无独有偶，在烟台的招远市，也有一个以胡同式布局为主的村子名为川里林家。其地处海拔350多米的凤凰山南麓，临河而居，村中250多户的人家，也是分布在十多条南北向的胡同中。其村落地形起伏更大，四十几米长的胡同其两端胡同口的高差竟高达三、四米，这正好印证了胡同的作用之一是用以排水的（图3）。

胡同式民居的形成，与历史、地形特征、人文都空间。公共空间是分层级的，从空间规模上看，有大和开敞的，有小和围合的；从使用人数上来说，有全村人集会的场所，也有部分人交流的场所；从空间性质上来说，有娱乐空间，也有举行仪式的严肃的空间。

胡同内的空间组成了传统村落公共空间体系中最基本的交流和交往空间，是村民最喜爱的也是最亲密的交流空间。

因胡同内居住的都是一个大家族。父辈的一般靠近村中主要道路建造院落，等儿子们都长大了，就要在父辈的院落后面再盖几座院落，按照排行分给几个兄弟。胡同两端的门也是早晚定时起闭。从现在还保留的过门石上就可以看出原来胡同大门的痕迹（图4）。

图2　河北崖大水道胡同（图片来源：作者自摄）

图4　现在还保存的过门石的痕迹（图片来源：作者自摄）

因为胡同内居住的都是一家人，胡同的前后门一关，里面自成一片天地，犹如北京的四合院，对外是封闭的，对内是其乐融融的，茶余饭后，人们走出家门，在胡同内即碰上同宗的人，叔伯之间，妯娌之间，婶嫂之间就开始唠家常，孩子可任意在此奔跑。

前后排列的院落多为三合院。院门一般都开在东侧院墙上。因为村民都相信"紫气东来"，所以村民都喜欢院落的大门朝东开，所以胡同一般位于院落的东侧，而胡同东侧的若干院落则不开门，它们的大门开在其东侧的胡同内。偶有房屋开西门对着胡同的，那么这些房屋一般是院落的附属房间，或贮藏间或饲养牲口的牛马间。

以河北崖村中继笙公胡同的62号为例。其院落坐北朝南，为一进院落式，院落东墙上开门。一进院门右手便是传统的卫生间，迎面是照壁。向右拐，映入眼前的便是正房，或三间或五间，以五间为多，院落西侧即为厢房（图5）。

图3　川里林家胡同内地势起伏较大（图片来源：作者自摄）

有着密切的关系，体现了村民顺应大自然，与自然和谐相生的智慧思想。

四、胡同内的生活

传统村落的公共空间是村民日常生活中最重要的

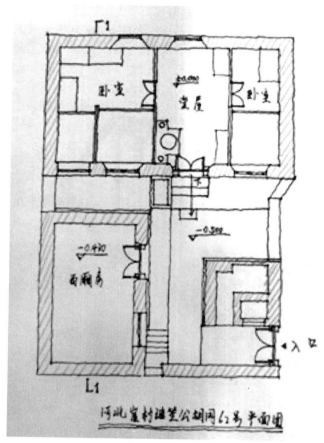

图5　胡同内标准三合院（图片来源：作者自摄）

如今，随着社会的发展和青壮年的外出，胡同两端的门早已不知去向，胡同内也只有两三个老人留守，依旧安静地坐在胡同内享受天年。胡同内的空间不仅是他们与外界交流的空间，也是他们日常生活中的重要一部分。

五、河北崖胡同式民居的智慧和价值研究

中国处于北半球，院落南北向的布局可以有效接纳阳光照射，防御冬天寒冷的北风。胶东地区的大部分民居也同华北地区一样，采用东西向的胡同，各家院落依次东西向布置。

而牟平的河北崖村以及招远的川里林家，却根据自己的实际情况，对村落布局加以灵活的改造，各家院落依然坐北朝南，依然可以接受日照防御寒风，院落大门依然向东开，满足了人们的心理需求。在此基础上，河北崖村采用南北向的胡同，又取得了许多意想不到的效果，这不得不说是村民的智慧和建造技艺创造了这些奇迹：

1. 胡同的独立性、机动性、安全性较强

若干胡同沿东西向排列于村落主干道的两侧，胡同分别向南北方向延伸。

胡同的独立性较强，胡同两端的大门关闭，不影响其他胡同的村民走动，每条胡同就犹如一个大院子，关上门就是自家的大院子，不受别人影响也不影响别人。

机动性比较大，家里兄弟多，胡同就可以延长，院落可以增多。家里兄弟少，胡同就可以短一些。

胡同内院落之间都是相通的，一家连着一家，小偷进去很容易就被发现。

2. 胡同走向利于排水，保护了房屋

河北崖村地势北高南低，胡同的走向顺应了地势的起伏，下大雨时，雨水顺着南北向的胡同倾泻而下，流入了村子南面的南鸾河，避免了雨水的囤积以及对房屋的冲刷，避免了雨水、积水侵蚀房屋。

3. 胡同形成了最具亲和力和亲密性的邻里空间

河北崖村多条胡同的宽度一般在1.2～2.1米之间，两侧围合的要素有2米左右高的院墙或2.5米左右高的院门或4～5米高的房屋山墙，尺度宜人，这种尺度正好促进了村民之间交谈的进行。而且，每个院落的正房都会有一间房屋向东即向胡同方向伸出，有顶但前后开敞，形成一灰空间，有别于胡同内的无遮盖空间。胡同的长度在十几米到二十几米不等，而且胡同的走向不是笔直的，而是随着院墙的凹凸而弯曲，而且时而是室外空间，时而又变成灰空间，变化多样，可以说是胡同深深几许，走在其中乐趣无穷（图6～8）。

胡同内的空间变化多样，是村落公共空间体系组成中最基本的单位，也是村民生活中最重要的公共空间。胡同内空间尺度适宜于人们停留下来进行交流，在小尺度的空间里，交流是少部分人的交流，是最具有亲和力和亲密性的交流空间。

六、结语

河北崖村特殊的历史、地形特点以及人文，形成了其独特的胡同式村落布局，不仅与大自然巧妙融合，更显示出其独特的魅力。这些都是河北崖村村民智慧

图6 燧昭公胡同明暗空间交替出现（图片来源：作者自摄）

图7 老姑子胡同深深的庭院空间（图片来源：作者自摄）

图8 胡同内曲折的空间及对着胡同开门的贮藏间（图片来源：作者自摄）

的结晶，使得其胡同式民居具有历史的、科学的、艺术的价值，是值得我们保护和继承的建筑文化遗产，并且值得我们去探讨更深层次的智慧，用于我们的乡村振兴。

参考文献：

[1] 牟平编志委员会. 牟平县志，1933.

[2] 关丹丹. 烟台牟平养马岛孙家疃村落与民居探究 [D]. 昆明理工大学，2011.

[3] 阮仪三，王建波. 山东招远市高家庄子古村落——国家历史文化名城研究中心历史街区调研 [J]，城市规划，2013（10）：65.

[4] 张巍. 胶东地区乡村民居院落尺度与地形分区的相关性研究 [J]. 烟台大学学报（自然科学与工程版）. 2014（1）：55—59.

"深架四面楼" 浅析

张示霖[1] 吴 征[2]

摘 要： 中国闽东及浙南丘陵地区发现一种极有特色的合院，其空间形态并非以"院"为核心，而是以一深架主屋为中心向四面生长不同大小的院落，本文中称为"深架四面楼"。由于"深架四面楼"具有"深架"、"多楼层"、"多开间"与"木架悬山构造"四项特点，故可依居民之空间使用需求，沿纵、横二轴分别往前、后、左、右四个方向延展，而形成"两侧延展"、"前后延展"、"四向延展"、"多进组合"等四类空间形式变化。而"木架悬山构造"与"厦屋"则在逐次延展之营建技术因应上扮演着关键性的角色。

关键词： 合院；深架四面楼；悬山；厦屋

引言

中国是个历史悠久、幅员广大的国家。境内居民虽由多种民族构成，但以汉族为主，约占九成左右。各地汉族民居之空间形式虽有不同，但以"合院"为主，可略分为北、中、南三种。北部以北京"四合院"及晋中"窄长合院"为主；中部以皖南徽派"天井合院"最

为著称；南部则以闽南"落护合院"为代表（图1）。不论哪种合院，其基本单元之布局皆以"院"为核心，四周再以建筑实体加以围合。

然而，闽东及浙南丘陵地区却发现一种极有特色的合院，其空间形态并非以"院"为核心，而是以一深架主屋为中心向四面生长不同大小的院落（图2），本文中称为"深架四面楼"。此种特殊的合院是如何形成的？其延展规则为何？值得深入探讨。

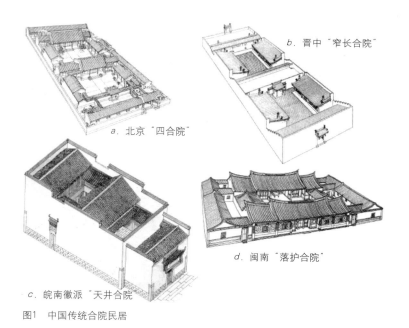

a. 北京"四合院"

b. 晋中"窄长合院"

c. 皖南徽派"天井合院"

d. 闽南"落护合院"

图1 中国传统合院民居

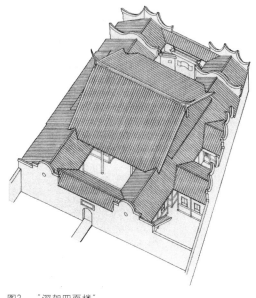

图2 "深架四面楼"

1 张示霖，福建工程学院建筑与人居环境研究所，讲师，350118，shihlin.chang@qq.com.
2 吴征，福建工程学院建筑与人居环境研究所，副教授，350118，89769175@qq.com.

一、"深架四面楼"合院之形成条件

能向四面生成合院，除了使用及规制的原因外，必然有其构造上的条件。基本上，"深架四面楼"有四项关键条件："深架"、"多楼层"、"多开间"和"木架悬山构造"，略述如下：

1. 深架

中国传统建筑之面阔与进深分别以"间"、"架"为度量单位，且多为奇数。一般汉族合院堂屋之进深多在九架以下，故位于面阔中央之"明间"仅能容纳一个"堂"。而"深架四面楼"之进深多在十三架至十七架之间，故可将"明间"区划为前后两"堂"，亦可使面阔两端之"梢间"划分为前、中、后三个空间（图3），因而具备沿纵、横二轴向前、后、左、右延展的潜力。

2. 多楼层

一般汉族合院堂屋之进深较浅，高度多为一层楼。而"深架四面楼"因进深极深，在其单一屋顶之笼罩下，为使建筑外观整体比例符合传统营建规范，故屋身高度多为二层楼以上，加上屋顶内部尚有一至二层阁楼，使得空间规模可达三层楼以上（图3）。

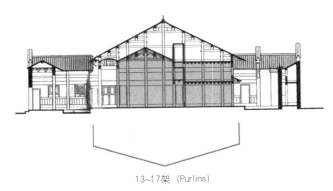

13~17架（Purlins）

图3 "深架四面楼"之"深架"构造

3. 多开间

中国传统建筑之面阔尺寸多大于进深尺寸，而形成横长矩形之平面。一般汉族合院之堂屋因进深较浅，其面阔最小可为三开间。但"深架四面楼"之进深极深，故其面阔须为五开间以上（图4），方能符合中国传统建筑之营建规范。

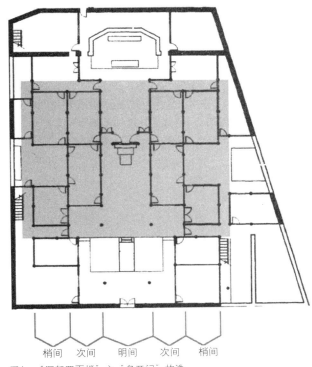

梢间　次间　明间　次间　梢间

图4 "深架四面楼"之"多开间"构造

4. 木架悬山构造

一般汉族合院之建筑单元，其两侧山墙多为"砖砌硬山构造"。但"深架四面楼"合院之山墙却以"木架悬山构造"为主（图5），因而具备沿各单元之横向轴线往两侧延展的可能性。

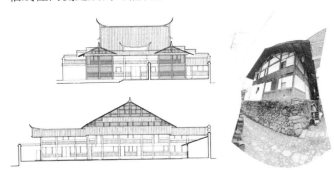

图5 "深架四面楼"山墙面之"木架悬山构造"

二、"深架四面楼"合院之延展规则

由于"深架四面楼"具有"深架"、"多楼层"、"多开间"与"木架悬山构造"四项关键性的特点，故可依居民之空间使用需求，沿纵、横二条轴线分别往前、后、左、右四个方向延展，而形成"两侧延展"、"前后延展"、"四向延展"、"多进组合"等四类空间形式变化。其延展规则详述如下：

1. 规则一：主屋（胎型）

"深架四面楼"之主屋为面阔三开间或五开间、进深十三至十七架、楼高三层楼以上之"木架悬山构造"单体建筑。此种形式虽称为"胎型"，但亦有真实案例（图6）。

2. 规则二：增建"厦屋"

于主屋两侧山墙面各增建一个面阔一开间，楼高二层楼之"厦屋"，以使主体建筑形成面阔五开间或七开间之格局。此即"深架四面楼"之基本形制（图7）。

3. 规则三：两侧延展

将两侧"厦屋"分别划分为前、中、后三个空间，并以中间为"堂"，且各自于前、后两空间沿横轴向外侧伸出"翼屋"，以形成左、右两个独立堂院。任一侧伸出之"翼屋"均可为单翼或双翼（图8）。

图6 主屋（胎型）

图7 增建"厦屋"

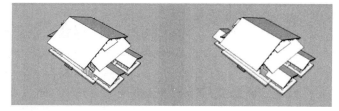

图8 两侧延展

4. 规则四：前后延展

两侧"厦屋"各自沿纵轴向前、后侧伸出"厢房"，以形成两个独立堂院。任一侧伸出之"厢房"均可为单厢或双厢（图9）。

5. 规则五：四向延展

两侧"厦屋"同时沿纵、横二轴向外伸出"厢房"

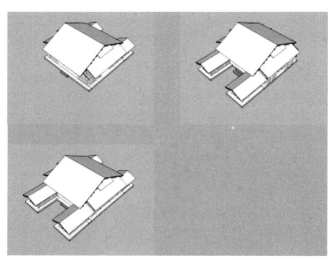

图9 前后延展

与"翼屋"，以形成前、后、左、右四个独立堂院。且任一侧均可单一或成双伸出（图10）。

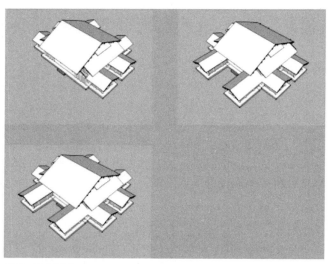

图10 四向延展

6. 规则六：堂院围合

前、后、左、右四个堂院可各自再向院内增建"门墙"、"门厅"或"倒座"，形成封闭的合院（图11）。

7. 规则七：隅角围合

相邻两个堂院可于各自的"厢房"与"翼屋"外侧梢间处向外延伸"院墙"或"角房"，以将隅角围合成封闭的角院（图12）。

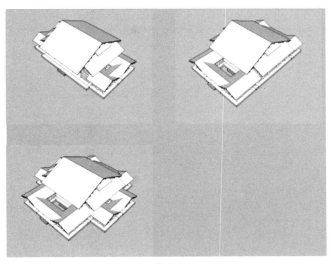

a. 堂院围合

b. "深架四面楼"合院之堂院围合实例

图11 堂院围合

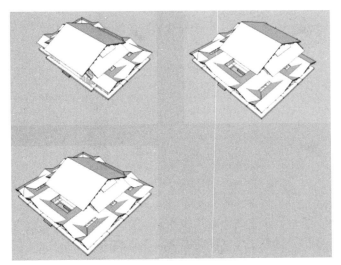

图12 隔角围合

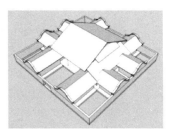

图13 终止延展

图14 "深架四面楼"合院之多进组合实例

8. 规则八：终止延展

当"深架四面楼"合院某方向之建筑单元山墙构造以"封火墙"形式出现时，即表示该山墙已紧临地界，延展到此终止（图13）。

9. 规则九：多进组合

不同形式"深架四面楼"合院单元可借由"厢房"

或"翼屋"之串接而组合成多进合院（图14）。

三、"深架四面楼"合院之营建技术特点

依前述延展规则之推衍结果可以得知，"深架四面楼"合院之形式是依据居民之空间需求变化逐渐增建延展而成，并非一次建成。故如何满足此一构筑需求，便成为构造系统面临的营建技术课题。而观察实际案例即可发现，"木架悬山构造"与"厦屋"在逐次延展之营建技术因应上扮演着关键性的角色。详述如下：

1. 特点一：木架悬山构造

一般汉族合院之建筑单元，其两侧山墙多为"砖砌硬山构造"，故于逐次成长时，新旧单元之结构为砖墙体所隔断互为独立，致使二楼以上之平面动线无法相互串联。为解决此一课题，"深架四面楼"合院之山墙采用"木架悬山构造"，故增建部分之结构能与既有构架系统结合成一体，而使新旧建筑各层平面之动线得以串联（图15）。

2. 特点二："厦屋"——延展构造之接口

不论是前、后、左、右任一方向的延展，"深架四面楼"合院皆以主屋两侧山墙面所增建之"厦屋"作为延展构造之连接接口（图16）。

"厦屋"之出现应与"深架"、"多楼层"和"木架悬山构造"等"深架四面楼"之形成条件有关。由于主

图15 "深架四面楼"山墙面之"木架悬山构造"实例

图17 "厦屋"作为主体建筑之"梢间"

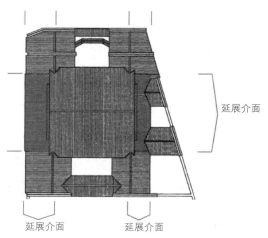

图16 "厦屋"——"深架四面楼"之延展构造连接口

图18 "厦屋"作为主屋"梢间"之外廊

屋进深极深，在其单一屋顶之笼罩下，空间规模可达三层楼以上。但因两侧山墙采用"木架悬山构造"，为避免风雨侵蚀破坏，山墙面须配合多楼层之空间规模设置悬挑的"厦庇"以保护各楼层外露之梁柱结构。因此，为有效利用"厦庇"所覆盖之空间，较低楼层之"厦庇"便转为"厦屋"形式，以增加空间使用面积。至于"厦屋"的形式与用途，则随着主屋面阔开间数之变化，而可区分为以下两种：

1）作为主体建筑之"梢间"：

若主屋面阔仅有三开间，可将"厦屋"空间封围起来成为主体建筑之"梢间"，以使建筑外观整体比例符合面阔五开间以上之营建规范要求（图17）。且于"横轴延展"时，"翼屋"将从"厦屋"之外墙面向外延伸。

2）作为主屋"梢间"之外廊：

若主屋面阔已达五开间以上，则"厦屋"多为主屋"梢间"之外廊。且于"横轴延展"时，"翼屋"将从主屋山墙直接向外延伸，而将"厦屋"夹于其间

（图18）。

由于"厢房"和"翼屋"之结构均自"厦屋"梁架柱位延伸而出，故其外侧檐口之水平投影线多与"厦屋"庇顶之檐口投影线齐平（图16）。因此，"厢房"中脊与主屋垂脊之水平投影位置可视"厦屋"庇顶与"厢房"进深之深度变化，而呈现下列两种关系：

3）"厢房"中脊与主屋垂脊齐平（图19）。

4）"厢房"中脊位于主屋垂脊之内侧（图20）。

四、结论与后续研究

1. "形式"与"构造"为相互支持的关系

闽东与浙南丘陵地区之"深架四面楼"为一种特殊的合院形式，是由"深架"、"多楼层"、"多开间"与"木架悬山构造"四项关键因素综合作用而成，故可

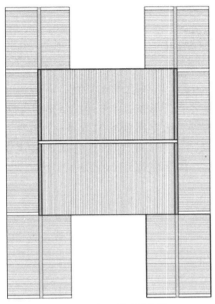

图19 "厢房" 中脊与主屋垂脊齐平

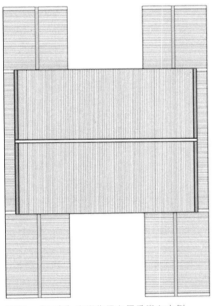

图20 "厢房" 中脊位于主屋垂脊之内侧

依居民之空间使用需求,沿纵、横二轴分别往前、后、左、右四个方向延展,而形成 "两侧延展"、"前后延展"、"四向延展"、"多进组合" 等四类空间形式变化。而 "木架悬山构造" 与 "厦屋" 则在逐次延展之营建技术因应上扮演着关键性的角色。由此可知,"深架四面楼" 合院之空间形式与其构造系统间存在一种相互支持的关系。

2. "深架四面楼" 合院之形式来源

"深架四面楼" 合院之空间形态是以主体建筑为

核心向四周延伸次要建筑围合院落而成,而与一般以 "院" 为核心四周再以建筑实体围合之汉族合院并不相同。由于汉民居之空间形制深受其传统文化影响,讲究位序与礼制间的对应关系,多以纵轴作为合院成长发展的主要方向,故 "深架四面楼" 合院可沿纵、横二条轴线分别往前、后、左、右四个方向延展之特殊形式,当与汉民族之礼制传统有一定程度的松散关系。由于闽东丘陵地区为中国少数民族——"畲族" 最主要之聚居地之一,故可合理地怀疑 "深架四面楼" 合院之特殊空间形式应与畲族文化的影响有关。

3. 后续研究

1)广泛的案例资料搜集与假说验证:

本研究依据目前所能取得之文献资料与实地考察案例进行 "深架四面楼" 合院之形式演化规则推衍及建立假说,已获得初步的成果。至于是否有其他的形式变化,则有赖更广泛的案例资料搜集方能检验与论证。

2)内部空间的深入研究:

对于本研究尚未涉及之 "深架四面楼" 合院内部空间格局、使用方式,以及各建筑单元间构造系统之延展接合作法,亦需要更进一步的调查与研究。

3)主匠关系的探讨:

现代民居之空间形式几乎由业主(或其委托的设计建筑师)所主导,而由营造厂商提供专业的技术服务 "按图施工",业主与营造厂商间仅存在单纯的技术委托关系。然而,传统民居之主匠关系却与此不同,主人对于民居空间形式虽有要求,但亦能接受匠师的专业意见予以调整,两者关系为互动的有机体,对于民居空间形式之塑造均有其影响力。因此,"深架四面楼" 合院之主匠关系对其特殊形式有何影响,值得深入地探讨。

4)外在因素的影响:

"深架四面楼" 合院之分布范围以闽东及浙南丘陵地区为主,该地区之自然环境、社会组织、经济条件等外在因素对其形式发展有何影响,亦为后续研究的重点。

参考文献:

[1] 王明蘅,王韡儒. 闽台民居类型形式演化理论试探 [M]. 台北:行政院国家科学委员会专题研究(NSC 90-2211-E-006-092),2002.

[2] 王明蘅,王韡儒,黄衍明. 类型之演化方法论与关连假说 [M]. 台北:行政院国家科学委员会专

题研究（NSC 91-2211-E-006-103），2003.

[3] 王明蘅，陈耀如，黄衍明. 类型描述参数系统 [M]. 台北：行政院国家科学委员会专题研究（NSC 93-2211-E-006-061），2005.

[4] 王明蘅，王韡儒. 汉民居类型之属类分析方法论 [M]. 台北：行政院国家科学委员会专题研究（NSC 94-2211-E-006-066），2006.

[5] 王明蘅. 类型研究：空间物种及其衍异 [M]. 台北：行政院国家科学委员会专题研究（NSC 97-2420-H-006-034-MY2），2010.

[6] 李玉祥. 老房子：福建民居（上、下册）[M]. 南京：江苏美术出版社，1996.

[7] 陈志华. 楼下村（"中华遗产·乡土建筑"系列）[M]. 北京：清华大学出版社，2007.

[8] 陆元鼎，杨谷生. 中国民居建筑（中卷）[M]. 广州：华南理工大学出版社，2003.

[9] 戴志坚. 福建民居（"中国民居建筑"丛书）[M]. 北京：中国建筑工业出版社，2009.

礼制文化视野下蒙古族穹庐式民居"餐饮空间"的内涵[1]

布音敖其尔[2]　王伟栋[3]

摘　要： 在我国对蒙古族传统居民的相应探究当中，关注点大多集中在蒙古包民居空间形式、材料、建造方面，但是对于蒙古族传统建筑中的餐饮空间的文化内涵研究较少。本文通过对实际状况进行调查的方式，查看了内蒙古地区的相关传统住所，并在查看资料，进行访谈获取更多的资料，对蒙古族穹庐式民居的"餐饮空间"及内涵进行研究。

关键词： 礼制文化；蒙古族；穹庐式民居；餐饮空间；内涵

引言：餐饮空间（包括民居中的就餐空间）会体现出一个地区特有的生活形态、精神活动及社会活动，同时也是该地区人民的生存环境，生产生活状态的影射。对于起源于游牧文化的蒙古族而言，其逐水草而居的生活方式，要求其居所必须具有方便拆卸和可移动的特性，而基于技术和材料的限制，早期蒙古族牧民选择帐幕作为自己的生活居所。而餐饮功能是最具文化承载性的一个空间，蒙古族的生产方式，民俗习惯等都深深地包裹于其饮食文化及习俗中，而承载这一功能的空间，也是非常值得进一步研究学习。

一、饮食与"礼"、"制"

礼来自于饮食，在《礼记·礼运》中可追溯其来源："夫礼之初，始诸饮食。其燔黍捭豚，污尊而抔饮，蒉桴而土鼓，犹如可以致其敬于鬼神。"就是说古人们在火上将黍米煮熟，将小猪烤熟，而酒壶则是地上挖出来的坑，双手充当酒杯，草做成的槌子则是古人们的作乐的工具，相当于现在的鼓。这样简单而淳朴的生活，也是古人们敬鬼神的方法，希望能够得到鬼神的庇护，这也是我国最早的祭祀方法。

先民们认为吃喝是人的一部分，于是觉得神也如此。为了表达对鬼神的讲义，便要把所有吃的奉献，在

《诗经·小雅·楚茨》中便提到，神喜好饮食，满足他便能够祈得百福。上面提到的祭祀方法是非常简陋的，但确实先民们虔诚的期望，和对神尊敬与崇拜之情。随着社会的发展，这种仪式渐渐的定型下来，了"礼"便由此诞生。可见礼与饮食及宗教有着密不可分的关系。虽不能由此断言礼、仪源于饮食，但是也不可否认，二者有着非常密切的关系。

礼，由饮食文化发展而来，长期发中得到大家的认可，便被固定下来，成为了人民约定俗成，自觉遵守和维护的行为规范。礼仪是建立在习俗的基础之上的，所以俗也包含着礼的成分。《周礼·天官·大宰》这样解释礼与俗的关系，"以八则治都鄙……六曰礼俗，以驭其民。"礼与俗不仅在于生活行为成为规范，在文学上，他们也经常被连在一起使用。例如《礼记·曲礼上》中有这样一句话："礼从宜，使从俗。"在《礼记·曲礼下》礼又说："君子行礼，不求变俗。"在中国先民的文化里，礼盒俗相互联系，不可分离。

礼的观点最早产生于饮食习惯，先贤们的这种观点在社会发展中得到认证。后世学者们也逐渐理解和认可，大部分学者们都认为礼产生于人们的生产生活习惯。[4]在黄遵宪看来，礼仪不是由某个统治者或者领导者规定而来，而是百姓们在长期的生活中约定俗成，礼仪往往与民间习俗密不可分，民俗是礼仪形成的基础。

1　项目资助：国家自然科学基金项目，编号：51608280；国家自然科学基金项目编号：51868060。

2　布音敖其尔，内蒙古科技大学建筑学院，助教，014010，buyinaoqir@163.com。

3　王伟栋，内蒙古科技大学建筑学院，副教授，014010，wwdach@163.com。

4　黄遵宪，《日本国志　礼俗志》。

二、蒙古族穹庐餐饮空间的"礼"与"制"

1. 蒙古族穹窿空间的起源与演进

在新石器时初期，原始社会人民的居住方式发生了改变，其中主要以穴居和巢居两种方式为代表，在黄河流域中下游地区为穴居，长江下游地区为巢居。对于

游牧民族在穹庐之前原始居住形式在今天以无法考证，对于其演变方式，学者和研究人员也有着诸多不同观点。如今普遍被认同的观点为原始先在狩猎范围不断扩张的背景下，逐渐摆脱天然洞穴，开始逐步产生地上的居住场所，之后其地上居所由逐步经历了原始棚屋到穹庐建筑的发展过程。但也有观点认为游猎民从半地下室房屋逐步演变为毡庐民居。[1]

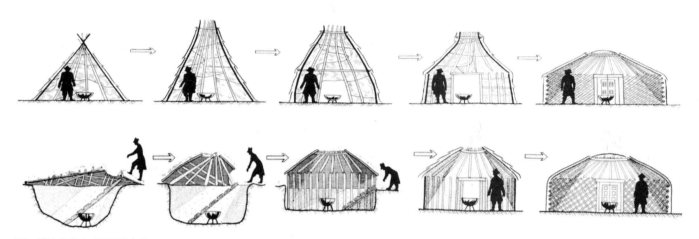

图1 蒙古族穹庐式民居演变的两种观点图示

2. 穹庐餐饮空间的"礼"与"制"

穹庐建筑自胚胎时期开始就可以被认为是圆形，因此，也有人说，蒙古人的游牧文化便是一种圆形文化。无论穹庐建筑内的坐卧起居，还是日常家居物品的安排布置，便都在圆形平面内进行布局。而后来随着穹庐建筑的发展，这一空间意识得到了更加充分地巩固，到了蒙古包的成熟时期，其内部空间的布局也形成了一种成熟的模式和传统。

蒙古包内部的布局也遵从着蒙古族自身的"礼"、"制"的规则，而这种规则的形成也与蒙古族的空间认识，环境及生产生活的影响有着密不可分的关系。这其中对蒙古包内部空间布局的重要影响因素有以下几点：

三、穹庐式民居餐饮"空间"的礼制体现

穹庐是游牧文化的物化存在，而到清朝时期定型的蒙古包更是它经历上千年演变之后的精髓。无论是蒙

古包的形状、结构、布置还是色彩都是适合于蒙古族游牧生产生活和文化习俗特色的，它可以说是蒙古族人民生活、思想和智慧的集中表现。正是因为如此，我们把蒙古包看成是蒙古族人民游牧生活的一面"镜子"是不为过的。在20世纪30年代，吴文藻先生到锡林郭勒盟考察蒙古包并在发表的考察报告《蒙古包》中就曾写道："蒙古包是蒙古族人物质文化中最显著的特征。可以说，明白了蒙古包的一切，便是明白了一般蒙古族人的现实生活。"而蒙古族平日的日餐聚会及宴饮活动是最能体现蒙古族人文礼仪及各类仪式活动重要形式。因此本人期望能够从将蒙古包视为餐饮空间这一角度出发，来探索蒙古民族是如何在蒙古包这以单一空间中安排他们的生活中的不同功能领域，并便结合蒙古族的传统文化，探讨这一单一空间中的丰富内涵。

1. "祭祀习俗"的餐饮礼制内涵

在日常生活的很多方面都可以看出蒙古人对火的崇拜。比如说过年、婚嫁、祭祖、祭敖包或者是在重大的宴会活动上，祭火仪式都是必不可少的。罗布桑却丹

1 中国人民政治协商会议东乌珠穆沁旗委员会：《蒙古包文化》（蒙文）[M]. 呼和浩特：内蒙古科学技术出版社，1996.

的《蒙古风俗鉴》中就记载过："祭祀神祇时，壬癸日祭火神。蒙古人特别注重崇拜火神，把火当佛对待。屋子当中设火神的位置，放上火盆，永远不断火种，总要有疙瘩之类的东西燃着，认为这是吉祥之兆，而且自豪地说这是祭了多少辈的火。男女结婚时，要给火神磕头后确认夫妻关系。"

根据形式的不同可以简单地将蒙古族的祭火分成家祭、野祭和公祭三种。

1）家祭：很多民族包括蒙古族都认为火神居住在灶火里，而炉灶之火是火神的象征。正因这样，对灶的祭祀也就成为了蒙古族一种非常重要的祭祀活动。相传腊月二十三就是火神降生的日子，所以最隆重的祭灶就是在腊月二十三（小部分在腊月二十四）。为了这个隆重的仪式，提前一两天就要开始清扫屋内环境、准备干净而丰盛的祭祀品。祭火日的清晨更要彻底地清扫房屋、清洁祭祀用品。等到了晚上，一家之主就要点燃香火，在环绕屋子一周后，虔诚地将香插在火盆内，并把分别代表着蓝天、白云、黄教、红火、绿色的生命的蓝、白、黄、红、绿五彩绸带，系在火撑子上。供奉的桌子上摆着各种祭祀品，如绵羊的胸脯、茶叶、炒米、红枣、羊尾等。正式开始祭祀时，一家之长在诵读祭火祝词的同时要用双手举起招福斗，在头上顺时针地旋转，其他人等也会模仿着旋转自己手里的容器，接着家长的尾音"呼瑞，呼瑞，呼瑞"，把招福斗放在神龛前面，祭火仪式结束。之后祭品将按长幼顺序分发。从腊月二十三到大年初一这段时间，每天都要在早晚向火撑子里投祭，保持火撑子里的火至少3天不熄。有的家庭甚至会保持火撑子里的火三个月甚至一年都不熄灭。

2）野祭：除了体现在家庭饮食习惯中的家祭，蒙古人在日常的生活中也有祭火的风俗习惯。甚至于猎手在外打猎时，只要用到了火就会有一个简单的祭火仪式。此外，蒙古族在举行"那达慕"大会时也点起篝火，举行祭祀及晚会以祈求火神"那达慕"大会的顺利进行。因此，在蒙古族的火信仰中，既有对灶火的崇拜与祭祀，又有对野火、篝火的崇拜与祭祀。而如果我们站在原始信仰观念的发展来看，对野火篝火的祭祀是要比对灶火的祭祀更有原始信仰色彩的。

除上述两种形式的祭火仪式之外的，还有喇嘛、贵族、王公贵族举行的"官方"祭祀活动，这类祭祀活动规模形制，相比较于家祭及野祭更为隆重，在此不做详细描述。

就蒙古族祭火时间而言，可分为：日祭、月祭、季祭和大祭等。而这其中日祭为蒙古族日常生活中最为常见和频繁的对火神的祭祀活动。在平日出行之前蒙古族妇女通常会煮好早茶，在家人饮用之前，会在佛龛

之前先上一碗茶，后向灶火中洒上少许茶，向火神叩首膜拜。而在平日用餐之前，也会向灶火中投入少许食物——德吉（初献，即指饭菜在没有被人尝用前作为贡品）之后全家人方可用餐。蒙古族家庭宰杀牲畜之时，也会将牲畜胸骨的末端、肠子顶部投入灶火之中，以向四方火神敬献肉食德吉。除上述的日常先祭之外，蒙古族在婚礼、出征、生育或收养子女之前都会向火神进行祭祀，祈求保佑平安。

蒙古族人除了在每年的腊月二十三祭灶，还会在每月的初一初二举行月祭仪式。按照风俗念灶火经，在火盆中投放奶酒、火酒、奶制品，并燃烧松树枝，这被称为是白祭。除此之外，日常祭火更是普遍，已经在简化后融入到了蒙古人每天的生活中。

蒙古族中祭祀火的象征性意义是完全相同的，都是希望能通过贡品和仪式，在世俗世界和神圣世界之间产生联系，其中的手段之一就是献祭。但是由于地域文化有一定的差异，所以祭火仪式在各地的表现形式略有不同。在祭火仪式中，祭品是要献给火神的（大部分被献祭者分食），这意味着火神已经享用了祭品。祭品在祭祀仪式的前后所具有的意义是不一样的，普通的物品在祭祀后就变成了祭品，献祭者享用祭品后，也就有了神圣化的趋势，就如同已经与神灵建立了联系，与神灵有了某种意义上的相通之处一样，人们就可以再次向神灵祈福。同时通过这种仪式，也无形中增强了献祭者群体的一致性和归属感，令团体更加团结、富有凝聚力，这无疑对于增强氏族、家庭、部落、族群的内部团结，以及稳定内部社会秩序是有很大帮助的。另外，通过这种祭祀活动，与祭祀活动密切相关的各种音乐舞蹈、神话传说和神歌祭词也得到了传承和保留，这也就起到了弘扬民族传统文化、教育家庭和社会的作用。

2. 内部空间的礼制体现

蒙古包独特的构造与外形是民族圆形智慧的完美呈现，其圆形的室内布局及室外群体组织更是如此。由内到外，我们可以将其归纳为五个圆形。

第一个圆形为香火圈，蒙古包搭建起来之后的第一件事情，便是在蒙古包的正中心的位置，将火撑子立起来。牧民先将蒙古包顶部的坠绳自然下垂，其正下方便是放置火撑子的中心点。立好火撑子之后，才可以陆续布置其他家具。而立灶的重要性，便是与蒙古族对火的崇拜有着必然的关系。火撑子的最初形式是生火的三块石头，这三块石头在蒙语中的叫法与火撑子便是同一个词——图勒嘎。对于蒙古人而言，火撑子不是简单的取火工具或者灶台，其中还包含着香火、门户及家乡

等多种含义，代表着一家人的起根发苗及宗族传承。在游牧时代，蒙古牧民在搬家的时候，还会将支过火撑子的三块石头，带走一块，在新址上为新的香火奠基。因此，对于蒙古人而言，火撑子便是一个家庭的符号，寓意着家庭的和睦和香火的传承。

第二个圆形为铺垫圈。在立好火撑子之后，便开始用毛毡垫子或木板对地面进行铺垫。铺垫层的大致轮廓为一个倒写的凹字，在其正中要留出火撑子、粪斗之类的位置。从蒙古包的入口到火撑子之间不进行铺垫，方便日常生活中的进出以及日常炊事活动。

第三个圆形为家具圈。在摆放家具的时候，通常以正北为中心，在蒙古包的西、西北、西南半侧，被划分为男人的区域，而东、东南、东北一侧视为女人的区域。不同区域内布置何种家具也有着明确的准则。除此之外古代蒙古族也会用十二生肖来代表蒙古包内的十二个不同方位。凌晨4时到6时，太阳照射于蒙古包的天窗部分，称为虎时；6到8时，太阳照射到支撑天窗的支架之上为兔时；8至10时，太阳照射到蒙古包围壁的支架上，为龙时；以此类推，至晚18时（猴时），即为休息时刻。[1]

蒙古包内家具布置方位　　表1

西北	西	西南	北	东北	东	东南	南
神位，放置佛龛，贡品等	男性用品之位，如狩猎生产工具等	马鞍、酸奶缸之位	被桌之位，叠放主人家行李被褥	女人用品之位，如衣物、首饰等	碗架之位	水缸、锅架之位	门户之位，是平时进出之道，不放置任何东西

第四个圆形为蒙古包外的布局圈，蒙古包外的布局通常不会向室内那样严格，布局较为散漫，但却会保持特别的干净

最后一个圆形为指蒙古包组织浩特（蒙古语）的方式。即夏秋牧场上组织村落的形式，也是牧业生产的组织方式，呈现出各户独立而整体聚集的特点，将一至两家居民安排在相近位置，四五户即可组建成为村落，在日常生活中互相帮助与照顾。而村落的围墙即为顺次相连为圆圈的牛拉车、箱式车、篷车与各家居住的蒙古包，将饲养的禽畜圈于其中，一方面抵御自然灾害，避免狂风暴雪突袭将其冲散，另一方面防备野外觅食的狼和大雕，也可预防匪徒的偷盗与抢劫。作为辈分与地位分明有序的民族，其村落内各家居住位置的安排同样以其为依据，家中长者或主事之人居于正北方向或者西北方向，当居于正北方向时，同村落居民即呈圆形沿其左右两侧落户；当居于西北方向时，则仅沿其左侧安居。将饲养的牲畜如牛羊置于圆形之内，尤其将初生的幼小牲畜安置于住所近处，以便时时照看。北方的草原之上长期盛行西北向风，因此东南方向最易积土，如此安排住所可避免灰尘落于蒙古包内，同时可以防火和保证人畜健康。

蒙古族来到别人家做客时，接近浩特的时候，必须勒马慢行，非常忌讳骑马奔入浩特，或从两家蒙古包中间骑马穿过。客人由浩特南侧到来时，男性要从西南绕到马庄前下马，而女性需从东南绕道马庄前下马。不可骑马从主人家门前横穿，更不可让马飞奔而过。

3. 做客、就座的礼制体现

蒙古族在宴饮聚会，或者逢年过节、亲朋好友前来做客时，主客的坐法及座次有着非常严格讲究。对于蒙古族而言坐卧做客，是一门非常大的学问，是民族文化素质及精神境界的体现。

蒙古包内的座次，大体而言可分为，东、西、南、北以及一个中心。这其中西面为尊、东面次之，北面为尊，南面次之。西北侧为最为尊贵之位，放置佛龛，平时不坐人。火撑子被视为一家之尊严所在，同时也被视为蒙古包的中心。蒙古族除尊重灶火之外，也非常尊重日月，蒙古包内的西侧的空间敬天，东侧的空间敬日。男性敬天，女性敬日。家中男性按辈分高低、岁数大小，在蒙古包的西侧由内向外（由北向南）依次落座。而东侧的女性也以此类推。

正北方通常被认为是一家之主的座位，即使是其子嗣兄弟，也不可以坐在正北或西北，只因其是家族权利的象征。如父亲年事已高，已经将家权交于以成家的儿子，则北侧可让与他坐、父亲则通常会就坐与西北侧。如父亲早逝、其儿子不论大小，母亲都会让其就坐与北侧。蒙古包的入口则通常不坐人，如家里客人实在太多才会安排小孩暂时就坐。

客人在蒙古包内的就坐方式也基本遵从与上述礼仪规则，男性客人就坐于蒙古包的西侧、女性客人就坐于东侧。同样以岁数、辈分之大小由北向南依次就坐。普通客人或年纪、辈分较低者不得越过主梁以北就坐，而

1　张彤编. 蒙古民族毡庐文化 [M]. 北京：文物出版社，2007：291.

长辈者则必须就坐于主梁北侧。男性客人不得越过辅梁以东、女客反之亦然。客人进出之时，不得横切辅梁而过，以示对主人家门户的尊重。如女性来客如果是年长者，则要撩起袍子下摆，从东侧绕过灶火在东北侧就坐。

在蒙古族婚礼上的就坐方式又略有不同，如婚礼在男方家举行，女方客人一律就坐与蒙古包的西侧，男方客人就坐于蒙古包西侧。如婚礼在女方举办，则与之相反。

总之，穹庐式蒙古族民民居的餐饮空间不是孤立存在的，与蒙古族的民居文化、人文礼仪之间关系密切，同时与蒙古族对空间认识观念及宗教形式活动等有着直接联系。新时期，对于蒙古族地区传统地域文化的传承及发展，急需探寻新的模式。而餐饮空间却是对正在失去土壤的传统文化传承的一种非常有利的体。应该餐饮空间的氛围营造中恰当的表达出蒙古族传统的礼制文化。

参考文献：

[1] 齐木德道尔吉，徐杰舜．游牧文化与农耕文化 [M]．哈尔滨：黑龙江人民出版社，2010．

[2] 张彤．蒙古民族毡庐文化 [M]．北京：文物出版社，2007．

[3] 哈·丹碧扎拉桑．蒙古民俗学 [M]．沈阳：辽宁民族出版社，1995

[4] 杨向奎．宗周社会与礼乐文明 [M]．北京：人民出版社，1992．

[5] 张景明．中国北方游牧民族饮食文化研究 [M]．北京：文物出版社，2008．

[6] 刘蔓编．餐饮文化空间设计 [M]．重庆：西南师范大学出版社，2004．

[7] 崔玲玲．蒙古族古代宴飨习俗与宴歌发展轨迹 [J]．中国音乐学，2002．

[8] 满珂．试析蒙古族 "以西为尊" 的文化内涵 [J]．中央民族大学学报，2000．

[9] 博特乐图．蒙古族宴礼与宴歌演唱习俗 [J]．民族艺术，2007．

[10] 李志刚．周代宴飨礼的功能 [J]．古代文明，2012．

仫佬族传统民居建筑符号特色及文化再生价值[1]

于瑞强[2]

摘 要： 在田野调查的基础上，运用建筑符号学的相关理论，解析了广西罗城仫佬族自治县仫佬族民居建筑符号的地域、民族文化意蕴，如何通过村寨空间、院落空间、建筑意境、建筑结构、建筑装饰等得以传承和保护，并在此基础上提出了仫佬族建筑文化在新农村城镇化建设中实现可持续发展的优化建议。

关键词： 城镇化；仫佬族；建筑符号；文化保护；新农村建设

引言

如何在城镇化进程中，保持生态环境，实现"文化留守"与"文化重构"的和谐发展，是社会转型期必然面临和需要解决的现实问题，特别是全国人口较少的仫佬族村寨更是如此。不过值得我们欣慰的是，近年来相关领域的学者、专家在民居建筑方面的研究逐年扩大，国外研究主要集中在村寨民居的建设和维护、[1]传统民居建筑和环境的关联度；[2]国内学者主要从建筑学、文化学、人类学、社会学的多重视角对传统民居设计、[3]传统民居空间解析与利用、[4]节能技术、[5]民居建筑装饰、[6]民居特色与旅游开发、[7]民居建筑文化、[8]民居类型与特征、[9]传统村落民俗价值保护和民居场所与材料选用、[10]民居院落景观、[11]民居建造仪式[12]等方面进行了研究，探讨了不同层面的传统民居保护和建设经验以及传承的价值和意义，促进了对民居建筑的传播和反思，但是从符号学视角进行民居建筑特色的研究成果较少。民居建筑作为村寨遗产的一部分，是一种活态化的遗产和持续化的过程，我们应承认其随着时间的推移在现实生活中发生着必要的改变。在活态保护中，应提升民居建筑人文空间自觉，强调坚持民族性、地域性和文化性，改善人居环境，避免城镇化和同质化现象。基于此，广西罗城仫佬族自治县（以下简称罗城县）极其重视对传统民居及其文化的保护与传承工作，逐渐形成独特的地域文化特征、民风习俗、审美观及自然环境影响下的仫佬族民居建筑符号文化特

色；突出了具有乡土气息与特色的生态美，传递着族人的内心情感寄托，体现了民居建筑符号文化的归属感和对民族文化的认同感。当地在通过村镇、民居建设方面来重构乡土文化，重视传统民居建筑文化符号的重建，将乡村建设视为城镇发展的灵魂，其承载的意义更加凸显，与尊严、认同、传承等这些涉及民族的本质问题联系在一起，用实际行动表达出强烈的地方性诉求。笔者于2015年8月，在当地干部的带领下，前往罗城县东门镇、四把镇和长安镇对仫佬族传统民居进行了田野调查，本文即是在调查中所收集的资料论述而成。

一、罗城仫佬族传统民居建筑符号及其文化解析

民居建筑作为历史文化的载体和文明的成果，需要通过某种媒介来延续其文脉。而建筑符号则通过建筑的空间、布局、形态、装饰等多种形式与方法来表达建筑的发展源流、功能、审美观，反映使用者或建造者的生活方式、社会地位、道德观念、文化习俗、生态环保理念，乃至宗族、村集体的组织形式等。广西仫佬族传统民居在四百多年的发展历程中，形成了符合仫佬族地方性知识[13]特点、民族文化心理、传统伦理道德、天人合一思想、居住行为特征的建筑形态与多元立体化空间，以及多维度功能设计，极具艺术欣赏价值的建筑装饰构件，从而突出表达了仫佬族建筑符号的多样化形式及深邃的地域和民族文化特征。但我们也发现在城镇化

---

1 基金项目：2015年度国家社会科学基金艺术学项目"城镇化进程中仫佬族文化特色村寨生态景观研究"（项目编号：15CG162）。

2 于瑞强，硕士，青岛科技大学副教授，主要研究方向：城镇形象与环境设计、传统建筑景观与现代室内设计，266100，guihuashalong@sina.com，15977805282。

建设的浪潮中，仫佬族传统民居受到了现代化的冲击，尤其在发展乡村旅游经济的过程中，民族特色村寨项目如何做到在原生态建筑文化保护与村寨经济、新型农村人居环境之间，实现可持续协调发展，仍是迫切需要解决的问题。

1. 开放生态的村落与院落空间

开放、和谐、包容、体现生态美，是仫佬族传统民居村落整体的符号文化特征。在仫佬族传统村落空间符号表达中，整个村落多分布于地势较为平坦开阔的平原，且多依山傍水，村内遍布种植的榕树、槐树、柳树、皂角树等植物掩映着错落有致的民居，整个生态环境优美宜人。以仫佬族传统民族保护成效显著的罗城东门镇石围屯为例，村子面朝清澈河流、两侧环绕田野、青山，自然景观开阔秀丽；刚一入村口就有年代久远的古榕树屹立在村口迎接八方来客；村里的各家各户院落相通、巷道相通，体现了仫佬族人开放、包容、团结的文化心理；整个村落建筑环绕村中公共文化活动广场和议事场所而建，并种植各类绿色植物，实现了建筑与生态环境的浑然一体，也体现了村落空间指示符号与功能指示符号的相辅相成。[14]此外仫佬族传统民居的院落空间布局也体现了上述的文化特征。下文将以罗城四把镇铜匠屯为例，加以解析。

个案1：内通外合的院落空间、和谐包容的居住环境院落既是生活的地方，又是人们创造文化的空间。[15]在罗城四把镇的铜匠屯，调研组走访了独家独院的布局空间形成的仫佬族建筑院落，发现其院落空间呈现了鲜明的立体式设计特征，使院落内的门楼、天井、正屋与下屋、畜禽养殖场所、杂物间有序排列，而厕所、灰粪房（俗称"灰寮"）多建于巷尾或屯外，从而使院内院外整洁清新。同时还发现各院落的户与户之间保留侧门的相通，构成了村寨的畅通无阻，其主要目的是便于族人或村民间的平日交往。在中华人民共和国成立前更多是为避免兵灾匪祸频繁性的发生，反映了仫佬族人团结友爱的传统。对于仫佬族院落比较有特色的门楼，通过调研发现，其营建的缘由是仫佬人比较信风水，常在正屋前设门楼（又称"闸门"），使门楼和正屋方向不可成直线状，以保家人大吉大利，而且门楼有较多的实用功能，很多人家把猪圈、牛栏、鸡鸭笼放在门楼下，并在楼上存放家禽饲料。可见院落空间作为仫佬族文化的一种表达"语境"，其院落布局与功能分层都受到了中国传统文化和仫佬族民族文化的双重影响。

2. 长幼有别、注重健康的建筑布局

仫佬族居住空间符号体现了中国传统文化尊老敬老孝道的哲学思想。在整个民居平面布置上的主要指示符号涵盖地炉和神龛，大厅成为家庭成员及宾客活动中心。按照仫佬族民众的信仰习俗，老人和子女住在一起，且在主屋靠近地炉和神龛、采光通风最好的位置建有专门的老人房，充分体现了仫佬族人的孝道思想。而且值得提及的是仫佬族人爱整洁、注重健康养生的习俗，也使其在建筑设计时，把生畜圈舍、杂物间安排在居住区外，突出了人畜分离的建筑格局。

个案2：尊老与养生兼具的室内布局

在仫佬族民居建筑的正屋形式中多为三间二层的泥砖墙、瓦顶楼房。在主屋室内中又按长幼辈划分有前房、后房，前房中间为大厅（神龛并设在此处），左右分别为老人房和儿媳房，后房左右为孙辈房，常规为一堂三世，若家庭中超过三代，则要分火塘（家）。其中，在厅堂一侧或厨房中设置地炉成为仫佬族民居中最为突出的特点，这有别于其他民族的取火方式，其主要原因是罗城有着盛产丰富的煤资源优势。常规做法是先在地上挖个坑，并在其中用砖砌好炉底，架上炉桥，砌好炉膛，炉旁安放一个大水坛作为热水坛，坛口与地炉口平行且都略高于地面，以防污水流入。地炉除了用来做饭、烧水（地炉日夜不灭，保证水坛中有热水，以便洗浴）、下火锅用膳，还可以在天气寒冷季节围火取暖，犹如土暖气设备，使堂屋舒适温暖，避免粮食和衣物等器物发霉。[16]由此，地炉被视为集炊事、取暖、照明三种功能的综合体，同时它还被赋予一定文化寓意的娱乐空间，已成为家庭休闲的聚集地和仫佬族民居建筑中的亮点（图1）。

3. 民族文化心理影响下的建筑意境营造

感知、体验、想象、理解基础上的建筑意境符号，强调虚中见实、主客观交融，以符号的多义性、丰富性带来象征的综合性。仫佬族民居建筑意境的营造主要借用彩绘图案（蝙蝠、葫芦、金钱等艺术造型）、建筑构件的多样态表达及多种建筑材料与色彩的交错使用，从而反映出民居建筑的抽象化意境与实体化意境。

个案3：装饰图案与雕刻艺术品齐聚的艺术意境

仫佬族民居建筑往往通过抽象符号和寓意象征反映出以地域文化为主题的抽象化意境。例如，借用仫佬族民居檐画寓意象征，以蝙蝠、鹿、桃树、莲花等动植物的图画形象和文化比喻，来烘托建筑场景的祥和之

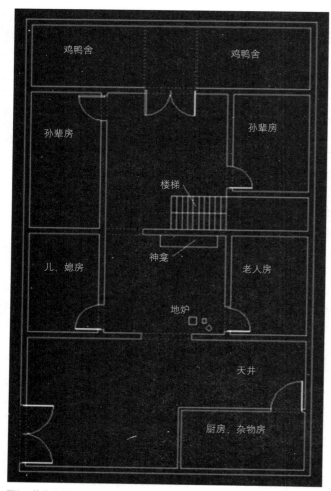

图1　仫佬族民居平面布置示意图（图片来源：作者自绘）

气。如取"蝙蝠"中的"蝠"与"福"谐音；鹿作为百兽中的"长寿之星"也常与"禄"通用，寓有福禄之意，形容享受俸禄，对生活富裕的愿景；又如"福寿双全"吉祥图案刻画的是蝙蝠、桃及双钱的组合纹样，或用篆书的寿字和双钱用绳穿上衔于蝙蝠口中，桃代表长寿，古钱又名泉，"泉"与"全"同音，双钱寓意着双全，又寓意财源广进。在室内外张贴莲花、鲤鱼图画，意寓"喜事连连""年年有余"之意。在构建实体化建筑艺术场景时，大胆使用当地资源丰富的各类天然材料，以构建美观实用、经济的建筑空间。例如，正统的仫佬族民居檐画图案所使用的材料是用经过松树去油烧制而成的粉灰，可保存上百年的历史不变色。此外建筑原料丰富的砖雕、木雕、竹雕、窗雕、石板雕等常用来营造美观大方的民居环境空间。

4. 以动植物主题形象为表意的建筑装饰构件符号

建筑具有双重性，它不仅是物质财富更是精神产品，而且强调了空间功能的合理性和人性化，还体现出人类的生活方式与价值取向，[17]具有丰富的文化内涵、地方特色和人情味，[18]与空间环境具有秩序性、稳定性的关系结构。[19]仫佬族民居建筑作为中国少数民族民居建筑中的一颗璀璨明珠和最能体现地域文化与特色的媒介，是集功能与艺术、实用与技术为一体的民居历史文化缩影，多与当地自然文化资源相适应，并由此呈现出丰富的形态和旺盛的生命力，反映出实体性的艺术语言和本土文化符号，体现出不同地域文化的差异性。民居建筑作为文化系统中的重要组成部分，具有实体的物质形象性、功能性和表意性，其构成形式可通过造型、功能、审美、材料等途径来表达。

个案4：表达原始图腾崇拜的建筑装饰构件

在仫佬族民居建筑中，图像符号常采用龙、凤等具象的自然界动植物素材为主题形象，多以雕刻或绘画等手法直观地表达在门窗、屋脊、柱础上，具有视觉直观性。如建筑构件的组成方面多运用花草、鸟兽、虫鱼、太阳、祥云、麒麟等自然界生物体的具象图像和运用"透光"手法由局部构成整体，在构件上形成以直线状、扇形的几何图像形态为主。多集中应用在门扇、窗户等界面上，且组合后以冰裂纹、斜纹、平纹及平斜纹穿插等几何形式为主。"龙头凤尾"是小长安镇龙腾村大勒洞屯祠堂檐雕，凤凰是传说中的祥瑞之鸟，作为仫佬族的图腾其产生是以多民族文化的融合为背景，其檐雕"龙头凤尾"寓有龙凤呈祥，强调仫佬族人做事情从头到尾都追求完美之意。

二、仫佬族民居文化的再生价值与路径

1. 仫佬族民居文化再生价值

民族文化是特色村寨、民居建设创新的源泉和内生要素，因此，仫佬族民居文化保护有着重要的文化再生价值。这里的民居文化再生，主要指民居文化的保值、增值、继承和创新。

1）建筑历史文化的传承创新

通过保护修缮仫佬族传统特色村寨，保留延续仫佬族村落、院落、室内布局传统特色，建筑意境特色、建筑装饰构件特色，以仫佬族独特的建筑文化，争创仫佬族文化旅游的亮点，实现建筑文化资源向经济资源的转变，逐步形成文化产业体系，[20]推动文化保护创新与经济发展互为依赖，相互支撑。如分别获得"中国少数民族特色村寨"、"广西特色旅游名村"之称的罗城

县东门镇石围屯、长安镇崖宜屯所开展的红红火火的村寨旅游，都把一幢幢具有仫佬族特色的民居建筑、自然环境与人文环境融为一体的村寨景观作为卖点。石围屯作为具有近七百年历史的仫佬族古村落，通过2012年广西壮族自治区民委资金资助，其古村落、古民居得到了修复保护，不仅以新面貌展现了仫佬族传统建筑中的砖木结构，悬山式、硬山式、屋檐下撑拱斗拱式建筑造型，维护村寨公共安全的防御墙，弘扬仫佬族传统美德的功德碑，代表壁画和木雕工艺精品的建筑装饰，青石板铺路的古巷道；而且考虑村民实际文化娱乐需要、游客的文化需求，新建了休闲广场、村民文化活动室、戏台、健身设施、凉亭、仫佬族民俗博物馆、沿河堤坝、旅步道等村寨公共设施，使石围屯由过去的危房林立、建筑破败、村寨基础设施落后的旧貌一跃成为建筑文化声名远扬，游客和摄影爱好者慕名而来的建筑旅游名村和新农村建设典范，也让村民深刻体会到了传统建筑文化的保护是名利双收，多元获益的明智之举。而长安镇崖宜屯作为获评"2013年广西特色旅游名村"和"2015年河池市首届最美乡村"的双重荣誉获得者，显然也成了展现仫佬族民居特色的新农村建设示范点。正如村民所言，崖宜屯已由过去的民居高矮参差不齐、建筑样貌破旧、村内道路出行困难的堪忧人居环境，在政府资助引用仫佬族传统建筑元素勾勒装饰下，转变成今天民居建筑群整齐划一、焕然一新、立面装饰突显仫佬族建筑文化特色，进村道路畅通便捷，码头、社庙广场、文化楼、污水处理等基础设施齐备的集休闲养生、度假娱乐为一体的仫佬族新农村。石围屯和崖宜屯作为仫佬族地区传统民居特色村和新农村建设示范点，无疑能起到以点带面的辐射作用，如果当地政府进一步扩大资助和监管范围，为众多仫佬族村落的民居改造、新农村建设加大资金扶持，强化建筑规格和风格的政策引导，无疑会出现更多的"石围屯式"、"崖宜屯式"仫佬族传统村寨的复兴和可持续发展。

2）对建筑功用价值的扩展与延伸

一般来说满足民众日新月异生活需要的建筑空间和布局，才有传承和再生的价值。以仫佬族民居中的特色建筑构成要素——门楼来说，传统意义上它不仅有避邪的功效，还具有一些诸如放养家禽、存放家禽饲料、植物秸秆的实用功能。但随着族人主要经济来源的多元化和生活方式的现代化，许多家庭已不在门楼饲养家禽或储存植物秸秆。在如今建设清洁、美丽新农村的时代背景下，门楼的功能也应与时俱进加以创新，如突出门楼的绿化、美化功效，在门楼处放置四季常青、花期不断的当地特色盆栽或种植绿化效果好、易活易种的当地特色花卉、低矮植物品种，即能美化、清洁庭院和村落

环境，还能提升族人在新农村建设大潮中的生活品质。此外仫佬族民居建筑特设的地炉、香火堂（神龛）习俗，不仅是静态建筑文化的展现，也可拓展为游客体验仫佬人"抬头望见香火堂，低头看见地煤炉，尽尝地炉火锅美食，休闲围坐火塘一家亲"的活态建筑文化；建筑装饰构件中的木雕、石雕、砖雕、竹雕等建筑特色不仅在新农村建设中可大力推广，也可以专题展览的形式集中在仫佬族民俗、历史博物馆进行实物和图片展示，扩大仫佬族建筑文化的知名度和美誉度。相信上述仫佬族建筑中的建筑造型与装饰艺术，如能在仫佬族新农村建设中得到可持续性传承，不仅能突显仫佬族民居建筑的特色标识度，增强族人的民族认同感，也必然成为仫佬族地区新农村建设人居环境的亮丽风景线。

2. 仫佬族民居文化获得再生的路径

笔者认为新农村建设是仫佬族民居文化获得再生的重要路径，其根本出路在于通过传统民居空间和新时代居住理念加以变革生成新"血液"。通过梳理归纳，集中提出以下三点建议：

1）树立名镇、名村意识

当地政府和村镇规划主管部门要重视民居建设，树立名镇、名村意识，在新农村建设中对仫佬族建筑艺术和特色加以推广普及，实施专项扶持资金和政策引导，尊重村民参与民居改造的话语权，建立起政府、民众的协商对话与利益共享机制。

2）加强古民居保护

根据《中华人民共和国城乡规划法》、《村庄和集镇规划建设管理条例》和《历史文化名城名镇名村保护条例》等精神，制定出仫佬族古民居、古村落的保护实施细则，责任到人，赏罚分明，实现开发与保护协调发展、文化资源保护与村寨经济转变相互支撑的格局，以起到以点带面的推广示范效应。

3）有计划地逐步进行更新改造、赋予民居新活力，为现代生活服务

着重对民居进行穿衣戴帽式的外观风貌保护，尊重农村生产生活的实际需要，合理布局村寨的生产、生活空间和公共空间，内部空间结合新时期人们的生活需求和民族元素进行改造，展现出民居文脉的延续和发展。最终通过上述途径实现仫佬族建筑静态文化向活化的建筑动态文化转变，展现建筑文化再生价值，为城镇化进程中仫佬族文化特色村寨人居环境的生态化构建提供突破点和亮点。

参考文献：

[1] 太田博太郎. 民居的调查方法 [M]. 东京：第一法规出版社，1967.

[2] 莫娜，刘勇，张伶伶. 朴素自然观在韩国传统建筑与景观中的践行 [J]. 中外建筑，2013（1）.

[3] 关瑞明，陈力，朱怿等. 传统民居的类设计模式建构 [J]. 华侨大学学报（自然科学版），2003（5）.

[4] 周伟. 建筑空间解析及传统民居的再生研究 [D]. 西安：西安建筑科技大学，2004.

[5] 黄继红，张毅，郑卫锋. 江浙地区传统民居节能技术研究 [J]. 建筑学报，2005（9）.

[6] 李轲. 陕南传统民居建筑装饰艺术研究 [D]. 西安：西安美术学院，2009.

[7] 范怀超，张启春，罗明云. 川北传统民居旅游开发利用思考——以阆中古城为例 [J]. 西南民族大学学报（人文社会科学版），2015（1）.

[8] 张晓林. 拉卜楞地区藏式民居建筑文化研究 [D]. 北京：中央民族大学，2013.

[9] 黄盼盼. 豫东地区传统民居的类型与特征研究——以楼院式传统民居为例 [D]. 郑州：郑州大学，2014.

[10] 单德启. 少数民族村寨贵在保持文化特色 [N]. 中国民族报，2014-12-19.

[11] 左丹. 青海乡村传统民居院落景观的设计研究 [D]. 西宁：青海大学，2015.

[12] 赵巧艳. 洁净与肮脏：侗族传统民居建造仪式场域中的群体符号边界 [J]. 贵州民族研究，2015（9）.

[13] 秦红增. 乡土变迁与重塑——文化农民与民族地区和谐乡村建设研究 [M]. 北京：商务印书馆，2012.

[14] 吕军伟. 基于皮尔斯符号学视角下的指示符号意指特性研究 [J]. 名作欣赏，2012（35）.

[15] 周月麟. 在现代浪潮中寻找乡村的灵魂——建构基于"乡村"的张家湾规划设计策略解 [J]. 装饰，2015（8）.

[16] 于瑞强，罗之勇，谢艳娟. 仫佬族民居建筑艺术文化内涵探析 [J]. 建筑与环境，2012（6）.

[17] 尹国均. 帝国符号 [M]. 重庆：重庆出版社，2008.

[18] 黄晓通，叶步云. 农房改造过程中建筑风格的延续与重塑——以阳朔东岭片区竹筒楼建筑立面改造实践为例 [J]. 规划师，2009（12）.

[19] 周林. 城市环境中弱势空间的再生设计研究 [J]. 社会科学家，2015（8）.

[20] 谢艳娟. 罗城仫佬族文化保护内生机制探析 [J]. 广西民族大学学报（哲社版），2015（1）.

中国传统聚落演变的基础研究探讨

——以恩施彭家寨为例

黄 鹭[1]

摘 要：中国传统村落的保护应基于足够的历史、文化和生活习惯调研与梳理，村落文化直接反应该民族的历史渊源、聚落风俗、生活习惯等，但中国传统村落普遍缺乏历史文献资料，缺乏系统而完善的村落档案，对于研究来说比较困难，对于保护更新更缺乏理论支撑。所以本文以恩施州宣恩县土家吊脚楼聚落彭家寨为案例，探讨中国传统村落的保护实践之前所需要的研究基础，总结出适用于相类似的村落保护的研究方法。

关键词：彭家寨；传统村落；更新；保护

彭家寨位于湖北省恩施州宣恩县，该聚落始建于明末清初，族群长老为从湖南逃难而来的土家族人，历经200多年的壮大，彭家寨现有108位在册居民；聚落内22栋房屋的主要结构均为土家族木质吊脚楼，现存吊脚楼房屋均建自近一百年，年龄最大者建于清国末年，建筑基本废弃，内部柱梁大量腐烂，然而建筑构架及外立面保存完整；最年轻的房屋建于2012年，修建过程中已引入了大量的现代材料，例如水泥、瓷砖、铝合金等，内部空间较之传统的吊脚楼也做了一定的改变，在功能和材料上更倾向于现代楼房的建造形式；其余的房屋在近二十年来也进行过大小不等的装修与更新。

基于以上情况，我们不难发现，具有显著特色的彭家寨吊脚楼群并未得到良好的保护，纵观有关于彭家寨建筑保护的文献资料，系统而详细的论述也少之又少，基于以上情况，笔者对彭家寨的吊脚楼群的保护进行了长期的研究，本文所探讨的是聚落保护研究实践之前所需要的研究基础，该方法适用于与彭家寨类似情况的中国传统村落保护。

一、彭家寨的历史经验

1. 彭家寨演变的内因

根据在彭家寨的实地测绘，在地图上标注出了不同的建筑年份（图1），发现彭家寨内的建筑建成时间跨度很大，现存历史最久的4幢吊脚楼始建于19世纪末期，一部分建于20世纪50、60年代，一部分吊脚楼及一些配屋建于20世纪80年代，很大一部分在2008年后都有或多或少的重建和改造（表1）。

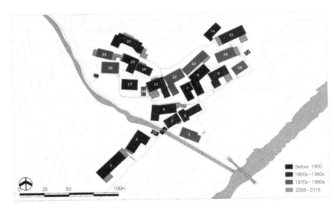

图1 彭家寨的建筑建成时间分布（图片来源：作者自绘）

彭家寨内建筑建成时间	表1
YEAR	BUILDING NUMBER
BEFORE 1900	7,8,16,23
1950s–1960s	2,3,4,5,6,11,15,17,18,19,22,25
1980s	1,7,8,10,12,13,14,20,21,24,27
AFTER 2008	5,9,11,13,14,15,21,26

1 黄鹭，西南交通大学，讲师，米兰理工大学博士，611756，huanglu29@126.com。

木是一种较为耐用的材料，只要有人的行为与之相互作用，加之定期维护，在没有火灾的前提下，木质房屋经久耐用；然而，在这样一种情况下，彭家寨，这个于300年前形成的聚落并没有一幢历史如此悠久的房屋，保存最久最完整的也只有一幢建于19世纪末期的老屋，而这幢老屋已荒废，房主过世，房屋内木梁腐蚀，木板腐烂，无人使用也无人修葺。那么之前所存在的建筑是因为何种原因不再存在，没有被保留下来，值得探究。

根据当地的传统习俗，尤其是在古代，三代人往往是住在一幢大的吊脚楼房中，处分以下两种情况（女儿嫁到外地）：

- 当家中儿子结婚，如果经济允许，父母将为他在祖屋附近盖一幢新房用来迎娶和开展新生活。
- 当家中儿子结婚，经济不允许的情况下，儿子与媳妇继续与老人同住，待老人过世，若无兄弟则继承祖屋，若有兄弟则兄弟分房。

在中国我们称之为分家，这也是人口和房屋增减的原因。

在彭家寨，分家传统给建筑带来了巨大的影响。寨中年轻人大多于20岁左右嫁娶，老人于80岁左右过世，所以我们可以计算出：

- 假设一个20岁的年轻人在他自己的新房内结婚，当他40岁时，他的儿子与他分家，盖了新房，那么当他和妻子80岁过世时，他的60年的老屋不会再有人住，过2到3年，这幢被遗弃的建筑就会因年久失修木材腐烂而被彻底荒废，直至自然消失，总共加起来，这幢建筑的寿命大约不超过10年。
- 假设一个20岁的年轻人在他自己的新房内结婚，当他40岁时，他的儿子并未与他分家而是和小家庭一起继续和他住在一起，当他夫妻二人80岁时过世，他的60岁的儿子继承了他的房子，然后他的孙子继续……在这样的情况下，这幢房子的使用寿命可以过百年，然后也可能最终结束于某一代人。

例如按照地图上的标注，B16是历史最久远的一幢建筑，曾经有一对夫妻和他们的四个儿子居住于此，直到四个儿子结婚，分别在老屋的南边修建了新房（B9，B10，B14，B15），老夫妻于2010年过世，他们的儿子无人愿意继承老屋，也无人修葺，直到现在老屋已彻底荒废，木头腐烂严重；然而根据中国文物保护法，这个被列入中国传统村落名录的聚落里的任何建筑都不得随意拆建，讽刺的是当地政府表示他们也没有经费来修葺这幢老建筑，于是大家默契地弃之不顾。

通过以上的分析可以看到，当地的传统文化是影响建筑遗产保护至关重要的一点。根据彭家寨的当地习俗、文化和发展规律，该地的建筑寿命平均为60年左右，所以在这个演变过程中，不断地有新的建筑、建筑元素和文化出现，与传统建筑和文化相辅相成，该聚落的演变和更新有很大一部分原因是聚落内部本身的文化推动，是一种微小而有机的自我更新，这是一种良性的互动过程。

2. 彭家寨演变的外因

中国的城市化进程的高潮始于20世纪末期，彭家寨也不可避免地受到了城市化进程所带来的种种影响，例如沿海地区的"民工潮"。

21世纪初期，彭家寨内有25%的居民离开村寨前往沿海等地打工，大约十年之后，出去打工的部分人回到家乡，这些人年龄大约在40-50岁左右，他们靠在外打工存下的资金回到彭家寨修复或改造他们自己的老屋，一方面可以改善他们自己的生活质量，另一方面，这也是财富的象征。

另一群人为现在在外打工的年轻人，这一群人打工赚到钱后会寄回老家用于修葺老屋或盖新房准备结婚。

所以从2008年左右，彭家寨内出现了越来越多翻新过的老屋以及新建的配屋，增加了许多新的房屋功能例如淋浴间、民宿中的娱乐室等。

但同时，受到城市化的影响，有一些家庭通过在外打工增加了家庭收入后，选择举家迁出彭家寨，搬到县城甚至城市中，他们在彭家寨中的老屋由于无人居住年久失修慢慢被废弃直至腐朽垮塌。

结合彭家寨发展的内外因，可以解释出彭家寨内部不断出现新建房屋的原因，同时也可以解释一部分房屋被废弃的原因，所以通过调查我们就可以发现，经过上百年的自我更新，彭家寨现存的房屋根据使用频率大约被分为三种：常用、偶尔使用、废弃，不同类型的房屋有不同的建筑使用状况，在保护的过程中，不可一概而论，需要分门别类（表2）。

彭家寨内22栋建筑的修建年代、修复年代与使用频率

表2

BUILDING NO.	CONSTRUCTION YEAR	REPAIRED\RECONSTRUCTION YEAR	USING STATUS
B1	1980	2012	daily
B2	1960	1981	daily

BUILDING NO.	CONSTRUCTION YEAR	REPAIRED\RECONSTRUCTION YEAR	USING STATUS
B3	1954	–	daily
B4. 1	1953	–	daily
B4. 2	1953	1980	abandon
B5	1964	2006	daily
B6	1960	2007	daily
B7	1920s	1950s	daily
B8	Before 1900s	1960s	daily
B9	1950s	2008	daily
B10	1950s	2013	occasionally
B11	1960s	1980	daily
B12	1950s	1980	daily
B13	1983	2012	daily
B14	1950s	2008	daily
B15	1980s	2000	daily
B16	Before 1900s	–	Abandon
B17	1960s	–	occasionally
B18	1950s	–	Abandon
B19	1950s	–	occasionally
B20	1970s	–	daily
B21	1970s	2010	daily
B22	1960s	2008	occasionally

二、彭家寨建筑演变及对比

彭家寨吊脚楼群有相似的室内布局，其中有一部分为适应现代生活进行了部分改造和重建，有一些却仍然保留着原始结构，这些改变均可以从房屋的室内功能和建筑材料上表现出来。

1. 室内空间的传承与更新

总体来说，该地建筑内部分为正屋和偏房，正屋内分为堂屋、火塘屋以及卧室，偏房里包括厨房、储藏室以及厕所和猪圈。由于史料缺失，笔者将以B3为蓝本来分析当地吊脚楼的室内功能分区。B3始建于20世纪50年代左右，主人为一对现年80岁的彭姓老夫妻，该房屋自建成之后，除了日常的维护（定期更换瓦片）之外，从未被改造或者修复过，从另一个角度来看，它至少可以代表彭家寨居民近60年的生活传统。除此之外其他的房屋均有新的改造痕迹，甚至新的增加空间。本文中对B3室内研究的主要对象为堂屋、火塘屋及厨房（图1、图2）。

1）堂屋

堂屋位于正屋的中心区域，是整幢建筑的主要空间，根据当地人所讲究的风水，堂屋的位置和朝向也决定了一家人的运势；堂屋的传统功能主要用于供奉和宴请。

根据彭家寨的当地传统，在堂屋的北面墙上需要供奉牌位，有些家庭供奉的是祖先牌位，有些则是他们所信仰的神（土地神等），而在中国特殊的政治时期，

a. B3正立面以院落

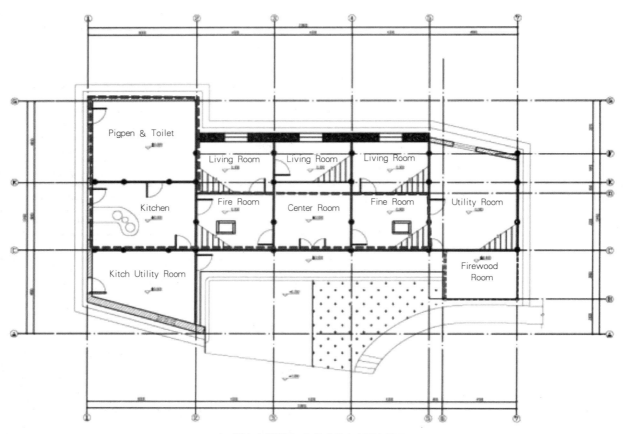

b. B3室内平面图，红线内为本文研究范围

图2　B3相关情况（图片来源：作者自摄、自绘）

家家户户的堂屋北墙上则挂着毛泽东的海报。

　　在一些重大的节日例如逢年过节、婚丧嫁娶的宴请行为也发生在堂屋内。如今有一些建筑面积较大的堂屋摒弃传统，拆掉了正立面的墙和门板，曾经隐蔽的室内成为了一个大家一起娱乐的半开放空间。

　　根据当地传统，堂屋还有另一个功能——存放棺材。当地的老人都会在晚年，甚至更早的时候为自己准备好下葬的棺材，停放在堂屋，这是沿袭于中国传统土葬的习俗，然而由于国家政策的限制，土葬已逐渐改为火葬，逐渐不再需要棺材，堂屋的这项功能也在慢慢减弱，最终会彻底消失。

　　2）火塘屋

　　火塘屋一般位于堂屋两侧，屋内有下沉式浅坑用于生火做饭，熏制腌肉，另外土家族人多居住于山区，冬天湿冷，火塘也可用作全家取暖。火塘是土家族建筑的核心，对于土家族人来说，火塘意味着一个家庭的精神，火塘终年不灭则家庭可始终团聚，所以不管是建于哪个时期的房屋，家家户户必须要修建一个或者两个火塘屋，可以说火塘的精神象征意义远大于其实际功能。

火塘屋内靠近窗户的地板上会有大约1平方米用石头和泥搭建的下沉了半米左右的浅坑，传统的火塘中心的火堆旁会用砖块围砌用来做饭，条件好了之后，大家则改用铁架。在火塘的上方往往挂着需要熏的腌肉，过年时宰掉的牲畜，挂在火塘上慢慢地熏制，是一年里最好的食物。

而2008年新建的房屋内的火塘，则进行了技术上的改良，从以前的明火燃烧改成了暗火，具体为：在地板上开一个一平方米左右的方形槽，将火炉至于架空的地板下面，地板上再用水泥和石头抹平用来防火，留一个直径约20厘米的圆洞正对火炉上方，圆洞上可以放锅、水壶等煮饭烧水，火炉里产生的烟可顺着地板下的架空层散开然后通过架在外墙上的烟囱排走。改良后的火塘即保留了原始火塘生火做饭取暖的功能，也避免了明火易发生火灾以及烟雾的污染等风险。

3）更新的空间

20世纪末期，随着中国城市化的发展和澎湃的打工浪潮，彭家寨里许多年轻人也都外出打工，这些有外出打工者的家庭普遍提高了生活质量，追求更舒适和高质量的生活，首先在室内空间上改变的则是增加了现代化浴室。在传统的生活习俗里，因为不便，洗澡是一件家庭大事，从而个人卫生家庭卫生堪忧，浴室的引入在某种程度上也是该传统聚落现代化的标志。但是，因为卫生间能源的来源是沼气池，所以有所局限的是，只有有沼气池的家庭才有条件去安装洗浴设施，这依然是未来整个聚落需要解决的问题。

另一个新引入的室内功能是近似于民宿的客房。随着越来越多的游客来到彭家寨，以及彭家寨本地人越来越多的接触到文明城市的文化，有条件的家庭率先在家里布置出了类似宾馆的房间用来招待游客，只是由于经费和知识的局限，类似民宿的品质还不够合格。

三、结语

从上文的分析可以看到，彭家寨的自我更新主要基于两个方面：1，根据村寨风俗习惯形成的人口流动所带来的建筑拆建；2，由城市化等外界因素带来的人的认知变化和经济变化所造成建筑改革。第一个原因存在于彭家寨的祖祖辈辈，而第二个原因是当下历史发展的一个过程，我们可以推测，历史上许多发展节点，都可能或多或少的影响过彭家寨而反映在其建筑的风格和材料变化上，因此我们甚至可以推测，我们现在所看见的吊脚楼群，远不是该村落200年前的样子。所以一个聚落从来不是一成不变的，是不断的内外作用发展至今的过程，是不断地有机更新的过程。

然而和大多数中国传统村落一样，关于彭家寨的历史，恩施县志上找不到，宣恩县志上没有记载，而村子里，没有宗祠，庙宇毁于"文革"，没有任何纸质官方抑或民间文件来证实它的存在与发展，它与历史的联系只有村民们所生活的房屋以及发生在房屋中的生活，建筑的形态与功能代表了当地生活的传统与发展，所以对于当地乡土建筑的保护至关重要，而对于吊脚楼这种中国经典建筑结构的保护更是迫在眉睫。

彭家寨于2012年被列入中国传统村落名录，按照相关的文件和法律，至此彭家寨内的建筑均属于国家保护文物级别，不得随意拆建，需保留该聚落原本的风貌。然而一个聚落不可被看做一件文物，它的自我运转才是可以作为有文保价值的聚落存活的核心，彭家寨吊脚楼群里所发生的日常生活行为提供给了建筑以生命，它的不断更新——保留或摒弃是符合该聚落自然发展的规律，是根据该地方的风俗习惯，根据人的意识行为变化而有机的更新。我们常谈村落保护，按照保护的套路首先测绘、画图、修复等，然而，没有对该聚落千百年来的历史发展做详细地调查和研究，不知道该聚落的建筑演变过程，单纯的谈保护是站不住脚的。

赣东闽北乡土建筑营造工序解析[1]

李久君[2]　陈俊华[3]

摘　要： 本文探讨了赣东闽北乡土建筑营造的全过程，对通常意义上的乡土建筑营造工序作了钩沉。认为"营造"是乡土建筑营建工作的核心，由房东与大木工匠协调共同完成，共分六步：相地、料例、择吉、主墨匠与二墨匠、起屋、仪式，包括选址、选时、选人及选料等一系列缜密的逻辑思维过程，研究成果可为相关地区提供借鉴。

关键词： 相地；料例；择吉；主墨匠与二墨匠；起屋；仪式

赣东闽北地域的先民们非常重视乡土建筑的营造[4]工作。在动工之前，房东一般都需筹划做好必要的准备工作：①选择合适的宅基地；②请地仙[5]计算动工吉日良辰；③迎请大木工匠完成房屋的整体设计、协调办料及乡土建筑的营造开展等工作。在以木构架为主的赣东闽北地域乡土建筑营造过程中，大木工匠举足轻重，除本职的木工技艺外，还需掌握一定的风水知识，要负责协调各工种之间及与东家沟通等职责，与当下的建筑师职业相当，并需会实践操作。

归纳起来，该地域乡土建筑的营造过程总共分六步：

一、相地

相地即选址，是乡土建筑营造的第一步。自然生态环境与社会人文环境的良好与否、家庭经济实力是否雄厚以及古代风水观念等是房东与工匠在选择宅基地时重要的考察因素。

1. 宅基地的选取及房间布局

在与大木工匠的访谈过程中，他们均认为宅基地的位置与房屋的平面形式在前期策划中非常重要，需慎重考虑。如江西黎川余年生师傅认为"正屋一般做成一厅四房或一厅八房，如果为一厅八房就需要6扇（木枡）[6]。进门右手为东，左手为西。竖柱头时，先竖东边的。"闵健根师傅则说"民居平面一般为一厅四房。厅居中，大儿子住东边，二儿子和三儿子住西边。厨房一般在房后建造或建于东边。"吴康予师傅强调"造房要讲究，房屋平面不能为梯形——为'棺材形'，不吉。"福建邵武许少云师傅认为"平面上一般东边为大，也就是说人站在大厅中，左手边为东。"福建三明林寿儿师傅认为"营造建筑过程中，风水师也起重要作用：如住宅正门不能对风口，庵前庙后，十（丁）字街口不能住人，所以很多丁字路口处修建一座寺庙。"福建连城吴长生师傅认为"房屋的朝向是由东家和风水师来定的，根据东家的职业、生辰等确定。厅的大小要能够布置四张圆桌，约一丈二到一丈三（4～4.3米）之间，每张桌1.1米左右，大屋间或正屋要能够放下一张床有余。"[7]

从以上大木工匠的访谈结果可以看出，宅基地的形状与尺度不仅要符合家庭生活的需要，也要适应中国传统建筑木构架的结构特点，所以其平面式样多为规整的方形、矩形、圆形、正多边形等单体及其组合。赣东闽北乡土建筑的平面式样大多为方形和矩形平面，正如

1　国家自然科学基金项目（课题名称：闽赣"万里茶道"乡土建筑营造技艺研究，编号：51608248）。

2　李久君，南昌大学建筑工程学院，讲师，硕士生导师，330031，ljj1219@sina.com。

3　陈俊华，上海维扩建筑工程设计有限公司，高级建筑师，201108，cjhfj@163.com。

4　营造，经营、建造之意，本意为策划与筹谋。

5　访谈中郑昌仿工匠如此说，而在李如龙主编的《汉语方言特征词研究》（2002年）第163页中记载："风水先生叫'地仙'，赣北片南昌、永修、高安，赣西片萍乡、上高、万载、莲花、峡江及赣中、赣东北片横峰、宜黄等说。"故"地仙"一说在江西省应为通行说法。

6　木枡，即一榀木屋架，是赣东闽北地域大木工匠对屋架的通俗称谓。

7　王斌、孙博文、张新星、丁曦明及笔者等在赣东闽北的工匠访谈资料，后面访谈内容来源于此同。

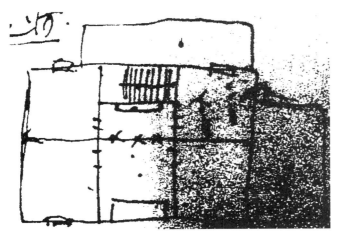

图1　江西黎川闵健根工匠的手绘草样（图片来源：调研访谈资料）

闵健根师傅所绘的草样（图1）所示，这是适合赣东闽北地域家庭需要的最经济适用的住居形态。依据现代人居环境观点，蕴含在乡土建筑里的风水观有一定的科学道理，值得现代人学习。

2. 多进房屋之间的关系

大木工匠在房屋营造实践中必须遵循建筑方位的要求，这不仅是对中国古代社会等级制度的尊重，也是对人居环境朝向的重视。如江西郑昌仍师傅认为"由地师择算房屋方向及风水。民居亦有多进房屋组成，前进与后进之间距离8尺（2.7米）左右。"黄贵宝师傅认为"（整栋房屋）一般有上、中、下三个厅"。吴康予师傅表示"旧房子东边盖新房子时候，不能高过原来的房子，在西边则不然。房屋三进天井顺序：下堂—天井—中堂—天井—上堂。中堂要比下堂高，上堂要比中堂高。需要依靠抬高地形来实现，一般高40～60厘米，无具体规定。"

在工匠的话语中，不仅表达了多进房屋前后进之间要保持一定的距离——前进与后进之间距离8尺（2.7米）左右，还要求"中堂要比下堂高，上堂要比中堂高"。对于新旧房屋也有要求："旧房子东边盖新房子时候，不能高过原来的房子，在西边则不然"，这是适应江南地区湿热气候环境、满足主人"步步高升"心理需求的住居空间的外在体现。

二、料例

同当代建筑师的职责一样，任何工程、营造活动都离不开甲方（即东家）与乙方（即设计者及施工方）的有效沟通与协调，非常关键。

首先，房屋营建需要大木工匠通过与东家的沟通，将东家的想法通过工匠的语言及图示加以条理化、物化与空间化，期间包括了用地、建筑规模、建筑类型、风格、造价及整体构架设计等。其次，大木工匠需做好专业设计工作：包括从建筑群的朝向、地基及整体环境设计到单体建筑的细部设计，从大木构架及构件设计的骨架部分到包括立面式样、木雕式样、砖雕式样与石雕式样等细部表皮形象设计。在一整套营造过程中，大木作、小木作、泥水作、砖作、石作、瓦作等工种分工合作，由大木工匠统一指挥协调，其他工种配合完成。在这一过程中，大木工匠在工种中承担领导作用，协调各方利益与技术要点，拥有绝对的话语权，是完成房屋营造全过程的重要保证。

传统建筑工程承包依据不同的式样分为两种：包工和点工。包工指按照某项要求和期限完成规定的生产任务或按完成的工作量计算工资的工作，即施工方将整个建筑的营造活动全部承包下来，包括建筑的工程用料和总体施工进度，施工方与甲方约定最终的完工日期即可；点工为做一工拿一工的钱，即施工方只管施工建设，工价按日计算，其余部分如建筑材料的办理等全部由房东管理。这两种方式中只有包工涉及了工程预算的问题。工程预算额与实际工程造价是否相符，差额的大小也体现了大木工匠的工程实践能力与水平。如果工程预算额超出实际造价许多，就会给东家留下虚假报账、骗取工程款的嫌疑，最终会导致甲乙双方信任的缺失，乙方承包工程则会越来越难。反之，如果工程预算额低于实际工程造价，亦会造成双方信任失实，也不现实。而大木工匠大多熟悉当地常用木材的性能与价格，在实践中积累了许多经验，并能对所用木料的质量负责。只有积累了相当的经验，才能主持不同的营造工程设计，并树立自己的名声。相对而言，点工不存在这个问题，只需保证质量即能获取双方信任。

三、择吉

"择吉"是人们的心理取向，趋吉避凶体现了人们对美好生活的向往。在房屋营建过程中，"择吉"即聘请"地仙"等选择吉日良辰，避免不吉事情的发生，以求吉利。"宋代以后，随着风水阴阳之术的发展、盛行，伐木和破土动工等皆要择取吉日。"《鲁般营造正式》记载："凡伐木日辰及起工日，切不可犯穿山杀……此用人力以所为也。如或木植到场，不可堆放黄杀方。又不可祀皇帝、八座、九天、大座。余日皆吉。"说明宋元以来[1]风水择吉之术便成为各地的传统习俗，明清之际得到进一步发展。

赣东闽北地域亦不例外，主要表现在挑选房屋动工的具体吉日良辰，还要重视选择建造房子的合适年份或季节，并需要根据主人的生辰八字由算命先生来选定。如江西崇仁县李渊才表示"地仙（即地理先生）要算主人全家的生辰八字，定好时间，起工、发墨、上梁、开门、起祖宗等。"郑昌仿师傅认为"由地师择算房屋方向及风水。在起房子、开工、钉大门及上梁等重要时候主人都会找人算日子。"福建南平毛景荣师傅表示"由地师择算房屋方向及风水。在起房子、开工、钉大门及上梁等重要时候主人都会找人算日子。"

四、主墨匠与二墨匠

工匠队伍的组建主要是聘请大木工匠，并由其选择筹建自己的营造队伍。所以大木工匠的选择既是当务之急也是重中之重。房主一般要遍访邻居或周边地域规模相差不大的房屋建设情况，在查访过程中评判大木工匠的技艺水平。如遇合适工匠，房主便会询问工匠有关房屋营造的基本情况，根据访谈结果来做最终决定。

在赣东闽北地域乡土建筑的营造过程中，大木工匠是整个工匠团队的带头人，也是营造设计的主导者与筹谋者。一般传统民居建筑的营造设计，需要风水师、木匠、泥水匠、砖瓦匠、石匠等不同工种的协同配合，大木工匠的首领——主墨师父由于掌握最复杂的营造技艺及参与营造周期最长，一般作为工程营造的指挥者。主墨师父负责设计和绘制传统建筑的主要构架尺寸，二墨师父在其基础上绘制榫卯尺寸等细节部分，其他工种如泥水匠及石匠等各司其职，分工明确，共同协助主墨师父完成新房的策划设计与营造施工，该过程还包含工匠的预算及建筑材料的办理。

如福建邵武危功从工匠认为"掌墨师傅分为主墨（画主要尺寸）和二墨（画榫卯尺寸），分工明确。"江西黎川余年生工匠认为"上梁……梁全部刷红油漆，从两边升上去，大木匠唱诗歌，把鸡冠锯开，在每根柱头上沾一点血，梁上也要沾，压邪。每沾一下，唱一句诗。"江西闵健根工匠则说"上梁时，大师傅坐东头，一切由他指挥，包括喊戏等。"江西陈全国工匠说"……上梁。红布长一丈二，盖着梁，上完梁，红布归

大木师傅。"福建光泽毛景荣工匠认为"一般房屋由5～6人完成，其中1人划线，为掌墨师傅，其他人都听他指挥。"

五、起屋

在赣东闽北地域访谈到的大木工匠，大部分是在施工现场，这一现象表明大木工匠不仅要懂设计，更重要的是能实践运用，在营造工作中积累经验并树立威信。

传统民居类型的大木作营造团队以5～6人为宜，由掌墨师傅[2]领队，其根据工程规模、工期长短等对团队成员进行相应的调整，可适当增减相应人员。掌墨师傅在营造过程中亲自划线、分工与工程监督，领导并指挥其他工匠，把握整体工程的质量与进度，以期在最有效的时段内取得良好的设计效果。

一切准备工作就绪之后，接下来就是新房子的开工建设过程，这也是一个循序渐进的逻辑程序。前面工作准备的充分与否，大木工匠的智慧与能力如何，工匠队伍是否齐心协力和房主的经济实力如何等这些要素均影响营造工作的开展和施工工期的长短。

如福建光泽毛景荣工匠提到"起屋过程分六步：①组装构架。将一川、二川、三川、弯川、大柁梁、小梁等与栋柱、大今柱组装成一枋（一扇架）后，在柱间要绑扎一根木条（称柁高，亦称柁撑），高度为一人左右，方便起架时人员抬架。在5根柱头上套上绳子，以便拉扯一枋。将小今柱与弯川及小梁斗好以待安装。②定磉。③竖枋。分两种情况——有墙：从东往西起竖，即先竖东二枋、东一枋，再竖西一枋、西二枋。无墙：先竖东一枋、西一枋，接着竖东二枋、西二枋。该过程需要80～100人左右，即每一柱需10人，再加上木匠师傅等。④将小今柱与弯川及小梁组合与已竖好的枋斗成一大枋。⑤枋竖好后，要安装纵向的梁架。由立于柱头上的两个木匠师傅统一调配，栋梁一般重150～200kg。⑥起架两边的枋及安装纵向梁架。"江西黎川郑昌仿工匠说"起屋过程分五步：①组装构架。将川枋、其亭、小童、龙头及象头等与栋柱、二柱及檐柱组装成起架料（一扇架）后，在柱间要绑扎一根木条（称栏杆），高度为一人左右，方便起架时人员抬架。在9根柱头上套上由钩，以便拉扯起架料。②定磉。③起架。先将厅左右两扇起架料同时立架，需要80～100人左右，即

1　据郭湖生先生估计，《鲁般营造正式》成书年代大约至迟为元代。

2　福建光泽毛景荣师傅说"一般房屋由5～6人完成，其中划线之人为掌墨师傅，其他人都听他指挥。"

每一柱需10人，再加上木匠师傅等。一般为各自的亲戚朋友。④安装纵向梁架。起架料立好后，要安装纵向的梁架。由立于柱头上的两个木匠师傅统一调配，栋梁一般重150~200千克。⑤起架两边的枰及安装纵向梁架。"

六、仪式

在赣东闽北地域乡土建筑的营造过程中，一些关键工序必须配以各种各样的仪式活动——如上梁祝词、搣架（或起枰）唱词等——以表达主人及工匠对此项活动的重视。这些仪式须由地理师择定吉日吉时，然后由不同的工匠在仪式中主持，表达对各个工种及整个营造团队的尊重。在整个营造过程中，一些重要仪式包含赞、诗、好话等——即唱词，如《扇架赞》、《扶枰诗》、《立柱好话》等，从这些赞中可以看出人们对营造仪式的重视与尊重，且表达出对美好生活的期待。

"搣架赞［采于吉安申庄村］

日吉时良大吉昌，手抓金鸡搣排厢；四面排立齐合起，扇起左厢对右厢。横过顺身齐扇起，果然清秀好文章；新山水秀国地没，物华天宝反新光。从此我今祝赞后，荣华富贵与天长。

扶枰诗

诸亲扶枰霹雳升，财源广进旺人丁。金玉满堂生贵子，百子千孙万代兴。

立柱好话

日吉时良大吉昌，立柱时候正相当。左边造起金银库，右边造起万石仓。金银库里多财宝，万石仓上多米粮。"

各地均有不同的仪式风俗，并通过这些仪式活动表达对传统建筑营造活动的重视，其中上梁是房屋建造中最关键的一道工序。各地的主要程序包括祝文、颂咒、烧香、祭奠等。

如在江西丰城，上梁之前，主人要送发请柬，请亲友来吃上梁酒。木工要用朱砂在新梁上画"太极图"，用红纸裹在新梁中腰，户主要写吉祥的对联。上梁时要吹唢呐、打锣、放鞭炮。户主手执焚香，领着儿子去接梁。梁被安放到栋柱顶上后，木工提雄鸡和酒壶喝彩祭梁，并齐声唱诵彩词：

手提金鸡毛灿烂，金鸡生在凤凰山。凤凰山上凤

朝阳，金造门来银造梁。

金门银梁色色新，金光闪闪耀门庭。打开鸡冠取宝血，一祭天，二祭地，三祭师傅鲁班艺，四祭午尺分长短，五祭曲尺关四方，六祭凿子铁锤响叮当，七祭泥架两面光。

天地师傅都祭了，鲁班弟子祭门梁：

一祭梁头万里红朝，二祭梁肚国家富强，三祭梁腰角带飘飘，四祭中央太极图，太极图上出彭祖。

彭祖寿高八百八，贤东人财代代发；彭祖寿高九百九，贤东富裕代代有。

门梁都祭了，祭了门梁祭石磉：

一祭东，孔明才能遇东风；二祭西，屋檐出水有高低；

三祭南，东家弟子读书出状元；四祭北，文武状元一齐得。

此从祭梁后，福寿延绵降吉祥，脚踏兴隆地，金玉满堂福寿齐。

工匠们每唱诵一句，房主都要大声应和："好呀！"

彩词唱诵完毕，房主家除女儿外，其余人都成双成对地跪拜房梁，然后仪式才结束。

而闽中偏西的永安市槐南乡西华片传统民居的建造过程则包括看山、定盘、算寸白、画水卦、择吉破土施工、上梁等。其中上梁即安装明间正栋梁和花梁，是建造过程中最重要的仪式，标志房屋的完工。该仪式分五步：①"接梁"——将早已加工好的花梁像待嫁新娘一样从老屋接到新房子里等待安装；②"接红绸"——吉时一到，舅舅口唱吉祥的上梁歌，并揭开花梁上的红绸折叠好交给东家；③"封七宝"——东家往花梁上端预先凿成的凹槽里放代表吉祥的七宝，边放边唱上梁歌。七宝放妥后，割破活公鸡鸡冠滴血于七宝之上，然后用木板封上凹槽口，并用木销钉死；④"上花梁"——两个木匠拎着花梁两端的布带子抬梁从梯子爬至屋架最高处，并将其两端入榫于正栋柱上的卯口后钉牢；⑤"唱批布"——待正栋梁安装稳妥后，木匠用三小袋谷子分别放在梁中、梁头和梁尾压着三匹布的端头，然后将三匹布的另一端松开，使布匹从屋脊处开始顺着屋面挂下。整个上梁仪式非常重要，故还有一些禁忌：如花梁不许女人接触，属相与上梁日子犯冲的人不许到场，不得说不吉利的话等。

赣东闽北地域乡土建筑营造中的各种仪式活动见表1。

1　米（或谷子）、豆（或小麦）红绸、宁麻布、棉线、铜钱、灶灰等，俗称"七宝"（或米、豆、茶叶、盐、铜钱、宁麻布、灶灰）。

赣东闽北地域乡土建筑营造中的仪式活动　　　　　　　　　　　　　　　　　　表1

关键工序	仪式活动	仪式说明
起工破木	起工架马/起工发墨	凡有修作皆需架新木马，木马尺寸格式皆须与建筑式样相合，所谓按祖留格式制作。起用之前需放于吉方，念诵吉句，经此仪式后木马即具神力可协助修作。
动土平基	开工	在基址中心立一方表，用"水绳"、方表定平，平整房基坪。敬告土地神，请各种不吉利的事情避开。由地师、东家及泥水匠一起参加。
定磉	唱	"定磉"即安放柱础，也就决定建筑的标高和柱缝位置。是为立柱子准备的。
扇架/起枰	唱词	"扇架"是用木槌将柱、梁、枋合榫、拼装。该工序由房主及附近居民等多人完成，工匠为指挥者。在该场景中，有相应的"赞歌"，如江西工匠有《扇架赞》，它表明扇架是古代建房仪式中的重要部分，本身也描述了扇架的过程。[2]
竖柱、上梁、扇架	祝大梁 说好话	即拼合木构架。其中"竖柱"专指栋柱，"上梁"指脊檩。此工序非常关键，必择吉日，且须举行隆重仪式。上梁需要雄鸡、鸡蛋、鞭炮、蜡烛、木鱼。梁全部刷红油漆，从两边升上去，大木匠唱诗歌，把鸡冠锯开，在每根柱头上沾一点血，梁上也要沾，压邪。每沾一下，唱一句诗。
撩檐	挂红	挂红称"撩檐"，钉五色布，并要算时间。

（注：此表根据2009～2012年赣东闽北地域大木工匠访谈资料及张玉瑜《福建传统大木匠师技艺研究》一书整理。）

七、结语

笔者深入到赣东闽北大木工匠群体中，并做了持续跟踪访谈，据此对该地域通常意义上的乡土建筑营造工序作了钩沉。认为"营造"是乡土建筑营建工作的核心，由房东与大木工匠协调共同完成，共分六步：相地、料例、择吉、主墨匠与二墨匠、起屋、仪式，包括选址、选时、选人及选料等一系列缜密的逻辑思维过程。在营造体系中，大木工匠主要负责与东家进行沟通、协调各工种的工作，并组织乡土建筑的构架设计和风格定性，与地理先生共同商定吉日良辰，作出经费预算、开工营造并主持营造过程中的各种仪式，在这些领域中充分展示了其领导地位和不可替代性。

参考文献：

[1] 李浈．中国传统建筑木作加工工具及其相关技术研究 [M]．南京：东南大学，1998：31．

[2] 孙博文．山（扇）/排山（扇）/扇架/枰/扶枰——江南工匠竖屋架的术语、仪式及《鲁般营造正式》中一段话的解疑 [J]．建筑师，2012（6）：60—64．

[3] [明]午荣编．鲁班经（白话译解本）[M]．张庆澜，罗玉平译注．重庆：重庆出版集团/重庆出版社，2007：65—66．

[4] 李秋香，罗德胤，贺从容，陈志华．福建民居 [M]．北京：清华大学出版社，2010：190-195．

[5] 张玉瑜．福建传统大木匠师技艺研究 [M]．南京：东南大学出版社，2010：10．

[6] 李久君．赣东闽北乡土建筑营造技艺探析 [D]．上海：同济大学建筑与城市规划学院，2015．

湖南通道地区百年鼓楼的研究[1]

马　庚[2]　王　东[3]　颜政纲[4]

摘　要： 本文通过对湖南通道地区现存百年鼓楼的实地走访，对其空间类型、平面形式、建造方式以及相关联的侗族民族文化进行了总结归纳。希望借此能够为少数民族传统建筑文化的保护及传承提供一定的素材及方法。

关键词： 少数民族聚落；传统村落；侗族鼓楼

一、研究背景及意义

侗族是中国的主要少数民族之一，其主要聚居在贵州、湖南和广西三省交界的区域。位于其中的百里侗长廊较为完整地保留了侗族村寨及其原始建筑风貌，是侗族聚居区的代表地之一[1]。此次研究对象为侗长廊中侗族建筑的代表——鼓楼，及与之相关联的侗族各类文化。鼓楼在中国传统建筑的建构模式基础之上又融入了自身民族的文化及建造经验。体现了侗族特有的建筑形式和民族文化。所以本文还对侗族鼓楼的建构方式进行了重点关注。

研究的意义在于，希望通过对湖南通道地区百年鼓楼的调查，对其在构造方式、平面形式以及空间布局上有一个较为深入的了解，探索鼓楼所具有的社会价值和意义以及它所包含的文化内涵。在进行野外调查时发现一些古侗寨由于是木制建筑，在经历火灾后被损毁如下炉溪寨鼓楼，而与之相关的资料却寥寥无几。由此可见，对于鼓楼的研究及保护就显得尤为重要和急迫。这也是此次研究的初衷之一，作者希望通过介绍鼓楼的构造方式及居民的居住特点为传统侗族建筑民居的保留提供一定的资料。

二、湖南通道地区百年鼓楼情况概述

湖南通道地区作为侗族的主要聚居地之一，现如今在侗寨之中被保存下来的记录在册的百年鼓楼有75座，其中以牙屯堡、平坦乡和龙城镇为主（图1），年代最为久远的为坪溪寨鼓楼始建于1612年。

鼓楼的分布与侗寨之间并非是一一对应的关系。在调查走访时发现有的侗寨可能修建了2~3个鼓楼如芋头古侗寨，这是因为鼓楼的修建模式相较其他建筑有其独特之处，鼓楼一般是由同一族姓的村民共同出资修建而成，而较大的村寨可能居住着不同的几个族姓的村民，所以在村寨里就会有相对应数量的鼓楼。还有的鼓楼，由于位于侗族与其他民族聚居区的交界处，在建筑形式上受到了其他民族建筑形式的影响。如邵阳地区的岩寨鼓楼，其采用了苗族建筑所常见的美人靠作为围合构件。在其形式上已经不能反映出原汁原味的侗族建筑文化，这也从一个侧面说明了，位于湖南通道地区的百里侗长廊具有十分珍贵的侗族民族建筑的研究价值。

三、湖南通道地区鼓楼平面类型及其空间含义

调研对记载在册的百年鼓楼进行了实地调研，并对鼓楼的面宽及进深情况进行了统计（图2）。

1　基金项目：教育部人文社科青年基金（18YJC760079）；贵州省社科规划一般课题（18GZYB28）；贵州省科技计划项目（20181070）。
2　马庚，贵州理工学院建规学院，专任教师，550001，g_ma301301@gmail.com。
3　王东，贵州理工学院建规学院，专任教师。
4　颜政纲，贵州理工学院建规学院，专任教师。

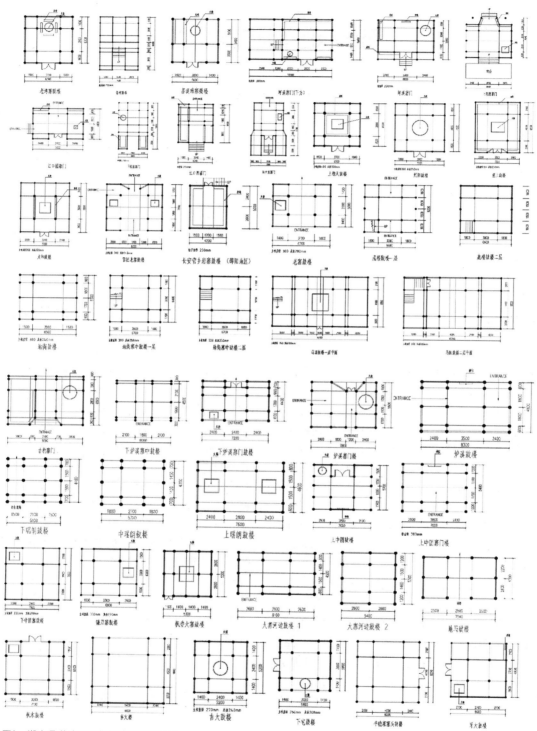

图1　湖南通道地区百年鼓楼平面图汇总

由图上可以看出，所测绘的鼓楼面宽较为集中的区间为5～9米；而就进深而言绝大多数的鼓楼进深尺寸也位于5～9米这个区间范围。而位于图表右侧的两个鼓楼：马田鼓楼和横岭庙旁鼓楼其开间和进深都较其他鼓楼大了许多。其中的横岭庙旁鼓楼由平面图及实地所摄照片可以看出，其构建形式是由单体鼓楼及长廊所组合

而成的复合型鼓楼。所以就单体鼓楼而言，马田鼓楼是湖南通道地区鼓楼中开间和进深最大的大型侗族单体鼓楼。其体积远超其他该地区的鼓楼，属于非典型的侗族鼓楼形式。在接下来的研究当中，可以对其成因进行多方位的探讨，从而进一步了解侗族的建筑文化以及居住习性。

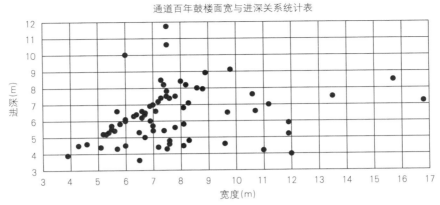

通道百年鼓楼面宽与进深关系统计表

图2 通道地区百年鼓楼面宽与进深关系统计表

1. 平面类型

根据对通道地区现存的75座百年鼓楼进行实地测绘，对测绘数据的对比研究，发现该地区鼓楼平面类型主要分为两大类。一类为矩形平面。另一类为组合式的寨门楼鼓楼。两类鼓楼由于其所处村寨内的位置不同，其平面布局形式也有较大差异。第一类矩形平面的鼓楼由火塘和休息空间所构成。火塘空间一般位于鼓楼的中心位置，休息空间则以火塘为圆心围由木椅合而成。而另一种组合式的寨门鼓楼相较矩形平面其一般位于整个寨子的入口处。所以在寨门类鼓楼中，村寨道路会贯穿其中使鼓楼不仅仅具有交流、取暖等功能，还具有了一定的交通功能。

1）矩形平面

此类鼓楼平面多具有四排柱子，且靠中心处四根柱子略粗于外部柱子属于主要的承重柱。矩形鼓楼在中心位置多布置火塘供村民聚集时烤火使用。此类鼓楼造型简洁，常位于村寨内部，常与戏台一起形成村寨内主要的公共活动空间，供村民们使用（图3）。

图3 矩形平面鼓楼

2）组合式平面

此类平面多由几个矩形空间组合而成。由于其多位于村寨的出入口处，在平面形态上，鼓楼被村内道路划分为左右两侧，形成供村民休息的交往空间。且在其中多布置火塘，供冬季取暖之用（图4）。

图4 组合式鼓楼

2. 鼓楼的空间文化含义

鼓楼作为侗族文化中重要的公共活动空间，其承载了丰富的文化内涵。鼓楼内部空间可被划分为火塘空间、休息空间以及祭祀空间。由于鼓楼通常是由一个族姓的村民集资修建，通常在鼓楼外部会刻有石碑以用于记录捐资修建鼓楼村民的姓名。随着时间的推移，一些重要议事的石碑也会被放置在同一位置。用于记录村中发生的一些大事。例如集资修路或村民自发订立的村规等。

1）火塘空间

鼓楼内部被柱子分割成了多个空间，在这些空间中多会布置火塘空间。火塘既可满足村民的日常生活需求如照明、取暖和炊事等。又是家族和宗族血缘关系的标志。火塘空间一般位于鼓楼的正中心，通常为圆形或方形。在其周围布置有木质座椅供村民围坐期间烤火取暖或者闲聊。在盛大节日或集会时，村民们会身着民族传统服饰围坐在火塘周围。

2）休息空间

在鼓楼当中，除了在火塘周围布置有座椅供村民休息外。在鼓楼的四周也会布置供村民休息的木质平台。此类平台一般高1.5米左右，宽0.5米，可供人休息。木平台通常会与鼓楼的外部围护构件木质栏杆相结合，丰富鼓楼的整体造型。

3）祭祀空间

鼓楼内也会布置供村民祭祀用的神龛，通常位于鼓楼入口处的中轴线上。神龛的布置形式较为简单，通常是在木质板凳上放置烛台、油灯以及香炉。有的鼓楼内部虽然没有布置神龛，而在鼓楼的却设置的有祭祀用的灶台。其功能和布置在鼓楼内部的神龛一样。都是用来祭拜祖先（图5）。

图5　鼓楼中的祭祀空间

由此可以看出，鼓楼空间是一个复合的空间形式，其中的功能除了有基本的与人交往的空间外，还被赋予了一定的精神功能。这一精神功能通过火塘和神龛被表达了出来。火塘生起的火焰温暖着楼内的村民而祖先的神灵则庇护着围坐在火塘周围的子孙们[2]（图6）。

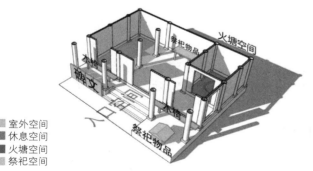

■ 室外空间
■ 休息空间
■ 火塘空间
■ 祭祀空间

图6　鼓楼的空间类型

四、鼓楼的结构形式

穿斗抬梁混合式

鼓楼一般为木质建筑，不易留存。保存至今的鼓楼多为清代以后所修建的。按照大木作的结构体系可分为两类，穿斗式和穿斗抬梁混合式。通过对湖南通道地区现存的75座百年鼓楼进行的实地调查，可以发现，通道地区鼓楼的结构类型主要为穿斗抬梁混合式。即鼓楼的檐柱或金柱之间以枋相连接，上面立短柱然后再承托三架梁或五架梁，在鼓楼的局部形成抬梁结构。即一部分的檩是靠梁来支撑重量的[4]。这种构造方式的优势与汉代建筑穿斗式抬梁混合式相同。能够使建筑获得较为宽敞的檐下空间和中部空间。但采用此方法的建筑形体较为矮小，平面形式多为矩形，屋顶多为悬山和歇山。

如芋头侗寨中的牙上鼓楼，该鼓楼就是运用了穿斗抬梁式的建构方法。该鼓楼为矩形平面，内柱4根，外柱12根，檐柱与金柱之间用枋相连接。并在上部架设短柱，短柱上再架设横梁以此重复。牙上鼓楼共有3层檐口，顶部为歇山顶结构（图7）。

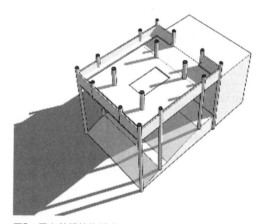

图7　牙上鼓楼结构形式

而在通道地区中另一种常见的鼓楼平面为组合式，上文提到该种类型的鼓楼多为寨门楼，其大多数也是采取了穿斗混合抬梁式的建构方式，如江口西寨门鼓楼。该鼓楼可以看作为一大两小三个矩形抬梁式建构的组合（图8）。侗族鼓楼为木质建筑，而修建鼓楼的木材主要来自村寨周围的杉木。杉木相较于其他木材而言，加工周期短，易于加工；湖南通道地区处于山区，常年较为潮湿，而杉木的耐腐蚀性能有要远优于其他木材，这也是其作为鼓楼所使用木材的一个原因之一。在修建鼓楼的过程中，当地也有一些特殊的营造习惯。例

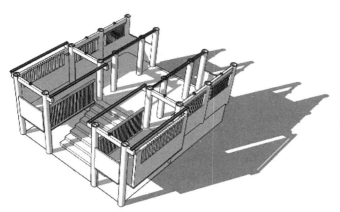

图8 江口西寨门结构形式

如，在选取鼓楼雷公柱所用木料时，选择村寨附近山坡上三根相邻杉木中最为粗大的一根。由于鼓楼为同姓宗族所共同修建，除了柱子、梁等大型木料外，其余构件所用木料多为村民自发捐献。而鼓楼中的中柱则为村寨中居住时间最长的住户才具有捐献的资格且这一捐献资格是世袭的。这其中的含义是："侗族村寨是由那些居住最久的家庭慢慢发展而来的，他们是整个村寨的核心[5]。"其他鼓楼中的柱子也均为村内或宗族内有名望的老人才有资格捐赠。从而肯定他们在宗族及寨子的发展中所起到的中流砥柱的作用。

五、结语

侗族鼓楼不仅体现了中国少数民族地区人民的传统智慧和文化精神，而且是中国西南地区木构建筑重要的组成部分。随着中国城镇化进程的开展，越来越多的少数民族建筑文化受到了现代建筑文化的冲击。传统民族建筑被混凝土建筑所取代使中国农村的地域性特征越来越模糊。通道地区的鼓楼不仅是当地具有特色的民族建筑同时也是整个中国侗族地区具有代表性的建筑。作者希望通过对此次调查走访所获资料的总结与归纳，能够对湖南通道地区的侗族鼓楼有个较为全面的了解，为古建筑的保护及修整提供一些方法与建议。

参考文献：

[1] 石信怀. 侗族建筑文化的瑰宝——鼓楼 [J]. 重庆建筑大学学报，2002，(5)：9-11.

[2] 陈蔚，杨林，陈鸿翔. 黔东南地区传统侗族鼓楼研究 [J]. 西部人居环境学刊，2013，(4)：49-55.

[3] 高家双. 侗族鼓楼建筑类型学研究 [D]. 长沙：中南林业科技大学，2011.

[4] 陈鸿翔. 黔东南地区侗族鼓楼建构技术及文化研究 [D]. 重庆：重庆大学，2012.

[5] 向同明. 建筑人类学视野下的侗族建筑 [J]. 贵州民族学院学报，2011，(2)：15-19.

淮盐运输沿线盐业聚落的特征解析

赵 逵[1] 张晓莉[2]

摘 要： 清代淮盐以一隅便可抵数省之课，其运销范围更是覆盖了我国苏、皖、赣、湘、鄂、豫六省。而淮盐运输线路虽是一条因盐而生、因盐而兴的古商贸线路，但它不仅对沿线经济繁荣起到了深刻的影响，也对其沿线聚落的发展起着很大的推进作用。本文以淮盐运输线路为基础，将点状聚落串联成线，并运用比较研究法对沿线聚落展开了深入的探讨，揭示出聚落因受盐业经济影响而呈现出的"文化交融"特征。

关键词： 淮盐运输线路；产盐古镇；运盐古镇；形态特征

盐业是中国封建社会关乎国计民生的产业，盐自古也是国家宏观调控的重要物资之一。而两淮盐业又在全国盐业经济中占有重要比重，仅清代而言，两淮盐税便占到国家盐税总收入的一半，故有"煮海之利，重于东南，而两淮为最"、"两淮岁课当天下租庸之半，损益盈虚，动关国计"、"佐司农之储者，盐课居赋税之半，两淮盐课又居天下之半"等说法。也正因如此，封建政府十分重视两淮地区，曾多次修订两淮盐法志，以期维持淮盐经济的持续与稳定。

繁盛的淮盐经济不仅为运输沿线带去了大量的经济资本，也对沿线城市聚落的发展产生了深远的影响。这些散落于淮盐运输沿线上的城镇、聚落，古时均深受淮盐经济、文化的影响，但随着时代的变迁、交通运输方式的改变和淮盐经济的衰退，原本的淮盐商贸路线消失，沿线城镇、聚落也随之没落，从而被人们遗忘。近年，虽因旅游事业的开发以及乡土文化、建筑研究的兴起，部分多年被藏于"深闺"的城镇、聚落逐渐走入人们的视野，但这些被发现的城镇、聚落均是以点的形式展开，并未形成整体。故本文从"淮盐运输线路"这一文化线路的角度重新审视沿线上传统聚落的变迁，将连点成线，以全新的视角展开研究。

一、清代淮盐运输线路分布

淮盐虽起源于春秋，但清代以前，其销售范围和运输路线均未有明确划分，直至清朝实行"纲盐制度"后，才对淮盐的销售范围和运输路线做了明确的规定。盐商运销淮盐只能按政府规定路线运销到规定的口岸，如不按规定执行则以私盐论处。因而为保证淮盐税收的持续与稳定，清政府除修订盐法志外，还特别绘制了"四省行盐图"以助沿线官员管理两淮盐务（图1）。此图中明确表达了淮盐的运输路线，以及各城市、聚落所销售的盐引数量，是淮盐运输沿线城镇聚落研究中不可

图1 清代"四省行盐图"
（图片来源：http://digitalatlas.asdc.sinica.edu.tw/index.jsp.）

---

1 赵逵，华中科技大学 建筑与城市规划学院，教授，430074，yuyu5199@126.com.

2 张晓莉，华中科技大学 建筑与城市规划学院，博士，430074，376919173@qq.com.

3 【清】李发元《盐院题名记》，嘉庆《两淮盐法志》卷55《杂志四 碑刻下》.

4 【清】嘉庆《两淮盐法志》序.

或缺的资料。

淮盐实为淮南盐与淮北盐的总称，两者以古淮河为界，淮河以南长江以北为淮南盐产区，主要销往安徽长江沿线、江西、湖北和湖南等地；淮河以北则为淮北盐产区，依靠淮河水运销往安徽北部以及河南淮河沿线等地区（图2）。

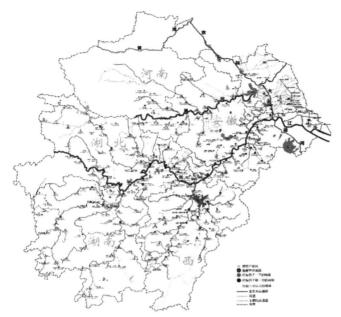

图2 清"四省行盐图"淮盐运输现代解读示意图

1. 清代淮南盐场的运销线路

清代淮南盐共20场，随着盐业经济的发展，盐商聚集，这些盐场逐渐发展为以产盐为生的城镇。盐由产盐镇运出后，经由串场河和运盐总河运往扬州掣验所，由仪征十二圩入长江运销。船只入江后，可顺江而上，到达鄱阳湖和洞庭湖水域，再利用皖、赣、鄂、湘内部的主要水运河流进行转运分销。随着淮盐的转运集散，盐业资本为这些地区带来了无限的商机，人流聚集，原本规模较小的集散点逐渐扩大，发展为城镇，成为周边的商业集散中心。

1）淮皖运输路线

淮南盐船出仪征过采石后进皖江流域入太平府、荻港等地进行销售，从图3可以清晰看出，淮南盐在安徽段的销售范围主要集中于长江沿线及长江南部主要河流可到达之地。其中盐引在万两以上的有八处，这些既是淮盐主要的转运节点，亦是淮盐文化深度浸染的城镇，如紧邻长江的安庆市，古为安庆府，是淮盐在长江北岸转运的主要节点之一，至今长江边仍保留有以淮盐命名的街道——"盐店街"。

图3 清代安徽淮南盐运销线路解读示意图

2）淮赣运输线路

行过安徽，盐船进入鄱阳湖，停靠于古南昌城外蓼洲头（今南昌百花洲附近），上生米滩，后再利用汇入鄱阳湖的赣江、抚河、信江、饶河、修水这五条主要河流分销江西各地。根据"四省行盐图"中所标盐引可知，江西省内行盐万两以上的分销节点主要集中于鄱阳湖周边（图4）和可达性较好的赣江沿线。

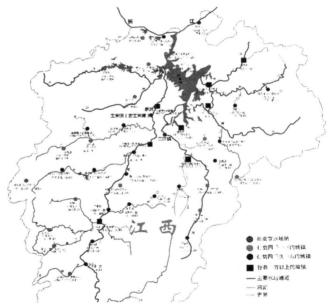

图4 清代江西省淮南盐运销线路解读示意图

3）淮鄂运输路线

清代湖北、湖南两省的淮盐运销对于整个淮盐经济尤为重要，可以毫不夸张地说"淮盐得湖广而兴，失湖广则衰"。盐船由长江入洞庭湖后，均需停靠汉口进行分销，因而汉口于淮盐是十分特别而又不可或缺的存在。众所周知，汉口的兴起最初由于汉水改道，但汉口经济发展却是始于淮盐。每年数以亿计的淮盐在汉口集散，大量的淮盐商人在汉口聚集，无数的淮盐资本在汉口流通，为汉口创造了盛极一时的辉煌。拥有大量资本的淮盐商人在汉口兴建自宅、会馆、店铺等，他们对汉口的格局、建筑均产生了重要的影响，至今在汉口仍保留有"淮盐督销总局"、"淮盐巷"等与淮盐相关的历史遗迹。在湖北省内，淮盐运输以汉口为起点，依托长江和众多支流：蕲水、浠水、巴水、举水、府河、沮河、汉水等共同构成的运销网络进行运销。且由图5中淮盐销售量可知，在湖北淮盐的运销以长江为主，其次则为汉水（图5）。

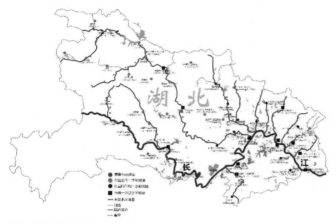

图5　清代湖北省淮南盐运输线路解读示意图

4）淮湘运输线路

由淮鄂运输线路分析可知，湖南所销淮盐也由汉口起运，通过洞庭湖水域进入湖南境内。在湖南，淮盐运销网络由澧水、沅江、资水、湘江共同组成，其中又是以沅江、资水和湘水为主要的运输线路（图6）。尤为重要的是，沅江是淮盐销往湘西山区的水运交通要道，同时也是广西以及湘西少数民族进入长江流域的主要通道，故古时在湖南，大量的淮盐由沅江运输集散，且在沅江边的洪江古城至今仍保留有淮盐缉私局和盐仓。

2. 清代淮北盐场的运销线路

清代淮北盐共三场，其所产之盐主要销往安徽、河南两省的淮河流域。在安徽境内，淮河通航条件良好，盐业运输主要依托水运，且根据方向不同分为淮北线和淮南线，淮北线主要利用淮河北部支流即洪河、颖河进行运输，淮南线则主要利用界河配以陆运的方式进行运输。而与安徽境内不同的是，淮河在河南省内，水量较小，航运时有不通，故转而以陆运为主（图7、图8）。由于淮河流域运输条件不如长江水运来的便利，加之淮北盐场早期产盐量相比于淮南盐场要少，故而其行盐数量在万两以上的分销节点并未有之。

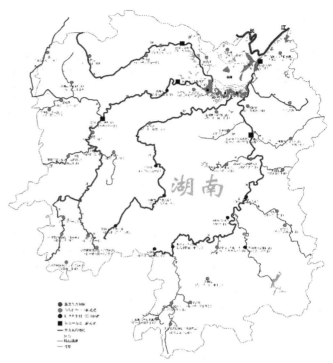

图6　清代湖南省淮南盐运输线路解读示意图

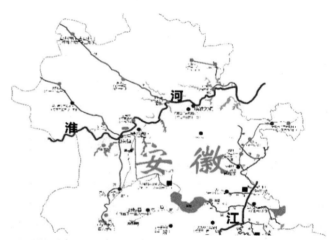

图7　清代安徽省淮北盐运销线路解读示意图

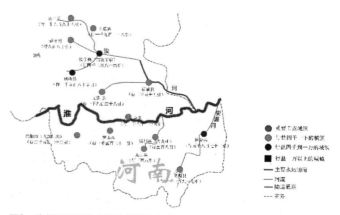

图8　清代河南省淮北盐运销线路解读示意图

二、产盐古镇的形态特征

产盐古镇原为清代两淮盐场，后随着生产规模扩大、人员聚集和海岸线东迁等原因，原来简单的生产功能，逐渐转化为集生产、贸易、运输为一体的城镇。功能转化后的盐场中，不仅仅只有灶丁和盐场管理者，大批盐商人及相关产业人员也逐渐汇集于此，因而盐场规模不断扩大，功能也相应增强，最终成为了当地的经济中心。

由于淮盐为海盐，故产盐古镇均沿江苏东部的海岸线分布，且为四面环水的形态布局。两淮产盐古镇与我国其他地区古镇的分布和空间布局有所不同，其自出现、发展到最终稳定的整个过程，均有明显的人工痕迹，包括聚落内部的空间结构，河流的分布、走向等都是在盐业生产要求下人工进行的。

如东台安丰古镇，原为淮南安丰盐场。此场形成较早，早在宋代时就已有，最初规模较小，位于范公堤以西，以"团"为基本单位组织进行，且为防私盐，盐场四面筑以围墙。但随着时间的推移，海岸线不断东迁，原本的生产区域已不再近海，无法获得卤水，生产受到严重的阻碍，故而生产区随着海岸线不断东移。到了明代，生产区已越过范公堤，此时安丰仍以生产为主，除灶丁外，并未出现大批商人。清代淮盐经济达于顶峰，盐商汇集安丰，并因运盐而来往于安丰与扬州之间，因此带动了相关产业的发展，盐场开始向场镇转化，出现了多功能分区，场镇的总体布局也出现了突破性改变。原有"团"的布局形式，已不能满足现有的规模和要求，故而围墙逐渐拆除，以河道代替，如此场镇既保留了封闭的格局，有效预防私盐，亦便于淮盐的运输和储存。至此，安丰古镇四面环水的形态格局最终形成（图9）。目前，安丰古镇北部河流由于城市发展已被填平，但东、西、南三面的河流仍在，且通航条件良

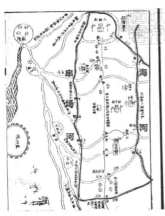

图9　清代安丰场镇四面环水的格局

图10　安丰古镇总图

图11　安丰古镇七里长街

好（图10、图11）。

古镇以"七里长街"即原"范公堤"为轴线展开，各类分区均围绕长街设置。盐业的管理中心：场署、分司公署、盐课司和大使宅位于场镇的中心位置、长街两侧；盐仓、预备仓则位于场镇的南、北两端。由于淮盐生产多靠自然条件，为祈求风调雨顺，盐业生产顺利，场镇中的宗教空间十分突出，鼎盛时期，长街两侧形成了"七十二庙堂"的繁荣景象。目前安丰古镇长街两侧街巷格局保存较为完整，且原盐场盐课司亦保存完好，盐课司戏楼前留有一个十分宽敞的广场，既为当地居民提供了公共休闲空间，亦是对盐课司的一个烘托，以此来凸显官署建筑的重要地位（图12）。

从以上分析可以看出清代产盐古镇的形态特征为：①分布在江苏东部沿海地区，与串场河、范公堤相连，这主要是由生产运输条件决定的。②古时为便于运输，同时防止私盐的产生，古镇采用四面环水的格局，

图12 安丰盐课司

形成相对封闭的空间，目前这些古镇的基本格局仍在。③由于淮盐生产以及海岸线东迁等原因，古镇内部河道纵横。

三、运盐古镇的形态特征

于淮盐经济而言，除生产外，最重要的便是淮盐的运销，因盐业运销而产生的运盐古镇有着自身的形态特征。如位于汉水与长江交汇口的汉口镇（图13~图15），自明代中叶起就是湖广地区淮盐第一集散地，其形态空间分布主要以码头为中心。各条街巷均沿着码头纵深发展。盐船停靠武圣庙码头，在码头的右侧，便是盐运司、淮盐官仓所在，登上码头后，穿过巷道，正对淮盐督销总局。大批盐商、运丁聚居此处，他们在此经商、生活，故而逐渐形成了以淮盐为主的贸易中心——"淮盐巷"。但随着盐业经济衰败，盐商没落，淮盐巷也被历史的尘埃覆盖。如今的淮盐巷早已不是当日的繁华之景，走在狭窄的巷道中偶尔有一两位行人擦肩而过。虽光彩已逝，但仍有清代诗人叶调元在竹枝词

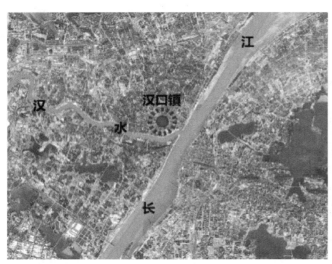

图13 汉口镇区位图

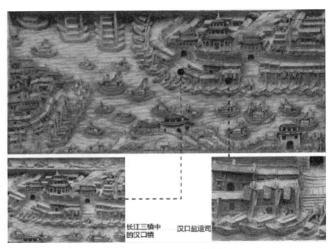

图14 湖南芷江天后宫门楼中所雕刻的汉口繁荣景象

图15 1877年汉口镇街道图（图片来源：百度图库）

里唱的"宅第重深巷一条"的情调。整条巷子两侧均为两层楼房，狭窄的通道被一个个过街楼分成明暗相间的空间。旧时过街楼全为木构雕花，后为使用安全而改用水泥（图16）。

再如湖南的洪江胡古镇，与汉口类似，古城沿阮江和潕水边，设有多个码头，镇中的街道顺着码头延伸出去，形成整体为发散带状的布局。码头是每一条街道的起点，亦是整个聚落的中心（图17）。与码头功能相关的官署、会馆等建筑，围绕码头布置。新安码头，是清代徽商运输淮盐至洪江古城集散所用，而在淮盐码头

图16 淮盐巷内过街楼

图17 洪江古总体布局

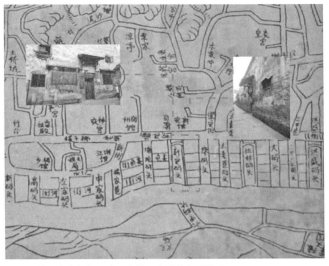

图18 洪江古城新安码头及会馆、官署的相对位置

周围，分别建有淮盐缉私局、淮盐盐仓，以及新安会馆等建筑（图18）。

从以上分析可以看出清代运盐古镇的分布及形态特征为：①分布于水运交通极为发达的河流交汇口或水陆转运的节点上。②以码头为中心展开布局，古镇整体呈发散状，且每一条街道以码头为起点。③码头周围建有淮盐缉私局、盐仓、盐店以及会馆等建筑。

四、结语

本以"盐"为线索，从线路——聚落的角度进行论述。虽然影响聚落形态布局的因素很多，不能"以盐概全"，但淮盐作为我国东部和中部强大而持久的经济活动，对政治、经济、文化必然产生不可低估的影响，而聚落作为文化的物质载体，必然与盐业经济有着不可忽视的联系。以淮盐运输线路为基础，将城市与聚落聚焦于"商贸通道带来的生产生活方式及其民族文化交融的'动态'影响"之中来研究，揭示出这条"文化线路"上城市与聚落的整体性与共同点。

基于中国文化的传统乡村功能初探

徐 聪[1]

摘 要： 中国文化源于农耕文化，农耕文化是中国农耕文明的结晶；中国文化影响和延续着中国传统乡村的功能。传统乡村功能主要体现在山水环境、生产生活、邻里交往、乡村文化等多方面，功能使得乡村得以延续和发展，保证了居民的生活和繁衍，乡村是人们生活和心灵的归属。

关键词： 文化；乡村；功能；山水；乡村功能

乡村是指乡村地区人类各种形式的居住场所，即村落或乡村聚落。它有着深刻的文化内涵。

乡村这个词语最早来源于南朝谢灵运的《石室山诗》：

"清旦索幽异。放舟越坰郊。苺苺兰渚急。薿薿苔岭高。石室冠林陬。飞泉发山椒。虚泛径千载。峥嵘非一朝。乡村绝闻见。樵苏限风霄。微戎无远览。总笋羡升乔。灵域久韬隐。如与心赏交。合欢不容言。摘芳弄寒条。"

《辞源》，乡村被解释为主要从事农业、人口分布较城镇分散的地方。

《辞海》对乡村的解释是，"乡村"亦作"乡邨"。1.村庄。2.今亦泛指农村。3.乡里，家乡。

"乡"起源于西周时的"里"，"里"这种制度一直发展到汉唐。"村"字由"屯"字演化为"邨"，继而由"邨"演化为"村"；或有学者认为"屯"即"屯田"，"村"来源于汉朝时的屯田军制等。

乡村除了丰富的文化内涵外，传统乡村还具有多元生活功能。其多元生活主要体现在山水格局的构建、生产关系的呈现、维系家族与邻里关系、文化的载体等方面。

一、山水格局的构建

乡村是农业人口聚居之地，靠近田地、水源与山林隐匿安全、交通运输等都是人们共有的趋利性。乡村生活应适应自然山水环境，保证自然资源的可持续利用，则敬畏自然、良好的山水格局显得尤为重要。《论语·雍也篇》子曰："知者乐水，仁者乐山"，这句话体现了中国文化中人们对山水美的追求；中国民间有句俗语"靠山吃山，靠水吃水"，这句话则体现了山水自然环境是乡村居民的生活资源的来源；同时，中国村落的选址讲求风水，认为"枕山、环水、面屏"的山水格局是最为理想的风水。因此山水自然环境是乡村的关键要素，乡村的山水格局是人们对美的追求、对生活的需求、对安全防卫的需求和对风水术的尊崇等。

1. 山水——美的追求

明代文震亨的《长物志·室庐》中说："居山水之间为上，村居次之，郊区又次之。"光绪《婺源县志·风俗》称赞婺源"山峻而水清，以故贤才间出，士大夫多尚高行奇节。"可见山水格局是乡村理想的居住环境，例如安徽的宏村、棠樾村等都具有美好的山水环境。南宋陆游的诗句"山重水复疑无路，柳暗花明又一村"，也体现了传统村落通常位于山水格局中的红花绿柳美好环境中，山水格局是乡村居民对美的追求。

2. 山水——生活需求

中国的传统村落通常由于生活需求选址于山环水抱之间，山水间的平整田地是居民耕作生息之必需，为了获得更多的土地，村落通常位于山脚或山腰以便将更

1 徐聪，西南交通大学建筑与设计学院，襄阳市城市规划设计研究院，全国二级注册建筑师，611756，四川省成都市郫都区西南交通大学建筑与设计学院.

多的土地用于耕种；水源是村落的重要资源，是生命和生活之所需，它对村落的选址和村民的凝聚力有重要作用；北方地旷人稀，人口承载量主要限于水，南方地啬人稠，人口承载量主要限于田地。因此乡村居民为了生活需求通常也将村落建于水边，靠近水源意味着乡村生活用水的易于获取，水产物是人们的生活物质资源，同时水系也是农业生产用水的保证，水是乡村发展繁衍的重要保证。

　　山体对于村落的日照和气温也生活资源也有较大影响，乡村通常选址于山南以便于获得充足的阳光，在山水微环境中气温通常随山体高度增高而降低，山脚和山腰具有较温和的气温，故而村落通常选址于山脚或山腰。良好的日照和气温既利于农业生产又利于居民的日常生活。例如江浙一带古时村址选择，通常根据居民的生活经验，观察隆冬时哪里的霜雪最薄，初春时哪里的草木最先开花，秋季看哪里的木叶后凋等。

3. 山水——安全防卫

　　河流都有转弯处，大体呈弧形，弧的外侧，一般易受河水冲蚀，叫冲蚀岸。河水挟带的泥沙易在弧的内侧沉积，则内侧是沉积岸。村子选址，多在沉积岸一边，而避开冲蚀岸，怕的是冲蚀岸一侧土地不断减少，甚至会危及村落本身。传统乡村多建于背河曲处。河水东流，向南曲，逐渐就形成了河岸北凸而南凹的形式。凸岸积沙成滩，而凹岸就会逐渐的冲刷坍塌，村落往往建于凸岸河流环抱的位置。丘陵地区乡村聚落往往由于农业用地的稀缺而致使村落多建于山顶或山腰，这样的村落可以兼顾取水距离和防卫、防洪。

　　山体也能对村落起到防卫的作用。例如民国时匪患较多，川南山区的乡村大多在村口的山体上建有寨堡用以防匪患。山体将村落环抱也能给居民以心理上的安全感和依靠感。

4. 山水——尊崇风水

　　传统的风水学说对聚落理想环境的描述为："左青龙，右白虎，前朱雀，后玄武"，在山脉止落之处，背依山峰；面临平原，水流屈曲，入收八方之"性气"；左右护山绕抢，前有秀峰相迎。[1]"枕山、环水、面屏"都是传统乡村聚落中最为理想的山水格局，如安徽的宏村、棠樾村，江西婺源村等（图1、图2）。即使部分村落不能满足这样的理想山水布局模式，但也能够通过局部的环境改造达到山水格局相互依托的关系，如西递村村口池塘为后期人工挖掘。

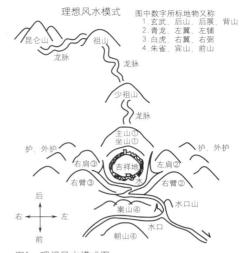

图1　理想风水模式图
（图片来源：http://blog.sina.com）

图2　山水环抱中的古蔺县白马村（图片来源：作者自摄）

　　腾井明的《聚落探访》中提到，汉民族的三合院、四合院所组成的村落是依据风水布置的。风水是解读"气"的脉络，并在"气"经过的地方找出龙穴的地貌学，从天上降下的阳气与从地里涌出的阴气成为"气"的源头，这种阴阳的状态通过卦线的组合来表示，通过卦线的不同排列组合形成阴阳八卦和阴阳六十四卦，阴阳卦的不同组合分别代表地形、季节、方位，动物、人间、身体、属性、五行、气象、内脏、节气等。这些都是占卜的依据，客家作为汉民族的一支，它的土楼不论从选址到形态也完全是按照风水来进行设计的，福建的八卦土楼，有的聚落形态本身也是八卦图。[2]

二、生产关系的呈现

　　传统乡村聚落主要为第一产业——农业、畜牧业、林业、渔业等，土地、山林和水源等是其生产的物质基础。自然经济条件下，一个村落大致是一个生活圈、一个经济圈。传统村落中，由于村民间的血缘和地缘关系，乡村的生产关系主要体现在村民家庭内部的生产协作和家庭间的帮工合作。村落与农田、山林、水系的相互关系非常重要，如四川的林盘村落，林盘由民居、高大林木、水系、院坝等元素组成，部分林盘内部也有丘陵山体，各个林盘形成各自较独立的生态、生活、生产单元，蔬菜种植、禽类养殖等生产活动在林盘内部就能完成；另外林盘散布于农田、水网中之中，既保证了村落与生产资源的和谐关系，也便于村落对农田较近距离的管理和耕作（图3）。[3]

图3　四川林盘（图片来源：www.tfol.com）

北方传统村落常为团簇状的封闭内向形态，村落产业以农业生产等为主。空间组织模式为单元式的合院民居以街巷为联系，关联各个合院民居以及村民公共活动场所等，村落的主要活动领域是其耕作半径所达的空间，各个村落的分布也与其耕地范围和距离有较大关系。较典型的如山西丁村（图4）。[4]

图4　山西丁村（图片来源：blog.sina.com.cn）

三、维系家族与邻里关系

村落主要以血缘、地缘和业缘维系居民的和谐关系，宗族、邻里关系显得尤为重要。宗族指拥有共同

祖先的人群集合，通常表现为在同一聚居地中由一个姓氏构成的居住聚落，属于现代意义上模糊的族群概念。[5]中国传统社会的宗族组织是社会的基层组织，村民生活在宗族的治理之下。宗族成员间除了完成各自的生产外，还要相互帮工，这是农业生产方式落后时期的生产需要，另外宗族成员还要共同完成族田的生产任务，以使宗族能够利用族产扶助弱小、教育后辈、养助老人等；地缘只是血缘的映射，村落中的居民相处一地，相互扶助而繁衍生息，"远亲不如近邻"即是这个道理；费孝通先生的《乡土中国》提到一个村落就是一个社区，血缘和地缘的合一是社区的原始状态。可见我国乡村中宗族和邻里关系的重要性。

"邻里"，语出《论语·雍也》："子曰：'毋，以与尔邻里乡党乎？'"，这里的邻里即邻居。新中国建立后，由于传统宗族社会的瓦解，以及乡村宗族观念的淡漠，乡村邻里关系以血缘联系的较少，主要以业缘相关联，即帮工关系。由于农村生产方式较为落后，农民的农业生产、建房活动等往往以个人小家庭之力较难完成，需要邻里付出劳动力的帮助，之后当邻里进行相似农业生产、建房活动时，被帮工家庭则还以劳动帮助，也即还"人情"。邻里之间除了帮工关系，还有邻里交往活动，例如四川农村的"摆龙门阵"是农村邻里之间凑在一起拉家常话的一种交往活动形式，良好的邻里交往活动有助于信息的传播和和谐邻里关系的形成。

四、文化的载体

中国文化源于农耕文化，农耕文化扎根乡村，为大多数人服务。在相当长的历史时期里，乡村是中国文化的中心，由中国早期的井田制可知中国最早的部落邦国就是一个个乡村，是乡村孕育了中华文明。因此乡村是文化的重要载体。

乡村文化又主要包括农耕文化、礼制文化、宗教文化等。中国的主体民族汉族是一个农耕民族，在漫长的历史长河中发展了灿烂的农耕文化，即使古代的皇帝每年也要祭祀土地、行稼穑之礼，中国传统家庭则以耕读传家作为出世或入世的文化准则；乡村的礼制文化主要受儒教的影响，《左传·昭公二十五年》："夫礼，天之经也，地之义也，民之行也"，礼是人们的行为准则，于是在乡村中出现了宗族、祠堂等代表礼制文化的元素；宗教在中国乡村中一直存在，较原始的宗教信仰为天地鬼神等，如辽宁的牛梁河女神庙，后来道教的产生和佛教的传入，使得乡村的宗教文化以佛、道为主，例如河北平石头村就融合了佛、道等宗教文化。

乡村文化也代表了农民的某种美好愿景，例如我国东南地区的乡村文化中把村落把理想的农村环境简化为一个"富"字，宝盖下的短横代表村落，宝盖代表浅山从三面护卫村落，山上长着林木，可樵可猎；宝盖上的一点是高耸的山脉主峰，形态有如护围，作为村落的依靠，还能遮挡冬天凛冽的北风；短横下的口字，便是村落前的一方水塘无论村民的生活或农业生产，都需要充足的水源；口字下面便是田字，水塘前的田地在水源的保障下，生长庄稼，出产粮食，保证村民的生存；位于这样地理环境中的农业村落，焉得不富。

五、结语

中国文化来源于乡村，乡村是每个人心中的应许之地。即使在现代化的今天，乡村依然延续着它的传统文化和功能，保证着乡村居民的生活和繁衍；许多城市居民也来到乡村进行休闲旅游，寻求心灵的回归。

传统乡村文化和功能应当进行保护和延续，延续乡村文化和功能就是传承中国文化，中国文化得以良好地传承才能促成中国本土建筑的实践发展，民族的才是世界的！

参考文献：

[1] 田莹. 自然环境因素影响下的传统聚落形态演变探析 [D]. 北京林业大学. 2008.
[2]（日）藤井明. 聚落探访 [M]. 北京：中国建筑工业出版社，2003.
[3] 陈明坤. 人居环境科学视域下的川西林盘聚落保护与发展研究 [D]. 清华大学，2013.
[4] 唐明. 血缘·宗族·村落·建筑——丁村的聚居形态研究 [D]. 西安建筑科技大学，2002.
[5] 王天鹏. 赣南客家风水信仰的人类学研究 [J]. 青海民族研究. 2009. 20（2）：29-34.

以文赋形的特色风貌塑造方法初探

邓林森[1]　马　珂[2]　车震宇[3]

摘　要： 在城乡日益发展与经济全球化的背景下，伴随着宏观语境的改变，城乡发展日益对于门户性、形象性的要求增强，城乡自身的特色与空间质量被赋予越来越重要的意义，而特色风貌的塑造无疑是一种行之有效的方法。论文基于文化符号的角度，通过探索以文赋形的特色风貌塑造方法，从而将传统的地域性与民族性文化与城乡物质载体相互融合，从而达到以形赋意的目的。研究以云南省元江县城的特色塑造为例，通过文化符号数据库的建立，文化符号库的分类植入等方面的内容，探求将多元的文化符号应用于现有的城乡特色风貌塑造中的实践方法，从而为云南的城乡特色风貌塑造提供思路。

关键词： 特色风貌；文化传承；文化符号

一、研究内容

1. 案例地的选择

云南省山多地少，山区、半山区占全省总面积的94%，盆地、河谷（也俗称坝子）仅占6%。由于自然环境的阻隔，不同的坝区在历史的长河演进过程中形成了相对封闭又自成体系的社会文化现象。以云南省大理州为例，在2017年申报特色小镇的过程中，有60%的城镇直接以独特的文化作为着力点形成自身的主导产业。

论文的研究以云南省元江县城作为研究对象，元江坝子规模适中，并且县城与周边村落联系密切，地域性与民族性文化丰富多元，具有一定的典型性与代表性。元江哈尼族彝族傣族自治县，位于云南省中南部，地处元江中上游，介于北纬23°19′至23°55′，东经101°39′至102°22′之间。元江属于低纬度高原季风气候，春冬干旱风大、夏季多雨，干湿分明。整体的自然风光可以简单地概括为：两山一江，地景壮阔（图1）。县城面积约10平方公里，人口30358人，以哈尼族、彝族、傣族为主体的多个兄弟民族经过漫长的分和聚散，不断地吸收和同化对方的优秀文化，从而留下了今天元江色彩斑斓的多元文化。

图1　元江县城全景（图片来源：作者自摄）

1　邓林森，昆明理工大学，研究生，650000，1543969105@qq.com。
2　马珂，昆明理工大学，在校研究生，650000，314700665@qq.com。
3　车震宇，通信作者，昆明理工大学建筑与城市规划学院，教授，硕士生导师，650000，598869375@qq.com。

2. 文化与文化符号

以文赋形，其中文指的是文化以及文化符号，形指的是城乡的外貌、形体，以文赋形，是将文化基因转换为文化符号，再与物质空间相互链接、融合，从而达到随形赋意的风貌塑造方法。

城乡风貌，是城乡的自然景观和人文景观及其所承载的城乡历史文化和社会生活内涵的总和。风貌中的"风"是"内涵"，是对城乡社会人文取向的非物质特征的概括，是社会风俗、风土人情、生产生活等文化方面的自然呈现，是城乡居民对所处环境的情感寄托。"貌"是"外显"，是城乡物质环境特征的综合表现，是城乡物质环境整体及构成物质元素的形态和空间的总和，是"风"的载体。[1]

文化对于城镇的发展具有极大的重要性。西方人文主义大师芒福德对文化与城镇的关系进行了鲜明的描述，早在1930年，芒福德就高度强调："城镇的生命过程在本质上不同于一般高级生物体，城镇可以局部生长，或部分死亡、自我更新"。而这一过程就是借助于文化的力量，"城镇文化可以从遥远或长久的孕育中突然新生；他们可以通过借助于多种文化的寿命来延续它们的物质组织；他们可以通过移植其他地区健康的社区或健康文化的组织而显现出新的生命。"[2]

不言而喻，文化对于城乡的发展具有重要的作用，但是对于文化的本质，至今尚未有确切的定义。本论文基于"符号"的视角进行切入，以便于简单而又准确地对"文化"进行一个系统性的认识。

论文中的符号主要是来源于索绪尔的定义：所谓符号就是物质的象征。[3]索绪尔认为符号有两种要素构成：能指与所指。能指表达的是符号的物质形式，而所指是符号的寓意。根据这个定义，文化符号就是通过文化的物质的载体形式来表达文化所代表的象征寓意。马歇尔·麦克卢汉认为文化就是用特定方式组织起来的文化符号系统，文化究其本质乃是借助符号来传达意义的人类学行为，基本功能在于文化意义的传播和表征。[4]

由此可知文化与符号密切相关。文化就是一连串有机的文化符号系统，文化通过文化符号的表征、象征与传播功能来记录与表达人们的意识形态、社会活动、人与自然的关系以及生态环境状况。

二、基于文化符号的风貌塑造方法

1. 文化符号的数据库建立

文化符号是一个民族、一个地区多年岁月传承文化的积累和沉淀，因此表现出的形式更加多元化，并且拥有丰富文化内涵。合理将文化符号运用到物质形态设计过程当中，能够为城乡带来更多的文化感与民族感与地域感。

通过延续地域文化，体现民族风情为目标，以地方性的传统文化为主要研究对象，从而将具有代表性的原始素材，通过简化、抽象、杂糅的方式形成体现文化与时代气息的文化符号，进而建立文化符号基本类型数据库，并将数据库输入到风貌导控智能平台（图2）。

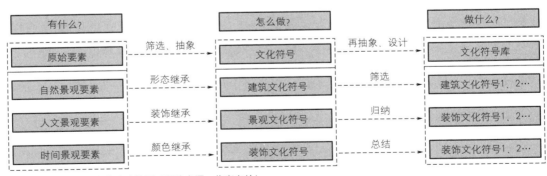

图2　文化符号数据库技术路线图（图片来源：作者自绘）

1）文化符号的形成

通过整理和对比分析，总结出元江县具有代表性原始素材的不同特点，就元江县而言，土掌房是元江县最能体现地方性和民族性的民居建筑形式之一（表1）。干热河谷的特殊地形、地貌加之不同的村落民族文化影响，促就了元江地区拥有丰富、多样的土掌房文化遗产。元江县土掌房在整体意向上呈现强调横线条，墙体敦实厚重，点窗错落点缀，在建筑细部上，根据自身的民族特点和周边的环境影响产生了不同的变化，如材料选择、屋顶的样式、建造工艺上都有所不同。

原始素材汇总 表1

坡�村
密肋平顶（木楞横向朝外）

坡垯村

坡垯村
挑檐处理的密肋屋顶

它才吉村

洼垯村

南岔村

洼垯村
密肋平顶（木楞不同的形式）

斐学村

　　选取素材中可以借鉴的部分，然后通过简化抽象、杂糅，形成传承地域性文化同时体现当代文化气息的文化符号。这个过程典型的方式有两种，一种是通过形态继承转化为文化符号，另一种是通过装饰继承转化为文化符号（表2）。

　　一切文化都是时代精神的体现，而新的建筑特色文化要体现时代精神，要满足当今时代生活，就必须从传统走向现代，其根本出路在于不断创新。[5]以元江土掌顶文化符号形成为例。这个过程中，需要从当地的建筑文化和装饰文化中提取筛选出地域性文化符号，然后将有代表性的地域性文化简化、抽象、杂糅，再通过移植嫁接如今的时代性特征，形成一个完整的文化系统（图3）。

　　2）数据库的建立

　　通过对总结出来的传统装饰与传统建筑文化符号对建筑进行植入的过程中要注意建立文化符号数据库，要对总结出来的文化符号通过现代的工艺材料，加以模数化从而达到批量生产的目的。同时在实际应用中，注意使用者的视线与行为的影响，根据空间的竖向尺度大小、文化符号的模数尺寸进行适当的调整（表3）。

2. 文化符号的分类植入

　　根据空间的形态与功能特征，通过颜色导控，促使空间的风格多样统一，再将不同的文化符号植入到空间的细部，进行合理的搭配，形成不同完整的文化符号系统，从而对文化符号植入现有重点空间的分类引导，形成文化符号塑造的导控方法，最终形成多样统一的风貌特征。以建筑空间分类引导为例，总结如表4所示。

元江县文化符号归纳总结　　　　　　　　　　　　　　　　　　　　　表2

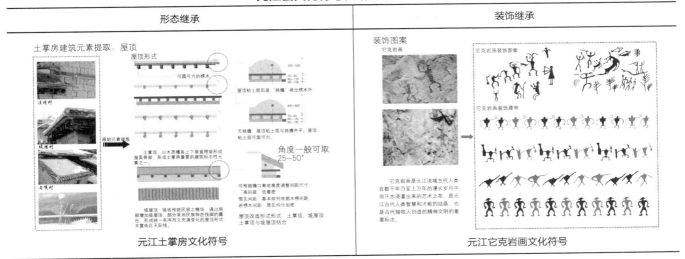

形态继承	装饰继承
元江土掌房文化符号	元江它克岩画文化符号

原始要素 →（提取筛选）→ 象征性符号 →（简化设计）→ 可视性的图形符号 →（嫁接移植）→ 现代本土文化符号系统

图3　文化符号形成的流程（图片来源：作者自绘）

元江县文化符号数据库　　　　　　　　　　　　　　　　　　　　　　表3

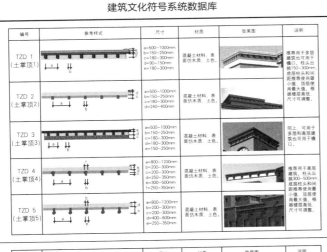

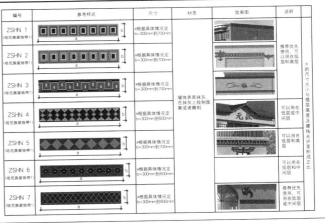

建筑文化符号系统数据库　　　　　　　　　　　　　　装饰文化符号系统数据库

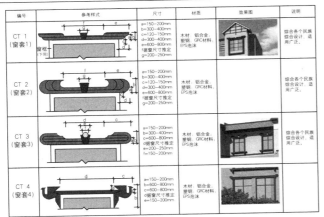

文化符号数据库植入建筑的分类引导表 表4

编号	行政办公	商业办公（含医疗、酒店等）	商业建筑	居住建筑	文教建筑	旅游建筑
土掌顶						
TZD1	√			√	√	√
TZD2	√	√	√	√	√	
TZD3	√（多）	√（多）	√（多）	√（高）	√（多）	√（多）
TZD4	√（多）	√（多、高）	√（高）		√	√
TZD5		√（多、高）	√			
坡屋顶						
PWD1		√	√	√	√	√
PWD2	√	√	√	√	√	√
广告牌						
GGP1		√	√	√（底商）		√
GGP2		√	√	√（底商）		√
垂柱						
CZ1			√	√		
CZ2			√	√		
CZ3			√			
门枋						
MF1		√（多）	√（入口、多）	√（入口）		
MF21		√（入口）	√（入口）	√（入口）		√
MF22		√（入口）	√（入口）	√（入口）		√

（注：1. √（多）：推荐用于多层；√（高推荐用于多层）；√（入口）：推荐用于入口）

三、结语

论文探讨了元江县城的特色风貌塑造的方法。在风貌塑造过程中，抓住元江县城多民族融合、文化优势明显的特点，探索将当地的原始素材抽象为文化符号，进而形成符号系统，建立符号数据库，然后将其植入到现有的城乡特色空间中，最终探索了特色风貌塑造的系统方法。

在风貌塑造的过程中应该将城乡无形的"风"和有形的"貌"结合，通过物质环境、空间形态、建筑元素、景观绿化等把城乡特色综合表现出来，从而完成以文赋形，随形赋意的过程。地域性景观所具有的独特魅力是任何其他建筑艺术无法取代的，我们不能无视历史抛弃民族传统，去追求那种没有传统文化根基的形式。[6]云南独有的地形地貌以及多民族的民族特征赋予了云南的特殊性，为云南城乡的特色风貌塑造提供了文化宝库。这就要求对传统文化，尤其是地域性建筑文化的精华有比较深刻的理解，充分认识其本质内涵，探索出继承与创新的思路，不断创造出具有地域性文化的城乡特色风貌。

参考文献：

[1] 马素娜，朱烈建. 城镇规划年会论文集 [C]. 2013 (4). 1—2.

[2] Mumfold. The culture of cities [M]. Harcourt, Brace and Company, 1934：45.

[3] [德] 恩斯特. 卡西尔著，甘阳译. 人论 [M]. 上海：上海译文出版社2013.06.

[4] [加] 马歇尔. 麦克卢汉. 理解媒介：论人的延伸 [M]. 何道宽译. 北京：商务印书馆，2000.

[5] 赵刚. 地域文化回归与地域建筑特色的再创造 [J]. 华中建筑，2011 (2)：12—13.

[6] 杨大禹. 地域性建筑文化基因传承与当代建筑创新 [J]. 新建筑，2015 (5)：99—103.

广西近代庄园特色初探[1]

罗丹铭[2]　金　璐[3]　韦泹春[4]

摘　要：广西近代庄园建筑，是从19世纪中期到20世纪40年代，在广西地域范围内，立足于本土建筑文化传统，兼容西方建筑风格，修建起来的风格各异、功能完善的私人宅院、建筑群。本文通过对广西近代庄园建筑的实地调研，综合考量历史、地域、民族文化背景，分析与归纳庄园建筑的类型与特点，以全面、客观地把握其历史地位、发展原动力与价值意义，促进广西近代建筑的研究、保护与传承。

关键词：广西；近代；庄园；特色

庄园，包括住所、园林和农田的建筑组群，常因园主地位不同而有不同的名称。领主庄园与地主庄园，是我国历史上曾大规模出现的主要庄园类型。近代，广西的军阀、地主庄园大量涌现，在空间形式、文化内涵上独具特性——具备生产、生活、防御、教育、祭祀等多重功能与空间性质，规模介于宅院与村落之间，内在的社会关系介于单个家庭和村落宗族之间，多为某一同姓家族的集合，形制与功能区别于一般宅院[1]，常具有防御性强、宜居至上、彰显权势等特征。

孙后代外出留学，学成归来后进入军阀统治阶层，从而保持其地位之显赫。与此同时，地主乡绅依仗所拥有的权势，新建或扩建大规模的府第、宅院，以树立家族在地方的威望。复杂的历史、社会、地域背景，使得广西近代庄园多体现出以宗族关系为纽带的空间组织特征与生活方式。

可以说，军阀混战、统治的社会剧烈变革，孕育了广西近代庄园独特的表现形式与造园思想，赋予其在历史、社会、政治、文化、空间等层面的重要价值。

一、历史背景

1911年，辛亥革命爆发后，原广西提督陆荣廷宣布独立，广西进入旧桂系封建军阀统治时期。随后，以李宗仁、白崇禧为领导的新桂系军阀取而代之，开始了长期统治，并以广西为据点与其他军阀争夺统治权。这一时期的庄园建设，以军阀和地主乡绅为主体。一方面，军阀的将领在其故乡或驻地营建庄园，作为休养生、办公之所，通过庄园的宏大规模、气派造型，彰显雄厚的财力与军事势力，同时亦可为附属村落提供军事与经济的保障，形成以庄园为中心向村落辐射的防御阵势[2]，充分体现了地方军阀的统治需求。另一方面，地主乡绅、富豪精英亦被卷入了军阀混战中，他们或利用原有的宗族势力换取政治、军事上的权利，或派遣子

二、样本与分布

通过对"广西全国重点文物保护单位名录"、"广西壮族自治区级文物保护单位名录"、"广西壮族自治区第三次全国文物普查不可移动文物名录"等文件、名录中对庄园类建筑的排查，结合相关书籍、网络资料，筛选出如下十余处规模较大、保存较完整、空间类型丰富多样、具有代表性的广西近代庄园建筑作为研究的重点对象，此外，尚有诸多规模略小的宅邸、庄园，如韦云淞别墅、香翰屏故居、林翼中旧居、李思炽大宅、陶少波故居等，将作为研究的辅助例证（表1）。

研究样本在地域分布上并不均匀，大体呈现出集中于东部的态势，与西方建筑文化从沿海、沿边、沿江地区逐渐向内陆渗透、影响广西近代建筑萌芽与发展的

1　大学生创新创业训练计划（项目编号：201810593171）。
2　罗丹铭，广西大学土木建筑工程学院，学生，530004，931565775@qq.com。
3　金璐，广西大学土木建筑工程学院，学生，530004，245286299@qq.com。
4　韦泹春，广西大学土木建筑工程学院，讲师，530004，haru.arch@foxmail.com，通讯作者。

格局暗合。武宣、玉林、桂林地区庄园建筑数量最多，反映出这些地区在历史、社会、民族文化及其发展历程中具备的特殊环境与条件。武宣地区大量庄园的建造，得益于桂中相对平坦优渥的地理环境，长年的驻军、募兵酝酿了将领人才的培养氛围，尤其是客家人的迁入，为该地区带来了新的文化、技术与生活、生产方式的碰撞、融合。武宣地区的四个庄园样本中，就有三座为客家人庄园。玉林，乃新桂系发家之地，因此桂系军阀统领、民国军政要员的官邸、宅第、故居较为丰富。桂林，作为广西传统府城与民国时期广西的省会，云集了大批军阀政要、达官显贵，其中，新桂系统领李宗仁、白崇禧的家乡及其旧居，均位于桂林。

广西近代庄园建筑典型样本　　　　表1

庄园	地点、时间	园主	社会地位	建筑特点
明秀园	武鸣，1919改造	陆荣廷	旧桂系军阀首领	私家园林式，三面环水，葫芦状搬到。墙分内外园。亭榭。军政议事场所
业秀园	龙州，1919	陆荣廷	旧桂系军阀首领	私家园林式，原有门楼、主座、花厅、厢房、戏楼、码头。中式楼砖木结构、青瓦硬山、券拱门窗，西式风格细部装饰
谢鲁山庄	陆川，1920	吕芋农	旧桂系陆军少将	私家园林式，不规则园林建筑组群，前山以建筑物为主体构图，中轴布局；后山突出自然景观
李宗仁故居	临桂，1911-1928	李宗仁	新桂系军阀首领	规模宏大，兼有桂北民居与西式风格，13天井，7院落，2碉楼。壁柱式半圆拱券窗，巴洛克山花，入口简化爱奥尼柱式
白崇禧故居	临桂，1928-1931	白崇禧	新桂系军阀首领	砖木结构，抬梁与穿斗结合，正立面石库门，趟栊门，券拱门头，各种中西纹样装饰
李济深故居	苍梧，1925	李济深	粤系军阀首领	中西融合的四合院式建筑，梁柱式廊道，四角碉楼，墩子式"回"型走道，水塘，八角凉亭
马晓军故居	玉林，1919-1927	马晓军	新桂系骨干将领的培植者	依山而建，院落式，两侧碉楼。大门券柱式拱门，顶部山花装饰，列柱券拱外廊，梁柱式外廊
龙武庄园	钦州，1900-1921	劳道猷	富绅	四合院式院落组群，"三堂四横"，四角碉楼，局部建筑为西式风格
蔡氏庄园	宾阳，1911	蔡氏	名门望族	岭南风格建筑群，分"古宅"与"新屋"。三进式青砖瓦房，四水归堂，雕梁画栋，飞檐走檩
李萼楼庄园	横县，1219续建	李萼楼	地主	砖木结构、清水砖墙，硬山顶，脊塑，墙绘，壁画，银联。券拱窗楣装饰，券柱式砖柱门廊
黄肇熙庄园	武宣，1913-1924	黄肇熙	广西陆军少将	规模宏大，"围"式庭院建筑，四角碉楼、马楼，外廊式主入口
郭松年庄园	武宣，1911-1916	郭松年	广东督军少将参谋	"目"字形庭院式，中轴对称，四角碉楼，半圆形水塘，外廊式风格
刘柄宇庄园	武宣，1912	刘柄宇	广西陆军统领	传统庭院式建筑，券柱式外廊，巴洛克山花，院前池塘
覃兰田庄园	武宣，	覃兰田	壮族地主	壮族地主庄园，依山而建，高大、封闭[3]
南乡庄园	桂平，1908	韦氏	壮族地主	壮族地主庄园，尚德堂：岭南与西洋结合，松柏庄：英式新古典建筑风格

（表格来源：自绘）

三、主要类型

如前所述，就造园主体而言，广西近代庄园可分为军阀庄园与地主庄园，但其界限并不明确：一方面，军阀统治阶级迫切需要将国家权力介入地方乡村社会；另一方面，地主乡绅则迫切需要倚仗统治阶级保持与扩大宗族力量。因此，地主乡绅与封建军阀很快地彼此同化，进而共同承担起地方宗族与国家权威的双重权利，并深刻地渗透到地方社会生活之中。

以建筑形式与风格而言，广西近代庄园可以归纳为私家园林式、传统庭院式以及碉楼防御式。

私家园林式庄园，顾名思义，以园林空间意趣、体验为主要特征。其空间布局较不规则，多依山傍水、因地制宜，强调以自然景观结合适量人造景观为主体，建筑作为其中一部分组成要素错落有致地融入园林中。谢鲁山庄，明秀园、业秀园为广西近代私家园林式庄园之代表（图1a）。

传统庭院式庄园，受到西方建筑文化的渗透及区域性中心城市建设的示范引导，西方建筑风格被视为流行趋势，为精英阶层所推崇。但其庄园的空间格局仍以传统的中轴对称的合院、廊院为基础，仅在局部运用西式装饰、材料或技术。古辣蔡氏庄园、马晓军故居为此类代表（图1b）。

碉楼防御式庄园，防御功能为其首要特征，常由封闭厚重的围墙与不开窗、设射击孔的碉楼围合而成。近代，广西政治、社会、经济剧烈变革；军阀混战；东西方文化冲突、碰撞，使得这类防御性较强的庄园建筑应运而生。龙虎庄园、郭松年故居、黄肇熙庄园，均为此类典型（图1c）。

a. 谢鲁山庄　　　　　　　　　　　　b. 马晓军故居　　　　　　　　　　　c. 黄肇熙庄园

图1　广西近代庄园类型与代表（图片来源：图1a：zwzx.yulin.gov.cn；图1b：www.gxylnews.com；图1c：www.wuxuan.gov.cn.）

四、空间特点

1. 相地选址

广西近代庄园，延续了中国传统聚落、园林、建筑"背山面水，因地制宜"的择址意向。庄园的建筑与庭院布局遵循风水理念，依凭地势走向、起伏设置，活用水体，顺应"气韵"。于庄园高处眺望四周，尽是广阔的田园风光，从而更能彰显"唯我独尊"的盛大权势。

李宗仁、白崇禧庄园均坐落于群山脚下，负阴抱阳，延续"龙脉"（图2a）。刘炳宇庄园与刘氏将军第所在的武宣下莲塘村，是公认的"风水宝地"：北倚百崖峡谷，东扶双髻山，南朝连绵山脉，西临广阔田园（图2b），刘氏"一门八将军"的传奇，亦被归功于这片林木茂盛，风光秀美的土地。宾阳古辣蔡氏庄园，三面护佑，环水相依，地势宛若犀牛望月，地灵人杰（图2c）。武鸣明秀园，三面环水，呈葫芦形，是为"回龙顾主"之势（图2d）。

此外，庄园前多设风水塘，以"荫地脉、养真气"或"蓄水聚财"。同时，可调节、改善微气候环境，充分体现了岭南建筑的风水意向与生态观念。尤其在客家人大量聚居的武宣地区，受客家传统建筑文化的影响，门前多见"月池"。如黄肇熙、郭松年庄园前"半月形"的风水塘，就有"人天各半、阴阳和合"，"月满则亏，半月向圆"等多重寓意。而刘炳宇庄园，为化解其坐东朝西的格局劣势，于院前下挖方塘，以实现"阴阳平衡"。相较其风水寓意，水塘的防御功能，在动荡不安的军阀混战时期，意义更为重大。深水塘、高围墙、小开口、高炮楼，形成了城堡般易守难攻的防御性格局，也成为地主军阀庄园区别于其他传统院落式民居的显著特征（图3）。

a. 李宗仁故居选址　　　　b. 刘炳宇庄园选址　　　　c. 蔡氏庄园选址　　　　d. 明秀园选址

图2　广西近代庄园选址意向（图片来源：图2a、b：作者自绘；图2c、d：改绘自GOOGLE EARTH）

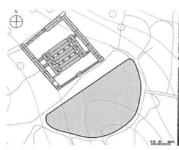  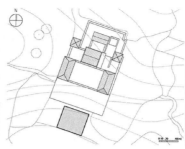 

a. 黄肇熙庄园总平面图　　　　　b. 黄肇熙庄园鸟瞰　　　　　c. 刘炳宇庄园卫星图　　　　　d. 刘炳宇庄园前的方塘

图3　庄园前的风水塘（图片来源：图3a、c、d：作者自绘、自摄；图3b：武宣县旅游局）

2. 空间布局

近代庄园的空间布局，依前述归类大致可划分为：私家园林式、传统庭院式以及碉楼防御式。

1）"布局灵活"的私家园林式庄园

园林式庄园平面布局相对疏松，以自然景观要素为主要的构图元素，建筑排布规则有序，与自然地形、景观节点有效地结合起来，并相得益彰。国民党陆军少将吕芋农修建的谢鲁山庄，在布局上分为前山、后山二区，前山综合了西方以建筑为主题的园林构图手法与中国传统庭院的空间组合形式，以建筑物为核心元素且顺应中轴线布置；后山则以自然环境、景观要素为主要内容。既有中国传统园林的步移景异，在细节处理上又体现出西方园林规则、几何的构图手法。核心建筑"湖隐轩"以山墙面为正立面，并且创造性地运用券柱式外廊结合拱券开窗回廊的空间形式，体现出独特的异域风韵与多元风格（图4）。

2）"中西杂糅"的传统庭院式庄园

传统庭院式，多见于清末民初兴建的庄园中，这一类型的庄园，产生于"西洋风格"方兴未艾之时，传统的天井地居对庄园的空间布局影响依然深刻且强烈，因而传统院落式民居的格局与建造方式得以延续——强调中轴对称、通过有秩序、有规律的庭院体系，组织、联系起正房、厢房、门房等空间的建筑群组。

然而，在西方文化的强烈冲击之下，当时之权贵较早、较快地接触到流行于公共建筑之中的"西洋风格"热潮，同时在"崇洋"、"攀比"、"显示权利与身份"等心理作用下，"洋风"逐渐影响并渗透到居住建筑中。在庄园的新建或改扩建过程中，地主、军阀已不满足于传统的庭院式宅邸，开始尝试局部运用西式材料与装饰。就建筑空间格局与结构技术、建造工艺而言，这一类建筑保持了合院式基本格局，仍属于中国传统民居建筑体系，仅在局部生硬地掺杂、拼贴上了西方柱式、门窗及其他细部装饰，出现了"中西杂糅"的形

a. 总平面图

b. 树人堂　　　　　c. 隐湖轩

图4　谢鲁山庄
（图片来源：图4a：作者自绘，图4b、c：http://gx.people.com.cn/.）

式。这在其他类型庄园中亦屡见不鲜，也标志着传统的地域建筑形式正受到外来文化的冲击，并酝酿着新的转型与变革。

李萼楼庄园，始建于清道光年间，由四座坐北朝南、面阔三间、两进一天井的主体建筑并排构成，南面围小院，东西侧设耳房，角部有碉楼。脊塑、墙绘、檐板均为博古、花鸟、祥云、田园风光、人物故事、诗词楹联等传统岭南建筑装饰元素。然而，在民国初期的续建中，却增添了不少流行的"西洋装饰元素"——券柱式砖柱门廊以及券拱窗楣装饰（图5）。

3）"封闭围合"的碉楼防御式庄园

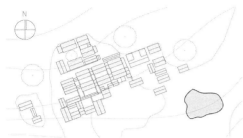

a. 总平面   b. 岭南庭院式民居格局   c. 岭南装饰元素   d. 西洋装饰元素

图5 李蓉楼庄园（图片来源：图5a、c、d. 作者自绘、自摄；图5b，http://lady.gxsky.com/forum-881-1.html）

碉楼防御式庄园，多受到客家的迁徙历程、生活习俗与围屋形制之影响，采用高墙环绕、层层嵌套的"回"字形平面布局，四角设高耸碉楼。一些规模较大的庄园，往往还沿外墙顶部铺设"回"型跑马廊，以联系四角碉楼。内部核心建筑多为传统合院式，中轴对称，彼此毗连，相互贯通。

龙武庄园，为此类代表，占地规模宏大，南北84米，东西80米，为"回"字布局、"三堂四横"的院落式建筑群。庄园轴线对称、圈层格局、院落间隔、回形跑马道，造就了"内外有别、尊卑有序、隔绝尘世、自为天地"的传统礼制空间秩序（图6、图7）。

图7 龙武庄园鸟瞰（图片来源：www.gxls.gov.cn）

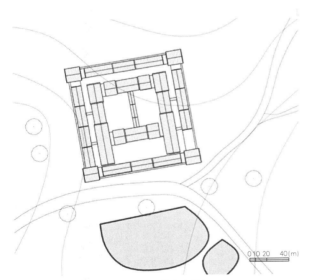

图6 龙武庄园总图（图片来源：作者自绘）

综上，空间格局上，私家园林式庄园布局灵活、因地制宜，相较于古典园林表现出选址于自然郊野，布局"宅园合一"，向西方几何抽象的形式发展等特征。传统庭院式与碉楼防御式庄园，均受到我国传统庭院式民居的深刻影响，仍以合院、轴线、"回"字等形式与要素为布局之根本，局部采用西方建筑装饰元素。中西杂糅，防御性强，是广西近代庄园建筑最为显著的空间特色。

3. 立面造型（风格与装饰）

如前所述，"中西杂糅"是广西近代庄园建筑在形式上的重要特征，它突出地体现在庄园建筑的造型、立面与细部装饰的形式上，既包含西式建筑独特的风格与装饰，也有中国传统建筑固有形式的延续，两者的相互碰撞、融合与演变，恰是广西近代建筑文化嬗变的历史印记[4]。

1）外廊与柱式

"外廊式"，又称"殖民地式"，是最早出现并影响我国近代建筑发展的西方建筑形式[5]。鸦片战争后，随着西方殖民者的渗透与通商口岸的开辟，"外廊式"的影响愈加广泛且深刻。初期多见于通商口岸的政务、商务办公建筑中，如领事馆、海关、邮政、洋行等，随后扩展到骑楼、街屋，以及达官显贵的公馆、宅邸等居住建筑中。外廊式建筑以带有开敞式明廊为主要特征，基于明廊与室内空间的布局关系与组织方式，可分为周边式、三边式、双边式、单边式以及"L"形；从外廊的立面形式来说，又常有券柱式与梁柱式之分。郭松年庄园的主楼，运用了周边式外廊（图8），灵武山庄内围堂屋采用双边式外廊，黄肇熙庄园的入口门楼与刘炳宇庄园主楼为单边式外廊。马晓军庄园采用了建筑立面中段设券柱式二层外廊，列柱券拱廊道。李济深庄园廊道，为梁柱式。

开敞廊道与建筑物外部空间的界限需要通过柱子来界定，故而形成立面造型与细部装饰上的独特风格与

郭松年庄园周边式外廊　　　　马晓军故居券拱廊道　　　　黄肇熙庄园单边式外廊　　　　李济深故居梁柱式廊道

图8　广西近代庄园中的廊道（图片来源：作者自摄）

样式。广西近代庄园建筑中常见多立克、爱奥尼、塔斯干及其他简化或变异的西方柱式。这些柱式或装饰不再强调标准、严苛的构图与比例，只通过简化的柱式、拱券、灰塑拱心石、线脚等，作为一种西方建筑文化的符号或装饰物而被加以运用。如郭松年庄园主楼的外廊灵活运用了多立克柱式，变体多立克柱，多立克券拱与变异的双柱式多立克倚柱券拱，在规则与韵律中求变化，取得丰富的装饰效果（图9）。

图9　郭松年庄园柱式（图片来源：作者自摄）

2）门窗与山花

门窗、山花作为居住建筑重要的立面元素，常有体现时代特征、映射文化背景的语言功能与象征意义。在广西近代庄园建筑中，门窗形式丰富多样，梯形、半圆形、尖券形、矩形等，并以线脚装饰。李宗仁庄园主入口以其屋檐上方变异简化的巴洛克风格山花最为引人注目。两侧院墙上设别致的壁柱式券拱窗，为得高大严肃的院墙增添了生趣（图10）。刘炳宇庄园的门窗则贯

图10　李宗仁故居门窗（图片来源：作者自摄）

彻了半圆形券拱的形式，院墙入口为券拱门，上设变异的巴洛克山花（图11）。

图11　刘炳宇庄园门窗（图片来源：作者自摄）

无论在传统民居或西式府邸中，山花均是立面装饰的重点。传统岭南民居的山花指屋顶两侧山墙装饰，多用朴实纤巧的砖雕或玲珑可塑的灰塑，其题材常为花木、瓜果等具有浓厚岭南地域特色的元素，也常见传统人物、亭台楼阁、山水美景等。西方文化影响下，建筑装饰融入新的元素。广西近代庄园受巴洛克风格影响较大，山花设于立檐上方及门窗檐楣处，多为变异、简化的巴洛克式，时而创造性地与传统吉祥符号、纹样有机糅合。如李济深故居大门的半圆形巴洛克山花，融入了松鹤鹿灰塑以及梅花、立狮、八卦等吉祥图案（图12）。

图12 李济琛故居山花（图片来源：作者自摄）

五、结语

文章从背景、分布、类型、空间特征等层面梳理了广西近代庄园的特点：它是清末至民国初年社会动荡、军阀混战时期的产物，强调"高度防御"；是中西方文化、多民族文化相互碰撞、融合的外在表现，传统岭南空间格局与西方装饰元素的"中西杂糅"；是对地主阶级与军阀官僚统治下的社会关系、生产生活之写照，空间形态充分反映了"遵从礼制，宜居至上"的生活美学与"自然写意，坐拥山水"的生态美学。因篇幅所限，本文仅能对广西近代庄园做一个概述，尚有更多历史、文化、空间、美学价值与营造技术，值得更深入的调查、研究与论证。尤其在广西近代建筑缺乏关注与研究，更勿论保护与再生的当下，把握近代庄园建筑的特征与价值，建立健全相关法律制度与管理规范，制定全面、科学、严谨的保护规划与再生策略，已是迫在眉睫。

参考文献：

[1] 赖景执. 国家与地方的互动——以广西武宣庄园变迁为例 [J]. 百色学院学报, 2015, 28 (6)：51—56.

[2] 汤辉, 冯思懿. 中西对比视角下的广西近代乡村庄园研究 [J]. 广东园林, 2016, 38 (6)：7—12.

[3] 韦妮. 广西武宣庄园民俗文化研究 [D]. 南宁：广西师范学院, 2016.

[4] 梁志敏. 碰撞与融合——西方建筑文化影响下广西近代建筑的主要特征 [J]. 科技风, 2016 (3)：89—91.

[5] 王潇. 广西近代历史建筑色彩特征及其延续性研究 [D]. 长沙：湖南大学, 2013.

在建构视野中从传统乡土建筑到当代乡土性建筑

徐靓婧[1]　高宜生[2]

摘　要： 文章主要分为三部分，第一部分为对乡土建筑的内涵进行分析；第二部分为传统乡土建筑的建构思考，从传统乡土建筑和建构内核的联系出发，考量传统乡土建筑在材料、结构、工艺三方面给当代乡土性建筑设计观念带来创新思考；第三部分为从传统乡土建筑中汲取的认知借鉴，结合建构的技术与生产积极地建立起当代乡土性建筑的创新联系。希望能够通过文章，引发对当代乡土性建筑的新思考。

关键词： 传统乡土建筑；当代乡土性建筑；建构；建筑材料

一、传统乡土建筑中的建构思考

1. 传统乡土建筑概念

传统乡土建筑，从字面意义上看，它是自身带有一定历史性的具有当地特色的一种建筑。在美国文化遗产字典中，"乡土"（Vernacular）被翻译为"乡土是关于某一特定文化中的建筑和装饰风格"。在《世界乡土建筑大百科全书》中，是这样对乡土建筑进行描述的——"人们通常将乡土建筑视为是一种本土的、宗族的、民间的、乡民的和传统的建筑"，所以传统乡土建筑是具有一定封闭性和独立性的建筑或建筑群，它们的设计者往往是一群非专业的建筑师，为了满足生活最基本的生活要求来对房屋进行最原始的建设，在这个建设的过程中，首先受到了建造者其生活的文化背景与当地周边环境的影响，其次它是符合当地居民日常行为与生活状态的，最后其中一定程度地表达了当地居民的审美价值。

乡土建筑并不是一种特定的风格，人们自18世纪开始关注与乡土建筑，直至19世纪末才成为一个学术研究对象，进一步推动了专家们的研究热情，到了20世纪末，才确定了其研究范式。从时间的角度来讲，传统乡土建筑是一个过程，是对一个地区历史的记录，是一个承上启下的环节。

2. 传统乡土建筑的特性

目前，许多国家地区都分布着属于自己本土的传统乡土建筑，皆具有自己独特的魅力，虽然其中许多建筑并非出自于专业的建筑师之手，但是从专业的建筑视角来看，也堪称建筑中的精品，其造型、空间、细部处理等方面无不体现出当地工匠高超精湛的技艺与审美情趣，极富有创造性。关于传统乡土建筑的特性，笔者将其概括为以下几个方面：

1）乡土性。从最早的洞穴时代到人类能够利用各种材料安营扎寨，这是一个人类建造建筑进化的过程，然后随着人类文明的丰富，建筑物类型同样被进一步被细化，而其中乡土建筑却始终与乡土环境保持协调与一致，成为一种土生土长的建造物。以中国建筑为例，自古以来由两支并行的建筑类型，一种是官式建筑，而另一种则是这种土生土长的、被人所忽视的乡土建筑。这种建筑相对于程式化的官式建筑来说，在变化万千的中华大地上生长出来的传统乡土建筑，表现出了这种乡土性带来的惊人魅力。

2）科学生态性。传统乡土建筑的建造于周边自然环境之间的联系是密切相关的，其建造成果包含了许多科学价值以及基础的居住环境生态理论。乡土建筑在科学生态性方面有许多优秀的表现：首先，乡土建筑能够充分利用自然环境，准确把握与自然环境的进退关系，寻求各种资源，利用自然资源，回馈自然资源，追求可

1　徐靓婧，山东建筑大学建筑城规学院，250001，423156062@qq.com。
2　高宜生，山东建筑大学建筑城规学院，副教授；乡土文化遗产保护国家文物局重点科研基地（山东建筑大学），常务副主任；山东建筑大学建筑文化遗产保护研究所，所长，250001，386672360@qq.com。

持续发展；其次，乡土建筑的建造与周边绿化关系密切，利用绿植系统改变居住群内的生态小气候，建造方位利用有利的气候条件，通过建造技巧规避不利的气候条件；最后，乡土建筑的选址和布局往往会比较密集，以最大可能性节约耕地。

3）传承性。某一地区的乡土建筑都不是先验确定的，是该地区一代一代的建造者在长期实践的过程中不断摒弃缺点传承优点而形成的，在这个过程中该地区乡土建筑的材料、结构与营造技艺就这样被一代一代传承积累下来，最终得到广泛的认同。

3. 传统乡土建筑中的建构表现

梁思成先生曾经说过："建筑之始，产生于实际需要，受制于自然物理，非着意于创新形式；其结构之系统及形制之派别，乃其材料环境所形成"。[1]

乡土建筑的建造者是没有受过正统训练的，是生活经验的积累带给他们精湛的技艺与成就，也正因这种生活的建造，乡土建筑的建构之路保持了创造性，它从

未遵循过某种限定制约条件。因此，建构在乡土建筑发展的过程中作为"工具"而存在的，具有创新性和强大的活力，即使乡土建筑随着其赖以生存的农业文明逐渐消失的今天，将其内核建构文化延续下去成为体现传统乡土建筑价值的最佳方式。

1）建构解析——材料

建筑的材料是建造基础，是建构最基本的组成要素。乡土建筑材料的选择范围很广，有木材竹材等杆状材料，也有石头等块状材料，以及砖块、瓦片等人工材料，但是不同地区的乡土建筑选择的材料往往固定为几种，与其所在地区的自然资源气候等相关。在乡土建筑中，不同的材料表现出不同的力学形式，运用于不同的构筑位置，但乡土建筑的建构表现不仅仅是建筑材料力学形式的客观表现，也会融入一定的人文特性展现，将材料以自身的物理特性为基础，结合适当的工艺处理，将其肌理、质感、形态等特点表现出来，简单又简洁地呈现出天然的美学特征。这种建构方式造就了材料所代表的乡土性特征，也是对当代乡土性建筑具有启发意义的着重点（图1）。

图1　由不同材料砌筑的传统乡土建筑

在进行当代乡土性建筑设计的过程中，对材料的运用不仅要考虑在建成时的建构特征，还要考量随着时间的迁移和岁月的洗礼，建造材料可能会出现新的表现，会进一步加强建筑的文化性与历史性。

2）建构解析——结构

在中国传统乡土建筑中，建造者善于将建筑的建构方式与结构清晰地展现在人们视野中，不增加过多的缀饰，最大限度地利用精巧的结构将不同材料展现出原始的自然美，这种美学形态是符合力学逻辑的，是符合可以被大众所接受的。这种结构的构建方式是同一地区一代一代的建造者在建造活动中慢慢总结出来的，按照几何要素来分可以分为线性承重结构和面性承重结构，线性承重结构主要是由木材、竹材等杆状材料构成，面性承重结构主要是由砖石砌筑而成，有时也有夯土的形式。当然，在乡土建筑中也存在一些其他的结构类型，如用杆状材料——木材堆砌而成的井干式结构。富有特

色的结构是表达一个地区特色最直观的形式，将这些乡土建筑结构运用于现代建筑的设计中，是表达乡土文化非常重要的一个途径（图2、图3）。

图2　线性承重结构

1　梁思成.中国建筑史[M].北京：生活·读书·新知三联书店，2011.

图3 面性承重结构

3）建构解析——工艺

工艺指劳动者利用各类生产工具对各种原材料、半成品进行加工或处理，最终使之成为成品的方法与过程。当今社会，一个建筑从设计到施工整个过程是被分开的，施工者在建造建筑的时候追求的仅仅是效率，是经济，不会将自己的个人情感和喜好投入进去，而传统乡土建筑的建造者在对建筑细部结构进行处理的过程中，与艺术家进行作品创作一样，会加入个人理解，涵盖了个人对感情与对建筑的直觉。乡土建筑的细部处理工艺，除了有技术功能以外，还有丰富多彩的价值，是建造者运用其表达文化价值的方式。如深受意大利维尼托地区精湛的手工艺影响的建筑师斯卡帕一样，"每个细部告诉我们关于它的建造、它的布置、它的尺度的故事。细部合适的选择，是选择功能角色的结果。斯卡帕的建筑细部解决的不仅仅是实际功能，还包括历史、社会以及人性的功能。"细部的工艺处理对象可以是材料、结构的构件、空间之间的处理方式等，最终达到的目的是各个部分完成功能与美学上的结合。将这种手工艺放在现代设计的今天，我们可以不必将机器化生产看作这种乡土性工艺的天敌，反而有助于推动工艺的发展，实现高效经济的多样化。

二、对当代乡土性建筑的设计启示

1. 何为当代性乡土建筑

当代性乡土建筑，即现代建筑乡土化，是指运用现代的科技在地方传统文化的基础上，创造符合乡土性的外在形象和空间，形成现代建筑的独特性。现如今，乡土建筑虽然并非建筑界的主流建筑，但是乡土性应该成为建筑的重要属性。乡土性可以为建筑设计带来丰富的设计思路，启迪未来。现代化的迅速发展使得理性主

义能够带来的思想启迪几近枯竭，乡土建筑可以作为都市文化强有力的后备思想，加之前面我们分析过乡土建筑本身具有科学生态性，将现代设计加入乡土性也能够促进现代建筑的可持续发展，与目前流行的生态观相吻合。由此看来，传统乡土建筑对当代乡土性建筑的设计启示是值得建筑师去探究和深入挖掘的。进行当代乡土性建筑设计，不仅要求建筑师要求发扬传统乡土建筑文化，更重要的是要传承和运用传统乡土建筑中建筑的材料、结构与工艺的特色之处与这些传统建造者经验论的思考方式。

2. 对传统建构表现的传承与运用

1）对旧"材料"赋予新"结构"

对于传统乡土建筑来说，建筑的材料是外观表现的载体，某一地区乡土建筑材料的选择可能是经验性的，但是由材料表现出来的视觉会被赋予乡土性。在当代乡土性建筑的设计过程中，利用蕴含地方传统建造文化的材料以新的理性结构方式去表达，形成符合当代人类活动的空间类型，利用当地传统建筑材料成为表达建筑乡土性强有力的途径之一。尤其是当这种现代的乡土性建筑坐落于传统乡土建筑环境中，对传统材料产生结构上的新思路能够带给人不同于传统的新感受。以隈研吾设计的石材美术馆为例，该项目是在大正时期遗留下来的三座粮仓的基础上进行扩建的项目，粮仓原本是由当地本土的乡土材料芦野石砌成，隈研吾接受这个项目之初，首先想到的就是避免使用混凝土、玻璃、钢材等"不自然"的材料，为了能够与原本的传统建筑产生既协调又有所区别的效果，他选择在石材的砌筑结构上做出一些改变。他首先对芦野石的建构表现进行了积极的探索，进行了大量的研究试验，测试了石材的尺寸和构造强度，选择最佳石材尺寸，使得构造强度能够满足结构要求。最终隈研吾选择了多孔性砌筑结构与石格栅两种处理方式，通过控制面状结构的"透明度"，造就了由旧事物舒缓向新事物转变的过程，运用当代技术使建筑以优美的形态坐落于传统建筑中（图4～图6）。

2）对旧"结构"赋予新"材料"

建造传统乡土建筑的材料多来源于自然，取于植物或土地。最早农耕时代，建筑的材料选择伴有一定的经验性，且早些时候一种材料往往对应某一种结构，有一定关联。在现代建筑设计的今天，我们在表达乡土性的过程中可以换个角度将材料和结构分离。例如编织结构似乎是需要由柔软性较强的植物材料进行编织，但"鸟巢"方案的灵感来源似乎是源自自然界中的鸟巢结构，鸟巢中使用的植物在此大型建筑结构中被换成了以

图4 石材美术馆2003年（建筑师：隈研吾）

图5 石材美术馆平面图2003年（建筑师：隈研吾）

1 入口大厅
2 办公室
3 水油
4 图书馆
5 医院
6 茶室
7 屋室

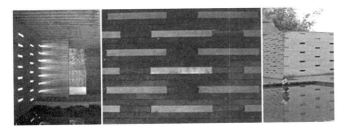

图6 石材美术馆2003年（建筑师：隈研吾）

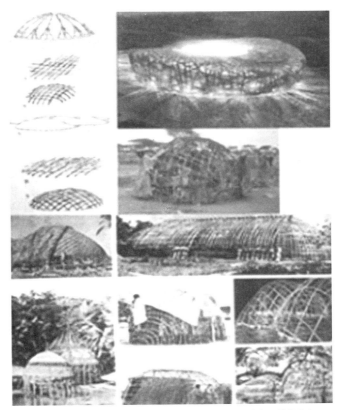

图7 国家体育场与编织乡土建筑2008年（建筑师：皮埃尔·德梅隆）

单元为基础的钢材，植物与植物编织形成的间隙中填充的泥也换为玻璃材质（图7）。

除此之外，对于传统乡土建筑来说，将新的现代材料融入进原有的建筑物中，同样能够带来一种新的建筑体验。以张雷事务所设计的桐庐莪山畲族乡先锋云夕图书馆为例，项目凭借"先锋和书店"的文化传播理念，以及独特的"畲族"山村的地域自然人文景观背景，成为当地村民和"异乡读者"的公共生活纽带，成为地方文化创意产业的一个聚焦点。图书馆的主体是村庄主街一侧闲置的一个院落，包括两栋黄泥土坯房屋和一个突出于坡地的平台。建筑设计保持了房屋和院落的建筑结构和空间秩序，将衰败现状修整还原到健康的状态，新与旧的关系强化了"时间性"，土坯墙、瓦屋顶、老屋架这些时间和记忆的载体成为空间的主导，连同功能再生的公共性，共同营造文脉延续的当代乡土美学。支撑屋顶的建筑内部梁柱框架整体加高了约60厘米，利用这个高度形成了高窗的构造，光、气流以及优美的竹林景观被自然的引入室内阅读空间。屋架抬升实现主要依赖地方工匠娴熟的传统技艺，用巧妙的榫卯技术加长局部的柱子。与此同步进行的还有小青瓦屋顶的翻新，在望板之上附设的保温构造，大大提高了老屋的热工舒适性。在建筑外部，原封未动的土坯墙和青瓦屋顶由于侧面高窗的存在，显示出封闭而开放、厚重而轻盈的戏剧化效果，在修整的室外景观和照明设计衬托下，形成村落温和的景观焦点（图8~图10）。

图8 桐庐莪山畲族乡先锋云夕图书馆2015年（建筑师：张雷）

图9 桐庐莪山畲族乡先锋云夕图书馆2015年（建筑师：张雷）

图10 桐庐莪山畲族乡先锋云夕图书馆一层平面图2015年
（建筑师：张雷）

三、结语

人类的建筑是在不断发展进步的，人类的文化

与传统也是一个不断在积累的过程，在现代化快速发展的今天，乡土性对于建筑来说显得尤为重要，很好的中和了过度蔓延的理性主义倾向。许多对"建构"感兴趣的建筑师们开始从结构与材料中入手试图获得一种本质富有特色的建筑表现，通过"建构"的手段挖掘传统乡土建筑来阻止建筑全球化的脚步。

如同上文所说的一样，当代乡土建筑的"建构"之路可以被划为两个方向，其一为利用地方自然乡土材料，改造原有的营造体系，增添现代审美意趣，与传统乡土建筑与乡土环境形成和而不同的理想状态，实现当代乡土性建筑的实践；其二为在继承现有的传统乡土建筑营造体系，但利用现代新材料新技术，为原有乡土建筑增加新的表达方式，形成富有乡土性的当代建筑设计。无论是哪一种方式，建筑师的共同目的都应是寻找和谐、妥当的方式去解决"乡土性"与"当代"之间的关系，随着人们对文化精神层面的需求扩大，国内越来越多的建筑师与事务所将目光聚焦在乡土性上，寻找遗失的传统营造技艺。

参考文献：

[1] 赵星. 传统乡土建筑的当代"建构"之路[D]. 天津：天津大学，2005.

[2] 周珍珍. 浅析乡土建筑与当代乡土性建筑设计[D]. 苏州：苏州大学，2009.

[3] 吴杏春. 建构视野下的乡土建筑改造研究[D]. 杭州：浙江大学，2016.

[4] 陈雪，李宪锋. 传统乡土建筑的当代价值与设计借鉴[J]. 建筑知识，2008（06）：90-91.

[5] 段鹏程，韩林飞. 乡土建筑的建构探析[J]. 山西建筑，2005（20）：7-8.

[6] 刘阳，林海威. 以新旧乡土建筑的对比关联谈新乡土建筑的发展[J]. 山西建筑，2016，42（16）：1-2.

[7] 陈丽莉. 当代建筑师的中国乡村建设实践研究[D]. 北京：北京建筑大学，2014.

关中传统民居入口空间类型浅析

——以陕西省韩城市党家村为例

栗思敏[1]　靳亦冰[2]

摘　要： 党家村古建筑群作为关中民居的典型代表，完整保存了一百二十余处清朝四合院住宅。传统民居入口空间作为联系公共与私密区域的枢纽和过渡空间，其要素的丰富性和类型的多样性反映了传统关中人的居住境遇和生活文化。本文采取实地调研测绘的研究方法，试图对关中传统民居入口空间的构成要素进行总结，并依据其与周边环境要素的关系以及空间序列的组织形式，采取比较研究的方法试图对其地域特性和类型进行归纳，旨在对现代建筑设计的地域性创作和表达提供理论指导。

关键词： 关中民居；党家村；入口空间

一、党家村概况

1. 村落概述

　　党家村位于陕西省韩城市东北方向，坐落于东西走向的泌水河谷北侧，始建于元至顺二年（1331年），距今约有680年的历史。党姓始祖党恕轩当年从陕西朝邑逃荒来此，逐渐成家立业。贾族始祖贾伯通原陕西洪洞人，明朝洪武年间到韩城经商，后其子孙与党家联姻，遂定居党家村。此后，党、贾两族世代在此繁衍生息兴家立业，经过明、清三次大规模的兴建逐渐形成现在的规模。

2. 选址特点

　　党家村位于韩城东部黄土台塬区狭长形沟谷中，海拔400~460米，一般村落多选址在平缓的塬地，而党家村则选择在泌水河流的沟谷中，是谷地村落的典型（图1）。党家村村落选址有以下特点：①依塬傍水，向阳背风。②紧邻水源，生活用水方便，地处谷底，地下水位较高，饮用水源充足。③泌水河形成的葫芦谷地有一定规模的用地，可满足村庄建设需要。④村落地势北高南低，排水十分有利。⑤村落南北两侧台塬上土质多黏性土，不易起尘，且该地区受黄河河谷影响，风速较高，党家村又处于谷地中，飘尘不易降落，因此村落空气清新，街道屋宇少有积尘，故有"避尘珠"之称。

3. 民居特色

　　党家村传统民居多采用四合院的平面布局，厅房

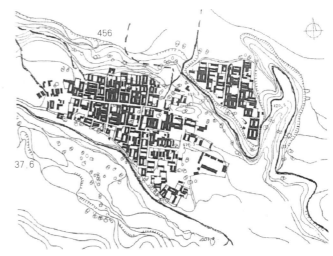

图1　党家村村落布局图（图片来源：网络图片）

1　栗思敏，西安建筑科技大学，71005，907290679@qq.com。

2　靳亦冰，西安建筑科技大学，副教授，71005，3703658@qq.com。

居上，厢房分置两侧，门房与厅房相对，中间由四房围合形成长方形庭院，个别的是正方形，俗称"一颗印"，每院占地约260平方米，厅房为头，厢房为双臂，门房为足，似人形，有寓意。房屋建造符合传统阴阳八卦之说，精美奇巧的木雕、石雕、砖雕不仅具有极高的研究鉴赏价值，同时生动完整地展现了当时的生活文化氛围，漫步其中便深刻感受到中国儒家人文思想的教益。英国皇家建筑学会查理教授对此给予了高度评价："东方建筑文化在中国，中国民居建筑文化在韩城"。

二、入口空间

1. 入口空间概念

入口在《辞海》中这样定义：入，"进入，由外到内"；口，"出入通过的地方"。弗朗西斯D．K．钦认为："建筑入口是进入一栋建筑、建筑物中的一个房间，或者进入外部空间中某一限定的区域，都牵涉到穿越一个垂直面的行动。这个垂直面将空间彼此区分开来，分出'此处'和'彼处'。"建筑入口是联系外空间和内空间的桥梁，它将有限的建筑单元与无限的外部空间联系起来，从而完成了从单一实体向多样空间的跨越。

2. 入口空间类型

根据空间限定方式的不同，传统建筑入口空间大致可分为浅空间、深空间和扩展空间三种类型。

1）浅空间

浅空间概念源于绘画中平面空间的概念，平面空间不是绝对的"平"，在平面空间组织中起到重要作用的图形与背景的关系就是一种空间的进退关系，这种关系被控制在一个极浅的深度内，故称之为浅空间。就建筑入口而言，门洞类型即属于浅空间类型，其深度仅限于建筑外围护结构厚度。

2）深空间

与浅空间相对应的便是深空间概念，指空间在水平方向有一定深度和层次的空间形态。在传统建筑中，深、浅两种空间形态的不同主要是因为空间顶面限定要素的结构形式不同。深空间型入口采用悬挑或架空的结构形式，表现为檐下空间或是廊空间。

3）扩展空间

扩展空间是深空间向内延伸和向外扩展，其限

定要素不局限于入口实体本身，还取决于入口周边的环境要素。所以，不完全限定的外部空间非常富有变化，是由多个单一空间组成的空间群。这种入口空间类型一般在自然环境中的建筑和高等级的建筑中出现较多。

3. 入口空间构成要素

1）门

门作为入口空间的重要部分，是领域的限定和内外空间的转折点，不仅具有建筑上的含义，也有着深层次的文化内涵，不同的大门具有不同的等级，代表了主人不同的身份和地位。以门的形态和与建筑物的关系为依据，门的种类可划分为：独立式、屋宇式和随墙式三类。

2）门道

门道，即入口处大门向内缩进形成的"凹"形门洞，由墙体和门头围合而成，对于民居和邻里交往具有多重意义，且可被灵活用作多种空间，提供接待、迎客、就餐等场所，同时兼具交通、交流、休憩等功能。

3）影壁

影壁又称照壁，因设在庭院内具有照明的作用而得名。影壁作为不可缺少的建筑元素，既起着空间导向作用，又有风水和装饰功能。它一般位于大门对面，并隔开一定距离，或者位于宅门两侧墙上。影壁做法较为讲究，和房屋一样分为三段式：壁顶、壁身、壁座。壁顶类似于屋顶，有保护影壁的作用；壁身是主体，是进行装饰的主要部位；壁座是整座影壁的基座，多采用须弥座形式。

4）龛

神龛多居于照壁或大门两侧，形式基本上是木构门的缩小和模仿，屋宇、斗栱、垂花一应俱全，宛如一座微缩庙宇，只是经过抽象处理，尺度略显夸张。神龛做法繁简不一，但并无等级差别。

5）台与阶

台阶习惯上作为一体存在，是入口领域的标志，它们在平面上延展，而在立面上作为构图元素则谦逊得多。平台有两种做法，一种贯通外墙，领域性空间延伸到整个界面；另一种比门洞稍宽，这是普遍的形式。两者比较，前者领域感广，后者领域感强。

4. 入口空间功能

1）交通组织

入口是交通空间序列上的第一要素。在交通组织

的意义上，建筑入口既是实现由外部空间向内部空间过渡这一正向序列的开端，也是实现由内部空间向外部空间过渡这一逆向序列的结尾，它具有强烈的组织空间的能力。

2）空间转换

入口的空间转换功能和交通组织功能是相伴而生的，在启闭之间营造出的空间序列，既是一个空间的开始也是另一个空间的结束。入口空间的转换不仅是空间上的过渡，也是行为举止、光感强弱、声音高低、铺装质感、地坪标高以及视野变化的过渡。

3）防御构建

入口空间的防御功能是人们现实存在的客观要求，它不仅影响着空间封闭程度的大小，而且也是决定入口形式的因素之一。这些入口形式或是为了抵御恶劣的外界自然条件，或是为了抵御外来入侵者，抑或两者皆有，除了实质层面的防御，入口同样具有精神层面的防御功能。

4）文化表征

随着时代的发展，入口的功能逐渐从最初的以防御为主转向对文化的追求。门额题字是中国传统建筑装饰的特色，也是中华民族特殊的文化景观，这些内容丰富的门额题字、壁刻家训，不仅反映出了宅主的身份、修养与处世哲学，也是其人生理想的写照。

三、关中民居入口空间构成要素

党家村四合院院门分墙门和走马门楼两类。墙门窄小朴素，走马门楼高大气派，意为可使车马通行无碍，同时，走马门楼还得名于党家村门楼外具有代表性的附件——拴马桩、上马石和拴马环，集四合院建筑艺术精华之所在的走马门楼与其他要素共同构成了党家村形式丰富的入口空间。关中地区其他村落民居入口空间大多形制简朴，居中设门，门头为单坡式，且不设门道影壁，大门两侧仅摆放抱鼓石，而没有党家村特有的上马石、拴马桩等构件。党家村较之于关中其他村落民居入口空间而言，其内容更为丰富，地域特色更为显著，文化底蕴也更为浓厚（图2）。

党家村门楼　　　　　　　党家村翰林院入口空间　　　　陕西铜川移村民居（上）　陕西渭南康家卫村民居（下）

图2　党家村与关中其他村落民居入口空间对比图（图片来源：作者自摄）

本文结合实地调研测绘，选取了门道、影壁、台阶、上马石四种体现党家村地域建筑艺术特色的代表性要素，对其功能和特点进行分析，并依据每种构成要素的特点尝试进行分类。

1. 门道

党家村走马门安设在门房脊檩正下方，门外房下空间叫"外门道"，门里房下空间称"内门道"。党家村民居入口大多设置在狭长的街巷上，因此入口空间向内缩进，形成一个过渡和缓冲空间；有些入口位于街巷转角处，便灵活利用场地，形成了更为丰富和开阔的门道空间；而有些等级较低的民居因采取随墙门楼的形式，仅靠大门分割内外，并未设置门道。依据自身结构墙体围合形成的不同组合形式，将党家村门道分为"一"字形、"L"形和内凹型（表1）。

党家村门道类型表 表1

类型	"一"字型	"L"形	内凹型
图示	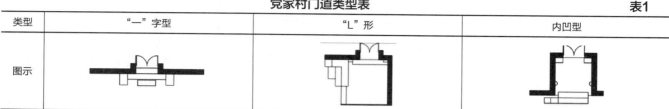		

（表格来源：作者自绘）

关中地区民居入口大多采用随墙式院门，因此，门头下空间并未向内缩进而形成门道，其入口空间形式较之于党家村民居入口稍显单调局促。

2. 影壁

党家村入口空间中的影壁从位置上分为门内和门外两种。内壁置于门楼迎面的厢房山墙上，俗称"照"墙。外壁镶于门道的墙壁上而不独立存在，其位置更为灵活，在凹型门道中对称设置于两侧墙壁上，而在L型门道中或正对大门，或正对街巷，抑或在两个方向均有设置（表2）。

党家村的影壁不仅在位置上设置灵活，其内容也十分丰富。按照雕刻题材可分为三种：一种是壁画影

党家村影壁位置类型表 表2

类型	内壁	外壁		
图示	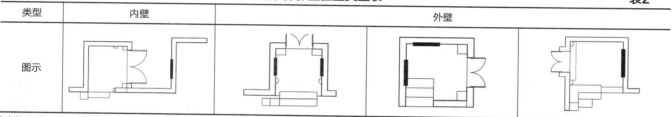			

（表格来源：作者自绘）

壁，第二种影壁是字壁，党家村最特别、最耐人寻味的影壁是素壁，巨幅砖雕画框里空无一字一图，有的只是方格拼成的菱形网。无字素壁寓意深刻，饱含着先辈对后代的无尽期望（图3）。

图3 党家村影壁题材类型图（图片来源：作者自摄）

影壁文化作为党家村入口空间的特色之一也是其他关中地区民居所匮乏的。首先，党家村多样的门道形式为其提供了空间和场所，其次，浓厚的文化底蕴也是影壁文化盛行的因素之一。

3. 台阶

在党家村传统民居中，因地段环境、建筑性质、宅主审美情趣的不同，出现了多种多样的宅门入口与台阶的组合样式。其中最为典型的主要有：包含式、相交式、相切式、相离式（表3）。

党家村台阶类型表 表3

类型	包含式	相交式	相切式	相离式
图示				

（表格来源：作者自绘）

4. 上马石

古代的大户人家，在宅门前常设置两块巨石，一块为上马石，一块为下马石，下马石因语言禁忌，故同称上马石，是为骑马人准备的，最早可以追溯到秦汉时期。党家村每座走马楼台阶两侧都设有上马石，其材料大都是青石，高低两级呈"L"型，雕饰多集中在第二级上，造型有粗犷的辟邪、麒麟等瑞兽形象，构图饱满，纹样清晰，有辟邪祈祥之意，第一级局部会点缀花草植物或斜纹纹样，临墙、靠门和底部没有雕刻，也有的等级较低的民居整个上马石都没有装饰（图4）。

图4 党家村上马石类型图（图片来源：作者自摄）

四、关中民居入口空间类型

民居入口空间作为联系内外空间的枢纽，其自身构成要素形式的多样以及与其周边环境的关系及其组成的空间秩序，都会给人带来不一样的居住境遇和空间体验。本文结合实地调研，从入口空间与周边环境要素的关系和入口空间序列组织形式两方面，归纳总结并尝试对其进行分类。

1. 与周边环境要素的类型分析

党家村入口空间感受的形成，并非只通过自身的构成要素形成的关系，其周边环境的影响也十分重要。通过调研归纳分析得出，党家村民居入口空间周边环境要素主要包括街巷和自身建筑位置，与这些类型要素的重组、演变，可以形成各式各样的入口空间。

1）与周边街巷的关系

党家村村内巷道出于防御考虑，极其狭窄，且功能单一，仅能满足通行。但巷道空间的处理很好地考虑了巷与巷、巷与户之间的关系，既保证了院落空间一定的私密性，同时也符合风水中避凶迎吉的说法，街巷相连处形成"丁"字型关系，巷道纵横贯通，主次分明（图5）。

主巷-宅　　　　　主巷-次巷-宅　　　　　巷-场-宅

图5 党家村入口空间与周边街巷关系类型（图片来源：作者自绘）

2）与建筑主体的关系

党家村民居院门大多开在门房偏左或偏右的一间上，中门较少。据说，家里出了有"功名"的人，才能开中门，并且在中门外面竖旗杆，但出于风俗习惯和风水的考虑，有"功名"的人家多数并不开中门，而从偏门进入。因此在党家村，往往因为大门的风水讲究而出现各种位置类型的民居入口。本文将党家村民居入口与建筑自身所处位置关系加以总结，可以得到以下几种类型（图6）。

2. 入口空间序列组织形式

民居的入口空间是组成民居建筑空间序列的重要环节，也是空间序列体验中的交织点，它的朝向与组织

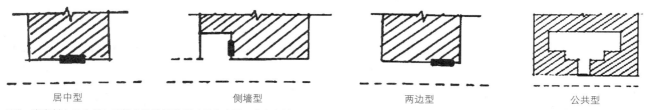

| 居中型 | 侧墙型 | 两边型 | 公共型 |

图6 党家村入口空间与建筑主体关系类型（图片来源：作者自绘）

一直在无形中引导着序列的方向，并控制着整个建筑序列的节奏。通过调研、归纳与分析，党家村民居入口空间的序列组织形式可分为两种类型，即直线型与折线型（表4）。

党家村入口空间序列组织类型 表4

类型	直线型	折线型		
图示				

（表格来源：作者自绘）

五、结语

在对党家村民居入口空间的梳理当中，采取与关中地区其他村落民居入口空间进行比较研究的方法，针对其构成要素、与周边环境要素关系以及入口空间序列三方面，归纳总结出了不同的类型。基于党家村浓厚的文化底蕴，其门道形式的多样，影壁文化的丰富以及独特性的构件都体现出其构成要素的地域性，而与周边环境要素共同形成的或直线型或折线型的空间序列，更体现了与其他民居直入式入口空间的不同之处。每一种类型都代表一种特定的文化和一种传统的生活情感，应当抓住最为本质的类型要素，将其隐含背后的历史信息进行提取，并且抽象在关中地区乡土建设的入口空间设计中，不断探索，继承创新，为地域性创作和表达提供新思路。

参考文献：

[1] 王军. 西北民居 [M]. 北京：中国建筑工业出版社，2009.

[2] 张良皋. 老门楼 [M]. 北京：北京语言文化大学出版社，1998.

[3] 陈冬苗. 中国传统建筑入口研究 [D]. 南京：东南大学，2006.

[4] 高喜红. 传统民居室内外过渡空间研究 [D]. 天津：天津大学，2008.

[5] 王晓菲. 门内洞天——陕西韩城党家村门楼艺术研究 [D]. 武汉：华中科技大学，2011.

[6] 周平，吴云杰. 徽州传统民居宅门入口空间的类型研究 [J]. 福建建筑，2013，第7期.

[7] 靳亦冰，李军环. "千年古船仍扬帆"——走进韩城党家村 [J]. 国土资源，2007（01）：54—57.

[8] 王金平，郭朝辉. 山西民居入口空间界面形式解析 [J]. 山西建筑，2010，第14期.

民间信仰体系影响下的郏县传统村落公共空间的文化解析

黄 华[1] 王 露[2]

摘 要： 传统村落不仅是一种物的存在也是一种精神的归宿，传统村落的发展受到了民间信仰的影响和制约。本文通过对河南郏县传统村落的调查和分析试图从民间信仰体系的角度，探讨其对传统村落公共空间的影响和在传统村落保护中的作用，以期在精神空间方面对传统村落民间信仰体系与公共空间的保护的相互关系进行总结。

关键词： 民间信仰体系；传统村落；公共空间；精神空间

郏县位于河南省中西部，是一个历史悠久的古县城，同时也是河南省传统村落最多的县城。在多年的郏县传统村落保护和民居的调研过程中，我们发现郏县许多村庄都保存着完整的庙宇、祠堂、戏楼等公共建筑和相应的公共空间，这些建筑体现了当地的一种信仰，形成了村落的民间信仰体系，民间信仰体系是村落研究和保护中的重要方面，值得从学科交叉方面进行综合思考和研究。

一、民间信仰体系的构成

1. 民间宗教

民间宗教作为一种知识体系是19世纪以后，中外学者用现代学术标准，在中国人的儒、道、佛"三教"论述基础上，共同构建起的一门新学科。

《金泽：江南民间祭祀探源》一书中认为："周代以来的儒教，首先是中国人的一种信仰行为，是有基层民众维持、在民间社会流行的祭祀制度。"中华民族的宗教心理在鬼神崇拜和祖先崇拜方面非常突出，这套祭祀制度"以鬼魂概念（加上天地观念）为基础"，融合了"礼乐制度之上的儒家祖、示、孝、敬学说"，构成了中国宗教的基本内容。

汉代以来，这套祭祀制度与佛、道等信仰交汇融合，成为中国各种信仰的基本形式——李天纲先生将其称为民间宗教生活的"底色"。在所有"宗"、"教"、"门"、"派"的信仰生活中，都可以看到这个"底色"。"底色"之上，才是各种宗教、各种信仰的分野。

中国人的民间宗教生活源远流长。在河南省郏县地区，几乎每个村落都存在保存完好的地方庙宇，其供奉的各种民间神灵更是多种多样。基于民间宗教强烈的地方性特点，郏县地区民间宗教主要由道教以及各类当地民间信仰组成。

2. 庙宇——民间信仰体系的物化产物

封建社会时期，由于科技水平不高，人们不能看清一些无法解释的自然现象，只好祈求神灵，希望能够得到帮助，于是出现了宗教崇拜的现象。他们祈求神仙保佑庄稼有好收成，家人有好运势等。而在中国的"神"文化当中，人、自然、神的关系是并列的。从古到今，人们都将"神"视为祖先的化身，它们不仅有属于自己的人格特征，而且其行为方式也类似于人类。生活中对"神"的崇拜是广泛存在的，并且几乎都是多神拜的方式。由于信仰的存在，自然就会以物质实体的形式将其表达出来，于是供奉神灵的庙宇就很自然地出现了，并快速地发展了起来。一直以来，庙宇的兴旺与否与全村的昌盛有着直接的联系，因此，庙宇成了村落中重要的传统公共建筑类型。由于各地环境因素及人文因素的不同，庙宇的规模也相异。有些庙宇只是一座简易的庙堂，真实地反映着当地的地方特色，以及老百姓朴实的生活；有些庙宇则是较大型的庙宇，不仅是村内人祈神的场所，往往还吸引着周边村落的人们前来

1 黄华，郑州大学建筑学院，副教授，450001，2271227176@qq.com。

2 王露，郑州大学建筑学院，硕士研究生，450001，542518625@qq.com。

进香。

由于封建社会的中国，皇帝是国家一切权利的拥有者，于是在中华各地到处都能见到类似于文（武）庙、佛教（道教）圣地以及皇家寺院等庙宇建筑的存在。而具体到广阔的乡村，这些宗教建筑与礼制建筑却不存在着明显的界限。因为在村民的心中，一位神的信仰的确立往往都跟一种灵验的观念联系在一起，一个基本的表述模式就是"因为求得到灵验，所以信仰"。只

要能保佑他们健康平安、富贵吉祥的神灵，他们都会进行祭拜。于是，大量关于这类信仰类的建筑（如关帝庙、观音庙、娘娘庙、龙王庙以及药王庙等）就陆续地出现在村落之中，并不断地壮大，在此我们统称这类建筑为民间庙宇。在郏县地区几乎每个村落都能看见这样的庙宇，只是供奉的内容不同，规模大小不而已，这些庙宇都是与村民的生活密切相关的，于是村内出现了凡庙必拜的现象（图1）。

前湾观音堂（纸坊村）

前湾观音堂2（纸坊村）

河西观音堂（纸坊村）

前湾观音堂碑刻（纸坊村）

前湾观音堂2碑刻（纸坊村）

河西观音堂碑刻（纸坊村）

图1 郏县村落庙宇照片（图片来源：作者自摄）

庙宇中神与神像年复一年地存在于村落之中，为了更好地膜拜，人们每年都会在特定的时间对神进行集中祭祀，祭祀的步骤中需要有足够大的平地用来摆放鸡

鸭鱼肉、水果糕点、香烛鞭炮等，这就促成了仪式空间的发展，仪式空间促成了庙会的形成与发展，庙会因庙而生，是一种庙宇催生的产物（图2）。

图2 郏县庙会照片（图片来源：作者自摄）

二、民间信仰体系的文化分析

1. 生活需求

庙宇建筑以及庙会所形成的广场空间，是村落公

共活动的重要场所。这些庙宇及庙会空间，作为祭拜神灵和节日赏戏等之用，现在村落中的庙宇虽然没有达到封建社会时期的鼎盛阶段，但由于其地理位置较好、空间尺度适宜及所承载的文化内涵突出，一直以来，庙宇对村民的生活都产生着重要的影响，它既是村民进行各种祈祷活动的场所，同时也是他们社会交往的公共中

心，是整个村落中最重要的公共场所。因此，对民间信仰体系进行合理的利用设计，将会更加突出其村落"公共活动空间"的功能作用，体现其宗教、行政、教育，甚至文化娱乐等多种功能。

2. 精神需求

郏县的大部分村落，清代村村有庙。庙宇成为村落的重要文化景观，也建构起村民心理生活的层层空间。在一年四季每一个岁时节日，他们通过祭拜庙宇中的各种神灵来解除现实生活中的种种苦难，庙宇成为他们宣泄情感的空间，成为他们精神上的支撑，成为他们克服恐惧的载体。融"世俗性"、"神圣性"为一体的民间信仰体系充实着村落居民的乡村生活，满足了集体的需要，慰藉着个体的心灵。

3. 文化需求

随着近些年来"文化旅游村"的兴起，郏县各个传统村落也正在努力挖掘其村落更多的历史文化，使村落的历史文化价值更为突出。因此，对于庙宇建筑来说，其在村落中所代表的民间信仰体系价值不可估量，是打造传统村落必不可少的文化支撑。因此，对民间信仰体系的关注与重塑，将会是对村落庙宇文化及景观文化的一种有力展示。

因此，不管从建筑自身的发展来看，或是从空间满足现代人的生活来看，还是从村落的发展要求来看，关注民间信仰文化体系并对其进行再利用设计都是一种有利于村落发展的必要途径。

三、郏县传统村落公共空间与民间信仰体系

民间信仰体系对传统村落的公共空间有着较大的影响。在原始社会开始，人们就把具有公共作用和宗教祭祀象征的场所作为聚落中心，来建构聚落的意识和想法，此时他们的宗教祭祀场所就相当于现在的庙宇建筑，庙宇建筑周围的公共空间就属于庙会空间的范畴。发展到近代，就传统村落的公共空间来说，民间信仰体系的作用表现为"强中心式"、"多中心式"以及"弱中心均匀式"三种，即庙宇等民间信仰体系所产生的公共空间在传统村落中的位置有几种不同的表现形式。

1. 民间信仰体系的"强中心式"作用

"强中心式"的公共空间形成一般是因为规模庞大的庙宇和庙会。大型的庙宇作为村落的地标，占据着村落的中心位置，它对于村落边缘的控制力几乎是一致的，是整个村落的向心凝聚所在（图3）。并且周围民居的建造都迎合庙宇的位置，使其成了村内各家各户村民最方便到达的地方。随着村民活动的丰富及庙宇的发展，在交往中也创造了一个个信仰的场域——以庙宇本身的空间，围绕庙前的一大片广场式的空地成为自发性的公共活动场所。这个场所除了可以作为村民祭祀神灵的共用建筑，往往还成了村落的"强中心式"公共空间，村民们在这里赶集和看戏。民众通过亲身参与获得信仰体验并形成神圣情感来丰富内心世界，人神、人际、村际等各种关系得以展示或重塑，传统村落的空间

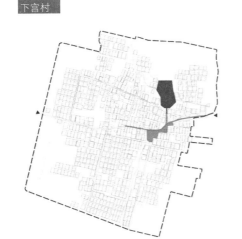
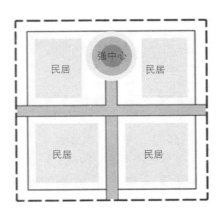

图例
■寺庙 ■庙会空间 ■戏台 ---村落边界 ▲进村主要入口

图3 "强中心式"作用结构图（图片来源：作者自绘）

秩序也借此实现维持或重建。

例如薛店镇下宫村始建年代不详，重修于明万历十四年间（有碑为证）的道教圣地卧龙宫（包含大大小小二十余处庙宇），就位于村落的中心位置，且与相对而立的戏台形成开放式的场所空间，成为村内最重要的公共空间（图4）。

图4　下宫村卧龙宫鸟瞰图（图片来源：工作室提供）

2. 民间信仰体系的"多中心式"作用

村落中存在两个或多个大庙时，祭拜的人们就会分散在不同的庙宇中，与此同时人群的聚集就产生了不同的空间，当两个或多个大庙不在同一条街道时，那么庙会空间会因为大庙的不同而产生分异。也就是说，当庙会在同一村落的不同庙宇举办时，庙会空间选址为了迎合庙宇，则会选择在不同的场地上，在不同的庙会上就会形成不同的人流聚集节点，而这些节点共同构成了村落的"多中心式"公共空间。

例如茨芭镇姑嫂寺村，村内有始建于明代的姑嫂庙，还有始建于清代的姑嫂寺禅院，这两个庙宇都在村落中占据着举足轻重的地位，两处庙宇及其庙会形成了两个规模、功能相似的公共空间，使得村落内的公共空间呈现"多中心式"分布（图5）。

图例
■寺庙　■庙会空间　---村落边界　▲进村主要入口

图5　"多中心式"作用结构图（图片来源：作者自绘）

3. 民间信仰体系的"弱中心均匀式"作用

除了较大规模的庙宇，村落内更多的是各种小型村庙，多个四、五平方米的小庙共同构成了村落的民间信仰体系，众多小庙的形成缘由人们不同的需求，发财、求子以及求雨是农村人心中最多的渴望，在郏县地区，这些小庙多为关帝庙、观音庙、娘娘庙、龙王庙以及火神庙等。不同时间、不同需求的农民会到不同的村庙去求得庇佑，这就围绕各个庙宇产生了多个规模较小

的聚集场地，这种小型的聚集场地不足以形成庙会所需的交流空间，因而庙会空间只能选择在街道上或其他开敞空间开展，在形制上缺乏与庙宇共同形成集聚交汇的条件。这种级别的集聚不足以形成强势的中心，更多的似乎以"弱中心"的形式均匀统领着村落中的公共空间（图6）。

例如黄道镇纸坊村，村内沿河两岸有始建于明代的五龙圣母殿、前湾观音堂、河西观音堂、前湾牛王庙以及始建于清代的关爷庙，前湾观音堂、河西观音堂以及前湾牛王庙位于道路交叉口，依靠道路尽头形成小型

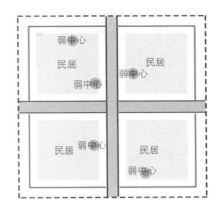

图6 "弱中心均匀式"作用结构图（图片来源：作者自绘）

聚集场地，五龙圣母殿和关爷庙建在高处，庙前有其院落空间。从整体上来看，五处聚焦场地都较小，不足以形成村落的中心，使得村落内的公共空间呈现"弱中心均匀式"分布。

四、郏县传统村落公共空间的延续与再利用

对承载空间的庙宇保护首先要延续其文化内涵。保护庙宇场所、日常公共活动空间，突出村民祭祀行为场所的延续性和真实性，以活力公共空间延续传统村落的精神价值和交往价值。而从整个传统村落来看，这些公共空间是一个有机系统。公共空间要整体保护，通过梳理传统村落中公共空间的组成，构建一个完善的公共空间体系，从而推动民间信仰体系及其承载的公共空间的有效保护。

所以，对公共空间的形态，要采取原真性保护的方式。修缮、维护原有公共空间，恢复、复原原来的空间尺度等形态特征。针对不同形态的公共空间，采取相应的保护措施。

五、结语

民间庙宇建筑是历史传承下来的中国古老文化的见证，庙宇作为民间信仰体系的物质实体，村落公共空间作为承载村落公共生活的载体，都在村落物质精神生活中发挥着重要的作用。本文从民间信仰体系的构成

等方面研究了其对郏县传统村落公共空间的影响，目的在于归纳总结出郏县地区民间信仰体系这一集神圣与世俗于一体的精神文化对传统村落公共空间的影响，进一步认识到民间信仰体系的重要性。在传统村落保护发展中，根据民间信仰体系与传统村落公共空间之间的关系，采取一些方法、策略，保护和营造一种聚集场地，即突出保护传统村落的民间信仰体系空间和延续公共空间的日常精神，才能将传统村落公共空间的"余热"继续合理地发挥，让它再度成为村民生活的重要组成部分。

参考文献：

[1] 乌丙安. 中国民间信仰 [M]. 上海：上海人民出版社，1998.

[2] 李天纲. 金泽：江南民间祭祀探源 [M]. 北京：生活. 读书. 新知三联书店，2017.

[3] 李秋香. 庙宇 [M]. 北京：生活. 读书. 新知三联书店，2006.

[4] 陈琳，程建军，刘丹枫. 北京：民间信仰下的祭祀空间研究——以雷州市榜山村为例 [J]，新建筑，2017.

[5] 侯杰，段文艳，李从娜. 民间信仰与村落和谐空间的建构：对大义店村冰雹会的考察 [J]，宗教学研究，2011.

[6] 张大玉，欧阳文. 传统村镇聚落环境中人之行为活动与场所的分析研究 [J]，北京建筑工程学院

学报，1999.

[7] 欧阳文，周柯婧．北京琉璃渠村公共空间浅析 [J]．华中建筑，2011.

[8] 俞清源，平遥县汾河以西村落构成与庙会空

间研究 [D]．深圳：深圳大学，2017.

[9] 张磊，北京门头沟地区村落传统公共建筑空间再利用研究 [D]．北京：北京建筑程学院硕士学位论文，2012.

湖南传统民居屋顶采光隔热措施

李晨霞[1]

摘　要： 湖南传统民居历史悠久有着独特的生态建造智慧结晶，本文从湖南传统民居的屋顶生态构造做法出发分析了湖南民居屋顶中的明瓦屋面、阁楼屋顶、斗窗采光、屋面高窗等屋顶采光隔热措施。并结合现代建筑屋顶设计中采用屋顶阁楼、采光天井、高窗通风等屋面节能措施探讨了湖南传统民居屋顶生态智慧的应用，以期对现代建筑节能设计有所启示。

关键词： 湖南传统民居；屋顶；采光；隔热

　　近年来随着资源大量消耗和环境的恶化导致能源危机和一系列城市问题的产生，人们的节能意识日益增强。建筑是城市能源消耗的重大一项，其中屋顶是建筑外围护结构中重要组成部分，是吸收太阳辐射的受光面，也是建筑能耗中的巨大一环。因此屋顶的节能措施一直是建筑节能设计普遍关注的重点，有关对建筑屋顶节能的研究不断开展。湖南地区民居屋顶类型丰富，以普通的屋顶建筑材料、朴素的生态观和最简便的手法创造了宜人的居住环境，许多方面都蕴含了大量的屋顶生态节能智慧值得被人们认识，如何有效地将传统民居中的屋顶节能策略同现代建筑设计结合是改善当前屋顶节能困境的有力途径，对现代建筑屋顶节能设计具有重大意义。

一、湖南传统民居屋顶构造做法

1."望砖"屋面

　　湖南传统民居采用"望砖"屋面结构，即由盖瓦与瓦下望砖构成，望砖与盖瓦之间有一空气夹层加强了保温隔热的性能。其次由于湖南地区气候特征，夏季十分炎热因此屋面的构造相对简单，往往不做垫层。通常都是将椽板搁置在檩上，再用砂浆粘合上平瓦或小青瓦即可。湖南传统民居屋面青瓦和望板之间存有

间隙，形成了一定厚度的空气隔层，增强了其通风性能，白天太阳光照射瓦面，致使其温度升高，上层瓦面对底层瓦片起到了遮挡的作用，降低了底层瓦片的温度。这样屋面上下空气层出现温度差，瓦片间空气通过瓦间空隙流出，压力下降，室内的空气不断补充，形成屋顶独特的通风系统，降低屋顶构件的温度。结合屋顶下部的空间以及夹层，能作为热缓冲空间，在夏季空气层内有气流流动，在受到太阳直射时，盖瓦与望板的温差能达到10℃左右，不仅加强了通风效果还获得了一层空气夹层，有效控制夏季室内的热环境（图1、图2）。

图1　望瓦屋面（图片来源：网络）

1　李晨霞，湖南科技大学建筑与艺术设计学院，硕士研究生在读，411201，E-mail：364295458@qq.com。

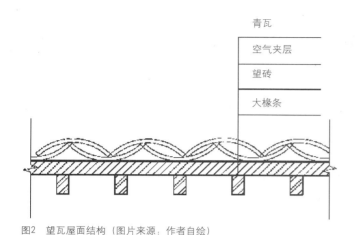

图2 望瓦屋面结构（图片来源：作者自绘）

2. 明瓦屋面

湘西的"窨子屋"中常出现明瓦屋面。当建筑面积很大，或者屋架的高度相对较高时，屋面上常常会有几匹明瓦取代屋面瓦，明瓦是在建筑不便于开窗洞采光的情况下，屋面局部使用透明的材料来补充采光，此法可以补充室内的天然光，增加室内照度。亮瓦一般设置3列或者5列，一列3片，一般设置在正厅上方。其做法是在天井上加设屋面，铺上明瓦可透光、可防雨，能保持室内干燥，增加功能使用面积。这样使前后两进建筑之间又多出了一个共享空间，等于又多了一个"过厅"，例如湖南怀化的洪江古商城传统民居（图3）。湖南地区因夏季十分炎热，为避免日照过强，除了铺设明瓦，有的传统民居在封闭天井上方设置可调节的屋顶栅格，如湘西里耶老街的传统民居（图4），在天井上方就有安装类似窗构件的格栅，能有效控制进光量，减少眩光，还能起到挡雨的作用。冬季可以用玻璃或窗纸涂油覆盖镂空处，即不会影响采光、纳阳，又能起到防风的作用。湖南传统民居中的亮瓦的设置位置和数量都比较灵活，

图3 洪江古商城民居屋顶明瓦（图片来源：李晓峰，两湖民居）

图4 湘西里耶老街民居屋顶栅格
（图片来源：邢剑龙，湖南传统民居生态节能设计研究）

可以用于多种类型的房间屋顶。亮瓦的造价低廉，施工方便快捷，不影响建筑风貌，它对房间内部空间的采光不足拥有显著的改善效果，因此被广泛应用于传统民居建筑中，其采光效果受亮瓦数量和材料通透性能制约。

3. 阁楼屋顶

湖南传统民居多为楼房，两层甚至三层，二楼主要为储藏空间，不住人；也有民居为一层的平房，但室内空间很高，多是坡屋顶带阁楼的空间（图5、图6）。

图5 湘东北地区张谷英村坡屋顶（图片来源：网络）

图6 湘西民居坡屋顶（图片来源：网络）

这样民居中的顶层或一层带阁楼的空间能在夏季有效阻挡从屋顶传来的热流传入一层主要生活居住空间，似"隔热层"的作用；同时在冬季能很好地储存室内的热空气，似"保温层"的作用，从而顶层空间或阁楼具有夏季隔热降温和冬季保温蓄热的功能。坡屋顶中有的采用草泥屋面，利用泥土的绝热性能进行保温隔热。坡屋顶既可通风又具有良好的防水效果，样式简洁，可有效改善阁楼的光环境，从而提高顶层可利用空间面积。

湖南传统屋面的"窨子屋"屋顶中的"抱厦"类似于在建筑顶部做一个屋顶阁楼的缓冲空间（表1）具有良好隔热通风效果。在现代建筑住宅屋顶设计中有些采用加建屋顶阁楼方式。屋顶阁楼多采用坡屋顶形式，采用坡屋顶阁楼最主要的好处在于防水，其次在于避免二层顶板直接接受太阳辐射，在主要的居住场所之上形成一个缓冲空间，提升二楼舒适度，在夏季可降低空调消耗，改善室内微气候，被动式节能。在冬季坡屋顶阁楼可蓄热，提升保温性能。其次坡屋顶使住宅增加了阁楼层，相应增加了可供使用的空间。而坡屋顶出檐的部分则避免了墙体直接遭受雨水冲刷，具有良好的保护作用。其次有些坡屋顶阁楼两侧山墙开对口窗，以开启的窗户来充当风口，可增大通风效率，有效控制室内气流组织和热舒适度。

还有一种将屋顶中部抬高类似于"冲天楼"形式。与阁楼屋顶类似，也是利用热压通风的原理。而屋脊通风可为空气的流动缩短路径，同时均匀分布的开口也简化了室内气流运动场的分布。该种屋顶的构造方式也要求不高，只需将承重的横墙在中间部分凸起，再用砖叠涩的方式出挑，其上再覆屋顶构架即可。

近年来出现了许多坡屋顶的住宅建筑，采用坡屋顶的设计不仅使建筑物的外观更加时尚，增加使用面积，而且坡屋顶阁楼能有效通风隔热，改善室内微气候，提升室内舒适度，节省空调能耗，为湖南传统建筑的生态理念在现代建筑中的应用。

阁楼屋顶形式 表1

类型	结构组成	传统阁楼屋顶形式	现代建筑屋顶
湖南湘西窨子屋—现代建筑坡屋顶	屋顶阁楼的缓冲空间，具有良好隔热通风效果		
冲天楼—现代建筑屋顶中部抬高	利用热压通风的原理。而屋脊通风可为空气的流动缩短路径，同时均匀分布的开口也简化了室内气流运动场的分布		

（资料来源：作者自绘）

4. 双坡檐式屋顶

双披檐式的屋面，上檐为屋面延伸，上、下檐间距不大，由间隔有序的檐柱和穿仿支撑，上、下两檐之间设窗。上、下两层出檐不深，均为单步单挑出檐，且不设封檐板，形式简洁，既扩大了遮挡面积，又使屋檐出挑不至于太深，出其不意地避免了笨重的大屋檐的出现（图7）。满足相应实用功能的同时，所表现出来的外在形式更为古镇街道空间与建筑美感增色（图8）。在功能上具有防晒、防雨、通风、采光的作用，可保护屋身不受雨水冲刷，同时保证屋内空间的正常使用。

图7　双披檐式屋面结构示意图（图片来源：作者自绘）　　　　图8　洪江古商城双披檐式屋面（图片来源：网络）

5. 屋顶斗窗

湘西窨子屋常使用斗窗采光，斗窗也称亮斗，形如倒置漏斗，上装有亮瓦，光线直接从屋面引入室内，特别对于有楼层的一楼的大进深房间，采光、隔热效果较好（表2）。在浦市、黔阳、托口等地较为常见。斗窗是为了解决底层空间的采光，将天然光从屋面通过采光空间，引入到下层。从屋面开口。利用涂上光洁漆的木板做成上小下大两头空的斗状物，来增加活动区域的采光量，它位置不受局限，能够增加房间内部的采光。受井口大小和反光面的反射率影响较大。这种形式有助于下层不便于采光房间能够获得一定的自然光照，在湖南湘西窨子屋是个独特的采光技术手段。

湘西窨子屋斗窗采光形式　　　　　　　　　　　　　　　　表2

斗窗采光	上下相通联斗窗形式	斗窗示意图	屋面斗窗

（资料来源：作者自绘）

这种湘西窨子屋中使用斗窗采光方式，在现代建筑设计中类似于屋面采光井处理手法，即并是有三面以上围合界面的采光深井，一般面积不大，它位置灵活，可增加房间进深深处的采光量，也可满足通风和景观需求。它采光面大，采光效果相比传统墙面开窗方式可不受建筑进深的制约（表3）。在现代大进深商城、写字楼、博物馆建筑中较常使用，利用采光井可增大建筑室内采光面积，减少灯具安装及采光能耗，并可以用自然光源创造丰富室内光线，提高室内舒适度，丰富室内空间景观。为湘西窨子屋传统斗窗采光方式在现代建筑采光设计中的体现。

采光方式应用 表3

类型	结构组成	示意图	案例
湖南湘西窨子屋斗窗	上小下大两头空的斗状物,来增加活动区域的采光量,它位置不受局限,能够增加房间内部的采光		
现代建筑采光井	增大建筑室内采光面积,减少灯具安装及采光能耗,并可以用自然光源创造丰富室内光线		

(资料来源:作者自绘)

效通风隔热的作用。

二、高窗与屋面结合形式

湖南传统民居建筑的屋顶多为深灰色瓦,相对于周围空气,温度升高较快,因此在屋顶内表层也形成一定的高温区域,智慧的先人在片墙上设置高窗,而且通常高窗结合吉祥图案,面积较小,一方面高窗有采光的作用。但是其中最主要的作用是结合屋顶在顶层形成热压通风系统,这种简单有效的组织在顶层形成有效的垂直气候缓冲层,造就楼层底部凉爽舒适的热环境(图9)。传统建筑的节能设计是如此的简单有效,现代设计师常在屋面层设置老虎窗也具有异曲同工之妙,也有建筑师尝试新式双层通风屋面,达到有

三、屋面材料运用

1. 瓦

湖南传统民居因特殊的地域气候条件,屋面材料通常使用的是小青瓦(图10)。小青瓦为人工烧制的建筑材料,具有不错的防水性能,在夏季可通过热辐射充分吸收的太阳热能加热建筑内部通风层的空气,加速室内空气顺畅流动。其排列方式主要是叠七留三紧密排列,一方面能有序的组织雨水从屋面排走,另一方面据实验证明,夏季受太阳辐射时,覆瓦和仰瓦的温差可以

图9 高窗屋面结合(图片来源:网络)

图10 湘西民居屋面小青瓦(图片来源:网络)

图11 湘西石头寨堡
（图片来源：邢剑龙，湖南传统民居生态节能设计研究）

达到25℃左右，表明其隔热效果明显。小青瓦常采用双层瓦组合方式为民居提供较好的热环境。

2. 石材

在湖南多山的环境中，石料的来源也是比较丰富的，石材因其坚固、耐久且防水防潮，故在民居中较广泛的使用，位于凤凰附近的云盘苗寨，因当地盛产一种页岩石，故所有的建筑几乎全部用石料砌筑，被称之为石头寨（图11），极具地域色彩，有的地区甚至出现石建的房屋乃至村落。在某些石料资源丰富的山区石材甚至被用于屋面材料，即直接使用比较薄的片石作瓦相互叠压铺设在屋面上，一方面体现了人们的因材施用，另一方面在这种区域内石材作瓦比用黏土烧制的瓦相对更加经济。民众建屋常常就近在附近的山体取石，大量外露的岩层随取随用。夏季白天，从室外环境吸热使石板屋面外表面温度升高，午后时段其外表面温度达到日间峰值。在石板屋面的较大热惰性、蓄热性能和延迟作用下，到达外墙内表面的热流量、热流波幅及温度波幅会大大降低，达到降低室内温度目的，冬季则可使内表面的温度最大值时间推迟，达到保温目的。

四、结语

节能减排已成为我国的基本国策，降低建筑能耗

和碳排放亦是当下城市化发展亟需解决的难题之一。湖南传统民居生态设计中蕴藏着许多生态智慧，其屋顶适宜节能技术有着许多经验。本文通过对湖南传统民居屋顶采光隔热进行分析，总结出：①湖南传统民居屋顶多为望砖屋面，有效形成空气夹层，降低室内温度。②屋面明瓦的设置可以补充室内的天然光，增加室内照度。③几层相通的斗窗能解决下层采光问题，类似于现代建筑采光井的设计，可改善大进深建筑及下层的采光需求，减少室内灯光能耗。④传统屋面与高窗的结合可在顶层形成热压通风系统。⑤"冲天楼"式屋顶阁楼，在建筑顶部做一个屋顶缓冲空间，可改善室内微气候，具有良好隔热通风效果。⑥利用屋面材料良好物理性质达到夏季降低室内温度、冬季保温的目的。通过以上经验总结以期在进行现代建筑屋顶节能设计中取得一定的启示和节能效果。

参考文献：

[1] 邢剑龙. 湖南传统民居生态节能设计研究[D]. 广州：华南理工大学，2015.

[2] 黄家瑾，邱灿红. 湖南传统民居[M]. 长沙：湖南大学出版社，2006.

[3] 李晓峰，谭刚毅. 两湖民居[M]. 北京：中国建筑工业出版社，2009.

[4] 周婧. 湘南板梁古村传统民居生态策略研究[D]. 长沙：中南大学，2013.

[5] 王宏涛. 湘西地区传统民居生态性研究[D]. 长沙：湖南大学，2009.

[6] 王梦君. 湖南传统民居环境生态特征研究[D]. 长沙：湖南师范大学，2012.

[7] 高欢. 传统民居的气候适应性研究[D]. 西安：西安建筑科技大学，2013.

[8] 杨崴. 传统民居与当代建筑结合点的探讨：中国新型地域性建筑创作研究[J]. 新建筑，2000，2.

"神居"与"人居"昆嵛山民间信仰庙宇与传统民居的联系
——以昆嵛山龙神祠为例

郝明钰[1]　高宜生[2]

摘　要：为祭祀龙神，九龙池周边衍生出了一系列庙宇，首先是始建于宋朝天眷年间的龙王阁，龙王阁位于现龙神祠南，建造在地势高的山峰上，遥对东方的九龙池，是早年间观景祈福的所在。龙神祠是标准的合院构造，渐渐与民居接近，自明朝就有道士居住，民国多时有两至三人居住，并有庙产田地，庙门前搭建戏台，时有庙会。这体现了民间传统信仰的逐步俗世化、人情化，也体现了民间庙宇与传统民居之间不可割舍的关系。

关键词：龙王庙；龙神祠；民间信仰；居住空间

引言

龙神祠和龙王庙位于山东省烟台市昆嵛山国家级自然保护区昆嵛镇桃园村西南约两公里处，东经121° 37′ 0″~121° 51′ 0″，北纬37° 12′ 20″~37° 18′ 50″，与牟平、文登相邻。

龙神祠与龙王庙遗迹包括三个部分：一是龙神祠，二是龙王庙，三是九龙池。龙神祠与龙王庙所处地区自然景观优美，神话传说动人，建筑遗迹保存较好，是昆嵛山保护区境内一处重要的自然风景区和文化遗存区。

一、昆嵛山龙神崇拜的演进过程

龙王庙坐落于龙神祠正南方的山头上，庙址南北宽约13米，东西长约4米，面积为52平方米，与九龙池遥遥相望，始建于金天眷年间，为当时四乡群众祈雨而建，"文化大革命"期间庙已被拆毁，当时仅存部分石条、砖瓦等，1997年重修龙王阁于此处。

龙王庙位于九龙池西侧山顶，仅为单间的神龛，面积较小，在记录中也仅有只字片语的记载。其形制与布局都与后来的龙神祠和牟平地区的民居相差甚远，反而与更早期的祭祀山神的建筑或者构筑物更为相近，俯瞰山涧的九龙池，代表了当地人们对于龙神的早期崇拜。

龙王庙在民国时期就香火零落，渐渐失修，最终在"文化大革命"期间被毁。根据现有的资料，对这所山庙的描述甚少，仅在明代《宁海州志》中有"九龙池，在州东南三十五里，苍山之阴。本一石坡，自上而下，成池者九：或为瓮盎，或为盆缶。水亦自上递入九池，虽旱竭不歇，北入于海。上有神祠，岁旱祷焉。"这一点也说明了龙王庙最开始是为了岁旱求雨而存在，反映了古时人们对于大自然敬畏的本能，这时的龙神是完全没有被俗世化、人情化的存在，是雨水的具象代表。而产生在这种敬畏情绪中的龙王庙的主要功能就是求雨，除此之外几乎没有和人们的互动。

之后在县志和州志的记载中，龙王庙的形象就逐渐模糊，仅仅民国25年（1936年）的县志中记载存在，之前的记录几乎没有，似乎说明龙王庙在清代几乎处于被废弃的情况，最终被北侧兴起的龙神祠取代。

明代末，因传说昆嵛山九龙池内有龙，明末建庙供奉龙王，龙神祠具体始建年代不详。道光（1821~1850

1　郝明钰，山东建筑大学建筑城规学院，研究生，乡土文化遗产保护国家文物局重点科研基地（山东建筑大学），山东建筑大学建筑文化遗产保护研究所，邮编：250000，E-MAIL：2510144519@qq.com。

2　高宜生，山东建筑大学建筑城规学院，副教授，乡土文化遗产保护国家文物局重点科研基地（山东建筑大学），常务副主任；山东建筑大学建筑文化遗产保护研究所，所长；全国文物保护标准化技术委员会委员；研究方向：建筑史学研究，文化遗产保护，邮编：250000，E-MAIL：13864071066@163.com。

年）初年，龙神祠兴资扩建。光绪六年（1880年），修建龙神祠戏楼，是当地人们物资文化交流中心。"文化大革命"期间（1966~1976年），龙神祠南厅被拆毁。

龙神祠为北方传统的一进四合院落，东西长22米，南北宽23米，总面积500余平方米，坐北朝南，平面布局不完整。现存建筑5座，正殿及东西耳房、东西厢房为原始建筑，原建筑功能无史料记载，现正殿供奉龙王、雷公电母、雨神。东厢房现作为观音殿使用，西厢房现作财神殿使用，南厅于"文化大革命"期间被毁，遗址上新建现代建筑（图1、图2）。

图1 龙王庙　　　　　　　　　　　　　图2 龙神祠

龙神祠也体现了民间对龙王的崇拜，但是不同的是龙神祠的传说逐渐丰满了起来，人们传说龙王是三兄弟来到凡间历练，调皮的弟弟看好了昆嵛山这块风水宝地，率先下凡争得主位，而两位哥哥只能居于次位的故事。

龙神这个形象渐渐变得更加富有人情，甚至龙神祠中的排位和塑像都随传说进行了变动，与一般的龙王庙完全不同，有三位龙王像，居于主位的龙王像是弟弟，带着笑眯眯的神色，次位是二哥，神色平静，大哥反而居于末位，呈愤懑像，充满了地方特色。

除了所供奉的神明的俗世化，龙神祠与龙王庙的另一个不同的特点是它并非是无人管理的山庙，在历代县志中我们能清楚地看到龙神祠是由道士管理的，并且对于道士的门派进行了详细记录，在清代还有为龙神请封的奏折，这说明龙神崇拜已经由人们民间的自发崇拜逐步转为道家体系下的信仰。

二、龙神祠与龙王庙的地理位置分析

从时间上看我们可以把龙神祠和龙王庙看作一脉相承的一个信仰的两个阶段，那么在空间上这两个宗教建筑又有什么样的联系呢？

首先最明显的差异就是高度上的差别，龙王庙位于山顶，完全可以俯瞰九龙池，但是不易到达，只能是在祭祀的日子爬山进行祭礼。因为是在山顶，周围几乎是石质地面，也不宜居住，庙周围也没有庙产。

地势较高的好处有很多，比如非常浓厚的宗教氛围，自古以来人们的原始崇拜就致力于高山或者高台，在中国有海上仙山和仙人好高楼的记载，而世界其他文明的巴别塔和山岳台也体现了这种倾向。但是坏处也相当明显，地势的高耸代表了难以到达，这就使得龙王庙渐渐与人们的生产生活脱离了开来，逐渐失去了活力。

龙神祠位于比较平缓的地带，面朝苍山，从九龙池流下来的水从龙神祠的一边流过，汇入龙神祠背靠的东风水库，龙神祠的另一侧也有一条较小的水流，两条水系把龙神祠夹在中间形成了一个伸向水库的小岛，龙神祠就端坐于岛上。

龙神祠有自己的庙产，也一直有道士生活管理。在老人的回忆中这几位道士有的住在龙神祠的偏殿里，有的住在庙外的庙产里。

龙神祠易于到达，又有人居住，理所应当的就会与当地居民的生活发生更多的联系，根据老人们的回忆，每年大年三十晚上半夜时分都要祭祀龙王，正月初一则是老百姓们集中上香的日子。正对正殿的大门还有一个戏台，戏台的主要作用是娱神，但是对于居民们来说这是难得一见的娱乐方式，所以每到庙会都十分热闹。

随着庙址由高向低的变化，人们供奉的龙神、祭祀的方式和信仰的体系都发生了一定程度上的变化，信仰逐渐变得世俗化和生活化（图3~图5）。

图3　龙神祠

图4　龙神祠戏台　　　　　图5　龙神祠地理位置

三、龙神祠与传统民居建筑的异同

龙神祠虽然是宗教建筑，但是却与传统民居建筑有很多的相似之处。由于本身中国本土的寺庙就传统民居同源，在建筑单体和细部方面龙神祠可以说是胶东传统民居的一个缩影。

山东各地因地域环境与风土人情的不同，在民居房屋的造型上呈现了多元化特点。各地民居因地制宜，与当地自然环境和谐统一，浑然一体，形成了不同的地域特色。

1. 龙神祠与传统民居单体建筑的异同

从建筑风格来说，胶东半岛地区三面环海，山峦起伏，有地基高、房檐低、间量小、进深大的特点，这使得此类民居既防风保暖又省工省料。房屋的砖墙角和以砖勾勒门窗框，白灰抹墙，显得房屋外墙色调简洁明快，海光山色相映成辉，与地域环境和谐统一。

龙神祠也部分延续了这种风格，由于是寺庙的关系开间较大，涂饰也以红色为主，因为建筑等级较高，建筑下碱为条石构筑，但是建筑拐角和门窗都由砖砌筑，保持了一定的地方特色。谈到胶东民居，最令人印

象深刻的大概就是海草房了，不过由于牟平并不生产海草，所以大部分建筑都是以瓦作为屋顶，龙神祠也是如此原为仰合板瓦屋面，后世修整为筒瓦屋面。

2. 龙神祠与传统民居空间格局的异同

从院落布局来说，龙神祠可以算作是标准的山东民居的四合院形式。山东传统民居多为封闭式四合院结构。庭院的布局因地而异，一般由北房、南房和东、西两个房厢房组成。宅院多为长方形，中轴线呈南北走向或略偏点。院内的主房都坐落在北面向阳的方位，俗称"正房"、"堂屋"或"北屋"。南面的房屋，俗称"倒厅"、"南屋"或"客屋"。东西两侧的称"厢房"、"厢屋"或"偏房"。龙神祠的南屋已经被毁，如今被改造成四间现代建筑，但是院落的布局基本完好，院落呈纵向的长方形，轴线居于院落正中。

山东民居多为北方民居常见的四合院，即前面平坦朝阳，后面依托山崖或高地。多数山东民居宅院的院墙从正房山墙直接向前砌筑，围成一个院落，不再设后院墙。但是龙神祠与这些传统院落不同，它背靠水系，面朝山岚。造成这种情况的原因有两个，第一是因为坐北朝南的传统布局，第二是因为九龙池位于山体南侧，面朝这一地区龙神崇拜的起源——九龙池（表1）。

神龙祠基本情况及现状照片　　　　　表1

文物名称	文物类别	基本情况	现状照片
龙神祠 正殿	古建筑	面阔为9米，进深为7米，高6.7米，为单檐硬山顶建筑，1996年进行过修缮保护	

续表

文物名称		文物类别	基本情况	现状照片
龙神祠	东配殿	古建筑	面阔为4米，进深为7米，高5.4米，1996年进行过修缮保护。屋面为单檐硬山顶，灰色仰合瓦屋面，正脊灰干槎瓦砖瓦条脊，为大木构架小式抬梁式木构架，目前保存现状一般	
	西配殿	古建筑	面阔为4米，进深为7米，高5.4米，1996年进行过修缮保护。屋面为单檐硬山顶，灰色仰合瓦屋面，正脊灰干槎瓦砖瓦条脊，为大木构架小式抬梁式木构架，目前保存现状一般	
	观音殿（东厢房）	古建筑	面阔为13米，进深为5米，高5.4米。2016年进行修缮保护，屋面为单檐硬山顶，灰色仰合瓦屋面，正脊灰干槎瓦砖瓦条脊，为大木构架小式抬梁式木构架	
	财神殿（西厢房）	古建筑	面阔为13米，进深为5米，高5.4米。2016年进行修缮保护，屋面为单檐硬山顶，灰色仰合瓦屋面，正脊灰干槎瓦砖瓦条脊，为大木构架小式抬梁式木构架	

续表

文物名称	文物类别	基本情况	现状照片
龙王庙遗址	古建筑	遗址位于地上，原有建筑已被拆毁，1997年复建龙王阁于遗址之上。遗址东西4米，南北13米	

四、结语

龙神祠和龙王庙是鲁西北地区重要的民间庙宇建筑，包含了众多的神话传说，龙神祠和龙王庙香火一度鼎盛，记录了当地人民群众古时敬畏自然，设坛求雨的生活场景，是昆嵛山地区生活历史的历史记忆。

龙神祠和龙王庙为清代时期传统明间庙宇建筑，建于明代末期，体现了清代时期人民的工艺水平和古代人民的劳动智慧，它蕴含着丰富的历史信息，为中国民间庙宇建筑的发展历史提供了实物资料。更体现了昆嵛山地区龙神信仰的变迁以及民间信仰与道教、与居民生活的融合。

龙神祠依山傍水地理位置优越，体现了堪舆学在选址层面的应用，与村落的选址，住宅的选址都有关联，但是在某些方面也进行了变通，并不死板。

龙神祠现保存有较为完整的建筑遗存，建筑院落布局合理，结构严谨，建筑檐部彩画装饰精美，建筑为砖石结构，正脊线条流畅，吻兽件造型优美，神态生动，保存完整，反映了龙神祠与传统民居的联系和共同点。

参考文献：

[1] 李仲信. 山东民居地域特色研究 [M]. 山东：山东大学出版社，2014.

[2] 牟平文史资料——焦志疏考. 山东：政协牟平区文史资料文史资料委员会，1997.

[3] 刘学雷. 昆嵛山文化研究丛书 [M]. 山东：国际文化出版社，2018.

[4] 关丹丹. 烟台牟平孙家疃村落与民居探究 [D]. 昆明：昆明理工大学，2011.

空间与社会：
结合数据分析的桃叶坡传统村落空间解析

李明松[1] 潘　曦[2]

摘　要：空间结构与社会结构是传统村落重要的组成要素。在乡村社群自组织建造的村落中，两者往往相互联系，共同丰富了传统村落的内涵。本文以山西省阳泉市桃叶坡村为例，将数据挖掘等定量分析方法与定性分析方法相结合，对其中空间结构与社会结构的关系进行了阐释，包括居住建筑与人际距离的关系、公共建筑与社会功能的关系等，使村落社会结构得到"可视化"的显现，也加深了对村落物质空间的意义阐释。

关键词：传统村落；空间结构；社会结构；数据挖掘

引言

传统村落作为中华优秀传统文化的重要基因库，其中包含着物质的和非物质的传统资源，这些传统资源相互关联，形成了有机的整体，共同构成了传统村落完整的概念内涵。对这些物质和非物质的传统资源之间的关联关系进行分析与阐释，有助于加深和完善对于传统村落的认知。

本文所关注的，就是桃叶坡这一血缘村落中空间结构与社会结构之间的相互关系。在这一由乡村社群自组织建造而成的村落中，血缘宗族、祖先神灵所构成的社会关系在村落生长发展的过程中对其空间结构发生着影响，本文希望通过这一相互关系的分析，使村落社会结构得到"可视化"的显现，也加深对村落物质空间的意义阐释。

一、村落概述

1. 血缘村落

桃叶坡村隶属于阳泉市平定县张庄镇，地处晋冀两地交界的太行山区，据王氏宗谱志记载，这里曾在唐宋时期是屯兵屯辕、把守关隘的重要地段，村落由此发展而来。村中常住人口约1100人、300余户，共王、张、杨三个姓氏。据各姓氏族谱记载，张氏最早来此定居，距今已有18代、约550年历史，王氏家族占全村人口的近80%，是村中最主要的姓氏。据王氏家谱记载，王氏先祖有四子：龙、虎、麒、麟，村中遂以他们的名字形成了王氏家族的四个分支。这四个分支在村中繁衍发展的过程中，情况各有不同，目前村中村民多为老大王龙和老二王虎的后代。

2. 空间格局与传统建筑

桃叶坡村分为主村、新村两个片区。主村为老村，至今仍留存着多处明清时期的老宅，自明、清、民国、新中国历代的发展，形成了如今的格局。村落依靠南向的缓坡而建，其中的建筑多沿地形等高线南向布局、分布于山麓与山脚。村中有东西向、南北走向道路各三条，将层层叠叠的建筑相互串联起来，并以乐楼和神房为中心，以公共建筑为主要节点，标示出了核心区域的范围。主村沿着山坡起伏舒展、状如桃叶，村名"桃叶坡"即由此而来（图1）。

主村的核心区至今仍然留存着较多明清时期的传统建筑（图2），而传统建筑作为空间与社会的载体，是本文重点的研究对象。这些建筑形制精美、工艺精

1 李明松，北京交通大学建筑与艺术学院，硕士生，100044，164601614@qq.com。
2 潘曦，北京交通大学建筑与艺术学院，副教授，硕士生导师，100044，631665485@qq.com。

图1　桃叶坡村落整体航拍（图片来源：作者自摄）

图2　村落建筑年代分析图（图片来源：作者自绘）

湛、保存完整，大多至今仍在使用之中，是村落十分重要的传统资源。村中的建筑单体形式主要有窑洞、瓦房两种类型。其中，居住建筑多为砖石窑洞，依山就势，围合成四合院、三合院等形式。公共建筑则更多地采用瓦房的形式，如乐楼、神房、王氏祠堂等。这些公共建筑一部分仍在使用之中，在不同时期历经修缮更新，如乐楼、王氏祠堂等；一部分已经失去原有功能、不再使用了，如龙王庙等（图3、图4）。

二、理论与猜想：空间与社会

　　传统村落的房屋建造，大多是在村落内部由社群成员自发组织进行，社群中的知识技能传播、社群成员之间的人际关系，都会对建造活动产生影响，由此而生长形成的村落，则是村落社会生活的空间容器。因此，传统村落的空间结构与社会结构之间往往存在着相互的联系，这在诸多既有研究中都有所体现。早在20世纪八九十年代，陈志华先生就在楠溪江流程的村落研究中发现，血缘村落的空间结构形态与宗族本身的房派分支、代际传承相关；沈克宁先生也在浙江富阳地区的龙门村研究中发现，这一宗族聚居本身社会等级十分清晰，而这种社会结构同样也形成了与之同构的村落组团、厅堂分布、住屋形式等等；正如刘晓春在《意识与象征的秩序》一书中所描述的那样，传统血缘聚落中的家族制度和空间秩序之间，存在着密切的关系。

图3 桃叶坡传统居住与公共建筑（图片来源：作者自摄）

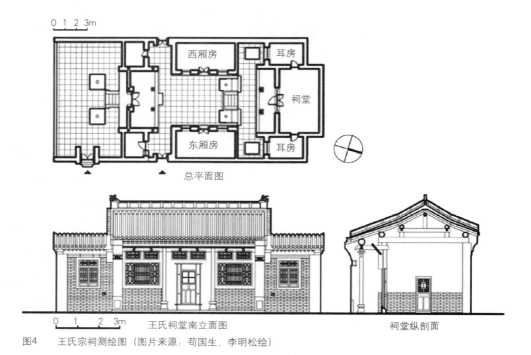

图4 王氏宗祠测绘图（图片来源：苟国生、李明松绘）

随着研究的发展，更多的方法被应用于探讨传统村落中空间与社会的关系。例如，广东高要地区的"八卦"形态村落，其聚落形态中空间形态与社会伦理结构以及方位区别和社会阶级分层相互对应，产生了空间与社会结构关系明确的聚落；还有运用新人文视野，通过观察总结三峡传统聚落和中原传统聚落的对比，三峡地域不同聚落的对比后发现，每个单独的聚落都有其空间构造与社会构造不同的秩序；再比如运用空间句法来解读聚落环境，揭示了人类社会活动与空间形态的互动关联，并定量而精确的描述空间结构，为传统聚落空间形态的研究提供了新的方法与视角。

桃叶坡作为一个典型的血缘村落，同样是在村民的自组织建造过程中生长发展起来的；因此本文猜想，其空间结构同样与社会结构有所关联，其中居住建筑作

为村落空间的基本肌理，对应着社群社会网络中普遍的人际关系；公共建筑作为村落空间的重要节点，对应这社群社会生活的公共功能。因此，本文将结合定量分析与定性分析的方法，分别对居住建筑与公共建筑进行考察。

三、居住建筑

在居住建筑的考察中，本文主要考察空间与社会两个变量之间的关系：院落之间的空间距离[1]（院落是村落中的基本居住单元）；院落户主之间的人际距离[2]。在研究院落的选取中，一方面考虑到村中王氏是最主要的姓氏、占全村人口的近80%；另一方面考虑到20世

1　院落之间的空间距离指两院落从一院门到另一院门的步行距离。

2　户主之间的人际距离指两人在家谱中的距离。

纪后半页起村中建设房屋的宅基地不再完全由村民自主选择，因此选择了村中18个在这之前建造的王氏院落作为研究对象（图5），将这些院落分别记为Y1、Y2……Y18。

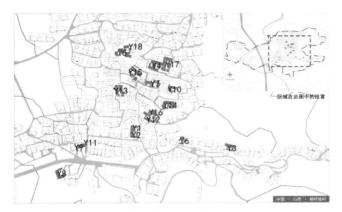

图5　18座研究院落（图片来源：作者自绘）

将该18个院落的户主分别记为H1、H2……H18，与院落Y1、Y2……Y18对应。在王氏族谱中考证后发现，18人均属王氏龙、虎、麒、麟四支中的老大王龙一支，其共同先祖可以追溯到王氏家族第六世中的王登智和王登明，现已传至第十八世，其中王登智系在王氏族谱中的位置如图6所示。

在具体分析中，对任意两个院落Y_a、Y_b，它们之间的空间距离记为$Dist$（Y_a，Y_b），其定义为该两个院落院门之间的步行道路距离（如存在多个院门，则取平均值）。任意两名户主H_a、H_b之间的人际关系可用二元组表示（x_{ac}、x_{bc}），其中x_{ac}、x_{bc}分别表示H_a、H_b两位户主在家谱中与他们最近的共同祖先之间H_c的距离。例如，下图（图7）中王赓和王质在家谱中最近的共同祖先是王鸿德，则他们之间的人际距离可以表示为（1，1），王赓和王明斗最近的共同祖先也是王鸿德，他们之间的人际距离可以表示为（1，2）；王赓和王明星最近的共同祖先就是王赓自己，距离表示为（0，1）。于是人际距离可以定义为$SocialDist$（H_a，H_b）$=x_{ac}+x_{bc}$。

对于所选取的18个院落和18个户主，两两计算相互之间的院落空间距离和户主的人际距离，对两组数据进行线性拟合分析，可以发现两者存在一定的相关性（图8）。

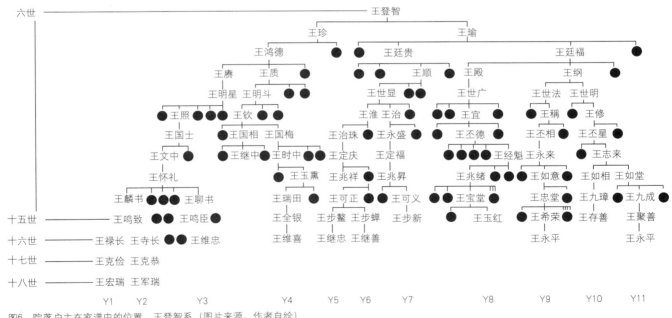

图6　院落户主在家谱中的位置，王登智系（图片来源：作者自绘）

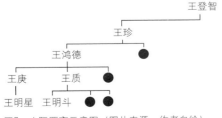

图7　人际距离示意图（图片来源：作者自绘）

在相关性结论中，可以得出y=2.7667x+109.6这样一条拟合直线，说明空间距离和人际距离是正相关的，可以证明在传统村落中居住建筑的空间结构与社会结构是有一定关系，并相互作用的。居住建筑的空间结构反映了其社会结构，巩固了社会关系的体系。

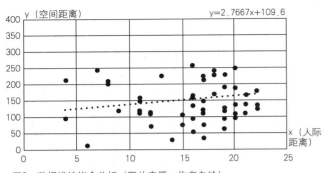

图8 数据线性拟合分析（图片来源：作者自绘）

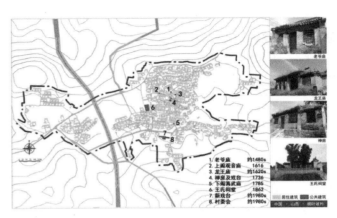

图9 村落建筑功能分析图（图片来源：作者自绘）

然而，并不是所有院落的位置都遵从这一结论。而这些偏离其原有空间结构的院落呈现出不同的偏离原因。以8号院落为例，其户主为女性，且在王氏家族中有所记载："嫁城南关"[1]，因此，8号院落由于婚嫁偏离了原有的空间位置。当然，婚嫁仅仅是导致院落的空间结构和社会结构不对应的诸多社会因素之一。在桃叶坡村悠久的历史中，抗日战争[2]、土改、购买交易等等都会导致院落发生产权更替以及易主，从而偏离其原有的空间结构以及社会结构。这些事件的发生使得自然发展的村落产生了人为的因素，不可避免的，使得某些院落的空间位置和本文的结论不符。

四、公共建筑

除了大量的居住建筑之外，桃叶坡村还有一定数量的公共建筑，构成了村落空间结构的节点。这些公共建筑跨越了自建村以来至上世纪末的历史跨度，功能也比较丰富（图9）。

传统村落中公共建筑的分布，主要受到使用功能和年代两个因素的影响。例如，龙王庙、神房以及老爷庙是服务于全体村民的，因此在建成时期位于村落的中心区域，保证了步行条件下对全体村民最好的可达性。上阁、下阁最主要的功能是作为村落的出入门户、作为标志物划定村落建成区的边界，因而其位置位于建成时期的村落边缘，随着村落的不断扩张，如今已经成为村落内部的公共建筑。当按公共建筑修建年代把公共建筑排序后，我们会发现公共建筑群有一个潜在的修建顺序，此修建顺序在一定程度上反映了村落的演进。如果以每一个历史节点的公共建筑群为圆心画出范围，这些不同圆心的圆可以大致表现出村落演进的基本逻辑（图10）。

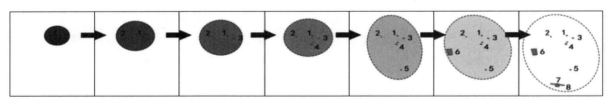

图10 公共建筑与村落演进示意图（图片来源：作者自绘）

五、结语

综上，桃叶坡作为一个血缘村落，在自组织发展的过程中呈现出空间结构与社会结构一定程度的相关性。

第一，本文以居住建筑为对象，通过定量分析发现，大部分传统院落之间的空间距离与其户主之间的人际距离存在一定的正相关关系，而这也就是空间与社会的相关关系。在传统村落中，传统社会的互助机制与生活习俗使得血缘关系较近的人群倾向于选择相近的宅基地，因此，居住建筑的空间结构在一定程度是反映了社会结构、也巩固了社会关系体系。此外，尽管调查数据有限，但户主辈分仍然在空间格局中有所呈现：第十五世王氏后裔辈分最长，他们的住宅也处在村落核心，其余人的住宅按照辈分的依次排序向外延伸，此结论虽然有一定的偶然性，但也反映了村落随着人口繁衍不断向外扩张的过程。

---

1 王氏宗谱志中对每位王氏后人的重要行为，如婚丧嫁娶，均有所备注。

2 山西省阳泉市作为抗日战争重要根据地，桃叶坡村受战乱影响较大。

第二，公共建筑的空间分布受到了其功能和年代的影响，它们在传统村落中扮演着重要的角色。不同年代建成的公共建筑往往反映了在不同历史时期的村落社会状况与村民们的功能诉求，佐证了村落的发展史。这些不同历史时期不同功能的公共建筑，使得传统村落在空间和时间上的意义更加完整。

可见，桃叶坡村的物质空间既是社会结构的反映，也巩固了社会结构、促进了它的存续。物质空间与社会结构共同完善了传统村落丰富的整体性内涵。

传统民居室内热舒适度及当代改善策略研究

——以苏州市平江路为例

刘　琪[1]　武向前[2]　廖再毅[3]

摘　要： 平江路传统民居作为当代典型的新旧复合体，既延续了历史文脉价值，又凸显出当代人居环境与日益发展需求的矛盾，这是当下诸多不同地区传统民居所面临的困境。本研究重点针对国内外相关研究进行评析，通过实地测量及问卷调查的形式，结合数据及行为需求综合分析平江路民居夏季热舒适度情况，根据当代传统民居改造利用案例，梳理出传统民居中的热舒适度的优化方案，为当代的传统民居利用与保护提供建议和参考。

关键词： 传统民居；室内热舒适度；适应性；民居利用

一、传统民居热舒适度国内外研究进展

1. 国外研究现状

20世纪中期，国外已经开始关注乡土民居热舒适度的研究，1963年美国学者Olgyay Victor指出当时西方国家建筑地域性丧失的主要原因是忽视了环境气候对建筑本体的影响[1]。同一时期，美国学者鲁道夫斯基也呼吁各界关注乡土建筑的地域性问题[2]。这些问题在初期都得到各界学者的认同，并用相关的能源知识介入到乡土民居的研究中。之后，1973～1978年世界爆发的两次石油能源危机，西方国家意识到不可再生能源的有限性，需关注和开发可持续循环利用的能源。国际权威的PLEA（Passlve and Low Energy Architecture）会议在1982～1999年期间举办了六次以气候适应设计为主题的学术会议，期间建筑的气候适应性被认为是实现低能耗建筑的主要途径[3]。埃及建筑师Fathy Hassan也从经济、文化、技术等角度对传统建筑的能源技术进行了深入的探索，同时提出要基于现代技术对传统建筑的能源效应进行评估[4]，以更好地了解乡土民居的现状。

21世纪以来，全世界接近45%的能源和一半的碳排放量来源于建筑[5]，因此乡土民居作为建筑的一大类型在低碳、节能方面的利用是不可避免的选择，研究其热舒适度对延续传统建筑的地域特色以及当代使用者有重要意义。此间各国都开展了不同方面的深入研究，主要有以下几种典型类型：①文献相关因素研究：在文献研究的基础上能够从各方面的研究影响因子中提出过去所忽视的热能影响因素[6]。②比较研究：利用基础的热环境数据与调查问卷做比较来验证极端气候条件下的乡土民居的舒适度[7]；通过特定条件不同数据的比较来分析传统民居中舒适度的影响因子及其可延续到当代设计中的条件[8]。③建筑研究环境评估研究：对建筑的材料、结构等能源消耗进行分析并评估是否满足当代节能需求[9]。④软件模拟研究：随着电脑技术的发展逐渐突破传统的基础或是理论研究，西方国家还通过利用软件和数据来进行必要的模拟研究[10]，最终反馈到优化设计之中。国外针对乡土民居热环境的研究方法丰富，且对建筑本体的优化有实际意义，但针对国内民居的研究涉及不多，对国内研究有一定的参考意义。

1　刘琪，金螳螂建筑学院，博士研究生，215123，450621929@qq.com。
2　武向前，金螳螂建筑学院，硕士研究生，215123，377176085@qq.com。
3　廖再毅，加拿大瑞尔森大学建筑学院，教授，zaiyiliao@qq.com。

2. 国内研究现状

国内针对热环境的研究始于20世纪，以叶歆等[11]学者为代表主要针对当代建筑且范围较大，之后逐渐转向对传统民居室内热环境的研究，如今已成为建筑节能领域的重点关注问题。国内研究主要有以下几种典型类型：①以某一地域为主的传统民居室内热环境研究[12]；②以数据测量为主的传统民居热环境规律特征分析研究[13]；③传统民居与现代民居热舒适度比较研究[14]；④基于热环境提出传统民居室内环境改善策略的研究[15]；⑤以热环境为基础的当代传统民居设计研究[16]、[17]。上述研究中普遍采用较短的典型日气候对传统民居的室内热环境进行研究，普遍关注室内热环境中的温度和风速，较少关注室内热环境的湿度，极少采用全季节的数据分析室内温湿度波动及分布。同时，我国在20世纪初期由于受社会经济条件的制约，有关建筑室内热环境的研究起步较晚。与国外相比，我国在这方面的研究工作缺乏系统性，到目前为止还没有针对性的、成熟的热舒适标准，在过去相当长的一段时期内，研究工作的重点都集中在温度这一热环境参数上，而没有注意到人体热舒适其实是多个热环境参数共同作用的结果。

二、平江路传统民居室内热舒适度研究

1. 民居测量条件特征

在环境气候条件方面，选取夏季天气较热的一天[1]，温度高达37℃，经测量室外空气平均湿度为42%；平均风速为6m/s，当日人体感温度为43℃，体感热感觉较热。在测量仪器方面，选择手持测风仪（测量误差为±5%）与高敏温湿度仪（温度测量误差为±2.2%，湿度测量误差为±0.3%）。在室内环境方面，为避免电子设备等因素的干扰，要求参与测量各个民居的户主在没有开启任何空调设备的情况下进行测量，以防止导致测量误差。在传统民居建筑与居民方面，选取平江路上50幢居民愿意配合调研测量的传统民居为样本，实施监测当日条件下的室内外温度、风速情况，并进行记录统计，与此同时分批次完成共计186份调查问卷，其中共计发放189分，3份为废卷。通过客观测量数据与调查问卷数据作对比分析，将客观数据与使用者调查数据结合分析，最终得到本次研究结论。

2. 受访人群特征

研究表明（图1），受访人群中男士占比52%，女士占比48%，男女之间人数差异不大；户主占63%，租客占37%，由于多数租客为外来务工者，白天需外出上班，因此多数配合数据采集的是当地长期的居住者或是临时有事在家的租客。同时，受访人群中50岁以上的人群占比最多，其次是20～30岁的年龄段人群，30～40岁与40～50岁依次次之，20岁以下最少。老年人居多，是由于多数老人退休在此生活，也是长期的使用者，虽在

图1　受访人群数据统计（图片来源：作者自绘）

城市中也有子女，但由于长期居住习惯选择继续在民居中居中，经了解许多老人至少对房屋的使用年限均在30年以上。

3. 传统民居室内热舒适度性分析

在四季热舒适度层面，春季66.7%的人群认为室内温度适中，秋季88.7%的人群认为室内温度适中，夏季71.5%的人群认为室内温度热，24.2%的人群认为室内温度较热，冬季64.5%的人群认为室内温度冷，25.3%的人群认为室内温度较冷。因此在通常情况下，绝大部分的使用者认为春秋两季较为适宜，但夏季较热、冬季较冷，与正常的四季变化认知相同（图2、图3）。

在四季室内干湿度层面，春季43.0%的人群认为室内潮湿，36.6%的人群认为室内较湿；夏季34.9%的人群认为室内潮湿，25.8%的人群认为室内较湿；但是秋季80.1%的人群认为室内湿度适宜，58.6%的人群认为室内湿度适宜。因此，通常情况下，春夏两季绝大多数使用人群认为室内较为潮湿，秋冬季较为适宜。

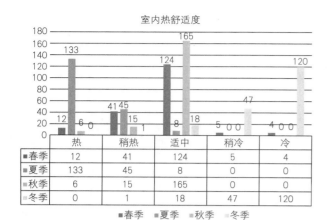

室内热舒适度

	热	稍热	适中	稍冷	冷
■春季	12	41	124	5	4
■夏季	133	45	8	0	0
■秋季	6	15	165	0	0
■冬季	0	1	18	47	120

■春季　■夏季　■秋季　■冬季

图2　室内热舒适度数据统计（图片来源：作者自绘）

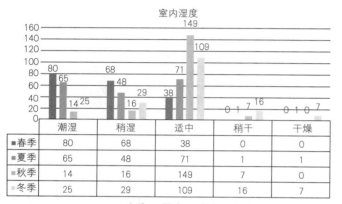

室内湿度

	潮湿	稍湿	适中	稍干	干燥
■春季	80	68	38	0	0
■夏季	65	48	71	1	1
■秋季	14	16	149	7	0
■冬季	25	29	109	16	7

■春季　■夏季　■秋季　■冬季

图3　室内湿度数据统计（图片来源：作者自绘）

在四季室内舒适性层面（图4），春季有56.4%的人群认为室内舒适，秋季有84.4%的人群认为室内舒适。相反夏季有43.5%的人群认为稍有不适，33.8%的人认为不舒适，10.8%的人认为很不舒适；冬季有52.6%的人群认为稍有不适，15.6%的人认为不舒适，5.9%的人认为很不舒适。因此，通常情况下，绝大多数情况下，大多数使用者认为春秋两季室内舒适性舒适，但夏冬两季室内舒适性不佳。

在夏季室内热舒适性层面（图5），根据50户所测

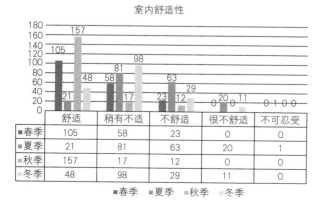

室内舒适性

	舒适	稍有不适	不舒适	很不舒适	不可忍受
■春季	105	58	23	0	0
■夏季	21	81	63	20	1
■秋季	157	17	12	0	0
■冬季	48	98	29	11	0

■春季　■夏季　■秋季　■冬季

图4　室内舒适性数据统计（图片来源：作者自绘）

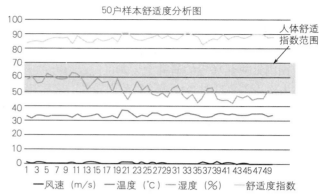

50户样本舒适度分析图

人体舒适指数范围

—风速（m/s）　—温度（℃）　—湿度（%）　—舒适度指数

图5　50户样本舒适度测量分析（图片来源：作者自绘）

量的室内外温湿度与风速最后计算出当日50户样本的舒适指数均在80以上，对照人体舒适度指数分级表，正常人体所感的舒适指数范围为50～70，因此夏季之时平江路中传统民居的传统民居舒适指数远超出人体正常舒适指数，人体感到偏热很不舒适，有的甚至已经达到人体感觉很热，极不适应。因此夏季平江路的传统民居的舒适度差。

在能源消耗层面，室内使用空调情况表明（图6），一年之中，春秋两季在室内几乎不要使用空调；相反，夏季有91.9%的受访人群会使用空调；冬季有67.7%的受访人群会使用空调，有11.8%的人会使用加热保温的电器。因此，一方面在夏冬两季之时，室内热舒适度低，需要靠外界的能耗来维持室内舒适的平衡，另一方面也反映了传统民居结构的保温隔热性能差。对比使用者平均每天开启空调时间（图7），若是在不舒适的情况下开启空调，大多数情况下一天使用的时间6小时以上的人占50%，4～6小时的占23%，2～4小时的占22%，除了使用空调外，使用者还会使用加减衣物、开关窗来适应电器（图8）。数据本身反映出一方面在气候极度变化的情况下原有空间的舒适度瓦解，需要消耗大量的能耗以及通过可利用的防护措施才能满足正常适宜的生活需求。

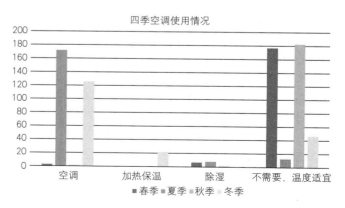

四季空调使用情况

空调　加热保温　除湿　不需要，温度适宜

■春季　■夏季　■秋季　■冬季

图6　民居四季空调使用情况统计（图片来源：笔者自绘）

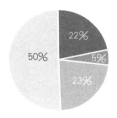

使用空调时间

22%
5%
50%
23%

■ 2小时以下　■ 2—4小时
■ 4—6小时　■ 6小时以上

图7　平均每天使用空调时间统计
（图片来源：作者自绘）

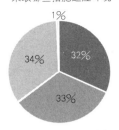

采取哪些措施适应环境

1%
34%　32%
33%

■ 增减衣物　■ 开关窗
■ 空调或风扇　■ 其他

图8　适应环境其他措施统计
（图片来源：作者自绘）

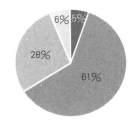

室内环境是否对正常生活产生影响

6%　5%
28%
61%

■ 有很大影响　■ 有影响，可以忍受
■ 完全没有影响　■ 无所谓

图9　室内环境对正常生活影响统计
（图片来源：作者自绘）

在使用者受影响情层面（图9），受访者中61%的人群认为室内环境有影响但是可以忍受，一方面是由于受访者有51%上是50岁以上的长者，并且在此环境中居住时间较长所以相对适应；另一方面，绝大多数使用者会使用空调等手段来调节室内环境，因此可以忍受；同时从租客的角度出发，多数房屋租金在500～2000元/月不等，少数租户表示，虽然环境条件不好，但租金便宜，均衡下来，可满足其一定条件下的生活质量，因此可以忍受。但从客观角度来说，根据测量的数据来看平江路的传统民居热舒适度较差。

三、民居热舒适度的局限性诱因分析及改善策略

1. 诱因分析

根据调查问卷与现场实测总结结论，苏州市平江路传统民居夏季与冬季的热舒适度普遍不佳。89%的居民在夏季感觉不适，75%居民在冬季感觉不适，综合原因有几个层面：在建筑结构性能上，一方面传统建筑密封性低，尤其是以门窗等木结构为主的构件由于长期的损耗存在较严重的漏风现象，无法做到较好密封；另一方面，由于长时间的风吹日晒，导致结构老化，再加上维护措施跟不上，更有人为破坏的因素，围护结构现状不佳，且存在一定的安全隐患。除此之外，苏州地区气候潮湿，地面虽做防潮处理，但防潮效果仍然不好，尤其是大多数受访者表示在梅雨季节时地面会渗水。在建筑适应性层面，由于长期的城市发展，导致苏州地区人多地少，居住人口密集，再加上人们缺乏对传统民居

的保护意识，导致民居内肆意改造和搭建的情况十分普遍，加之自当代以来传统民居与现代人的生活需求逐渐脱节，造成了人均使用面积减少，基础设施配套滞后，室内分割小房间致使通风不畅，采光不足等严重问题。

2. 改善策略

在保护发展策略层面，根据《苏州古民居保护条例》、《中华人民共和国文物保护法》等相关法规规定，在节能与热舒适度改造上，应遵循"原样修复"、"修旧如新"，不采用破坏古建风貌的节能手段，充分尊重原有历史风貌，保证历史街区的连续性与统一性。在动式节能改造策略层面，合理利用被动式建筑技术，通过对民居朝向、遮阳、建筑围护结构的保温隔热、自然通风等方面进行适当调整，以求最大化实现当代民居需要的供暖、空调、通风等能耗的降低。根据问题剖析，首先，加强民居门窗的密封性，在兼顾传统民居原有风貌的基础上改造门窗。可修复或更换老旧木板并通过双层油漆作用降低老化效果，使用新节能材料代替原有材料，[1]使用密封条密封门窗开启部分，密封胶密封门窗不可开启部分，最终实现提高房屋的密封性，提高门窗的整体保温效果。其次，房屋结构上通过强化结构厚度或加入优良性能材料来增加墙体、屋面、地面等实体结构的隔热性与蓄热性。

同时，苏州古民居外墙一般青砖为主要材料，可通过适当的墙体改善（图10）调节墙体的蓄热与隔热的作用，不同季节体现的作用不同，对室内热舒适度起到积极意义。此外，内部隔挡或隔墙也可通过加强设计（图11）实现降低建筑能耗的作用。

1　如使用双层Low—e中空玻璃替代原有单层玻璃增强隔热效果。[Low—e中空玻璃的传热系数：2.0 W/（m²·K）；遮阳系数SC：0.55—0.40；空气渗透量：<0.5 m³/（m·h）]。

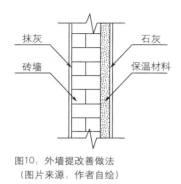

图10：外墙提改善做法
（图片来源：作者自绘）

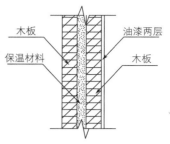

图11：隔挡或隔墙改善做法
（图片来源：作者自绘）

四、结语

绿色低碳、节能建筑等概念，自提出到在传统民居上的应用一直是当代人居环境的关注点之一。虽然，当代的技术随着产业和自然科学的进步一直在不断更新，但新的矛盾和问题也绵延不绝，绿色低碳的技术与设计一直处于一个变化的状态之中。因此，当代的绿色可持续传统民居建筑一定是需要创造性和洞见力的，能对现在和未来可能发生的问题和不足做出一定的预判。苏州作为典型的中国夏热冬冷地区，同时平江路作为传统民居当代转型的重要代表，一方面不能以共同的标准来归纳其热舒适环境，另一方面还需深度挖掘问题背后的社会层次。基于本次研究，传统民居处于这个时代的翻天覆地的浪潮中，正在发生着前所未有的裂变，民居的室内热舒适度反射的只是其问题中的一面，而当代的民居发展问题还包括社会学、人类学、经济学等多元综合的学科视角所引发的不同矛盾，使用者的复杂性造就了当代传统民居的多元性，因此对当代民居热舒适性的探索不是对技术问题的固有坚守，而是通过不断的反思与自我批评，在传统走向现代的过程中寻求可能发展的契机，并敢于将为什么变成是什么。

参考文献：

［1］Olgyay Victor, Design with climate：bioclimatic approach to architectural regionalism ［M］. Princeton University Press, 1963.

［2］（美）鲁道夫斯基，没有建筑师的建筑 简明非正统建筑导论［M］. 天津：天津大学出版社，2011.

［3］Fernandes；Eduardo de Oliveira. ；Yannas；Simos. International PLEA Conference Porto ［C］. International PLEA Organisation, 1998.

［4］Fathy Hassan, Natural Energy and Vernacular Architecture：Principles and Examples with Reference to Hot Arid Climates ［M］. University of Chicago Press, 1986；Footprint Books（Distributor）.

［5］Zhai ZQ, Previtali JM, Ancient vernacular architecture：characteristics categorization and energy performance evaluation ［J］. Energy and Buildings. 2010, 42 (3)：357－365.

［6］Shen Wei, Rory Jones, Pieter de Wilde,. Driving factors for occupant-controlled space heating in residential buildings ［J］. Energy & Buildings, 2014, 70：36－44.

［7］A. S. Dili, M. A. Naseer, T. Zacharia Varghese, Thermal comfort study of Kerala traditional residential buildings based on questionnaire survey among occupants of traditional and modern buildings ［J］. Energy & Buildings, 2010, 42 (11)：2139－2150.

［8］Silvia Martín, Fernando R Mazarrón, Ignacio Cañas, Study of thermal environment inside rural houses of Navapalos (Spain)：The advantages of reuse buildings of high thermal inertia ［J］. Construction and Building Materials, 2009, 24 (5)：917－927.

［9］Ana Brás, Fábio Gonçalves, Pedro Faustino, Economic evaluation of the energy consumption and thermal passive performance of Portuguese dwellings ［J］. Energy & Buildings, 2014, 76：304－315.

［10］A. Oikonomou, F. Bougiatioti, Architectural structure and environmental performance of the traditional buildings in Florina, NW Greece ［J］. Building and Environment, 2010, 46 (3)：669－689.

［11］叶歆，建筑热环境［M］. 北京：清华大学出版社，1996.

［12］李峥嵘，苟少清，赵群等. 浙江中部古村落传统民居的气候适应性研究［J］. 太阳能学报，2014, 35 (8)：1486—1492.

[13] 白鲁建, 张毅, 杨柳等. 苏北沿海传统民居夏季室内热环境实测分析 [J]. 暖通空调, 2015, 45 (9): 81—83.

[14] 刘盛, 黄春华. 湘西传统民居热环境分析及节能改造研究 [J]. 建筑科学, 2016, 32 (6): 27—32.

[15] 张毅, 杨柳. 苏北传统民居与现代民居室内热环境对比研究 [J]. 建筑技术, 2017, 48 (7): 707—710.

[16] 林波荣, 谭刚, 王鹏等. 皖南民居夏季热环境实测分析 [J]. 清华大学学报: 自然科学版, 2002, 42 (8): 1071·1074.

[17] 林宋冰, 白鲁建, 杨柳等. 徽州传统民居夏季室内热环境研究 [J]. 建筑节能, 2015, 43 (4): 69—73.

饰泽神民：香港粤客潮民间庙宇建筑装饰与
传统民系文化之关系

梁以华[1]　郑　红[2]

摘　要：香港位于我国岭南濒海，在17～20世纪间经历广府村镇发展、客家移民开垦，及潮汕移民迁徙，得使岭南三大民系的通俗传统传承下来，尤其表达在各自社群的民间庙宇建筑。笔者在岭南民系民居的基础知识上，调研了不少在香港的粤客潮庙宇，尝试发掘各自社群在香港过去三个世纪的传统文化、经济发展和生活态度。尤其通过细心分析这些庙宇的装饰上，解释这些社群如何运用各自的传统营造智慧配合近代环境，及将信仰观念演化适合城市生态的现象，希望有助于延续岭南民间建筑文化的发扬。

关键词：香港粤客潮社群；岭南民系；传统民间庙宇；建筑装饰工艺

导论

"宗教活动是理解地方社会的重要因素之一……学者把人们的思想及宗教理念理解为文化建构，透过象征符号表现抽象观念……当我们观察…神明崇拜这一个活动的时候，看到的不单是宗教信仰的现象，也包括人们的日常生活，地方族群之间的关系……地方社会经济与政治等问题。"[1]

香港位于南中国海海岸，在古代祇是个荒芜的渔村，但是在19世纪鸦片战争之后由英国人管治，遂形式华洋荟萃的地方。以前大家普遍认为这是个侧重经济发展的文化沙漠，然而近年中外学者重新审视这座处于中西交流夹缝中的小城，原来完整地保存了不少在国内或许已消失了的中华传统民俗文化，最显著的包括粤剧、客家人舞麒麟及舞火龙、潮州人盂兰盆会及竹艺戏棚等，是为岭南民系的文化瑰宝，更被列入国家级非遗代表。学者分析这些文化能幸存于此片弹丸之地的原因有三：①近百年来大陆移民不间断的迁入，使香港和岭南的网络没有中断；②香港社会结构的长期稳定性，使传统文化有了良好的传承和发展的时间和空间；③香港郊区长期保持以方言群宗族为核心的村落形态[2]。其中，乡村生态及社区习俗，在英国政府刻意容让的政策下传

承了各民系的民间通俗信仰，反映在节庆仪式及庙宇建筑上。

数千年来中国北方许多家族在不同年代南迁来到东南沿岸称为岭南的地域，其地型及气候在15世纪以后，即明清两朝期间，孕育及巩固了粤系（即惯称广府人或广东人）、客系（即客家人）以及闽系（即包括福建人、潮州人及海陆丰人）三大族群，亦形成了香港的三个主要传统华人群体[3]。本文通过观察粤客潮三大主要社群在香港地域的传统庙宇的布局、营造和装饰，我们可以发掘这些从民系社群精神带来的文化讯息。

一、香港广府民系民间庙宇

早在10～15世纪（宋至明）之间，来自华北之家族为避战乱而移居到这里的平原良田聚居，逐渐形成以粤方言维系的大族，包括邓侯彭文廖五家，然而在清初迁界期间（1661～1669年），传统农村尽被烧毁，幸存的建筑祇有位于锦田的一座称为聚星楼的六角三层青砖塔楼，供奉文昌帝，据说建于14世纪明朝初期……据说原高七层，但最高的四层在刮风中塌下，后来村民在风水先生建议下保留余下的三层[4]，塔楼外表朴实无华，但从花岗石门框及麟瓣花边砌砖法可见当年营造质

1　梁以华，香港建筑师学会文物保育委员会主席.

2　郑红，华南理工大学，博士.

量，可算是本地唯一保留清代以前实体古建筑，可让我们窥探本地古代广府民间崇拜空间。

复界之后，农村大族逐渐复建乡村，却是以祠堂和屋宅为主，庙宇规模通常较小，亦常被多次拆改，现存最老而较完整的是由邓氏于康熙八年（1669年）所兴建的元朗南边围大王庙，拜祀守护海域的洪圣及代表忠义的杨侯。庙的布局是典型粤式三间两廊，正面青砖墙凹斗门，前门檐下灰塑彩画和脊上博古灰塑简洁缤纷，第一进之屏门与第二进之半梁架均属严谨的广府式设计，但不及邓氏同区祠堂般宏伟，可见在维系广府农耕单姓社群方面，神明崇拜在并不及祖先祭祀重要，反而在杂姓共生渔村社群或本地墟市商贸社群中，神明就发挥了不可取代的社会功能。

位于西贡佛堂门海边的天后庙俗称大庙（图1），根据庙旁石刻乃始建于南宋咸淳二年（1266年），是本地规模最大及沿革最久之庙，由来自福建省莆田与天后林默同乡之林氏始建，原意为保佑渔民，后来林氏移到市区并融入本地社群，依然世世代代肩负修庙及祭神重任[5]，现存建筑大约建于清嘉庆初年，属典型广府式两进三路格局，正门三阔开间前廊退缩以助遮阳通风，前廊用花岗石柱及枋以防海风侵蚀，正脊用双龙夺宝陶瓷压顶以防台目，均体现广府民间建筑以应付本地海岸气候的实用设计。至今每年天后诞，香港甚至深圳及东莞之渔民均举帆云集庆祝祈神庇祐。

图1　西贡佛堂门天后庙

本地农村在19世纪末因英国人发展城市而逐渐转营，新兴杂姓村落与传统大族竞争，大埔富善街墟市应运而生，街中文武庙遂于清光绪十八年（1892年）建成，庙内有"正大光明"牌匾及公秤，其实是以文武二圣威信担当了街市买卖的仲裁中心功能。庙宇是两进一院三间两廊布局，天井东西厢房用卷棚顶，大厅进深用广府半梁架半山墙式硬山搁檩，保持通爽之余又节省木梁，是将空间分成中厅及东西耳房的实用结构设计。檐下彩画封檐板坚固精致，结合保护檐檩功能与装饰予一身，山墙亦以卷草纹灰塑发挥了防止雨水侵害檩条入墙

末端之效用，充分表现结合功能与装饰的广府民间建筑智慧。

油麻地天后庙群（图2）是由拜祀天后之正殿及左右城隍及观音两殿，以及由油麻地五约加建之公所和书院组成，其五殿横排之宏伟格局，是香港市区古庙建筑群之孤例。早在1870的旧庙经历政府逼迁和台风摧毁，终于在1914在现址由港湾渔民与市集商户集资重建，祭祀保佑大海之天后及审判阴阳之城隍，至今仍是区内与居民的聚集中心和节庆祭祀之所。其正脊是清末驰名中外的广府佛山石湾陶饰，造型宏伟华丽，中央有威猛的双龙争珠，垂脊有和善的日月神，是香港庙宇中观赏价值较高之例子，可惜大部分是后期修复时替换物，唯有两端仍属民国甲寅年（1914年）制，描述宋代杨家将护主苦战后重聚[6]，寓意鼓励居民灾后重建社群，是香港现存表现石湾精美陶技及生动造型的罕有建筑艺术品。正门退缩前廊以本地花岗石檐柱、石额枋及石驼峰支撑以防海风侵蚀，其左右塾台沿自春秋古制传统亦是广府庙宇特征。

图2　油麻地天后庙群

二、香港客家民系民间庙宇

根据罗香琳教授之研究：历史上北方多次战乱，中原先民经五次南迁而形成客家人，这分析已为现今学者们所接受，然而在岭南地域定型和自觉，则约在17世纪[7]，即清中叶复界后，朝廷奖励客籍居民入迁……垦殖荒地，另立新村[8]，在香港的客家村落亦是这时期建立。

大埔林村位处山区，是本地少数农户与客家移民等26条小村保甲团结，设堂建庙、处理祖尝及设立村校，因此林村天后庙（图3）就等同维系地区力量和处理乡务之中心。此庙初建于乾隆三十三年（1768年），大约在同治年间，村民合力与欺凌他们的本地广府大族对垒械斗，事后天后宫旁辟建义祠供奉殉难者灵位[9]，时至今日当然粤客村民已修和好，每年天后诞均在此聚

图3 林村天后庙

集多方社群庆祝。现存天后庙建筑群，正殿供奉天后，连同左右供奉观音、太岁、龙母、文武等侧殿，形成广阔之七开间群，混合客家围合式建筑群之侧殿向心格局，和广府式屏门、花罩及半梁架间隔。屋顶亦用了混合砌法，屋面主要用客家密叠青瓦的铺法以方便维修，却结合广府剪边琉璃瓦檐口以示等级，其前厅正脊用广府式博古及鳌鱼灰塑，但后厅却用典型客家灰塑清水船脊，可说是诉说着本地粤客社群从争斗演化到融和的故事的独特文物建筑。

香港盛产花岗岩，来自粤东北的刻苦的客家人从19世纪以来就是香港石矿之主力，茶果岭区矿场旁四条客村结盟合称"四山"，道光年间初建茶果岭天后宫，后在1947年因搬迁而在现址以旧庙的花岗石重建，并包括四山公所在侧厅，是香港现存最大型的石砌庙宇。虽然现时石矿已关闭，旧日客家村民依然以此庙聚旧，每年天后诞在此庙举行之酬神剧均是香港最大规模的，其竹建戏棚亦尽显民间营造工艺。

大埔碗窑早在明代曾经是生产优良青花瓷之处，康熙年间，来自粤东长乐客籍马氏进驻发展瓷业，于乾隆庚戌年（1790年）在窑村建立樊仙宫（图4）供奉陶匠的守护神樊大仙师。规模虽小却形成前厅后厅相对的客家平面，天井虽小仍呈现客家四水归堂格局，侧廊使用仿西式之圆拱门，檐下壁画居然画有现代城市楼宇，体现客家人吸纳四海技术之胸襟，是值得研究之例子。

图4 樊仙宫

三、香港潮汕民系民间庙宇

根据饶宗颐教授之分析：7世纪唐代陈政将军领兵入闽平乱开垦漳州，元明以后西迁形成今后潮汕族群[10]。香港的潮汕人聚居于旧工业区或市区公营房屋，事沿"20世纪由于国内战乱和政治动乱，他们辗转到香港这个避难所……面对困难时往往向同乡求助，十分团结……所住过的地方地区筹办盂兰盛会时，处处有他们的身影"[11]。

在九龙区老虎岩山边昔日聚集许多潮籍人士，后来1958年清拆该区木屋，政府大举迁徙居民至新建的公共屋邨，潮民要求将他们的庙宇一并搬到接近他们的新社区，就是现在的翠坪村大王爷庙（图5）。此庙组群的布局庞大，在三殿的中轴线上，天地坛与左右副亭对称对立，属完整的组合，是潮汕古制中之典型平面。主殿正面采用石雕彩绘及嵌瓷壁画，是潮汕传统用予建筑抵受海风暴雨之室外装饰工艺，山墙甚至大胆结合现代彩印瓷砖，体现潮人涉跨中外之视野。主殿由连绵三进组成，天井置于东西两边称为龙井虎井，使主殿形成"三座落阴"的传统潮汕庙宇布局，在香港是孤例。室内连绵纵向三组梁架为装饰提供了丰富的表达空间，从门至坛绘出从简洁至华丽的演变。庙宇后方祖祠檩架绘有完整的潮州彩画，祖祠坐东北（巽位）向西南（震位），正檩绘着的潮州先天八卦图纹严格遵从实际罗盆方位，有别于常见闽系或客系的画法[12]，在香港是仅有的值得作为分析的案例。

图5 翠坪村大王爷庙

另外的例子有茜草湾三山国王古庙和秀茂坪地藏王古庙。茜草湾区昔日多海陆丰渔民，而三山国王是沿自粤东远古先民对揭阳三座山的原始自然崇拜，茜草湾此庙的三山国王神像后面壁画绘有飞龙腾云是潮庙常见手法，正檩挂着锣、剪及尺，据说是代表四瑞兽。至于秀茂坪区，以前布满潮汕人和海陆丰人木屋区，在1972年雨灾中"突然发生山泥倾泻……埋去木屋……事件轰动一时，成为全港关注的历史性大灾难"[13]，但山坡洞中供奉之地藏菩萨却未受掩盖，香港政府将灾区辟作公园后，将地藏菩萨的神位扩建，至今信众广及观塘区甚至九龙东一带之潮民。庙宇占地甚广，除奉地藏以祭当年亡魂外，亦拜达摩、太岁、城隍等，各殿均用红砖绿瓦、红檩青桷等潮民色彩。尤其是脊檩正中以红布包着图案，据主持所说是建庙时包着，里面是八卦图案，据说是避免八卦与本庙阴气相冲之仪式。

另外一个较少人知的例子是蓝田地母元君庙（图6），地母是指后土，是古代天地祭祀演化成民间信仰的形式。此庙本是20世纪70年代本区潮汕人在山边所设之小庙，在2011年重建而成现今之规模，而纳入公园范围。此庙虽小却集合多项潮州特有的装饰工艺，包括阴刻云石及复层木雕，正檩绘有揭阳区特色绉锦式彩画，其吞头兽及如意绉图纹是香港少见例子。此庙最具观赏价值者是它屋脊上有大型潮州嵌瓷，有双龙夺宝及双凤迎牡丹等鲜艳华丽造型，是香港唯一的例子。

潮州嵌瓷脊饰

阴刻石雕
潮州木雕

图6　蓝田地母元君庙

四、结语

香港处于中华地域边陲，却在历史机缘下经历清初迁界复界以致粤客交流，又因19世纪英人管治而保留乡郊村落，以及20世纪动荡带来潮系移民，得使岭南粤客潮三大民系的通俗传统承传下来。他们各自独特的旧日生产环境、族羣维系模式、信仰礼祭观念，均表现在各自的民间庙宇的营造和装饰上。值得注意的是中国民间建筑装饰"不仅是为了艺术表现，而是尽量从实用出发，在满足功能的基础上进行艺术处理"[14]。从上述

香港传统民间庙宇例子可见，广府式的陶瓷脊饰担任了压顶防风的作用以及彩色檐板充当了保护檐檩的功效，客家式的密叠青瓦和灰塑清水船脊满足了简单易修的原则，而潮汕式的灰塑、石彩及嵌瓷则是应付沿海风雨的环境发展出来的工艺。本文初步调研17～20世纪间岭南三大民系在香港这片特殊政治环境的地域兴建的庙宇，通过细心分析这些庙宇的营造技术如何见证着传统智慧和装饰艺术如何表达着的遗产讯息，希望有助岭南民间建筑文化在现代城市的传承和发展。

参考文献：

[1] 廖迪生．香港天后崇拜 [M]．北京：三联书店，1996：10．

[2] 同上．

[3] 梁以华．邂逅老房子 [M]．香港：香港艺术推广办事处，2017：121．

[4] 白德．香港文物志 [M]．香港：香港市政局，1991：47．

[5] 张瑞威．宗族的联合与分歧：竹园蒲岗林氏编修族谱原因探微．华南研究资料中心通汛，28期，2007．

[6] 马素梅．屋脊上的戏台：香港的石湾瓦脊．[M]．香港：香港艺术发展局，2016：192．

[7] 梁肇庭．客家历史新探，1982．

[8] 萧国健．香港客家：香港新界之客家民居 [M]．南宁：广西师范大学出版社，2007：137．

[9] 陈天权．灼见名家：林村乡与太平清醮 [M]香港：灼见名家传媒有限公司，2017．

[10] 黄挺．饶宗颐潮汕地方史论集 [M]．汕头：汕头大学出版社，1996：150．

[11] 明报编辑：我系潮州人．摘自《明报周刊》，2011年2231期．

[12] 郑红．气纳乾坤：台湾传统建筑天花之八卦彩绘与建筑空间之关系 [J]．华中建筑，2009．

[13] 梁炳华．观塘风物志 [M]．观塘民政事务处，2009：37．

[14] 陆元鼎．中国民居装饰装修艺术 [M]．珠海：珠海出版社，1992：6．

石砌民居的建造工艺初探

——以菏泽市巨野县前王庄村为例

姜晓彤[1]

摘　要： 在乡村振兴战略的前提下，人们对于乡村的关注更加热切。山东菏泽巨野前王庄村，又名"石头寨"，作为国家级历史文化名村，拥有大量明末清初时期的传统民居，孕育着深厚的传统文化。整个村落的建筑特色鲜明，具有强烈的防御性，同时以石头为主的建造工艺朴实精湛，可谓民间匠人建筑艺术之结晶。通过对巨野前王庄村的实地考察与调研，对村落民居建筑分析考证，深入了解民居的营建思想，以期从非物质文化的角度传承传统民居的深厚底蕴。

关键词： 石砌民居；防御性建筑；建造工艺；石材

一、村落背景

前王庄村作为具有五百多年历史的中国古村落，民居保存基本完好，潜藏待挖掘的传统民居文化，同时兼有独特的地域特征。所有现存的传统民居都以乡土建筑材料石头垒筑，建筑形制具有极高的防御性，充分展现了乡土建筑优秀的建造智慧。

1. 历史文化概况及地理位置

1）历史文化概况

前王庄村在明末清初开始营建，据该村《王氏族谱》及《前王庄村志》记载，明洪武年间（1368～1398年），王氏自山西洪洞县大槐树迁移至曹州，又几经迁徙，才定居于此，立村名王庄。至正德年间在村的北边建一后王庄，故有今名前王庄，并沿用至今。由于前王庄村地理位置易守难攻，民居建筑防御性较高，所以在解放战争时期，将古村落作为战时的后方医院，村里的部分老人当年还全民拥军，助力抗战。历史的记载，为古村落增添了深厚的爱国主义色彩。

2）地理位置

前王庄村位于山东省菏泽市巨野县核桃园镇，北临青龙山，西临白虎山。核桃园镇地处巨野县的东北部，上与嘉祥县接壤，下与金山县相邻。由于这一带山体较多，因此周边村落也多为石头民居，建筑外观、营建思想各具特色。当地村民就地取材、开山采石，由于受到运输的限制，民居便在山腰处建造，慢慢发展至较为平整的山脚下，从而形成了具有地域特色的石头寨。

2. 村落布局与防御性特点

前王庄整个村子呈长方形，南北长约 260 米，东西宽约 220 米，占地面积约 57200平方米，整个村落布局基本保持了原貌，看似凌乱，却体现着防御型村落"相互守望"特点。巷道组织清晰地体现着防御需求和功能；村子四周用石墙包围，只留南、北两个寨门，西寨墙原有多个碉堡楼，在山寨围墙外有两米多深的护城河，现如今已不复存在。根据调研整理，村内现有建筑主体结构保持原貌的古民居近 50余栋，160余间，建筑面积约2300平方米，均分布于该村中心街的南部。古民居的建筑均为木石结构，院墙、房屋为石头垒砌。有石墙平顶房；石墙硬山起脊房，院落大部分是四合院，仍完整保持着原有的建筑格局。

前王庄古民居有极强的防御功能。村落周围有寨墙，寨墙上建有数个炮楼，村外挖有海子壕，村内侧宅院相连，有胡同南北相通，胡同仅宽两米，大队人马很难进入。《释名》曰："墙，障也。所以自蔽也。垣，

1　姜晓彤，山东工艺美术学院，邮编：250300，E—Mail：1253777250@qq.com。

援也。人所依阻以为援卫也。埔，容也。所以蔽隐形容也"。墙的三大基本功能第一是屏障功能，可以隐蔽自我，第二是凭借高墙保护自我，第三是在围合成高墙的空间内，具有保护隐蔽自我的巨大容量，使敌人不能侵犯，使人民安居乐业。前王庄从前的寨墙正是迎合了这三大功能。前王庄民居的墙壁也较厚，房门窄小，门栓四五道，房屋内两侧的石壁上有槽，可以安放木制的腰栓，加强门的防御力。即便有"乱汉"进入宅院，也很难攻破。很多宅院的房顶都是相通的，在垛口处会备有一些碎石，一家遭袭，别家可以从房顶支援。还可以将敌人堵在院内，从房顶向下扔石头。

二、石砌民居构筑工艺

前王庄村石砌民居的建造是一种尊重自然、适应环境的智慧选择，展现着当地浓厚的乡土地域特色和原生态性。

1. 民居营建

民居的营建一般包括以下步骤：

首先，在加工工具齐全的基础上进行备料，由于开凿出来的石头密度不尽相同，所以在准备大量石材的基础上根据其物理特征进行分类，一部分作为料石用于过门石、窗台石、拱券窗石、拱券门石以及门枕石等，另一部分则作为垒墙石。由于料石一般会用于与空气接触的明显部位，所以錾凿得非常平整光滑，有些还会錾有装饰花纹。剩余那些没有棱角、参差不齐的石头会进行粗加工，使之有棱角以使用于墙体的构筑。待由木匠做好门窗、梁等木质构件、备料运用地排车送至施工处后，开始破土动工。

其次，要打基础，通过丈量挂上线绳，里线外线

要保持水平，根据水平线的指引将民居四角固定并砌筑到一定的高度，然后再观察地基以上的水平。接下来就是建造房屋垒砌石墙，为了保持房屋的竖直，匠人会在墙的底部放墨线并在四角处埋线杆。民居的转角处运用錾凿多遍、表面光滑的转角石，石墙之间则用未加工的碎石填满空隙。

最后，将事先匠人做好的木门安装在门框里的门枕石上，一座民居就算是完成了。

2. 石材的开采、加工与种类

1）石材的开采、加工

前王庄村民居建造的石材开采于村西边的青龙山以及村东边的白虎山，构筑民居的石材从附近的山体开采出以后，石料还属于胚料，因此需要粗细程度不同的加工。在加工前匠人们会按照石材应用部位的大小尺寸进行分割，先取大材、长材，再取小材、短材，使石材得到合理的利用。分割时还要根据成材的尺寸留出相应的余量，以保证加工后的尺寸。同时也会考虑不同种类石材的密度，一般会选用密度较小的雕刻打磨，以便更好地展现雕刻的纹路及图案。

石材加工一般包括以下几道程序：修边打荒、粗打、鉴凿、剁斧、磨光以及特殊纹理加工等。石料加工的工具有主要有錾子、钢钎子、小铁锤、墨兜、市尺、铁铲石、大锤等（图1）。

2）石材的种类

"棉籽涡"图案石材：当地的主要农作物之一是棉花，成熟后的棉籽呈不规则的圆型，石匠们因受到棉籽这一植物的启发，把棉籽的形状应用到石材的表面，打制出均匀凹陷的小涡，在当地被称为"棉籽涡"，为了石材的美观，石匠将"棉籽涡"打制成同样的大小，每一个小涡的距离约在1公分，整块石头是否美观、是否更具有价值，很大一部分取决于石匠本身的技术，如果

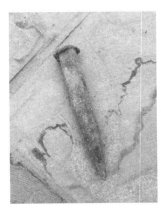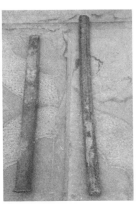

图1 石材加工工具（从左一分别为：錾子、钢钎子、小铁锤、市尺、墨兜）（图片来源：作者自摄）

整块石头涡点儿大小均匀且距离长短一致，这便是一块完美的石头。"棉籽涡"图案的石材应用在墙身处，只加工石材露出来的一面，其他五个面不做加工。应用在转角加工外露的两个面，其他四个面不做加工。应用在门枕处则加工外露的三个面。

"马扎串"图案石材（图2）：这一石材的表面是从左向右45°倾斜的间断式斜条纹，"马扎串"的图案与"道子"的图案相似，但不同的是前者是间断式，后者为连续式。石材加工一般遵守从右边到左边的顺序，条纹之间平行排列，距离为1公分左右。

"道子"图案石材（图3）：表面斜条纹均匀排布，距离约在1公分，斜条纹倾斜的角度为45°，多用于桥的建造中。在调研过程中这类图案的石材有用于转角处及腰身处，还有一些用于门上石和门枕石处，为了显示石材的美观性通常采用"道子"和一些简单的几何图形组合而成。

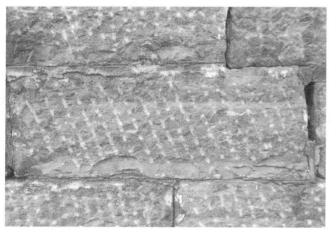

图2 "马扎串"图案

图3 "道子"图案

"四抱一"图案：石头呈矩形，在石头表面的四角各有一点（"棉籽涡"样式），石头的正中心是一个闭合的圆圈，四个小涡围绕一个圆圈，无论从哪个方向看，都是四个小点儿围绕一个中心圆圈，因此被匠人称为"四抱一"。

"巧八块"石：整块石头的尺寸大致相当于八块普通石材纵向拼在一起的大小，在调研中发现的一块"巧八块"石，长度约3.8米，宽约0.62米，表面錾有"棉籽涡"式的图案。这类石材通常用于墙基处，借于大块的石头比较承重。

毛石（图4）：表面没有图案，保留了石头原本自然的肌理，有的石头会有赭色宽窄不同无规则的纹路。建造民居时，毛石一般会按需加工成需要大小的矩形，六个面则不做加工。

图4 毛石 （图片来源：作者自摄）

除了根据石材表面分类，也会根据石材的物理属性分类，主要包括：大青石、小青石、花岗石、红石等，大青石黑、棉、硬 适合做有棱角的石料；小青石则白、脆、微硬。

3）石材的建筑构件

前王庄民居的建造非常讲究，会在建筑的特殊部位运用不同装饰图案的石材构件，甚至同一位置不同人家也各具特色。其中每户的门卡石（图5）是样式最为丰富的，在调研中主要发现圆形、方形、带装饰条纹以及动物造型的这几种。落水口（当地方言为"可漏嘴子"）的造型也较有特色，主要分为两种，一种是平直式，直接延伸出来，表面有花纹；另一种是直角弧形拐弯式，主要置于堂屋与厢房距离较近的屋檐上方，拐弯的目的是防止流下来的水直接落到厢房的屋顶上造成冲击，时间久了便会导致屋顶的变形甚至坍塌。每家每户的门上石（图6）也各不相同，有在门上石最中间錾"五角星"的，也有錾"吉"字的，后者现在在村内已没有实物，这些装饰图案充分展现出前王庄村民的爱国主义情怀和对美好生活的积极向往。另外还有錾有"道子"图案和简单几何图案组合的门上条石。门枕石（图7）以

图5 门卡石 （图片来源：作者自摄）

图6 门上石 （图片来源：作者自摄）

图7 门枕石 （图片来源：作者自摄）

及门腰处的角石（图8）装饰是多条"道子"图案的平行排列，虽然都是一种图案，但是倾斜的方向不同就会组成不同的图案。这些精细的装饰不仅体现了匠人的别有心裁，也潜藏了前王庄村传统民居的建筑文化内涵。

3. 墙体的砌筑

墙体是建筑物的重要组成部分，它的作用是承

图8 门腰角石 （图片来源：作者自摄）

重、围护或分隔空间。根据材料的不同，前王庄村民居最多的是纯石墙，基本上都是采用当地盛产的石材进行砌筑，包括院围墙等，充分利用当地石材资源进行建造。外围护部分墙体都是承重墙，主要有山墙承重和檐墙承重两部分组成。不同形态的石材在砌筑过程中相互之间排列组合形成了不同的砌筑形式，但必须错缝搭接避免出现直缝，以保证墙体的强度和稳定性。

房屋保温主要依靠围护结构材料的蓄热性能。石砌民居的墙体一般都比较厚，具有抗冻性、热传导性低，不会因为气候的起伏变化而轻易改变材料特性，使室内环境达到冬暖夏凉。

4. 门窗类型及构造

前王庄村民居的门分为两种，一种为普通木门，通过门卡石来固定；另一种为拱券木门。

窗棂多为木质窗框，鲜有石格栅，样式也较为简洁，无繁杂的装饰，反映出当地自然淳朴的审美观。

三、民俗

1. 关于民居的建造

择日：民居建造开工之前会根据黄历择日，村民喜好选择双日子开工建造民居，以图吉利，同时也会规避有"8"的这一天，但是现如今古村落则没有这一禁忌。

上梁：建造民居的主人会选择在上梁这一天给所有的匠人管一顿好饭，虽然现在看来若无其事，但在当时确是一件值得高兴的事。与许多地方不同的是前王庄村会以放鞭炮的形式来庆祝上梁大吉这一重要的建造仪式。

下架：下架代表建造民居的竣工，建造民居的主

人会在这一天准备下架酒来庆祝民居的顺利完成。

匠人：当时的年代由于受到经济水平的限制，建造民居多是找关系熟络的匠人帮忙建造，有8人的，也有10人或15人的，一般匠人会在工期结束后收到主人赠予的粮食，以代替工钱，有亲戚关系的则算是亲情贡献。

2. 关于日常的活动

前王庄村会在每月的初一、十五以及每年的三月十一进行揉花篮活动。

现今前王庄村的日常活动也逐渐丰富起来，除了从古至今流传下来的民俗活动，也注入了现代日常娱乐活动，比如当地村民会在每天的晚茶余饭后在村子超市附近的空地跳广场舞，偶尔也会在此放送露天电影。但最值得感动的是，古村落的村民都如同一家亲，在采访中得知如果村中有人过世，村中的一切休闲娱乐活动则会取消停止，直到送过世的人走完最后一程。这种浓烈的情感侧面烘托出从根源文化上带来的儒家思想。百善孝为先，在前王庄村的乡村文化中流露了出来。

四、结语

前王庄村的民居作为一种乡土建筑，是地区历史、风水理念、宗族意识、民风民俗、经济发展等人文地理的重要载体，也是鲁西南地区具有丰富特色的建筑。从材料、结构到细部构造的建造工艺都与当地的自然环境相适应。虽然这种传统建造方式与现代的技术相比较显得原始但是能在当地的自然环境和经济技术条件制约下，按照人们自己的生活方式建造出最佳的居住环境也是值得考究的。

研究前王庄村传统民居的建造工艺，加强了对传

统民居的理解，引导人们看清传统的力量，注重传统民居的保护与发展，这不仅对民居建筑本身起到了物质保护作用，更是传承了民居建造经验的非物质文化，这样也更有利于传统民居未来的可持续发展。因此我们在新形势下保护传统民居建筑，要提高文化认同，增强文化自信。正如库哈斯所言："把乡村放到整个现代化进程当中，把乡村想象是现代化发展的一环"。传统民居作为村落的重要部分，需要注入人的人的活力，才是有生命的建筑。更要鼓励城市与乡村的充分"混血"，乡村需要人类学意义上的"新物种"而非仅仅依靠传统意义上的农村人口来支撑乡村的可持续发展。

参考文献：

[1] 费孝通．乡土中国 [M]．北京：中国建筑工业出版社，2005．

[2] 李浈．营造意为贵，匠艺能者师——泛江南地域乡土建筑营造技艺整体性研究的意义、思路与方法 [J]．建筑学报，2016 (02)：78-83．

[3] 李浈，刘成，雷冬霞．乡土建筑保护中的"真实性"与"低技术"探讨 [J]．中国名城，2015 (10)：90-96．

[4] 经鑫．传统民居墙体营造技艺研究 [D]．武汉：华中科技大学，2010．

[5] 王崇恩．山西传统民居营造技术的初探 [D]．太原：太原理工大学，2003．

[6] 尹文．说墙 [M]．济南：山东画报出版社，2005．

[7] 张晓楠．鲁中山区传统石砌民居地域性与建造技艺研究 [D]．济南：山东建筑大学，2014．

[8] 谭立峰．山东传统堡寨式聚落研究 [D]．天津：天津大学，2004．3．

内蒙古库如奇村达斡尔族民居现状调研

薛碧怡[1]　齐卓彦[2]

摘　要： 本文基于对内蒙古库如奇村为期15天的调研为基础，对当地不同时期达斡尔族民居进行分析研究，结合当地居民的行为习惯与空间的关系，以探讨达斡尔族民居要素持续性及当下需求，为之后达斡尔族民居研究及发展保护提供基础研究。

关键字： 内蒙古；达斡尔族；民居；现状调研

一、库如奇村达斡尔族背景及民居概况

　　库如奇村位于内蒙古莫力达瓦达斡尔族自治旗西北部，莫力达瓦山南麓，北邻诺敏河，距尼尔基镇90公里，全村共560户，达斡尔族占全村总人口的95%，是以达斡尔族为主体的民族村落。17世纪以前，达斡尔族以各哈拉为单位居住于黑龙江沿岸，因沙俄入侵，一路南迁定居于嫩江流域，后因土匪侵扰，不少达斡尔族又西迁于莫力达瓦山区。库如奇村是达斡尔族四大哈拉之一的莫日登哈拉建立的原始屯落，最初，莫日登哈拉各族众从黑龙江迁至嫩江流域定居于西布奇（莫日登哈拉最早的七屯落之一），从事于放排业的达斡尔族前往莫力达瓦山时路过库如奇，洒了稷子米，返回时稷子米已长一寸多高，遂发现此地利于耕种，西布奇部分族众于清光绪迁入库如奇定居于此。

　　库如奇村民居现多为彩钢顶砖房，传统达斡尔族住房为松木或桦木为主体的土房子，1990年开始陆续建造砖房，根据时间库如奇村民居大致可分为三类：第一类为传统土房；第二类为1990~2000年自己所建砖房；第三类2006~2016年政府危草房改造等政策下，村民加入自己设计的砖房。

二、库如奇村达斡尔族不同时期民居主要构成要素及分类

1. 房间主要要素

　　1）炕

　　炕，是达斡尔族主要就寝空间，进深根据自家需求设置为1800~2000毫米左右，高度在500~600毫米之间。传统达斡尔族的炕为弯子炕，俗称三铺炕，由南炕、西炕、北炕组成，南炕为家里长辈居住空间，北炕、西炕分别为小辈、客人居住空间。后因家中人口减少，逐渐拆除西炕、南炕。现达斡尔族砖房家中多设置北炕，与厨房灶台连接。传统达斡尔族会在南炕及北炕的西侧分别放置老人使用的炕箱及儿媳妇使用的炕琴以储存衣物等，现砖房炕柜大多位于炕的东侧。

　　2）厨房

　　传统达斡尔族将设置厨房的位置称为"外屋地"，是主要炊事空间，为平面的中心，通常进门即为厨房，连接西屋与东屋。设置两个灶台，进门处的灶台与南炕相连，靠北侧的灶台与"额勒乌"，即晒稷子米的小炕连接，后与北炕连接，做饭的同时满足烧炕的需求。现砖房因条件的提高，受汉族的影响，有渐渐将厨房置于较隐蔽的空间，灶台多于炕隔墙相连。

　　3）仓房

　　仓房是达斡尔族民居必备要素，为储物空间。传统民居的仓房建于正房东侧，两至三间不等，以两间

1　薛碧怡，内蒙古工业大学建筑学院，硕士研究生，010051，E-mail：1305272937@qq.com。
2　齐卓彦，内蒙古工业大学建筑学院，副教授，010051，E-mail：qzhuoyan2000@126.com。

为例，靠北一侧的一间一般架空于地面700～800毫米左右，空气流通室内干燥，以保证粮食的储存，靠南一间则基于平地建造，便于储存大物的进出。家中的"保家仙"一般位于仓房，以画像形式悬挂于特定位置的较高处。现砖房的仓房分为室外仓房和室内仓房，室外仓房根据自家院落与道路的关系，有建于正房东侧，也有建于正房西侧的；室内仓房通常位于北侧或东侧与偏扇相连，储物同时有利于抵御冬季北风的侵袭（表1）。

库如奇村各时期达斡尔族民居要素　　　　表1

房间要素	实地调研图片案例1（1990年之前）	实地调研图片案例2（1990年之后）
炕		
厨房		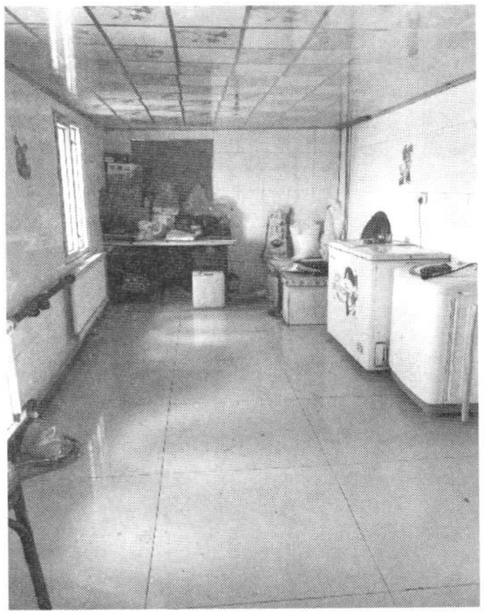
仓房		

2. 平面分类

库如奇村达斡尔族民居根据出入口与空间的关系可以分为厨房连接型和过渡空间连接型两类。

1）厨房连接型

厨房连接型是指出入口与厨房连接后与其他空间连接。传统达斡尔族民居土房时期，不论两间房还是三间房均为此种类型，进门后为厨房，由厨房连接西屋与东屋。20世纪90年代开始的砖房时期也多为此种类型，后期因为力求南向最大范围的设计卧室等空间，厨房多设计于北侧，很多人家逐渐衍生为偏扇——厨房型，即由偏扇进入厨房，再由厨房连接其他空间，附加的偏扇既能储物又能满足冬季御寒保温的效果。

2）过渡空间连接型

过渡空间连接型是指通过非主要使用空间连接室内各个空间，主要分为三类。

第一，走道连接型。出入口为走道，通常较窄，1000毫米左右，布置鞋架、衣架等满足出入所需要的行为，再由走道连接房间内其他空间。

第二，起居室连接型。传统达斡尔族民居未有起居室，西屋兼具一家中起居、就餐、就寝等主要活动，发展为砖房时期，因房间面积及家庭人口对私密性的需

求，起居空间与就寝空间渐渐分离，入户门与起居室连接，后连接房间内其他空间。此种类型较接近于城市楼房的空间格局。

第三，杂物间连接型。此种类型为偏扇——厨房型与走道连接型的结合，面积大小、使用功能分别与偏扇——厨房型及走道连接型相似。因空间的增加除布置鞋架、衣架外还会布置冰箱、脸盆等更多其他生活需求的物件（表2）。

平面分类

表2

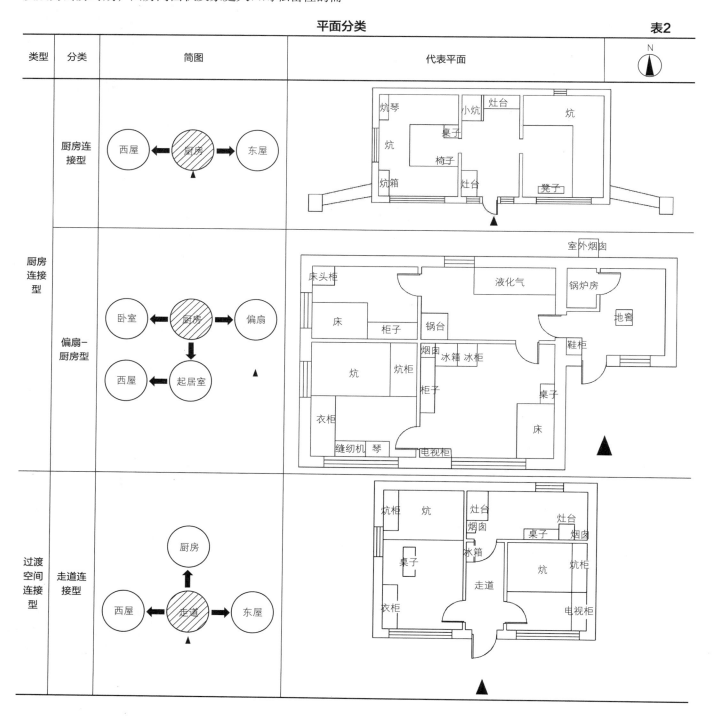

续表

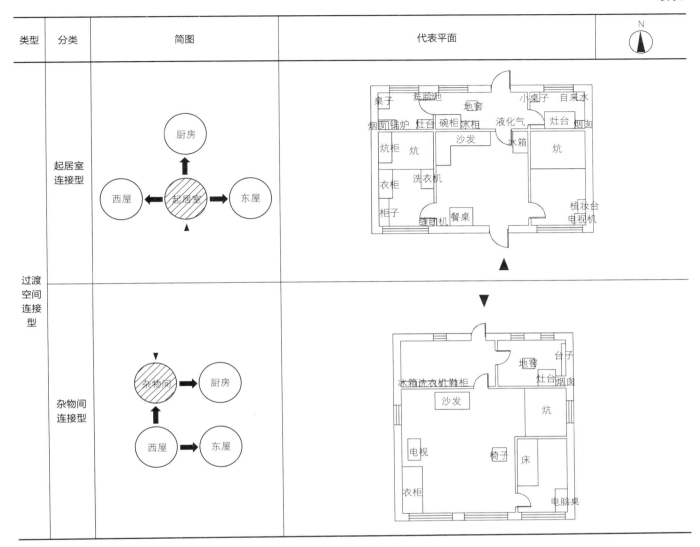

类型	分类	简图	代表平面	N
过渡空间连接型	起居室连接型			
	杂物间连接型			

三、库如奇村达斡尔族生活时态调查

1. 就寝行为

库如奇村达斡尔族就寝空间可分为夏季就寝与冬季就寝。冬季多以炕为主，夏季时尤以年轻人及小朋友为主，偏好睡床。村中以年轻夫妻为主的一家三、四口结构的家庭，通常有一铺炕，冬季一家同睡于一起；以中年夫妻为主的家庭结构，通常为两铺炕，夫妻与孩子分开居住，此类型的结构家庭大多数因孩子外出读书或打工，孩子的居住空间多闲置或当储物空间使用；以老年人为主的夫妻两口及与儿子同住的家庭，多以两铺炕为主，儿子的小家庭同住于一起与父母分开居住；以老人夫妻二人独自居住的家庭结构，通常有两铺炕，有的家庭的老人会将大空间的一铺炕当做起居空间中的沙

发，冬季可坐在热炕上看电视以抵御寒冷。就寝时间老人一般为9：00～10：00，年轻人因电脑等娱乐活动会延长入睡时间。

2. 起居行为

传统达斡尔族民居因经济原因没有明确的起居空间，而是与就寝空间融为一体，客人来串门也会热情的招呼于炕上。后随着经济的发展，室内面积的增加，陆续出现客厅空间，有茶几及沙发，一家人看电视、招待客人都会在此空间进行。现该村落起居空间大致可以分为纯起居型、起居—就寝型、起居—就餐型、起居—就寝+就餐型、起居—储物型五类，其中以起居—就寝型、起居—就寝+就餐型为多。

3. 炊事行为

库如奇村达斡尔族的厨房基本配置为灶台、烟囱、液化气、自来水管，有些家庭会出现电饭煲、电磁炉、抽油烟机等现代配置。夏季做饭多用液化气及电磁炉，减少灶台烧火产生的热气，也有的人家会设置室外灶台以达相同效果，但现显少人家如此，一是夏季室外较热，二是来回进出取材较麻烦。烟囱多在中间段设置铁片，关闭铁片阻挡风进入烟道利于点火，点着火后抽出铁皮，烟可顺利通过烟道排出室外。20世纪90年代左右的民居也有为了节省室内空间将烟囱以砖的形式垒于室外，借鉴于早期土木结构民居烟囱置于室外的传统。有的家庭现已使用抽油烟机来排解做饭时产生的油烟。

4. 就餐行为

就餐分为一日三餐型和一日两餐型。冬季由于非农忙时节，且白天时间较短，很多老人会选择一天吃两顿饭。夏季多为三餐，有些家庭会在早上多做一些饭焖于锅中以供中午食用。夏季早饭为早上7：00~8：00，农忙时节会早一些，午饭为12：00左右，晚饭为6：00左右；冬季起床较晚，早饭9：00~10：00，晚饭为5：00左右，有很多人家在冬季依旧吃三餐。传统达斡尔族的就餐地点为炕桌，吃饭时将炕桌放置于老人居住的南炕，一家人围坐在一起吃饭。在现代砖房炕桌已由餐桌代替，虽未出现餐厅空间，但就餐地点多在厨房。有两种形式的餐桌，第一种为折叠式餐桌，类似于原始炕桌形式，可根据需求自动设置就餐地点，有在厨房或起居室的，也有因老人腿脚不便设置与炕前的；第二种为固定式餐桌，就餐时一家人到固定地点就餐，此类型多在厨房。

5. 洗漱行为

洗漱空间在达斡尔族居住空间中较为欠缺。主要分为两种类型，第一类为洗脸盆形式，即无下水道形式，在入口或厨房的角落中放置洗脸盆等洗漱梳妆用品，早晚洗脸时从自来水打水使用。这种类型的洗澡空间有设置在室外的，通过太阳能装置以供夏季洗澡。大部分人家会根据自身需求选择在公共浴室洗澡；第二类较为现代化，有下水道形式，类似于现代城市住房中的卫生间，直接使用自来水，洗脸盆与下水道连接排水，有的家庭会设置热水器以在自家洗澡，此种类型在该村存在较少。

6. 祭祀行为及供奉的诸神

祭祀分为全村祭祀行为和自家祭祀行为。全村祭祀为每年7月10日左右的敖包节，全村村民会在当天买好祭祀用品至村落北侧的敖包祭祀，以求雨、求丰收、求平安。自家的祭祀行为包括祭娘娘神、山神、奶牛神。娘娘神基本家家都会供奉，主要保佑家中小孩的健康平安，以画像形式供奉于西屋西墙之上。山神不能供奉于人居住的空间，以画像形式供奉于院中小龛内或仓房中的特定位置，逢年过节会以猪、羊等供之。奶牛神一般养牛的家庭会供奉，以保佑奶牛的平安，以画像形式供奉于厨房灶台上方，会用初乳粥供奉。财神，是近十多年开始张贴的，基本家家都有，是达斡尔族受汉族影响下的产物，粘贴位置没有明确固定的要求，以不与门对冲为宜，以防漏财之说。现达斡尔族在其他文化影响下，有信奉佛教与基督教的，因此有的家庭会供奉佛像、观音、耶稣等（表3）。

生活时态　　　　　　　　　　　　　　　　　　　　　　　表3

生活时态	类型		生活时态	类型	
就寝	年轻夫妻		起居	纯起居	

生活时态	类型		生活时态	类型	
就寝	中年夫妻		起居	起居—就寝	
	老年夫妻			起居—就餐	
	老年夫妻与儿女同住			起居—就寝+就餐	
				起居—储物	

续表

生活时态	类型		生活时态	类型	
炊事	室内炊事		就餐	折叠式餐桌	
	室外炊事			固定式餐桌	
	室内烟囱		洗漱	无下水道型	
	室外烟囱			有下水道型	

生活时态	类型			生活时态	类型
	全村祭祀				自家祭祀
祭祀	敖包节	古代敖包			娘娘神
					山神
		现代敖包			奶牛神
					财神

四、结语

库如奇村达斡尔族民居在时代发展与其他民族融合的过程中，为适应生活及更好的物质条件做出相应调整与改善，从传统土房发展为现代砖房，为保证家庭成员私密性等内在需求，出现了更多功能的室内空间。人的行为反映出内在需求，又会反映在居住空间内，然而民族习惯及内涵不会随时代的改变而淹没，依然潜移默化地存在于如今达斡尔族的住房空间内。

参考文献：

[1] 金日学，李春姬，张玉坤．庆尚道原籍朝鲜族民居的近代变迁与传统要素的持续性——以黑龙江省绥化市勤劳村为例 [J]．建筑遗产与保护，2018，2：20—25．

[2] 莫德尔图．达斡尔族布特哈莫日登哈拉族谱 [M]．海拉尔：内蒙古文化出版社，2002．

关于碧江金楼装饰独特性的探讨

麦嘉雯[1]

摘　要："碧江多商贾，金楼为至尊"，此说法一直在佛山市顺德当地广泛流传。作为碧江的"名片"，金楼的装饰构件精致考究，增加建筑内部的感染力的同时，也蕴含着吉祥寓意。在一定程度上，金楼的木雕装饰在广府地区具有一定的典型性。但通过与广府地区其他传统建筑装饰构件的对比，其独特性也不容忽视。在风格现象上，金楼装饰有着与洛可可风格、清代广式家具堆砌繁华装饰风格的相似性，而与普遍的广府装饰风格不一致。笔者尝试从金楼的装饰构件、风格层面上梳理其地域性表达和独特性所在。金楼装饰不仅有着明显的岭南特质，且具有其自身独特的文化价值，是后人研究广府传统装饰的重要案例。

关键词：碧江金楼；装饰；构件；风格；独特性

楼庆西在《中国传统建筑装饰》中讲到，"建筑装饰是对建筑物各个部位以及构件外观的艺术性处理。"薛颖的博士论文《近代岭南建筑装饰研究》从动因、艺术和技术特征三个方面详实地记述了殖民建筑、民间建筑、官方建筑三种建筑类型的装饰。其中第四章近代岭南民间建筑装饰这一章节在前人研究基础上，探讨了求新的近代岭南民间建筑装饰。杨湄的硕士论文《广府传统厅堂建筑空间与小木作形制研究》从与课题相关的重要小木作组件的类型与特征、广府地区传统的类型与特征、广府地区传统建筑空间界面的小木作形制等三方面进行探讨。但目前学术界的学者们对广府地区传统建筑装饰体系的构建仍未成熟，有待深入研究。

明清至民国初期是广州府经济、社会和文化发展最快、宗族最发达的时期，园林、祠堂、堂庙、书院等建设最为集中，保存也较为完整。建于清代的碧江金楼就位于广府传统文化的核心圈（南海、番禺、顺德）之中。它是苏氏家族二十五世苏丕文荣归故里后，建造的二层木质建筑——赋鹤楼，为职方第之藏书楼和书斋。因为其室内装饰精美、木雕刻贴满金箔，所以被当地人称为"金楼"。本文研究的金楼装饰以木雕装饰所著称。因此，本文对装饰案例的讨论范围限定在明清至民国时期广府地区的室内装饰木构件上。研究对象为碧江金楼室内装饰木构件。本文希望通过探讨金楼装饰的独特性来进一步了解广府传统建筑的装饰状况。

一、碧江金楼装饰的独特性

1. 装饰布局

在广府地区，传统建筑的平面布局一般会遵循立面开间来布置。而金楼作为一座面阔三开间的书斋，首层平面遵循三开间的布局（图1），左右厢房中间夹一厅。但是其二层的布局却为单开间（图2），采用了古时珠江口上紫洞艇[1]（图3、图4）的形制。金楼二层布局参照着小型紫洞艇的布局，其前厅略浅，朝西南开一面较大窗户，犹如船头甲板。中厅左右两侧用镶嵌玻璃的木雕博古架隔断隔出走廊和梯廊，再以贴金木雕八角漏窗来分隔东北面的尾舱——书房。在光线充足的中厅中行走，可以感受到类似船舱的体验。主要活动空间将三开间改为单开间的横向空间，加强了纵深感。广东省立中山图书馆编著的《老广州》一书中提及，紫洞艇通常用上等木材和嵌花玻璃隔成厅房，布置豪华。而金楼二层的装饰布置与之十分相似。在这里，满洲窗画面的宝瓶、器皿等多为人们手中的把玩、收藏之物，木雕施以金漆，讲究豪华绚丽。装饰所渲染的二层空间犹如珠江边上花舫的风月场所，充斥着娱乐与商业的味道，使人难以与金楼的书斋身份相联系起来，而更多地猜测为会客、会商的交往场所。

1　麦嘉雯，华南理工大学建筑历史文化研究中心，硕士研究生，E-MAIL地址mai.jiawen@foxmail.com。

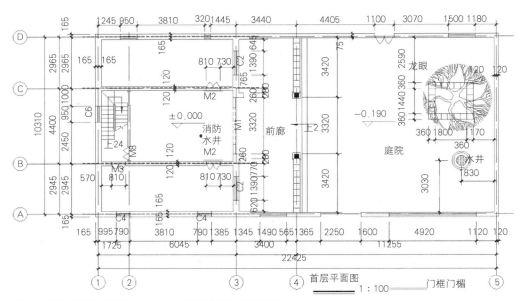

图1 金楼首层平面（图片来源：东方建筑文化研究所测绘图）

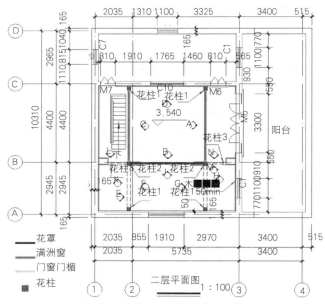

图2 金楼二层平面（图片来源：东方建筑文化研究所测绘图）

图3 珠江边上的紫洞艇
（图片来源：《老广州》，广东省立中山图书馆编著）

图4 珠江边上的紫洞艇
（图片来源：《老广州》，广东省立中山图书馆编著）

2. 装饰构件

1）花罩

落地罩为着地的罩，适用于金楼这类民居书斋中，具有分割室内外空间、装饰美化的作用。洞罩或花罩属于落地罩的类型。广府地区采用洞罩或花罩（宽度大多与开间等宽）的案例不多，主要有清晖园、许家祠、萝峰寺等，且洞罩、花罩常运用透雕的手法，其顶部的花板常为规则的四方形框。

金楼中厅同样是采用了宽度与开间等宽的花罩（图5、图6），而运用的雕刻手法则比较复杂，包含有高浮雕、浅浮雕、透雕三种手法。其顶部为高浮雕的花板，山型轮廓，整板上展示着三部分较为独立的主题。顶板下部为葡萄图案的花罩，使用了透雕的手法。葡萄立体纹样如充满生命力般缠绕、布满了整片落地罩。在广府地区属于少见的花罩案例。

图5　金楼二层中厅花罩
（图片来源：东方建筑文化研究所测绘图）

图6　金楼二层中厅花罩
（图片来源：作者自摄）

2）窗

当岭南传统窗开始使用玻璃材料时，玻璃装饰窗扇借鉴了传统书画装裱的"画心"与"衬底"概念[2]。窗户的画心是指窗户中心位置镶嵌玻璃画，衬底是指围绕画心的窗框部分。满洲窗在广府地区的适用范围涵盖了祠堂建筑、居住以及庭园。曾娟在《近代岭南传统建筑中新型建筑材料应用研究》一书中总结到，广府的满洲窗按做法可以分为直子、曲子、盘竹、花结、拉花这五类。如番禺余荫山房室内书画隔扇隔断上的满洲窗，其衬底是铜钱状花结。

而金楼二层中厅隔断的满洲窗（图7、图8），其画心为器皿（多为宝瓶）和扇子，为具象轮廓，不同于一般曲子画心的抽象曲线。其衬底由堆砌密集的自然植物卷纹构成，向四周自由、随意地延伸，不同于套方、双环、六耳、博古、蝴蝶和草尾龙等固定的花结图案，也

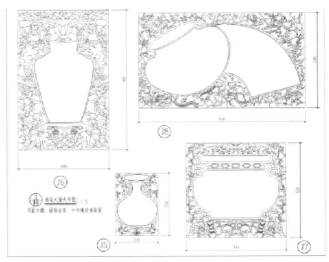

图7　金楼二层中厅满洲窗（图片来源：东方建筑文化研究所测绘图）

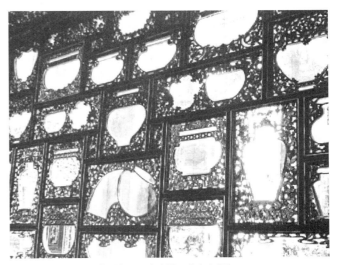

图8　金楼二层中厅满洲窗（图片来源：作者自摄）

不同于常见的单一化、抽象化的拉花图案。因此，金楼这一类的满洲窗难以归结于上述的五类常见广府满洲窗类型之一，十分独特。

3）门框门楣

在广府地区，传统建筑的木质门楣一般为几何的半圆形，构图明晰，线条简洁，颜色朴素不施金漆，中间镶嵌彩色玻璃。木质门框的线条简单，基本上无雕刻修缮。如清晖园的室内隔门、开平澜生庐居的内部房门。而金楼一、二层房门的门框门楣（图9、图10）组合起来十分特别，造型犹如西洋的立体镜，让进入房间的人仿佛有穿到镜子里的错觉。门框分为三层金漆浅浮雕，层层递进。最外层边框以卷曲花叶纹为主，与门楣的纹样相呼应，其中横向框的中部有一"寿"字纹样，有延年益寿、长命百岁的祝福之意愿。整个门楣使用了繁复的透雕手法，且无镶嵌玻璃。半圆形镂空花板以博

图9 金楼室内门框门楣
（图片来源：东方建筑文化研究所测绘图）

图10 金楼室内门框门楣
（图片来源：作者自摄）

古为底框，里面雕刻着不少器皿、水果和花鸟纹样，还有顶端绽放的西番莲。它的装饰造型与金木雕刻效果在广府地区较为罕见。

4）装饰柱

广府地区传统建筑的室内柱子以结构性柱子为主如厅堂的檐柱，少有装饰性柱子。装饰性柱子多用于祠堂里的神龛上，以作支撑围护构件以及装饰的作用。金楼二层的宝瓶状叠加柱子（图11、图12）更偏向于装饰性，不起支撑金楼楼板的作用。在这贴金高浮雕木柱的表面上刻有蝙蝠、中国结、"寿"字、铜钱、莲花等纹样，细致繁缛。竖向堆叠的宝瓶强调了空间的垂直感。柱子与周围的挂落、落地罩等相互连接并构成装饰的整体。木柱形式与陈家祠神龛挂落的落脚处旋木柱十分相似。

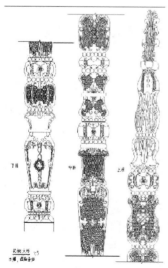

图11 金楼室内装饰柱
（图片来源：东方建筑文化研究所测绘图）

图12 金楼室内装饰柱
（图片来源：作者自摄）

金楼的其他一些门窗、吊顶、横批等具有广府地区的装饰普遍性，在这里不作介绍。以上，论述了金楼局部的花罩、窗、门框门楣以及装饰柱这几类特别的装饰构件在广府装饰中的独特性。从装饰的整体组合来看，金楼，这座书斋大面积地运用了许多繁华堆砌的贴金木雕，让人目不暇接。这在广府地区用作日常生活的传统建筑中是十分少见与奢华的。

3. 装饰风格

假设基于不完全统计，明清至民国初期广府地区的传统建筑如余荫山房、陈家祠、清晖园、梁园、可园、留耕堂、唐家三庙、鸣石花园等。其日常生活空间的装饰木构件多以中国传统的朴素文雅风格为主（少部分杂糅西方风格），多数为单一式或组合式的纹样如冰裂纹、海棠纹、竹叶纹等，亦有限定面积的传统动植物图案、博古图案、吉祥文字图案等加以点缀，常使用浅浮雕或单面透雕的雕刻手法，表面多为朱红色或墨色，不施金漆。如余荫山房的浣红跨绿桥的飞罩和栏杆分别采用了单一的博古纹、回字纹；清晖园碧溪草堂的圆光罩采用了竹叶纹；可园亚字厅满幅镶嵌彩色玻璃槛窗的亚字纹等。而在向祖先或神灵拜祭的空间里，用于装饰的木构件多为精致华丽的风格。如开平庐居的室内神龛、开平铭石楼厅内神龛、陈家祠神龛、留耕堂神龛、龙潭纶生白公祠横梁、唐家三庙廊檐构架等，以上提及的神龛装饰木构都饰以金漆。由此，由这些普遍案例推断出，金漆装饰多与华丽繁密的装饰风格联系在一起，且多用于较高等级的、非日常居住用途的空间里。对金楼装饰的观察所得，它的风格明显更偏向于上面论及的第二种。但是不禁引起了疑问，金楼作为一座书斋，主要供使用者日常读书、会客，其堆砌繁缛、华丽精致的装饰风格显然与它的类型地位不相符。

若将金楼放置在日常生活这一类的传统建筑类别中，它的装饰风格是独特的。笔者尝试从图像层面上将之与洛可可风格、清代广式家具堆砌繁华的装饰风格作比较。通过论述它们在现象上相近来反观金楼装饰风格在日常生活这一类的传统建筑类别中的独特性。

1）与洛可可风格在现象上相近

碧江金楼的装饰风格与西方的洛可可的许多特点十分相似，主要体现在以下五个方面。

一是洛可可与金楼的室内装饰造型高耸纤细。如金楼从前厅过渡到中厅的船舫顶特色挂落，在空间中高挂，给人以高耸的感觉。而且纹样多为纤细精致而不粗厚。二是频繁地使用形态方向多变的如"C"、"S"弧线或涡卷形曲线。在金楼的木雕中，经常会出现卷曲的藤蔓线条、中国结纹，沿上下或左右方向发展，这些线条概括起来其本质即为"C"、"S"形线。三是喜欢使用大镜面作为装饰。而金楼在装饰中采用象征的手法，雕刻了首层厢房、二层书房犹如西洋立体镜的门框门楣，并且在空间尺度上可以让人通行，体现了尺度之"大"。四是善用金色。金楼的许多木雕都为金漆的广府木雕，十分富丽堂皇。五是空间环境亲切近人。金楼木雕中多数都采用了当地题材，如丝瓜、佛手、龙眼、阳桃、带有渔民特色的簸箕、闲逸的香炉鼎等。二层中厅隔断透光性较好，环境较为明朗。

从以上的比较论述中，我们不难发现，金楼的装饰风格与洛可可有许多相似之处。尽管金楼的装饰纹样中运用的弧线较多，但纹样的片段化打破了运动的连续性，使装饰整体上看起来依然是静态的。

2）与清代广府家具堆砌繁华的装饰风格在现象上相近

在《清代广式家具》一书中，作者蔡易安论述了清代广式家具的特点、风格及历史地位等层面。我们可以了解到，在清代初期家具的制作仍沿袭明代，到了18世纪以后，社会经济逐渐恢复并走向繁荣。家具工艺逐渐受到各种工艺美术装饰和西方文化的影响，开始了新的装饰风格。而广州在明清时期一口通关，外贸商业发达。此时十三行、沙面一带及全省华侨聚居的村镇城乡等地区的新建筑要求适合摆设的新式家具。同时由于内外贸易的需要和外来家具式样的大量加工制造，使得广东家具从单纯的传统式样中解放出来，异军突起地成为我国南方家具的生产中心。[3] 人们已经不满足于一成不变的家具式样，而是推崇华丽装饰、形式丰富，甚至科学合理的仿西式家具。

从图像上观察，将《清代广式家具》图册与金楼木雕装饰的图像相比较，两者的装饰内容和风格十分相似。在装饰内容上，清代广府家具的装饰纹样常采用自然形态的动植物纹样，也有采用人物故事、博古图案和吉祥文字等。金楼的装饰题材除了狸猫、雀、麒麟、鹿、鳌鱼、蝴蝶、牡丹、宝瓶等之外，还有着不少岭南佳果，如丝瓜、阳桃、杨梅、石榴、荔枝、佛手、龙眼等。两者纹样题材有着一定的相似性。金楼半圆形镂空花板顶端的西番莲纹样（图13）与清代广式家具经常使用从西方传入的西番莲纹样（图14）如出一辙。金楼的高浮雕宝瓶叠柱在造型（图15）与图册中的福寿延绵小屏风两侧竖柱为西式旋木装饰十分相似（图16）。这些纹样式样都是清代广式家具和金楼装饰达到堆砌繁华效果的基本组成。在装饰风格上，清代广式家具深受外来

图13 金楼门楣西番莲纹样
（图片来源：东方建筑文化研究所测绘图）

图14 屏架式柜台
（图片来源：《清代广式家具》）

图15 金楼花柱
（图片来源：东方建筑文化研究所测绘图）

图16 福寿延绵小屏风
（图片来源：《清代广式家具》）

家具文化的影响，比之西方的洛可可式家具雕刻上的精工细致有过之而无不及，常常由家具的主要部位扩展到大面积的浮雕、透雕以及通体的雕刻和装饰。其装饰风格的细腻繁密与金楼装饰风格十分类似（图17、图18）。

通过以上分析，笔者认为金楼装饰的形式风格与洛可可风格、清代广府家具堆砌繁华的装饰风格在现象上相类似。而这些相似性，是与该风格的传播影响有关

图17 拱门式博古架
（图片来源：《清代广式家具》）

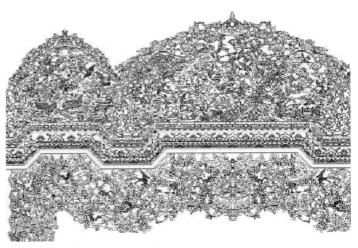

图18 金楼花罩局部
（图片来源：东方建筑文化研究所测绘图）

或是金楼装饰风格与之殊途同归或是三者之间互有关联，则有待进一步考究。

二、结语

通过论述碧江金楼装饰的布局、构件、雕刻工艺和风格，并对比广府地区中具有普遍性的传统建筑装饰案例或特点，我们可以得出如下结论：

一是其二层装饰布局与紫洞艇平面布局相似并打破了立面三开间的布置束缚。

二是其局部装饰构件如花罩、窗、门框门楣、装饰柱等具有与广府传统装饰构件的不同之处。

三是从图像学上分析，其装饰风格与洛可可风格、清代广式家具堆砌繁华的装饰风格在现象上相类似。

从以上几点论述中，凸显了金楼作为一个个案其装饰在广府地区的传统建筑中具有独特性。

碧江金楼作为广府地区具有装饰独特性的书斋，其装饰的手法及内涵值得挖掘与记录保留。其独特之处也值得我们去反观、对照广府地区现有传统建筑的装饰特点，从而加深对广府传统建筑装饰的认识。在当今急剧变化、浮躁泛滥的时代里，广府地区的传统建筑文化需要我们继续传承与发扬，才能永葆生机。

参考文献：

[1] 南士．珠江风月与紫洞艇 [J]．中国典籍与文化，1993（4）：104—105．

[2] 曾娟．西风东渐 新材旧制：近代岭南传统建筑中新型建筑材料应用研究 [M]．北京：科学出版社，2014．

[3] 蔡易安．清代广式家具 [M]．上海：上海书店出版社，2001．

加拿大Whistler Village建筑中木材表现的视觉多样性解析[1]

徐洪澎[2]　李　静[3]　吴健梅[4]

摘　要：Whistler Village地处加拿大不列颠哥伦比亚省，是国际著名的四季旅游度假胜地。小镇内90%的建筑都应用了木材，本文以笔者现场参观的36栋建筑为对象，研究工作从搭配材、木材应用部位、木质肌理及木材色四个视觉表现维度对小镇内建筑木材表现的视觉多样性进行解析。以期为国内现代木建筑的设计建造提供借鉴意义。

关键词：Whistler Village；文旅康养盛地；建筑传承；木材表现；视觉多样性

引言

Whistler Village建立于1908年，当初在开发时定位为集中式的开发，所以为一座山中小城，被黑梳山和惠斯勒山所包围，小镇距离温哥华仅100多公里。惠斯勒度假村镇最为可贵的是在规划开发时有严格的准则，建筑的实际风格、景点的规划、公园的位置、道路的设置，都进行了详尽的规划。并且在施工过程中，严格遵循规划设计，因此实际建成的村镇与规划设计图完全一致。整体而言，村镇包含了村中心（Village Centre）、上村（Upper Village）和北村（Village North）三大主要部分，以及周边的高尔夫球场、滑雪场、湖泊及公园等。自然资源是惠斯勒吸引游客的最大法宝，村镇在城镇的布局和设计上非常灵活，且具有一定的前瞻性。这主要表现在两方面，一是所有的开发重点都要优先考虑保护自然环境；二是所有的建筑材料和建设材料尽量取自当地。得以呈现出目前我们所看到的几乎所有建筑都运用木材的生态宜人景象[1]~[4]。惠斯勒度假村镇以其平衡生态杠杆式发展理念和规划的智慧已为我国度假村的开发实践提供了极大的借鉴意义，如万科在沈阳的"惠斯勒小镇"就是对其"浪漫、激情、质朴、休闲"的建筑风格和生活方式的还原[5]、[6]。然而对于建筑形式还只是简单

粗暴地复制，并没有形成明确的借鉴意义。

通过现场勘查可以发现，村镇浪漫、质朴、休闲的氛围在很大程度上取决于围合空间的建筑表现。行走于村镇的中、上、北村可以很深刻地感受到村镇内建筑形象的多样性和统一性，仿佛有一个背后抓手将他们统筹成一个整体。但查阅相关文献并没有找到相关方面的介绍。在专业责任感的驱使下，笔者对Whistler Village建筑形象的多样性和整体性进行了深入探究。

村镇内的建筑数量庞杂，且每个建筑物本身都具有很高的复杂性，但是村镇的整体印象并不杂乱，而被认为是统一的，这很大程度上得益于木材的应用。

参观中发现村镇内几乎所有的建筑都用到了木材。木材是大自然的产物，本身就极具吸引力，而且其视觉感知更温暖、舒适、放松[7]，村镇的整体风格用木材去统筹，再通过不同的表现手法营造丰富多样的建筑形象。充分利用了木材富于变化的优质特征，营造出村镇的温暖惬意、休闲舒适，统一中有变化，变化中有统一的视觉多样性。本文以笔者参观的建筑为对象，研究工作从搭配材、木材应用部位及木质表皮肌理三个视觉表现维度对村镇内建筑的木材应用进行解析。以期为国内传统民居复兴及度假胜地营建形成借鉴意义。

1　本文感谢黑龙江省自然科学基金面上项目（项目批准号：E2015010）的支持.

2　徐洪澎，哈尔滨工业大学建筑学院，教授，150006，xu-hp@163.com.

3　李静，哈尔滨工业大学建筑学院，博士研究生，150006，18845027597@163.com.

4　吴健梅，哈尔滨工业大学建筑学院，副教授，150006，wjmtutu@126.com.

一、建筑材质搭配表现

村镇内的建筑95%以上都是用石材和木材建造。石材和木材是两种传统的最具人文气息的建筑材料，是度假类建筑的最佳选择；同时这两种材料均盛产于当地。木材和石材的搭配使用，不但利于营造温暖宜人的休闲环境，而且实现了规划之初对于建筑就地取材的承诺。

根据建筑中木材和石材用量的多少可将搭配材表现分为以木材为主石材为辅、石木当量以及以石材为主木材为辅三种情况（图1）。基于就地取材的绿色建造理念选择石材与木材搭配使用，通过建筑材料表现的主次差异为村镇建筑整体的视觉多样性增加了一个变化维度。

a.木材为主石材为辅　　　　　　b.石木当量　　　　　　c.石材为主木材为辅

图1　建筑材质搭配表现

二、木材应用部位表现

调研发现，当建筑中以石材为主木材为辅的时候木材主要被应用到入口和外廊这些视觉显著的部位；当建筑中石木当量的时候木材除了被应用到入口部位，还被应用到屋面结构部位；当以木材为主石材为辅的时候还在表皮部位应用木材。所以，建筑无论木材用量多少均在入口和外廊部位应用木材。本部分内容着重解析木材在建筑的入口和外廊部位应用木材所营造的视觉多样性。

1. 入口部位木材应用表现的视觉多样性

入口是建筑的视觉焦点，虽然国外建筑不主张奢华气派的入口形象，但是设计感很考究。针对入口形式的设计几乎所有建筑中都是不同的，并且是唯一的，但是由于都应用了木材，所以可以根据木材应用的程度将设计方案进行分类聚焦。

根据木材用量的多少可将建筑入口的视觉多样性设计分为以木材为主、石木当量及木材为辅三种应用表现形式（图2）。木材的应用增添了建筑入口宜人的视觉感受，使游客可以自然而然地走进建筑。

a.木材为主的建筑入口

b.木材和石材当量的入口表现

图2　建筑入口部位的木材应用表现

c.单柱式

图2 建筑入口部位的木材应用表现（续）

2. 建筑外廊木材应用表现的视觉多样性

木廊是村镇内建筑视觉多样性的又一设计要素。木廊增加了建筑的虚实对比，丰富了建筑的形体变化，营造了不同感知的空间体验。村镇中的木廊根据使用功能可分为用于短暂停留、用于休闲娱乐及用于空间引导三种主要形式（图3）。

a.用于短暂停留的外廊空间

b.用于休闲娱乐的外廊空间

c.用于空间引导的外廊

图3 建筑外廊部位的木材应用表现

木质外廊增加了室内空间与室外空间的联系，形成了室内外的过度空间，木过廊丰富了室外空间的层次感。木廊是小镇内建筑向自然环境延伸的一部分，是充分利用和尊重自然环境的体现。

三、木表皮组合肌理表现

建筑的木质表皮除了表现木材的自然肌理之外，还通过现代工艺手段，以某种木材加工的基本单元进行组合、重构，以表现木质表皮丰富的人工肌理。木材可塑性强，易于加工，根据木材加工单元的不同将木材组合肌理分为点式、线式、面式及混合式四种。当木材

加工单元的尺寸的长宽比小于3，且宽厚比小于20时称为点式；当长宽比小于3，且宽厚比大于30时称为面式；当长宽比大于3时称为线式。通过变化木材的组合形式增加建筑表皮肌理的视觉多样性，以展现木建筑空间独特的表现力。

1. 表现点式肌理

一般情况下只有建筑的外表皮会表现点式肌理。位于村中心的Pangea Pod Hotel是小镇内唯一的全点式木表皮肌理的建筑。建筑的木质墙体部分采用小薄木片拼贴的呈鳞片状的肌理形式，增加了与石材的对比效果，营造出丰富的视觉感受（图4）。

图4 点式肌理表现

2. 表现线式肌理

线式组合肌理是木建筑表皮常应用的人工肌理形式。由于线形态的方向感极强，按照一定组织形式排列，易于呈现出富有变化又统一的表现形式。

Audain Art Museum 位于小镇上村，建筑形体简洁，空间静逸，建筑内外表皮肌理均是线形态的木杆件的阵列组合。得益于线形态极强的方向感，使得建筑的形态和空间感都极具动势，建筑本身看起来就像一个纯粹的艺术品（图5）。

3. 表现混合式肌理

混合式组合肌理是木建筑表皮最常应用的人工肌理形式。混合肌理的设计手法丰富，通过不同组合肌理的对比使得建筑的视觉效果更加丰富多彩。但是，如果

组合方式不当也容易形成较为混乱的视觉效果。主要原则是组合形式表现出主次关系。如Lost Lake PassivHaus建筑内饰面大面积表现线形态肌理，只有在开敞楼梯的周围表现面形态肌理（图6）。

肌理的表现形式不同营造的视觉效果亦不同，视觉感受可自然朴实，可富有韵律和动感装饰，亦可休闲安逸。木表皮组合肌理表现是建筑视觉多样性的又一重要的设计要素。

四、结语

搭配材、木材应用部位、木表皮组合肌理和木材色是小镇内建筑木材表现的视觉多样性的主要感知因素。由于小镇内几乎所有建筑均应用了木材，所以视觉感知因素相同，这就是为什么明明建筑数量庞杂，却依旧具有很强的统一性。但是，每一栋建筑木材表现的感

图5　线式肌理表现

图6　线—面组合式肌理表现

知因素的水平不同，所以又具有很强的差异性。小镇内建筑木材表现的视觉多样性可总结为几点：

①通过石材与木材搭配使用表现出的主次差异增加村镇空间感知的视觉多样性；

②通过木材在建筑的入口和外廊等部位的应用差异营造村镇空间丰富的视觉效果；

③通过木表皮组合肌理的变化增加视觉多样性。

惠斯勒村镇是北美第一的文旅康养胜地，四季游客不断。这个村镇之所以极具吸引力，不单是因为它完善的实用性功能体系，还因为它们有更多吸引人并保持人注意力的东西，而且它们提供了更多的机会使人转移自己的注意力，从而缓解日常的精神需求和生活压力。

建筑木材表现的视觉多样性增加了作用于暂时远离性以及迷恋性的积极感知，使游客真正能够体验到休闲放松的康复疗效。

参考文献：

[1] 小镇精致之美 [J]. 城市住宅, 2011 (10)：14–17.

[2] 加拿大木结构公共建筑——惠斯勒公共图书馆 [J]. 国际木业, 2014, 44 (03)：8–9.

[3] 筑木而居——加拿大现代木结构建筑案例 [J].

建设科技，2013（17）：34—37．

[4] 吉姆·塔格特，王小玲．加拿大可持续建筑 [J]．世界建筑，2010（08）：17—29．

[5] 万科惠斯勒小镇：出发，去度假 [J]．房地产导刊，2012（09）：74．

[6] 杜颖，孙葆丽．冬奥会举办地可持续发展研究——以温哥华惠斯勒度假区为例 [J]．体育文化导刊，2018（02）：23—28．

[7] David Robert. Wood in the Human Environment：Restorative Properties of Wood in the Built Indoor Environment. PhD, The University of British Columbia, Vancouver, British Columbia, Canada, 2010.

河北蔚县西陈家涧堡的聚落形态
及其庙宇布局的演变

李 俊[1]

摘 要： 蔚县西陈家涧堡是研究蔚县盆地聚落形态特点的典型案例。基于现场的测绘调查与采访，文章展示了蔚县西陈家涧堡的聚落形态与结构。根据已有的关于蔚县盆地村堡核心公共空间的演变模式的研究成果，尝试对西陈家涧堡现存的庙宇建筑进行断代分析，并以此为基础，推测西陈家涧的核心公共空间——庙宇布局与神灵体系的演变。

关键词： 蔚县；西陈家涧堡；聚落形态；庙宇布局；神灵体系

一、蔚县历史地理

蔚县，位于河北省西北，是华北平原通往山西、关中的重要孔道。蔚县地势是由东北的燕山山脉余脉与西南的太行山脉与恒山山脉交界所形成的沿东西方向延展的盆地，内部有东西流向的壶流河。地理条件造成的地缘上的相对封闭，使得盆地内部的聚落形态以及建筑形制形成了一个相对封闭而稳定的系统。明代此地为北方边陲地带，常有蒙古人来犯，故蔚县各村纷纷置堡。明嘉靖年间，尹耕著《乡约》，作为乡民建堡防御以及社会组织管理的指导文件。由于距离政治中心过近，时势政局的变化影响又往往波及此地，并形成如今村堡空间的常见形制。

二、西陈家涧堡概况

笔者所调查的西陈家涧堡[2]，由于其具有特殊的地理条件，留存有较完整的村落格局与传统建筑，《乡约》中又有关于村落建置的记载[3]，可被视为研究蔚县盆地聚落形态的典型案例。

西陈家涧堡位于蔚县县城西北约5公里处，与县城往来交通便利。堡东北侧约几百米处有一道河流自西北往东南流过，当地村民称之为沙河。河对岸约两公里处另有一村，为东陈家涧村[4]。推测沙河即为过去的陈家涧。根据现场调查，西陈家涧旧堡范围内一共有40户人家，然而目前堡内大多建筑已空置，村民多已迁出，于旧堡西北侧不远处另择地盘建新村，只有少数人家于原宅基地重建，因此旧村的格局和建筑被相对完整地保留了下来。目前西陈家涧村总人口约为一千余人，绝大多数居住在新村之中。

三、西陈家涧堡的聚落形态与村落结构

1. 边界

西陈家涧堡平面轮廓近似正方形，东西长约200

---

1 李俊，华南理工大学，硕士研究生，510640，184770028@qq.com。

2 在2016年天津大学主办的蔚县考古学、人类学调查活动中，本人与西陈家涧测绘小组的其他同学——陈轲、何星宇、隋英达、苏红日、孙淼、周婕一同投入到了现场的测绘考察调研工作当中，获得了一系列重要的现场记录资料与考察成果。

3 《乡约》在讨论关于如何选址建村堡的问题时，以"陈家涧堡"作为反面例子记载下来："……正德间陈家涧堡之破，则其堡半在高阜，半在平原，由前仰视，虚实莫藏，自高下射，屋瓦皆震，失所避也……"。

4 民国《察哈尔省通志》有关于其建造时间的记载："陈家涧西堡，在县城西北五里，明嘉靖二十一年（1542年）土筑，清光绪三十二年补修，高一丈二尺，底厚七尺，面积七十二亩，有门一，现尚完整。""陈家涧东堡，在县城西北五里，明万历十一年（1583年）土筑，清乾隆三十七年补修，高一丈，底厚六尺，面积四十亩，有门一，现尚完整。"然而，西陈家涧堡堡门上有石刻匾额，上面刻有文字："大明国陈家涧新堡 嘉靖二十五年仲夏吉日呈"。以上历史信息之间存在相互矛盾，究竟《乡约》中的"陈家涧堡"是哪一个堡，"陈家涧新堡"的"新"又是相对于何时而言，尚有较多疑点待考证。

米，南北长约170米，堡东侧与北侧为河谷地，堡的东北角为顺应河谷侵蚀形成的内凹的形状。堡的四周环以黄土堡墙，墙身高度据现场测量约为5.5米。南侧墙体中部有堡门，过去应当为堡的唯一的出入口。堡门上方有一三开间小楼，是村堡天际线的制高点。如今南侧墙体大多已坍塌，原来墙基的位置改建成车行道，能看到堡内外的明显的高程差。北侧墙体中部有两层高台，上面各有一间小庙，是村堡天际线的另一个制高点。

2. 路与界面

堡内的路网由一竖三横的道路组成，呈"王"字型。一条南北走向的道路居中布置，作为堡内的主干道，以堡门为起点，以北部高台为终点；三道东西走向的巷道，其一紧邻南侧堡墙，另外两道将堡内用地划分为3个片区，其进深达45~50米。东西向的路仅由主干道串联而成，形成"主干——分支"的关系，且各自的尽端都直达堡墙墙根，墙根无环路连通。

图1　（左）西陈家涧堡的庙宇留存状况（图片来源：西陈家涧测绘小组）
图2　（右上）西陈家涧堡中轴线北望（图片来源：作者自摄）
图3　（右下）31号杨家大院鸟瞰示意图（图片来源：陈轲绘制）

3. 主要的居住建筑

堡内的居住建筑为华北地区常见的院落式布局，在划分成开间约15米、进深约45~50米的狭长矩形用地上紧密排布。现存多为一进或两进院落，将狭长用地进深二分或三分。亦有格局保存得完好者，如堡中西南片区的31号杨家大院，保留了较为完整的三进院落的格局，通进深等于一个街区的进深，并保留了如东南角的院门、照壁、倒坐屋、厢房、垂花门等在经典的三进四合院布局中常见的要素。

4. 公共建筑——庙宇的体系

通过采访村民以及实地勘查发现，西陈家涧堡曾一度存有12个庙宇建筑。在蔚县的村堡中，不同的庙宇建筑的组合配置较为普遍，而如此之多的一个数目，在其他村堡中并不常见[1]。

这些庙宇目前的保存状况并不理想。12个庙宇建筑中有4个已经坍塌，且几乎没有留下建筑遗存，仅从村民的口述回忆中得知大致位置。另外保留下来的庙宇建筑大多早已荒废，其他或改建为其他功能[2]，仅堡门

1　根据刘文炯的博士论文《水中堡：明清之际蔚州村堡空间的结构转型》中的图表《蔚州村堡与庙宇、戏楼空间关系示意图36例》进行统计：36个村堡之中，堡内庙宇数量最多达13个，最少为3个。庙宇数目小于等于5的村子有12例，大于5小于等于10的村子有18例，大于10的有6例。其中，庙宇数等于12的为2例，等于13的1例。

2　堡门西侧的财神庙与马王庙，现作为村子的小卖部以及私人住宅使用；堡中五道庙作为一个三面围合一面开敞的公共空间，现作为村民休憩纳凉闲聊的地方；轴线北端两级台地上的玉皇阁、真武庙以及在地面高度的龙会亭，组成了沿竖直方向延伸的庙宇建筑群，目前均已废置不用；中轴线南端、堡门以外南侧的关帝庙，20世纪60年代曾作为村小学使用直至90年代，现已荒废不用。

上方的小楼正反两面分别作为文昌庙与观音庙是仍然作为庙宇使用的；特别的是，关帝庙的北墙一侧，加建了一个戏台，戏台的墙体与关帝庙部分相连，朝向堡门及其前方的空地。

这些庙宇大多数分布于村堡中轴线上。堡内的庙宇，从中轴线北端起往南，分别是两级高台地上组群布置的玉皇阁、真武庙、龙会亭；轴线与东西向巷道交叉口处的五道庙（内）；堡门上的观音庙、文昌庙。而堡外的庙宇，则在堡门入口广场处组团分布，形成了紧邻堡墙的财神庙、马王庙与五道庙（外）组群，以及堡门南面布置的关帝庙、阎王庙与戏台组群。唯一例外的是位于堡外西南角的龙王庙，位于过去的河道与现存的桥的附近，可以推测，其选址是出于靠近河流布置的考虑。

四、神的体系与庙宇的分布

1. 神的体系与蔚县权势交迭

这12个庙宇所供奉的神祇，组成了一个神祇的体系。通过对神祇的功能进行分类，整理了以下图表。不同的神在不同的领域当中各司其职。

其中，作为统领天、地、人的最高层级的神祇是玉皇大帝。相应的，它所在的庙宇亦在全堡中最重要的位置——中轴线北端的制高点，不仅作为堡内最容易识别的标志物，同时也成了在堡外视角下的天际线轮廓的控制点。

其他的神祇可以分成管理人间与自然两大类。其中，管理人间的神祇又可细分成管理社会组织与管理生死两类。管理自然的神祇，其庙宇并不会布置在中轴线上。管理生死的庙宇，在堡内有负责丧事的五道庙以及堡门上的观音庙，它们都分布在中轴线上。堡外的阎王庙和另外一个五道庙，则在中轴线西侧与其他庙宇建筑组团布置。管理社会组织的庙宇，部分位于轴线上，部分例外。

中轴线上的真武庙、关帝庙与文昌庙，是与明代的政治形势、时局变化以及相应的大规模的建设活动相关的。明洪武年间，举国所推行倚重的"文武兼备"，而实际上又并非真正的"兼备"，而是"文"与"武"在不同时期发挥着不同的影响力。真武庙以及关帝庙，与明初朱棣推崇真武崇拜有关，可以视为是政治力量寓于民间宗教之中进行宣扬教化以及社会管理的官方神祇。从明到清，真武庙坐落于蔚州村堡北部的高台之上，在当地居民心态层面是以一种常识性的观念存在。而蔚州所处之两镇三关区域内，真武庙的大量兴建，发生正德、嘉靖年间[1]，与西陈家涧建堡时间重合。而文昌庙的建设，是明英宗土木堡之变以后蔚州一带兴办庙学的表现：彼时汉胡矛盾激化，民族情绪高涨，为了与北边民族分割，以儒家教化来抵抗蔚州历代具有的"胡化"的特点[2]。

可以发现，中轴线上的庙宇是相对而言更为重要的：不论是在神的系统当中的掌管万物、人的生死，人抑或是在现实中维系社会组织管理的"文""武"。然而，对于不同的神祇的观念与倚重，随政治形势发展在各个时期应当有所变化。可以推断，这些庙宇并非同时整体规划设计的，应当是历史层叠的结果。

2. 庙宇的年代推断

基于现场的测绘记录，可以肯定这些现存的庙宇建筑是不同时期建造而成，相互之间能够明显地看出匠作的差异。通过比对分析其建造上的异同，可以大致推断这些庙宇建筑的建成时间的先后次序。中轴线上的真武庙、五道庙（里）、关帝庙，推测为年代相近的时期建造，其余庙宇建筑应为后来一段时期所建。这三座庙宇的木构架的形式与山墙的装饰，与其他庙宇有较大区别，具体如下：

其一，是山墙上的腰花装饰。这些留存的庙宇均为硬山式屋顶建筑，而仅有真武庙、五道庙（里）、关帝庙这三庙的山墙面近山尖处，砖作博风的下沿，有着一块刻画得生动细致的花卉图案的砖雕，其轮廓大致为直角的菱形或菱形的组合，为严谨工整的砖墙面添上了对比强烈的细节。

其二，是檩上的椽子的交接。这些庙宇当中出现了椽子在檩条上搭接的两种方式，一种是椽与椽之间相互交错，又称"乱搭头"；另一种是椽与椽之间是相互对齐的，相应地在檩条上会设置开有榫口的木枋，椽的收头出亦有榫口与之交接。对比起来，椽对齐的方式在设计和施工以及最后的视觉效果上更佳，而真武庙、五道庙（里）、关帝庙的椽子正是这种交接方式。特别的是，尽管五道庙的椽条，用材和加工处理没有像真武庙和关帝庙那么精细完备，多用自然弯曲的形状的木材，可是其搭接方式却选择了对齐的方式。可以猜想，这种较为讲究的对齐的搭接方式，是来自于带有官方色彩的

种类		庙	神	功能
天、地、人		玉皇阁	玉皇大帝	求万物
人间	社会组织	真武庙	真武大帝	祈求平安
		龙会亭	佚	真武庙过殿
		文昌阁	梓潼	荣禄
		关帝庙	关公	武运
		财神庙	财神爷	荣华富贵
	生死	观音庙	送子观音	求子
		五道庙（内）	五道将军	丧事祭拜
		五道庙（外）	五道将军	丧事祭拜
		阎王庙	阎王	死期
自然		龙王庙	龙王	求风调雨顺
		马神庙	马王爷	少火灾

图4　西陈家涧堡的神祇体系（图片来源：作者自绘）

匠作工艺，而乱搭头则更像是民间的做法。五道庙的搭建，很有可能是民间匠人模仿其他椽对齐的建筑建成，也许其建造要稍微晚于真武庙与关帝庙。

其三，是梁架上的叉手与侏儒柱。这些庙宇除五道庙（里）为没有木梁架的山墙承檩单开间小庙之外，其余均为三开间。通过测绘记录他们的梁架进行比对，发现只有真武庙和关帝庙的梁架上有叉手侏儒柱的做法。其中两者的梁架的比例关系较为相似，叉手侏儒柱的截面都比较小，木构件呈瘦长的形象。此外，真武庙和关帝庙的梁架中皆有以植物纹样精致雕刻的替木，题材相似而手法各有不同。于此又可见，五道庙与关帝庙、真武庙在建造时间的考虑又有所区别。

根据庙宇内的彩画、壁画，可大致推断各个庙宇的建造时间。其中，关帝庙的梁架上有保存得较好的彩画，其中多用红色与橘色，并且橘色的边缘会使用深浅不同的橘红色来表达退晕，推断其为明代或至少为明式的风格。真武庙由于年久失修，半边屋顶亦崩塌，梁架上的彩画由于长期暴露于室外已不可见，而墙体内侧原有壁画亦被抹上黄泥遮挡。玉皇阁与龙会亭的梁架上仍保留以蓝绿色调、几何图案为主的彩画，为清式风格。五道庙（里）的墙上原有彩画，现大部分已残损不可见。

通过以上几点比对观察，可以大致得到以下推论：关帝庙应为西陈家涧堡中较早修建者，其匠作可能受到来自官方的影响；真武庙很有可能是同一时期修建；五道庙（里）的修建时间可能稍早于关帝庙与真武庙；其余庙宇建造的时间与此三者相差甚远，应为后来所修。

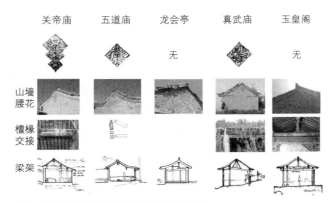

图5　西陈家涧堡庙宇建筑山墙与梁架对比图
（图片来源：作者根据西陈家涧测绘小组成果整理）

3. 庙宇布局与神灵体系的演变

实际上，蔚州地区的村堡的核心公共空间的演变，存在着某种规律性。刘文炯在研究蔚县地区的另外一个典型的村堡——水中堡的时候指出[1]，"隆庆和议"以后尤其是乾隆年间，蔚州村堡堡门口基本形成了以戏楼为中心的庙宇建筑群，此时戏楼成了村堡的真正的核心。由于汉蒙关系的缓和，以及清代以后蔚州不再是边陲地带，村民的生活日渐远离了战争的威胁，对日常化的生活需求变得更为重要，于是更多不同的庙宇祭祀的庆典被创造出来。而关帝、文昌等神祇由于存在功能方面的交叉，使其具备充分的条件，连同戏楼一起成为村堡的新的核心。

1　刘文炯，《水中堡：明清之际蔚州村堡空间的结构转型》，中央美术学院博士论文.

根据此关于村堡核心公共空间的演变的模式，结合上文关于建筑断代的推论，可以推测西陈家涧堡的庙宇布局的发展趋势。如下图示，可以分成三个阶段：

第一阶段为建堡初期，作为国家意识形态在村堡中的集中体现，真武庙以及关帝庙的建造以及堡的基本形态，皆为建堡初期整体设计的结果。

第二阶段为堡的发展期，出于村民办丧事祭拜的需要，在村子的中心修建了五道庙（里）。此时五道庙的选址位于十字路口的位置，并占据了原本的道路空间，推测其修建并非建堡初期整体设计的结果，而更加像是后来加建所得。另外，在匠作方面能看出其模仿真武庙、关帝庙的痕迹，然而取材和加工都相对更粗糙，

很有可能是村民自发学习建造的结果。

第三阶段为堡的成熟期，此时期可追溯到隆庆和议以后至清代初期，即汉蒙局势缓和、战争威胁日渐消弭的时期。村民的生活需求促成了大量不同类型的庙宇的建造。玉皇大帝取代了战争时期真武大帝以及关帝作为村落守护神的位置，占据了村堡中轴线北端最高点的位置，并形成了新的建筑群序列。堡门南侧戏台的加建，以及各种功能的庙宇组成的建筑群，成了此时真正的村堡核心公共空间。从堡墙之内走向堡墙之外，亦是政治外交局势缓和的一个重要信号。自此，原本由武神控制的村堡守护神的体系，逐渐转变为在玉皇大帝的统帅之下，各个不同部门的神灵各司其职，共同维护村民社会生活的各个领域的秩序。

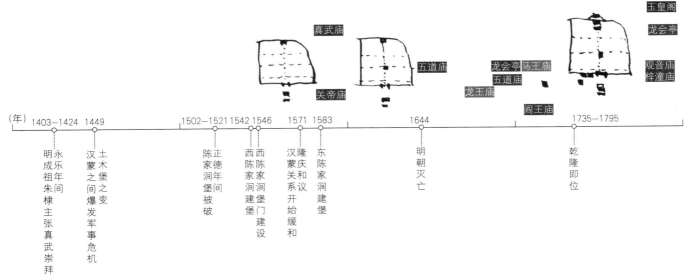

图6　西陈家涧堡结构演变示意图（资料来源：作者自绘）

五、结语

西陈家涧的核心公共空间——庙宇布局的演变，显示了在国家政策以及时势政局的影响之下，村民日常生活以及祭拜神灵的精神需求产生了变化，新兴的不同种类的庙宇改变了原有的神灵体系，蔚县盆地区域的聚落形态以及空间结构亦因此产生了重要的变化。

西陈家涧是研究蔚县村堡聚落形态的一个重要的典型案例，有着进一步研究的学术价值和意义。遗憾的是，多数的庙宇已面目全非，当那些可以口述历史的老人逝去，无人祭拜的庙宇坍塌，我们又应当如何去寻找那曾经存在的神祇呢？蔚县盆地上还有许许多多的正在消失的村堡，需要引起更为广泛的关注。

参考文献：

[1]【明】尹耕.《乡约》.

[2]【民国】《察哈尔省通志》.

[3] 蔚县地方志委员会编.《蔚县志》[M].北京：中国三峡出版社.1995.

[4] 刘文炯.水中堡——明清之际蔚州村堡空间的结构转型 [D].中央美术学院，2014.

[5] 邓庆平.州县与卫所：政区演变与华北边地的社会变迁 [D].北京师范大学，2006.

[6] 罗德胤著.蔚县古堡 [M].北京：清华大学出版社.2007.

浅析中国朝鲜族民居平面结构的演变

——以吉林省和龙市头道镇延安村为例

金昌杰[1]

摘　要：文章以吉林省和龙市头道镇延安村为研究对象，浅析自然村中，朝鲜族民居平面结构的近代演变。延安村是1900年开拓的平原地区村落，开垦初期，汉族开拓民和朝鲜族开拓民共同建立，共同环境下汉族和朝鲜族在异文化的交融和同化过程中，营建文化的传承和演变同时进行。通过延安村各个民居平面结构的调研，探讨延安村民居平面结构演变过程，这对当地乡村振兴和传承传统风土文化具有承上启下作用。

关键词：延安村；平面结构；演变；朝鲜族

引言

1. 研究背景及目的

中国朝鲜族为56个民族之一，是过境民族，古有"白衣民族"之称，自称"白衣同胞"。19世纪中期从朝鲜半岛迁入到图们江流域，开起移民定居生活。早期为了避开清政府的巡查，度过"早耕晚归"和"春耕秋归"的生活。移民初期主要开拓山谷地区和偏远地区，随着封禁令[2]的撤销及清政府的默认，朝鲜半岛旱灾等自然因素，为了解决饥饿开拓民的迁入逐渐增多，并且从山谷地区扩大到平原地区。延安村为1900年汉族和朝鲜族共同开拓的自然村，现已成为绿色稻米培养基地，是良好的沃土。延安村在定居的过程中，汉族和朝鲜族村民共患难，从清政府时期、伪满时期、抗日时期、新中国成立、改革开放等。在异文化交融过程中，生活文化、居住文化、营建文化共同发展，并且维持着自己的独有文化。近些年由扶贫政策和新农村建设，为了改善村民生活质量，延安村把延安村一组改建为规划村，虽然房屋质量等有所改善，但大量传统因子损坏严重。现今扶贫工作还在进行中，为了传承乡土文化，所以对于剩下三个延安村小组的实测调查、统计数据、论述的意义重大。

2. 研究范围及方法

和龙市头道镇延安村由四个自然小组组成，现今由于一组改建为规划村，未进行改建的三个小组所有民居为主要研究对象，81个民居定为研究对象进行分析，除了无法调研和客观条件不符合的几个民居之外，筛选最终研究对象为65个民居。研究中主要考察文献和地方志，之后实地调研考察、民居测量和拍摄延安村的民居平面结构、民居立面及细部，并通过村民的采访记录，了解延安村的历史、历史事件、定居过程、生活实态、营建方法等，最后整理调研资料和画图进一步深层分析，总结相应结论。

一、延安村概要及现状

1. 延安村概要

1990年开拓初期，延安村为三个自然村组成，由汉族开拓民和朝鲜族开拓民共同开拓，并在1930年合并之后，1933年开始取名为"延安村[3]"（图1）。

随着移民迁入量和耕地的需求，大部分朝鲜族村

1　金昌杰：韩国明知大学建筑学建筑学历史与理论专攻，博士生，邮编：17058，kckdrjf@163.com。

2　禁关令为清初六大弊政之一，是指清军入关后为了实行民族等级与隔离制度，严禁汉人进入满洲"龙兴之地"垦殖——颁布禁关令。

3　原文：1933年命名为延安，愿子孙后代永远安居乐业，故命名为"延安"。

民安顿在一组和二组，之后为了缓解人口压力，将迁入的汉族村民安顿在三组，由于建立各小组时期和民族不同，各小组民居营建也不同，但是汉族和朝鲜族在共同环境下，在异文化的交融中保持着各自的整体性（IDENTIFY）。

根据林英玉[1]老奶奶的采访记录，一组和二组大部分为朝鲜族村民，三组大部分为汉族村民，四组为汉族村民和朝鲜族村民共同居住，开拓民的子孙还在延安村里生活，传承祖先们的文化底蕴。

延安村各小组民居布置遵循顺应自然原则、当地取材、抬梁式结构。近些年政府扶贫工作和新农村建设，延安村一组在政府协助下成为规划村，二组、三组、四组仍为自然村，但四组西侧一部分纳入高速公路规划用地范围，村民们搬迁到一组规划村继续生活。而且对大城市的憧憬和外国劳务热，大部分年轻人和朝鲜族离乡背井，导致大部分民居无人居住成为'空壳民居'，只有少许的老年人和部分汉族村民扩大耕地，继续保留和延续着延安村的历史风貌。

 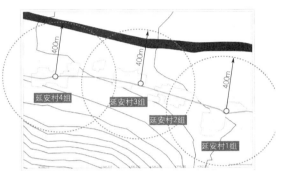

图1　延安村航拍图及等高线（图片来源：作者自摄）

2. 延安村民居

延安村现在处于再开发阶段，目前一组的扶贫工作即将顺利完毕，一组的民居个数为50个、二组为32个、三组为23个、四组为22个，总共127个。根据实测调查，排除客观要素，实际用于分析民居个数为65个。各个民居附上编码，按照年份分类之后，如图2所示。

番号	1950	1960	1970	1980	1985	1990	1995	2000	2005	2010	2015
1	3-21	2-25	2-02		2-07	2-06	2-11	2-23	2-03	2-01	A30 Type
2		2-26	2-10	2-12	3-20	3-08	2-28	2-15	2-09	2-05	B50 Type
3		2-27	2-24	2-13		4-04	3-17	2-19	2-16		C70 Type
4		2-29	2-08	2-20		4-22	3-25	3-22	2-18		
5		2-30	2-14	2-21			3-27	26-3	3-02		
6		3-03	3-14	2-22		4-18	4-21	3-05			
7		3-04	4-06	2-31		4-23		3-06			
8		4-07	4-12	2-32		4-26		3-07			
9		4-28	4-24	2-04		4-27		3-09			
10			4-25	2-17		4-05		3-12			
11			4-29	3-01				3-15			
12			4-30	3-10				3-16			
13				4-13				3-18			
14				4-19				3-24			
15				4-20				4-09			
16								4-14			
17								4-16			
合计	1	9	12	15	2	4	10	6	17	2	3
1组	0	0	0	0	0	0	0	0	0	0	3
2组	0	5	5	10	1	1	2	3	4	2	0
3组	1	2	1	1	1	1	3	2	10	0	0
4组	0	2	6	3	0	2	5	1	0	0	0

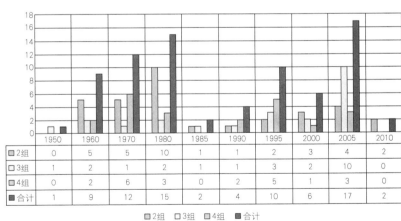

	1950	1960	1970	1980	1985	1990	1995	2000	2005	2010
2组	0	5	5	10	1	1	2	3	4	2
3组	1	2	1	1	1	1	3	2	10	0
4组	0	2	6	3	0	2	5	1	0	0
合计	1	9	12	15	2	4	10	6	17	2

□2组　□3组　■4组　■合计

图2　延安村现存民居表格及柱状图（资料来源：作者自绘）

延安村民居现状和村民的叙述分析：延安村开拓到现阶段大致可以分出五个个阶段，可分为开拓时期到新中国成立；新中国成立到改革开放；改革开放时期到中韩建交；中韩建交时期到新农村建设；新农村建设时期到至今。

现今延安村民居中，开拓时期民居早已荡然无存，延安村最久民居为1950年营建，统计数据可知，延安村民居现状为民居中1960年代、1970年代、1980年代建造诸多，1995年和2005年建造跟随其次。从民居分布可知，1992年中韩建交之前的民居多数营建在延安村2组，中韩建交之后多数营建在3组，也可以说明目前延安村民居中中韩建交之前是朝鲜族民居，中韩建交之后

1　1940年生，出生于咸镜北道吉州郡，跟随爷爷渡过图们江迁入到中国。

是汉族民居更多，因改革开放之后，延安村处于稳定状态，只有个别农村户搬进搬出，延安村总民居个数变化不大。并且各民居维护状态不一，图表显示柱状图上升趋势相似，因此推测延安村民居营建周期大概为35年~40年之间。

二、延安村朝鲜族民居平面

延安村村民中，根据林英玉老奶奶的描述，大部分来自于朝鲜咸镜北道、韩国庆尚道等地区，朝鲜族从朝鲜半岛迁入并开拓，在延安村营建中朝鲜族民居平面结构类似于咸镜道民居平面结构和庆尚道平面结构。民居平面结构与社会政策、家族制度、生活样式、生产样式等紧密联系并相互作用，所以民居平面结构不易改变，延安村朝鲜族维持着民居文化并传承至今。

探讨民居的空间构成、住宅形态、平面结构中，首先需统一术语，更易于分析空间行为及其他要素，其中四组4-21号吕光旭民居空间结构较为复杂，并功能多样，如图3所示。

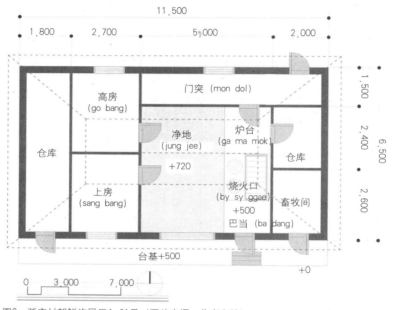

图3 延安村朝鲜族民居4-21号（图片来源：作者自绘）

延安村村民之间也根据日常习惯和地方方言差异，各功能之间叫名稍有差异，比如'巴当'根据音译有'BA DANG'和'BA DAK'两种名称，其他功能名称也稍有差异，但各空间的使用行为统一，本文章用统一名称叙述。

根据空间构成和空间行为延安村朝鲜族民居空间功能可分为净地、巴当（音译）、烧火口、炉台、仓库、高房、畜牧间、门突（mon dol 音译）。

现阶段延安村村民的各个空间的使用行为有所变化，现今巴当空间类似于玄关，衔接外部空间和内部空间的缓冲空间，在巴当空间脱鞋然后在净地和炉台进行日常生活。净地空间为日常生活的主活动空间是坐式生活的代表空间，比如饮食、就寝、活动等。炉台和烧火口为洗漱、烧火取暖和烧菜的主要空间，延安村民居的主要取暖方式为温突，温突是朝鲜族民居中重要的构成之一。新农村建设和农业机械化，局部畜牧间转换成仓库。上房和高房虽有使用身份位阶之分，但均为起卧空间。门突空间为20世纪60年20世纪代左右出现的空间，也是延安村朝鲜族民居和汉族民居之间对比空间。门突空间具有仓库功能和衔接后院与净地之间的缓冲空间，虽然有'仓库'固有名词，但是村民们把此空间命名为'mon dol'（音译）。

延安村朝鲜族民居为65个，虽然民居平面结构多数类似于咸镜道和平安道和庆尚道原籍平面结构，但是与汉族民居文化的交融过程中平面结构发生变化，延安村朝鲜族平面结构可分为5种类型，以上房和高房为基准，可分为单排净地平面结构（J1）、并排净地平面结构（J2），以门突为主要空间可再分为门突单排净地平面结构（J3）、门突并排净地平面结构（J4）以及其他平面结构。

根据表1可知，延安村朝鲜族平面为净地中心型为主，也有少量走道中心型平面。而且根据净地中心型平面数为26个在延安村总平面个数65个当中占40%，可是在延安村里朝鲜族和汉族的民族分布比例为1∶1，可推测部分朝鲜族民居从净地中心型平面转变成其他类型平面。

延安村朝鲜族民居净地中心平面中，单排净地平面和门突单排平面总数为21个，并排境地平面和门突并排净地平面总数为5个，既单排净地平面占延安村朝鲜族民居平面中占80%。

延安村朝鲜族净地平面类型　　表1

平面类型	单排净地平面（J1）	并排净地平面（J2）	门突单排净地平面（J3）	门突并排净地平面（J4）
代表平面				
民居编号	2-03, 2-09, 2-10, 4-07, 4-18, 4-06, 4-12, 4-24, 4-27, 4-14, 4-16,	2-25, 2-28	2-13, 2-20, 2-21, 2-06, 2-31, 4-28, 4-25, 4-13, 4-19, 4-09	2-02, 4-21, 2-18
数据合计	11个	2个	10个	3个

三、延安村朝鲜族民居平面结构的演变

如图4，根据营建年代排序延安村朝鲜族平面可知，新中国成立时期朝鲜族平面为单排型净地平面结构（J1）、并排净地平面结构（J2）型为主，居住空间较为复杂（图4）。

1960～1970年代延安村经历动荡时期，朝鲜族民居的内部空间也随之变化，实施男女平等及位阶同一化，使内部空间使用单一，但这期间出现了门突空间，门突空间主要功能为储存谷粮、泡坛、杂物等，而且延安村冬季寒冷，单排、并排净地型平面北侧增设门突空间有利于隔寒作用。南侧双层窗的太阳光辐射和北侧隔

寒双重保障，以及东侧畜牧间、西侧仓库，把'净地–烧火口–炉台'生活主空间团团包住有利于冬季保暖，使之完善冬季延安村村民的居住环境。

中韩建交之后，朝鲜族出国劳务热和子女教育，延安村出现了移农现象，汉族村民托管朝鲜族村民耕地，扩大农耕地面积使之提高经济水平，反之朝鲜族通过出国劳务提高经济水平。

新农村建设时期延安村朝鲜族平面逐渐简单化，随着经济的发展和新农村建设，村民对生活质量需求的提高，以及营建材料的多样化和现代化，导致门突空间、上房空间、高房空间的淘汰，以'净地—炉台—仓库'形式民居平面转变为极简化净地型平面。

延安村朝鲜族民居平面从新中国成立到新农村建

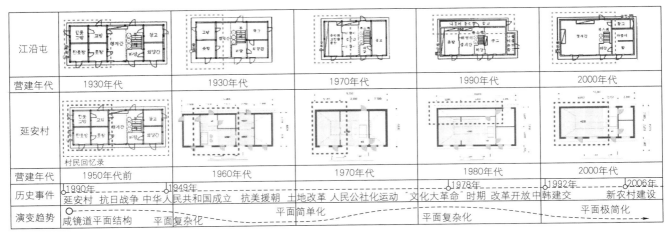

图4　延安村与江岩屯朝鲜族民居演变（表格来源：作者自绘）

设时期，朝鲜族民居的平面具有'净地型'平面、'门突+净地型'平面、'极简化净地型'平面的顺序变化趋势，也可以说有'复-简-复-简'趋势变化，这种趋势与其他（江岩屯[1]）村落民居演变相似。

四、结语

本文章以和龙市头道镇延安村为研究对象，探讨了延安村朝鲜族民居平面结构的演变。结论归纳如下：（1）延安村朝鲜族民居平面结构为净地型平面为主，类似于咸镜道原籍平面结构，在适应新环境和演变过程中，保留祖辈居住文化，适应新环境使之完善民居平面结构。（2）延安村朝鲜族民居平面结构演变趋势为'复-简-复-简'趋势，这与延安村汉族平面逐渐多样化平面形式，既'简-复'形式形成对比。

延安村为汉族和朝鲜族共同建立自然村，共同环境下，民居平面结构不同方式逐渐演变，在发展演变的过程中不断创新实践，创造具有民族气息并舒适的居住文化，反映朝鲜族适应环境的智慧与传承建筑文化意志。

参考文献：

[1] 金昌杰. A Study on the Spatial Composition and Residential Types of the Yanan Village of Toudao Town in Helong City, Jilin Province, China. [D]. 明知大学硕士论文，2018

[2] 林金花. 豆满江北岸朝鲜族农村마을空间構造및住居形態의變遷. [D]. 清州大学博士论文，2007.

[3] 金日学. 中国朝鲜族农村居住空間의特性과變遷에關한研究 － 東北3省의朝鲜族마을과住居를 對象으로－. [D]. 汉阳大学博士论文，2010.

[4] 和龙县人民政府. 和龙县地名志.

[5] 和龙市地方志编慕委员会. 和龙市志. 吉林：吉林文化出版社，2000.

---

1 江岩屯：位于图们市凉水镇，处于图们江中下流，离凉水镇政府3公里.

基于历史语境下的古村镇空间形态研究

——以北京门头沟为例[1]

赵之枫[2] 高 瞻[3]

摘 要： 古村镇是一定区域空间范围内的人文活动现象，它的起源、形成和发展都与特定的环境紧密关联，既是地理环境的适应产物，也是区域历史的物化形式，因此，呈现出不同的区域特征。本文以北京市门头沟区传统村落为例，从地缘历史出发，剖析历史重大事件对门头沟古村镇空间形态特征的影响，探讨一种基于历史语境下古村镇空间形态特征研究方法和保护新思路。

关键词： 历史语境；古村镇；空间形态特征

门头沟区地处北京西部山区，是具有悠久历史文化和优良革命传统的老区，其中的长城防御沿线和京西古道显示了门头沟在北京防御和流通方面有着突出的战略地位，因此也保存了大量保留完好的传统村落。

区内拥有中国历史文化名村1座，国家级传统村落12座，市级传统村落14座（12座国家级传统村落自动成为市级传统村落），是北京市拥有传统村落保存最多的区县，具有重要历史研究意义和整体保护价值。

在目前对古村镇空间形态特征研究中，或以家族血缘为切入点对古村镇空间特色进行研究，或从村镇自然环境入手，针对村镇空间特征进行分析。两者都是以独立村镇为研究对象，忽视了潜在历史环境因素影响，在研究保护工作中造成了古村镇区域内部空间结构碎片化，历史信息模糊，尤其是在当下村镇快速发展的利好环境中，对传统古村镇旅游开发力度空前，对空间特色识别不完整而造成误读，使古村镇空间形态造成不可挽回的破坏。本文以门头沟为研究对象，通过研究门头沟重大历史事件，将相关古村镇串联起来产生联系，以线性关系进行古村镇空间形态特征研究，剖析不同历史因子对古村镇空间形态的影响，总结历史因子影响下的古村镇空间形态特征，为古村镇空间形态研究和保护提供新思路。

一、门头沟古村镇空间特征的影响因素

在古村镇的形成与发展中影响因素是多方面的，总结来说包括内部因素和外部因素两方面。内部因素方面，古村镇作为一种最基本的聚落单元，其选址和布局都是对自然环境的适应性选择，并在一个相对封闭的地域单元内缓慢地发展，其空间形态受制于自然环境、家族血缘、传统礼教等内部因素，村镇是长期缓慢发展的，各个村镇在同一地域内空间特征上往往没有明显的差别。外部因素方面，在某一特定时间、特定地点发生某一重大历史事件，如古商道的穿越和防御设施的修建，都会对古村镇空间特征产生影响，从而改变村镇原有空间形态，可以说地域特色是内部因素赋予的，区域特色是外部因素影响的结果。

门头沟是北京城市发展历史上的重要屏障，在北京发展的不同历史时期都担负着不同的历史使命，经历了由构建防御体系发展到能源、建材、商旅基地向生态保障功能的转换。

通过对选取的门头沟14个传统古村镇实地调研，发现大部分村镇快速发展成型是在明清时期，对门头沟明清时期历史信息搜集整理，将影响古村镇空间特征的外部因素可概括为古商道的形成和发展对古村镇空间形态的影响和防御体系的构建对古村镇空间形态的影响以

1 国家自然科学基金项目资助（项目编号：51578009）；北京市社会科学基金项目资助（项目编号：18YTA002）。
2 赵之枫，北京工业大学，教授，邮编100124，E—mail：judy_zhao@sina.com。
3 高瞻，北京工业大学，硕士研究生，邮编100124，E—mail：710953097@qq.com。

及两种因子共同对古村镇空间形态的影响（表1）。

门头沟古村镇空间形态影响因素 表1

村落名称	典型古建筑	宗教遗址	称号	影响因子
爨底下村	广亮院、双店院、石甬居等	关帝庙	第一批中国传统村落	防御体系+古商道
灵水村	6号院、114号院、177号院、65号院、78号门楼、92号门楼	南海火龙王庙、灵泉禅寺	第一批中国传统村落	古商道
黄岭西村	曹家院、金柱套院	灵泉庵、碾坊	第一批中国传统村落	古商道
三家店村	59号梁家院、殷家大院、天利煤厂院（73、75、77号院）	二郎庙、龙王庙、关帝铁锚寺、白衣观音庵、山西会馆	第一批中国传统村落	古商道
琉璃渠村	三官阁过街楼、琉璃厂商宅院、万缘同善茶棚	关帝庙	第一批中国传统村落	古商道
苇子水村	1号院、54号院、3号院、高丰官院、高连玉院、高增顺院	菩萨庙、龙王庙	第一批中国传统村落	古商道
马栏村	乡情村史陈列馆、冀察热挺进军司令部旧址、马栏戏台	龙王观音禅林寺	第二批中国传统村落	内部影响因素
千军台村	1号院、2号院、3号院、4号院		第二批中国传统村落	古商道
沿河城村	城墙、城门、戏台	柏山寺遗址	第三批中国传统村落	防御体系
碣石村	韩思恭宅院、刘天茂院、韩培珍院	关帝庙、龙王庙、圣泉寺遗址	第三批中国传统村落	古商道
东石古岩村	张家店、涵洞与官房		第四批中国传统村落	古商道
西胡林村	钟楼、鼓楼、九圣庙、戏台		第四批中国传统村落	内部影响因素
张家庄村	戏台、古街影壁、48号院、49号院、52号院、66号院、聂秀国院	兴隆寺、庵庙	第一批北京市传统村落	内部影响因素
燕家台村	古民居	山神庙、龙王庙、五道庙、娘娘庙、玉皇殿、真武庙、观音庙、老爷庙、通仙观山门	第一批北京市传统村落	内部影响因素

（资料来源：作者自绘）

二、古商道对沿线村镇空间形态的影响

门头沟古商道是以京西古道为主的古老商道，从空间概念上讲，既包括京西平原地区的古道，也包括北京西山及相邻怀涿等地区的古道；既包括远古先民踏辟和往来迁移的山间道路和永定河廊道，也包括历朝历代人们开辟或修建的道路；既包括商旅大道和庙会香道，也包括以军事功能为主的大路和穿山越岭的山间小路。既包括连接北京与冀（河北）、晋（山西）、蒙（内蒙古）尤其是张家口地区的古道，也包括古代京西海淀、石景山、丰台、房山及昌平西北部等地范围内村镇之间的连接道；既包括尚有实物遗存的古道，也包括已经消失但可经文化连接的古道。

从元代起，随着北京成为全国政治、文化中心，北京西山逐渐成为北京军事屏障、建材与能源基地、宗教圣地，也成为北京连接河北、山西、内蒙古等地的重要门户。随着古商道的发展，大量物资和人口的流通，

也促进了山区村镇的快速发展，村落规模也在不断扩大，空间形态朝着适应古商道方向发展，村落功能也与古商道存在密切关联。

通过对已调研14个古村镇分析总结，其中灵水村、黄岭西村、三家店村、琉璃渠村、苇子水村、碣石村、东石古岩村等村镇位于古商道周边，其空间形态与古商道耦合程度相对较高，沿古商道呈带状发展。

1. 灵水村

灵水村村域略呈长方形，其空间形态并非带状分布，若非究其历史，在研究其空间形态时，就会极易忽略古商道对其形态特征的影响，从而导致其空间形态特征被片面化。

灵水村街道可分为主要街道、次要街道和入户巷道三种（图1）。村子核心部分街道（即两条古商道）布局严整，多为南北或东西走向；其余两部分街道的走势多随地形变化而变化。主要街道起联系村落各部分的

图1 灵水村街巷分布图（资料来源：根据相关资料自绘）

作用，包括东西、南北走向各一条。其中南北向主街宽约4～6米，于中部跨河而过，桥南北两侧各有一段沿河布置；东西向主街仅中段局部沿河布置，宽约4～6米。次要街道起联系村落局部和主街的作用，主要包括东西走向的中街、后街、村落西侧南北向走向道路以及河道东侧垂直等高线分布的多条街道。次要街道宽约2～3米不等，因大多垂直等高线分布，在地势较陡的部分常用台阶联系上下。入户巷道起联系村中各户的作用，数量众多，多垂直于次要街道，宽度约1.2～1.8米不等。

灵水村两条古道相交穿村而过，东南接桑峪村、军响村（屯兵之地，有军上、军下、城子台等地名），西北连牛站村、白虎头村、沿河城（军事要塞，有城池、敌台、长城等设施），东北通碣石村、雁翅（交通枢纽），西南达东胡林村、斋堂（集散中心），是京西古道中的一个重要节点，两条古道作为村落主要道路，可以看出村落空间形态的发展依赖于两条古道。村落开始沿古道带状发展，重要的地理位置促进了村落规模的快速扩大，有限的带状发展无法满足村落的发展，于是开始逐渐向内发展至现格局，直到1923年以后，随着以京包铁路为代表的近代交通的发展，古商道日渐衰落，村子失去了支持其发展繁荣的外部环境，才逐渐走向衰败，古商道对村落空间形态影响作用减弱，村落逐渐失去带状发展形态。

2. 三家店

三家店村是连接京城和西山的京西门户，地理位

置特殊，作为明清京西重镇，不仅是古商道和古香道的起点，也是永定河的出山口。三家店古渡口是西山通往京城的必经之路，因而自古即是京西古道上的咽喉要塞。三家店地处出西山后最早的平原地带，西山古道、永定河河谷廊道以及妙峰山香道三条古道交汇于三家店，又是古渡口，优厚的资源条件促成了明清时期京西古道最为热闹繁盛的村落之一。

三家店村街道布局、空间形态和两侧民居建筑，都受到了古商道影响。三家店村街巷格局呈鱼骨形排列，以三家店主街（即京西古道路径）为轴展开。主街分三家店东街、中街、西街三部分，宽约5米左右，连接村东西两口，村内重要公共建筑均位于主街，主街两侧多为门面铺房，有的是前店后厂，多配以宽敞的大门道，以便进入车马，建筑进深较大，房屋众多，有的是富商深宅大院，等级制度明显。次要道路垂直主街两侧分布，用以串联民居与主街（图2）。可以看出，三家店村街道布局和两侧民居建筑，都受到古商道影响，道路宽敞穿村而过可行车马，临街宅院开辟出店铺为过道商旅提供商业服务。

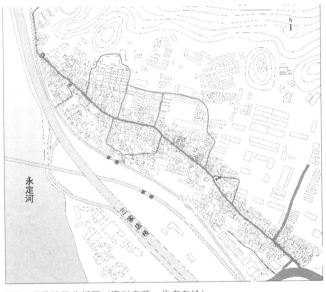

图2 道路等级分析图（资料来源：作者自绘）

清末民初京张铁路修通之后，其仓储物流功能逐步衰落下来。20世纪40年代，山区公路修通，汽车逐渐替代了骆驼，冲击了三家店的转运优势。新中国成立后，由于人口增加，村内私搭乱建，扩建房屋，很多合院失去了原有的空间规格。但通过分析三家店古村落保留区和新建区的分布情况不难发现，古村落保留区以带状形式沿主街分布，而新建区多位于古村落保留区的东北侧（图3），这也说明了三家店在明清快速发展时期，村落空间形态受古商道影响带状分布。

图3　三家店新旧建筑分区图（资料来源：作者自绘）

3. 小结

黄岭西村、琉璃渠村、苇子水村、碣石村、东石古岩村在空间形态形成发展过程中，都在不同程度上受到了古商道的影响。古商道的介入，对村落空间形态的影响远远大于自然环境对其的影响，从而改变了村落原始有机生长、自然发展的空间形态，沿古商道呈带状发展，在古村镇空间形态中具有鲜明的特征。

以门头沟古商道为线索，通过分析古商道与古村镇在空间特征的耦合度，将历史上与古商道相关的古村镇串联起来，以区域性历史思维研究古村镇的空间形态，形成古村镇研究保护带，提出具有针对性的古村镇保护对策。

三、防御体系对古村镇空间形态的影响

门头沟不仅为北京的经济发展提供物质基础，同时作为北京西部的屏障，其防御作用同样重要。北京地区是连接中原与东北平原、内蒙古高原的枢纽的桥梁，自明代定都北京后，在"外长城"之内，又修筑"内长城"和"内三关"长城，共同构成了明长城防御沿线。门头沟所属紫荆关防区，与门头沟各种镇、关隘、要点间形成了牵一发而动全身的整体防御体系。防御体系的建立注定带来大量的屯兵，于是就形成了以寨堡、关城等以防御为主的关隘型村镇。

关隘型村镇是以军屯、防御为目的修建，因此也就形成了其特有的空间形态——类城结构。其特点是依自然环境大体呈方正型制、堡墙围合、轴线居中、左右对称，在建制过程中，自然环境服从于营造规制，与传统意义上有机生长和随形就势的村落有着明显差异。

在调研的14个古村镇中，通过整理发现沿河城村在历史上均与明长城防御体系相关，是明长城防御体系中的重要节点。

沿河城位于刘家峪沟和永定河的交汇处，是明代修建的山地军事古城，隶属明长城内三关之一的紫荆关所辖，是塞外通往北京的要冲之一（图4）。

沿河城作为一个军事要塞，兼有城墙防御工事，整个村落北城墙完全包裹，其防御的特性使其选择村落形态时尽量减少边界的长度以便于城墙环绕，因此整个

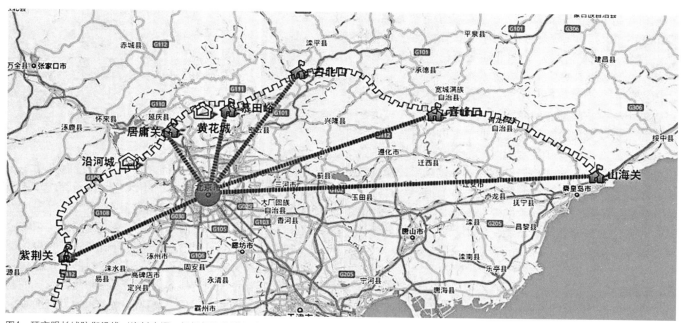

图4　环京明长城防御沿线（资料来源：根据相关资料自绘）

村落呈现出防御性集中式的布局（图5）。

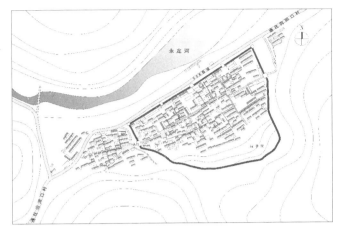

图5　沿河城总平面图（资料来源：作者自绘）

沿河城的东、西、北墙为直线，南城墙为弧形，呈南高北低的D字形。村落主要街道为连接东西城门的一条平行于北城墙的街道，主要公共建筑均位于其两侧，次巷道则多垂直于主街道两侧布置，衙门府位于城中心位置，城中房屋排布规整，等级划分严格，具有典型的防御型村落空间形态。

四、两种因子对古村镇空间形态的共同影响

古道既包括商旅大道和庙会香道，也包括以军事功能为主的大路和穿山越岭的山间小路，因此在古村镇中存在一类防御型村镇，随着防御功能的弱化，戍守屯兵安家落户，森严的等级制度被打破，防御边界逐渐被突破，防御体系的作用因子对村镇空间形态的影响力大大减弱，连接村落的军事大道也变为商道，逐渐成为影响村落空间形态的主要作用因子，使村落的空间形态从类城结构变为带状分布，但其村落布局依稀可以看出原有类城结构样式。门头沟爨底下村就是典型案例。

明代实行"屯兵制"，即村民皆入军籍，世代为兵，平时屯垦训练，战时为兵出征。为了抵御北方少数民族，自明代起在爨里口（今爨底下村）设防屯兵，并修村前古道，村落格局受类城结构影响，建筑等级划分严格，排列整齐。首领（韩氏家族）居所坐北朝南、居高临下，位于村落中心位置，而普通居民则在其下层，房屋排列规整（图6），依稀可以看到当时军事防御痕迹。村中的关帝庙和独特的军户文化摆灯阵亦可佐证村落原来的军事作用。

到了清代，随着北方战事的减少，其性质也由军屯逐渐转向农商。由于爨底下位于京城沟通山西、河

图6　等级森严的建筑布局（资料来源：作者自绘）

北、内蒙古的重要通道之上，并且爨底下附近的斋堂川大量出产煤炭，往来涿鹿、怀来的骆驼队、马队均须行于此。依托对外开放商旅过往频繁的条件，村落也得到了快速的发展，空间形态也逐渐从原来的类城结构向沿古道带状发展，从村落总图上可以看出，村落的空间形态与古道的耦合度是非常高的（图7）。且在沿古道两侧房屋，建筑形式相对开放，临街开设店铺，以满足商业需求。

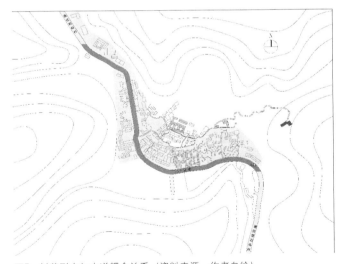

图7　村落形态与古道耦合关系（资料来源：作者自绘）

五、结语

古村镇的起源、形成和发展受多种因素影响，空间形态的研究也就有了多个切入点。而基于历史语境下的空间形态研究更加注重的是外部因素对其空间形态的影响，分析其历史发展过程中受到的外部因素作用

结果，可以总结出在相同外部因素影响下其空间特征的相似性。通过研究门头沟14座传统村落，分析其空间特征，总结出在门头沟区域影响空间形态的两种影响因素——古商道形成、发展和防御体系的构建。

如此就可以以相同影响因素为线索，将受其影响的各个古村镇串联起来，以区域性研究视角提出古村镇保护的新思路。

参考文献：

[1] 何依，牛海沣，邓巍. 外部机制影响下古村镇区域特色研究——以明清时期晋东南地区为例 [J]. 城市规划，2017，(10)：76-85. DOI：10. 11819/cpr20171012a.

[2] 何依，邓巍，李锦生等. 山西古村镇区域类型与集群式保护策略 [J]. 城市规划，2016，(2)：85-93. DOI：10. 11819/cpr20160212a.

[3] 陆严冰. 基于历史文化环境研究建立京西古村落体系 [J]. 北京规划建设，2014 (01)：72-79.

[4] 孙克勤. 北京门头沟区古村落遗产资源保护与开发 [J]. 地域研究与开发，2009，28 (04)：72-76.

[5] 郭华瞻，张璐. 北京门头沟区灵水传统村落研究 [J]. 华中建筑，2015，(10)：166-171. DOI：10. 3969/j. issn. 1003-739X. 2015. 10. 039.

[6] 潘明率，郭佳. 京西古道传统村落保护研究初探——以门头沟区三家店村为例 [J]. 华中建筑，2016，(5)：137-141. DOI：10. 3969/j. issn. 1003-739X. 2016. 05. 032.

传统民居类设计的分类及其案例评析

关瑞明[1]　刘未达[2]

摘　要： 传统民居是我国文化的一部分也是极为精华的一部分。一直以来，对于民居的研究大多在发现、保护、修复等方面，以民居的空间特色、文化背景、材料特征以及颜色装饰等方面为主。"用进废退"，在建筑领域，对传统民居的研究应该更多地朝着再创作的方向去努力。本文将在传统民居的文化表现方式的基础上，与类设计在地域性上产生关联，并以此将传统民居的类设计方式分为三类。最终希望在时代和地域的平衡中，寻找传统民居类设计未来的发展方向以及面临的问题，从而补充和完善类设计的理论体系。

关键词： 传统民居；类设计；地域性；表现方式

传统民居是我国文化的一部分，也是极为精华的一部分，它凝聚着我国数千年来人民的智慧，并且延续至今。在建筑领域，通常讨论传统民居的空间特征、社会特点、文化背景、装饰色彩与建构材料等问题，并主张将其保护、保持、延续与运用。但是却极少地分析与发掘具体的使用方式。

传统，在《现代汉语词典》中释义为：世代相传、具有特点的社会因素，如文化、道德、思想、制度等，在建筑中倾向时间因素的影响。传统民居是地域性建筑的一个"类"，在王育林先生的《现代建筑运动的地域性拓展》一文中设定了地域性建筑的含义：以特定地方的特定自然因素为主，辅以特定人文因素为特色的建筑作品。

类设计最早源于对于传统民居的现代意义提出的思考，使当代建筑设计在延续中再现建筑的地域文化，将建筑的时代性与地域性紧密联系起来并加以运用。传统是相对的，对于传统民居中的地域性因素，也要由创作人员主观的对于其特征进行诠释与演绎。所以对于传统民居的类设计首先要根据不同的方式和特征进行分类。

一、传统民居类设计的分类

传统民居类设计的方式，主要是指仿效传统民居的某些特征与内涵，将其运用到建筑设计之中进行再创作的方式。现在对于将传统民居的元素运用于建筑设计之中，主要有三种方式。第一，运用局部特征和装饰元素；第二，运用相同或相似的平面图形与布局；第三，运用精神内涵。这三点或侧重于局部与细节的形式表达，或侧重于建筑带来的整体印象，或对人产生潜意识的引导，各有侧重。

类设计属于现代建筑的设计方法，在实现过程中的方式方法也受到现代设计的影响。柯布西耶在《走向新建筑》提到将平面、体块和表面作为设计生成的三个动因。可以将表面、平面、体块与装饰、平面、内涵平行。

同时分类也要兼顾我国独特的地域与文化。著名日本学者伊东忠太曾反驳过关于精简装饰的主张，其观点认为中国古建筑最大的特色就是装饰。并且由装饰所影响的平面布局以及文化内涵，对于传统民居的类设计方式来说，也是重要的分类依据。

二、特征构件的采用

这一类创作方式以运用传统民居的局部特征为主，将局部的构造、装饰，或原形式，或经过加工后运用。这类方式比较直观地表明建筑的地域特征，给人直接的视觉刺激，表达方式简单直接，在很多街区改造中容易产生效果。

1　关瑞明，福州大学建筑学院，教授.

2　刘未达，福州大学建筑学院，在读硕士研究生，350108，490655748@qq.com.

1. 插栱

插栱一般是插入檐柱之中，用以承托出檐。同时规避了斗栱所带来的阶级规制，用以彰显一定的身份。三坊七巷历史街区是福州明清时期名门望族的聚居区域，具有一定的社会地位。在近年的街区改造中，除了核心部位的修缮保护之外，周边地区的开发与改造中，运用了大量的装饰特征。如图1所示，这是街区附近的新建建筑，在门上的出挑处使用了金属构件。这个构件由插栱所用木材转换为金属材质，将栱的截面尺寸缩小，但形式不变。同时由于不再有力学需求，斗的形式也简化。整体来说，保留了插栱多层和偷心的形式，最终的表达结果简明直接，可以认为是一个成功的类民居装饰的成果。

图1 三坊七巷街区改造中的插栱（图片来源：作者自摄）

2. 马鞍墙

除去装饰，传统民居的局部构造特征也有创作的方式。图2所示的建筑立面，也是位于福州三坊七巷历史街区周围的新建建筑区域。在福州传统民居的封火山墙中通常曲线高翘，辅以精美的砖木雕刻，代表了福州独特的文化和地域特点。图2的立面，与传统民居砖、石、图的山墙不同，采用了带孔的金属板，并且顶部也简化了封火山墙的装饰，保留了流畅舒展的曲线。这样设计与现代建筑契合，同时也体现出了表达地域文化的目的。

弗兰姆普敦在《建构文化研究》一书中曾提及柯布西耶的设计生成的三个动因，并且弗兰姆普敦自己想将节点列为第四个动因，可见装饰细部对于设计的重要性。总而言之，对于传统民居局部特征与装饰的运用，

图2 部分运用山墙特征的新建建筑（图片来源：作者自摄）

比较直观地表达地域与文化特点，同时为了符合现代建筑的特征，适当的进行了简化。

三、空间布局的再现

从平面可以反映出建筑的整体形态，是设计的一项基本要求。仿效民居的平面图形，是常见的类民居创作方式。由于很多平面形式时常接触，所以在这类创作方式中，很难直接的感知到平面布局的影响，更多的是潜在引导人们的行进流线、观察视线以及行为模式等。但也因为好的平面布局会产生一个相对应的合理的体量与造型，细心观察的话也可以感受到这种方式的特点与魅力。

1. 从四合院到类四合院

最为著名的仿效平面图形的建筑设计，为北京旧城改造中菊儿胡同改造工程的"新四合院"。

吴良镛先生在新合院体系的探索过程中，早期先用"类四合院"的称呼，后来改变为"新四合院"。"类四合院"表明，在菊儿胡同的改造过程中，是想要类似、模仿北方传统民居四合院的。对于现代居住区的抉择，在那个年代，更多地会考虑组团的单元楼。单元楼有私密性好的优点，但是也有一定的缺点。而合院建筑对于邻里交往是十分有利的。在新四合院的探索过程中，将合院建筑的优点提炼出来与现代结合，是十分重

要的。我们从图3的模型和图4的前期平面图可以发现，保证以上优点的基础，还是建立在合院建筑的平面之上，即还是采用了传统四合院民居的做法。在四合院平面的基础上，运用增加层高，修正体块，改变开窗等方式来符合现代建筑的需要。最后从这项工程所获得的荣誉，也就可知其成功之处了。

图3 菊儿胡同改造的新四合院模型
（图片来源：《北京旧城与菊儿胡同》）

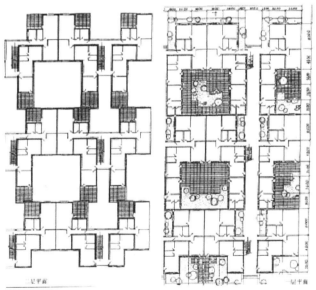

图4 菊儿胡同前期研究的方案探索
（图片来源：《北京旧城与菊儿胡同》）

2. 从圆形土楼到类土楼

在国外也有一些仿效我国民居平面图形的做法。在福建龙岩、漳州和泉州等地分布着大量圆形的土楼，凭借独特的结构形式及蕴涵的历史背景与文化底蕴，毫无争议地成了世界文化遗产。图5所示的是在哥本哈根

图5 类土楼建筑Tietgen宿舍项目（图片来源：专筑网）

的一所大学的Tietgen宿舍项目，将传统土楼民居的空间组织进行调整，改变了居住的构成单元。从这个建筑的首层平面还是可以明显地发现对于土楼建筑的仿效，如图6所示，在适当的部位加入了疏散的垂直交通空间，圆周的接近均等划分的宿舍，对内的廊道以及内部围合的公共空间。在这个宿舍项目中，内部围合的公共空间选择了国外比较喜欢的绿化广场的社交空间而不是土楼的宗祠等礼仪空间。但是从图7和图8，建筑上层的平面图和剖面图就可以看到，建筑与我国传统的土楼建筑发生了很大的改变。添加了对内的挑出的阳台，并且外立面也涉及了凹凸的变化，这一切都在展现这是一个现代建筑设计。这些变化也是得益于支撑结构体系的进步。

当然外国设计师对于图形的理解可能与我们传统民居的出发点是不同的，平面图形相似，空间及空间效果和外形发生改变。但是的确能够带来对于仿效传统民

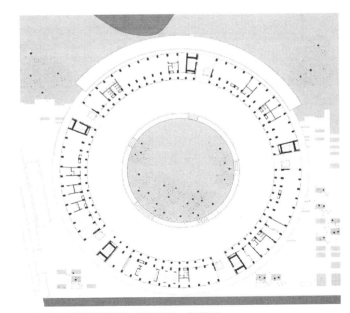

图6 类土楼首层平面图（图片来源：专筑网）

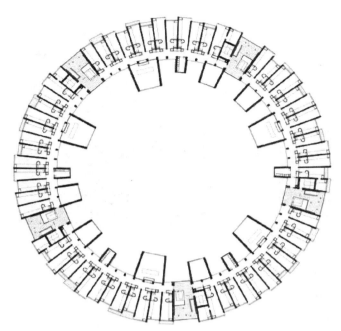

图7 类土楼上层平面图（图片来源：专筑网）

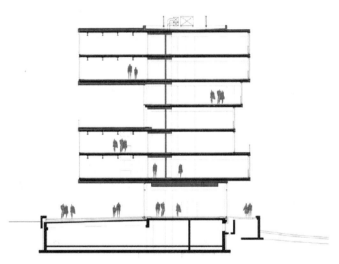

图8 类土楼剖面图（图片来源：专筑网）

居平面图形来进行建筑创作的启发。在基本的图形中进行改变，以适应现代建筑的需要与需求，是一个不错的尝试。

目前对于平面图形的仿效，由于功能的需求和平面的限制，导致许多空间无法满足其他功能的使用，所以这种方式目前还多数局限于同类功能的建筑之间。而以前的木结构体系与现代结构体系所带来的平面尺寸的变革，也为平面图形的仿效带来了一定的困难。

四、精神内涵的写意

文化是长期共同的生产生活中所产生的体现特点

的财富。能够表现出某种精神内涵的设计方式最能反映出建筑的文化性。

1. 江南园林的意境

贝聿铭先生所设计的苏州博物馆新馆享誉海内外，其运用现代建筑的手法与方式表达出了苏州的某些传统民居的特质，并不局限于闻名于世的苏州园林。由于苏州博物馆新馆资料较多，不做过多介绍，下面就两个点来说明这种设计方式。

图9是从苏州博物馆室内某处，通过设计的一道半透窗帘，看向入口及中庭的场景。可能除去窗帘，苏州博物馆的建筑主体仍然是体量、比例，情境十分和谐的设计，但是有了这层帘，再看到同样的布置，仿佛在苏州老城里的某座小桥上，沿着河流远望，看到一座座青瓦白墙的居所。如果对这两个情境都有观察，那么它提供的感受是十分成功的。

图9 苏州博物馆室内看中庭（图片来源：作者自摄）

图10是苏州博物馆中庭处十分著名的假山，背后的植物是从拙政园伸出的。假山，无论是造型、排列、布置，还是自身形态是否"瘦、漏、皱、透"的角度来看，都十分的"假"，但是与博物馆的围墙还有拙政园的这棵树，以及中庭水池还有蓝天白云的衬托，反而和谐地表现了一种传统的难以言喻的意境。这无疑是现代建筑的手法，表达出了传统的"道"。

苏州博物馆的设计是十分成功的，成功点就在于，这座建筑无论从内还是在外观赏它，它都表明自身是现代建筑的立场，但表达出的精神内涵却是传统的。

图10 苏州博物馆中庭 （图片来源：自摄）

2. 羌笛春风的情怀

图11所示为崔恺先生所设计的北川羌族自治县文化中心。北川是我国唯一的羌族自治县，在民族意义上具有极高的地位。羌族是游牧民族，在过去也有很多涉及羌族的记录。该中心设计构思源自羌寨，在设计时强调形态与山势交融，使建筑成为大地景观。虽然不曾有过在现场感受，但从这个设计的外部表现，仿佛感受到了"中军置酒饮归客，胡琴琵琶与羌笛"与"羌笛何须怨杨柳，春风不度玉门关"的情感。大小高低形态各异的突出方楼，仿佛让人感受到传统羌寨及其所处地域的气势。这个设计作品充分表现了文化内涵，不失为一个出色类传统民居精神内涵的创作。

图11 北川羌族自治县文化中心 （图片来源：在库言库）

3. 黔贵山村的传统

吕品晶先生主持的板万村改造项目，也是一个对于传统与文化的精神内涵进行表达的实例。板万村位于贵州省黔西南布依族苗族自治州，项目改造中不仅强调

新旧建筑的统一，同时也要保证与环境的和谐。如图12与图13所示，整个村落仍然与环境保持着融为一体的和谐，同时新建建筑与原有建筑部分从色彩、布局上十分接近和协调。但是整个村落由于"新"，显得十分瞩目，令人精神振奋，也更容易在新的环境、新的建筑中生活与生产。

图12 改造前的版万古寨 （图片来源：《世界建筑》201808期26-31）

图13 改造后的版万古寨 （图片来源：《世界建筑》201808期26-31）

板万村的改造，既不拘泥于传统细部装饰的再设计，也不局限于传统民居的平面与形式。通过整体的设计，将自然与建筑、建筑与建筑统一在板万村落原有的文化和精神之中，尊重了当地人的生活习惯，表达了因人所带来的独特的文化意蕴。

总之，对于用现代建筑的态度表达传统民居与文化的精神内涵，是有一定难度的，需要创作者拥有一定的设计信念。以上两位先生的创作也展示了这种方式的使用方法，也表明了这个方式的可行性和效果。

五、类设计的思考及其未来展望

传统民居代表了丰富的文化内涵，可以对现代建筑产生影响。自刘致平先生注意到云南"一颗印"民居后，就意识到民居是建筑师创作最好的源泉，是最符合实际的参考资料。类民居创作是应该坚持的，也是将传统民居的由点、内涵、文化传承发扬的重要方式。现在多数对于将传统民居运用于现代建筑设计的方式，无论是遵循传统民居的布局、形体，运用现代建筑手法进行调整，还是基于现代建筑，将传统民居符号化、造型化的结果融入，都还将现代建筑与传统民居隔离开来看待。

就目前的创作方式来看，类民居创作可以有两个值得考虑的发展方向。其一，创作应考虑跨功能类别的方向。在平面图形的仿效中，对于四合院与土楼的再创作，虽然，仍然是在居住建筑的功能大类里。应当思考如何跨功能大类的表达，这一点，崔愷先生的新苏州火车站是值得借鉴和学习的。难点就在于传统与现代由于结构和习惯的改变所带来的尺度变化。其二，以平面相似带来精神空间的设计。好的建筑平面设计能够反映整个建筑整体的体形与空间，那么以相似的平面，运用现代手法在现代建筑设计带来传统民居所提供的空间感是一个值得发展的方向。难点在于如果手法不当，就会成为对于传统民居的复制，失去了设计的意义。

类设计的理论尚不完善，仍然具有很大的发展空间。除却进一步分析意大利莫拉托里和卡尼吉亚的设计类型学对于"类"的影响以外，类设计自身与地域性的关联随着时代进步所发生的改变也不可或缺。传统民居中可供现代建筑运用的设计要素极为丰富，将这些理性和合理的部分通过现代建筑得到发扬，合适的方式是必不可少的。观念在进步，技术在进步，环境在改变，类设计的理论也在不断地发展中扩充内涵。

参考文献：

[1] 吴良镛. 北京旧城与菊儿胡同 [M]. 中国建筑工业出版社，1994.

[2] 关瑞明. 泉州多元文化与泉州传统民居 [D]. 天津大学博士学位论文，2002.

[3] 关瑞明，聂兰生. 传统民居类设计的未来展望 [J]. 建筑学报，2003（12）：47-49.

[4] 刘彦才. 建筑创作的源泉——传统民居 [J]. 中外建筑，1998（5）：16-18.

[5] 徐怡芳，王健. 传统民居空间与现代设计创新 [J]. 华中建筑，2008，26（12）：33-35.

[6] 杨崴. 传统民居与当代建筑结合点的探求——中国新型地域性建筑创作研究 [J]. 新建筑，2000（2）：9-11.

李家疃传统民居建筑的营造智慧与文化传承[1]

苏秀荣[2]　　胡英盛[3]

摘　要： 李家疃村是拥有千年文化的传统村落，蕴藏着丰富的历史文化信息与建筑营造智慧。本文通过对明代以来李家疃民居建筑营造方式的演变过程和装饰技巧探究，分析李家疃村在建筑营造方面的智慧以及思想文化，试图通过创新的手段来进一步展开乡村振兴战略下李家疃的保护和利用工作。

关键词： 传统民居；营造智慧；文化传承；保护；创新

温罗塔尔认为当下社会的快速发展让我们感到焦躁不安，唯有紧紧地抓住历史，我们才能保持住应对的定力[1]。建筑作为历史的活化石，透过它能够让我们了解古人所思所想。通过了解建筑的演变过程、把控营造智慧、分析传承下来的文化，我们才能够了解到什么是当下最需要的，我们才能让历史环境在符合风貌管控的条件下适应性的再生，才能创造出古今融合的新建筑[2]。

一、概要

李家疃传统村落保存较好的明清古建筑200余座，是山东省具有代表性历史文化名村之一，因最早定居在这里的人姓李故名之[3]。研究李家疃民居建筑离不开研究王氏家族的发展史。据记载在明洪武年间，王氏家族奉命来此定居。从明太祖时期到现在，李家疃的历史大致分为七个阶段：①明洪武三年（1370年）到嘉靖年间；②明嘉靖年间到清康熙六十一年（1722年）；③清康熙雍正年间；④清顺治年间；⑤清光绪帝执政到中华民国；⑥中华人民共和国成立到"文化大革命"时期；⑦改革开放以来。清朝顺治年间王氏家族纷纷前往江南地区做生意，将带来的江南地区的建筑装饰技艺与山东地区的建筑营造方法相结合，不仅拓展了李家疃民居建筑的规模而且在装饰更具典型性。改革

开放传统文化的复兴、对本土建筑研究，使李家疃迎来了第二次鼎盛时期。我国对传统村落的保护问题越来越重视，在保护政策的影响下李家疃的传统民居建筑的保护意识逐渐提高，在2010～2015年分别被纳入"中国历史文化名村"、"中国传统村落"、"山东省重点文物保护单位"的行列，2015年政府投资开发李家疃，进一步落实了古街道与部分古建筑的保护与开发工作。

明清时期的李家疃以庙子沟为界分为东西两部分，西部为王家大庄园，东部为佃户村。20世纪80年代以后李家疃村快速发展，村庄内部危旧房屋得以翻建，楼房和新建筑如雨后春笋般快速增长，形成了东部以新式民居建筑为居住中心，西部以古代民居建筑为中心的格局。2015年李家疃的保护与开发工作将重点放在李家疃村西部核心保护区内的明清古建筑群以及坐落着重要文物建筑的传统街道上，却忽视东部重点协调区的协调工作，将大量的金钱花费在"复古"而不用于"创今"上。叶延芳先生在肯定温罗塔尔观点的基础上表明"铺天盖地地搞复古有违历史发展的规律，任何民族的发展都是厚今薄古的，只有重视今天的创造才有利地推动历史的发展[4]"。叶延芳为接下来的李家疃民居建筑的保护与利用工作指明了方向，"把文物保护与建设结合起来，把古建筑文物、古村落布局等作为新的村落建设的组成部分[5]"。

1　国家社科项目艺术学基金课题"山东明清庄园建筑群落测绘调研及保护"（15BG086）。

2　苏秀荣，山东工艺美术学院，硕士，250300，1831177829@qq.com。

3　胡英盛，山东工艺美术学院，建筑与景观设计学院，副教授，250300，huyingsheng@sdada.edu.cn。

二、建筑与营造

1. 建筑形制、装饰与结构

建筑形制：李家疃村的古代传统民居，均为硬山式建筑，以一层居多，少量拥有地下一层，两层建筑有5座（现存3座）。村内保存较为完整的四合院共有11处，且均为典型四合院的特点[6]。村落的整体规划以山东济南民居风格为主，院外与院内道路犬牙交错，相互贯通。建筑整体布局讲究左右对称，多以一进或两进的四合院为主，包括主院、跨院，前院、后院。主院内常配有正屋和厢房，正方与厢房旁常伴有耳房。院落为坐北朝南式，大门朝向不一，平面布局方正。正房、厢房、倒座房均为三开间，正屋内多采用"两明一暗"的格局，即进门左手边的次间与明间中加一隔断[6]。明间设有主梁，两边被称为"两明"，被隔开的次间被称为"一暗"，明间被用作客厅，次间作卧室。

材料与装饰：屋内与屋外建造结构大致相同。屋外地基以上青砖、白色抹灰墙面、石材三种材料并置，建筑地基为三层下碱石，门上用黄色石板作过梁。屋内墙围以上青砖与白色抹灰两种材料并置，墙围采用青砖材料，门楣与梁架采用槐木材料。梁架的搭建方法采用了山东地区常用的"二梁托叉"式。屋顶铺装有望砖与苇箔两种材料：望砖常被用于正屋、厢房等主要建筑；苇箔常被用于厨房、耳房等次要建筑。青砖作为院内主要干道的铺装材料，鹅卵石常被用于景观细部铺设，其余地面裸漏泥土。

南北方营造智慧的结合使得李家疃传统民居建筑装饰工艺考究，题材广泛。李家疃善于把控建筑材料属性，通过比对材料的硬度和延展性之间的不同，将石材用于建筑基础，青砖作墙面，木材作梁架。此外，还善于材料属性与工艺结合，展现出高超的雕刻工艺，在材料上可分为砖雕、木雕、石雕。砖雕工艺常被用作正脊、垂脊、脊饰，雕刻元素以花卉、脊兽为主。木雕工艺在大门上的运用最为广泛，主要位于门簪、雀替、门联，雕刻元素有万字、莲花等，材料为槐木。石雕工艺技法多样包括平雕、浮雕、透雕，雕刻题材富，有宗教纹样、吉祥动植物等，材料是青石[7]。

2. 营造智慧

1）正脊和垂脊多重作用

鲁中民居十分注重正脊的装饰。正脊大致分为两种形式，一是由弯瓦堆砌成各种形状，是经济状况一般的住户常用的拼装方法；二是使用砖雕技术成各种花卉、动物等元素拼接的造型，是富有或地位较高地住户采用的方法[7]。虽然两种正脊装饰代表了两种经济条件下对正脊处理的方式，但是每个院落对正脊和垂脊的装饰并不单一。装饰图案与建筑等级之间有着密切的联系，按照建筑等级高低分为大门屋顶装饰，各房屋顶装饰，墙垣装饰。为方便寻找规律将李家疃传统民居正脊和垂脊（也包括墙垣上方的装饰）的装饰分为6种，以宅院为单位作了以下统计（图1）。

正脊、垂脊、墙垣装饰纹样表（材料：青砖与瓦片）		
装饰纹样	纹样介绍	在王氏宅院中的分布位置（沿街建筑及开门宅院）
	使用砖雕技术成各种花卉、动物等元素拼接的造型	1. 淑仕府大门；2. 悦循府大门
	由弯瓦堆砌成圆形方孔"钱"的形状	1. 淑仁府大门，倒座，以及在院外能观测到的其他房屋；2. 怀隐院大门，大门右侧西厢房；3. 悦循府墙垣，三进院北耳房，南耳房；4. 淑和府大门，墙垣，一进院东厢房，二进沿街大门；5. 悦奚府大门，一进东厢房，二进沿街大门，墙垣；6. 淑信府大门，后院门以及中院的堂屋和西厢房；7. 淑佺府大门；8. 悦行府大门；9. 亚元府的大门
	由逐行排列的弯瓦组成的图案，瓦不转换角度	1. 淑仁府；2. 悦奚府北屋，墙垣
	每四片瓦组成一个单元，构成"蝴蝶结"形状	1. 淑仕府倒座；2. 酒店胡同入口处的门；3. 淑信府中院门
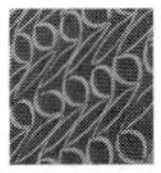	每两片相对的瓦组成一个形状，每行图案相同，上下两行间图案对称	淑和府的墙垣
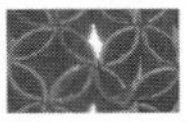	用8片瓦组成"四瓣花"的图案	1. 淑信府大门旁的墙垣；2. 亚元府大门旁的墙垣；3. 怀隐园二进院墙垣

图1　正脊、垂脊、墙垣装饰纹样表（资料来源：作者自绘）

装饰手法多变的脊饰在阳光的照射下产生变化多样的光影效果，增加了李家疃墙头装饰的丰富性。除了具有装饰效果外还具有安全性，通透的瓦饰能够减少对风的阻力，避免匪徒的进入。

2）独特的门、窗洞口砌筑

李家疃传统民居建筑的门、窗洞口用料广泛，青砖砌门框，木与青石作门楣，石钉加固。砌筑方式多样：一种是斜角砌筑；另一种是五棱形砌筑。五棱角砌筑：五棱角相比于直角砌筑不仅在工艺上省略砍砖的做法，而且增大了开门弧度。这种做法不仅增加了建筑的美观实用，而且省工省料（图2）；斜角砌筑：斜角砌筑与直角砌筑相比不但省略砍砖，且具有更为复杂的内部结构。利用长短边之间的穿插，将完整的外轮廓露在外面，参差不齐的砖插入墙内（图3）。在亚元府后院东屋一处发现因门垛太短，不仅采用了斜角的砌筑方式而且将门洞一侧的倒角延伸到墙内来放置门扇的设计。利用建筑细部处理来满足实用性且丝毫不破坏装饰效果的做法既美观又实用，是李家疃在建筑营造方面智慧的体现。

图2 淑仕府内窗内侧 　　　　图3 淑信府房门内侧
（图片来源：作者自摄）　　　（图片来源：作者自摄）

3）增强防御的做法

为平定嘉庆初年的川楚白莲教起义，响应"寨堡团练、坚壁清野"的政策号召，李家疃村民设计了一套防御系统[6]。李家疃的防御系统包括外围与内宅两部分：圩子墙属于外围防御；木锁，墙垣、正脊、垂脊，两层平房和古井属于内宅防御。

圩子墙：清朝末年以王悦衡为首的李家疃村民在村外建起了一圈高8米，底宽6米，顶宽4米，全长2450米用土、石棚做的圩子墙（图4）。圩子墙属于防御体系的第一道关卡，有四座大门，墙上还建有四座炮台。四座大门分别位于村外的东、西、南、北四个方向，名为豹文门、迎凤门、清阳门、北云门[3]。以后为了取土添坑，村民将圩子墙拆毁。

图4 圩子墙（图片来源：作者自摄）

墙垣、正脊、垂脊的防御：在对李家疃明清古建筑群的考察中发现王氏宅院几乎所有宅院屋顶与墙头都有用瓦拼成各种图案，这些图案除了本身具有的装饰性外还有抵御外匪的作用。当有人攀爬墙壁或者屋顶时，由于瓦片无法承担成年人的重量就会掉落，使宅院主人警觉，属于防御体系的第二道关卡。

木锁：木锁的意思是利用大门后面的用木杠来反锁，与门闩的使用方法相似。木锁是将一个直径约7厘米的木棍，一头插入大门内侧一旁的圆形洞末端，另一头插入另一旁的洞中，接着调整木棍使之尽可能插入两段的距离相同。据记载明清古建筑的大门共有30余座，这些大门内部和小院门全部是利用木锁的方法来反琐，以保证财产安全（图5）。木杠反锁的方式至今仍有村

图5 木锁（图片来源：作者自摄）

民使用,于脊饰一起构成防御体系的另一道关卡。

两层平房和古井:淑仕府院中有座带有地下室的平房,用于避难或是储藏物品[3]。作避难之用时,村民以地下室为入口通过地道前往距离宅院很远的水井,然后再到达城门。宅院内的两层平房属于防御体系的第三道关卡,古井属于内宅与外围之间的通道。

三、文化传承

清代以前的李家疃受儒家思想的影响最为深远,体现在建筑装饰、建筑布局、牌坊等很多方面。从建筑装饰上,具有典型的仁、孝、礼、学而优则仕等的思想情节:①仁的体现:淑信府大门上的墀头雕刻的竹子和兰花图案[3],属于四君子的元素之一。②孝的体现:悦仕府大门上的墀头上雕刻的松树、与鹿的装饰图案,是晚辈对长辈福寿延年、长命百岁的期许。宅院主人通过在大门上方使用"孝"图案的方式来彰显自己品德,同时也具有教诲子孙的作用。③礼的体现:首先是"礼"的思想,正房、东厢房、西厢房、倒座的建筑规格与装饰具有高低主次之分,其中以正方最高,东、西厢房次之,倒座最小。正方、东厢房、西厢房倒座为主要建筑,在其左右两边配有耳房、过道以及厕所、储藏室属于次要建筑。此外,家具摆放方面也受到了礼仪

思想的束缚,讲究尊卑有序,长幼有序。4.学而优则仕:李家疃村以勤以致学、官路恒通为自豪,淑信府的窗棂选择冰裂纹作装饰,激励后辈努力学习。此外,在建筑的照壁和装饰画的题材中常常看到"科贡化第"、"书香世美"的题字[3]。现代李家疃民居建筑装饰中很少看到体现儒家思想的装饰图案,这仅仅代表着儒家文化的影响程度减弱,而且是文化多样性的一种体现。

四、装饰风格的变迁

勒.杜克认为,保护的意义是远超于保存,我们面对传统建筑不能一味地复制粘贴,应该注重建筑的进化,做到有底线的更新[8]。李家疃的村民做到了这一点,经历历史的变迁李家疃传统民居建筑所展现的檐托装饰多种多样,按照衍变顺序可以将檐托大致分为五种样式:木构架檐托(A)、密檐式檐托(B)、流线型檐托(C)、七层檐托(D)、五层檐托(E),后四种檐托是在木构架檐托的基础上利用砖雕模仿木斗拱形式逐渐演变而来的。

通过分析在某一特定时期(以D王氏宅院所处的清代为例)的檐托装饰发现,某种檐托装饰常被用于某些特定位置(图6)。A被用作大门檐托装饰,B常被用于房屋与墙垣,C常被用于房屋、墙垣,E常被用于房屋、

	檐托装饰类型			
代号	装饰图案类型	材料	建筑所处年代	存在位置(举例)
A	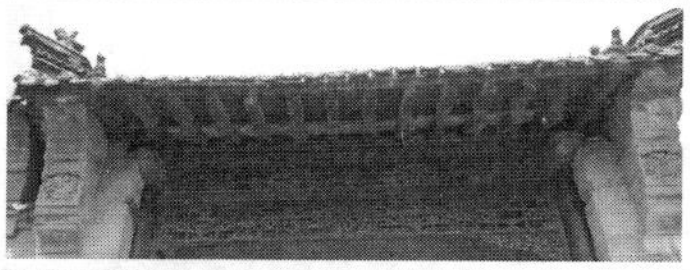	木材	清代	九门一庄大门,亚元府大门,怀隐园大门等
B		青砖	清代到民国时期	悦循府墙垣檐托,淑信府大门右侧北屋檐托,中院北屋、西屋檐托,怀隐院影壁檐托等
C		青砖 红砖	清代以来	怀隐园二进院门,南北大街一座新式大门
D	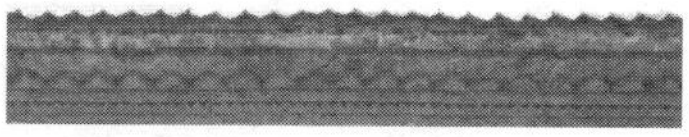	青砖	清代以来	悦徕府倒座檐托,解元府倒座檐托等
E	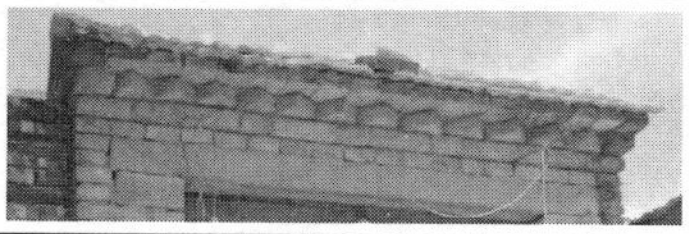	青砖 红砖	清代以来	悦徕府二进院大门和墙垣檐托,淑信府倒座檐托等

图6 檐托装饰类型(资料来源:作者自绘)

墙垣、二进院大门。各个宅院都在大门这种"门面"处花最大的成本，在次要位置根据个人财力选择合适的装饰，在节约成本的同时达到最佳的装饰效果。A、B、C、D、E大致是按照建造成本的高低顺序进行排列的，可以看出随着时间的推移，由于王氏家族没落、流行趋势等原因使得改革开放后的人们不再用造价昂贵的A、B、C，而是沿用着造价便宜的D、E。

五、结语

在村落发展的过程中，村民为了节省建造成本有选择性的将部分装饰细节与传统文化遗忘，这个过程即是村民表达个人意愿的过程，也是建筑营造智慧被掩盖的过程。我们要在重拾营造智慧、尊重民意的基础上进行接下来的李家疃的保护与开发工作，创新出具有代表性的新建筑。为了掌握"度"的把控[2]，具体措施如下：

1. 保护与开发的原则：我们要了解民众所需，分析李家疃民居建筑中的营造智慧，以"生态可持续"原则为指导，进行李家疃接下来的保护与开发工作。此外，还要注意营造智慧、文化传承与保护原则之间的综合运用。

2. 对于保存状况好的建筑：2015年的李家疃改造已经把核心保护区的建筑外立面和道路铺设完毕，剩下的宅院内部建筑和庭院的修缮工作仍要持续，把宅院修复成明清时期原有的样貌[9]。破外严重的建筑：①在原有古建筑的基础上建起房屋的应该尊重农户的使用权利，保持现状；②无人居住且倒塌严重的土坯建筑应进行拆除；③有人居住且倒塌严重的建筑应在部分遗存的基础上，利用新旧拼接的方式建造出适合村民的"新建筑"[2]。

3. 新建、新增建筑的指导意见与具体办法：在和村民商讨的基础上以营造智慧和村民所想为导向进行设计，以"生态可持续"为原则。文化传承代表着村民所想的某个方面，弥补了村民不知如何表达个人意愿的不足，营造智慧部分为设计工作者和接下来的传统民居保护工作提供了资料上的参考，在此基础上汲取世界各民族的营造智慧，创造出具有代表性的新建筑。

参考文献：

[1] LOWENTHAL David. The Heritage Crusade and the Spoils of History [M]. Cambridge University Press, 1998.

[2] 常青. 过去的未来：关于建成遗产问题的批判性认知与实践 [J]. 建筑学报, 2018 (04)：8-12.

[3] 马廷君. 可持续发展战略下传统村落的保护与更新 [D]. 吉林建筑大学, 2017.

[4] 叶延芳. 中国传统建筑的文化反思与展望 [D]. 江西财经大学, 2004.

[5] 中国历史文化名城研究会. 中国历史文化名城的保护与建设 [M]. 北京：文物出版社, 1987.

[6] 毛葛. 内外之界—山东淄博李家疃村王氏宅院 [J]. 室内设计装修2013 (11)：126-129.

[7] 周兆鹏. 鲁中地区近代民居建筑装饰研究 [D]. 山东建筑大学, 2015.

[8] 佛朗索瓦丝. 萧伊. 建筑遗产的寓意 [M]. 寇庆民译. 北京：清华大学出版社, 2013.

[9] 柳红明, 马廷君. 李家疃传统村落保护规划研究 [J]. 城市住宅, 2017, 24 (02)：74-77.

近代五邑侨乡建筑中的ArtDeco风格分析[1]

付正超[2]　张　超[3]

内容摘要： ArtDeco风格是20世纪初流行的一种装饰风格，影响了近代中国的建筑装饰。五邑侨乡是中国著名的侨乡，近代以来中西方文化在此不断碰撞、融合。其中大量艺术风格在这里不断异变、发展。本文通过梳理近代五邑侨乡建筑中出现的ArtDeco表现形态以及形成原因。剖析在"侨"文化影响下，五邑侨乡ArtDeco风格所表现出丰富多样、土洋结合、尚未成熟的特点。

关键词： ArtDeco风格；五邑侨乡；建筑；形态

ArtDeco风格是一种艺术风格，是20世纪20年代起流行于欧美的一种艺术风尚，这种风尚最初运用于家具、器皿、工艺摆设、平面设计以及服饰设计。ArtDeco脱胎于19世纪末的新艺术运动（Art Nouveau），并结合了随工业社会来临而诞生的机械美学[1]。1925年在法国巴黎举办的国际装饰艺术与现代工业展览会上正式将这种风格确立为ArtDeco风格。从此这种风格逐渐受到大众追捧。

一、ArtDeco风格的近代发展历程

20世纪二三十年代起ArtDeco风格随着西方文化的传入，开始流行于上海、天津、武汉这样的开埠城市。尤其在上海曾经风靡一时，从1923年汇丰银行室内的吊灯开始到1929年建起的沙逊大厦，ArtDeco风格在上海近代建筑中取得了巨大的成就。值得注意的是人们在把目光聚集在这些开埠的城市中时，却忽略了在华侨强烈影响下的近代五邑侨乡开始了一场乡村ArtDeco风格实践。在这场实践中曾创造了这种风格的大爆发，成为我国近代ArtDeco风格的一个重要实践区域。但以往从未将五邑侨乡近代建筑作为ArtDeco风格研究的对象。

从五邑侨乡ArtDeco建筑的建造时间我们可以看出其风格发展与世界上ArtDeco风格发展几乎是同步的，（表1），1925年法国举办的巴黎国际装饰艺术与现代工业展览会之后，这种风格就开始在五邑侨乡中出现，30年代ArtDeco风格在美国的不断发展，由于美国是五邑侨乡华人华侨的最大侨居国，从而这种建筑风格辐射到五邑侨乡，并逐渐形成了具有侨乡特色的ArtDeco风格。但随着抗日战争的爆发，五邑侨乡建筑建造开始中断，随之消失在历史的长河中了。在1925年建造的新会景堂图书馆上我们只能看到一些栏杆和建筑细节上有着ArtDeco风格的影子，但在1936年建成的立园中，ArtDeco风格开始成为整个园林的主要风格。在1925～1937年这短短的十几年中，五邑侨乡建筑中ArtDeco风格在不断发展壮大。

ArtDeco风格建筑建造年代一览表　　　　　　　表1

建筑名称	建造时间（年）	ArtDeco风格主要装饰部位
景堂图书馆	1925	窗户、栏杆
冈宁圩骑楼群	1927～1930	正立面（尤其是顶部山花）
赤水红楼	1933	栏杆、地砖
翁家楼建筑群	1927～1934	窗户、地砖、

1　本文受五邑大学广东侨乡文化研究中心中国侨乡研究硕士论文基金资助成果，广东省哲学社会科学"十三五"规划2016年度学科共建项目（项目编号：GD16XYS03）。

2　付正超，五邑大学艺术设计学院，硕士研究生，电子邮箱：2280125592@qq.com。

3　张超，五邑大学艺术设计学院，教授。

续表

建筑名称	建造时间（年）	ArtDeco风格主要装饰部位
邓悦宁祖居	1934	窗户、栏杆
台城人民电影院	1935	建筑顶部装饰、窗户
觉庐	1936	天花、家具
台山一中图书馆	1936	建筑顶部装饰
立园	1931~1936	窗户、栏杆、地砖、天花、家具等
文庐	1937	窗户、地砖、天花、墙面装饰等

二、近代五邑侨乡建筑中的ArtDeco风格的形成原因

1. 五邑侨乡的近代建筑形成原因

江门五邑是中国著名的侨乡，由于近代国内的社会动荡、经济萧条和以美国为主的国家经济崛起，导致了五邑地区出现了大量的前往"金山"淘金的华侨。这些华侨在侨居国辛苦赚钱后却不能在侨居国安家，加上故土经济社会均很落后，这些华侨就寄回大量侨汇用于家乡建设[2]。大量建造了用于防御的碉楼建筑、用于居住的庐居、用于商业的骑楼、用于教育的学校、用于医疗的医院等。大量出现的建筑不仅资助了家乡建设，也呈现了很好的建筑奇观。

2. 近代五邑侨乡建筑中ArtDeco风格形成原因

五邑侨乡近代建筑中ArtDeco风格十分明显，这和数量众多的华侨密切相关。近代大量五邑华侨前往北美洲，尤其是ArtDeco风格风行的美国。这些华侨将在美国看到的建筑风格带回了五邑地区，一些当时从侨居国寄回的明信片还能看到这种风格的建筑身影。如立园的园主谢维立出生在美国，从小在美国受到ArtDeco风格的影响，长大回家后自然把这种艺术风格带回五邑侨乡。ArtDeco风格本身具有较强的装饰性和新颖性，这对于急切希望摆脱落后的生活条件，吸纳西方文化的侨乡来说无疑是一种很好的装饰形态，ArtDeco风格不仅可以用来标榜与传统束缚文化的区别，也成为表现经济社会地位的一种方式，所以ArtDeco风格在近代五邑侨乡曾风靡一时。

三、近代五邑侨乡建筑中的ArtDeco风格表现特点

1. 不同建筑中的表现特点

ArtDeco风格大量应用于五邑侨乡的近代建筑中，覆盖了从公建到民居的整个五邑侨乡建筑，尤其是骑楼、私家园林、庐居等代表性的建筑中。

1）私家园林

立园是五邑侨乡唯一一座近代私家园林，ArtDeco风格在立园中的应用最为广泛，无论是园林中的居住建筑，还是供游园娱乐的建筑小品都有着强烈的ArtDeco风格。花藤亭和鸟笼亭是立园中两座极具代表性的建筑（图1、图2），两座建筑在建筑形式都应用了大量的折线、放射状和镂空设计，营造出来典雅、迷幻的效果。其中鸟笼亭多处镂空装饰更是将中式文化与ArtDeco风格有效结合。如：通过折线、剪纸等手法拼接出中国传统的"鹿"形象、将"葫芦"和"祥云"几何化，这样艺术化的手法营造出了奇异的形象。除了这两座典型建筑以外，其他建筑中也多处有着ArtDeco风格的应用，如晓香亭极具几何和现代元素的窗户、毓培别墅室内各式拼接的地铺、园内随处可见的栏杆上的爱心、稻穗、

图1　立园鸟巢亭

图2 立园花藤亭

以及其他几何图案。

2）骑楼

骑楼是近代岭南地区出现的极具特色的建筑形式，五邑侨乡也兴建了大量的骑楼建筑，大量的骑楼营造时吸纳了ArtDeco风格。这些风格主要表现在骑楼建筑的正立面的装饰上：顶部经常会出现阶梯状向内收分、建筑的窗户也大多使用几何化的彩色玻璃装饰、部分山花上面也喜欢使用放射状的造型等（图3）。随着商业化的发展，骑楼建筑的装饰也开始走向简约化，出现了简约的"流线形ArtDeco风格"（图4）。

3）碉楼和庐居

五邑侨乡近代出现的大量以碉楼、庐居为代表的居住建筑，这些建筑以独特的中西合璧风格被世人熟知。但相比于私家园林和骑楼这些居住建筑的ArtDeco风格就应用的较少，其主要应用在建筑的立面、窗饰和室内装饰上面（图5）。下图（图6）是位于开平市百合镇的伟庐，建筑具有强烈的ArtDeco风格，建筑正立面在横向上形成三段式，两低一高形成向中间收分。风格上已经抛弃的传统的岭南建筑风格和传统的西式建筑风格，从而使用了大量竖直的线条和凹凸体块来装饰，具

图4 赤坎古镇骑楼

图5 邓悦宁祖居[1]

图3 西廊圩骑楼

图6 文庐

---

1 邓悦宁是美国亚利桑那州议员，美国大陆本土首位华裔议员.

有较强的工业、机械的气息。

四、五邑侨乡ArtDeco风格形态剖析

风格的地域化可以说是一种普遍现象，ArtDeco风格虽然作为一种国际风格风行于世界各地，但在各地也不断吸收当地的文化，出现了地域化的特点。

1. 色彩与图案：融合创新

强烈的色彩对比和个性突出的图案是ArtDeco风格

的重要标志，近代五邑侨乡建筑中的ArtDeco风格自然也是这样，它们主要表现在建筑的地砖和天花上。五邑侨乡的地砖主要由进口瓷砖和本地水磨石两部分组成，这两种不同材质所表现出来的色彩和图案也有不同。进口瓷砖的色彩跨度较小，色彩饱和度也没有水磨石突出；图案上应用了大量的基础几何图案、比较简洁。本土水磨石色彩比较丰富，色彩跨度大、饱和度高；图案上开始使用组合的几何图案和多样曲线（表2）。五邑侨乡的天花主要是通过多种颜色进行彩绘，色彩饱和度较高、跨度大，图案也比较多样，有受到立体主义的影响。

在考察建筑时发现几个颜色对比在近代五邑侨乡

ArtDeco风格图案色彩分析表 表2

分类	案例	图案	色彩示意图	说明
进口瓷砖		圆形、植物形态		早期ArtDeco风格，运用到植物元素，有新艺术运动风格的特点
		菱形、星形、放射状		ArtDeco风格，放射形状，色彩绚丽
		矩形、菱形、放射状		ArtDeco风格，放射形状，充满动感，色彩绚丽
水磨石		矩形、折线、弧形		折线形ArtDeco风格，对称，曲线直线相结合
		心形、矩形		ArtDeco风格，开始有流线形ArtDeco风格，形态柔和
彩绘天花	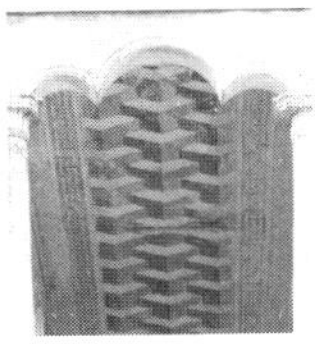	立体图案		受到立体主义的影响，出现几何化、立体化的装饰也出了ArtDeco表现的形式
		太阳、涡卷		使用太阳元素和折线形的涡卷形式表现出直接明了的特点，代表对未来表示乐观的态度

建筑经常出现，如：白——蓝对比、黄——红对比，通过质询当地民众得知：蓝色和白色是古代达官贵人衣服上最常见的色彩，人们希望通过这两种颜色的应用表达自己对权贵的追求，金色在五邑侨乡的人们眼中是钱财富贵的颜色、红色是鲜花美好的色彩，这两种色彩在五邑侨乡传统神龛中应用十分广泛，而后被应用的ArtDeco风格装饰上，同样表达人们对美好生活的憧憬。

近代五邑侨乡建筑中ArtDeco风格图案也有着一些特定图案。除去常见的几何图案的应用，最明显的就是散发着叉光的白日图案。这种最具有民国特点的图案被大量应用在建筑装饰上，不仅体现了侨乡人民的爱国之情和对新生活的向往，同时这种图案也成了近代五邑侨乡ArtDeco风格有别于其他ArtDeco风格的一个重要特点。

2. 元素与手法：中西对话

虽然ArtDeco风格由西方传入，并不断影响五邑侨乡建筑的装饰风格，但在影响五邑侨乡建筑的同时，自身也开始吸纳中式文化，不断丰富壮大。近代五邑侨乡建筑中的ArtDeco风格发展可以说朝着两个方向不断发展：一、传统风格的壮大，二、中式文化熏陶下的融合。

传统ArtDeco风格继承了原有的元素，很多装饰上还有着鲜明的几何图案、放射形以及阶梯状的形态。这些元素虽然继承了原有的一套，但在图案比例上、色彩搭配、材料运用上并没有严格的要求，而是随意的模仿与拼接。正是因为这些不断创新的发展，导致五邑侨乡的ArtDeco风格不断壮大。这些风格还具有时代性，最主要的表现就是五角星和太阳元素的应用，近代五邑侨乡ArtDeco风格发展的鼎盛时期正处于民国时期，也为这种风格提供了创作思路。

除了原有风格的壮大，五邑侨乡ArtDeco风格与其他地区最大的区别就是借鉴吸收了传统的中国元素和创作手法。如某图书馆建筑顶部开始使用中式的牡丹花造型，从而形成一种典雅的气氛；立园鸟巢建筑中使用传统元素通过剪纸手艺的创作手法，创作出了具有异国氛围的ArtDeco风格；某些建筑的栏杆上也会将中式钱币、方胜、葫芦图案与几何图案结合应用，表达吉祥寓意。接纳外来文化、继承传统文化、将中西文化融合创新成了五邑侨乡建筑装饰上最明显的标志（表3）。

ArtDeco风格元素手法分析表 表3

分类	案例	元素	手法	寓意与说明
传统ArtDeco风格		扇形、圆形、锯齿	镂空	典型ArtDeco风格，放射等几何形状，充满动感
		稻穗、褶皱	塑形	稻穗寓意着丰收，褶皱纹络丰富了整个造型。整体象征着丰收美好
		阶梯状、五角星、放射状	镂空	阶梯状顶部和几何化的造型，表现建筑对现代的接纳和欢迎

续表

分类	案例	元素	手法	寓意与说明
中式ArtDeco风格		 太阳、葫芦	镂空	选用中国传统的"葫芦"形象，结合太阳这个典型ArtDeco元素，营造出吉祥幸福的气氛
		 鹿、植物	镂空	受到传统剪纸工艺的影响，塑造出"鹿"的形象，具有美好的寓意
		 牡丹花	塑形	混凝土砌筑简化式中式牡丹，与红砖材料拼接，形成层次的典雅效果

3. 材料与成就：局限单一

ArtDeco风格作为一种奢侈的装饰风格，在西方建筑中常使用到各种精致昂贵的材料，如克莱斯勒大厦顶部的不锈钢尖顶[3]。虽然ArtDeco风格在近代五邑侨乡建筑中有着广泛的应用，但这些装饰的材料过于单一。近代五邑侨乡建筑中的ArtDeco风格装饰材料大多只是通过混凝土进行塑形，偶尔在窗户、栏杆这些的建筑细节才使用钢铁材料表现。由于材料的单一使得近代五邑侨乡建筑的ArtDeco风格没有像西方建筑中那么奢华的效果。这种现象产生的原因是：侨乡建筑所用的建筑材料大多从西方国家进口，而贵重金属在西方国家同样是稀缺的建筑材料，更别说大量地传入中国。

纵观近代五邑侨乡建筑中的ArtDeco风格装饰不难发现，这些装饰从造型上看远不及西方同时期造型精致，装饰的形状、比例都有所欠缺。这是因为五邑侨乡近代建筑只有少数经过专业设计师设计，剩下的大量建筑是由当地的泥水工通过自身的经验和模仿设计建造的。[4]由于缺乏专业的设计和专业的施工公司，所以这些建筑装饰中的ArtDeco风格自然没有西方建筑装饰那么精致，其次由于没有严格的设计环境，这些装饰也就没了严格的约束，从而形成了各种极具侨乡特色的造型。正是因为这些不拘的造型，才在近代五邑侨乡建筑中形成了独特的ArtDeco风格。

五、结语

近代五邑侨乡建筑中出现的ArtDeco风格装饰，可以说是早期中国农村主动对外来文化进行吸收、融合、创新的一场实践。在这场实践中五邑侨乡人民不仅表现了他们对外来文化的包容性，也展现了侨乡人的创新性。由于缺少了成熟规范的束缚，这场实践呈现出了的大量形态丰富的ArtDeco风格装饰，不仅丰富了ArtDeco风格的范畴，也使得五邑侨乡也成了研究中国近代ArtDeco风格的重要地方。

参考文献：

[1] 徐宗武，杨昌鸣. 天津近代Art Deco风格建筑研究 [J]. 建筑学报，2012 (07)：40-44.

[2] 任健强. 华侨作用下的侨乡建设研究 [D]：[博士论文]. 广州：华南理工大学. 2011：34.

[3] 高德武. ArtDeco复兴——解析装饰派风格的符号与语义 [J]. 美术大观，2013 (03)：116-117.

[4] 谭金花. 广东开平侨乡民国建筑装饰的特点与成因及其社会意义 (1911-1949) [J]. 华南理工大学学报（社会科学版）. 2013 (03)：54-60.

浅析宏村的聚落形态

李雅倩[1]

摘　要： 历史悠久的宏村是中国传统村落典型，其良好的村落整体空间和独具特色的徽州民居形式组成了其聚落形态，是明清徽州民居中特色鲜明、保存最好的村落。宏村以其适宜人居的村落格局，优良的水系工程营造，深厚的建筑文化底蕴而得以绵延至今，是中国古代村落的一个真实缩影与写照，为我们研究中国传统民居聚落提供了很好的资料。

关键词： 宏村；聚落形态；建筑；民居

引言

宏村，位于安徽省黄山市黟县东北部，位于黄山南部，占地28公顷，古村落面积19.11公顷，现存明清民居158幢，保存较为完整的有137幢。宏村始建于南宋绍熙年间（1190～1194年），始建村落名为弘村，清乾隆年间为避讳皇帝的名字"弘历"而改名为宏村，至今已有800余年的历史。以黟县西递、宏村为代表的皖南古村落于2000年列入世界文化遗产，至此填补了我国"世界遗产"中没有村落的空缺。宏村是典型的徽州民居村落，这里民居建筑的造型、色彩以及布局形式有着程式化的徽式建筑风貌，白墙黛瓦，清新优美，点缀在山水之间，便能形成一幅山水画卷。宏村的村落原型是牛，古代以牛代表财富，代表好兆头，故这样的村落寓意给予人们以欣欣向荣的心理暗示。宏村独特的古水系工程凝聚着古人的超凡智慧，耐人寻味的建筑艺术彰显着人们的高雅情趣，宏村是皖南古村落独特风貌的典型代表。传统聚落一直是被呼唤的共同记忆，通过研究传统聚落能够更好地了解到古人在进行聚落营建时所要考虑到的问题，以及古人在解决问题时所应用到的技术手段，聚落生成以及民居建筑的营造中所蕴含的智慧与文化仍然能够给予今人以启迪。

一、宏村村落的整体空间生成

1. 村落选址与村落形态

在古代农耕社会，人们在长期的村落选址与营建过程中不断吸取过往经验教训而形成了一套利于人类生存的择地方法。从早期的安全感的追求到后来形成系统的程式与观念，即所谓的风水，它是将地理环境、水文、气候、方位、人文等因素融入到村落选址与具体改造建设活动的方法[1]。古人在开始进行村落选址时会特别讲究风水，这是在让村落宜居的同时，同时也满足了人们精神上的需要，人们总是认为好的风水会给人们带来好的生活，也会福荫子孙后代。宏村的汪氏祖先先后在歙县唐模、黟县奇墅湖村居住过，但是古代木结构建筑很容易遭受火灾。后来汪氏一族便迁到雷岗山下，为了应对火灾的再次发生，水系安排成了重中之重，这便是后来宏村整个古水系工程的起因和原型。在过了400余年后，在明永乐年间宏村76世祖汪思齐请风水先生勘定环境，对宏村进行大局上的规划建造，至此宏村的规模基本成型。

宏村的村落选址是中国古代最为典型的选址，是一种理想的空间环境组合。基址选择在地势平坦的地方，且处于一个山水环抱的中央，基址的后方有山，左右有辅助的山脉，前面有月牙形的池塘或者弯曲的水流，水的对面还有一个案山，从轴线方面看，基址正处于坐北朝南的位置，这些条件也就形成了一个背山面水的基本空间格局[2]。宏村地村落选址很好地满足了

1　李雅倩，华南理工大学，邮箱：1070254234@qq.com。

这些要求，北面有雷岗山，左右有东山和龟山，南面有吉阳山，西溪和羊栈河环抱着村子，为符合好风水的满足情况，后又人工挖了南湖，形成村落前的弯曲水流（图1）。从满足人居环境需求的角度来看，宏村位于雷岗山之阳，背靠大山能够抵御从北方来的寒冷空气，村前环水，满足了村子的用水要求，并且夏天从南方来的热风在经过水面后再进入村子，能够为村子内部带来一丝清凉之意。

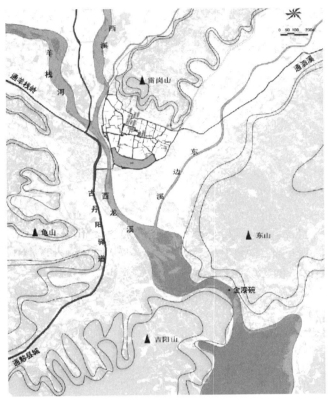

图1 宏村周边环境图
（图片来源：世界文化遗产宏村古村落空间解析）

宏村将村落营建与人们的理想愿望相结合，依据象形说中"牛卧马驰、莺舞凤飞、牛富凤贵"的说法，把宏村建设成为典型的"牛形村落"，村落的牛形边界也成为村落整体空间的重要构成部分[3]。整个村落采用仿生学的"牛"形布局，雷岗山便成了象形的牛头，村口的两株古树也披上了牛角的含义，月沼的形状与牛胃相似，南湖成了牛肚的代名词，蜿蜒的水圳似乎是牛肠，民居建筑为牛身，四座古桥为牛脚，称作"山为牛头树为角，桥为四蹄屋为身"。整个村落的轮廓为半圆形（图2），这是环抱着村子河流中的水流动时冲刷右岸而堆积于左岸所致，弧线的村落形状使得整个村子的形态不那么僵硬，同时也是呼应了牛身的说法，同时，月沼的形状与之相呼应，体现了村落形态的统一。村落内部公共建筑较多，包括祠堂和书院，以月沼前的汪氏宗祠乐叙堂为核心，其他祠堂则散落布置在村子中，南

图2 宏村卫星地图（图片来源：地图下载）

湖边还有一个南湖书院。住宅建筑则围绕着这些公共建筑而建，月沼和汪氏祠堂附近的建筑密度最大，这里为全村公共活动的举办地，亦是全村最热闹最核心的地方。村内街道（图3）围绕着中心区域呈不甚明显的放射状向四周散去，但又大致保持着南北走向和东西走向，将整个村子的建筑连接起来。

图3 村内街道示意图（图片来源：作者自绘）

2. 水系工程

宏村的水系工程是很好地利用了水往低处流的自然规律，根据宏村北面地势高、南面地势低的特点，

在村子西北面的河道中修建拦河坝将水流聚集，溪流中设有闸门，可以根据溪流水量大来调节闸门，从而来控制村子中的水流大小。水流通过水圳引入村子（图4），水圳宽窄不一，宽的地方会超过1米，最窄的地方会达到30厘米左右。水圳入村，穿街过巷，有明有暗，有分有合，行至村中心汪氏宗祠乐叙堂前注入月沼[4]。水圳将西溪与月沼连接起来，又将月沼和南湖连接起来，最终水流汇集于南湖，形成了一个完整的水系。这样子的水系工程满足了人们的生活用水和消防用水，村民取水非常方便，村民们有的将水圳里的水引入自家院子或修建水院或浇花养鱼。水系中的水常年处于流动状态，营造出了一种"明圳粼粼门前过，暗圳潺潺堂下流"、"浣汲未纺溪路远，家家门前有清泉"、"门外青山如屋里，东家流水入西邻"的江南生活境意。俗语说"山旺人丁水旺财"，引水入村也有引财入村之意，书有"九曲入明堂，前朝当宰相"之说，言此水之贵也[5]。并且，引入村子中的水是活水，能够为村子里带来活气，村子里本来困囿在一处的水也能因为活水的到来而焕发生机，同时流动的水能够调节村子内部的气温，这是皖南民居聚落里别出心裁的一种引水做法，体现了古人的营造智慧。

水圳全长1268米，其中大圳716米，小圳552米；月沼面积1206.5平方米，周长137平方米，水深0.8～1.0米；南湖面积20247平方米，周长833m，水深0.8～1.1m。南湖水面低于进水口水面3.96m，71.6米长的拦河坝水流落差3.96米，形成了圳水每分钟21.6米的流速[6]。宏村这样浩大的水系工程并不是在规划建造之初就形成了这样完整的

图4　宏村水圳（图片来源：作者自摄）

水系，起初，村子内部只是修建了北部水系，即以西溪的水坝为起点经过水圳至月沼而止，后因为山洪暴发，村内的蓄水能力不强而导致水系遭到了大规模的破坏。加上村南的耕地比村子西南边的河道地势高，在古代生产力不发达的情况下，农田无法利用河水灌溉。为了应对天灾以及利于人事，汪氏族人开始重新考虑村落的水系工程，在村子南部开挖南湖，并将月沼与南湖通过水圳连接起来。南湖的水面面积为2公顷，有很强的水量吞吐能力。因此，村民将南湖的地势设计为高于西溪和村南的农田，并且将南湖同西溪和农田用开水口相连，当然出水口要有阀门控制，否则南湖没有了蓄水能力，农田会被淹，如此一来即很好地满足了泄洪和灌溉的需要，这也为如今水系工程的建造提供了一定的启示。

村子里的水系工程与居民的生活息息相关，水的清洁度直接关系到村民的健康以及村子的风水和美观程度。现如今宏村大力开展旅游业，大量游客涌入村子，村子内部开了多家客栈，餐饮业以及本地居民产生的生活污水被直接排进了水圳内，水圳内部环境堪忧。这严重破坏了传统村落的形象和风韵，这种行为应该被明令禁止，并且定期清洁维护水系工程。传统聚落是古人生活的缩影，是我们接近古人生活的一个窗口，我们要吸取其中的精神和文化养分，传承中国传统文化，因此，我们要保护好遗存较少的传统聚落，保护好聚落中的每一个部分。

二、宏村的建筑空间形态

1. 建筑的基本形制

1）建筑平面

宏村全村现保存完好的明清古民居有140余幢，宏村的民居建筑的基本原型为三合院（图5）。三合院一般为两层建筑，布局为中轴对称，底层的布局形式为三开间，明间作为堂屋，用于接待客人或供奉神灵，两侧为卧室，属于较为私密的地方，旁人一般不得进入。堂屋前为狭窄横长的天井，进深极小，面积也很小，常作为封闭的建筑内部空间与外界联系的唯一媒介，天井两侧一般为侧廊，也作为卧室入口的门廊，与堂屋隔着天井相对的便是高耸的封护墙，用于保证建筑内部的私密性。二层布局与底层基本类似，明间为祖堂，陈列祖先牌位，两次间为卧室，比一层更加强调私密性。上下层以堂屋太师壁后的直跑木梯联系，也有的木梯设在侧廊之内[7]。宏村的建筑以三合院为基本型进行纵向上的排列，加长了建筑的纵向进深，营造了一种庭院深深的

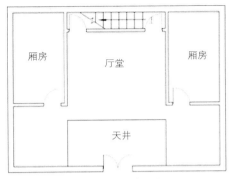

图5 三合院（资料来源，作者自绘）

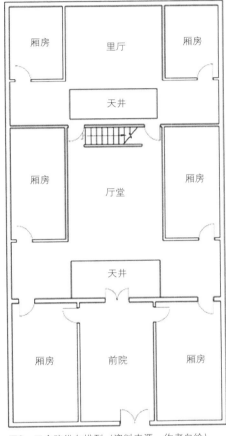

图6 三合院纵向排到（资料来源，作者自绘）

建筑意境。天井数量可以达到两个至三个，天井数量达到三个的建筑多数为大户人家的住宅（图6）或者祠堂等公共建筑，通常以天井为核心围绕其修建房间，外围封闭，而内部向着天井开敞，其中北面的明堂总是对天井开敞，整个建筑的整体空间感觉较强，且能够在较小的用地中营造出内部松散的氛围，内部建筑空间限制的减少对于人的使用较为有利。在受用地条件的限制时，建筑也会在横向上发展，在三合院两侧修建附属建筑。宏村的建筑平面布置方式受四合院的建筑平面布置方式影响较大，与四合院比较，南方夏季太阳曝晒较为严重，同时为了节约用地，故将四合院改为了天井，北面

的正房改为了供奉祖先及神灵的明堂，南面没有了倒座，其他的大体形制与四合院很相似。与四合院的建筑平面布置思想一致，宏村建筑平面的格局与组合明显突出了儒教文化的根本，讲求中庸、秩序、三纲五常、等级尊卑的观念。祖辈居住的上房往往是方位最尊、地势最高、朝向最好的房间，儿孙则住偏房。在礼制的约束下，最为宽敞明亮的房间被用来供奉祖先的排位，显示出对宗族礼法的重视。厢房是卧室或绣房，往往只开有朝向天井的一点小窗。整个建筑与外界用高墙隔开，与古代的建筑内部封闭而保守的思想相契合，同时徽商常年在外地经商，家里只留下妇女、老人和小孩，在保证他们安全的同时，与外界的隔阂增强，印证了"夫为妇纲"的思想。

2）建筑立面

宏村建筑的立面上很好地体现了徽州民居特色，白墙黛瓦以及别具一格的马头墙成了人们对于这里的独特印象。中国古代社会对于民居建筑色彩的运用有了强制性的规定，庶民不允许在其居住的建筑立面上饰彩色，宏村的庶民居多，故人们干脆在墙壁上刷白色，既不会犯僭越之罪，又能够让住宅颜色显得清新明亮。用于涂抹墙体的白垩材料是当地砖窑里面很常见的一种材料，价格低廉，施工容易，是因地制宜的一种典范。用白垩抹墙既可反射日光又可防水防潮保护墙体木构，"涂白垩以防潮，非为费财而饰也"[8]。马头墙为硬山墙，伸出坡屋顶较多，墙顶会用瓦片压顶，墙顶两端会有起翘，形制特别，可以演变为阶梯状。高大厚实的马头墙犹如一道天然的屏障，徽州人聚族而居，房屋以宗祠为中心紧密相连，徽州旧时建筑因村落房屋聚促密集，为了防火之需，在居宅两侧的山墙顶端砌筑起了高出屋面的"封火墙"[9]。这也是并非为了装饰而装饰，而是客观条件使然，尔后又加以深化修饰的一个典范。宏村的住宅在正立面上设门，门的正上方会有伸出墙面的门头，门头上盖瓦，两端会起翘，门左右两边会开有小窗，侧立面上会设置侧门和小窗。公共建筑立面形式更为华丽，门头会设置为三个阶梯层级，马头墙的阶梯层级比住宅建筑的要多，一般为三个阶梯，侧立面一般与住宅建筑无较大差异。简单清新的立面成了宏村的形象名片。黑黛瓦，粉白墙，徽州老宅经年栉风沐雨，斑驳陆离，包含着古卷的氤氲韵味，好一副缥缈的山水画卷。

3）建筑结构

宏村的建筑结构上使用古代传统的木构结构，将穿斗式与抬梁式结合起来使用。中堂由于跨度大，且有些需要雕刻，梁架粗壮，多采用抬梁式，而厢房跨度较小且不需要外露，采用造价更低廉的穿斗式结构。这

种混合木构架发挥了木构架各自的特点，将其与空间功能巧妙适宜地结合在一起。住宅建筑一般为两层，梁架结构较为简单，有穿斗式的也有抬梁式的木结构，或者将两者结合起来使用的木结构。一楼明堂较为开敞，结构上用木柱支撑着楼板，二楼围绕着天井的走廊上有栏杆，房间开敞程度降低，用木格门将室内与走廊隔开。公共建筑一般也为两层，剖面较为复杂，使用的是穿斗抬梁式的木结构。

2. 建筑天井空间

天井是徽州民居的一个特色空间，在宏村的建筑中得到了体现。天井空间能够为封闭的建筑内部带来阳光和清新的空气，是人们在封闭的建筑内部与外界进行精神交流的一个空间。天井空间的重要，使它成为室内装修的重点。天井空间的边界如卧室、两厢的门窗格扇、二层廊道的栏杆，都成为装饰的重点，同时成为徽商炫耀财势的地方，这样天井空间成了整个建筑格局中门面工程。门窗格扇除了繁杂的花榉，装饰题材多为渔樵耕读、笔墨纸砚、琴棋书画、二十四孝、钟鼎彝器及相关历史典故，体现了住宅主人尚儒的文化修养，在这里徽州民居的砖雕艺术和木雕艺术体现得淋漓尽致。天井四面屋顶上的水都会流入天井内，取四水归堂的吉祥寓意，更有肥水不流外人田的意思，意为聚财。天井中常设太平缸蓄水，缸中的水是灭火用水的主要来源。主人会在天井内种植盆景或养鱼，给建筑内部带来了生气。天井空间是联系其他各个空间的枢纽，一般位于建筑核心位置，是建筑内部的交通枢纽，起到了连接各个房间的重要作用。

3. 街巷空间

宏村村内街巷较窄，因为建筑内部较为封闭，建筑很少朝街巷开窗，街巷两侧的墙体较高，加上街巷中一般铺设青石板，因此街巷空间往往给人一种悠扬深远、百转千回的感觉。巷子窄，墙体高，则巷子内部接受的阳光较少，夏季较为阴凉。有的街巷旁会有水圳，人们走在街巷中，听着流水的声音，别有一番韵味，同时流动着的水给街巷空间带来了清凉，带来了生气。街巷或为直线或为萦绕着建筑的曲线，体现了村落建筑营建过程的发展与变化，人们行走在其中也不会觉得单调乏味，富于变化的街巷空间给人一种意犹未尽的感觉。宏村的街巷节点少有十字交叉的情况（图7），因为人们认为十字交叉路口是不吉利的，两条路相交时人们总是设法让道路在路口处错开，或者让其中一条路在此处

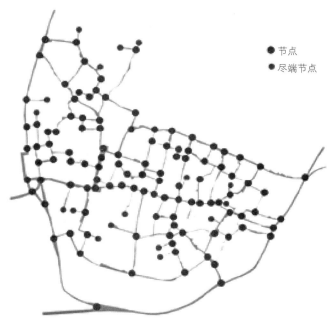

图7　街巷节点图（图片来源：世界文化遗产宏村古村落空间解析）

终结。紧凑的街巷空间营造出精致的空间感受，同时也节约了用地，拉近了邻里之间的距离。街巷空间是村民进行交流与联系的空间，村民在这里变得更加亲密，在街巷中的擦肩而过，寒暄与拉家常是村民联系感情的一种重要方式，这样村民在无形中对街巷空间产生心理归属和认同感，是居民的精神空间中不可缺失的层次，使得居民在街巷中行走时便会觉得亲近和熟悉。

三、结语

宏村拥有着很好的符合了传统风水观念和适宜人居的村落选址，别具匠心的水系工程，以及具有地域特色的建筑形式，是中国古代传统聚落中的一颗璀璨明珠。宏村为如今聚落空间文化的传承提供了有意义的研究范例，通过对宏村的研究，我们能清晰地感受到古人的生活方式，感知古人在进行聚落营建活动时所运用的技术方法，从而汲取其中所蕴含的智慧，为当代的聚落构建做贡献。

参考文献：

[1] 杜翔. 安徽宏村建筑空间自在生成研究 [D]. 青岛理工大学，2015：15.

[2] 黄春华. 论风水与居住外部环境 [J]. 南华

大学学报（理工版），2001，15（1）：32—34.

[3] 刘宇，周作好. 宏村古村落空间管窥 [J].
科技风，2009（13）：19—20.

[4] 王浩锋. 宏村水系的规划与规划控制机制 [J].
华中建筑，2008，26（12）：224—228.

[5] 陈芳冰，曹伦. 以宏村为例谈风水对古村落
选址建造的影响 [J]. 四川建筑，2015，35（05）：
66—68.

[6] 汪立祥，黄旭东. 宏村人工古水系的保护及可
持续发展策略 [J]. 黄山学院学报，2005（06）：44—46.

[7] 揭鸣浩. 世界文化遗产宏村古村落空间解析
[D]. 东南大学，2006：65.

[8] 唐浩. 徽州民居赏析 [J]. 建筑文化，2006
（02）：59—61.

[9] 刘香军. 徽派民居建筑群落体系分析与应用
研究 [D]. 哈尔滨师范大学，2012：15.

浅析栾川县潭头镇大王庙村的地域技术特征

冯 楠[1] 唐孝祥[2]

摘 要： 栾川县潭头镇大王庙村为豫西传统村落，形态大体延续了清代格局，民居具有鲜明的豫西地域特色。本文基于建筑美学的"文化地域性格"理论，通过实地考察、测绘、访谈等形式，从地理适应性、气候适应性、材料适应性三个层面浅析潭头镇大王庙村的地域技术特征，望其作为"文化地域性格"的第一维度，能为进一步挖掘、传承豫西传统村落文化与美学价值研究提供粗浅意见。

关键词： 建筑美学；文化地域性格理论；地域技术特征；豫西民居；聚落形态

引言

城镇化和城市化的加剧、城市工业化和农业现代化的提升，加之人们对于传统村落的保护意识不足，使我国传统村落逐渐消亡，形势日益严峻，加强传统村落保护迫在眉睫。2012年4月，住房和城乡建设部、文化部、国家文物局和财政部在《关于开展传统村落调查的通知》中首次针对传统村落的价值做出评价，指出我国传统文化的根基在农村，传统村落保留着丰富多彩的文化遗产，是承载和体现中华民族传统文明的重要载体。村中古建筑，以"四石圪"、"四古井"、"四古树"和"四古宅"，并称大王庙"古四景"。大王庙村村落形态沿袭清朝旧制，依山傍水，古韵悠然，于2014年入选第三批中国传统村落名录。本文从自然适应性原理，从地理、气候、材料三方面展开论述大王庙村的地域技术特征，以期对生土低技民居建筑的建造和中原传统村落的文化与美学研究提供参考。

一、大王庙村概述

大王庙村原名文曲村，因村中屡有中举之人而得名。村属洛阳市栾川县潭头镇，距镇区1.5公里。1937年12月，侵华日军逼近开封。1938年初，河南大学开始了长达八年的流亡生涯，其中1939～1944年在潭头办学五年，而河大文学院、农学院师生在大王庙村与村民同吃同住生活了五年。"嵩岳苍苍，河水泱泱，中原文化悠且长……"，这首万千河大学子熟知的河南大学校歌便是由时任文学院院长嵇文甫在此创作的（图1）。大王庙村三面环山一面临水，文曲河穿村而过，将全村分为南北两个片区。李氏先祖于明末清初由山西迁至此地开村建院，后有孙、赵、蔡等姓迁入。村中有传说，李自成攻下北京后，一位皇子逃出京城，躲入文曲村石柯沟中，隐姓埋名，蛰居深山老林招兵买马，占山为王以图东山再起，人称"朱大王"。人们说朱大王因泄露了天机被雷击中、收回天界，为了纪念他，村民们在他所遭雷殛的陆峰山下建大王庙一座，用雷殛后的大柿树雕大王像供于庙中，从此文曲村改为大王庙村。现在，每年农历八月初一为朱大王忌辰，照例举办三天庙会，祈祷风调雨顺，保佑平安。

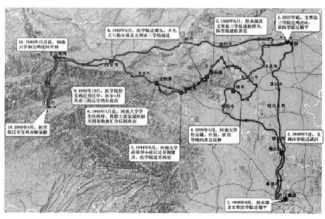

图1 河南大学抗日流亡办学路线图 （图片来源：河南大学校史馆）

1 冯楠，华南理工大学，2016级建筑历史与理论硕士，510640，363512967@qq.com。
2 唐孝祥，华南理工大学，教授，博士研究生导师，510640，ssxxtang@scut.edu.cn。

二、地理适应性

1. 聚落形态

大王庙村位于栾川县东北部，潭头镇北部。从山水分布、理气格局的角度分析，大王庙村的选址浑然天成，位于文曲河边上，三面环山。西倚熊耳山作为屏障，南面隔河与玉阳山相连，正北与路峰山相望，东面开敞。潭头镇地处山区，为节省耕地，大王庙村村址位于熊耳山山脚，村中高差不大，地势自然形成的两块台地为分界线，将整个聚落划为块状两部分。

其余建筑则沿河分布，呈带状，从山脚一直延伸至山顶。大王庙村村南面则昔日为水运要道，现开发为旅游漂流地；村东和村北为千亩良田，为村民提供主要的生产、生活资源；村西侧的山地种植油菜、核桃等经济作物，为村民提供额外的经济来源。村西部、近山部分为明清民居及历史建筑集中分布的区域，是村中的老村区域；村东部、南部多为土改后或20世纪80年代后所建住宅，是大王庙村的新村范围。大王庙村大区域环境符合中国传统村落选址的基本要求，选址依潭头盆地以农为基，靠伊水大河以商为辅，整体环境藏风而聚气，聚落形态呈现出顺应地形、自然衍生的特征。

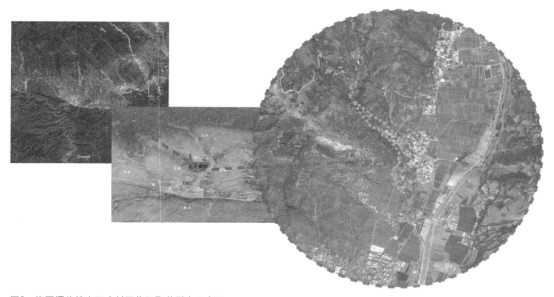

图2　洛阳潭头镇大王庙村区位及聚落形态示意图
（图片来源：作者自绘，底图https：//www.google.com/maps/@33.9444463，111.7708876，3242a，35y，346.88h，66.97t/data=!3m1!1e3）

2. 街巷肌理

从中观层面分析，大王庙村基坡而起，由南向北逐渐升高，高差不大。如图2所示，村落保护区范围大体为老村范围，且多为明清民居及历史建筑，主要分布在古官道和文曲河两岸，几座保存较完整的院落由"官道"以坡道形式与北侧相连。老村传统建筑街道围绕当街古井布置。主干道为"官道"，官道起自村东门，过娃娃虹桥向西向北环绕而下，一直通往村西口，连接村北"马坪"和村西"箭坪"。人丁日盛后，村落逐渐向村南，村东北方向发展，村中心的古井仍保留其公共活动空间作用，但古井旁的戏楼已毁于"文革期间"。图3为笔者先后几次到达大王庙村调研选取典型建筑的情况。村东侧为主要的进村路线，街巷结构较为清晰，建

筑物多为20世纪80年代及80年代以降建造而成的，街巷结构清晰、简单。图4为笔者选取的比较有代表性的三块区域的平面图，其中地块A为历史建筑集中分布的区域，由于历史久远，随着时间的变迁，使用的人口发生变化。在分家、传家等影响因素影响下，院落内部空间构成发生变化，衍生出多种出入口方式，造成了街巷肌理不甚明显，街巷空间变化较后两块区域更为丰富。地块B和地块C分别选自村北部和村东部，是20世纪80年代建房和两千年左右建房。对比地块B（20世纪80年代）和地块C（两千年）后不难发现，随着时间的推移，村落建筑的密度大大增加。由于地块B和地块C均为新时期建筑，院落间组合方式较为单一，出入方式简单，多选择在不临街一侧辟门，街巷活力较差。总的来说，大王庙村地势基本平整，村周围山势起伏，多为浅山丘陵地形，便于院落布置。老村落即保护区范围内经过长

大王庙村传统建筑分布情况

大王庙村建筑调研点选取情况

图3 大王庙村传统建筑分布情况及调研点选取情况（图片来源：作者自绘）

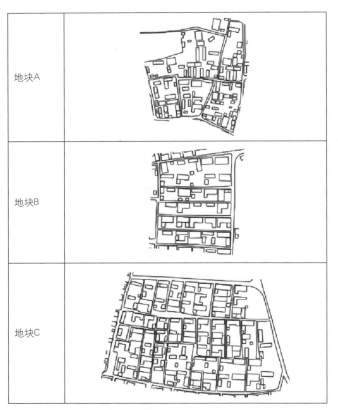

地块A	
地块B	
地块C	

图4 不同地块平面图（图片来源：作者自绘）

时间的演化，院落结构有较大改变，出入方式丰富，街巷肌理呈现出自我更新后的非匀质化复杂肌理；新村落区域中的人员关系简单，多为分家后单独建房，院落关系简单，出入方式单一，邻里间互动关系不如老村区域，街巷肌理呈现出匀质而简单的特点。

3. 院落布局

大王庙村现存古建筑群为富有豫西传统建筑特色

的合院式建筑，建筑多以土坯作为墙身的建筑材料，屋顶做法多为悬山顶、干槎瓦屋面。其中，"李家大院"、"孙家大院"、"赵家大院"、"马家大院"，四家大院为前清建筑，古朴文雅，是典型的合院式民居。调研中发现，因靠近山西、陕西，大王庙村民居院落进深与面宽比较长，在空间形态上，呈晋中、晋南、豫西常见的"窄院"型院落。东、西厢房常会遮挡堂屋窗户的一半，当地人称"半捂眼"；堂屋常被分割为两层，上层虽多为储物，但依然开有与下层对应的窗和门，与"半捂眼"一道以保证建筑采光的需要。厢房的山墙与堂屋南立面间常有两米左右的"风道"，也称为"山不压窗"，保证院落的通风。民居开间以三间为主，堂屋、厢房和倒座围成四合院，院墙和房顶都建有独特的装饰。农耕文化背景下，村中传统建筑多体现出封闭特点；近现代建筑仍沿用古法，布局多为三合院形式，西厢房地位最低，多为简易储物空间甚至沦为院中菜地。大王庙村中传统院落延续了"窄院"的特征，四合院对内开场对外封闭，具有防御性特征。村中院落多采用对称布局，院落中堂屋因其所处地段不同，方位也有所不同，常见有堂屋坐北朝南、坐西朝东两种，大门方位与堂屋朝向呼应，符合风水观念。建筑墙体多为土坯墙，颜色古朴简洁，与自然融为一体，仅有几处大户人家的宅子用青砖砌筑墙体，或用青砖包边土坯。金家大院（图5），为南北走向的两进院落。石雕门墩古朴大方，二门垂花门做工考究，东西两侧设有神龛，将外宅和内院有效划分开来。一进院落保存情况较差，现已被村民改建为平屋顶，二进院落保留原貌，且仍在使用。孙家大院，占地810平方米，一进四合院，砖木结构建筑，保存情况较好。大门两侧墀头雕牡丹，抱鼓石雕有莲花和菊花。堂屋为青砖砌筑墙体，东西厢房为青砖与土坯砖结合使用的墙体，俗称"砖包边、坯填心"。

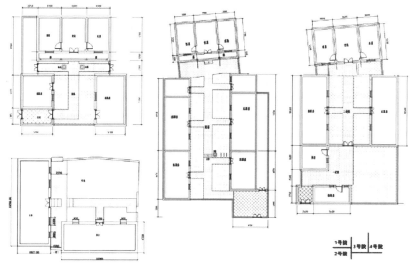

图5　大王庙村传统民居测绘图（图片来源：作者自绘）

三、气候适应性

河南地处黄河中下游，地势西高东低，东部为豫东大平原，海拔大都在100米以下；西部为丘陵山地，海拔在500～1000米以上。大王庙村所属的栾川县潭头镇，区划豫西洛阳市，气候多样，四季分明，属典型的大陆性季风气候，具有冬季寒冷干燥，春季多风干旱，夏季炎热多雨，秋季晴朗日照长的气候特点。

大王庙村的院落面宽一般小于3间，院落狭长，堂屋高于东、西两侧厢房，这样的院落空间针对中原地区冬夏太阳高度角差别和冬夏不同季风的特点，能够适应夏季防晒通风和冬季日照防风的要求。民居院落周边和院落内部的植被一般选择高大的落叶乔木，对热调节的作用是夏季遮阳而冬季不挡阳光，绿色植物可咀吸收热量，湿润空气，调节局部气候的舒适性。墙体采取厚重的青砖、土坯砖等材料能有效减缓室内外热量的传递；屋顶虽多为单层瓦，但木质阁楼充当了缓冲层，起到了保温隔热的作用。传统建筑北向不开窗，尽在南向设窗、门，以此防止冷空气和风沙侵袭。北方民居冬季寒冷，建筑组合松散，争取最大采光量；南方气候湿热，建筑结构较为开敞，注重隔热降温、通风去潮。大王庙村地处中原，属南北气候过渡地带，冬夏气温波动幅度较大，其组合形式和房屋的屋顶、墙体、门窗等构造方式上具有明显的过渡特征和地域特点。

四、材料适应性

中原地区自古是兵家必争之地，论险峻不如川

蜀，说富足不比江浙。豫西巩义的康百万庄园，是人称三大"活财神"之一的康应魁的宅邸，康家之富，民间称其"头枕泾阳、西安，脚踏临沂、济南；马跑千里不吃别家草，人行千里尽是康家田"。当然，大王庙村并没有这样富甲一方的商贾。底层劳动人民凭借自身智慧，就地取材，物尽其用，形成了富有地方特色的合院式建筑。

土坯砖是大王庙村最常见的墙体材料之一。土坯是自然风干的，无需火烧，既节约能源，也无污染，有效节约建筑成本。当地村民经常会在这种土坯砖中加入秸秆等材料。秸秆主要起拉接作用，能够提高土坯墙的抗震性能。土坯砖墙体结构性、热稳定性和舒适性良好，它施工方便且具备可再生性（可拆除回收），是建设资源节约型、环境友好型社会所应该推崇的乡土建筑材料（图6）。

大王庙村建筑常用干槎瓦屋面，即没有盖瓦，瓦垄间无灰梗遮挡的屋面做法。由于靠瓦垄与瓦垄相互连接，干槎瓦屋面的正脊和垂脊不做复杂脊兽、鸱吻，上设扁担脊，屋面整体防水性强，不易生草，只要木构架不变形、灰背层不损坏，屋面即可保证不漏水。20世纪80年代建起的民居，其屋顶结构多为檩条上架椽子，椽子上铺一层树皮，待树皮晾干后，铺抹泥灰，最后布瓦，也能够防止雨水侵蚀，但一定时间后树皮需要更换。

料姜石是黄土层或风化红土层中钙质结核，常见于山墙之上，在当地被村民誉为最美装饰物（图7）。料姜石本如姜一般奇形怪状，外表杂乱无章，在村民的静心挑选下，被有序地排列在山墙上，对应室内的木质阁楼，常用语储藏粮食和作物种子，通风效果良好，能够有效地防止晾干的食材受潮、变质。

图6　加入了秸秆和碎瓦片的土坯砖墙面
（图片来源：作者自摄）

图7　料姜石山墙（图片来源：作者自摄）

五、结语

　　大王庙村具有一定的历史价值、艺术价值、科学价值和文化价值。2012年12月颁布的《关于加强传统村落保护发展工作的指导意见》指出传统村落承载着中华传统文化的精华，凝聚着中华民族精神，是农耕文明不可再生的文化遗产、是维系华夏子孙文化认同的纽带、是繁荣发展民族文化的根基。2014年4月，在《关于切实加强中国传统村落保护的指导意见》中再次强调，传统村落传承着中华民族的历史记忆、生产生活智慧、文化艺术结晶和民族地域特色，维系着中华文明的根，寄托着中华各族儿女的乡愁。大王庙村村内新建房屋多为改革开放以后的20世纪七八十年代，因一直沿袭古法，使得大王庙村的传统风貌保存良好，具有浓厚的豫西风格，研究其自然适应性、社会适应性和人文适应性，对于研究豫西传统村落的文化地域性格、中原传统村落的审美文化特征有重要意义。历史上，大王庙村乃官道途径之处，屡出举人，名人辈出，被视为风水宝地；艺术上，大王庙村的"挠桩"表演已传承近百年，架桩人舞步时急时缓，如凤凰展翅、蛟龙入海，桩童甩袖或柔或刚，令人眼花缭乱、目不暇接；建筑科学上，劳动人民就地取材，因坡就势，是低技条件下富有地域特色的民居典范；抗日战争期间，河南大学在此坚持办学五年，为国家输送了大批高水平人才。2016年，包括大王庙村在内的潭头镇作为河南大学抗战办学旧址被评为河南省爱国主义教育示范基地，在中原乃至中国文化中占有一席之地。

参考文献：

　　[1] 李迎博. 潭头镇：开发乡村旅游打造特色产业 [N]. 洛阳日报，2015-12-11（003）.

　　[2] 常书香. 活化传统村落留住美丽乡愁 [N]. 洛阳日报，2014-12-10（002）.

　　[3] 栾川古树 [J]. 国土绿化，2014，（09）：37.

　　[4] 李斌，何刚，李华. 中原传统村落的院落空间研究——以河南郏县朱洼村和张店村为例 [J]. 建筑学报，2014，（S1）：64-69.

　　[5] 唐孝祥，吴思慧. 试析闽南侨乡建筑的文化地域性格 [J]. 南方建筑，2012，（01）：48-53.

　　[6] 唐孝祥. 岭南近代建筑文化与美学 [M]. 北京：中国建筑工业出版社，2010.

　　[7] 张艳玲，肖大威. 历史文化村镇文化空间保护研究 [J]. 华中建筑，2010，（07）：169-171.

　　[8] 潘莹，施瑛. 简析明清时期江西传统民居形成的原因 [J]. 农业考古，2006，（03）：179-181.

　　[9] 冯江，阮思勤，徐好好. 广府村落田野调查个案：横坑 [J]. 新建筑，2006，（01）：32-35.

　　[10] 王晓阳，赵之枫. 传统乡土聚落的旅游转型 [J]. 建筑学报，2001，（09）：8-12.

　　[11] 王路. 村落的未来景象——传统村落的经验与当代聚落规划 [J]. 建筑学报，2000，（11）：16-22.

　　[12] 唐孝祥，陆琦. 试析传统建筑环境美学观 [J]. 华中建筑，2000，（02）：112-114.

　　[13] 张放涛. 潭头岁月 [M]. 郑州：河南大学出版社，1996.

　　[14] 单德启. 论中国传统民居村寨集落的改造 [J]. 建筑学报，1992，（04）：8-11.

从浙江平湖广陈镇山塘村看江南平原水乡聚落演变规律[1]

赵明书[2]

摘　要： 本文以江南平原水乡聚落作为一个整体的系统，首先在微观层面上以江南平原水乡典型村落山塘村为例，通过调研、访谈及查阅文献归纳总结乡村聚落与村级集镇的形态演变规律。然后在中观层面上将山塘村纳入区域聚落体系，运用中心地理论的研究方法建立模型图式，总结区域聚落中不同等级集镇的演变规律。最后根据以上分析从宏观层面探索江南平原水乡聚落系统下村镇兴衰整体演变规律。

关键词： 集镇；乡村聚落；演变；中心地

江南平原水乡地区传统聚落是由城区、不同等级的集镇和乡村聚落组成的树状系统，它们互相关联，动态变化。城区与集镇、高一级集镇与次一级集镇、集镇与乡村聚落在多种因素作用下可以互相演化。这也是将传统城区到乡村聚落整合到一个系统下进行研究的重要基础。在以往的研究中，由于江南平原水乡地区保存较好的村落如一些中国历史文化名村、中国传统村落等多数都是村级集镇，而广大乡村地区一方面毁于战火，另一方面本身建筑质量较差，随村民生活水平提升而快速更新，历史遗存不多。因此以往的研究多聚焦在集镇聚落，对广大乡村地区关注较少，静态形态分析较多，动态演化分析较少。笔者重点关注对象是江南平原水乡地区县城以下的乡村和集镇的演变规律，从浙江平湖山塘村及其区域聚落体系入手，对城区与集镇的演化本文不做展开。

一、浙江平湖山塘村聚落形态演变规律

浙江平湖山塘村（以下简称南山塘村）为第一批浙江省传统村落，是包含1个集镇与38个居民点（自然村落）的行政村。与上海廊下山塘村（以下简称北山塘村）分别位于浙沪界河山塘河南北两岸，以山塘桥为纽带形成横跨浙沪两地的山塘集镇。唐以前同属古代海盐县辖地，到唐天宝十年（公元751年）两地分治，至此

已达千余年之久。由于所属辖区不同，后期发展并不同步，本文参考北山塘村的发展状况，以南山塘村为主要研究对象。

1. 由散村到集镇

早在6000多年前，南北山塘就已有先民生息。这里曾是浅海滩涂，先民世世代代以修建圩田的方式将滩涂改造为良田，当地众多地区皆以"圩"、"埭"等命名，南北山塘地区依水网形成众多规模较小的带状自然村落。当地村民主要以农业为生，在以家庭为单位的小农经济模式中，家庭规模较小，少有世家大族。是以血缘小聚居的杂姓村落。民居多为落戗屋形式，多为三开间，有的带厢房。

随着村落的发展和人口的增长，两岸村民商品交易的需求也随之增长。于是附近村民及一些苏北难民在水路交通便利的山塘河两岸进行贸易活动形成集市，在清顺治年间形成集镇并初具雏形。村落和集镇的布局就如陈从周先生所说的"镇依支流，村傍小溪"。山塘集镇如今还保留着部分以前的格局（图1），主街贯穿南北两岸，长约180米，宽约5米，南岸主街东侧还有一条次街，也为南北走向。与周边其他集镇在东西向河道后侧形成平行于河道的大街有所不同。笔者推测应该是北岸先形成小的乡村聚落，而南岸聚落并未紧邻山塘河。随着水路交通和商业的发展，为了方便两岸的贸易往来，

1　国家自然科学基金资助项目：传播学视野下我国南方乡土营造的源流和变迁研究（课题号51878450）、我国地域营造谱系的传承方式及其在当代风土建筑进化中的再生途径（课题号51738008）

2　赵明书：同济大学建筑系硕士研究生在读，邮编：200092，Email：zhaomingshu0604@163.com。

辐射更多南山塘腹地自然村落，最终在南山塘一侧形成南北走向的大街。山塘集镇除了商业外还设育婴堂、城隍庙、山塘初级小学等，成为乡村文化生活的中心。

图1　山塘集镇现状（图片来源：百度地图）

2. 由核心到分散

20世纪50～60年代迎来生育高峰，人口急剧扩张，而经济条件有限，山塘村新建房屋数量并不多，很多家庭十多口人仍挤在一间三开间的民居里，甚至茅草搭建的猪舍里也会住人。20世纪70年代以后，经济条件好转，生育高峰的这代人纷纷成年组建家庭，分家后申请新宅基，相继建起楼房。乡村农户分家分到耕地里，而集镇土地有限，集镇农户也分到耕地里，大量耕地被占用。有的居民点之前只有两户，后期扩张到十几户。整个村子在这一时期开始呈现爆发式增长，以各个自然村落为中心沿水系向外部蔓延，像毛细血管一样线性扩张，逐渐连成一片。而在实行计划生育以后的20年，即1990年代末，分家批新宅基的需求终于急剧下降，乡村聚落呈现稳定状态（图2）。

计划经济时期，集镇上城隍庙在20世纪60年代拆建为合作商店，村里其他庙宇大部分也被拆毁。1970年

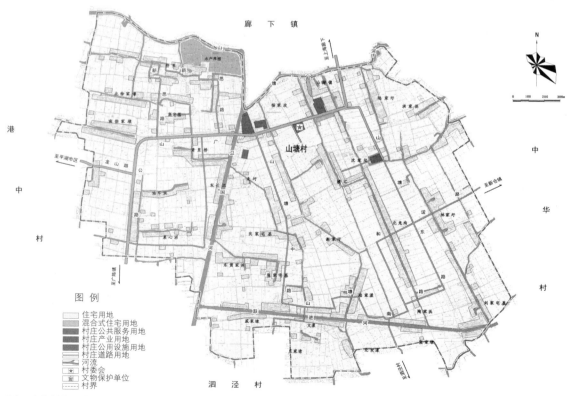

图2　山塘村域现状图（图片来源：平湖市广陈镇政府）

代以后南山塘不能跨省区到北山塘上学，在山塘老村部（位于沈家坟）和谢张老村部（位于杨家坟）设小学和中学。集镇上的卫生所也搬到了老村部。随着工业的发展，老村部附近吸引了一些企业。乡村文化生活中心开始从集镇向老村部转移。所幸有供销社等机构设在山塘集镇上，才免于像其他小集镇那样迅速衰落。甚至由于跨省地的地理优势，山塘集镇商品种类较其他中心市镇更全，其他市镇的人也会来集镇购买商品，山塘集镇购

销服务半径扩大。

改革开放以后，恢复市场经济，山塘集镇商品种类优势被打破，不能再满足物质需求更丰富的当代村民的要求，集镇逐渐凋敝。集镇上的民居尤其是在主街南端和次街的村民不再靠商品交易为生，原地翻建时住宅朝向由原来的沿街逐渐变为南北朝向，集镇的格局随之发生改变。2000年谢张村和山塘村合并，新村搬到山塘集镇南侧，同时设有卫生所、老年人活动室等。村里学校取消，统一到广陈镇上学。新村所在公路两侧也建有企业、饭店等。乡村生活中心再次转移。

3. 由分散到集聚

2004年以后平湖国土局明确了土地性质，南山塘耕地基本都是永久性基本农田，很难像以前在耕地里分宅基地，从规划政策上阻止了聚落的蔓延。在城乡一体化发展的背景下，城乡开始整体规划。嘉兴市提出"1+X"体系的村庄布点规划，2014年平湖市完成优化的"1+X+n"三级结构的村庄布点规划。"1"为新市镇社区，就是农村人口向新市镇社区转移，是人口城镇化的过程。"X"为农村新社区，是分散的自然村落集约化发展的过程。最后增加了"n"为传统自然村落保留点，保留了传统乡村的风貌。在此规划下，南山塘村"n"点保留了山塘集镇和南侧带状自然村落。"X"点则规划在两个"n"点之间（图3）。市场经济下，村里的年轻人大部分都不再种田，而是到附近村镇企业打工，近两年村里的土地也开始流转，以种田为生的农户越来越少。乡村聚落不再需要建在靠近水边的自家耕地里，这是未来建设集约化的农村新社区的必要基础。

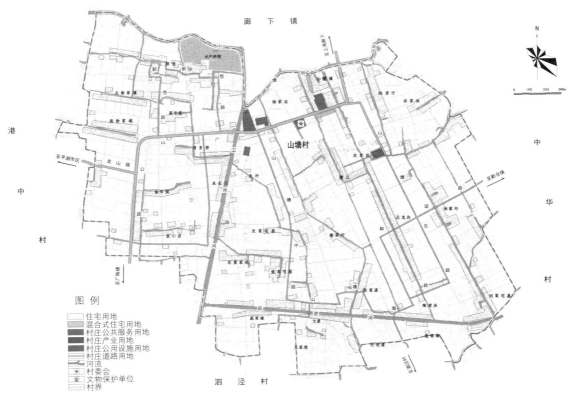

图3　山塘村村庄布点规划图（图片来源：平湖市广陈镇政府）

二、区域聚落体系分析

我国传统经济时期长期以县作为基本行政单位，县以下则是实行保甲制度的村民自治的广大村镇地区。这些村镇自下而上生长，形成以县城为中心，各级集镇为次一级中心，服务于广大乡村聚落的网络体系。探索江南平原水乡村镇聚落演变规律则不能脱离网络体系孤立的研究单个村镇。笔者将南山塘村放入区域聚落网络中，采用中心地理论研究方法探索山塘周边区域聚落演变规律。

1. 中心地学说

中心地学说是德国地理与经济学家克里斯塔勒提出的一种区域内城市、集镇与乡村聚落的空间模式结构理论。他认为一个具有经济活动的区域由若干不同规模等级的位于自身服务区范围中心的城镇构成，城镇级别与数量成反比。在理想化状态下，将城镇服务范围定义为圆形，则三圆相切的交界区域不在任何一个中心地服务范围，因此优化为等边六边形的城镇结构模型（图4）。并以市场最优原则，交通最优原则和行政最优原则建立了三种组织形式。作为一个基本区域的等边六边形中包含的中心数量定义为K，按照市场最优原则，每个低级中心受到三个高级中心的市场引力（1/3），每个基本区域有6个低级中心和1个高级中心（6×1/3+1），K=3。按照交通最优原则，每个低级中心受到两个高级中心的市场引力（1/2），每个基本区域有6个低级中心和1个高级中心（6×1/3+1），K=4。按照行政最优原则，一个高级行政中心周围有六个基层行政中心（1+6），且每个基本区域边界明确，市场引力影响不到相邻基本区域，K=7。（图5）

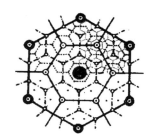

图4 中心地体系的市场区域
（图片来源：参考文献10）

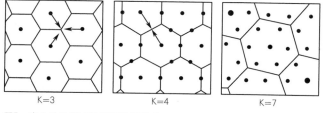

图5 中心地体系三种排列组织形式
（图片来源：参考文献5）

2. 中心地等级

明宣德五年（1430年）前，古海盐县县治由于海

侵屡迁，曾设于柘湖（今张堰）、当湖、乍浦，明宣德四年（1429年）从海盐县析出四个乡建平湖县，县治设于广陈，次年迁至当湖，此后长期不变，至今已有700多年，因此平湖地区的最高级别传统中心地为当湖城区的集镇（一级集镇）。根据中心地理论，县治并未在县域中心，而是偏于西部，可能存在地区副中心级集镇（为二级集镇）。但由于当地海侵、倭寇犯境，各个集镇轮番发展，此消彼长，相对均衡，副中心可能频繁更迭。[1] 再次一级的为乡镇级别集镇（三级集镇），最低层级的为村级集镇（四级集镇）。新中国成立后，县以下设建制镇，原先地区副中心集镇和乡镇级别集镇中一部分成为建制镇（相当于原来的二级集镇），未设建制的集镇仍可分为乡镇级别集镇（三级集镇）和村级集镇（四级集镇）（图6）。

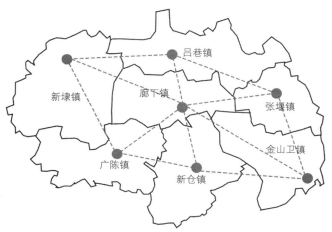

图6 建制镇中心地模型（图片来源：作者自绘）

3. 传统经济时期区域聚落

将山塘区域的聚落网络转译为等边六边形的城镇结构模型（图7、图8），山塘地区三级集镇为广陈、新仓、衙前、新埭及上海金山的吕巷、张堰、廊下、金山卫等集镇。山塘附近村级集镇（四级集镇）为山塘、鱼圻塘、泗里桥、新庙。

1）组织形式

与中心地理论中交通最优原则下的组织形式契合度较高，四级集镇位于三级集镇的水路交通中心，可见水路交通对于江南平原水乡地区线性聚落的集镇分布起着决定性作用。由于河道走向并不可能完全是理想状态下的两点间直线，因此也会出现像新仓到新庙这种村级和乡镇级集镇之间并未有水系连通的情况。

1 根据克里斯塔勒著.德国南部中心地原理［M］中心地等级是根据区域外连线区域内各中心的次数确定，次数越多说明等级越高。此方法在此不适用。

图7 传统经济时期山塘周边区域聚落体系（图片来源：作者自绘）

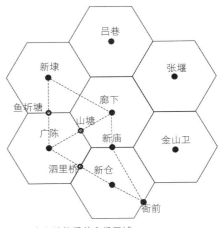

图8 中心地体系的市场区域
（图片来源：作者自绘）

集镇间水路和陆路距离 表1

集镇级别	集镇名称	传统经济时期		现状	
		水路距离（老街）（km）	平均距离（km）	陆路距离（新街）（km）	平均距离（km）
村级—镇级	山塘集镇-广陈集镇	9.6	4.6	6.1	4.5
	山塘集镇-廊下集镇	3.9		2.8	
	泗里桥集镇-广陈集镇	2.2		泗里桥集镇消失	
	泗里桥集镇-新仓集镇	4.1		泗里桥集镇消失	
	新庙集镇-廊下集镇	3.6		3.9	6.6
	新庙集镇-新仓集镇	—		4.1	
	新庙集镇-衙前集镇	4.1		5.1	
镇级—镇级	衙前集镇-新仓集镇	5.4	8.3	5.2	
	广陈集镇-新仓集镇	6.3		9.6	
	广陈集镇-廊下集镇	13.5		8.9	
	廊下集镇-衙前集镇	7.8		9.2	

2）集镇平均距离

三级集镇与四级集镇水路距离平均4.6公里左右，三级集镇之间水路距离平均8.3公里左右。三级集镇基本在二级集镇中心（表1）。

3）服务范围的关系

由于交通并不发达，各个三级集镇与四级集镇规模和商品种类相差并不大，因此各集镇服务范围大部分并不重叠，只有处于各集镇服务范围交界处才有小部分重叠。即山塘集镇基本可以满足山塘地区的普通农户的需求，同时由于交通不便附近的村民几乎不会去到周边其他集镇，而处于廊下、广陈、衙前三角区域中心的村民去不同集镇的频率较高。

4．区域聚落现状

集镇区位基本不变，但由于发展陆路交通，中心转移到靠近道路的新建集镇。廊下、广陈、新仓变为建制镇，从三级集镇升为二级集镇，市场引力和行政引力明显增强。新庙和衙前发展工业产业，因此新庙由规模较小的四级集镇发展成为三级集镇。衙前虽未升为建制镇，但仍保存了原来三级集镇的地位。原来的四级集镇山塘和泗里桥，前者规模缩小引力变弱，后者已完全消失变为密度较低的乡村聚落（图9）。

1）组织形式

仍与中心地理论中交通最优原则下的组织形式契合度较高（图10），市场活动体现尤为明显，但受到行政最优原则影响增强。设立行政建制以后，带来的影响主要为两方面：一是过去占水路交通优势的两个集镇由于分属不同行政区划联系逐渐减弱，同一行政区内联系加强。如广陈、新仓以前以盐船河直接联系，现在却没有直达的陆路路线。二是像上学、办理证件（如老年证、残疾证等）等活动受到行政区划制约，如过去南山塘村民可以跨区就近在上海读书，而现在只能在广陈镇读书。

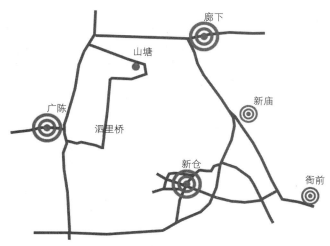

图9 山塘周边区域聚落体系现状（图片来源：作者自绘）

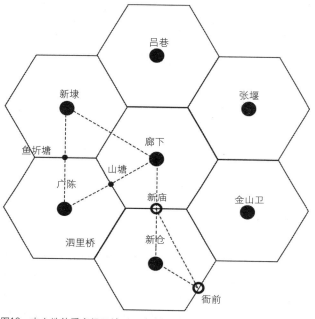

图10 中心地体系市场区域（图片来源：作者自绘）

2）集镇平均距离

二级和三级集镇都为镇级中心，规模和级别差异较小，四级集镇与二级三级集镇陆路距离平均4.5公里，二级和三级集镇之间陆路距离平均6.6公里，比水陆交通时的距离有所缩短（表1）。

3）服务范围的关系

由于各集镇商品种类数量差异变大，高级中心地商品丰富度明显高于低级中心地，且交通更加方便，因此各级集镇服务范围形成包含关系，如建制镇廊下和广陈镇服务范围包含山塘集镇。山塘集镇附近村民日常和应急需求仍会在山塘集镇满足，但去广陈或廊下的频率基本可以达到每周一次以上，在二级集镇购买需求完全满足，几乎很少会到上一级的平湖市区。

三、江南平原水乡聚落演变规律

将传统江南平原水乡聚落看作一个体系，则这个体系是由广大均质的乡村聚落和异质的各级集镇构成。根据以上从对一个包含集镇和乡村聚落的聚落单元演变的研究，到对其周围几个不同级别集镇的区域研究，笔者尝试对江南平原水乡面域的聚落体系演变规律做一些归纳和总结。

1. 传统经济时期

乡村聚落自下而上生长，临水而建呈带状布局，聚落规模较小且分散，小农经济下基本自给自足。由于商品贸易发展逐渐在水路交通发达地区的乡村聚落发展成集镇。集镇布局以水路交通为主导，三级集镇和四级集镇规模相差较小，发展均衡。由于县以下乡村自治的缘故，广大乡村地区由无数上文所示的区域网络均质分布而成，中心地组织形式主要受交通最优原则影响。

2. 计划经济时期

新中国成立后人口的爆发，乡村聚落呈现出边缘扩张，原来的带状聚落呈现自下而上蔓延式生长，乡村盖起大量楼房。而由于计划经济体制，以及建制镇的设立，各级集镇呈现自上而下的发展。商品交易仍依靠水路运输，私营转变为国营或集体所有，逐步变成统销统购的模式，有供销社等国营机构的集镇才能维持发展，而其他小集镇则迅速衰落，变成普通乡村聚落。这一时期中心集镇优势不明显，反而由于边缘集镇的跨省地优势物资种类更丰富，发展较迅速。

3. 市场经济时期

计划生育及对乡村建房的限制，乡村聚落基本呈稳定态势。在城乡一体化发展的背景下，散落的乡村聚落逐步并点拆迁，形成集约化新社区。这一时期，水路交通变为陆路交通，中心地组织形式仍受交通最优原则影响，同时行政最优影响比重扩大，建制镇得到了较快发展，规模和集聚能力大幅度提升，集镇中心由临水的老集镇后退到依附道路交通系统的新建集镇。发展工业、旅游业等产业的集镇兴起，而依然为村级集镇为村民提供日常服务的小集镇逐渐衰落。市场经济下中心集镇优势越发明显，边缘集镇则不断收缩。未来乡村就地城镇化程度将会越来越高，生产生活方式也将越来越接近城镇居民，商业应当更加密集。然而现状乡村集镇数量本身并未增多，甚至在减少，这是因为如今的四级集镇提供的商品不能满足村民日益提升的对商品种类和质量需求，宁愿到更远的集镇。那么未来乡村人口集约化以后，发展出更多优质的四级集镇将是一种必然趋势。

参考文献：

[1] 李立著. 乡村聚落：形态、类型与演变 以江南地区为例 [M]. 南京：东南大学出版社. 2007.

[2] 费孝通著. 江村经济 [M]. 上海：上海人民出版社. 2006.

[3]《江苏省小城镇研究课题组》编写. 小城镇大问题 江苏省小城镇研究论文选 [M]. 南京：江苏人民出版社. 1984.

[4] 金其铭著. 农村聚落地理 [M]. 北京：科学出版社. 1988.

[5] 林涛. 浙北乡村集聚化及其聚落空间演进模式研究 [D]. 浙江大学，2012.

[6] 郎大志. 浙江乌石村村落空间形态演变研究 [D]. 浙江大学，2013.

[7] 陈宗炎. 浙北地区乡村住居空间形态研究 [D]. 浙江大学，2011.

[8] 丁俊清，杨新平著. 浙江民居 [M]. 北京：中国建筑工业出版社. 2009.

[9]（德）克里斯塔勒著. 德国南部中心地原理 [M]. 北京：商务印书馆. 2010.

绵延的乡土

——东北"王家馆子"村空间特质与建筑文脉解析[1]

朱　莹[2]　屈芳竹[3]　李红琳[4]

摘　要："不了解中国农村就不了解中国，不了解传统村落就不了中国的农村"[5]。历经千年文化的积淀，农村作为生产根基，极具乡土本色。新农村建设背景下人们通过不同的方式进行乡建，但很多原真性的仿古却做的粗制滥造，使原本"乡愁"满满的村落变的不再有乡情。本文基于社会学视野，立足建筑学专业，结合田野实践及实地测绘等方法，以王家馆子村为例，解析院落空间布局体现地域特质，建筑空间组织凸显大院型制，独特取暖设施和特色建造技艺凸显东北寒地的研究内容。希望能为东北传统大院形式的保护和更新提供理论依据。

关键词：王家馆子；东北大院；建筑特点；院落形式；次文化圈

引言

　　王家馆子位于黑龙江省尚志市黑龙江镇王家馆子村，属于纬度位置较高的东北。这里冬天漫长寒冷，夏季炎热，地广人稀，土地资源丰厚。独特的人居环境造就了具有鲜明地域性特征的东北农村，形成了直接与自然环境融为一体的空间事实。人的生活特征、衣食住行等都充分展现了当地人们应对不同季节的智慧。受太阳高度角较低以及严寒气候特征的影响，形成了"大院小宅"的东北民居特征，以便尽可能地增加房屋的日照。每家每户独屋独院，靠农耕和饲养家禽自给自足，前院后院分布不同的蔬菜和果树以及作为饲养家禽和村民的聚落公共空间（图1）。独特的地域性因素使得东北这片黑土地上生长出的建筑不同于诗情画意的江南水乡，也不同于宛如水墨画中的西递、宏村，而是更多了东北的粗野与豪放，形成了独具一格的东北文化。

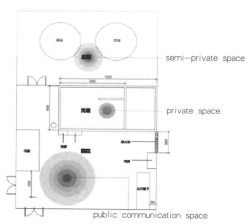

图1　东北大院整体布局简图（图片来源：作者自绘）

一、地缘共同体[6]之下的"王家馆子"村

　　受东北文化熏陶之下的王家馆子，成了这片地缘

1　国家自然科学基金资助（项目批准号：51508125），2018年度黑龙江省经济社会发展重点研究课题（项目编号：18208），2016年度黑龙江省寒地建筑科学重点实验室自主研究课题（项目编号：2016HDJ2-1203）。

2　朱莹，哈尔滨工业大学建筑学院，寒地城乡人居环境科学与技术工业和信息化部重点实验室，副教授，硕士研究生导师，荷兰代尔夫特访问学者，150001，duttdoing@163.com。

3　屈芳竹，哈尔滨工业大学建筑学院，寒地城乡人居环境科学与技术工业和信息化部重点实验室，硕士研究生，150001，617670367@qq.com。

4　李红琳，哈尔滨工业大学建筑学院，寒地城乡人居环境科学与技术工业和信息化部重点实验室，硕士研究生，150001，2373476568@qq.com。

5　费孝通，乡土中国[M]．上海：上海人民出版社，2006。

6　地缘共同体：地缘，是基于地理相邻关系而产生的先天亲近感，乡村本身就是地缘性的依存体。乡村地缘共同体，即是要重建基于地缘性的乡村合作共生关系，重建以单元差异化，多元化发展为基本面貌的良性秩序。

共同体下典型的东北传统村落，淳朴的建筑形式，却是中国农村较早的建筑缩影。王家馆子村距今已有70多年的历史，伊始这里没有村庄，家家户户在山坡上零散分布，在日本侵华以后，人们迫于压力定居在这里，形成了具有典型地缘凝聚力[1]的村落，曾也叫北兴，名字的由来源于当初有个王寡妇在这里开馆子，因此而得此名。村庄人口最多的时候有214户，后来流行一种疾病，到目前为止仅有100多户。

王家馆子的居住形式深受地域因素和东北文化的影响，村子里的建筑布局较为松散，建筑主要以单体结合大院的形式出现，民居分为两户和三户两种户型，屋顶多为坡屋顶。材料的选取因地制宜，采用了当地盛产的黄土和麦秸（图2），有草房和砖房两种形式。为了抵御严寒，建筑做了很多细节上的处理，建筑整体南北朝向，南面窗大于北面窗，东西方向一般不开窗或开小窗，墙体800毫米厚，建筑内部有东北独有的火炕，使得人们可以舒适地度过寒冷漫长的冬天。院落与建筑形成包围关系，院子中分布着村民生活需要的必需品，包括马厩（图3），

图2 用黄土和麦秸建造的东北民居（图片来源：作者自摄）

图3 马厩（图片来源：作者自摄）

狗窝，柴火垛子，鸡窝，玉米篓子（图4）等。到目前为止，王家馆子一年四季依然呈现出老东北农村的原真生活景象，传承着浓厚的东北农村生活状态。

图4 玉米篓子（图片来源：作者自摄）

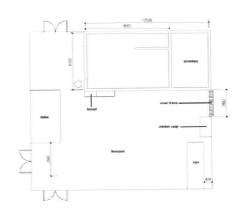

图5 院落的空间布局样图
（图片来源：作者自绘）

1. 院落布局

大院小宅是东北农村大院的显著特点，院落空间也是东北村民必不可少的生活空间与精神空间。院落的空间布局（图5）受到人居环境和人行的行为方式的极大影响，前院摘梨花，后院摘果树（图6），建筑两边有两个大烟囱（图7），南边有砌狗屋，北面架鸡棚，各家各户根据自己的生活习惯来排布。宽敞的大院使得民居内部摄入更多的阳光，抵御严寒，同时给东北村民储藏粮食提供了很好的场所。除此之外，这个半开放性的大院，给人们提供了生活娱乐的空间，适合东北村民

---

1 地缘凝聚力：人们的定居生活必须以土地为基础，共同的土地资源是家庭分享生活快乐的依据，是养育所有定居家庭的同一条血脉。

图6　庭院景象（图片来源：作者自摄）

图7　东北农村烟囱（图片来源：作者自绘）

喜好在院落活动的生活习惯。

2. 建筑特征

1）平面组织

王家馆子的建筑单体，是早些年东北典型农村的建筑形式（图8～图10），建筑面积约40平方米。正门厅朝南向，有房门和中门，由于受当时封建迷信的影响，两个门之间一定要有一些距离，一进大门为厨房，西面为卧室，靠近南面为火炕，中间留出一个小客厅。还有的民居在此基础上后面接一段为道闸，在旁边接一段为耳房，前面为门斗。每家每户基本都是这几种形式。建筑内部的空间布局有等级之分，若有多间屋子，则家中长辈住东屋，儿女住西屋。若只有一间屋子，则家中的长辈住炕头，年轻人住炕梢，一个火炕一般住六口人。

2）结构体系

建筑墙体材料由当地盛产的黄土和麦秸构成，防寒防雨结实耐用。屋顶为木质材质，覆盖顺序为檩子、椽子、扒材，最后覆盖干草（图11）。有的建筑为5条檩子，有的中间加一根，没有固定的规定，但都为单

数。扒材有保温的作用，有的是用树杆子，有的是柳条，有的是木头劈成瓣，横向摆在椽子上，边摆边仰犁，经过一些细节处理之后开始散潮。当时墙厚一尺二四十多公分，七十五高，宽度则各有不一，有的为两丈一，有的是两丈，有的是一丈八，发展至今已达到六米宽。在当时建造建筑的发展阶段也有目前我们所说的"模数制"之说。比如：斗瓦。草房的斗瓦为37%，好比房子的宽度为八米，那么用建筑的宽度乘以斗瓦便是建筑的高度。瓦房的斗瓦是28%，铁皮房为22%。

3）建构方式

东北民居的形态在中国有着较早的发展历史，前辈们聪明睿智，建造的房屋保持了几十年之久。在当时，建造房子之前应先备料，再挖地基，地基约2米深，超过当地冻层，正规地基为槽型，底部保证0.6米，上部保证1米，挖完地基再囤地基囤石头和砂石，之后在上面砌石头。石头砌筑之后是1.8米，外面囤砂，浇水焊。焊完之后上面砌石头，40、50墙在水平地面下砌一些，一般砌到房屋台高，再砌砖。还有另外一种建筑形式是三七房，这种房屋不打地基，一般砌四十厘米或一米高。有条件的村民房子盖得好一些，石

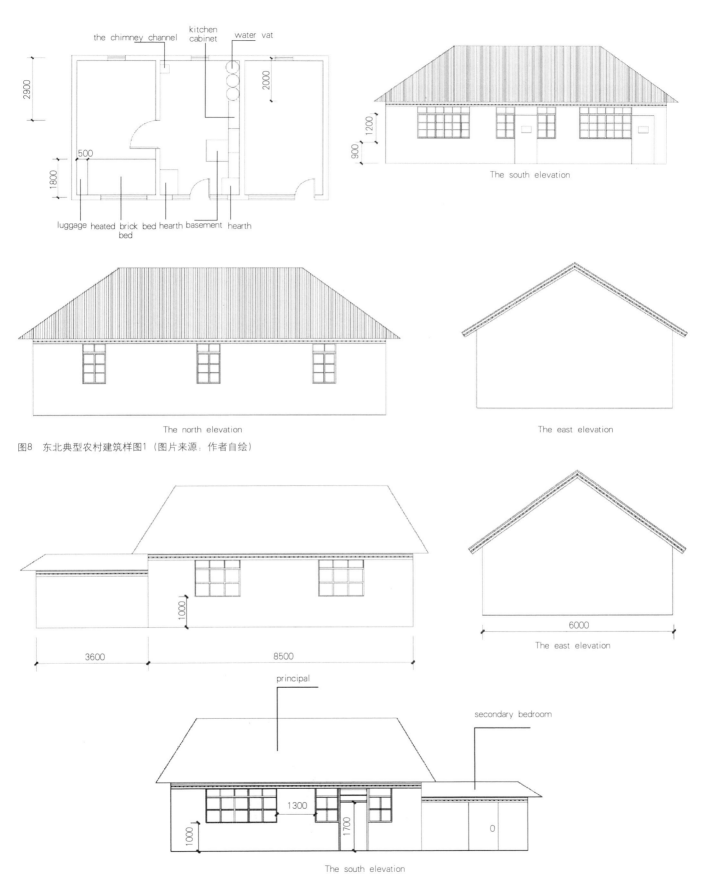

图8 东北典型农村建筑样图1（图片来源：作者自绘）

图9 东北典型农村建筑样图2（图片来源：作者自绘）

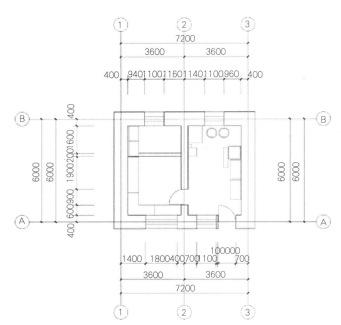

图10 东北典型农村建筑样图3（图片来源：作者自绘）

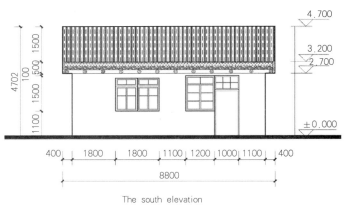

The south elevation

图11 屋架结构（图片来源：作者自摄）

图12 火炕（图片来源：作者自摄）

头砌的就多一些。砌完石头砌砖，砌完砖之后上托子，封檐，上吧台，上瓦。建造这样形式的东北民居直到村民住入住需要20多天的时间。

3. 取暖装置

面对长久的严冬，东北村民通过火墙和火炕（图12）来取暖。"柴烘炕暖胜披裘，宿火多还到晓留，谁道塞寒衾似铁，黑甜乡里好更温柔。"[1]在古诗词当中便能品味出古人对东北火炕御寒取暖特性的生动描绘，不管是现在还是以前，火炕都是东北民居的主要设施之一（图13）。火炕的搭建十分有讲究，它直接决定了一

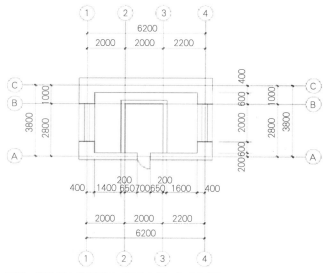

图13 张琳家火炕平面图（图片来源：作者自摄）

1 http://www.naic.org.cn/html/2017/gjjy_1101/31264.html

间屋子居住环境的优劣。"大架不费工，全在补窟窿。"可见，搭建火炕对技艺要求之高。搭建火炕，如果工序不精细，会导致火炕的受热不均匀，使得民居室内的生活环境受到极大的影响。为了更好地解决这一问题，火炕的里面会加入迎火皮，火从外面进到火炕中不能直接散开，需要用砖迎上，对着中心的高一点迎，旁边的矮一点迎，让烟尽可能地散开，这样火炕就可以受热均匀了。迎火皮在东北火炕中是不可或缺的成分，火炕的两头都能够串烟，外面是焰坑，火从这里便能够排出去。若是火炕的上下不热，那么就用第二块砖挡一下，将烟分成两部分散开；当烟到了炕梢再用迎火皮挡一下，火炕就全部热了。

4. 内部陈设

东北的家具有着悠久的历史，木质的家具极具特色。火炕上一般有被格子（图14）和炕桌，客厅还有地桌和办公桌椅等。被格子下面装衣服，上头装被子。炕桌长度一般是1.2米，宽度是0.6米，高八寸，二十四厘米。还有一些复杂的炕桌是包箱板的，面用胶粘，还有的就是外边镶边。桌子是榫卯结构的，无需耗用任意一颗钉子，这种做法流传至今，当今家具行业也在广泛应用。

图14 被格子（图片来源：作者自摄）

二、结语

经历历史洗礼的王家馆子，已然成为极具时代感的东北传统村落，依然保持着农耕劳作，饲养家禽的生活方式。虽历经时代变迁，政策转变，但"大院小宅"

这种民居形态依然是东北农村最适合的建筑形式。这种建筑形式源于当地村民生活行为方式的直接影响。但是长时间没有经过专业的保护，使得王家馆子这片东北传统村落的现状比较破落。村落整体缺少特性规划（图15），道路和周边设施较为杂乱；建筑墙体多数出现裂痕，屋顶杂草丛生（图16）；大院里面环境比较恶劣。若是，将村落重新拆除规划，则将破坏东北村落的原真性，遗产若是被破坏，将无法再生。当"乡土中国"遭遇"机器时代"，我们需要将乡土文化与当代环境有机的糅合，希望通过专业的测绘以及实地调研，能够将准确的数据记录下来，留下理论依据，为保护这片传统村落做一定的贡献，以及方便将来更好地对这片村落进行保护修复。传统村落一旦消失，文化何以继承。

图15 王家馆子村落现状（图片来源：作者自摄）

图16 建筑现状（图片来源：作者自摄）

参考文献：

[1] 朱莹，张向宁．演进的"乡土"——基于自组织理论的传统乡土聚落空间更新设计研究 [J]．建筑与文化，2016（3）：108-110．

[2] 朱莹，张向宁，王立仁．原生的"乡土"——传统乡土聚落空间构成与演化结构解析 [J]．城市建筑，2016（07）：118-121．

[3] 朱莹，张向宁．更生的乡土——传统乡土聚落"基底生形"更新设计研究 [J]．城市建筑，2017

（10）：33-35．

[4] 费孝通．乡土中国 [M]．上海：上海人民出版社，2006．

[5] 费孝通．江村农民生活及其变迁 [M]．敦煌文艺出版社，1997．

[6] 余英．关于民居研究方法论的思考 [J]．新建筑．2000（02）

[7] 李敏娟．论东北地区民居建筑的传承与发展 [J]．现代装饰（理论），2016（03）

[8] 张福贵．东北文化历史构成的断层性与共生性 [J]．学习与探索，2014（07）

论中国传统民居建筑中"画龙点睛"之笔门簪

——以山东地区为例

王嘉霖[1]　高宜生[2]

摘　要： 中国传统民居中的装饰性构件往往也具有浓厚的文化色彩，在门簪上的体现尤其突出。门簪代表的是家庭的身份与财富，通常请当地有名的工匠对其精心雕琢。我国因为地理环境非常丰富，民族众多，这些也造成了我国的传统民居百花齐放。在不同的传统民居中，其中构件也各不相同。山东地区的深厚文化融合了当地独特的地理环境，其民居成了我国民居建筑中别具特色的一类。每一个山东民居中的构件不仅反映了当地的文化与信仰，也起到了画龙点睛的效果。

关键词： 文化色彩；山东；门簪；古建筑

一、门簪的缘起

门簪如今作为一种传统建筑的门饰，需要作为装饰构件而被精雕细琢，因类似古代女子装饰和固定头发用的头簪，所以被称为门簪，但是在最初，门簪是一种宅门上的连接构件，用以锁合中槛和连楹，是因门扉转轴结构的需要而产生的。相传，门簪最早出现于汉代，其是源于有功之臣作为标榜功勋而在宅门上所雕刻的功德柱——"阀阅"，"阀阅"通常是古代人家立在门口的立柱，柱身来题记工勋，柱头上以筒瓦覆盖。所以门簪在最初并不是在门梁之上，而是垂直立在地面上的，后来逐渐发展才缩短成几何形柱状的短柱帽状，从而演变为现在的门簪型制了。

在学术上的记载是，门簪是为连接"连楹"演变而来。何为连楹，连楹是古建筑中固定上部门轴、安装在中槛之后的横木。在连楹的端头凿出一个直径稍大于门轴直径的凹槽，用来放置上部门轴，而下部门轴则插入门枕石的海窝之中，这样便于门扇的自由转动。为了把连楹锁合固定到中槛上，就需要有一长木栓连接中槛与连楹，为了美观，古人将暴露在中槛外部的栓头柱帽加工美化成各种样式，就形成了这种独特的门饰——门簪。

传统宅门的基本结构与古汉字"門"形似，它是由左右两纵门框和上下两横门槛构成，固定在墙体门洞内用来安置可以打开和关闭的门扉，门扉一般安置在下槛的门枕石和中槛的连楹上，通过转动门轴来实现门扉的开闭。门簪、中槛、连楹和门轴的关系。门簪除了起连接和装饰作用之外，也可起到加固门框的作用，门簪之上还可以用于悬匾，同时借助门簪纹饰，还能起到镇宅、辟邪的功能[1]。

二、山东地区门簪产生的背景

1. 山东的地理位置

山东的地理位置位于黄河下游，在中、南部多山地，西、北部多平原，沿海地区多丘陵，所以地形较为复杂。所以正因其地形地貌的巨大差异、自然条件的各不相同，然后各地的历史发展、人文民俗等各有特点，山东的传统民居收到各方面的影响也在平面布局、结构体系和外部特征上也都呈现着不同的风格特征。

2. 山东古建筑的特点

山东地区应该最为常见还是合院式，以三合院和四合院为主，有着严谨的布局，受传统文化思想影响较

1　王嘉霖，山东建筑大学，硕士研究生，乡土文化遗产保护国家文物局重点科研基地，山东建筑大学建筑文化遗产保护研究所 1132401469@qq.com。
2　高宜生，山东建筑大学副教授，乡土文化遗产保护国家文物局重点科研基地秘书长，山东建筑大学建筑文化遗产保护研究所所长。

大。各地方的民居注重因地制宜，以实用为主，所以民居丰富多变，灵活自然。总的来说，山东民居类型大体可分为传统城市民居、胶东沿海民居、鲁中山区民居、鲁西南平原地区民居和近代城市里弄民居五大类型。

3. 山东古建筑中门的特征

虽然山东地区的传统民居的差异性很大，但是门的结构是大同小异的，大都是由连楹、门簪、门框、石质雕花的门枕、檩脊、板垫、镂空雕花门隔扇、走马板、门楣等组成的。在大门中，各个要素环环相扣，同时注意对细节的刻画，尤其是在门簪上，工匠通常是全力雕琢，独具匠心。

4. 山东门簪的结构特征

门簪名称的起源就是因其相似与古代女子头上的簪子，簪子是用来固定头发，门簪是用于将连楹系于檩上的作用，建筑中的门扇就可以自由转动，同时还和卯榫的结构类似，起到了一种抗震的效果。但是随着建筑技术的进步，门簪由功能性构件逐渐的变为纯装饰构件。

三、门簪装饰的民俗文化内涵

1. 当地文化的浸润

由于地域文化的差异，山东地方民居大致分为两种体系：鲁派和齐派，齐鲁两种文化的不同导致了建筑风格上的不同。齐国文化受道家的思想较大，往往不拘泥于对称、秩序，多建造于山水之间，有着浪漫自由的气质，比如蓬莱阁。而齐国的文化受儒家影响较大，崇尚等级、尊卑、秩序，建筑多中轴对称，比如孔庙。地区的文化与本地区的建筑工艺融合，兼收并蓄、综合发展，对山东民居建筑构件的装饰产生直接的影响，形成了独具特色的山东民居建筑装饰风格。反应在门簪的装饰上，从形状上看，多用短圆柱形。在造型上，有做成瓜形或多面棱形，也有直接雕成寓意装饰物。数量上看，多是两枚。

山东地区门簪随处可见，与"古非显贵之家不能用"不同，雕饰精美的门簪已进入平常百姓家，遍布雕饰的吉祥图案，或植物（图1）或动物9（图2），皆取其谐音，以为吉利。凡此种种，都是大量吸收当地文化

图1 植物雕饰（图片来源：作者自摄）

图2 动物雕饰（图片来源：作者自摄）

的结果。所以，从门簪的装饰表现形式来看，是深受当地文化影响下的思想反映，尤其蕴含的象征寓意都源自人们对美好生活的向往和企盼[2]。

2. 生殖器物的崇拜

在山东传统民居中，门簪基本是成双成对出现的，而且我国自古有"好事成双"的传统风俗，所以在这些偶数观念里面反映出了强烈的生殖崇拜意识。在门簪的装饰上，多以莲花瓣的造型对其加以雕刻，而莲花的花瓣与女阴的外形相似，古人将莲花来想象成为女阴，是一种顺其自然的联想。而在门簪的外形上，无论怎么去加以雕饰，其始终都是一个柱形，这就代表了男性的生殖器，也同时代表了生殖崇拜中注重男丁、男尊女卑的观念，意在祈求人气旺盛、香火永续。人们为了适应生存和发展的需要，把对生命的延续和繁衍的意识活动，通过门簪这一物质形态进行创造体现，成为人们生殖崇拜观念的图腾样式。而且莲是多子植物，也象征子孙的繁衍，目的是造福和保佑子孙兴旺、牲畜繁殖、多财多福。

3. 拜物思想的体现

山东尤其在东南地区，多丘陵与山脉，所以交通极为不便，这就造成了两点：一是在生产上对自然的依赖非常严重，二是当地居民的视野非常狭隘，文化水平低下，所以敬畏自然，认为万物有灵，这就极大地丰富了崇拜的内涵。

具体反映在门簪的装饰上，门簪的装饰样式可分为图案装饰和文字装饰，文字比较常见的是万字纹、寿字纹（图3）等。这些装饰纹样在门簪上构图饱满，形式感极强，具有很好的装饰美化作用，也通过某种象征隐喻，达到祈愿迎福的愿望。图案装饰采用比较多的是植物类纹样，比较常见有兰、莲、菊、梅等四季花卉（图4），动物纹样有蝴蝶、鱼鸟等。

图3 文字雕饰（图片来源：作者自摄）

图4 花卉雕饰（图片来源：作者自摄）

四、门簪装饰的民俗审美意识

古人认为："言不尽意，立象已尽之。"民居作为人们生活居住的"容器"，承载着丰富的民风民俗，是地域文化和民风民俗的物质载体，而民居的装饰构件就是民风民俗的具体反映，其中门簪的装饰在民居中处于比较重要的地位，成为人们崇拜神灵、驱灾避祸、祈求平安、祈盼生殖繁衍的一种象征符号，是"于形中立意"，是祈求吉祥安康、家族兴旺的民俗审美意识反应。

1. 实用心态意识

在我国的传统民居中，民居不仅仅是一种居住的功能，往往也赋予了人们在精神上的寄托，在审美上的需求，实用心态的审美意识占据重要的地位，包括物质层面和精神层面的实用性。物质层面与建筑构件的装饰功能有关，而精神层面与装饰的意识活动、教化功能有关。任何建筑装饰都源于其实用功能，其实用功能既有物质层面的，如人们对生存物质和生命繁衍的需求，又有精神层面的，如道德教化、精神气质追求等。

门簪在建筑上的装饰往往也是等级礼制的需要，同时也是家族地位的象征，成语中"门当户对"中的户对即是代表的门簪，它表示男女婚配家庭实力、社会地位相当，可以联姻的一种观念。山东传统民居的装饰常常遵循实用性和审美性的统一原则，既有功能上的需求、等级礼制的需要，还有精神上的寄托。

在山东民居的门簪上常常采用了多种多样的造型装饰，有的做成瓜形，有的做成多面菱形，也有的直接雕成寓意装饰物。这种门簪的大小及装饰的精美常常成为家庭地位实力的象征，以满足人们精神上的需求和对现实状况补偿调节的美好期待。

2. 趋吉纳福意识

传统民居装饰总是"图必有意，意必吉祥。"门簪本是一个单纯的建筑连接构件，随着人们吉祥观念的物化，利用象征手法，借助其直观的形象表达了非本身意义的内容，使其拥有丰富多彩的吉祥文化内涵。通过调研发现，山东地区传统民居门簪外形实用大方，但雕饰繁复，作为大门上比较醒目的装饰构件，更强调门簪的装饰艺术效果，在装饰造型上往往借助借喻象征的手法来表现人们的思想观念和审美意识，如莲花瓣的柱头，因"莲"和"连"同音，寓意"好事连连"。

在装饰纹样多用春兰、夏莲、秋菊、冬梅，象征一年四季吉祥安康之意，因兰有"花中君子"之美称，莲又称"荷花"，寓意家庭和谐美满，菊花因其花瓣多，象征多子多福，又称"松菊延年"，喻长寿。梅有五瓣，故置于门簪上以象征五福，这些丰富的图案纹样点缀在门簪正面，体现了当地人们对平安吉祥美好生活的追求和祈望富贵如意的向往。

3. 家族兴旺意识

"门当户对""光耀明媚"这些成语的来源与门簪有着直接的联系，代表着家庭中的门第观念与家族兴旺的寄托。门是传统民居中最为重要的构件，其形式和装饰程度都是反映家庭在当时社会环境的地位。山东民居虽然弱化了这些烦冗的门第观念，但门簪的图案寓意和象征意义依然是民居的重要精神表现形式。户对的原形是原始的生殖崇拜符号，是男根的象征。由于男根是阳器，被认为可以退辟阴祟。在原始文化阶段或一些发展迟缓的民族中，曾有在门户前悬木雕男根的风俗，而户对，正是这一风俗的传承与变异。

莲花瓣形状是山东民居门簪柱头的常见形状，莲是多子植物，可象征子孙的繁衍。门簪作为生殖崇拜的象征，因为生育能力是古代社会保持生产力且维持家族兴旺的关键。而到今天，"枣子、桂圆、花生、莲子"也是新婚庆祝时的必备礼品，莲子在这里就代表的是儿女。莲的根是藕，藕是"偶"的谐音字，意为成双成对，象征着"和睦相爱"。多子的莲蓬头（图5）则象征

图5　莲子雕饰（图片来源：作者自摄）

着多多生子。这些美好愿望被表达在民居装饰上，反映在门簪的造型及装饰中[3]。

五、结语

相同的材料，在相差不大的自然环境中，而由于信仰的不同，要求艺术品所表达的理念内容不同和审美观念的差异。而对于山东民居的门簪来说，受当地居民生产生活方式、生活习俗的影响，特别是齐鲁两种文化的交融，以及对于人丁兴旺的祈求，门簪从最开始的功能性构件变为了后来的装饰性构件，由实用性转向了象征性，寄托了人们对于造福后代和保佑子孙兴旺、牲畜繁殖、多财多福的心灵蕴藉和精神诉求，折射出人们对美好幸福生活的向往和家道兴盛、人丁兴旺的本能追求。而在现代工业化快速推进的年代，传统民居上精美的构件伴随着老匠人的衰老而渐渐消失，笔者在这里以门簪为一个例证，希望能有更多的人投入到保护传统民居以及传统技艺的行列中来。

参考文献：

[1] 周超. 湘南民居门簪纹饰符号语言——以湖南郴州桂阳县阳山古建筑为例 [D]. 西安：西安建筑科技大学，2016. 37（10）：71-76

[2] 聂森. 门簪装饰中的民俗文化——以黔北民居为例 [J]. 中华建筑报，2009. 6. 3 [C]. 北京.

[3] 李骁健. 中国传统民居建筑装饰木雕艺术研究 [A]. 规划50年——2006中国城市规划年会论文集：2006 [C]. 北京：中国城市规划学会，2015.

环洱海地区传统民居空间当代演变研究[1]

杨荣彬[2]　杨大禹[3]

摘　要： 苍洱地区自古便构建了"山-水-城"的人居环境空间格局，形成了独特的传统民居。通过实地调研环洱海地区传统民居与新民居，从传统民居的空间布局、建筑材料、建造方式等方面深入分析，归纳总结出传统民居从单一型生活空间向综合型服务空间演变，新型产业推动环洱海地区传统民居空间呈多元化发展趋势，当代环境生态需求推动环洱海地区传统民居空间演变等特点。尝试为当代民居空间的规划与设计，提供一些有益的思考。

关键词： 传统民居；空间；当代；演变；环洱海

引言

苍洱地区自古便构建了"山-水-城"[1]的人居环境空间格局，早在40000多年前就出现了沿海拔2500~2200米的苍山台地居址，汉晋时期形成了沿海拔2200~2000米的苍山脚下居址，南诏大理国时期形成了沿滇藏公路一带的村落，元明清时期形成了沿洱海边的村落[2]。悠久的人居历史，孕育了苍洱地区独特的传统民居与文化。随着城镇化的快速发展，环洱海地区传统的农耕业、渔业、手工业、商业等，在当代旅游业、信息业、环境生态变化等因素的影响下，社会从单一的产业向多元化的产业结构转变；新型建筑材料与建造技术的引入；当地居民的传统意识、新移民[3]的文化理念与旅游者的消费需求等，对环洱海地区的人居环境产生了深刻的影响，而传统民居也发生了变化。

一、环洱海地区传统民居特点

苍山、洱海独特的地理环境与气候条件，使环洱海地区传统民居自古就体现出"背山面水"的选址理念，无论是洱海西岸的大理古城、喜洲古镇，还是洱海东岸的双廊镇、金梭岛村等的传统民居，其选址与正房的朝向都以背山面水为主。环洱海地区的传统民居多为合院式建筑，主要为两种层次不同的合院，即适应于从事农业和手工业的广大村镇居民的普通院落和带有"礼制"道德思想及审美追求的文人合院[4]。传统民居空间布局以坊为单位，构建出"一坊两耳"、"三坊一照壁"、"四合五天井"、"六合同春"等院落。苍山特殊的地质构造，为传统民居的建造提供了丰富的石材，传统民居以当地的石、木、土等材料建造，并具有了当地鲜明的地域特色，洱海的螺蛳壳、贝壳等也是当地传统民居建造时使用的骨料。建筑装饰以彩绘、泥塑、木雕、石雕等，在民居的山墙、入口、门楼、梁、柱、檐廊、照壁等装饰，从色彩、造型、材料等体现环洱海地区的传统民居特点，如剑川木雕、大理石、青石板等（图1）。

二、环洱海地区传统民居空间当代演变特点

当随着城镇化的发展，传统的环洱海地区人居环境发生了改变，而当地的传统民居在空间布局、建筑材料、建造方式、装饰等方面都发生了变化。通过实地调研环洱海地区的当代民居，从环洱海地区民居的选址、功能布局、建造方式与相关设施等方面分析，探寻环洱海地区传统民居向当代民居演变的特点。

1　项目资助：国家自然科学基金项目（51268019），云南省教育厅科学研究基金资助性项目（2017ZZX021）。

2　杨荣彬，昆明理工大学环境科学与工程学院，博士研究生，15187228163@163.com。

3　杨大禹，昆明理工大学建筑与城市规划学院，教授，博士研究生导师，副院长，857012994@qq.com。

图1 环洱海地区传统民居（图片来源：作者自摄）

1. 传统民居从单一型生活空间向综合型服务空间演变

按照传统民居所处的不同地理位置，可以分为山地型、坝区型与滨水型三种类型。山地型传统民居，利用地形高差组织空间，背山面水，争取较好的景观与朝向；坝区型传统民居，建造在相对平缓的地带，民居院落空间舒展；滨水型传统民居，紧邻洱海，充分利用自然景观资源，营建良好的景观空间。由于受到旅游业等新型产业的影响，不同类型的传统民居空间发生了不同的演变趋势：山地型民居与坝区型民居因离洱海较远，基本保留了传统民居的空间格局，以沿袭传统白族民居空间布局为主，以合院式布局为主。如建于周城村内的一白族传统"四合五天井"院落（图2），院内为二层传统土木结构建筑，主院落地面青石板铺砌，体现传统白族民居建筑特色。以前为传统的居住空间，现在则主要为扎染体验中心，在院落内设置扎染制作工艺设施，为游客提供体验扎染制作的场所，建筑内设扎染成品的展示空间。整个院落内还提供餐饮、住宿等综合服务设施，在感受白族民居院落的同时，体验白族传统的民俗文化。

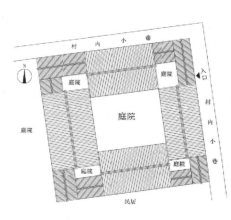

图2 周城村传统民居院落（图片来源：作者自摄）

滨水型民居，则充分利用紧邻洱海的区位优势，新建服务于旅游需求的综合型民居，包括住宿、餐饮、购物等，建筑以独栋、合院等多种形式出现。如建于双廊镇大建旁村内的一民居院落，为合院式布局。由东西两坊组成，中间设庭院。旅游开发前以居民居住为主，旅游发展后以服务游客需求为主。一层设前台、超市、特色商品商店，院落内设置早餐、小吃等提供餐饮服务，主人起居室、卧室设于一层次要空间；二楼设客房以标准间为主，为旅游者提供住宿[5]（图3）。其空间形态演变的特点：在原有建筑的基础上扩建，延续白族民居传统院落的空间格局，以满足游客的居住、餐饮、购物等为主，室内增加卫生间、网线、电视线、电话线路等；增加太阳能、水箱等设施，从家庭经营旅游服务角度出发，结合自身经济条件和旅游者的需求，对传统白族民居进行改造，为满足旅游的发展、增加自身收入，功能趋于多元化。

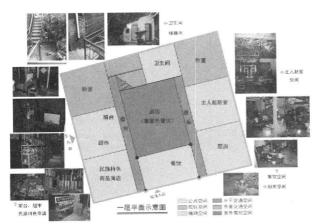
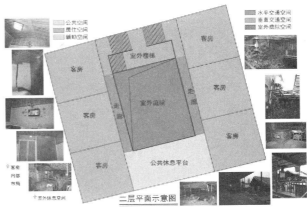

图3 双廊镇大建旁村传统民居（图片来源：作者自摄）

传统民居呈现出以居住与生活为主的单一型空间，向旅游服务的住宿、餐饮、购物等综合型空间演变趋势（表1）。

2. 新型产业推动环洱海地区传统民居空间呈多元化发展趋势

环洱海地区传统民居空间包括居住、生活、生产、文化等空间，随着当代旅游业、信息产业、工业的发展，传统民居空间呈现出多元化发展趋势。居住空间除卧室外，增加了客房、套房，生活空间在客厅、餐厅、厨房之外，增加了前台、酒吧、茶室、书吧等。

大理古城建于大丽公路以东的一栋新建民居院落空间（图4）。其用地北邻村内道路，西侧与村落内民居紧邻，东侧、南侧为农田，景观较好。院落主入口设在北侧，西侧建有一局部为三层的主体建筑，东侧设一白族传统民居的照壁，南侧为院落围墙。庭院内设有水池、假山、植物等绿化及院落休闲区域，整体景观环境较好。建筑一楼设客厅、厨房、客房、卫生间，二楼设客房、卧室、观景台，三楼设主卧室，观景房，太阳能、水箱等相关设施，房主以农耕生活为主，兼顾提供民宿客栈服务。

不同类型传统民居空间演变特点一览表　　　　　　　　　　　　　表1

类型	民居空间特点	演变特点	代表性案例
山地型	利用地形高差，传统白族民居	传统院落空间格局，展示传统白族文化	周城村民居
坝区型	地势平缓，民居院落空间舒展	传统民居与新民居，居住与旅游服务	喜洲、大理古城
滨水型	紧邻洱海，良好的景观空间	新民居，以旅游服务为主的综合性空间	桃源、双廊、金梭岛

图4 大理古城东门村新建民居院落（图片来源：作者自摄）

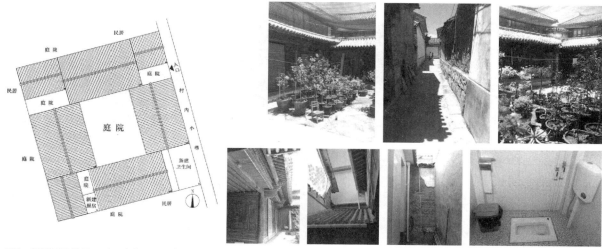

图5 喜洲村传统民居（图片来源：作者自摄）

生产空间从传统的服务于农业、手工业的院落空间，向传统文化展示、文化体验与商业销售空间转变，如周城村、双廊的民居。文化空间保留了传统的堂屋、祖先供奉等，新增加了当代的外来文化、艺术等空间。为满足使用需求，增加了卫生间、太阳能等设施。如建于喜洲村内一传统民居院落，东邻村内巷道，西、北、南三侧紧邻民居院落。院落内为传统的白族民居"四合五天井"合院式格局（图5），西侧为正房，南、北、东侧为厢房，均设二层。入口设在院落东南角，西北角、西南角院落为厨房空间，东北角院落为卫生间。房主为本村村民，有一对老年夫妻常年居住。为满足使用要求，院落东北角院落新建了卫生间，为一层平顶房，

在其顶上设置太阳能设施；在西南角院落改造了厨房空间，采用玻璃、钢材等新型材料；东南角入口空间设置给水管道等。

新型产业的发展，带来了新的材料、技术，改变了环洱海地区传统民居的建筑风格与建造方式。当代民居多以钢筋混凝土、钢材、玻璃等材料构建，辅以当地的小青瓦、木材等。建筑装饰保留了当地的彩绘，也引入了外来的线脚、柱廊等形式。院落内的景观绿化除当地传统的花台、假山、盆栽外，加入了小桥流水、亭台楼阁等江南私家园林的造园手法。经济的发展也促使居民在建造民居空间时呈现多元化趋势，以满足使用需求，适应新型产业的发展（表2）。

传统民居空间演变特点一览表 表2

空间类型	传统民居空间	当代民居空间	演变特点
居住空间	卧室	卧室、客房、套房	居住主体从单一型向多元化转变
生活空间	客厅、餐厅、厨房	前台、酒吧、茶室、书吧	居住型向商业服务型转变
生产空间	院落、储藏、工作间	超市、商铺、文化展示与体验	从农业、手工业向旅游服务业、商业转变
文化空间	堂屋、供奉祖先	堂屋、供奉祖先、当代艺术	从单一的传统文化向当代多元文化转变

3. 当代环境生态需求推动环洱海地区传统民居空间演变

城镇化的快速发展，旅游业、信息产业、工业等改善了环洱海地区居民的生活水平，同时环洱海地区当代民居的无序建设，对环洱海地区的生态环境造成了严重的影响。2017年云南省人民政府常务会议，审议通过《关于开启抢救模式全面加强洱海保护治理的实施意见》[6]，同年3月，大理州全面开启洱海保护治理抢救模式[6]，2018年6月30日洱海环湖截污工程闭合完工[7]。

环境生态的可持续发展，对环洱海地区当代民居空间提出了新的要求：增加污水排放处理设施，拆除相关邻海建筑，保护洱海的生态环境等。调研的民居中，一些村落增加了污水处理设施，如桃源、金梭岛的民居；大部分民居增加排水管道与污水处理设施，完善洱海环湖截污工程，以保障污水不进入洱海。

桃源村东邻洱海，南邻周城村，西邻苍山云弄峰，北邻上关村。因村落紧邻洱海，自古以来便是古渔村，当代洱海游船设置的桃源码头，就在桃源村内。大量游客的涌入，使当地的民居开始向客栈、餐馆等旅游

服务业发展。村落紧邻洱海，拥有优美的自然景观，但大量游客的涌入，对洱海的生态环境也造成一定的影响。建于桃源村内的一栋新民居，东侧紧邻洱海，北侧、西侧为民居，南侧为一片空地，建筑为一栋三层新建建筑，坐西向东，东侧设置观景平台（图6）。建筑由当地居民出租给外来经营者，建筑内设置客房、前台等，主要用于客栈经营。在生态环境的影响下，建筑外设置了污水处理、生物净化池等相关设备。

建于金梭岛村东北侧的一栋新民居，东、西两侧紧邻民居，南邻洱海，北依山体，为新建的白族民居，

主要用于客栈经营（图7）。建筑南北进深较长，呈退台式布局，面向洱海有较好的景观。建筑东北面开窗面积较大，争取较好的采光与开阔的视野，民居屋顶放置太阳能设施。由于洱海生态环境保护需求，民居入口处设置了污水处理设备。

环境生态的需求制约着环洱海地区当代民居空间无序发展，增加污水处理设施、环湖截污体系、保护洱海等措施，对环洱海地区传统民居在当代的演变发展，提出了更高的要求，对科学合理地规划村镇与建设生态可持续发展的新民居，起到了积极的推动作用。

图6 桃源村新建民居（图片来源：作者自绘）

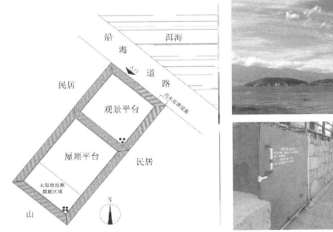

图7 金梭岛村新建民居（图片来源：作者自绘）

三、启示

综上所述，环洱海地区传统民居空间的当代演变，主要表现为传统民居空间呈单一型向综合型演变，新型产业推动环洱海地区传统民居空间多元化发展趋

势，当代环境生态需求推动环洱海地区传统民居空间发展，构成了环洱海地区传统民居空间演变的主要特点。环洱海地区的传统民居因适应当地的地理环境与气候条件，运用当地的材料与建造技术，形成了独特的民居风格特点。与苍山洱海一起成了当地宝贵的资源，吸引着外来的游客。人口、环境与资源的可持续发展作为当代

的主题之一，对环洱海地区的传统民居空间发展，提出了新的时代要求。

洱海作为当地的"母亲湖"，既提供了优美的自然景观，也是人们赖以生存的宝贵资源。环洱海地区的传统民居空间因其地域与文化而兴，在历史长河之中，记载着不同时期社会、经济、文化的发展印迹。新型城镇化、环境生态可持续发展等的需求，对当代环洱海地区传统民居空间的生态可持续演变，也提出了更高的规划与设计要求。

参考文献：

[1] 吴良镛. 中国人居史 [M]. 北京：中国建筑工业出版社，2014：488-491.

[2] 张锡禄. 苍洱地区居址环境的历史变迁 [J]. 云南民族学院学报（哲学社会科学版），1997（04）：25-31.

[3] 马少吟，徐红罡. 从消费到生产：大理古城生活方式型旅游企业主移民的生存特征 [J]. 旅游学刊，2016，31（05）：81-88.

[4] 杨大禹，朱良文. 云南民居 [M]. 北京：中国建筑工业出版社，2009：127-132.

[5] 杨荣彬，车震宇，李汝恒. 基于乡村旅游发展的白族民居空间演变研究——以大理市喜洲、双廊为例 [J]. 华中建筑，2016，34（03）：162-165.

[6] 云南省人民政府网. 省政府召开第107次常务会议 [EB/OL]. http：//www. yn. gov. cn/yn_zwlanmu/qy/hy/cwhy/201702/t20170218_28503. html. 2017. 02. 18.

[7] CCTV央视网.《新闻调查》20180721洱海客栈沉浮录 [EB/OL]. http：//tv. cctv. com/2018/07/21/VIDEmYB5koN7J6K1yD1T4Dcn180721. shtml.

云南怒族传统民居的建筑价值探析

胡天豪[1]　杨大禹[2]

摘　要： 怒族聚居区主要位于云南怒江州怒江大峡谷"三江并流"区域，因其独特的地理环境和人文习俗至今仍保持着较为原始的民居特性，伴随其在今的发展和演变，逐渐适应了周边的自然环境，通过借鉴融合相关民族文化和宗教文化，呈现出其独特的聚落形态和建筑特征，具有珍贵的历史价值和文化价值。文章从怒族民居所处自然环境的差异和所处地域文化习俗的不同来探讨怒族传统民居的适应性特征，总结该传统民居的建筑价值，为怒族传统建筑的研究提出借鉴。

关键词： 怒族民居；自然环境；人文环境；建筑价值

一、怒族民居概况

　　怒族作为云南特有的沿边少数民族，主要分布于怒江州贡山县、福贡县和兰坪县等地，其总体布局以"大杂居，小聚居"为特点。各地怒族因其生活在独特的地理环境中，基本聚集在海拔1300米以上由南北纵贯怒江、澜沧江两岸的小坝区和山腰台地上。怒族居住的地方一般都群山延绵、流水潺潺，身后又山高谷深、郁郁葱葱，生态资源十分丰富，气候宜人。对于怒族民居，早在乾隆时期余庆远的《维西见闻录》中写道："怒子，居怒江内，界连康普、叶枝、阿墩子之间……覆竹为屋，编竹为垣"，还有夏瑚的《怒求边隘详情》中也有记载："房屋系随结竹木，盖以茅草"，这是对怒族民居相对较早的描述，作为一个拥有自己族谱和历史的古老民族，怒族民居在适应外来文化过程中发展出其特有的形式，其主要以架空的干阑式为主，分为二层，上部分服务于生活作息，下部圈养牲畜。怒族民居适应其特定的自然环境，就地取材，建筑上部分根据南北地区差异的不同又主要有竹篾放、木愣房和土墙石板顶房。同时怒族大杂居的特性导致其和多民族混居出现文化交流，又因怒江独特的地理环境导致其村落之间的交流不便，形成了不同村落民居呈现不同特点的情况（图1、图2）。多元宗教文化的出现也不断地影响着怒族人的生活习惯，同时也改变着其传统民居的形态。但不论其如何改变，其居住功能的环境、审美追求和社

图1　南部地域怒族聚落特征

图2　北部地域怒族聚落特征

1　胡天豪，昆明理工大学在读研究生，650500，hutiannn@163.com。
2　杨大禹，昆明理工大学建筑与城市规划学院副院长、教授、博士研究生导师，650500，857012994@qq.com。

会功能还保留着一些原始文化的残存形式。

二、特定自然环境下的怒族民居

要了解一种民居形式的出现与发展，与其所处的环境是分不开的，所以要了解怒族独特的民居形态，首先要了解怒江独特的自然地理环境。怒族绝大部分分布在贡山县内，也有分布在福贡的匹河乡和兰坪的兔峨乡。贡山县地貌特征可以概括为"三山并耸挺立，两江纵贯割切"。由于山脉延续和延伸的作用，贡山县内的怒族村落地势由西北向东南倾斜，地貌环境机构复杂，沟壑交错、叠嶂绝壁、从河谷到山巅、海拔高差达到3000～4000米。以至于怒族地区群山连绵、山高谷深。其当地气候表现为高山、半坡、河谷三种垂直变化的立体型气候，垂直温差相对于水平温差较大。其身处青藏高原的东南面，属于亚热带季风气候，受其影响怒族生活地区并无严寒也无酷暑，全年气温14.8℃。

总之怒族居住区的自然环境海拔多为1500～2000米的半山腰地段；气候属于亚热带季风气候，雨量充沛；居住地陡峭，土地贫瘠，可耕种地少，缺乏灌溉条件，但是森林资源丰富。

怒族传统民居在不断地适应自然环境的过程中，发展出了自己独特的形式。细看怒族民居，不难发现，怒族传统民居主要以松木为主要原料，这跟怒族生活地区森林资源丰富有直接联系。一般的民居都建立在半山坡上，为了让楼层水平，就需要通过架空处理，这样就出现了干阑式的民居。一方面架空空间可以利用为圈养动物或者作为仓储空间，一方面可保证楼层找平，同时民居地处潮湿气候地区，也利于防水、防潮和防虫通风。北部地区气温较低一般怒族会选择原木或者木板相叠作为墙体，上面附上木板或者石片瓦作屋顶，这样保温性能好，也有的使用土坯墙和石墙，民居门窗相对较小，可以起到避寒保暖的作用（图3）。南部地区气温较温和，怒族会选用竹编的竹篾做墙，采用木柱竹席墙和竹席楼板，屋顶主要以茅草和模板为主。竹篾房不在侧墙设置单独的出入口，一般设置在端部的山墙上，门前为晒台，为了防雨出檐一般到1.2米（图4）。而木愣房背山一边一般设置一条廊道方便行走，为防止雨水进去出檐也远，屋面角度倾斜到30°。因为环境潮湿原因，构建难免腐朽变形，怒族善于种植漆树，生产出来的生漆也是建筑防水防潮的原料，怒族民居适应其特定的高山峡谷的自然环境选择架空楼居，就地取材，依据自己善于编制的技术，利用身边资源木、竹子、茅草和藤来建造民居。丙中洛地区民居屋顶多利用该地出产的石片瓦，可锯可钉，防水性能好的同时又坚固美观。怒族的伟大智慧还在于，其根据不同地区自然环境不同选择不同方式来建造民居。如南部地区气温偏高，建造竹篾房，防潮防虫通风好；北部地区气温偏低，树木资源丰富。建造木愣房，保温性能好（表1）。

图3 北部怒族木愣式民居的特点（民居形式、石片瓦、结构形式、石座基础）

图4 南部怒族竹篾式民居的特点（民居形式、木板瓦、结构形式、木架基础）

怒族传统民居类型对比　　　　　　　　　　　　　　　　　　　　　　　　　　　表1

	北部地区	南部地区
主要类型	井干-木楞式	干脚落地式
平面布局形式	以火塘空间为主，其他空间围绕其旁，长宽比1.1，开间进深约为5.5~6米	一字从两方向排开，呈现出条状，长宽比2:9，开间进深约为4~5米
平面形式		

续表

	北部地区	南部地区
结构构架特点	1. 以堆叠的圆木或者木板做企扣链接承重，以上架设短柱来支撑屋脊梁设置屋顶，形式较为简单 2. 先通过木材进行基本构架形成穿斗结构承重体系，在以圆木或者木板做围护结构 3. 基底一般不做处理，另架设架空层找平，其上构建民居	1. 基础一般采用打桩固定法，一般支撑部分由十几根细木钉入坡地 2. 以上架设木板找平，干阑式民居的屋面皆采用"人"字形屋架，椽数一方面由长屋的宽度决定 3. 结构形式一般为绑扎结构为主，也有穿斗结构出现
民居材料选用	屋顶：一般采用石片瓦顶、部分存在木板顶 围合部分：以圆木、木板堆叠做企口连接，寒冷地区也有由夯土构造的墙体 基底：基地较为平整的基础部分一般选用堆砌的石块做基础，基地较为陡峭的也有的选用木柱做构架基础	屋顶：一般采用木板铺设，以上再压石块以防止掉落 围合部分：一般以怒族传统的竹篾为主要墙体，也有木板、石块堆叠 基础：十几根细柱子插入地面基底作为基础部分

三、特定人文环境下的怒族民居（表2）

民居不仅仅是遮风挡雨的空间，同时也是人生活、交流的场所，其民居的基本形式除了伴随着特定的气候、地理环境、自然环境外，也由生活在其中的人的信仰、习俗、工具、艺术表达等控制着。怒族在吸收借鉴了老一辈世代相传下来的建房方法，加入自己时代生活、文化等的元素，更新发展形成了现在独特的民居形式。

1. 怒族民居与生活习俗

怒族居山地陡坡，土壤贫瘠，可耕地少，缺乏灌溉条件，但是森林资源丰富等特点孕育出了其特定的生计方式，怒族是以峡谷狩猎、采集、刀耕火种的民族。《丽江府志略》记载道："怒人，居怒江边……采黄连为生，茹毛饮血，好吃虫鼠。"《丽江府志稿》"以射猎为生涯，或采集黄连为业。"以采集和狩猎为生计方式可以看出，怒族的生产力水平较低，生产工具也主要以竹木石器，以刀耕火种最为有特点。由于刀耕火种农业轮歇流动的方式而导致了居住地的不定，所到之处便会出现一个父系家庭的血缘聚落。居住的不定性导致了民居特点，怒族民居并不是很华丽，一般朴实粗犷、便于搭建，并且以父系小聚落形成自然村。这样按照血缘纽带组成聚落，自然形成了归属领域，成员可以在这个范围内根据自己的需要开荒、狩猎、采集资源，有时因为耕地与民居距离太远，还在耕地不远处搭建起了另一个简易的民居来服务他们的农耕活动，这种双宅的形式也是由怒族刀耕火种的农耕方式演变而来。可以看出，对于怒族民居形式是相对简易的，由于身处一个相对独立的环境中，建筑技术发展缓慢。南部的竹篾房的构建连接，全部都是由竹篾或者藤条连接绑扎，有的甚至还在

使用树杈做支撑点，其结构类型为绑扎结构。而北部的木愣房结构形式也相对简单，四方的墙体木板相互交错的地方开槽相互咬合，柱子常用杈形，再加上竹篾绑扎。也有的利用堆起的石块代替，木楼板不用企口。各户住房的周围基本不设置围墙，没有特定领域的界定，这也是血缘纽带孕育的独特形式。怒族民居内有一个特殊的组成部分——火塘，但其不仅只是一个简单的火堆，它已经融入了怒族的生活，从设立的讲究可以看出火塘的重要。首先对于怒族民居，火塘除了充当烹饪和取暖的功能，从个体家庭的角度来看，火塘还充当了怒族早期教育的空间，人们学习历史、知识和学习唱歌、传讲故事的重要场所。

2. 怒族民居与多元民族文化

怒族广泛分布于滇西北云南怒江傈僳族自治州。该地区由多个民族混杂居住在一起，形成"大杂居，小聚居"的特点。怒族主要分布在贡山县、福贡县中部和兰坪县的南部，其周边也广泛分布了其他特有民族，如傈僳族、独龙族、藏族、白族等。这种大杂居的形式一定程度的造成各民族之间的文化渗透和适应，而民居作为怒族文化的一部分，也会受到其他民族文化的影响。相对于独龙族的剁木房和傈僳族的"千脚落地"房，怒族人在自身环境的发展上予以自己的改变，但大部分较为相近。贡山县位于西藏交界附近，境内主要以傈僳族、怒族、藏族为主。怒族民居以干阑式的木愣房为主，墙基本都是使用圆木和木板堆叠。屋顶一般使用草，木板或者石片瓦。平面主要有一到三间组成，一间房间的民居将所有的功能都融合在一起，两间到三间的房屋按功能安排，有堂室、卧室和厨房等。而靠北部的怒族民居因受藏族影响较多，房屋的结构形式抛弃了以木材为主的特点，墙体多用夯土墙或者石墙为主（图5），屋顶用石瓦顶，有的也结合两种材质，下部分

用石材上部分依然使用剁木形式的墙壁，还有更北边村落的怒族民居屋顶借鉴了藏族的夯土掌平顶，但结构仍然保持了怒族传统民居的木愣兼土石的平屋顶民居。有的怒族人家屋顶上还插有白幡旗，上面写上祈求祝愿之类的梵文。位于兰坪县的兔峨村主要住有怒族和白族，其建筑形式相对于贡山一带的建筑有较大差别，受白族"三坊一照壁"和"四合五天井"为院落的基本形式影响，怒族民居出现院落形式，出现耳房、正房的形式布置（图6）。也慢慢出现了两层的建筑，对于建筑构造，以木愣房和土石房共同存在的形式为主，加大窗户面积，窗户和门上也有了许多的雕花，一般由当地的白族匠人制作，当然相对于白族民居还相对粗犷一些。

图5　夯土构造

图6　双层柱廊

3. 怒族民居与宗教信仰

宗教作为一种文化现象，是发展到一定程度出现的产物。说到怒族，不得不说到怒族多元的信仰特点，归纳起来，怒族的宗教信仰一般有4种，有自然崇拜、天主教、基督教和藏传佛教，原始的自然崇拜是怒族原有的宗教信仰，这是怒族在生存发展时期产生的对万物崇拜的信仰追求，直到清代乾隆时期，藏传佛教和天

主教、基督教依次传入怒族地区，也在村落中找到了相应的信奉者，虽然宗教信仰比较复杂，多种宗教相互并存，但是相互友好相处，和平共存。对于传统的怒族民居，原始宗教相对于外来信仰影响较大，从怒族民居选址建房开始就和原始宗教信仰密不可分，人们在构建民居时，总会选择一定时辰，一个相关的祭祀活动，否则会被认为这是不吉利的，这种宗教观念就已经作为一个重要的因素在民居存在方式上起作用了。贡山境内，怒族民居门一般开在南面，怒族有句俗话："门向日出方向，开门靠山，吃穿不愁"所以门向的选择非常重要，门对着大山象征着兴旺发达，门向着流水江河，则预示着粮食会和流水一样流去，年年挨饿。且怒族的民居大门一般要对着自家的仓房，因为怒族认为这样设置表示日后粮食富足，不外露。在进入怒族民居房门时一般有个规矩，就是要对着坐在火塘边的主人说："老人家，我来了，害怕的鬼别跟我进来，祝你全家无病无灾。"从这个规矩我们可以看出怒族对鬼魅的畏惧，小门窗可以躲避鬼害的古老传说，也进一步造成怒族民居小门窗的特点。此外，怒族民居一般在室内还设置一根中柱（图7），除了对民居屋顶有一定的支撑作用以外，中柱上一般挂有松针、包谷串，受藏族影响一般还挂有哈达，都象征着一家人吉祥平安，家族兴旺（图8）。怒族信奉万物，一般在中柱上画圆圈来代表太阳，意为母亲，周围画上波浪来代表月亮，意为父亲。信仰藏传佛教的怒族一般还要在整条横梁、祭台和民居的外围门框和墙上画上白色的"爪"符号（图9），同时屋内或者屋外还设置有烧香台。而信仰天主教的怒族也会在横梁上画符号，一般绘制圆形的白点，连成一条波浪。一般信仰基督教和天主教的怒族人在建房过程中就不会很复杂，不用选地、占卜、择日，建房过程中也没有祭祀念鬼活动。

图7　中柱装饰

图8 藏族幡旗

图9 山墙装饰

怒族传统民居文化影响	表2

	民居建筑体现
藏族影响	室内装饰华丽，中柱相对于粗大，出现夯土平屋顶形式的建筑
傈僳族影响	受"干脚落地"形式影响，出现干阑式建筑，室内火塘居中设置
白族影响	出现院落围合形式，建筑出现简单的雕花雕窗等装饰，出现两层外廊形式
藏传佛教影响	选宅基地的时候要请喇嘛念经，民居外围插满幡旗，外围门框和墙上画上白色的爪子形符号，同时屋内或者屋外还设置有烧香台
基督教天主教影响	选宅基地的时候省去了念经占卜择地的步骤，室内横梁出现简单涂画装饰
原始宗教影响	基地选址到火塘设立都是一段严谨的过程，室内有神龛神像等祭祀空间的设立

四、怒族传统民居的建筑价值总结

通过从自然环境和人文环境两方面，对云南怒族传统民居研究分析后，我们可以看出该地区自然环境复杂、民族众多、社会发展不平衡以及多种宗教并存等情况下，孕育出了具有独特风格的怒族民居，其建筑价值特点也可以总结为以下几点。

1. 独特的建筑文化特征

怒江州本土气息浓厚、民风淳朴，加上当地地域特色文化仍然占据着主导地位，因怒族聚落城镇化发展程度较低，基本上还是一种整体性的与农耕狩猎文化和民族繁衍息息相关的乡土文化。多种社会形态并存，父系，母系制残存，遗留着明显的原始文化痕迹，拥有较浓重的原始性。怒江地区民族众多，"大杂居，小聚居"的杂居形式导致了各民族文化之间的相互渗透和影响，因此怒族建筑出现多元的形式变化，也体现出了明显的多元性特点。

2. 实用、自然的建筑形式

怒族民居依据所在地形的特点，"依山就势"的错落设置聚落民居，灵活多变、顺其自然，建筑一般自用紧凑没有明显的组团界限。充分利用身边的自然资源，因地制宜，利用木、竹、草和石块等来建造房屋，充分利用材质特点，在陡峭崎岖的地形上建造起水平架空的民居，充分利用地形的同时，又不破坏山体，对环境起到保护的作用。依据地区气候环境的不同充分利用竹篾、剁木和石土墙等材料来满足怒族对环境的适应。保温、防潮、防虫、通风良好等优点也表现出了建筑科学、合理、实用的特点。

3. 建筑反映出的吉祥观念和崇拜思想

怒族建筑的"择日"、"向地"、占卜祭祀等做法是建筑风水术的体现，他们从不同程度的情况下表现出怒族在顺应自然，以求得吉祥、平安和祝福的愿望。利用对建筑内部空间的布置，如火塘的设立、门窗的控制、中柱的装饰以及横梁雕刻图案等手法，可以看出怒族人在生活的同时祈求家族兴旺、年年丰收的思想观念。

五、结语

丰富多彩的民族文化、极具特色的风土人情、风光秀丽的自然环境和多元并存的宗教文化，孕育出了极具民族特色又因地制宜的怒族民居，其在形成和发展过程中体现出了怒族劳动人民伟大的智慧、灵巧的技能和对美好生活的向往。通过对怒族传统民居的认识和探析，学习和总结出了其建筑所展现出来的多元的文化价值、美观实用的生态价值和对美好自然和生活的憧憬，对于怒族传统建筑的研究和发展起到一定的借鉴作用。

参考文献：

[1] 李绍恩.《中国怒族》[M]. 宁夏：宁夏人名出版社，2015.

[2] 杨大禹.《云南少数民族民居——形式与文化研究》[M]. 天津：天津大学出版社，1997.

[3] 蒋高宸.《云南民族民居文化》[M]. 昆明：云南大学出版社，1997.

[4] 李月英.《"三江并流"区的怒族人家》[M]. 北京：民族出版社，2004.

[5] 张跃，刘娴贤. 论怒族传统民居的文化意义——对贡山县丙中洛乡和福贡县匹河乡怒族村寨的田野考察 [J]. 民族研究，2007（03）：54-64+109.

[6] 向杰.《怒江大峡谷少数民族民居建筑文化与开发》[M]. 昆明：云南美术出版社，2011.

[7] 杨谨瑜. 丙中洛地区阿怒与藏族的文化融合及其原因 [J]. 玉溪师范学院学报，2017，33（01）：18-21.

[8] 李世武. 中国工匠建房巫术源流考论 [D]. 云南大学，2010.

[9] 舒丽丽，刘娴贤. 查腊：和谐共居的胜境——怒族社会中的多元宗教文化研究 [J]. 怀化学院学报，2006（07）：1-4.

[10] 吴艳，单军. 滇西北民族聚居地建筑地区性与民族性的关联研究 [J]. 建筑学报，2013（05）：95-99.

白罗斯院落式民居建筑空间组织形式分类研究

毕 昕[1] 陈伟莹[2] 孙曦梦[3]

摘 要： 历史发展与社会变革使白罗斯建筑大量融合外来要素，呈现出多元的形式、风格与内容，在各种风格和形式的冲击下，其传统民居建筑依然保留特有空间组织特点，有序完成风格传承。本文以其最有代表性的院落式民居为研究对象，将其按空间组织方式分为四类，选取典型案例系统分析每一类的空间形式和特点，并介绍白罗斯院落式民居的当代传承情况，为我国传统民居的传承发展提供借鉴。

关键词： 民居；文化传承；空间组织；分类；演进

引言

白罗斯东、北部与俄罗斯为邻，南与乌克兰接壤，西、北部与波兰、立陶宛和拉脱维亚毗邻，是我国"一带一路"国家战略中的重要组成部分，也是"路上丝绸之路"上亚欧文化的重要连接点。白罗斯建筑文化特征呈现出强烈的东西方融合性，对该地区民居建筑的研究对了解东西方建筑文化差异的形成与变迁具有重要意义。2018年3月16日白罗斯驻华大使馆正式发文将"白罗斯共和国"中文名更改为"白罗斯共和国"，此次更名使这个作为一带一路上的重要节点的内陆国再次被关注[1]。

地处东欧平原的白罗斯领土面积20.76万平方公里，寒冷的内陆平原性气候和东西方文化的交融使其形成具有鲜明特点的白罗斯传统建筑风格。源自民间智慧的民居建筑真实反应地域特点、生活习惯与民族性格，各时期的白罗斯民居建筑都沿用特有的功能和空间组织方式，并不断加以更新，使其虽具有鲜明的时代感却依然保留固有的空间组织形式。十月革命前的白罗斯地区长时间处在小农经济模式下，该地区发展出特点鲜明的集居住和日常劳作于一体的院落式居住空间，这种院落式民居（Усадьба）也被称为"农庄式民居"，该民居类型建筑规模差异大，且具有单个或多个供居住、劳作的室外庭院空间。

一、空间组成单元的功能分类与释义

白罗斯院落式民居空间拥有明确的功能单元划分：人居单元操作单元储存单元牲畜饲养单元；交通单元。各功能单元间彼此穿插，形成紧凑的空间组织形式。各单元功能空间组成如下：

人居单元：

起居室（Хата）：音译为"哈达"，直译为小房、住房，白罗斯民居中特指起居空间，19世纪以前是兼具睡眠、就餐、会客和烹饪功能的单一空间。十月革命后房间功能逐步细分，每类房间开始单独设置[2]。

住居壁炉（Печьжилогодома）：壁炉在白罗斯民居中占据室内空间的核心位置。对于冬季漫长而寒冷的白罗斯而言，室内采暖至关重要，壁炉因此成为民居中的必备设施，一般被设置在室内中部位置，使其散发的热量能辐射整个居住空间。壁炉也曾是白罗斯民间烹饪的主要燃具[2]。

操作单元：

厨房（Кухня）：音译为"库赫尼亚"，与现在民居中的厨房同音，但白罗斯民居中的厨房空间特指进行烹饪前的准备场所，例如切割、搅拌、配料等。白罗斯民族的主要烹饪手段是烤和煮，在壁炉中进行，壁炉和厨房紧邻，但不在厨房空间内[2]。

人居庭院（Чистыйдвор）：直译为"干净（整洁）庭院"，是与牲畜院的"非干净"比较而言。是进行日

1 毕昕，郑州大学建筑学院，讲师，450001，87532562@qq.com。
2 陈伟莹，郑州大学建筑学院，讲师，450001，2271227176@qq.com。
3 孙曦梦，郑州大学建筑学院，学生，450001，87532562@qq.com。

常生活行为、休闲娱乐的室外空间，同时兼具少量的室外存放功能。

农用院（Хозяйственныйдвор）：进行粮农生产、粮食再加工、农产品临时室外存放和其他生活所需劳作的室外庭院空间。

储存单元：

储藏室（Кладовая）：音译"科拉多瓦亚"，毗邻门厅的窄小储物空间，多用于存放出行和劳作的必需品，如小型农具、雨具等。

库房（Клеть）：音译为"卡列奇"，是大尺度独立储物空间，通常和门厅毗邻、联通，用以储藏大量货物、粮食及农具。

地下室（Варивня）：音译为"瓦利夫尼"，特指地下储物空间，其恒温性适于储存蔬果、奶制品、肉制品等食物。白罗斯传统民居一般将地下室入口设置于门厅，搭木梯上下，便于货物进出[2]。

谷仓（Хлева或Сеновал）：音译为"赫列瓦"或"西纳瓦尔"，是储存谷物的主要室内空间，在储存单元中面积最大，是十月革命前院落式民居中最重要的空间。

杂货间（Сарай）：音译为"萨拉伊"，储物各类居家生活用品，是杂物的集中存放场所。

储物间（Камора）：音译为"卡马拉"，有壁橱的含义。该储物间特指位于门厅的小型日常用品储存空间[2]。

保温储物间（Истопка）：音译为"伊斯特普卡"，靠近壁炉的小型储物空间，用于食物和粮食的保温储藏。

饲养单元：

饲养院（Денник）：音译为"杰妮克"，主要的室外院落空间，用于牲畜、家禽的家庭饲养。

饲养棚（Ходнаденник）：音译为"霍特那杰妮克"，室内、半室内棚式饲养空间。

交通单元：

门厅（Сени）：音译为"塞尼"，是联系入口与起居室的过渡空间，防止冷空气直接进入室内，兼具储物功能[2]。

过廊（Поветь）：音译为"巴维奇"，是连接外部与内部人居庭院的过渡交通空间，有时也承担外部临时储物和饲养功能。在白罗斯西北及俄罗斯北部地区被直接定义为"牲口棚"，木立柱可拴牲畜，是较为重要的半室外饲养空间。

二、空间组织形式分类

白罗斯院落式民居按照各空间单元的组织关系（位置关系、数量关系、形态关系）被分为四类：院落组合式、合院式、直线式和L形式。

1. 院落组合式，该类型民居整体功能单元分区明确，建筑成平行或L形排列，院落由建筑和围墙围合而成，居于中部。院落窄长、紧凑且相对封闭、尺度相对较小。白罗斯地区自古牧业发达，牲畜和饲养是常见的农家生产方式，因此，牲畜院一般在此类民居中占据空间布局中的核心位置。院落组合式民居空间布局大多规整且分区明确，纵横两个方向都有对称关系。居住单元和饲养单元通过交通单元相互联通，通过门扇、部分操作和储存空间阻隔，互不干扰。储存空间根据具体功能需求穿插在居住单元和饲养单元内，谷仓是面积最大的储存空间，多居于建筑后段，毗邻饲养院。饲养院单独设对外大尺寸双开门出入口，用于牲畜和谷物进出[3]。

2. 合院式，白罗斯地区的合院式民居分单院式与两进式两种。

单院式院落三面被建筑围合，一面由围墙围合，院落较集中式更开阔。与我国多数传统合院民居的正、厢房概念不同，白罗斯合院式民居的居住单元通常放置于庭院入口两侧，主要的储存空间和饲养空间位于正对入口的中轴线上（图1）。

两进式合院民居的两个庭院被过廊分隔，一进院主要包括居住单元、操作单元和部分与日常生活相关的储存空间；第二进院主要是储物空间（谷仓）和饲养单元围合而成的农用院落。过廊（"棚"）兼顾交通联系及半室内饲养功能，过廊由墙面和列柱围合而成，靠近居住单元的实墙阻隔单元间的干扰，靠近农用院落一侧的列柱用来栓大型牲畜[3]。

合院式民居院出入口在围墙（栅栏）上，出入口数量由民居主人的生产活动方式和起居习惯相关，无论出入口数量多少，均大小交错，区分人行、非人行（畜、货）流线。

3. 直线式，分直线连续型和直线平行排列型两种。直线连续型各单元空间首尾相连或首尾相邻。直线式的建筑单体窄长，并联布置。该类型空间单元功能组织明确，彼此不交叉、不干扰。窄长的院落位于建筑前或建筑间（图2）。

4. L形式。与直线式的空间组织形式相似，建筑空间单元以L形首尾相连，形成有夹角的半围合庭院空间。该类民居院落中都有半开敞棚"过廊"空间，其中靠近庭院一侧设柱，是饲养牲畜的主要半室外场所。

院落组合式和合院式是相对较为封闭的院落式民居类型，较直线式和L形式，其私密性、安全性更佳，空间类型更丰富，单元组织关系更复杂。这两类院落民居的空间布局紧凑，各功能空间之间的关联性和通

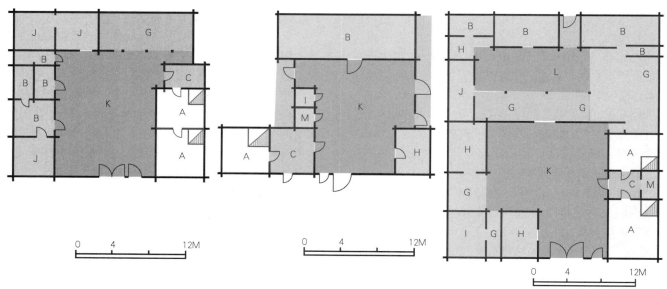

图1 合院式民居空间单元组织关系实例分析图

A—起居室；B—谷仓；C—门厅；G—过廊；H—库房；I—地下室；J—杂货间；K—人居庭院；L—农用院　M—储藏室；▨—住居壁炉

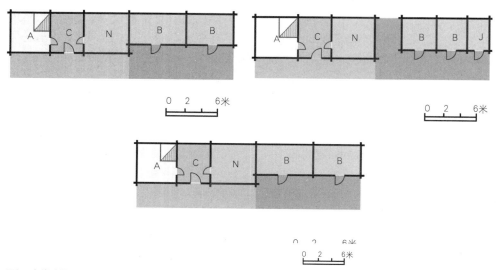

图2 直线式民居空间单元组织关系实例分析图

A—起居室；B—谷仓；C—门厅；J—杂货间；N—储物间；▨—住居壁炉

达性佳。直线形和L形院落民居对场地的适应性强，空间之间的组织关系更为灵活，与场地交通的连通性佳（图3）。高寒气候下白罗斯院落式民居的起居室（Хата）均不设直接对外出入口，大多通过门厅中转，且起居室内均设有壁炉[4]。

三、演化与传承情况

随着社会经济的逐步发展，摆脱了小农经济束缚的白罗斯地区农村在十月革命后快速进入苏联式农业集体化时期，以家庭为单位的生产模式逐步被农庄的集体机械化生产所取代，随之而来民居中各空间的功能属性和整体功能配置也发生巨大变化，其中最主要的特征体现在操作单元中农用院功能的模糊化（开始由单一的操作空间转变为人居空间甚至休闲空间）。苏联时期社会主义分配制度下居民不再需要独立的大面积储存空间，室内储存空间通过增设壁炉等方式被转换为居住空间，农用院也逐渐开始承载人居空间的作用（多代或多户混居的共用庭院）[5]。

当代院落式民居在此基础上进一步发展和演变。其中对空间功能进行精细化划分的院落组合式民居愈加少见。而合院式民居因其具有集中且私密性佳的大尺度院落空间而更加适应当代白罗斯民众的生活居住需求，

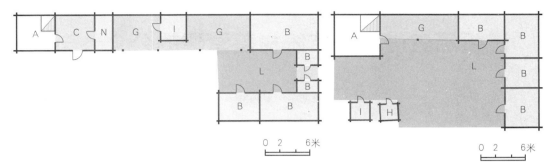

图3 L形式民居空间单元组织关系实例分析图
A-起居室；B-谷仓；C-门厅；G-过廊；H-库房；I-地下室；L-农用院；N-储物间；▨-住居壁炉

逐步成为白罗斯地区最常见的院落式民居类型[5]。

当代白罗斯院落式民居为适应时代发展需求，进行有规律的自我演变。例如，位于明斯克州普济齐河（река Птичь）沿岸的舒科夫家宅毗邻白罗斯著名的杜斯克民俗体验博物馆园（Музейныйкомплекс《Дудутки》）。户主舒科夫将原有L形民居通过加建居住、储存单元和围墙的方式改造为合院式民居，加建部分作为自住单元，原有的居住单元作为民宿向游客短租。开敞的院落空间作为共用室外空间同时承载部分饲养功能（图4）。

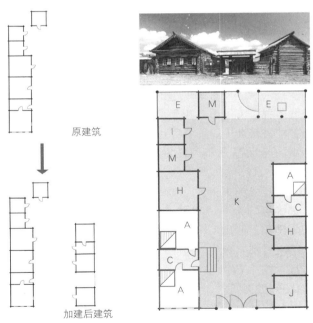

原建筑

加建后建筑

图4 白罗斯民居平面组织形式演进实例分析图
A-起居室；B-谷仓；C-门厅；E-饲养院；G-过廊；H-库房；I-地下室；M-储藏室；K-人居庭院；▨-住居壁炉

四、结语

1. 白罗斯传统院落式民居按空间组织形式可分为院落组合式、合院式、直线式和L形式四类。每类民居中的空间被划分为人居、操作、储存、饲养和交通五个单元，单元间彼此穿插，流线清晰。

2. 当代白罗斯传统院落式民居建筑中各空间单元的功能随着社会发展与时代演进而不断演化，功能组织关系也随之变化。其中居住空间配置数量增加，而储存空间减少。庭院空间的功能逐步模糊，基本成为休闲的人居空间，会承载少量饲养功能。

3. 个人空间得以充分保护且庭院空间较开阔的合院式民居更加适用于当代的人居习惯和需求，白罗斯院落式民居的其他空间形态逐步趋向合院式演化。

参考文献：

[1] 白罗斯共和国驻华大使馆 [DB/OL]．http：//http：//china．mfa．gov．by/zh//，2018-03-16．

[2] 毕昕，郑东军．白罗斯民居建筑空间组织形式演进与传承的启示 [J]．城市建筑，2017．37-39

[3] С. А. Сергачёв. Народное зодчество Беларуси：История и современность [M]．Минск：Белорусская Энциклопедия имени Петруся Бровки，2015．255-258

[4] С. А. Сергачёв. Придорожные кресты--традиционная малая архитектурая форма Беларуси [J]．Архитектура и строительные науки，2013，3（4）：37-38

[5] А. И. Локотко. Беларусское народное зодчество [M]．Минск：Белорусская Энциклопедия имени Петруся Бровки，1991．135

[6] И. Г. Малков. Современное строительство на селе [J]．Архитектура и строительные науки，2013，1（2）：10

浅析历史进程中传统村落营建的公众参与[1]

张杰平[2]　林祖锐[3]

摘　要： 自下而上的传统村落营建是其特色各异，并有异于城市的重要原因。本文试图通过对山西平定县西郊村历史营建过程的公众参与进行分析，探索传统乡村工匠、乡贤、晋商、乡邻等公众群体在乡村营建过程中所扮演的角色及重要作用，以期能在当前乡村建设如火如荼建设的过程中公众参与的介入角度提供参考。

关键词： 传统村落；公众参与；乡贤；乡村工匠

公众参与是发达国家在过去30年中发展起来的一种有效的民主形式。从广义上讲，公众参与除了公民的政治参与外，还必须包括所有关心公共利益、公共事务管理的人的参与，要有推动决策过程的行动。在实际的活动中，泛指普通民众为主体参与，推动社会决策和活动实施等。当前相关领域学者在行政立法、政策制定、环境保护、城市规划和公共事务管理等方面进行了广泛研究，公众参与逐渐成为热门话题。在我国古村落保护与发展领域，关于公众参与研究相对较少。江灶发[1]、谢雯[2]、安月茹[3]等通过构建公众参与评价体系，研究传统村落保护发展过程中公众参与程度；李开猛[4]、刘钊启[5]、边防[6]等学者对公众参与乡村保护与发展作出探索性研究；姚华松[7]、王彦杰[8]、张嘉颖[9]等通过具体案例分析公众参与对推动传统村落保护发展的重要作用。

自下而上的传统村落建设离不开广泛的公众参与。传统村落在形成与发展建设过程中，村民自发形成的村落建设活动，是古人对公众参与最好的诠释。当前关于传统村落营建研究中，较少提及历史发展过程中公众参与。发掘古人自发性公众参与乡村建设活动，对引导今日乡村建设活动中的公众参与具有重要借鉴意义。

一、西郊村概况

西郊村于太行山中部西麓，平定县中部，距离平定县城不足10公里，明朝以来便是平定州东一大集镇。全村现有1051户，2851人。明以前，西郊村有人类活动及定居的遗迹，现遗留有碑刻与韩信庙。村内现存最早碑文《重建主运济圣母正殿束砌查所》记载：

"窃以平定古郡于西交也风纯俗厚民多克诚礼祭乐祀神永宁而庙极宏者有庙自来不曾束砌平庙无纤□忽尔变故岁在丙辰□发寡端祸起不虞治迷民而被害所致灵宇以丘墟粤我懿济圣母乡川祭奠甘露润物雨水不违众生庙镇一方神极雄灵

维大金明昌七年丙辰岁次三月辛巳朔二十二日癸卯功毕

本村王永秀书丹

都维那[4]　赵仟　白仔　白智

副维那　武忠　王才　王佐

己次维那　白贵　王友　王元　阎资　李聚

都管拘[5]　赵彦忠

化砖□□武宽

助打砖功力　本村众　助缘　本州司侯司张福

本州砌匠[6]　都料　窦资弟　窦宝

1　基金项目：国家自然科学基金名称："太行山区古村落传统水环境设施特色及其再生研究"（批准号：51778610）。

2　中国矿业大学建筑与设计学院，544310238@qq.com。

3　中国矿业大学建筑与设计学院，教授，1315345976@qq.com。

4　维那，又作都维那，旧称悦众、寺护，为寺中统理僧众杂事之职僧。

5　总管，管家。这里意指总领事务之人。

6　砌匠，既泥水工。

本州石匠　都料[1]　常忠男　常满

神化选匠人诚能巧变刻楼花锦里外束砌晓及今□奉神所致也

尊神圣母所集功殊　各人家长福廷年记立"

碑文详细记录了大金明昌七年（1196年）村内重要公共建筑"仓岩行祠"补修过程中民众参与情况，都维那、都管拘、化砖打砖、砌匠、石匠等分工明确，本村公众积极参与到庙宇的修建过程当中。明朝初年，郝、赵、白三大家族逐渐由外地迁居本村，本村人口开始兴旺，逐渐繁衍形成现有的宗族格局。根据本村遗留碑文分析，明清古村繁荣时期，村民合资合力，在村内古道上架设有东、中、西三阁，并在村庄合力建设祠庙等公共建筑。此外，本村及周边村落晋商，大多沿西郊驿道街开设旅店、碳店、车马店等商铺等，在地方官绅、乡贤组织下，村民在村内建设有官房、差务府、炮台等公共设施，而在外经商致富的村民，回到本村，聘请技术匠人，并在族人与乡邻的协助下完成了宅院建设。通过对古碑文记载的分析，大致将参与西郊传统村落营建过程中的村民分为乡贤、乡村工匠、晋商、乡邻四类，以探讨传统乡土社会下乡村营建过程中的公众参与。

二、公众参与村落营建过程中的村民分工

1. 乡贤——公众参与的引领者

乡贤，其释义为品德、才学为乡人推崇敬重的人。在古代，受中国传统儒家思想和宗族文化影响，在"皇权不下县"的旧封建社会，兼备一定知识文化教养和宗族地位的村民，往往受其他村民尊重，成为旧时代村内实际权力掌控者，这类村民往往是除了官僚、富商的宗族，他们或有功名，或有实力，是村中的显要之家，充当着村民领导者的角色，全方位地参与地方公共事务，对地方社会产生了重要影响。乡贤对于村落营建的影响，主要体现在村落公共建设方面，他们主要通过外出募捐、自筹资金等方式筹得所需资金，有效组织村民进行村内公共建筑、街巷等建设。

1）带头募捐、筹资筹建

主要表现在部分村民带头募捐，筹集乡建资金，并带头建设村落。这部分有责任心的乡贤一般称为"纠首[2]"。仅以槐树院郝氏家族为例，清朝康熙十七年（1678年）移迁新修龙王庙，六世人郝文宽、郝文昇、

郝文雨同本村郝氏族、赵氏族7人组成了七家纠首，制定缘薄，化缘两年，走遍方圆百里，40多个乡村，集资材新修龙王庙正殿三间，配房六间，山门一座，钟鼓二楼各一座，戏楼一座。清康熙四十二年至乾隆四年，在创修及重修苍岩行祠庙宇建筑工程中，六世人玉广同本村各族组建纠首，僧人善亮外出募化银两，完成了苍岩行祠，上院、中院、下院山门，庞大的建筑群体，在山门前竖塑石牌坊一座，创建苍岩行祠纪念牌坊，给西郊村后人留下了宝贵的历史文化遗产，清朝道光六年（1826年）大规模重修苍岩行祠，工程浩大，十世人大绥同本村纠首十六人，同心合力募化资材，此项工程由山东河北各地商行及周边村、本村乡民共捐资银两仟余两。道光二十二年（1842年），十世人兆攀（地方）伙同乡赵密、僧人法周、徒显颂、显颖、显清募化资材，新建（迁移）关帝庙前乐楼（戏楼）一座并重修韩信庙。

2）自筹资金、投资投力

在无政府资金支持的情况下，村内贤德之人往往带头出钱出力、献地献材，发动村民建设村落。以槐树院郝氏家族为例，明朝崇祯七年（1634年）期间，本族四世人尚武同大郝氏元谟，七家户郝氏希闵，自筹资金，投工搬运建材，发动村民集资，创建了西郊村公共场所官房[3]一座。康熙十年（1671年）四世人尚智，自投资金，全家同心合力筹集资金，村民响应投工献料，新建先师庙一座，作为西郊村第一座公共学堂，使得村人教子有所。康熙十五年（1676年），东河神庙被洪水冲没后，四世人尚微捐献耕地一块，作为合村重建河神庙基地，五世人文衡、六世人玉泰，积极组织人员，投工投资，并将河神庙也一并新修。清嘉庆十二年（1807年），八世人起材与本村其他族九人筹集资金修建西阁，在此项工程进展同时，又将韩信庙、大王庙、龙王庙三座古庙进行重修。

西郊古村的村落公益性建筑建设是在我国传统乡村社会自主运营的社会背景下，由乡村贤德之人发起并领导本村建设力量，以周边村民及来往商客捐助为重要补充，动员一切可利用的建设力量，有钱出钱，有力出力，共同推动本村建设。这些具有社会影响力与宗族号召力的村民，正是推动乡村建设不可或缺的一环。

2. 乡村工匠——乡村建设的设计施工者

工匠也称匠人、匠师，是指具有专业技艺特长的手工业劳动者。而传统建筑工匠则是指从事跟建筑领域

1　旧时指掌握设计与施工的技术人员称作"都料"。

2　民间自行举办一些活动的组织者，是负责召集、组织和实施的各色人等，具有临时性。

3　特为某项活动而设，人数不拘，一般视活动的规模而定。

相关劳动的传统技术工人，包括木匠、石匠、泥水匠、雕刻匠等。传统建筑工匠作为乡村地区历史久远的建筑手工艺者，自古以来对乡村景观风貌的形成有着非常重要的、不可替代的作用，他们是乡村人居环境的建造者和创造者。

图1　重修龙王庙淮阴侯庙布施碑记

具体到村落和民居的营建，西郊村现存碑记有详细的记载，例如《重修懿济圣母显泽大王五龙尊神汉淮阴侯庙碑记》（图1）中简明地记载了重修淮阴侯庙的资金来源及经理人[1]、乡约[2]、瓦匠、泥匠、木匠、石工、铁笔[3]、丹青、主持僧等。《重修苍岩圣母碑记》碑文中也记载了石匠、木匠、化砖、都料等工匠。

传统社会时期，西郊村民出于建设自身居住环境的自觉性和积极性，通过相同的地域和文化认同，充分发挥村民建设积极性，地方工匠和村民充分利用掌握的本地建筑建造技术，通过相互模仿与建造合作推动村落民居和谐统一的秩序建造，而乡村工匠建造技术的世代传承，又在较长时间内保持了地区建筑风貌的稳定性。传统社会时期乡村工匠介入乡村建造，除了具有秩序建造、稳定建筑风貌的特征外，还具有自由式建造的特征。西郊古村公共建设的建设是以"纠首"为领导，以村民为主体，多方参与合作建造的公众参与运行模式，所以公共建筑的建造具有较强的"策划性"，而在具体的私家宅院建造实践过程中，村民业主与地方工匠对于所需要的建筑的类型都成竹在胸，而能否建成房屋的关键则在于资金与场地，以及提出居住空间需求等。乡村工匠通过村内即有建造模式类型的场地适应性合理调适，满足村民自身的居住需求，使其在已有的原型模式下进行适宜的自由建造，而这种自由建造不会从根本上改变建筑的结构类型与形制构成。其往往是对建造体系中装饰性及非必要性部位，从资金水平实际需求出发进行自由的建造与布置，以此满足村民世俗化的建造观念。例如部分村民根据实际需求改造建筑沿街倒座为商铺，但不会从整体上破坏原有合院格局及建造手段。最终，乡村工匠实施下的自主建造在多重构成

要素的相互作用下，形成了一种秩序建造与自由建造相统一的建造结果，而在此过程中，乡村工匠与具备基本建造素质的村民担任着不可取代的作用。

3. 晋商——乡村建设的投资者

明洪武年间，"开中制"的实行带动了山西商业贸易的发展。特别是清中晚期，晋商迅速发展起来，特别是沿着通京大道——井陉古道的村民，凭借优越交通环境发展商业，行走于山左山右，成为平定地区重要的财阀。这些富起来的村民大多返乡置业，修建私宅大院，同时积极捐建乡村公共设施建筑。西郊五大家族依托其便利的传统交通区位，强有力地带动了本村的繁荣壮大。就有文可考证的清朝一朝，西郊村不但涌现出了李作楷等入仕之人，也出现了赵忠贵等大巨贾。

明清年间，本村村民跟随晋商大部队外出经商，他们在外地做生意赢得利润之后，又返回故土开店经商、买地建宅，直接带动了本村经济的发展。此外，这些在外经商的本村人，还将外面世界先进的文化、生产技术、建造技术、经商技巧等带回本村，连同外带到本村做生意的人，一起推动了本村社会文化、经济等多方面的繁荣。这些巨商大户在外经商发家以后，大多回到家乡西郊村建设宅院，并沿着古商道修建商铺，继续开展商业活动，比如百忍堂郝殿和在外经商发财以后，在本村重建住宅，并沿着驿道街开设了百忍堂绸缎店；西郊传统商铺从驿道东头向西排列，街北依次是：碳店、大庆巷药铺（李氏药铺）、玉泰成估衣铺、大成店、中和店、义泰成古董店、银匠炉、烧锅院酒家、油画铺、盐店、同成店、培善成粮店、同心点、天成店；街南依次是：东店房、天泰兴典当铺、春来粮店、赁货铺、天顺昌面铺、板桥店、勤远成杂货店、百忍堂绸缎店、广庆成面铺、药店、骆驼店、东成店等，主要经营的营生有旅店、粮店、古董店、面铺、打铁店、酒坊等。商业店铺的建设改善了村庄建成区环境，带动了村落的商业繁荣，而发家后的村民不忘回馈乡村，积极参与乡村公共建设，据村内保留的乾隆二十年四月《重修碑记》记载（图2），在参与西郊龙王庙重建过程中，本村商号怀仁堂、德源诚、百忍堂、和义诚、德义诚商号、公玉德商号、德胜商号、茂盛昌、周边商号恒兴号、益聚号、三合成、光益源、谦益号等捐献大量资金，资助龙王庙建设，这是晋商直接资助本村建设的明证，而据本

1　处理管理村务的场地.

2　古时指由村民选出负责村庄建设资金筹备与管.

3　指奉官命在乡里中管事的人.

图2　重修碑记

村穆永茂老人回忆，即使到了清末民国时期，村内道路建设，中、东、西三阁的建设也与本村及过路商户的资助息息相关。除了投资建造公共建筑外，深受传统儒家"落叶归根"、"衣锦还乡"、"出人头地、光耀门楣"等思想影响，在外经营生意的村民往往在本村建设宅院，进一步推动了本村建设。据西郊村志记载，西郊村清末共建筑宅院260多座，供400多户人居住。时至今日，西郊仍拥有保存完好的历史居住院落36处。此外，经商获得成功的商人在村建设房屋往往相互攀比，讲究排场，仅李能李氏家族在嘉庆至民国15年修建宅院就有40多座，家族祠堂两座，在村占用耕地及在外购置土地就达1000多亩，并在村中开设商店5座。这些院落精美无比，成为西郊村当前不可估量的历史文物。

4. 乡邻——乡村建设的出力者

作为乡村社会网络构成，乡邻在乡村建造过程中扮演着重要角色，乡邻互助是推动传统社会乡村建设的重要力量。相邻互助建立在乡土文化传统基础之上，是乡村生活中最普遍的一种社会现象。西郊村《重建主运济圣母正殿束砌查所》碑文详细记载了仓岩行祠修建的具体分工，"助打砖功力 本村众"指明本村乡邻是仓岩行祠修建过程中劳动力耗损最大的"打砖"的重要力量，而根据其他碑文、宗谱记载及村民延续至今的传统习惯，可以发现乡邻互助是传统社会时期村庄营建的重要合作方式。根据合作人之间的关系，可以将西郊传统乡村营建过程中人与人之间的互助分为地缘性互助营建及血缘性互助营建。

1）血缘性互助营建

血缘性互助营建是传统宗族社会宗族功能的社会性延伸，也是家庭功能的一种。西郊传统民居在营建过程中，房屋所有者只需要拿出建造房屋所需的土地及部分资金聘请非本族本村的木匠、石匠等乡村工匠，而剩余的工作主要由本家族来义务承担，同一家族的各个分支成员积极出力分工协作，共同推动家族成员的房屋营造。在西郊传统乡村社会里，个人是被严实地、安全地

包围在家庭这道血缘组成的社会关系网中，这是保证房屋建造顺利完成的重要保证。

2）地缘性互助营建

费孝通先生认为在乡土社会家族中的家庭只是社会圈子中的一轮，离开血缘圈的重要的社会圈子是邻居房，乡邻关系也是乡村社会关系的重要一环，他们互相承担着特别的社会义务[10]。在西郊传统乡村社会中，像生产经营、建房等大事，村民在寻求帮助时，对象主要集中在血缘、姻亲等亲属里，但邻居也是村民寻求帮助的主要途径。地缘性互助营建主要是通过"换工"得以实现，传统社会这种"换工"关系具有偶发性与自愿性，是村民互助、技术共享的重要体现，"换工"实现了传统乡土社会建筑技术的互通与交流、传承。

三、当代乡建环境下公众参与可行性探讨

费孝通在《乡土中国》中说过"在这个变迁的时代，习惯是适应的阻碍，经验等于顽固和落伍，尊卑不在年龄上，长幼成为没有意义的比较，见面也不用再问贵庚了，这种狂躁离乡土性也远了"。"文化大革命"粉碎了中国传统宗族文化，而改革开放又将整个乡村社会推向了趋利的一面。重构传统乡土社会不科学也不可行，但适当借鉴传统乡土社会乡村营建过程中公众参与过程中的角色扮演与实施过程，对当今如火如荼进行中的乡村建设过程中公众参与的实现，具有借鉴意义。

1. 新时代呼唤新乡贤

乡贤是乡村社会教化的启蒙者，是乡村内外事务的沟通者，是造福桑梓的引领者。对传统村落保护而言，新乡贤既包括传统村落中的精英、返乡创业者和退休还乡者等"本土化"社会群体，同时也包括致力于乡村建设的专家学者、村官等"非本土化"社会群体。村落空间布局与形态、传统建筑与环境是传统村落的价值所在。传统聚落乡村环境的营建需要新乡贤利用新思想、新理念启蒙和引导村落民众认识到传统村落异于城市聚落形态的价值，重树文化自信，根据现代社会需求因地制宜地培育民俗文化体验等村落经济新业态，使传统村落重新焕发出活力。

2. 推动传统工匠现代化转型

乡村独特的空间环境、建筑形式、景观风貌是在

千百年的演变和发展中根据社会环境和村民自己的需求审美，并通过村民以及传统建筑工匠的智慧和努力形成的。受到社会大环境的影响，传统乡村工匠虽然有着传统建筑技艺，但顺应生产力发展的要求，传统乡村工匠向乡村设计师转型势在必行。积极培训乡村本土建造师，让乡村建造师结合政府规定和专家建议，持证上岗主动参与到乡村建设中，对乡村风貌控制与发展建设具有巨大意义。

3. 创新思路留住"新农人"

当代乡村建设难点便是资金和人口问题。在当代城市化进程加快过程中，乡村空心化已经成为大趋势。笔者认为，乡村建设要顺应大势，倡导乡村有序"死去"与有机"复活"。对于毫无历史记忆与文化的僻远村落，应对合理引导"合村并点"，优化社会资源配置。对于拥有悠久历史记忆与文化资源的村落，应该从政策层面鼓励拓展农业的多功能性，把壮大新产业新业态作为推进农业供给侧结构性改革的重大举措，充分利用好农村的绿水青山、田园风光、乡土文化、土特产品，发展乡村休闲农业与养老产业等多元产业，并奖励具有知识与技能的返乡创业农民工，留住"新农人"（图3～图5）。

西郊传统社会时期村民自发形成的村落建设活动，是公众参与乡村建设的经典案例。在当代这样急剧转型的乡土社会里，合理借鉴古人公众参与方式途径，为当代村民参与乡村建设提供可行性参考路径，舍弃乡村建设中忽略村民参与的做法，才能走出当前乡村建设中公众参与的困境。

图3　乡村工匠　　　　　图4　传统建筑修复　　　　　图5　传统建筑再利用

参考文献：

[1] 江灶发. 我国公众参与传统村落保护机制研究 [J]. 江西社会科学. 2018（04）：225—230.

[2] 谢雯. 佛山松塘历史文化名村保护规划实施中公众参与评价研究 [D]. 华南理工大学，2017.

[3] 安月茹. 传统村落保护与整治的公众参与评价研究 [D]. 河北师范大学，2018.

[4] 李开猛，王锋，李晓军. 村庄规划中全方位村民参与方法研究——来自广州市美丽乡村规划实践 [J]. 城市规划. 2014（12）：34—42.

[5] 刘钊启，刘科伟. 乡村规划的理念、实践与启示——台湾地区"农村再生"经验研究 [J]. 现代城市研究. 2016（06）：54—59.

[6] 边防，赵鹏军，张衔春等. 新时期我国乡村规划农民公众参与模式研究 [J]. 现代城市研究. 2015（04）：27—34.

[7] 姚华松. 公众参与视角下的乡土社区营造：基于鄂东某传统村落的乡村建设实践 [Z]. 中国广东东莞：20176.

[8] 王彦杰，陈红宇，李昕阳. 鼓励与引导并重的村庄规划公众参与实践——以黔东南占里村为例 [J]. 小城镇建设. 2018（07）：11—17.

[9] 张嘉颖，汤国华. 广州大学城"文化遗产漫步系统"建设的探索 [J]. 南方建筑. 2017（02）：117—122.

[10] 费孝通. 江村五十年 [J]. 社会. 1986（06）：5—11.

湘西北侗传统聚落形态与聚居模式分析

李欣瑜[1]

摘　要： 本文以高椅村、白市村等7个村落为研究对象，分析了湘西北侗传统聚落的选址因素、选址类型和环境构成要素，并研究了其聚居模式及聚落形态。

关键词： 湘西北侗；传统聚落；聚落形态；聚居模式

在湖南省内，侗族主要分布在湘西一带，按照方言和地理位置的差异可以分为南侗和北侗，其中南侗以通道县为代表，北侗以新晃县、芷江县为典型。一般认为，南侗和北侗的祖先都是古代百越民族，生活习俗和文化传统基本相同。但南侗由于地理位置偏远，加上山体等天然屏障的阻隔，因此比较完整地保留了原始的村寨风貌及传统文化。相比之下，北侗受汉族文化、经济、政治影响较多，导致社会结构、村寨风貌、文化特征等多方面发生了变化，促成了南侗聚落与北侗聚落的差异形成。从国内大量研究成果来看，南侗聚落的相关研究较多，而北侗聚落的相关研究则稍显不足。

本文的研究对象为湘西北侗的7个村落，分别是会同县的高椅村、白市村、小市村、邓家村、翁高村和芷江县碧涌镇的茅坪塅村、碧河村（图1）。其中，高椅村为全国重点文物保护单位，小市村、白市村、邓家村、翁高村为全国传统村落，碧涌镇为全国重点镇，因此研究对象均具有较高的代表性。聚落指具有一定规模的人类聚居场所，文中提及的村寨即为侗族聚落，是侗族人民赖以生存、生活的场所。本文在实地调研的基础上，尝试对湘西北侗的聚落形态与聚居模式特点进行梳理与总结。

一、一聚落选址

1. 聚落选址分析

无论南侗还是北侗，村寨大多坐落于丘陵地带，依山傍水是最符合侗寨选址理念的模式。这是多方面因素共同作用下形成的结果，主要包括以下三点。

1）防御因素

战乱频发的历史进程使侗族成为一个迁徙民族，高度的防御意识深深地扎根于侗族先民的思想之中。为了抵御外敌，侗寨一般建于高山密林之中，利用自然环境的天然防御优势来增强村寨的自卫能力。这种出于军事防御的考虑在侗族村寨选址上起着最为关键的作用。

2）经济因素

民族的繁衍离不开食物和水源，侗族村寨处于与外界环境相对隔绝的境地，只能依靠自给自足的自然经济来维持生存。依山傍水的居住环境为农耕、捕鱼、狩猎、采集、养殖、染织等生产活动提供了条件，满足了

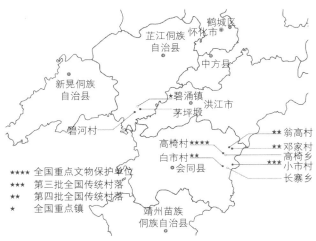

图1　调研地理位置图
（图片来源：改绘自中国交通地图网http://www.xinditu.cn)

1　李欣瑜，广州大学建筑与城市规划学院，510006，sniperrrr@vip.qq.com.

侗族生存与发展的需求。

3）风水因素

受汉族风水观念的影响，侗族村寨的选址除了要满足防御需求和生活需求外，还需要符合传统风水理念，三者结合才是侗族理想的宜居之地。侗族村寨的选址十分注重各种自然要素的配置，讲究对山形水势的充分利用，因地制宜，追求与自然环境和谐共生。在侗族人民眼中，连绵不断的山为龙脉，龙脉在河流、平坝前终止的地方称为龙头，龙头就是侗族安村立寨的风水宝地。

2. 聚落选址类型

中国的地形地貌丰富多样，从已有研究成果来看，学者们按照侗族聚落所处的地理位置进行分类，大致可以分为平坝型、山麓型和山坡型三种（表1）。

聚落选址类型对比 表1

选址类型	示意图	特点	例子	实景图示例	
平坝型		地势平坦，空间、视野开阔。聚落规模较大，内部结构组织紧密，建筑排列整齐紧凑，朝向统一。	高椅村 白市村 小市村		白市村
山麓型		聚落沿着山坡坡脚分布，部分建筑往山坡上修建，背山面水，建筑朝向统一。	茅坪塅 碧河村		碧河村
山地型		由于平地太少，聚落坐落于山上，地垫险要，具有较强防御性。建筑顺应等高线自由布局。	邓家村 翁高村		翁高村

（图片来源：作者自绘）

1）平坝型

平坝型聚落一般位于山间平旷之地，如地势平坦的河漫滩、台地或盆地等，其聚落空间、视野都比较开阔，人口容量大且适于耕地，因此聚落规模往往也比较大。平坝型的聚落内部结构组织一般较为紧密，民居朝向统一且排列整齐、紧凑，高椅村、白市村、小市村就属于这种类型的聚落。

2）山麓型

山麓型是指村寨建于山坡坡脚处、部分顺着山坡往上修建的聚落选址类型。山麓型聚落沿着山脚分布，一般具有背山面水的特点，建筑朝向较为统一，是侗族最为典型的聚落选址类型。山麓型往往没有大面积的平地，为了留出足够的耕地，部分房屋会往山坡上修建，但受地形地势限制以及考虑到取水问题，村寨一般不会往高坡处发展，只修建在山坡的下部，如茅坪塅和碧河村。

3）山地型

山地型也是侗族常见的聚落选址类型之一。山地型是指村寨建于半山腰或从有充足水源的山坳口处辟地建寨的聚落选址类型。相对于其他选址类型来说，山地型聚落地势险要，具有较强的防御性。侗族首选在山的阳坡建寨，阳光辐射下形成的上升气流有利于加强气体流动，更适宜居住。当村寨发展到一定程度时，才会逐渐在阴坡形成新的聚居点。寨内建筑依山而建，整体布局高低错落，建筑与自然环境相得益彰，往往会形成一道美丽的风景线，如邓家村和翁高村。

二、聚落环境构成要素

聚落环境构成要素是指聚落内部一切可通过视觉感知的物质实体，主要可分为自然环境要素和人工环境要素两大类。自然环境要素包括山林、河流、土地、岩石等与生产活动息息相关的环境要素。人工环境要素主要指由于人类活动而形成的环境要素，如建筑、道路、鱼塘、水井等，其中建筑又可分为居住建筑和公共建筑。

与湘西南侗相比，北侗的自然环境要素没有明显不同，而人工环境要素则差异较大，主要体现在北侗没有或较少公共建筑，以及公共建筑的类型不一致。具有公共建筑是侗族区别于其他少数民族的特点之一，鼓楼、萨坛、戏台、风雨桥、凉亭等都是南侗常见的公共建筑。而本文研究的7个北侗村落中，白市村、邓家村、碧河村、茅坪塅只有民居建筑，没有公共建筑；小市村、翁高村的公共建筑只有祠堂；高椅村的公共建筑相对丰富，除了祠堂以外还有寺庙、学馆、凉亭、墓地，但也没有鼓楼等典型的南侗公共建筑。

北侗并不是从一开始就与南侗不同的，南侗与北侗由于地理上的隔绝，彼此之间缺乏直接的交流，同时北侗地区与汉族地区较为接近，因此不可避免地会受到汉族文化的熏陶，从而形成与南侗不一样的文化体系。从前的北侗也有"斗"的概念及"款"组织，后来受到汉族宗族及礼制文化影响，才逐渐被消解，为汉族式的组织结构所取代。鼓楼代表着一种宗族制度，因在北侗丧失其社会功能而没有了存在的价值；萨坛、戏台等公共建筑也随着北侗文化的变迁而逐渐没落了。

三、聚居模式

聚居模式是指人类群体在一定区域内生存与发展过程中所形成的构建其生活空间的模式。它是当地的自然环境、经济环境和社会文化环境相互作用下所形成的结果。聚居模式与村寨空间有着密不可分的关系，可以透过作为客体的村寨空间与非具象的符号表征的投射关系来进行研究，从而比较不同聚居模式的特点。按照这种方法进行研究可以发现，湘西北侗聚落主要呈现出两种图示类型（表2），分别代表了向心型和均质型的聚居模式（图2），其差别在于村寨社会组织结构的不同。

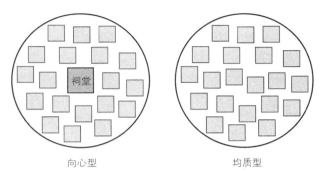

图2　两种聚居模式图示类型（图片来源：作者自绘）

<table>
<tr><td colspan="8">聚居模式图示类型统计表　　　　　　　　　　　　　　　　　　　表2</td></tr>
<tr><td>聚居模式</td><td>高椅村</td><td>白市村</td><td>小市村</td><td>邓家村</td><td>翁高村</td><td>茅坪塅</td><td>碧河村</td></tr>
<tr><td>向心型</td><td>√</td><td></td><td>√</td><td></td><td>√</td><td></td><td></td></tr>
<tr><td>均质型</td><td></td><td>√</td><td></td><td>√</td><td></td><td>√</td><td>√</td></tr>
</table>

1. 向心型

向心型指的是围绕着明确的村寨中心营建民居的聚居模式。这种聚居模式的村寨空间布局总体上呈向心状的团聚形态，结构排列紧凑，表现出强烈的内聚性特征。不同于南侗一般以鼓楼、戏台、萨坛等公共建筑为村寨中心，北侗的村寨中心一般为祠堂，这是由于"款"组织被汉族式的组织结构所取代了，反映了北侗的宗族体系与传统儒家伦理的有机融合。向心型聚居模式可以是单个中心，也可以是多个中心。单中心村寨一般规模较小，可能是受到地理条件的限制，也可能是村寨尚处于发展初期。多中心村寨由单中心村寨不断发展而形成，当单中心村寨发展到一定规模时，由于人口增加，部分村民从中分离出来，到周边合适的地方安居，从而渐渐形成新的聚居点。如高椅村、小市村（图3、图4）就是以宗祠、支祠等为中心的多中心村寨。

图3　小市村谭氏家祠（图片来源：作者自摄）

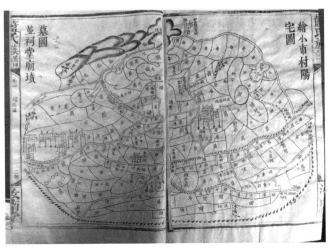

图4　小市村蓝氏族谱中的阳宅图，红色标记为祠堂（图片来源：作者自摄）

2. 均质型

均质型指的是没有村寨中心，同种性质的民居顺应地形地势灵活布局，总体上呈均质分布的聚居模式。均质型村寨一般有两种情况：一是村寨规模较小，民居随山地等高线布局，呈自由衍生的态势；二是村寨规模较大，但随着中央王朝统治力量的不断强化以及汉族文化的渗透，村寨中心逐渐被消解。如碧河村沿着河流一侧发展，民居顺应地势重复布置，没有明显的村寨中心（图5）；白市村的规模较大，村内祠堂被拆毁，民居排列紧凑且朝向大致相同，呈现出均质分布的形态（图6）。

图5 碧河村村景（图片来源：作者自摄）

图6 白市村村景（图片来源：作者自摄）

四、聚落形态

本文研究的聚落形态主要指聚落的物质形态，即可以通过视觉感知的村寨空间的外在形状，包括水平方向上的平面形态和垂直方向上的断面形态。

1. 平面形态

聚落作为人类聚居生活的场所，自然有着与外界自然环境区分的边界。在这里，边界主要指由聚落边缘的建筑单体及建筑物之间的间隙连接而成的面，它标志着聚落的范围，是聚落平面形态的构成要素之一。聚落的平面形态主要受地理条件限制，自然环境的差异使聚落平面形态呈现出不同的外轮廓。基于总平面视觉对聚落边界进行原形抽象，可以看出湘西北侗聚落的平面形态大致可分为组团形、带状形和不规则形三种类型（表3）。

1）组团形

组团形村寨多位于山麓地带的平地上，周围群山环绕，根据所处地理环境及聚居模式的不同，聚落平面形态呈一个或多个组团形。组团形村寨内部建筑往往排列紧凑有序，道路阡陌纵横、井井有条。建筑顺应山坡坡脚布置，充分利用每一寸土地，勾勒出较为明显的聚落的边界。高椅村、白市村、小市村的平面形态均属于这种类型。

2）带状形

带状形平面形态的形成主要是由于村寨沿着河流一侧或两侧发展，或所处地理环境较为狭长，使聚落平面形态呈带状延伸。如碧河村的建筑沿着河流及山脚紧密布置、前后排列有序，道路规整且与河流方向大致平行，村寨轴线清晰，形成线性空间肌理，呈现出带状形的平面形态。

3）不规则形

不规则形村寨是指聚落边界较为模糊，聚落平面形态不规整，一般根据地形变化自由发展的村寨。这种类型的村寨多坐落于山地上，建筑沿着山地等高线灵活布置，部分建筑由于受地理条件限制显得较为分散，聚落边界不明确，总平面外轮廓投影呈不规则形态。如翁高村的建筑顺应山坡修建，其聚落平面形态沿着等高线呈现自由衍生的态势。

聚落平面形态分析 表3

平面形态分析	高椅村	白市村	小市村	茅坪塅	碧河村	邓家村	翁高村
卫星图							

续表

平面形态分析	高椅村	白市村	小市村	茅坪塅	碧河村	邓家村	翁高村
抽象图式	 ○	 ∞	 ○	 ╱	 ╱	 ⬡	 ⬢
图式类型	组团形	组团形	组团形	带状形	带状形	不规则形	不规则形

（图片来源：作者自绘）

2. 断面形态

聚落在垂直方向上的断面形态通过由建筑及其他聚落构成要素共同勾勒的天际轮廓线来反映，主要受地理环境因素和建筑因素的影响。从地理环境因素来看，平坝型聚落的断面形态大多趋于直线形，民居群整齐有序地重复布置；而山麓型、山地型聚落的断面形态则顺应山形地势呈阶梯形，民居群在垂直方向上高低错落（图7）。大自然的地形地貌千变万化，根据聚落所处地理环境的不同，断面形态可呈现出丰富多样的形式。从建筑因素来看，民居建筑高度一般差异不大，因此均质型聚落的断面形态为直线形；而向心型聚落由于祠堂等中心建筑在村寨里占据着特殊的地位，其建筑高度一般明显高于其他民居，因此断面形态呈中心高、两边低的形状（图8）。

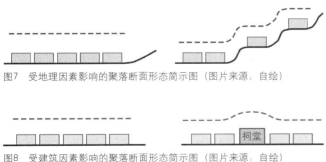

图7　受地理因素影响的聚落断面形态简示图（图片来源：自绘）

图8　受建筑因素影响的聚落断面形态简示图（图片来源：自绘）

五、结语

本文对湘西北侗的聚落选址因素、选址类型及聚落环境构成要素做了简要分析，并进一步探析了湘西北侗聚落的聚居模式和聚落形态。聚居模式按照有无村寨中心可分为向心型和均质型两种。聚落形态在水平方向和垂直方向上可进一步分为平面形态和断面形态，平面形态包括组团形、带状形和不规则形三种；断面形态根据地理环境因素和建筑因素的不同可呈现出较为多样的形式。总的来说，湘西南侗与北侗虽然属于同一民族，但交通上的不便导致了彼此之间缺乏直接的交流，加之北侗位于汉族文化地区的边缘地带，不可避免地受到汉族文化的影响，造就了南侗北侗的文化差异形成，从而发展出不尽相同的聚落景观，通过研究北侗的聚落形态及聚居模式可以看见侗族与汉族之间的文化渗透、交融现象。

参考文献：

[1] [日] 原广司著. 世界聚落的教示100 [M]. 于天祎译. 北京：中国建筑工业出版社，2003.

[2] 浦欣成著. 传统乡村聚落平面形态的量化方法研究 [M]. 南京：东南大学出版社，2013.

[3] 蔡凌著. 侗族聚居区的传统村落与建筑 [M]. 北京：中国建筑工业出版社，2007.

[4] 肖华. 湘西南侗与北侗村落形态比较研究 [D]. 长沙：湖南大学，2011.

[5] 祝家顺. 黔东南地区侗族村寨空间形态研究 [D]. 成都：西南交通大学，2008.

[6] 霍丹，甘晓璟，唐建. 侗族传统聚落空间形态的再思考 [J]. 建筑与文化，2017，(6)：248-249.

[7] 范俊芳，熊兴耀. 侗族村寨空间构成解读 [J]. 中国园林，2010，26 (7)：76-79.

[8] 彭鹏. 湖南农村聚居模式的演变趋势及调控研究 [D]. 上海：华东师范大学，2008.

浙江临海大山乡传统民居初探

陈斯亮[1]

摘　要： 本文以浙江临海大山乡这个以石墙木构[2]民居为主的典型性东南山地建筑群落为研究对象，在田野调查的基础上，通过大量建筑实例的比较分析，试图对大山乡传统民居的平面形制、结构构造等方面加以归纳总结，以期更深入地了解其传统民居的特点。

关键词： 大山乡；传统民居；平面形制；结构构造

一、大山乡概述

大山乡，位于浙江省临海市中部，灵江下游，由里山村、兴山村、外山村、外山高、东院村和吃水坤6个自然村团组成，全村共451户1129人（图1）。

图1　大山乡区位示意图

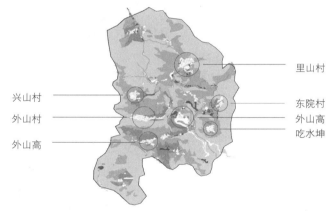

图2　大山乡村团分布图

派原始古朴景象（图3）。

大山乡位于山顶，四周群山环绕，玄武岩、花岗岩、凝灰岩等优质石材资源丰富，当地村民就地取材，以石头为主要建筑材料，建造出了大量石墙木构民居，这与江浙平原地区的传统民居差异极大（图2）。

大山乡传统民居通常为两层，硬山双坡屋顶。房屋随地势灵活布置，掩映于台地自然景观之中，是典型的山地建筑群落。村中台地平缓，石屋、青瓦随着巷道和石阶高低错落，与周围的大自然融为一体，呈现出一

图3　大山乡建筑群一角

1　陈斯亮，湖南科技大学建筑与艺术设计学院，411100，1010830715@qq.com.

2　以石砌外墙和木构架共同承重的建筑结构形式.

二、大山乡传统民居的平面形制及其衍化形式

在乡土建筑的各个类型中，居住建筑是最多样化的。它因时、因地、因民族、因贫富、因工匠传统的不同而千变万化。[1]

"类"在我国古代逻辑学中作为推理原则的基本概念和手段而存在。[2]通过对大山乡传统民居大量的现场测绘和间接资料的调研，尝试利用类型学的方法来分析其传统民居的主要类型。这里的类型分析并不严格按照中国传统建筑技术的"样""造""作"三个层面[3]进行系统的论证，而是主要根据其传统民居的平面形制来分类。

1. "三连间"（"一明两暗"型）

这种平面布局方式是大山乡传统民居中最为常见的一种。中间为堂屋，是日常会客、就餐和祭祀的地方，两侧是厨房和储藏用房，楼上是卧室。这种简单的民居形式是存量最多的一类，是其他类型平面格局的基础，也可以说是其他所有平面形制的原型。

"一明两暗"型民居通常被称作"三连间"，以它为原型，其主要的衍化形式如下：

1）明间比两次间略向后退进一些，平面上作"凹"形，类似于湘西地区传统民居的吞口[4]做法。这里暂取其"吞口"二字，称之为吞口式。

2）根据日常生产生活的需要，在"三连间"的基础上增加开间，变成"五连间"、"七连间"，甚至更多开间的"排屋"。

3）在房屋两边（或一侧）添加诸如厕所、仓库、牲畜棚等附属用房的附加式。大山乡地形复杂，在保证主体建筑较为规整的情况下，附属用房往往没有固定的形状和位置，完全随意而建。

4）根据用地大小，连续两栋或多栋"三连间"并排布置，形成并联式。一般适用于父子、兄弟分家后比邻而居，彼此间有个照应（图4）。

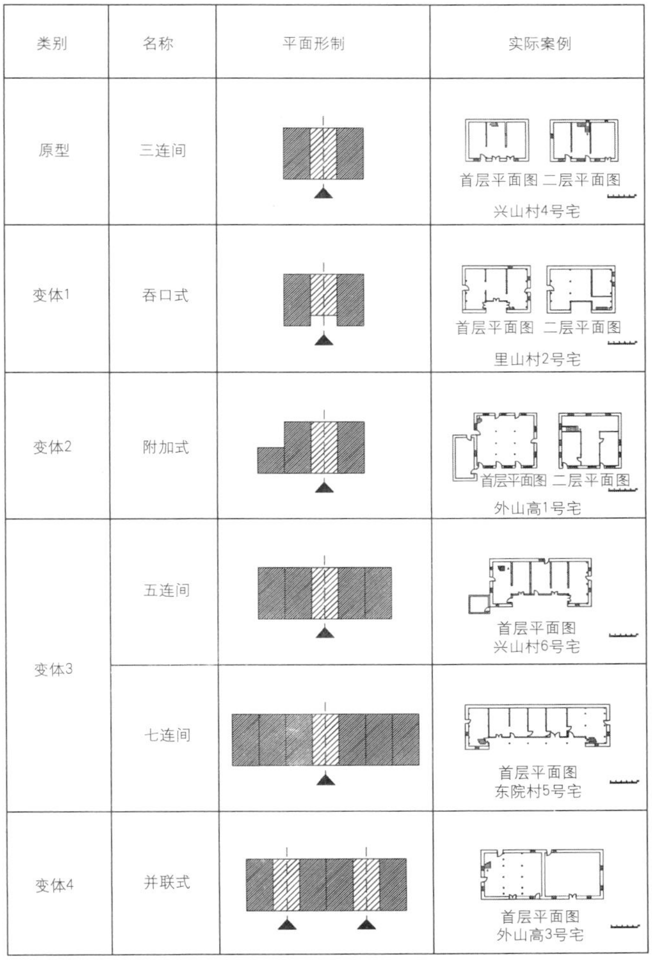

2. 堂厢式

堂厢式主要由正屋和厢房组成，根据厢房的数量

类别	名称	平面形制	实际案例
原型	三连间		首层平面图　二层平面图 兴山村4号宅
变体1	吞口式		首层平面图　二层平面图 里山村2号宅
变体2	附加式		首层平面图　二层平面图 外山高1号宅
变体3	五连间		首层平面图 兴山村6号宅
	七连间		首层平面图 东院村5号宅
变体4	并联式		首层平面图 外山高3号宅

图4　大山乡"三连间"类型民居平面形制及实例

和摆放位置分为呈"L"形的"一正一厢"式和呈"U"形或"Z"形的"一正两厢"式，这类民居也可以看作是"一"字形民居的衍生形式，开始有了"群体"和"围合"的趋势。

1）"一正一厢"式

"一正一厢"式民居在大山乡数量较多，它们因地制宜，结合屋主人的日常使用需求，创造出了灵活多变的平面形制。

2）"一正两厢"式

"一正两厢"式民居也可称作"三间两搭厢"[5]，即由正屋三间和左右两厢房组成，相较于"一正一厢"式，其面积更大，使用功能更加丰富（图5）。

1　陈志华.《中国乡土建筑初探》[M]．北京：清华大学出版社，2012：178．

2　李晓峰.《两湖民居》[M]．北京：中国建筑工业出版社，2009：210．

3　张十庆.《古代营建技术中的"样""造""作"》,《建筑史论文集》，第十五辑，37–41，北京：清华大学出版社，2002．

4　李秋香.《高椅村》[M]．北京：清华大学出版社，2010：181．

5　三间两搭厢：正屋三间，两厢各一间，当中为天井的三合院．

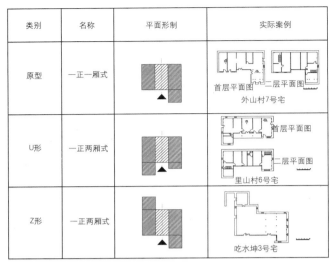

类别	名称	平面形制	实际案例
原型	一正一厢式		首层平面图 二层平面图 外山村7号宅
U形	一正两厢式		首层平面图 二层平面图 里山村6号宅
Z形	一正两厢式		吃水坤3号宅

图5 大山乡"堂厢式"类型民居平面形制及实例

3. 三合式

三合式民居是大山乡传统民居中体量最大的一种，数量较少。其平面形制与上文中提到的"U"形"一正两厢"式民居类似，只是前者的庭院规模更大，内聚性更强。下面以里山村4号宅为例，试分析三合式民居的平面形制特点：

1）该住宅合理结合地形，平面由正屋三间、左厢房两间、右厢房三间、附属用房两间组成，呈左右不对称的"U"形。

2）相较于同样是三合式的江南传统民居类型——"三间两搭厢"，该住宅没有在正房对面设门罩，故庭院没有围合成更加私密的天井，呈半开放状（图6）。

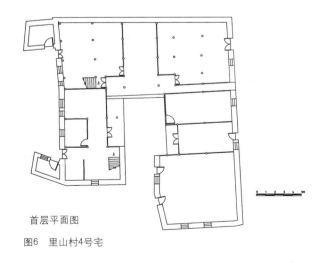

首层平面图
图6 里山村4号宅

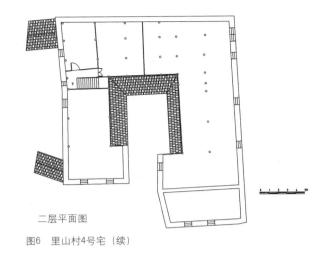

二层平面图
图6 里山村4号宅（续）

4. 住宅原型的衍化及衍化形式

类型学方法的运用可以剔除偶然性的因素，找寻蕴藏在一方水土中民众的居住模式和不断传承"复制"的居住"原型"。居住原型是生活的积累和"集体记忆"的结果。[1]大山乡的住宅原型结合村落自然环境和文化习俗，经过若干年的调整，衍生出了多种适合当地居民生产和生活的平面形制（图7）。

三、大山乡传统民居结构构造

任何一种民居建筑鲜明特点的背后，都离不开技术的有效支撑。对于民居建筑的研究，离不开对其结构本身的探究，这样将有助于我们从物质层面去了解民居建筑本身。[2]

结构形式是指民居建筑主体结构的受力方式及其所采用的材料和技术形式。一般根据主要构造材料分为砖木结构、砖石结构、石木结构等，大山乡传统民居是以石木结构为主要结构形式，即以石砌外墙和木构架共同承重。

1. 石墙

房屋外墙或通体石材干砌，即不用泥沙、石灰等粘结材料，而靠石材自身重力相互挤压使其严丝合缝；或一层石材干砌，二层为砌砖墙。由于外墙使用粗犷的石材，故墙面上的门窗尺度都比较小，建筑整体的造型显得封闭厚实，且具有良好的防火性能。

1 李晓峰. 两湖民居【M】. 北京：中国建筑工业出版社，2009：218.
2 李晓峰. 两湖民居【M】. 北京：中国建筑工业出版社，2009：270.

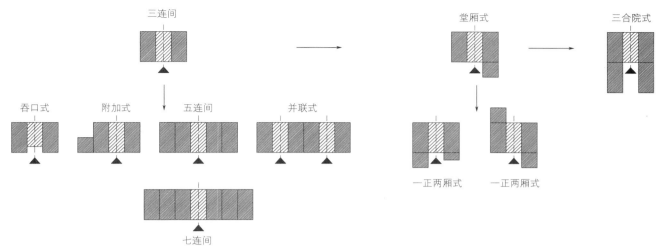

图7 大山乡传统民居平面形制及其衍化形式

2. 木构架

大山乡传统民居内部的木构架主梁直接搁置在前后檐的石墙上，再在其上用大块石材压牢，民居的四面石墙都是承重墙，且檩条直接放置在山墙上，墙体代替部分柱子来承受荷载。屋架部分采用穿斗式的结构体系。其木构架构件形态原始，不上油漆，像是刚砍来的树木，未经加工就直接安装上去的（图8）。

从大山乡传统民居的构造特点来看，体现出了低技术策略在其中的重要性。当地工匠结合材料的特点，用最简单的方法建造出了适合当地需要的民居建筑。

图8 木构架内景图

四、结语

通过对大山乡传统民居的比较研究，有如下结论：

1. 地理环境、材料选择能对建筑形式和空间特征产生直接的影响，并形成独特的地域风貌。大山乡位于山顶，石材资源丰富，其建筑就地取材，造就了一派原始朴实的景象。

2. 大山乡传统民居以横向三开间的平面形制为主，以其为原型，结合屋主日常使用需求和场地大小，衍生出如附加式、堂厢式和三合院式等平面更为复杂、功能更为多样的形制。

3. 大山乡传统民居是以石木结构为主要结构形式，即以石砌外墙和穿斗式木构架共同承重。

大山乡传统民居是当地村民建造智慧的体现，是在尊重自然环境、适应地理气候条件的基础上形成的具有浓郁地域文化特色的民居建筑类型，它集中反映了丘陵地区因地制宜、就地取材的传统建造技术，具有重要的历史文化价值。

参考文献：

[1] 陈志华.《中国乡土建筑初探》[M].北京：清华大学出版社，2012.

[2] 李晓峰.《两湖民居》[M].北京：中国建筑工业出版社，2009.

[3] 张十庆.《古代营建技术中的"样""造""作"》,《建筑史论文集》，第十五辑，37—41，北京，清华大学出版社，2002.

[4] 李秋香.《高椅村》[M].北京：清华大学出版社，2010.

莆仙民居之"仙水大厅"特征探究

朱　琳[1]　陈祖建[2]

摘　要： 莆仙民居因地理位置文化的影响，形成了兼具闽东官家大宅的气派以及闽南民居注重外部装饰的特点，但其远不如福州民居及闽南民居受到人们的重视。"仙水大厅"为莆仙民居中代表性的明朝时期的古民居，规模宏大，装饰古朴。以"仙水大厅"为研究对象，对其选址、传统空间营造、建筑技术及装饰文化等分别作阐述，以期丰富对莆仙民居的研究。

关键词： 莆仙民居；仙水大厅；传统空间营造；建筑技术；装饰文化

引言

　　莆仙民居位于福建中部莆仙平原，木兰溪流域内。莆仙即莆田、仙游两县合称，即今莆田市市域范围内，历史上曾隶属于泉州府（丰州府）统辖。隋开皇九年，莆田置县，仙游曾隶属于莆田县；在则天顺圣皇后圣历二年，于莆田西部单独设置仙游县；北宋太平兴国四年两县从泉州分离置兴化县，设兴化军，统辖莆田、仙游、兴化三县，这种行政区划一直保持到清朝，元为兴化路，明清为兴化府。由于历史上两县并存的时间较长，同时两地的方言及民俗基本相似，因此人们习惯上统称其为莆仙地区，该地的传统民居遂称为莆仙民居。[1]

　　莆仙地区因与福州、泉州相邻，其传统民居兼具闽东官家大宅的气派以及闽南民居注重外部装饰的特点，但在其地理文化自然发展下，独树一帜。仙水大厅为莆仙民居的代表，如陆元鼎先生在《中国民居建筑》中将仙水大厅作为莆仙民居的典型案例来阐述；戴志坚教授在《福建民居》等著作中亦是将仙水大厅作为莆仙地区典型的明清古民居进行研究；蒋维琰在《莆仙老民居》中亦有介绍。早在20世纪80年代，仙水大厅已被评为县级文物保护单位，但由于保护及修缮的问题，仙水大厅发展现状不容乐观，改建情况时有发生。文章结合实地调研及文献资料，将从其传统空间营造、建筑装饰及营造技术等方面对其进行深入探究，丰富莆仙民居的研究。

一、仙水大厅的选址

　　仙水大厅地处低山丘陵，坐落于仙游县榜头镇仙水七房自然村内，是明朝正统年间行人司司正陈升为庆祝母亲七十大寿所建造的"九间厢"大厝。因陈升之母想一睹皇宫风采，但因年纪较大、距京城路途遥远，陈升因孝心遂为母亲建成宫殿式的屋宇。这座规模庞大的建筑群，依龟山山势而建，北靠九仙山，南对昆仑峰，坐北朝南，视野开阔，院门前侧挖有一口6亩多的半月形水池，周围农田环绕，仙水溪如玉带般挂在村落前，形成"依山傍水"的格局，是最佳的人居环境。

二、仙水大厅传统空间营造

1. 院落空间布局

　　据当地资料显示，仙水大厅原是一座二重照墙二廊道、八进十厅九天井的四座并排的九间厢及双护厝规模宏大的建筑群，其以厅堂为中轴线，左右对称，外观封闭，内部开敞，总面积达8820平方米，鼎盛时期同时可居住1000多人。[2]据陈氏族谱记载仙水大厅也具有明代宫阙建筑的五大特点："九曲、杆横、假墀、鳌矛出超、上马石下马垫"，其杆横、假墀、鳌矛出超以至今仍完好保存着。（图1～图3）

1　朱琳，福建农林大学研究生，邮编：350002，邮箱：1431538135@qq.com。
2　陈祖建，福建农林大学教授，邮编：350002，邮箱：837013593@qq.com。

图1 杆横

图2 假埠

图3 鳌矛出超

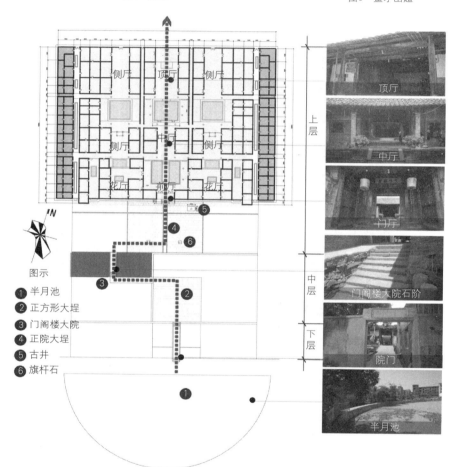

图示

① 半月池
② 正方形大埠
③ 门阁楼大院
④ 正院大埠
⑤ 古井
⑥ 旗杆石

图4 仙水大厅院落布局复原图及现状图

仙水大厅依山势而建，院落布局起伏有致（图4），主要分为下、中、上三层院落空间层次。第一层为院门，其门楣上至今还存留明代书法家陈献章手书的石刻横匾"陈氏世居"。门外侧有一口面积约为6亩多的风水池。第二层是上下层小院及门阁楼大院，上院是正方形的砖埠，中有照墙，下院是由规格条石铺成的甬道，两旁载上千年古树，东边桧，西边柏。西侧门阁楼大院左右为护介将军楼，外人入府门必须经人通报引入，今只存留门台阶石级。

第三层为大院，中间有面积420平方米的大砖埠，大埠正中竖有一对旗杆石，砖埠向上走有一个用条石镶成的"八卦形"的祭台，如今祭台已经不见，祭台东边有一口8米深的古井，如今仍可以用来洗衣服，西边架设正方形石桌和四只石鼓供人们娱乐休息用。

由祭台走上石阶就是陈府大厅，一对精美的抱鼓石，大门厅左右设一对鳌矛出超，仙游当地当官的门前皆有两侧横墙，也是对宫阙建筑的模仿。正中设大门，两侧是小门，平时官员出入和逢年过节开大门，其余一般人走小门。大门门楣上挂有据说当年明英宗皇帝的御笔："双桂联芳"和背面的"锦衣遣使"匾，以来表彰陈氏兄弟即陈升和陈鼎对国家的贡献。第一厅到第二厅的天井，中间隔着64平方米的天井，中间有规格条石铺设而成的甬道，两侧原是四季花坛，后用丁砖铺设与花纹相称的场地，左右厢房为当时掌柜管理的库房。第二厅为过厅，原来的木构架及建筑材质已经由花岗岩石块代替，改建后的厅面变窄。第三厅为陈府正厅，厅面宽7米，进深18米。扣除福堂之后尚有15米。厅堂前的天井特别宽大，横宽8.4米，纵长7.5米的天井北侧有一个报事跪进的假墀。由于厅堂特深特大，采用的是五立柱穿斗式架构排架。正厅四个房门的门框也都达到2.2米宽，每个门都安装三扇门扇板，中间一扇固定，左右两扇可供开合，这种设置在莆仙地区是独一无二的。原陈府正厅之后还有一排三座并列的后厅建筑，现已被毁。

仙水大厅建筑在整体空间营造上充分体现了"随行就势、因地制宜"的特点，依龟山山势而建，错落有致，建筑分三个层次布局，院落高差以台阶方式来处理，据说曾经从弧形大池指陈府正厅足足有七十二个台阶，陈氏后代则以"九曲七十二阶、水银三十六株等"等作为认祖归宗的暗语。根据现场调研，仙水大厅原外院门至陈府门厅高差达2.5米，陈府门厅至正厅高差约1.5米，这样的设置一方面是为了结合地形的处理方式，另一方面也是为了增加建筑的通风及采光，同时也寄托了当时的主人希望家族兴旺，做官步步高升的心愿。

2. 建筑平面形制

作为传统封建社会的士大夫阶层，仙水大厅的平面形制受到传统封建礼制的约束如：长幼有序、嫡庶内外有别等（图5），其主体建筑平面是以厅堂为中轴线的三座并排的"九间厢"大厝，主次分明，尊卑有别，是由莆仙民居四点金的典型平面，纵向发展成为三座落，在横向毗邻重复三座落发展而成。仙水大厅主厝正中为三开间，大门位于明间正中，两侧次间用来堆放杂物，两侧厢房为原账房管家及仆役住的地方，前厅与其两侧厢房、中厅及大门形成第一个院落空间，中厅又与正厅及两侧厢房形成第二个院落空间，为了增加院落的通风及便于人们出行，仙水大厅在明间厅堂两侧增加两条1米多宽的纵向廊道，这也是仙游民居的独创。正中三开间的主厝两侧还是对称的规模稍小的三开间三座落，只不过天井、厢厅、厢房的规模略小。由于人口规模越来越多，主厝再往外侧是两开间厢房以及供下人居住的护厝，两侧护厝拱卫中间主厝，其中轴线以及整体布局反映了中国古代封建社会等级森严，尊卑有别的特点。

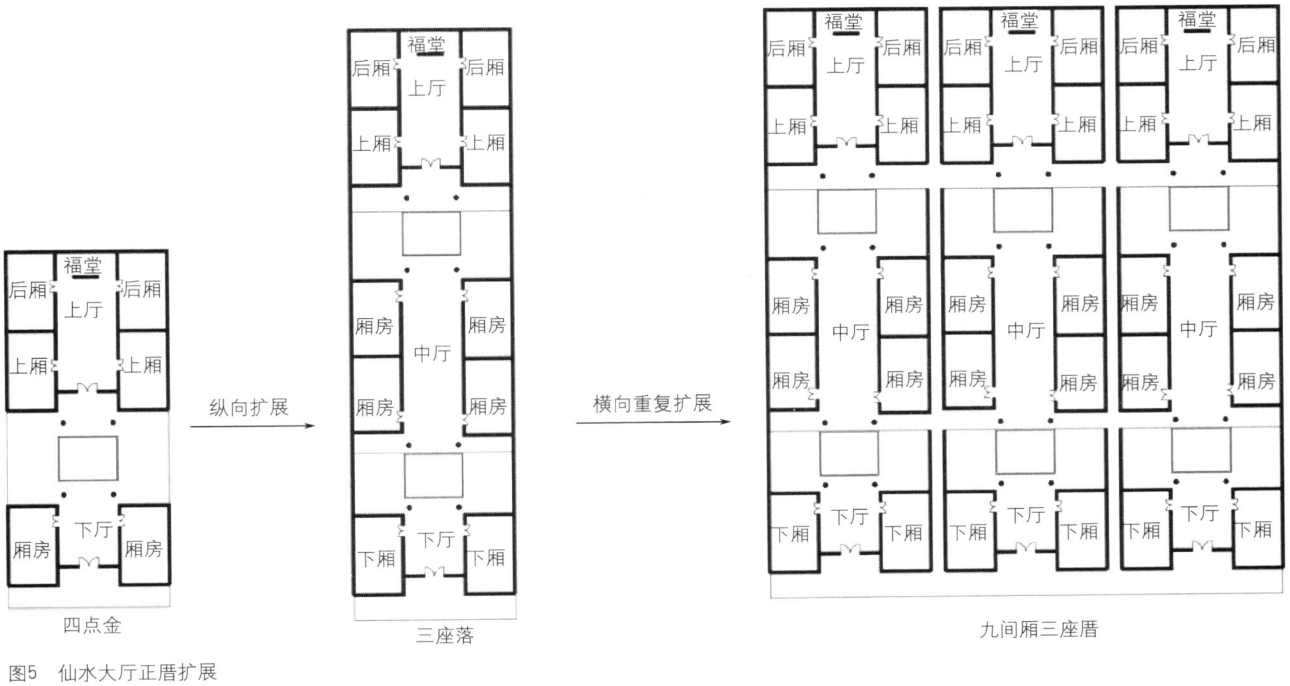

图5 仙水大厅正厝扩展

黄汉民先生曾提到"福建传统民居的内部空间中，最丰富和最精彩的部分就是内向的厅井空间"[3]。从仙水大厅现存的建筑格局来看，厅井空间占其建筑总体空间比例为60%，其中厅堂在莆仙民居建筑的地位极其重要，是整个家族的核心空间。莆仙地区自古流传"共享"厅堂的民间习俗，每座大厝的厅堂是整个家族共有的，不属于任何单个人，众家族成员可在厅堂上举行"冠婚丧祭"等活动。仙水大厅以厅堂为建筑主轴线，分别设置前厅、中厅以及正厅，皆为敞口厅，兼有对外招待宾客及族内拜神祭祀、婚丧嫁娶等多种功能。正厅厅面宽达7米，进深甚至达到18米，厅堂所用建筑用材之大在当地实为罕见，据调研，仙水大厅所用的杉木柱直径至少达50公分，可见当时主人的经济实力。当地共祭祖灵，常在厅堂上摆上祖先牌位以寻求祖先保佑的心理，因此其厅堂称为公妈龛或公妈厅。由于仙游当地气候炎热多雨，多个天井的设置可解决院落的通风、采光，同时可以组织排水，调节室内外气温等。仙水大厅的天井原先为10个，现存数量为6个，多个天井的设置既是当地民居适应自然及居住生活的需求，同时也彰显了当时主人显耀的社会地位。仙水大厅屋顶出檐为1~1.5米宽，多条纵向横向廊檐将厅堂、天井以及厢房、护厝等空间要素串联起来，也是人们日常生活中使用频率最多的空间。现仙水大厅主要留存的是原陈府正厅等三座建筑，且左右两侧护厝或被损毁或被改建，而主厝除了中厅改动较大其余基本上还是保持原样。

三、仙水大厅建筑营造

1. 建筑材料

因当地盛产毛竹、杉木、花岗岩，临仙水溪多产卵石，其建筑材料基本上是就地取材（表1）。由于建筑内部墙体既不受力，又无需遮风挡雨，大厅及左右厢厅的内部墙体为编竹夹泥墙或纯杉木的墙体，轻便而抗压，其做法与《营作则例》中类似，仙水大厅正厅的一部分墙体中至今还是采用竹片及芦秆编织成骨架，同时在墙体外层直接抹上白灰[4]。外围护墙体则以夯土材料为主，以土、砂、秸秆等材质按一定比例制成，且其

仙水大厅建筑材料　　　　表1

大门坦纯杉木	室内"编竹夹泥墙"	夯土墙	外围卵石防护墙

保温、防潮等性能也不输于砖石等材质，在夯土材质外部抹灰，而其基础部位砌一层高约1.5米高的鹅卵石勒脚，以应对当地多雨的天气。随着时代的发展，砖石材质的使用用也逐渐频繁，仙水大厅的中厅后被用砖石等材质改建。

2. 建筑结构

仙水大厅主要以木架构体系承重，建筑外部使用土石结构维护。虽然当地自然植被丰富，高大的杉木容易获取（图6），所以采用这种木构架建筑体系。仙水大厅的内部结构是典型的明代"五立柱"的穿斗式架构（图7），立柱上架檩，柱与柱之间则以瓜柱串联共同承受檩的重量，仙水大厅的正厅进深大（图8），落地柱

之间的距离约为3米，从正厅廊檐至后福堂整个长度约为18米，可见其厅堂之深，至今其正厅及左右厢厅内部仍然保持原来的建筑结构。

3. 立面特点

仙水大厅主厝屋顶主要为双坡悬山顶，上有长方形的规石压顶（图9），因其屋脊形似燕子尾部开叉的形状，故被称为"燕尾脊"，为整体建筑增添生动性和灵活性。整个建筑以厅堂为核心空间，一般形成中间高、两边低的多段脊以及高低檐。建筑正立面主要为夯土墙涂抹白灰外加一层土石50厘米左右的土石防护墙，以花岗石作台阶等基础部位材质，并用红砖铺设室内室外地面（图10）。

图6　杉木隔断墙

图7　穿斗式木架构

图8　仙水大厅特大特深厅堂

图9 长方形规石压顶——燕尾脊

图10 仙水大厅正立面

仙水大厅装饰　　　　　　　　　　　　　　　　　　　　　　　　　　　　表2

孤棱扁矩形檐栿	杆横处"梅花"木雕	门簪及匾额四周	廊檐
明代抱鼓石	盆形柱础	假墀	旗杆石

四、装饰文化

因明初规定"官员营造房屋，不许歇山转角、重檐重拱，及绘藻井"，仙水大厅的装饰较为朴素，雕饰也非常简单，如表2所示，仙水大厅仅在梁架、斗栱、雀替、门簪、杆横及抱鼓石上有少量雕饰，很多是以原件构造，仙水大厅中的檐栿即沿房屋由前檐至后檐进深方向的屋架梁多孤棱扁矩形，无多余装饰，显示出当时社会的节俭之风。

仙水大厅又被称为"联挂仙水大厅"，陈升之母七十大寿之时，当时的宰相商辂亲自撰写"皇华羡颍水名家，百叶箕裘充祖德。仆射开龟城世裔，一堂和煦乐春光"，陈家将其挂在大厅中柱上，朝中与陈升要好的官员闻讯纷纷送礼祝寿，陈家共计收到188对楹联。以后仙水陈家定每年农历十二月二十五日为撰写楹联活动日，每年被选中的只有九对，正厅4对用来装饰，中厅四对，大门一对，只要被选中的都以此为豪，莆仙地区

名人郑纪、郑瑞星、张琴、江春霖等名人都曾为其撰写。直到20世纪大厅还有不少对联，如"受族宋名臣世泽久同天地老，起家明进士书香远袭子孙贤"、"颍水家声大，寿山世泽长"，"联挂仙水大厅"由此而来。

五、结语

仙水大厅自明代至今历经500多年风雨屹立不倒，虽然现存建筑仅为原来的1/3，尤其是两侧护厝的改建及损毁的情况较为严重，但是内部仍有陈氏后裔居住，主厝部分仍较好保存着。仙水大厅是当地悠久建筑文化的"化石"，向我们展示了丰富的历史文化。在城镇化风靡全球的趋势下，仙水大厅面临诸多现实问题，例如居住、修缮以及未来发展问题。如何在尊重当地历史文化肌理的情况下，改造其民居与现代发展相融合，是仙水大厅的发展困惑所在，也是莆仙民居发展挑战之一。

参考文献：

[1] 戴志坚. 福建民居 [M]. 北京：中国工业出版社，2009：39—40.

[2] 蒋维琰 莆仙老民居 [M]. 福州：福建人民出版社，2003：25—27.

[3] 黄汉民. 福建民居的传统特色与地方风格（上）[J]. 建筑师，1984（19）：194.

[4] 姚敏峰. 福建莆仙地区传统民居墙体构造发展研究 [J]. 长江大学学报，2011，08（8）：114—116.

哈尔滨俄式民居的外部装饰艺术

朱凌霜[1]　吴健梅[2]

摘　要：本文通过实地走访调研，将哈尔滨现存俄式民居分为宿舍和住宅两类，从檐口及檐下挡板、门窗洞口、栏杆及门廊和阳台顶部三个装饰部位来对比分析归纳不同的装饰样式，总结哈尔滨地区俄式民居的外部装饰特征和分类，对中东铁路附属建筑的资料进行补充和梳理，进一步解读中东铁路附属建筑的深层结构和俄式风格及文化的深度剖析。对俄式民居的外部装饰进行分析归纳将有助于对中东铁路附属建筑的保护和修复，以及在新的设计创作中对俄式建筑的风格和元素的把控和使用。

关键字：装饰；俄式；哈尔滨

一、背景概述

中国近代虽然是一部民族的屈辱史，但是在那时也孕育了未来的萌芽。满清政府的腐朽与愚昧和沙俄的逐利促成了中东铁路的诞生，中东铁路所载来的不仅仅是发展的机遇，也是俄国人的殖民和文化入侵，修建住宅、教堂、商业建筑、学校，俄国人和其他国家的外国人野心勃勃的耕耘侵蚀着这片土地，100多年后，时至今日，仍有相当多的异域风情的建筑保留，其中俄式建筑占了相当大的比例。

在当时作为中东铁路附属地和管理中心的哈尔滨具有鲜明的铁路城市的特点，丁字形的铁路走向将哈尔滨分割为码头区、秦家岗、傅家店，也就是今天的道里区、南岗区、道外区。南岗区由于原本是车站所在的区域，其内留存大多为铁路管理局、员工住宅等铁路附属建筑，道里区则因为码头的便利侧重于商埠，留存大量商业建筑。而俄式民居在这三个区域都有留存。

由于缺乏重视和统一的管理和再利用，留存的大量俄式民居被废弃空置，甚至倒塌烧毁等，这些民居正在渐渐消失。通过对现存哈尔滨俄式民居的走访和实地调查，进行更为细致的装饰研究，对中东铁路附属建筑的资料进行补充和梳理，有助于进一步解读中东铁路附属建筑的深层结构和俄式风格及文化的深度剖析。而在实际建造过程中，随着人们对多元建筑风格的应用和传播，俄式风格在东三省，尤其是黑龙江也有广泛应用趋势，对俄式风格民居外部装饰的归纳分析和元素提取，将有利于在实际设计建造过程中稳定准确地把控俄式风格的特征，提高设计效率。

二、研究方法与案例选取

本文采用实测调研，对比分析哈尔滨地区所采集的实地案例，对哈尔滨地区俄式民居外部装饰进行特征的归纳总结及分类。

所选取的研究对象是哈尔滨地区从中东铁路的修建开始遗留至今的俄式民居，包括中东铁路附属的职工宿舍、高级职工住宅和俄国侨民自行修建的住宅。俄式民居在哈尔滨太阳岛、南岗区、道里区和道外区均有分布。

三、外部装饰分布及形态

由于现存俄式民居修建的目的、服务的人群有所不同，可以将哈尔滨现存的俄式民居分为中东铁路附属的宿舍和住宅两类，住宅包括了铁路高级职工住宅和自建住宅。

1. 外部装饰分布

宿舍类的民居装饰集中在檐口及檐下挡板和门窗

1　朱凌霜，哈尔滨工业大学，150001，351386193@qq.com。
2　吴健梅，哈尔滨工业大学，150001，wjmtutu@126.com。

洞口，而太阳岛上的铁路职工宿舍由于是度假所用，所以虽然装饰部位同普通宿舍一致，但是装饰更为丰富。并且由于这部分宿舍拥有独立的门廊，其门廊的顶部和栏杆具有不同程度的装饰（图1、图2）。

图1

图2

住宅类由于是高级职工居住或是侨民自建，装饰大多比普通宿舍更为精美，不仅是檐口及檐下挡板、门窗洞口和栏杆及门廊顶部有精致装饰，在廊柱和墙面上亦有细密装饰，更有甚者在墙面上用木构件做出相对独立的装饰构件（图3、图4）。

2. 外部装饰形态

1）檐口及檐下挡板

不论是哪一类的俄式民居，甚至是俄罗斯本土的民居，檐口及檐下挡板的材料均为木材。而且装饰元素都以俄罗斯本土最常使用的细密层叠的齿状元素或是半圆形元素为主。

依据实地调研的结果归纳，檐口的装饰类型可以分为两种，一种是单层挑檐式，一种是双层挑檐式。檐

图3

图4

口作为外墙和屋面交接的位置，不论是防风防水还是作为装饰美化建筑立面和轮廓，都是建筑外部兼具实用与美观的重要组成部分。这两种类型的区别在于挑檐装饰是一层还是两层。双层挑檐式中，下层的装饰一般都是上层的装饰样式的重复或者是进一步的细化。宿舍类的民居多用单层挑檐式的檐口装饰，颜色多漆黄和漆绿；而住宅多用双层挑檐式的檐口装饰，颜色多漆白，少数是双层漆以黄色白色两种颜色（图5、图6）。

2）门窗洞口

在日常生活中，门窗是十分显眼吸引人们眼球的位置，因此门窗洞口的装饰是住宅外部装饰最多且最密集的位置。不论是宿舍类抑或是住宅类，整栋建筑的门口和窗口装饰风格都一致且互相协调。在住宅类中，为

图5　单层挑檐式

图6 双层挑檐式

了突出主入口的特殊，在视觉上更为显眼，主入口的装饰往往更为细致精美，常常会增加一些其他相当和谐的装饰元素。

在俄式民居中，门窗洞口处的装饰可以分为上中下三段，即洞口的上部檐，中部洞口侧边，洞口的下方板这三部分。而以上部檐的形态可以将其分成四类：弧顶挑檐式，平顶挑檐式，轮廓式，直角式。

曲顶挑檐式和平顶挑檐式，两种类型的檐部均层层向外出挑但是区别在于曲顶挑檐式的最顶部为曲面（图7）而平顶挑檐式的顶部为平面，其上可能会有其他

木构件的拼接组合装饰（图8）；轮廓式即指围绕门口洞口进行比较简洁的装饰，这些装饰不论是线角变化还是细节都较少，只在上部的中部这些位置进行较为集中的装饰（图9）；直角式和轮廓式都属于比较简洁的装饰，但是直角式的特点在于其只在门窗洞口的上部檐的位置进行装饰，而装饰的元素只有板面的线脚，相较轮廓式则更为简单（图10），轮廓式和直角式均没有出挑。

在两类民居类型中，门窗装饰的色彩与檐口较为一致，宿舍类多采用绿色、红色、黄色等较为浓烈鲜艳的颜色，而住宅多采用白色、黄色、原木色这些更为温柔和煦的颜色；而在住宅当中这四种样式都有所采用，甚至有在一栋建筑中分层分立面，将四种样式都呈现出来，而宿舍类的民居则偏好于采用轮廓式和直角式两种更为简洁的门窗洞口装饰样式。

3）栏杆及门廊和阳台顶部

门廊在西方文化生活中是相当重要的社交场所和休息场所，对于门廊的装饰也是必不可少的。除了对于廊柱的修饰美化，栏杆和门廊顶部也是门廊装饰中相当

图7 曲顶挑檐式

图8 平顶挑檐式

图9　轮廓式

图10　直角式

重要的部位。

　　栏杆的装饰和檐部的装饰方式相当的接近，都是采用一个或者多个的基本元素来构成一个装饰模块，然后再由这些模块按照一定规律组合拼接到一起，合成图案或是花纹，具有美妙的韵律感（图11）。而且也只有

将这些模块按照一定规律组合才能使完整的形态表现出来，单个的模块的存在并不能表达真实而准确的含义和形象。这种模块化的组合在各个部位的装饰都有可能出现，在俄罗斯本土建筑中也相当的广泛（图12），是俄罗斯建筑装饰艺术中不可或缺的一种方式。而模块化的

图11

图12　俄罗斯本土模块化装饰

组合正是木材的一个长处所在，在俄式民居中模块化的装饰可以说是材料和构造相辅相成的结果。

哈尔滨地区的栏杆多采用板块的模块组合得出完整形态的栏杆。门廊和阳台的顶部同样采用了模块的组合装饰——杆件式。利用杆件的组合，拼接成简洁细致的装饰图案，轻盈而不会同栏杆对比而显得头重脚轻（图13、图14）。

图13

图14

四、结语

本文通过对哈尔滨现存俄式民居的实地走访和调研，将装饰部位分成檐口及檐下挡板、门窗洞口、栏杆及门廊和阳台顶部三个部位，各个部位的装饰彼此和谐互补，同俄罗斯本土的民居一脉相承。

檐口及檐下挡板装饰元素以俄罗斯本土最常用的齿状和半圆形为主，分为单层挑檐式和双层挑檐式两种类型的装饰。宿舍类的民居多用单层挑檐式的檐口装饰，颜色多漆黄和漆绿；而住宅多用双层挑檐式的檐口装饰，颜色多漆白，少数是双层漆以黄色白色两种颜色。

门窗洞口作为最为主要的装饰部位，分为曲顶挑檐式、平顶挑檐式、轮廓式和直角式四种样式。宿舍类民居偏好于采用轮廓式和直角式两种更为简洁的门窗洞口装饰样式，多采用绿色、红色、黄色等较为浓烈鲜艳的颜色；而住宅类民居这四种样式都有所采用，甚至有在一栋建筑中分层分立面，将四种样式都呈现出来，多采用白色、黄色、原木色这些更为温柔和煦的颜色。

栏杆及门廊和阳台顶部均使用模块构成的装饰单元。栏杆使用板材模块拼合成完整形态，门廊和阳台顶部则采用杆件式的模块构成，细致简洁轻盈灵巧。

参考文献：

[1] 严田田. 哈尔滨城市空间营造研究 [D]. 武汉大学，2017.

[2] 何颖. 哈尔滨近代建筑外装饰的审美研究 [D]. 哈尔滨工业大学，2012.

[3] 陈海娇. 中东铁路附属建筑木材构筑形态的表征与组合方式研究 [D]. 哈尔滨工业大学，2012.

[4] 赵冰. 东北诸流域：哈尔滨城市空间营造 [J]. 华中建筑，2015.

[5] 杨旻骅. 论传统装饰艺术的当代价值 [J]. 中国建筑装饰装修. 2017（10）：116-117.

[6] 郭威. 中东铁路近代建筑模块化现象解析 [D]. 哈尔滨工业大学，2017.

关于陇南武都区传统民居建筑形制研究

——以琵琶镇琵琶村为例[1]

赵柏翔[2]　孟祥武[3]

摘　要： 近些年学界对于传统村落和传统民居建筑的研究进行的如火如荼，其中不乏许多有地域特征的典型案例。本文运用田野调查的方法，对陇南市武都区琵琶镇琵琶村的典型民居进行测绘、整理和归纳总结。本文重点分析了地处陇南东部的琵琶村中的两种民居形式，针对其中单体式建筑作为当地的特型案例进行论述。目的在于明晰当地独具特点的典型建筑形式，其次完善了整个陇南地区的传统民居建筑类型的资料，从而为研究整个陇南区域更深层次的传统建筑谱系提供研究基础和参考建议。

关键词： 传统民居；建筑形制；村落格局

武都区是甘肃省陇南市的行政中心，位于甘肃省东南部、是陇东南区域中心城市之一。素有"陇上小江南"之称，地处甘、陕、川三省交通要道。武都区属于北亚热带半湿润气候向暖温带半干旱气候过渡带，主要属北亚热带半湿润气候，垂直差异明显，具有亚热带、暖温带、寒温带三种气候特征。琵琶村在独特的地理气候环境下吸纳了多地的建筑特色并在当地形成具有地域特色的民居建筑种类，琵琶村的地形地貌也促使了多种民居形式的产生。

一、地理区位

1. 区位分布

琵琶镇琵琶村位于武都区东南部的洛塘山区，距离武都区58公里。东西宽14.85公里，南北长19.5公里，镇域总面积151.34平方公里。境内三面环山，自然环境优美。最高海拔2246.6米，山峰高峻、植被茂盛、气温湿润（表1）。

琵琶村地理区位表　　　　　　　　　　　　　　　　　　　　　表1

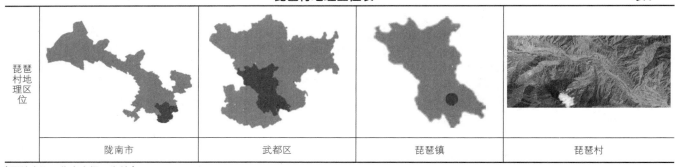

琵琶村地理区位			
陇南市	武都区	琵琶镇	琵琶村

（图片来源：作者自摄、自绘）

2. 村落历史

公元258年，三国时期的汉相诸葛亮北伐中原收复

西川，过阴平，经过此地的秋坪寺，大雨阻行只能暂住此处。休息期间，登山拜佛，观其山形，形若琵琶，故改"秋坪寺"为"琵琶寺"。至此，琵琶之名，即变成寺名，又改为地名，一直沿用至今。

1　基金项目：国家自然科学基金资助项目（51568038）
2　赵柏翔，兰州理工大学设计艺术学院，硕士研究生，730050，987433210@qq.com。
3　孟祥武，兰州理工大学设计艺术学院，副教授，730050。

二、村落空间形制

1. 整体格局

琵琶村地处山谷之间，整个地形可以用"两山夹一水"来形容。整个村庄呈带状形态分布（表2）附近山脉绵延不绝，森林密布。当地人将穿过村落中间的河流称之为琵琶河。民居主要沿当地山河走势在河水两岸分布，少量民居建于两侧山岭之上，村庄内主干道沿河岸建设。村庄内土质主要是以夹杂石头的黄土为主。

2. 自然环境

琵琶村地处"小江南"之称的陇南，南接巴蜀，东望陕南。虽然在甘肃境内，但是不同于黄土高原的干旱气候，琵琶村气候湿润温和，山林茂密，整体自然环境接近四川。村庄内部环境整体情况完好，村落内部道路两侧干净整洁，树木茂盛。民居状况较好，但不足之处是村落中心河流已受到污染无法饮用，村内集中垃圾处理不及时（表3）。

琵琶村村落鸟瞰   表2

| 琵琶村村落鸟瞰 |    |

（图片来源：作者自摄）

琵琶村村落环境   表3

| 琵琶村村落环境 |    |

（图片来源：作者自摄）

3. 基础设施

村内的土地较少，少数耕种土地中农作物主要由花椒、核桃组成。村庄内交通便利，村口毗邻高速入口，但村庄内未通自来水，因河流污染，山间水量不足，造成村庄内经常停水。通讯信号在村庄内较强，山岭中较差。村落中基础设施建设较完整，村中建有两所幼儿园和一所九年制学校，卫生方面有两家私立卫生所，暂无养老院等服务形式。

三、民居建筑形制

1. 民居总体现状情况

琵琶村内民居整体多为2008年汶川地震后重建，少量传统民居进行修缮后保留下来。琵琶村传统民居以独栋式与合院式建筑共同组成，建筑结构属于抬梁式、穿斗式和混合式三者共存，地处南北交汇，民居风格融合了南北特点。由2016年陇南市武都区琵琶镇控制性详细规划可以清楚地看出村落内民居建筑等级划分以及建筑功能的划分。

2. 合院式院落

琵琶村内保留下来的传统民居建筑中多数为合院式，主要分布在山间和山脚的开阔地带。多为"一"型、"L"型等。建筑年代都在至今80～120年间。目前经过2008年地震后的修缮，民居建筑的整体面貌保存的比较完好。

1）平面形式

村内合院式建筑，有"一"字形、"L"形、"U"形、"回"字形，正房以五开间为主（部分院落七开间），厢房以三开间为主。功能用房较多，形式较少，但变化丰富，房间宽敞明亮，合院式建筑和村内的独栋式建筑反差较大（表4）。

2）结构类型

因为地理位置处于南北方交汇处，琵琶村的合院式建筑，结构多数采用北方建筑常用的抬梁式结构，只有个别案例采用了南方常用的穿斗式结构。屋顶形式也是望板上盖瓦与"明椽明瓦"共存。建筑采用双坡屋顶，坡度较大（表5）。

合院式院落平面形式示意　　　　　　　　　　　　　　　　表4

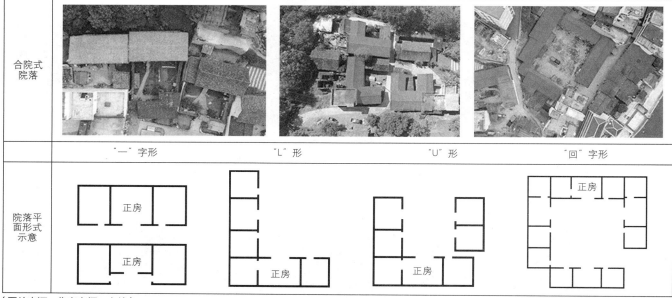

（图片来源：作者自摄、自绘）

合院式院落结构　　　　　　　　　　　　　　　　表5

（图片来源：作者自绘）

3）建筑材料

村内建筑用材基本都是取当地的木材、石材与土材，琵琶村夹在山谷之间，两山上有大量的树木生长，以松木为主。当地少有较大较完整的石块，但土质中都夹杂碎石。合院式建筑中都以木结构为主，由当地取回的夹石黄土夯筑墙体，夯筑方式主要采用板夯，村落内未发现椽夯痕迹。

4）装饰细部

村内合院建筑功能单一，形式简单。未发现斗栱、雀替、雕花等北方官式建筑的装饰细节，但是在个别建筑附近发现有生活气息的砖雕存在，如下图中井上砖雕已有150年历史，砖雕上描绘了关于村民打水、挑水的工作形象。另一大特点是有南方特点的竹编，以不同的编制方法将竹条编织成幅，作为屋顶望板、隔墙、屏风等功能使用（表6）。

3. 单体式建筑

琵琶村内保留下来的传统民居建筑中有部分为独栋式建筑，主要分布在河岸边，因地形狭窄，用地紧张，多为"1"形。建筑年代也都在至今100年左右。

2008年地震后村民对河岸边建筑群进行旧房拆除改建或新建，部分经济条件较差单体建筑业主对建筑仅进行了简单的修缮维护，单体民居建筑的整体面貌保存较差。

1）平面形式

村内单体式建筑，以"1"形为主，建筑仅有一开间，但进深较大，一般为三进到五进。功能用房较少，形式单一，类似南方建筑，一楼生活用房，阁楼或夹层为储物用房。房间狭窄、幽暗，采光很差。和村内的合院式建筑反差较大（表7）。

表6

| 合院式院落细节 |  |

（图片来源：作者自摄）

单体式建筑平面、剖面示意　　表7

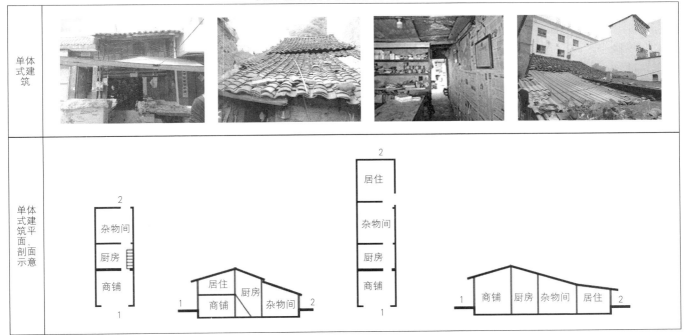

（图片来源：作者自摄、自绘）

2）结构类型

因为地理位置处于南北方交汇处，琵琶村的单体式建筑，结构多数采用南方建筑常用的穿斗式结构，未发现采用北方常用的抬梁式结构案例。屋顶

形式是南方的"明椽明瓦"式，又有"亮瓦"[1]做法。在陇南地区比较少见的沿袭了南方形式。建筑为双坡屋顶，多为长短坡形式。短坡较陡，长坡较缓（表8）。

1　亮瓦：由玻璃等透明材料制成可以透光的瓦片.

单体式建筑结构   表8

（图片来源：作者自绘）

单体式建筑材料   表9

（来源：作者自摄）

3）建筑材料

村内建筑用材基本同合院式建筑，都是当地取材，单体式建筑中同样都以木材做结构部分，由当地取回的夹石黄土夯筑墙体，夯筑方式主要采用板夯，村落内未发现椽夯痕迹。在屋顶下方1.5左右墙体一般以竹编作为材料，以更好地通风采光。因为"1"形平面格局，建筑两侧无空间采光，因而在屋顶部分不同于合院式建筑，有塑料或玻璃制"亮瓦"（表9）。

4）装饰细部

村内单体式建筑因为地形限制，功能单一、形式简单。未发现复杂的建筑装饰细节，主要单体建筑都以沿街商铺形式对外，都做阁楼夹层和吊顶，建筑内部墙体未粉刷装饰，结构裸露。因经济条件限制未做保护与装饰。只是在屋顶有亮瓦，房间内有以不同的编制方法将竹条编织成幅作为隔墙、屏风的竹编。

4. 小结

村内合院式的建筑因为选址多在山脚，用地富裕，形式相较于北房合院式建筑无明显差别，但是单体式建筑是为了适应地形紧张拥挤的情况下由老百姓建设，在采光通风、节能采暖等方面有严重的缺陷，建筑物理方面类似陕北地区的窑洞形式。琵琶村单体建筑在整个甘肃或西北民居研究中只是典型案例的阐释，并不作为有优于其他传统建筑的范例。在今后的村落民居保护建设中，琵琶村单体式"1"形建筑是否有保留和学习的价值有待进一步的讨论与研究。

四、活化发展

琵琶村内环境优美，绿水青山。村落既有北方的四季分明，也有南方的气候宜人，是旅游，居住，疗养的不二之选（表10）。"两山夹一水"的天然资源加上湿润温和的气候使得村落更加自然化，在村落两旁的山林中，是欣赏整个琵琶自然景观的绝佳位置。

琵琶村环境   表10

（图片来源：作者自摄）

1. 民居状况

琵琶村内民居由于地理位置原因，广泛吸收南北双方的建筑形式和技术，将两地的建筑特色都融进自己的村落内。北方抬梁式的建筑院落，南房穿斗式的建筑单体；北方的夯土，南方的明椽明瓦等技术都在这一个小小的村落内共生。琵琶村是一个南北建筑文化交融的缩影，独具特色的建筑风格和特点能对整个陇南区域更深层次的传统建筑谱系提供研究基础和参考建议。

2. 村落活化

琵琶村在村落活化方面可以和建筑技术一样，结合自身情况并融合南北双方的特点，发展旅游业，带动周边的旅游景点（琵琶寺、五马古镇、裕河自然风景区等）的旅游线路。使得村民有利可图，并且加强村民自发保护村落传统格局和传统建筑的心理。对于琵琶村落的保护起到了积极的带动作用，也对周边村落的活化可以起到一定的示范作用。

3. 小结

现存的陇南地区的传统民居，多数是存在于像琵琶村这样的偏远地区，然而就是因为它的经济落后、地域偏远才可以保存。也因为上述原因使民居因地制宜作出适应当地的民居形式，进而真实反映当地人民生产与生活的状态。所以，对于经济欠发达的偏远地区的村落传统民居应该更加偏重于村落整体环境格局；传统建筑形态、结构与功能的研究，才能在日后村落活化发展的问题上奠定基础。

参考文献：

[1] 王太春. 甘肃陇南地区新农村民居建设与民居文化的研究 [J]. 安徽农业科学，2010，38（19）.

[2] 杨广文. 陇南特色古民居建筑保护与文化传承研究 [J]. 美术大观，2015，9：104−105.

[3] 孟祥武 骆婧. 甘肃陇南地区新农村民居建设与民居文化的研究 [J]. 建筑学报，2016，增刊2总第15期：38−41.

[4] 孟祥武 骆婧. 陇南各县域传统民居形态特征研究 [J]. 古建园林技术，2016，9：51−56.

资中罗泉勇江茶馆对于现代建筑设计的启示[1]

张睿智[2]

摘　要： 近年来保护传统建筑重新得到社会各界的重视，学界和公众均达成了共识：古建筑不仅仅是官式建筑，传统民居也是其重要组成部分。本文在实地考察和测绘的基础上，以资中罗泉场镇中的民居勇江茶馆为个例，讨论并分析其空间特点，探讨其对当下建筑实践的参考意义。同时通过其与日本现代建筑师安藤忠雄的代表作住吉长屋的横向对比，管中窥豹地得出一些可以指导设计实践的启示。

关键词： 勇江茶馆；四川民居；现代建筑

近年来保护传统建筑重新得到社会各界的重视，社会各界也达成共识：传统民居和古代官式建筑均是古建筑的重要组成。同时也应该意识到："在传统民居保护中，因为经济利益而不计后果的拆除固然可恶，没有品位和深度的模仿、恣意妄为的兴造更是一种破坏。"[1]即便如梁思成等老一辈先生提倡的"修旧如旧"，如果未能进一步提取养分，不能使保护传统建筑与现今建筑实践活动有机地联系起来，那么这对于古建筑和传统文化来说也是一种遗憾。当代建筑设计的大环境中，大量一味地迎合潮流全球化而丧失了本土文化气韵的拙劣之作始终充斥市场，中国建筑师面对着也必须面对如何弥合传统与现在文化断裂的问题。

在"以旧带新"的趋势下，全国各地有识之士均着手调研身边的精品传统民居空间，或查阅相关历史文献，分析提炼得到设计上的启迪并付诸实践。如北京大学的董豫赣老师，他就通过研究明代计成的《园冶》和部分传统私家园林从而得到一种新的认识，即传统中国建筑的评价体系与西方不同，进而他将这种"以人的动态行为来应对建筑设计"的方法运用到自己的建筑设计作品"清水会馆"中[2]，深入探讨了现代建筑中国性等问题。而成都建筑师刘家琨，则在大量研究乡土建造中体悟出一种本土建筑设计师可走的道路："低技策略"[3]，并依此设计实施了相当数量的当代建筑精品：西村·贝森大院、水井街酒坊遗址博物馆等。学界不约而同将焦点集中在了同一个问题上：如何能够做出具有中国韵味和家

园感的现代建筑作品？答案就在传统建筑里。针对建筑设计的特点，答案更多的是在传统民居建筑中，这主要是因为民居建筑没有过多受到社会观念、政治形制的束缚，其多是立于本土地形地貌、顺应当地气候和居住者需求修建而成。故相比官式建筑，传统民居建筑往往更能体现出活泼、灵动、匠心独具等设计品质，更好地承载和反映着人们自古以来的住居生活智慧。

一、地理与周边环境

勇江茶馆位于距四川省资中县城51公里的罗泉镇的广福街上，是一座清末民初的民居建筑。罗泉古镇地处资中、仁寿、威远三县交界的丘陵地带，背山面水，山为睡狮山，水为沱江支流球溪河（图1）。

据考勇江茶馆始建于民国，建筑面积280平方米，为四川传统穿斗式木结构房屋。茶馆一面靠街、一面临

图1　罗泉古镇勇江茶馆区位图（图片来源：作者改绘，参考自四川省勘察协会编，《四川民居》，成都：四川人民出版社，1996，29）

1　基金项目：2017年陇东学院青年科技创新项目《基于文化旅游发展背景下的庆阳地区传统建筑资源研究》（XYZK1710）；2017年甘肃省社科规划项目《陇东采暖地区既有住宅绿色化改造问题研究》（YB134）。

2　张睿智，男，甘肃庆阳人（1990—），助教，硕士研究生，主要从事西部地区民居空间及传统建筑旅游资源相关研究。Tel：18693403193；E-mail：374890921@qq.com。详细通讯地址：甘肃省庆阳市西峰区兰州路45号陇东学院土木工程学院，邮编：745000。

河，融合了贸易和居住的功能。临河面为二楼一底吊脚楼，房屋共有两进三开间，每一进都带有一个天井，以同一个轴线依次递进。建筑整体布局紧凑，空间变化简洁动人。

由于茶馆位于古镇街上，因街道曲折变化，又因临街房屋的朝向均垂直于街道方向，故茶馆朝向并非正南正北，而是北偏西30度。其中主入口在北临街（图2），吊脚楼在南面水。同时因为茶馆位于街边，顺应地势布局，房间整体平面为一个梯形，临街主入口相对窄（面宽12.4米），临河一面相对宽些（面宽14.2米）。

图2　勇江茶馆入口

二、建筑空间特征

茶馆入口朴实无华，山墙面上也没有过多的装饰，简洁明快。山墙厚约300毫米，为砖石砌筑，和内部的两列柱子共同成为房屋承重结构的主体。临街面为木板门面，可拆卸组装。白日开店，卸下木板打通室内外空间好做生意，打烊后装上木板，独有自己一片天地。

进得大门，视线并不开阔，头顶为二楼的一个夹层，夹层不设楼梯，上夹层需要借助梯子，是店主人囤放粮食、货品、农具的地方。向里迈几步，便到了第一个天井，此处是主人对外做生意的一个厨房和操作空间。由于经过入口处层高矮，豁然看到一个高6米多的天井，高更显其高，矮也有了意趣和理由。这样强烈的空间对比令初次进入这里的人们印象深刻。在房子第一

进的空间里，柱子之间是没有隔墙的，整个是通达开敞的供人喝茶的地方，所以天井并未被重点强调，只是作为一个采光通风的存在。

由中间的单扇门从外屋步入里屋，左右两间被墙体分隔成单独的房间相向而立开门开窗，中间则作为一个长方形的开放空间。靠入口一侧为带顶的过厅，里面则是一个天井，天井下有收集雨水的小池塘。此处天井洒下柔和的光线，使得这个窄而高的空间显得活泼、灵动、生机勃勃又不失庄严。过厅与天井之间，在两根立柱间又设有造型别致的挂落一件，使得空间变化更为丰富（图3）。过厅东、西、北三面墙开窗较少，南面因为临河并且朝向好则整面墙都是木扇花窗，南侧厢房客厅的临河面设有眺台兼有美人靠。在过厅的西侧有楼梯可上二楼。顺应临河地势，从过厅的东南角沿石阶向下建筑又有负一层，安排了卫生间、柴房和牲口棚等辅助用房。

图3　勇江茶馆内部天井下空间

三、勇江茶馆设计分析与启示

勇江茶馆结构合理、功能分区明确、流线清晰富有节奏，这些都与现代建筑的设计宗旨不谋而合，空间和形式都与建筑功能配合的妥帖恰当（图4～图6）。现代建筑长此以往讨论的设计问题在这个虽然小巧但却气势宏大的房子面前变得不再必要了。如果我们去掉建筑物本身那些反映其建造年代的装饰，那它的简洁与纯粹则与现代建筑名作不相上下。通过分析，我们可以从以下四点对勇江茶馆的设计要点做一总结：

图4 勇江茶馆天井处屋顶

图5 勇江茶馆临河面

图6 勇江茶馆天井空间

1. 建筑感应天地

四川盆地四季多雨，茶馆体现了四川民居一贯的坡屋顶出挑多的特点。同时建筑位于古镇主街上，因为寸土寸金、地势所限，建筑围合不了院坝所以采用天井采光，充分利用了本来局促的空间，反倒形成丰富而独特的居住体验[4]。

2. 以人为本

居住在街上的普通人家，除了种田外也想经营一些买卖来补贴家用，建筑以两进天井作为建筑功能的区分，北侧临街的一进天井是对外的商业区域，南侧临河的一进天井则是居住者自家生活的载体。商业不需要采光，只需要便利，故放在北向临街。居住需要采光和良好的视野景致，故放在南向临河。

3. 对精神性空间的追求

通过勇江茶馆我们可以看出古人对于生活的理解

不仅限于是简单的物质生活，而是有更高的追求与想象。茶馆里第二进那个摄人心魄的天井空间恰是最好的例证，这个小房子因为纳入了一片天空而显得宏大而不可度量，有了一份独特的气度和品性。王澍老师曾说中国文人造园，园子是活物，便是这个道理。店家是位"茶家"，有这一方天井，可与天地日月一道品茗，悠然快哉。带同学们测绘学习的金东坡老师被茶馆里的天井空间打动，对此点评到："壶中天地，檐下春秋"[5]。

4. 手法得当

建筑的意趣兴味是好的，但也需手法得当。西方人讲比例，中国传统则讲尺度、对比、衬托、虚实等等[6]。此建筑虽小，但经得起推敲、玩味，所以才有了历经岁月而愈发动人的经典特质。进入勇江茶馆的过程可视为经历了一整个空间序列，起先宽而低（欲扬先抑）、然后宽而高（引人入胜），到了第二个天井窄而高，使人精神上振奋（空间高潮），到了南端，是临河的远景，将人的视线拉远，引入自然（收尾）。这里面高、高多少，宽、宽几米，都是反复推敲设计的，足见当初设计师的巧思（图7～图10）。

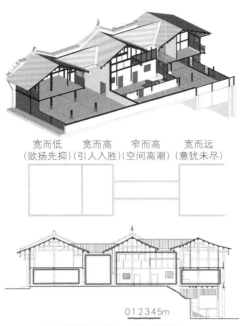

宽而低　宽而高　窄而高　宽而远
（欲扬先抑）（引人入胜）（空间高潮）（意犹未尽）

图7　勇江茶馆轴侧、剖面、空间分析图

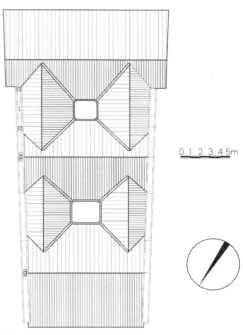

图8　勇江茶馆屋顶平面图

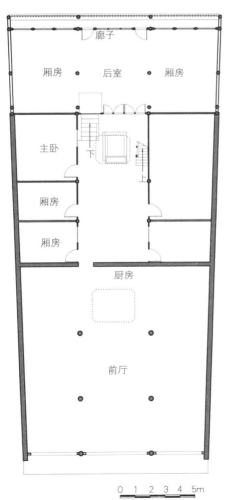

图9　勇江茶馆一层平面图

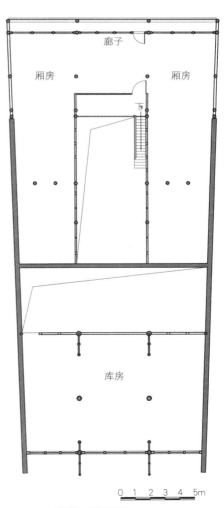

图10　勇江茶馆二层平面图

当今的建筑活动，材料技术、施工工艺都有了长足的进步，但却几乎看不到动人的建筑，这是为何？只因大量的设计做不到以上四点，建筑无法对于当地的气候、地形做出响应，没有为生活在其中的人们考虑周全，更没有对精神性空间这一生活品质的追求，同时也很少扎实地在尺度、比例等基本功上下足功夫。

四、与住吉的长屋进行对比

除上述启示外，通过与住吉长屋进行比较，勇江茶馆也向我们发出这样的质问：装饰就一定是无用和虚伪的吗？仅从空间序列上来看，建筑师安藤忠雄的成名作住吉的长屋在处理空间层次的简洁明快上与勇江茶馆如出一辙：安藤忠雄在促狭的街区中设计出一个仅仅占地34平方米却带有小天井的空间，并使天井成为整个房子的核心。中日在住居中竟然如此相似：东方人对于半室外内向虚空间的一种精神需求亘古未变。

安藤先生在聊起住吉的长屋时自信满满，他说："将关西人常年居住的长屋要素置换为现代建筑。这看似容易实际并不简单。无论是多么小的物质空间，其小宇宙中都应该有其不可替代的自然景色……"[7]。但安藤先生又说："这家人现在还原封不动地在这里生活着，我感谢不进行改造而一直在这里居住的房主。"[7]住吉的长屋简洁纯粹的精神空间虽然让人感动，但它承载生活的力量却相对偏弱。一个害怕别的事物改变其空间特质的住居空间，并不是最人性的空间，只因其忽视了居住者的需求而过分追求设计师的表达。诚然简洁的一成不变、原封不动的建筑空间很美，但"美"不代表着"好"。在这一点上，勇江茶馆则显得更为朴素和实用，它允许使用者根据自己的实际情况对建筑进行改造甚至装饰。

作为当代建筑大师，安藤忠雄的代表作品均有不俗的品质，但就如评论界所言其设计少了"人味儿"。而勇江茶馆就在保持空间简洁纯粹的同时，富有浓浓的人情味儿。合情合理、精心设计的传统建筑装饰物，如花窗、挂落、美人靠、门扉等在勇江茶馆里也都安然自处，别有韵味。一个理想的居住空间，也是容得下装饰、经得起装扮的，生活也是需要点缀的不是吗？只是"装饰"应当在学养和设计的支撑下用热爱生活之心对待，而不能简单处理成一种虚伪浪费、浮夸无趣的摆设。

如对近100年的现代建筑理论和作品进行挖掘，现代主义建筑的佳作也往往是富于装饰的，只不过现代建筑大师在新的时代精神下，"自觉"将建筑装饰与建筑构造有机结合起来，"无用的装饰"没有了，就如同去掉了贵妇发髻上可有可无的羽毛，"合情合理的装饰"融合在精心设计的建筑构造中，如同一件设计裁剪得体的礼服，庖丁解牛一般分毫不差。现代建筑大师路易斯·康（Louis Kahn）、卡洛·斯卡帕（Carlo Scarpa），当代建筑大师卒姆托（Zumthor）均是此中高手[8]、[9]。即便以冷峻简洁著称于世的安藤先生的建筑作品，谁又敢说他惯用的粗糙富有质感反映模板纹路的现浇混凝土墙体不是一种装饰呢？

笔者老师林野曾教诲到：相比于雅，更难的是雅俗共赏。通过勇江茶馆与住吉的长屋进行比较，不禁要问："一味地抗拒装饰、强调精简，真的便是我们对于建筑设计、对于何为雅的唯一答案吗？"勇江茶馆中，抛开那些精美的"雕工"，看似无用的"挂落"实则微妙地划分了天井空间，并赋予空间以重心；花窗则过滤了光线使其柔和温润，丰富了室内光影，到了冬天花格分布均匀的花窗则适宜贴纸挡风（古时是没有玻璃的）；而美人靠本就是一个景观设置，结合人体尺度供人坐观景色、休憩交谈。这些精美的装饰同时是实用的建筑构造，这便是勇江茶馆对"装饰问题"的回应。笔者认为，如果在建筑构造设计中将建筑细部的功能美学合一，即将装饰功能化，则上述问题必会得到回应。这便是跨越若干个时代，传统民居和现代建筑精品所共同带给我们的启示之一。

五、结语

2011年秋，笔者和同班川大建筑学同学跟随金东坡老师前往资中罗泉古镇进行建筑学测绘。古镇虽然因保护不力显得落魄凋敝，景致混乱，但你却能隐隐地能看到上一个时代的轮廓，那个被称为"旧世界、旧中国"的风貌气度。王澍老师曾说，当一个东西在它即将幻灭的时候，那却有可能是它最美的时候[10]。勇江茶馆恰是处在这样一个时刻，也可以说中国民居恰处在这样一个时刻。我们还没找到下一个时代的共识，此刻我们从传统民居中汲取足够的营养了么？可与此同时传统民居正在逐渐消亡。印象深刻的是金东坡老师请同学们在勇江茶馆的天井下喝茶，我们头顶上是天井洒下来的光，被天井裁剪过的天空投影在茶杯里，我们愉快地交谈着。老板两口子人很和善，跟我们聊起家常、聊起他们的房子这间茶馆、聊起建筑。在测绘的时候，他们帮我们拿凳子，倒茶给我们喝，尽量为我们提供便利。这样的人生活在这样的房子里，好像变得理所应当。建筑和人的关系，可不就是这样的简单却又一言难尽吗？

参考文献：

[1] 王澍. 造园与造人 [J]. 建筑师，2007（2）：82—83.

[2] 董豫赣. 稀释中式 [J]. 时代建筑，2006（3）：28—34.

[3] 刘家琨. 我在西部做建筑 [J]. 时代建筑，200（4）：45—47.

[4] 陈志华、李秋香 主编. 住宅−乡土瑰宝系列 [M]. 北京：生活·读书·新知三联书店，2007.

[5] 金东坡. 神人共娱的空间——资中罗泉盐神庙建筑意匠探析 [A]. 中国建筑研究室. 中国建筑研究室60周年暨第十届传统民居理论国际学术研讨会会议论文集 [C]. 南京市：中国建筑研究室，2013：560—567.

[6] 陈志华，李秋香. 中国乡土建筑初探 [M]. 北京：清华大学出版社，2012.

[7] 安藤忠雄，白林译. 安藤忠雄论建筑 [M]. 北京：中国建筑工业出版社，2003：137—141.

[8] 弗兰姆普敦，王俊阳译. 建构文化研究 [M]. 北京：中国建筑工业出版社，2010.

[9] 诺伯格·舒尔茨，刘念雄、吴梦姗译. 建筑—存在、语言和场所 [M]. 北京：中国建筑工业出版社，2013.

[10] 易娜，李东. 界于理论思辨和技术之间的营造—建筑师王澍访谈 [J]. 建筑师，2006（b08）：16—25.

红砖材料的现代演绎

国建淳[1]　费　腾[2]

摘　要： 红砖这一传统材料多作为称重结构和建筑外围护结构出现在建筑中。随着建筑品质和对安全需求的不断提升，传统工艺的砖材料已经逐渐无法满足现代建筑的种种需求，但红砖作为一种具有明显地域性与艺术性的传统材料在建筑创作过程中有着不可替代的作用。因此红砖材料为了更好地满足当代需求，在制作工艺和建筑设计手法上都有了极大地改变。本文以红砖的地域性表现和建构策略为切入点，研究红砖的发展趋势，总结当代红砖建筑设计策略和人文内涵。

关键词： 红砖材料；地域性；建构；表皮化

一、概述

传统砖材料的颜色主要以暖色系红黄砖和冷色系青灰砖为主。砖的颜色源于黏土材料本身以及处理的方式，取自于自然，与大地相连，形成一种建筑与自然的和谐共生。在烧制过程中，由于传统烧制水平存在较大的差异，不同批次甚至同一批次的砖块都会产生较大色彩差异，颜色的斑驳，这恰恰赋予了砖材料丰富的细节变化与手工制作过程的痕迹，能给人们带来多样的视觉体验。

砖的色系形成有众多的影响因素，首先是黏土中所含的铁氧化物和石灰质为主的矿物质成分比例，若黏土中的还有铁元素的比重较大则可能会烧制成为红砖和青砖，而黏土中含有的石灰质较多并且含有大量水分的砖窑，会烧成黄色、偏向奶黄色。此外，砖在砖窑中摆放的位置一定程度上也会影响砖形成的色彩，靠近窑口的砖容易与空气接触发生氧化反应且热量流失达不到烧制的温度，而放置于内部的砖块则会因为温度过高而产生不同的颜色

开放的砖窑中砖材料中的铁元素会在900摄氏度的高温环境中被氧化成为三氧化二铁，形成独特的红色（图1）。而在烧制过程中，通过不断向砖窑内浇水形成水蒸气而隔绝氧气，并将砖窑的温度保持在至900摄氏度以上到1100摄氏度之间，会将红色的三氧化二铁还原成青色的二价铁化合物，而形成青砖（图2）。由此可

图1　红砖美术馆（图片来源：谷德设计）

图2　乌江大剧院（图片来源：谷德设计）

见，青砖的烧制工艺比红砖复杂，但却获得了更好的硬度和耐久度。

二、红砖材料在建筑中的地域属性

其实红砖在中国的大量使用是在民国时期开始

1　国建淳，哈尔滨工业大学，研究生，150001，276392622@qq.com。

2　费腾，哈尔滨工业大学，副教授，150001，43379792@qq.com。

的、由于近代机械技术的应用，红砖的制作成本大大降低，普通人家也逐渐用得起红砖了。但是青砖因为有上水这道工序，制作时间、成本相对红砖降低的不多。并且，由于水泥的传入，红砖建筑抹上水泥后也能保存挺长时间，足够满足居住的各项要求。这一时期中国的北方城市涌现了大量红砖建筑，以哈尔滨的老道外为例（图3）在19世纪末，中东铁路的修建和松花江的通航，吸引了大批外国人和外国资本涌入，使这里迅速发展成为远东大都市。

图3 中华巴洛克（图片来源：作者自摄以及网络整理）

由于受到外来文化的强烈冲击，哈尔滨的建筑吸收了大量欧式建筑的元素，相比于中国传统民居，欧式建筑对于红砖的使用更加复杂且更具有艺术性。在欧洲建筑中砖的抗压性能被很好地利用，特别是罗马拱券的发明，突破了砖受压不能实现大跨度的难题。拱券有筒形拱、交叉拱、尖拱等、后来发展穹顶和拱壳，这些砖结构在古代创造极其辉煌的成就，创造了万神庙、圣索菲亚大教堂等西方的宗教建筑。砖也被用来作为混凝土承重结构的模板，例如罗马大斗兽场、卡拉卡拉浴场等伟大的建筑。这些建筑强调线条的韵律感、空间感和丰富变换的立体感，带有绘画般的效果，利用繁复多变的曲线和带有装饰性的线脚使建筑变得生动活泼。虽然红砖的色彩相对艳丽，但在建造过程中保持了对材料使用的专一。即使立面手法丰富产生多变的线条和复杂的层次感，却并不影响建筑的整体性，从而使整个城市的群体建筑形象生动活泼同时保证了建筑群体的和谐统一。因此，哈尔滨的城市形象明显区别于中国其他城市。

正是由于气候、人文环境等原因中国传统民居对于砖这种材料的使用展现出了明显的地域性特征。南方多雨，夏热冬暖，造成了城市气候常年湿热温润，植物繁茂，环境色彩丰富，冷色调的建筑比较受欢迎。而且青砖具有较高的吸水性和透气性，能够将室内空气湿度保持在一个比较舒适的水平。因此形成了清新肃穆的徽派建筑。北方城市，尤其是严寒地区每年会经历漫长冬季、严酷的气候会给城市生活带来不利影响，其最冷月份平均气温在-18℃以下，植物凋零，甚至长时间被积雪覆盖，城市环境色彩清冷，因此暖色调的建筑比较受欢迎。

如此看来，红砖作为一个具有悠久历史和文化传承的传统材料，是创造具有中华文化特色和地域特色的重要建筑材料。在当今时代需要我们以对待新材料的态度去对待一种传统材料，因为红砖的运用不再是简单的堆砌，使用策略也不仅仅是保温和承重的需要，在展现中国建筑的文化性与地域性上具有更加突出的作用。

三、红砖材料在建筑中的建构策略

现代建筑以后，砖的承重功能渐渐退化为框架结构的填充物，由于其视觉、情感和文化的功能加强，乃至后来成为单纯的表皮。当然在砖从承重功能逐渐转化建筑的外围护结构和表皮发展过程中，并不是绝对的。路易斯·康甚至可以将砖的结构性能继续发扬光大，他对于砖的思考极富哲学思考。在他最近经历漫长的设计和建造过程最后呈现出的艾克赛特图书馆作品中，将砖从表皮到建构巧妙地应用到建筑当中，不规则的"破砖"随意的散落于整个立面，同时手工烧制的砖块产生了深浅不一的色彩，使整个建筑富有挺拔、英俊、古朴、庄重的质感，遮光板又成为立面的另一种元素，打破了传统以砖为主的单调立面。非常具有表现力。但是在大量的现代建筑建造中，砖不得不成为框架的填充结构和外围护结构。再到后来，由于砖可以完全不承重，这样砖可以彻底成为表皮，甚至也不需要其保温隔热和自承重功能，其传统特性、时间特性和美学功能得到了尽情发挥。

当砖的建构逻辑从承重结构变为围护或者表皮后，其表现力获得了极大解放。其中，砖的灰缝可以很薄甚至消失，而同时砖的砌筑手法可以更加自由和多样。砖块之间的链接需要通过砌筑砂浆和勾缝砂浆进行处理，砂浆和灰缝对于砖砌墙体的性能和表现效果具有很大的影响，在红砖建筑中尤其明显。因为灰缝多为水泥砂浆，干涸后颜色多为灰白色或深灰色，与红色的砖块在色彩上形成较大的差异，灰缝的厚度与砖的厚度形成了图底关系，对砖建筑的稳固性和效果影响很大。传统的手工砌筑，灰缝的厚度一般在8～15毫米，比例大概在1：5。施工时产生的灰缝厚度可能不尽相同，具有较强的手工感。此外，随着新建造技术的进步，使得灰

图4 红砖美术馆（图片来源：作者自摄以及网络整理）

缝可以做得非常薄，其至可以不用灰缝（灰缝可以隐藏起来），呈现出工业化精细化的肌理，使得整个建筑显得尤为精致。如前文中所提到的红砖美术馆（图4），由于施工工艺的提升，整个墙体只通过砖块通过砌筑手法产生不同肌理的组合来表现建筑丰富的空间层次，去掉了灰缝对于建筑整体效果的影响，使得建筑看起来精致典雅，不同于传统红砖建筑。

透空砌筑是红砖材料一种突破性的发展，这是砖材料讲保温和承重功能简化之后所呈现的建筑新形势，在实体砌筑基础上等距离的预留空洞。通过均匀的空隙，在建筑表皮形成一层匀质的透空的墙，阳光与空气、视线能够透过，隔而不断。传统做法在片墙和景观构筑物中也有透空砌筑砖墙，但是通过现代技术能展现出更加具有创意的多样透空砌筑砖墙，原本厚重的砖墙因为透空而呈现出如丝绸一般的纹理。透空砖墙在阳光的投射下呈现出斑驳的光影效果，仿佛阳光照射树冠落在地上的影子，而在晚上，内部灯光的照射，使外表皮呈现出灯笼的效果。不仅如此，通过砖缝和孔隙的线性变化，透空砌筑与实体砌筑能够实现渐变柔和的过渡。这样的渐变透空砌筑当然会比均匀透空砌筑需要更加复杂的设计过程和施工过程，需要综合考虑间距的合理性和间距的精确距离。由于数字化建筑的介入，使得人们可以更加精确地定位每一块砖的位置和大小，还有摆放方式。透空砌筑也可以结合曲面设计，曲面三维砌筑难度更加大，需要每块砖扭转的角度不一样，砖与砖之间的拉结和稳定性都要经过严密的计算。但也因此而得来与众不同的光影效果，从室内向外看墙体会形成如同丝绸一般的三维透空效果，光线更加柔和。

四、结语

随着科学技术的进步，材料、构造和结构都有了前所未有的发展。和传统的砖建构相比，当代砖的性能、类型、构造和建造工艺以及建构方式都有了许多新的变化。传统砖建构中功能、结构和空间美学相统一，但是建构逻辑的变化使得砖可以完全不用承重，从而使得砖的结构性削弱，其文化、时间和美学性能得到加强，建构表达的可能性更加多样。红砖又作为砖材料中极具表现力的一种，在它新时代的建构语言中一定会不断产生新的逻辑和思想。科学技术的进步，打破了环境的壁垒，建筑材料出现的形式可以不用拘泥于传统的设计手法，对于不同的建筑，建筑师可以运用更加生动的手法而通过建筑材料来赋予建筑以灵魂。

不仅如此，红砖作为一种可以反复利用的材料，时间并不会磨灭它的价值，反而在时间中赋予了它深厚的底蕴和古朴的色彩，符合当今可持续发展的策略。通过材料的不断升级，还可以不断发展研制出再生砖和节能砖，以满足时代的需求。数字技术的诞生并没有淘汰这种传统材料，反而赋予它新的生命，就如同出现一种新材料不断地推动建筑学前进的步伐。

参考文献：

[1] 杨维菊《建筑构造设计》[M]. 北京：中国建筑工业出版社，2005.

[2] 马进.《当代建筑构造的建构解析》[M]. 南京：东南大学出版社，2005.

[3] 贝思出版有限公司.《建筑肌理系列2：砖建筑》[M]. 南昌：江西科学技术出版社，2002.

[4] 凤凰空间·华南编辑部.《砌体材料与结构》[M]. 南京：江苏科学技术出版社，2013.

[5] 刘大力.《砌体材料与结构II》[M]. 南京：江苏凤凰科学技术出版社，2015.

青岛地区传统民居发展

——以隋坊村和院里村为例

赵 静[1]

摘 要： 本文以隋坊村和院里村为例，进行青岛地区传统民居发展的研究，对两村落的总体布局、建筑单体特色以及现今的保护更新状态进行探讨，对乡土建筑的发展提出相应的观点与看法。

关键词： 青岛地区；乡土建筑；民居；保护更新

青岛是闻名中外的海滨旅游城市，青岛因其"碧海蓝天"的自然风光以及殖民地时期留下的众多风格各异的建筑群，从而铸造了青岛特有的"红瓦绿树"近代城市景观，而充满浓郁的异国情调又使其充满迷人的文化神韵[1]。一栋栋沉默的历史建筑，是曾经中西方艺术碰撞与交融的汇点，是这座城市历史文脉的呈现者，但这并不是当地土生土长的建筑。要真正了解这座城，就该从她更为悠久的建筑文化着手，这也是我们进行乡土建筑研究的意义。

对当地最为纯粹的乡土建筑进行研究，选取了距离青岛市中心正北方向约120公里远的隋坊村和院里村，两村落间距10公里。本文是在大量的实地调研和访谈的基础上，对两村落传统民居进行的研究。希望通过此研究，了解青岛地区乡土建筑的原始面貌，了解当地民居更新改造的状况，继而探究青岛地区乡土建筑的演变与发展。

一、村落总体布局

隋坊村与院里村地处平原丘陵地带，良好的地理环境造就了两村落的建筑风格与建筑文化。隋坊村东南侧有一座山丘，长时间的生产劳作中，当地居民自发地将山丘周围辟为农田区，村落其余的平坦地带辟为居住地带。院里村整体均为平地，当地居民自发规划村落东、南两侧为农田区，其余地带为居住区。

两村居住区总体规划为方格网状，道路笔直，房屋整齐，民居坐北朝南，正南正北布置。现两村道路尚未完全硬化，且村中仅少数低洼地带设有排水渠，造成雨天积水，泥土路泥泞不堪（图1、图2）。

图1 排水渠

图2 积水的泥土路

1 赵静，华中科技大学建筑与城市规划学院，430074，824246097@qq.com。

二、建筑单体分析

1. 建筑布局

两村落民居采用传统的合院式，建筑层数均为一层，坐北朝南，中轴对称，由院落、正房和厢房、耳房等附属房屋构成，建筑形制类似于北京四合院、三合院（图3）。主体建筑通常面阔三间，明间开门，次间开窗，极少数建筑明间、次间均开门。两个村落呈现出低密度的合院式建筑风格，这与青岛地区地处中国北方高纬度地区相关，低矮、大间距的建筑风格可获得更多的日照有关。

图3　建筑平面

两村落中的建筑层数均为一层，建筑较为低矮，两排建筑之间的道路平均宽度在5米左右。左右两户相邻建筑相接在一起，共用山墙面，形成相连几十米的建筑景观，体现了良好的邻里关系（图4）。前后两户建筑多为分开的独立式，少数为连接式。连接的两户民居除了自家大门外，在中间的庭院临街一侧开设侧门，便于使用（图5）。

图4　共用山墙面

图5　庭院一侧开设侧门

2. 建筑构造

两村落地处华北平原，民居采用抬梁结构，硬山式双坡屋顶。部分民居在山墙墙头处做花式处理及微小出挑，便于保护山墙面防止受潮（图6）。屋顶构造是在椽条上铺秸秆草泥，其上再铺瓦，屋脊上最后铺脊瓦，当地以红瓦为主，仅有极少数民居采用灰瓦。

图6　山墙墙头花式处理

民居建造至今仍执行传统的建造风俗，上梁时燃放鞭炮，并在中间的梁架上贴上建宅时间等（图7）。现今使用者大多使用吊顶将屋架结构部分遮盖住，以使房间空间尺度更加适宜，房间也更加整洁，使用起来更为舒适（图8）。

平原地带利于建造，为了使建筑与生产劳作相适应，当地居民在劳作过程中，结合当地气候与地理优势，将主体建筑前的附属建筑顶部设计为平屋顶，可供在收获季节晾晒农作物，夏季炎热时期在上纳凉休息，当地人将此建筑结构称作平房（图9）。为了便于将平房上晾晒的农作物运到下方的储藏室中，当地人在平房顶部开凿一个15厘米宽的洞口，通过这个洞口，晾晒在平房上的农作物可直接倾倒到下方储藏室中的瓦缸中。

石材、秸秆等建造材料，这些建造材料具有环保、无污染、廉价的特点。

建筑山墙的立面层次，主要分为下部勒脚部位和上部主体围护部位，使用的建筑材料较为多样、砌砖方式也较为多样化。勒脚部分多采用的是岩石外露，起防潮、抗压作用。上部多采用砌砖或外表皮进行抹灰处理。中间的过渡层多为砌砖处理，接缝密实，抗压性能好。整个立面颜色都以背景色调为主，使整座房屋融入周围环境之中（图10、图11）。

图7　梁架

图8　吊顶

图10　砌砖

图11　外表面抹灰

图9　平房

3. 建筑材料

地质条件多影响传统民居的地基承载和建筑原材料，因地制宜、就地取材是乡土建筑的一大特点。两村落民居建造过程中，大量使用当地盛产的泥土、木材、

三、建筑与行为

建筑并不仅仅是一个居住的场所，也是人们精神的寄托。在传统民居改造中，应以使用者的使用为前提，以他们的精神需求为依托。随着社会经济的迅速发展，城市现代化建设不仅改变了人们的生活方式，传统建筑也伴随着现代化的进程而逐渐消亡。那些远离城市偏远地区的乡土建筑也正面临着破损、拆除、改造的现状，对乡土建筑的保护其实也是对传统文化的一种保护，那些古朴而富有韵律的民居建筑正是传统文化的物质载体。

曾经村中的年轻人都渴望离开家乡，投身到大城市中，而如今村中有很多年轻人从大城市中返回，他们在钢筋混凝土的城市中尝尽了苦楚与冷漠，选择到乡村中寻求一片宁静。而在村中长大的孩子，每到节假日都会选择回去住一段时间。由于地缘的关系，从小一起长大的村中伙伴，之前嬉戏打闹的村中小街，儿时在里面寻宝的老屋都是吸引他们回去的动力，这些都是他们精神的载体。当今最有活力的住所应当是属于传统的和不断演化的乡土建筑，如果要使社会可持续发展和居住需求，就必须不能忽视对乡土建筑的研究。这代表了当今乡土建筑研究向人居环境的可持续发展目标的转向[2]。

乡土建筑是文化遗产的重要组成部分，蕴含着各地丰富的历史、科学和艺术价值，体现了地域个性与文化多元性特征[3]。古代社会群体基本可依据群体纽带的不同性质分为三种类型：血缘群体、地缘群体、业缘群体。隋坊和院里两村落是以血缘与地缘交融在一起。青岛地区没有祠堂等祭祀建筑类型，自家祭祖都是在住宅的庭院和中堂中进行。大家族的统一祭祖是在正月初三晚上或者初四早晨进行，在村中主干道或者地标性公共建筑前的广阔地带（图12）。

图12 初三晚上村委会前祭祖

农村有春节前后赶大集的习俗，院里村自古设市集、山会。新中国成立前规模较少，谨以土产、粮、菜交易。中华人民共和国成立后，经济日渐繁荣、市集规模扩大。北到浴场村前，南邻寨里，长约1.5公里，两侧商店林立，商品琳琅满目，每逢农历一、六（二月二十六日、七月二十六日、十月二十六日为山会日）集日，人数余万（图13）。

四、保护与更新

在民居的更新中，大拆大建的现象屡有发生，新

图13 农历初六市集

建成的建筑与当地环境严重不符。但在这两个村落中丝毫不见造型奇特、与周边环境不协调的建筑。在这里新整修、甚至是新盖起的建筑，它们建成之初就融入了这个村落。在两村的民居改造中，改造的设计者、建造者与使用者为同一批人，村落在这种内生力量中改造更新中，保留了原本的淳朴与设计理念。

科技发展对乡土建筑影响主要在两个方面，一是建造技术水平提高，二是建筑材料的更新。木结构、砖瓦结构以及石灰等结构和材料已经不能满足当前人们对住宅质量的追求，新材料包括钢筋、混凝土、铝合金、玻璃、PVC等，它们结合新的建造技术可以营造更为简洁、坚固、干净的民居住宅以及大尺度的公共建筑。科技的发展使乡土建筑摆脱了气候限制，增加了建筑舒适度，仅摆脱气候条件制约这一条足以打破百年流传的乡土建筑聚落形态，在北方可以放弃大面积露天空间转为室内[4]。在这两村落中，许多改造后的民居缩小了院落的面积，扩大了房间的使用面积。同时为了避免冬季冷风的影响，采用现代技术，将院落上空使用现代材料进行密封处理（图14）。

在更新改造的过程中，为了满足人们对舒适度要

图14 庭院上空改造

求的提高，建筑利用率得到提高，相应地改变了一些建筑的形制。多采用的改造方式是将三合院建筑形制改为四合院，在主体建筑前的附属房屋顶端增设平房，相应的也改变了建筑入口大门的形制（图15、图16）。原本位于主屋入口处的灶台也被现代化的厨房所代替（图17）。

在当今信息全球化的浪潮中，我们需要清醒地了解自身的地域文化，以开放的态度来面对外来文化信息的冲击，尊重地域文脉的真实传承，积极地探索和创造体现时代精神的建筑，只有这样才能真正地保护我们的地域文化特色。[5]

五、结语

隋坊村和院里村乡土建筑不仅是青岛地区乡土建筑的一个典型代表，更是华北平原乡土建筑的典型代表。两村落作为北方乡土建筑文化的重要代表，具有较高的研究价值。

如今在乡村建设中，一些已经废弃或者进行更新改造的乡土建筑，在选择材料的时候，大多抛弃了当地盛产的材料和建筑风格。隋坊村和院里村落的改造与重建，在新的社会经济技术影响下，利用民居内生力量的建筑知识体系进行建设，这比以专家或政府自外而内、自上而下的"局外人"介入方式的研究建设，更为有效。为了与经济发展、人们对舒适度要求的提高相适应，保护传统民居的方法，需要进一步的探究。

图15 改造前入口大门

图16 改造后入口大门

图17 主屋中的灶台

参考文献：

[1] 房辉，赵彦芹. 青岛民居建筑的山地文化[J]. 现代物业，2013（06）：58－59.

[2] 吴志宏. 中国乡土建筑研究的脉络、问题及展望[J]. 昆明理工大学学报，2014（01）：103－108.

[3] 崔潇，杨大禹. 乡土建筑文化多样性的保护与发展：以云南省村镇民居建筑文化多样性为例[J]. 艺术探索，2009（1）：143－145.

[4] 赵启明，秦岩. 论乡土建筑聚落空间形态的影响因素——以湖南民居为例[J]. 中南林业科技大学学报，2014（06）160－166.

[5] 李百浩，杨洁. 湖北乡土建筑的功能、形式与文化初探[J]. 华中建筑，2007（1）：176－179.

乡村传统元素、风格与文化的传承

——以江西省赣州市宁都县小布镇万寿宫老街区改造为例

吕 炜[1] 刘 强[2]

摘 要： 以江西省赣州市宁都县小布镇万寿宫老街区改造工程为例，探究传统村落中传统元素、风格与文化的传承。前期决策阶段从开始定下的修缮、保护到后来的按原风貌就地重建；具体实施阶段，先从设计入手，总体规划布局按原街巷肌理，建筑方案提取了老街区传统民居元素，再进行施工。最后点明小布镇万寿宫老街区重建的作用及推广意义。

关键词： 万寿宫；老街区；传统元素；传统文化；发扬光大

引言

小布镇地处赣州与吉安地区交界处，位置较偏僻，但环境优美（图1）。圩镇内有200多年来江西保存最完好的万寿宫，万寿宫周边有以两层建筑为主、占地约31亩的老街区，古色风貌完好，但民居毁损严重，房间布局不符合现代生活需要，当地老百姓重建意愿强烈。

图1 小布镇风景图（图片来源：作者自摄）

一、前期决策

1. 修缮意见阶段

既要让村民满意，又要继承传统文化，为此，2013年4月市政府组织博物馆、规划局等部门专家评审，会议主流意见是修缮、保护，方案认可后再实施。2014年修缮方案出炉，方案以加固为主，投资约700万，因屋内布局不变，不符合现代人生活需求，当地老

百姓仍不愿居住，且数年后需继续维护、修缮。愿望虽好，但无人居住，政府无底洞投入，该老街区方案不现实（图2）。

图2 开会照片（图片来源：作者自摄）

2. 原风貌就地重建阶段

2013年评审会议后，2013～2015年，房屋倒塌、发生火灾（图3），该区居民已消失1/3。2015年初，

图3 火灾现场照片（图片来源：作者自摄）

1 吕炜，华东交通大学，在读硕士研究生，330013，1372189008@qq.com。
2 刘强，南昌市益景工程管理有限公司，高级工程师，330003，849854391@qq.com。

青岛建筑设计集团提出：保留万寿宫，民居按传统风貌重建。该策划思路立刻得到镇政府采纳，设计、拆迁同时启动。

二、中期实施

1. 设计

1）小布镇万寿宫老街区的历史价值

小布镇万寿宫始建于清嘉庆十八年（1813年），是江西省保存最完好的万寿宫，200年来香火不断。因风水好，围绕万寿宫建房360多间，百姓聚集，形成集市，经商务农者以客家人为主，街道设置成棋盘形，圩上有大街、横街、鱼行街三条主街，加上老官庙、鸡行、姜行、豆子糯米行、番薯芋子行、线香草鞋行、柴行等小街小巷有七八条之多，各街各巷集中通往圩市中心——万寿宫酒楼下。

万寿宫是县级保护文物，按文物标准保留修缮。老街见证了3200年来经商、农耕等生活痕迹。虽然老街民居建筑历史不超过50年，算不上文物，但古色风貌完好。

2）老街区规划布局

老街区占地21000平方米，新建总建筑面积20000平方米，还建房住户125户。规划布局以万寿宫为中心，南面为鱼行街区，北面为横街区，保留原有街道走向与尺度。（图4、图5）

3）建筑设计方案

街道空间改造前后对比（图6、图7）

为了满足街道商业需求，街道宽度稍微增加。

①主户型平面布局（图8）

平面继承了传统"前店后堂"的形制，户型以4.5米面宽，15米进深为主，既满足现在还建房需求，也与古街风貌吻合。因大进深户型采光通风的需要，设置了天井。传统天井一般有采光、通风、排水的作用，万寿宫老街区改造工程中的天井既是对传统江西民居的呼应，又满足了实际功能需求，不过，与传统天井不同的是，天井顶部设置夹胶钢化玻璃和百叶，既通气又防雨，对传统天井加以改良（图9）。

②原状分析，古街传统元素保留情况

老街传统民居拆除前，设计团队做了大量的调研，提取了青瓦屋面、土坯砖外墙、青砖外墙、吊脚楼、木栏杆、木门窗、卵石、青石板路面等传统元素，用现代低技术砌体结构将建筑主体搭建出来，建筑外观表现出传统民居元素。

就材料方面而言，改造的建筑墙体材料采用的是钢筋混凝土，外面贴了一层青砖、土坯砖，这样既运用了传统元素，又节约了青砖材料，一些需要石头材质的地方，喷了仿真漆。

图4 原状测绘总平面图（图片来源：作者自绘）

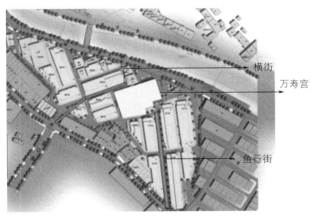

图5 设计总平面图（图片来源：作者自绘）

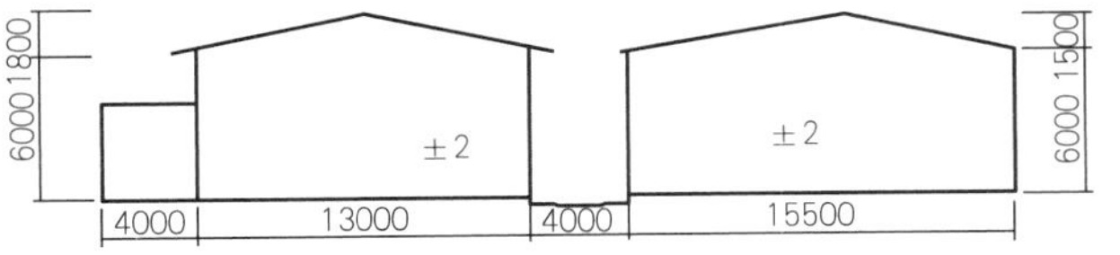

图6 鱼行古街原始街道空间示意图（图片来源：作者自绘）

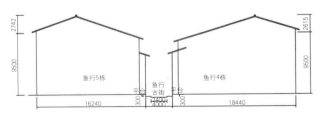

图7 鱼行古街改造街道空间示意图（图片来源：作者自绘）

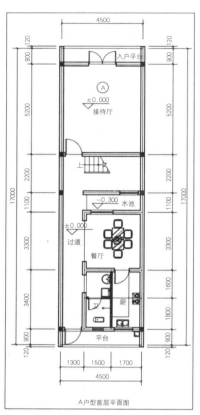
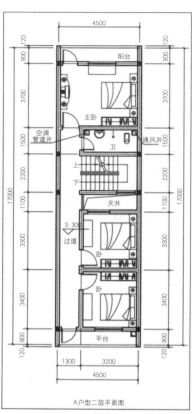
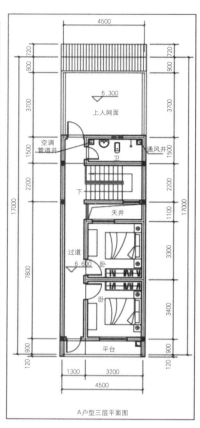

图8 主户型平面图（图片来源：作者自绘）

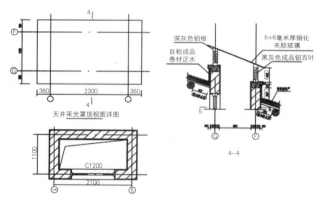

图9 天井天窗屋面详图（图源：作者自绘）

原状民居元素（图10）如下：阳台栏杆、举折（曲线）屋面及挑檐、正立面骑楼、通道、卵石路面、屋顶、屋檐与吊楼、入口踏步。

③提取传统民居元素后新建建筑效果图（图11～图13）

为了让人们记得住乡愁，回想起往昔的美好，采取保留原始老街区传统元素的方式，阳台栏杆、骑楼、入口踏步等元素不变。

4）改造后总体定位

老街区民居以土坯为主，历史上由当地居民修缮重建。因土坯建筑寿命有限，现存建筑墙体倾斜，结构

阳台栏杆　　举折（曲线）屋面及挑檐　　正立面骑楼　　通道

图10 原状民居元素分析（图片来源：作者自摄）

| 卵石路面 | 屋顶 | 屋檐与吊楼 | 入口踏步 |

图10　原状民居元素分析（图片来源：作者自摄）（续）

图11　西南鸟瞰图（图片来源：作者自绘）　　图12　主入口透视图（图片来源：作者自绘）　　图13　背立面透视图（图片来源：作者自绘）

损坏，经常发生火灾。房间布局不符合现代人的生活需求。经调研发现，即使修缮，当地老百姓也不愿居住。

　　传统民居是老百姓代代相传、生命延续之所，其灵魂是持续的生命力。它不像皇宫，用国库资金保持威严，也不像寺庙由香客供养，是老百姓为保持家族历史记忆，改善生活而加以修缮、改建、重建的。因此，在古建筑大师黄浩的指导下，改造后总体定位为就地重建、保留原老街肌理，最大限度地传承传统民居的风格、元素、文化，同时，满足现代功能，配套旅游产业。

2. 施工

　　该老街区民居是村民还建房，村民是单体房屋投资人，政府组织设计，补贴村民传统元素的差价，负责场地、管线施工。村民找当地农村施工队，施工队看效果图施工，设计人驻现场指导，政府干部蹲点协调。

3. 村民、施工队、设计院、政府四方通力合作

　　村民、施工队、设计院、政府四方通力合作一年，村民自建的老街区形成，总用地20000平方米，建筑面积20000平方米，建筑单方造价在1000元/平方米内，政府补差价约100元/平方米，政府总投资约500万元建成一片传统风貌的古街区（图14）。

图14　竣工照片（图片来源：作者自摄）

三、后期作用

　　为旅游产业出力，小布镇在2013年定位为"风情旅游小镇"，村民平时住家，节假日迎接游客。老街区的重建，使古万寿宫及传统街区焕发出新的生机与活力。补偿小布镇略显薄弱的古老业态和景物，为小布镇的旅游兴起，添上"画龙点睛"之笔。过去谈起古建，不论是开发商还是博物馆建设，每平方米造价都在3000元/平方米以上，成本高昂。万寿宫老街区农村普通自建房造价在1000元/平方米左右，开创了农村低技术、低成本并融入传统文化元素的新道路，让传统文化在普通乡村住房中可持续地发扬光大。

四、结语

当下，乡村振兴如火如荼，乡村振兴的过程中不可避免会遇到一些难题，比如就传统民居而言，作为普通老百姓，应该拥有什么样的态度，作为政府，应该采取什么样的措施。就江西省赣州市宁都县小布镇万寿宫老街区改造工程而言，设计团队为传承传统村落中传统元素、风格与文化，先从整体入手，总体规划布局按原街巷肌理，建筑方案提取万寿宫老街区传统民居元素，因此，小布镇万寿宫老街区改造工程很有推广意义。

参考文献：

[1] 姜晓萍．中国传统建筑艺术 [M]．重庆：西南师范大学出版社，1998

[2] 高建志，马佳．浅谈现代建筑创作与传统建筑文化的结合 [J]．四川建筑，2007（S1）．

[3] 杨巍．现代建筑设计中的中国传统元素研究 [J]．黑龙江科技信息，2010（06）．

[4] 白艺佳．传统元素在时代建筑精神传承中的应用 [J]．山西建筑，2009（05）．

[5] 黄浩．江西民居 [M]．北京：中国工业出版社，2008．

闽粤赣交汇地区客家民居的传承与演变研究

赵苒婷[1]　赵　逵[2]

摘　要： 通过研究粤东的广东东源县南园古村和福建双溪古镇，从建筑形式和建筑布局上分析，探索出闽粤赣边界客家民居具有多元性和包容性的特点。

关键词： 客家民居；闽粤赣民居；形制

闽赣粤地区是客家人聚族而居的地方之一，历史上客家人经历过5次移民，客家人从北向南逐步迁移，进入赣南后，围屋逐渐形成，但由于闽粤赣地区土著人与客家人常有矛盾，客家人房屋逐渐加强防御，随着人口南移，江西围屋逐渐演变成福建土楼和广东围龙屋。本文着眼于闽粤赣相连处，即粤东北、赣南、闽西交界地带，以广东东源县南园古村和福建双溪古镇为例，简析了闽赣粤交界处建筑形制是在人口迁移中互相渗透交融形成的并简述了形成原因。

一、客家人口迁移对闽粤赣边界客家建筑形制的影响

1. 人口迁移

闽粤赣交界处的客家民居，囊括了闽、粤、赣各自的建筑风格。其建筑形制主要分为赣南围屋，闽南土楼和粤东北围龙屋。历史上客家民族曾经过五次迁移，据罗香林《客家源流》，客家民系起源于东晋中原士族南迁，东晋末年，"八王之乱"战乱四起，发生"五胡乱华"，随后中原士族为逃避战火和奴役举族迁移，经过唐代的"安史之乱"和宋代"靖康之变"导致的两次大规模迁移后，大批客家先民辗转来到闽赣粤交界地区，山地崎岖的地理位置使战火暂时停息，客家人在此聚族而居，较好地保存了中原传统，这些来自中原平原地区的汉人在此长期适应山地生活，吸收当地土著文化，发展成为客家民系。

观察上图可以发现，客家人群从安徽新蔡和光州，南移至江西的九江和澎泽，自此分为两股人流，一股从九江南移至江西的宁都和赣州，再从赣州南迁到广东河源，另一股则从江西澎泽南移至福建宁化，再从宁化南迁到江西梅县，而梅县与河源则因距离较近，民居风格相互影响渗透。由此可见，粤东地区的客家人，在人口迁徙时很大一部分来自江西和福建，而福建的客家人，大部分来自江西，因此在迁徙过程中，他们彼此房屋的形制在不断交流的过程中，相互影响渗透。

2. 人口迁移后形成的闽粤赣客家建筑形制

1）堂横屋（图1）

堂横屋的建筑形式也是客家人在经历"安史之乱"

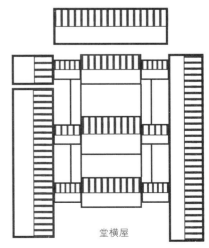

图1　堂横屋形制（图片来源：作者自绘）

1　赵苒婷，华中科技大学建筑与城市规划学院，研究生，430074，rantingzhao@126.com。

2　赵逵，华中科技大学建筑与城市规划学院，教授，430074，yuyu5199@126.com。

和"靖康之边"导致的两次大规模迁移后，辗转来到赣南时，客家人为防御外敌，将单一房屋，通过不同的组合方式严密围合，是江西民居的典型形式。

堂横屋是客家地区常见的民居建筑类型之一，属于客家围屋的一种，属赣南民居。由居中纵向排列的堂屋和两侧横向排的横屋组合而成。常见的组合形式有双堂双横屋，双堂四横屋，三堂双横屋等。客家堂横屋的布局形式一般为中轴对称式，于中轴线上依次布置厅堂，厅堂两侧布置横屋，厅堂与横屋间形成天井。屋前常建有长方形的禾坪，用作晒谷场或活动场地，禾坪前有半月形池塘[1]，是血缘型聚居村落所住民居的常见形式之一（图2）。

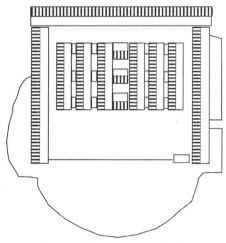

图2 府第式建筑形制（图片来源：作者自绘）

2）府第式建筑

府第式建筑是堂横屋后期演变成的一种高级建筑形式，由于部分客家人从江西迁往福建，府第式建筑大体形制与堂横屋相似，与堂横屋的区别在于前座楼或前座屋均设门厅，出口为大门；中座一般为主厅（祖堂），单层，高5米以上，系全楼公共活动的中心；后座主楼比前座楼或前座屋高二～三层，设厅堂（俗称上厅），一般用于供奉神座。前屋两侧设廊厅，并各开一小门作为横楼的出入口。全楼天面为小青瓦汉代九脊屋顶，主楼高且出檐较大，突出了其在全楼中的主要地位，也称三进式府第民居[2]，其建筑形式以官式建筑居多。

这种建筑形式也是在客家人在闽粤赣一代生活安定后，建筑形式发生改变，以官式建筑居多，格局更为严整。

3）围龙屋（图3）

围龙屋主要分布于粤北，主体仍为府第式，进门沿中轴线，依次为下厅堂、天井、上厅堂等。一般靠山而建，后面的半圆围屋顺着地势逐渐上升，称为"围垅"或"通垅"，成为"龙厅"。大门前有晒场用的禾

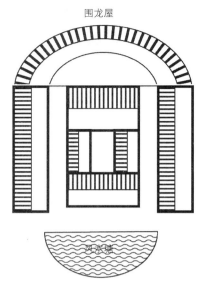

图3 围龙屋形制（图片来源：作者自绘）

坪及一口半园形池塘，屋后有小山，外围由数十间房屋组成的椭圆形房，屋将正房、晒谷坪、水塘围起来，防卫功能较城市中的府第更为明显[3]。

着眼闽粤赣一带，客家人在迁移过程中自赣南开始出现分支，一脉从赣南迁至粤东再迁至粤东；另一脉则从赣南直接迁往粤东。又由于福建土楼分为方土楼和圆土楼，围龙屋多出现粤东一代，可以大致推断，围龙屋是赣南横堂屋与闽西圆土楼的一种综合形式。由此可见在人口迁移的过程中，客家人融合了闽南土楼和赣南围屋的建筑形式，逐渐形成了围龙屋。

二、闽粤赣边界的粤东——以广东东源县南园古村为例

1. 移民迁来的古村

南园古村位于广东省北部仙塘镇红光村，距河源市12公里，与东源县城相连。古村背倚碣砑山，南傍东江水，呈山水环抱之势。由图一可以看出，该地水陆交通便利，南接东江航道可直达珠江口水域。

该古村是以潘姓为主的血缘型村落。该村落最初名为"潘家围"，中华人民共和国成立后更名为红光村，现用名"南园"则是作为古村的名字。据潘氏族谱记载，明末清初，潘氏家族为躲避战乱由北南下至此，广置田园并安居乐业。分别于乾隆年间和光绪初年建成新、老衙门族人秉着忠孝传家、诗书启后的家训，又先后建成了六曲桥、大夫第、老楼、地道、柳溪书院等，构成了一个完整的具有岭南客家民居建筑特色的古村落（图4）。

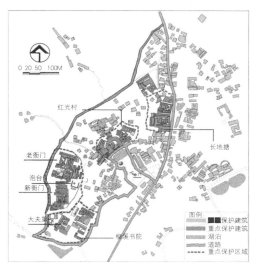

图4　南园古村保护建筑示意图（图片来源：作者自绘）

2. 客家文化对古村布局的影响

南园古村现存传统建筑面积10600平方米，包括客家围龙屋、府第式住宅、雕楼、商宅、宫庙等36座，其中以客家围龙屋和三进式府第式民居为主，其建成年代为明朝万历至清朝同治年间。

由图5可以看出，南园村划分为老楼村、新楼村、红光村三大部分。南园村的中心位置是新楼村，半圆形客家围龙屋处新楼村中部，屋前置有风水塘和风水树，长地塘建筑群处新楼村东部；新楼村西南侧为老楼村；大夫第和柳溪书院处老楼村西南部；新、老衙门和古炮

台遗址处老楼村北部。古村防御系统完备，南有东江作护，以江为池，以山为郭。炮楼高筑，炮楼与衙门用地道相连，使该地易守难攻。围龙屋成片分布，小屋住二三十户，大屋可达百户，户与户之间房檐相连，走廊相通，不出门便可走遍每家每户，单家独居者甚少。正门外由围墙围起，一侧设有斗门，百姓均由斗门出入，起到防盗和御倭的功能。

民居讲究风水布局，主次分明，每座建筑都有厅、房、天井、走廊等，必要时通过增设半月形花台、修建池塘或者斗门来调整房屋坐向，以达到阴阳平衡、天人合一。受客家人宗族伦理观念影响，围龙屋按辈分高低及尊卑来分配房间，官员、商贾多住青砖砌成的府第式建筑，而平民百姓住的则是泥砖砌成的较矮小的围龙屋。

三、闽粤赣边界的闽北——双溪古镇

1. 古镇概况

古镇始建于后梁，兴盛于明清，是以陆、薛、宋、蒋、张姓氏为主的血缘型村落。由于当地水路陆路通达，自屏南在双溪立县后，成了通往闽东闽北的交通要道，来往货物聚集于此。如今后街整体格局保存好，虽不复当年的繁华，但仍可寻曾经的盛景（图6）。

双溪古镇在清雍正年间被立为屏南县治，成为屏南县的政治文化中心，房屋布局和路网都遵循水源、水势发展。古镇早期是沿着周边两条水系，由西至东呈

图5　老衙门入口（图片来源：作者自摄）

图6　角炮台入口（图片来源：作者自摄）

线型分布，逐渐向南发展形成网状格局，该格局由一条环城东路与三条纵向支路相连，其中支路分别是古屏路、西门路、中山街。而中山街道路在三条街道中最为宽广，街巷呈东西方向延展，并与后街、下街、东街相连，形成局部鱼骨状的格局，周边主要分布着以陆、周、张、薛氏为主的家族建筑。

2. 客家文化对古村布局的影响

双溪古镇的建筑形式大多为中国传统的院落式，大体分为街巷型和合院型两种。街巷型布局形式主要以商铺为主，前店后宅、临街而立，店面后设有门板，将商业空间与居住空间明确分区。另一种则是合院式，主要以民宅为主，分为两种类型，一种是三进四合院式、另一种是两进三合院式。四合院式一般在建筑两侧设有双门楼，行人从两侧的门进入第一进的下马厅，依次进入门厅和后门楼。三合院式规模相对较小，入口一般不设下马厅，进门便是门厅。当地三合院和四合院的天井都有一共同特点，天井下对应着两个聚水池，人从中间走过到达正厅。住户天井内部的摆放方式能显示身份地位，屋内有盆栽成对的聚水池的合院代表家族富裕，当地的建筑形式受到赣南堂横屋的影响（图7~图9）。

图7 双溪古镇保护建筑示意图（图片来源：作者自绘）

图8 双溪古镇门厅布局

图9 双溪古镇鸟瞰

四、试析南园古村所体现的建筑形制相互渗透的特点和原因

1. 建筑形制的特点和成因

以南园古村和双溪古镇为例，粤闽赣地区随着人口的迁徙使三者的交界地带具有包容性，闽西土楼，赣南堂横屋，围龙屋都聚集此地，组成了一个又一个多元化的村落。客家人从北至南的迁移，从江西到福建再到广州的过程，让围屋，土楼，围龙屋逐渐形成并不断演变优化。

2. 相互渗透的建筑材料特点

粤东围龙屋是以石头为地基，建筑内部由木架结构而成。粤东围屋属于生土建筑，地基采用花岗石，墙体混合黄泥土、沙子、石头、稻草和纤维。这与赣南民居以砖砌和木构相结合的建筑风格有着明显区别[5]。而与福建的土楼形制有着相似之处，土楼的墙壁，下厚上薄，夯筑时，先在墙基挖出又深又大的墙沟，夯实在，埋入大石为基，然后用石块和灰浆砌筑起墙基。接着就用夹墙板夯筑墙壁，墙的原料以当地黏质红土为主，掺入适量的小石子和石灰，经反复捣碎，拌匀，做成俗称的"熟土"。这与粤东北围屋异曲同工。由此可见，不仅建筑形制相互影响，建筑材料也有着相似之处。

五、结语

闽粤赣边界的客家围屋的建筑特色是共同沿袭了

闽西客家土楼，粤东的客家围龙屋和赣南的堂横屋，不同地方的文化在边界的交集处相互碰撞，产生了一个具有文化多元性的地带。而形成原因是随着人口迁徙和特殊的地理位置共同形成的，对于这个文化多元的特殊地带，需要人们共同珍惜和保护这样的历史遗珠，并将多种文化交融形成后，不断改良的建筑形式记录并延续下去。

参考文献：

[1] 何郑莹，裘行洁. 闽西客家民居初探 [C]，亚洲民族建筑保护与发展学术研讨会论文集，2004：182-187.

[2] 土楼百度词条 [DB/OL]，http：//baike.baidu.com/link?url=2RS0SIYQfcNYJaoNSxeI9IqMxNIgzR_Dy3e8IQ5qCgg1g_-5MnywNTZd-isWB8o7onuXjuF6Df_R9U7oCZXpOkMVqE1n0NnWUdI-e6Fs_JK.

[3] 吴少宇. 多民系交集背景下惠州地区传统聚落和民居的形态研究 [D]，华南理工大学，2010：69.

[4] 肖文评，王濯巾. 河源地区传统村落建筑与社会变迁——以仙塘潘家围为例 [J]，农业考古，2011：370.

[5] 燕凌，赣南——闽西——粤东北客家建筑比较研究 [D]，华南师范学院，2011：26.

开平碉楼建筑装饰中的文化交融

——以立园泮立碉楼为例

王紫琪[1]

摘　要： 开平碉楼是中国近代民居中著名的建筑代表，它具有独特的中西文化交融的建筑风格，是侨乡文化的典型代表。本文通过开平碉楼产生的历史原因了解开平碉楼建筑风格的成因，并从建筑装饰的角度来研究立园泮立楼，从其艺术特征与艺术形式两方面分析碉楼中中西文化独特的融合，从而了解近代开平侨乡独特的文化风俗。

关键字： 开平碉楼；建筑装饰；中西文化

开平碉楼于2007年6月28日正式列入《世界遗产名录》，成为中国第35处世界遗产，是中国首个华侨文化的世界遗产名录。开平碉楼独具一格的建筑风格与建筑文化从艺术的角度反映出中西文化的融合。开平立园位于开平市塘口镇赓华村，是当地旅美华侨谢维立先生的花园别墅。立园分为别墅区、大花园和小花园三个区域，中间以人工河或围墙分隔，又用桥亭或通天回廊连成一体，园中有园，景中有景。园内有别墅六座，碉楼一座，其中以"泮文"和"泮立"两座最为华丽。竖立在"泮立"前方的是园主谢维立先生的坐势铜像。

一、开平碉楼产生的历史原因

开平位于广东省江门市，处于新会、台山、恩平、新兴、鹤山五县的交界处，自古边界地区都很难太平，开平也因偏僻复杂的地理特征使得该地区常年受到盗匪的侵扰。万历年间政府在此开屯驻兵，为了保证一方太平，也因此得名开平。16世纪时期，当地民众已经开始建造碉楼为防范盗匪。我们如今所熟知的碉楼为19世纪末到20世纪30年代之间所建，目前保留完好的碉楼大约有1833座，最为著名的为立园、赤坎古镇、自力村与马降龙碉楼群四处碉楼群。开平碉楼之所以闻名于世，最大的原因是其独特的中西结合的建筑风格。开平碉楼的建造基于16世纪作为防御作用的建筑，自西方回国的华侨受到了西方文化的影响，在审美、文化等各个方面都兼具中西两方的文化思想，因此在建造自己的居

所时也同样反映出了中西文化的特点。这样独一无二的建筑集防御功能与审美效果为一身，也让我们从中看到了文化对建筑艺术的影响。

二、泮立楼建筑装饰的艺术特征

立园为谢维力先生为家族所建造的一座私人别墅花园，在开平碉楼中属于较为奢华的一类建筑，其形式与周围的环境属于典型的欧洲园林的造景方式。而建筑本身则具有中式与西方两种文化艺术特征，并将两种风格很好地融合在一起。在中西交融的建筑风格中其艺术特征也反映出中西两方的审美观念图1。

图1　立园

1　王紫琪，华中科技大学建筑与城市规划学院，邮编：430070，邮箱：397068925@qq.com。

1. 中西结合的多样形式

开平碉楼作为中西建筑风格融合的建筑，其装饰形式也由中国传统装饰形式与西方建筑装饰形式巧妙和谐的结合，形成了别具一格的华侨文化建筑。开平华侨虽然在国外生活多年，但是其内心还是中国传统思想，之所以将建筑融合西方建筑的风格形式，是一种衣锦还乡的心理致使他们将所见不同的文化融入自己的居所中，以显示与众不同的优越感（图2～图5）。

图2 泮立楼

图3 泮立楼建筑立面

图4 琉璃屋顶

图5 灰雕天花

进入立园第一栋建筑为"泮立"是园内较为华丽的一栋，也是主人谢维立的宅邸，从建筑立面彰显出浓厚的西式建筑风格，可以看出是模仿西方教堂与塔楼的建造样式。"泮立"共三层楼加一个屋顶，每层楼都走有精致的线脚与窗楣。并在结构上运用了中世纪欧洲建筑典型的罗马柱式，柱头上雕有西方特有的卷草纹样，但在其制作手法上并没有采用欧洲传统的石雕形式，而是采用中国传统的灰雕手法模仿欧式纹样。在碉楼屋顶地方则采用了中国传统建筑的琉璃瓦歇山顶，并在屋脊上装饰有各式吻兽，极具中国传统建筑色彩。绿色的琉璃瓦顶与黄白结合的西式建筑立面虽来自于不同的文化氛围，却能够在一个整体上和谐融洽，能够同时保留并表现两种文化的特色，是碉楼独有的艺术风格。室内装饰风格较为复杂，同一处装饰可以看出中西方不同的

装饰风格。室内的地面与楼梯扶手采用意大利彩色水磨石，中式屏风中装饰彩色玻璃，天花样式为教堂的装饰形式而内容为中国传统雕刻题材。在房梁和墙壁上还装饰有中式的灰雕画与国画。

碉楼整体装饰呈现出多样化的装饰形式，不论中式还是西式都没有完全照搬原始的装饰形式，二是将当地风俗文化与建筑风格结合，采用独特的当地材料手法建造出设计者想要达到的中西合璧的建筑装饰艺术。

2. 明丽简洁的装饰风格

中国传统建筑中的背景部分往往是由一个色彩为主色调，其上点缀一、二种其他色调，与传统绘画中用

各种墨色加上一点花青或褚石作为主要表现手段的作法如出一辙。中国传统民居则多由木色或较为单一的颜色为主，在古代颜色即是表示等级，因此中国传统民居色彩并不如宫殿或是高官府邸颜色丰富。西方古典建筑在建筑色彩的运用上多采用材料本身的颜色。罗马时期维特鲁威在《建筑十书》中记载，当时西方建筑材料已经运用了砖、石、灰、混凝土、金属和大理石等材料，原材料的不同已经使建筑色彩十分丰富。中世纪的欧洲建筑则更倾向于建筑装饰的形式，在色彩上并没有太多的注重（图6～图9）。

图6　彩色地砖

图7　水磨石地板

图8　水磨石栏杆

图9　彩色地砖

泮立楼在整体上采用了西方形式之上的装饰形式，建筑立面的粉饰浅黄与白相间相互区别却又和谐一致。建筑室内墙面也与室外呼应，将浅黄与白色的前面延伸进室内，奠定了室内整体的色调。而由于西方室内装饰风格的影响，室内的部分装饰具有鲜明的色彩。碉楼的地面为彩色地砖，地砖花纹为西方洛可可式卷草纹等，颜色纯度较高却很雅致。室内装饰有西式壁炉，壁炉样式别致，与传统的西式壁炉不同，泮立楼中的壁炉装饰没有采取传统的雕刻方式，而是运用马赛克、水磨石与金属结合使壁炉既结合了西方文化，又区别于传统

壁炉形式，设计简化了壁炉的装饰，受到当时西方绘画色彩的影响，将繁复的装饰花纹用颜色各异的色块替代。起源于古希腊的马赛克与意大利的水磨石相结合，粉色与黄色的马赛克对比鲜明，水磨石色彩温和雅致，两种形式的色彩相结合点缀了室内的暖色调，有调节室内色彩氛围的功能。在碉楼室内能够看到许多中国传统家具，例如罗汉床、屏风、桌椅等传统中式家具，而在家具的设计上也能看到设计中独特的匠心。在泮立楼一楼客厅有隔扇门，与传统屏风的形式相同，外部有着木质外框，而内置的雕刻或是画布则改为西式的彩色玻璃。彩色玻璃为哥特式建筑的典型代表，最早出现在罗马式建筑上，彩色玻璃的运用与屏风结合，既有中西文化的相互碰撞的冲击，也有两种风格相互交融的契合，与壁炉的色彩相呼应的是室内装饰的一抹亮色。

泮立楼内色彩明丽却不纷杂，因为其大面积运用水磨石的砖红色、中黄色与绿色作为大面积的主色，在以白色与其他颜色点缀其中，细节上丰富多彩整体上却雅致统一，呈现出简洁的室内装饰风格。

3．外洋内中的传统观念

开平华侨之所以回乡建造碉楼，一是因为居住需要，二则是衣锦还乡想要炫耀的心情。华侨常年居住于国外，因此会受到西方文化的深刻影响，碉楼的设计则是炫耀心理的体现。但是华侨的本质是中国人，他们受到中国传统文化影响的程度已经深入内心，虽然碉楼整体呈现出西方建筑的风格，但在细节之处能够感受到中国文化的根深蒂固。

最为明显的是碉楼中的文字与楹联。文字与楹联是中国传统建筑中最独特的建筑装饰，其中的文字内容表达了建筑主人的文学内涵与生活寄予。泮文楼顶书有"泮立"字样是中国传统建筑中典型的阁楼名称的展示形式。花园门上与翰墨苑也有楹联形式的装饰，可以见到中国传统文化的影响。其次是碉楼中的各种雕刻装饰，泮文楼的一楼大门门楣上现在还保留着当时的灰雕真迹，灰雕内容为历史典故"三顾茅庐"，人物雕刻精细色彩鲜明，具有典型的中国传统装饰风格。另一处为岭南特有的金漆木雕，做工精美至今保留完好，也可以看出谢先生对于故土文化的向往与追求。最为明显的表示为屋顶的神龛，作为家族纪念故人的一处小的祠堂，也是中国传统文化的体现

在西洋建筑风格的框架之内，我们可以看到立园建造时中式传统文化的传承与保留，可以见得虽然华侨身处在外，但是其内心扎根于中国，有着深刻的中国传统思想内涵，这也是碉楼能够很好融合中西文化的重要原因。

三、泮立楼建筑装饰的艺术形式

1. 灰雕艺术

灰雕,又称灰批、灰塑、雕花,是具有五邑地区乃至岭南地区特色的一种传统的建筑装饰艺术。五邑地区的灰雕至今已有 300多年的历史。开平地区的徽雕艺术起始于清末,主要是装饰庙宇与祠堂之用。灰雕是以经过特别处理的石灰为主料,用批刀直接雕贴于墙上或檐下,干结后形成的各种图案、山水、人物画面,具有浮雕的艺术效果(图10)。

图10 灰雕"三顾茅庐"

泮立楼作为一座典型的开平碉楼,在泮立楼的建筑装饰中灰雕是最主要的装饰手法。在建筑立面上可以看到装饰有西方形式的立柱,西方建筑中的柱子通常都用石头雕成,而开平设计师将本地的装饰手法与西方的形式结合,形成了独特的开平碉楼的灰雕文化。泮立楼一进门的门楣上有一副"三顾茅庐"的灰雕画,在每一层楼梯间的墙上都有不同内容的灰雕画。室内天花上的装饰采取了西方天花的形式,而内容则是中国传统的花、草等雕刻内容,其手法亦是用灰雕的手法,因此虽然整个建筑雕刻装饰样式繁多但是形式统一,就能够用统一的手法来平衡不同风格间的差异性。

2. 琉璃装饰

琉璃是中国传统建筑屋顶所常用的装饰材料,古代宫殿庙宇都会用琉璃瓦来装饰屋顶,使建筑显得庄严气派,碉楼虽然在建筑立面采用了西方的装饰形式,但是在屋顶沿用了古代琉璃瓦的建筑样式。在屋脊上装饰有海浪的纹样,并装饰有吻兽,吻兽的个数象征着建筑的等级。屋顶瓦当与滴水上也雕刻有传统花草图案,颇具宫殿建筑的威严风范。这些琉璃也表现出开平碉楼浓厚的中国传统文化的韵味。

除了在屋顶上大量运用琉璃瓦与琉璃装饰,在室内也将琉璃用在装饰方面。一楼厨房的墙面采用了瓷砖贴面,在瓷砖与灰墙的交界处巧妙地运用了琉璃工艺衔接起来。在白瓷砖上方以此叠加了蓝色与黄色交叉条形琉璃,并用拱形暗红色琉璃封顶,即能够满足厨房易清洁的功能作用,又能够点缀单一的白色瓷砖,使室内环境富有变化(图11~图13)。

3. 瓷与玻璃

马赛克是最早瓷砖的出现形式,而玻璃作为建筑构件最早出现在哥特式教堂中,其瑰丽的颜色

和透光的特性让建筑呈现出奇幻的色彩。在泮文楼内,马赛克与玻璃的运用也是其一大特色。

马赛克的运用在泮立楼一楼的壁炉中,在艺术特征中讲过,一楼壁炉的马赛克具有鲜明亮丽的色彩,与

图11 琉璃装饰1　　　　　　　图12 琉璃装饰2

图13 马赛克壁炉　　　　图14 彩色玻璃隔扇门

周围灰色调的水磨石相映衬形成独特的色彩碰撞。而马赛克这种形式运用在壁炉上并不常见，在碉楼内的设计中设计者并不拘泥于固有的西方形式，而是将不同的装饰形式组合，形成一种新的装饰效果。在内涵意义上可能不能够与传统中式装饰比拟，但是在其形式色彩上无疑是亮眼的，很好地体现了华侨文化张扬的特征。

玻璃在泮立楼的装饰中也有着较多的运用，首先是客厅的隔扇。不光隔扇上的玻璃色彩鲜明，并且玻璃上刻有整齐排列的花型纹路。不仅在彩色玻璃上有装饰花纹，在门上的无色玻璃也有不同的纹样。有些是与彩色玻璃相同的花型纹路，有些是基于冰裂纹而衍生的一种不规则纹样，起作用主要是起到隔绝视线的作用，既美观又实用（图14）。

四、开平碉楼独特的文化性

通过对开平碉楼建筑装饰的分析，对于文化性我们可以看出以下三点：

第一，开平侨乡独特的建筑文化表现出近代中西文化从物质到精神层面上的相互交融，也体现了两者共存的另外一种融合的形式，不是纯西式也不是完全的中国传统，而是以中国传统艺术形式体现西方建筑装饰，这样一种外洋内中的独特建筑风格。它包含了丰富的历史价值，作为国家文化开放的产物有着重要的学术价值和现实意义，并且在历史文化发展中有着独特的位置。

第二，同一时期的上海、山东等大城市在西方文化进入中国时，多以传教士与殖民者的传播为主，而开平则以华侨作为西方文化的传入者，这从根本上就将这两种西方文化区别开。传教士与殖民者所传入的为纯正的西方文化，而华侨所带回的西方文化是基于他们认知、了解、感受的情况下较为平稳的传入中国。这就是碉楼建筑装饰中虽然表面上西方形式居多，但其内涵主要为中国传统文化作为支撑。华侨并不像其他的居民一样作为受众被动的强制性的接受西方文化，而是经过主动接触转而为自己所理解的特有文化，因此才能建造出开平碉楼这样一种中西文化和谐融洽的独特风格的建筑形式。

第三，从开平碉楼的建筑装饰中可以看出，真正有效的文化交流并不是一味地输入或者输出。而是在理解、认知、交流的前提下对未知的文化进行吸收消化，去其糟粕取其精华。开平华侨正是这样一批能够主动吸收外来文化的群体，他们并没有一味地宣扬外来文化的优秀，也没有固执守旧，而是以恰当的方式将两种文化融合展现出一种新的文化现象。

在当今社会中积极开放的主动吸收外来文化是我们需要保持的进步心态，在吸收中与本土文化不断融合创新，才能推动社会文化的进步，这样典型优秀的文化接受的实例，使我们不可多得的宝贵的精神与物质财富。

参考文献：

[1] 杨志，罗世侣．开平灰雕文化遗产的价值研究及发展建议 [J]．美术教育研究，2014（03）：42-43．

[2] 吴招胜，唐孝祥．从审美文化视角谈开平碉楼的文化特征 [J]．小城镇建设，2006（04）：90-93．

[3] 杜凡丁．广东开平碉楼历史研究 [D]．清华大学，2005．

[4] 张万胜，周宏，梁锦桥．开平碉楼的类别及典型特征比较研究 [J]．西安建筑科技大学学报（自然科学版），2012，44（03）：412-419+440．

"活化"与"缝合"

——河北蔚县卜庄北堡保护利用研究[1]

李东祖[2]　曹鹏[3]　谢怡明[2]

摘　要： 卜庄北堡位于中国河北省蔚县县城之西北，汉初已成村庄，是中国北方村堡的重要实例。其现存结构完整，玉泉寺、龙王庙等多处重要古建筑保留，且堡内仍有大量居民居住。但现今堡寨逐渐颓败，与现实社会脱节。本文基于天津大学对卜庄北堡的多次勘探与测绘，通过对其历史文献、现存建筑、空间形态和人文脉络的系统分析和研究，一方面从历史建筑保护层面对堡寨进行修缮、活化，另一方面缝合堡寨与燕云古道的交织关系，以此活化堡寨的文化、民俗，缝合堡寨的历史人文与当代精神。

关键词： 卜庄北堡；蔚县；活化；缝合；保护利用

一、卜庄北堡历史文脉

1. 蔚县

　　蔚县古称蔚州，"燕云十六州"之一，所处地势居高临下，易守难攻，地缘战略价值巨大。失岭北则必祸燕云，丢燕云则必祸中原。

　　由于太行山脉的阻隔，燕云十六州的西北九州与东南七州虽为整体又相对独立。东南七州交通上更接近京畿汉地，而西北九州自古以来就是汉民族与少数民族的争战之地，蔚州正是其中之一。在这种战乱频仍的复杂社会背景下，当地老百姓为避免掠夺杀戮，每村周围都筑高墙，成为村堡，形成了具有鲜明冀中特色的典型的防御型聚落——堡寨聚落。堡寨是古代社会中人们为避战乱而修筑的防御工事，是当时社会动乱的产物和见证。同时，堡寨作为一种典型的防御性聚落类型，在中国古城的形成过程中具有原型意义。

2. 卜庄北堡

　　蔚县现存345座村堡，而卜庄北堡是距离蔚州县城最近的古堡之一，也是蔚县最古老的村庄之一，据《蔚州志》记载，卜家庄汉初已成村庄，位于蔚县城西，壶流河北岸，毗邻有小丝绸之路之称的燕云古道，也是出关必经之路，东往京城，西达大同，是蔚县最古老的交通枢纽之一，也是蔚县历史上重要的驿站和码头。据《蔚州志》记载卜家庄北堡原村名为薄家庄村，据《蔚州志补》载："旧志有薄家庄，谓汉文帝母薄太后宗族居此"，薄家庄之名由此得来。《北宋书·张保络传》也薄家庄后来演化成卜家庄，简称卜庄，后来分成南北两个村堡（图1）。

　　明英司礼太监王振据载是薄家庄人。《明史·石璞

图1　卜庄北堡地理位置（图片来源：作者自绘，底图来自谷歌地图）

1　国家自然科学基金资助项目（51578364）。
2　李东祖，谢怡明，天津大学建筑学院，硕士研究生，天津，300072，lidongzu@foxmail.com。
3　曹鹏，天津大学建筑学院，副教授，天津，300072。

传》"案振先墓在城西薄家庄振即庄人"的说法再加上现实的考证证明王振就是薄家庄人。

二、卜庄北堡现状分析

1. 空间结构

堡墙和堡门是堡寨聚落区别于一般传统聚落的关键标志，赋予堡寨防御性功能，堡墙、堡门和城楼共同组成了堡寨的第一道防御体系，将民居、公共建筑等要素围合起来，形成完整的环形封闭体系。虽然现存堡墙破损严重，但通过残垣断壁亦可分析出堡寨的聚落形态（图2中白色区域）。而卜庄北堡东侧的大片民居则是堡外的新建村落（图2中红色区域）。卜庄北堡的西侧和南侧正是燕云古道的遗迹（图2中粗虚线）。

作为古时重要的交通枢纽，卜庄北堡本应与燕云古道联系紧密。可现存堡寨内部交通与燕云古道的联系逐渐消失，通过新村进入堡寨成为卜庄北堡现今主要的外部联系路径（图2中细虚线）。而卜庄北堡西门正在逐渐被荒废（图2）。

2. 重要建筑

卜庄北堡内部及周边多数公共建筑保存至今。公共建筑指堡寨内的寺庙、戏台等建筑，注重精神层面的表达，通常位于堡寨主轴线上或结合堡墙建造，以强调其对于居民生产生活的精神寄托，体现了当时社会的宗教信仰及民俗习惯。但是由于保护不当，堡寨的公共建筑大多已经失去了其聚集人群进行公共活动的基本功能，更遑论其本身的文化价值了。

如图3所示，除王振故居外，其余建筑均为堡寨内

图2　卜庄北堡空间结构（图片来源：作者自摄自绘）

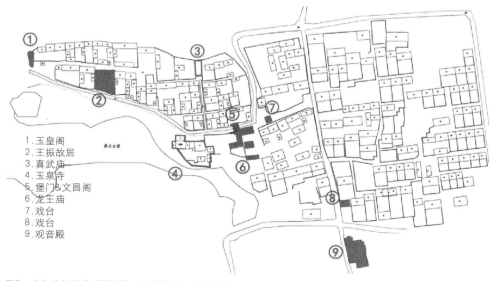

1. 玉皇阁
2. 王振故居
3. 真武庙
4. 玉泉寺
5. 堡门&文昌阁
6. 龙王庙
7. 戏台
8. 戏台
9. 观音殿

图3　卜庄北堡周边重要建筑（图片来源：作者自绘）

部及周边的重要公共建筑,其中建筑1、3、5位于卜庄北堡内部,建筑4、6、7、8、9位于卜庄北堡外部。另外,本次堡寨活化选取了王振故居(图3建筑2)作为居民建筑的典型,希望对其的激活可以重拾村民对堡寨的信心。

图3中建筑1~7为依附卜庄北堡而产生的建筑,其公共建筑以道教为核心设计,其中建筑4、6和7为堡寨和燕云古道交织下的共生建筑;而建筑8和9则是由燕云古道衍生出的建筑,以佛教文化为核心。

3. 社会人文

在当前工业文明背景下,城市化和现代化的冲击下,典型的防御型聚落——堡寨,对于当今社会几乎已经失去了它们的功能意义。卜庄北堡聚落也因为年久失修、人为损坏以及学术价值认知不足等原因逐渐走向衰败,年轻居民大量流向城市,堡寨处于半荒废状态。

因此,活化卜庄北堡,缝合并设计堡寨与燕云古道的交织关系,以此活化整个堡寨的文化民俗,缝合堡寨的历史人文与当代精神已是当务之急。

三、卜庄北堡的"活化"与"缝合"

由于地势险峻,交通不便,使堡寨文化得以保留,也成了卜庄北堡进一步发展的契机,即传统聚落发展的"后发优势"。但研究者和保护者们首先面临的问题就是,这些堡寨房屋的所有者和使用者,大多对文物研究和保护工作持否定态度。少数支持文物保护的村落也已经被改造成了适应商业旅游模式的新型村落,除了一些本地化的建筑元素符号基本被保留下来之外,甚至连村落的格局都发生了巨大的改变,更遑论其原本的聚落文化了。

本文认为堡寨聚落的保护利用一定要顾及居民的生活,离开了居民的生活,民居的保护工作就变得毫无意义,以人为核心的人、建筑、环境三位一体的保护方式是传统村落保护的必然。因此,本文以点及面,在尽可能不占用居民居住建筑的前提下,修缮、激活堡寨内闲置的公共建筑,将堡寨原有的聚落文化实体化;同时,以王振故居作为堡内居住建筑的典型,尝试对其进行活化设计,为堡寨寻求后续发展提供契机。

所以,本文在尊重历史的前提下将公共建筑和王振故居以单点激活的方式进行活化,同时,缝合并设计堡寨与燕云古道的交织关系,以此活化整个堡寨的文化

民俗,缝合堡寨的历史人文与当代精神。那么对于建筑的单点活化,首要的工作则是对其修缮,使其得以保存;其次,要恢复其作为公共建筑的基本功能并在此基础上重拾其文化属性。

1. "单点"建筑的"活化"

1)观音殿与南戏台

南戏台(图3建筑8)和观音殿(图3建筑9)相望而建,是原燕云古道途经卜庄北堡的重要出入口标志,如今南戏台与观音像相对的十字路口,已经成为村民重要的活动交流场所,应予以保留。但观音殿内除正殿保留较好外,其余建筑倒塌破败,内院已然不能成为村民交流场所。所以修缮房屋、整治内院,引导村民重新进入观音殿公共交流是其活化的核心。

2)玉泉寺

玉泉寺(图3建筑4)是王振的家庙,位于堡寨南端,龙王庙西。而在玉泉寺的南面正是客商往来的燕云古道,王振当年选址于此就是希望过往的人皆来朝拜。玉泉寺几经翻修,虽建筑保存较好,但由于其与燕云古道的联系已然阻断,致使通行不便且建筑设计意图无法表达。所以对于玉泉寺组群,需要重塑其与燕云古道的连接体系,还原历史精神,才能活化其内在文化。

而玉泉寺东侧与卜庄北堡堡墙相接处建有堡寨的南门(图5),南门的设计正是由于玉泉寺的兴建。可现在由于堡寨与燕云古道的联系阻断,其作为堡寨重要的人行通道的作用已然丧失。

3)龙王庙

龙王庙(图3建筑6)位于堡寨南端,现存建筑六座,南、北二进院落。每逢风雨失调,民众都要到龙王庙烧香祈愿,以求龙王治水,风调雨顺,龙王庙是堡寨人民祈求天公之美的重要精神场所。其在民国时期曾被征用为村支部后荒废,也因此在组群中存在三处加建建筑,可这也使得组群空间结构不清晰,而且西侧加建建筑阻断了堡寨与燕云古道的联系,应予以拆除。

4)堡墙堡门与北戏台

堡墙、堡门、城楼共同组成了堡寨的第一道防御体系。如今堡墙破损严重,仅残垣可见。本文认为应对堡墙残垣给予保护,暂时不考虑复建堡寨堡墙,因为堡墙残垣已经可以展示出原堡寨的防御性作用,且对于如今没有堡墙的卜庄北堡来说,正对燕云古道的堡寨南立面,古朴沧桑,视野开阔,符合居民现存生活习惯。

堡门(图3建筑5)地处堡寨东侧,造型美观大方,砖雕工艺精湛,其上建筑为文昌阁。堡门现状较好,可

其东面相对而建的北戏台（图3建筑7）却已经荒废。卜门与北戏台相对的十字路口，本应是堡寨进出的重要交流场所，可由于南侧交通阻断、其余道路狭窄、戏台荒废等原因无人问津，所以下文陈述了如何缝合堡寨与外部交通的联系，以此为突破点活化北戏台的文化精神。

5）玉皇阁

在堡寨西端的围墙高台上耸立着的建筑正是玉皇阁（图3建筑1），其内壁画古朴精美，为民国时期绘制。如今玉皇阁歪闪严重，下部高台包砖、夯土脱落，而且由于踏跺马道尽毁，居民也无法到达。所以一方面应对其加以保护修缮，防止因外部自然环境造成的高台坍塌；另一方面，修缮踏跺马道，使人行可达；并将其设计成堡寨重要的交流空间与观景高台，以此活化其文化价值。

6）真武庙

真武大帝被认为是堡寨和聚落的重要守护神之一，在战事紧张时期，真武信仰具有彰显武功、保障边塞安宁的特质，在一定程度上发挥了凝聚军民向心力的作用，同时也能给居住在堡内以及周边的人们以心理上的安抚。蔚县大量堡寨的真武庙位于中轴线最北端，为村落的制高点或次高点，起到瞭望和心理安抚的功能，卜庄北堡的真武庙（图3建筑3）亦是如此。真武庙仅存台基，应在基础资料收集充分的情况下予以复建。

7）王振故居

王振生于蔚县卜庄北堡，权倾朝野后才有了玉泉寺和其故居的营建。现如今王振故居仅西厢房被村民修缮后使用，其他房屋倒塌、歪闪严重，修缮激活迫在眉睫。以与居民生活和谐共生的活化方式对王振故居进行修缮，即要尊重历史，也要考虑居民的诉求。这样不仅可以保证居民的基本生活需求，而且可以以此活化村民对整个堡寨保护利用的新理念，使村民对堡寨重拾信心。

2. 空间结构的"缝合"

如今堡寨内部交通与燕云古道的联系逐渐消失，通过新村进入堡寨成为现今主要的外部联系路径（图4中白实线）。如果不及时挽救，这段古道的历史终将难以寻觅。在与河北省文物局与蔚县文物局多次交流后，本文着手缝合并设计堡寨与燕云古道的连接体系，重塑其历史文化。

1）堡寨外部交通

极具历史价值的燕云古道如今已经荒废，重塑燕云古道对于活化卜庄北堡至关重要，本文首先梳理了燕云古道的路径（图5中粗虚线）。此外，一方面在卜庄北堡外西南方向设计驿站，重塑堡寨的驿站文化，组织

图4 现状道路交通（图片来源：作者自摄自绘）

图5 道路交通设计图（图片来源：作者自摄自绘）

燕云古道与堡寨的外部交通体系；另一方面，重塑观音殿与南戏台作为原燕云古道途经卜庄北堡的重要出入口标志，改建道路周边荒废建筑为停车场，以此引导进入堡寨的流线。

2）堡寨内外连接系统

在历史上，玉泉寺、龙王庙与北戏台是卜庄北堡与外部交通的联系枢纽，东、西大门是车行系统进入堡寨的重要公共空间，南门则是人行系统进入堡寨的主要途径。

卜庄北堡东门与西门是车行系统穿行的重要公共空间，其建筑单体的"活化"作为"缝合"的第一步。在不破坏村民已经习惯的道路交通下，拓宽并重新铺设进入堡寨东门的车行道路（图5中白实线）；并通过对玉皇阁的活化来强调堡寨西门的作用，虽然堡寨的堡墙大都残破，只能从残存的痕迹中辨认其大致轮廓，但所幸玉皇阁与其高台犹在，本文由此推测出原堡寨围墙的做法、高度等信息，以此恢复玉皇阁高台的原貌（图6）。

龙王庙组群对卜庄北堡和燕云古道之间的联系起着至关重要的作用，虽然龙王庙组群现存建筑6座，可根据实地考察发现建筑3、5、6（图7）的结构做法与材料运用均与龙王庙原建筑不一致。而且西便门（图7门3）东西两侧的砌筑做法不同，西便门东侧与献殿（图7建筑4）直接相接，而西便门西侧残存部分墙体，综上判断建筑3、5、6（图7）为加建建筑，西便门西侧原应

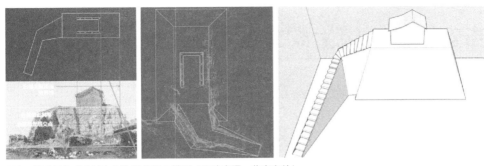

图6 通过斜率确定城台北边界并建立模型（图片来源：作者自绘）

有院墙与配殿相接，后来加建的3处建筑，破坏了原院墙和西便门，破坏了龙王庙整体布局，应当拆除，恢复原龙王庙的原貌。使人们从中更清晰地体会堡寨文化，激发堡寨的新活力。并改建龙王庙东院墙，使得在其东侧可还原出古时的人行通道（图8以及图5中路径4）。

另一方面，强调南门作为人行进入堡寨的重要性，并在南门南侧设计前广场，组织经燕云古道而来的人群；修复玉泉寺与燕云古道的连接体系；在真武庙北侧设计组织公共活动的后广场（图5）。

3）堡寨内部道路

强化东西门之间的穿行道路和由真武庙统领的南北轴线道路，并设计由堡寨西端抵达真武庙的东西辅助轴线道路（图5白色点状线）。

四、结语

卜庄北堡，作为中国北方村堡的重要实例，对其的保护利用已经迫在眉睫，而对于卜庄北堡的活化，必须以人为本。本文在尊重历史的前提下将公共建筑和王振故居以单点激活的方式进行活化，将卜庄北堡的文化实体化，激发村民的自豪感；同时，缝合并设计卜庄北堡与燕云古道的交织关系，希望以此活化整个堡寨的文化民俗，缝合堡寨的历史人文与当代精神。

另一方面，本文也希望以后的聚落保护利用可以更多的顾及居民生活，将以人为核心的人、建筑、环境三位一体的保护方式运用到更多的聚落保护利用中。

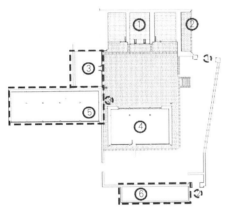

图7 龙王庙组群现状分析图
（实线框为建筑，虚线框为门）

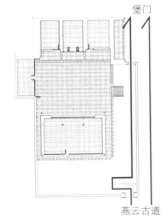

图8 龙王庙组群修缮设计图
[图片来源：作者自绘，底图来源于杨莹（天津大学建筑学院硕士研究生）]

参考文献：

[1] 谭立峰. 河北传统堡寨聚落演进机制研究 [D]. 天津：天津大学，2007.

[2] 王肖艳. 蔚县军事堡寨聚落形态研究 [D]. 北京：北京建筑大学，2017.

[3] 王衮. 蔚州志 [M]. 蔚州公廨，1877.

[4] 作者不详. 蔚州志 [M]. 蔚县人民政府印刷厂，1986.

[5] 黄浩. 中国传统民居与文化 [M]. 北京：中国建筑工业出版社，1996.

[6] 吴良镛. 人居环境科学导论 [M]. 北京中国建筑工业出版社，2001.

江西吉安地区建筑上梁文的发展与演变初探[1]

许飞进[2]　蔡彩红[3]　黄红珍[4]

摘　要： 吉安古称庐陵，是江西文化发展最为突出的地区之一。无论是代表人物还是其科举进士、宗教文化、文学成就、史学业绩等都位居江西的前列。吉安的重仕、重学社会风气与宋代的整个崇儒风气是造就当地文人撰写建筑上梁文发展的主要原因。笔者以文渊阁《四库全书》为主，结合民间文献，田野调查，对宋元明清时期吉安地区学者的建筑上梁文进行统计，探讨了该地区建筑上梁文从宋至元明清发展与演变，这对江西其他地区建筑上梁文的研究具有参考作用。

关键词： 吉安地区；建筑上梁文；发展与演变

　　吉安，地处江西母亲河—赣江的中部。该地域的庐陵文化是江西赣文化的重要支撑，它是以庐陵古治属为核心，向四周辐射，涵盖当今吉安市十余县及周边市区的区域性文化。上梁文作为一种用于古代木构架坡屋顶建筑上梁仪式的实用性文体。其发轫于南北朝，晚唐初具规模，并于北宋时期达到顶峰，自元明至清日渐式微。原本借助于文人笔墨进行传播，用于建筑物上梁仪式、兼诗歌与散文于一身的实用性文体，到明清至现代逐渐发展成为以匠人为主体的按一定的程式化即兴吟唱的民间通俗文体，现以吉安地区为例。

一、吉安地区古代文人上梁文统计——以《四库全书》为例

　　1. 吉安地区文人上梁文数量相对较多。结合文渊阁《四库全书》的文献记载与统计，现存的江西学者所写上梁文共计50篇，其中吉安地区上梁文有23篇，约为江西古代上梁文46%，远超江西其他各地级市上梁文的数量。

　　2. 吉安文人上梁文所唱祝的建筑对象多样化。由表可知，吉安地区古代上梁文的建筑对象有民居，也有宫殿、官邸、道观、学堂、祠堂、粮仓等公共建筑，建筑上梁的种类较为多样。

吉安地区古代上梁文

表1

籍贯	作者	年代	上梁文名	建筑性质
永丰县	欧阳修（1007—1072）	北宋	《醴泉观本观三门上梁文》	道观
安福县	王庭珪（1079—1171）	宋	《卢溪读书堂上梁文》《安福县学上梁文》	学堂
			《安福县厅上梁文》	官邸
	王炎午（1252—1324）	宋元	《延佑乙卯年（1316年）八月为族孙智则修居梁文》《本宅泸边起居梁文》	民居
吉安县	周必大（1126—1204）	南宋	《修盖射殿门上梁文》《后殿上梁文》	宫殿
	罗椅（1214—1277）	南宋	《田心大宅上梁文》	民居
	萧兆柄（清晚期）	清	《新修仁山白鹭书院上梁文》	学堂
泰和县	刘过（1154—1206）	南宋	《为吴县尉俞灏商卿作排青轩上梁文》	园林建筑

1　基金项目：国家自然科学基金课题（项目批准号：51568047）、江西省社科规划重点项目（17YS02）、江西省教育科学规划课题（15YB144）。南昌工程学院第十五届挑战杯大学生课外学术科技作品（2016【13】号）成果之一。

2　许飞进（1971—），男，南昌工程学院土木与建筑工程学院，副教授，硕导。研究方向：传统村镇聚落、地方建筑文化与多学科交叉研究。

3　蔡彩红，南昌工程学院 土木与建筑工程学院2014城乡规划，江西 南昌 330099。

4　黄红珍，江西省旅游信息和培训中心，江西 南昌330019。

续表

籍贯	作者	年代	上梁文名	建筑性质
吉安市	文天祥（1236—1283）	南宋	《山中堂屋上梁文》《山中厅屋上梁文》《代曾衢教秀峰上梁文》	民居
吉水县	杨万里（1127—1206）	南宋	《施参政信州府第上梁文》《南溪上梁文》	民居
	罗洪先（1504—1564）	明代	《橙溪嘉会堂上梁文》、《秀川罗氏大时冈重建祠堂上梁文》、《大安重建祠堂上梁文》、《塘东一经堂上梁文》、《谌冈里社上梁文》、《同江水次仓上梁文》	祠堂、里社、粮仓等
			《松原新居上梁文》	民居
			《玄潭雪浪阁上梁文》	道观
			《石莲洞正学堂上梁文》	学堂

二、吉安地区古代文人上梁文的发展与演变

由表1可知，吉安地区文人上梁文数量由宋至明逐渐递减。《四库全书》载吉安23篇上梁文中至少有13篇出自宋代文人之手。进入元代后，王炎午于1316年，另写一篇《延佑乙卯八月为族孙智则修居梁文》。此外，笔者补充二篇四库全书未记载的吉安学者所写上梁文，一篇为南宋罗椅《田心大宅上梁文》，该文录自《豫章丛书·集部六》之《涧谷集》，另一篇清晚期萧兆柄所写《新修仁山白鹭书院上梁文》，该文录自清晚期的《白鹭洲书院志》，使吉安地区学者上梁文总计达15篇。由表可知，吉安地区古代上梁文多集中出现于宋代，建筑不局限于吉安地区，并在宋代达到鼎盛，元代以后上梁文锐减，这与吉安地区重仕、重学、关心政治、社会风俗以及经济发展密不可分。

1. 吉安宋代文人上梁文的兴盛

1）吉安自宋以来有着丰富的庐陵文化土壤。吉安是庐陵文化的发源点，是富有人文气息的历史故郡。苏东坡曾做诗云："巍巍城郭阔，庐陵半苏州"。[1] 这里历史悠久，有着发达的教育文化，以"三千进士冠华夏，文章节义堆花香"而著称于世。[2] 庐陵府不仅考取进士的数目位居天下第一，考中状元的人数也名列天下第二。明代建文二年（1400年）庚辰科中的鼎甲三人（状元胡广、榜眼王艮、探花李贯）和永乐二年（1404年）甲申科中的前七名（曾棨、周述、周孟简、杨相、宋子环、王训、王直）都是吉安人，这种"集体多连冠"的情况在中国科举史上独一无二，因此吉安被赋予"一门九进士，父子探花状元，叔侄榜眼探花，隔河两宰相，五里三状元，九子十知州，十里九布政，百步两尚书"[3] 的美名。在悠久的历史发展中，吉安积淀出了厚重的包括手工业文化、商贾文化、农耕文化、书院文化、宗教文化等在内的庐陵文化，并迅速在赣文化

中占据了举足轻重的地位。其次，庐陵文人欧阳修对于吉安地区上梁文的发展也起到了引导作用。在宋代文学史上，欧阳修作为文坛界首创一代文风的领袖，发起了北宋的诗文革新运动，对韩愈的古文理论进行了继承和发扬。他在展开文风变革的同时，也革新了诗风词风。宋代文学家苏辙曾在他的《上枢密韩太尉书》中如此评价他："见翰林欧阳公，听其议论之宏辩，观其容貌之秀伟，与其门人贤士大夫游，而后知天下文章聚乎此也"。[4] 若说江西文坛是孕育宋诗的发祥地，那么庐陵欧阳修则是当之无愧的开启宋诗的鼻祖，他的诗"始矫昆体，专以气格为主，故言多平易疏畅"。随后庐陵文人周必大、王庭珪等的诗歌写作也进一步促进了宋诗的形成与发展。此外，号称南宋中兴四大诗人之一的杨万里的诗体在宋代诗歌发展中也是赫赫有名，被后人称之为"诚斋体"。文人喜好用文章来借景抒情，展现自己的才情学识，故可以说吉安宋代史上存在如此多的文人促进了当地上梁文的发展。

2）吉安自宋以来有着较繁荣的经济土壤。宋代创造了我国古代历史上的一个巅峰，无论是其商品经济还是文化教育都曾一度鼎盛。随着宋代社会生产力水平的提高，商品贸易的迅速发展，封闭落后的里坊制无法满足城市居民日常生产、生活的需要，在一定程度上反而限制了商品经济的发展，于是开放式的街巷制应运而生。街巷制的涌现进一步加速了经济贸易的往来，使得宋代民间的富庶与社会经济的繁荣远远超过盛唐。四面八方的商业网络已在宋代形成，地区之间空前繁荣的商品贸易极大地促进了社会经济的发展。随着宋代社会政治经济的繁荣，制礼作乐被提上议事日程。太宗雍熙元年（公元984年）的封禅之议，即是国家升平因而制礼作乐的体现。为配合制礼作乐，有必要兴建一批举行各种仪式、典礼的宫殿和场所。[5] 土木工程的兴建，直接催生了上梁文的创作。北宋如此，南宋也是如此。如周必大《修盖射殿门上梁文》《后殿上梁文》就是伴随着杭州盖射殿门和后殿的修建而出现的。同时，经济的提升，国家就会重视文化教育的发展，许多在朝为官的

庐陵学者创作了大量有关学堂、道观上梁文，如欧阳修《醴泉观本观三门上梁文》，王庭珪《卢溪读书堂上梁文》等。

吉安，不仅位于这张商业网络内，赣江的存在使得该地水运交通也很便利，于是不可避免地受到区域经济的影响和带动。其中最为显著的是该地区农产品经济的富足。据北宋泰和人曾安止《禾谱》记载："江南俗厚，以农为生。吉居其右，尤殷且勤，漕台岁贡百万斛，调之吉者十常六七。"也就是说江西调往中央政府的漕粮有大半出自于庐陵。《禾谱》中还提到北宋哲宗时，吉安地区不仅种植有50余个水稻品种，而且整个泰和县亦呈现"白邑以及郊，自郊以及野，峻岩重谷，昔人足迹所来当至者，今皆为膏腴之壤。"的景象。水稻田不仅遍布河江平原地区，也扩及丘陵山地，成为梯田。由此而见，宋代吉安地区通过大量开发梯田扩大耕地面积，以及培育水稻优良品种的方式来增加粮食产量，农业生产力水平的提高必将带动农产品经济的兴盛。地区经济水平高了自然就有了政府府邸和教育学堂的建设，王庭珪《安福县厅上梁文》《安福县学上梁文》就应运而生。

3）吉安宋代文人有着积极参与时事的政治土壤。自"澶渊之盟"（1005年1月）后，宋真宗为巩固天子的权威，大肆崇尚神仙道术，不仅崇宫室以荣宠之，而且经常亲自出席与之相关的典礼仪式，借助于神道设教来蛊惑群医，愚弄黔首，道观寺院兴建之风遂举国蔓延开来。他在位期间，下令在全国（尤其在京城）修建了大量的寺观殿宇，用以供奉神仙佛道或祖宗牌位，大都规模宏敞，气氛庄严。在这些建筑物上梁之日，他经常亲自率领群臣前往参观。仅仅根据《续资治通鉴长编》的记载，他在位期间就有十余次观看上梁仪式。如此频繁地参与建筑物上梁，可以说前所未有。以帝王之尊亲自观看上梁，那么仪式必然非常完备而庄重，其中不可缺少的吟诵和唱上梁文或祷辞就显得相当重要。真宗崇道而不抑佛，二教中仙人之事通常兼而取之，修建寺观殿宇所役使的工匠全部征自民间，替其司仪主事之得道高僧更是与民间信仰有着千丝万缕的联系，对于民风民俗十分了然。因此，上梁仪式中所需的上梁文，多由他们代为制定。但是民间所作，文辞粗鄙，不足以描述盛德；因此他们只提供写作程式用以上梁文的创作，然后再安排朝中文人学者另拟。在此情势下，上梁文之为文人所重毋庸置疑了。[5]随着上梁文被文人士大夫所熟悉，其创作也变得普通而频繁。而吉安地区上梁文作者欧阳修、文天祥、王庭珪、周必大、刘过、杨万里等文人都集中出现于宋代，明代只有罗洪先参与过上梁文写作，这也是造成吉安地区上梁文多集中出现于宋代的一方面原因。

2. 吉安元代文人上梁文的衰退

由上表可发现，元代时期，吉安地区的文人上梁文数量在《四库全书》中为一篇，其中王炎午出生于南宋，其活动也主要集中在南宋，在元初写了一篇上梁文。但总体而言，宋元时期吉安的上梁文数量出现如此明显的差距，这与元代的特殊国情密不可分。

1）元代在礼俗上注重"国俗"。元代的统治者作为以游牧为主要生活方式的民族，他们在漫长的游牧岁月里形成了具有本族特色的宗教和礼俗，中国统一后，仍然实行"本俗"。即使遵从汉文化礼仪的祭祀仪式也仍然具有十分强烈的蒙古特色："其祖宗祭享之礼，割牲、奠马湩，以蒙古巫祝致辞，盖国俗也"。另外，值得注意的一点是汉俗与"国俗"地位高下的比较："蒙古祝史致辞讫，礼仪使奏请执镇圭兴，前导，出户外褥位，北向立，乐止。举祝官播笏跪，对举祝版，读祝官北向跪，读祝文讫，俛伏兴，举祝官奠祝版讫，先诣次室。"通过这段叙述能够了解到蒙古族的元代统治者实行先"国俗"后汉俗的祭祀仪式：尽管是"稍稽旧礼"，"国俗"在礼俗中所占的地位仍然高于汉礼仪。[6]不但如此，元朝统治者对于汉礼节非常重要的祭祀活动，态度也不是很重视。据《元史》记载，元世祖"初十二年十二月，以受尊号，遣使豫告天地"。成宗"大德六年春三月庚戌，合祭昊天上帝、皇地祇、五方帝于南郊，遣左丞相哈剌哈孙摄事，为摄祀天地之始。"[7]需要皇帝亲临现场的祭祀以宗庙祭祀和郊庙祭祀为主。而在祭祀郊庙方面，他们往往是委派大臣代祭，或者干脆把仪式减省化。[7]元代帝王如此的不重视宗庙祭祀，而作为文人士大夫的臣子们受到上行下效的影响，也就普遍降低了对祭祀仪式的注重程度。祭祀的弱化使得元代寺观殿宇建筑数量日趋减少，而上梁文是伴随着建筑上梁仪式出现的，官式建筑的减少以及仪式的削弱导致这种以"赋"为文体的上梁颂词和仪式语逐渐没落，甚至淡出文人们的视野。

2）元代政府对汉文化的轻视。清人赵翼曾这样评价元代皇帝："元诸帝多不习汉文"。世祖始用西僧八思巴造蒙古字，然于汉文则未习也。元朝帝王不习汉文，凡是进呈文字都要先译成国书，因此整个国家对于汉族文化的重视程度也可见一斑。在科举制度方面，"九年秋八月，诏断事官木忽台与山西东路课税所长官刘中历，诸路考试分史论经义词赋三科，作三日程，专治一科能兼者，听其中选者，复其赋役，令与各处长官同署公事，得东平阳奂等皆一时名士而当世阻汉法者不便之事，遂中止。"[8]忽必烈的嫡长子明孝太子崇拜儒学，为让更多的蒙古统治阶级子弟能接受到儒学教育，曾试图"准蒙古进士科及汉人进士科，参酌时宜，以立制度"[8]，可谓终其一生不遗余力地推行儒学教育、实行科举制度，但结果都以失败告终。元至元二十一年（1284年），礼霍孙、留梦炎等请设科举。许衡议科举，罢免诗赋，重视经学，科举制度始定。元仁宗皇庆二年（1313年）十月，定科举程序。次月，下诏施行科举。这些足以反映元朝统治阶级是何等轻视汉文化，导致作为主流文学的诗词赋（上梁文属此范畴）在元代都没有得到新的发展，更不要谈仅由文人士大夫执笔的上梁文了。可想而知，用汉字撰写的上梁文和不适用于蒙古包建筑的上梁文化受到冲击，数量必然大幅下滑，但民间建房仍在继续，上梁文的内容必然逐渐由民间来主导与传承，可见包含有上梁文的《新编鲁班营造正式》的工匠用书在元代出现并非偶然。

3）元代少数民族文学的兴起。辽金时期少数民族学者在学习借鉴汉文化的同时，也根据自己本民族的风俗文化加以创新，使得本民族的文学作品不断地推陈出新，耶律楚材、元好问就是其中的佼佼者。耶律楚材作为契丹族人，出于保存辽代文化的目的，将契丹语诗篇《醉义歌》译为汉文七言歌行体长诗并流传开来。他的书法由于少年时深受金代文化的影响，豪放挺拔，以端严刚劲著称，有"河朔伟气"，曾风靡一时。《元史》本传称其："善书，晚年所作字画尤劲健，如铸铁所成，刚毅之气，至老不衰。"[9]鲜卑后裔元好问的文学成就主要以"丧乱诗"和金词最为突出，"丧乱诗"皆创作于金朝灭亡前后，主要有《俳体雪香亭杂咏》十五首、《歧阳》三首、《壬辰十二月车驾车狩后即事》五首等；而他的词带有强烈的现实主义，有"兵尘万里，家书三月，无言强首。几许光阴，几回欢聚，长教分手。料婆婆挂械多应笑我，慌仲队金城柳。"词的内容虽不及其诗内容广大，但在金词坛却是题材最丰富的一家，抒怀、咏史、山水、田园、言情、咏物、赠别、酬答、吊古伤时，无所不谈。[10]因此宋代之后，由于这些少数民族文学的涌现，文学的发展更加异彩纷呈，大多文体日趋完善并在文学史上占据一席之地。然发展已久的上梁文文体却日渐萧条，并最终被文学界遗忘，纯粹地被大众视为一种民俗而幸存于全国各地。[11]

3. 吉安明清两代文人上梁文的短暂回升与下降

《四库全书》中吉安明代初无上梁文记载，按理从元朝代到明朝，后者对科举制度的重视会刺激上梁文的写作。然而到明嘉靖时期，《四库全书》记载的上梁文仅有罗洪先一人撰写了9篇，比元代上梁文稍强，上梁文写作数量略有回升，但不像宋代呈现百花齐放的局面。这与明代开国皇帝朱元璋和当时的政治氛围有莫大的关系。明朝时期的文字狱主要体现在明初年间打压朝廷权臣和中后期控制文人思想这两方面。其中，最典型的一个事例就是洪武七年的魏观冤狱高启腰斩事件，苏州知府魏观邀请文人高启为修建的知府府第撰写上梁文，但是其所作的上梁文中却出现了"龙盘虎踞"的字眼，并且建筑选址为张士诚宫殿遗址，从如今尚存的《郡治上梁》：郡治新还旧观雄，文梁高举跨晴空。南山久养干云器，东海初升贯日虹。欲与龙庭宣化远，还开燕寝赋诗工。大材今作黄堂用，民庶多归广庇中。[12]可以看出这首气势不凡的诗表面上赞扬苏州府邸的大梁，实则兼颂魏观具有栋梁之材。于是"帝见启作《上梁文》，因发怒，腰斩于市"。朱元璋敏感的神经被这无心的"过错"所触动，怀着一则可泄"辞官忤旨"之宿怨，二则"启尝赋诗，有所讽刺，帝嗛之未发也"这两条理由置高启于死地。[13]从此一直到明中期，文人发表言论小心翼翼，不敢轻易创作上梁文，但另一方面，文人上梁文的萎缩刺激了民间上梁文的发展。此外，《四库全书》没有吉安地区清代上梁文记载。清前期的文字狱对江西文学的创作也有一定的负面影响，一直到清晚期的《白鹭洲书院志》中才载有一篇吉安县人萧兆柄的《新修仁山白鹭书院上梁文》。

4. 吉安民国至现代上梁文仍在顽强延续，但总体呈减少的趋势

目前在吉安地区的民间仍保留了民国至今的上梁文，但文人与民间上梁文呈减少趋势。《鄱阳县志（民国稿）》载："吾乡上梁，无论主人能文与不能文，悉托之于梓人，首同福以（矣）云云，乡村俗吉祥语，谓之喝彩，击斧为节，群起和之，谓之和采。"此情况也适用于吉安地区，目前该地区还未发现民国文人的上梁文记载，但民国《绘图鲁班经》的出版[14]，促进了民间上梁文的普及，但其上梁文内容实与明代永乐、万历间的《新刊京版工师雕斫正式鲁班经匠家镜》内容相类似。之所以仍能够继续保留，第一是因为上梁文的产生终究与中国古代木构建筑形式有关。梁思成先生认为梁柱式建筑构架形制的结构原则：以立柱四根，上施梁仿，牵制成为一"间"。[15]这种结构原则决定了一座建筑物的成型即在"上梁"，如同当今建筑之所谓"封顶"，是建筑物修建过程中最关键和最具标志性的一道工序。其次，上梁文具有祈福的意愿。从北宋欧阳修《醴泉观本观三门上梁文》"用涓吉日，构此修梁。盍劝

欢讴，形于善祝。"南宋杨万里《南溪上梁文》"甫练日以抛梁，聊占词而伸颂。"到明代罗洪先《塘东一经堂上梁文》"从子何时吉日兮良辰，同声善颂。"再到当今吉安民间上梁文："天开皇道大吉昌，辰时登位正相当。手拿金鸡作凤凰，瘵起青龙作栋梁。火炮时烛两边响，坐箫鼓笙闹华堂。积善之家有余庆，自有仙家降吉祥。燕子飞飞起凤凰，代代儿孙状元郎。从此今日登位后，万载兴隆，长发其祥。"可以看出无论是文人还是民间的上梁文，常常择吉日上梁，上梁文即是在此庆典上，由司仪吟诵或由工匠群体和唱以祝祷平安康泰。[5]

然而，随着城市化进程的加快，钢筋混凝土营造的平屋顶建筑逐渐代替了梁柱式构架建筑，这也就使得现代大多数建筑物不再需要上梁，上梁文也就遭受到毁灭性的打击。但是在吉安，仍然有少数现代民居建筑或宗族祠堂在"封顶"之时会举行上梁仪式，于是喝彩词就被一代又一代的工匠们当作"采茶歌"似的传唱了下来。这些彩词源于他们多年来建造房屋的积累，且大多数是师徒口传身授，很少有系统的文字记录。喝彩词的出现体现了当地匠人对民俗信息的再次创造，将深刻的理论转化为通俗的歌谣，使得上梁文化能够流传至今。

三、结语

传统聚落民居的上梁文与建筑上梁仪式是非物质文化遗产中的重要组成部分，传承非物质文化遗产且不与新农村建设相违是当代人亟待解决的问题。[16] 从民俗学角度而言，研究吉安地区上梁文的现状，剖析该地区上梁文从古至今的变化，从中寻找其建筑原型出现的时间段，探索建筑在历史潮流中的起源与演变，分析建筑上梁仪式与象征具有的意义，对于保护和传承该地区非物质文化遗产具有重大的意义，也有利于建筑技艺的传承和发展

另一方面，上梁文作为我国文学史上用来表达颂祝的骈文，其流传千年，历经各种演变，成为一个日趋通俗化的文体。现如今，上梁文大多用以表达人们的祝福祈愿之情。由于古今社会背景的差异，人们的愿望也有所改变，故而必须改变上梁文的内容和喝彩词，才能满足人们的需求，适应现代社会的发展。本文希望通过上梁文的分析，唤醒人们对传统建筑上梁文化的责任意识，让这些宝贵的文化遗产摆脱消失的厄运，使人们充分意识到对传统文化的创新利用就是让传统文化兴旺发达的不竭动力。这对打造乡愁、营造特色农村与地方文化具有示范意义。

参考文献：

[1] 周亮文，卢岷君. 略论图书馆与收集整理非物质文化遗产的关系 [J]. 内蒙古科技与经济，2011 (23)：126.

[2] 李红勇，卢杰. 江西文化旅游资源竞争力评价 [J]. 企业经济，2014 (4)：144.

[3] 360百科. 吉安 [EB/OL]. http://baike.so.com/doc/5333749-5569186.html.

[4] 文渊阁四库全书/宋文鉴/卷一百十八 [Z]. 上海：上海人民出版社. 1986.

[5] 路成文. 宋代上梁文初探 [J]. 江海学刊，2008 (1)：194.

[6] 刘颖. 宋元祝文初探——从和刻本《事林广记》中的祝文模板谈起 [D]. 内蒙古：内蒙古师范大学，2013：27-28.

[7] 文渊阁四库全书/元史/卷七十二 [Z]. 上海：上海人民出版社. 1986.

[8] 魏源. 元史新编 [M]. 台湾：文海出版社. 1984：3644.

[9] 百度百科. 耶律楚材 [EB/OL]. http://suo.im/41fU5Z.

[10] 360百科. 元好问 [EB/OL]. http://baike.so.com/doc/5401547-5639174.html.

[11] 解为. 浅论宋代以后上梁文的发展 [J]. 濮阳职业技术学院学报，2013，26 (4)：98.

[12] 文渊阁四库全书/大全集/卷十五 [Z]. 上海：上海人民出版社. 1986.

[13] 房锐. 高启生平思想研究 [N]. 四川师范大学学报，1996 (4).

[14] 绘图鲁班经 [M]，上海：上海鸿文书局，1938年

[15] 梁思成. 中国建筑史 [M]. 广州：百花文艺出版社，2005.

[16] 许飞进. 环鄱阳湖地区建筑上梁仪式初探 [J]. 老区建设，2014 (24)：40.

鄂东南祠堂平面形制探讨[1]

罗　彬[2]　王炎松[3]

摘　要： 选题以祠堂建筑为研究对象，以鄂东南地区为地缘背景，通过大量的调研与整理资料，深入分析了该地区祠堂建筑的平面形制及其特征。研究成果充实了当地传统建筑研究体系，促进对传统建筑保护的进程，并对当地祠堂建筑的保护和修缮提供一定的理论参考。

关键词： 鄂东南；祠堂；平面形制

鄂东南通常是指湖北东部长江以南的地区，包括黄石、大冶、阳新、通山、赤壁、崇阳等市县城，与湘、赣、皖三省接壤[1]。因特殊的地理位置，该地区曾是"江西填湖广"、"湖广填四川"的人口大迁徙中重要的移民通道。又因明清政府对民间建祠政策的逐渐开放，不仅让庶民宗祠合法化，使得该地区祠堂建筑出现全盛时期。它见证了先民艰辛漫长的迁徙，也承载着族人对先祖的缅怀，它是宗族心灵的外化空间。单就平面形制而言，鄂东南地区祠堂建筑就有着丰富多样的类型，极具研究价值。

一、祠堂类型

鄂东南地区祠堂建筑数量繁多、类型丰富。既有较为独立的宗祠，还有一些与住宅联为一体的支祠或家祠[2]。祠堂依其功能形制可分为三种类型，即宗祠、支祠、家祠。

宗祠为一个宗姓合族为祭祀始祖迁祖坟时而立的总祠。为全家族归属、兴旺和荣誉的象征。其选址一般不依附于某一个村落，而是位于村落与村落之间风水最好的地方[3]。建筑体量比较高大，外观十分突出。支祠多为家族中支派祠堂，是依照宗族的分支——"房"来建立，奉祀该房直系祖先的祠堂。它通常处于村落一个组团的中心，占据其间最好的位置，前临水塘或一空场地，其他住宅或建筑围绕着支祠而建。家祠一般与宗族的基本单位"家庭"相关，是建在宅第之间或宅内的

祭祀空间，供奉该家庭直系祖先，通常称祖堂。家祠的数量较之前面两种类型较少，只有家庭人丁兴旺，并具备相当的财力的时候，才会兴建家祠。

宗祠、支祠、家祠，与之对应的家族结构为宗族、房支、家庭[4]。在一些规模较大的血缘型聚落，如鄂东南通山宝石村、阳新玉塆村等，常常看到一个村落建有包括以上三种类型的祠堂。

二、平面形制

1. 总体平面格局

宗祠是一种严肃的礼制建筑，它的形制从住宅演化而来[5]。故其总体格局多以规整严谨手法，取中轴线对称布局。

决定祠堂建筑的规模与格局的，有路、进及开间这些因素。"路"是纵向的，与两侧山墙平行，而"进"是祠堂主体家住面阔方向平行的单体建筑的称谓，是横向的，与堂正脊平行；路的多少影响祠堂通面阔的大小，进的多少影响祠堂通进深的大小。开间最小的祠堂是单开间，如西泉世第现存为单开间。鄂东南祠堂较固定，形式有一路三进三开间，占了绝大多数。其次是一路两进三开间，多见于支祠。四进的形式多见于含家祠的住宅。另外，还有形制较复杂的阳新县白沙镇梁公铺的梁氏宗祠，不但有主祠，还有乡贤祠、先贤祠，为三路三进五开间，气势恢宏，其高规格为鄂东南

1　项目基金：湖北省教育厅人文社科基金项目：（17Q172）基于文化软实力的鄂东南古宗祠建筑艺术研究；
　　　湖北科技学院科研项目：（2016—18X010）鄂东南古宗祠建筑艺术与文化传承研究.
2　罗彬，湖北科技学院艺术与设计学院，讲师，437000，68785173@qq.com.
3　王炎松，武汉大学城市与设计学院，教授，博导.

地区鲜有。

2. 祠堂建筑构成元素分析

1）前堂

前堂，又称前厅或大门，即祠堂建筑大门所在处，是祠堂建筑序列的开端[6]。常见的门头有凹进式与平门式。

凹进式分两种情形，一种指的是仅明间退让，从立面上看，开门的明间稍稍凹入，形成槽形，也称槽门。这种入口退步的做法，自然形成一间高大的入口门廊，成为一个进入室内的过渡空间[7]。这是鄂东南地区祠堂建筑中前堂入口处的常见做法。另一种常见形式是除了两侧山墙及其墀头整体向后退一步，形成了门所

在的一层立面和以山墙、墀头、楹联及柱子为一层立面的两个空间。

此外，无过渡空间的入口处理方式——平门式，也是常见形式之一。平开式是直接在外墙上开设门洞，不作凸出或凹进式的处理，门上一般会装饰有门头，出檐较浅，只作装饰与强化入口的作用。通常平门式与牌坊或门罩相结合，以此突出祠堂建筑在村落中的最高规格。比如谭氏宗祠、李氏宗祠萧氏宗祠。上述类型大门，通常与八字形相结合，意取风水里的敛财之意（表1）。

2）戏台

戏台是演戏的场所。出现在祠堂中是比较晚才有的事[8]。祠堂中的戏台一般都是背靠大门，进大门便从戏台下穿过，戏台前方与中堂由天井相连。陈志华先

祠堂前堂入口空间 表1

形制	特点	平面示意	照片	案例	位置
凹进式	明间退让			贾氏宗祠	阳新县陶港镇贾清伍村
				成氏宗祠	阳新县龙港镇成家村
	整体退让			舒氏支祠	通山县闯王镇宝石村
				石氏支祠	阳新县浮屠镇石德远村
平门式	与门罩牌坊相结合			李氏宗祠	阳新县浮屠街玉塅村
				端公祠	阳新县龙港镇肖家村

生将戏台大致分为三种：一种全部在门屋的明间；一种半突出于明间之外；一种全部凸出来。结合鄂东南地区祠堂戏台特点，笔者按照其平面与侧廊的关系，大致分为两种——"凸"字形与"口"字形。

一般来讲，宗祠规模较大，戏台以"凸"字形为主。戏台部分空间与侧廊尚有连接，能三面观戏容纳较多人群，两侧与侧廊相连，多见于宗祠。如阳新县浮屠镇玉塯村李氏宗祠（图1）。占地较小的支祠通常采用"口"字形戏台，仅一面容纳观众。有独立于侧廊部分与山墙相连，如通山县大畈镇西泉村的西泉世第（图2）；也有包含于侧廊之中，如阳新县龙港镇桂源村的陈家祠堂（图3）。也有戏台独立于主祠之外，由庭院相连。如阳新县太子阳新县三溪镇大田村的伍氏宗祠。戏台是祠堂平面序列中第一进开放空间，因此包容性最强。

图1 李氏宗祠

图2 西泉世第

图3 陈家祠堂

3）中堂

中堂又名享堂，是祠堂的正厅，是举行祭祀祖相关仪式和宗族异议事的主要场所。鄂东南地区祠堂的中堂形制有全开敞式和一明两暗两种形制（表2）。

全开敞式，即前檐向第一进天井全部开放，后檐仅明间向第二进天井开放，次间设后墙。有些在中堂明间后金柱位置设屏门。中堂内三间相连，不做隔墙或

隔断，明间用两榀木构架梁。如通山县芭蕉湾焦氏宗祠，中堂一共有八根高大柱子，前后进深13.26米，面阔15.38米，为方形平面。

一明两暗式，即前檐向第一天井开敞，次间为侧室，明次间皆以墙体承檩，如谭氏宗祠面阔21.2米，进深28.5米，呈窄长矩形平面，侧室与明间有实墙隔断。

除了凝聚族人共商议事，展开祭拜仪式之外，中堂更有彰显家族实力的象征意义。乃整个祠堂建筑群中最大的内部空间。

4）后堂

后堂，又名寝堂或祖堂。通常位于祠堂的终端，心间自然是存放祖宗牌位及神龛、供奉祖先神灵的地方。后堂的进深较之中堂要浅，是空间序列中最为私密的部

中堂类型		表2
案例	谭氏宗祠	焦氏宗祠
地址	通山县白泥镇大畈村	通山县闯王镇芭蕉湾村
中堂格局	一明两暗	全开敞式
平面图		
照片		

分。其形制可分为半开敞式和围合式两种，二者的区别主要是看有无设置侧室。

若为围合式，则明间向天井开敞，放置牌位。次间封闭，储藏祭祀用品。如阳新县三溪镇大田村伍氏宗祠，面阔3间18.8米，进深6.5米，祭台两边设置侧室，为一明两暗格局。

若为半开敞式，则明间全部向天井开放，次明间半开放。虽不像围合式那样封闭，依然可以通风。阳新县白沙镇梁公铺梁氏宗祠，主路最后一进为放置祖先牌位场所，左右两侧设置乡贤祠与先贤祠。其主祠部分完全对天井开放，主祠拜殿面阔12米进深9米，高6米，且有封闭的后墙，营造出了一个悠远静谧的空间（表3）。

5）天井

中国古人未将空间当作物质实体之间的空隙，而是赋予了其更深刻的精神意义[9]。由建筑实体围合而成的大小不等的空间，如天井、庭院，甚至成了建筑群的中心。

天井是祠堂内由四面房或墙围合形成的院落空间。前天井多开敞、明亮，并为戏台的演出容纳了观众，也给中堂提供了良好的采光、通风条件，利于祭拜仪式的举行、宗族活动的开展。而后天井或局促或狭长，使后堂光线昏暗、幽闭，营造了先祖灵魂居所神秘的阴性空间氛围。除了常见的矩形，还有双天井与凹字形天井，穿插在祠堂建筑实体构造中，建构出光影交错、尺度适宜的和谐空间（表4）。

后堂类型 表3

案例	伍氏宗祠	梁氏宗祠
地址	阳新县三溪镇大田村	阳新县白沙镇梁公铺
后堂格局	围合式	半开敞式
平面图		
照片		

祠堂平面元素组合对照图 表4

建筑名称	地址	始建年代	类型	平面格局	平面类型	平面简图
琳公祠	通山县燕厦碧水村	清·光绪	支祠	一路三进三开间	设拜亭，凹字形天井围绕拜亭，第一进天井为矩形连接前堂、中堂。整体为矩形。	
焦氏宗祠	通山县闯王镇芭蕉湾村	明·永乐	宗祠	一路三进三开间		
西泉世第	通山县大畈镇西泉村	清·嘉庆	支祠	一路两进单开间	无拜亭，第一进方形天井，第二进匾长形天井，整体平面呈"十"字。	
伍氏宗祠	阳新县三溪镇大田村	清·顺治	宗祠	三路三进三开间	设拜亭，戏台独立于主祠。有前庭院，"凹"字形天井围绕拜亭。两侧余屋均有天井。	
谭氏宗祠	通山县大畈镇白泥村	清·乾隆	宗祠	一路三进三开间	设拜亭。第一进为庭院，第二进明间和两心间各有天井，第三进凹字形天井。	

续表

建筑名称	地址	始建年代	类型	平面格局	平面类型	平面简图
徐氏宗祠	阳新县太子镇四门三楼村	清·光绪	宗祠	一路三进三开间	无拜亭，第一进天井为凹字形，第二进双天井。	
王明幡故居	通山县大路乡吴田村	清·咸丰	家祠	三路五进九开间	家祠位于建筑群中路轴线，面积随进递减。	

6）廊

鄂东南祠堂建筑中，有侧廊、檐廊以及轩廊三种形式的廊。侧廊一般位于天井两侧，如谭氏宗祠（图4），其中一层侧廊主要为了解决夏季避雨、遮阳、通风等问题，为在祠堂中活动的人提供一个相对便利舒适的通道。尤其是潮湿多雨的鄂东南地区，侧廊的设置是适应当地气候的举措。后堂设置拜亭的祠堂，通常有二层侧廊的设置，或平行或围合拜亭，可以通往二楼储藏空间，如阳新县三溪镇大田村伍氏宗祠（图5）。二层侧廊的设置，使高大的祠堂建筑空间灵活有层次。

图4　前堂侧廊　　　　　　　图5　寝堂侧廊

除了侧廊，还有另外两种廊，称为檐廊和轩廊。檐廊为彻上明造，梁架均暴露在外（图6），轩廊则是在檐廊上部设轩棚而得名（图7）。它是从室外到室内的过渡空间，也是单体建筑最先展现的部分，因此，檐部不仅仅起到遮阳、避雨的功能，而且还承担着彰显家族等级、审美、教化等社会、伦理功能。轩廊等级高于

图6　檐廊　　　　　　　　　图7　轩朗

檐廊，所以在轩廊的构造中，有些会选用一些等级较高的构件形制，如斗栱、月梁等，装饰也最为繁复，且寓意深远。

7）附属建筑物

鄂东南地区祠堂主要的辅助元素是拜亭，也称仪亭。它位于祠堂中轴线上，置于中、后堂之间。面阔进深均为一间，接近方形，尺寸与中堂心间接近。后堂明间供奉祖先牌位，其明间之前的位置为最主要的祭拜空间，在此设置拜亭，符合祭拜活动需求。拜亭也是祠堂建筑等级的象征，分单檐与重檐两种类型。通常在有一定社会地位与建筑规模的宗祠中，重檐式如通山县九宫山镇高湖村的朱氏宗祠，单檐闯王镇芭蕉湾村焦氏宗祠、阳新县三溪镇大田村伍氏宗祠。此外，以拜亭连接中、后堂，避免了过于强烈的光线，保证了拜祭过程的舒适性。同时，拜亭置于祖堂前，增加了围合面积，烘托了祖堂静谧、幽深的气氛。

三、结语

从上述的分析中，可以归纳如下：

1. 总体面貌。鄂东南祠堂多为明清建筑，风格古朴庄重。其整体平面大致为矩形、斗状或十字形。平面形制较稳定，每一进的地坪通过天井与侧廊的台阶，逐级抬高，层次分明。

2. 功能变迁。大多祠堂都经历了数次修复，尤其在新农村建设的当下，许多祠堂的功能也在悄然改变。从祠堂到学堂、从礼堂到老年活动中心，不同的功能与形制也在相互适应。不少祠堂在翻新修葺过程中，仅保留了中路主体部分建筑，两侧余屋或前庭，被村民私宅占用或荒废。使得祠堂面貌有较大变化，数据的测绘受到一定限制。

3. 近域比较。鄂东南祠堂建筑，因地理位置及移民运动的原因，受到赣派与皖南建筑的影响，如总体格局形制大致类同，但其规格远不如赣派或皖南地区的高

大，内部空间建筑构粗犷有余，精细不足。

鄂东南地区祠堂建筑，是村落公共空间和精神世界中心。不仅有丰富的建筑形制，多样的构造元素，背后深厚的人文内涵，极具研究意义，值得我们深入探讨。本文以通山县与阳新县实地调研为主，单从平面形制来梳理其建筑特色，由于时间、精力、调研范围受限，此篇仅作为鄂东南地区祠堂研究的一个开端，还有更多有价值的形制、构造、工艺，还需要进一步的检验和探究。

参考文献：

[1] 李晓峰，谭刚毅．两湖民居 [M]．北京：中国建筑工业出版社．2009：67．

[2] 李百浩，李晓峰．湖北传统民居 [M]．北京：中国建筑工业出版社．2006．10：163．

[3] 杨国安．国家权利与民间秩序：多元视野下的明清两湖乡村社会史研究 [M]．武汉：武汉大学出版社，2012：93．

[4] 杨国安．国家权利与民间秩序：多元视野下的明清两湖乡村社会史研究 [M]．武汉：武汉大学出版社，2012：80．

[5] 陈少华，李秋香．乡土瑰宝系列：宗祠 [M]．北京：三联书店．2007：38．

[6] 赖瑛．珠江三角洲广府民系祠堂建筑研究 [D]．广州：华南理工大学．2010．

[7] 王炎松．荆楚建筑文化研究之鄂东南传统建筑立面艺术初探 [J]．武汉：华中建筑．2014（4）：165．

[8] 王鹤鸣，王橙．中国祠堂通论 [M]．上海：上海古籍出版社．2013：255．

[9] 王俊．中国古代宗祠 [M]．北京：中国商业出版社．2017：60．

江西畲族传统民居时空分异格局探析[1]

康勇卫[2]

摘　要：明清时期武夷山东西两侧畲族迁移频繁，主要是东侧福建向西侧赣东赣东北迁徙，定居于赣闽交界的江西山区。明清为江西传统民居风格趋于稳定时期，江西畲族民居有其特色，同受婺源徽式民居、赣派民居、赣南客家民居的影响，不同地域影响程度不同。畲族传统民居地域分异格局受省域边界土客矛盾、民族压迫、自然环境、民族诉求与区划调整等因素影响，在矛盾-迁徙-再适应-交流与认可的机理中达到暂时的稳定。

关键词：江西畲族；传统民居；时空分异

　　我国畲族主要分布在粤闽浙赣皖交界山区，由其自行建造、营建时间在1949年前的传统民居具有地域、民族特色，是民族建筑中的奇葩。关于五地畲族传统民居研究，戴志坚（2003）对闽东北山区民居和闽东南官僚民居实例做了简析，未涉及其他地区，对福建畲族传统民居体系研究，仍需大样本的追加。刘颖（2015）以福建福安畲族碉楼民居为对象，从形态、布局、材料、功能、风格等方面作特色分析，并以此提出研究与保护价值。蓝法勤（2011）对浙西南6县畲族传统民居的建造样式、习俗及建筑艺术做了梳理，6县之间的风格差异没有铺开详述。潘钊（2017）对浙江景宁畲族单体、联排住宅两种传统民居做了实测，并对其建造风俗和雕刻艺术做了文化分析；王在书、李超楠（2017）对景宁村落传统民居空间组织模式做了探讨，总结为并联拼接、串联拼接两种模式；景宁县域内传统民居也存在差异，需要不同学科参与的多次调查。江西畲族传统民居关注度较低，现刊发文章甚少，却是畲族传统民居的重要组成部分。亟需梳理与系统研究，以还原历史时期江西畲族居民生活场景，为当前畲族民居的保护传承以及创造性改造提供历史地理参考，为全国畲族传统民居比较研究提供样本。

一、江西畲族人口及传统民居

　　据第六次全国人口普查统计，全国畲族人口有708651人，其中江西有91069人（2010），占畲族总人数的1/7，畲族为江西少数民族人口数最多的民族。畲族主要分布在铅山篁碧、太源，贵溪樟坪、永丰龙冈、青原东固、乐安金竹、南康赤土等7个民族乡，74个畲族民族村以及部分已汉化未确认的畲族姓氏村落。在74个畲族村中，上饶有11个、抚州有4个、九江有4个、吉安有25个、赣州有30个。汉化村落可根据畲族姓氏及村落族谱得到确认。今天江西畲族人口空间分异结果是长期发展中形成的。

　　关于江西畲族来源，一说江西畲族自古就有，为江西本土居民。一说，隋唐时期，畲族进入江西赣南地区[1]。明代受政策驱动，开启了江西填两湖的移民潮，江西外出地主要为鄱阳湖地区和赣江流域。清初江西人口也有外迁现象。江西本土畲族因所在地实施民族同化政策，部分暂隐身份，随着时间的推移，大多被汉族同化，比如靖安仁首镇大团雷家村就是一例；有的成为汉族客家。明清时期，受自然环境之困，东南战乱、民族纠纷等因素影响，闽粤畲族开始迁入江西武夷山片区，初步奠定了今天江西畲族人口分异格局。中华人民共和国成立后，原隐逸身份的畲族纷纷要求恢复民族身份，得到政府支持，姓氏、服饰、语言、民俗、舞蹈为主要识别符号。比如铅山篁碧乡篁碧村的雷姓居民原为畲族，清代时出了个御史，担心受歧视，自称汉族，为"天雷"；一说畲族雷姓为"地雷"。中华人民共和国成立后，一度要求恢复畲族称谓，1984年年底获政府批准承认。被汉族完全同化的畲族没有得到确认，其传

1　国家社科基金项目（18CZS071）：明清民国时期江西民居时空分异格局及机理研究。
2　康勇卫，江西师范大学文旅学院，讲师；南方古村镇保护与发展研究中心，研究员，湖南师范大学城乡规划系博士，中国建筑学会会员，kywnch@126.com。

统民居少有畲族特色。同为外来移民的赣南汉族客家，其民居防御色彩突出，赣南畲族民居未被汉族客家民居同化[2]，而是二者相互影响。这在闽东北宁德地区表现较为突出[3]。明清时期由外迁来的畲族，带来了迁徙地民居风格，受赣境自然环境以及汉畲混居交流中，逐渐形成江西畲族传统民居风格。明清时期初步奠定了今天江西畲族传统民居空间分异格局。

在畲族传统民居定型过程中孕育了自己的营造技艺，赣东北流程主要有立柱上梁，搭个架子，后屋顶盖瓦，最后四周筑墙，铺以地板和整修室内。畲民营建民居，一般请亲友或寨中劳力帮工。营建开工需择吉日，上梁也择吉日。新民居落成时要举行隆重的入宅礼，宴请亲友；赵宴的宾客，一般要送礼。1949年前，畲族村寨晚上多以篾片燃点照明[4]。

二、江西畲族传统民居地域分异

同为外迁人口，畲族分布地域较广，其民居风格较赣南客家民居风格复杂。本文选取部分地域代表性畲族传统村落，来比较畲族传统民居在江西各地域的特色（图1）。

1. 赣东北畲族传统民居

赣东北一般意义上包括特指上饶、鹰潭、景德

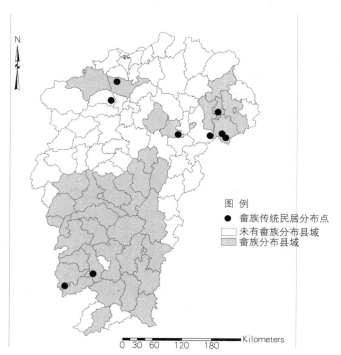

图1 畲族传统民居主要分布点示意图（图片来源：作者自绘）

镇，该区域传统民居主要分布在上饶铅山和鹰潭贵溪，两地均位于武夷山西北侧片区，与闽浙畲族集中分布区较近。明清时期有赣闽驿道，比如鹅湖古道，便于畲族迁移。该片区传统民居一般分布在山区，以集聚为多，也有依地形布局的民居，较为分散。

贵溪畲族于明代中期，由福建长汀迁来，分散于樟坪、化山、太崖、老屋基、桃田岭等地，有雷、蓝、钟三姓。当时樟坪无正式地名，入迁畲民见此地有群獐夜宿草坪，于是称此地为獐坪，谐音樟坪。樟坪黄思村，明末清初开始形成，传统民居一度集中连片，清末因火灾烧半。木瓦结构，条石较多，屋檐、窗户等处有木雕。贵溪为汉畲民居交界地带，民居风格汉畲特色兼有，该村有不带天井的四合院式民居，也有带天井的江南民居。历史上畲族人民辗转迁徙，生活简朴，"结庐山谷，诛茅为瓦，编竹为篱，伐为户牖"。现贵溪仍有少量畲族茅草屋，是传统民居的现代延续。

明嘉靖年间，福建汀州府畲族迁到铅山太源，也有从建阳、上杭及贵溪迁到铅山其他地区[5]。铅山太源畲族刚迁入时，民居形式有洞居、树居的情况，后自建了埋杈屋，即以带杈的树干为柱，树枝、竹条为椽，竹箬铺顶、树皮压脊，竹编篱笆墙体[6]。太源乡水美村，明代福建连城蔡家迁徙建村，清代畲族雷姓迁入定居，汉、畲混居。传统民居多为瓦房，土木结构，有飞檐，窗户为木板镂空，雕花工艺上乘，也有砖木结构的天井民居和粉墙黛瓦马头墙的婺源徽式民居（图2）。

太源乡查家岭畲族，清代迁移到此，传统民居外墙及内设有民族故事、图腾等图案，土木结构。该村雷氏祖屋，悬山顶，平面布局一字形，穿斗式木架构，高位采光，屋内设阁楼，两坡屋面与屋内的顶棚间为仓库。正面设前廊，厅堂雕梁画壁（图3）。该村还有雷金大宅、雷启华宅、雷申旺宅等，但在时序上已不属于传统民居，为现代民居。大西坑村，雷姓居民为多，传统民居连片而建，大多为木石结构，有飞檐，窗户有镂空雕花、图腾等饰品（画）。

篁碧乡畲族雷家于雍正六年（1728年）由福建宁化迁徙此地定居。传统民居有太史第、光应星文、雷家大院等。雷家大院建于清道光二十八年（1848年），是一幢四合院建筑，占地1490平方米，主建筑734平方米，大院以二层楼房围合，四周环高墙，内部筑两道平行的五叠式马头墙，利用天井采光、通风。民居青砖黛瓦，画栋雕梁，油门漆柱。内宅院门柱、窗棂上的鹊梅报春、松鹤延年、鹿衔灵芝、双龙戏珠、蛟龙腾飞、福寿蝙蝠等图案，采用深浅不同的浮雕和镂空雕的手法，把花草树木、飞禽瑞兽生动活泼的神态表现得惟妙惟肖。门框、天井、街沿所用的石板，厚薄匀称，五面平

图2 水美村单栋传统民居正面及传统民居群鸟瞰（图片来源：范俊伟提供）

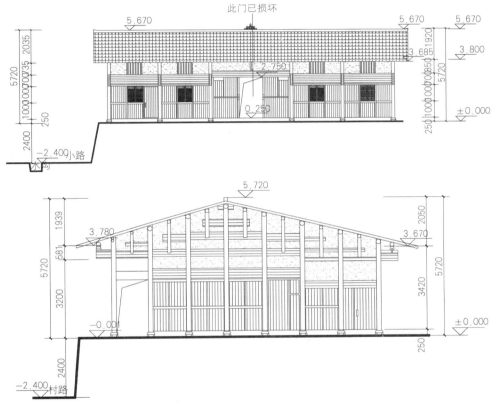

图3 雷氏祖屋正立面图、侧立面图（图片来源：江西师大城市规划设计研究院提供）

滑，整齐划一，石磙、石拱和谐统一。

篁碧乡大岩村，清代由福建和浙江的早期躲避灾害和战乱的居民迁徙至此。传统民居建筑以"十八坑"的深山居民建筑群为代表，单栋民居为木质和土木结构，两层楼，有前院和后院，一楼住人，二楼堆放杂物和农具等，厨房、厕所和猪圈牛栏另建，保证了居住环境的卫生和整洁。

横峰姚家乡兰子畲村，明代迁入江西建村。明洪武初年蓝姓始祖贸易至信郡，时属葛阳三都（今弋阳），观其三环，水绕泉甘，土肥，遂居焉，命为兰村畈。清嘉庆四年（1799年），原属信郡葛阳三都兰村畈划归兴安县管辖，现为横峰。该村也有部分传统民居，

赣派风格明显。

2. 赣中、赣西北畲族传统民居

赣中、赣西北指南昌、抚州、吉安、宜春、九江、新余等地。除新余外，其他地市雷姓传统村落多有分布，其传统民居受汉族影响较大，特别是汉化的雷姓民居，与汉族民居已没有多大区别；有的雷姓传统民居也形成了自己的特色。以下选取赣西北汉化畲族传统民居和官式建筑影响下的畲族传统民居，比较不同地域畲族传统民居的空间差异。

宜春靖安县仁首镇大团村雷家原为畲族，现已汉

化，雷氏居多，其规模较大的传统民居结构基本雷同：长方体，每幢房子高10多米，长40多米，宽20多米，青砖黛瓦、封火山墙。采用传统的中轴线对称形式，多为一明两暗天井式格局。大门进去，依次为副厅堂、天井、正厅堂、后门。厅堂两边是厢间，走廊通过边侧的耳房。规模较大的有剑气凌云民居群、雷绍唐宅、文林第、士大夫第、西岗云从、瑞霭云庭等。普通民居结构为穿斗式，室内梁柱、门窗雕刻精美。建筑入口处原有门罩，或木构或石构。门楣上有石刻匾额，较为精美。代表性民居有雷克池宅、雷功梁宅、雷昌根宅、雷祚传、雷功发宅、雷可淦宅等。

雷姓所住传统民居还分布在修水、武宁、永修、南昌县、丰城、进贤、鄱阳等地，至于是否也归入畲族传统民居类，还需要进一步考证。该区域产生了官式建筑营造者样式雷家族以及样式雷民居。该区域畲族民居已与周边汉族民居没有多大区别。

永修梅棠镇新庄村有畲族样式雷民居。雷发达在朝时，曾委托家乡雷氏族人于清乾隆五十六年（1791年）建成雷氏祠堂，即"尊祖堂"，现为雷氏祖屋。现存祖屋，砖木结构，青砖外墙，硬山顶，两进两天井，面阔13米，进深24.3米，高7.5米，屋脊四角均有呈"品"字形马头墙。内部由门厅、正厅及两侧厢房组成，门厅为一开间硬山平屋，厢房为二开间楼房；正厅坐北朝南，青石、麻石砌地，分前、后、左、右四门，均由回廊相连。门厅、正厅隔扇门窗较多，遍布石、木雕刻，技法流畅细腻。此祠堂为居祀性民居。

该村传统民居有7处，以雷友生宅为代表，该宅为一个大型院落居，可住一大家人，通常为两代或三代共居。该宅为三开间两幢（即上幢、下幢，共6间），两边侧房为房间，上下幢中间有天井和侧门。砖砌外墙，全部彩绘，有排水系统。内部木柱混合支撑，门窗有木雕。正房一层为客厅，次间为卧室。厦子宽大，作为日常起居空间、摆设宴席之用。二层有的做卧室，有的做储藏，明间后墙供奉祖先牌位，厢房供晚辈居住。厨房设在院落一角。室内装饰朴素，门扇从上到下分为三小五大段，上部的大框是木雕集中的部位，多雕刻有花草等图案。

样式雷传统民居与官式民居一样，也形成了自己的营造技艺，流程大概有：第一，选定地基后，原地坪下挖半米左右，除去浮土，然后按设计尺寸放线、建造基础；基础四周铺设细砂，接着用砖砌筑，中央回填土砖。第二，木匠根据木框架设计尺寸加工木料，其中掌墨师傅绘制墨线，其余木匠按线加工。第三，铺设屋顶，在木构桥梁头上铺设椽子，屋顶两端安装博风板。第四，砌筑墙体，有一丁一拐、一丁两拐和大马

槽等砌法。这与赣闽交界处的畲族传统民居营造技艺有别。

3. 赣南畲族传统民居

赣南地区主要指赣州地区，畲族分布较为广泛。明清以降，在历次的冲突与斗争中，传统民居的完整性与正常承传受到很大影响，只在受现代化程度影响有限的边缘山区，仍保留少部分传统民居。

崇义县聂都乡竹洞畲族村，畲族、汉族混居。传统民居成"大杂居、小聚居"分布。传统民居深受畲族建造传统的影响，民居散布在避风向阳有水源的半山坡，坐北朝南。建筑材料就地取材，为黄泥土、砂、木、稻草、竹片等。其建造方法可分为两种，一种是整体式，先用四个模板组成长方形的支撑，然后用绳子将模板捆在一起，在模板之间填土，并不断捶打夯实，然后取下木板，向上累加，墙体的厚度在30厘米左右；一种是土坯砖砌体式，通过预先制好的土坯砖，再使用黄泥土作为粘结材料，砌筑成墙体，为增加土砖墙体的强度，在泥中加入稻草作牵引，竹片作拉结。屋顶采用的是以木架为支撑，瓦为屋面材料的双坡式斜屋顶构造。民居风格兼具汉族客家民居和畲族民居特点（图4）。

赣州南康区赤土畲族乡花园村老屋传统民居以土坯外墙民居和蓝富郁祠为代表。土坯外墙民居大多已改造为现代民族特色民居，蓝富郁祠是该村居民信仰的中心，影响普通民居的建造风格的选择。该祠长40.8

图4 竹洞畲族传统民居（图片来源：吴梅花摄）

米，宽12.8米，高6.8米，占地面积522平方米。内部空间为前中上三厅，两天井，厅顶为蓝氏族人祭祀祖先的神圣之处，图案丰富多样，砖木结构，青砖外墙[7]。整体看，有赣南客家的外在规模，也有自身内设布局保守的一面。

三、江西畲族传统民居空间分异机理

江西畲族传统民居的空间分布基本与畲族人口的空间分布基本吻合，但也不全是，有畲族的传统村落不一定有畲族特色传统民居。现畲族人口空间分布格局是经过多次迁移才定型的，迁移时间集中在明清时期，有向外迁的，也有由外迁来的。明清暂时定型的畲族分异格局，在清以后也有变化，有民国时的隐逸，有中华人民共和国成立后的重新确认。当前，多数畲族村落已没有传统民居，本文研究只限于有传统民居的畲族村落，这些畲族村传统民居的空间分异格局是多种因素促成的。

1. 畲族传统民居空间分异原因

江西畲族的历次迁移首因应是迁出地的战乱，战乱的起因有民族纷争，也有民居压迫，更有土客矛盾而起的。也有生存环境所迫，被迫移民。因经贸往来所需而开辟的驿道为移民提供了通道，赣闽陆上驿道有多条，到江西后借助江西水运条件，将货物销往各地。迁移到江西后，其民居的在地化特点明显。

赣东北畲族大多处在山区，竹林木材密布，民居材质竹木占比较大，山区风较大，民居楼层就不会太高，以一层为多；部分依山的坡度而建的民居高度有所突破。该区域初期大型院落较少，后期受所在地区汉族民居影响也有四合院，民居也有天井，有赣东北大部分民居的特点。

赣北地区畲族散居在汉族中间，其民居风格与汉族民居已没有多少不同。靖安雷家和永修新庄村民居在民居规模和技艺方面的成就已达到或超越了汉族当时的民居营建水平，并形成自己的民居派别。赣南崇义竹洞传统民居因处在山区，受外界干扰小，也守住了自己的特色，土木结构，装饰具有畲族特色。南康区赤土畲族乡花园村老屋传统民居在汉族客家民居的影响下，在民居规模方面有所扩大，民居支撑结构与外墙材质就地取材，其质量不如汉族客家民居，但其祠堂质量和规模并逊于汉族客家祠堂。汉族客家民居往往以家族为一个单元，其民居形式就有九井十八厅、瓦房民居以及各式围

屋，其防御性较强，而畲族民居在防御性方面较弱，但民族团结的力量可增强防御能力。

可以看出，自然环境和人文互动共同制约着畲族传统民居风格的选择。在山区，基本与汉族隔离，受自然条件所限，其民居的质量和规模就不可能有大幅提升。在平原地区，一般与汉族混居，相应营建交流互动多，畲族民居的结构、框架、外墙质量都有所提高。

传统民居空间分异格局也与政区调整和民族追认时序有关，1956年开始确定了一批畲族，1984年也追认了一批畲族，20世纪90年代，因计划生育所迫，有一批汉化畲族想追认民族称谓，没有批复。被追认的畲族相应形成民族乡和民族村，这是畲族追求民族发展和自身利益诉求而努力得来的。当时，畲族区划的调整是在城市化和新农村建设政策出台之前，传统民居没有因外力而大规模消失。但当时传统民居的调查与测绘工作基本没有开展，学界对畲族的关注从来没有今天这么热，也因此能有一部分传统民居留存至今，江西更是如此。

2. 畲族传统民居空间分异机理

当然，畲族传统民居的空间分异诸多原因在不同地域有不同表现。首先应是自然环境所迫，在山区表现尤其明显。每迁一地，其营建的民居必然是粗糙的，常态化的迁徙决定了民居质量没有保证。民族压迫和战争侵扰，造成畲族的迁移、汉化，传统民居风格的选择深受移民的影响。先是由闽西迁到赣南，在与土著共同斗争中，汉族客家围屋和畲族民居得到充分交流。后是由闽东北、闽北迁往赣东北，其地理环境与客源地类似，能较快适应。此地较为偏僻，安全形势较好，在独善其身中，其传统民居保持了民族特色。在赣中、赣东北畲族迁移也大量发生，以雷姓畲族为例，除一部分改汉族外，一部分随江西填湖广移民潮，向外省迁出[8]。此为畲族传统民居中的特例。

民族自信心的起伏也影响到传统民居地理分异结果。1949年前，畲族基本处于弱势地位，自信心不够，对自己民居风格的选择同样如此。1949年后，畲族开始与其他民族平等相处，保持自身特色和独立性成为迫切，除了语言、习俗、信仰、礼仪、民俗，更多地体现在传统民居方面。而这种状态恰恰是城市化和新农村建设到来之前确定的，于是就有更多的畲族传统民居留存至今。并且形成了独特的营造技艺和特殊的装饰风格，更增强了畲族传统民居风格的独立性。

总之，畲族传统民居地理分异结果是在人地关系

矛盾（选址欠佳、民居防御性不够）——外迁或汉化（减少防御性、学习汉族营建技术）——新地再适应（人地和谐）——身份认可（风格独立性）机理下形成的，除了在地化使然，更有民族自信心的体现。

四、结语

借助江西畲族人口的地域分布，选取部分畲族传统民居，来比较区域间的风格差异，并分析诸多差异的时空成因，为当前畲族传统民居及传统村落的差别化保护提供多尺度多层面的参考。实际上，传统民居发展的时空演化规律还需更多的样本支撑，随着畲族传统村落、传统民居深入调查的推进，后续研究成果可能更接近实际分异情况，传统民居的精准保护和更新时许将更有针对性。

参考文献：

[1] 周沐照. 江西畲族略史 [A] //中国人民政治协商会议江西省委员会文史资料研究委员会. 江西文史资料选辑第7辑 [C]. 江西人民出版社，1981：86-88.

[2] 张英明. 试谈江西畲族的几个问题 [J]. 江西社会科学，1993（6）：68-72.

[3] 赖艳华. 畲族与客家文化交融新探 [A] //宁德师范学院等单位合编. 畲族文化新探 [C]. 海峡出版发行集团，福建人民出版社，2012：144-145.

[4] 邱国珍，姚周辉，赖施虬. 畲族民间文化 [M]. 北京：商务印书馆，2006：92-94.

[5] 铅山县志编纂委员会. 铅山县志 [M]. 南海出版社，1990 71.

[6] 汪光华. 铅山畲族志 [M]. 北京：方志出版社，1999：232.

[7] 陈国华. 江西畲族百年实录 [M]. 南昌：江西人民出版社，2011：275-276.

[8] 王圣林. 赣鄂地区移民通道上雷氏家族的聚落与民居形态特征比较研究 [D]. 华中科技大学，2011.

传统祠庙戏场及其文化内涵的当代演变

——以闽北政和县杨源村英节庙为例[1]

邬胜兰[2]　黄丽坤[3]

摘　要： 祠庙戏场曾是传统聚落中以祭祀和演剧为主要功能的复合中心，随着基层管理体系的转变以及社会文化生活的丰富，传统祠庙戏场及其文化内涵的延续在当代呈现诸多窘境。福建地区因为文化的相对独立性，使得民间信仰活动在日常生活中的重要性得以持续。以尚活跃的闽北政和县杨源村英杰庙为例，讨论传统祠庙戏场的社会功能及其文化内涵的现实意义，期待能启发传统建筑和传统文化的整体保护思路。

关键词： 祠庙戏场；当代演变；杨源村；英节庙；四平戏

祠庙戏场是以祠庙为修饰、戏场为核心的细分建筑类型，兼具祭祀与演剧双重功能。祭祀仪式与演剧活动相互关联和渗透，形成了"人"、"神"、"台"、"场"交互影响的独特社会空间。关注祠庙戏场对认识传统村落的建筑和文化具有重要的现实意义，尤其在当代传统建筑日渐破败，传统文化日益式微的情形下，对依然延续传统祭祀和演剧活动的样本进行持续研究，关注其历史与现实状态下的关联性显得尤为重要。闽北政和县杨源村至今还保持着一年春秋两次的祭祀活动，其间英节庙戏台会上演宗族世代相传的四平戏，是闽北地区传统祠庙戏场祭祀和演剧的活样本。

一、杨源村的历史背景与空间要素

杨源村位于福建省南平市政和县东南部，地处福建北部，与浙江省南部近邻。相传唐乾符年间（公元874-879年），黄巢农民军入闽，唐王朝封张谨（排行第八，俗称张八公）为福建招讨使，率官兵数万与黄巢起义军激战。行至杨源附近，因援断粮绝全军覆没，张谨身亡于此。张氏后人追至此地，为守护先茔，放鲤鱼于溪水中，倒插柳杉于凤山上，占卜此地是否宜居。一年后，倒栽杉和鲤鱼都成活了。于是张氏后人建杨源村，世代在此繁衍生息。后在张谨身亡之地建张谨庙，

北宋崇宁年间追谥昭烈，赐张谨庙为"英节大观"。八月初六是张谨的生日，二月初九是与张谨一同战死的副将郭荣的生日，因此杨源村选择每年的这两天在英节庙举行祭祀活动，以纪念先祖及其部将的忠勇。

杨源村在遍种柳杉的凤山脚下，沿东西向的鲤鱼溪两侧展开（图1）。倒栽杉栽种于杨源村东后山，树龄逾前年，树干笔直，高达30多米，除了少量树干有枝叶外，大部分树干常年光秃秃无叶，树枝朝下生长，枝条像伞一样张开，略微下垂，仿佛整棵树倒栽在地，是为倒栽杉。鲤鱼溪始于唐代、盛于清嘉庆年间，本有大小鲤鱼数千尾，颜色各异，但近年河道环境恶化，鲤鱼

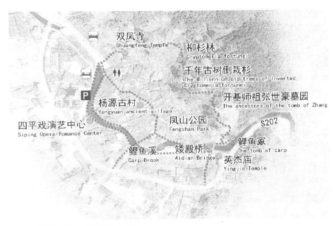

图1　杨源村空间元素分布图
（图片来源：截取自"清新福建"杨源乡导览图）

1　基金项目资助：福建省社会科学规划项目（FJ2017C046）；福建省自然科学基金项目（2018J05080）；福州大学人才引进科研项目（510440）。

2　邬胜兰，福州大学建筑学院，博士，讲师，350116，wuchinese@qq.com。

3　黄丽坤，福州大学建筑学院，博士，讲师，350116，26675148@qq.com。

溪的胜景难得一见（图2）。然而溪尾所建"鲤鱼陵"依然能显示出村民们对鲤鱼这一肇基始祖卜居祷告之物的重视（图3）。

鲤鱼溪的水尾有一座南北走向单孔平梁木廊桥，名矮殿桥（见图4）。始建于宋崇宁年间，重建于民国十八年（1929年），桥长19.5米，净跨10.7米，桥面宽6.5米，孔高3.1米，廊屋高5.5米，中亭廊高8.3米。桥墩用块石与鹅卵石砌筑，以11根直径约60厘米的杉木为梁，梁木搭在两岸的块石桥墩上，梁上横铺厚杉木板为桥面。桥面建有廊屋七间，立柱32根，抬梁穿斗式木构架。桥上有中亭三间，中亭东向设神龛，安置观音佛像，两旁有金童、玉女。桥北端设三层塔式焚化炉。廊屋两侧置木凳及木栏杆，供行人休憩。桥中的廊屋两侧铺钉双层风雨板，在上层两侧风雨板上开启六扇菱形、扇形、方形的几何形小窗。桥廊中间突起一座飞檐翘角的六角重檐歇山顶，两端为悬山顶。中亭三间顶上有八角覆斗式藻井。藻井及两边桥柱、桥壁、桁梁绘有共计三十二幅画彩画，大多出自清代画师江卿之手，形象逼真，画工精细，风格严谨，艺术造诣颇高。

矮殿桥得名于廊桥旁的英节庙。相传当年流行庙盖得越矮越灵验，因此英节庙盖得相对低矮，被称为矮殿，位于英节庙一旁的廊桥便称为矮殿桥。英节庙祭祀活动中，矮殿桥是祠庙空间的延伸，为重要的仪式空间要素之一。英节庙虽供奉着张八公等祖先，但其实质上是祭祀祖神的先贤祠，并不是杨氏宗祠，杨源村另建有杨氏宗祠，春节祭祖。同时杨源村还有其他多种信仰的祠庙，如双凤寺、铁坑殿、天王殿、圣母殿等。除英节庙外，其他各处均无戏台。

图2 鲤鱼溪及两侧民居
（图片来源：作者自摄）

图3 鲤鱼陵
（图片来源：作者自摄）

图4 矮殿桥
（图片来源：作者自摄）

图5 英节庙正立面
（图片来源：作者自摄）

图6 英节庙戏台
（图片来源：作者自摄）

图7 英节庙大殿
（图片来源：作者自摄）

二、英节庙戏场的型制与特征

英节庙位于杨源村东侧，鲤鱼溪水尾矮殿桥南岸，坐西朝东。始建于北宋崇宁年间（1102~1106年），元、明时期均有修建。现存建筑中，大殿为康熙元年（1662年）所建，戏台为道光三十年（1850年）重建，2001年被列为省级文物保护单位。英节庙是由戏台、两侧观廊以及大殿组成的一进天井院落（图5~图8），其基本型制为一殿一台式[1]，总占地420平方米，通面阔14.2米（不含加建厨房），通进深29米。戏台通面阔7.9米，通进深4.4米，台口宽4.3米，高2.7米。戏台为重檐歇山顶，内有八角藻井，壁上保存有四平戏戏神壁画，大殿面阔3间，檐下外廊宽2米，殿内进深12.4米，抬梁式结构，梭形金柱，山面两侧砌封火山墙。殿内供奉六尊金身塑像，朝东主位为张八公夫妇，左右有随从；朝北塑像为

---

1 作者在博士论文《从酬神到娱人：明清湖广-四川祠庙戏场空间形态衍化研究》中在将祠庙戏场的空间组合按照戏台和殿堂的数量及其组合方式分成一殿一台式、多殿一台式，一殿多台式和多殿多台式等，以此讨论祠庙戏场中祭祀和演剧两种因素在空间组合衍化中的关系。

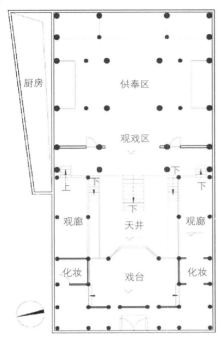

图8 英节庙平面图
（图片来源：作者自绘）

图9 拆戏台（图片来源：作者自摄）

图10 供奉祭品（图片来源：作者自摄）

图11 庙外等待的巡境成员
（图片来源：作者自摄）

副将郭荣夫妇，朝南塑像为张八公的儿子和侄子。近几年政府拨款整治杨源村环境，对英节庙也进行了修缮。

三、祭祀活动的演变

杨源村英节庙每年春秋两祀虽然分别源自于郭荣与张谨的生日，但是实际上两次的结构和流程大体上是一致的。主要是以巡境为主要内容的祭祀活动和持续三天三夜的演戏酬神。

1. 祭祀结构的传递

祭祀前一天上午杀猪祭祖，下午两点开始演戏，开台剧目为《蟠桃会》。成年男性准备第二天仪式的落实，成年女性在厨房准备第二天全族的聚餐。英节庙戏台下一侧张贴祭祖巡境队伍名单，其中缘首24人；举凉伞旗、举旨祀牌及神器、放神铳、打锣鼓方阵各24人，这四组按照族人年纪从年轻到年长安排，也可以说成年男性随着成长在不同的人生阶段分工渐次变化。巡境队伍的名单反映了宗族的尊卑伦理纲常。

祭祀当天，早上六点多，大部分人已经到英节庙做准备工作，各司其职。拆戏台，增补祭品，检查神铳，整理神像、旗帜和锣鼓等（图9~图11）。一切就绪，选择吉时放神铳和鞭炮，示意出发，两个手摇绣着"张"和"郭"大旗的人排列在最前，手拿着回避、肃静的木

牌的方阵紧随其后。接着就是24个拿着刀、斧、木槌、圆环等十八般武器的方阵，最后是两个随从举着凉伞。巡境是仿照古时的大将军出行的阵仗。队伍排列好后，10个人抬着五尊塑像走出庙门（图12）。沿途队伍经过各家各户都会在门口放鞭炮以祈求祖先保佑（图13）。

巡境路线沿着鲤鱼溪南侧绕过杨源村小学往山上走，行至山腰一开敞地，前有一座小庙，称"广惠宫"，传说这一带是八公当年的练兵和跑马的地方。将张八公、张八婆、佑灵公等五尊塑像在庙内一字排开，接着祭鼓，然后在庙内一侧，一人敲鼓，旁边两人打钹，两人打锣，还有几人边翻书边唱四平戏（图14、15）。剧目来自于村里传下来的手抄本，主要有《祝寿》、《奏主》、《求寿》等。

巡境队伍接着往山下走，绕鲤鱼溪北面经廊桥回英节庙（图16）。走过矮殿桥桥。首位抬着张谨塑像的人伴随着急切的锣鼓点，后面的人奋力摇旗呐喊，在

图12 巡境开始（图片来源：作者自摄）

图13 巡境每户门前放鞭炮
（图片来源：作者自摄）

图14 广惠宫祭祀（图片来源：作者自摄）

图15 广惠宫演戏酬神
（图片来源：作者自摄）

图16 巡境回程（图片来源：作者自摄）

图17 "冲进"（图片来源：作者自摄）

齐鸣的鞭炮声、和嘶吼的助兴声中快速冲进英杰庙内。随后抬着张八婆（张谨妻子）、姚祖公、佑灵婆、佑灵公四祖的队伍鱼贯冲入庙内，巡警活动至此告一段落。最后回到庙堂冲进的景象将整个祭祀推向了高潮（图17），村民们相信这种"冲进"的方式会给族人带来福气和好运。安顿好神像已是晌午时分。此后便是在两侧观廊下和殿外廊桥中大摆宴席，邀请亲朋好友一起共享盛宴，主菜即是开祭的土猪肉。

2. 祭祀细节的选择

杨源村祭祖活动基本上延续了整套祭祀结构：杀猪祭神—巡境乡里—广惠宫祀—迎神冲进—族人聚餐—演戏酬神。但在细节上进行了诸多"百无禁忌[1]"的选择。起初祭祀队伍需化妆，模仿古代的行军装扮，现已略去；神铳因为危险和国家对火药的控制，在仪式开始前用器械鸣炮取代，队伍中虽保留举神铳的方阵，但已无火药，巡境中的放铳也随之取消；队伍序列本严格按照成年男子的年龄安排，因为持续时间过长，中途有老人体力不支，换作家里的小辈，甚至女性都是被允许的；广惠宫演戏酬神时，庙外的军队阵形并不再严整排列，队伍和村民各就地休息、闲聊、等待；酬神的一些戏俗也渐渐失传。这些细节的调整，是在当代年轻人对部分

固守传统的怀疑中进行的选择，旧时宗族祭祀仪式带来的集体意识和文化心理无法在当代年轻人积淀和传输，而严格的尊卑伦理纲常礼法也无法得到认同。只有广谱的孝悌忠信道德核心能以现代的方式得以表达。因此，当下对形式细节的松绑，恰恰能维护传统祭祀结构的完整，维持更广泛的族人的凝聚力，使传统得以传承。

四、杨源四平戏的演变

1. 因传统而延续

据《政和县志》记载：四平戏明末清初传入政和，已有350多年的历史。其主要特点是无曲谱，沿土俗；古朴粗放，句末众人帮腔；后台无官弦，只有锣、鼓、钹、板四种打击乐器。其表演古朴精湛、唱腔激越高亢。前后台和唱，堪称戏坛一绝。杨源村现保存有清代的手抄剧本《陈世美》和《英雄会》等。戏曲界在20世纪70年代认为四平戏已消失，直到20世纪80年代，戏曲工作者在政和杨源村发现四平戏不仅存在，而且十分完整地保留着。

每逢祭祀，英节庙戏台都要演上三天三夜四平戏，四平戏的保存与祭祀活动密不可分。首先，四平戏

---

1 杀猪开祭时，族人即和祖先"说好"，祭祀要开始了，"百无禁忌"，从而相信即使犯错，祖先也不会责怪。

是族人每年两次的演戏酬神活动不可或缺的部分，使之随着祭祀活动的延续得以保存；其次，四平戏为祭祀活动服务，其演出的内容和形式必须服从宗祠的教化与规范作用，因而流传下来的剧目多以忠孝礼义为主旨；再次，宗族中人人演戏的氛围使得族人对四平戏的演出和延续产生自发的责任感，推动了四平戏的普及和传承；同时，杨源村组织四平戏演出团体——梨园会，使祭祀活动中的戏剧演出制度化，并确保了四平戏能在宗族中得以代代相传。尽管四平戏经过几百年的洗礼有幸以历史的完整面貌保存，但其在民间信仰和娱乐活动发生巨变的当代，依然面临巨大的生存挑战。

2. 因开放而传承

对于四平戏，年轻群体兴趣寥然，老年群体局限于酬神演戏，使其演出内容越来越窄，常演剧目也越来越少，再加上四平戏所使用的语言是早已弃用的土官话，政和能听懂四平戏的人，岁数都较大，随着年龄增大，观众群在逐渐丧失。四平戏剧团的演员也在不断减少，且年龄严重老化。伴随祭祀仪式传承了几百年的四平戏，亟待调整，才能跟上时代向前发展。

1）淡化戏俗

四平戏作为祭祀仪式的组成部分得以保存和延续，与民俗信仰的关系密切。在早期的剧目和戏俗等方面有较为明显的反应。其演出中祭祀性最强的当属开台仪式。这种仪式十分讲究，持续时间大概两小时。《四平戏传统剧目》第二集《开台大吉》所记为七出：鲁班先师、城隍、天兵、田公元帅、祭台、钟馗、玄坛元帅。整个过程，神圣接连上场，量台、净台、驱邪、洒台中符篆法术迭出。

目前这些戏俗和祭祀中的一些禁忌都随着村民们的那句"开始说好了，后面百无禁忌了"。开台演的剧目变成了热闹戏、吉庆戏，如《蟠桃会》、《八仙过海》等（图18）。当然，主要剧目依然依照传统宣扬忠孝节义，如《九龙格》、《穆桂英挂帅》和《孟娘与焦赞》等。不得不承认，当代民俗信仰产生了很大的变化，娱乐方式也层出不穷。对于神祇的崇拜，对于传统的遵从，可能更多的是老人们的坚守。因此，为了维系宗族的凝聚力，各种"讲究"也逐渐变成"百无禁忌"，戏剧故事和演员再也不是唯一吸引观众的因素，参与一项宗族的盛事，听并不太懂的官话戏，在全村的公共节日参与合家欢的社会公共交往活动，未尝不可（图19、图20）。

2）全民参与

淡化的除了戏俗，还有传统的男女界限。论起看戏，最初妇女只能在两边观廊，不得坐在正厅中间。演

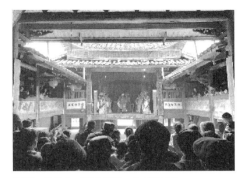

图18　蟠桃会（图片来源：作者自摄）

图19　台阶上看戏的小朋友
（图片来源：作者自摄）

图20　一旁卖零食的小贩
（图片来源：作者自摄）

戏的是清一色的男人，杨源的祖训也是"传男不传女"。四平戏传承人之一张旺洋解释："传男不传女不是说女的不能唱，主要是学戏不容易，你学会了嫁出去了村里传不下去，我们是要一直传下去的。"看来男扮女角当时也有传承的现实考虑。问及现在的情况，张旺洋开怀的表示，谁愿意学都行。实际上，从1952年起至今已经有过五代女演员，现在杨源村成人剧团女演员不在少数。

杨源村还将四平戏引入杨源中心小学。2006年杨源中心小学组建第一批24人四平戏小剧团，由杨源四平戏第十三代传人张孝友亲自教习。2009年，学校组织教师整理四平戏相关材料，开发校本课程，开始面向三四五年级的学生成立四平戏兴趣班，使四平戏变成了

小学生日常的生活内容。[1]

同时杨源四平戏也得到相关文化部门的扶持。政和县文化馆邀请戏曲、灯光、舞台监督等各界专家到杨源乡复排四平戏《九龙阁》，以恢复传统四平戏剧目。据悉，这次编排在保留四平戏原有特色的基础上，从剧本创作、艺术构思、音乐、舞美设计等方面推陈出新，力图用当代人的审美来传承和发扬传统地方戏剧。[2]

五、结语

对闽北杨源村英节庙祭祀活动和四平戏历史与现状的观察，发现传统祠庙戏场的社会功能及其文化内涵在当代发生了转变，传统的制度遭遇挑战，传统的观念日益淡薄。祭祀活动的教化和规范作用逐渐剥落，旧的尊卑伦常逐渐褪色，而其血缘维系以及道德核心强化的功能依然发挥着重要作用。因此，在继承祭祀结构的大框架下，对祭祀细节适当松绑，利于传统的民俗活动及其文化内涵得以延续。演戏酬神的传统在丰富祭祀活动的同时，使得其本身作为一种民间戏剧艺术得以

保存，面对当代的生存压力，以开放的心态吸纳传承人，以发展的思路的创新艺术形式使传统戏剧拥有更长的生命力。在这样的文化背景下，传统村落和传统建筑才能"活着"，也许这就是一直在寻找的传统乡村的意义。

参考文献：

[1] 邹自振. 中国四平腔之遗存——政和四平戏的历史与现状 [J]. 闽江学院学报，2007（03）：9–13.

[2] 吴秀卿. 福建政和杨源村英节庙会与四平戏的传承 [J]. 戏曲研究，2012（03）：258–279.

[3] 陈鲤群，王汉民. 宗教民俗与屏南四平戏 [J]. 中华艺术论丛 2007（00）：313–320.

[4] 王晓珊. 宗族演剧与农村女性的生存及文化现实——闽北四平戏田野调查札记 [J]. 戏曲艺术：2007（04）：57–61，65.

[5] 刘畅，曾朝，谢鸿权. 福建古建筑地图 [M]. 北京：清华大学出版社，2015.

1　闽北日报2017年12月21日报道：政和四平戏：古老艺术传承有了接班人

2　政和新闻网2018–04–27 21：36：26，责任编辑：郑轩欣：复排四平戏经典剧目《九龙阁》下月登台首演.

闽南传统民居的墙面装饰语汇

郑慧铭[1]

摘　要: 闽南传统民居的特征之一是以红砖为材料的立面上构造丰富的墙面。红砖形状多样、色彩丰富、组成多样的建筑立面,体现独特的地域特征与文化内涵。本文重点介绍泉州和厦门传统民居墙面装饰,其因地制宜运用乡土材料和装饰工艺,融合纹样和红砖雕刻等,体现吉祥的文化内涵和外来文化影响,形成建筑的地域特征。在美丽乡村建设的背景下,分析闽南传统民居墙面装饰,试图探索闽南传统墙面装饰,以期为地域性的传承与发展提供借鉴。

关键词: 闽南传统民居;镜面墙;装饰特色;文化内涵

闽南地区位于福建省的东南部,传统民居建筑特征显著,尤其是外立面的"镜面墙"装饰,色彩浓烈,细部装饰具有独特的地域特色。镜面墙又称为"镜面壁",位于外立面两侧的墙面,如图1所示。闽南地区的"镜面墙"相当于北方民居的"前檐墙",即建筑物前檐而自底至顶之墙,位于正面称为"前檐墙"[1]。"镜面墙"一般由带黑色烟熏的红砖和白色的花岗岩砌成。李乾朗将

镜面墙定义为:"正身建筑之正面墙,中央开门,左右开窗,镜有正面的之意。"墙壁承担着维护功能,闽南传统民居的镜面墙丰富立面形象,减少过长的墙面带来的视觉疲乏感,相对装饰隆重的凹寿入口,显得视觉平衡,衬托色彩,并赋予建筑文化以内涵。闽南传统民居的"镜面墙"根植于传统文化,又吸收了外来文化元素,逐渐形成具有地域特色的装饰,构成独特的建筑风貌。

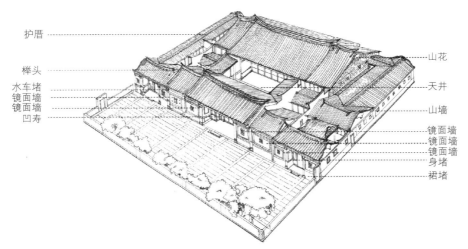

护�

桰头
水车堵
镜面墙
镜面墙
凹寿

山花
天井
山墙
镜面墙
镜面墙
镜面墙
身堵
裙堵

图1　闽南传统民居镜面墙(图片来源:作者自绘)

一、闽南传统民居墙面材料和构成

1. 镜面墙的装饰

"镜面墙"运用于建筑的立面,由下至上的构件由

柜台脚、裙堵、腰堵、身堵、顶堵和水车堵组成。底部凸出的石块称为"地牛"。地牛以上的墙基称为"�虎脚"或"柜台脚"。柜台脚以上称为"裙堵",裙堵用几块灰白色花岗岩砌成,石板材很大,称为"堵石",一般打磨光滑,没有雕刻,没有做拼接。裙堵之上称为"腰堵",腰堵用白石或青石的花岗岩组成,上面用

1　郑慧铭,北京联合大学,讲师,100084,86298263@qq.com.

浮雕雕刻花草纹样。裙堵之上是红砖的墙身，称为"身堵"。镜面墙的四边有线脚，在墙身用砖石砌成的凹凸的线框，称为"香线框"。香线框常用青石或红砖砌成，衬托中间的部分。如图2所示，"镜面墙"以各式的

花砖堆砌的图案，称为"拼花"，中间常有镂空的石雕窗，用白石或青石的方形或圆形的窗户，色彩效果突出。厦门地区常运用白灰底子上压印砖痕，再刷上颜色，形成"画假砖"的效果。

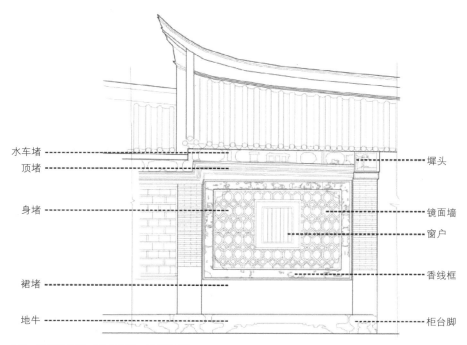

图2　镜面墙名称（图片来源：作者自绘）

水车堵

顶堵

身堵

裙堵

地牛

墀头

镜面墙

窗户

香线框

柜台脚

2. 红砖立面墙

泉州和晋江地区盛产红砖，色泽鲜艳、形状多样、品质较高。泉州地区的镜面墙砖缝较密，图案比较复杂，变化大。红砖采用田间泥土做成的砖坯，入窑后以松枝烧制而成，表面有黑色的纹理，又称为"烟炙砖"。泉州的传统民居常用红砖拼花堆砌"镜面墙"的手法。拼花的图案较多，强调端正、规律、对称、轴线和均衡等。泉州民居运用红砖在转角处以砖叠砌，封砖壁采用竖向堆砌，用"烟熏砖"砌成，以"一顺一丁"的组合，顺丁搭配美化墙角，形成独特的墙面效果。墙堵的分割处常用花砖组成的篆体对联，表明建筑的形象和身份，如蔡氏古民居的墙面用红砖白灰塑造篆体的"荔谱传家"。镜面墙构成形式丰富、和谐统一、庄重感、韵律感和材质美。

3. 灰塑墙

厦门、同安和漳州的墙面装饰多采用菱形砖、八角砖等堆砌的图案，砖缝比较大，常用白灰泥填缝，图案鲜明、色彩对比明显。牌楼面常用灰塑仿效砖纹，装饰

材料遵循"就地取材"，以乡土材料为主，色彩常见褐色、紫色和群青色。漳州地区常用厚重的红瓦，红砖和灰塑仿砖纹较多，立面的"水车堵"运用红砖、交趾陶和彩绘等构筑民居建筑。漳州南部的建筑红砖运用减少。

4. 牡蛎壳和出砖入石

闽南传统民居装饰依托地域性材料，泉州沿海地区常见"出砖入石"的堆砌、泉州的小岛和近海地区运用牡蛎壳墙和石头房。

二、墙面装饰的构成表现

闽南传统民居以砖石堆砌构成几何形态和抽象形态，主要分布于"牌楼面"和"镜面墙"，结合多种材料和工艺，形成简洁抽象，体现传统建筑的细节美。从现代构成的角度看，闽南传统民居的几何纹样具有韵律感，给人们一种特殊的视觉美感。图案的抽象特征产生视觉引导，组成严谨而富有节奏感的形象，营造秩序美、抽象美和理性美。红砖堆砌的几何构成具有虚实变化、对称均衡和现代的构成形式。"镜面墙"的几何纹

样装饰体现对称均衡和虚实变化，组成严谨而有活力的平面，体现浓厚的地域色彩，增加建筑装饰的文化气息。闽南传统民居装饰体现现代构成之美，构成形式包含：重复、近似、对比、集结、发射、特异、空间、分割、肌理及错视等。规则中体现变化，具有整体感、节奏感、构成美、视觉美和地域性。

1. 重复

重复是红砖"镜面墙"构成的主要形式，即运用同一个纹样重复实现，形成四方连续的重复图案。闽南传统民居常见重复的形式构成墙面，体现秩序美。泉州民居墙面的重复图案比较复杂，各种特制的砖比较多，

厦门的墙面重复图案相对疏朗，对比明显，白灰的勾缝线条清晰可见，如图3所示，以龟背纹进行重复构成。

2. 对比

对比是把具有明显差异、矛盾和对立的双方安排在一起，进行对照比较的表现手法。墙面的对比手法是把不同造型放在一起作比较，让比较中相互衬托。"镜面墙"的对比构成常运用两种以上鲜明的形状，衬托对比。如图4所示，方形、六角菱形和花形相互衬托。泉州民居的墙面的对比手法主要是用红砖大小对比、造型对比，厦门民居墙面多运用色彩对比，以灰塑的线条突出墙面的图案和形象，见表1。

图3 重复（厦门民居）

图4 对比（厦门民居）

闽南传统民居镜面墙的几何纹样列举　　　　　　表1

万字纹（厦门民居）	龟背纹（厦门民居）	龟背纹与万字纹（厦门民居）
回纹（厦门民居）	十字与菱形纹（厦门民居）	万字纹（厦门民居）

续表

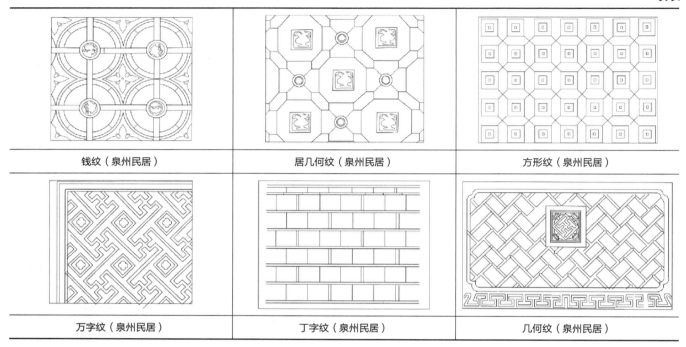

钱纹（泉州民居）	居几何纹（泉州民居）	方形纹（泉州民居）
万字纹（泉州民居）	丁字纹（泉州民居）	几何纹（泉州民居）

3. 近似

近似指相像而不相同的形状组合起来，以长短不同的形状，组成柔和的纹样。"镜面墙"运用"近似"的手法构成，如表1所示，厦门民居常用近似的手法，相邻的形象比较接近，如回纹、龟背纹、万字纹等组成的和谐效果。

4. 空间

空间是与时间相对的一种物质客观的存在形式。墙面的空间通常指四方（方向）上下，由长度、宽度、高度、大小不同的线组成。空间的线组成不同形状，线内便是"空间"。墙面以砖的大小、缝隙形成疏密的线条构成"空间效果"。如表1所示，万字纹与龟纹形成远近不同空间感，产生错觉趣味性。

三、墙面装饰的成因和文化内涵

1. 住宅的审美需要

镜面墙的产生来源于人们对住宅的审美需要，人们离不开装饰的空间就像生活离不开水一样，闽南人在住宅中追求多种材料的丰富装饰。闽南传统民居横向排

列的房屋与当地气候温暖湿润，商业发展等发展息息相关。"镜面墙"装饰满足人们的审美需要，构成建筑的立面形象，成为相对独立的装饰部分，体现人们对于自然山水环境的态度。如图5所示，多种材料和工艺手法装饰，增加建筑环境美感，体现人们的装饰需要和审美思想。"镜面墙"因主人的审美爱好不同，美化建筑的立面形象，给人们带来丰富的造型。"镜面墙"的几何纹吸收中国的传统纹样，如宋锦、连环纹、密环纹、方环纹、香印纹和罗地龟纹。清纹包含回纹、汉纹、拐子纹、丁字纹、菊花纹、海棠纹、龟背纹和如意纹等，这些丰富立面装饰，构成民居的特征。

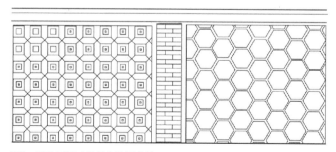

图5 两种不同砖拼美化墙面装饰（厦门民居）

2. 财富地位的炫耀

墙面的装饰源于人们的环境与资源。自然环境决定墙体材料，经济和技术影响传统民居墙面的材料、工艺和装饰程度等，体现价值观念和社会交往等。闽南传

统民居重视墙面装饰与地区经济发展和技术相适应。封建社会的中后期，闽南地区人口剧增，严重缺粮，从明代开始不少人外出谋生，艰苦创业，致富后携财返乡，置田地、建豪宅。区域内的农业、手工业和海外贸易方面的崛起，在全国的经济上占有重要的地位，为大批量民居建设奠定了经济基础。闽南地区与中原地区相比，除农耕以外，狩猎、捕鱼、商业和手工艺发展很快[7]。富裕起来的闽南商人数量较多、经济实力强。他们将建房造屋作为人生中一件大事，聘请当地优秀的工匠，运用多种红砖材料和装饰手法，愿意花费大量财力打造精细的大厝。立面墙的装饰往往体现建筑的等级和主人的身份地位。在闽南的传统村落中，拥有优美的墙面装饰的民居往往是社会地位和经济地位较高的家族。

3. 吉祥的文化心理

建筑大师贝聿铭曾说过："建筑是有生命的，虽然它是凝固的，可在它的上面蕴含着人文思想"。闽南地区墙面装饰纹样装饰从原始社会的图腾与符号发展而来，图腾暗含超自然的神力，纹样保留文化的渊源，以抽象符号进行分解组合。古人将人们的美好愿望归纳为"五福"，如《尚书·洪范》曰："一曰寿，二曰富，三曰康宁，四曰攸好德，五曰考命终"。闽南传统民居墙面纹饰对称均衡，具有构成美，体现吉祥文化。闽南传统民居墙面装饰蕴含吉祥如意和幸福美满的愿望，体现人们对"五福"的追求。康定斯基在《点、线、面》中提到"诗的节奏是可以通过直线和曲线予以表现的。"

闽南传统民居的墙面装饰纹样包含万字堵、古钱花堵、工字堵、龟纹、蟹壳堵、海藻花堵、人字堵、龟背纹、风车纹和蝙蝠等。墙面的几何纹样是简化的装饰符号，寓意丰富的吉祥内涵，唤起人们的情感。六角形寓意长寿，八角形寓意吉祥如意，圆形砖象征美满幸福，双喜的圆形砖代表喜庆。钱纹作为四方连续的纹样，双环相扣，寓意富贵、财源滚滚。蝙蝠纹隐喻富贵吉祥；龟背纹是六角形图样，寓意长寿延年。万字纹是古老的符号，在古印度、波斯、希腊等国家有出现，婆罗门教、佛教均加以使用。万字纹隐喻万事如意、生生不息、子孙永续和万代连绵。方胜纹是两个方形相扣或是两个菱形相扣，寓意爱情幸福长久。风车纹是类似风车的纹路，寓意生命与活力。篆体拼合成的福、寿、对联等寓意长寿。红砖堆砌成的几何图案，表达人们对幸福安定、吉祥如意的向往。红砖墙面常用不同的砖石砌成的墙框，称为"香线框"，四边有线脚，称为堵框，

色彩突出，对比明显，构成完整的墙面，体现工匠的精巧技艺和匠心营建。

4. 西方文化的影响

闽南地区距离中央政权较远，受儒家文化的影响较浅，在封建礼教和道德伦理方面的根基也比较浅，建筑成为文化交流的载体。宋元时期，闽南地区是著名的港口，各地商人和宗教文化涌入泉州。闽南人们包容性的心态形成文化交流的环境，建筑装饰容易吸收西方建筑特征。红砖墙面的装饰与中西方的文化交流密切相关。近代以来沿海的商贸发达，受到西方文化的影响、历史和地理等原因，文化包容性增强，地方文化特征显著。西方的天主教、伊斯兰教、佛教和道教等宗教的传播带来不同的文化和知识。南商人与海上丝绸之路的贸易，外国商人在闽南地区的居住和文化交流，给传统民居及装饰带来多元化的特征。闽南地区的近代文化活跃，建筑的形式和细部装饰随之多元化。

闽南地区有很多大厝是由华侨出资兴建的，间接上也促使了建筑发达，装饰工艺越渐精细。闽南地区的泉州市和厦门地区靠海，与国外的建筑文化接触中，不同程度上吸收其装饰特征。泉州墙面装饰采用红砖的拼贴和镶嵌，局部装饰吸收和融合外来文化，体现西方建筑文化的影响。

19世纪20～30年代，闽南沿海地区民居的镜面墙和对看堵受到日本和中国台湾装饰的影响，运用马约利卡瓷砖替代传统的红砖。马约利卡瓷砖的形状是方形的，20厘米左右，底色为白色，釉色鲜艳，当时比较流行。闽南地区、台湾和金门的部分传统民居运用此类瓷砖，色彩雅致、图案醒目。

四、结语

闽南传统民居的墙面装饰运用当地的材料和独特的工艺，包含丰富的文化内涵，折射了时代审美，体现地域建筑文化，具有独特的生命力。传统材料在闽南的设计师和工匠的手中，组合成具有强烈地域色彩的造型，透露出艺术气息。墙面的装饰表现传统建筑的细节精致、现代构成、虚实对比、比例和谐、材料丰富、组合整体等。闽南墙面的装饰作为传统建筑文化的特征，展示闽南人们的文化、生活、装饰艺术，是地域建筑地的形象特征和精神空间，为区域文脉和建筑风貌产生影响，也为我们探索地域性建筑提供经验和启示。

参考文献：

[1] 苏万兴. 简明古建筑图解 [M]. 北京：北京大学出版社，2013.

[2] 李乾朗. 台湾古建筑图解事典 [M]. 台北：远流出版社，2003：75.

[3] 曹春平. 闽南传统民居 [M]. 厦门：厦门大学出版社，2006：91.

[4] 王建华. 山西古建筑吉祥装饰寓意 [M]. 太原：山西人民出版社，2014：131.

[5] 楼庆西. 砖石艺术 [M]. 北京：中国建筑工业出版社，2010.

[6] 林静、杨建华. 涵化与交融——泉州传统民居红砖墙装饰特色与适应性探索，华中建筑，2014.

[7] 朱志勇. 越文化精神论 [M]. 北京：人民出版社，2010：182.

论乡土文化与乡土建筑兴衰

——以广东徐闻珊瑚石乡土建筑的兴衰为例

陈小斗[1]

摘 要： 广东徐闻珊瑚石乡土建筑群的发展是一个自然而漫长的历程，是当地人居智慧长期积累的结晶，包含了对既往和现实生活、功能以及环境问题的应对方式，而且与当时的经济、人文、历史条件密切相关。然而，尚存的珊瑚石乡土建筑群日益被拆除与遗弃，珊瑚石——乡土建筑——乡土文化，这三者是一个相辅相成、共同兴衰的关系，归根结底是乡土文化问题，其独具特色的乡土文化和研究价值尚未引起学术界的广泛关注。

关键词： 广东徐闻；乡土文化；乡土建筑；珊瑚石

一、乡土文化与珊瑚石乡土建筑的发展

早在原始社会时期，人类就利用天然石材砌巢居、洞穴，石建筑经历了悠久的历史过程，已经发展为一个非常成熟的体系。珊瑚石乡土材料是广东徐闻县沿海自然条件和社会历史背景下的产物，它聚落于乡间原野，千姿百态，显示了"源于海洋，归于自然，不污染大地"的巨大优势。珊瑚石同属于天然石材，珊瑚石建筑的发展历程，也是我国石建筑历史的一部分。但珊瑚石建筑与它所属的乡土文化的特殊性有着紧密联系。主要因素归纳为以下方面：

1. 岭南海洋性

广东徐闻位于雷州半岛最南端，古时候为百越之地，远在新石器时代中后期就有先民活动。[2]广东徐闻土著居民主要是"南越"族，也有入迁的最富有海洋文化特性的闽潮人，主要分布在沿海、沙流附近，过着渔猎和刀耕火种的生活。贝丘遗址是岭南早期人类居住或活动的遗址，遗址中有动物残骨，还有可食用的蚝、蚶、蚌、螺、蚬等贝壳，反映了当时渔、猎活动以及食物状况遗存。[3]在雷州半岛文化遗址中，有多处海洋性生活遗址，其文物中有大量的石锛和陶制网坠等捕鱼工

具，显示当地居民的远古时代起就与海洋结下不解之缘。这些都反映了岭南先民长期与大海打交道，注重捕捞业、养殖水产、耕海晒盐、发展海上运输和贸易，形成了海洋农业文化和海洋商业文化，成为福佬系和广府系共有的海洋文化特色。

广东徐闻先民为了索取能够抵御海风腐蚀的建筑材料，使用最广泛的有牡蛎（蚝）壳、珊瑚石、海带等，这些海洋资源材料量大、易取、经济、可循环再利用等特点，选取该建材主要是因为沿海地区雨水多，不宜搞夯土技术，而且常年受海风吹、强度大、盐分高，对建筑物腐蚀强，所采用的建材必须适应这种海洋自然环境，以蚝壳砌筑的房屋。在今天的广东沿海有遗存，当地称为"蚝壳屋"（图1），在广东徐闻西南部尚存几处珊瑚石屋古村落（图2）。

2. 外来迁徙性

迁徙是一种文化迁徙，甚至是新的文化进一步形成的过程。有文献证实，岭南在古代就有五次大的迁移潮，其中自唐迄宋，不断有闽人迁至雷州半岛，到两宋时期，雷州半岛已出现很多福建莆田移民聚居的村落。元以后仍有北方人，特别是闽南人相断迁徙雷州，落籍于斯。位于广东徐闻西连镇水尾村附近浅海捞起的一件战国乐器铜甬钟，表明春秋战国以来本地区是南

---

1 陈小斗，广东财经大学华商学院艺术设计系，专任教师，511300，423247696@qq.com。
2 湛江市地方志编纂委员会. 湛江市志 [M]. 北京：北京中华书局，2004：25-17.
3 陆元鼎. 岭南人文·性格·建筑 [M]. 北京：中国建筑工业出版社，2005：32.

图1 广州小洲村蚝壳屋
（图片来源：作者自摄）

图2 雷州半岛西南部传统珊瑚石屋
（图片来源：朱法提供）

海北部沿岸商旅航线的一部分，受中原和楚文化的影响。道光年间兴筑台湾凤山县城就采用珊瑚石，是年代可考的用于建筑中的最早实例，[1]而在广东徐闻角尾乡南岭村，1988年出土发掘汉墓，墓室全部用珊瑚石构砌（图3、图4）。[2]这些表明闽南文化通过迁徙和岭南文化有着千丝万缕的联系。迁徙带来的中原文化、荆楚文化、巴蜀文化、吴越文化等地域文化，这些外来的地域文化与广东徐闻土著文化交流融合，发展成为具有特质的岭南特色的乡土文化。

图4 珊瑚石棺盖构件残部（图片来源：作者自摄）

图3 花岗石棺盖构件（图片来源：作者自摄）

3. 经济落后性

广东徐闻地处僻远，远离中原政治中心，历史上战乱较少，社会环境较为稳定，政治得以保持相对的独立和稳定，客观上有利于经济发展。但自隋以后，南方"海上丝绸之路"不再经过琼州海峡，逐渐减少了海外

贸易。长期维持传统的农业型和社会自给性的农渔生产与民间集市贸易，这种自给自足的生产生活形态导致乡土文化的封闭性和经济落后性。

广东徐闻的村落是相当典型的传统农渔村，当地的生活水平还是比较低，收入也不稳定，这里的住房一般面积小，用材也有限，也买不起红砖，于是人们使用"牛车"这种廉价交通工具，到岸边礁坪挖取并运回珊瑚礁石，建造房屋和烧制石灰。以珊瑚石构成屋墙，围成院落和芒草（石珍芒，类芦）盖顶的房子，经济又耐用，有冬暖夏凉的功效。在这种落后的乡土环境中，广泛采用土生土长的、就地取材的珊瑚石从而形成大范围聚居的乡土建构。

4. 匠作制度传承性

匠作制度是工匠师们长期实践中形成的营建规

1 湛江市地方志编纂委员会. 湛江市志［M］. 北京：北京中华书局，2004：25-173.
2 赵焕庭等. 广东徐闻西岸珊瑚礁［M］. 广州：广东科技出版社，2009. 53.

则，是工匠营建技艺和经验的结晶。[1]古代官方对营造法式的总结有宋《营造法式》、清《工部工程做法》，民间匠师总结的《鲁班经》、《营造法原》是极其难得的民间营造术书。乡土社会中匠作制度多以师徒传授的方式和"口诀"密授建造技艺，再根据现场的实际情况，进行适当的改造加工，甚至有些村民采取"仿造"的形式自营建造。

广东徐闻各个渔村先前就有一批专门从事珊瑚石建构的民间工匠师，长期的实践使他们积累精湛的技艺和经验，对于兴建的规模、标准、形式结构、珊瑚石料选择等方面有一套"通行法则"（图5~图9）。这套民间营造的"通行法则"世世代代相传下去，使得珊瑚石建筑形成一定规模且风格统一，这是民间匠作制度传承的"效应"所在。

图5　珊瑚虎皮石墙（图片来源：作者自摄）

图6　珊瑚石转角处理局部　　图7　珊瑚石墙交互式砌筑
（图片来源：作者自摄）　　　　（图片来源：作者自摄）

二、乡土文化与珊瑚石乡土建筑的衰落

随着时代发展，传统乡土建筑受到前所未有的冲击和侵蚀，当地居民普遍认为乡土的就是土的、旧的、过时的、落后的。古村落古镇陆续有人迁出或者干脆

图8　珊瑚石乡土建筑窗框体系（图片来源：作者自摄）

图9　珊瑚石灰缝处理局部　（图片来源：作者自摄）

拆掉另新建砖石建筑，导致原乡土建筑功能和形式基本消失，自发新建的砖建筑完全抛弃了乡土的历史传统，取而代之的是标准的"小洋楼"。目前，珊瑚石乡土建筑正处于衰落状态，逐渐被拆除，传统珊瑚石建构术也被遗弃、淘汰，珊瑚石乡土建筑成为尚未消失的"古迹"。珊瑚石乡土建筑衰弱的主要因素体现在以下方面：

1. 聚居观念的更新

广东徐闻古村落是以一个血缘宗族为单位聚居成为一个聚落的，往往表现为以一个姓氏为一个聚落，这种聚族而居的形式使珊瑚石乡土建筑取得"整体性"和"稳定性"。而在当代文化信息日趋多元化，冲击着乡村居民生活圈，乡村生活方式逐渐开放化。传统的聚居观念产生巨大的变化，使人们不得不接受现代的多元的聚居方式，原有的珊瑚石建筑聚居群体被逐步瓦解。

1　李晓峰. 乡土建筑——跨学科研究理论与方法[M]. 北京：中国建筑工业出版社，2005：48.

2. 经济条件的改善

随着农村产业结构的调整改革，带来了建设社会主义新农村的浪潮，村村相通硬质水泥路，种植业、捕捞业、养殖业也蒸蒸日上，使农民整体经济水平得到极大改善。村民普遍以为落后和贫困的珊瑚石老建筑已不适应现代的生活需求，甚至有些村民产生"耀富"心理，只要经济许可，他们宁可建造奢华的小洋楼，也不愿意再按照传统的样式建造新型的珊瑚石房屋。于是各村落迎来了"建房热"，珊瑚石乡土建筑逐渐被拆除（图10、图11）。

图10 被拆除的珊瑚石乡土建筑（图片来源：作者自摄）

图11 新旧建筑对比（图片来源：作者自摄）

3. 生活方式改变和人口变迁

当代多元文化日益冲击着居民生活圈，当代乡村居民职业构成已逐渐多样化，不单单只是从事捕捞业和养殖业，还有从事个体经营，做工或服务性行业，这些工

作方式的变化必然带来生活模式的改变。与之相应的聚居形态必然产生变异，当代各村落中形成了许多家庭加工或家庭服务性行业，家居生活形态呈现"上宅下厂"的格局。另外，村落中"准专业的"乡村施工队建造的文体活动中心、体育馆、敬老院等缺乏乡土文化的建筑物也掺杂在乡土环境中。笔者在调研过程中还发现由于大多数年轻人长期在外打工，有些半定居于城镇，甚至有些致富者将全家迁往工作地。人口的变迁导致久无居住的珊瑚石乡土建筑变得破败不堪，久而久之，往日珊瑚石乡土建筑的规模性和统一性越来越模糊，甚至完全消失（图12、图13）。

图12 被遗弃的珊瑚石乡土建筑（图片来源：作者自摄）

图13 破败不堪的珊瑚石乡土建筑（图片来源：作者自摄）

4. 技术进步和材料更新

科学技术"第一生产力"给乡村人们的价值观和生活方式的改变产生日益广泛的影响，也带来了建造技术的进步和建筑材料的更新。钢材、混凝土、铝合金、玻璃、PVC及各类面砖等一系列的现代建材层出不穷，随

着乡村交通条件改善和商品经济的发展已逐渐延伸至各个村落。新技术、新材料及设施的普及，对于传统聚落的珊瑚石乡土建筑面貌的影响更是显而易见的，"准专业的"施工队因掌握新技术和先进设施，在乡村建造队伍中占有主导地位，而传统民间工匠师受到的重视程度都大大下降。珊瑚石乡土建筑技术逐渐被世人遗弃、淘汰。

5. 资源短缺和保护

珊瑚石的开采源于珊瑚礁，而珊瑚礁为鱼类及其他海洋动植物的生存提供了一个良好的栖息环境，对保护海洋生物资源和生态环境起着极大的作用，同时珊瑚礁还被各海洋科研院校广泛应用于古地质地貌和古生物物种的研究。近年来，当地居民粗放的生活方式给珊瑚礁带来很大的负面影响，如炸鱼、翻挖礁石、养殖珍珠、养殖虾贝等严重破坏珊瑚生长环境的活动，造成珊瑚种类减少，珊瑚礁资源退化。因此，国家颁布法律法规全面禁止违法挖掘破坏珊瑚礁行为，至此珊瑚石材料短缺。

从文化功能论的角度，文化的存在必然有功能在起作用，即有其存在的必要性。根据出土的汉代珊瑚石墓，可判断人们利用珊瑚石可以追溯到三千年前，千百年以来，珊瑚石乡土建筑聚落居住环境非常适宜，珊瑚石建构方式经过百年传承积淀下来，采用珊瑚石建造房屋，围成院落，构成了乡土文化的底色之一。这是由于不是作为上层建筑的"文化"选择了"材料"，而是作为经济基础的"材料"造就了"文化"。

因此，珊瑚石乡土材料不能一概否定和抛弃，也并不是提倡人们肆无忌惮地开发珊瑚礁资源，但已经被拆除的珊瑚石建筑物所遗留下来的珊瑚石以及遗弃在乡间原野上的珊瑚石应该重新循环利用，而对尚存的珊瑚石乡土建筑实体形态加以保护。如果做到开发和保护相结合，就能使珊瑚礁成为可持续发展利用的资源，造福于人类。

三、结语

不可否认全球化下工业化建造方式在我们这个特

殊历史时期的重要作用，然而传统乡土建筑体现着与之相应的地方传统和民族特色，饱含着乡土社会的历史文化信息，具有历史、艺术和科学价值。因此，珊瑚石乡土材料不应该被现代人所遗弃，我们在保护珊瑚石乡土建筑实体形态及相关思想文化的同时，也必须对珊瑚石传统工艺加以保护和传承，研究和保护它们是保护建筑文化遗产科学价值的需要。广东徐闻有着丰富的海洋文化资源，它既有中国海洋文化共有的气质，也有着特定区域的海洋文化特质，其区域珊瑚石乡土建筑是在特定的地域社会文化氛围中形成和发展起来的，是真正融为岭南海洋文化特点的有机构成。在保护和发展的同时，更加努力探索海洋环境下乡土建筑的本质，从而建立真正意义上的建筑民族特色。在针对国际化、信息化的社会，文化领域的趋同现象给人们带来的种种困惑，为更好地保护地方特色和延续乡土文化，宣扬生态文明的绿色观念，在"美丽乡村"建设中，推广以乡土为题材的"生态型村落"。

参考文献：

[1] 费孝通. 乡土中国 [M]. 上海：三联书店，1985.

[2] 陆元鼎. 岭南人文、性格、建筑 [M]. 北京：中国建筑工业出版社，2005.

[3] 曹春平. 闽南传统建筑 [M]. 厦门：厦门大学出版社，2006.

[4] 司徒尚纪. 中国南海海洋文化 [M]. 广州：中山大学出版社，2009.

[5] 赵焕庭等. 广东徐闻西岸珊瑚礁 [M]. 广州：广东科技出版社，2009.

[6] 李晓峰. 乡土建筑——跨学科研究理论与方法 [M]. 北京：中国建筑工业出版社，2005.

[7] 湛江市地方志编纂委员会. 湛江市志 [M]. 北京：北京中华书局，2004.

中国古代建筑装饰形象的文化符号解读

杜　鹏[1]

摘　要： 以分析中国建筑装饰语言中最基本的文化意识为基础，介绍了中国古代建筑装饰形象生生不息的特点，从鱼的图案与子的符号两个角度研究了建筑语言中阴阳对立统一的思想，以更好地解读中国古代建筑装饰文化的内涵。

关键词： 建筑；装饰；文化；语言；思想

中国古建筑有着灿烂辉煌的历史，几千年来勤劳聪明智慧的中国古代劳动人民在这片土地上留下了许许多多让后世感叹的优秀建筑：宏伟的宫殿、神秘的宗教寺庙、肃穆的陵墓、宁静的园林……这些不同的建筑组成中国古代建筑多彩的画卷。这些精美的建筑不仅具有实用性和审美性，同时也传承着中国传统文化及其人文精神；这种文化与人文精神仍值得现代设计加以继承与发扬。

建筑虽然是一种造型艺术，但建筑与绘画、雕塑不同。它不能像绘画、雕塑那样用笔墨、油彩在画布、纸张上任意涂抹；亦不能像雕塑家那样对石料、木料、泥土任意雕琢和塑造。

建筑首先是为人所造，供人所用。即建筑要满足人的各种物质活动需求，在此前提下，同时满足人的精神活动需求。而建筑要满足人的精神活动需求，最好的途径是通过建筑上的装饰来表达。因此，可以说建筑装饰，不仅赋予建筑以美的外表，更赋予建筑以美的灵魂。

一、生命与繁衍意识是中国建筑装饰语言中最基本的文化意识

中国古代建筑装饰历史悠久，艺术风格与技术手法独特，不仅具有丰富的外在形式美，而且蕴含着深邃的思想内涵和文化意义。它体现了整个华夏民族的哲学观念、文化意识、感情气质和心理素质。中国古代建筑装饰经历几千年历史演变，凝结了中国人的智慧，是古

代建筑工匠们对中国传统文化的传承和延续。

所以要想了解中国古代建筑装饰文化内涵，就必须了解中国的传统文化，传统文化是祖先留下的文化密码，不了解中国传统文化，就无法解读中国古代建筑装饰文化的内涵。

所有的文明中，都将宇宙的起源作为最根本的哲学问题来回答。宇宙如何生成、宇宙的构造乃至演变是人类最基本的世界观。人类各种文明成果、文化形式都离不开对世界观的表达。

《易经》是中国传统文化的三部源头经典之一，而易的思想是"众经之首、大道之源"。建筑文化作为传统文化的重要组成部分，解读中国古代建筑装饰中的文化内涵自然离不开《易经》。《易传·系辞·上》："易有太极，是生两仪，两仪生四象，四象生八卦"。太极者，阴阳混合混沌未分；两仪者，阴阳也。中国传统文化追溯宇宙的起源，将宇宙形成的最初"一秒"描述为混沌化分阴阳。阴阳交合始生万物，生的还能再生，从而生生不息。

这种由混沌化分阴阳，阴阳交合而生万物，万物生生不息的观念，正是传统文化对宇宙起源的高度概括。而万物依着一定的法则生生不息，最终形成的阴阳五行学说构成了中国传统文化的世界观的核心。

宇宙的起源是宇宙的生，生生不息是宇宙繁衍的基本法则。因此生命与繁衍是宇宙中一切生物的本能，生命意识与繁衍意识也是人类的基本文化意识。

中国古建筑丰富多彩的装饰纹样，充分体现了这种阴阳五行的世界观，具体则体现在生命与繁衍的意识。

1　杜鹏，太原理工大学建工学院建筑系，讲师，030006，1847335191@qq.com.

二、中国古代建筑装饰形象的文化解读

中国古代建筑装饰形象归根到底是以生生不息为特点的阴阳观念，这个观念决定了中国古代建筑装饰的题材和主题。下面，我们通过分析中国古代建筑装饰形象，来解读华夏民族的文化内涵。

1. 阴阳的对立统一

在出土的汉唐墓葬的壁画、帛画及画像石中，女娲、伏羲是数量最多的画像内容之一。特别是人首蛇身的画像内容大体相同，伏羲与女娲以手相拥，蛇躯的两尾交叠，暗示着阴阳交合，表达生命的延续和再生。两人头上有圆轮一，象征日；两人尾下有月牙一，内画玉兔，象征月，表示宇宙阴阳的基本构造。女娲一手执规，伏羲一手执矩，以示规天矩地，把握阴阳变化的规律（图1、图2）。

中国文化的世界观中，认为世界是阴阳的、阴阳是共生的，所以在建筑设计和装饰中处处体现了这种阴阳的对立统一。

北京故宫太和殿前东侧有石制的"日晷"（图3），西侧则对称置放着一个内装"嘉量"的石亭子"嘉量楼"（图4）。日晷用日影测量时间，象天，为圆形，象征着阳；嘉量用于测定空间体积，象地，为方形，象征着阴。这两种礼器寓意着阴阳的和谐统一，是帝王统治天下的象征。因为国家的统一，首先是建立在阴阳和谐的基础上，是天地的一统。皇权只有能与宇宙时空建立联系，才是至高无上的。

在中国民居正屋前的中间位置，都要设天地之位。两边对联写着"天高悬日月，地厚载山河"（图5），这是百姓生活中期盼风调雨顺、国泰民安的美好祈愿的反映，而这个美好的祈愿要靠遵循阴阳、顺应天地自然变化来实现。

图1　伏羲女娲像

图2　伏羲女娲画像石

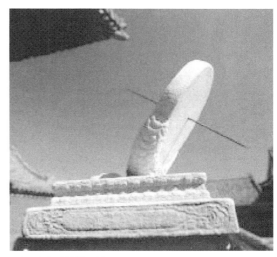

图3　太和殿前的日晷

图4　太和殿前的嘉量

图5　民居前的天地之位——百姓遵循自然、顺应自然的象征

这些都是中国古文化中阴阳思想的集中反映。

2. 阴阳对立统一思想在建筑语言中的运用

1）有关鱼的图案

在中国古代建筑装饰形象会见到很多鱼的图案，很多人认为这是对自然的模仿，期盼丰收的寓意。但中国传统文化是写意文化，写的是《易经》，不是对自然客体的模拟，而是要表达阴阳五行，生生不息的宇宙观。

从西安半坡出土的新石器时代人面鱼纹彩陶盆，到今天建筑装饰上的连年有余，其中有关鱼的图案都是太极图中阴阳鱼的符号（图6～图9）。

图6 砖雕双鱼图案

图7 （仰韶文化，距今约7000年）
人面鱼纹彩陶盆

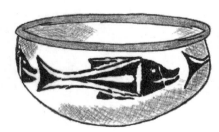

图8 彩陶图案

图9 古太极图

中国传统文化是从复杂的自然现象和社会现象中直接指出阴阳的本质，以及阴阳相交化生万物的基本观念。在中国古代建筑装饰形象中有很多对称的植物动物形象，其实它们都是传统文化的阴阳符号。如"鱼戏莲"中的鱼、莲图案。鱼动，动为阳，喻男；莲静，静为阴、喻女；莲多子喻连连生子，也是阴阳相合、男女相合、生命繁衍的文化符号。

因此，中国古代建筑装饰形象归根到底要表达的思想是：混沌宇宙母体之中孕有阴阳二气，二气交感化生万物，万物生生不息。人类亦是天地所化生的万物之一，从而形成天人合一、万物同源的思想。

2）有关"子"的符号

半个世纪以来现实主义理论一直是我们认识和解释中国古代建筑装饰的模式。所以认为中国古代建筑装饰中大量的牛、马、羊、鸡、猪、女娃喂鸡、女娃戏鸟、兔子吃白菜、老鼠吃南瓜、老鼠啃葡萄等题材，都是反映百姓的劳动生活，其主题是对劳动生活的热爱和对收获果实的喜悦。如"老鼠啃葡萄"（图10），"老鼠吃南瓜"（图11），现实主义版的解释是：由于今年南瓜葡萄大丰收，请老鼠你来吃吧，似乎只是表达了劳动之后对大丰收的喜悦心情或祈盼。

其实"老鼠吃南瓜"是《易经》中"复卦"的写意表现（图12），艺术性地表达了阴阳相合、生生不息的

图10 山西常家庄园木雕"老鼠啃葡萄"

图11 老鼠吃南瓜　　　　　　　图12 复卦

中国传统文化世界观，寓意着子孙繁衍、生命延续。

老鼠，是指十二地支中的子（子鼠），代表阳，是《易经·复卦》中一阳来复的一阳。南瓜代表阴，是指《易经·复卦》中的五阴。

老鼠与南瓜两个形象合起来正是《易经·复卦》的写意，表达一阳来复。一日有十二时辰，而子时的一阳来复是一天的开始；一年有二十四节气，而冬至的一阳来复是一年的开始。一阳来复正是阴阳转换的关键点，天地完成了周而复始的循环得以生生不息。

人亦如是，重视并保护好此关键点的一阳，才能保证人类完成生生不息的循环轮转的能量储备。故而中国人的养生特别强调睡子时觉，而冬至节也是传统的重要节日。《后汉书》中有这样的记载："冬至前后，君子安身静体，百官绝事，不听政，择吉辰而后省事。"意思是在天地阴阳转换的节点，人要休养生息，连朝廷都放假休息，更何况其他商旅，也要停业。因此在冬至习俗中，就有家家团圆祭祖聚餐，至后来又有吃饺子（交子）的风俗。

这才是中国人在生活中、在艺术上、在家宅的门廊上要重点表达的思想，是对生活的指导，而不是简单地对丰收的庆祝。

综上所述，中国古代建筑装饰体系是一套与中国传统文化相协调统一的体系，是中国传统文化世界观在建筑上的艺术表达。它描述了生命的起源和运行法则，提示人们在阴阳五行世界观的指导下生活起居。

通过理解古代建筑装饰中的文化符号，我们慢慢接近祖先的智慧，看他们如何把生命的真谛融会到生活的细节中去，以助于我们对未来建筑设计、建筑美学的探索。

武翟山村传统民居营建与文化传承

张婷婷[1] 黄晓曼[2]

摘 要： 山东嘉祥武翟山村历史悠久，民居以石工营建为主，受周边环境的影响，构建了独具特色的建筑形式，对运用在建筑不同的结构部位选择不同的石头种类。通过对武翟山村的实地调研、村民访谈进行了研究，其中对建筑营建、建造文化以及文化传承进行测绘、调查与分析。

关键词： 武翟山；石材；营建

引言

　　武翟山村，名不及近旁的武梁祠（武氏祠），但保护完整、风格独特的石头民居使其成为具有研究价值的传统村落。居民因地制宜，就地取材，利用地理优势开山采石，因此民居建筑的建造原料以石材为主。"石头房"成为人们对武翟山村认知的一种代表符号，并且整个村子以其为特色发展。武翟山村的居民在此代代传承着建筑最初营建方式中所蕴含的文化和思想观念，追求人与自然的相互融合。在任何一座乡土建筑中，遗留下来的建筑文化都是得以用来欣赏的，可以从这些建筑文化中表达出先人对未来生活的美好追求，同样也是如今社会对传统村落与乡土建筑文化保护与传承的重点。

一、武翟山村地理环境

　　武翟山村位于山东省济宁市嘉祥县城南30公里，隶属于纸坊镇，位于纸坊镇东南方，济宁机场以南，洙赵新河从北方流过注入南阳湖，与京杭运河联通，交通便利。村庄倚靠紫云山、武翟山，有全国重点文物保护单位武氏祠（图1）。全村约1700人，土地约1800亩，气候适宜，四季分明，以种植水果以及大田作物为主。

图1　武翟山地理环境（图片来源：作者自绘）

二、武翟山村建筑营建

1. 规划布局

　　1）民居村落布局

　　在中国的传统村落中每个村落的形态各有特色，武翟山村因地制宜，择吉聚居，村落规划整齐清晰。武翟山村环境宜人，依靠自然、顺应自然，从100多年

山东省社会科学规划研究项目"京杭运河山东段城镇民居建筑类型研究"（16CWYJ11）

1　张婷婷，山东工艺美术学院，硕士，250300，1835551785@qq.com。

2　黄晓曼，山东工艺美术学院，建筑与景观设计学院，副教授，250300，huangxiaoman@sdada.edu.cn。

前，在此处定居，村落靠山临水而居，整个民居建筑在紫云山、武翟山山脚下，以条状排列式组合，一户挨一户，整齐且有规律，后在武翟山村北建以"武梁祠"，并以此为村落的起始点向南部扩建，形成了传统村落以武梁祠为起始的布局体系。

2）民居房屋内布局

村落民居房屋内的布局，按个人意向，各有不同，有二合院、三合院以及四合院平房等形式。院落内的地势依次升高，寓意着住户"步步高升"。在房屋边缘，与邻居交界处，隔一条不足一米的夹道，居民称为"夹道子"，即水道，用于流淌院子内的水，以防下雨或从山上留下的水在院子里形成积水，院落内路不能通行时，也可从此处通过。

院落内分堂屋、腰房、东屋、西屋等（图2），根据房屋的方位及用途的不同而定，房屋分为"上首"和"下首"，"上首"房屋高，一般为堂屋，是最好的房间，给老人居住，"下首"稍低，一般为东屋、西屋、南屋，给儿孙居住。

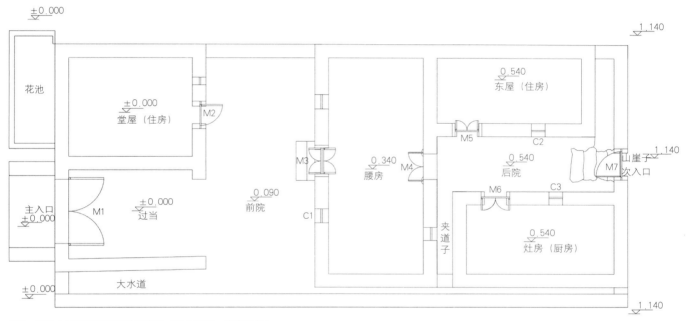

图2 武翟山村民居院落测绘平面图（图片来源：作者自绘）

2. 石材在建筑的应用

武翟山村居民通过就地取材，对石头特点、质地和纹理的应用，塑造了独树一帜的石头村落形象。村中皆是采用石材所建造的，比如石墙、石板路、石屋等，（图3），这种以石材所建造的房屋使该村落的建筑门窗外观都以简单、实用为主，并无过多装饰，却也从古拙中透露着细致与精巧。

民居房屋以石材为基本材料，皆是各家按需，从山上凿石所建，武翟山村巧妙借助地势、因地制宜，将民居与周围环境相融合，营造出自然和谐的氛围。

1）墙体的构建

民居建筑墙体的砌筑方法显示出古人的建造工艺精湛，先把大石头凿刻解开，再将其进行打磨，而后在外面嵌灰缝，室内抹灰，当地取用以黏性土、水、沙子、和石灰按照一定比例混合而成的黏土砂浆，涂抹在石材缝隙黏合处。为了使建筑的外观和美观，达到与自然环境融合的效果，根据使用部位的不同，对石材进行分割，在当地经常采用一种被称为"层赶层"的砌筑方法，这种方法所砌出的墙面平整度要求较高，维持原色彩及纹路的一致性，具有立面的条理感、厚度感，同时加强表面的观赏性，增强了民居的艺术美。它们的组合方式大都是从下到上石头的大小逐渐减小，在底端基础部分的石头最大且最为坚硬，而打磨的较为方正的石头则用于转角以及与空气接触的建筑结构处，而装饰处，一般会选用硬度较小的雕刻打磨，以便更好地展现雕刻的纹路及图案，例如：门卡石（图4）、门腰、拱券门石、拱券窗石以及转角石等都是采用硬度较小的石材。

2）屋顶的构建

屋顶采用砖石叠砌而成，当地人将平屋顶称为"平房"，有弧度的屋顶则称为"弯房"，其更利于排水。根据测绘以及访谈调研，武翟山民居营建时把砖石堆砌应用在女儿墙部分，即防护墙。当地称女儿墙为"乌

图3 武翟山村民居（图片来源：作者自摄）

图4 门卡石花纹
（图片来源：作者自摄）

阵子"，在平屋顶上起防护作用，砖石的尺寸一般是：240毫米×115毫米×55毫米为新砖，重约5斤以及260毫米×130毫米×70毫米为老砖，重约6-7斤，女儿墙大都为三层，也有极少量的一层或四层，当地居民把一层女儿墙称之为"平阵子"，三层屋顶的女儿墙则称之为"霸王阵"，女儿墙内侧四周设排水凹槽，探出外墙面20~30厘米左右，俗称为"滴水"。

3. 民居房屋结构

整个房屋皆是先用砖石、青砖堆砌，留出门框以及窗框的位置，后期再加之，门框以及窗框皆是由木材制成，两种材料相结合，完美贴合，尺寸十分合适。

通过调研与测量，屋顶结构组成材料铺设具有地方特点。大多屋顶由层层不同的材料堆叠，一般叠至六层或七层，由下至上依次为梁、檩条、望砖、石灰土、砂土、瓦或石板。还有一种是草顶，在檩条上铺一层厚芦苇草，有的将竹子代替檩条起支撑作用。这些房屋历史久远，被损坏后并没有进行大规模整修，而是用其他材料的替代物加以整改，也是不用大规模修缮的应对之策。

4. 武翟山的建造文化——以堪舆术为基本的营建思想

风水理念是人们对生活方式的反映。从村落的地理位置选择、河流的治理，到民居住宅的门朝向、梁的安置、灶台的摆放等皆反映了这种观念。古时人们选择定居之地皆找寻风景秀美、水资源充足、光照良好之处。于是有"玉带环腰""背山面水"等理念。

阴阳五行、神仙方术是汉代人民最通俗的信仰，作用于社会生活的各个角落，这些通俗信仰以其巨大的潜在力量，深刻影响着人们的生活方式与行为准则，更

是与武翟山村落的民居营建密切相关。阴阳五行观念是汉代人的思想核心之一，它把南方楚地的阴阳学说和北方的五行思想以及伦理道德观念的融合，用阴阳五行学说来规范一切事物。

在武翟山村落中，常见"泰山石敢当"碑体，装饰有浅浮雕花纹，镶嵌在墙体上，用以辟邪，常嵌于街巷之中，尤其是在丁字街口处，被称为凶位的墙壁上。

人们对大自然的崇敬以及自身的宗教信仰皆影响着乡土民居建筑的发展。这些营建理念是古人们在挑选定居地点时，对当地的环境、气候、地势等各建筑要素的总概括。

三、武翟山村落的文化传承

我国政府在《关于推进社会主义新农村建设的若干意见》中，对新农村建设提出了相关要求。在村落规划建设方面，提出："吸收传统村落布局手法，发掘地方优秀的民居建筑文化、传统文化、民俗风情等，凸显地方和乡土特点"等要求，可见对农村传统建筑文化和具有特色的地方文化进行保护和传承是对新农村建设在文化传承上所提出的具体要求，其中还包括对乡村传统建筑形式和非物质文化遗产或遗存的保护和传承。因而通过此武翟山村的居民们对民居建筑有了保护意识，认识到其为前人所留下珍贵的传统文化，应该加以维护，而不再是对房屋进行肆意改造，最大限度地维持其原貌，对其地方特色加以传承，在村落里可以发现，大部分房屋都没有进行重建，在时间的冲刷下有的地方已经损毁，屋主会以原来结构形式进行修缮，而不是加以改建，因而到现在，还可以在村子里看到百年老房的痕迹。在武翟山村，当地的风水先生称根据长期建房的经验而学会看风水，年轻时是石匠，会开山打石，这项技

艺是由父辈传授的，从前村里的木匠、石匠也会通过拜师傅来学习建造房屋的技艺，可见，在武翟山村中，建筑的传统技艺并没有丢失。

从文化角度来分析，村落是居民们利用和改造自然的成果，包含了人们的创造性活动，在自然生命的基础上增添了更高层次的文化生命，因而对村落的认识不应该只关注人工空间环境以及建筑物本身，还应包括村落中的居民及其生活方式，同时还包括以人为主体所遗留的众多文化遗产。传统建筑环境特指传统遗留下来的具有一定文化特征和价值的建筑环境，如武翟山村落民居建筑在构建中所讲究的风水理念和建造中所蕴含的吉祥寓意，对民居筑造结构以及取材的独特之处，无不体现了先人的智慧，凿石建屋，令人赞叹。应在保留其特色的基础上对其进行保护或改造，而不应该任其被破坏，在城镇化过程中，改进生产方式和建设生活设施的同时，为了使其文化传承，应新农村的建设、村落传统民居环境和非物质文化遗产三者共同发展的建设形式，为居民创造现代舒适的生活环境，形成具有家园感和精神场所的民居建筑氛围。维护乡村生态环境，保持其地域文化多样性，对于农村地区以致整个社会的协调发展都具有重要的含义。

四、结语

山东的传统村落考察和研究工作一直未得到应有的重视，其中武翟山村落民居研究资料阙如。社会不断发展，人们的生活水平不断提高，更多的人往城市发展，村落里多数为老年人，伴随着这样的变化，这些传统民居正在逐步没落。武翟山村传统民居的营建智慧，对现代化乡村建设具有重要的参考价值：一，对古村落执行严格的保护规划；二，对物质文化以及非物质文化遗产加强维护；三，在保留其村落特色的基础上改善村落的整体环境，对居民的生活环境同样也加以改善；四，建立传统技艺的传承队伍，实现匠师与工艺技艺体系的完整传承。

通过对武翟山村的现场测绘，对其房屋类型、构造、文化、技艺有更深层次的了解，用测绘的形式将这些具有特色的传统建筑记录下来，对传统民居建筑予以重视，使其民居的营建特点与营造文化得以传承。

参考文献：

[1] 卢轩菲. 东阳市蔡宅村蔡氏宗祠建筑研究 [D]. 浙江理工大学，2016.

[2] 张香芝. 明清古村落的建筑特色研究以山东省孝里镇方峪村为例 [J]. 艺术教育，2016.

[3] 彭兴. 乡土建筑的营造理念与思想基础——以鄂南水乡平原地区古聚落为例 [J]. 建筑与文化，2014.

[4] 张鸽娟. 陕南新农村建设的文化传承研究 [D]. 西安建筑科技大学，2011.

[5] 魏峰，郭焕宇，唐孝祥. 传统民居研究的新动向——第二十届中国民居学术会议综述 [J]. 南方建筑，2015.

建筑装饰吉祥图案在闽南传统民居建筑空间中的应用
——以蔡氏古民居建筑群为例

来雨静[1]

摘　要： 蔡氏古民居以其突出的代表性被列入国家级文物保护单位，被誉为闽南传统建筑中灿烂的瑰宝，是闽南文化的载体、也是闽南传统民居的活化石。其建筑装饰精巧繁复变化万千，吉祥文化作为建筑装饰语言表达的特色深深地渗透在闽南人民的居住环境之中，如同一面镜子反映了闽南地区特定历史时期的多元文化特征和内涵。本文期从建筑空间的角度，探讨建筑装饰吉祥图案的应用情况。

关键词： 闽南传统民居；蔡氏古民居建筑群；建筑空间；装饰吉祥图案

一、蔡氏古民居建筑群建筑背景概述

蔡氏古民居建筑群位于福建省南安市官桥镇漳里村，始建于清末，于民国初期完工，建造者为清朝菲律宾华侨蔡启昌及其子蔡资深。建筑群由东部向西部逐一建造，自清朝同治年间开始至宣统三年时完工，前后耗时竟长达45年。

这具有浓厚闽南地方特色的建筑群廊回路转，雕梁画栋，技艺十分精湛。其建筑用房的功能齐全，除居住外，还有聚众理事祭祀之用的宗祠，有围墙等防御性设施，反映出蔡氏古民居群是一个具有防御性、秩序性、自给自足的场所，是家族观念和宗族意识强化的产物，集中体现了中国传统生活方式——"聚落而居"（图1）。

图1　蔡浅别馆、蔡浅厝全景图（图片来源：网络）

二、建筑布局与空间形态

蔡氏古民居建筑群现存的保留较为完整的民宅大厝总共有16座，遗址20余处（图2），占地面积从350到1850平方米不等，依次前后平行排列，有序的分布于大约3公顷的长方形地块中，南北约长100多米，东西约长200多米。每个建筑的中轴线均以南偏西5°，这是闽南地区夏季防晒冬季防风的最佳朝向。

如图2所示，东边十座大厝由排成三排三列的九座外加最东边一座而组成，其中最早建造的为蔡启昌投资的启昌厝和攸楫厝，建造年代都为同治丁卯（1867年）前后，自此之后其余均为蔡启昌之子蔡资深投资建造。蔡资深首先建造位于东部的世双厝，随后于光绪己丑（1889年）建造南面的世佑厝、德梯厝、彩楼厝[2]，祖厝现已重建，最北边一排世煌厝民国期间毁于火灾，东北角德棣厝建于光绪癸巳（1893年），最东端为醉经堂，是全聚落大厝建造时间最晚，光绪末年至宣统三年（1908～1911年）期间建造而成，供聚落族人宴请客人、休闲聚餐，之后用作学堂。西侧5座大厝排成两排，南侧为建于光绪壬寅（1902年）的蔡浅别馆和建于光绪癸卯（1903年）的蔡浅厝相连，蔡浅别馆为招待客人之用，蔡浅厝为蔡资深万年自用。随后北侧的德典厝、德典书房和世用厝陆续建成。西北侧宗祠与孝友

1　来雨静，山东城市建设职业学院，古建筑工程技术专业教师，250014，523287073@qq.com。
2　在方拥先生《泉州南安蔡氏古民居建筑群》一文中，提出建造时间最早的为世佑厝、德梯厝、彩楼厝，于光绪乙丑（1865年），而根据门额纪年实际这三座大厝应建于己丑（1889年），古民居群建造最早的应为建于同治丁卯（1867年）的启昌厝和攸楫厝。

图2 蔡氏古民居总平面图（图片来源：作者自绘）

第大门都向西开，均被拆毁。最北端2座与中部3座世切厝、世子厝、德恩厝、德昆厝、寿星厝均为家族管家、经理所建或换地资助堂亲而建，其平面形制与建筑装饰都比蔡氏家族所居稍逊一筹。

典型案例选取原则：①建筑内各空间装饰较为平均，②具有蔡氏古民居群各类建筑空间形制代表性，③包含各建造时期的建筑案例（即自东向西平均选取），④保存相对完整且没经过大规模的翻修及重建。因此经分析筛选典型案例分别为：蔡浅别馆、蔡浅厝、彩楼厝、德梯厝、启昌厝、德棣厝和世佑厝。

本章在全面的田野调查记录921幅吉祥图案的基础上，对不同的装饰作品进行多向度分类整合与数量记录，从装饰吉祥图案与建筑空间这个方面探讨建筑装饰吉祥图案在建筑中的应用，完整地呈现目前作为闽南传统民居最具代表性的蔡氏古民居中装饰艺术的现状分析。

三、吉祥图案与建筑空间

因其建筑装饰主要集中于建筑主要使用空间处，将其主要使用空间部分进行简单分类如下：①塌寿，即建筑正门入口处内凹一至三个步架空间的门斗，几乎所有闽南大厝都使用此入口形式；②下厅，即建筑的门厅，两边的下房、角间多作为次要房间使用，为建筑过渡空间；③交通空间，榉头口联系前后落，使天井四周十分通透，檐下的空间狭小多作走廊使用，因此将榉头口及下廊、巷廊统一称为交通空间；④顶厅，是供奉祖先、神明和接待客人的地方，面向天井，宽敞明亮，是最重要的使用空间。在此空间的分类基础之上进一步探讨建筑装饰吉祥图案的使用分布情况（下面将以蔡浅别馆、蔡浅厝、启昌厝为例分析）（图3）。

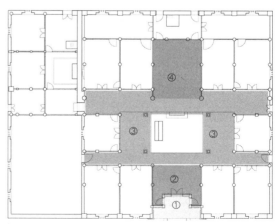

图3 蔡氏古民居空间示意图（图片来源：作者自绘）

1. 蔡浅别馆

蔡浅别馆的基本布局形式为五间张双落单边护厝大厝，其原护厝部分现已倒塌重修，且建筑装饰损毁严重，蔡浅别馆较晚期建造，古时为接待客人用房，从整体上看，顶厅出现了全部题材的装饰图案，而建筑整体人物类与走兽类使用都较为丰富，用此类题材装饰空极其精彩，能够为客人展现蔡氏家族的艺术修养和丰厚财力（表1）。

2. 蔡浅厝

蔡浅厝为较晚期建造，蔡资深晚年自住用房，也是整个建筑群中布局最完整的一厝。从整体装饰分布上看，其人物类题材的使用情况也是整个建筑群中所占比例最高，走兽花鸟类也运用丰富，可见此建筑装饰的精彩程度。屋脊处龙吻雕塑也是蔡资深被封为"资政大夫"的象征（表2）。

3. 启昌厝

启昌厝为最早建造的大厝之一，其装饰题材及数量都不如中晚期建造的建筑。从整体来看，人物类及走兽类题材使用居多，且建筑中出现了全部种类的题材图案，即可见在当时情况下，蔡资深之父蔡启昌所建之宅精巧华美，经济实力雄厚。而题材内容出现琴棋书画、四爱、渔樵耕读等贤人雅士喜闻乐见的内容，可以看出蔡氏虽多年在海外经商，且侨界称壕，但仍心系故土，"久远之业，商不如农"和"期盼读书为官"的思想也根深蒂固（表3）。

蔡浅别馆典型吉祥图案与建筑空间分布比例　　　　　　表1

空间类型		吉祥图案类型							
		花鸟类	走兽类	器物类	人物类	蔬果草木类	鱼虫类	仙禽神兽类	几何文字类
①塌寿	牌楼面	6.9%（2/29）	10.3%（3/29）		27.6%（8/29）	10.3%（3/29）	3.4%（1/29）	10.3%（3/29）	
	对看墙	6.9%（2/29）	13.8%（4/29）			3.4%（1/29）	10.3%（3/29）		
②下厅		42.9%（6/14）	14.3%（2/14）			42.9%（6/14）			
③交通空间		81.8%（15/11）	9.1%（5/11）			9.1%（1/11）			
④顶厅		37.5%（12/32）	6.3%（2/32）	6.3%（2/32）	21.9%（7/32）	3.1%（1/32）	3.1%（1/32）	3.1%（1/32）	18.8%（6/32）

（表格来源：作者自绘）

蔡浅厝吉祥图案与建筑空间分布比例　　　　　　表2

空间类型		吉祥图案类型							
		花鸟类	走兽类	器物类	人物类	蔬果草木类	鱼虫类	仙禽神兽类	几何文字类
①塌寿	牌楼面	16.7%（9/54）	20.4%（11/54）		18.5%（10/54）		1.9%（1/54）	3.7%（2/54）	
	对看墙	5.6%（3/54）	9.3%（5/54）		14.8%（8/54）	3.7%（2/54）		1.9%（1/54）	3.7%（2/54）
②下厅		41.7%（5/12）	8.3%（1/12）		25%（3/12）	25%（3/12）			
③交通空间		56.1%（32/57）	12.3%（7/57）			19.3%（11/57）		5.3%（3/57）	7.0%（4/57）
④顶厅		25.9%（7/27）	14.8%（4/27）	7.4%（2/27）	33.3%（9/27）	7.4%（2/27）		3.7%（1/27）	11.1%（3/27）

（表格来源：作者自绘）

启昌厝吉祥图案与建筑空间分布比例　　　　　　表3

空间类型		吉祥图案类型							
		花鸟类	走兽类	器物类	人物类	蔬果草木类	鱼虫类	仙禽神兽类	几何文字类
①塌寿	牌楼面	24.1%（7/29）	17.2%（5/29）		34.5%（10/29）	6.9%（2/29）	3.4%（1/29）	3.4%（1/29）	
	对看墙	3.4%（1/29）	3.4%（1/29）			3.4%（1/29）			
②下厅		33.3%（2/6）			33.3%（2/6）			33.3%（2/6）	
③交通空间		5.6%（1/18）	22.2%（4/18）	22.2%（4/18）	33.3%（6/18）		16.7%（3/18）		
④顶厅		9.1%（1/11）	18.2%（2/11）		18.2%（2/11）	18.2%（2/11）		9.1%（1/11）	27.3%（3/11）

（表格来源：作者自绘）

四、各类空间的吉祥图案分析

本节分析基础资料来自于全部调研所得记录数据。在分析的过程中，可以看出建筑装饰和建筑空间的一致性，即位于中轴线空间处的装饰题材及数量最为丰富和精彩。由于时间紧迫，笔者并未进行匠师访谈，因此只能基于装饰图案的分布表象作出浅显地推断，期望有机会通过匠师访谈，深入研究补充成果。

1. 塌寿

塌寿空间处主要装饰主要集中在牌楼面和对看墙。总体来说，花鸟类题材使用量最多，其次为人物类和走兽类题材，其他题材图案均有出现，但不作为主要类型使用。牌楼面的吉祥图案使用量要多于对看墙处，牌楼面较多使用花鸟类及人物类，其次为走兽类；而对看墙处多使用花鸟类及走兽类，其次为人物类。在裙堵、柜台脚处常使用螭龙纹作装饰，作为建筑入口空间，较少使用器物类和鱼虫类题材图案（表4）。

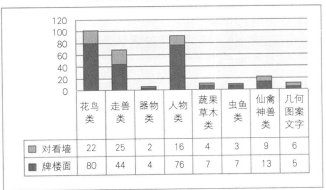

塌寿吉祥图案使用情况　　表4

	花鸟类	走兽类	器物类	人物类	蔬果草木类	虫鱼类	仙禽神兽类	几何图案文字
对看墙	22	25	2	16	4	3	9	6
牌楼面	80	44	4	76	7	7	13	5

作为建筑中轴线的起点和进入建筑的入口，塌寿为装饰的重点空间之一。人物类及走兽类题材主体动作神态情节丰富且精彩，因此较为常用，花鸟类题材在建筑装饰中的应用最为广泛，塌寿处使用量也较多。

2. 下厅

其装饰主要集中于槅扇及栋架处。由图表可得知下厅空间处花鸟类与人物类题材依然最为常见，而槅扇处形状尺寸都较为规整，适宜各类雕刻题材构图，栋架处则常用仙禽神兽题材雕刻，装饰整体数量较其他类型空间较少，且没有出现几何图案文字类装饰类型（表5）。

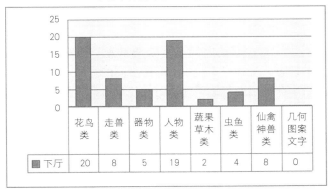

下厅吉祥图案使用情况　　表5

	花鸟类	走兽类	器物类	人物类	蔬果草木类	虫鱼类	仙禽神兽类	几何图案文字
下厅	20	8	5	19	2	4	8	0

下厅空间虽作为"门厅"类空间使用，但此空间位于中轴线处，也是较为重要装饰空间。花鸟类、人物类题材使用居多，以精彩呈现匠师技艺，而又因其为过渡性空间使用时并不作长时间停留，所以不用文字类装饰。

3. 交通空间

交通空间主要指下巷、榉头口及巷廊，这类檐下空间多作为走廊使用，因此归为交通空间。其装饰主要集中在建筑栋架处及槅扇。各类题材的使用情况较为平均，但以花鸟类题材的使用最为突出，走兽类、人物类、蔬果草木类居于其次。因通随、束随、看随等建筑构架形状扁常，适于惹草纹样类较宜于延展和变形的题材，螭龙纹也多出现于建筑栋架之上（表6）。

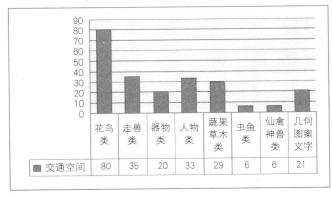

交通空间吉祥图案使用情况　　表6

	花鸟类	走兽类	器物类	人物类	蔬果草木类	虫鱼类	仙禽神兽类	几何图案文字
交通空间	80	35	20	33	29	6	6	21

交通空间是附属使用空间，并没有位于中轴线空间处，不是重点装饰空间，但又需要建筑装饰使得暴露的厚重的木栋架看上去灵巧轻盈，并在格栅部位点缀雕饰丰富空间效果，因此最常见花鸟类题材。交通空间覆盖面积较大，且多以槅扇违和，统计总数也较多。

4. 顶厅

顶厅是顶落的明间，是奉祭祖先、神明和接待客人的地方，是在建筑使用中形制最高的空间。其装饰主要集中在槅扇处与栋架处，题材与数量都非常丰富。以人物类题材的使用最为突出，其次为花鸟类图案。几何文字类题材多出现于槅扇格心部位与横批窗处，步口槅扇常见"狮驼鼎炉、象荷果盘"的博古题材，因此走兽与器物类题材图案分布也较广，较少出现鱼虫类及蔬果草木类题材图案（表7）。

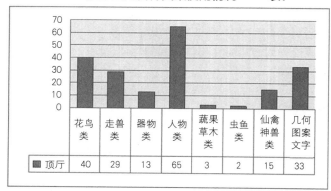

顶厅空间吉祥图案使用情况　　 表7

	花鸟类	走兽类	器物类	人物类	蔬果草木类	虫鱼类	仙禽神兽类	几何图案文字
■ 顶厅	40	29	13	65	3	2	15	33

顶厅不仅位于中轴线空间处，也是最重要的使用空间。以最精彩且技艺最精巧繁复的人物类题材来展现屋主的财力、建筑的华美和匠师的技艺。也因待客起居的功能性用文字类进行装饰，以表达自身的修养追求和传教后人。

蔡氏古民居建筑群背后折射出的历史价值，既包括建筑历史和人文历史，还包括地域文化的积淀，是无法复制的建筑历史与文化遗产。建筑装饰各方面特征的渊源关系与建筑本身的生存环境、建造背景是分不开的，在与建筑的统一共融中，对人们赖以生存的生活空间进一步丰富美化，也共同表述着地域文化特征。蔡氏古民居建筑群是地域精神和文化信仰的物化形态，也因此散发着代表闽南古民居的惊人魅力与生命力。

参考文献：

[1] 曹春平. 闽南建筑 [M]. 厦门：厦门大学出版社，2006.

[2] 曹春平. 闽南传统建筑 [M]. 厦门：厦门大学出版社，2006.

[3] 沈福煦. 中国建筑装饰艺术文化源流 [M]. 武汉：湖北教育出版社，2002.

[4] 方拥. 泉州南安蔡氏古民居建筑群 [J]. 福建建筑. 1998（4）.

[5] 王岚，罗奇. 蔡氏古民居建筑群 [J]. 北京交通大学学报. 2003（2）.

[6] 刘大平、顾威. 传统建筑装饰语言属性解析 [J]. 建筑学报. 2006（06）.

结合闽南传统建筑工艺发展传统村落产业研究

李建晶[1]

摘　要： 闽南传统建筑工艺具有较高的艺术价值和科学价值，然而在现代社会中这些传统工艺发展停滞并逐渐退出历史舞台。本文选取闽南传统村落浦西城堡为研究对象，结合闽南传统建筑工艺，以艺术家工作室的形式发展文化产业，并带动当地经济发展。

关键词： 闽南传统建筑工艺；传统村落；文化产业

引言

去年，中共中央办公厅、国务院办公厅印发了《关于实施中华优秀传统文化传承发展工程的意见》，其中指出保护传承文化遗产、滋养文艺创作和融入生产生活等要求，同时指出实施中国传统村落保护工程和传统工艺振兴计划。善于从中华文化资源宝库中提炼题材和汲取养分，把中华优秀传统文化的艺术价值与时代特点和要求相结合，运用丰富多样的艺术形式进行当代表达。

闽南传统村落的保护研究更多的是关注建筑物本身的形制、布局特点、审美特征等方面，但忽视了对闽南传统建筑工艺技术的保护。闽南传统建筑工艺技术被"轻视"的原因是"重人文轻技术"的传统价值观念的影响，匠人社会地位低下使得从事该行业的人及其所掌握的工艺技术得不到社会的重视。同时，新材料、新工艺技术的出现，使传统建筑工艺技术退出主流建筑舞台。

闽南传统建筑工艺是联系建筑遗产的历史价值、艺术价值和科学价值的重要纽带，既有技术成分，又有艺术成分。所以，对于闽南传统建筑工艺的传承发展也是对传统村落保护和发展的重要组成部分。

一、闽南传统建筑工艺介绍

闽南传统建筑工艺类型多样、色彩丰富，充分反映了各个时期的人民生活状况及建筑艺术水平，具有极

其丰富的内涵和意义，汇集当地的人文历史和建筑艺术。本文研究的闽南传统建筑工艺包括木作、砖作、石作、灰塑、剪粘、交趾陶和彩画。

1. 木作工艺

闽南地区木材产量比较多，木作的用料讲巧、技术相对成熟、做工精巧，工艺突出，成为主要的建筑工艺手法。闽南传统工艺匠人善于运用各种雕刻手法将一个普通的建筑构件，变成一件精美的艺术品。

闽南传统建筑木作主要分为大木作和小木作。大木作是直接承受重量的梁、柱、檩等建造房屋木构架，闽南民居的大木构件一般不做过多雕刻，仅在梁头、柱头等处做些线脚或曲线，如梁头的鱼尾纹、柱头的卷杀，以及斗拱、瓜筒等表面有浅纹雕饰。小木作是指建筑装修和木制家具，多雕刻装饰线脚，小木作在闽南称为"细木作"。属于小木作的有建筑构件，如门窗、挡壁、托木、束随、梁引等木雕构件，还有室内的陈设家具。

2. 石作工艺

闽南地区盛产石材，石作在闽南传统建筑中运用很广，结构与装饰相结合，这也促使闽南的石雕技艺高度发达。在闽南建筑中，尤其是在惠安、石狮等沿海的民居，石材得到了充分的运用。

在闽南建筑中，石作主要包括柱础、门楣、门档、塌寿、排水口、栏杆和柜台脚等，民居中运用白色

1　李建晶，厦门大学嘉庚学院，讲师，363105，lijianjing@xujc.com。

花岗岩和青斗石的构件。闽南传统建筑的石雕装饰艺术价值最高，尤其是凹寿两边的壁堵上，采用青斗石，结合线雕、缕雕、浮雕和圆雕多种雕刻手法，雕刻细腻，刀法熟练。

在闽南的石雕中还有将这些方法混合使用雕刻，即以圆、浮、沉多种雕刻方法组合使用于某一件石雕作品上，这种组合使用方法能够表现较复杂的内容和庞大的场面。这种综合方法运用大大的增强了作品的表现力，使得石雕作品极富于层次感，视觉效果也更加丰富。

3. 砖作工艺

闽南传统建筑是砖石混砌，而砖瓦选取的是本地红土绕制产品，一种称之为"烟炙砖"的红砖。红砖形成建筑史上的独特之处，可见砖在闽南传统建筑的作用和地位。

闽南的砖作用红砖，绝大多数属于"窑后雕"。先在砖坯上雕刻，再入窑烧制，称"窑前雕"，在已经烧好的砖上雕刻，称"窑后雕"。窑前雕的线条较为流畅生动，花纹可以有深浅变化，造型突出。窑后雕的线条较硬直，边缘有锯齿状，画面平整，线条浅显。

闽南传统民居的砖雕多施于墙堵和门额等处，尤其是凹寿两侧的"对看堵"，用大块的方砖雕刻后拼成一整幅画面。由于红砖易碎，砖雕多用浅浮雕或线刻的技法为主，所以闽南建筑的砖雕技艺不及石雕技艺。

4. 灰塑工艺

闽南民间灰塑很早就已经比较发达，闽南灰塑造型奇特，色彩多样，艺术效果十分优美。灰塑，又名灰批或泥塑，在闽南传统建筑装饰中，灰塑主要作为辅助的装饰手法，点缀在其他装饰类型间，是特有的一种装饰手法。

灰塑这种特殊的建筑装饰方法，它是以建筑灰泥为主要材料，加上蛎壳灰（或石灰）、麻丝、煮熟的海菜，有时添加糯米浆、红糖水搅拌和捶打后，将灰泥捏塑成形，可以在灰泥中直接调入矿物质色粉，也可在半干的泥塑表面彩绘，等待其风干作为建筑装饰作用。

闽南传统建筑的灰塑彩绘多用与祠堂、寺庙、住宅的水车堵和身堵等处。如屋檐下的水车堵和山墙规尾处的悬鱼等，常用高浮雕的形式表现人物、山水、花鸟等多样题材，表达了人们对美好生活的向往和追求，体现了其思想观念和意识形态。

5. 剪粘工艺

剪粘是闽南古建筑上的一种装饰工艺，主要的技法为"剪"与"粘"。盛行于福建、广东和台湾地区，是一门以残损或廉价的彩色釉瓷器为材料，利用粗木钳、木槌，砂轮等工具，剪敲磨成形状大小不等的瓷片进行粘贴。

剪粘的色彩鲜艳、造型生动、立体感强，多安置于视觉焦点之作，通常运用在传统建筑的屋顶、水车堵和榫头部位，在宫庙祠堂建筑屋顶的运用尤为常见，也最为突出醒目。

剪粘的题材主要有山水、花鸟和动物纹等。民居的屋顶比较质朴，通常是花鸟题材的剪粘，主要集中在屋顶的中堆和两翼。寺庙屋顶的剪粘，题材包含龙凤、宝瓶、宝塔、天神等，脊堵常见花草图案、人物纹样，造型丰富、立体感强。

6. 交趾陶工艺

交趾陶是起源于清朝道光年间，是闽南民居装饰的常见手法，并流行于闽粤和台湾。交趾陶是先将陶土塑造形状后，经过低温烧制的陶，然后用红糖水和糯米为黏合材料，将原构件黏合到预定的部位。

交趾陶色彩丰富，常见如朱红、石绿、明黄、群青和赭石等，其工艺融合了雕塑、绘画和陶瓷的效果。交趾陶是上釉色后入窑烧制的低温陶件，色彩丰富、造型细腻、尺寸较小，多设置于墙堵、规带、堰头和照壁等处。在闽南传统建筑中，交趾陶看似与灰塑相似，但是工艺有很大的差别，交趾陶是将陶土塑造成形后直接粘贴于预定的建筑部位，而灰塑是在直接在特定建筑部位进行塑形。

7. 彩画工艺

闽南地区的彩画主要运用在梁架、步通、门窗、水车堵、山墙上，其中梁架作为主要的彩画装饰，例如大通、束木、通随、束随、雀替等。彩画除了在墙面上整体大块面的使用，还在室内的梁柱、门窗、地面等这些构件上出现，在装饰手法上运用非常广泛。

彩画主要用色粉，如朱砂、土黄、群青和深绿等矿物质色彩提炼，然后用牛皮胶等调配而成。彩绘的题材包含山水、人物和花卉等，常与八卦纹等文字结合。工笔重彩和描线突出形象，重点部位用金色点缀。彩绘绘于建筑构件上，形式与色彩形成整体的空间构图，丰富装饰空间。

二、选取典型闽南传统村落

本文以典型闽南传统村落进行研究，选取浦西城堡作为研究对象，结合闽南传统建筑工艺发展文化产业。浦西城堡位于龙海市东部、南太武山西部的港尾镇城外村浦西社，始建于明嘉靖四十年。浦西城堡2016年被评为第四批中国传统村落，第五批省级历史文化名村，龙海市级文物保护单位。

1. 村落空间布局

浦西城堡呈方形，采用网格式道路布局，主副巷横竖整齐、主次分明，规整有序。城堡共有街巷10条，东西和南北街巷各5条，其中主巷2条，均采用条石与片石、卵石组合铺垫，平坦整齐，尺度宜人（图1）。东西街巷较宽，主要由每座传统建筑的砖埕组成，砖埕既是交通联系的主要通道，也是村民晾晒的主要场所。南北街巷较窄，可以从南北街巷村头看到村尾。堡内街巷系统互相连通，尽端路很少，但连通性很好。

图1 浦西城堡街巷空间（图片来源：作者自绘）

2. 村落历史建筑

浦西城堡建筑排列整齐，分布于街巷之间，早期

建造的民居居中，坐北朝南，共8横3列；后期所建的民居则以中间三列为轴，面向中轴开门窗，坐西朝东与坐东朝西各两列。中间三列民居的地势较高，两侧护厝的地势较低，有主有护，主次分明。

堡内传统建筑以清代为主，少数明末清初建筑，建筑结构是典型的砖（石）木结构或者土木结构，屋顶以硬山式燕尾脊以及马背式屋脊为主。建筑平面布局较为丰富，有中西合璧的"番仔楼"以及闽南传统建筑类型。闽南传统建筑类型主要包括四合院式的"四点金"、三合院式的"下山虎"等（图2）。

图2 浦西城堡典型民居（图片来源：作者自绘）

3. 村落历史环境要素

浦西城堡城墙周长约450米，墙基采用不规则的石块砌筑，宽3米，高4米。城墙筑有东西南北4个拱形城门，采用条石、片石砌筑，城门面高2.5米，平均宽度1.5米，北门长年封闭，对外联系主要依靠城墙的东、南、西三个城门，并均配有消防水池。

随着时间的推移，浦西城堡现状整体面貌较差。因为当地基础设施落后，且缺乏其他产业收入来源，所以村中流失大量的青年和中年，留下的大部分是老人。目前堡内仅有约10户居民居住，大部分传统建筑处于闲置状态，浦西城堡正面临空心化。

三、发展传统村落文化产业

1. 改造为艺术家工作室

对于浦西城堡的发展，一方面为保留当地居民，鼓励部分居民回迁，在堡内居住的居民对其居住建筑的更新改造，以满足当地居民的现代化生活需求。另一方面，结合闽南传统建筑工艺，将浦西城堡的原有民居一部分改为艺术家工作室，引导当地居民和工匠艺术家经营艺术家工作室。

为了不影响当地居民的生活，将靠近南门附近的民居改造为艺术家工作室，其中包括：木作工作室、砖作工作室、石作工作室、灰塑工作室、剪粘工作室和彩画工作室，将维则厅改造为综合展馆（图3）。同时，保留浦西城堡以北面为主的其余部分为居民生活区。

将闽南传统建筑工艺与浦西城堡文化产业相结合。一方面，是对闽南传统建筑工艺技术保护与传承；另一方面，增加浦西城堡的文化产业，带动当地经济的发展。

2. 结合工艺流程布局艺术家工作室

通过对闽南传统建筑工艺的流程研究，结合闽南民居的建筑特色，将其改造为艺术家工作室。根据工艺流程的相似度，将艺术家工作室分为两个部分，一是雕刻工作室，主要包括木作工作室、砖作工作室和石作工作室；二是装饰艺术工作室，主要包括灰塑工作室、剪粘工作室、交趾陶工作室和彩画工作室。

1）雕刻工作室

雕刻工作室是结合木作、砖作和石作的工艺流程，其主要内容是木雕、砖雕、石雕。以木雕为例，其工艺制作流程主要为以下步骤（图4）：

①选材：木雕制作需要选取合适的木料，构件大小符合尺寸，表面平整，并考虑榫卯结合的余地。把绘制好的图案放在木材上，并将上下左右的位置对好。

②制作粗坯：粗坯是整个作品的基础，将画稿印在木料上，凿粗坯可从下到下，从前到后，由表及里，由浅入深，一层一层地推进。凿粗坯时还需注意留有余地，要适当的放宽。

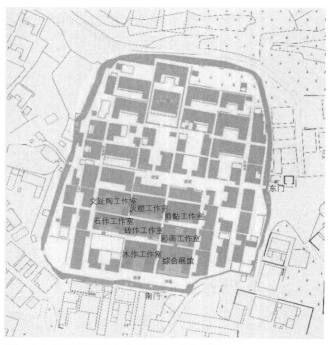

图3 艺术家工作室布局图（图片来源：作者自绘）

图4 木雕工艺流程图（图片来源：作者自绘）

③凿细坯：先从整体着眼，调整比列和各种布局，然后将具体形态逐步落实并成形，要为雕刻留有余地。这个阶段，作品的体积和线条已趋明朗，因此要求刀法圆熟流畅。

④雕刻：运用精雕细刻及薄刀法修去细坯中的刀痕凿垢，使作品表面细致完美。要求刀迹清楚细密，或圆滑、板直、粗犷，力求把作品意图准确地表现出来。

⑤打磨：根据作品需要，将木雕用粗细不同的木工砂纸打磨。要求先用粗砂纸，后用细砂纸。要顺着木的纤维方向打磨，直至理想效果。

除了结合闽南传统建筑的制作工艺流程，设置工艺制作流程区外，同时设置其他相关配套的功能分区，如设置接待区、办公区、储藏区、展示区和售卖区。在保护和传承闽南传统工艺的同时，进行展示和售卖，以增加当地居民收入（图5）。

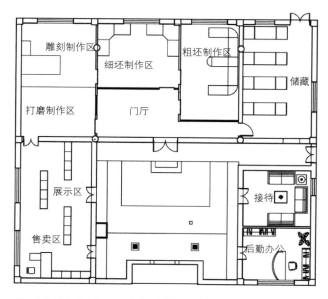

图5 木作工作室改造平面图（图片来源：作者自绘）

2）装饰艺术工作室

装饰艺术工作室是结合灰塑、剪粘、交趾陶和彩画的工艺流程，布置工作室的功能布局。下面以灰塑的工艺流程为例，其制作流程一般分为图案设计、布置骨架、批灰塑形、彩绘上色、养护等七道工序，具体步骤如下（图6）：

图案设计 → 布置骨架 → 批灰塑形 → 彩绘上色 → 养护 → 成品

图6 灰塑工艺流程图 （图片来源：作者自绘）

①图案设计：图案的设计可以根据制作者的喜好进行选取。一般根据建筑物的类型、结构形式，并结合地方民俗进行题材设计与选取。

②布置骨架：在灰塑图案的外形轮廓部位植入竹钉、铁钉或铁丝，将麻绳绑扎固定，并在钉子间根据灰塑图案造型来回缠绕拉成网状，骨架的外形应满足灰塑图案的要求。

③批灰塑形：在布置完成的骨架上进行批灰，每道批灰应压紧按实，且下道批灰要等上道批灰具有一定强度后进行，一般以手指按压无痕为宜。依此类推，逐层包裹，直至灰塑的坯形初具。

④彩绘上色：常见的颜色如朱砂、石青和石绿等矿物质颜料，在半干的灰塑表面进行彩绘，使其渗透进去。上色时，应先上浅色后上深色，上完一种颜色再上另一种颜色，按逐步加色的顺序进行。

⑤养护：为增加其耐久性，整个灰塑完成后，表面宜刷1～2道无色有机硅憎水剂或其他防水保护材料，并在合适的湿度下养护24小时，使颜料完全吸收，其间不得沾水以防掉色。

同理，除了设置工艺制作流程区外，设置其他相关配套的功能分区，如设置会客洽谈区、展览区、阅读工艺交流去和储藏区。通过设置其他功能区，使艺术家工作室不只是人们学习和传承传统建筑工艺的聚集地，同时也是人们交流的共享场所（图7）。

四、结语

将闽南传统建筑工艺文化作为产业，发展传统村落。一方面，增加传统村落的收入，发展了传统村落的经济，可以使当地居民回迁，使得浦西城堡的良性发展。另一方面保护和传承了闽南传统建筑工艺技术，对闽南传统建筑工艺的保留，即是传统文化进行保护，同时也保留了传统匠人，培养传统技艺的接班人。

参考文献：

[1] 郑慧铭. 闽南传统民居建筑装饰及文化表达 [D]. 中央美术学院，2016.

[2] 欧亚利. 闽南古厝建筑装饰艺术表现手法探析 [J]. 攀枝花学院学报，2015，32（03）：78-81.

[3] 钟行明. 中国传统建筑工艺技术的保护与传承 [J]. 华中建筑，2009，27（03）：186-188.

[4] 蒋钦全. 浅谈闽南传统建筑的几种特色工艺 [J]. 古建园林技术，2008（04）：42-44，69.

[5] 陈林. 闽南红砖厝传统建筑材料艺术表现力研究 [D]. 华中科技大学，2005.

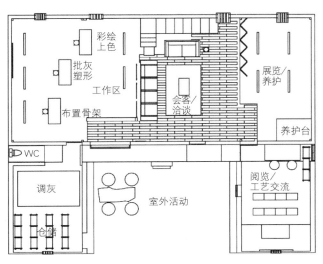

图7 灰塑工作室改造平面图 （图片来源：作者自绘）

试论岭南传统建筑"断片"时间性的空间表现

陈　珏[1]

摘　要：文章首先从当代建筑的断片时间性研究切入，确立建筑断片时间性的内涵，然后将断片时间性带入岭南传统建筑的研究之中，从三个方向分别论述了岭南传统建筑断片时间性的特征及其在空间中的表现方式。

关键词：岭南传统建筑；断片时间性；空间表现

　　"断片"一词常出现于文学作品之中，诸如"记忆断片"等关于心理的描绘。"断片"一词进入建筑学中可追溯至马克·弗拉斯卡里（Marco Frascari）和曼费雷多·塔夫里（Manfredo Tafuri）对建筑师卡罗·斯卡帕（Carlo Scarpa）建筑的研究，他们认为：斯卡帕的建筑有一种断片性（Fragmentary）[1]。有学者将断片建筑认为"是指那些由许多元素和断片组成的建筑，这些断片和元素可能在语言上或者概念上来自另一个时代的，甚至是另一种文化的建筑。"[2]康斯坦丁拱门（The Arch of Constantine）就是这样一个典型的例子（图1），这种流行于中世纪地中海沿岸地区，使用从古代建筑中获得的材料和建筑元素，将其组建在同一个建筑中，被认为是断片式的建筑原型。不过，材料或者建筑元素的拼贴并不形成断片，形成断片的关键在于记忆以及由记忆所带来的时间碎片，这些经建筑带来的片断性记忆或时间碎片，构建了具有断片特征的建筑，方可称之为"断片建筑"。

图1　康斯坦丁拱门
（图片来源：www.wikipedia.org）

图2　瑞石楼
（图片来源：作者自摄）

图3　瑞石楼（图片来源：www.news.sina.com.cn）

　　"断片建筑"与时间密切相关。在斯卡帕建筑的研究中，不管是曼费雷多·塔夫里还是肯尼恩·弗兰姆普顿，都将斯卡帕建筑与时间性相联系，塔夫里认为："时间是斯卡帕设计建筑断片的后台运作"[2]而弗兰姆普顿则表明"斯卡帕的建筑首先是对时间的思考，它必须同时面对物体的持久性与脆弱性……因此，他创造了一种断裂式的叙事建筑"[1]。从弗兰姆普顿的表述中可以看到，断片建筑通过一种"断裂式的叙事建筑"表达了对"物体的持久性与脆弱性"关注。持久性与脆弱性属时间之范畴，无论是斯卡帕建筑，还是其他建筑，时间性都是一种客观存在，建筑时间性可以以不同的材料、形式来表达相同的建筑持久性与脆弱性，表现一种时间的断片特征。

　　断片是与连续性相对的一种时间性特征，从地理时空与文化历史发展进程来看，中国的岭南地区在文化、思想及技术等多方面表现出时间及空间维度的非连续性，特别是岭南传统建筑，通过建筑的物质载体，将

1　陈珏基金支持：广东省哲学社科十三五规划一般课题（项目号GD17CYS09），广东财经大学艺术与设计学院，讲师，510320，Lcxmb@163.com。

持久性与脆弱性、丰富性与碎片性等时间性特征以建筑方式呈现，展现了显著的断片建筑时间性艺术特征，这些特征往往以显现的建筑空间形象被认识，而其隐蔽的时间性被忽略。因此，本文希望通过对隐蔽的建筑时间性进行研究，从另一个视角来重新认识岭南传统建筑，展现其时间性特征。

"断片"时间性是抽象的概念，在建筑上的表现需要以物化的形式得以展现，岭南传统建筑"断片"时间性可以归纳为几下几种表现形式。

图4 风采堂（图片来源：作者自摄）

一、多文化符号的堆叠

与康斯坦丁拱门多文化建筑符号的组合类似，岭南建筑中常见不同文化、历史时期的建筑符号集中于某一建筑的做法，最具有代表性的属碉楼。以被誉为"开平第一楼"的瑞石楼为例（图2、3），该楼集中西文化为一体，特别是整栋楼采用西式的罗马拱券、爱奥尼克柱式、伊斯兰风格穹窿及巴洛克风格的山花图案等多种元素，将不同历史时期、不同的文化符号组合在一起，形成了风格独特的建筑样式。在立面上，首层至五层每层都有不同的线脚和柱饰。各层的窗裙、窗楣和窗花的造型和构图也各有不同，二层窗眉造型为三角形，到了三层，造型变成半圆形，再到第四层又变回三角形。五层顶部的仿罗马拱券和四角别致的托柱有别于其他碉楼中常见的卷草托脚。瑞石楼与开平其他碉楼一样，其建筑所采用的元素具有断片特征，多元素没有所谓的风格或历史文脉上的联系，其语言、形式来自某一个时代的，甚至是某一种文化的片段，呈现的是一种时间断片的堆叠。

不光是建筑的外观，室内空间中也可以看到相似的做法。现位于江门开平风采中学风采楼（又名贤余忠襄公祠），始建于清光绪年间，由开平、台山两地余姓族人纪念祖先余靖而修建的，是一座三进六院共有十五间厅堂的大型建筑。其建筑平面形式采用中国传统制式，但其建筑造型和材料工艺大量采用西式建筑的作法。在最大的一处厅堂"风采堂"内，运用了大量的石雕、木雕、匾额楹联体现中国文化传统，但建筑屋顶不乏欧洲古堡的建筑样式，室内院落采用罗马柱式连廊环绕内院。特别有意思的是堂中一六角亭，顶部是具有浓郁岭南风格的砖雕琉璃屋顶，下部却是装饰伊斯兰风格的花纹铁铸柱廊（图4）。穿过六角亭到内院，是供奉祖先的祠堂，祠堂内的柱子采用的是西式类似爱奥尼式的柱式，但其基座运用的却是中式木构建筑的柱础，柱头连接的是罗马式的拱，传统的岭南式风格、欧洲古典风格混搭，不同宗教不同文化的符号在此和谐共存，展

图5 风采堂（图片来源：作者自摄）

现岭南传统建筑的断片时间性风貌（图5）。

二、内外空间的断裂

岭南传统建筑的断片时间性在空间上的表现是以空间非连续性来实现。以西关大屋为例，其空间布局在纵向方向推进，以中国传统建筑的"多进"式深入。主要承重的墙体也是纵向并排，由于纵向承重的墙体在材质、色彩、形式上都显得孤立且自成一体，很容易让人联想到中国传统建筑的院落围墙。这样，我们就可以很容易地将西关大屋进行一个整体的区划：它由两个部分组成，一部分是以传统家居为记号，另一部分是以院落墙体为记号图。从这一思路出发，西关大屋可以看作是是由两套空间系统组成，一套是家居住所的室内建筑空间，一套是院墙室外空间。纵向的院墙围合而成虚拟开放空间，建筑则如同是安放在这一开敞空间之中（图6、图7）。借用电影研究的手法，建筑的符号与园林院墙的符号形成了两种画面，视线在这两个符号系统间转换，就产生了一个类似电影蒙太奇的效果。传统庭院建筑的院墙和居住房屋之间的外部空间被压缩直至消失，

居住空间的室内对接院落边上的院墙。这是一种空间断片的连接，它唤起停留在每一位居者记忆中庭院的景象，只要在心理世界中将断裂的空间缝隙填补，建筑便可与记忆的深处的栖居家园印照。

我们同样可以在一些建筑的细节中找到内外空间的断裂组合方式。例如一些岭南园林建筑中室内漏空窗洞与室外院墙装饰的相似性（图8），它们共同的之处在于模糊了建筑与园林在空间内外的分界，这是心理世界中将断裂的空间缝隙填补的一种表现。内与外本身就是一个相对的概念，岭南传统园林与其他园林，特别是与江南园林显著的不同在于对待园林边界的逻辑处理上，江南园林用院墙围合出内园与外园，园内、园外的逻辑关系清晰明朗。而岭南园林则是习惯用建筑来作为园林的边界，用建筑来围合出庭园，甚至还会通过建筑将园内外环境进行连接。岭南造园的先辈张敬修在可楼记中写道："居不幽者，志不广；览不远者，怀不畅。吾营可园，自喜颇得幽致。然游目不骋，盖囿于园。园之外，不可得而有也。既思建楼，而窘于边幅，乃加楼于可堂之上"[3]其"园之外，不可得而有也"体现的正是对于庭园内外关系的巧思。在空间上模糊内与外的关系是岭南传统建筑断片时间性的一种表现，如果说经典的由外至内的线性空间是一种叙事性的空间表达的话，岭南传统建筑这种内外模糊甚至是内外混淆的做法，则是将叙事性空间断裂，从而满足对非线性时空的审美需要。

图6　西关大屋（图片来源：作者自摄）

图7　西关大屋（图片来源：作者自摄）

图8　岭南园林建筑细节
（图片来源：作者自摄）

三、视觉离散

岭南传统建筑断片时间性的第三种表现方式是通过"视觉离散"来实现。这一议题的研究，我们需要引入电影中关于时间问题的探讨。德勒兹在《时间—影像》著作中讨论了电影发展中关于空间与时间转变的问题，他提出"回忆-影像和梦幻-影像"[4]两个概念，回忆-影像是一种再现，再现的是一种可能存在的"曾经"，梦境-影像则更像是一种重构。当然，建筑并不可能像电影那样，通过对主体的回忆或是梦境来表现时间，但是，建筑的材料、形式、装饰等多种语言，仍然可以与主体的回忆和梦境产生关联，进而与时间发生关系。在文首第一种表现形式"多文化符号的断片堆叠"中，不同的文化符号被赋予了不同的记忆元素，回忆不是呈现旧有的场景，而是通过回忆，营造出一种戏剧般的效果。

多重文化符号经过建筑材料和建造技艺，以感官为基础，制造出好奇、神秘、悲喜、迷惑等心理，引发回想，它是借用断片式回忆来聚合当下。与其相反的是利用视觉的离散来重构当下，就像梦境-影像般，强烈视觉冲突制造了现实中的梦境，形成视觉片断。视觉片断是一种抽象的表现，通过一种重构和扁平化的方式离散空间，形成时间的断片。

岭南传统建筑色彩对比强烈，青灰砖、黑灰瓦与白色的泥灰缝形成强烈的对比，木作往往刷以黑漆或红漆，醒目亮丽。屋顶如用琉璃瓦，则选以纯度极高的黄绿蓝色，加之本土三雕两塑（木雕、石雕、砖雕；灰塑、陶塑）施有红、黄、蓝、绿等重色，繁复的雕刻，瑰丽的彩绘，建筑具有一种强烈的视觉冲击感。特别是潮汕地区流行的金漆木雕，广泛运用在建筑装饰构件、室内家具装饰上。经凿粗坯、细雕刻、髹漆贴金等三道工具后，木雕呈现金碧辉煌熠熠生辉的绮丽效果。贴金木雕再配以金漆画、金漆字装点室内，整个建筑呈现精致、纤巧、瑰丽、金碧辉煌的艺术效果（图9~图11）。强烈的色彩对比造成视觉离散，建筑呈现的每一个画面，其时间片段看似关联却又各自分离，看似具有叙事线性却又杂乱无章，没有头绪。面面投射给观众的是短时的冲动，留下片断式的记忆。岭南广府

地区富有地方传统特色的满洲窗便是很好的范例。满洲窗来源自清满族文化，在传统的木框架结构中镶嵌套色玻璃蚀刻画组成窗子，采用中西文化结合的方法，加入进口玻璃材料进行蚀刻、磨刻或喷沙脱色的技术处理，内容以传统题材为主，色彩以红、黄、蓝、绿、紫、金等对比强烈颜色组成，光线经过窗格透入，在室内空间中形成瑰丽梦幻般的景象（图12）。

图9　岭南传统建筑屋顶雕塑（图片来源：www.nipic.com）

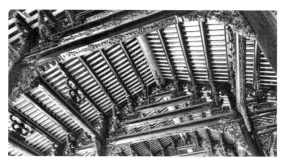

图10　岭南传统建筑色彩（图片来源：www.nipic.com）

图11　金漆木雕（图片来原：www.nipic.com）

图12　满洲窗（图片来源：www.nipic.com）

四、结语

　　岭南传统建筑将文化记忆的片断进行聚合；打破由外至内的叙事性空间的连续性，形成内与外界限模糊的空间片段；采用强烈的视觉对比，对空间影像进行离散，形成片断式而非连续叙事的空间记忆。通过多文化符号的堆叠、内外空间的断裂、视觉离散等几种建筑空间的表现形式，形成了岭南传统建筑的断片时间性的特征，它是对持久性与脆弱性、丰富性与碎片性等隐蔽建筑内涵的表达。在漫长的建筑演化中，这种建筑断片时间性形成了具有地方性的审美认同和文化心理，对岭南建筑的发展影响深远。

　　Fragment同时可翻译为片段、碎片，为研究需要，我们将译为"断片"，作者注。

参考文献：

　　[1]（美）肯尼思·弗兰姆普敦．建构文化研究 [M]．王骏阳译．北京：中国建筑工业出版社，2007：338．

　　[2] 李雾．断片建筑的时间——卡罗·斯卡帕建筑设计思想研究系列 [J]，建筑师，2009（04）：41．

　　[3] 陆琦．中国南北古典园林之美学特征 [J]，华南理工大学学报（社会科学版），2011（13）：97．

　　[4]（法）吉尔·德勒兹．时间-影像 [M]．谢强等译．长沙：湖南美术出版社，2004：434．

浅谈旧军传统民居

赵 琦[1]

摘 要：旧军传统民居位于山东省济南市章丘区刁镇，是章丘传统民居的典型代表。古镇旧军曾是享誉华夏、声震齐鲁的历史文化重镇，虽然现存传统民居不多，但遗留下来的民居布局严谨、结构稳固、功能齐全、风格朴素大气，具有较高的历史、艺术、科学及社会价值。本文以旧军传统民居中的崇和堂、恕仁堂等民居为例，对旧军传统民居的院落格局、建筑形制及地域做法进行调查分析与探讨，然后对其保护与利用进行评价与建议。

关键词：济南章丘旧军；传统民居；地域做法；保护利用

一、旧军传统民居与儒商文化

传统建筑是传统文化的重要组成部分，传统民居多种多样，则反映出丰富多彩的传统民俗文化。地方传统建筑是地方传统文化的产物，传统文化对传统建筑的影响体现在方方面面。

1. 历史背景

旧军传统民居位于山东省省级历史文化名村——章丘旧军村，"旧军"一词源于宋朝景德年间"移县北置清平军，后废清平军置军使"（《章丘县志》）故后称旧清平军镇，简称旧军镇。该地水路两运便利。南近白云湖，收鱼虾之利；北接平原，获五谷之丰。清康熙、雍正、乾隆年间，镇容繁华，商贾云集，物阜民殷，"世族名流、毂击肩摩"，向有"小济南"之称。

旧军主要氏族为孟姓，孟氏系亚圣孟子后裔。据《孟子世家流寓章丘支谱》记载，孟子五十五代孙子位、子伦兄弟二人于"明洪武二年（1369年）三月二十六日，自河北枣强迁居此地定居"。始为商贸小户，到清末民初商业经营已发展到鼎盛时期，旧军孟氏已成为当地名门望族"祥字号"足迹全国。

孟氏经商的成功推动了旧军的繁荣，最直观的体现就是当地传统建筑。清道光年间，孟家在孟子六十八

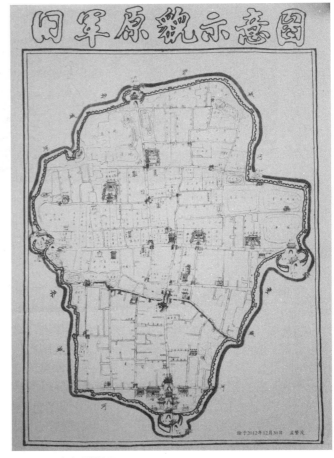

图1 旧军清晚时期格局图

代孙、传字辈时形成十大堂号，庭院深深，楼房成片，

1 赵琦，山东建筑大学建筑城规学院，乡土文化遗产保护国家文物局重点科研基地（山东建筑大学），山东建筑大学建筑文化遗产保护研究所，建筑工程师，250101，842296604@qq.com。

鳞次栉比，可谓是豪宅，例如矜恕堂（孟洛川宅院）以及进修堂（孟养轩宅院）。而旧军民居数量更多的是一般民居，虽没有十大堂号恢宏气派，但也是院落格局严谨，建筑做工精细，装饰丰富，代表了旧军的传统民居。

2. 儒商文化

从19世纪中叶至20世纪前期，"旧军孟家"发展成一个庞大的商业家族，孟洛川是这个家族鼎盛时期的代表人物，为这个商业家族发展立下了汗马功劳。孟洛川（1851~1939），名继笙，字洛川（雒川），亚圣第六十九代孙，今刁镇旧军村人，近代著名民族商业资本家。孟雒川18岁就掌管了孟家的资产，由于经营有道，使得家族生意更加兴隆。洛川虽为商贾，但唯孔孟之道是尊，他以"诚信、忠恕、和合、中庸、财自道生、利缘义取"为经营理念，以"生财有大道，生之者众，食之者寡，为之者急，用之者舒，则财恒足矣"为治店宗旨，以"货真价实，童叟无欺"为店训，以"修身践言"教化员工，以"顺时应变，正合奇胜"的商贾谋略，使瑞蚨祥经营如日中天，在同行业中独占鳌头。在章丘这块土地上生长起来的孟洛川也为家乡办了些善事。清光绪年间，黄河章丘段屡次决口，居民深受其害，孟洛川与二兄孟雒鑫在章丘城立社仓，囤谷备荒对灾民进行救济。孟洛川的故乡旧军西临绣江河，绣江河因水涨决口，孟洛川出巨款堵口修堰，翌年河水再涨却无溃漫，

受到乡人感激。以孟洛川为代表的孟家，商业经营中以儒家伦理理念为指导，形成了旧军特色的儒商文化。

3. 儒商文化对传统民居的影响

儒商文化对旧军传统民居的影响较大，使得旧军传统民居具有强烈的地方特色。儒商文化对传统建筑的影响主要体现在两个方面：一是儒学思想文化的伦理秩序对院落格局、建筑规制的影响；二是商业文化对建筑功能、建筑装饰的影响。旧军传统民居强调"尊者居中"、等级严格的儒家之礼，院落平面常作中轴对称均齐布置。这种中轴对称的历史嗜好与建筑形象，不仅具有儒学中礼的特性，而且兼具乐的意蕴，具有中国式的以礼为基调的礼乐和谐之美。商业文化中生意往来、待人接客尤为重要，民居中正房多为两层，一层作为厅堂为接待重要客人而设置。另外建筑装饰中除了传统吉祥图案之外多用钱纹，寓意"生意兴隆，财源滚滚"。

二、旧军传统民居院落格局、建筑形制及地域做法

旧军传统民居主要分两种典型形式：一种是三进院落，院落格局整体呈"喜"字形，代表院落为恕仁堂（孟树生故居）；一种是两座并列二进院落组合在一起。代表院落为崇和堂。

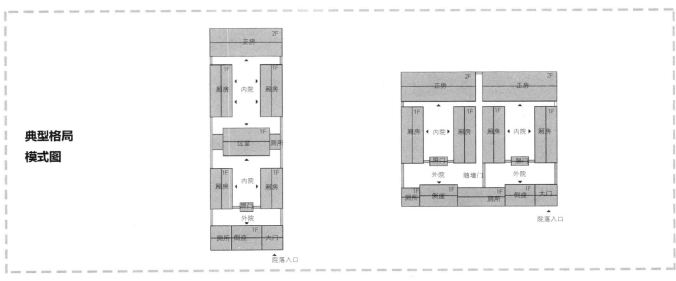

图2　旧军传统民居院落典型格局

1. 崇和堂

崇和堂位于章丘刁镇旧军东村大夹道街6号，建于

19世纪末，原房主为孟洛川孟氏本族人，他曾为瑞蚨祥烟台分号的掌柜。

院落整体坐西朝东，为南北相连的两座四合院。大门位于院落东北，从大门进入，正对一面座山照壁，

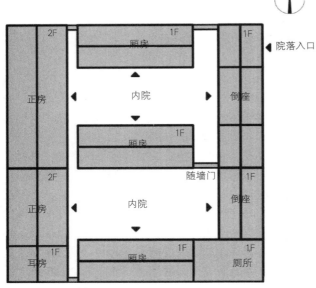

图3 崇和堂院落格局

进入北侧院落，院落东为倒座，院落南北各有一处厢房，院落西侧为二层正房。从倒房与厢房之间的随墙门进去南侧院落，院落东为倒座，倒房南侧旁边为后加建卫生间，院落南为厢房，北侧因用地限制未设置对称厢房，院落西为二层正房，正房南侧为一层耳房。

崇和堂门楼为小式抬梁木结构，硬山阴阳仰合瓦屋面。台阶为五级踏跺条石，山墙为淌白清水砖墙，两层挑檐砖，青砖博缝，博风头装饰图案。前后檐柱嵌入山墙，上方挂落和雀替连为一体，漆黑色，简易结子锦图案。门扉设在金檩下方，黑色棋盘门，下部为门槛及门枕石等构件。钱纹玲珑屋脊，正脊端部起翘，垂脊中间及端部起翘，铃铛排山。

崇和堂倒座房及厢房形制类似，为小式抬梁木结构，三开间，硬山阴阳仰合瓦屋面，部分厢房前出廊。扇面墙体下碱为平整石板，上部为清水砖墙，门套及门窗上部拱券为青砖砌筑，其余墙面刷麻刀灰。后檐墙、山墙为青砖及钉石砌筑。钱纹玲珑屋脊，正脊端部起

图4 崇和堂照片

翘，垂脊中间及端部起翘，铃铛排山。

崇和堂南北正房建筑上下两层，北侧正房五开间，南侧正房三开间，硬山屋顶，清式抬梁式木构架，前出木质檐廊，为晚清至民国时期旧军正房典型样式之一。台基剁斧石砌筑而成，三级踏跺，地面为青砖铺地。扇面墙体下碱为平整石板，上部为清水砖墙，门套及门窗上部拱券为青砖砌筑，其余墙面刷麻刀灰。后檐墙、山墙为青砖及钉石砌筑。前出廊两层，由柱础、檐柱、穿插枋、抱头梁、雀替、随檩坊、由额垫板、楼板、栏杆等构件组成。室内明间靠近后檐墙位置设置木质楼梯，由此二层。屋顶为钱纹玲珑屋脊，正脊端部起翘，垂脊中间及端部起翘，铃铛排山。

崇和堂是旧军传统民居典型代表之一，整组建筑建筑细致典雅，其建筑在旧军现存宅邸民居类建筑中，保存较好，建筑标准、质量较高，为清晚期典型建筑风格，有很高的研究保护价值。

2. 恕仁堂

恕仁堂位于章丘刁镇旧西村李家亭街7号，建于19世纪末，原房主为孟树生，为谦祥益中兴时期的经理。

院落整体坐北朝南，最初为四进院落。大门位于院落东南，从大门进入，正对一面座山照壁，照壁西侧为垂花门，正对倒座房。从垂花门进入二进院落，院落东西各有一处厢房，二进院北侧为穿厅，穿厅东侧为厕所，西侧为过道。从穿厅后门可进入三进院，三进院东西各有一处厢房，三进院北侧为院落二层正房，正房东侧为一处过道，从过道可进入四进院，北侧为一排一层后罩房。现保留正房、三进院东西厢房、二进院东西厢房，大门及倒房。

恕仁堂门楼为大木架构小式抬梁五架梁结构，硬山阴阳仰合瓦屋面，面阔约2.3米，进深约4.3米，檐口高约3.6米，通高约6.2米。山墙为淌白清水砖墙，两层挑檐砖，青砖博缝，博风头装饰图案。大门设在檐檩偏里位置，门前空间约1米，门的位置砌墙，在墙上居中留一个尺寸适中的门洞，门洞内安装门框、门扇及门簪等构件。前后设有挂落，为卧蚕结子锦图案。钱纹玲珑屋脊，正脊端部起翘，垂脊中间及端部起翘，铃铛排山。总体来说形制类似如意门，但又有所区别。

恕仁堂倒座房，为小式抬梁五架梁木结构，与门楼共用一面山墙，四开间，硬山屋顶。前后檐墙体下碱为平整石板，上部为清水砖墙，檐口为三层冰盘檐。屋面原为钱纹玲珑屋脊，正脊端部起翘，垂脊中间及端部起翘，铃铛排山。倒座房对面为院落二门垂花门，现已损毁，具体形制不详。

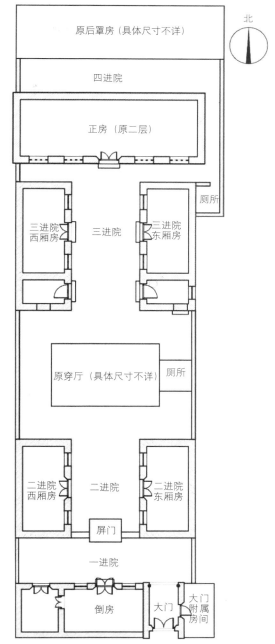

图5　恕仁堂院落格局复原图

崇和堂四处厢房形制相似，为小式抬梁五架梁木结构，二进院厢房三开间，三进院厢房四开间，硬山干槎瓦屋面。前檐墙墙体下碱为平整石板，腰线以下为清水砖墙，门套为青砖砌筑，上部墙面刷麻刀灰。后檐墙、山墙为青砖及钉石砌筑。前檐檐口由滴水、连檐、飞椽、檐椽组成。屋顶为钱纹玲珑屋脊，正脊端部起翘，垂脊中间及端部起翘，铃铛排山。厢房间原有穿厅，现已损毁，具体形制不详。

恕仁堂正房建筑原为两层，五开间，抬梁式五架梁木构架，硬山干槎瓦屋面，为晚清至民国时期旧军传统民居正房典型样式之一。台基剁斧石砌筑而成，原为三级踏垛，地面为青砖铺地。墙体下碱为平整石板，上部由青砖及钉石砌筑。原室内明间靠近后檐墙位置设置木质楼梯，由此二层。前后檐口由滴水、连檐、飞椽、檐椽组成。屋顶为钱纹玲珑屋脊，正脊端部起翘，垂脊中间及端部起翘，铃铛排山。门窗上部为桃心拱券，具有地方特色。

恕仁堂是旧军现存为数不多的传统民居中格局保存最为完整的院落之一，其建筑样式精美，历史信息保留丰富，并且总体保存状况良好，是章丘旧军民居的典型代表之一，具有较高的历史、艺术、科学以及社会价值。

三、旧军传统民居的保护与利用

1. 崇和堂的保护与利用

2011年3月开始，孟氏族人对崇和堂进行抢救性保

护修缮并在崇和堂内筹建乡村博物馆暨孟洛川纪念馆。济南市章丘区刁镇金旧军文化遗产保护开发协会广泛发动孟氏族人、村民积极捐款，并广泛争取社会投资及当地政府文物专项补助资金，用于古建筑修缮及乡村博物馆布展和展品征集工作。2015年4月，孟氏故居修缮工作基本完成，存在的古建筑险情基本解决，古建筑保存状况得到极大改善。

孟洛川纪念馆由济南市章丘区刁镇金旧军文化遗产保护开发协会筹建，于2015年5月1日试运行开放，2015年12月20日正式面向社会免费开放，截至目前现已累计接待全国各地参观者10万余人次。孟洛川纪念馆现有展览面积800余平方米，共有展板60余块，展出藏品3000余件，共设七个展厅，六个主题展览，展出形式主要以展板介绍、实物展出、高科技实景再现和游客体验互动为主。重点以突出旧军本地优秀的历史文化、儒商文化、传统文化和民俗文化为主，并以孟洛川生平为中心点，详细介绍了旧军"祥"字号的发展脉络，家族传承和商业文化展示。

随着社会的发展，传统民居已经满足不了现代人

图6　恕仁堂照片

民的生活需求，旧军传统民居数量越来越少，但是通过修缮、展览的方式，崇和堂得到了有效的保护以及合理的利用，使其焕发新的光彩，对旧军文化内涵进行系统研究挖掘、记录历史、弘扬文化、借史鉴今、启迪后人方面，发挥重要的作用，同时对旧军传统民居的保护利用具有很好的示范作用。

2. 恕仁堂的保护与利用探索

恕仁堂院落1994年房屋产权变更为孟繁林、张美荣夫妇，1995年，孟繁林、张美荣夫妇重修院落，近几年孟繁林、张美荣夫妇搬至县城，院落现在处于空置状态。恕仁堂现状大体保留了原有格局，主要变化为：一是少了北侧后罩房的四进院落；二是中间穿厅的拆除对院落的格局影响较大；三是原一进院落与二进院落之间的垂花门与隔墙的拆除对院落格局也有一定的影响。现存传统建筑局部遭到不当修缮，部分构件由于年久失修，破损严重。而且院落基础设施不够完善，存在较大的安全隐患。现恕仁堂已纳入到济南历史建筑保护对象名列，以开展恕仁堂保护利用工作。

崇和堂在济南市章丘区刁镇金旧军文化遗产保护开发协会的修缮管理下得到了很好的保护与利用，建议房主将房屋所有权有偿让渡给村集体，然后对民居进行保护修缮，结合旧军现存文物资源，例如孟洛川纪念馆（崇和堂）、孟氏古楼（进修堂）等文物建筑，构成旧军博物馆群，对外界开放展览，展示旧军传统文化。由济南市章丘区刁镇金旧军文化遗产保护开发协会负责管理维护。相信恕仁堂在不久之后也能重新焕发光彩。

四、结语

传统民居是传统文化遗留下来的瑰宝，是不可再生的珍贵遗产，在对其进行保护与再利用后，对促进当地文化事业的发展发挥了巨大的作用，而且对现代的民居建设具有较大的启示作用。纵观传统民居的发展也是不断变化、不断创新的，因此当代民居设计中我们吸取传统民居中精华的部分，同时结合现代新理念、新科技、新材料，创造出满足于现代人民生活需求的新民居。

参考文献：

[1] 孙运久. 山东民居 [J]. 济南：山东文化音像出版社，1999.

[2] 陆元鼎，杨谷生. 中国民居建筑 [J]. 广州：华南理工大学出版社，2003.

[3] 章丘地方史志编纂委员会. 章丘县志 [M]. 中华学社，1992.

[4] 姜波. 山东民居概述 [J]. 华中建筑，1998.

浅析陶瓷运销线影响下的传统民居形态变迁

——以淄博龙口玉石大街沿途民居为例

焦鸣谦[1]　高宜生[2]

摘　要： 淄博地区传统陶瓷产销业由来已久，是著名的"江北瓷都"，曾经的龙口玉石大街更是本地有名的陶瓷销售运道。本文从建筑学的视角出发，以淄川玉石大街沿途传统民居为例，通过对当地陶瓷运销线影响下传统民居街巷格局、建筑风貌、装修装饰工艺等形态要素变迁特点的研究，探寻二者之间的内在关联。

关键词： 龙口玉石大街；传统民居；形态；变迁

一、玉石大街历史背景及概况

"金圈子，银台头，玉石大街铺龙口"，一首民谣道出了龙口玉石大街曾经的繁华。作为清末民初时期淄博地区著名的商贸货运大街，玉石大街连接着当时陶瓷烧造业兴盛的渭头河地区和商贸重镇龙口，是两地间主要的陶瓷产品售运线。其地面全部由当地盛产的青石铺墁，因此得名玉石大街。曾经的玉石大街熙熙攘攘、车水马龙，两侧传统民居林立，在陶瓷运销影响下，其形态变迁上呈现出明显的特点。

二、街巷格局的变迁

1. 街巷尺度

龙口玉石大街地处淄博市中部，鲁中山地与鲁北平原的交界地带，地势整体南高北低，地形呈低山丘陵地貌。地势地形的起伏变化加之旧时临街建设没有统一的规划、沿途民居自发而为，导致了玉石大街整体尺度宽窄不一、变化丰富的尺度特点。部分临街店面由于其货物装卸、商贸活动需要而人为扩大了店前临街面积，

图1　玉石大街主街

使得调研中所测得的主街街面最宽处达10米以上，这在旧时可供四列车马并行，其中至少4米为两侧建筑临街空地，兴盛时期可满足两侧店面各停靠一车而不影响主街的正常通行。最窄处仅够主要运载工具牲口车和独轮木推车双向并行的尺度要求，为4米左右。相较于主街，支路及小巷则受商贸活动影响较小，尺度变化也相对平缓，总体尺度与周边地区类同（图1）。

1　焦鸣谦，山东省乡土文化遗产保护工程有限公司，工程师，乡土文化遗产保护国家文物局重点科研基地（山东建筑大学），研究员，山东建筑大学建筑文化遗产保护研究所，研究员，250101，827365784@qq.com。

2　高宜生，山东建筑大学建筑城规学院，副教授，乡土文化遗产保护国家文物局重点科研基地（山东建筑大学），常务副主任，山东建筑大学建筑文化遗产保护研究所，所长，250101；13864071066@qq.com。

相较于周边其他地区的传统街巷主街界面，玉石大街呈现更为多样化的格局并布及更为丰富的尺度变化特点，这不仅出于对地势地形的适应，更是与陶瓷运销线沿途商贸活动的契合密不可分。

2. 临街建筑

玉石大街沿途民居总体格局仍为北方传统的合院式布局，但由于旧时无统一的规划设计，因此在经年的建设活动及历次建筑的占压挤让中，传统格局也变得模糊，尤其是临玉石大街主街位置的院落及建筑，变迁尤为明显。

由于受主街商贸活动影响，临街院落格局逐渐随着玉石大街的建设形成而变迁，由传统的内向合院式逐渐演变为适应商贸活动的前店后院式格局，由于传统院落的坐北朝南和玉石大街的南北走向，因此两侧民居便多以东、西厢房作为临街店面开设。店面临街开门窗，前出檐廊，檐廊进深尺度相较于周边地区一般民居则更为宽阔，部分檐廊进深有1.5～1.8米之多，个别檐廊由于进深较大，檐檩下金檩间加设一檩，檩下依靠短柱直接支于抱头梁上。宽大的檐廊与临街店面货物装卸、商贸活动需要不无关系，加之店前临街开阔的地带，形成整体空间，满足旧时使用需求。与主街临街建筑有所不同，位于岔路之上的民居建筑临街外檐墙则多不开门窗，仅院门开于临街，具有明显的内向性特点，与传统北方民居院落相符（图2）。

图2 临街建筑前出檐廊

三、建筑风貌的变迁

龙口玉石大街沿途民居在建筑风貌变迁上受陶瓷运销活动影响明显，造成这一现象的原因主要在于玉石大街的陶瓷运销业不仅运送了大量渭头河地区烧造的陶瓷器产品，同时也为周边地区运来了渭头河地区窑炉烧制的耐火砖材。这些耐火砖材在当地被称为"窑碛"、"缸砖"。窑碛、缸砖最初是作为砌筑窑炉使用的耐火砖材，相较于传统青砖，瓷质窑碛、缸砖具有更好的酸碱耐受性、抗风化抗腐蚀的性能。据调研情况看，当地现存传统民居中砖块酥碱、开裂现象大大少于本地或周边地区传统民居青砖墙体。

窑碛本身呈淡黄色，尺寸多种多样，有320×160×35厘米的顶窑碛、230×230×45毫米的方窑碛、330×160×50毫米的大窑碛等，不同尺寸的窑碛被当地劳动人民和能工巧匠们应用于建筑的不同部位，从而大大改变了传统民居的建筑风貌。缸砖呈淡黄色，尺寸与传统青砖较为接近，为270×130×50毫米。在玉石大街沿途地区，缸砖被作为基本砖材代替青砖广泛运用于民居之中，使这一地区民居整体风貌多棕黄而少黛青。

1. 台基风貌

在传统民居之中，台基起着承担房屋荷载并传递给地面、防止建筑不均匀沉降等重要作用。在本地区，台基四周多为青石阶条石围砌，青石条石踏跺，内部素土夯实，砖墁台面。用于台基墁地的砖材常用缸砖或方窑碛，也有部分规格较低的建筑地面不进行砖材铺墁，直接做素土夯实地面。在本地，石质柱础通常由石匠在阶条石上直接雕刻而出，高约50毫米左右，造型呈简单的圆台体，无石雕纹样等修饰，上立木柱。

2. 墙体风貌

墙体作为传统民居的围护结构，既起到遮风避雨、保温防潮的作用，又具有一定的承重效果。玉石大街沿途民居的墙体通常外为砖墙，内做土坯，内墙面施滑秸泥，白灰罩面，厚度约在350～500毫米之间，山墙更是大于500毫米。墙体主要分为下碱、上身、山尖和拔檐博缝几部分，以三皮缸砖所砌成的腰线为界，以下为下碱，以上为上身，以三皮山线为界，以下为上身，以上为山尖和拔檐博缝（图3）。

1）墙体下碱

图3　墙体各部分名称

　　墙体下碱在当地被称为"底座"，常见的有青石条石砌筑和混合砌筑等形式，青石条石砌筑通常使用经过细致加工而成的方整青石砌成，青条石尺寸通常有290毫米×350毫米×400毫米、350毫米×400毫米×460毫米、400毫米×460毫米×520毫米等，房屋四角竖砌大块石料做角柱石，门洞两侧各竖置一方石，当地称为"迎峰"、"塔峰"。此类下碱做工细致、平整美观，在玉石大街沿途临街店铺中较为常见。

　　混合砌筑通常使用两种以上材料进行组合砌筑，常用材料有青石条石、块石、毛石等，缸砖、大窑碛在此类下碱砌筑中应用广泛。此类下碱砌筑方式并无统一规则，大多是根据工匠经验及现场材料情况而定，具有一定随机性，在此次调研中最为常见的有两种。一种是缸砖、大窑碛代替角柱石、迎峰砌筑于下碱四角及门洞两侧位置，其余位置块石或毛石填补。另一种是青石条石砌筑上皮、四角及迎峰位置，其余位置缸砖填补。此类下碱相较于青石条石砌筑更为经济合理，在玉石大街沿途民居的非临街面较为常见。此类下碱材质上虽不统一，但变迁形式及位置具有一定规律，形成了具有陶瓷运销活动影响典型特色的建筑风貌特征。

　　2）墙体上身

图4　外檐墙大窑碛饰面

　　以三皮缸砖所砌腰线为界，其上为墙体上身。前檐墙腰线之上门窗洞青砖或缸砖镶砌，当地人称为"砖镶窗户"、"砖镶门"，腰线位置砌窗台石。砖砌窗洞、门洞与山墙形成前檐墙骨架，骨架之间补砌土坯填充墙，外墁滑秸泥、白灰或麻刀灰，当地称为"墁墙"。白灰墁墙与青砖、缸砖砌成的门窗洞相映成趣，形成本地典型的传统民居前檐墙风貌。

　　后檐墙上身有砖砌和做填充墙两种形式，砖砌通常为青砖或缸砖整体砌筑外墙面，内做土坯墙，此类后檐墙形式多出现于规格较高或家境较富裕的住户之中，立面风貌较为统一。做填充墙通常以青砖、缸砖或窑碛在四角砌构造柱，在当地被称为"砖把"，构造柱间用块石或土坯填补砌成，内做土坯墙。土坯填充墙为提高强度以及防止雨水等外界因素侵袭，通常在外墙面做330毫米×160毫米×50毫米大窑碛饰面，大窑碛顺丁竖摆，上下皮之间错位砌筑（图4）。由于大窑碛在后檐墙的广泛使用，造成本地区建筑乃至街巷风貌的变迁，砌筑方式本身形成具有一定装饰性的规律纹样，使其成为本地传统民居风貌变迁典型特色的重要组成部分。

　　山墙上身多为整体青砖或缸砖砌筑，也有部分运用块石或土坯作为填充墙体砌于砖砌构造柱之间，风貌与后檐墙相似。

　　3）山尖

　　以三皮山线为界，山墙面山线以上为山尖，其式样称为"山样"，主要为尖山山样和圆山山样两类。本地山样风貌类型多样，常见的有砖砌、窑碛砌和混合砌筑等形式。砖砌山尖通常为青砖或缸砖退山尖至拔檐博缝下皮，若做山钉则一并砌筑，两端敲山尖补砌形成整体山样。窑碛砌山尖为大窑碛顺丁竖摆，上下皮之间错位砌筑，每皮窑碛两端敲山尖补砌而成。混合砌筑则为窑碛退山尖，两端青砖或缸砖做敲山尖补砌。

　　山墙中间靠山尖位置做"雀眼"，为通风之用，材质多样，雕工细腻，具有极强装饰性，本地雀眼通常使用当地窑炉烧制的耐火砖材制作，部分较为讲究的民宅之中做青砖雀眼。

　　4）拔檐博缝

　　山线以上为拔檐博缝，当地大量运用320毫米×160毫米×35毫米顶窑碛作为前后檐墙拔檐砖，由于顶窑碛尺寸明显大于普通砖材，导致砖拔檐尺寸明显增大，每层砖拔檐出檐达100～120毫米，更为深远的拔檐带来了更好的遮挡雨水的性能，保护前后檐墙尤其是前檐墙土坯墁墙不受雨水的侵害。山墙位置拔檐博缝通常使用缸砖，出檐尺度变化幅度较小，部分建筑博缝砖使用230毫米×230毫米×45毫米方窑碛为材，带来其相应风貌的改变。

3. 屋面风貌

窑碴除了在墙体砌筑中应用广泛外，也大量用作屋面材料，玉石大街沿途传统民居中顶窑碴作为望砖材料使用普遍，其320毫米×160毫米×35毫米的尺寸与周边地区通常所用的200毫米×180毫米×30毫米望砖不同，尺寸、重量上的差别导致了玉石大街沿途民居在椽径、椽距上的一系列不同，本地民居所用椽通常较粗壮，椽径略大，椽间距也较大，通常为320毫米左右。

在屋脊方面，当地广泛使用一种在长、宽、厚尺寸上均小于顶窑碴的砖料，称为"黄板"。黄板实际上也是一种耐火砖材，与窑碴不同的是，黄板最初的烧制目的并不是为了砌筑窑炉，而是直接作民居建筑材料之用的。由于黄板的轻薄，使得原本厚重的屋脊显得更为轻巧，

四、装修装饰工艺特点

龙口玉石大街沿途民居在装修装饰工艺及材料上同样深受玉石大街陶瓷运销活动影响，呈现出典型的地域特点。首先在外墙饰面上，由于窑碴的防水、耐风化、抗腐蚀等优异性能，使其成为良好的外墙饰面材料，普遍用于后檐墙、山墙或影壁等位置。常见的窑碴饰面方式有几种，第一种是大窑碴顺丁竖摆，上下皮之

间错位砌筑；第二种为方窑碴顺丁竖摆，错缝砌筑；第三种是方窑碴倾斜45°角呈菱形拼砌。第一、二种饰面方式多见于民居后檐墙及山墙位置，第三种则以影壁饰面形式出现居多。上述三种窑碴饰面方式均在外墙面产生了富有韵律的纹样效果，淡黄色的外墙面也与周边地区青砖砌墙的传统民居形成了鲜明对比。

其次在拔檐形式上，当地常见的有板檐、菊花檐、豁缝檐几种，菊花檐又分为单菊花檐、多菊花檐和夹黄板菊花檐等形式。板檐易操作、成本低，做法为前后檐墙山线上缘位置平摆一层磨掉一角做成小圆棱的削砖，当地称为"滚边"，"滚边"之上错缝平摆三层丁砖做封后檐形式。菊花檐做法为以45°角平摆顶窑碴斜砌连成锯齿状，根据这种斜砌窑碴层数和做法的不同细分。单菊花檐做法为前后檐墙上缘错缝平摆一层直棱砖（当地称为"锁口砖"）、一层滚边、一层削角砖、一层45°斜砌窑碴做封后檐。多菊花檐不做单菊花檐中的削角砖，滚边之上为45°斜砌窑碴连续多层错缝平摆，根据平摆层数分二出菊花檐、三出菊花檐等。夹黄板菊花檐同样为滚边之上平摆45°斜砌窑碴，两斜砌砖层之间加铺一层黄板。豁缝檐多出现在较讲究的民居建筑之中，做法为前后檐墙上缘错缝平摆一层锁口砖、一层滚边，滚边上缘错缝平摆三至五层削角打磨砖形成弧形封后檐（图5）。

再者在雀眼、盘头镜面转等位置，传统的青砖雕花被替换为淡黄色缸砖雕花，与其整体风貌相符，部分富贵人家依然使用传统的石质雕花作为盘头、雀眼位置装饰材料。

砖檐形式	板檐	菊花檐			豁缝檐
		单菊花檐	多菊花檐	夹黄板菊花檐	
实例照片	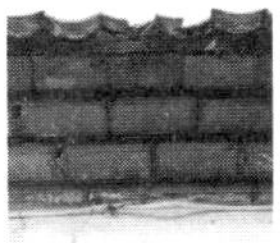				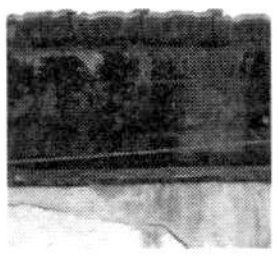

图5 砖檐形式

五、结语

总体来看，龙口玉石大街沿途区域内传统民居形态变迁受玉石大街陶瓷运销活动影响明显，尤其表现在街巷格局、建筑风貌、装修装饰工艺特点等方面。街巷格局的改变使其更适宜商贸活动的需要，陶瓷运销业所带来耐火砖材的广泛使用使其建筑风貌、装修装饰工艺呈现出典型的地域特色。

参考文献：

[1] 刘大可. 中国古建筑瓦石营法 [M]. 北京：中国建筑工业出版社，1993.

[2] 张昕，陈捷. 传统建筑工艺调查方法 [J]. 建筑学报，2008.

[3] 孙运久. 山东民居 [M]. 济南：山东文化音像出版社，2003.

[4] 闫瑛. 传统民居艺术 [M]. 济南：山东科学

技术出版社，2000．

[5] 李万鹏．姜波．齐鲁民居 [M]．济南：山东文艺出版社，2004．

[6] 朱正昌．齐鲁特色文化丛书：民居 [M]．济南：山东友谊出版社，2004．

[7] 陶然．业缘影响下的传统聚落与民居形态研究——以博山地区为例 [D]．山东建筑大学硕士论文，2013．

[8] 梁思成．清式营造则例 [M]．北京：中国建筑工业出版社，1981．

后　记

　　《民居建筑文化传承与创新——第二十三届中国民居建筑学术年会论文集》以"民居文化传承与建筑创新研究"为主题，向国内外公开征集论文，并在国内外得到了积极响应，收到论文200余篇。为提高学术水平和论文质量，会务组邀请专家对投稿学生论文（含与导师合作论文）进行匿名评审，50余篇论文因质量不符合刊发标准不予接收，15篇学生论文被评为年会优秀学生论文并由会务组推荐到国内主要建筑期刊选登。最终，《南方建筑》选登了同济大学李浈、吕颖琦撰写的《南方乡土营造技艺整体性研究中的几个关键问题》，华南理工大学林新德、陆琦撰写的《试论中国古建山面入口到檐面入口的转变逻辑》，华南理工大学唐孝祥、唐封强撰写的《基于文化地域性格的余荫山房造景艺术研究》，华侨大学成丽、郭星、武超撰写的《闽南沿海传统民居封砖壁工艺研究》，郑州大学符飞、吕红医撰写的《现代木结构应用于中国乡镇民居建设的探讨——基于一次设计建造实践的反思》，同济大学丁艳丽撰写的《浙闽地域丈杆法异同考——兼论弱行政区划下传统营造的谱系研究》，同济大学佟士枢撰写的《乡土营造中匠师手风的地域化与次地域化分异探讨——以武陵山区乡土营造为例》，中国矿业大学韩刘伟、林祖锐撰写的《河北阜平传统聚落的整体营构特色研究》共8篇优秀论文。《新建筑》选登了西安建筑科技大学张鹏飞、靳亦冰撰写的《拓扑学思维下玛可河藏族碉房的演化与发展》以及华南理工大学唐孝祥、林沿孜撰写的《肇庆鼎湖山风景名胜审美文化浅析》共2篇优秀论文。其余155篇论文（含5篇优秀学生论文）收入本论文集。

　　论文涉及传统聚落（民居）研究的诸多方面，根据会议的三个专题分类统计如下：涉及乡村振兴战略与传统聚落（民居）的保护与更新的文章有43篇；涉及传统聚落（民居）研究的学术传承与发展创新的文章40篇；涉及传统聚落（民居）的营建智慧与文化传承的文章有72篇。

　　感谢本届年会学术委员会各位专家的关心支持和辛勤付出！感谢中国建筑工业出版社和《南方建筑》、《新建筑》等学术媒体对本届年会的大力支持！感谢会务组研究生志愿者们为论文的收集整理所作的努力！

陆　琦　唐孝祥

2018年10月18日